Obstsorten-Atlas

Silbereisen · Götz · Hartmann

OBST SORTEN ATLAS

Kernobst, Steinobst, Beerenobst, Schalenobst

Mit 106 botanischen Zeichnungen
von Gisela Tambour, Göttingen
und 237 Farbfotos
überwiegend von Christl Eberle,
Meersburg-Riedetsweiler
98 Tabellen

NIKOL VERLAG

Dr. Robert Silbereisen war Akademischer Oberrat an der Universität Hohenheim, Versuchsstation für Intensivkulturen und Agrarökologie in Ravensburg-Bavendorf, Schumacherhof.

Dr. Gerhard Götz war Direktor der Staatlichen Lehr- und Versuchsanstalt für Wein- und Obstbau in Weinsberg.

Dr. Walter Hartmann war Akademischer Oberrat an der Universität Hohenheim, Institut für Obst-, Gemüse und Weinbau.

4. Auflage 2025

Genehmigte Lizenzausgabe 2014 für
Nikol Verlagsgesellschaft mbH & Co. KG,
Barkhausenweg 11, 22339 Hamburg

Redaktion: Dr. Helga Buchter-Weisbrodt
Satz: Typomedia Satztechnik GmbH, Ostfildern
Umschlaggestaltung: André Nikol, Hamburg, unter
Verwendung von Fotolia, Thinkstock und Pixabay
Druck und Bindung: DZS Grafik d.o.o.
Printed in Slovenia

ISBN: 978-3-69043-015-9

@ info@nikol-verlag.de
www.nikol-verlag.de

Vorwort

Dieser Atlas der Obstsorten geht auf eine Anregung von Herrn Roland Ulmer zurück, der vor dem Hintergrund der traditionsreichen Tätigkeit seines Verlages für das obstbauliche Schrifttum die Notwendigkeit erkannte, eine zeitgemäße und anspruchsvolle Dokumentation der in Deutschland verbreiteten Sorten der wichtigsten Obstgattungen herauszubringen. Es war deshalb unser Bemühen, die verlegerischen Vorstellungen in ein entsprechend großes Werk umzusetzen und damit eine Reihe fortzuführen, die der Bad Emser Brunnenarzt Dr. A.F.A. Diehl zum Ende des 18. Jahrhunderts als erster nach systematischen Gesichtspunkten begonnen hatte und die von seinen zahlreichen Nachfolgern in ähnlicher Weise immer wieder neu formuliert wurde.

Mit dieser Aufgabe bot sich die Chance, die bis heute angesammelten Kenntnisse und Erfahrungen in der Obstsortenkunde (Pomologie) nach den bewährten Ordnungsprinzipien beschreibend festzuhalten und die Sorten in charakteristischen Farbbildern vor Augen zu führen. Für wichtige Sorten von Apfel, Birne, Kirsche, Pflaume/Zwetsche u.a. wurden außerdem in sortentypischer Ausprägung ausgewählte Pflanzenteile gezeichnet:

- *Übergang vom zweijährigen zum einjährigen Langtrieb* mit nach Zahl und Länge sortenspezifisch häufig vorkommenden einjährigen Kurztrieben, endständig blühend bzw. fruchtend, am Beginn der Vegetationszeit als Teilaspekt des *Fruchtholzes*.
- *Laubblatt* nach Größe, Form und Aderung, dem unteren Drittel eines kräftig gewachsenen Langtriebes entnommen.
- Endständiger *Blütenstand* (Infloreszenz) eines seitlichen Kurztriebes am zweijährigen Langtrieb.
- *Frucht* nach Größe und Form aus der mittleren Größenklasse (5 mm-Kalibrierung) im Umriß und im Längsschnitt (etwa zwei Drittel natürlicher Größe).

In vielen Fällen konnten ergänzend physikalische Meß- und chemische Analysenwerte aufgenommen werden.

All dies setzte einerseits die kritische Durchsicht und andererseits die fachlich abgestimmte Einfügung der Aussagen vieler pomologischer Beiträge in die einzelne Sortenbeschreibung voraus. Daß dabei immer wieder Lücken spürbar werden oder subjektiv gefärbte Beurteilungen kaum zu vermeiden sind, weiß jeder, der sich mit diesen Fragen beschäftigt.

Die Fortschritte in den vergangenen drei Jahrzehnten im botanisch-systematischen und im kulturgeschichtlichen Wissen waren Anlaß, zu verschiedenen Obstgattungen Beiträge über die mutmaßliche Sortenentwicklung abzufassen, die den Kapiteln jeweils vorangestellt sind.

Der Schwerpunkt der Auswahl und der Bewertung der Sorten ist erwerbsobstbaulich orientiert, doch die Berücksichtigung altbekannter Sorten mit früherer Marktgeltung, vor allem beim Apfel und der Birne, sollte auch Brücken schlagen zum Obstbau in der Landschaft und zum häuslichen Obstgarten oder »Gütle«.

Im Rahmen der Auswertung sortenkundlicher Kenntnisse hat sich Günter Schwarz, Ludwigsburg, durch seine Sortenbeurteilungen große Verdienste erworben. Ihm gebührt deshalb ein besonderer Dank.

Freundlichst zu danken haben wir auch zahlreichen Fachleuten, Obsterzeugern und Kollegen, die sowohl durch Rat und Tat beigestanden als auch bei der Beschaffung von Fruchtproben und beim Ausfindigmachen von Standorten alter Sorten geholfen haben. Stellvertretend für diesen Kreis ist die Obstbauversuchsanstalt Jork bei Hamburg hervorzuheben. Die namentliche Liste dieser Helferschar bildet den Schluß dieses Buches.

Die Mehrzahl der Farbfotos stammt von Christl Eberle, Meersburg-Riedetsweiler, sämtliche Sortenzeichnungen wurden von Gisela Tambour, Göttingen, angefertigt. Für ihre engagierte Arbeit haben sie besonderen Dank verdient. Herzlicher Dank gebührt auch den Mitarbeitern und Mitarbeiterinnen der Versuchsstation Bavendorf und der Staatlichen Lehr- und Versuchsanstalt Weinsberg für die umfangreiche und gewissenhafte Mithilfe.

In dieser 2. Auflage hat Dr. Walter Hartmann, Universität Hohenheim, die Überarbeitung der Gattung Pflaume/Zwetsche übernommen. Auch bei den anderen Obstarten erfolgten aktuelle Ergänzungen durch die Aufnahme neuer Sorten. Fortschritte bei den Grundlagen für die Züchtung von Kernobst und die zeitgemäße Darstellung des Angebotes für Apfel-, Birnen- und Pflaumenunterlagen sollen den Wissensstand in diesen Bereichen verbessern; hinzu kommen ausführliche Tabellen beim Apfel über schorfresistente Sorten, Sorten für den Streuobstbau, aussichtsreiche Neuzüchtungen und marktuntaugliche Neuheiten.

Bavendorf, Weinsberg und Hohenheim,
Herbst 1995

Dr. Robert Silbereisen
Dr. Gerhard Götz
Dr. Walter Hartmann

Inhaltsverzeichnis

Namengebung und sortenkundliche Erläuterungen

Sortenname

Innerhalb der Obstgattungen und innerhalb der unterschiedenen Sortengruppen (Apfel: Marktsorten etc.) sind die Sorten nach ihren Namen alphabetisch geordnet. Diese richten sich nach der Broschüre »Handelsnamen für Kern- und Steinobst«, die von der früheren Bundesobstsortenkommission erstellt und von der Fachgruppe Obstbau im Bundesausschuß Obst und Gemüse 1962 herausgegeben wurde. In der Regel handelt es sich dabei um griffige Kurzbezeichnungen; deshalb sind sowohl der vollständige bzw. ursprüngliche Sortenname als auch ähnlich lautende Namen, verschiedentlich auch in fremder Sprache abgefaßt, als »Ähnliche Namen« nachstehend aufgeführt. Abweichend von den Regeln der Broschüre wird hier das Genetiv-s z.B. bei 'Clapp' und 'Gellert' weggelassen. Unter dem Begriff »Synonyme« sind demgegenüber völlig neue, anders lautende Namen bzw. Doppel- oder Mehrfachbenennungen zu finden. In beiden Fällen waren Beschränkungen notwendig, da mitunter mehrere Dutzend ähnlicher Namen und/oder Synonyme für eine Sorte verwendet werden (vgl. hierzu Smith 1971). Für die in der Broschüre nicht berücksichtigten Sorten gelten die in der Sortenkunde eingeführten Namen mit der Maßgabe, daß bei mehrteiligen Namen Eigenschaften, Personennamen oder Ortschaften mit großen Anfangsbuchstaben geschrieben werden. Bei Herkunftsbezeichnungen wird »aus« statt »von« gesetzt. Das Adelsprädikat »von« bleibt erhalten, sofern es nicht am Anfang eines Namens steht (vgl. Poenicke 1936, S. 3 und 23).

In Anlehnung an Artikel 29 des »Internationalen Code der Nomenklatur für Kulturpflanzen« (Utrecht/NL 1969) hat es sich bewährt, die Sortennamen beim Obst im fortlaufenden Text, oder wenn die namentliche Abgrenzung zum Verständnis erforderlich erscheint, in einfache Anführungszeichen (oben) zu setzen.

Mutanten einer Sorte werden, abgesetzt mit einem Komma, hinter den Sortennamen gestellt. Beispiel: 'Cox Orange, Cherry' und nicht 'Cherry Cox'. Handelt es sich jedoch um sogenannte Typen (vgl. hierzu die Abbildung) innerhalb einer Sorte oder einer Sortengruppe, wie z.B. bei 'Hauszwetsche', deren Abstammung nicht eindeutig ist, da es sowohl Mutanten als auch Sämlinge sein können, scheint es sinnvoll, den Ausdruck Typ zu verwenden. Beispiel: 'Hauszwetsche, Typ Schüfer' und nicht nur 'Hauszwetsche, Schüfer'.

Sortennamen können auch durch den Vorsatz cv. (cv. = cultivar, von cultivated variety) angezeigt werden, also cv. Goldparmäne statt 'Goldparmäne', während inkorrekt gebrauchte Namen (wie z.B. »Ananas« für Erdbeere) oder Falschbenennungen mit doppelten Anführungsstrichen gekennzeichnet werden.

Standortansprüche

In diesem Kapitel werden qualitative Eigenschaften innerhalb der maßgebenden Standortfaktoren (*Wärme, Feuchtigkeit, natürliche Nährkraft* und *Durchlüftung* des *Bodens*) beschrieben, die in ihren jeweiligen Bedeutungen und Abstufungen zueinander aus den nachstehenden Tabellen zu entnehmen sind. Dazu ist einschränkend zu bemerken, daß die verwendeten Wärmestufen in dieser Abfolge nur für Südwestdeutschland Gültigkeit haben (ähnliche Wuchsklimakarten mit synchroner Bezeichnung für die Wärmestufen gibt es inzwischen auch für andere Bundesländer und für die Schweiz).

Die ebenfalls behandelten Standortfaktoren *Blüten-* oder *Spätfrost, Holz-* oder

Wärmestufen aufgrund phänologischer Geländeaufnahmen in den Jahren 1950 bis 1953 (Wuchsklimakarte von Südwestdeutschland 1:200000, Ellenberg 1956)

sehr heiß	wärmste Weinlagen
heiß	Weinklima
sehr warm	Wein-Obstklima
warm	Obstklima
mäßig warm	Wintergetreide-Obstklima
mittelmäßig	Obst-Wintergetreideklima
mäßig kühl	Wintergetreideklima
kühl	Sommergetreide-Wintergetreideklima
mäßig kalt	Wintergetreide-Sommergetreideklima
kalt	Berggrünland-Sommergetreideklima
sehr kalt	Berggrünlandklima
äußerst kalt	kälteste Berglagen

Stufen der **Bodenfruchtbarkeit**, auch als *Natürliche Nährkraft* oder *Potentielle Trophie des Bodens* bezeichnet (nach dem Kartierungsschema der früheren Forschungsstelle für Standortskunde, Bavendorf)

äußerst gering	
sehr gering	
gering bis sehr gering	Bodenzahlen* um 20
gering	
mäßig bis gering	Bodenzahlen* um 40
mäßig	
mäßig bis groß	Bodenzahlen* um 60
groß	
groß bis sehr groß	Bodenzahlen* um 80
sehr groß	

*ausgenommen nasse und feuchte Böden

Stufen der **Bodenfeuchtigkeit** (langjährige mittlere Feuchtigkeit an einem Standort, Weller 1970)

dürr	Trockenrasen
äußerst trocken	(Xerobrometen)
sehr trocken	Halbtrockenrasen
trocken	(Mesobrometen)
mäßig trocken	Salbei-Glatthaferwiese
(schwach wechseltrocken)	
mäßig frisch	
frisch	Typische Glatthaferwiese
(schwach wechselfeucht)	
(mäßig wechselfeucht)	
mäßig feucht	Kohldistel-Glatthaferwiese
feucht	Seggenriede
sehr feucht bis naß	

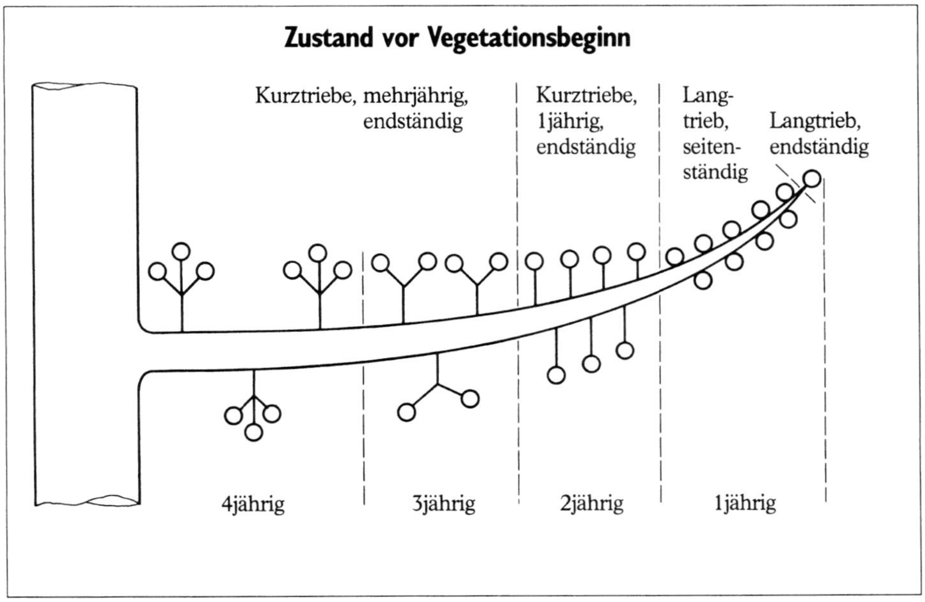

Fruchtgewichte von vier bestimmenden Fruchtstand-Orten in % des Ortes »Kurztrieb, 1jährig, endständig« = 100%
Bavendorf; M9, Mittelwerte aus den Jahren 1978 bis 1983

	Kurztriebe, 1jährig endständig in g	Kurztriebe, mehrjährig endständig in %	Langtriebe endständig	Langtriebe seitenständig
Mutsu (= Crispin)	248,2 = 100	89	90	71
Melrose	223,7	102	87	74
Holsteiner Cox (= Holstein)	210,2	103	78	91
Jonagold	200,7	100	92	81
Gloster	200,2	90	98	78
Gravensteiner	196,8	92	96	94
Undine	184,2	103	87	68
Karmijn de Sonnaville	178,6	101	112	89
Golden Delicious	174,6	92	93	73
Idared	167,4	103	89	75
Golden Delicious, Weinsberg	161,3	90	93	81
McIntosh, Rogers	136,9	99	78	86
Alkmene	127,6	103	103	88
Mantet	109,5	103	89	77
Klarapfel	77,1	102	123	63
	$\bar{x}$ =	98	98	78

Winterfrost und *Wind* sind in verständlicher Form beschrieben bzw. abgestuft und bedürfen deshalb keiner Erläuterung.

Fruchtholz

Mit diesem Begriff werden die 4 ertragsbestimmenden Fruchtstand-Orte abgehandelt, deren Verteilung unter der Voraussetzung einer regelmäßig fruchtenden »Schlanken Spindel« sortentypisch sein kann. Die schematische Zeichnung versucht, diese Fruchtstand-Orte verständlich zu machen.
Abweichungen von der sortentypischen Verteilung kommen vor. Diese sind meist verursacht durch die Folgen von Spätfrost, starken jährlichen Ertragsschwankungen (Alternanzen) und von Krankheiten und Schädlingen.
Über die Abhängigkeit der Fruchtgewichte bei wichtigen Apfelsorten von diesen vier ertragsbestimmenden Fruchtstand-Orten informiert untenstehende Tabelle.

Blüte

Für die Beschreibung und die ergänzenden Zahlenangaben in den Abschnitten »Blüte und Befruchtung« wurden je Sorte jährlich 25 Blütenstände (Infloreszenzen) aus dem Bereich »Kurztrieb, 1jährig, endständig« (vgl. hierzu Abschnitt Fruchtholz)

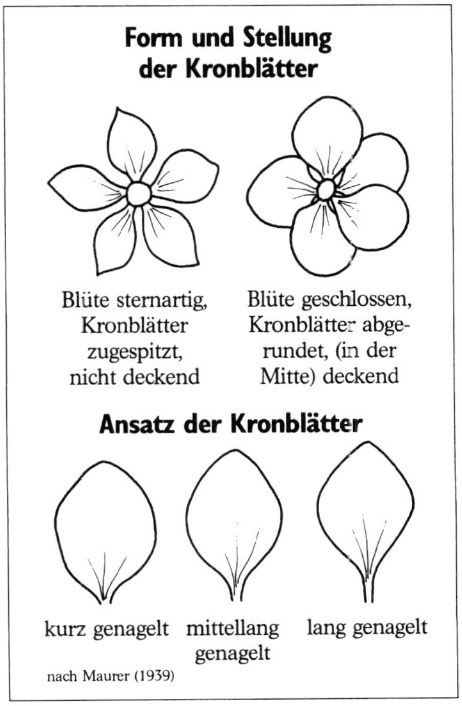

nach Maurer (1939)

Grundformen des Apfels

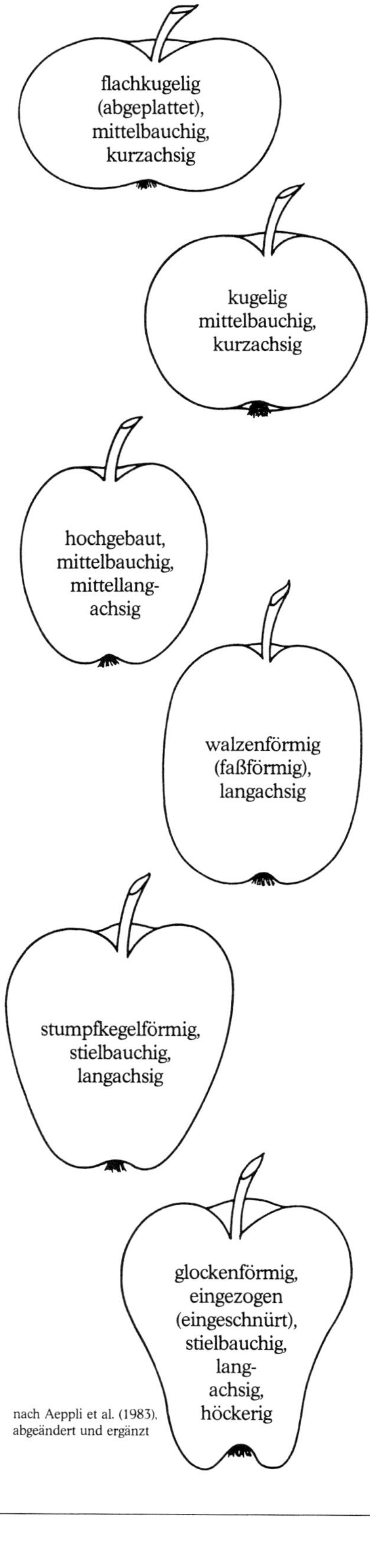

nach Aeppli et al. (1983), abgeändert und ergänzt

Innere und äußere Gestaltungsmerkmale beim Apfel

(ähnliches gilt auch für die Birne)

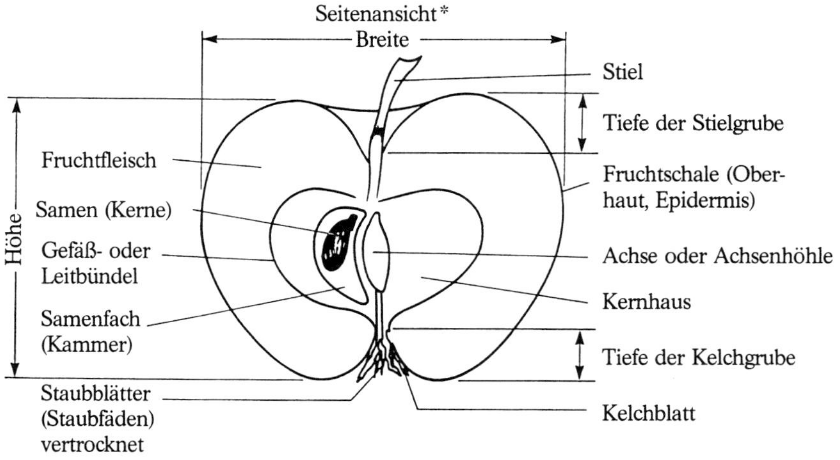

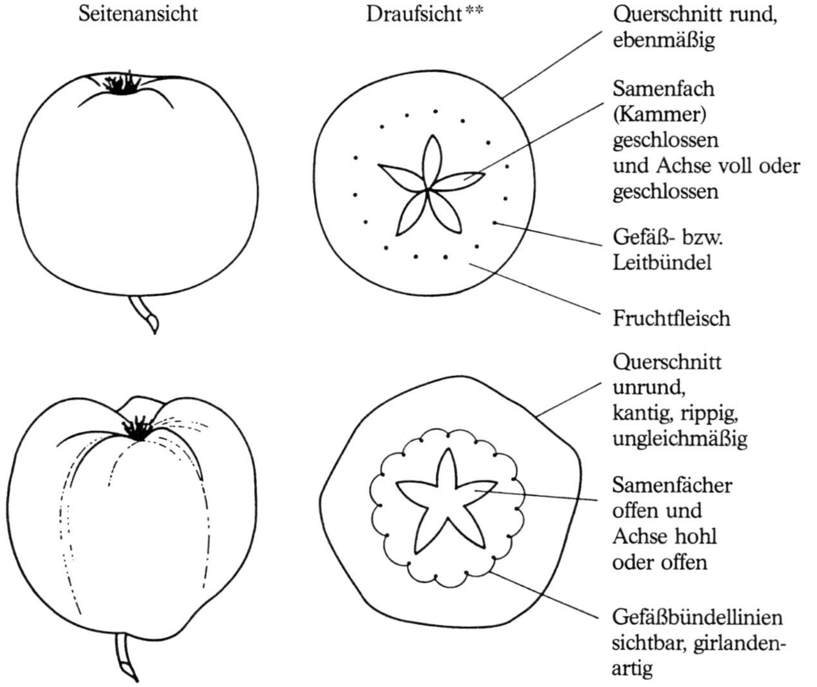

* nach Aeppli et al. (1983), abgeändert und ergänzt

** nach Petzold (1984), abgeändert und ergänzt

herangezogen bzw. ausgezählt. Die angegebenen Mittelwerte und deren Streuung basieren auf dem Material der Jahre 1983 bis 1985 mit Ergänzungen von 1992 und 1993. Da dieser Kurztrieb-Ort innerhalb der vorkommenden Blüten- bzw. Fruchtstand-Orte in seiner reproduktiven Wertigkeit als besonders günstig eingeschätzt wird, sind in Bezug auf die übrigen Blütenstand-Orte jeweils Abstriche nach Zahl und Größe der behandelten Blütenorgane zu machen.
Die nachstehenden Beispiele sollen die Fachausdrücke im Bereich der Kronblätter illustrieren.

Physikalische und chemische Eigenschaften der Frucht

Diese Angaben gelten nur für die Marktsorten von Apfel (neu und alt) und Birne und stehen in tabellarischer Form jeweils am Ende der Sortenbeschreibung. Dabei beziehen sich die »Tagewerte« auf die Verhältnisse an der Versuchsstation Bavendorf, und wurden die »Größenverteilung nach Gewicht« sowie das »Mittlere Fruchtgewicht« aus natürlichen Fruchtmassen von mittelmäßig bis gut behangenen, äußerlich gesunden Bäumen über mehrere Jahre ermittelt. Die erforderlichen Proben zur Bestimmung der Merkmale:
- Spezifisches Gewicht,
- Fruchtform-Index,
- Zuckergehalt als lösliche Trockensubstanz,
- Säuregehalt als titrierbare Gesamtsäure und
- Vitamin-C-Gehalt als Ascorbinsäure

wurden jeweils aus der sortenspezifisch und mittleren Fruchtgrößenklasse (5-mm-Abstufung) gezogen.

Feuerbrand (Erwinia amylovora) als birnenspezifische Bakterienkrankheit

Der aus Nordamerika eingewanderte und seit Ende der 50er Jahre auf dem europäischen Kontinent sich mehr und mehr ausbreitende Feuerbrand ist eine bedrohende Bakterienkrankheit, da nach erfolgter Infektion kaum Möglichkeiten zur Bekämpfung bestehen, und danach Teile, später ganze Bäume absterben können. Neben der Birne sind auch verwandte Arten aus der Gattung der Rosengewächse wie Apfel, Quitte, Weißdorn (lat. *Crataegus*), Feuerdorn (lat. *Pyracantha*) und großblättrige Steinmispelarten (lat. *Cotoneaster*) anfällig bzw. gefährdet. Die Bedrohung für die Birne gilt besonders für West-, Nordwest- und Mitteleuropa, während in sehr warmen oder gar heißen Klimaten Südeuropas die Infektionsgefahr geringer ist.
In den nachstehenden Sortenbeschreibungen für die Birne fehlen meist Hinweise auf die jeweilige Empfindlichkeit für Feuerbrand. Diese Verfahrensweise wird einmal damit begründet, daß über die sortenspezifische Anfälligkeit der europäischen Kulturbirnen noch kein gefestigtes Bild vorliegt – Kennel (1992) ordnet 'Clapp', 'Conference', 'Trévoux' und 'Vereinsdechant' als sehr anfällig, 'Clairgeau', 'Gellert' und 'Lucas' als wenig anfällig ein. Goddrie et al. (1992) bestätigen diese Einstufungen für 'Gellert', 'Lucas' und 'Clapp'. Zum anderen ist die birnenspezifische Anfälligkeit im Vergleich zum Apfel grundsätzlich als höher einzustufen. Somit dürften sortenbezogene Unterschiede weniger ins Gewicht fallen. Fischer und Fischer (1994) kommen als erfahrene Resistenzzüchter zu der Feststellung, daß bei den Birnen die Sorten 'Clapp', 'Conference', 'Lucas', 'Gräfin von Paris', 'Trévoux', 'Vereinsdechant' und 'Williams' hochempfindlich für Feuerbrand veranlagt sind. Le Lézec et al. (1991) ergänzen diese empfindliche Serie aus französischer Sicht durch 'Bunte Julibirne' und 'Bosc', geben aber 'Lucas' als wenig anfällig für Feuerbrand an.
Das Frühjahr 1993 und teilweise auch 1994 haben gezeigt, daß bei Vorherrschen sehr warmer Temperaturen zur Blüte die offensichtlich in der Landschaft gegenwärtigen Erreger des Feuerbrandes auch bestimmte Apfelsorten rodungsreif schädigen können. Als artspezifisch empfindlich führt Kennel (1992) 'Gloster', 'Idared' und 'Jonagold' an, während 'Golden Delicious' als wenig empfindlich eingestuft wird. Bei den Apfelsorten bestätigen Fischer und Fischer (1994) die relativ hohe Empfindlichkeit bezüglich dieser Bakterienkrankheit für 'Gloster', 'Idared' und 'Jonagold'. Sie stellen zu dieser Gruppe aber auch die Sorten 'James Grieve', 'Elstar', 'Cox Orange', 'Gala', 'McIntosh' und 'Rubinette'. Grundsätzlich sollen Sorten mit der Neigung zu Nachblüten besonders gefährdet sein.

Apfel

Zur Geschichte des Apfels

Mutmaßungen über seinen Ursprung

Die Gattung Apfel (lat. *Malus*, abgekürzt *M.*) wird im botanisch-systematischen Sinne zur Familie der Rosengewächse (lat. *Rosaceae*) gestellt. Innerhalb dieser Familie haben zahlreiche Gattungen niedrige und zugleich unterschiedliche Grundzahlen von Chromosomen, nämlich x = 7, x = 8 und x = 9 in ihren Geschlechtszellen (Gameten); nur die Kernobstgewächse (lat. *Maloideae*, früher *Pomoideae*), bestehend aus den Gattungen Apfel, Birne (lat. *Pyrus*), Quitte (lat. *Cydonia*) und Eberesche (lat. *Sorbus*), besitzen x=17 bzw. in ihren Körperzellen die doppelte Zahl von 2n = 2x = 34 Chromosomen oder ein Mehrfaches von 17 (3x = 51, 4x = 68). Wie kam diese hohe Zahl von x = 17 Chromosomen innerhalb der Rosengewächse zustande? Nach Darlington und Moffet (1930) sowie Sax (1931) soll die Grundzahl von x = 17 das Ergebnis einer sehr früh in der pflanzlichen Evolution erfolgten Bastardierung von Gattungen der Rosengewächse mit Grundzahlen von x = 8 und x = 9 (8+9 = 17) sein. Die nachfolgende Ergänzung des einfachen (haploiden) Satzes der Chromosomen (n = 17) bei den Gameten zum doppelten (diploiden) Chromosomensatz in den Körperzellen (2n = 2x = 34) führte somit zu den Vorläufern der heutigen Wildarten beim Apfel (Sax 1932, Zielinski und Thompson 1967). Langjährige züchterische Erfahrungen lassen diesen wichtigen evolutionären Schritt zum Ursprung der Kernobstgewächse als den wahrscheinlichsten erscheinen (Dermen 1945).

Die weitere Geschichte der Gattung Apfel hat tiefe Wurzeln. Nach den Ergebnissen neuerer Forschungen in China, in Japan, in den USA und vor allem in den Ländern der ehemaligen UdSSR gilt es als sicher, daß primitive Formen der späteren Wildarten des Apfels am Ende der Kreidezeit, also vor etwa 70 bis 65 Mill. Jahren, in tropischen und subtropischen Gebirgstälern Südostasiens im Bereich des heutigen Südchina, des früheren Indochina und der dort gegenwärtigen Inselwelt heimisch waren. Im nachfolgenden Erdzeitalter des Tertiärs, das bis vor etwa 25 Mill. Jahren andauerte, kam es unter dem Einfluß eines sehr warmen Klimas zu einer außergewöhnlich starken Entfaltung der Pflanzenwelt, insbesondere der Sproß- oder Gefäßpflanzen (Kormophyta), zu denen die Obstgewächse im systematischen Sinne gehören. Begünstigt wurde diese Arten- und Formenentstehung durch zahlreiche, ökologisch unterschiedlich geprägte Naturräume, an die sich die Pflanzen in ihrem Aufbau und Stoffwechsel langzeitlich anpassen mußten. Wesentliche Ursachen der vielerorts veränderten Umweltbedingungen waren das ständige Auseinanderdriften der Kontinente und die Bildung von Gebirgsstöcken mit ihren oft wenig zugänglichen Tälern oder Hochebenen als weitgehend isolierten Pflanzenstandorten. Auf diese Weise entwickelten sich zum Ende des Tertiärs in geographisch weit auseinanderliegenden Gebieten die Vorläufer der heutigen Apfel-Wildarten, und zwar ausschließlich auf der nördlichen Halbkugel. Viele Millionen Jahre später werden dann im älteren Oberpliozän apfelsamenähnliche Fossilien nachgewiesen, die man mit *Malus fossilis* bezeichnen könnte.

Aus den Vorläufern gingen die echten Wildarten hervor, wie z. B. *M. fusca* oder *M. coronaria* in Nordamerika, *M. sargenti* oder *M. sieboldii* in Zentral- und Ostasien, *M. hupehensis* oder *M. baccata* in China, in der Mandschurei oder auf der Insel Sachalin und *M. sieversii* oder *M. orientalis* im Bereich des Himalaja. Letztere breiteten sich immer mehr nach Westen aus und »besiedelten den westlichen Teil des Tienschans, den Nordwesthimalaja und den Pamir. Hier haben sich die wertvollsten Apfelbäume mit großen Früchten entwickelt, die echten Apfelbäume« (Langenfeld 1971), die dann, wie z. B. *M. orientalis*, bis zum Kaukasus vorgedrungen sind. Die später in Europa heimisch gewordene Wildart *M. sylvestris* (im Sinne von im Wald vorkommend), der Holzapfel, soll nach der letzten Eiszeit, also vor etwa 15 000 bis 20 000 Jahren, am nordwestlichen Rand der Verbreitung von *M. orientalis*, dem Kaukasus-Apfel, in Südrußland einschließlich des Donaubeckens entstanden sein. Als Ahnen der nacheiszeitlichen Wildäpfel in Mitteleuropa gelten Reste von sog. Holzäpfeln. Fundstätten waren zwischeneiszeitliche Travertinen bei Weimar und Sauerwasserkalke bei Stuttgart (Bertsch und Bertsch 1949).

Aus dem Holzapfel konnte sich dann unter trockenen Klimaverhältnissen im Gebiet zwischen Wolga und Donau nachfolgend eine Unterart, nämlich der Frühblühende oder auch Russische Apfel (*M. sylvestris* ssp. *praecox*), herausgebildet haben, während von der Wildart *M. sieversii* sich die anthocyanreiche Art *M. niedzwetzkyana* mit rotem Zell- bzw. Fruchtsaft ableiten soll. Die Zahl der ursprünglichen, also echten, Wildarten des Apfels schätzt man heute auf 25 bis 35, die in Europa, in Asien und Nordamerika vorkommen. Allerdings führt man die heutigen Kultursorten des Apfels auf nur wenige Wildarten zurück.

Der Name *Malus* (lat. *malum* = Übel, Unheil, Schaden) als Bezeichnung für den Apfel oder den Apfelbaum läßt sich in eine versinnbildlichte Beziehung zur christlichen Theologie bringen, da Adam von der verbotenen Frucht der Erkenntnis, dem Apfel als Symbol der Verlockung, gegessen und durch diesen Sündenfall »Übel, Arbeit und Tod« über die Menschheit gebracht hat. Der Apfel in der Hand Evas als Ausdruck dieser Erbsünde wurde in der christlichen Kunst erst zu Beginn des Mittelalters überwunden (Steiner 1993). Im Neulateinischen wird der Apfelbaum auch als Melo(n) bezeichnet, was zu Verwechslungen mit der Melone *(Cucumis melo)* führen kann.

Der Ursprung des seit dem 16. Jahrhundert gebräuchlichen Wortes »Obst« ist unklar. Nach dem »Deutschen Wörterbuch« der Gebrüder Grimm wird es von ahd. *obaz* (mhd. *obez, obz*; nhd. *obs, ops*) über die Wurzel *up-* oder gr.-lat. *op-* als »das oben Befindliche« abgeleitet. Eine

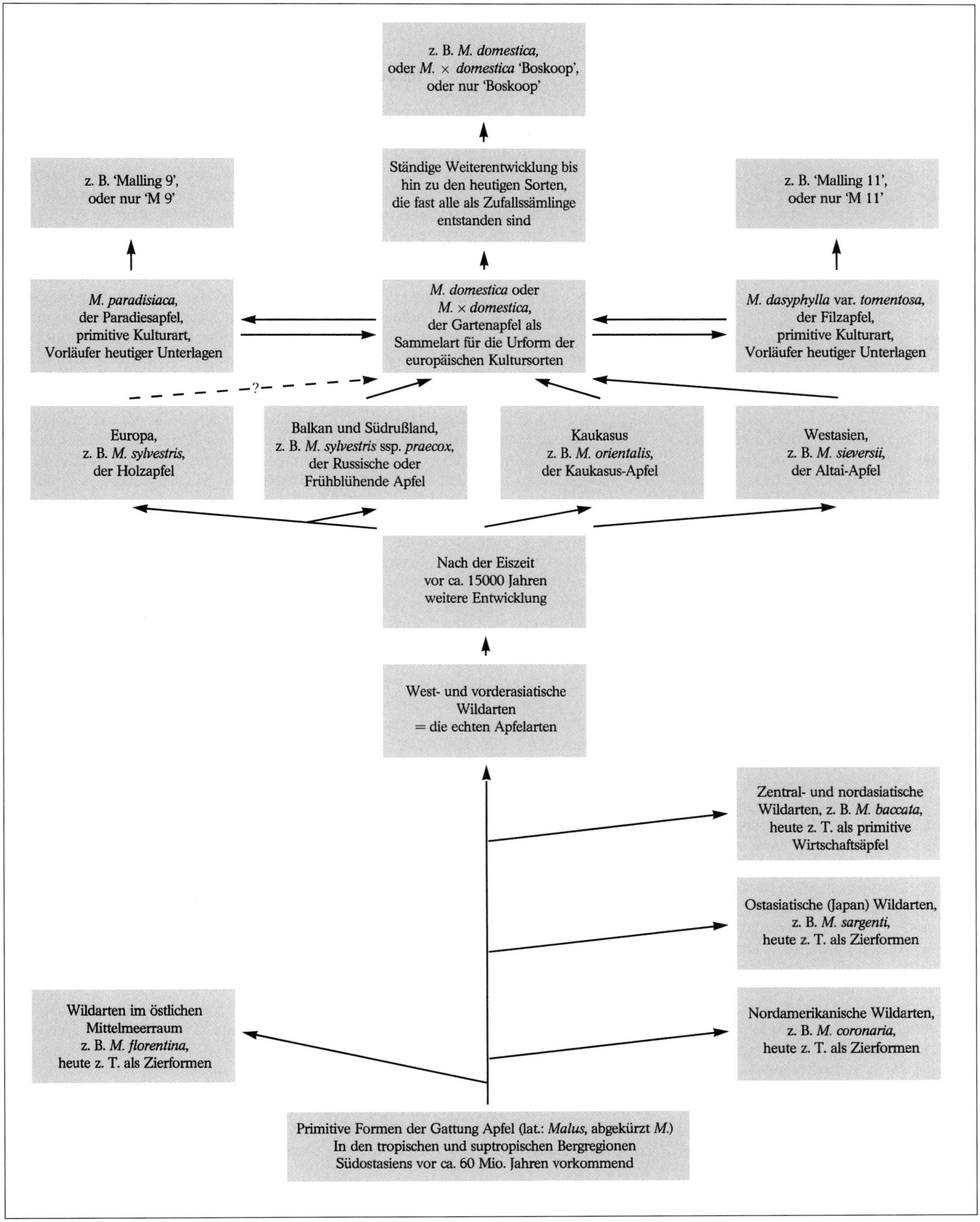
z. B. M. domestica,
oder M. × domestica 'Boskoop',
oder nur 'Boskoop'
Ständige Weiterentwicklung bis hin zu den heutigen Sorten, die fast alle als Zufallssämlinge entstanden sind
z. B. 'Malling 9', oder nur 'M 9'
z. B. 'Malling 11', oder nur 'M 11'
M. paradisiaca, der Paradiesapfel, primitive Kulturart, Vorläufer heutiger Unterlagen
M. domestica oder M. × domestica, der Gartenapfel als Sammelart für die Urform der europäischen Kultursorten
M. dasyphylla var. tomentosa, der Filzapfel, primitive Kulturart, Vorläufer heutiger Unterlagen
?
Europa, z. B. M. sylvestris, der Holzapfel
Balkan und Südrußland, z. B. M. sylvestris ssp. praecox, der Russische oder Frühblühende Apfel
Kaukasus z. B. M. orientalis, der Kaukasus-Apfel
Westasien, z. B. M. sieversii, der Altai-Apfel
Nach der Eiszeit vor ca. 15000 Jahren weitere Entwicklung
West- und vorderasiatische Wildarten = die echten Apfelarten
Zentral- und nordasiatische Wildarten, z. B. M. baccata, heute z. T. als primitive Wirtschaftsäpfel
Ostasiatische (Japan) Wildarten, z. B. M. sargenti, heute z. T. als Zierformen
Wildarten im östlichen Mittelmeerraum z. B. M. florentina, heute z. T. als Zierformen
Nordamerikanische Wildarten, z. B. M. coronaria, heute z. T. als Zierformen
Primitive Formen der Gattung Apfel (lat.: Malus, abgekürzt M.) In den tropischen und suptropischen Bergregionen Südostasiens vor ca. 60 Mio. Jahren vorkommend

andere Deutung weist auf die slawische Sprache hin, aus der die Worte *ovosti* oder *voste* als Quelle für »Obst« stammen könnten. Manches spricht aber auch dafür, daß diese slawischen Begriffe ursprünglich aus dem Deutschen entlehnt worden sind.
Der »Zankapfel« als Ausdruck der Begehrlichkeit, der erst um 1600 als Begriff geprägt wurde, geht auf *Eris*, die Göttin der Zwietracht zurück. Sie warf den »Goldenen Apfel« mit der Aufschrift »Der Schönsten« bei einer Hochzeit unter die Gäste. Dies war der Keim für den Trojanischen Krieg.

Der mögliche Weg vom Wildapfel zum Kulturapfel

Die ersten Anfänge

Die für die Entwicklung der Kultursorten maßgebenden Arten hatte der englische Botaniker Philip Miller 1768 zunächst einmal zu der Art *M. pumila*, dem Zwergapfel, zusammengefaßt. Nachprüfungen in jüngster Zeit bzw. das Fehlen eines natürlichen pflanzengeographischen Areals von *M. pumila* (Fischer und Büttner 1986) ließen jedoch Zweifel an der Existenz dieser Sammelart aufkommen. Dies führte schließlich dazu, daß heute vor allem die in Südrußland und den südlich angrenzenden Gebirgsketten vom Kaukasus bis hin zum Altai-Gebirge in Mittelasien nachweisbaren Wildarten *M. orientalis*, der Kaukasus-Apfel, und *M. sieversii*, der Altai-Apfel, als Ahnen unserer Kultursorten vermutet werden, wobei neuerdings wiederum *M. sieversii* nicht mehr als echte Wildart, sondern als Abkömmling von *M. hissarica* gedeutet wird (Avdeev 1986). Bekräftigt wird dies durch die Tatsache, daß es im Bereich zwischen dem Kaukasus und der usbekischen Hauptstadt Taschkent eine besondere Verdichtung im Formenreichtum geben soll. Dort zeigen nach Vavilov (1930) viele Wildäpfel die ganze Breite der für Kulturäpfel wertvollen Merkmale und Eigenschaften hinsichtlich Größe, Farbe, Form und Geschmack der Äpfel oder reiche Fruchtbarkeit. Solche natürlichen Verbreitungsgebiete werden auch Mannigfaltigkeitszentren (Genzentren) genannt, weil sich eine Vielzahl von Erbanlagen für die Höherentwicklung (Evolution) der Pflanzen, in diesem Fall wildwachsender Obstgehölze, anbietet.
Der Name der im früheren Kirgisistan liegenden Stadt Alma-Ata, heute Hauptstadt der Kasachischen Republik, wird als »Stadt der Äpfel« übersetzt.
Ergänzendes Erbgut für den Kulturapfel soll auch der vom Holzapfel abstammende Frühblühende oder Russische Apfel (*M. sylvestris* ssp. *praecox*) beigetragen haben, während man dem Holzapfel selbst *(M. sylvestris)* nur eine geringe oder fast gar keine Beteiligung an der Kulturwerdung des Apfels zuspricht, obwohl er seit der Eiszeit in Europa heimisch ist. An dieser heute allgemein anerkannten Feststellung ändern auch zahlreiche dem Holzapfel zugeordnete Fruchtreste, die im »Nachlaß« von jungsteinzeitlichen Pfahlbauten an Seen des nördlichen und südlichen Alpenrandes ausgegraben wurden, ebenso wenig wie ähnlich alte Bruchstücke von Äpfeln aus ehemaligen Hütten bandkeramischer Siedlungen in Mitteleuropa, wie z. B. solche auf Gemarkung Heilbronn-Böckingen. Kleinfrüchtigkeit und hoher Gerbstoffgehalt sind bis heute Kennzeichen des Holzapfels und seiner primitiven Nachkommen geblieben. Darüber hinaus handelt es sich um einen niedrigen bis halbhohen bedornten Baum, der mit schwach duftenden, rosaroten Blüten besetzt ist. Es fehlen in Europa somit die frühen Bindeglieder zu den relativ großfrüchtigen und süßlich schmeckenden Kultursorten. Diese Folgerungen werden durch jüngste Vergleiche zwischen den heutigen, vielfach aus dem schweizerischen Jura stammenden Wildäpfeln als vermutlichen, wenn auch erblich kaum noch identischen Nachkommen des steinzeitlichen Holzapfels einerseits und einer großen Zahl von prähistorischen Äpfeln aus den oben genannten Pfahlbauten andererseits gestützt. Erstere sind relativ klein (< 40 mm Durchmesser), meist abgeplattet und schmecken herb und bitter. Sie stehen damit in Größe und Form den Pfahlbauäpfeln sehr nahe und lassen demzufolge auch keine Übergangsformen zu den heutigen großfrüchtigen und nicht bitteren Kulturäpfeln erkennen. Wären solche damals schon vorhanden gewesen, gäbe es auch Reste davon (Schweingruber 1979).
Ähnliche Wildapfelbäume wie im schweizerischen Jura sind einschließlich von Wildbirnbäumen in großer Zahl auf den Randhöhen der Schwäbischen Alb zwischen Beuron und Inzigkofen von Scheerer gefunden und kartiert worden (vgl. Bertsch 1961).
Doch könnte das Erbgut des Holzapfels in kleinfrüchtigen, sauren und herben Mostäpfeln bis heute verankert sein, die dann als primitive Kultursorten einzuordnen wären. Auch die frühere Annahme, daß ostasiatische Arten wie z. B. *M. baccata*, die möglicherweise entlang der antiken Handelswege nach Westen vorgedrungen waren, als Stammformen unserer Kulturäpfel in Frage kommen, wird heute aufgrund der Ergebnisse morphologischer und biochemischer Vergleiche verneint.
Aus diesen asiatisch-sibirischen Arten gingen nach Einkreuzung von Kultursorten vor Jahrzehnten jedoch die nordamerikanischen »Crabapples«, wie z. B. die Sorte 'Wealthy', und die russischen Kitaijka-Sorten hervor, die beide als Sortengruppen für extreme Klimate, als Wirtschaftssorten oder als Zieräpfel verwendet werden.
Andererseits wird vermutet, daß der schon früh bekannte Johannisapfel *(M. paradisiaca)*, auch als Paradiesapfel oder in Süddeutschland als Schleizling bekannt, vom Kaukasusapfel *(M. orientalis)* oder vom Russischen Apfel (*M. sylvestris* ssp. *praecox*) abstamme und als Vorfahre für die Gruppe der schwachwachsenden Unterlagen wie M9 angesehen wird. Dagegen führt man die starkwachsende Unterlagen-Gruppe mit M4 oder M11 auf den ebenfalls sehr früh nachgewiesenen Filzapfel *(M. dasyphylla)*, den Splitapfel, bzw. auf die daraus hervorgegangene Varietät *tomentosa*, zurück. Die Frage, ob *M. paradisiaca* und *M. dasyphylla* var. *tomentosa* gleichzeitig mit den primitiven Kultursorten oder vorher bzw. erst nachher entstanden sind, muß unbeantwortet bleiben, weil die Benennung der Wildarten und ihrer möglichen Abkömmlinge von Anfang an verwirrend und keineswegs systematisch konsequent gehandhabt wurde. Bertsch (1961) z. B. unterscheidet innerhalb des Holzapfels noch eine Varietät *acerba* (= herb, bitter), die er im oberen Donautal bei Sigmaringen entdeckt hat, während er den Russischen oder Frühblühenden Apfel (*M. sylvestris* var. *praecox*) mit dem Schleizling *(M. paradisiaca)* gleichsetzt.
Die stufenartigen Übergänge zwischen den Wildarten und den Kultursorten soll es nach Vavilov (1930), in den west- und mittelasiatischen Gebirgswäldern bestimmter Klimazonen geben, insbesondere auch im Kaukasus. Ihre Verbreitung nach Europa im Gefolge der indogermanischen Völkerwanderung um 3000 v. Chr. läßt sich nach Wilcox (1962) durch entsprechende Zeugnisse belegen, die sogar die Namengebung betreffen, denn das Wort Apfel soll indo-

germanischen Ursprungs sein mit Bezügen zur Sprache der Kelten und Baltoslawen. Auf diese Weise dürfte der Weg des Apfels über den Orient – im damaligen Persien soll es schon Obstbäume entlang der Hauptverkehrswege gegeben haben – auch nach Griechenland geführt haben, wo die vor allem nach Form und Farbe, aber auch geschmacklich interessante Frucht frühzeitig Eingang in die dortige Legendenwelt fand. Zeitlich wird dies etwa auf 1000 v. Chr. datiert. Verschiedentlich soll es dabei Verwechslungen mit der Quitte gegeben haben.
Gleichwohl haben die Griechen die Apfelkultur zu einer ersten Blüte gebracht, vor allem deshalb, weil sie vermutlich bereits das Pfropfen, also die Vermehrung einer Pflanze bzw. einer Sorte über ein Reis, gekannt haben. Damit war ein bedeutender Schritt getan worden, denn jetzt konnte man einerseits wertvolle Bäume bzw. Sorten über ihr natürliches Lebensalter hinaus erhalten und sie andererseits auf verschiedenartigen Standortverhältnissen beobachten und prüfen.
Später übernahmen die Römer die Apfelkultur. Bei ihnen gab es weitere Fortschritte im anbautechnischen und pomologischen Wissen. Dies ist durch zahlreiche Schriften der römischen Ackerbauschriftsteller wie vor allem M. P. Cato, M. T. Varro, L. J. M. Columella und G. P. S. Plinius dem Älteren nachgewiesen, die von verschiedenen Vermehrungsmethoden, von Maßnahmen zu Düngung, Lagerung und Pflanzenschutz sowie über die Namengebung einer ständig zunehmenden Zahl von neuen, meist ausführlich beschriebenen Sorten berichten. Auch die Bereitung von Obstwein sollen die Römer gekannt haben.

Zur Entstehung der Kultursorten in Mitteleuropa

Zufallssämlinge. Wahrscheinlich unabhängig von diesen Bemühungen im Mittelmeerraum um den Apfel haben sich in Mitteleuropa die Nachfolger der neolithischen und bronzezeitlichen Einwohner und anschließend die Kelten und Germanen mit dem keineswegs formenarmen Holzapfel beschäftigt, spätestens dann, als der Übergang vom Nomadentum zum seßhaften Leben stattfand (ca. 3000 v. Chr.). Bei diesen Völkern war der Apfel Symbol für mannigfache Tugenden; in der nordischen Sage diente er den Göttervätern als Speise.
Vieles spricht aber dafür, daß die Höherentwicklung des Apfels bis zu den heutigen Kultursorten dennoch von den schon erwähnten indogermanischen Wildarten des Orients bzw. Mittelasiens ausging, die mit den Griechen vom Balkan her und mit den Römern hauptsächlich über Frankreich nach Mittel- und Westeuropa, dem eigentlichen Herd der heutigen Kultursorten, eingewandert sind bzw. dorthin verbracht wurden.
Von Anfang an war dieser Jahrtausende alte Vorgang geprägt durch ständige, vom Menschen und wohl auch von den Tieren betriebene Auslese (Selektion) von Sämlingen, die durch zufällige Kreuzungen (Zufallssämlinge) entstanden sind. Jeder stellt infolge der Selbstunfruchtbarkeit und Mischerbigkeit beider Elternsorten erblich ein Individuum dar. Schon deshalb hatte diese Auslese günstige Voraussetzungen, zumal die Formenvielfalt durch spontane Mutationen bereichert wurde. Auslesekriterien waren beim Menschen vorrangig das äußere Aussehen und der Geschmack der Äpfel, wobei der Grundsatz, daß das Bessere stets der Feind des Guten ist, bis heute diese Tätigkeit bestimmt.
Das Ergebnis fast unendlich vieler Kreuzungen mit jeweils anschließender Auslese, zunächst innerhalb der Wildarten (intraspezifisch) und zwischen denselben (interspezifisch) sowie später zwischen verbesserten Formen daraus, unterstützt durch Mutationen bzw. deren Mutanten, führte schließlich zu so wertvollen Apfelbäumen, daß diese im Umfeld von Siedlungen oder in eigens dafür geschaffenen »Gärten« kultiviert und als ständige Nahrungsquelle genutzt wurden. Der europäische Kultur- oder Gartenapfel war geboren, der im botanischen System den Namen *Malus domestica* erhielt. Züchterisch gesehen stellt er einen außerordentlich »formenreichen Hybridkomplex« dar.
Nach Kurban und Skirvin (1984) sollte dieser Tatsache konsequenterweise mit der Bezeichnung *Malus* × *domestica* Rechnung getragen werden, ein Vorschlag, dem beizupflichten ist.
Die ersten Kultursorten waren hinsichtlich der äußeren und inneren Fruchtqualität noch recht primitiv und hatten mit den heutigen Marktsorten wenig gemein. Wie stellt man sich nun die Entwicklung zwischen diesen beiden Marksteinen vor?
Erste Zeichen einer Apfelkultur in Mitteleuropa gab es frühestens nach den unruhigen Zeiten der germanischen Völkerwanderung, angestoßen z. B. durch die salfränkischen Gesetze im 6. Jahrhundert n. Chr., später durch die Merowinger und vor allem durch Kaiser Karl den Großen, in dessen »Capitulare de Villis«, der »Verordnung über die Krongüter und Reichshöfe«, Apfelsorten namentlich aufgeführt und somit zur Vermehrung empfohlen wurden. Diese Art von landesherrlicher, häufig per Dekret gezielter Förderung setzte sich über 1000 Jahre in vielfältigen Formen bis zum Ende des 18. Jh. fort, angefangen bei Kaiser Barbarossa, über Kurfürst August von Sachsen, die ersten preußischen Könige, die württembergischen Grafen, Herzöge und späteren Könige bis hin zu den Markgrafen von Baden und der Pfalz.
Ähnlich wertvolle Beiträge zur Apfelkultur kamen von der Kirche über ihre Klöster und Geistlichen. Frühe Zeugnisse dazu sind z. B. der »St. Galler Klosterplan« zu Anfang des 9. Jh., das Gartengedicht »Hortulus« des Abtes Walahfrid Strabo von der Reichenau etwa zur selben Zeit, 3 Jahrhunderte später die Äbtissin Hildegard von Bingen mit ihren Schriften zur Heilwirkung des Obstes und schließlich der Regensburger Bischof Albertus Magnus als ausgezeichneter Kenner und Beschreiber heimischer Obstgattungen. Ferner dürften die in Mitteleuropa kolonisierenden Mönche »Pfropfreiser aus ihren Mutterklöstern in Italien und Frankreich« (Liebster 1984) nach Deutschland gebracht haben. Die Kreuzzüge und Pilgerfahrten durch Europa und in den Vorderen Orient haben sicherlich den Austausch von Kenntnissen über die Obstkultur und vor allem denjenigen von jeweils neuartigen Obstgattungen und -sorten ebenfalls gefördert.
Im späteren Mittelalter bemühten sich dann zunehmend Gärtner und Gartenliebhaber aus dem Bürgerstand wie u. a. Valerius Cordus, Johannes Bauhin oder Michael Knab um die Obstkultur.
In Spanien und in Teilen von Südfrankreich wird die Erneuerung des Obstbaues im 8. Jh. dem Einfluß der islamischen Eroberer zugeschrieben. Zum Ende des 13. Jh. entstanden in England Namen wie »Pearmain« (= birnenähnlich) oder »Costard« (möglicherweise im Sinne von gerippt oder rippig). Dort sollen nach der Aufhebung des Edikts von Nantes (1685) aus Frankreich geflüchtete Hugenotten den Obstbau belebt haben, ebenso in der Schweiz, in Holland, in Preußen, in Württemberg und in Nordamerika.

Den europäischen Siedlern Nordamerikas ist eine eigenständige Sortenentwicklung zu verdanken. Aus dem in Form von Samen, Trieben oder ganzen Bäumen mitgebrachten Erbgut sind im 18. und 19. Jh. als Ergebnis zufälliger Kreuzungen, häufig in riesigen, der Apfelweinproduktion dienenden Plantagen, durch ihre selektierende Tätigkeit die Sorten 'Jonathan', 'McIntosh', 'Morgenduft', 'Red Delicious' oder 'Golden Delicious' hervorgegangen.
An den Höfen der absolutistischen Könige Frankreichs wurden für ihre barocken Schloßgärten zwergig wachsende Obstbäume entwickelt, auch als Franzbäume bezeichnet. Dazu wurden sog. Paradies-Unterlagen als Vorläufer z. B. von M9 verwendet. Sie gehen sehr wahrscheinlich auf *M. paradisiaca* zurück.
Etwa bis zum 16. Jh. war die Zahl der Obstbäume in Mitteleuropa nicht gerade hoch, da Obst vornehmlich in überschaubaren Gärten kultiviert wurde. Doch gab es bereits lange vor dem 30jährigen Krieg beachtliche Bemühungen und Erfolge für einen Obstbau in der Landschaft. Die Früchte sollten den Nahrungsmangel beheben und die damals sehr einseitige Ernährung verbessern. Der württembergische Graf Eberhard (V.) im Bart und spätere Herzog (1445–1496) ließ z. B. schon 1492 auf dem Klosterstift Einsiedel bei Tübingen eine staatliche Baumschule errichten, die zu billigen Preisen Bäume an die Untertanen abzugeben hatte. Spätere württembergische Landesherrn wie Herzog Christoph (1515–1568) eiferten diesem Vorbild nach. Auch die badischen Markgrafen hatten schon früh den Wert des Obstes als wichtigen Zweig der Landbewirtschaftung erkannt und entsprechend gefördert, dies um so mehr, als die natürlichen Bedingungen in ihrem »Musterländle« sich in verschiedenen Landstrichen rasch als sehr gut erwiesen hatten. Zu dieser Zeit entstanden vor allem in den bayerischen Landen die fürst- und fürsterzbischöflichen »Pomarien« wie z. B. in Bamberg durch die Dynastie der Schönborns (Steiner 1993).
Ein mächtiger Verbreitungsschub für den Obstbau in der Landschaft setzte innerhalb wärmeklimatisch begünstigter Gebiete nach dem 30jährigen Krieg ein, wo vielfach durch landesfürstliche wie gemeindliche Verordnungen veranlaßt, nach und nach mehr oder weniger geordnete Pflanzungen aufgebaut wurden. Dies geschah hauptsächlich entlang von Straßen und Wegen, auf den Allmendflächen und auf großräumigen Hanglagen in Tälern oder an Mittelgebirgen überwiegend in Südwest- und Mitteldeutschland, die weder für den Acker- noch für den Weinbau geeignet und für die forstliche Nutzung zu schade waren. Die erforderlichen Bäume dazu wurden, wenigstens zum Teil, kostenlos von landeseigenen Baumschulen abgegeben. Einer solchen stand Schillers Vater, der Hauptmann Johann Caspar Schiller, vor; sie befand sich unterhalb der Solitude bei Stuttgart, einem Rokokoschlößchen von Herzog Karl Eugen. Später wurde diese segensreiche Aufgabe der neugegründeten Baumschule in Hohenheim übertragen.
Aus all diesen Aktivitäten, die ihren Höhepunkt im 19. Jh. hatten, ging im wesentlichen der heute noch in Südwestdeutschland zahlreiche Landschaften prägende Streuobstbau hervor. Ähnliche Entwicklungen gab es in den übrigen für den Obstbau bevorzugten deutschen Landen sowie in Frankreich, dem heutigen Belgien, den Niederlanden, England, Österreich, Italien und in der Schweiz. Entscheidend für die Apfelkultur bzw. für die Sortenentwicklung war dabei, daß sich die Zahl der Bäume sprunghaft vergrößert hat. Sie stammten großteils aus dem Reservoir der zufällig, also ohne menschliches Zutun entstandenen Sämlinge. Sie fanden sich in Wäldern, Hecken, am Rand von Höfen bzw. Siedlungen oder in Baumschulen und waren oftmals aus Tresterhaufen hervorgegangen. Diese Zufallssämlinge stellten ein riesiges Angebot für die Auslese verbesserter Sorten dar. Einige der heutigen Marktsorten wie z. B. 'Klarapfel', 'Gravensteiner', 'Goldparmäne', 'Cox Orange', 'Boskoop' und 'Glockenapfel' sind solche Zufallssämlinge, die dank günstiger Eigenschaften später zur Sorte aufgestiegen sind.
Neben den bei dieser Auslese in ganz Europa beteiligten Baumschulen haben sich vor allem die aus verschiedenen Berufen und Ständen hervorgegangenen und später berühmt gewordenen deutschen Pomologen jener Zeiten in dieser Sache verdient gemacht. Namen wie J. Meyer, J. V. Sickler, J. L. Christ, A. F. A. Diel, Dr. G. Liegel, J. G. Dittrich, J. G. C. Oberdieck, Chr. Freiherr Truchsess von Wetzhausen zu Bettenburg, F. Jahn und K. F. E. Lucas sowie F. W. Lauche sind seither mit dem Bemühen verbunden, Ordnung in die große Zahl von Obstsorten, insbesondere bei Apfel und Birne, zu bringen. Für diesen Zweck haben sie in Anlehnung an das botanische System und auf der Grundlage sorgfältig ausgearbeiteter Sortenbeschreibungen versucht, entsprechende Systeme auch für die Obstgattungen zu entwickeln, mit deren Hilfe man neue Sorten klassifizieren und vorhandene Sorten identifizieren können sollte. Wegen der durch Alter, Standort und Anbautechnik außerordentlich großen Variabilität der für die Bestimmung maßgebenden äußeren Fruchtmerkmale ist diese Sortensystematik aber zu Beginn des 20. Jh. gescheitert.
Das Aufblühen des deutschen Obstbaues im 18. und verstärkt im 19. Jh. fand auch in der Dichtkunst und Erzählung seine Würdigung, so u. a. durch Ludwig Uhland (1787–1862), dessen Gedicht »Einkehr« als gelungenes Beispiel für die romantisierende Betrachtung des Obstbaumes dienen soll.

Einkehr

Bei einem Wirte, wundermild,
Da war ich jüngst zu Gaste:
Ein goldner Apfel war sein Schild
An einem langen Aste.

Es war der gute Apfelbaum,
Bei dem ich eingekehret;
Mit süßer Kost und frischem Schaum
Hat er mich wohl genähret.

Es kamen in sein grünes Haus
Viel leichtbeschwingte Gäste;
Sie sprangen frei und hielten Schmaus
Und sangen auf das beste.

Ich fand ein Bett zu süßer Ruh
Auf weichen, grünen Matten;
Der Wirt, er deckte selbst mich zu
Mit seinem kühlen Schatten.

Nun fragt' ich nach der Schuldigkeit,
Da schüttelt er den Wipfel.
Gesegnet sei er allezeit
Von der Wurzel bis zum Gipfel!

Ludwig Uhland

Geschichte der deutschen Obstzüchtung

Nachweislich hat der Engländer Th. A. Knight bereits um 1800 die Sexualität bei den Obstgehölzen gekannt und diese als einer der ersten genutzt, in dem er zunächst die Blüten der Muttersorte entmännlichte und hernach die 5 Griffelnarben mit Pollen einer Vatersorte bestäubte. Mit diesen kontrollierten Kreuzungen begann die systematische Obstzüchtung, die allerdings erst etwa 100 Jahre später,

und zwar nach der Wiederentdeckung der Mendelschen Vererbungsregeln, institutionalisiert wurde. In der Zeit dazwischen bzw. gegen Ende des 19. Jh., haben eine Reihe von Pomologen auf eigene Faust züchterisch experimentiert. So z. B. auch D. Uhlhorn aus Grevenbroich/Rheinland, dem wir u. a. die Sorten 'Berlepsch' (= 'Goldrenette Freiherr von Berlepsch') und 'Zuccalmaglio' (= 'Von Zuccalmaglios Renette') oder R. Goethe, Direktor der Höheren Lehranstalt in Geisenheim, dem wir u. a. die Sorte 'Oldenburg' (= 'Geheimrat Dr. Oldenburg') verdanken.
Die hohe Zeit der systematischen Züchtung beim Obst, insbesondere beim Apfel, begann nach 1900 hauptsächlich in England und in den USA. Crandall (USA) hatte schon vor 1910 als Grundlage für die Züchtung schorfresistenter Apfelsorten die kleinfrüchtige Wildart *Malus floribunda 821* bzw. die Sorte '821' aus dieser Art mit der Tafelsorte 'Morgenduft' gekreuzt und über eine nochmalige interne Sämlingskreuzung den relativ großfrüchtigen Zuchtstamm Nr. 26 829-2-2 ausgelesen, der in diesen Zuchtprogrammen noch heute weltweit als Resistenzspender für Schorf eingesetzt wird.
Obwohl der Deutsche Pomologenverein als Ergebnis einer Umfrage bereits 1912 die damals maßgebenden Zuchtziele einer deutschen Apfelzüchtung (1. Bestandessicherheit, 2. Ertragssicherheit, 3. Marktwert) formulieren konnte, dauerte es bis zum Jahr 1929, ehe am Kaiser-Wilhelm-Institut für Züchtungsforschung in Müncheberg/Mark bei Frankfurt a. d. Oder eine Obstbau-Abteilung eingerichtet werden konnte, deren vordringliche Aufgabe es war, einerseits gegen Krankheiten und Schädlinge und andererseits gegen extreme Winterkälte resistente Apfelsorten zu züchten.
Nach 1945 fanden die Müncheberger Ansätze in Westdeutschland ihre Fortsetzung, zunächst in Voldagsen bei Hannover, danach in Köln-Vogelsang am dortigen Max-Planck-Institut. Vom Ende der 40er bis in die 70er Jahre gab es eine auf praktische Nutzung ausgerichtete, sehr erfolgreiche Apfelzüchtung auch an der Obstbauversuchsanstalt Jork bei Hamburg. Beide Schwerpunkte mußten 1976 in der Bundesforschungsanstalt für gartenbauliche Pflanzenzüchtung in Ahrensburg/Schleswig-Holstein zusammengefaßt werden, an der eigens dafür eine Abteilung für Obstzüchtung aufgebaut wurde.
Die Obstzüchtung der ehemaligen DDR verblieb nach 1945 zunächst an ihrem

Einstufiger Zuchtgang zur Gewinnung einer neuen Apfelsorte bis zu ihrer Empfehlung

♀ Elter = Muttersorte = Eizelle — ♂ Elter = Vatersorte = Pollen

Befruchtung (Frühjahr)
↓
Samen bzw. Apfelkern (Herbst)
↓
Keimungsreifung des Samens (Winter)
↓
1 Jahr: **Sämling** (Frühjahr) – nach Aussaat und Keimung – → **1. Selektion** oder Auslese nach den gültigen Zuchtzielen
↓
3 bis 10 Jahre: Dauer der **Juvenilen**, nicht blühreifen **Phase**
↓
ca. 5 Jahre: **Erste Blüten- und Fruchtbildung** → **2. Selektion**
↓
Prüfung auf Fruchtqualität
↓
Qualitätseignung → **3. Selektion**
↓

ca. 10 Jahre:

Prüfung der Sämlinge
– ökologisch und betrieblich –
auf weitere leistungsbestimmende Eigenschaften und Merkmale wie Wuchs, Ertrag, Lagerfähigkeit und Bestandessicherheit einschließlich Qualitätstest mit Verbrauchern

↓

2 Jahre:
- nach Bezug der Edelreiser vom Züchter
- nach Pfropfung auf sog. Wartebäume zur Sammlung eines Sortiments und zur Sicherung gleicher Qualität der Veredlungsaugen bzw. Knospen **(Frühjahr)**
- nach Okulation in betriebseigener Baumschule auf geeignete und virusfreie Unterlagen **(Sommer)**
- nach Pflanzung eines Sortiments (ein Jahr später)

↓

ca. 8 Jahre:

Evaluierung → **4. Selektion**
der Leistungen dieser Sämlinge bzw. der inzwischen durch Anmeldung zum Züchterschutz jeweils zur Sorte mit Namen aufgestiegenen Sämlinge für die Aussage über ihren Anbau- und Marktwert mit Vertretern der Obstwirtschaft (Beratung, Erzeugung, Vermarktung) und der Obstbauwissenschaft

↓

Empfehlung
für den versuchsweisen Anbau bzw. **Einführung in das regionale Sortiment** Gleichzeitig Abgabe von Edelreisern zu deren Vermehrung und Lieferung an die anerkannten Baumschulen

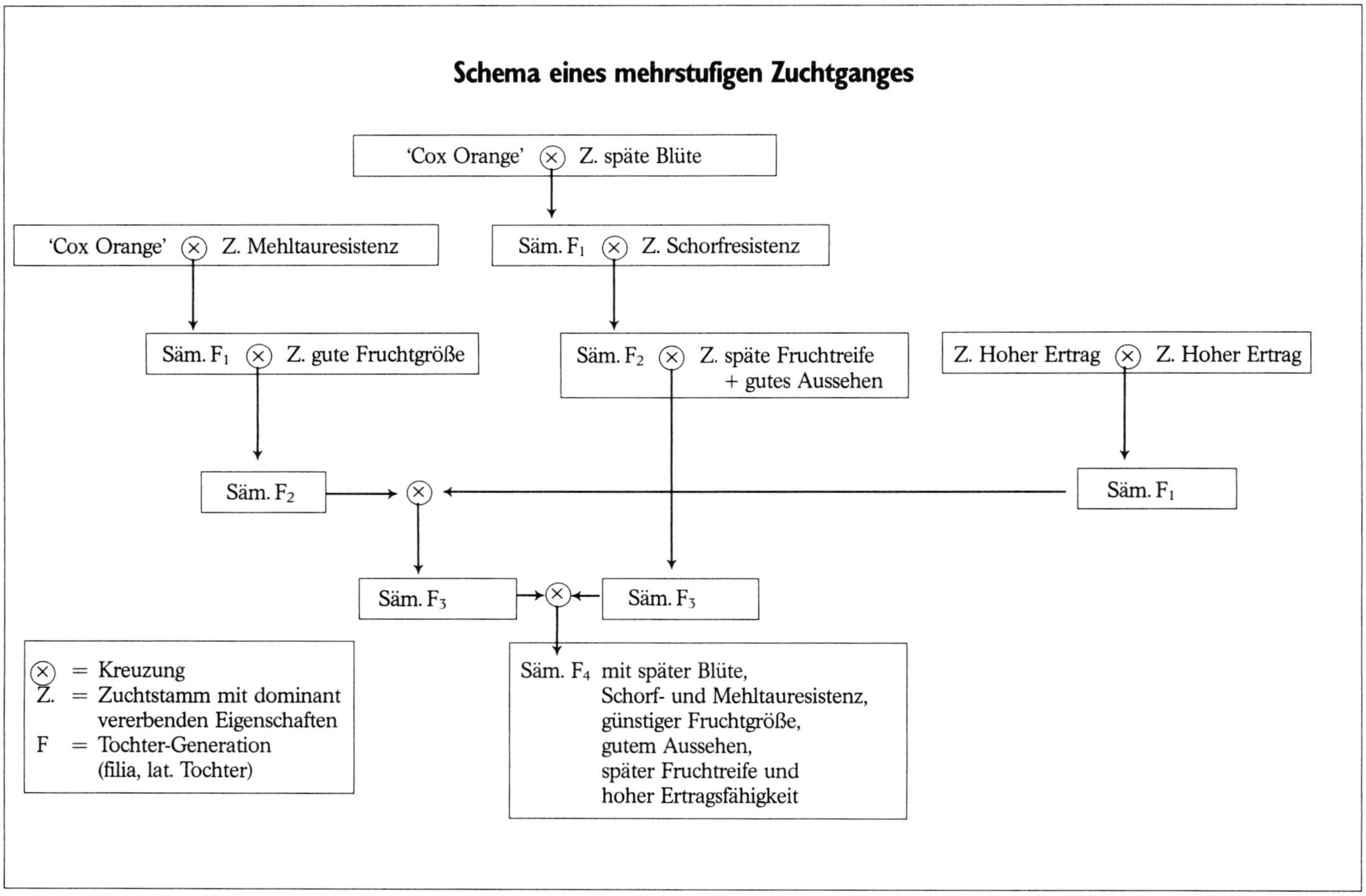

nach Alston & Watkins 1973 bzw. Schmidt zit. in Kuckuck 1979, verändert

Ursprungsort Müncheberg und wechselte 1971 in das Institut für Obstbau nach Dresden-Pillnitz. Die Versuchsstationen Müncheberg und Naumburg an der Saale wurden beibehalten. Bis Ende 1991 arbeiteten Ahrensburg und Pillnitz in der jeweiligen Konstellation. 1992 wurden die angewandten Zuchtarbeiten beider Standorte bei Obst mit dem Schwerpunkt Apfel in die Bundesanstalt für Züchtungsforschung von Kulturpflanzen Quedlinburg integriert und als Außenstelle mit der Bezeichnung »Institut für Obstzüchtung« in Dresden-Pillnitz angesiedelt.

Systematische Obstzüchtung

Sämlinge bzw. Sorten aus kontrollierter Kreuzung

Die klassische, zum Zwecke der Sortenverbesserung tätige Züchtung bedient sich einerseits der einstufigen *Kombinationszüchtung*, also dem planmäßigen und einmaligen Kreuzen zweier Elternsorten, und andererseits der *Mutationszüchtung*, also der Gewinnung von Formen, bei denen, zufällig (spontan) oder künstlich ausgelöst (induziert), einzelne oder wenige Erbanlagen mutiert sind. An beide Verfahren muß sich eine sorgfältige und konsequente Auslese bzw. bei den Mutanten eine vergleichende Leistungsprüfung anschließen.
Mit der Auslese der Sämlinge beginnt die eigentliche Arbeit des Züchters. Er kann bei der Kombinationszüchtung z. B. nur sehr bedingt, und zwar über die geschickte Auswahl der Elternsorten, auf den Zuchtgang bzw. dessen Ergebnis einwirken.
Ehe nach dem einstufigen Zuchtgang die Fruchtqualität beurteilt werden kann, müssen die Sämlinge erst blühreif werden. Dies kann schon nach 3 Jahren, verschiedentlich aber erst nach 6 bis 10 Jahren der Fall sein. Voraussetzung dafür sind hormonale Umstimmungen im Stoffwechsel dieser Sämlinge.
Nach der Auslese auf Fruchtqualität hat sich die kleine Zahl der noch verbliebenen Sämlinge unter verschiedenartigen ökologischen wie anbautechnischen Bedingungen zu bewähren, bis einzelne davon als wertvolle Neuheiten anerkannt werden und, mit Namen versehen, zur Sorte aufsteigen. Die Zeitspanne von der Keimung bis zur Empfehlung einer Sorte für den Anbau kann immerhin 20 bis 25 Jahre betragen (siehe Zeichnung S. 17).
Moderne Verfahren arbeiten mit Mehrfach-Kreuzungen: Mit Hilfe mehrstufiger Zuchtgänge, bei denen nacheinander Zuchtstämme mit dominant vererbenden und zugleich wertvollen Eigenschaften wie Schorf- und Mehltauresistenz oder hohe Ertragsfähigkeit und günstige Fruchtgröße eingekreuzt werden, lassen sich die jeweiligen Nachkommen einfacher selektieren, da nach den Regeln der Vererbung von Mendel etwa die Hälfte der Sämlinge einer Kreuzung die spezielle Eigenschaft besitzt (siehe Zeichnung S. 18). Nach einer Serie von Einkreuzungen vorteilhafter Eigenschaften oder Merkmale, die allerdings einige Jahrzehnte in Anspruch nimmt, kann man bzw. konnte man solche Sämlinge auslesen bzw. »zusammenbauen«, die alle maßgebenden Zuchtziele in sich tragen wie die Sämlinge mit der

Zur begrifflichen Bestimmung von Sämling, Mutante, Klon und Typ

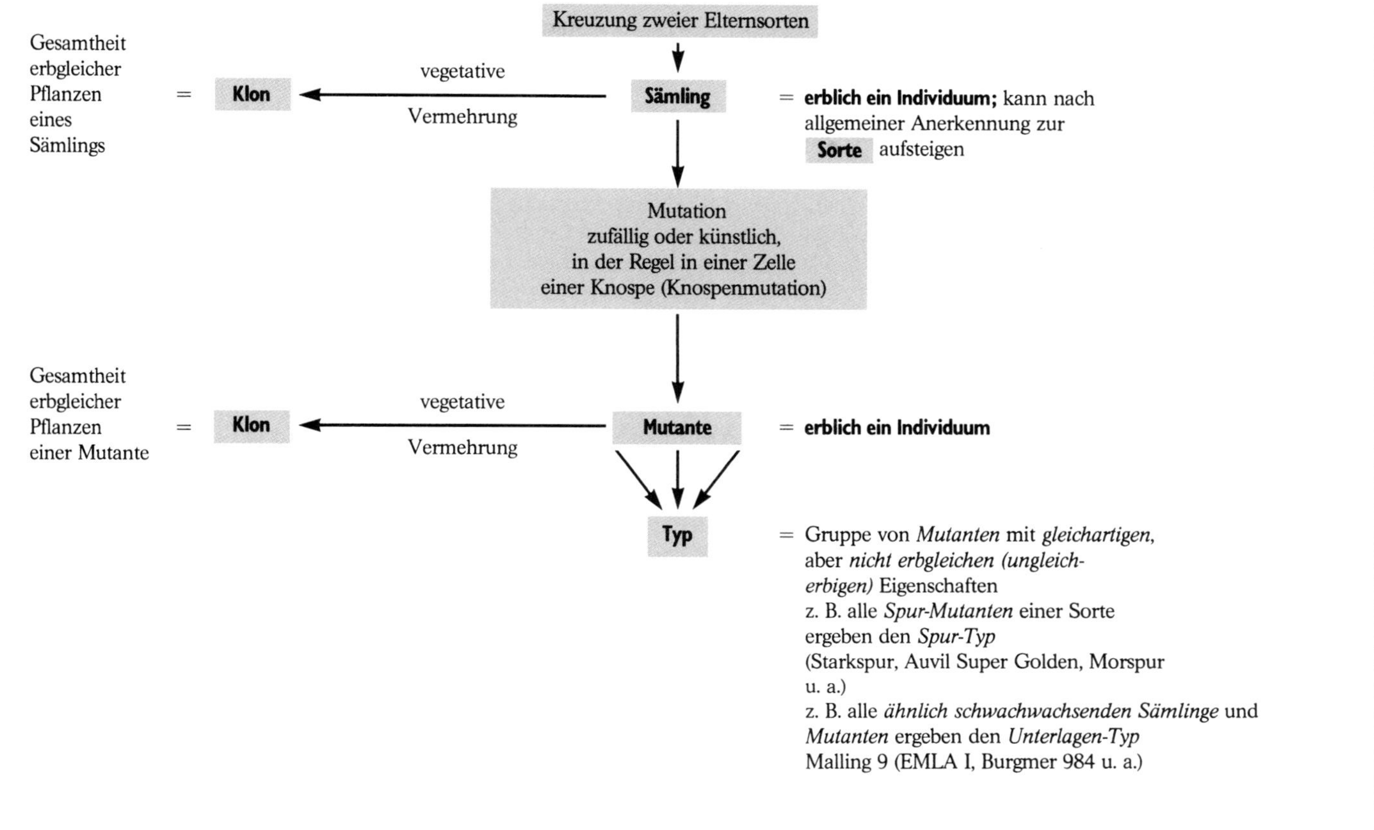

Bezeichnung F_4 in Zeichnung S. 18. Unter diesen sind theoretisch solche, die das »Zeug« für eine wertvolle Marktsorte besitzen. Die »Trefferquote« für eine wettbewerbsfähige Sorte ist aber selbst unter diesen züchterisch verbesserten Bedingungen immer noch ziemlich gering.

Eine weitere züchterische Möglichkeit, beim Kernobst gezielter als bisher arbeiten zu können, besteht in der Verringerung der »merkmalsspezifischen Variabilität« (Hegi 1995) – letztere eine Folge der starken Mischerbigkeit (Heterozygotie) der Elternsorten – in Richtung auf Erbgleichheit (Homozygotie) durch Einkreuzung von Selbstungsnachkommen als Zuchtstämme, wie sie von Karnatz (1981) für diesen Zweck verfügbar gemacht wurden. Gute Möglichkeiten bietet auch die frühzeitige Anwendung von »molekulargenetischen Markern« (DNA – fingerprinting), um die Selektionen insbesondere im Resistenzbereich zu beschleunigen (Nybom 1993, King 1993). Der erstgenannte Weg wurde schon von Crandall (1921) begangen und später von Tydeman (1958) wie auch von Knight & Alston (1968) aufgegriffen. Ob allerdings bei Kreuzungen zwischen Inzucht-Sämlingen ein Heterosis-Effekt zu erwarten ist, dürfte mehr als fragwürdig sein (Karnatz 1984).

Wie jahrzehntelange Erfahrungen lehren, werden als Kreuzungspartner vorrangig die in den jeweiligen Zeitabschnitten dominierenden und bewährten Marktsorten eingesetzt, es sei denn, man benötigt spezielle Eigenschaften, die, wie z. B. die Schorfresistenz, in bestimmten Wildarten vorkommen. In solchen Fällen bedarf es nach der Einkreuzung dieser Anlage mehrerer Rückkreuzungen mit hochwertigen Kultursorten, bis wieder eine tafelapfelgemäße Fruchtqualität, vor allem hinsichtlich der Fruchtgröße, erreicht ist.

Zufällige und künstlich erzeugte Mutanten

Innerhalb der Mutationszüchtung beschäftigt man sich beim Kernobst bislang hauptsächlich mit den aus zufälligen Knospenmutationen hervorgegangenen Mutanten, da künstlich gewonnene Mutanten (durch Einwirkung von radioaktiven Substanzen, Temperaturschocks oder von chemischen Stoffen ausgelöste Mutationen) in mehrfacher Weise erblich verändert (mutiert) sind und dabei die nachteiligen Eigenschaften meist überwiegen.

Grundlage sind nach dem Sammeln bzw. nach dem Herstellen mutierter Formen langjährige Leistungsprüfungen unter einheitlichen Anbauvoraussetzungen und mit vergleichbar gesundem Material. Dabei müssen Art und Ausmaß der Mutation bzw. der Mutationen wichtiger Eigenschaften nachgewiesen und modifikativ bedingte Erscheinungen als solche markiert werden. Als Standard bzw. Bezugsbasis sind nach Möglichkeit Pflanzen aus dem Klon des Originalsämlings bzw. der Muttersorte zu verwenden. Da durch Mutationen häufig nicht nur eine, sondern mehrere Anlagen betroffen sind, sollten zur Bewertung von Mutanten stets die im Sinne der Nutzung vorteilhaft oder unvorteilhaft mutierten Eigenschaften gegeneinander abgewogen werden.

Als Klon* wird im obigen Fall die Gesamtheit der von einer Mutterpflanze vegetativ vermehrten, also mit ihr erbgleichen Pflanzen verstanden. Sämtliche Bäume z. B. der Sorte 'Jonathan', die auf der Erde wachsen, bilden demzufolge einen Klon, sofern nicht durch nachträglich erfolgte Mutationen erblich davon abweichende Formen aufgetreten sind. Da diese Mutanten als Folge der vegetativen Vermehrung jeweils wieder zu einem eigenständigen Klon (Mikroklon oder Subklon) führen, wird der Ausdruck Klon häufig für zwei, erblich verschiedenartig entstandene Pflanzen verwendet. Im ersten Beispiel ist es die Nachkommenschaft eines Sämlings, im zweiten Beispiel diejenige einer Mutante dieses Sämlings. Anders gesagt, es ist z. B. der Bezeichnung 'Klon Nr. 17' nicht anzusehen, ob damit der Sämling oder die Mutante 'Nr. 17' gemeint ist.

Um diese Doppeldeutigkeit aufzulösen bzw. um überhaupt der botanischen Nomenklatur gerecht zu werden, wird vorgeschlagen, den Ausdruck Klon nur noch wie im Beispiel der Sorte 'Jonathan' zu verwenden und nicht zusätzlich auch als Ersatzwort für den Ausdruck Mutante (engl. sport, strain) heranzuziehen. Die Übersicht versucht, diese Zusammenhänge wiederzugeben und begriffliche Hilfe zu leisten einschließlich des Hinweises, wie der Ausdruck Typ zu verstehen ist.

Bedeutung und Herkunft der (Wurzel-)Unterlagen

Um bei den meisten Obstgehölzen, insbesondere beim Kernobst, die Sorte als erbliches Individuum zu erhalten, ist es zwingend, sie vegetativ zu vermehren. Dies geschieht in der Baumschulpraxis entweder durch Okulation (Knospe, Auge) im Sommer oder durch Pfropfung (Trieb, Reis) im Frühjahr auf sogenannte (Wurzel-) Unterlagen. Dafür stehen 2 Gruppen von Unterlagen zur Verfügung, nämlich die

- starkwüchsigen Sämlings-Unterlagen, und die
- Typen-Unterlagen, die sich in 3 Wuchsgruppen gliedern lassen: Schwach-, mittelstark- und starkwüchsig.

Diese vegetativ vermehrten Unterlagen werden deshalb unter dem Sammelbegriff Typen-Unterlagen geführt, weil jede Nummer ein Gemisch verschiedener Mutanten und/oder Sämlinge ist bzw. war. Ihre Eigenschaftsabweichungen sind aber so gering, daß sie als für den Anbau gleichwertig unterstellt werden können. Die Bemühungen gehen dahin, innerhalb des einzelnen Typs leistungsfähige Formen zu selektieren und sie dann virusfrei anzubieten. Früher bezeichnete man diese Gruppe als Klone-Unterlagen.

Um die Größenordnung dieser Eigenschaftsabweichungen bei der am meisten genutzten Unterlage M9 zu erfahren, die zwar aus gleichförmigen, aber nicht gleicherbigen Wildpflanzen hervorgegangen ist, wurde in Wilhelminadorp/Niederlande ein umfangreicher Leistungsvergleich mit virusfreien Herkünften aus verschiedenen Ländern mit der Edelsorte 'Golden Delicious, Smoothee' durchgeführt (s. untenstehende Übersicht). Die Ergebnisse lassen erkennen, daß die elf geprüften M9-Herkünfte im Stammumfang nur zwischen 92 und 112% und bei den Fruchtmassen sogar nur zwischen 97 und 104% schwankten, was angesichts der bekannt hohen Variabilität bei obstbaulichen Leistungen als jeweils gering einzuschätzen ist. Bei der ebenfalls geprüften Sorte 'Elstar' waren die Schwankungen noch geringer. Das Leistungsverhalten dieser M9-Herkünfte ist für die untersuchten Merkmale als nahezu gleichwertig einzustufen.

Der pflanzfertige Apfelbaum besteht in der Regel aus zwei erblich verschiedenen Pflanzen. Die Unterlage übernimmt dabei, vereinfacht ausgedrückt, die Aufnahme von Wasser und Nährstoffen aus dem Boden sowie die Verankerung im Boden, während die Edelsorte die Aufgabe hat, mit Hilfe ihrer Blätter zu assimilieren und Baustoffe zu bilden. Entscheidend ist dabei, daß die beiden Gewebe an der Veredlungsstelle gut miteinander verwachsen und damit sowohl den erforderlichen stofflichen Austausch zwischen den Pfropfpartnern ermöglichen als auch einen mechanisch stabilen Baum garantieren.

Die Züchtung von Apfelunterlagen nahm ihren Anfang mit der Selektion zufällig entstandener Formen. Vegetativ vermehrte Unterlagen gab es zwar schon im späten Mittelalter (vgl. Franzbäume), doch erst ab 1911 bemühten sich Hatton (England) und Schindler (Dresden-Pillnitz) fast gleichzeitig und unabhängig voneinander um deren Ordnung. Vorrangige Merkmale waren dabei Wuchsstärke, Wuchswirkung auf die Edelsorte, Frühzeitigkeit und Stetigkeit der Fruchtbarkeit, Verträglichkeit, Vermehrbarkeit, Mutterbeetleistung u. a. m.

Von der Abstammung her führt man die Typenunterlagen auf die sehr früh schon bekannt gewesenen Wildarten *M. paradisiaca*, den Paradies- oder Johannesapfel bzw. Schleizling, und *M. dasyphylla* var. *tomentosa*, den Filzapfel, auch als Splitapfel oder Doucin bekannt, zurück. Dabei sollen M9 oder M1 beispielsweise vom Schleizling, M4 oder M11 jedoch vom Doucin herkommen. Sämlings-Unterlagen sind demgegenüber F_1-Hybriden von Kultursorten, also Sämlinge nach einmaliger Kreuzung zweier mischerbiger Sorten. Als

Vergleich von M9-Herkünften ('Golden Delicious, Smoothee' im Pflanzabstand 3,50 × 1,30 m vom 2. bis 7. Standjahr in 6 Wiederholungen mit je 3 Bäumen)

Land	Unterlage	Stammumfang cm	%	Früchte pro cm STU kg	%
NL	Fleuren 4	13,8	101	27	100
NL	Fleuren 56	12,6	92	27	100
NL	Fleuren 59	14,0	102	26	97
B	Rene Nicolai	14,1	103	28	104
UK	EMLA	13,5	99	27	100
D	Burgmer 984	13,9	102	28	104
D	Burgmer 719	13,6	100	26	97
NL	NAKB 337	13,3	97	27	100
NL	NAKB 338	12,5	91	26	97
F	Lancep (Pajam 1)	13,3	97	26	97
F	Cepeland (Pajam 2)	15,3	112	26	97
	$\bar{X}$ =	13,6	100	26.8	100

Quelle: Excursiegids Grootfruit, 1990, S. 55–56, Proefstation voor de Fruitteelt, Wilhelminadorp, Niederlande

* Das Wort »Klon« ist griechischen Ursprungs und bedeutet »das Reis«

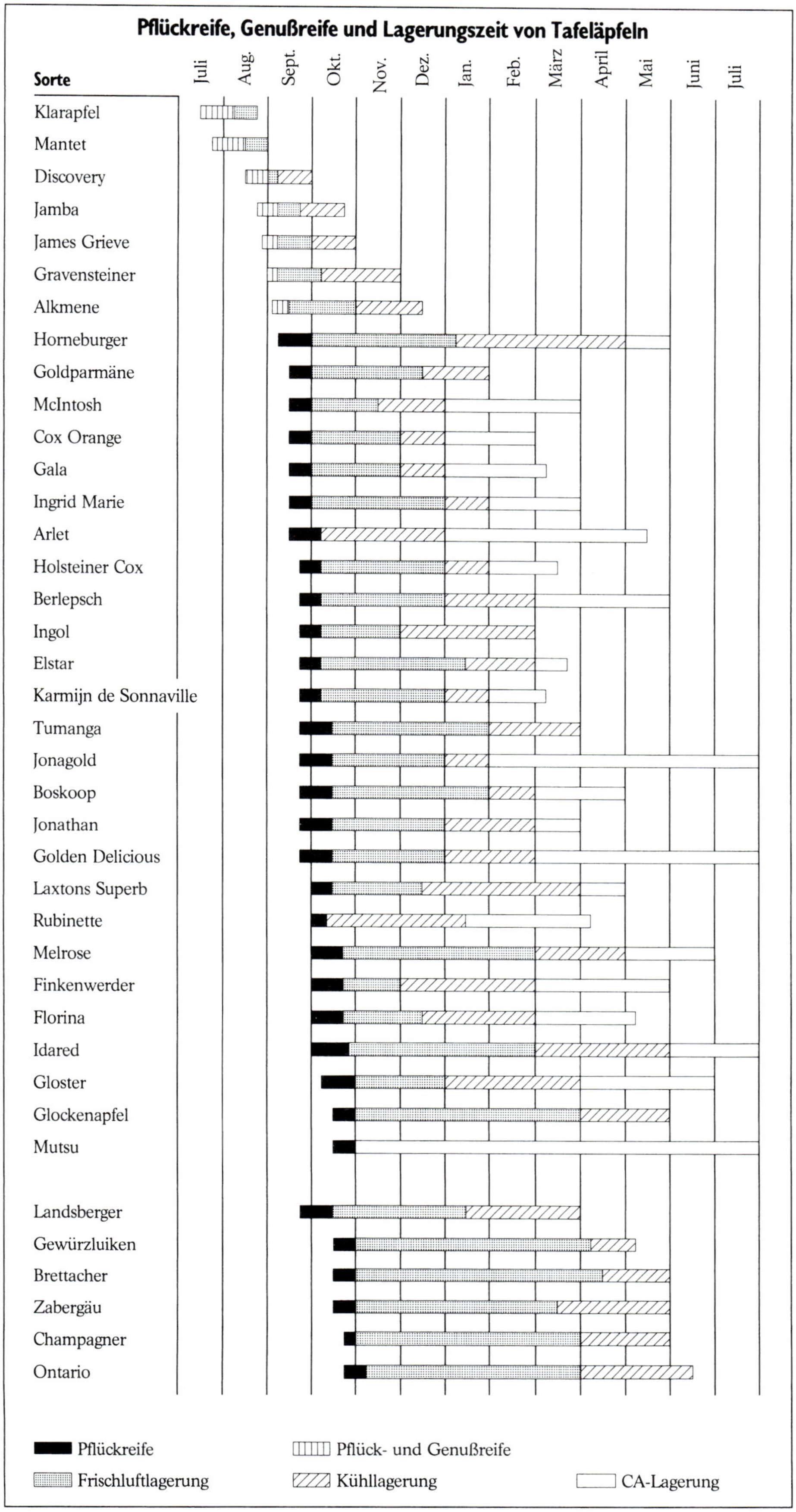

Ergebnis jahrzehntelanger Prüfungen haben sich die frostharten, wenig krankheitsanfälligen und ökologisch anspruchslosen Sorten 'Bittenfelder' und 'Graham' ('Grahams Jubiläum'; engl. 'Royal Jubilee') durchgesetzt. Sie werden heute vor allem in Frankreich als Mutterbäume zur Samengewinnung kultiviert. Die a priori virusfreien Sämlinge bilden wegen ihres Jugendformcharakters dornartige Seitensprosse und verschiedentlich krumme Stämme. Zur Anzucht hochstämmiger Bäume verwendet man deshalb sogenannte Stammbildner als Zwischenstück unterschiedlicher Länge zwischen Unterlage und Edelsorte, die zwar auch Sprosse bilden, aber ohne Dornen, da die Edelsorte sich schon im blühfähigen (adulten) Zustand befindet. Außerdem sind ihre Stämme weitgehend gerade. In diesem Fall besteht der fertige Baum sogar aus drei verschiedenen Pflanzengeweben (Unterlage + Stammbildner + Edelsorte). Für diesen Zweck bevorzugte Sorten sind 'Hibernal' und 'Jakob Fischer'.

Auf Hatton geht die weltweit anerkannte Malling-Reihe (= M-Reihe) mit Nummern von 1 bis 24 zurück, die früher als EM-Reihe (= East Malling-Reihe) mit römischen Zahlen geführt wurde. Schindler selektierte aus ähnlichem Material u.a. die schwach- bis mittelstarkwachsende, wenig frostempfindliche Unterlage Pi80. Maurer (Berlin) hat später *M. baccata* mit *M. prunifolia* gekreuzt, um frostharte Unterlagen für den mitteldeutschen Raum zu gewinnen. Ein Erfolg blieb aber aus. Günstige Eigenschaften für Baumschule und Anbau zeigt dagegen der in Ålnarp (Schweden) 1920 aus französischen Apfelsämlingen hervorgegangene »Klon« A2, der als starkwüchsige Form seit 1944 vegetativ vermehrt wird.

Das Verfolgen des Zuchtzieles »blutlausresistente Unterlagen« führte ab 1922 zur MM-Reihe (Malling-Merton-Reihe) der früheren englischen Forschungsanstalten East Malling, Grafschaft Kent, und John Innes in Merton bei London mit den Nummern 101 bis 115. Am wertvollsten daraus wird MM106 ('Northern Spy' × M1) beurteilt. Spender der Blutlausresistenz ist die Muttersorte. Aus dieser Serie ging auch M25 als starkwachsende und anbaugünstige, aber nicht blutlausresistente Unterlage hervor.

Später folgten aus East Malling noch die beiden schwachwachsenden Unterlagen M26 (M16 × M9; 1930 als Nr. 3436 selektiert), etwas wuchsstärker als M9, und

Relative Blühzeiten von Apfelsorten
– nach langjährigen Bonituren an der Versuchsstation Bavendorf sowie
– nach Schumacher (1975), Wilhelm (1982) und Petzold (1984)

	Sehr frühblühend	Frühblühend	Mittelfrüh- bis mittelspätblühend	Spätblühend	Sehr spätblühend
Tafeläpfel	Gravensteiner***	Alkmene	Ananas	Brettacher***	Boiken
		Boskoop***	Arlet	Elstar	Champagner
		Croncels	Baumann***	Gelber Edel	Linsenhofener Renette
		Discovery	Berlepsch	Gewürzluiken	Melrose
		Idared	Berner Rosen	Golden Delicous	++ Spätblühender Taffetapfel
		Jakob Fischer***	Blenheim***	Holsteiner Cox***	
		Klarapfel	Coulon***	Ingrid Marie	
		McIntosh, Rogers	Cox Orange	Jonagold***	
		Musch***	Danziger Kant	Karmijn de Sonnaville***	
		Ruhm von Kirchwärder	Florina	Luiken	
			Finkenwerder	+ Mantet	
			Gala	Mutsu***	
			Gloster	Oldenburg	
			Goldparmäne	Ontario	
			Graue Französische Renette	Rheinischer Krummstiel	
			Horneburger***	Winterrambour***	
			Ingol	Zabergäu***	
			Jamba		
			James Grieve		
			Jonathan		
			Kaiser Wilhelm***		
			Kanada Renette***		
			Landsberger		
			+ Laxtons Superb		
			Ribston Pepping***		
			Rubinette		
			Signe Tillisch		
			Tumanga		
			+ Undine		
			Weißer Winterkalvill		
			Zuccalmaglio		
Mostäpfel		Gehrers Rambour***	Börtlinger Weinapfel		Bittenfelder
			Bohnapfel***		++ Engelsberger
			Hauxapfel		
			Kardinal Bea		
			Welschisner***		

*** = Triploide Sorten; als Befruchter ungeeignet!
\+ = Stark alternierende Sorten, deshalb als Befruchter ungeeignet
++ = Beide Sorten blühen noch einige Tage später auf als die übrigen Sorten dieser Gruppe

M27 (M13 × M9; 1946/47 als Nr. 3431 selektiert), schwächer als M9 wachsend. Die folgende Tabelle informiert über das gültige Angebot von Apfel-Unterlagen. Die schwachwachsende Gruppe findet fast ausschließlich Verwendung im intensiv betriebenen Erwerbsanbau, die starkwachsende Gruppe wird für den Mostapfelanbau und den Streuobstbau bevorzugt. Die mittelstarkwachsende Gruppe hat im Vergleich zu früher erheblich an Bedeutung verloren. Aus dieser Gruppe wird nur noch MM 106 für bestimmte Anbausysteme und Sorten verwendet.

Gegenwärtig werden in fast allen obstbautreibenden Ländern neue Unterlagen für den Apfel gezüchtet und geprüft. Der Schwerpunkt liegt dabei auf dem Zuchtziel Schwachwuchs. Die starke Tendenz im Marktobstbau zu hohen Bepflanzungsdichten wirft die Frage nach besser dafür geeigneten Unterlagen auf, da M9 für starkwachsende Sorten wie 'Boskoop', 'Jonagold' und 'Gloster', vor allem bei Ver-

Wirtschaftlich wichtige (Wurzel-)Unterlagen beim Apfel

Schwachwachsende Gruppe *Nicht standfest* *Wuchsstärke rel. ansteigend*	Mittelstarkwachsende Gruppe *Standfestigkeit nicht ausreichend* ——→	Starkwachsende Gruppe *Standfest!* ——→
M27 M9 M26	M7 M4 MM106 M2 MM111	M25 M11 Sämling, MM109 A2 virusfrei!

wendung von virusfreiem Material und bei Anbau auf jungfräulichen Böden, zu große Kronen entwickelt. M27 beeinflußt dagegen wiederum bei mittel- bis kleinfrüchtigen Sorten wie 'Cox Orange', 'Elstar' oder 'Rubinette' die Fruchtgrößen nachteilig. Hinzu kommt, daß es bei M9 in Mitteleuropa immer wieder Ausfälle durch starke Winterfröste gibt.
Aus dem vielfältigen Angebot an schwachwachsenden Apfel-Unterlagen (siehe Übersicht rechts) scheint derzeit die polnische Unterlage P22 am ehesten fähig zu sein, den Anforderungen bezüglich Wuchsstärke bzw. -schwäche, Ertragfähigkeit, Fruchtqualität und Frosthärte zu entsprechen. Erste Ergebnisse aus Prüfungen (Wilhelminadorp/NL, Skierniewice/PL) bestätigen die zwischen M27 und M9 einzuordnende Wuchsstärke sowie eine die Fruchtbarkeit und die Bestandessicherheit fördernde Wirkung.

Weltweites Angebot an schwachwachsenden Apfel-Unterlagen, in der Regel als Abkömmlinge (Sämlinge, Mutanten) von M9

Name, Bezeichnung, Herkunft	Land
BBA (= **B**iologische **B**undes**a**nstalt) mit Nummern wie 25	D
Bemali (= Zuchtstation **B**alsgard **Mal**us)	S
B9 (= **B**udagovski 9; Abstammung von M 8)	GUS
Burgmer (= Baumschule) mit Nummern wie 984	D
CG (= **C**ornell **G**eneva) mit Nummern wie 10	USA
EMLA (= **E**ast **M**alling **L**ong **A**shton) Elite	UK
Fleuren (= Baumschule) mit Nummern wie 56	NL
J9 (= **J**ork 9: Obstbauversuchsanstalt des Alten Landes)	D
J-TE-A bis Z (J = **J**abloni, der Apfel; **TE** = Zuchtst. Techobuzice)	CZ
Lodder (= Baumschule) mit Nummern wie 2	D
MARK9 (früher als Mac 9)	USA
N.A.K.B. (= **N**ederlandse **A**lgemene **K**euringsdienst voor **B**oomkwekerijgewassen) mit Nummern wie 337	NL
R. Nicolai (= Baumschule) mit Nummern	B
Ottawa (= Zuchtstation) mit Nummern wie 3	CDN
P1 bis P 60 (= Polen; davon P 22 herausragend)	PL
Pajam 1 (= Lancep)	F
Pajam 2 (= Cepeland)	F

Alkmene

Aus dem griechischen Mythos entliehener Name; Alkmene war die Gemahlin des Amphytryon und Mutter von Herakles, dessen Vater Zeus gewesen sein soll. Ähnliche Namen oder Synonyme keine.
Abstammung und Herkunft: Zu Beginn der 30er Jahre aus der Kreuzung 'Oldenburg' × 'Cox Orange' hervorgegangen als Ergebnis der ersten Arbeiten der Abt. Obstzüchtung (gegr. 1929) des damaligen Kaiser-Wilhelm-Instituts für Züchtungsforschung in Müncheberg bei Frankfurt a.d. Oder/ Brandenburg.
Mutanten: Als Mutante ist 'Cevaal' (NL) 1982 entdeckt und 1990 eingetragen worden. Sie färbt stärker rot als 'Standard' und ist teilweise chimärenartig gestreift. In Belgien gibt es ebenfalls eine bessser als die Ausgangsform gefärbte Mutante von De Coster. In Deutschland haben die Baumschulen Schneider in Edingen und Schmitz-Hübsch in Bornheim-Merten/ Rheinland eigene Formen ausgelesen.
Standortansprüche: Die Sorte hat sich wärmeklimatisch vor allem auf solchen Standorten bewährt, die weder zu warm/ heiß noch zu strahlungsintensiv sind. Das können u.a. mittlere Höhenlagen oder leicht schattenseitige Hänge im Weinklima sein. Es hat sich in den heißen Sommern 1976 und 1991 gezeigt, daß die besonnte Fruchtschale unter solchen Bedingungen leicht aufreißt, was zu erheblichen Fruchtverlusten führt. In ausgesprochenen Höhengebieten sollte 'Alkmene' wegen verspäteter Reife nur für den lokalen Markt oder den Eigenverbrauch genutzt werden. Dem Zuchtziel, für Landschaften mit wenig Sommerregen eine Ersatzsorte für 'Cox Orange' zu haben, ist man ziemlich nahegekommen, denn 'Alkmene' gedeiht gut auf mäßig trockenen bis mäßig frischen Lehmböden mittelmäßiger Fruchtbarkeit, die nicht zu viel aber auch nicht zu wenig Bodenfeuchtigkeit anbieten. Die Blüten sind mindestens mittelmäßig frostempfindlich; der vorzeitige Spätfrost 1977 hat einerseits zu starker Rissigkeit im Kelchbereich, andererseits zu »verhockten« Blüten geführt, die dann später abgestoßen wurden. Demgegenüber hat der Winterfrost 1984/85 nur geringe Schäden verursacht. Die Äpfel sind nicht windempfindlich.
Verbreitung: Etwa seit 1960 in Deutschland im erwerbsmäßigen, in verschiedenen europäischen Anbaugebieten im versuchsweisen Anbau vertreten. Mengen um 800 bis 1200 t werden z.Z. jährlich u.a. in den Regionen Bodensee und Neckar an den dortigen Märkten gehandelt.
Bestandessicherheit: Vom Winterfrost her gesehen eine bestandessichere Sorte; eingeschränkt wird dies allerdings durch eine mittelmäßige bis starke Anfälligkeit für Obstbaumkrebs und eine mittelmäßige für Kragenfäule.

Baum

Wuchs: Mittelstark, später nachlassend. Sorteneigentümlich ist der Spur-Charakter der Triebe, d.h. die Internodien sind kurz, es herrschen (spornartige) Kurztriebe vor, und die Zahl der Langtriebe ist dement-

Alkmene

sprechend niedrig. Letztere wachsen überwiegend aus endständigen, selten aus seitenständigen Knospen und können im Herbst 1 bis 3 cm lange vorzeitige Kurztriebe entwickeln. Diese natürliche Kurztriebform führt zu aufrechten und schmalen Kronen mit in der Regel waagerechter Aststellung, die aber rasch dicht werden können. Schnitteingriffe richten sich deshalb hauptsächlich auf das Auslichten der Kurztriebgarnitur und auf Maßnahmen, die der Überbauung der Krone vorbeugen bzw. die schlanke Form zu erhalten versuchen. Dank der Kurztriebform sehr gut für Dichtpflanzungen geeignet. Die eher hellgrünen, mittelgroßen Blätter sind elliptisch, kurzgespitzt und zeigen randlich eine mittelkräftige Kerbung. Bewährt hat sich die schwachwachsende Unterlage M9. Wuchshabitus ähnlich der Sorte 'Elstar'.

Fruchtholz: Die Kurztriebform drückt sich auch in der Verteilung der Fruchtstand-Orte aus, denn ca. 45% nehmen die 1jährigen Kurztriebe und je 25% die mehrjährigen Kurztriebe, beide endständig fruchtend, sowie die 1jährigen Langtriebe, achselständig fruchtend, ein; für dieselben Langtriebe (mehr als 25 cm lang) mit endständiger Frucht verbleibt nur noch ein Anteil von 5%. Die Früchte aus den achselständigen Infloreszenzen am 1jährigen Langtrieb sind dank deren sehr guter Ausbildung fast normal groß (vgl. Tabelle).

Blüte und Befruchtung: Pollen günstig (diploid); früh- und kurzblühend; Befruchter sind u. a. 'Cox Orange', 'Discovery', 'Elstar', 'Golden Delicious', 'Goldparmäne', 'Idared', 'James Grieve', 'Jonathan', 'Oldenburg' und 'Ontario'; Blütenzahl 6,1 (5 bis 7), verschiedentlich blühen die subterminalen Blüten verzögert, Achse sehr kurz, Stiele kurz und ziemlich dick; Kronblätter (5) mit viel Rosa, genagelt, berührend bis schwach deckend, breit-schüsselförmig; Primärblätterzahl 8,3 (6 bis 12), lang-oval, teils sehr groß, Stiele mittellang, kräftige Rippen, Rand mäßig gezähnt, Spitze häufig verdreht; Kelchblätter länglich dreieckig, Spitzen weinrot bis dunkelrot, senkrecht abwärts gebogen, filzig behaart; Griffel sehr engständig, kaum erkennbar, so lang wie Staubblätter; diese ebenfalls engständig, kräftige Pollen.

Ertrag: Trotz häufig überreichlicher Blüte (Weißblüte!) entsprechen Fruchtbehangdichten bzw. Baumerträge oftmals nicht den hohen Erwartungen. Ursachen sind starker Blüten- und danach Fruchtfall. Im Mittel der Jahre ist deshalb die Ertragsfähigkeit zu 'Golden Delicious' (= 100%)

Alkmene

Physikalische und chemische Eigenschaften der Frucht		
Tagewerte	121	
Mittleres Fruchtgewicht in g	127	(110 – 133)
Spezifisches Fruchtgewicht	0,83	(0,81–0,84)
Fruchtform-Index	0,85	(0,81–0,89)
Mittlerer Zuckergehalt als Refraktometerwert in %	12,0	(10,5–13,5)
Mittlerer Säuregehalt in g/l	6,9	(5,1– 8,3)
Gruppen des Vitamin-C-Gehalts in mg/100 g Frischgewicht	10–20	
Sorbitgehalt in g/100 g Frischgewicht		

Größenverteilung nach Gewicht – Größenklassen in mm	<55	55/60	60/65	65/70	70/75	75/80	80/85	85/90	90/95
%	3	11	28	32	21	5			

mit etwa 65% anzusetzen bei mittlerer jährlicher Ertragsschwankung.
Krankheiten und Mängel: Wenig empfindlich für Schorf, Mehltau und Winterfrost, aber die Bäume sind durch Obstbaumkrebs und Kragenfäule gefährdet. Wird bevorzugt von Roter Spinne befallen; schwefelempfindlich.

Frucht

Pflückreife: Anfang bis Mitte September.
Genußreife: Aus dem Frischluftlager bis Ende Oktober, aus dem Kühllager bei +2 bis +3 °C bis Dezember; bei tieferen Temperaturen Gefahr von Fleischbräune.
Größe und Form: Mittelgroß bis klein; überwiegend mittelbauchig, teils hochgebaut bis stumpfkegelig, teils auch mehr flach, fast rund, d.h. ohne Kanten oder Rippen.
Farbe und Beschaffenheit der Schale: Anfänglich gelblich-grün, vollreif gelb, sonnenseits gestreift bis geflammt orangerot bis ziegelrot (⅓); viele Lentizellen auf Deckfarbe als kleine, helle Figuren, auf Grundfarbe als winzige braune Punkte; kaum berostet, einzelne Warzen; trocken, stumpf; etwas hart.
Kelch: Mittelgroß; geschlossen bis offen; grüne, lange Blättchen nicht verwachsen, mal kräftig, mal verkümmert.
Kelchgrube: Flach, weit, schüsselförmig; feingefältelt; ohne Rost; häufig grünlich.
Stiel: Überwiegend kurz, mitteldick bis dick, am Ende knopfig.
Stielgrube: Eng und mäßig tief bis tief; meist sehr feinschuppig und strahlig berostet, teils über den Rand hinaus, aber wenig auffällig.
Kernhaus: Klein bis mittelgroß; zwiebelförmig und kelchnahe; Achse hohl, Fächer meist gleichmäßig und schmal, zahlreiche breitsackige Samen; Gefäßstrang breit am Kelch auslaufend; Leitbündel (horizontal) als grüne Punkte wenig sichtbar.
Fleisch: Grünlichgelb bis cremefarben; fest, feinzellig, saftig, knackend mit kurzem Bruch.
Geschmack: Süßfruchtig, mit feiner Säure, aromatisch, deutliche Verbesserung gegenüber 'Oldenburg' und mit Anklängen an 'Cox Orange'.

Anbau und Markt

Diese Frühherbstsorte überzeugt durch ihre hervorragende Fruchtqualität und durch ihre Vorteile hinsichtlich marktgünstiger Reifezeit und risikoarmer Handelsfähigkeit, weniger dagegen durch ihre Ertragsfähigkeit. Allerdings kann dieser Mangel bei günstiger Plazierung am Markt durch hohe Preise zum Teil aufgefangen werden. Neben der frühen Reife stehen einer größeren Verbreitung die kurze Absatzperiode und die geringe Haltbarkeit gegenüber; nach holländischen Erfahrungen ist 'Alkmene' zudem eine arbeits- und kostenaufwendige Apfelsorte. Ihre Anbauschwerpunkte liegen im gebietlichen Markt und im Hausgarten. Dort kann sie für die Herbstmonate zufriedenstellend die Sorte 'Cox Orange' ersetzen. In manchen Jahren können die Früchte stippig und glasig werden, während bei längerer Lagerung mit Fleischbräune und verstärkt mit Fruchtfäulen zu rechnen ist. Wegen der Welkeempfindlichkeit ist im Lager stets auf hohe Luftfeuchtigkeit zu achten. Der traubenartig dichte Fruchtbehang erfordert Sorgfalt beim Pflücken. Durchpflücken scheint nicht notwendig zu sein. Äußerlich ähnliche Früchte können die Sorten 'Oldenburg', 'Goldparmäne' und 'Holsteiner Cox' haben.

Arlet

Ähnliche Namen oder Synonyme gibt es keine.
Abstammung und Herkunft: Die Neuzüchtung 'Arlet' ist als Sämling aus der Kreuzung 'Golden Delicious' x 'Idared' hervorgegangen und stammt aus der Eidgenössischen Forschungsanstalt Wädenswil; als Neuheit wurde sie 1984 für den Handel und Anbau freigegeben.
Mutanten: Über Mutanten liegen bisher keine Hinweise vor.
Standortansprüche: Nach den derzeitigen Erfahrungen in der Obstregion Bodensee und im Bereich der Ostschweiz ist 'Arlet' als wärmeanspruchsvoll einzustufen, denn die Anteile marktwirtschaftlich günstiger Fruchtgrößen (> 70 mm Durchmesser) fallen im Mittel der Jahre im Weinklima höher als im Obstklima bzw. in den entsprechenden Hochlagen am Bodensee aus. Auch scheint das Auftreten von Berostungen im Bereich des Kelchgrubenrandes auf wärmeklimatisch benachteiligten Lagen häufiger oder kräftiger als auf wärmeren Standorten zu sein. Diese, fast als Sortenmerkmal zu bezeichnenden »Rostkränzchen« zeigen aber auch Beziehungen zum Wetterverlauf im Frühjahr, denn 1992 waren die Äpfel auch auf dem relativ hochgelegenen Standort Bavendorf weitgehend berostungsfrei. Das Verhalten von 'Arlet' gegenüber den anderen Standortfaktoren Feuchtigkeit, natürliche Nährkraft und Durchlüftung des Bodens sowie gegenüber Frost (Spät- und Winterfrost) und Wind dürfte als für Kultursorten des Apfels durchschnittlich zu bewerten zu sein, d.h., daß diese Sorte auf frischen bis mäßigfrischen, humosen und gut durchlüfteten Lehm- bis Sandlehmböden mit mehr als mittelmäßiger Fruchtbarkeit (Bodenzahl > 50) in nicht spätfrostgefährdeten und normal bewindeten Lagen gute Leistungen bezüglich Ertrag und Qualität der Früchte leisten kann.
Standortbedingte Ausfälle an Bäumen durch Frost oder Obstbaumkrebs gab es in Bavendorf seit 8 Jahren keine, obwohl teilweise Infektionen durch den Obstbaumkrebs zu beobachten waren.
Verbreitung: Diese ist im wesentlichen bislang beschränkt auf die wärmeren Teile im Westen der Obstregion Bodensee (Landkreis Konstanz, Bodenseekreis). Ähnliches dürfte auch für die Schweiz gelten. Dort wird 'Arlet' vor allem im lokalen Bereich von Weinbaugebieten angebaut und vermarktet.

Baum

Wuchs: Der anfänglich starke Wuchs läßt später nach, so daß die Bäume im Ertragsalter meist nur noch mittelstarkwüchstig sind mit einer in der Regel betonten Mittelachse. Als Folge weniger, aber kräftiger Äste mit überdurchschnittlich langen und deshalb auch häufig hängenden, mittellang-nodigen Trieben (70/75 cm) ist ein geordneter Kronenaufbau, zumal für Schlanke Spindeln, vielfach erschwert. An den graubraunen Trieben mit hellen Lentizellen sitzen mittelgroße, langovale und dunkelgrüne Blätter, die mäßig gekerbt und meist gewellt sind. Letzteres führt dazu, daß im Gesamtbild des Baumes die Blätter viel Unterseite zeigen. Die Blätter selbst sind in der Regel gleichgrundig mit mittellangen, an der Basis häufig rötlichen Stielen und zeigen teils mittellange, teils lange Spitzen am Ende, während ihre Nebenblättchen schmal und etwa 1,5 cm lang sind.
Fruchtholz: Entsprechend der Triebbildung überwiegen eher lange als kurze Triebe beim Fruchtholz, d.h., daß die für »ruhige Bäume« so wertvollen Kurztriebe, zumindest in den ersten Jahren, nicht stark verbreitet sind. Diese Triebgarnitur

scheint sich jedoch für eine frühe und reichliche Fruchtbarkeit wenig oder gar nicht nachteilig auszuwirken. Markant ist die hellgraue Rinde der Fruchthölzer einschließlich der hellen bis weißlichen Lentizellen. Die Äpfel hängen überwiegend einzeln, was die Ernte erleichtert.

Blüte und Befruchtung: Als Pollenspender geeignet (diploid); mittelfrühblühend; geeignete Befruchter sind u.a. 'Berlepsch', 'Cox Orange', 'Elstar', 'Gala', 'Glockenapfel', 'Gloster', 'Golden Delicious', 'James Grieve', 'Idared' und 'Jonathan'; Blütenzahl 5,4 (4 bis 7), Blüten vereinzelt verkümmert, selten laterale Nebenblüten, Achse kurz bis sehr kurz, Stiele lang bis sehr lang; Primärblätter 8,6 (4 bis 11), d.h. von dürftigen bis wuchtigen und blattreichen Infloreszenzen streuend, wobei auch die Blattgröße von sehr klein bis ziemlich groß reichen kann; Kronblätter meist 5, vereinzelt auch nur 4 oder gar 3, zartrosa; Griffel länger als Staubblätter; Nebenblätter dünn, lang und bräunlich; Geruch wenig ansprechend.

Ertrag: Die Fruchtbarkeit setzt früh ein und ist danach regelmäßig. Im Mittel der Jahre ergeben sich Baumerträge von etwa 90% von 'Golden Delicious' (= 100%). Um Alternanz zu verhindern und die Fruchtgröße zu fördern, müssen starke Fruchtbehänge frühzeitig ausgedünnt werden.

Krankheiten und Mängel: Nach schweizerischen Angaben sehr schorfanfällig, weniger dagegen für Mehltau. Auf die Empfindlichkeit für Fruchtberostungen wurde schon unter Standortansprüche hingewiesen. Weitere Mängel im Anbau sind nicht bekannt.

Physikalische und chemische Eigenschaften der Frucht									
Tagewerte	138								
Größenverteilung nach Gewicht / Größenklassen in mm	<55	55/60	60/65	65/70	70/75	75/80	80/85	85/90	90/95
%			2	6	30	45	16	1	
Mittleres Fruchtgewicht in g	164	(110 – 220)							
Spezifisches Fruchtgewicht	0,83	(0,81–0,84)							
Fruchtform-Index	0,91	(0,84–1,00)							
Mittlerer Zuckergehalt als Refraktometerwert in %	13,2	(12,1 – 14,0)							
Mittlerer Säuregehalt in g/l	7,1	(6,2– 9,8)							
Gruppen des Vitamin-C-Gehalts in mg/100 g Frischgewicht	10–20								
Sorbitgehalt in g/100 g Frischgewicht									

Frucht

Pflückreife: Mitte September bis Anfang Oktober, je nach Wärmeklima.

Genußreife: Von der Pflücke an und aus dem Kühllager bei 1 °C bis Ende Januar; dabei besteht jedoch die Gefahr, daß die Fruchtschale fettig bzw. wachsig werden kann. Diese Schwäche läßt sich durch CA-Lagerung (1 bis 2 °C, 3% CO_2, 1 bis 3% O_2), die bis April/Mai andauern kann, fast vollständig unterdrücken oder kontrollieren.

Größe und Form: Mittelgroß (bis schwach groß); rund bis allenfalls schwach grobkantig; in der Regel hochgebaut bis länglich bzw. zum Kelch hin zulaufend, dennoch überwiegend mittelbauchig; ziemlich ebenmäßig, ein schön geformter Apfel.

Farbe und Beschaffenheit der Schale: Gelb bis strohgelb in der Grundfarbe; zu 40–80% überdeckt durch kräftiges bis leuchtendes, teils flächiges, teils marmoriertes Erdbeerrot, das sich an den Seiten allerdings fleischfarben abschwächen kann; Lentizellen auf der Deckfarbe als helle Sternchen, sonst nur als Punkte; glatt und je nach Lagerungszeit und -art schwach bis kräftig wachsig, bis hin zu unangenehm; vielfach netzartig berostet, hauptsächlich um den Kelch oder von dort in Streifen ausgehend; hart.

Kelch: Mittelgroß bis klein, meist geschlossen; mitteltief.

Kelchgrube: Mitteltief und mittelweit; meist kräftig bis fast rauh und grobschuppig berostet: sortenspezifisches Merkmal, schwach höckrig, leicht gefältelt bis geperlt.

Stiel: Kurz bis lang, stark streuend; kräftiger Napf am Ansatz, länglich oft in Streifen geschrumpft; braun bis dunkelbraun.

Stielgrube: Tief und eng, weitet sich nach außen mäßig; vereinzelt auch mitteltief und relativ flach.

Kernhaus: Hochzwiebelförmig bis oval, eher stiel- als kelchnah; Leitbündel als kräftige, hellgrüne Punkte, im mittleren Bereich liegend; Fächer relativ kurz und mäßig dick, Achse geschlossen, zahlreiche Samen, ziemlich groß, braun bis hellbraun und ebenmäßig.

Fleisch: Cremefarben bis weißlich-gelb; feinzellig, anfänglich fest, knackig und sehr saftig, wird später weich, bleibt aber saftig.

Geschmack: Bei nicht wachsig oder fettigen Früchten überzeugend feinsüß-fruchtig, aromatisch und deshalb sehr angenehm; wachsige Äpfel verlieren jedoch an geschmacklichem Wert.

Anbau und Markt

Die sowohl für den übergebietlichen Großmarkt als auch für den Lokalmarkt geeignete schweizerische Sorte 'Arlet' zeichnet sich durch frühzeitige, hohe und auch regelmäßige Fruchtbarkeit aus. Für marktgünstige Fruchtgrößen ist es in der Regel erforderlich, ihren Anbau auf wärmeklimatisch begünstigte Flächen zu begrenzen, um den Wärmeansprüchen dieser Sorte gerecht zu werden. Aber auch unter solchen Bedingungen erfordern die häufig dichten Fruchtbehänge eine frühzeitige und sorgfältige Ausdünnung um ein jeweils standortangepaßtes Blatt-Frucht-Verhältnis zu erreichen: auf kühleren Lagen ist dieses weiter einzustellen. Die für Kultursorten des Apfels meist überlangen und hängenden Fruchtäste bzw. -hölzer erschweren verschiedentlich den Aufbau einer schlanken Spindel. Dieser Wuchscharakter verbessert sich jedoch von Jahr zu Jahr, so daß später ausrei-

chend Kurztriebe mit endständigen Infloreszenzen vorhanden sind. Von der Muttersorte dürfte eine nicht geringe Empfindlichkeit für den Befall der Blätter durch den Schorfpilz herrühren. Diese Schwäche ist ähnlich ernst zu nehmen wie die Neigung zu Berostungen am Kelchgrubenrand, die in kühleren Lagen zu einem sortentypischen Merkmal »ausarten« kann.
Nach später Ernte kommt es leicht zu wachsigen oder fettigen Fruchtschalen, die den Markt- und Genußwert der Äpfel belasten. Durch mehrmonatige CA-Lagerung ist es möglich, die Ausscheidung solch wachsartiger Stoffe zu verhindern oder ausreichend zu kontrollieren. Hervorzuheben ist die gute Festigkeit des saftreichen Fruchtfleisches und die vielseitige Verwendbarkeit der Äpfel in der Küche.

Berlepsch

Vollständiger Name ist 'Goldrenette Freiherr von Berlepsch'; ähnliche Namen sind u.a. 'Baron von Berlepsch' oder 'Freiherr von Berlepsch'.
franz.: 'Baron de Berlepsch' bzw. 'Reinette dorée de Berlepsch'.
Synonym ist u.a. 'Goldreinette' bzw. 'Goldrenette'.
Abstammung und Herkunft: Um 1880 von D. Uhlhorn, Junior, in Grevenbroich (Niederrhein) aus Sämlingen der Kreuzung 'Ananas' × 'Ribston Pepping' ausgelesen und nach H.H. Freiherr von Berlepsch, dem damaligen Regierungspräsidenten in Düsseldorf, benannt, dessen Familiensitz das Schloß Berlepsch in der Nähe von Witzenhausen (Hessen) ist.
Mutanten: Schon lange bekannt ist die Mutante 'Roter Berlepsch'. Sie wächst etwas schwächer als der sog. 'Gelbe Berlepsch', ist fruchtbarer, bringt besser rotgefärbte Äpfel und sollte deswegen bevorzugt werden. Inzwischen sind unter dem Namen 'Roter Berlepsch' verschiedene, ähnlich rotgefärbte Mutanten als 'Roter Berlepsch, Lieberz' und 'Roter Berlepsch, Weinsberg 11/49 und 11/50' im Handel. Der Name 'Roter Berlepsch' hat auch anekdotische Bezüge. Wie es der Zufall will: Freiherr von Berlepsch hatte starke soziale Neigungen und bekam deswegen in Berlin den Spitznamen »Roter Berlepsch«.
Standortansprüche: Die Anforderungen an die Wärme sind nicht hoch. Dafür zeugen z.B. die guten Anbauerfahrungen von der Ulmer Alb. Beste Geschmacksqualitäten setzen allerdings sonnige und warme Wochen im September voraus. Auf frischen und dazu nährstoffreichen Böden wird in den Anfangsjahren der Bäume häufig das vegetative Wachstum auf Kosten der Blühwilligkeit gefördert, vor allem nach kräftigem Schnitt. Insoweit sind mäßig frische Böden günstiger. Allgemein gilt jedoch, die starke Triebigkeit der Sorte frühzeitig zu beruhigen. Auf trockeneren Böden steigt andererseits die Gefahr vorzeitigen Fruchtfalls. Auf Böden mit unausgeglichenem Wasser-Luft-Haushalt (z.B. auf stark tonigen Böden) werden die Leistung der Blätter und das Wachstum der Triebe beeinträchtigt sowie die Anfälligkeit für Obstbaumkrebs verstärkt. Das Holz ist mäßig empfindlich für Frost – der Polarfrost 1984/85 brachte mittlere Schäden –, die Blüten sind als frostempfindlich einzustufen. Zum Ende der Reife »tropft« 'Berlepsch' als Folge kurzer Stiele gerne; durch heftigen Wind wird dies noch verstärkt.
Verbreitung: Erwerbsmäßig nur im Rheinland angebaut; dort haben sich die jährlichen Mengen zwischen 2000 und 3000 t eingependelt; sonst in kleinen Stückzahlen, insbesondere aber im südwestdeutschen Raum, anzutreffen.
Bestandessicherheit: Wegen der Empfindlichkeit für Winterfrost und der Anfälligkeit für holzschädigende Pilze nicht gerade hoch, jedoch nicht besorgniserregend.

Baum

Wuchs: Anfänglich starkwachsend mit schräg aufrechten Leitästen; dies führt auf starkwüchsigen Unterlagen zu breit kugeligen, gut verzweigten Kronen; bei Verwendung schwachwachsender Unterlagen wie M9 lassen sich dementsprechend großrahmige, zugleich aber locker aufgebaute Spindelbäume erziehen. In beiden Fällen sorteneigentümlich ist der büschelartige Austrieb im Bereich der Endknospen von Langtrieben bei gleichzeitig mäßiger Verkahlung an deren Basis. Die bei Jungbäumen übliche starke Triebigkeit läßt nach, so daß im Ertragsalter nicht zu viele mittelnodige Langtriebe entstehen, die im apikalen Bereich meist gestaucht bzw. deutlich kurznodig sind. Dort häufen sich traubenartig auch die Äpfel. Jedenfalls sind stärkere Rückschnitte in den Anfangsjahren zu vermeiden zugunsten eines bei Hochstämmen langen Fruchtholzschnittes. Im Erscheinungsbild zurückhaltend zeigt sich das Laub mit seinen hellgraugrünen, mittelgroßen, elliptischen und oft grobrunzeligen Blättern, die zudem schiffartig nach innen gewölbt, lang- bis kurzspitzig sowie mittelfein bis grob gekerbt sind. Bekannt ist ihre besondere Schwefelempfindlichkeit.

Fruchtholz: Vorherrschend sind mittellange Triebe, die in der Regel endständig bzw. im apikalen Bereich fruchten; weitere Orte können 1jährige Kurztriebe, seitlich am 2jährigen Langtrieb sitzend, sein, aus denen später Quirlhölzer hervorgehen, sowie 1jährige Langtriebe, die dann achselständig fruchten. In allen Fällen ist klumpiger Fruchtansatz die Regel. Formgerechte Schlanke Spindeln zeigen meist gleichmäßig von oben bis unten verteilten Ansatz.

Blüte und Befruchtung: Pollen günstig (diploid); mittelspät- und langblühend; geeignete Befruchter sind u. a. 'Cox Orange', 'Gelber Edel', 'Glockenapfel', 'Goldparmäne', 'Golden Delicious', 'Idared', 'Ananas', 'James Grieve', 'Oldenburg', 'Jonathan', 'Klarapfel', 'Landsberger' und 'Zuccalmaglio'. Blütenzahl 5,1 (4 bis 6), verschiedentlich einzelne Blüten verkümmert, Königsblüte häufig klein und kurzgestielt, Achse kurz, Stiele mittellang bis kurz, kräftig, stark flaumig; Kronblätter (5) mittelgroß, länglich-oval, wenig Rosa, meist deckend bis berührend, kurz bis mittellang genagelt; Primärblätterzahl 6,5 (4 bis 9), ziemlich groß, lang-oval mit Spitze, oft gekräuselt, Stiele mittellang; Kelchblätter schmal, lang und zugespitzt, teils aufrecht, teils platt und mit abwärts gebogener Spitze; Griffel (5) deutlich länger als Staubblätter, engständig; Staubblätter bürstenartig um die Griffel angeordnet.

Roter Berlepsch

Ertrag: Setzt früh ein und alterniert danach wenig, langfristig jedoch nur mittelmäßig ertragreich, d. h. Baumerträge liegen bei 60% von 'Golden Delicious' (= 100%); die Mutante 'Roter Berlepsch' ist etwas ertragreicher.

Krankheiten und Mängel: Für Schorf und Mehltau wenig, für Obstbaumkrebs und Kragenfäule mindestens mittelmäßig anfällig; die Blätter sind, besonders bei warmer Witterung, betont schwefelempfindlich; ausgeprägte Krankheitsbilder nach Infektionen mit Viröser Rauhschaligkeit des Apfels; widerstandsfähig gegenüber Blutlaus; kein Kernhausschimmel.

Frucht

Pflückreife: Je nach Wärmeklima von Mitte September bis Mitte Oktober.

Genußreife: Aus dem Frischluftlager bis Dezember, aus dem Kühllager bei 0 bis +2 °C bis Februar; bei beiden Lagerungsarten kann es zu faulen Äpfeln kommen; aus dem CA-Lager (3 bis 4% CO_2, 3% O_2, 0 bis +2 °C) bis Mai, dabei Gefahr des Auftretens von Schalenbräune.

Größe und Form: Mittelgroß bis klein; ziemlich rund, aber überwiegend schwach grobkantig, zum Kelch hin feinrippig auslaufend, betont mittelbauchig, teils flach, teils hochgebaut.

Farbe und Beschaffenheit der Schale: Zunächst grünlichgelb, vollreif goldgelb, sonnenseitig teils schwach gestreift, teils fleischfarben bis kräftig dunkelrot, dabei zuweilen mit Blaustich, dies verstärkt bei roter Mutante; sehr viele, meist sternartig berostete Lentizellen, teilweise nur als Pünktchen oder kaum sichtbar; leicht rauh und/oder leicht wachsig, trocken; weich, später zäh.

Berlepsch

Physikalische und chemische Eigenschaften der Frucht										
Tagewerte	136									
Größenverteilung nach Gewicht	Größenklassen in mm	<55	55/60	60/65	65/70	70/75	75/80	80/85	85/90	90/95
	%		9	28	48	15				
Mittleres Fruchtgewicht in g	107	(73 – 142)								
Spezifisches Fruchtgewicht	0,79	(0,78–0,80)								
Fruchtform-Index	0,81	(0,78–0,86)								
Mittlerer Zuckergehalt als Refraktometerwert in %	12,4	(11,0–13,8)								
Mittlerer Säuregehalt in g/l	8,8	(8,6– 9,0)								
Gruppen des Vitamin-C-Gehalts in mg/100 g Frischgewicht	30–40									
Sorbitgehalt in g/100 g Frischgewicht										

Kelch: Klein bis höchstens mittelgroß; überwiegend geschlossen; kleine, grüne Blättchen aufrecht, Spitzen leicht gebogen, am Grund nicht verwachsen.
Kelchgrube: Mitteltief; mittelweit; stets sortentypisch feinhöckrig bis gefältelt, randlich oft rippig, meist flaumig, rostfrei.
Stiel: Kurz, selten mittellang; dünn bis mitteldick, napfartig am Ansatz, zuweilen mit Fruchtkuchen.
Stielgrube: Tief; eng; überwiegend feinschuppig berostet und strahlig auf die Schale übergreifend.
Kernhaus: Mittelgroß; zwiebelförmig; kelchnahe; Achse hohl, Kammern geschlossen, sternförmig und mit weißen Ablagerungen, dunkelbraune Samen sackartig und hellspitzig; grüne Leitbündel liegen ziemlich außen.
Fleisch: Grünlichweiß bis grünlichgelb; fest, dichte Struktur, kurz, knackig, sehr saftig, später nachlassend, aber nie mürbe oder trocken.
Geschmack: Gut ausgereift weinwürzig mit harmonischem Spiel von Zucker und Säure, aromatisch; der »Riesling« unter den Apfelsorten.

Anbau und Markt

Der gute Ruf dieser Sorte ist in ihrer herausragenden inneren Qualität begründet, die aber nur vollausgereift diese Einschätzung rechtfertigt. Dies gilt für den Geschmack und das Fruchtfleisch, die beide, länger als beim Apfel üblich, ihren sortenspezifischen Standard beibehalten, auch im Frischluftlager. Zum Erreichen des hohen geschmacklichen Wertes, aber auch wegen der Neigung der Schale zum Schrumpfen bzw. Welken, sollte so spät wie möglich gepflückt werden, selbst auf die Gefahr hin, daß ein Teil der Äpfel vorzeitig vom Baum »tropft«. Neben der Welkeempfindlichkeit ist ein weiterer bekannter Mangel die mit der Lagerung zunehmende Anfälligkeit für Schalenbräune, die aber vielleicht durch neue Verfahren kontrolliert werden kann. Es ist keine Frage, daß beide Mängel für die Handelsfähigkeit schwere Belastungen darstellen und aus diesen Gründen 'Berlepsch' nie eine Sorte für den übergebietlichen Markt sein wird, für den sie aufgrund nicht vorkommender Stippigkeit und Druckflecken sonst bestens geeignet wäre. Es ist und bleibt eine Sorte für den Kenner und Feinschmecker, der auch bereit ist, die als Folge mäßiger Ertragsfähigkeit verständlicherweise hohen Preise zu bezahlen. Ähnliche Früchte kann die Sorte 'Baumann' haben.

Boskoop

Ähnliche Namen sind 'Gelber Boskoop', 'Schöner von bzw. aus Boskoop', 'Reinette de Boskoop'.
holl.: 'Goudrenet'.
engl.: 'Belle of Boskoop'.
franz.: 'Belle de Boskoop'.
ital.: 'Bella di Boskoop'.
Synonyme sind 'Apfel der Zukunft', 'Goldreinette', 'Graue Winterrenette', 'Reinette de Montfort', 'Reinette Monstreuse' u.a.

Abstammung und Herkunft: Zufallssämling; soll 1856 in Boskoop nahe Gouda (Niederlande) von K.J.W. Ottoländer als fruchtender Trieb einer Sämlingsunterlage gefunden worden sein; andere Quellen vermuten in dieser Sorte eine Mutante von 'Renette von Montfort'; frühere Sortenkundler behaupten, es handle sich um die gleiche Sorte; nach Ausstellung 1863 in Görlitz (Sachsen) zunehmend in Deutschland verbreitet; seither sind zahlreiche zufällige Mutanten bekannt geworden, die v.a. in der Deckfarbe, der Fruchtform, der Berostungsneigung und in der Fruchtbarkeit mutiert sind (vgl. Mutanten); sorgfältige Auslese und Prüfung des Vermehrungsmaterials ist daher notwendig.

Mutanten: Nach den Angaben in der Tabelle und den vorliegenden Erfahrungen im Anbau und bei der Vermarktung hat sich 'Roter Boskoop, Schmitz-Hübsch' als fruchtbare Mutante mit intensiv und flächig ausgeprägter roter, wenn auch etwas blaustichiger Deckfarbe am besten bewährt. Die von ihr abstammende Submutante 'Bakker', auch 'Bakker-Ley' genannt, entwickelt zwar mehr Deckfarbe, die allerdings ins Orangerote geht. Sie ist aber weniger berostet und in der Fruchtgröße eher unterdurchschnittlich. Das Gesamtbild von 'Bakker' weicht insoweit beträchtlich vom ursprünglichen 'Roten Boskoop' ab. Keine der in der Übersicht aufgeführten Mutanten erreicht das Leistungsniveau von 'Schmitz-Hübsch'.

Als Ergebnis langjähriger Mutantenprüfungen mit genetisch identischem und mindestens virusgetestetem Material auf den unterschiedlichen Standorten Bavendorf und Heuchlingen konnten folgende Abweichungen für die sortenkundliche Beurteilung wichtiger Eigenschaften und Merkmale gegenüber dem durchschnittlichen Verhalten aller geprüften Mutanten herausgearbeitet werden (Hübner & Silbereisen 1992).

Standortansprüche: Wesentliche Kennzeichen sind mittelmäßige Wärme, durchgehend reichliche Bodenfeuchtigkeit, Robustheit gegenüber mangelnder Bodendurchlüftung, hohe Frostempfindlichkeit der Blüten und, etwas abgeschwächt, des Holzes – der Winterfrost 1984/85 hat gebietsweise starke Schäden verursacht – und gute Windfestigkeit der Äpfel bis zum normalen Erntetermin. Dies bedeutet andererseits, daß die Sorte im Süden Europas (Oberitalien, Südfrankreich, Wallis) wenig oder nicht, dafür bis

Zufällige Mutanten der Sorte Boskoop

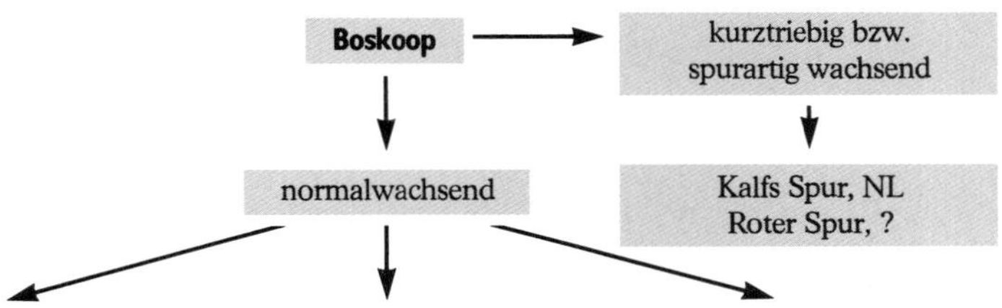

Niederlande	Dänemark	Bundesrepublik Deutschland
Fleuren	Årösund	*Norddeutschland:*
Kalfs	Nr. 56, 1956	Blohm-Pape
Lambrechts	Red Bågö, 1950	Bremer
Super-Kalfs		Quast
Van Houten		Rolfs
Verheul		Wilhelmy
Vogelaar		Wohltmann
Vullings		Jork
Welbo		*Rheinland:*
T 164		Bakker-Ley
T 368 (Schmitz-Hübsch oder Bieling)		Schmitz-Hübsch (Bieling)
T 752		Feys Blutroter
		Herr 4/86
		Süddeutschland:
		Achberg
		Brosi
		Hohenheim
		Müllheim
		Wilflingen

Roter Boskoop

in mitteleuropäische Höhenlagen anbauwürdig ist; ferner sind mäßig trockene oder wechseltrockene Böden ungünstig, ebenso frostgefährdete Lagen, die bei Spätfrosten neben Fruchtverlusten auch Schalenmängel (Rost, Risse) hervorrufen können. Wegen der Frostempfindlichkeit des Holzes empfiehlt es sich, erst nach der winterlichen Kaltperiode den Baumschnitt durchzuführen. Dies hat sich nach dem Winter 1984/85 gut bewährt.

Verbreitung: Anfang der 90er Jahre als Hauptsorte in den Niederlanden (ca. 60 000 t/Jahr), in Belgien (ca. 50 000 t), an der Niederelbe sowie im deutschen Bodenseegebiet (je ca. 40 000 t) und im Rheinland (bis 10 000 t) angebaut; als Nebensorte spielt sie in der Schweiz (bis 5000 t) und in Dänemark (2500 t) sowie in der französischen Region Île-de France noch eine Rolle, ist dagegen weder im übrigen Frankreich noch in Italien und England von Bedeutung.

Bestandessicherheit: Als Folge der geringen Frosthärte des Holzes kommt es, nicht nur nach Polarwintern, immer wieder zu Teil- oder Totalausfällen am Sproß bzw. von Bäumen. Gegenmaßnahmen sind gute Holzreife aufgrund nicht zu starker Behänge und gesunder Blätter sowie Baumschnitt erst im Nachwinter (vgl. Standortansprüche).

Baum

Wuchs: Sehr starkwachsend, aber mit vorteilhaft flachstehenden Leit- oder Seitenästen. Als Hochstämme auf starkwachsen-

Eigenschaften von Mutanten der Sorte 'Boskoop'

Ertragsvermögen		Rote Deckfarbe			Fruchtgröße	Neigung zu Berostung
überdurchschnittlich	unterdurchschnittlich	nicht mehr als rote »Backe«, gelber Typ	Übergangsformen	intensiv und flächig, roter Typ	überdurchschnittlich	unterdurchschnittlich
Achberg Årösund Hohenheim Müllheim Bakker-Ley Brosi Wilhelmy T 164 Schmitz-Hübsch	Wilflingen	Achberg Årösund Hohenheim Müllheim T 164	Fleuren Kalfs Lambrechts Van Houten Verheul Vogelaar Vullings T 752 Red Bågö Feys Blutroter Wilhelmy	Bakker-Ley (freundlich) Schmitz-Hübsch (leicht blau-stichig) T 368 (ähnlich 'Schmitz-Hübsch', aber weniger Farbe)	T 368 T 752 **unterdurchschnittlich** Bakker-Ley Hohenheim	Bakker-Ley Nr. 56

der Unterlage erzogen, formen sich deshalb große und breitausladende Kronen, die als Folge mäßiger Verzweigung ziemlich locker bleiben. Dank günstig inserierter Seitenäste als Spindel auf schwachwachsender Unterlage (M9) und damit auch für Dichtpflanzungen geeignet. Wichtig ist dabei, die starke Triebigkeit so früh wie möglich zu beruhigen (Binden, Sommerschnitt, Wachstumsregulatoren). Auf besonders wüchsigen Standorten kann dafür auch die Unterlage M27 gewählt werden, die zugleich den Anteil übergroßer Früchte vermindern hilft. Als Pflanzware haben sich 2jährige Bäume mit nach Zahl und Höhe günstiger Garnierung der Mittelachse bewährt. Die Blühwilligkeit ist mäßig, deshalb und infolge der Blütenfrostempfindlichkeit ist die Alternanzgefahr hoch. Auffällig sind die großen, breitovalen und dunkelgrünen Blätter mit aufgesetzter Spitze und feingezähntem Rand sowie die rötlichbraunen Triebe mit mittlerer Nodienlänge. Kupferempfindlich.
Fruchtholz: In der Aufbauphase herrschen 1jährige Kurztriebe, endständig fruchtend, am 2jährigen Langtrieb vor, später dagegen überwiegen bei ruhiggestellten Bäumen die mehrjährigen Kurztriebe (Quirlholz).
Blüte und Befruchtung: Schlecht (triploid); blüht früh bis mittelfrüh und mittellang; geeignete Befruchter sind u. a. 'Alkmene', 'Ananas', 'Berlepsch', 'Berner Rosen', 'Danziger Kant', 'Goldparmäne', 'Klarapfel', 'Oldenburg', 'Ontario', 'Zuccalmaglio', 'Cox Orange', 'Glockenapfel', 'Gloster', 'Idared', 'James Grieve' und 'Jonathan'; Blütenzahl 5,6 (5+6), Stiele mitteldick und lang, Achse mittellang; Primärblätterzahl 7,7 (7 bis 9), teils groß, teils klein, oval, zugespitzt, basal rund und schwach gebuchtet, fein gezähnt, leicht gewellt, dunkelgrün, kräftig; Kronblätter rosarot und deckend, schraubig angelegt, große Blüte; Griffel (5) engständig, nach oben sich öffnend, länger als Staubblätter; Kelchblätter ausgeprägt lang, schmal und spitzig, weitbogig nach unten geformt.
Ertrag: Setzt zögernd ein, vor allem bei starkem Wuchs und/oder kräftigem Rückschnitt, erreicht danach langjährig ca. 90% von 'Golden Delicious' mit ausgeprägter Tendenz zur Alternanz (vgl. Wuchs). Starke Behänge möglichst schon in der Vollblüte ausdünnen.
Krankheiten und Mängel: Im allgemeinen wenig anfällig für Schorf, doch speziell für Frühschorf empfindlich, ebenso für Befall durch Blutlaus; wenig oder nicht resistent gegen Mehltau und Feuerbrand. Verschiedentlich kann das Kernhaus schimmelig werden oder es kann zu sogenannten Fernsehäpfeln kommen, d. h. das Kernhaus ist dann vom Stielansatz bis zum Kelch hohl. Testsorte für die Virosen bzw. Phytoplasmosen Triebsucht und Rauhschaligkeit.

Frucht

Pflückreife: Ende September bis Mitte Oktober, je nach Wärmeklima und Behangdichte.
Genußreife: Aus dem Kühllager (3 bis 4 °C) bis Februar, aus dem CA-Lager (2 bis 3% CO_2, 3% O_2, + 3 bis 5 °C) bis April; empfindlich für zu hohen CO_2-Gehalt, Versuche mit nur noch 1% CO_2 und 1,5% O_2 waren hinsichtlich Fleischbräune positiv.

Boskoop

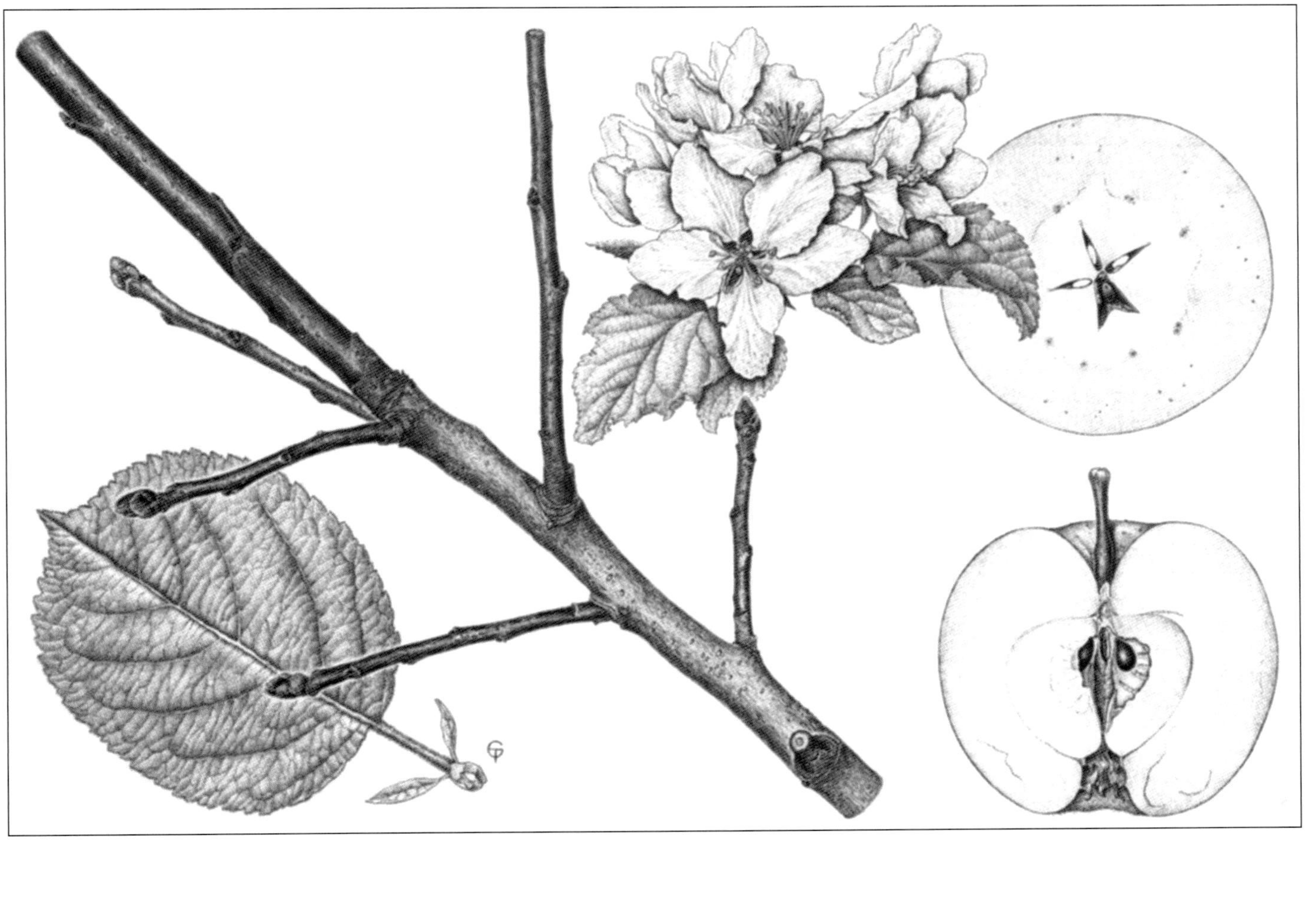

begünstigt (+)	**Ertragsfähigkeit**	benachteiligt (–)
T 752 T 368 T 164		Achberg Hohenheim Standard Wilflingen
begünstigt (+)	**Wuchsfreudigkeit**	benachteiligt (–)
T 752 T 368 T 164		Achberg Hohenheim Standard Wilflingen
begünstigt (+)	**Bildung roter Deckfarbe**	benachteiligt (–)
T 368		Achberg Hohenheim Müllheim Standard T 164 Wilflingen
hoch (+)	**Inhaltsstoffe**	niedrig (–)
Wilflingen		T 752 T 368 T 164
begünstigt (+)	**Handelswert**	benachteiligt (–)
T 752 T 368 T 164		Achberg Müllheim Standard

Physikalische und chemische Eigenschaften der Frucht										
Tagewerte		144								
Größenverteilung nach Gewicht	Größenklassen in mm	<55	55/60	60/65	65/70	70/75	75/80	80/85	85/90	90/95
	%			4	9	21	27	20	15	4
Mittleres Fruchtgewicht in g		200	(129 – 232)							
Spezifisches Fruchtgewicht		0,82	(0,81–0,84)							
Fruchtform-Index		0,85	(0,82–0,86)							
Mittlerer Zuckergehalt als Refraktometerwert in %		14,0	(12,5–15,1)							
Mittlerer Säuregehalt in g/l		10,6	(8,6–12,2)							
Gruppen des Vitamin-C-Gehalts in mg/100 g Frischgewicht		20–30								
Sorbitgehalt in g/100 g Frischgewicht		0,35								

Größe und Form: Groß bis sehr groß; rundlich bis schwach kantig, überwiegend mittelbauchig, manchmal ungleichmäßig, d. h. schief oder hochgebaut bzw. flach.
Farbe und Beschaffenheit der Schale: Reif gelb, vorher grün bis gelblich, sonnenseits meist freundlich verwaschen orange- bis dunkelrot gefärbt (rote Backe); große Lentizellen als grüne Punkte oder Roststernchen; rauh und matt, da in der Regel netzartig berostet, dann zimtfarben (Deckfarbe ohne Rost); hart.
Kelch: Groß bis sehr groß; meist offen; Blättchen klein.
Kelchgrube: Eng bis mäßig weit; tief bis sehr tief; anfällig für Schalenrisse.
Stiel: Mittellang; dick.
Stielgrube: Tief; enggrundig; strahlig berostet mit Tendenz zu Rissigkeit.
Kernhaus: Klein; herzförmig; Samenfächer schmal und zur Achse hin meist geschlossen, doch manchmal zum Kelch hin offen; verschiedentlich auch hohl (vgl. Fernsehäpfel bei »Krankheiten und Mängel«); zwischen Leitbündel und Schale breite Zone; Samenbildung unregelmäßig.
Fleisch: Gelblich; saftig, feinzellig und kurz, etwas fest, später mürbe; anfällig für Stippigkeit; hoher Gehalt an Vitamin C.
Geschmack: Kräftig fruchtig-säuerlich, renetteartig gewürzt, erfrischend.

Anbau und Markt

Die Sorte 'Boskoop' behauptet in Mitteleuropa trotz Mängel wie Frostempfindlichkeit von Holz und Blüte sowie Neigung zur Alternanz und Stippigkeit seit vielen Jahrzehnten ihre Stellung in den Sortimenten, wobei der 'Gelbe Boskoop' inzwischen weitgehend vom 'Roten Boskoop' (günstiger im Anbau, besseres Aussehen, höhere Preise) abgelöst wurde. Nach Hinweisen von Link (mdl.) kann langfristig die Stippigkeit neben speziellen Ca-Spritzungen auch durch jährlich ausgewogene Fruchtbehänge bis zu einem gewissen Grad kontrolliert werden. Ihre Vorzüge liegen in der vielseitigen Verwendbarkeit der Früchte als Tafel-, Back- und Kochäpfel, aber auch als hervorragende Äpfel zur Saftgewinnung (hohe Gehalte an Zuckern und Säuren, sehr gute Ausbeute, geringe Fäulnisgefahr) und zum Brennen von Obstwasser (ergiebig, geschmackvoll). Die Eignung als Wirtschaftsapfel wird durch das kräftige und robuste Wachstum der Bäume, die überdurchschnittliche Ertragsleistung und geringe Anfälligkeit für Schorf wirkungs-

Cox Orange

voll unterstützt. Nach den praktischen Erfahrungen zu schließen, werden diese günstigen Eigenschaften im allgemeinen höher bewertet als das Ausfallrisiko durch Frost. Beim Anbau von kleinkronigen Spindeln ist in erster Linie auf eine frühe Triebberuhigung zu achten, d.h. daß Langtriebe zu vermeiden und Kurztriebe zu fördern sind (vgl. Wuchs). Damit läßt sich zu einem Teil auch das Alternanzrisiko verkleinern. Für die Lagerung ist wichtig zu wissen, daß die Äpfel gegenüber Kälte und hohen CO_2-Gehalten empfindlich sind und dann leicht durch Fleischbräune verderben, insbesondere nach zu langer Lagerung. Ähnliche Früchte können 'Coulon', 'Kanada Renette' und 'Zabergäu' haben.

Cox Orange

Ähnliche Namen sind 'Cox's Orange Pippin', 'Cox's Orangenrenette', 'Cox's Pomeranzen Pepping', 'Cox's Orange', 'Cox' u.a. ital.: 'Arancita di Cox'.
Synonyme sind u.a. 'Russet Pippin' und 'Verbesserte Muskatrenette'.
Abstammung und Herkunft: Zufallssämling; als Muttersorte wird 'Ribston Pepping' vermutet, die möglicherweise durch Pollen von 'Blenheim Orange' bestäubt bzw. befruchtet worden war. Um 1825 von Richard Cox, einem Brauer im Ruhestand, in Colnbrook Lawn, in der Nähe von Slough, Buckinghamshire (England), entdeckt und etwa ab 1850 von der Baumschule Ch. Turner in Slough verbreitet.
Mutanten: Nach den Hinweisen in der Tabelle eignen sich dank überdurchschnittlicher Fruchtbarkeit vor allem die Mutanten '1/11' (auch als 'Schleswig-Holstein, Sel. Sebbel' oder 'Hannover' bezeichnet), 'Ley 36.72', 'T12', 'T21', 'EMLA 1', 'Queen' und 'Ottensen'. Wenn für den erwerbsmäßigen Anbau zusätzlich großer Wert auf eine intensive und flächig geprägte Deckfarbe gelegt wird, dann sollte man die Mutanten 'Ley 36.72', 'T 21' und 'Queen' bevorzugen; überdurchschnittlich große Früchte erzielen wiederum die Mutanten '1/11', 'EMLA 1', 'T 21' und 'Queen'.
Als Ergebnis langjähriger Mutantenprüfungen mit genetisch identischem und mindestens virusgetestetem Material auf den unterschiedlichen Standorten Bavendorf und Heuchlingen konnten folgende Abweichungen für die sortenkundliche Beurteilung wichtiger Eigenschaften und Merkmale gegenüber dem durchschnittlichen Verhalten aller geprüften Mutanten herausgearbeitet werden (Hübner & Silbereisen 1992).

Normalwachsende Mutanten der Sorte Cox Orange

Cox Orange

↓

nach zufälligen Mutationen ausgelesen

Niederlande	Vereinigtes Königreich	Bundesrepublik Deutschland	Dänemark	Belgien	Neuseeland	Schweiz
T 12	Crimson, 1913	Ottensen, 1962***	Kortegård (Blangsted), 1942	Gilles bzw. Rote Gorsem	Bledisloe, 1932	Kummer
T 21* (Korallo)	Queen	Ley, 1.74	Cherry, 1942	Rouge de Flanders		
T 61	EMLA 1**	Ley, 36.72	H 976			
T 172	EMLA 2	Langförden	H 5			
T 1136	King Cox	Ahrweiler				
De Winter	Macleans Queen Cox	Auweiler				
Raas Nr. 7	Potter	Mainz				
Nn-34		1/11 (Schleswig-Holstein oder Hannover)				
Anker Nr. 1		Bargstedt				
Baas Nr. 1		Hauschildt				
		Moje				
		Wilhelmy				
		Roter Cox				

Cox Orange

↓

nach Bestrahlung ausgelesen

- selbstfruchtbar → Vereinigt. Königreich (England bzw. UK): Nr. 4, 7, 8, 9
- Bundesrepublik Deutschland: zahlreiche MPI-Nr., von Zwintzscher hergestellt und ausgelesen

* Vermutlich identisch mit 'Macleans Queen Cox' und 'Rouge de Flanders'
** EMLA leitet sich ab von den englischen Forschungsstätten East Malling und Long Ashton und steht für virusfreies, genetisch einheitliches und wertvolles Material
*** von 'Ottensen' gibt es inzwischen Submutanten wie z. B. 'Auslese B' oder 'II'

Eigenschaften von Mutanten der Sorte 'Cox Orange'

Ertragsvermögen		Rote Deckfarbe, intensiv		Fruchtgröße	Neigung zu Berostung und Rissigkeit überdurchschnittlich
überdurchschnittlich (abnehmend)	unterdurchschnittlich	flächig (abnehmend)	gestreift	überdurchschnittlich (abnehmend)	
1/11 (Schleswig-Holstein bzw. Hannover) Ley 36.72 (Bonn) T 12 T 21 (Korallo) EMLA 1 Queen Ottensen	Cherry Kortegård (Blangsted) Kummer Ahrweiler T 61 Ley 1.74	Cherry Kortegård Ley 36.72 Kummer Ahrweiler Ley 1.74 T 21 Queen Bledisloe	Crimson Ottensen	1/11 EMLA 1 T 21 Queen *unterdurchschnittlich* Cherry	Kummer Ahrweiler

Standortansprüche: Wie keine andere Sorte ist 'Cox Orange' zur Ausschöpfung ihrer erblich bedingten Möglichkeiten hinsichtlich Wuchs, Ertrag und Fruchtqualität auf einen gleichmäßig verlaufenden Stoffwechsel während der Vegetationszeit angewiesen. Neben gesunden Geweben (Wurzel, Sproß) sind hierzu eine stetige Wasserversorgung und Ernährung des Baumes entscheidende Voraussetzungen. Solche Bedingungen werden am ehesten in einem gemäßigten Wärmeklima in Verbindung mit tiefgründigen, ausreichend durchlüfteten und nährkräftigen Böden mit hoher Wasserkapazität und guter -nachlieferung bzw. in Gebieten mit reichlichen Sommerniederschlägen erfüllt. Auf weniger günstigen Standorten kommt es rasch zu bodenbedingten Stoffwechselstörungen. Mögliche Folgen sind schlechter Blattzustand, kleine und/oder aufgerissene Früchte bis hin zum Abstoßen der Früchte in der kritischen Periode zwischen Blüte und Junifall. Es kann auch eine durch mangelhafte Kondition der Bäume mittelbar bedingte, mehr als mittelmäßige Anfälligkeit für Obstbaumkrebs auftreten, besonders in regenreichen Gebieten. Langanhaltende Niederschläge mit zugleich niedrigen Temperaturen, wie im Juni 1961, können jedoch selbst auf besten Böden Frucht- und/oder Blattfall sowie Berostungen und Rißbildungen auf der Schale verursachen. Zu beachten ist auch eine mittelmäßige Empfindlichkeit des Holzes bei Extremfrösten im Winter. Nach dem Polarwinter 1984/85 gab es dementsprechend mittelstarke Ausfälle. Weniger frostgeschädigte Bäume zeigten damals bis zum Herbst 1985 allerdings eine überra-

begünstigt (+)	**Ertragsfähigkeit**	benachteiligt (–)
1/11 EMLA 1 T 12		Kortegård Kummer
begünstigt (+)	**Fruchtgrößenverteilung**	benachteiligt (–)
1/11 T 21		EMLA 2 Kortegård
niedrig (+)	**Berostungsneigung**	hoch (–)
Fehlanzeige		Kortegård
begünstigt (+)	**Bildung roter Deckfarbe**	benachteiligt (–)
Kortegård Kummer		EMLA 1 EMLA 2 1/11 Standard T 12

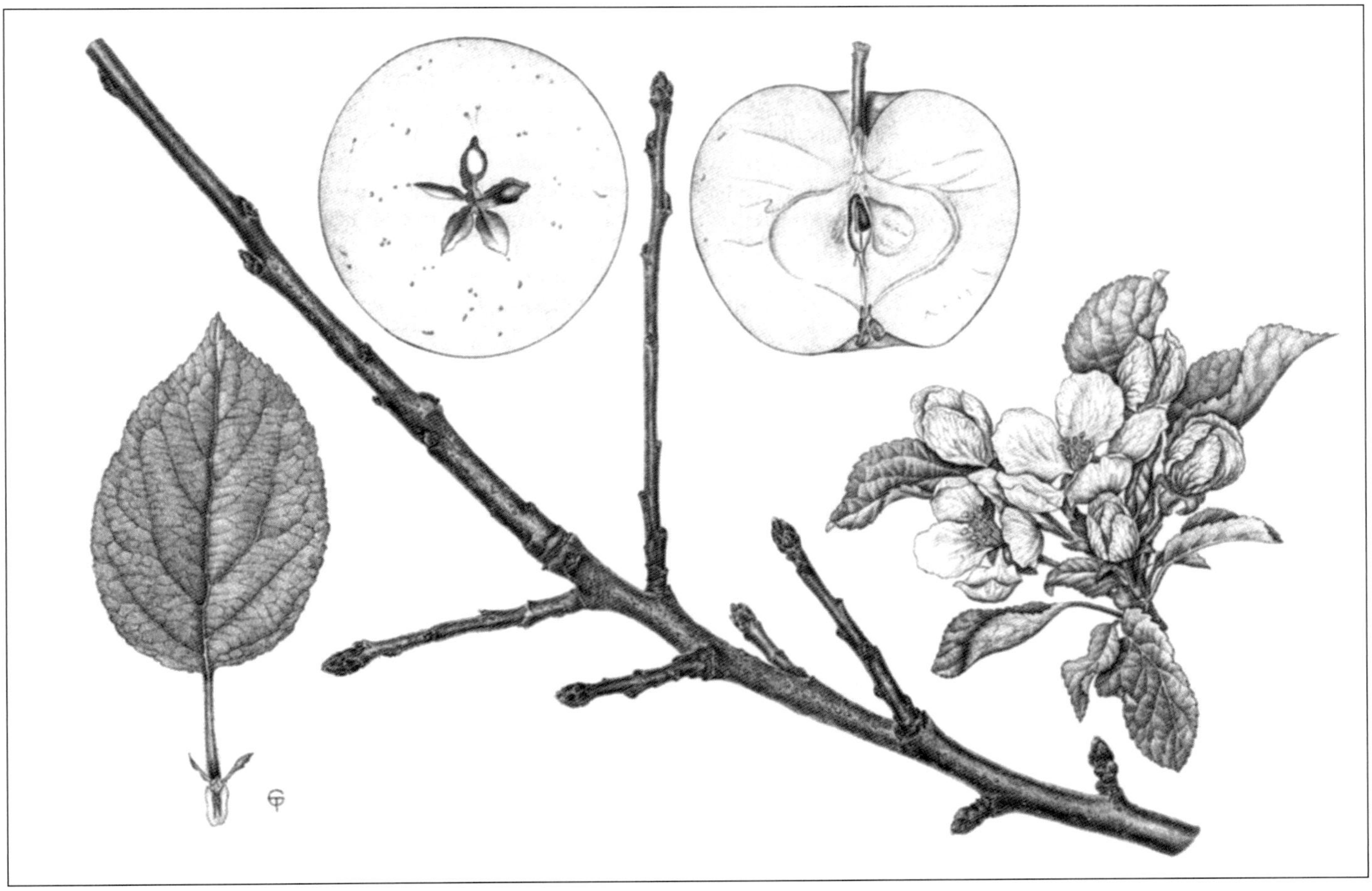
Cox Orange

Cox Orange, Kummer

Cox Orange, Queen

schend gute Regenerationsfähigkeit. Um dieses Frostrisiko so klein wie möglich zu halten, ist eine jährlich günstige Holzreife anzustreben und der Winterschnitt nach der Frostgefahr durchzuführen. Dem Auftreten von Frostplatten oder -rissen am Stamm begegnet man am besten durch Verwendung frostharter Stammbildner. Die Blüten sind ebenso mäßig frostempfindlich. Nach dem Spätfrost im Jahre 1977 war vor allem der Stielgrubenbereich stark berostet und es gab als Folge wochenlanger unterdurchschnittlicher Tagestemperaturen sog. verhockte Blüten, d. h. Blüten, die vorzeitig ein Trenngewebe ausgebildet hatten und später abgestoßen wurden. Ertragsverluste waren die Folge.
Verbreitung: Hauptanbaugebiete finden sich in West-, Mittel- und Nordeuropa. England liegt mit einer jährlichen Produktion zwischen 75 000 und 135 000 t an der Spitze; 'Cox Orange' ist dort mit ca. 80% die Haupttafelsorte. Danach folgen die Niederlande und Deutschland mit jeweils ähnlich schwankenden Mengen zwischen 40 000 und 65 000 t. Hierzu steuern die Niederelbe 15 000 bis 30 000 t, das Rheinland 14 000 bis 20 000 t und das Bodenseegebiet 10 000 bis 15 000 t bei. Weitere deutsche Anbaugebiete sind das Neckarland, die Pfalz und die Kurpfalz sowie Südoldenburg. Die belgische Jahresproduktion pendelt zwischen 10 000 und 18 000 t, bedeutende Länder sind noch Schweden (ca. 5500 t) und Dänemark (ca. 4000 t), während die Schweiz (2500 t) und der österreichische Anbau in der Steiermark (500 t) kleinere Mengen beitragen.
Bestandessicherheit: Aufgrund der Anfälligkeiten für holzzerstörende Pilze (vgl. Krankheiten), einer nur mittelmäßigen Holzfrosthärte und der Bevorzugung von Rinde, Holz und Blatt durch Hasen, Mäuse und Rehe ist die durchschnittliche Lebensdauer der Bäume nicht hoch. Zu beobachten sind deshalb immer wieder frühzeitige Lücken in den Beständen.

Baum

Wuchs: Mittelstark, kugelig, lang- und dünntriebig. Nach strengem Winterschnitt kommt es häufig zu starker Bildung von sog. Schossern. Diese beeinträchtigen vor allem die Blütenbildung, aber auch das Fruchtwachstum. Hohe Behangdichten vermögen zwar diese Triebigkeit zu bremsen, fördern aber andererseits die Neigung zur Alternanz. Diese sehr nachteiligen Erscheinungen lassen sich nach unterlassenem Winterschnitt durch einen ab etwa Mitte August ausgeführten Sommerschnitt verhältnismäßig einfach beherrschen. Die Triebe beruhigen sich nach Zahl und Länge, die Blütenbildung wird regelmäßiger und die Fruchtbarkeit verbessert sich langzeitlich (Link 1984). 'Cox Orange' entwickelt meist kurz- bis mittelnodige Langtriebe, die häufig nur am Kopf verzweigt und an der Basis verkahlt sind. Je nach Standort, Witterung oder als Folge anderer Einflüsse wie disharmonische Ernährung kann auch vorzeitiger Blattfall auftreten. Die vielen, mittelgroßen und schmalen Blätter bilden eine feine, dichte Belaubung; sie sind hell, schimmern gräulich und zeigen sich in der Regel nach innen gewölbt sowie am Rand wellig, fein bis mäßig gekerbt und oft am Grund spitz angesetzt. Älteres Holz hat ockergelbe Farbe. Kupfer- und schwefelempfindlich.
Fruchtholz: Hauptsächliche Fruchtstand-Orte sind bei konventioneller Schnittweise die zweijährigen Langtriebe mit ihren seitlich angesetzten einjährigen Kurztrieben, die endständig fruchten. Später können aus diesen Kurztrieben leistungsfähige mehrjährige Kurztriebe, das sogenannte Quirlholz, hervorgehen. Mitunter fruchten aber auch schon die einjährigen Langtriebe, end- und seitenständig; Größe und innere Qualität dieser Äpfel enttäuschen aber meistens.

Blüte und Befruchtung: Pollen günstig (diploid), Befruchterqualität aber nur mäßig, für die Abkömmlinge 'Holsteiner Cox' und 'Karmijn de Sonnaville' ungeeignet (intersteril); blüht mittelfrüh; vorwiegend parthenokarp veranlagt, da meist samenlos; geeignete Befruchter sind u. a. 'Alkmene', 'Berlepsch', 'Glockenapfel', 'Gloster', 'Goldparmäne', 'Golden Delicious', 'Idared', 'Ingrid Marie', 'Jamba', 'James Grieve', 'Jonathan', 'Klarapfel', 'McIntosh' und 'Ontario'; Blütenzahl 6,0 (4 bis 9), verschiedentlich sind Mittelblüte oder subterminale Blüte gehemmt oder verkümmert, Achse kurz bis mittellang, Stiele kurz und behaart, dichtstehend, insgesamt kleiner Blütenstand; Kronblätter (5) sich berührend, langgenagelt, mittelgroß, rund bis langoval; Primärblätterzahl 7,8 (6 bis 9), mittel bis klein, elliptisch, weich, zart, rasch welkend; Kelchblätter langspitzig, vollentwickelt türkenbundähnlich abwärts geformt und krallenartig anstoßend, weinrote Spitzen; Griffel teils gleich lang, teils länger als Staubblätter, eng, nach oben becherförmig.

Ertrag: Früheinsetzend aber langzeitlich höchstens mittelmäßig; liegt im Vergleich zu 'Golden Delicious' (= 100%) zwischen 50 und 60%; auf besten Standorten und bei spezieller Anbautechnik günstiger.

Krankheiten und Mängel: Neben einer nur mäßigen Anfälligkeit für Schorf und Mehltau sind vor allem Obstbaumkrebs, Kragenfäule und Blutlaus als holzzerstörende Parasiten zu beachten, abgeschwächt der Zweiggrind als eine besondere Form des Schorfbefalls; anfällig für Feuerbrand. Die Sorte soll auch mehr als für Kultursorten üblich empfindlich für die Virosen Gummiholz und Sternrissigkeit sowie für die Phytoplasmose Triebsucht sein.

Abstammungslinien für einige Apfelsorten

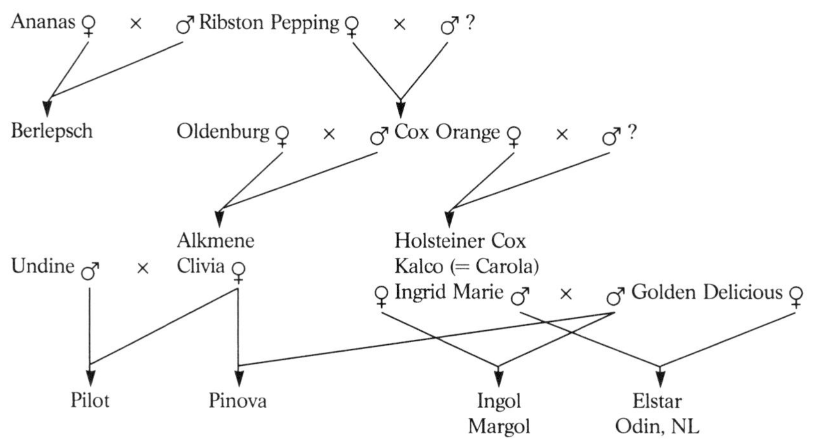

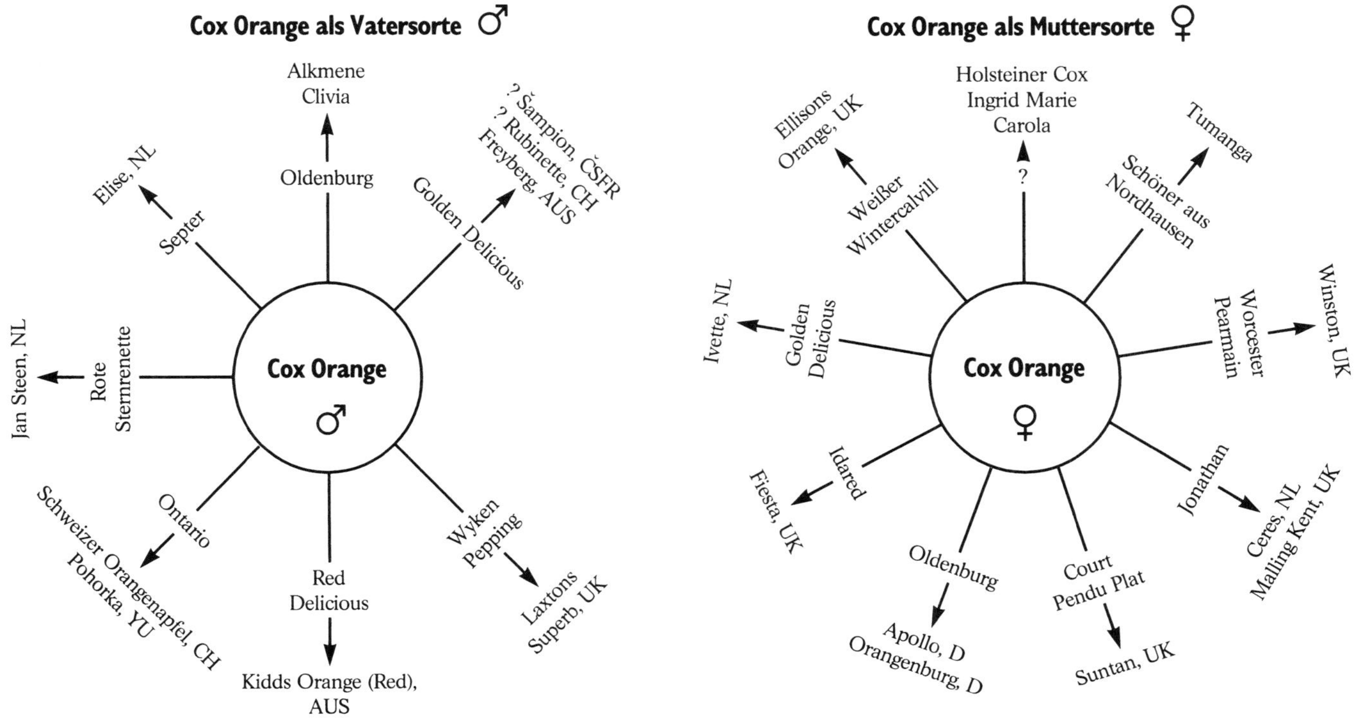

In dem linken Beispiel wurde für die beiden Neuzüchtungen 'Alkmene' und 'Clivia' die Sorte 'Oldenburg' als Muttersorte – quer im Pfeil stehend – verwendet. In dieser Weise sind auch die anderen »Kreuzungsuhren« zu lesen. Bei züchterischen Angaben der Kreuzungseltern wird abweichend dazu stets die Muttersorte vor die Vatersorte gestellt, also 'Oldenburg' × 'Cox Orange' = 'Alkmene' bzw. 'Clivia'.

Frucht

Pflückreife: Mitte bis Ende September.
Genußreife: Aus dem Frischluftlager von Oktober bis November; aus dem Kühllager (+3 bis +4 °C) bis Dezember; aus dem CA-Lager (3% CO_2, 1% O_2) bis Februar–März; kälte- und CO_2-empfindlich.
Form und Größe: Klein bis mittelgroß; in der Regel gleichmäßig rund und mittelbauchig, teils mehr flach, teils mäßig hochgebaut, dann fast kugelig, Kelchfläche kleiner als Stielfläche.
Farbe und Beschaffenheit der Schale: Erst gelblichgrün, dann zu gelb aufhellend, sonnenseits geflammt bis marmoriert oder verwaschen orange bis erdbeerrot; Lentizellen unregelmäßig, teils als Roststernchen, teils als helle Pünktchen, um Kelchgrube oft feinschuppige, zimtfarbige Rostkappen, verschiedentlich feinrissig, auf der Schale häufig auch netzartiger Rost; nach mechanischen Beschädigungen entstehen sog. Warzen, hin und wieder auch längsseitige Roststreifen; anfällig für Fruchtfäulen (z.B. *Gloeosporium*-Arten und *Monilia*); trocken, angerauht, stumpf; weich.
Kelch: Mittelgroß; halboffen; grüne Blättchen meist lanzettlich mit auswärts gebogenen, braunen Spitzen, am Grund getrennt.
Kelchgrube: Flach bis wenig tief; klein bis mittelgroß, tellerartig; oft fein gefältelt oder feinschuppig und über den Rand hinaus berostet.
Stiel: Kurz bis mittellang; mitteldick und knopfig, an Mittelfrüchten kurz, oft wulstig und brechen dann leicht aus.
Stielgrube: Eng; tief bis mitteltief; überwiegend fein- bis grobschuppig berostet, oft auch rissig und/oder strahlenförmig sich auf die Schale ausbreitend.
Kernhaus: Mittelgroß; je nach Form flach- bis hochzwiebelförmig, kelchnahe; Achse hohl, Fächer meist regelmäßig breit und kurz, schwarzbraune Samen gedrungen, weißspitzig, sie schwanken nach Zahl und Form; Leitbündel fallen wenig auf; anfällig für Glasigkeit.
Fleisch: Grünlichgelb bis cremefarben; feinzellig mit kurzem Bruch, saftig, später mürbe oder weich; anfällig für Stippigkeit und Fleischbräune.
Geschmack: Aromatisch, süßfruchtig und mit feiner Säure, würzig, orangenartig; einmaliger Apfelgeschmack.

Anbau und Markt

Die Fruchterträge sind mäßig hoch. Verantwortlich dafür sind vor allem die höchstens mittelgroßen Äpfel, obwohl diese wiederum spezifisch besonders schwer sind. Der Anbauwert von 'Cox Orange' wird deshalb wesentlich vom günstigen Preisniveau getragen, das auf den hervorragenden Geschmack der Früchte zurückzuführen ist, was der Sorte die Rolle eines »Zugpferdes« am Markt verleiht. Ertragsmindernd wirken sich häufig durch extremes Wetter aufgeplatzte, durch Vögel verletzte und als Folge des traubenartigen Behanges vorzeitig abgedrückte Früchte aus. Weitere Probleme im Anbau sind die starke Triebigkeit, die man jedoch durch Sommerschnitt (vgl. Wuchs) beherrschen kann und hohe Fruchtbehangdichten. Im letztengenannten Fall ist als wichtige Gegenmaßnahme die chemische Ausdünnung während bzw. kurz nach der Blüte einzusetzen. Auf Standorten mit erfahrungsgemäß starkem Junifruchtfall ist diese Maßnahme allerdings weniger angebracht. Für die Blühwilligkeit förderlich sind die Verwendung hochveredelter Bäume, schwachwachsende Unterlagen und niedrige N-Gaben. Durch die Hochveredlung läßt sich gleichzeitig die Anfälligkeit für die Kragenfäule herabsetzen. Zur Verbesserung der Wasserversorgung und damit auch der Ernährung wird speziell für 'Cox Orange' die Fertigation eingesetzt. Trotz bester Standorte, intensiver Pflege und spezieller Maßnahmen ist ein einheitliches Wachsen und Fruchten der Bäume selbst innerhalb einer Pflanzung aber kaum zu erreichen. Die Äpfel (marktgünstige Größe > 60 mm) sind wenig druck-, aber welkeempfindlich und zudem anfällig für Fruchtfäulen, vor allem für *Gloeosporium*-Arten. Dem Stippigkeitsrisiko sollte man zunächst durch jährlich ausgeglichene Behangdichten, in schwierigen Fällen durch mehrmalige Calcium-Spritzungen begegnen. Für die Obstbrennerei ist die Sorte 'Cox Orange' dank der hohen Ausbeute und dem gutem Geschmack des Obstwassers ebenfalls geeignet. Ähnliche Früchte können die Sorten 'Ribston Pepping', 'Laxtons Superb' und 'Holsteiner Cox' haben.

Physikalische und chemische Eigenschaften der Frucht									
Tagewerte	126								
Größenverteilung nach Gewicht — Größenklassen in mm	<55	55/60	60/65	65/70	70/75	75/80	80/85	85/90	90/95
%	6	19	38	28	6	3			
Mittleres Fruchtgewicht in g		115			(67 – 163)				
Spezifisches Fruchtgewicht		0,84			(0,83–0,85)				
Fruchtform-Index		0,83			(0,78–0,90)				
Mittlerer Zuckergehalt als Refraktometerwert in %		14,0			(13,2–15,1)				
Mittlerer Säuregehalt in g/l		7,1			(5,8–8,6)				
Gruppen des Vitamin-C-Gehalts in mg/100 g Frischgewicht		10–20							
Sorbitgehalt in g/100 g Frischgewicht									

Discovery

Ursprünglicher Name war 'Thurston August'; deutscher Name wäre übersetzt »Entdeckung«.
Abstammung und Herkunft: Um 1949 von K. Dummer in Langham, Grafschaft Essex (England), aus einem Samen der freiabgeblühten Muttersorte 'Worcester Pearmain' gewonnen, als Vatersorte wird 'Schöner aus Bath' ('Beauty of Bath') vermutet.

Discovery

Wohl 1955 in den Besitz der Baumschule Matthews Fruit Trees Ltd. in Thurston, Bury St. Edmunds, Grafschaft Suffolk, übergegangen; dort im März 1962 zunächst als 'Thurston August' geführt, im Oktober 1962 in 'Discovery' umbenannt.
Mutanten: Von 'Discovery' sind bis heute keine Mutanten bekannt geworden.
Standortansprüche: Die Sorte 'Discovery' hat sich auf den apfelfähigen Standorten in West- und Mitteleuropa gut bewährt. Darunter sind hauptsächlich Flächen mit sehr warmem bis mittelmäßig warmem Klima, fruchtbaren Lehmböden und in wenig frostgefährdeter Lage zu verstehen. Nach Erfahrungen in Bavendorf sind dabei stärker wachsende Unterlagen zu bevorzugen. Auf M9 verbessert sich zwar die Fruchtgröße, dafür verstärkt sich aber auch die Neigung zum Junifruchtfall und zur Rissigkeit der Schale im Bereich der Stielgrube. Die Spätfrostperiode 1977 hat keine nennenswerten Fruchtmängel hinterlassen, und nach dem Winterfrost 1984/85 gab es nur geringfügige Teilschäden, die das Anbaurisiko keineswegs belasten. Die Äpfel hängen fest am Baum.
Verbreitung: In zahlreichen Anbaugebieten West- und Mitteleuropas mit allerdings geringen Anteilen am jeweiligen Sortiment vorhanden. Neuerdings in den Niederlanden mit leicht steigender Tendenz zu Lasten der Sorte 'Benoni' angebaut.
Bestandessicherheit: Geringe Empfindlichkeit des Holzes gegenüber Winterfrost deutet auf eine hohe Bestandessicherheit hin, doch die Anfälligkeiten für Obstbaumkrebs, Kragenfäule und Feuerbrand schränken dies wieder ein.

Baum

Wuchs: Der anfänglich etwas steile Wuchs ist schwach bis mittelstark und durch eine natürliche Kurztriebform (Spur-Charakter) gekennzeichnet, d. h. daß selbst auf starkwachsenden Unterlagen oder wüchsigen Verhältnissen vorrangig Kurztriebe gebildet werden. Auch aus diesem Grund sind schwachwachsende Unterlagen wie M9 zum Zwecke einer günstigen Fruchtholzgarnitur nicht unbedingt erforderlich, zumal dabei die Äste an der Basis stärker verkahlen. Durch frühzeitiges Waagerechtbinden der Leitäste bzw. des unteren Astquirls läßt sich auf einfache Weise eine flache Krone erziehen und damit auch die Verkahlung weitgehend verhindern. Die Kurztriebe können dann teilweise zu dicht stehen, so daß Auslichtungsschnitte angezeigt sind. Der kompakte Wuchs der Bäume wird durch kurznodige Triebe noch betont, was an ihrem oberen Ende zu einer Massierung der langstieligen, kurzgespitzten und gezahnten Blätter führt. Sorteneigentümlich ist das ockerfarbige Holz; einjährige Okulanten bilden fast keine vorzeitigen Triebe.
Fruchtholz: Die vorherrschenden, vielfach oberseitig inserierten Kurztriebe sind mittellang und blühen meist endständig. Den bevorzugten Blüten ist eine hohe Wertigkeit zu eigen; sie fruchten demzufolge stark. Daraus ergeben sich meist Mehrfruchtstände (3 bis 4 Äpfel/Fruchtstand), die besondere Sorgfalt beim Pflücken verlangen.
Blüte und Befruchtung: Pollen günstig (diploid); frühblühend; Befruchter sind u. a. 'Alkmene', 'Cox Orange', 'Elstar', 'Gloster', 'Golden Delicious', 'Goldparmäne', 'Idared'

Discovery

Physikalische und chemische Eigenschaften der Frucht		
Tagewerte	93	

Größenverteilung nach Gewicht / Größenklassen in mm	<55	55/60	60/65	65/70	70/75	75/80	80/85	85/90	90/95
%	8	21	36	26	9				

Mittleres Fruchtgewicht in g	125	
Spezifisches Fruchtgewicht	0,81	(0,80–0,83)
Fruchtform-Index	0,77	(0,73–0,79)
Mittlerer Zuckergehalt als Refraktometerwert in %	11,8	(10,5–12,8)
Mittlerer Säuregehalt in g/l	6,7	(5,3–7,3)
Gruppen des Vitamin-C-Gehalts in mg/100 g Frischgewicht	10–20	
Sorbitgehalt in g/100 g Frischgewicht		

und 'James Grieve'; Blütenzahl 5,8 (5 bis 7), subterminale Blüte häufig verzögert, Achse kurz, Stiele mittellang bis lang und mitteldick; Kronblätter (5) schwach dekkend, wenig Rosa und lang genagelt; Primärblätterzahl 6,6 (5 bis 8), mittelgroß bis klein, meist gerollt, Rand feingezahnt, Nebenblättchen lang und schmal, abwärts gebogen, Spitzen violett; Griffel gleich lang wie Staubblätter, engständig, nach oben sich öffnend; Staubblätter ziemlich engständig.

Ertrag: Der Ertragsbeginn ist verzögert und die Ertragsmengen erreichen danach nur etwa die Hälfte derjenigen von 'Golden Delicious'. Ursachen dafür sind kräftiger Fruchtfall und verhältnismäßig kleine Früchte.

Krankheiten und Mängel: Wenig anfällig für Schorf und Mehltau; anfällig für pilzliche Holzkrankheiten (vgl. Bestandessicherheit), dies aber nicht anbauentscheidend.

Frucht

Pflückreife: Mitte August.

Genußreife: Nach der Pflücke aus dem Frischluftlager bis Anfang September, aus dem Kühllager bei +4 °C bis Ende September.

Größe und Form: Mittelgroß (bis klein); flach, mittelbauchig, gleichmäßig rund, manchmal leicht schief.

Farbe und Beschaffenheit der Schale: Grünlichgelb bis hellgelb, fast alle Früchte mehr als die Hälfte auf der Schale von leicht gestreift bis verwaschen ziegelrot bis leuchtendrot; markant dichte Lentizellen als dunkle Pünktchen, schattseitig grün umhöft; vereinzelt Warzen, sonst rostfrei; trocken, etwas hart.

Kelch: Klein bis mittelgroß; geschlossen; Blättchen lang, schmal, vorne braun, meist umgebogen.

Kelchgrube: Mittelgroß; flach, meist grünlich, ohne Rost und gefältelt.

Stiel: Kurz bis mittellang, mitteldick bis fast dünn; grünlichbraun bis bräunlich.

Stielgrube: Mitteltief, mäßig weit; durchweg strahlig berostet, überwiegend grünlich, ringförmig teils fein-, teils grobschuppig, reißen dann leicht auf.

Kernhaus: Mittelgroß; hochzwiebelförmig, kelchnahe; Achse teils voll, teils hohl; Fächer mäßig geräumig und mit hellbraunen Samen; Leitbündel als hellgrüne Punkte, girlandenförmig.

Fleisch: Weißlichgelb bis cremefarben, am Rand rötlich, nach innen mehr grünlich;

fest, feinzellig, saftig und knackend, kurzbrechend, später mürbe.
Geschmack: Aromatisch und feinfruchtig, vollreife Äpfel sind süßfruchtig; als Sommerapfel von guter Konsistenz und reichem Geschmack.

Anbau und Markt

Wesentliche Vorzüge dieser Sorte sind die günstige Genußreifezeit (zwischen 'Klarapfel' und 'James Grieve'/'Gravensteiner'), die für eine Sommersorte dank des festzelligen Fleisches befriedigende Haltbarkeit bis Ende September, die gute Handelsfähigkeit (keine Druckstellen) und der vollmundige Geschmack. Nachteilig sind der oftmals anhaltende Fruchtfall nach der Blüte, die Schalenrissigkeit am Stiel und die Empfindlichkeit für Sonnenbrand. Die beiden erstgenannten Mängel lassen sich durch Behandlung mit geeigneten Wachstumsregulatoren deutlich vermindern. Wegen der mäßigen Fruchtgröße in erster Linie eine Sorte für den Lokalmarkt. Aufgrund einer geringen Pflegebedürftigkeit und des bei Bäumen auf starkwachsender Unterlage breiten Wuchses bietet sich diese Sorte auch für den Hausgarten an, der durch die roten Früchte Ende Juli bis Mitte August eine besondere Note erhalten kann.

Elstar

Ähnliche Namen oder Synonyme sind nicht bekannt; der Name ist abgeleitet vom Versuchsbetrieb Elst des CPRO-DLO Wageningen, Niederlande.
Abstammung und Herkunft: Im Jahr 1955 aus einem Samen der Kreuzung 'Golden Delicious' × 'Ingrid Marie' am CPRO-DLO hervorgegangen; 1972 benannt und mit Sortenschutz; ab dem Jahr 1975 unter Lizenz im Handel.
Mutanten: Die Zahl anbauwürdiger Mutanten bei der Sorte 'Elstar' ist in den letzten Jahren stark angewachsen. Eine Auswahl davon ist aus holländischer Sicht (Goddrie & Kemp 1990) einschließlich solcher anderer Länder in einer Tabelle zusammengefaßt. Inzwischen sind in den Niederlanden weitere rotgefärbte Mutanten von 'Elstar' bekannt geworden, die aber keine Verbesserungen in der Intensität und Ausprägung der roten Farbe erkennen lassen. Da die Sorte 'Elstar' überdurchschnittlich zu Mutationen neigt, lohnt es sich, in den Beständen danach Ausschau zu halten, auch wegen des Auftretens von Mutanten, die gegenüber der Normalform nachteilig mutiert sein kön-

Elstar

Mutanten von Elstar

Herkunft	Art der Rotfärbung	
	hellrot	dunkelrot
Niederlande	Van der Zalm oder Van Vliet Van Kempen I* und II Van der Borgh Melsen I und II Leegwater* Proefstation Wilhelminadorp (PFW)* Van der Bliek	de Belders Elshoff II Van der Grift (rel. dunkel)
Frankreich	Elton (Daliter)	Elista (Daliest)
Belgien	Elnica	
Deutschland		Erich Schmid (Ludwigsburg)

* mit schwacher Chimärenbildung

nen und deshalb aus der Vermehrung auszuschließen sind. So wurde im Bavendorfer Versuchsfeld 1987 eine Mutante mit kleinen Früchten und fehlender Deckfarbe entdeckt und in einer Pflanzung in Wahlwies 1992 (Reimann, mdl.) eine ähnliche Mutante, die zudem im Kelchbereich stark berostet war.
Die bisherigen Prüfungen in Bavendorf ergaben folgende Tendenzen bzw. Unterschiede beim Vergleich der Mutanten 'Standard', 'Elshof 1', 'Red Elstar', 'Elista' (= Daliest) und 'Elton' (= Daliter): am meisten Deckfarbe zeigt 'Elista', denn diese Äpfel sind fast 100% flächig tiefrot (ochsenblutrot) gefärbt mit bläulichem Stich. Allerdings ist 'Elista' geschmacklich den anderen Mutanten deutlich unterlegen, die in dieser Hinsicht unter sich weitgehend gleichartig sind. In der Bildung von roter Deckfarbe ergibt sich etwa folgende abnehmende Reihe: Elista > Red Elstar > Elshof 1 > Elton > Standard.
Standortansprüche: Nach bisherigen Erfahrungen liegen diese etwa zwischen denen der Muttersorte 'Golden Delicious' und 'Cox Orange', der mutmaßlichen Muttersorte von 'Ingrid Marie'. Im Vergleich zu 'Golden Delicious' ist 'Elstar' zwar weniger wärmeanspruchsvoll, für Höhenlagen bzw. kühle Klimate wegen sehr später Holzreife im Herbst aber weniger geeignet. Trotzdem dürfte die wärmeklimatische Amplitude vor allem nach den wärmeren Klimaten hin größer als bei 'Cox Orange' sein. Auch hinsichtlich der Wasserversorgung und der Bodenfruchtbarkeit sind die Anbaugrenzen nicht so eng wie bei 'Cox Orange' gezogen. Dank später Blüte schädigen Fröste im Frühjahr wenig; demgegenüber führen zeitige Herbstfröste wegen verspätetem Triebabschluß bzw. spätem Blattfall und damit mangelhafter Holzreife gerne zum Erfrieren von Triebspitzen oder von Sproßteilen, hauptsächlich am Mitteltrieb. Auch Risse am Stamm oder an Ästen können die Folge frühzeitiger Fröste (November) sein. Die Früchte sind windfest.
Verbreitung: Anfang der 90er Jahre vor allem in den Niederlanden (150 000 t), im deutschen Bodenseegebiet (bis 30 000 t) und in Italien (15 000 t, davon 4000 t in Südtirol) im Anbau, ferner im Rheinland (7000 t), an der Niederelbe (10 000 t), in Belgien (15 000 bis 20 000 t), in Frankreich (30 000 t), in der Schweiz (5000 t) und in Dänemark mehr oder weniger stark vertreten.
Bestandessicherheit: Selbst im atlantischen Klimabereich (Niederlande) erfrieren hin und wieder Triebspitzen; diese Schäden nehmen zum kontinentalen Bereich hin zu; in Westdeutschland dürfte dieses Risiko langzeitlich tragbar sein. Nach dem Winterfrost 1984/85 gab es allerdings beträchtliche Holzschäden, vor allem an Jungpflanzen.

Baum

Wuchs: Mittelstark- bis starkwachsend mit kräftiger und formprägender Mittelachse; sortentypisch sind ferner zahlreiche, mittellange Kurztriebe, die kurznodig und deshalb dichtblättrig sind und den Baum im Sommer buschig werden lassen. Zur besseren Durchlichtung der Krone bzw. um Größe und Deckfarbe der Äpfel zu fördern, ist neben der Ausdünnung jährlich ein konsequenter Sommerschnitt notwendig. Diese Maßnahme einschließlich dem Binden einzelner Triebe, ist frühestens Mitte bis Ende August durchzuführen; sie entlastet den Winterschnitt beträchtlich. Frühzeitiges Waagrechtbinden der unteren Astserie begünstigt eine genügend breite Kronenbasis. Die Verzweigungstendenz ist nur mäßig, die Triebigkeit dagegen hoch. Letztere erleichtert auch die Anzucht von einjährigen Jungbäumen (Okulanten) mit vielen vorzeitigen Trieben.
Fruchtholz: Vorherrschende Fruchtstand-Orte sind einerseits mittellange Kurztriebe und andererseits die seitlichen Kurztriebe, einjährig, am zweijährigen Langtrieb. Beide Orte fruchten endständig (terminal). Verschiedentlich können auch einjährige Langtriebe achselständig (lateral) Früchte ansetzen. Mehrjährige Kurztriebe, sog. Quirlhölzer, kommen selten vor.
Blüte und Befruchtung: Gute Befruchtersorte, diploid; mittelspät- bis spätblühend, in geringem Maße selbstfruchtbar; Befruchtersorten sind u.a. 'Alkmene', 'Discovery', 'Gloster', 'Golden Delicious', 'James Grieves', 'Jonathan' und 'Laxtons Superb'. Blütenzahl 4,8 (4 bis 6), vereinzelt mißgebildet, Stiele mittellang und behaart, Achse kurz bis mittellang, viel Rosa; viel rosafarbige Stengelnebenblätter; Kronblätter kurzgenagelt, länglich-oval, engständig und hoch; Primärblätterzahl 6,7 (5 bis 8), klein bis mittelgroß, elliptisch fein gekerbt, basal gebuchtet, vorne kurzspitzig bis rundlich; Griffel (5) deutlich (3 bis 4 mm) über Staubblätter ragend, eng, nach oben gespreizt; Staubblätter (20) eng, am Grund rötlich bis rosa; Kelchblätter lanzettlich, langspitzig, stark gebogen, ca. 1,0 cm lang.
Ertrag: Setzt frühzeitig ein, danach mittelhoch, erreicht etwa 75% von 'Golden Delicious'; Neigung zu mäßiger Alternanz; diese läßt sich durch wirksame Fruchtausdünnung nach der Blüte abschwächen. Kein vorzeitiger Fruchtfall.
Krankheiten und Mängel: Für Schorf und Mehltau wenig, für Obstbaumkrebs mäßig

anfällig; gegen letzteren sind deshalb sehr späte Blattfallspritzungen zweckmäßig. Schwach fruchtende Bäume zeigen oft ähnliche Blattschäden bzw. -veränderungen wie solche von 'Cox Orange' (holl. »Cox-Ziekten«).

Frucht

Pflückreife: In Mitteleuropa Ende September bis Mitte Oktober, abhängig von Behangdichte und Jahreswitterung bzw. Wärmeklima; Durchpflücken erhöht den Anteil gut gefärbter Früchte.
Genußreife: Aus dem Frischluftlager bis Dezember; aus dem Kühllager bei +2 °C bis Februar und bei + 3 °C bis Januar; aus dem CA-Lager bei +3 °C, 1% CO_2 und 3% O_2 bis Mitte März; Versuche mit niedrigerer Temperatur und weniger Sauerstoff waren positiv; Schalenbräune kann bei höherem CO_2-Gehalt auftreten.
Größe und Form: Mittelgroß; gleichmäßig kugelig, aber auch flachkugelig und dann kurzachsig; zum Kelch hin etwas abgeflacht, rund, Kanten und Rippen nicht oder kaum erkennbar, überwiegend mittelbauchig, vereinzelt auch schiefe Früchte.
Farbe und Beschaffenheit der Schale: Gelb bis strohgelb (Schattenfrüchte grünlich), 1/3 bis 2/3 der Schale von schwach orangerot marmoriert bis verwaschen kräftig rot gefärbt, in vielen Nuancen, insgesamt ansprechend; Lentizellen klein und locker verteilt, teils als dunkle (GF), teils als helle Punkte (DF), wenig auffällig; verschiedentlich netzartig berostet; teils fast glatt, teils etwas rauh, und uneben, leicht wachsig; weich.
Kelch: Klein bis mittelgroß, halboffen; Blättchen lang und schmal, nach außen gebogen und am Grund verwachsen.
Kelchgrube: Flach bis allenfalls mäßig eingesenkt (schüsselförmig); durchweg fein bis gröber gefältelt; manchmal ringförmig und feinschuppig berostet.
Stiel: Meist lang und dünn bis mitteldick, vereinzelt auch mittellang und dick; oft zum Ansatz hin keulig; hellbraun.
Stielgrube: Mittelweit, tief und ziemlich ebenmäßig; vereinzelt mit fleischigen Schnabelbildungen; durchweg feinschuppige, graugrüne Berostung, die teilweise strahlig über den Rand hinausreicht.
Kernhaus: Mittelgroß, hochzwiebelförmig, kelchnahe, wenig auffällig; Gefäßbündel als grüne Punkte unregelmäßig angeordnet; Achse offen; viele breite und zugespitzte Samen, Fächer in der Form häufig verschieden.
Fleisch: Grünlichgelb bis gelblich bzw. cremefarben, saftig, feinzellig, fest, kurzbrechend, im Ganzen vorteilhaft.
Geschmack: Kräftig süßlich-feinsäuerlich und aromatisch, ähnlich 'Cox Orange'; ausgezeichnete Qualität.

Physikalische und chemische Eigenschaften der Frucht									
Tagewerte	132								
Größenverteilung nach Gewicht – Größenklassen in mm	<55	55/60	60/65	65/70	70/75	75/80	80/85	85/90	90/95
%		3	13	29	36	15	4		
Mittleres Fruchtgewicht in g	125	(88 – 157)							
Spezifisches Fruchtgewicht	0,81	(0,79–0,82)							
Fruchtform-Index	0,82	(0,77–0,90)							
Mittlerer Zuckergehalt als Refraktometerwert in %	14,0	(13,2–15,7)							
Mittlerer Säuregehalt in g/l	9,5	(8,2–11,7)							
Gruppen des Vitamin-C-Gehalts in mg/100 g Frischgewicht	10–20								
Sorbitgehalt in g/100 g Frischgewicht									

Anbau und Markt

Seit 1985 hat sich die Erntemenge von 'Elstar' an den europäischen Märkten um etwa das 7fache gesteigert. Waren es vor 10 Jahren noch ca. 50000 t, so werden heute in der EU maximal 350000 t vermarktet.
Damit ist 'Elstar' zu einer europäischen Hauptsorte aufgestiegen und hat die früheren Prognosen bestätigt.
Dieser Aufstieg ist die Folge einiger vorteilhafer Eigenschaften: Hervorragender, an 'Cox Orange' erinnernder Geschmack, vorteilhaftes Fleisch, das weder für Stippigkeit noch für Glasigkeit oder Bräune anfällig ist. Hinzu kommt eine gegenüber 'Cox Orange' bessere Fruchtbarkeit. Schwachpunkte sind das Auftreten von Schalenbräune sowie die Neigung zum Schrumpfen infolge Transpiration rauher oder berosteter Partien und das Wachsigwerden der Schale. Diese Mängel treten jedoch begrenzt auf und können durch verbesserte Lagerbedingungen kontrolliert werden.
Bei zu später Ernte erhöht sich zwar in der Regel der Anteil rotgefärbter Äpfel, gleichzeitig kann jedoch der Anteil wachsiger oder gar fauliger Äpfel zunehmen.
Der triebige Wuchs erfordert hohe Kenntnisse bei Erziehung und Schnitt. Außen wie innen gut ausgebildete Früchte benötigen viel Licht. Voraussetzungen hierfür sind neben dem Ausdünnen reicher Behänge und dem Sommerschnitt (vgl. Wuchs) besonders schlanke, fichtenähnlich geformte Spindelbäume, die möglichst allseitig belichtet sind. Bäume mit mangelhafter Durchlichtung zeigen oft auch höhere Anteile berosteter Äpfel. Nach holländischen Hinweisen trägt die Verwendung der Unterlage M27 ebenfalls zur besseren Färbung bei; dies aber nur bei besten Wachstumsbedingungen und zusätzlich sorgfältiger Ausdünnung von Hand, damit die Fruchtgrößen über die Unterlage nicht merklich benachteiligt werden. Vorteilhaft für den Anbau sind die in der Regel gut »gefederten« Bäume.
Die Äpfel sind für die Bereitung von Saft und Mus wenig, als Kuchenbelag oder für Salate dagegen gut geeignet.

Elstar

Florina

Abstammung und Herkunft: Der nachstehende Zuchtgang zeigt, daß 'Florina' als Sämling der F_5-Generation an der »Station d'Amelioration Arbres Fruitiére d'Angers«, einem I.N.R.A.-Institut, nach Rückkreuzungen mit den Kultursorten 'Golden Delicious' (F_3), 'Simpsons Giant Limb' als einer Submutante von 'Red Delicious, Starking' (F_4) und 'Jonathan' (F_5) ausgelesen wurde, und zwar auf der Basis des schorfresistenten Zuchtstammes F_2–26829–2–2 aus den USA. Dieser ist seinerseits aus den Nachkommen der Elternsorten 'Rome Beauty' (= 'Morgenduft') × *Malus* (×) *floribunda* cv. 821, letztere als mögliche Hybride oder sekundäre Wildart, bzw. aus einer nachgefolgten Zwischenstufe mit den schon relativ großfrüchtigen und ebenfalls schorfresistenten Sämlingen 9433–2–2 und 9433–2–8 (F_1) hervorgegangen. Diese Zwischenstufe war bereits vor 1910 hergestellt worden. Der Zuchtstamm F_2–26829–2–2 kommt also aus den USA und wurde in Frankreich als Quelle für die dominant vererbende, aber monogen veranlagte Schorfresistenz V_f (= *Venturia floribunda*) eingesetzt. Öffentlich bekannt gemacht wurde 'Florina' im Jahr 1977.
Für den gültigen Sortennamen gibt es unterschiedliche Hinweise. Nach französischen und schweizerischen Angaben ist 'Florina' der gebräuchliche und sortenkundlich verwendete Name, während 'Querina' als »hinterlegtes Marken- oder Warenzeichen« (Marque déposée) geführt wird. Nach deutscher Version soll es gerade umgekehrt sein. Sprachlich jedenfalls ist 'Florina' eingänglicher; deshalb wird dieser Name nachfolgend verwendet. Die Versuchsnummer dieses Sämlings in Angers/Frankreich war P7 R8 A7.
Mutanten: Von 'Florina' sind bislang keine Mutanten bekannt geworden.
Standortansprüche: Die Kenntnisse darüber sind noch spärlich. Geht man von der bekannt gewordenen Anbaubreite aus, die sich einerseits im Herkunftsland Frankreich vom Loire-Tal (La Rétuzière) über die Dordogne (Lanxade) bis in den Südosten (Balandran), also auf durchweg wärmeklimatisch für Äpfel sehr begünstigte Gebiete, erstreckt, und die andererseits in Deutschland und in der Schweiz vom Weinklima (Wallis, Westschweiz, Oberrhein. Tiefland, Rheinpfalz und -hessen) bis in mittlere Lagen (Thurgau, Bodenseeregion) reicht, so kann gefolgert werden, daß 'Florina' auf apfelgeeigneten, weit gestreuten Landschaften gute Wuchsleistungen, günstige Fruchtbarkeit und verbrauchergemäße Fruchtqualitäten zu leisten vermag. In besonders warmen Gebieten kann sich allerdings die sonst nur schwache Anfälligkeit für Mehltau verstärken. Über die Frosthärte von Blüte und Holz ist bisher noch wenig bekannt; dies gilt auch für die Windempfindlichkeit. In beiden Fällen kann von einer relativ vorteilhaften Veranlagung ausgegangen werden.
Verbreitung: In ganz Europa in alternativ wirtschaftenden Betrieben vorhanden und für biologisch orientierte Verbraucher vermarktet im Direktverkauf (Hof, Lokal-

Florina

Zuchtgang der schorfresistenten Sorte 'Florina'

'Rome Beauty' (= 'Morgenduft') × *Malus* (×) *floribunda*, cv. 821 → F_1-9433-2-2 und F_1-9433-2-8

F_1-9433-2-2 × F_1-9433-2-8 → F_2-26829-2-2

F_2-26829-2-2 × 'Golden Delicious' → F_3-14-126

F_3-14-126 × 'Red Delicious, Starking' bzw. 'Simpsons Giant Limb' → F_4-612-1

F_4-612-1 × 'Jonathan' → F_5-'Florina'

markt). Die umgesetzten Mengen sind bislang nicht groß.

Bestandessicherheit: Auf den schwach wechselfeuchten Geschiebelehmen in Bavendorf, wo der Obstbaumkrebs als Schwächeparasit auftreten kann, gibt es bis heute keine ernsthaften Infektionen oder gar Baumausfälle durch diese Pilzkrankheit. Selbst unter den Bedingungen eines naturnahen Anbaues ohne chemischen Pflanzenschutz sind nach 7 Jahren keine bedrohlichen Schäden festzustellen. Insoweit kann 'Florina' als für Kultursorten des Apfels durchschnittlich bestandessicher eingestuft werden.

Baum

Wuchs: Das anfänglich mehr als kräftige Wachstum schwächt sich später ab; in Verbindung mit dem als Folge flacher Aststellung deutlich in die Breite gehenden Wuchs bilden sich geräumige Kronen, deren Äste an der Basis leicht verkahlen, sich mit der Zeit aber ausreichend mit Fruchtholz garnieren. Wegen des zuerst etwas sparrigen Triebwachstums sind in den ersten Jahren Formierungsarbeiten zweckmäßig. Insgesamt gesehen erfordert die Erziehung zur »Schlanken Spindel« wegen des nicht dominanten Mitteltriebes etwas Geschick. Vorherrschend sind mittellange bis lange Triebe mit relativ kurzen Internodien und wenigen kleinen, weißlichen Lentizellen auf grau-flaumiger Rinde. Die mittelgroßen bis kleinen, ovalen und kaum gespitzten, lichtgrünen Blätter sind teils mäßig gekerbt, teils scharf gezähnt; sie sitzen teils gleich-, teils ungleichgrundig auf grauen Stielen; ihre Nebenblättchen sind kurz bis kaum vorhanden.

Fruchtholz: Anfänglich überwiegen Langtriebe; später kommt es zur Bildung von mittellangen Trieben (20 bis 40 cm), die häufig mit einer terminalen Blütenknospe abschließen. Von den für die heutigen kleinen Baumformen maßgebenden Kurztrieben (2 bis 20 cm) gibt es in den ersten 6 Jahren meist nur wenige.

Blüte und Befruchtung: Pollen günstig (diploid); mittelspätblühend; Befruchter sind u. a. 'Arlet', 'Elstar', 'Gala', 'Golden Delicious', 'Goldparmäne', 'Gloster' und 'Rubinette'. Blütenzahl 5,1 (4 bis 6, vorwiegend 5), laterale Blüten kommen nicht vor, Achse mittellang (lang bis kurz), Stiele mittellang bis kurz, flaumig; schwach rosarote Kronblätter 5, davon häufig ein Blatt verkümmert, oval, leicht deckend bis berührend, kurzgenagelt und im Ballonstadium rosarot; Primärblätterzahl 7,2 (5 bis 9); Kelchblätter mittellang, nach unten gebogen, aber nicht krallenartig; Nebenblätter fadig und braun, am Ansatz breit; Griffel kürzer als Staubblätter, jene zahlreich und becherförmig; Geruch schwach unangenehm.

Ertrag: Setzt früh mit der Fruchtbarkeit ein, danach mäßig bis hoch bei schwacher Neigung zur Alternanz; in Bavendorf lagen die Baumerträge in den ersten 6 Jahren bei 75% zu 'Prima' (= 100%).

Krankheiten und Mängel: Schorfresistent! Schwach anfällig für Mehltau; in Bavendorf ist diese Krankheit wenig störend; weitere Erfahrungen liegen nicht vor. Nach 7 Standjahren zeigen die Bäume in

Physikalische und chemische Eigenschaften der Frucht										
Tagewerte		146								
Größenverteilung nach Gewicht	Größenklassen in mm	<55	55/60	60/65	65/70	70/75	75/80	80/85	85/90	90/95
	%		1	6	32	38	20	3		
Mittleres Fruchtgewicht in g		168								
Spezifisches Fruchtgewicht		0,80	(0,78–0,82)							
Fruchtform-Index		0,85	(0,80–0,95)							
Mittlerer Zuckergehalt als Refraktometerwert in %		13,4	(12,6–14,6)							
Mittlerer Säuregehalt in g/l		5,7	(4,2–7,3)							
Gruppen des Vitamin-C-Gehalts in mg/100 g Frischgewicht										
Sorbitgehalt in g/100 g Frischgewicht										

Bavendorf keine gravierenden Schäden am Sproß, die durch Frost oder Pilzkrankheiten verursacht worden sein könnten.

Frucht

Pflückreife: Je nach Wärmeklima von Anfang bis Mitte Oktober.
Genußreife: Im Frischluftlager bis Dezember; im Kühllager bei + 1°C bis Februar; im CA-Lager bei 1 bis 2°C, 2 bis 3% CO_2 und 1 bis 3% O_2 (Streif, mdl.) bis Anfang Mai, also eine verhältnismäßig gut lagerfähige Sorte.
Größe und Form: Mittelgroß; häufig schwach grobkantig und unrund; überwiegend mittelbauchig, teils flach, teils hochgebaut und vereinzelt schief; Form insgesamt nicht berauschend.
Farbe und Beschaffenheit der Schale: Zunächst in der Grundfarbe eher gelblichgrün, dann auf gelblich wechselnd; in der Regel mehr als 3/4 der Schale flächig orangerot bis ochsenblutrot mit teilweise bläulichem Schimmer gefärbt und dazu am Baum deutlich beduftet; Lentizellen als weiße Punkte auffällig, leicht wachsig, kaum berostet; hart.
Kelch: Mittelgroß; halboffen bis offen; Blättchen breitstumpf-dreieckig, nicht groß und deshalb wenig auffallend.
Kelchgrube: Mittelgroß; mittelweit und mitteltief bis tief; durchweg markant gefältelt bis geperlt, ähnlich 'Berlepsch', nur noch kräftiger; ohne Rost.
Stiel: Kurz, teilweise mittellang; mitteldick bis dünn; z. T. napfförmig am Ansatz.
Stielgrube: Tief und eng, nach oben sich weitend; teils mit Schnabel oder unrund; in der Regel nur am Grund grau-grün feinschuppig berostet.
Kernhaus: Hochzwiebelförmig, wenig ausgeprägt, kelchnahe bzw. mit Röhre in den Kelch übergehend; auffällig sind die grünen und eng plazierten Leitbündel; Samenkammern kurz und gedrungen, meist gleichmäßig geformt mit zahlreichen Kernen; Achse überwiegend offen; Auftreten von Kernhausschimmel oder -bräune nicht selten; dies vermutlich als Folge der kurzen und nicht ganz geschlossenen Verbindung zwischen Kelch und Kernhaus.
Fleisch: Cremefarben bis grünlich-gelb, anfänglich sehr saftig, knackig und kurzbrechend, später locker und tendentiell mürbe; dann disharmonieren relativ harte Schale und weiches Fruchtfleisch.
Geschmack: Schwach süßfruchtig bis süßlich und etwas parfümiert; am Ende der Lagerung verliert sich der Geschmack.

Anbau und Markt

Herausragende Eigenschaft von 'Florina' im Anbau ist die Schorfresistenz. Damit kann diese Sorte zu ihrem bisherigen Nutzungsschwerpunkt im alternativen Bereich auch für die Kultur im Haus- oder Liebhabergarten zur Selbstversorgung empfohlen werden, da die Blätter durch den Schorfpilz nicht in schädigender Weise infiziert werden. Nach neuesten Untersuchungen aus Ahrensburg und Angers/Frankreich ist diese Resistenz von 'Florina' gegen alle bekannt gewordenen Schorfrassen 1 bis 6 wirksam. Weiterer Vorteil von 'Florina' ist die vergleichsweise zu anderen schorfresistenten Neuzüchtungen gute Lagerfähigkeit. Andere wichtige Eigenschaften und Merkmale bei 'Florina' sind die günstige Fruchtbarkeit, wenn auch von Jahr zu Jahr etwas schwankend, der wenig problematische Wuchs und die geschmackliche Qualität der Äpfel, die eher in den süßfruchtigen als in den betont fruchtigen Bereich einzuordnen ist. Weniger vorteilhaft sind demgegenüber die mehrheitlich eher langen als kurzen Fruchthölzer und die teils hohe Behangdichten. Sie sind rechtzeitig und mit Maßen auszudünnen, um sortentypisch große und inhaltsreiche Äpfel zu bekommen. Ungewohnt dürfte die zunächst kräftige Beduftung der mitunter mit bläulichem Stich gefärbten Äpfel sein.
Für die Bekämpfung der schon angesprochenen Infektionen im Kernhaus gibt es noch keine durchschlagenden Maßnahmen. Neben einer ansprechenden Tafelapfelqualität wird 'Florina' auch als Kochapfelsorte geschätzt. Im Aussehen ähnliche Sorten gibt es kaum in Mitteleuropa.

Gala

Ähnlicher Name ist 'Gala' oder 'Gala Delicious'. Die Sorte wurde unter der Bezeichnung 'Kidds D-8' von McKenzie (DSIRO Havelock Nord) geprüft; als Züchter wird J. H. Kidd aus Greytown, Wairapa, in Neuseeland genannt.

Gala 'Royal'

Abstammung und Herkunft: Nach Angaben aus Neuseeland soll 'Gala' schon 1934 aus den Nachkommen der Kreuzung 'Kidds Orange Red' x 'Golden Delicious' entstanden, jedoch erst 1965 für den Markt freigegeben worden sein; die Sorte 'Kidds Orange Red' ist ihrerseits 1924 aus der ebenfalls von Kidd durchgeführten Kreuzung 'Red Delicious' x 'Cox Orange' hervorgegangen.

Mutanten: Entsprechend der Übersicht zu den Mutanten von 'Gala' sind sich 'Gala Tenroy bzw. Royal' und 'Gala Mondial bzw. Imperial' im Flächenanteil und in der Ausprägung der roten Deckfarbe sehr ähnlich, während 'Gala Regal Prince bzw. Must' Vorteile im Fruchtdurchmesser haben soll; ihre verwaschene Deckfarbe wird jedoch als untypisch angesehen. Nach Vergleichsproben (15. 9. und 3. 12. 1992) in Bavendorf ergeben sich nachstehende Fruchteigenschaften und -merkmale bei den gegenwärtig wichtigsten Mutanten von 'Gala':

Standortansprüche: Zur Ausschöpfung der erblich festgelegten Möglichkeiten hinsichtlich der Fruchtgröße benötigt 'Gala' mindestens warmes Klima. Dies bedeutet für SW-Deutschland, daß der Anbau im Bereich zwischen dem 'Weinklima' und allenfalls bis zum 'Obstklima' (nach Ellenberg Stufe 6) betrieben werden soll. Dabei ist hervorzuheben, daß die Äpfel von 'Gala' wenig für Sonnenbrand empfindlich sind.

In kühleren Klimaten steigt zwar der Säuregehalt der Äpfel, was einem ausgewogenen süßlich-fruchtigen Geschmack entgegenkommt, doch die Fruchtgrößen gehen dann deutlich zurück. Nach den bisherigen Erfahrungen in Bavendorf und auf anderen Standortverhältnissen ist die Sorte nicht anspruchsvoll an Feuchtigkeit und Bodenfruchtbarkeit, d.h., daß auch auf mittelmäßig veranlagten Böden gute Leistungen möglich sind. Die Sorte gilt als anfällig für Obstbaumkrebs. Diese Schwäche hält sich nach den vorliegenden Bonituren aus Bavendorf jedoch in Grenzen; im Anbau sollte man dennoch Böden mit günstigem Wasser-Luft-Haushalt bevorzugen, ansonsten kann diese Pilzkrankheit als Schwächeparasit auftreten. Während in Bavendorf 'Gala' zu den am ehesten blütenfrostharten Apfelsorten zählt – 1981 gab es auf spätfrostgefährdetem Standort kaum Ausfälle –, wird aus Neuseeland berichtet, daß die Sorte in der Blüte »relativ frostempfindlich« sei. Nach Frost und kühlem Regen im Frühjahr sollen die Äpfel auch ziemlich berosten. Diese Aussage läßt sich aus Bavendorfer Sicht nicht bestätigen. Dank der langen Stiele sind die Früchte weitgehend windfest.

Verbreitung: Von 1990 bis 1993 ist die Angebotsmenge der Sorte 'Gala' einschließlich ihrer Mutanten in der EU von etwa 30 000 t auf über 150 000 t sprunghaft angestiegen, hauptsächlich in den südlichen Anbaugebieten Europas. So vermarktet Frankreich 1993 etwa 100 000 t, Italien 40 000 t, davon 12 000 t in Südtirol; aus der Schweiz werden 2500 t gemeldet und aus der Region Bodensee 1500 t. Hinzu kommen beträchtliche Mengen aus den Regionen Süd-, Mittel- und Nordbaden, aus der Rheinpfalz und aus Rheinhessen.

Bestandessicherheit: Diese scheint entgegen der vielzitierten Anfälligkeit für Obstbaumkrebs und auch für Feuerbrand besser als ihr Ruf zu sein. Voraussetzungen für eine ausreichende Lebensdauer sind dennoch gesunde Jungbäume und das ständige Beobachten des Holzkörpers auf entsprechende Infektionen hin. Langjährige Erfahrungen fehlen aber noch.

Mutanten von 'Gala'

Name	Herkunft	Rotfärbung der Früchte	Fruchteigenschaften
Gala, Tenroy oder Royal	Mutante, gefunden von Ten'Have	$3/4$ bis $4/4$, teilweise chimärenartig gestreift	mittelgroß (bis klein)
Gala, Mitchgla oder Mondial oder Imperial	Mutante, gef. von Mitchell	$3/4$ bis $4/4$, teilweise chimärenartig gestreift	soll etwas größer als Standard sein
Gala, Regal Prince oder Must	Mutante, gef. von Fulford	$3/4$ bis $4/4$, nicht streifig	größer als Standard
Galaxy	?	dunkelrot	früher reifend als Standard
Gala, Tenslotte oder Galagored	?		

Merkmal	Standard	Tenroy bzw. Royal	Mondial bzw. Imperial	Regal Prince bzw. Must
Größe	mittelgroß bis klein	wie Standard	wie Standard	verbessert
Form	schwach grobkantig, unrund	wie Standard	wie Standard	Kelchpartie scheint markanter zu sein
Deckfarbe	60–80% orangerot bis hellerdbeerrot; marmoriert bis geflammt bis verwaschen	70–95% orangerot bis kräftig erdbeerrot, aber mit chimärenartigen (sektorialen) Streifen von hell- bis dunkelrot	ähnlich 'Royal', aber chimärenartige Streifen sind verschiedentlich breiter und damit auffälliger	75–95% verwaschen rot; reicht von orangerot bis bordeauxrot
Geschmack	süßfruchtig, wenig Säure; feinzellig, sehr saftig, aber schon etwas weich	wie 'Standard'	wie 'Standard'	scheint etwas geschmackvoller und saftiger als 'Standard' zu sein

Baum

Wuchs: Der höchstens mittelstarke Wuchs führt zusammen mit einer gewissen Apikaldominanz zu kopfbetonten Bäumen mit kräftiger Mittelachse. Da die Verzweigung und die Triebbildung nicht besonders ausgeprägt sind mit Tendenz zu schwachem Fruchtholz, verträgt die Sorte einen kräftigen Fruchtholzschnitt. Schwache Triebe sollten jedenfalls wegen Bruchgefahr vermieden werden. Die braune Rinde zeigt, ähnlich 'Golden Delicious', sehr viele helle Lentizellen, während die rötlichbraunen Triebe eher kurz- als langnodig sind. An diesen sitzen an rötlichen Stielen langovale, mittelgroße Blätter, die randlich feingezähnt sind und in der Regel in einer leicht abgesetzten Spitze enden. Teilweise zeigen sich diese Blätter wellig, teilweise kahnartig nach oben gewölbt; am Grund sind sie gleichseitig angesetzt mit rötlichem Schimmer. Die Nebenblätter, schmal und kurz, sind kaum sichtbar. Wenig vorteilhaft ist das selten ausreichend gefederte Pflanzmaterial.

Blüte und Befruchtung: Polleneigenschaften gut (diploid); mittelspät blühend; geeignete Befruchter sind u. a. 'Cox Orange', 'Elstar', 'Gloster', 'Jonathan', 'James Grieve' und 'Rubinette'; Blütenzahl 5,4 (5+6), wobei die 5zähligen Infloreszensen häufig eine verhockte Blüte zeigen; Blütenstand wenig attraktiv, als Ganzes leicht verkrüppelt bis verkrumpelt, Achse kurz, Stiele mittellang bis kurz, schwaches Rosa; Kronblätter (5) relativ klein, rund, nicht deckend und mittellang genagelt; Primärblätter 8,2 (7 bis 10, meist aber 8+9), klein, meist eiförmig, gezähnt und schwach zugespitzt; Kelchblätter lang und schmal, betont grün mit braunen Spitzen; Griffel länger als die Staubblätter, letztere zahlreich (20); kein auffälliger Geruch oder Gestank.

Krankheiten und Mängel: Gering anfällig für Rote Spinne, überdurchschnittlich empfindlich für Obstbaumkrebs und Feuerbrand, dagegen nur mäßig für Schorf und Mehltau.

Physikalische und chemische Eigenschaften der Frucht									
Tagewerte	128								
Größenverteilung nach Gewicht / Größenklassen in mm	<55	55/60	60/65	65/70	70/75	75/80	80/85	85/90	90/95
%		1	6	12	40	38	3		
Mittleres Fruchtgewicht in g	153								
Spezifisches Fruchtgewicht	0,86	(0,84–0,89)							
Fruchtform-Index	0,87	(0,80–1,00)							
Mittlerer Zuckergehalt als Refraktometerwert in %	13,5	(12,5–14,6)							
Mittlerer Säuregehalt in g/l	4,2	(3,2–5,2)							
Gruppen des Vitamin-C-Gehalts in mg/100 g Frischgewicht	0–5								
Sorbitgehalt in g/100 g Frischgewicht									

Frucht

Pflückreife: Mitte bis Ende September; auf sehr warmen Standorten ist Durchpflükken zweckmäßig oder notwendig, um überreife und somit schlecht lagerfähige Früchte zu vermeiden.

Genußreife: Im Anschluß an die Ernte und aus dem Frischluftlager bis Ende November; aus dem Kühllager (0 bis +1°C) bis Ende Dezember; aus dem CA-Lager (nach Streif, mdl., 1 bis 2°C; 3 bis 4% CO_2; 1 bis 3% O_2) bis Anfang März; die Äpfel von 'Gala' behalten zwar ihr festes und saftiges Fruchtfleisch ziemlich lange und sind auch sehr wenig anfällig für Lagerkrankheiten, sie verlieren jedoch rasch an geschmacklicher Qualität. Dies macht 'Gala' eher zu einem Herbst- und Vorwinterapfel als zu einem ausgesprochenen Winter- beziehungsweise Lagerapfel.

Größe und Form: Mittelgroß bis klein und von leicht abgeflacht über kugelig bis schwach hochgebaut, etwas grobkantig, teils unrund oder leicht schief und zum Kelch hin schwach fliehend; betont mittelbauchig; im Ganzen dennoch ein schön geformter Apfel.

Farbe und Beschaffenheit der Schale: Vollreif sattes Gelb; fast alle Äpfel zwischen 50 und 80% von rötlich über orangerot bis kräftig rot marmoriert gefärbt, verschiedentlich auch geflammt, dabei Kelchgrubenrand stets ohne Deckfarbe; Lentizellen kaum oder nur als sehr kleine Pünktchen erkennbar; leicht wachsig, wenig oder nicht berostet; weich.

Kelch: Mittelgroß, geschlossen bis halboffen; lange und schmale, am Ende spitze Blättchen, die grün und meist von der Mitte an nach außen gebogen sind und sich am Grund berühren.

Kelchgrube: Mitteltief bis etwas mehr; durchweg schwach höckrig, zum Innern leicht gefältelt bis gerippt; überwiegend frei von Rost oder Deckfarbe.

Stiel: Lang bis mittellang; dünn bis allenfalls mitteldick, aufrecht; deutlicher Napf am Ende und häufig im oberen Drittel mit Knick oder mit Leiste; unten grün, nach oben dunkelbraun.

Stielgrube: Tief und weit ausgeprägt; vereinzelt mit leichtem Schnabel oder leicht verdrückt bis unrund; am Grund teilweise feinschuppig und graugrün berostet, vereinzelt strahlig über den Rand hinausgreifend.

Kernhaus: Mittelgroß bis klein; breit- bis hochzwiebelförmig, lange Röhre zum Kelch; Achse offen, Fächer nicht geschlossen, kurz und stumpig, Samen breitoval und voll; Gefäßbündel sitzen als grüne bis gelbe Punkte ziemlich außen.

Fleisch: Cremefarben bis leicht weißlichgelb mit grünlichem Stich im Kernhausbereich; fest und saftig, feinzellig und kurzbrechend; wird später aber rasch weichsaftig.

Geschmack: Süßfruchtig und aromatisch, später mehr süßlich und leicht parfümiert; feiner Geschmack, der aber als Folge des Säureabbaus rasch fade werden kann.

Anbau und Markt

Die neuseeländische Sorte 'Gala' hat viele Jahre benötigt, um ihre Vorzüge für Erzeuger, Markt und Verbraucher gleichermaßen deutlich werden zu lassen: Hohe Fruchtbarkeit, günstiges Wuchsverhalten, handliche, schön aussehende und sehr gut lagerfähige und transportfeste Äpfel. Sie sind wenig anfällig für nichtparasitäre Krankheiten während der Lagerung, d. h. auch stippefrei, und haben einen angenehm süßfruchtigen Geschmack sowie saftiges Fruchtfleisch.

Diesen vorteilhaften Eigenschaften gegenüber hält sich die Anfälligkeit für Obstbaumkrebs in tragbaren Grenzen. Der zur Förderung der Fruchtgröße vielfach erforderliche Aufwand für sorgfältiges Ausdünnen in intensiven Apfelbetrieben sollte machbar sein. Kritischer ist die bei lange stabil bleibendem Fruchtfleisch verhältnismäßig kurze Dauer des geschmacklichen Höhepunktes zu bewerten, die dazu führen kann, 'Gala' als Herbstapfel und weniger als Winterapfel zu vermarkten. Bei lage- oder jahresbedingten warmen Verhältnissen fällt der Säuregehalt, der bei dieser Sorte von Anfang an ein niedriges Niveau hat, noch tiefer, was zu Lasten des süßfruchtigen Geschmacks geht. Höhenlagen sind hierbei begünstigt, hinsichtlich der Fruchtgröße aber benachteiligt. Sollte man eines Tages von der marktbedingten Verehrung für große Äpfel wegkommen, wäre 'Gala' auch für solche Höhenlagen oder wärmeklimatisch weniger gut veranlagte Anbaugebiete eine bemerkenswerte Sorte. Hinzuweisen ist auch auf die unterschiedliche Bewertung der Blütenfrosthärte und der Neigung zur Berostung, die beide in Neuseeland als Mängel herausgestellt werden, die sich aber in Mitteleuropa kaum als störend gezeigt haben.

Glockenapfel

Glockenapfel

Ähnliche Namen sind 'Altländer Glockenapfel', 'Schweizer Glockenapfel' und 'Weißer Winterglockenapfel'.
franz. 'Pomme Cloche'.
Synonyme: Keine.
Abstammung und Herkunft: Zufallssämling; angeblich von der Schweiz ins Alte Land bei Hamburg gekommen, nach Stoll (mdl.) soll es aber umgekehrt gewesen sein.
Mutanten: Von 'Glockenapfel' sind keine Mutanten bekannt; gesucht werden u. a. solche mit längeren Fruchtstielen.
Standortansprüche: Gutes Gedeihen verlangt eine regelmäßige Wasserversorgung und fruchtbaren Boden, wobei schwache Wechselfeuchtigkeit, also vorübergehend feuchter Boden, toleriert wird, mehr als bei 'Goldparmäne' oder 'Oldenburg'. Vollwertige Äpfel erntet man nur in nicht zu kühlen Lagen. Empfindlich für Erfrieren der Triebspitze (Spitzedürre) als Folge schlechter Holzreife und strengem Winterfrost; der Polarwinter 1984/85 hinterließ beträchtliche Teil- und Totalschäden; die Blüten sind demgegenüber wenig frostempfindlich. Häufig starker Fruchtfall in der Endphase der Fruchtreife, der jedoch mehr durch kurze Stiele als durch Wind verursacht wird.
Verbreitung: Hauptsächlich im deutschen und schweizerischen Bodenseegebiet sowie an der Niederelbe, allerdings mit sinkender Tendenz. Die Erntemengen belaufen sich zu Beginn der 90er Jahre in Deutschland und der Schweiz auf jährlich nur noch je 10000 t.
Bestandessicherheit: Im allgemeinen ausreichend; Ausfälle durch Krankheiten sind selten, solche durch Frost jedoch häufiger (vgl. Standortansprüche); Teilschäden auch durch Spitzendürre.

Baum

Wuchs: Anfänglich mittelstark bis stark, später nachlassend; auch die Triebbildung kann zunächst deutlich gefördert sein. Ältere Bäume, meist Hochstämme, neigen zu ausgeprägter Vergreisung und nachfolgend zu Alternanz; kräftiger Rückschnitt ist dann angezeigt. Sorteneigentümlich sind hängende, fruchtende Langtriebe, ferner die büschelartige Verzweigung im oberen Bereich und die Verkahlung der basalen Astbereiche, letzteres muß aber keineswegs nachteilig sein (vgl. 'Gloster'). Der jährliche Schnitt ist selten aufwendig. Die mittelgroßen Blätter sind oval mit langgezogener Spitze, innen rund und randlich stumpf gezähnt.
Fruchtholz: Blüten hauptsächlich endständig an mittellangen Trieben. Darauf ist beim Schnitt zu achten. In der Regel endständige Fruchtstand-Orte mit mehreren (3 bis 4) Früchten besetzt, dies fördert durch Abdrücken vorzeitigen Fruchtfall und verlangt Sorgfalt beim Pflücken. Einjährige Langtriebe können auch achselständig fruchten, dann ist aber die Größe beeinträchtigt.

Blüte und Befruchtung: Guter Pollenspender, diploid; blüht mittelspät; geeignete Befruchter sind u.a. 'Berner Rosen', 'Berlepsch', 'Champagner', 'Cox Orange', 'Danziger Kant', 'Finkenwerder', 'Golden Delicious', 'Goldparmäne', 'Idared', 'Ingrid Marie', 'James Grieve', 'Jonathan', und 'Ontario'. Soll mit 'Klarapfel' intersteril sein. Blütenzahl 4,7 (4+5), Stiele eher kurz als mittellang, Achse kurz bis mittellang; Primärblätterzahl 6,2 (5 bis 7), langoval, hängend, mittelstark gesägt, kaum zugespitzt; Kronblätter länglich oval, kurzgenagelt und mit viel Rosa; Staubblätter ziemlich kurz (< 0,5 cm); Kelchblätter betont schmal und lang.
Ertrag: Setzt mittelfrüh ein, danach etwa 75% von 'Golden Delicious'; im allgemeinen mäßige Neigung zur Alternanz; deshalb starke Fruchtbehänge ausdünnen, dies auch zur Förderung der Qualität.
Krankheiten und Mängel: Mäßig anfällig für Schorf, insbesondere für Spätschorf, wenig anfällig für Mehltau, Obstbaumkrebs und Kragenfäule.

Frucht

Pflückreife: Mitte bis Ende Oktober; als Folge sehr kurzer Stiele vorzeitiger Fruchtfall durch gegenseitiges Abdrücken (bis zu 20%); diese Äpfel sind nicht reif und deshalb nur für die Verwertung brauchbar. Ein Teil des Verlustes wird durch besseres Größenwachstum der verbleibenden Früchte aufgefangen.
Genußreife: Aus dem Frischluftlager bis März, aus dem sehr gut geeigneten Kühllager (0 bis 2 °C) bis Mai und aus dem CA-Lager (3 bis 4% CO_2, 3% O_2 bzw. 21er-Lager mit 7% CO_2 + 14% O_2) bis Juli haltbar; große Äpfel sind empfindlich für CO_2, der Gehalt sollte nicht höher als 5% sein.
Größe und Form: Groß bis mittelgroß; hochgebaut, stielbauchig und meist zum Kelch hin eingeschnürt, deshalb glockenartig; unregelmäßig kantig und/oder schief; Frost während der Blüte kann zu Schäden am Blütenboden führen, die schiefe Früchte nach sich ziehen; diese Eigenschaft wurde auf die Sorte 'Gloster' vererbt.
Farbe und Beschaffenheit der Schale: Grünlich bis gelb, sonnenseits rötlich angehaucht bis flächig ziegelrot, teils fleckig, teils verwaschen; Lentizellen zahlreich, sonnseits oft rot umhöft, wenig auffällig; nach Spätfrost sind berostete Partien als Zungen, Streifen oder netzartige Stellen möglich, diese Eigenschaft wurde ebenfalls an 'Gloster' weitergegeben; trocken, schwachrauh, welkeempfindlich.
Kelch: Mittelgroß; geschlossen bis halboffen, mäßig tief; Blättchen am Grund nicht verwachsen.
Kelchgrube: Mitteltief; weit, bei kleinen Äpfeln eng, unregelmäßig grobhöckerig, überwiegend grünlich umrandet.
Stiel: Kurz, meist dünn.
Stielgrube: Tief und eng; am Grund oft fein- bis grobschuppig berostet, meist über den Rand hinaus.
Kernhaus: Mittelgroß; herzförmig; Achse hohl, Samenfächer kurz aber geräumig und weißgefasert, Samen ungleich verteilt.

Glockenapfel

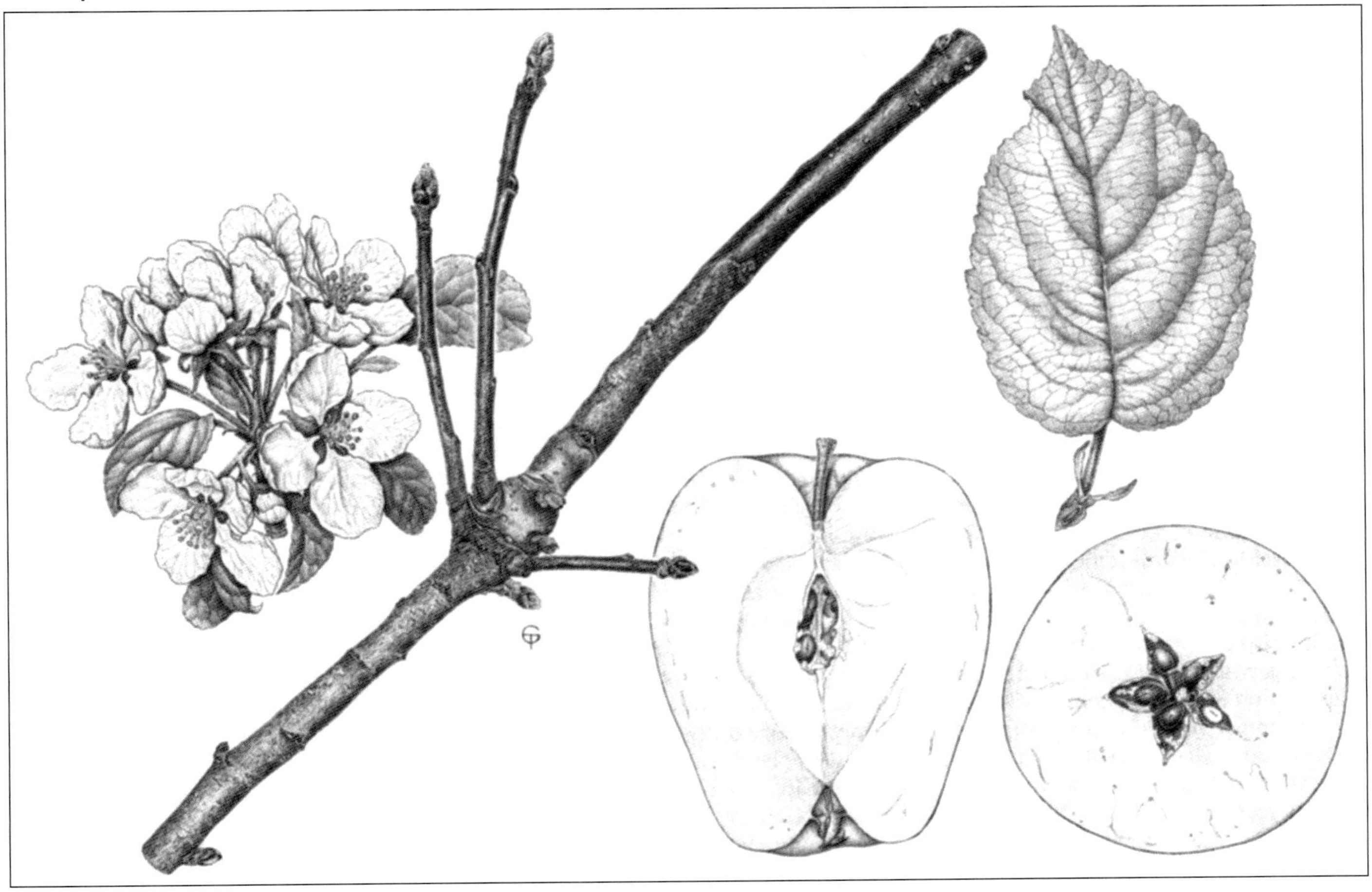

Physikalische und chemische Eigenschaften der Frucht		
Tagewerte	161	

Größenverteilung nach Gewicht	Größenklassen in mm	<55	55/60	60/65	65/70	70/75	75/80	80/85	85/90	90/95
	%		4	7	16	22	26	17	8	

Mittleres Fruchtgewicht in g	185	(150 – 240)
Spezifisches Fruchtgewicht	0,79	(0,78–0,80)
Fruchtform-Index	1,03	(0,98–1,09)
Mittlerer Zuckergehalt als Refraktometerwert in %	12,5	(10,1–14,0)
Mittlerer Säuregehalt in g/l	11,0	(8,1–14,1)
Gruppen des Vitamin-C-Gehalts in mg/100 g Frischgewicht	10–20	
Sorbitgehalt in g/100 g Frischgewicht	0,33	

Fleisch: Weiß; fest, wenig saftreich; anfällig für Stippigkeit, insbesondere bei schwachem Behang.
Geschmack: Herbfruchtig bis feinsäuerlich, erfrischende Note im Frühjahr.

Anbau und Markt

Herausragende Eigenschaften sind die lange natürliche Haltbarkeit, die fruchtige Frische und die günstige Fleischfestigkeit der Äpfel im Nachwinter und Frühjahr sowie ihre gute Handelsfähigkeit. Dies verbilligt Lagerung und Vermarktung der Ware. Dennoch hat es die Sorte zunehmend schwerer, sich am Tafelapfelmarkt zu halten. Innerhalb der Obstregion Bodensee wird 'Glockenapfel' nur noch für den Großmarkt Ravensburg empfohlen (Kernobst-Sortiment Bodensee 1995). Diese Einschränkung ist teilweise bedingt durch den Nachteil des frühen Fruchtfalls 2 bis 3 Wochen vor der Ernte.
Normal ausgereifte Lageräpfel sind bei dieser Sorte solche, die weder zu grün noch zu gelb geerntet worden sind und von Bäumen mit ausgeglichenem Fruchtbehang stammen. Letztgenannte Forderung ist bei älteren, alternanzanfälligen Bäumen nicht immer einfach zu realisieren. Hinzu kommt, daß bei schwachen Behangdichten auch der Anteil stippiger Früchte steigt. Je nach Herbstwitterung kann als Folge pilzlicher Infektionen in vermehrtem Maße Lentizellenröte auftreten. Ungleiche Formen und manchmal stark schwankende Größen der Früchte erschweren das maschinelle Sortieren. 'Glockenapfel' hatte in der Vergangenheit einen beachtlichen Anbau- und Marktwert, hat inzwischen aber stark an Bedeutung verloren. Ähnlich können wenig gefärbte Früchte der Sorte 'Finkenwerder' aussehen.

Gloster

Der Name 'Gloster 69' war rechtlich geschützt.
Ähnliche Namen oder Synonyme sind bis heute keine bekannt geworden. Die Silbe »Glo« weist auf 'Glockenapfel' als Muttersorte hin.
Abstammung und Herkunft: Dem vorrangigen Ziel, eine rotgefärbte, aber sonst dem 'Glockenapfel' ähnliche Sorte zu züchten, ist man an der Obstbauversuchsanstalt Jork (Altes Land) unter ihrem ehem. Direktor, Prof. Dr. E. L. Loewel, mit diesem Sämling recht nahegekommen. Und dies, obstzüchterisch gesehen, in verhältnismäßig kurzer Zeit. 'Gloster' wurde aus der Nachkommenschaft einer 1951 durchgeführten Kreuzung 'Glockenapfel' × 'Richared (Delicious)' ausgelesen, längere Zeit geprüft und 1969 öffentlich bekannt gemacht. Seitdem vor allem in Mitteleuropa angebaut.
Mutanten: Aus dem Alten Land sind Mutanten mit veränderten, meist ungünstigen Fruchteigenschaften aufgetreten, die aber als Negativ-Mutanten durch Selektion von der Vermehrung auszuschließen sind. Die nach Bestrahlung von Reisern in Dresden-Pillnitz selektierten Mutanten 'Pigloma' und 'Piglos' stehen derzeit in Prüfung. Über ihren Anbau- und Marktwert sind noch keine Aussagen möglich.
Standortansprüche: Die ursprünglich eher als begrenzt angenommene Anbaubreite von 'Gloster' hat sich nicht bestätigt. Nach heutigen Erfahrungen erstreckt sie sich auf sämtliche Apfellandschaften Mitteleuropas von Nordfrankreich bis an die Elbe bei Dresden und von der Niederelbe bis nach Südtirol/Trient sowie in die österreichische Steiermark. Nördlich und vor allem südlich dieser Gebiete mangelt es den Äpfeln vielfach an der sortentypischen Rotfärbung zur Ernte. Innerhalb der oben genannten Gebiete erreichen Fruchtbarkeit und Fruchtqualität auf apfelfähigen Böden mit regelmäßiger Wasserversorgung günstige Werte. Besonders wüchsige Standorte erfordern allerdings konsequente Maßnahmen (Binden, Sommerschnitt) für eine zweckmäßige Fruchtholzgarnierung und zur frühzeitigen Ruhigstellung des Triebwachstums. Das Holz ist wenig frostempfindlich, wie der Polarwinter 1984/85 bestätigt hat. Dank spätem Aufblühen gelten die Blüten als weitgehend frosthart. Vorzeitige Blütenfröste, wie z. B. 1977, können allerdings zu erheblichen Fruchtmängeln in Form von sog. Frostzungen oder schiefen Früchten führen. Insoweit sind kaltluftgefährdete Lagen risikoreich. Fruchtfall durch Wind kommt als Folge langer Fruchtstiele kaum vor.
Verbreitung: Anfangs der 90er Jahre werden in der EU jährlich etwa 190 000 t dieser Sorte vermarktet, die damit den Höhepunkt ihres Anbauumfanges erreicht hat. Den größten Anteil davon trägt Deutschland mit etwa 110 000 t (Niederelbe 50 000 t, Bodensee 20 000 t, Rheinland 4000 t; als weitere Anbaugebiete sind das Neckarland, Süd- und Mittelbaden, die Pfalz, Rheinhessen sowie die mitteldeutschen Schwerpunkte um Dresden und westlich von Halle zu nennen); es folgen Südtirol mit 25 000 t, die Niederlande und Belgien mit je 20 000 t, Frankreich mit 12 000 t sowie die Provinz Trient und Dänemark mit je 3000 t. Außerhalb der

EU produzieren die Steiermark (15 000 t), die Schweiz (6000 t) und Slowenien marktrelevante Mengen.

Bestandessicherheit: Trotz einer mehr als mittelmäßigen Anfälligkeit für Obstbaumkrebs sowie einer mittelmäßigen Anfälligkeit für Kragenfäule und Feuerbrand, gibt es bei intensiver Pflege und dank der Holzfrosthärte wenig Ausfälle, d. h. die Sorte kann als ziemlich bestandessicher beurteilt werden.

Baum

Wuchs: Dieser ist von Natur aus in der Jugend eher stark-, als nur mittelstarkwachsend bei gleichzeitig steil angesetzten Seitentrieben bzw. -ästen. Ohne formgebende Eingriffe würden sich deshalb straff aufrechte und enge Kronen bilden mit im oberen Bereich büschelartigen 1jährigen Trieben (ähnlich 'Glockenapfel'). Um die Fruchtbarkeit zu fördern und damit die Wüchsigkeit zu bremsen, sind neben schwachwachsenden Unterlagen wie M9 oder M27, hochveredelte (15 bis 20 cm über dem Boden), zweijährige Bäume zu bevorzugen, deren unterste Astserie frühzeitig, u. U. schon in der Baumschule, in die Waagerechte gebunden worden sind. Schwache Mittelachsen kann man »durchtreiben lassen«, kräftige sind dagegen mehr oder weniger lang anzuschneiden oder gar umzusetzen. Da die natürliche Verzweigung oft nicht ausreicht, sind Anschnitte der seitlichen Achsen zweckmäßig mit dem Ziel einer gleichmäßigen Bekleidung mit Kurztrieben. Sommerschnitt ab Mitte August ist eine ebenfalls günstige Maßnahme für Fruchtholzbildung und Beruhigung einer zu starken Triebigkeit. Die Gefahr der Kopflastigkeit ist bei dieser Sorte gering und die Neigung zum Verkahlen eher förderlich als störend. Im Vollertragsalter ergeben sich normalerweise handliche und lockere Kronen, die kaum noch ernsthafte Probleme aufwerfen. Die violettbraunen, langnodigen Triebe zeigen in mäßiger Dichte helle Lentizellen, Stiele und Spreiten der Blätter enthalten viel Anthocyan. Auffallend sind auch die großen, lang-ovalen Blätter, die randlich mäßig gekerbt und kurzgespitzt sind.

Fruchtholz: Vorherrschende Fruchtstand-Orte sind mit Anteilen von etwa 45% die »Kurztriebe, einjährig, endständig (fruchtend)« und die »Langtriebe, terminal« (mehr als 30 cm lang) mit ca. 30%. Die restlichen Orte treten mit 15% für »Kurztriebe, mehrjährig, endständig« und mit 10% die »Langtriebe, achselständig« deutlich zurück. Die Äpfel der beiden erstgenannten Orte wiesen nach 6jährigen Messungen mit durchschnittlich 200 g bzw. 196 g auch die höchsten Einzelfruchtgewichte auf, diejenigen des Ortes »Langtrieb, achselständig« erreichten nur 156 g. 'Gloster' neigt besonders zu sog. Einzelfruchtständen, die u. a. das Ernten erleichtern und die Gefahr des gegenseitigen Abdrückens dank langer, jedoch leicht ausbrechender Stiele, fast ausschließen.

Blüte und Befruchtung: Als Befruchter geeignet (diploid); mittelspätblühend; geeignete Befruchter sind u. a. 'Alkmene', 'Cox Orange', 'Elstar', 'Glockenapfel', 'Golden Delicious', 'Idared', 'Ingrid Marie', 'Jamba' und 'James Grieve'; 'Jonathan' ist umstritten und die 'Red Delicious'-Gruppe scheidet ganz aus; Blütenzahl 4,2 (4 + 5, für Kultursorten eine extrem niedrige Zahl), verschiedentlich 1. und 2. subterminale Blüte unterentwickelt, Achse mittellang bis kurz, Stiele lang und kräftig behaart; Kronblätter (5, vereinzelt auch nur 4 oder einzelne verkrüppelt), langoval, mittellang genagelt, nicht deckend, wenig Rosa; Primärblätterzahl 7,3 (6 bis 9), Infloreszenz wird beherrscht von großen, langelliptischen Primärblättern, die schwach gerollt wie gekerbt und basal oft ungleich sind, Stiele sehr lang; Kelchblätter mittellang, sehr spitz, Enden bis zur Mitte rötlich, weit nach unten gebogen; Griffel (5) gleich lang wie Staubblätter, oben gespreizt, kaum sichtbar, da im Kranz versteckt; letztere schwach becherförmig geöffnet.

Ertrag: Die frühe, regelmäßige und hohe, der Sorte 'Golden Delicious' ebenbürtige Fruchtbarkeit ist die herausragende Eigenschaft; diese gründet sich oft weniger auf eine hohe Blühintensität als vielmehr auf ein außergewöhnlich hohes Fruchtansatzvermögen. Die Fruchtbehänge sind selten so dicht, daß sie auszudünnen wären.

Krankheiten und Mängel: Zu beachten ist die hohe Schorfempfindlichkeit und die Anfälligkeit für Obstbaumkrebs, weniger dagegen diejenige für Kragenfäule und Feuerbrand; unempfindlich für Mehltau und nach Hinweisen aus Südtirol wenig anfällig für Spinnmilben.

Frucht

Pflückreife: Auf mitteleuropäischen Standorten von Mitte bis Ende Oktober.

Genußreife: Aus dem Kühllager (+1 bis 2 °C) von November bis Ende Februar, bei dieser Lagerungsart faulen die Äpfel zum Ende hin gerne, insbesondere an verletzten Stellen; aus dem CA-Lager (+2 °C, 1% O_2, 3% CO_2) bis Ende Mai, längere Lagerung ist wegen der Gefahr von Kernhausbräune unzweckmäßig und hochreife

Physikalische und chemische Eigenschaften der Frucht										
Tagewerte		150								
Größenverteilung nach Gewicht	Größenklassen in mm	<55	55/60	60/65	65/70	70/75	75/80	80/85	85/90	90/95
	%			4	9	26	30	25	6	
Mittleres Fruchtgewicht in g		183	(156 – 200)							
Spezifisches Fruchtgewicht		0,80	(0,79–0,82)							
Fruchtform-Index		0,94	(0,91–0,99)							
Mittlerer Zuckergehalt als Refraktometerwert in %		13,0	(11,7–14,2)							
Mittlerer Säuregehalt in g/l		6,2	(4,3–8,2)							
Gruppen des Vitamin-C-Gehalts in mg/100 g Frischgewicht		5–10								
Sorbitgehalt in g/100 g Frischgewicht		0,31								

Gloster

Äpfel werden dabei von Fleischbräune befallen; nach Erfahrungen aus Südtirol lassen sich beide Mängel durch gestaffelte Lagerung (CA-Lagerung bis zum Frühjahr, anschließend Kühllager) besser kontrollieren; bei zu langer Lagerung schwindet ohne äußere Anzeichen die innere Qualität.

Größe und Form: Groß bis mittelgroß; hochgebaut, überwiegend stielbauchig, unregelmäßig grobkantig bis unrund, höckrig, zum Kelch hin meist fliehend, aber selten eingezogen; glockenähnlich.

Farbe und Beschaffenheit der Schale: Grüngelb und überwiegend verwaschen (mehr als 50%) kräftig stumpf dunkelrot mit bläulichem Stich, teils mit helleren Partien; zahlreiche Lentizellen als weiße Punkte (Deckfarbe) auffallend oder als Roststernchen (Grundfarbe); glatt, leicht wachsig; weich, zart.

Kelch: Mittelgroß; geschlossen, Blättchen lang und sehr schmal, am Grund flaumig, häufig grundständig verwachsen.

Kelchgrube: Tief, eng, durchweg gefältelt und am Rand fünfhöckerig; rostfrei; etwas anfällig für Fäulnis.

Stiel: Lang bis sehr lang; dünn bis mitteldick; meist dunkelbraun bis dunkelrot; glatt.

Stielgrube: Teils tief, teils mitteltief; fast durchweg ringförmig fein- bis grobschuppig berostet, selten über den Rand hinaus.

Kernhaus: Groß; herzförmig und kelchnahe; Achse hohl bis weit offen, Fächer langgestreckt, meist weißlich belegt und mit zahlreichen, gedrungenen Samen; verschiedentlich glasig; Leitbündel grün und häufig, entsprechend der äußeren Form, unregelmäßig verlaufend.

Fleisch: Grünlichweiß bis grünlichgelb; saftig bis weichsaftig, feinzellig, kurzbrechend; im Ganzen angenehm.

Geschmack: Mild mit feinfruchtiger, zurückhaltender Säure; gutes Apfelaroma; bei Überlagerung kann es auch zu sog. Gärgeschmack kommen.

Anbau und Markt

Als fast rundum roter Apfel von marktgünstiger Größe und Form paßt sich 'Gloster' bestens in das Wintersortiment der Tafeläpfel ein und bietet sich als farbliche Begleitsorte z.B. zu 'Golden Delicious' an. Für den deutschen Markt ist die Sorte ein hervorragender, weil geschmacklich höherwertiger Ersatz zu dem Angebot an 'Red Delicious'-Äpfeln aus Südeuropa. Weitere Pluspunkte sind die hohe, fast regelmäßige Fruchtbarkeit, die gute Haltbarkeit, die lange Absatzperiode und die vorteilhafte Handelsfähigkeit. In fruchtqualitativer Hinsicht äußerst wohltuend ist die Tatsache, daß Stippigkeit höchst selten auftritt. Sofern der eigentümliche Wuchs und die anfänglich mitunter starke Triebigkeit beherrscht werden, sind die Bäume, vor allem auf schwachwachsenden Unterlagen und im Vollertragsalter, weitgehend problemlos zu kultivieren. Bei standörtlich ungeeignetem Anbau, unzweckmäßigem Kronenaufbau und/oder zu hohen Behangdichten kann es jedoch rasch zu Rückschlägen in Form schlecht gefärbter, grasig schmeckender und aromaarmer Äpfel kommen. Schwachstellen sind neben der Schorfempfindlichkeit parasitäre und nicht parasitäre Krankheiten wie Kernhausschimmel und -bräune, Glasigkeit, Welken und Fäulnis, jedoch selten oder keine durch Infektionen mit Erregern der *Gloeosporium*-Arten. Während die beiden letztgenannten Erscheinungen ziemlich beherrschbar sind, gibt es für die Bekämpfung der Glasigkeit und der Kernhausmängel noch keine durchschlagenden Rezepte. Glasigkeit tritt bei wüchsigen Jungbäumen oder nach trocken-warmem Herbstwetter auf. Gegenmaßnahmen sind neben Spritzungen mit $CaCl_2$ frühzeitige Ernte von schwach behangenen Bäumen. Bei Gefahr von Kernhausschimmel empfehlen sich vorerst von der Blüte bis zum Junifall fungizide Spritzungen mit breitem Wirkungsspektrum, da es sich vornehmlich um pilzliche Infektionen, vor allem von *Alternaria*- und *Fusarium*-Arten, handelt.

Für die Verarbeitung sind die Äpfel wenig geeignet. Ähnliche Früchte haben 'Starking', 'Richared' und andere, weniger blaurot gefärbte Mutanten aus der 'Red Delicious'-Gruppe.

Golden Delicious

Ähnliche Namen sind hauptsächlich 'Stark Golden Delicious', 'Yellow Delicious' und 'Golden'; früher in den USA auch als 'Mullins Yellow Seedling' bezeichnet.

Abstammung und Herkunft: Um 1890 von Anderson H. Mullins in Clay County (West Virginia, USA) als Zufallssämling im Hausgarten entdeckt; nach heutigem Kenntnisstand gilt es als sicher, daß die Muttersorte 'Grimes Golden' gewesen ist, während als Vatersorte die alte westvirginische Sorte 'Golden Reinette' vermutet wird. A. H. Mullins sandte aber erst im April 1914 3 Äpfel an die Baumschule »Stark Nurseries« in Louisiana (Morgantown). Daraufhin begutachtete der damalige Besitzer Paul Stark diesen Sämling am ursprünglichen Wuchsort, zahlte Mullins 5000 Dollar dafür, nahm ihn mit und gab ihm den Namen 'Golden Delicious'.

Mutanten: Nach den Angaben in der Tabelle werden die Mutanten 'Smoothee' und 'Reinders' (wenig berostend, gutes Ertragsvermögen, schlanker Wuchs) empfohlen. Ergänzungen können für wenig berostungsgefährdete Standorte die Mutanten 'Schweiz' bzw. die ihr zugeordneten Mutanten 'Missouri 4/4', 'Shay C 449' oder 'Bovey 85' sein. Eine ebenfalls wenig berostende Mutante mit zugleich altgoldenem Ton in der Grundfarbe ist 'Weinsberg' bzw. 'Eyrl', die deshalb entsprechende Beachtung im Anbau verdient. Insgesamt ist die Zahl der Mutanten auf über 50 angewachsen.

Als Ergebnis langjähriger Mutantenprüfungen mit genetisch identischem und mindestens virusgetestetem Material auf den unterschiedlichen Standorten Bavendorf und Heuchlingen konnten folgende Abweichungen für die sortenkundliche Beurteilung wichtiger Eigenschaften und Merkmale gegenüber dem durchschnittlichen Verhalten aller geprüften Mutanten herausgearbeitet werden (Hübner & Silbereisen 1992):

Standortansprüche: Wie kaum eine andere, qualitativ so hochwertige Apfelsorte zeichnet sich 'Golden Delicious' durch eine große ökologische Anbaubreite aus, die sich wärmeklimatisch in Europa vom mediterranen bis zum südskandinavischen Bereich und in den Bergregionen bis in Höhen von 800 bis 900 m über NN erstreckt. Bei sonst vergleichbaren Voraussetzungen hinsichtlich Behangdichte, Wasserversorgung und Ernährung werden aber in heißen Anbauzonen einerseits große und kugelige, andererseits aber eher süße, in mäßig-kühlen Gebieten dagegen meist nur mittelgroße, hochgebaute und leicht rippige, aber nach Zucker und Säure ausgewogen schmeckende Äpfel erzeugt. Daraus folgt, daß im Bereich zwischen diesen extremen Zonen äußerlich wie innerlich vorteilhafte Äpfel heranwachsen können. Bei Beachtung wärmeklimatisch angepaßter, d. h. relativ weiter Blatt-Frucht-Verhältnisse kann aber auch sog. Bergware (Vintschgau, Nonsberg, Valsugano, höher gelegene Teile der Obstregion Bodensee, Graubünden zwischen Maienfeld und Chur) als qualitativ hochwertig eingestuft werden, bei der sich nach sonnigen Herbsttagen auch oft eine rote Backe bildet. Der Anspruch an die Bodenfeuchtigkeit ist artspezifisch gering, d. h. daß auch mäßig trockene bis wechseltrok-

Golden Delicious

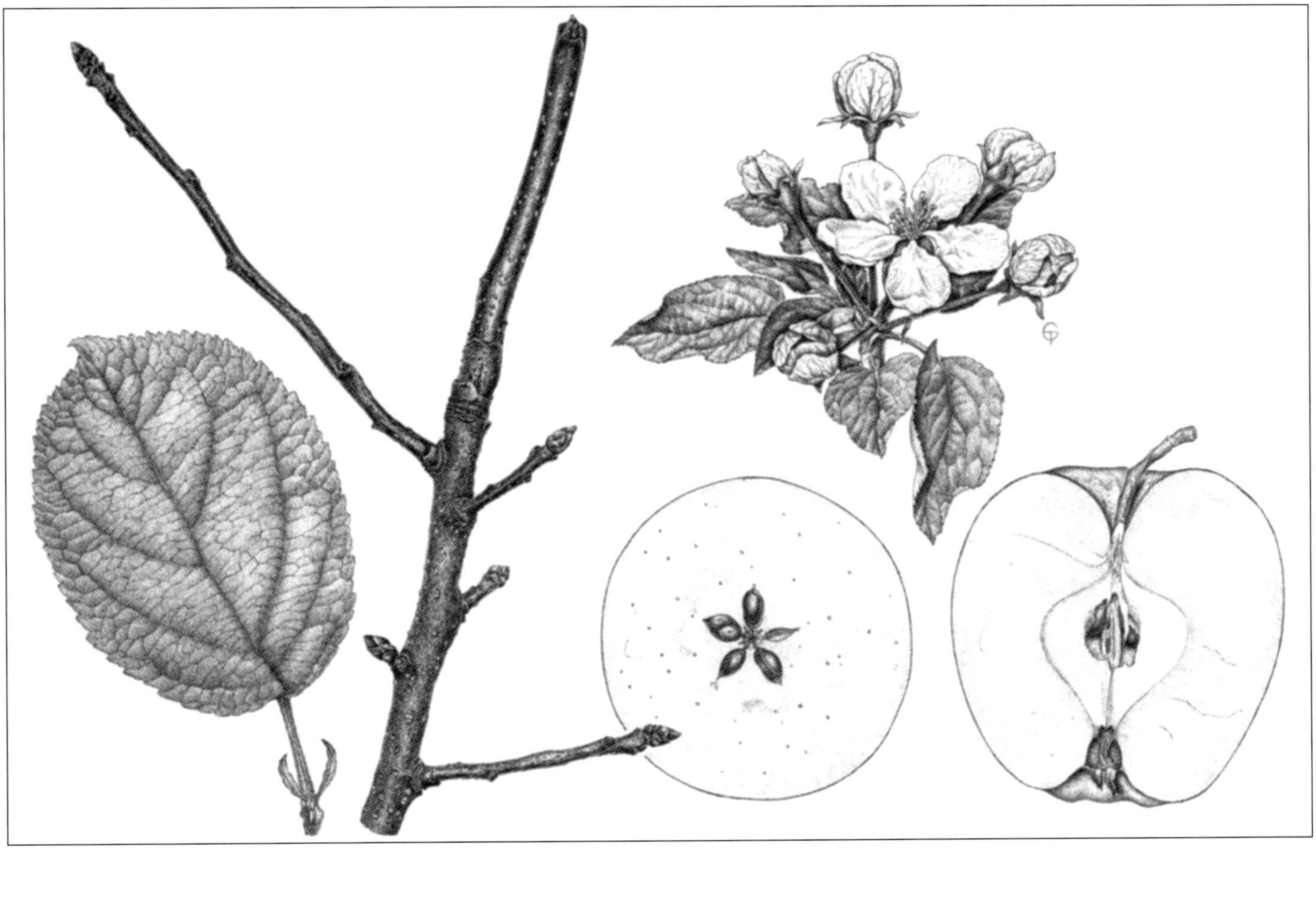

Normalwachsende Mutanten der Sorte Golden Delicious

Golden Delicious

↓

nach zufälligen Mutationen ausgelesen

USA	Frankreich	Schweiz	Bundesrepublik Deutschland	Italien	Niederlande	Dänemark
Clear, 1962 Lutz Oregon Perleberg Sel. 2, 1960 Schweiz vor 1936 (B, vermutlich auch Missouri 4/4, Shay C 449 und Bovey 85) Sel. C. R. O. * Nr. 1, 1960 Simons Russet Smoothee, 1958 - - - - - - - - - - - - - Dould (= 2-4-4-4 Periklinal-chimäre)	Belgolden (Goldensheen oder Safa Sel. Nr. 1) Safa Sel. Nr. 20, 1970	Lauber	Altendorf B bzw. 215 Esteburg Rosi, um 1970 Schraderhof 5 Weinsberg	Eyrl, 1969** Rugginosa, 1960 (Russetgolden)	Crielaard Reinders Smoothee, T 784	Dänemark (A) 1360
					→ Jugoslawien	→ Vereinigt. Königreich
					Priols	Ellis I

* Columbia River Orchard Company

** mit Mutante 'Weinsberg' identisch

Golden Delicious

↓

nach Bestrahlung ausgelesen

Österreich	Frankreich
Haidegg	**Lysgolden (Goldenir)** **Nr. x 972.8b**

Zufällig entstandene, kurztriebige Mutanten (Spur-Typen bzw. spur-types) der Sorte Golden Delicious

Golden Delicious

USA	Niederlande
Auvil Super Golden, 1960 (Goldspur, Hardyspur oder Sundale Sturdy Spur) Elliott Spur Golden, 1963 Empress Spur Golden, 1962 Frazier Goldenspur, 1961 Morrison Spur Golden, 1962 (Morspur) Perleberg Sel. Nr. 3, 1960 Schell, 1964 Sel. C. R. O. Nr. 3, 1960 Starkspur Golden, 1956 (Gilbert) Templin, 1963 Yellow Spur Golden, 1959 (Thornton oder Thompson)	Testerspur, 1960

Eigenschaften von **Mutanten** der Sorte **'Golden Delicious'**

kurztriebiger Wuchs (sog.Spur-Typ)	Reifezeit im Vergleich zu 'Standard'	Ertragsvermögen überdurch-schnittlich	unterdurch-schnittlich	Berostung oben – sehr wenig bis unten – wenig	Deckfarbe im Sinne von »Rote Backe«
Auvil Super Golden (USA)	Schweiz (='B', auch bekannt als 'Missouri 4/4', 'Shay 4/4 und 'Bovey 85'; USA) etwa 3 Tage früher	Schweiz	Lysgolden (F)	Reinders (NL)	Weinsberg
Starkspur Golden (USA)	Spur-Typen etwa 8 Tage später	Dänemark (='A')	Russetgolden (I)	Lysgolden	Belgolden
Testerspur Golden Delicious (NL)	Belgolden (F) etwa 2 Wochen später	Shay C 449 (USA)	Belgolden	Haidegg	Lysgolden
Yellowspur Golden Delicious (USA)		Starkgolden (USA)	Crielaard (NL)	Crielaard	Haidegg
		Smoothee (USA)	Haidegg (A)	Weinsberg* (D)	
				Smoothee	
				Belgolden	

* Mit der aus Südtirol stammenden Mutante '(Golden) Eyrl' identisch.

kene Böden nutzbar sind, allerdings mit dem Risiko von bisweilen geringerer Fruchtgröße. Die Blüten sind ziemlich frosthart, ebenso das Holz. Dies hat sich nach den Spätfrösten 1972, 1974 und 1977 ebenso erwiesen wie nach dem Winterfrost 1984/85, als 'Golden Delicious' in Mitteleuropa nur geringfügige Teilschäden im Sproß erlitten hat. Nach dem Spätfrost 1977 gab es jedoch zu einem Drittel sog. schiefe Früchte, Frostzungen und kräftige Berostungen im Stielgrubenbereich. Allgemein erhöhen kaltluftgefährdete Lagen die Berostungsgefahr. Gegenüber Fruchtfall durch Wind sind die Äpfel dank langer Stiele nicht oder wenig empfindlich.

Verbreitung: Mit jährlichen Erntemengen zwischen 2 und 3 Mill. t nimmt 'Golden Delicious' anfangs der 90er Jahre mit großem Vorsprung den ersten Platz im Apfel-Sortiment der EU (12) und damit in ganz Europa ein; die Anbautendenz ist jedoch rückläufig. Nach wie vor produzieren Frankreich (1 bis 1,2 Mill. t) und Italien (0,9 bis 1,1 Mill. t, davon Südtirol 300 000 t und Trentino 230 000 t) zusammen den größten Anteil (mehr als 2/3), dann folgen Spanien mit 450 000 t, Deutschland, die Niederlande und Portugal mit maximal je 100 000 t, Belgien mit bis zu 60 000 t und schließlich Dänemark mit 6000 t. Hauptanbaugebiete in Deutschland sind die Bodenseeregion (25 000 t), die Niederelbe (bis zu 10 000 t) und das Rheinland (4000 bis 6000 t), aber auch die Regionen Neckar, Nord-, Mittel- und Südbaden sowie das Elbetal bei Dresden, die bördeähnlichen Gebiete westlich von Halle a. d. Saale, Rheinhessen, die Pfalz und Südoldenburg. Außerhalb der EU erzeugen Jugoslawien bzw. Slowenien bis zu 90 000 t, die Schweiz 50 000 t und die Steiermark in Österreich 30 000 t.

Bestandessicherheit: Diese ist aufgrund geringer Holzfrostempfindlichkeit und trotz gering bis mäßiger Anfälligkeit für Obstbaumkrebs und Kragenfäule als hoch anzusetzen.

Baum

Wuchs: Mittelstark wachsend und mit betonter Förderung der Mittelachse im oberen Bereich, verzweigt reichlich und überwiegend flach, wirft kaum Probleme auf. Für schmalkronige Bäume in Dichtpflanzungen haben deshalb Erziehung und Schnitt vornehmlich die Aufgabe, den Wuchs im Kopf der Krone zugunsten

begünstigt (+)	**Ertragsfähigkeit**	benachteiligt (–)
Dänemark Nr. 85 Schweiz Shay C 449 Starkspur (spezifisch. Ertrag)		Lysgolden Oregon EMLA Rosi Starkspur (Baumertrag)
begünstigt (+)	**Fruchtgrößenverteilung**	benachteiligt (–)
Lysgolden Rosi Starkspur		Oregon EMLA Rugginosa
niedrig (+)	**Berostungsneigung**	hoch (–)
Lysgolden Smoothee Weinsberg		Starkspur Rugginosa
begünstigt (+)	**Bildung roter Deckfarbe**	benachteiligt (–)
Lysgolden Weinsberg		Rugginosa
hoch (+)	**Geschmackswerte**	niedrig (–)
Rugginosa		Starkspur

ihrer Basis zu schwächen und die Anschnitte von Achse und Seitentrieben so zu führen, daß einerseits eine gleichmäßige Garnierung mit Fruchthölzern erreicht und andererseits das vegetative Wachstum möglichst frühzeitig beruhigt wird. Hierzu gehört auch das zeitrichtige Binden von kräftigen Trieben in die Waagrechte, besonders in den ersten Jahren (entfällt bei »Superspindeln«). Große und qualitativ hochwertige Äpfel bilden sich vor allem an gut entwickelten, frühblühenden Infloreszenzen; diese sitzen bevorzugt an den meist reichlich vorhandenen ein- und mehrjährigen Kurztrieben (bis 25 bis 30 cm lang) als endständige Knospen. Die glänzend sattgrünen, langovalen und randlich gewellten Blätter sind mittelmäßig gezähnt bis gekerbt und kurzgespitzt; sie hängen an rötlich bis ockerbraunen, durch viele weißliche Lentizellen auffällig markierten Trieben mit langen Internodien. Blattstiele unterseitig rötlich. Einjährige Bäume (Okulanten) sind selbst auf schwachwachsenden Unterlagen (M 26 und M 9) in der Regel gut mit vorzeitigen Trieben garniert.

Fruchtholz: Mit einem Anteil von zwei Drittel dominiert der Fruchtstand-Ort »Kurztrieb (KT), einjährig, endständig (fruchtend)« die Fruchtholzstruktur dieser Sorte; zu je 10 bis 15% ergänzen die übrigen Orte »KT, mehrjährig, endständig« sowie die »Langtriebe (LT), terminal und lateral«, dieses Angebot. Die Äpfel des Ortes »LT, lateral bzw. achselständig« sind nach Gewicht oder Größe besonders benachteiligt. Sie erreichen im langjährigen Mittel nur Werte von 75% im Vergleich zu denjenigen des Ortes »KT, einjährig bzw. mehrjährig, endständig«.

Blüte und Befruchtung: Als Befruchter allgemein sehr gut geeignet (diploid), für die Abkömmlinge 'Jonagold', 'Maigold' und 'Mutsu' jedoch ungeeignet; spät- und langblühend, parthenokarp (samenlos) veranlagt, insbesondere bei relativ hohen Nachttemperaturen während der Blüte; geeignete Befruchter sind u.a. 'Alkmene', 'Berner Rosen', 'Cox Orange', 'Danziger Kant', 'Elstar', 'Finkenwerder', 'Glockenapfel', 'Gloster', 'Goldparmäne', 'Idared', 'Ingrid Marie', 'Jamba', 'James Grieve', 'Jonathan', 'McIntosh' und 'Oldenburg'; Blütenzahl 5,4 (4 bis 6), mitunter subterminale Blüte zurück, Achse kurz, Stiele lang und flaumig, weit geöffnet, Blüten stehen einzeln; Kronblätter mittelgroß, kurzgenagelt, meist sich nur berührend, viel Rosa; Primärblätter 6,4 (4 bis 7), mittelgroß, apikal kurzspitzig, basal rund bis schwach gebuchtet, meist leicht gerollt; Kelchblätter langspitzig, Enden bräunlich bis rötlich, weit abwärts gebogen; Griffel (5) deutlich länger als Staubblätter, die rosa gestielt und breit becherförmig geöffnet sind.

Ertrag: Besonders früh, hoch und regelmäßig fruchtbar, selbst auf starkwachsenden Unterlagen; es gibt wenige Apfelsorten mit vergleichbar günstiger Blühwilligkeit, deshalb auch geringes Alternanzrisiko; der Fruchtansatz ist in der Regel so hoch, daß ohne jährliche Ausdünnung der starken Fruchtbehänge (chemisch und/oder von Hand) häufig zu viele und somit qualitativ minderwertige Äpfel heranwachsen.

Krankheiten und Mängel: Hochanfällig für Schorf, vor allem die Früchte, dagegen wenig empfindlich für Mehltau und Feuerbrand; verschiedentlich kommt es wegen disharmonischer Ernährung zu vorzeitigem Blattfall im basalen Triebbereich; mehr als üblich für Erreger der Virosen bzw. Phytoplasmosen Gummiholz, Mosaik, Sternrissigkeit und Triebsucht anfällig, ebenso für Blutläuse. In ungünstigen Jahren können vermehrt Kelchfäulen auftreten.

Frucht

Pflückreife: Je nach Zeitraum des Verbrauchs von Ende September (CA-Lager) bis Mitte/Ende Oktober (Sofortverbrauch).

Genußreife: Aus dem Frischluftlager bis Dezember, danach belastet hochgelbe und säurearme Ware aus diesem Bereich zunehmen den Absatz; aus dem Kühllager (0 bis +2 °C) bis Ende Februar; aus dem CA-Lager i.a. bei 0 bis 1,5 °C, hoher Luftfeuchte, 3% CO_2 und 3 bis 4% O_2 bis Ende Juni; nach neueren Untersuchungen wird bei nur 1% O_2 die Reife verzögert und werden Festigkeit des Fleisches, Grundfarbe sowie Säure- und Vitamin-C-Gehalt langzeitlich günstig stabilisiert; wenig CO_2- und kälteempfindlich.

Form und Größe: Mittelgroß bis groß; je nach Wärmeklima mehr kugelig (Südeuropa) oder mehr hochgebaut (Nordeuropa) und dann zum Kelch hin verjüngt, mitunter schief, in der Regel aber rund bis schwach kantig vom Kelchgrubenrand ausgehend, überwiegend mittelbauchig.

Farbe und Beschaffenheit der Schale: Vollreif gelb bis goldgelb, vorher mehr grünlich, sonnenseits rötlich-goldener Hauch möglich, nach strahlungsreichen Herbsttagen mit kalten Nächten bis leuchtend rot;

Physikalische und chemische Eigenschaften der Frucht									
Tagewerte	146								
Größenverteilung nach Gewicht – Größenklassen in mm	<55	55/60	60/65	65/70	70/75	75/80	80/85	85/90	90/95
%		5	12	33	35	13	2		
Mittleres Fruchtgewicht in g	145	(128 – 175)							
Spezifisches Fruchtgewicht	0,79	(0,78–0,80)							
Fruchtform-Index	0,95	(0,91–0,98)							
Mittlerer Zuckergehalt als Refraktometerwert in %	13,5	(12,4–14,8)							
Mittlerer Säuregehalt in g/l	5,6	(3,8–7,5)							
Gruppen des Vitamin-C-Gehalts in mg/100 g Frischgewicht	10–20								
Sorbitgehalt in g/100 g Frischgewicht	0,28								

Golden Delicious

auffällig zahlreiche Lentizellen als dunkle Pünktchen oder graue Roststerne; empfindlich für netzartige oder streifige Berostungen, Frostzungen und Lentizellenröte, aber auch für *Gloeosporium*-Fäule auf dem Lager; glatt bis leicht angerauht, welkeempfindlich; zart.
Kelch: Mittelgroß; geschlossen bis halboffen; Blättchen grün und flaumig, braune Spitzen zurückgebogen, am Grund geschlitzt.
Kelchgrube: Bei vollentwickelten Früchten verhältnismäßig tief und weit, sonst weniger tief und vor allem enger; feinhöckerig, sehr schwach gefältelt.
Stiel: Lang und dünn bis mittellang und mitteldick; meist rötlich- bis grünlichbraun.
Stielgrube: Tief; eng; fast immer vom Grund her feinschuppige und graubraune Berostung, die teilweise strahlig mehr oder weniger weit über den Rand reicht oder in Streifen weiterführt.
Kernhaus: Mittelgroß; herzförmig; weder kelch- noch stielnahe; Achse hohl, längliche Fächer meist offen und mit zahlreichen dunkelbraunen Samen; Leitbündel je nach Reife grün bis gelblich, auffällig.
Fleisch: Grünlichgelb bis cremefarben; je nach Reifezustand sehr saftig bis leicht trocken, fest und knackig bis schwach mürbe; breite Fleischzone; kaum oder nicht anfällig für Stippigkeit.
Geschmack: Je nach Größe und Aufhellung der Grundfarbe zur Ernte bzw. je nach Erntezeitpunkt von süßaromatisch mit feiner Fruchtsäure bis süßlich, wässrig, fad.

Anbau und Markt

Dank hoher Fruchtbarkeit und günstiger Wuchseigenschaften eignet sich die Sorte besonders für Dichtpflanzungen. Als sortentypische Qualität gelten Äpfel, die

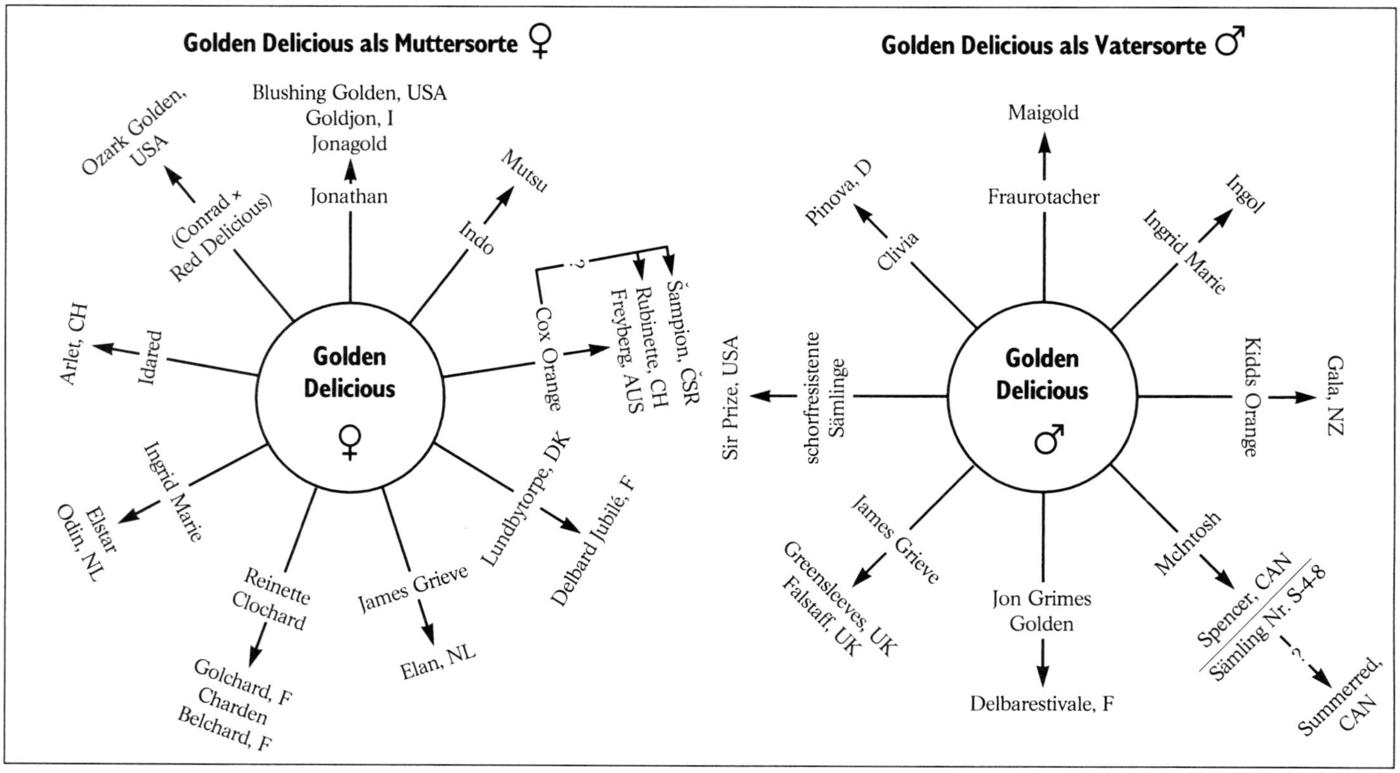

äußerlich fehlerfrei, glattschalig sowie weder zu grün noch zu gelb angeboten werden und mindestens 70 mm groß sind. Ursache der beim Verbraucher nachgelassenen Gunst sind ungenügend ausgereifte, rauhschalige, zu lange gelagerte und/oder zu kleine Äpfel mit niedrigen Zucker- und Säuregehalten. Das störende Problem der Schalenberostung läßt sich neben der Standortwahl auch durch Nutzung wenig berostender Mutanten abschwächen. Hohe, die Fruchtgröße benachteiligende Behangdichten sind mit chemischen Mitteln während und kurz nach der Blüte und/oder später von Hand auszudünnen. Dabei ist stets auf ein wärmeklimatisch angepaßtes Blatt-Frucht-Verhältnis zu achten, das in kühlen Gebieten weiter (20 bis 25 : 1), in wärmeren Gebieten (10 bis 15 : 1) enger gehalten werden kann. Zur Objektivierung der standortgemäßen Ausdünnungsgrade hat sich die Bavendorfer Methode der Schätzung der Behangdichte hervorragend bewährt. Wichtige Voraussetzungen für gute Fruchtqualitäten können schon frühzeitig durch sorgfältigen, gut entwickelte Blütenknospen schonenden Schnitt geschaffen werden. Dabei ist vorteilhaft, daß die Äpfel kaum anfällig für Stippigkeit sind. Die Lagerfähigkeit ist sehr günstig, sofern gegen die Welkeempfindlichkeit und das Fäulnisrisiko (v. a. gegen *Gloeosporium*) Vorkehrungen getroffen werden. Pralle Früchte sind druckempfindlich; maschinelles Sortieren ist deshalb erst bei entspannten Äpfeln ratsam. Maische von inhaltsreichen Äpfeln eignet sich vorzüglich zur Herstellung von süß-aromatischen, gerbstoffarmen Säften und von Obstwasser mit eigenem Aroma. Gut ausgereifte und mehrere Wochen nachgelagerte Äpfel erzielen dabei hohe Ausbeutesätze. Ähnliche Früchte können die Sorten 'Mutsu', 'Freyberg', 'Gelber Bellefleur', 'Ivette', 'Blushing Golden', 'Ozark Golden', 'Sir Prize' u. a. haben.

Goldparmäne

Ähnliche Namen sind u. a. '(Englische) Wintergoldparmäne'.
franz.: 'Pearmain dorée d'hiver'.
ital.: 'Pearmain dorato d'inverno'.
Zahlreiche Synonyme, besonders 'King of the Pippins' (England), 'Reine de Reinettes' (Frankreich), 'George I oder II', 'Goldrenette', 'Hampshire Yellow', 'Jones', Southampton Pippin' oder 'Ventimuss Ellicott'.
Abstammung und Herkunft: Zufallssämling mit unbekannter Herkunft. Es wird vermutet, daß er schon sehr früh (vor 1700) in Frankreich, möglicherweise um 1510 in der Normandie, entstanden ist. Soll von Kirke of Brompton unter dem Namen 'King of the Pippins' nach England eingeführt worden sein.
Mutanten: Bekannt und teils auch genutzt worden sind verschiedene stärker rotgefärbte Mutanten, die wegen flacher Fruchtform und/oder untypischem Geschmack aber keine Verbesserung zur Standardform darstellen. Die französische Mutante 'Goldparmäne, Belrene' hat sich in Bavendorf als fruchtbare Mutante mit gut geformten und gefärbten Früchten bewährt.
Standortansprüche: Wärmeklimatisch anspruchsvoll, denn gutes Aussehen und voller Geschmack (nußartig) benötigen bestimmte Wärmesummen während der Vegetationszeit. Insoweit sind Höhenlagen kritisch. Die Bodenfeuchtigkeit kann frisch bis mäßig frisch sein, keinesfalls aber feucht oder wechselfeucht, da sonst Kümmerwuchs und/oder Infektionen durch Obstbaumkrebs auftreten bzw. begünstigt werden. Mäßig trockene Böden fördern den Geschmack, beeinträchtigen aber die Größe und damit den Mengenertrag an Äpfeln. Der Spätfrost 1977 hat mittlere Schäden in Form von Frostzungen und von schiefen Früchten hinterlassen; nach dem Winterfrost 1984/85 waren die Teil-

und Totalausfälle im Sproß ebenfalls im mittleren Bereich für Tafelsorten. Hin und wieder kann es an strahlungsexponierten Stämmen oder Ästen zu Frostrissen und -platten kommen. Zur Reife hin setzt häufig ein vorzeitiger Fruchtfall ein, der durch Wind merklich gesteigert werden kann.
Verbreitung: Bedeutende Marktmengen (jährlich 5000 bis 10000 t) werden in Deutschland erzeugt; davon im Bodenseegebiet zwischen 1000 und 2000 t, im Rheinland 800 bis 1300 t und an der Niederelbe 200 bis 600 t; die Tendenz ist fallend. Sonst in ganz Südwest-Deutschland im Anbau, vor allem in der Obstregion Neckar, teilweise auch im Streuobstbau.
Bestandessicherheit: Aufgrund einer mittleren Frosthärte des Holzes und der Anfälligkeit für Obstbaumkrebs als mittelmäßig einzustufen.

Baum

Wuchs: Mittelstark und steil. Von Natur aus bilden sich schmale, hochgewachsene Kronen; diese fruchten meist nur noch außen und oben. Kräftiges Verjüngen ist dann geboten. Legt man dagegen die über die Endknospen langgewachsenen Basisäste, soweit sie nicht schon durch die Fruchtlast abgekippt sind, in die Waagerechte (Auffächern), so entstehen lockere, gut belichtete Kronen mit oberseitigen, kaum verzweigten Langtrieben (1- und 2jährig), die schlank bleiben, seitlich fruchten (achselständig oder an 1jährigen Kurztrieben, endständig), dann kippen und so leicht umzutreiben sind. Derartige leuchterähnliche Kronen haben sich bei großkronigen Bäumen bewährt. Bei kleinkronigen Bäumen werden durch Binden von Langtrieben an der Basis und bis zur Mitte der Krone die Bildung von Kurztrieben bzw. von späteren Quirlhölzern gefördert. Dennoch entwickeln sich immer wieder meist senkrechte oder steile Langtriebe mit dem sorteneigentümlichen kurzen Fruchtholz an der Seite. Da die Sorte schwach verzweigt, muß zur Triebbildung in Maßen angeschnitten werden. Unterhalb der fruchtenden Endblüte entstehen an Langtrieben des öfteren gegabelte Triebe. Vorherrschend sind kleine bis mittelgroße, elliptische und meist kurzgespitzte Blätter, die dunkelgrün und mäßig gekerbt sind und an mittellangen, am Grund rötlichen Stielen sitzen.
Fruchtholz: Hauptsächliche Blütenorte sind die seitlichen Kurztriebe am 2jährigen Langtrieb, das daraus hervorgehende Quirlholz und die achselständigen Blüten am 1jährigen Langtrieb. In allen Fällen kann der Fruchtansatz traubig oder ähnlich einer Zwiebelschnur sein; dies verlangt beidhändiges Pflücken. Im blattlosen Zustand fallen die sog. Fruchtmumien auf.
Blüte und Befruchtung: Pollen günstig (diploid); mittelspätblühend; neigt zur Parthenokarpie; geeignete Befruchter sind u.a. 'Ananas', 'Baumann', 'Berlepsch', 'Berner Rosen', 'Champagner', 'Cox Orange', 'Danziger Kant', 'Golden Delicious', 'Granny Smith', 'Idared', 'Ingrid Marie', 'James Grieve', 'Jonathan' und 'Melrose'; Blütenzahl 5,9 (5 bis 7), angenehm duftend, Achse sehr kurz, Stiele mittellang, tellerartige Blütenform, kompakter Blütenstand; Kronblätter mit viel randlichem Rosa, kurz genagelt, langoval, mittelgroß; Primärblätterzahl 7,9 (7 bis 10), eiförmig,

Goldparmäne

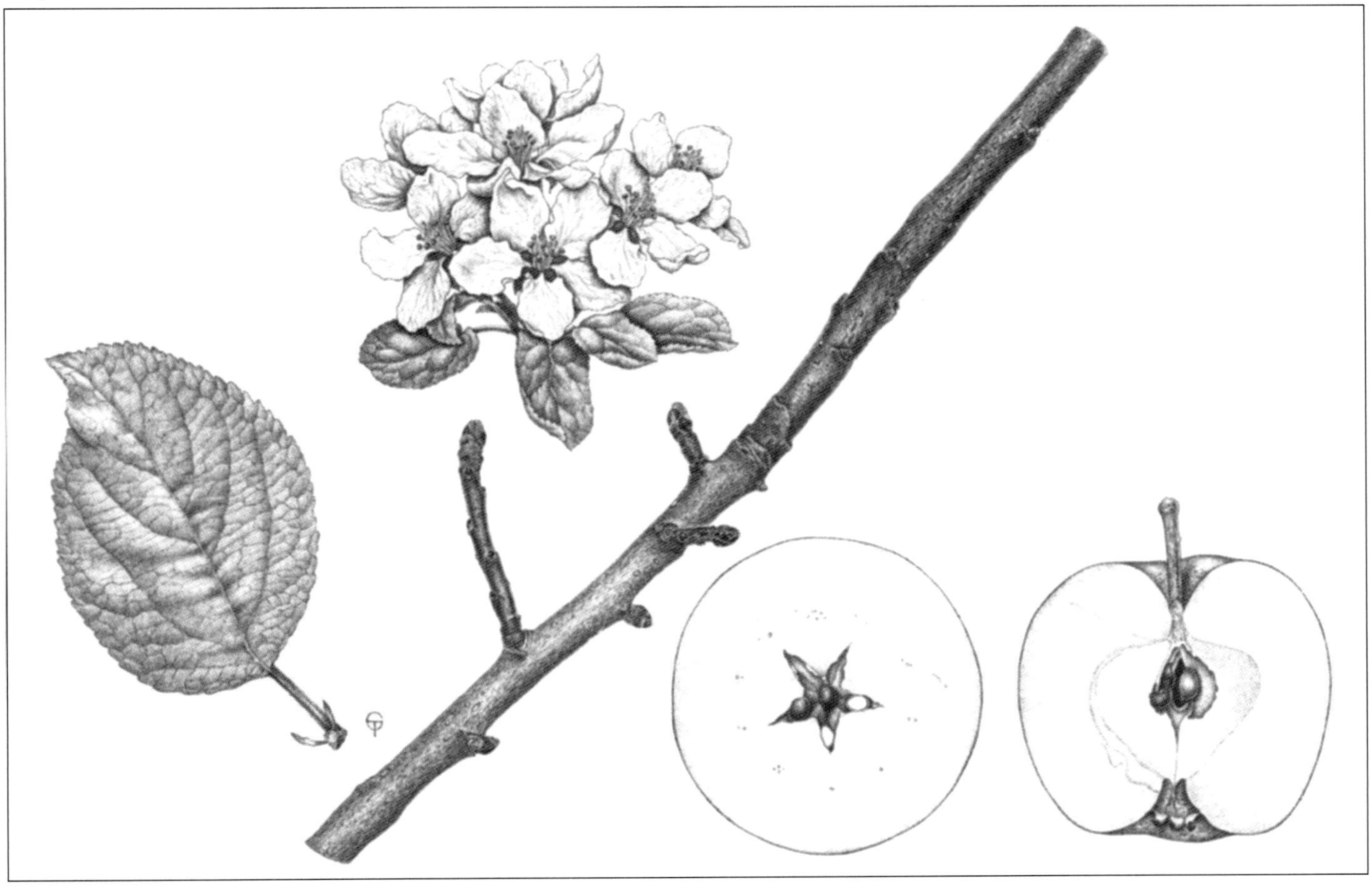

Goldparmäne

Physikalische und chemische Eigenschaften der Frucht										
Tagewerte		125								
Größenverteilung nach Gewicht	Größenklassen in mm	<55	55/60	60/65	65/70	70/75	75/80	80/85	85/90	90/95
	%	6	18	40	24	9	3			
Mittleres Fruchtgewicht in g		104	(79 – 158)							
Spezifisches Fruchtgewicht		0,83	(0,81–0,84)							
Fruchtform-Index		0,84	(0,76–0,90)							
Mittlerer Zuckergehalt als Refraktometerwert in %		12,5	(9,8–13,4)							
Mittlerer Säuregehalt in g/l		7,7	(5,8– 9,6)							
Gruppen des Vitamin-C-Gehalts in mg/100 g Frischgewicht		10–20								
Sorbitgehalt in g/100 g Frischgewicht										

rund bis schwach gebuchtet, vorne stumpf zugespitzt, Rand feingezähnt, ebenmäßig, glatt, zart; Kelchblätter kurz, klein, rotbraune Spitzen krallenartig abgebogen; Griffel ragen weit über Staubblätter hinaus, nach oben becherförmig.
Ertrag: Früh und mäßig fruchtbar, mäßig alternierend; im mitteldeutschen Raum werden die Erträge auf M9 mit 70% zu 'Golden Delicious' (= 100%) angegeben; in Bavendorf liegt der Vergleichswert um 60.
Krankheiten und Mängel: Mäßig empfindlich gegen Schorf, Mehltau, Obstbaumkrebs und Blutlaus; sehr empfindlich für Feuerbrand.

Frucht

Pflückreife: Mitte bis Ende September, je nach Wärmeklima und Behangdichte.
Genußreife: Oktober bis Dezember aus dem Frischluftlager; Kühllagerung ist bei +2 bis +4 °C für 3 Monate möglich; dann Dezember bis Januar.
Größe und Form: Klein bis mittelgroß; gleichmäßig rund, überwiegend hochgebaut bis stumpfkegelig und mittelbauchig, meist zum Kelch stärker abflachend als zum Stiel, mitunter auch schief.
Farbe und Beschaffenheit der Schale: Anfänglich gelblichgrün, in Vollreife grünlichgelb bis gelb, sonnenseits geflammt bis verwaschen bräunlich rot bis goldrot (5 bis 60%), Schattenfrüchte meist ohne Deckfarbe; Lentizellen als kleine Rostpunkte hellumhöft, figürlicher oder netzartiger Rost selten; trocken, matt; weich.
Kelch: Groß; halboffen bis offen, Staubfäden als trockener Pinsel sichtbar; grüne Blättchen feinwollig und lanzettlich bis dreieckig, Spitzen oft dunkel, am Grund nicht verwachsen.
Kelchgrube: Weit; flach, schüsselförmig; fein gefältelt, selten berostet.
Stiel: Mittellang bis lang; mitteldick bis dick; mitunter durch Wulst verdrückt.
Stielgrube: Mitteltief; eng bis mittelweit; überwiegend sehr feinschuppig berostet, meist strahlenförmig über die Grube hinaus.
Kernhaus: Klein; herzförmig, kelchnahe; Achse offen, Fächer schmal und kurz, zahlreiche gedrungene Samen; Leitbündel als grüne Punkte girlandenartig und innenliegend; anfällig für Glasigkeit.
Fleisch: Weiß bis schwach grünlich schillernd, vollreif cremefarben; fest mit kurzem Bruch, knackig, saftig, später weich, aber selten trocken; anfällig für Stippigkeit.

Geschmack: Süßfruchtig, oft nußartig gewürzt, doch große Streuung nach Grundfarbe und Größe, d. h. kleine und grüne Äpfel sind geschmacksarm.

Anbau und Markt

Die frühere Bedeutung dieser Sorte hat jedoch stark nachgelassen, da sie einige Mängel aufweist. Störend ist vor allem der physiologisch bedingte Vorernte-Fruchtfall (bis zu 20% Fallobst), das Stipperisiko, die nach Größe, Farbe und Geschmack ungleichen Früchte sowie auch der ungünstige Erntetermin, denn dieser fällt weitgehend mit dem der Sorte 'Cox Orange' zusammen.
Die nachteilige Wirkung des Vorernte-Fruchtfalles kann allerdings durch das rechtzeitige Ernten reifer Früchte und durch den Einsatz von Wachstumsregulatoren einige Wochen zuvor bekämpft werden. Vorteilhaft ist die sehr gute Handelsfähigkeit der in Schale und Fleisch festen Äpfel. Als Tafeläpfel sollten nur Früchte mit einer Mindestgröße von 65 mm und gleichzeitig guter Ausfärbung angeboten werden. Dabei ist wichtig zu wissen, daß voller Geschmack weniger mit der roten Deckfarbe als vielmehr mit der Grundfarbe (gelb) in Zusammenhang steht. Bei stark behangenen Bäumen sollte zu diesem Zweck frühzeitig mit Hilfe von Wachstumsregulatoren und danach meist noch von Hand ausgedünnt werden.
'Goldparmäne' eignet sich auch als Mostapfel und zum Brennen. Dabei ist die Ausbeute jeweils mittelmäßig, aber das Obstwasser von guter Aroma- und Geschmacksqualität. Die Früchte sind im Aussehen denen von 'Alkmene' und 'Oldenburg' ähnlich.

Gravensteiner

Ähnliche Namen sind u. a. 'Gelber Gravensteiner', 'Calville de Gravenstein', 'Grafenapfel', 'Grave Stigne', 'Graafenstein'.
engl.: 'Gravenstein'
franz.: 'Pomme de Gravenstein'
dän.: 'Graasten'
Synonyme sind u. a. 'Blumencalvill', 'Ernteapfel', 'Sabine of the Flemmings' und 'Sommerkönig'.
Abstammung und Herkunft: Zufallssämling; schon seit 1669 in Dänemark bzw. Schleswig bekannt. Seine Herkunft ist umstritten; nach Muriel W. G. Smith (1971) gibt es 3 Versionen:
1. Der Zufallssämling ist im Garten des Herzogs von Augustenburg auf Schloß Graefenstein, Nordschleswig, entstanden.

Roter Gravensteiner

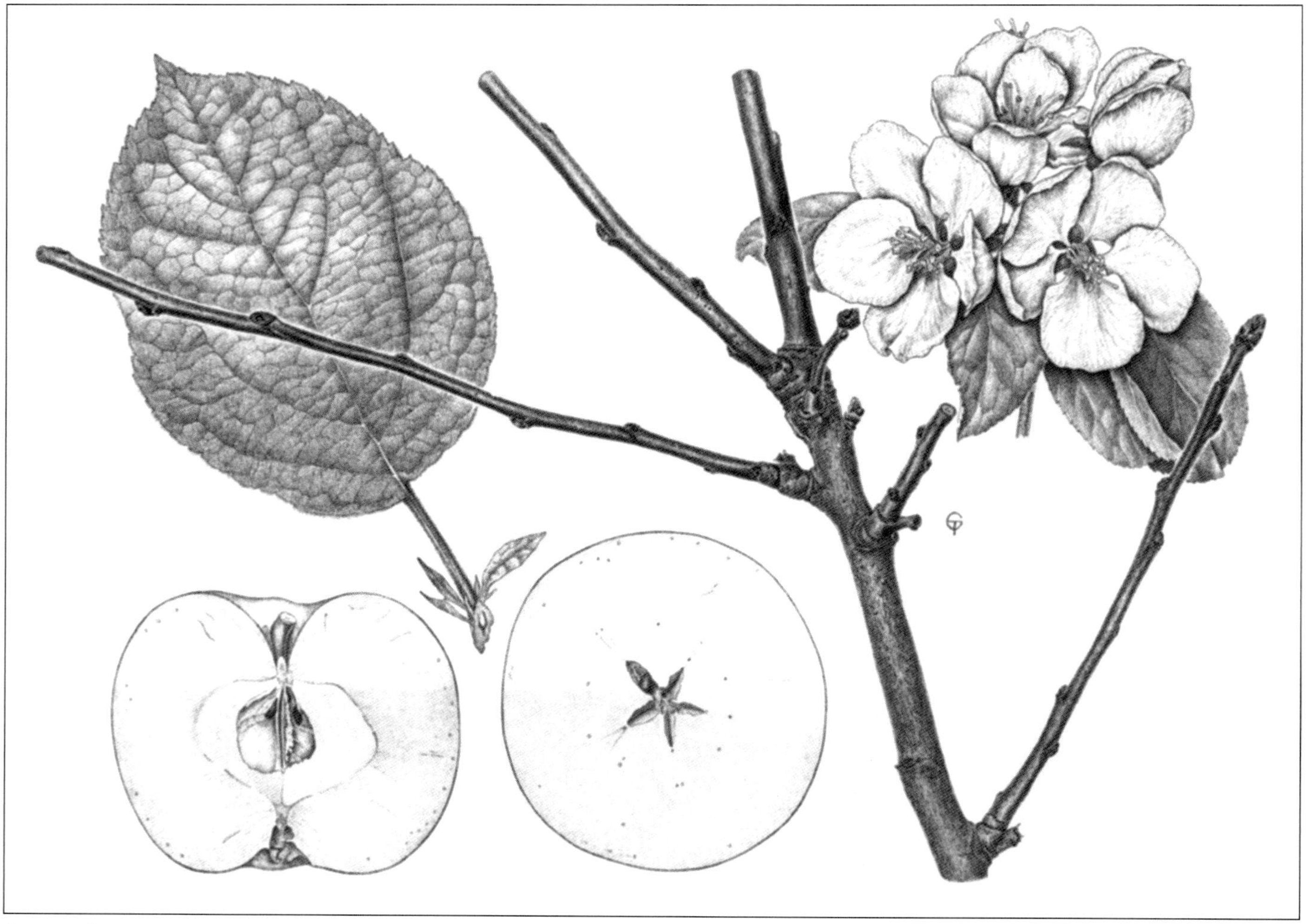

Gravensteiner

2. Aus Italien oder Südtirol, dort unter dem Namen 'Ville Blanc' geführt, nach Schleswig gebracht.
3. Graf Chr. Ahlefeldt von Schloß Graasten, ebenfalls Nordschleswig, sind von seinem Bruder Reiser dieser Sorte aus Italien zugeschickt worden.

Nach H. P. Hadenfeldt (Nordstrand) soll die Sorte im Schloßgarten von Gravenstein in den damaligen »deutschen Provinzen« des Königreiches Dänemark entstanden sein.

Mutanten: Ihre Zahl ist groß; nach Prüfungen in Bavendorf werden die gelbschaligen und rotbackigen Mutanten empfohlen, da sie merkbar geschmackvoller und saftiger als die stärker rotgefärbten Formen sind. Die von Schmid (Wädenswil/ Schweiz) herausgestellte Mutante 'Rellstab' zeigt als 'Gelber Gravensteiner' eine besonders kräftige rote Deckfarbe. Käufer bzw. Verbraucher bevorzugen in Unkenntnis dieser Tendenzen häufig die sog. 'Roten Gravensteiner'.

Nachstehend einige namentlich bekannt gewordene Mutanten:
Gravensteiner, Crimson (Kanada, um 1945)
Gravensteiner, Vierlanden (Deutschland)
Gravensteiner, Sabygard (Ungarn)
Gravensteiner, Nordstrand (Deutschland)
Gravensteiner, Hessen (Ungarn)
Gravensteiner, Oratia Beauty (Neuseeland, 1910)
Gravensteiner, Toggenburg (Schweiz)
Gravensteiner, Zanetti (vermutlich Italien)
Gravensteiner, Rellstab (Schweiz)
Gravensteiner, Roter Schleibnitzer
Gravensteiner, Red Australian (Australien)
Gravensteiner, Henzens (vermutlich Deutschland)
Gravensteiner, Roter Wintergravensteiner (Baltikum, ab 1920)
Gravensteiner, Ropers
Graasten (= Gravensteiner), Karminrot
Diese Auswahl wird ergänzt durch zahlreiche Mutanten, die in Norwegen selektiert wurden.

Standortansprüche: Der Anbau erstreckt sich von den südlichen Alpenregionen Italiens (Venetien, Trient, Friaul) bis nach Nordeuropa (Norwegen, Schweden). Damit zeigt diese Sorte eine außergewöhnliche wärmeklimatische Amplitude, das heißt sie ist wenig wärmeanspruchsvoll, für den übergebietlichen Markt jedoch nur auf wärmsten Lagen anbauwürdig. Verlangt, ähnlich wie 'Boskoop', gleichmäßige Bodenfeuchtigkeit, reagiert auf mangelnde Durchlüftung jedoch empfindlicher. Sofern die Wasserversorgung über den Boden sichergestellt ist, gedeiht 'Gravensteiner' auch in weniger luftfeuchten Gebieten.

Auf wechseltrockenen und -feuchten Böden kommt es gerne zu Fruchtfall. Zu beachten ist ferner die Frostempfindlichkeit der Blüten; deshalb sind wenig spätfrostgefährdete Lagen zu bevorzugen. Während der Spätfrost 1977 keine nachteiligen Folgen hatte, gab es durch den Winterfrost 1984/1985 beträchtliche Teil-

und Totalschäden. Wegen dieser Schwäche ist im Anbau auf gute Holzreife vor Winterbeginn zu achten.
Verbreitung: Gegenwärtig (1993) in Europa im jährlichen Mittel mit 30000 t vertreten, dabei bis auf die ital. Provinz Trient (350 t) mit fallender Tendenz: Italien 5000 bis 20000 t, Schweiz 4000 bis 8000 t, Deutschland 3000 bis 7000 t, je zur Hälfte im Bodenseegebiet und an der Niederelbe, Dänemark 2000 bis 3000 t. Hauptsorte in Norwegen, wichtige Sorte in Schweden.
Bestandessicherheit: Als Folge der Frostempfindlichkeit des Holzes höchstens mittelmäßig. Da die Sorte beträchtlich mit Viren und Phytoplasmen verseucht ist, empfiehlt es sich, nur virusgetestete Pflanzware zu verwenden.

Baum

Wuchs: Stark bis sehr stark. Dank der flach angesetzten Leit- oder Seitenäste bereitet die Erziehung jedoch keine großen Probleme. Im Ertragsalter hängen deshalb oftmals sowohl bei Hochstämmen als auch bei Spindeln viele Gerüst- und/oder Fruchtäste nach unten. Die Verzweigungstendenz ist nicht ausgeprägt; dies führt verschiedentlich zu leichter Verkahlung im Kroneninnern. Bei Hochstämmen entwikkeln sich breit ausladende, große Kronen, die bei guter Wüchsigkeit dicht beblättert sind. Obwohl hauptsächlich Langtriebe bildend, entstehen bei fachgerechten Eingriffen in der Krone (Binden, Sommerschnitt) auch Kurztriebe. Damit eignet sich die Sorte für kleinkronige Spindeln. Diese sind eher breit als hoch und auf der Unterlage M9 in jedem Fall groß gewachsen. Auf M27 erreichen die Spindeln ausreichendes Volumen und beruhigen sich in der Triebigkeit früher. Als typisch gelten die dunkelgrünen, glänzenden und langovalen Blätter mit platter Form, aufgesetzter Spitze und scharf gezähntem Rand, die vom Apfel in der Größe kaum übertroffen werden. Tpisch ist auch die hellbraun bis grünlich-braun gefärbte Rinde am Stamm und an stärkeren Ästen. Kupferempfindlich.
Fruchtholz: Bestimmende Fruchtstand-Orte sind einjährige Kurztriebe am 2jährigen Langtrieb (50%) und die einjährigen, mehr als 25 cm langen Langtriebe (25%), beide endständig fruchtend. Durch ständigen Schnitt ist diese Verteilung selbst bei 25jährigen Hochstämmen auf starkwachsender Unterlage beizubehalten, wie die Ergebnisse in Bavendorf zeigen. Die Bildung von mittellangen Trieben (60 bis 80 cm) ist deshalb stets zu fördern.
Blüte und Befruchtung: Pollen schlecht (triploid); sehr früh- und langblühend; parthenokarp veranlagt, da häufig samenlos; geeignete Befruchter sind u.a. 'Ananas', 'Berlepsch', 'Cox Orange', 'Finkenwerder', 'Glockenapfel', 'Goldparmäne', 'Idared', 'Ingrid Marie', 'James Grieve', 'Jonathan', 'Klarapfel', 'McIntosh', 'Oldenburg' und 'Ontario'. Blütenzahl 5,8 (5 bis 8), Achse sehr kurz, Stiele kurz, kräftig und behaart, Einzelblüte groß, Aufblühfolge stark gestaffelt; Kronblätter groß, kurz genagelt, deckend, schüsselförmig, wenig Rosa; Primärblätterzahl 6,7 (5 bis 9), breitoval, wellig, flaumig, ungleiche Größen, viele Nebenblättchen; Kelchblätter fast dreieckig, wuchtig, flaumig; Griffel engständig, nach oben weit, länger als Staubblätter; diese engständig und aufrecht.
Ertrag: Setzt in der Regel verzögert ein und neigt danach zum Alternieren; mit dem Älterwerden der Bäume schwindet diese Schwäche zunehmend. Langfristig sind die Ertragsmengen auf geeigneten Standorten als mittelmäßig bis gut einzustufen; sie werden erheblich vom natürlichen Fallobstanteil beeinflußt, der in Bavendorf jährlich um 20% liegt.
Krankheiten und Mängel: Anfällig für Schorf und Mehltau, weniger für Obstbaumkrebs; mit Viren bzw. Phytoplasmen von Flachästigkeit, Triebsucht und Apfelmosaik verseucht.

Frucht

Pflückreife: In Mitteleuropa Ende August bis Anfang/Mitte September.
Genußreife: September bis November, ab Oktober aus dem Kühllager.
Größe und Form: Groß bis sehr groß; in der Regel unrund und grobkantig, mittelbauchig mit Tendenz zu hochgebaut, häufig auch schief; gestaltlich grob und wenig ansprechend.
Farbe und Beschaffenheit der Schale: Gelblichgrün, vollreif sattes Gelb, sonnenseits häufig karminrot geflammt bis marmoriert, teils nur orangerot; Lentizellen auf Grund- und Deckfarbe kaum sichtbar; glänzend, wachsig; weich.
Kelch: Halboffen; groß; grüne Blättchen eher dreieckig als länglich, aufrecht, am Grund nicht verwachsen.
Kelchgrube: Tief; ziemlich weit, teils grobhöckerig, teils feinwulstig bis gefältelt; mitunter feinschuppig in Ringen berostet.
Stiel: Sehr kurz, selten den Grubenrand erreichend; dick und stark knopfig.

Physikalische und chemische Eigenschaften der Frucht									
Tagewerte	113								
Größenverteilung nach Gewicht / Größenklassen in mm	<55	55/60	60/65	65/70	70/75	75/80	80/85	85/90	90/95
%			5	10	22	31	23	4	5
Mittleres Fruchtgewicht in g	189	(178 – 196)							
Spezifisches Fruchtgewicht	0,81	(0,79–0,82)							
Fruchtform-Index	0,88	(0,86–0,90)							
Mittlerer Zuckergehalt als Refraktometerwert in %	11,5	(9,7–13,6)							
Mittlerer Säuregehalt in g/l	7,5	(6,3– 9,3)							
Gruppen des Vitamin-C-Gehalts in mg/100 g Frischgewicht	10–20								
Sorbitgehalt in g/100 g Frischgewicht									

Stielgrube: Tief; eng bis mäßig weit; oft ungleich, teils mit Wulst; überwiegend rostfrei, aber teilweise mit Roststreifen bis zur Fruchtmitte.
Kernhaus: Mittelgroß bis höchstens groß; herzförmig und kelchnahe; Achse weit offen bis hohl, Fächer fast durchweg offen und weiß belegt, mitunter auch verschimmelt bzw. verpilzt, vor allem bei vorzeitig reifen Äpfeln; wenige Samen; horizontal sternförmig, Leitbündel dicht am Kernhaus, d. h. breite Fleischzone.
Fleisch: Grünlichweiß bis cremefarben; sehr saftig, fest, mit kurzem Bruch, grobzellig, später mürbe; anfällig für Stippigkeit.
Geschmack: Feinfruchtig, würzig, einmaliges Aroma, betonter Apfelduft; ausgezeichnete Qualität.

Anbau und Markt

Die als gut ausgereifte Tafelfrucht geschmacklich hervorragende Sorte 'Gravensteiner' hat im Anbau einige Schwierigkeiten: Der betont starke Wuchs hemmt anfänglich die Blühwilligkeit und verstärkt die Alternanz. Schwachwachsende Unterlagen (M9, M27) und das Wachstum zusätzlich bremsende Maßnahmen (Waagerechtbinden bzw. Entfernen steiler Triebe, Hochveredlung, Nichtanschnitt der Triebe) wirken wuchsberuhigend. Es folgt der durch Abdrücken (sehr kurze Stiele) wie auch durch unterschiedliches Reifen der Äpfel verursachte Vorernte-Fruchtfall (Tropfapfel), der u. a. die Bestimmung des optimalen Erntezeitpunktes erschwert. Zu früh gepflückte Äpfel sind geschmacklich minderwertig. Drittes Problem sind die manchmal hohen Anteile stippiger Äpfel, vor allem bei schwach behangenen Bäumen. Neben der Reduzierung der Stickstoffgaben ist die Herstellung jährlich mittlerer Behangdichten eine günstige Gegenmaßnahme.
Bei starkem Blüten- beziehungsweise Fruchtansatz sollte deshalb frühzeitig ausgedünnt werden. Dies kann mithelfen, die Alternanz abzuschwächen. Vorteilhaft ist die im Vergleich zu 'James Grieve' längere Stabilität des Fruchtfleisches; die bessere Handelsfähigkeit wird geschätzt. Als frühreifender Mostapfel nicht ohne Wert (hohe Ausbeute, aromatischer Saft); zum Brennen trotz mäßiger Ausbeute gut geeignet, da sortenreines Obstwasser im Geruch und Geschmack ausgezeichnet ist. Ähnliche Früchte kann die Sorte 'Geflammter Kardinal' haben.

Holsteiner Cox

Ähnliche Namen sind 'Holstein' (England), 'Holstein Cox' und 'Holsteiner Gelber Cox'. Synonym ist 'Vahldiks Sämling Nr. 3 bzw. III' sowie auch 'Vahldiks Cox III'
Abstammung und Herkunft: Zufallssämling, der nach der Überlieferung aus dem Samen eines frei abgeblühten Baumes der Sorte 'Cox Orange' hervorgegangen sein soll. Ausgesät hatte diesen Samen der Lehrer Vahldik in Eutin (Schleswig-Holstein) um das Jahr 1920; später vom Holsteiner Raum aus vor allem an der Niederelbe verbreitet, neuerdings auch in England und in den Niederlanden im Anbau, wenn auch mit geringen Anteilen.
Mutanten: An der Niederelbe sind spontan einige rote Mutanten entstanden. Am bekanntesten und am meisten gefärbt sind Äpfel der Mutanten 'Esselborn', 'Griemsmann' und 'Mahler'.
Standortansprüche: 'Holsteiner Cox' bevorzugt wie die unterstellte Muttersorte 'Cox Orange' ebenfalls nicht zu warme Klimate und verlangt eine ähnlich regelmäßige Versorgung mit Wasser und Nährstoffen aus dem Boden, reagiert jedoch weniger nachteilig auf bodenbedingte Störungen als 'Cox Orange' in Form von vorzeitigem Blatt- und Fruchtfall oder mit Aufreißen der Schale. Vor, während und nach der Blüte können tiefe Temperaturen mehr oder weniger starke Berostungen auslösen, insbesondere im Kelchbereich. Hier kommt es gerne zu sortentypischen Frostringen. Der Spätfrost 1977 verursachte darüberhinaus auch sog. Frostzungen und schiefe Früchte bei etwa der Hälfte der Äpfel sowie erhebliche Ertragseinbußen durch »verhockte« Blüten. In Bavendorf gilt die Sorte als mindestens mäßig frostempfindlich im Holz, da es nicht nur nach Polarwintern, sondern auch zwischendurch Sproßschäden gegeben hat. In der Endphase der Reife kann es zu Fruchtfall kommen, vor allem bei heftigem Wind.
Verbreitung: Marktbedeutende Mengen werden allein von der Niederelbe gemeldet. Anfang der 90er Jahre liegen die Mengen zwischen 3000 und 8000 t jährlich.
Bestandessicherheit: In Gebieten mit milden Wintern kann 'Holsteiner Cox' als befriedigend bestandessicher eingestuft werden; in Bavendorf erleidet die Sorte jedoch immer wieder frostbedingte Ausfälle im Kronengerüst (vgl. Standortansprüche). Hinzu kommt eine mittelmäßige Anfälligkeit für Obstbaumkrebs.

Baum

Wuchs: Als triploide Sorte stark- und breitwüchsig; die Zahl der typisch flaumigen und graubraunen Langtriebe ist nicht

Physikalische und chemische Eigenschaften der Frucht									
Tagewerte	132								
Größenverteilung nach Gewicht – Größenklassen in mm	<55	55/60	60/65	65/70	70/75	75/80	80/85	85/90	90/95
%		2	17	33	34	11	3		
Mittleres Fruchtgewicht in g	196	(164 – 218)							
Spezifisches Fruchtgewicht	0,85	(0,84–0,86)							
Fruchtform-Index	0,86	(0,79–0,95)							
Mittlerer Zuckergehalt als Refraktometerwert in %	14,6	(12,6–15,8)							
Mittlerer Säuregehalt in g/l	8,2	(6,3–10,6)							
Gruppen des Vitamin-C-Gehalts in mg/100 g Frischgewicht	10–20								
Sorbitgehalt in g/100 g Frischgewicht									

hoch; diese sind aber sehr kräftig, wirken trotz langer Internodien gedrungen und verzweigen sich wenig; ihre achselständigen Knospen sind häufig sehr gut entwikkelt bis hin zu vorzeitigen Kurztrieben. Als besonders sortentypisch gilt das schwache Wachstum der Mittelachse und die betont flache Insertion der Seitenäste. Bei Hochstämmen entstehen dadurch niedrige, flache und breite Kronen mit einem dichtem Blattwerk. Kleinkronige Baumformen sind demzufolge eher breit als hoch und beanspruchen somit besondere Pflanzabstände. Recht auffällig sind die großen und breitbehäbigen Blätter, die randlich teils fein, teils mäßig gekerbt, langgespitzt und oft auch gewölbt sind. Die Wölbung fällt jedoch weniger deutlich aus als bei 'Cox Orange' oder 'Karmijn de Sonnaville'. Das Holz ist anfällig für Obstbaumkrebs, während die Blätter sowohl mehltau- als auch schwefelempfindlich sind.

Fruchtholz: Langzeitlich überragen mit etwa zwei Drittel Anteil am Baumertrag die Kurztriebe, 1jährig und endständig fruchtend und am 2jährigen Langtrieb sitzend, als Fruchthölzer; danach folgen mit einem Fünftel Anteil die mehrjährigen Kurztriebe (Quirlholz), während die 1jährigen Langtriebe nur etwa 15% beitragen.

Blüte und Befruchtung: Als Pollenspender ungeeignet (triploid); mittelspät- bis spätblühend; geeignete Befruchter sind u.a. 'Finkenwerder', 'Glockenapfel', 'Gloster', 'Golden Delicious', 'Goldparmäne', 'Ingrid Marie', 'Jamba', 'James Grieve', 'Jonathan', 'Klarapfel' und 'Laxtons Superb', mit 'Cox Orange', intersteril; Blütenzahl 6,0 (5 bis 7), verschiedentlich Terminalblüte verkümmert bzw. kleiner oder subterminale Blüte gehemmt, Achse und flaumige Stiele kurz, kompakte Infloreszenz mit viel Rosa; Kronblätter (5, selten 4), lang oval, Form ähnlich einem Eßlöffel, mittel- bis langgenagelt, schwach deckend bis berührend; Primärblätterzahl 7,9 (6 bis 10), mittelgroß, meist gerollt, randlich gewellt und mäßig bis fein gezähnt, mittellange, kräftige Stiele; Kelchblätter lanzettlich, türkenbundähnlich nach unten und innen gebogen, Enden rötlich; Griffel (5), deutlich länger als Staubblätter, engständig, gerade, bürstenähnlich, Fruchtknoten flaumig; Staubblätter engständig, 0,5 cm lang.

Ertrag: Auf starkwachsenden Unterlagen deutlich spätes, auf schwachwachsenden Unterlagen verzögertes Fruchten; danach sind die Baumerträge, auch dank der besseren Fruchtgröße, höher als bei 'Cox Orange'; langfristig ist ein Wert von 75%

Holsteiner Cox

gegenüber 'Golden Delicious' (= 100%) anzusetzen; alterniert wenig. Im »Alten Land« befriedigen die Erträge wegen Befruchtungsmängeln, Frostschäden oder starkem Junifall nicht immer. Letzterer ließ sich durch »Ringeln« der Stämme deutlich verkleinern.

Krankheiten und Mängel: Holzfrostempfindlich; anfällig für Obstbaumkrebs und Mehltau, weniger für Schorf; häufiger als normal beim Apfel durch Viröse Rauhschaligkeit verseucht.

Frucht

Pflückreife: Mitte bis Ende September, etwa 1 Woche später als 'Cox Orange'.

Genußreife: Aus dem Frischluftlager von Oktober bis Dezember; nach Kühllagerung bei +3 °C bis Ende Januar; nach CA-Lagerung (3,5 °C, 2% CO_2 und 3 bis 4% O_2) bis Mitte März. Vorsicht: CO_2- und kälteempfindlich!

Größe und Form: Mittelgroß mit Tendenz zu groß; stumpfkegelig, rund, überwiegend mittel-, seltener stielbauchig, zum Kelch mehr als zum Stiel fliehend; ansprechend.

Farbe und Beschaffenheit der Schale: Grünlichgelb, später goldgelb (freundlicher als 'Cox Orange'), sonnenseits von schwach bis leuchtend orangerot, teils verwaschen, teils marmoriert bis leicht geflammt, freundlich; Lentizellen als grün umhöfte Rostpünktchen kaum sichtbar, vereinzelt braune Lentizellenflecken; anfällig für Schalenbräune und netzartige Berostungen, meist von Kelch- oder Stielgrube ausgehend, sortentypisch können daher

Holsteiner Cox

kräftige und unschöne Frostringe am Kelch sein; schwach rauh, leicht wachsig; etwas zäh.
Kelch: Groß; aber meist offen; grüne, am Grund nicht verwachsene Blättchen oft mit braunen, auswärts gebogenen Spitzen.
Kelchgrube: Weit; flach; gefältelt; überwiegend berostet, teils innen, teils am Rand (sog. Frostringe), dann grobschuppig bzw. auch rissig.
Stiel: In der Regel kurz, vereinzelt auch lang; mitteldick bis dick, braun, flaumig.
Stielgrube: Flach bis wenig tief, eng bis mäßig weit; mitunter mit Schnabelbildung; fast durchweg fein- bis grobschuppig berostet, strahlig auf Schale übergreifend.
Kernhaus: Klein bis mittelgroß; hochzwiebelförmig, deshalb kaum Kelchröhre; Achse hohl, Fächer kurz und gedrungen, Wände vielfach weißlich, Samen unregelmäßig verteilt; grüne Leitbündel fallen kaum auf.
Fleisch: Cremefarben bis gelblich; saftig, fest, grobzellig, kurz, später mürbe, weich oder brockig; neigt zu Glasigkeit und Stippigkeit.
Geschmack: Feinsäuerlich-würzig, im Aroma ähnlich 'Cox Orange'; gute geschmackliche Qualität.

Anbau und Markt

Der starke Wuchs verhindert meist eine frühe und reichliche Blühwilligkeit; später kann es aber zu hohen Behangdichten, kurz vor der Ernte aber auch zu vorzeitigem Fruchtfall kommen. Gegen diese nachteiligen Erscheinungen lassen sich sog. Wachstumsregulatoren einsetzen. Die chemische Ausdünnung ist nachfolgend häufig durch Handausdünnung zu ergänzen. Während kurz nach der Pflücke verschiedentlich Glasigkeit und Stippigkeit auftreten können, muß nach Bonituren in Bavendorf vor allem bei Frischluft- und Kühllagerung mit Fruchtfäulen sowie mit Befall durch Fleischbräune gerechnet werden. Im Alten Land gilt dagegen Schalenbräune als problematisch. Dort befriedigt die Sorte auch in ihren Erntemengen nicht immer. Ursache sind Spätfröste, mangelnde Befruchtung oder Junifruchtfall als Folge starken Wuchses. Im letzteren Fall hat sich bei großkronigen Bäumen kräftiges »Ringeln« der Stammrinde bewährt. Gut handels- und transportfähig. Ähnliche Früchte können die Sorten 'Cox Orange', 'Ribston Pepping' und 'Laxtons Superb' haben.

Idared

Ähnliche Namen oder Synonyme gibt es keine.
Abstammung und Herkunft: Im Jahr 1935 vom Züchter L. Verner an der Agric. Exp. Station in Moscow (Idaho, USA) aus den Nachkommen der Kreuzung 'Jonathan' × 'Wagenerapfel' ausgelesen und seit 1942 bekannt gemacht bzw. verbreitet. 'Wagenerapfel' ist auch ein Elternteil der nordamerikanischen Sorte 'Ontario'.
Mutanten: Von 'Idared' sind noch keine Mutanten aufgetaucht.
Standortansprüche: Ähnlich wie die Muttersorte 'Jonathan' verlangt auch 'Idared' wärmeklimatisch begünstigte Lagen, die allerdings vom Weinklima bis zum Obst-

Wintergetreideklima (in SW-Deutschland bis 500 m über NN) reichen können. Auf weniger warmen Standorten ist die ohnehin wenig ausgeprägte Zuckerbildung noch mehr benachteiligt und damit auch der geschmackliche Wert der Äpfel herabgesetzt. Die Anforderungen an Feuchtigkeit, natürliche Nährkraft und Durchlüftung des Bodens sind weniger hoch, so daß sowohl mäßig frische bis wechseltrokkene als auch frische bis schwach wechselfeuchte Böden gleichermaßen nutzbar sind. Das Holz ist allenfalls mäßig empfindlich gegenüber Winterfrost. Der Polarwinter 1984/85 hat in SW-Deutschland zu mittleren Schadensgraden geführt, während im schwach feuchtkühlen Klima von Bavendorf bislang keine nennenswerten, durch Frost verursachten Schäden am Sproß entstanden sind. Die Empfindlichkeit gegenüber Blütenfrost wird als gering angegeben. Dies hat der Spätfrost 1977 bestätigt, der bei 'Idared' weder Fruchtmängel noch Ertragsverluste zur Folge hatte. Die Äpfel sind windfest.

Verbreitung: Die in der EU erzeugten Mengen haben sich bis in die 90er Jahre gesteigert, wobei Frankreich und Deutschland (Bodenseegebiet 10 000 t sowie beträchtliche Mengen in den mitteldeutschen Anbauschwerpunkten um Dresden und Halle a. d. Saale) mit je 50 000 bis 75 000 t jährlich die größten Schritte nach vorne getan haben. Es folgen Italien (Südtirol 9000 t mit steigender Tendenz) und Belgien (5000 t), während außerhalb der EU die Sorte 'Idared' vor allem in Jugoslawien mit 90 000 t, in der Steiermark mit 8000 bis 12 000 t und in der Schweiz nach früheren 24 000 t jetzt mit 15 000 t zu Buche schlägt. Bedeutende Mengen werden auch in Osteuropa erzeugt (Polen, Tschechien und Ungarn). Die Ende der 80er Jahre vermuteten Sättigungszeichen haben sich demnach nicht bestätigt, sondern die Sorte 'Idared' hat dank günstiger Anbaueigenschaften (außer Mehltauanfälligkeit) und vor allem ihrer positiven Lagereigenschaften und einem sehr guten »shelf life« noch kräftig zugelegt.

Bestandessicherheit: Diese kann als ausreichend bezeichnet werden, obwohl Anfälligkeiten des Holzes für Obstbaumkrebs, Kragenfäule, Feuerbrand und für Winterfrost vorliegen. Die Ausfallquote in Bavendorf ist jedenfalls, auch aus erwerbsobstbaulicher Sicht, erträglich bzw. gering.

Baum

Wuchs: Schwach bis allenfalls mittelstarkwüchsig, so daß für Schlanke Spindeln neben M9 auch M26 infrage kommt, insbesondere auf weniger wüchsigen Böden. Sortentypisch sind anfänglich steile Seitenäste, die jedoch in ihrem Wuchs bald nachlassen, sowie die durchweg hängenden Fruchthölzer. Insoweit bereiten Erziehung und Behandlung des Fruchtholzes selten Schwierigkeiten, d. h. die Krone baut sich fast von selbst auf, zumal sich die Mittelachse frühzeitig beruhigt und Überbauungen deshalb kaum zu befürchten sind. Auf diese Weise bilden sich eher breit- als schlankkronige, mittelhohe Spindeln. Kennzeichnend sind ebenfalls die meist mittellangen, mittellangnodigen sowie hell- bis mäßig braunen und grünlich schimmernden Triebe mit kleinen bis mittelgroßen Blättern. Zum Herbst hin treten letztere gegenüber dem reichen

Idared

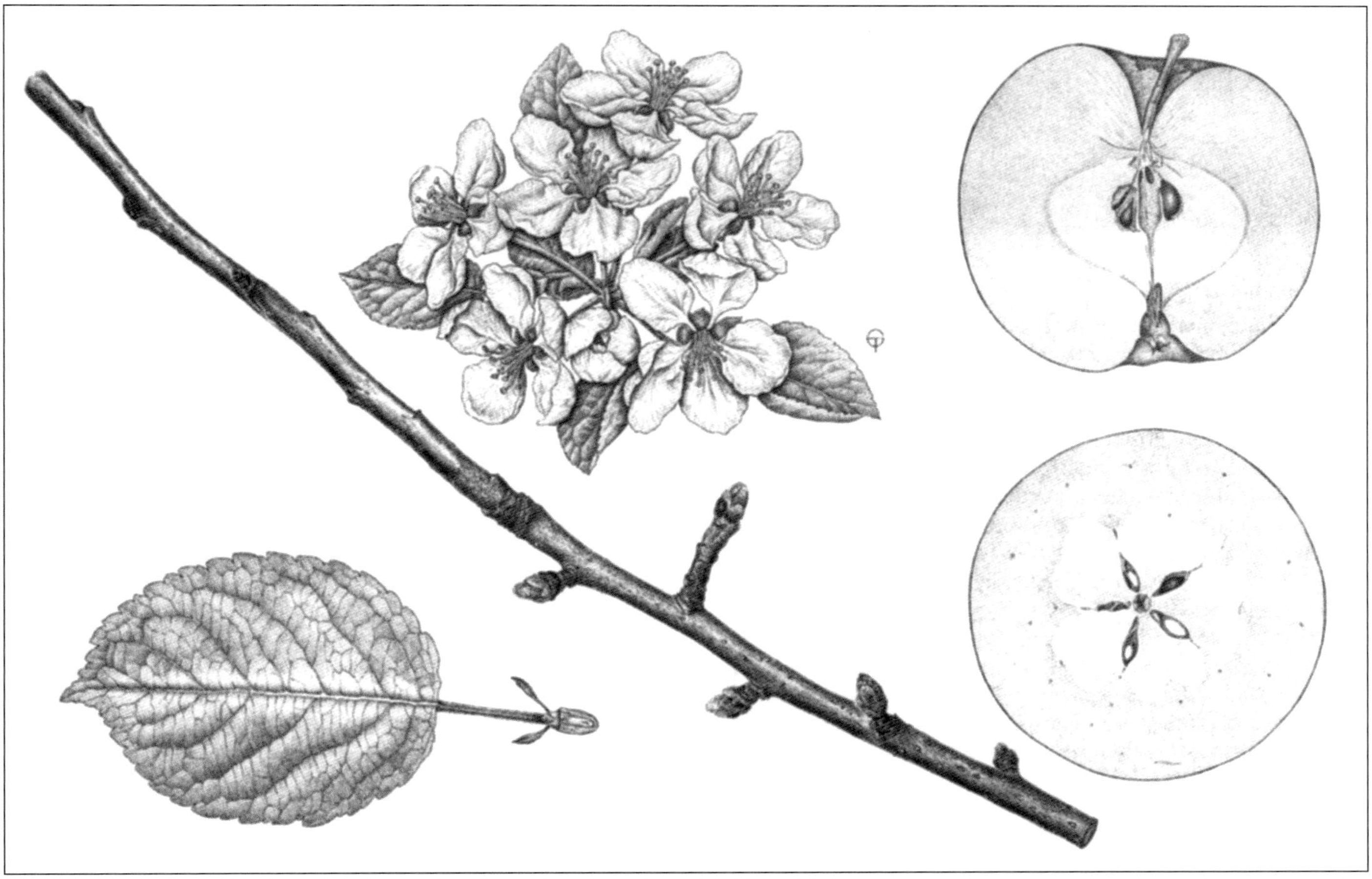

Idared

Fruchtbehang meist zurück und zeigen sich auch häufig, von der Spitze ausgehend, randlich und zwischen den Rippen verbräunt, dazu gewölbt und mit flaumiger Unterseite. Das Anschneiden einjähriger Langtriebe ist zur mechanischen Bekämpfung des Mehltaus und zur Verbesserung der Fruchtqualität eine sinnvolle Maßnahme. Vorteilhaft für die rote Deckfarbe, die positiv mit hohen Zuckergehalten korreliert ist, wirkt sich neben dem Ausdünnen auch ein fachgerechter Sommerschnitt aus mit dem Ziel, möglichst viele Äpfel ins »Licht zu stellen«.

Fruchtholz: Als Blütenorte überwiegen mit etwa zwei Drittel die Kurztriebe, einjährig, endständig fruchtend. Mit je knapp 20% sind auch die mehrjährigen Kurztriebe und die einjährigen Langtriebe, beide an ihren Endknospen fruchttragend, am Ertrag beteiligt. Dagegen ist der Anteil der achselständigen Äpfel an den Langtrieben zu vernachlässigen (vgl. Wuchs). Für Fruchtqualität und Pflücke vorteilhaft sind die fast ausschließlichen Einzelfruchtstände.

Blüte und Befruchtung: Sehr gute Pollenqualität, deshalb als Pollenspender ausgezeichnet geeignet (diploid); frühblühend; geeignete Befruchter sind u. a. 'Berlepsch', 'Cox Orange', 'Glockenapfel', 'Golden Delicious', 'Goldparmäne', 'Granny Smith', 'James Grieve', 'Jonathan', 'Klarapfel', 'McIntosh' und 'Maigold'; Blütenzahl 5,8 (5 bis 7), nicht selten jedoch Königsblüte oder subterminale Blüte verkümmert, Achse mittellang, Stiele lang, mitteldick bis dünn; Kronblätter lang-oval, stark dekkend, kurzgenagelt, viel Rosa, auch aufgeblüht; Primärblätterzahl 9,7 (7 bis 13), innerhalb der Kultursorten höchste gemessene Zahl, oval bis fast rund, mittelgroß, häufig verkrüppelt oder verdreht, vorne zugespitzt, Stiel und Unterseite flaumig behaart, Rand groß bis mittelfein gerippt, Nebenblättchen rötlich; Kelchblätter mittellang und -breit, zugespitzt, krallenartig nach unten gebogen; Griffel sehr engständig, kaum sichtbar, da von Staubblättern verdeckt, sortentypisch, jene deutlich zweikranzig gegliedert, äußerer Kranz 1 bis 1,25 cm, innerer nur 0,75 bis 1,0 cm lang.

Ertrag: Eine der wertvollen Eigenschaften von 'Idared' ist die natürlich hohe Fruchtbarkeit, die schon beim Jungbaum einsetzt und fast alljährlich wiederkehrt; dies führt zu Flächenerträgen, die denjenigen von 'Golden Delicious' nahekommen und somit eindeutig höher als bei 'Jonathan' ausfallen; bei hohen Fruchtbehangdichten ist Ausdünnen zur Sicherung zuckerreicher Äpfel angezeigt; bei schwachem Behang drohen dagegen übergroße Früchte.

Krankheiten und Mängel: Auffallend ist eine mehr als mittlere Empfindlichkeit für Mehltau, die mancherorts an diejenige von 'Jonathan' heranreichen soll, demgegenüber ist die Anfälligkeit für Schorf gering; anfällig für Obstbaumkrebs, Kragenfäule und Feuerbrand, dies jedoch im Rahmen.

Frucht

Pflückreife: In Mitteleuropa von Anfang bis zur 3. Woche im Oktober; bei zu später Ernte droht Befall mit Jonathan-spot ähnlichen Flecken.

Genußreife: Aus dem Frischluftlager bis Februar–März; aus dem Kühllager bei +3 bis 4 °C bis April–Mai; aus dem CA-Lager bei mehr als +3 °C, da kälteempfindlich, höchstens 3% CO_2, da CO_2-empfindlich und 3% O_2 bis Juni–Juli; mitunter anfällig für Kernhaus- und Schalenbräune.

Größe und Form: Groß bis mittelgroß; von rund bis manchmal schwach grobkantig, eher flach als kugelig, vereinzelt auch etwas schief, mittelbauchig; im ganzen schön.

Farbe und Beschaffenheit der Schale: Gelblichgrün bis weißlichgelb, Deckfarbe ($\frac{1}{3}$ bis $\frac{3}{4}$) teils verwaschen gestreift, meist jedoch verwaschen, von hellrot bis kräftig dunkelrot, vereinzelt auch chimärenartig, freundlich; Lentizellen als sehr kleine, helle Pünktchen kaum sichtbar; i. a. berostungsfrei, doch Warzen (Frost) kommen vor, anfällig für braune Lentizellenflecken; glatt, leicht wachsig; hart, fest.

Physikalische und chemische Eigenschaften der Frucht										
Tagewerte	152									
Größenverteilung nach Gewicht	Größenklassen in mm	<55	55/60	60/65	65/70	70/75	75/80	80/85	85/90	90/95
	%		6	12	23	26	22	8	3	
Mittleres Fruchtgewicht in g	154	(126 – 173)								
Spezifisches Fruchtgewicht	0,79	(0,78–0,80)								
Fruchtform-Index	0,82	(0,81–0,83)								
Mittlerer Zuckergehalt als Refraktometerwert in %	11,5	(10,7–12,4)								
Mittlerer Säuregehalt in g/l	6,1	(3,7–8,4)								
Gruppen des Vitamin-C-Gehalts in mg/100 g Frischgewicht	20–30									
Sorbitgehalt in g/100 g Frischgewicht	0,20									

Kelch: Meist klein, teils mittelgroß; geschlossen bis halboffen; Blättchen breitdreieckig, grün, am Grund geschlitzt.
Kelchgrube: Mindestens mitteltief; schüsselförmig; feingefältelt, fast ohne Rost.
Stiel: Mittellang; dünn bis mitteldick, stets am Ende stark knopfig bis saugnapfartig.
Stielgrube: Tief; eng; teils sehr feinschuppig und strahlig berostet, selten über den Rand hinaus.
Kernhaus: Mittelgroß; zwiebelförmig; tiefe Kelchröhre, meist ins Kernhaus eingesenkt; Achse häufig hohl, Fächer meist schmal und geschlossen mit großen, länglichen Samen; Leitbündel als gelbliche Punkte kaum sichtbar, ziemlich außen liegend; Griffelbräune und Kernhausschimmel können vorkommen.
Fleisch: Weißlich bis cremefarben; im Kernhaus verschiedentlich leicht rosafarben; sehr saftig, fest, kurzbrüchig, am Ende der Genußreife nicht mürbe, aber schwach zäh werdend; nicht stippeanfällig.
Geschmack: Süßlich bis schwach süßlich-feinsäuerlich, mild; schwaches Aroma.

Anbau und Markt

Die Vorzüge von 'Idared' sind: Günstiger Wuchs, hohe Fruchtbarkeit, beste Eignung für Dichtpflanzungen, sehr gute Lagerfähigkeit (auch im Kühllager) und ausgezeichnetes Nachlagerungsverhalten auch im Haushalt, das Fehlen von Stippigkeit und Glasigkeit sowie die vielseitige Verwendungsmöglichkeit als Tafel-, Koch- und Backapfel und zur Herstellung von Saft dank sehr hoher Ausbeute und niedrigem Gerbstoffgehalt. Ergänzt wird diese Palette durch die hervorragende Eignung der Äpfel für Diabetiker als Folge eines sortenspezifisch niedrigen Zuckergehalts bei gleichzeitig hohen Gehalten an Vitamin C. Am Markt wird die Sorte als spätreifende und rote Begleitsorte zu 'Golden Delicious' geschätzt. Ein Mangel ist die gebietsweise unterschiedliche, artgemäß aber hohe Empfindlichkeit für Mehltau; demgegenüber treten andere Unzulänglichkeiten wie Holzkrankheiten oder Fruchtmängel kaum auf. Wichtig ist das Wissen um den Zusammenhang zwischen Fruchtgröße (nicht unter 65 mm), intensiver Deckfarbe, Zuckergehalt und günstiger Geschmacksqualität. Dazu trägt wertvolles Fruchtholz bei sowie fachgerechtes Ausdünnen starker Fruchtbehänge, mitunter auch Sommerschnitt. Die Äpfel sprechen durch Farbe, Form und saftige Frische an, was bei Apfel-Tests im Nachwinter oft zu guten Benotungen führt. Mit Schale gekocht, läßt sich ein rosarotes, fruchtiges Mus gewinnen. Früchte der Sorte 'Morgenduft' können ähnlich aussehen.

Ingrid Marie

Ähnlicher Name ist 'Ingrid Maries Aeble'. Synonym ist 'Høed Orange'.
Abstammung und Herkunft: Zufallssämling; als Muttersorte wird 'Cox Orange' vermu-

Ingrid Marie

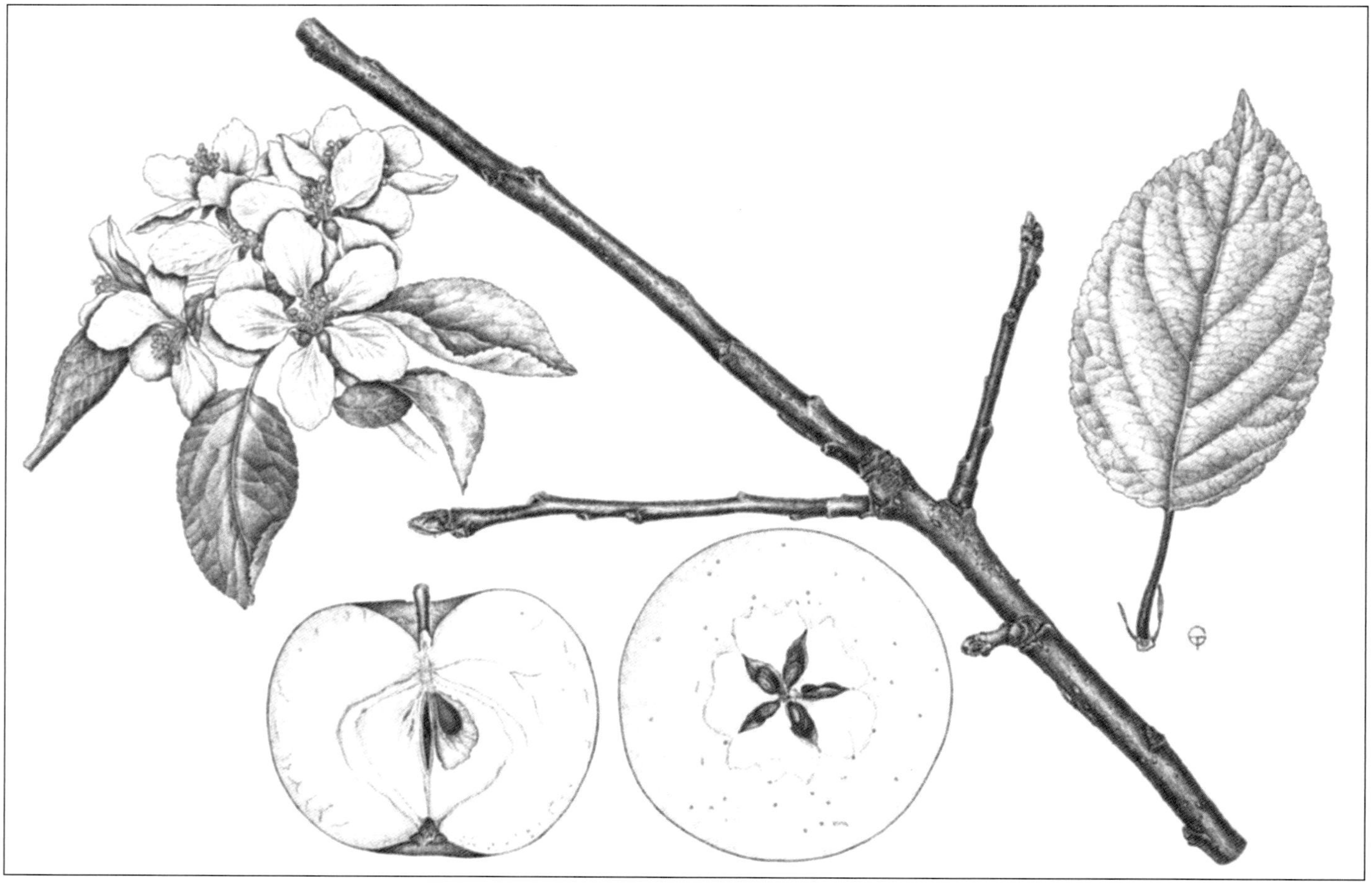

Ingrid Marie

tet; um 1910 auf dem Gelände der Gartenbauschule Flemlöse (Insel Fünen, Dänemark) als Sämling angezogen; erste Früchte soll es 1915 gegeben haben; nach dem Vornamen der Tochter des dortigen Lehrers K. Madsen benannt. Damals angeblich von A. Mose verbreitet, ab 1936 dann durch die Baumschule C. Matthiesen in Korsör.

Mutanten: Als Mutante mit kräftiger und nahezu ganzflächiger roter Deckfarbe ist 'Ingrid Marie, Karin Schneider' bekannt geworden. Mit der Standardform gemeinsam hat sie die Neigung zur Rissigkeit im Kelchbereich, die oft *Monilia*-Infektionen zur Folge hat. Diese Schäden treten im Süden von Deutschland stärker auf als im Norden.

Standortansprüche: 'Ingrid Marie' ist eine Sorte der nordeuropäischen Anbaugebiete, vor allem an der Niederelbe, in Dänemark, Schweden und in Norwegen. Dies weist auf einen nicht hohen Wärmeanspruch hin. Nach Erfahrungen im süddeutschen Raum reifen demgegenüber auf sehr warmen bis mäßig warmen Standorten die Äpfel dieser Sorte im Herbst ziemlich rasch, insbesondere in wengier luftfeuchten Lagen. Die Folgen sind häufig fehlende Saftigkeit und verminderte Haltbarkeit der Äpfel, auch im Kühllager. In ihrem Verbreitungsraum sind die ökologischen Ansprüche nicht hoch, d.h., daß in jenem Klima auch die dortigen Böden hohe und regelmäßige Erträge leisten, während auf südwestdeutschen Standorten dazu mindestens mittelgründige, frische Böden von mehr als mittelmäßiger Fruchtbarkeit erforderlich sind. Holz und Blüten sind mäßig frostempfindlich. Der Spätfrost 1977 hat dies bestätigt; damals gab es fast an einem Drittel der Früchte Frostzungen, schiefe Formen sowie starke Berostungen im Kelch- und Stielbereich. Durch »verhockte« Blüten (vgl. 'Cox Orange') kam es auch zu Ertragsausfällen. Windempfindlich.

Verbreitung: Hauptsächlich im nördlichen Europa angebaut. Die Jahreserzeugung liegt in Deutschland Anfang der 90er Jahre bei maximal 36 000 t, davon 90% an der Niederelbe. Schweden erzeugt jährlich 11 000 t, Dänemark zwischen 4000 und 7000 t und Norwegen 2500 t.

Bestandessicherheit: Auf geeigneten Standorten mit nicht zu tiefen Wintertemperaturen ist die Bestandessicherheit als mäßig bis relativ hoch anzusetzen. Diese Einstufung berücksichtigt auch eine mäßige Anfälligkeit für Obstbaumkrebs.

Baum

Wuchs: Mittelstark wachsend mit anfänglich ziemlich steilen Leitästen; später läßt der Wuchs nach. Im Vollertragsalter haben sich, als Mittel- bis Hochstamm und auf starkwachsenden Unterlagen angezogen, breitkugelige, ausladende Kronen entwikkelt, die als Folge starker Verzweigung ziemlich dicht sind. Sorteneigentümlich ist auch der meist hängende Wuchs der Äste und Triebe. Langtriebbildung ist vorherrschend; diese sind in der Regel durchgehend mit seitlichen Kurztrieben besetzt. Zu lange Triebe dieser Art neigen aber dazu, von innen heraus zu verkahlen. Anschnitte sind dann zweckmäßig. Das Blattwerk hat Ähnlichkeit mit demjenigen von 'Cox Orange', d.h. die Blätter sind höchstens mittelgroß, länglich-oval, rand-

lich wellig und langspitzig. 'Ingrid Marie' eignet sich auch für kleinkronige Baumformen, sog. Spindeln, auf schwachwachsenden Unterlagen.
Fruchtholz: Vorherrschend sind 2jährige Langtriebe, die seitlich weitgehend regelmäßig mit 1jährigen Kurztrieben besetzt sind, diese fruchten endständig. Aus diesen Fruchtstand-Orten kann nachfolgend wertvolles sog. Quirlholz (mehrjährige Kurztriebe, endständig fruchtend) hervorgehen.
Blüte und Befruchtung: Guter Pollenspender (diploid), vor allem für 'Gloster'; mittelspät- und mittellangblühend; geeignete Befruchter sind u. a. 'Cox Orange', 'Finkenwerder', 'Glockenapfel', 'Golden Delicious', 'Goldparmäne', 'James Grieve', 'Jonathan' und 'Oldenburg', soll mit 'Klarapfel' intersteril sein; Blütenzahl 5,7 (5 bis 7), Achse lang, Terminalblüte kurz-, die übrigen mittellanggestielt, Nebenblättchen rötlich und fadendünn, teilweise kräftiger vegetativer Achselaustrieb, viele Organe flaumig behaart, duften angenehm; Kronblätter 5, vereinzelt auch 6, länglich-oval, nicht dekkend, mäßig genagelt, im Ballonstadium viel Rosa; Primärblätterzahl 7,5 (6 bis 9), mittelgroß bis klein, Stiele dünn, elliptisch, basal rund, apikal rund bis stumpfspitzig, Rand weich gekerbt; Kelchblätter krallenförmig nach unten eingerollt, mittellang und spitzig; Griffel so lang, oft auch länger als die kräftig ausgebildeten Staubblätter, engständig.
Ertrag: Auf zusagenden Standorten früh- und reichtragend, aber zur Alternanz neigend. In Mitteldeutschland ist auf schwachwachsender Unterlage eine Durchschnittsleistung von 50% zu 'Golden Delicious' (= 100%) ermittelt worden, die jedoch als zu niedrig bzw. als auf weniger günstigen Standortverhältnissen festgestellt, angesehen werden muß.
Krankheiten und Mängel: Mäßig bis wenig schorfempfindlich; mäßig empfindlich für Mehltau und Obstbaumkrebs; soll überdurchschnittlich anfällig für Viröse Rauhschaligkeit sein.

Frucht

Pflückreife: Mitte bis Ende September.
Genußreife: Aus dem Frischluftlager bis Dezember, aus dem Kühllager (+3 °C) bis Januar, bei tieferen Temperaturen Gefahr durch Fleischbräune, aus dem CA-Lager (+1,5 °C, 2,5 bis 3% CO_2 und 3 bis 3,5% O_2) bis März.
Größe und Form: Mittelgroß (bis klein); ziemlich flach, durchweg mittelbauchig, gleichmäßig zum Stiel wie zum Kelch abgerundet, weitgehend ebenmäßig.
Farbe und Beschaffenheit der Schale: Gelblichgrün, später hellgelb; Deckfarbe meist vorherrschend: verwaschen dunkelrot mit Blaustich (50 bis 100%); sortentypisch zahlreiche große Lentizellen, auf Deckfarbe als helle Punkte oder Sterne; etwas wachsig, teils angerauht, manchmal auch schwach berostet; hart.
Kelch: Groß; meist offen; Blättchen freistehend, grün und lanzettlich.
Kelchgrube: Flach und weit (tellerartig), sehr fein gefältelt; neigt vor allem bei Früchten von Jungbäumen zu feinen Rissen, Befall mit *Monilia* ist meist die Folge.
Stiel: Mittellang bis lang; mitteldick bis dick; hellbraun.
Stielgrube: Mitteltief; weit, vereinzelt ohne Rost, sonst grobschuppig berostet bis feinrissig; vereinzelte Roststreifen reichen bis Fruchtmitte.
Kernhaus: Klein bis mittelgroß; hochzwiebelförmig; Achse kaum offen, Fächer schmal, Samen breitsackig; Fruchtblätter bzw. Leitbündel herzförmig geschwungen bzw. miteinander verbunden, eigentümliches Bild.
Fleisch: Cremefarben (am Kernhaus) bis grünlich (an der Schale), am Rand rötlich eingefärbt; fest, saftig, grobzellig, wird rasch weich und mehlig; anfällig für Stippigkeit und auf dem Lager für Fruchtfäulen.
Geschmack: Mild, feinsäuerlich, aromaschwach, leichte Anklänge an 'Cox Orange'.

Anbau und Markt

'Ingrid Marie' ist vor allem eine Sorte, die in den nördlichen Apfelgebieten Europas zu Hause ist. Dort zeigt sie eine große Fruchtbarkeit, allerdings mit Tendenzen zur Alternanz, ferner eine sortengemäße Fruchtqualität, eine ausreichende Bestandessicherheit und eine gute Eignung für die Kühl- und die CA-Lagerung. Langzeitlagerung scheidet jedoch aus, da der geschmackliche Wert bald nachläßt und die starke Schrumpf- oder Welkeanfälligkeit zunehmende Verluste mit sich bringt.
Wegen dieser Schwäche ist stets eine maximale Luftfeuchtigkeit (90 bis 95%) erforderlich. Im Kühllager kann zudem die Anfälligkeit für Fruchtfäulen das Auslagerungsergebnis verschlechtern. Diese Infektionen gehen häufig von kleinen Rissen im Kelch- und Stielgrubenbereich aus. Für die Handelsfähigkeit vorteilhaft sind die geringe Druckempfindlichkeit, die gute Transportfähigkeit und die unproblematische maschinelle Sortierbarkeit. Begehrter roter Weihnachtsapfel. Ähnliche Früchte können die Sorten 'Berner Rosen' und 'Idared' haben.

Physikalische und chemische Eigenschaften der Frucht										
Tagewerte		125								
Größenverteilung nach Gewicht	Größenklassen in mm	<55	55/60	60/65	65/70	70/75	75/80	80/85	85/90	90/95
	%	6	10	21	24	21	9	7		
Mittleres Fruchtgewicht in g		112	(79–142)							
Spezifisches Fruchtgewicht		0,81	(0,80–0,82)							
Fruchtform-Index		0,77	(0,73–0,87)							
Mittlerer Zuckergehalt als Refraktometerwert in %		11,5	(10,2–12,7)							
Mittlerer Säuregehalt in g/l		8,0	(6,3– 9,3)							
Gruppen des Vitamin-C-Gehalts in mg/100 g Frischgewicht		0–5								
Sorbitgehalt in g/100 g Frischgewicht										

Jamba

Der Name 'Jamba 69' ist rechtlich geschützt; er setzt sich aus den Silben 'James Grieve« und 'Melba' der beiden Elternsorten sowie dem Anmeldejahr 1969 zusammen; ähnliche Namen oder Synonyme gibt es keine.

Abstammung und Herkunft: Im Jahr 1954 an der Obstbauversuchsanstalt Jork (Altes Land) aus Sämlingen der Kreuzung 'Melba' × 'James Grieve' ausgelesen und seit Ende der 60er/Anfang der 70er Jahre im versuchsweisen, später im praktischen Anbau vertreten.

Mutanten: 'Jamba' hat noch keine Mutanten hervorgebracht.

Standortansprüche: Nach bisherigen Erfahrungen zeigt 'Jamba' eine große Anbaubreite, denn gute Leistungen werden von der Niederelbe bis hin zum Bodenseegebiet erzielt. Als frühe Herbstsorte für den gebietlichen Markt sollte man diese Sorte bevorzugt auf den jeweils wärmsten Lagen anbauen, um in den Genuß der Primeurpreise zu kommen. Vorteilhaft ist die um

Physikalische und chemische Eigenschaften der Frucht										
Tagewerte	105									
Größenverteilung nach Gewicht	Größenklassen in mm	<55	55/60	60/65	65/70	70/75	75/80	80/85	85/90	90/95
	%		1	3	21	26	29	16	4	
Mittleres Fruchtgewicht in g	150	(124 – 167)								
Spezifisches Fruchtgewicht	0,77	(0,74–0,78)								
Fruchtform-Index	0,85	(0,76–0,94)								
Mittlerer Zuckergehalt als Refraktometerwert in %	11,5	(10,6–12,6)								
Mittlerer Säuregehalt in g/l	8,7	(8,4– 9,4)								
Gruppen des Vitamin-C-Gehalts in mg/100 g Frischgewicht	10–20									
Sorbitgehalt in g/100 g Frischgewicht										

Jamba

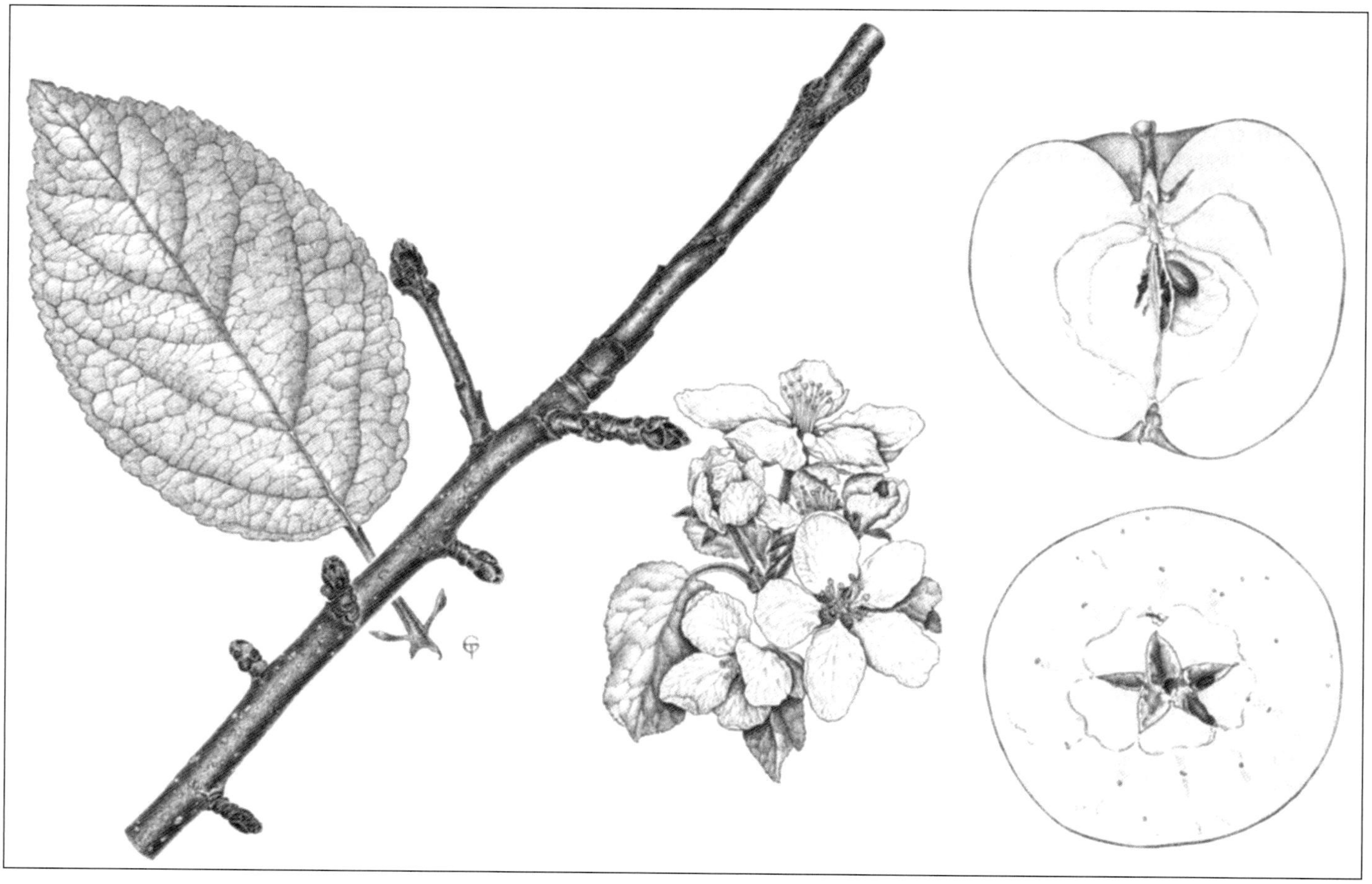

3 bis 5 Tage frühere Reife gegenüber der Vatersorte 'James Grieve'. Geeignet auch für höhere Lagen, dann mit späterer Reifezeit. Der Boden sollte mindestens mittelmäßig fruchtbar und ausreichend durchlüftet sein. Auf den schwach wechselfeuchten Geschiebelehmböden von Bavendorf wächst die Sorte zügig, erleidet aber immer wieder Ausfälle, die mehrheitlich durch Obstbaumkrebs verursacht wurden. Den Winterfrost 1984/85 hat die Sorte sehr gut überstanden, der Spätfrost 1977 hat dagegen zu starken Berostungen mit nachfolgenden Rißbildungen um die Stielgrube geführt. Mäßig spätfrostgefährdet. Fruchtfall durch Wind kommt vor.

Verbreitung: Zu Beginn der 90er Jahre vor allem an der Niederelbe mit jährlichen Marktmengen um 5000 t vertreten; in den anderen deutschen Anbaugebieten in Ansätzen vorhanden.

Bestandessicherheit: Die Frosthärte des Holzes ist gut (vgl. Standortansprüche). Das Problem liegt in der Anfälligkeit für Obstbaumkrebs, deshalb Pflanzware kontrollieren bzw. vorhandene Infektionen frühzeitig bekämpfen.

Jamba

Baum

Wuchs: Als Jungbaum starkwüchsig, im Ertragsalter nur noch mittelstarker Wuchs. Als Folge der meist flach inserierten, langen und gerne hängenden Äste formen sich breit-kugelige Kronen. Die Triebe bzw. Äste wachsen über ihre Endknospe weiter und bilden dahinter überwiegend Kurztriebe. Die Eignung für Schlanke Spindeln ist somit günstig, doch lassen deren Mittelachsen später im Wuchs deutlich nach. Zur ausreichenden Verzweigung sind hin und wieder Rückschnitte erforderlich. Die Triebe sind eher kurz- als langnodig und zeigen auffällig weiße Lentizellen, während die an kräftigen, rotgrundigen Stielen sitzenden, dunkelgrünen Blätter groß, lang-oval und schwach gekerbt sind; ihre Spitzen laufen mittellang aus.

Fruchtholz: An Jungbäumen fruchten überwiegend die 1jährigen Langtriebe achselständig, später übernehmen die zahlreichen 1- und mehrjährigen Kurztriebe, endständig fruchtend, diese Funktion.

Blüte und Befruchtung: Pollen wegen mangelhafter Keimfähigkeit ziemlich schlecht (diploid); früh- bis mittelfrühblühend; geeignete Befruchter sind u.a. 'Cox Orange', 'Gloster', 'Golden Delicious', 'Goldparmäne', 'Ingol', 'James Grieve', 'Klarapfel' und 'Melrose'; Blütenzahl 5,9 (5 bis 7), ab und zu können terminale und subterminale Blüte verkümmert sein, Terminalblüte oft propellerartig, Achse kräftig und kurz, viel Rosa, Stiele lang, mitteldick, insgesamt weitgeformte Blütenbüschel; Kronblätter 5, länglich-oval, lang genagelt, überwiegend deckend; Primärblätterzahl 6,9 (4 bis 10), lang-oval, Stiele kurz, auffallend lange und schmale Nebenblättchen, groß, mittelfein gekerbt; Kelchblätter lanzettlich, Spitzen rötlich, meist engbogig abwärts geformt; Griffel so lang bis etwas länger als Staubblätter, nach oben gespreizt; Staubblätter becherförmig.

Ertrag: Setzt je nach anfänglicher Wuchsstärke frühzeitig bis leicht verzögert mit dem Ertrag ein und fruchtet danach regelmäßig; langfristig sind die Ertragsmengen als mittelmäßig bis gut einzustufen.

Krankheiten und Mängel: Neben der erwähnten Empfindlichkeit für Obstbaumkrebs ist 'Jamba' für Schorf mäßig, für Mehltau wenig anfällig.

Frucht

Pflückreife: Mitte/Ende August bis Anfang September.

Genußreife: Mitte/Ende August bis Anfang/Mitte September aus dem Frischluftlager, bis Ende Oktober aus dem Kühllager.

Größe und Form: Mittelgroß bis groß; leicht hochgebaut, aber vorwiegend mittelbauchig, zum Kelch hin fliehend, teils schwach, teils grob kantig; gestaltlich schön.

Farbe und Beschaffenheit der Schale: Gelblichgrün bis grünlichgelb, sonnenseits

überwiegend $^1/_3$ bis $^3/_4$ verwaschen leuchtend erdbeerrot mit bläulichem Schimmer, am Baum beduftet; Lentizellen fast nur auf Deckfarbe als dichte, weiße Punkte; ohne Rost; glatt, wachsig; weich.
Kelch: Klein; geschlossen; schmale Blättchen am Grund nicht verwachsen.
Kelchgrube: Klein; wenig tief; feinhöckerig bis feingefältelt; ohne Rost, oft flaumig.
Stiel: Mittellang; mitteldick, am Ende knopfig; grün bis grünlichbraun, flaumig.
Stielgrube: Öffnet sich tief und weit; teils grob-, teils feingerippt; wenn überhaupt berostet, dann grobschuppig am Grund.
Kernhaus: Groß; zwiebelförmig, kelchnahe; Kelchröhre nicht immer geschlossen; Achse hohl, Fächer geräumig, wenige lange und spitze Samen, häufig geschrumpft; Leitbündel als grüne Punkte wenig auffällig.
Fleisch: Grünlichweiß bis weiß; sehr saftig, ähnlich 'McIntosh', feinzellig und knakkend, später locker bis weich; Stippigkeit, insbesondere an Jungbäumen, aber auch Fleischbräune können vorkommen.
Geschmack: Erfrischend fruchtig und aromatisch; sehr gute Qualität; auch in nicht vollreifem Zustand in der Fruchtsäure erträglich.

Anbau und Markt

Vorteilhafte Eigenschaften von 'Jamba' sind einerseits die um einige Tage frühere Reife, die dank geringer Druckempfindlichkeit bessere Handelsfähigkeit, die größere Saftigkeit des Fruchtfleisches und die flächigere und kräftigere Deckfarbe gegenüber der Vatersorte 'James Grieve'. Hinzu kommt eine gestaltlich schöne Form und eine günstige Größe der Äpfel. Diese hängen in der Regel einzeln am Fruchtstand und erleichtern somit das Pflücken. Wie bei frühreifenden Sorten üblich, ist mehrmaliges Durchpflücken notwendig. Vor allem bei Jungbäumen kann vermehrt Stippigkeit auftreten. Insoweit sollte die N-Düngung mit Bedacht vorgenommen werden. Die nicht übermäßige Fruchtbarkeit hat ihre Ursachen in einem kräftigen Junifruchtfall, dessen Folge dann auch die Einzelfruchtstände sein können. Ausdünnungen starker Fruchtbehänge erübrigen sich daher meistens. Ein wohlschmeckender Spätsommerapfel, der sich gut für den Frischverzehr eignet.

James Grieve

Ähnliche Namen sind 'Grieve', 'Jems Griv' und 'Dzems Griw'.
Synonyme sind keine bekannt.
Abstammung und Herkunft: Als Sämling von Mr. James Grieve in Edinburgh (Schottland) angezogen und von seinem Arbeitgeber, der Baumschule Dickson, nach ihm benannt und ab 1880 verbreitet; 1893 wurde der Sämling als Sorte registriert. Die Muttersorte ist umstritten: Während ein Mr. Bunyard dafür 'Potts Seedling' angibt, soll nach Hinweisen im J. Fruit Catal. der Roy. Hort. Soc. London, 'Cox Orange' die Muttersorte sein.

James Grieve

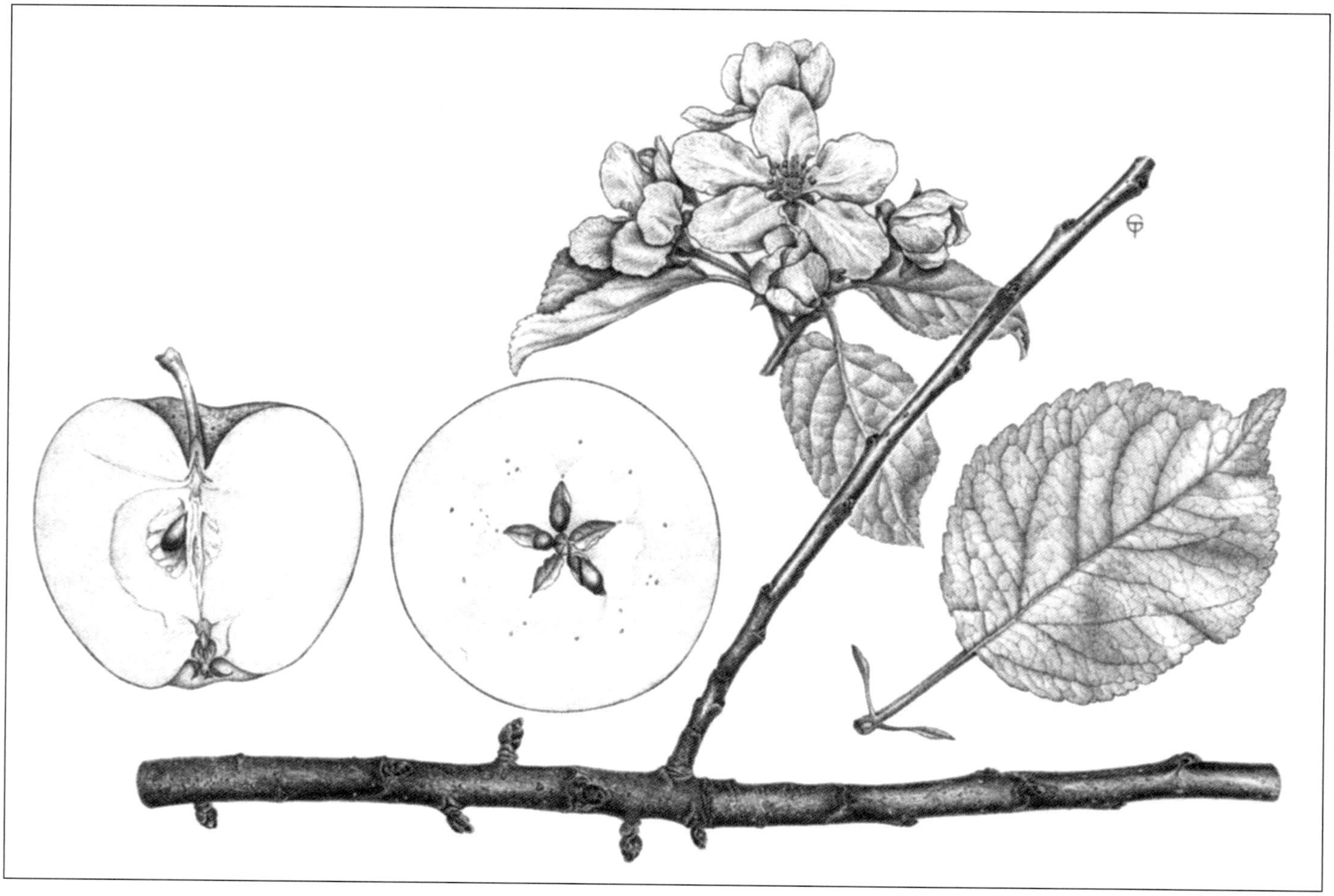

Mutanten: Vor allem aus Großbritannien und den Niederlanden, aber auch aus Deutschland sind verschiedene Mutanten bekannt geworden. Als Ergebnis einer 10jährigen Mutantenprüfung in Bavendorf konnte festgestellt werden, daß
- 'Roter James Grieve, Erich Neumann', von der gleichnamigen Baumschule in Zieverich bei Köln 1959 herausgegeben, überdurchschnittlich fruchtbar (112% vergleichsweise zum Mittelwert von 100% der geprüften 5 Mutanten), gegenüber dem gelbschaligen, nur rotbackigen 'James Grieve' – nachfolgend als 'Standard' bezeichnet – deutlich kräftiger rotgefärbt, aber 10 Tage später reif war und in der Fruchtgröße leicht unterdurchschnittliche Werte erreicht hat;
- 'Roter James Grieve, Poelman', von A. A. M. Poelman in Dreumel in den Niederlanden ausgelesen, ähnliche Eigenschaften wie 'Roter J. G., Erich Neumann' besitzt;
- 'Lired', von A. von Liere in Kapelle-Biezelinge bzw. Maalstede/Niederlande, ausgelesen, normal fruchtbar war, etwas später als 'Standard' reifte, die Deckfarbe flächiger als 'Standard' ausgebildet hat, aber von allen Mutanten der Sorte am stärksten berostungsanfällig (Stiel- und Kelchgrube, Schale) war;
- 'Rosamund' (= 'Red english') sich als unterdurchschnittlich in der Fruchtbarkeit (94%) und Fruchtgröße sowie anfällig für Berostungen auf der Schale und am Kelch gezeigt hat;
- 'Rubin' weniger fruchtbar (93%) als Standard und besonders stark in der Stielgrube berostet war.

Aus England werden noch genannt: 'Redcoat' oder 'Red Coat Grieve', eine sehr gut gefärbte und überdurchschnittlich fruchtbare Mutante, die von Mr. Jones in Letchworth (Hertfordshire) entdeckt worden war, sowie 'Crimson Grieve', eine dem Namen nach zu schließen ebenfalls überdurchschnittliche Farbmutante, sowie 'Red James Grieve' ohne Angaben, die möglicherweise in der italienischen Pomologie als 'James Grieve Rouge' verzeichnet ist.

Standortansprüche: Die wärmeklimatische Anbaubreite ist relativ groß; sie erstreckt sich von sehr warmen (Steiermark) bis zu kühlen Lagen (Südschweden, Südnorwegen). Entsprechend ist auch die Reife verschieden: Von Mitte August bis Anfang Oktober. Als Marktsorte sind jedoch gebietlich die jeweils wärmsten Lagen zu wählen, um frühzeitig am Markt zu sein.

Abstammungslinien für einige Apfelsorten

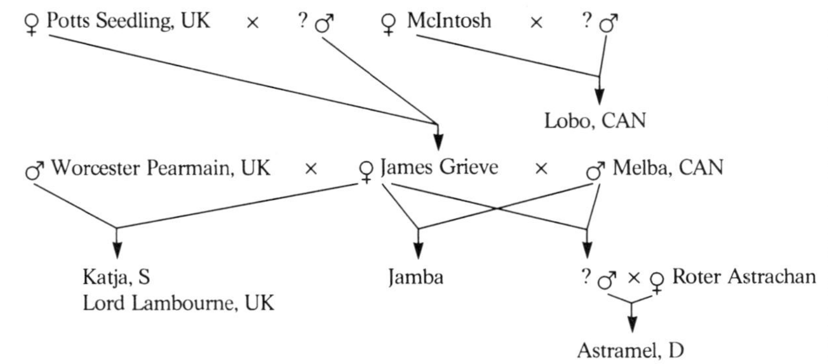

In Gebieten mit nur mäßigen Sommerniederschlägen oder nicht durchgehend befriedigender Bodenfeuchtigkeit ist 'James Grieve' der ähnlich reifenden Sorte 'Gravensteiner' vorzuziehen. Böden mit zeitweilig gestörter Wasserversorgung oder mangelhafter Durchlüftung (wechseltrokken, wechselfeucht) sind kritisch, weil es dort zu stärkerem Fruchtfall kommen kann; dies insbesondere während der Zellteilungsperiode (Blüte → Junifall). Obwohl die Sorte als weitgehend frosthart im Holz beurteilt wird, hinterließ der Winterfrost 1984/85 doch eine mittlere Schadensquote. Auch die Blüten gelten als wenig frostempfindlich; der vor der Blüte eingetretene Spätfrost 1977 hatte jedoch erhebliche Mängel in Form von Berostungen und Rißbildungen im Bereich der Stielgrube zur Folge. Dabei unterschieden sich allerdings die geprüften Mutanten deutlich voneinander (vgl. Mutanten). Zur Reifezeit sind die Früchte windempfindlich und fallen leicht.

Verbreitung: Anfang der 90er Jahre sind die jährlichen Erntemengen von früher etwa 70000 t auf 35000 t gesunken. Diese negative Tendenz hält an.

Die größten Mengen werden gegenwärtig noch in den Niederlanden mit bis zu 20000 t produziert; es folgen Deutschland mit 8000 t (Rheinland 4000 t, Niederelbe 3000 t, Bodenseeregion 1500 t), Belgien mit 3500 t, Dänemark mit 1500 t sowie

James Grieve als Muttersorte ♀ und Vatersorte ♂

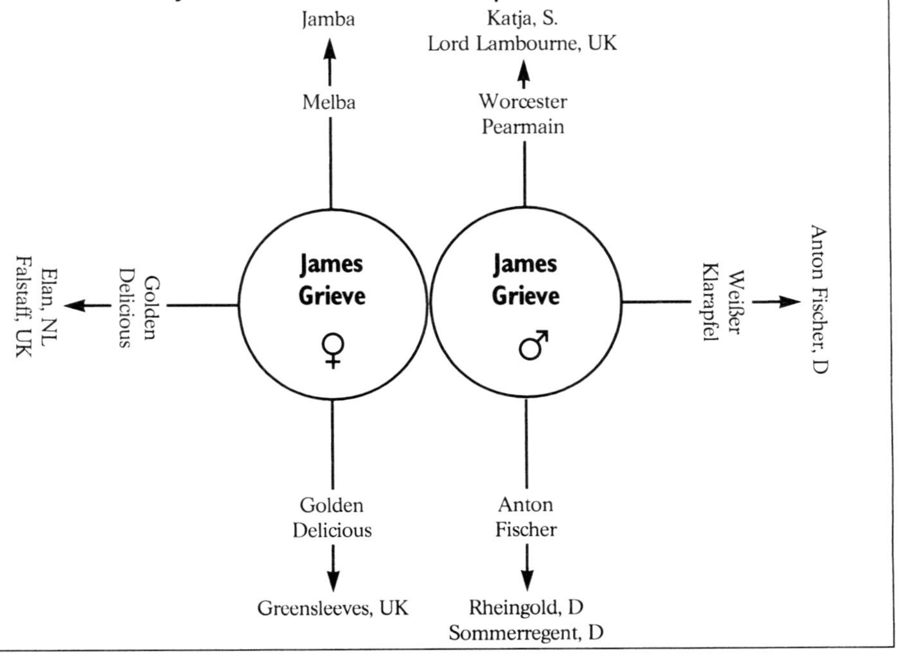

Roter James Grieve

Österreich mit 750 t, hauptsächlich in der Steiermark. 'James Grieve' bleibt allerdings in Schweden und in Norwegen dank früher Reife und – optimal geerntet – auch guter Geschmacksqualität eine der Hauptapfelsorten.

Bestandessicherheit: Aufgrund der mittleren Frosthärte des Holzes sowie der Anfälligkeit für Kragenfäule und Zweigmonilia etwa mittelmäßig einzustufen.

Baum

Wuchs: Anfänglich wuchsfreudig, danach schwächt sich der Wuchs merklich ab. Das Ergebnis sind, je nach Unterlage, relativ kleinkronige, gedrungene Bäume mit viel Blattwerk. Die Verzweigungstendenz der fast kurznodigen Langtriebe ist bescheiden; diese kann jedoch über Rückschnitte verstärkt werden, die dank der natürlich hohen Blühwilligkeit in der Regel keine nachteiligen Wirkungen auf das Gleichgewicht von Wachsen und Fruchten haben. Auch lassen sich die zweijährigen Langtriebe ohne Nachteile auf die Fruchtzone einkürzen. Eher ist also der Trieb anzuregen als zu beruhigen. Die im Ertragsalter vorherrschenden Kurztriebe vergreisen leicht. Die Bäume sind immer wieder ganz oder teilweise zu verjüngen.

Als sortentypisch gelten die mittelgroßen, feingekerbten, langstieligen und langovalen Blätter, die an der Basis von Langtrieben kurz zugespitzt sind. Jüngere Blätter sind klein und am Ansatz wie an der Spitze fast gleichermaßen langspitzig geformt. Sehr gut geeignet für schlanke Spindeln und allgemein leicht erziehbar. Kupferempfindlich.

Fruchtholz: Am Jungbaum fruchten überwiegend die 1jährigen Kurztriebe endständig, am 2jährigen Langtrieb; später herrschen die erwähnten Kurztriebe (5 bis 25 cm lang, endständig fruchtend) vor sowie die daraus hervorgehenden mehrjährigen Kurztriebe, das Quirlholz.

Blüte und Befruchtung: Pollen günstig (diploid); mittelfrüh- und langblühend; ziemlich selbstfruchtbar; Befruchter sind u.a. 'Alkmene', 'Berlepsch', 'Cox Orange', 'Finkenwerder', 'Glockenapfel', 'Golden Delicious', 'Goldparmäne', 'Idared', 'Ingrid Marie', 'Jamba', 'Jonathan' und 'Klarapfel'; Blütenzahl 6,3 (5 bis 8), Achse lang und kräftig, Stiele mittellang und höchstens mitteldick; Kronblätter 5, vereinzelt Terminalblüte verkrüppelt, mittelgroß, langoval, kurz genagelt, viel Rosa, leicht deckend, Nebenblättchen auffällig rotbraun; Primärblätterzahl 8,3 (7 bis 10), groß, langoval, mittelfein gezähnt, vorne kaum spitzig, rundgrundig, fast derb; Kelchblätter lanzettlich, Spitzen rot, frühzeitig krallenartig nach unten gebogen; Griffel länger als Staubblätter, engständig, aufrecht, oben kaum offen; Staubblätter ziemlich kurz, engständig.

Ertrag: Frühzeitig und betont regelmäßig fruchtbar; langfristig werden flächenbezogen ca. 80% des Ertrags von 'Golden Delicious' (100%) erreicht; aus Mitteldeutschland werden auf M9 niedrigere Vergleichswerte (um 60%) berichtet.

Krankheiten und Mängel: Sehr vorteilhaft ist die geringe Empfindlichkeit für Schorf- und Mehltau, aber anfällig für Feuerbrand, Blutlaus, Kragenfäule und Zweigmonilia; die Virosen Gummiholzkrankheit und Sternrissigkeit kommen bei dieser Sorte häufiger als artspezifisch üblich vor.

Frucht

Pflückreife: Ende August bis Mitte September in Südwest- bzw. Norddeutschland.

Genußreife: Wenige Tage nach der Pflücke bis Ende Oktober aus dem Kühllager.

Größe und Form: Mittelgroß (bis groß); kugelig und mittelbauchig bis schwach hochgebaut, im Stielbereich häufig schwach grobkantig, zum Kelch leicht fliehend, mitunter schief, im allgemeinen ein gestaltlich schöner Apfel.

Farbe und Beschaffenheit der Schale: Anfänglich gelblichgrün, vollreif gelb, sonnenseits gestreift bis verwaschen, verschiedentlich auch nur marmoriert, orange- bis bräunlichrot (bis 50%); Lentizellen auf Deckfarbe als helle, verschwommene Punkte; normal ohne Rost, nur nach Spätfrösten können sog. Frostgürtel oder Frost-

hauben als stark berostete Partien entstehen; glatt bis leicht wachsig; weich.
Kelch: Klein bis mittelgroß; geschlossen; grüne Blättchen lanzettlich, aufrecht, nicht verwachsen.
Kelchgrube: Mitteltief bis tief; überwiegend rund; fast immer fein gefältelt; selten berostet.
Stiel: Mittellang bis kurz, mitteldick bis dick, hellbraun; knopfig am Ende, je kürzer, umso stärker.
Stielgrube: Tief; eng, weitet sich nach oben; mitunter leicht grobkantig und/oder schwach wulstig; von rostfrei bis grobschuppig und ringförmig berostet, Roststreifen können bis zur Fruchtmitte reichen.
Kernhaus: Ziemlich groß; zwiebelförmig, kelchnahe; Achse voll, Fächer schmal und geschlossen, zahlreiche Samen; Leitbündel als kleine grüne Punkte kaum sichtbar.
Fleisch: Weißlichgelb bis cremefarben; feinzellig, kurz, saftig, später locker und mürbe; anfällig für Stippigkeit und Fleischbräune.
Geschmack: Feine Fruchtsäure, würzig aromatisch; vollausgereift ein geschmackvoller Herbstapfel.

Anbau und Markt

'James Grieve' hat einen sehr hohen Anbauwert, auch für den Hausgarten: Jährlich fruchttragend, wenig empfindlich für Schorf und Mehltau, leicht erziehbar, günstige Fruchthölzer – und es ist ein geschmackvoller Apfel. Hohe Behangdichten nach dem Junifruchtfall – dieser reguliert oft auf natürliche Weise den Fruchtansatz – sollten allerdings zur Verbesserung von Größe (mindestens 65 mm) und innerer Eigenschaften (Zucker, Säuren, Vitamine) von Hand ausgedünnt werden. Eine Ausdünnung mit chemischen Mitteln während bis kurz nach der Blüte, ist wegen verstärkter Fruchtfallgefahr problematisch; diese Art der Ausdünnung bringt ohnehin nicht immer den erwarteten Erfolg.
Wegen des Stipperisikos der Äpfel aber nicht zu früh pflücken. Da diese nacheinander reifen, ist mehrmaliges Durchpflükken zweckmäßig. Dabei sollte jedes Mal gleich verkaufsfertig (Größe, Aussehen) geerntet werden, da die Äpfel für eine maschinelle Sortierung zu druckempfindlich sind. Danach zügig vermarkten, denn die Saftigkeit des Fleisches schwindet bei dieser Sorte rasch.
Während sich diese Sorte zum Brennen wegen guter Ausbeute durchaus eignet, scheidet sie nach Hinweisen aus der Schweiz für die Saftgewinnung aus, da ihre Säfte leer und unharmonisch sind und bei üblicher Technik auch die Saftausbeute zu niedrig ist.

Physikalische und chemische Eigenschaften der Frucht										
Tagewerte		108								
Größenverteilung nach Gewicht	Größenklassen in mm	<55	55/60	60/65	65/70	70/75	75/80	80/85	85/90	90/95
	%	2	7	18	37	27	7	2		
Mittleres Fruchtgewicht in g		125	(88 – 172)							
Spezifisches Fruchtgewicht		0,75	(0,74–0,76)							
Fruchtform-Index		0,84	(0,80–0,89)							
Mittlerer Zuckergehalt als Refraktometerwert in %		11,5	(10,8–11,9)							
Mittlerer Säuregehalt in g/l		8,2	(7,1– 9,0)							
Gruppen des Vitamin-C-Gehalts in mg/100 g Frischgewicht		10–20								
Sorbitgehalt in g/100 g Frischgewicht										

Jonagold

Ähnliche Namen oder Synonyme gibt es keine; als Sämling unter der Zuchtnummer NY 43013-1 geprüft; die italienische Sorte 'Goldjon' hat zwar dieselben Elternsorten, hat aber mit 'Jonagold' wenig Gemeinsames.
Abstammung und Herkunft: Aus der kontrollierten Kreuzung von 'Golden Delicious' × 'Jonathan' hervorgegangen, die 1943 an der Agric. Exp. Station Geneva (New York, USA) durchgeführt wurde; der 1946 ins Freiland gepflanzte Mutterbaum (= Originalsämling) brachte 1953 die ersten Äpfel; 1968 benannt und für den Handel freigegeben.
Mutanten: Über die bislang bekannt gewordenen Mutanten und deren wichtige Eigenschaften informieren die Übersicht und die Tabelle.
Standortansprüche: 'Jonagold' gedeiht in West- und Mitteleuropa hinsichtlich Wüchsigkeit, Fruchtbarkeit und Fruchtqualität vorteilhaft in sehr warmen bis mäßig warmen Klimaten und auf mäßig frischen bis frischen, gut durchlüfteten und fruchtbaren Lehm- bis Sandlehmböden von mehr als mittlerer natürlicher Nährkraft und in wenig spätfrostgefährdeter Lage. In heißen Klimaten oder in extrem warmen Jahren wie 1976 entstehen neben Schäden durch Sonnenbrand übergroße Früchte, die zu Fleischbräune und Wachsigkeit neigen und auch nur mangelhaft lagerfähig sind, während in kühlen Klimaten die Äpfel zu klein bleiben und/oder wenig Zucker und damit auch wenig Deckfarbe entwickeln. Auf trockenen Böden oder nach längeren Trockenperioden kann Stippigkeit auftreten. Nach der Spätfrost- bzw. Kaltluftperiode 1977 war in Bavendorf ca. die Hälfte der Äpfel schief gewachsen und ein Drittel zeigte Frostzungen, Frostringe oder Frosthauben. Erhebliche Ausfälle (partiell bzw. total) brachte der Winterfrost 1984/85 insbesondere an Jungbäumen; die Regenerationsfähigkeit war nachfolgend mittelmäßig. So gesehen ist die Sorte als mäßig blüten- und holzfrostempfindlich zu bewerten. Windbedingter Fruchtfall kommt kaum vor.
Verbreitung: Wie keine andere Apfelsorte hat 'Jonagold' bis anfangs der 90er Jahre ihren Anbauumfang und demzufolge auch ihr Marktangebot vergrößert: Waren es Ende der 80er Jahre maximal 250 000 t, so stieg die Menge bis Ende 1993 auf fast das

Farbmutanten bei der Sorte 'Jonagold' im Sinne von roter Deckfarbe*

Farb-Index[1]	um 45	um 60	um 75	um 85	um 90
Farb-Stärke	normal bis schwach verbessert	schwach bis mäßig verbessert	kräftig verbessert	sehr kräftig verbessert	stark verbessert
Farb-Ausprägung	flächig	Tendenz zu chimärenartigen Streifen	flächig, hellrot	flächig, rot	flächig, dunkelrot
	Bonn Daliguy Hannover Ley, Adendorf T 2291 T 2311 T 2361 T 2381	Goldpurpur New Jonagold Wilmuta Jonacap* Van Leur* (*zwischen 60 und 75)	Crowngold Highwood Jonabel Jonica Jonagold 2 000 Jonaveld King Jonagold Novajo Pfeiffer Van Deurzen I + II	Decosta LA 14 Martens I + II Reniers I + II[2] Romagold Rubinstar Vanderstekken	Jonagold HR Jonagored[3] Jomured

1 Der Farb-Index ist ein Maß für den roten Flächenanteil und die Intensität der Deckfarbe: 100 = alle Früchte ganzflächig intensiv rot
2 Rote Deckfarbe oft mit bräunlichem Stich
3 Teilweise leicht gestreift

* Nach Angaben von DeCoster (1985, 1987 und 1990), Faby (1987), Goddrie (1987, 1988 und 1990), Kellerhals et al. (1987) und Mantinger & Stainer (1985) sowie nach Versuchsergebnissen der VS Bavendorf und persönlichen Einschätzungen.

Übersicht über die Herkunft der Mutanten von 'Jonagold'

Jonagold
↓
nach zufälligen Mutationen ausgelesen oder entdeckt

Belgien
- Decosta (= Swillen)
- Jonabel
- Jonaca
- Jonagold 2 000
- Jonagored (zahlreiche Submutanten)
- Jomured (= Van de Poel)
- King Jonagold (= Terwijden)
- Reniers I + II
- Romagold (= Surkijn)
- T 2291
- T 2311
- T 2361
- T 2381 (= Nicobel)

T = Nummern verschiedener Triebspitzen (holl. top/tip), entstanden nach Wärmebehandlung (Thermotherapie) mit dem Ziel der Virusfreimachung; in Belgien als Thermo-Nummern bezeichnet

Niederlande
- Jonaveld (= t'Veld)
- Martens I + II
- Novajo (= Veulemanns)
- T 2381-15-1
- Vanderstekken
- Van Deurzen I + II
- Van Leur
- Wilmuta

Deutschland
- Blohm-Pape
- Bonn
- Cordes
- Goldpurpur
- Hannover (= Wigger)
- Jonica (= Schneica)
- Ley, Adendorf
- Pfeiffer, Berg
- Rubinstar (= Lichtenauer)

Großbritannien
- Crowngold
- Highwood
- LA-12

Japan
- New Jonagold (= Fukushima)

Italien
- Nr. 76-25-9

Jonagold
↓
nach Bestrahlung ausgelesen
teilweise kurztriebig (Spur-Charakter)
↓
Frankreich
- Dalijean
- Daligo
- Daliguy (= Jonasty)

Jonagold

Vierfache an (950 000 t). Den mächtigsten Schub nach vorne verzeichnet Belgien (275 000 t). Kräftig zugelegt haben auch die Niederlande (150 000 t) und Deutschland (175 000; davon das Bodenseegebiet 75 000 t, die Niederelbe 25 000 t und das Rheinland 8000 t mit ergänzenden Mengen in den Anbaugebieten Rheinpfalz und Rheinhessen sowie in den Obstregionen Neckar, Süd-, Mittel- und Nordbaden). Steigerungen gab es auch in Italien (50 000 t, davon Südtirol mit 40 000 t) und in Frankreich (50 000 t, vor allem im Loire-Tal und in der Region Ile-de-France/Nord). Weitere Erzeugerländer sind Österreich mit 15 000 t in der Steiermark, die Schweiz mit 12 000 t, Jugoslawien bzw. Slowenien mit 5000 t und Dänemark mit 2500 t.

Bestandessicherheit: Sie ist ausreichend, obwohl mitunter Teil- oder Totalschäden an bzw. bei den Bäumen vorkommen. Ursachen sind überwiegend Winterfrost und/oder pilzliche Krankheiten am Holz.

Baum

Wuchs: Als triploide Sorte starkwachsend, dies allerdings nur anfänglich, da die frühe Fruchtbarkeit das vegetative Wachstum bremst; von Natur aus bilden sich eher schlanke als breite Kronen mit nicht zu vielen, aber kräftigen, dunkelbraunen und dicht mit hellen Lentizellen besetzten Trieben, die zudem meist flach inseriert sind und kaum Bindearbeiten erfordern. Okulanten sind in der Regel ausreichend »gefedert«, der Kronenaufbau somit vereinfacht. Als Folge der wuchskräftigen Mittelachse kann es bei fertigen Spindelbäumen rasch zum Überbauen der Kronen kommen. Problematisch sind auch die 2jährigen fruchtenden Langtriebe, die nach dem Abkippen oft den Mittel- und Basisbereich der Kronen beschatten. Deshalb ist nach dem Aufbau des Spindelbaumes mit Hilfe von Sommerschnitt einschließlich von Bindemaßnahmen zügig auf kurzes Fruchtholz (Quirlholz) umzustellen. Dies auch mit dem Ziel, den zuweilen starken Austrieb im oberen Drittel solcher Langtriebe zu verhindern. Die ovalen, kahnförmigen und vielzähligen Blätter sind groß, hellgrün-glänzend, unterseits kräftig graugrün behaart und meist am Rand gewellt sowie fein bis scharf gezähnt.

Fruchtholz: Nach Auszählungen in Bavendorf sitzen etwa 50% der Äpfel stets an den 1jährigen seitlichen Kurztrieben, endständig fruchtend, am 2jährigen Langtrieb, aber nur 15% am Quirlholz (= mehrjährige Kurztriebe), der Rest am 1jährigen Langtrieb, achselständig (25%) oder endständig (10%) fruchtend, letztere allerdings je nach Triebgarnitur mit jährlich wechselnden Anteilen; Früchte hängen überwiegend einzeln.

Blüte und Befruchtung: Polleneigenschaften schlecht (triploid); spät- und langblühend; geeignete Befruchter sind u. a. 'Cox Orange', 'Discovery', 'Elstar', 'Gloster', 'Goldparmäne', 'Idared', 'Ingol', 'Ingrid Marie', 'Jonathan', 'James Grieve', sowie die Wildapfelart *Malus floribunda* und die Hybride 'Aldenhamensis' als Sämling aus *M.* × *purpurea* 'Lemoinei' Rehder; nach Angaben aus Südtirol mit 'Golden Delicious' und 'Summerred' unfruchtbar; Blütenzahl 5,5 (4 bis 7, meist 5 + 6), Mittel-

Jonagold

blüte zuweilen verkümmert, als Ganzes wuchtig, Achse sehr kurz, flaumige Stiele aber sehr lang und rötlich, mäßiges Rosa; Kronblätter (5) ovalrund, deutlich dekkend, tellerartig, kurzgenagelt; Primärblätterzahl 6,3 (5 bis 8), groß, eiförmig, leicht gerollt, kurz zugespitzt, langstielig, randlich scharf gezähnt, gekräuselt; Kelchblätter lanzettlich und langspitzig, Spitzen braun, weit nach unten gebogen; Griffel kräftig, engständig und kaum länger als Staubblätter, die sich becherförmig von unten an öffnen.
Ertrag: Früh, hoch und regelmäßig fruchtbar; langfristig sind etwa 90% im Vergleich zu 'Golden Delicious' (= 100%) erzielbar; Ausdünnung vor allem zum Zwecke der Deckfarbenförderung teilweise notwendig.

Krankheiten und Mängel: Für eine Tafelsorte mittelmäßig schorfanfällig, nach schweizerischen Angaben aber eher die Äpfel als die Blätter; für Mehltau gilt eine ähnliche Einstufung, d. h. empfindlicher als 'Golden Delicious' und weniger empfindlich als 'Jonathan'; Anfälligkeit für Obstbaumkrebs mäßig bis gering.

Frucht

Pflückreife: Ende September bis Anfang Oktober, etwa 8 bis 10 Tage vor 'Golden Delicious'; zur Sicherung von jeweils optimalen Fruchtqualitäten ist 1 bis 2maliges Durchpflücken vorteilhaft.
Genußreife: Gleich nach der Ernte und aus dem Frischluftlager bis Dezember; aus dem Kühllager (0 bis +2 °C) bis Ende Januar; aus dem 21er-Lager (0 bis +2 °C, 6% CO_2 und 15% O_2) bis März; aus dem klassischen CA-Lager (3 bis 6% CO_2 und 3% O_2) bis Mai–Juni; große Früchte von schwach behangenen Bäumen oder überreife Äpfel sind wegen der Gefahr von Wachsigkeit, Glasigkeit, Weichwerden und Fleischbräune wenig lagerfähig.
Größe und From: Groß; fast rund bis schwach grobkantig, kugelig bis hochgebaut und stielbauchig, verschiedentlich leicht schief, zum Kelch mehr als zum Stiel fliehend.
Farbe und Beschaffenheit der Schale: Grünlichgelb, vollreif sattes Gelb, sonnenseits verwaschen, gestreift bis gesprenkelt von orangerot bis leuchtend erdbeerrot,

Schattenfrüchte schwach gefärbt; Lentizellen als Roststerne oder helle Punkte, teils leicht erhaben; uneben, wachsig; hart.
Kelch: Mittelgroß bis groß; geschlossen; lange, schmale Blättchen grün und flaumig sowie am Grund nicht verwachsen.
Kelchgrube: Tief, teils sehr tief; eng und gefältelt; meist grün marmoriert, rostfrei; Rand weitgehend eben.
Stiel: Lang bis sehr lang; dünn bis mitteldick; flaumig.
Stielgrube: Tief; meist eng; teils feinschuppig berostet, oft strahlig auf Schale übergreifend.
Kernhaus: Klein bis mittelgroß; herzförmig; Achse und Fächer geschlossen, sternförmig, unregelmäßig mit länglichen Samen besetzt, manche verkümmert; Leitbündel als grüngelbe Punkte mit engem Radius; kein Kernhausschimmel.
Fleisch: Cremefarben bis gelblich, bei Schattenfrüchten eher grünlich; saftig, etwas grobzellig, kurz und auffällig locker von Anfang an, später weich und mürbe; Stippigkeit tritt selten auf.
Geschmack: Süßlich-feinsäuerlich, ausgewogenes Zucker-Säure-Verhältnis, im Vergleich zu 'Golden Delicious' mehr und breiteres Aroma, lange anhaltend.

Anbau und Markt

Die Sorte hat eine Menge vorzüglicher Eigenschaften: Fruchtbar, erträgliche Alternanz, in Größe, Form und Farbe der Äpfel günstig, weitgehend frei von Berostungen, voller Geschmack, saftiges, wenn auch lockeres Fruchtfleisch, dennoch lange Verbrauchszeit, gute Lagerfähigkeit für dafür geeignete Partien (vgl. Genußreife) und wuchsfreudig mit ausreichender Bestandessicherheit. Zwischen der roten Deckfarbe und dem geschmacklichen Wert besteht ein enger Zusammenhang, deshalb sollte man blasse oder schlecht gefärbte Früchte vermeiden. Dies kann am ehesten durch die Kombination folgender Maßnahmen und Merkmale erreicht werden: Rechtzeitige Ausdünnung hoher Behangdichten spätestens im August von Hand, schlanke Baumform und kurzes Fruchtholz, Sommerschnitt ab Mitte August und ein- bis mehrmaliges Durchpflücken des Fruchtertrages. In Südtirol sollen blasse oder wenig gefärbte Früchte zudem druckempfindlich und als Folge davon auch besonders fäulnisanfällig sein. Wichtig ist auch der Erntetermin, der sich an der Grundfarbe und nicht an der Deckfarbe orientieren und etwa 8 bis 10 Tage vor demjenigen von 'Golden Delicious' liegen sollte.

Physikalische und chemische Eigenschaften der Frucht									
Tagewerte	144								
Größenverteilung nach Gewicht — Größenklassen in mm	<55	55/60	60/65	65/70	70/75	75/80	80/85	85/90	90/95
%			5	10	20	34	25	5	1
Mittleres Fruchtgewicht in g		189			(165 – 203)				
Spezifisches Fruchtgewicht		0,82			(0,80–0,83)				
Fruchtform-Index		0,88			(0,82–0,94)				
Mittlerer Zuckergehalt als Refraktometerwert in %		13,2			(12,2–14,7)				
Mittlerer Säuregehalt in g/l		6,1			(5,2– 7,5)				
Gruppen des Vitamin-C-Gehalts in mg/100 g Frischgewicht		10–20							
Sorbitgehalt in g/100 g Frischgewicht									

Jonathan

Ähnliche bzw. lautähnliche Namen sind u.a. 'Dzhonatan' oder 'Dzónetn'. Synonyme sind u.a. 'King Philip(p)', 'New Esopus Spitzenberg', 'Philip(p) Rick', 'Ulster' und 'Ulster Seedling'.
Abstammung und Herkunft: Zufallssämling, der aus einem Samen der frei abgeblühten, nordamerikanischen Sorte 'Esopus Spitzenberg' auf der Farm von Philip Rick, Woodstock (andere Quellen nennen hier Kingston), Ulster County (New York/USA), hervorging; von Judge Buel, Albany (New York), 1826 erstmals beschrieben und von ihm nach **Jonathan** Hasbrouck, der frühzeitig auf diesen Sämling aufmerksam machte, benannt. 1874 von der Michigan Pom. Soc. in die offizielle Sortenliste aufgenommen.
Mutanten: 'Jonathan' ist reich an zufällig entstandenen Mutanten, die sich hauptsächlich in der Intensität, der Ausprägung und der zeitlichen Entwicklung ihrer roten Deckfarbe unterscheiden (vgl. Übersicht). Die meisten davon kommen aus den USA, Kanada, den Niederlanden und aus Ungarn. Die kanadische Mutantenserie 'Cooper 1,2,3 und 4' ist aus bestrahltem Material als Spur-Typ (Kurztriebform) ausgelesen worden. In West- und Mitteleuropa haben sich die Mutanten 'Watson' (Brit. Kolumb./Kanada) und 'Heines' (Niederlande) am besten bewährt; beide sind intensiv und flächig rot gefärbt sowie überdurchschnittlich fruchtbar.
Standortansprüche: In Mitteleuropa sind es hauptsächlich die Temperaturverhältnisse im Frühjahr und im Herbst, die über den Anbauerfolg dieser Sorte entscheiden. Dies wird aus den USA bestätigt, denn niedrige Temperaturen (0 bis +4 °C) im Zeitraum 2 bis 4 Wochen vor und nach der Blüte sollen sich sehr nachteilig auf das Fruchtwachstum auswirken, während ein guter Geschmack wesentlich von warmen Herbstwochen abhängt. Demnach verlangt 'Jonathan' mindestens warme Standorte (Obstklima), die gleichzeitig wenig spätfrostgefährdet sind, damit die nächtlichen Temperaturen in wichtigen Perioden nicht zu stark absinken. Wie Beobachtungen zeigen, sind die sog. Primärblätter unterhalb des Blüten- oder Fruchtstandes besonders temperaturempfindlich und gleichzeitig ist ihre Funktionsfähigkeit für das Fruchtwachstum vor und nach der Blüte mitentscheidend. Der Anspruch an die Bodenfeuchtigkeit tritt

demgegenüber zurück, d.h. es sind neben frischen auch mäßig frische bis mäßig trockene Böden nutzbar. Der Spätfrost 1977 verursachte hauptsächlich Frostzungen und schiefe Früchte; Ertragsverluste gab es keine. Allenfalls mäßige Holzschäden zog der Winterfrost 1984/85 nach sich. Insoweit darf 'Jonathan' als wenig blüten- und holzfrostempfindlich eingestuft werden. Die Äpfel sind windfest. Zusammenfassend läßt sich sagen, daß 'Jonathan' abgesehen vom Wärmeanspruch ökologisch eine beachtliche Anbaubreite besitzt.

Verbreitung: In der EU sind die Erntemengen von 'Jonathan' deutlich zurückgegangen. Beim seitherigen Spitzenreiter Italien mit dem Schwerpunkt in Südtirol hat sich das Angebot dieser Sorte im Vergleich zu den 80er Jahren um das 3- bis 4fache verringert. Ähnliche Entwicklungen gab es in Deutschland (Bodenseegebiet nur noch 750 bis 1500 t, Niederelbe 500 bis 1000 t); in der Schweiz und in Österreich Abnahmen von früher jeweils 10000 t auf 5000 bzw. 4000 t. In Osteuropa gilt nach wie vor Ungarn als Haupterzeugerland für 'Jonathan', aber auch die frühere ČSFR, Polen, die Moldawische Republik und Jugoslawien sind Produktionsländer bzw. -gebiete.

Bestandessicherheit: Abgesehen von möglichen Verlusten durch Feuerbrand, wofür 'Jonathan' überdurchschnittlich anfällig ist, kann diese Sorte als bestandessicher beurteilt werden.

Baum

Wuchs: Kennzeichen des sorteneigentümlichen Wuchses sind das schwache bis allenfalls mittelstarke vegetative Wachstum, der wenig geförderte Mitteltrieb sowie zahlreiche dünne, langnodige und graubraune Triebe, die deswegen meist einen dürftig belaubten Eindruck vermitteln. Geordneter Kronenaufbau verlangt Sorgfalt. Auf starkwachsender Unterlage entwickeln sich mittelgroße, kugelige und dichttriebige Kronen, deren Äste meist ohne große Nachteile nach unten hängen. Bei Verwendung schwachwachsender Unterlagen entstehen häufig von Natur aus schmale Spindelkronen mit in der Regel langen, an der Basis nicht selten verkahlten, fruchttragenden Langtrieben, die meist abgekippt sind und die unteren Kronenräume zudekken. Oberseitig wachsen an diesen Langtrieben oft Neutriebe.
Mehrjährige Kurztriebe, sogenanntes Quirlholz, scheinen bei dieser Sorte ein Problem zu sein. Auffällig ist die grünlichgraue Farbe der mittelgroßen, elliptischen bis schmalovalen Blätter, die randlich gewellt und grobgesägt sind mit langgezogener Spitze. Bekanntlich gehört 'Jona-

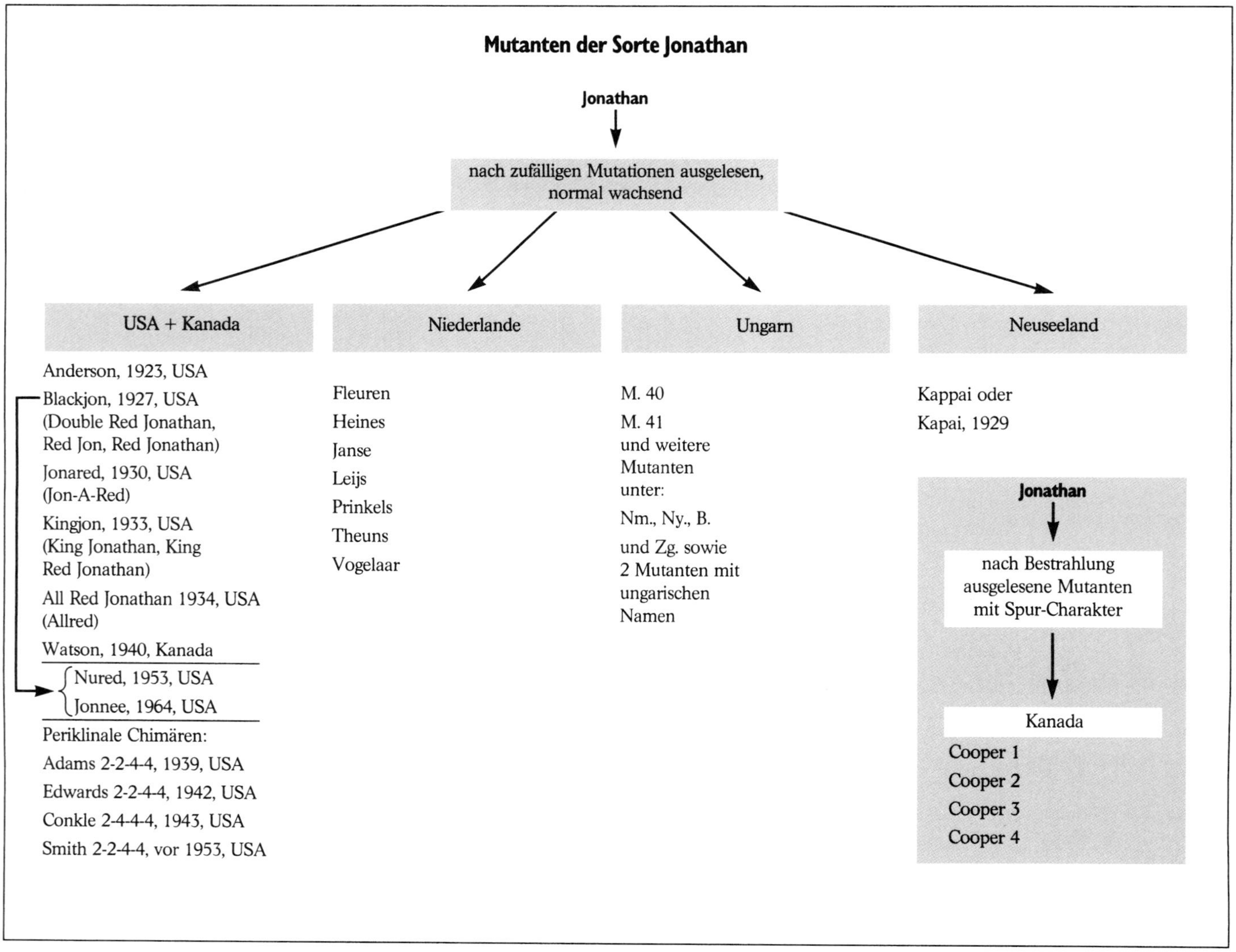

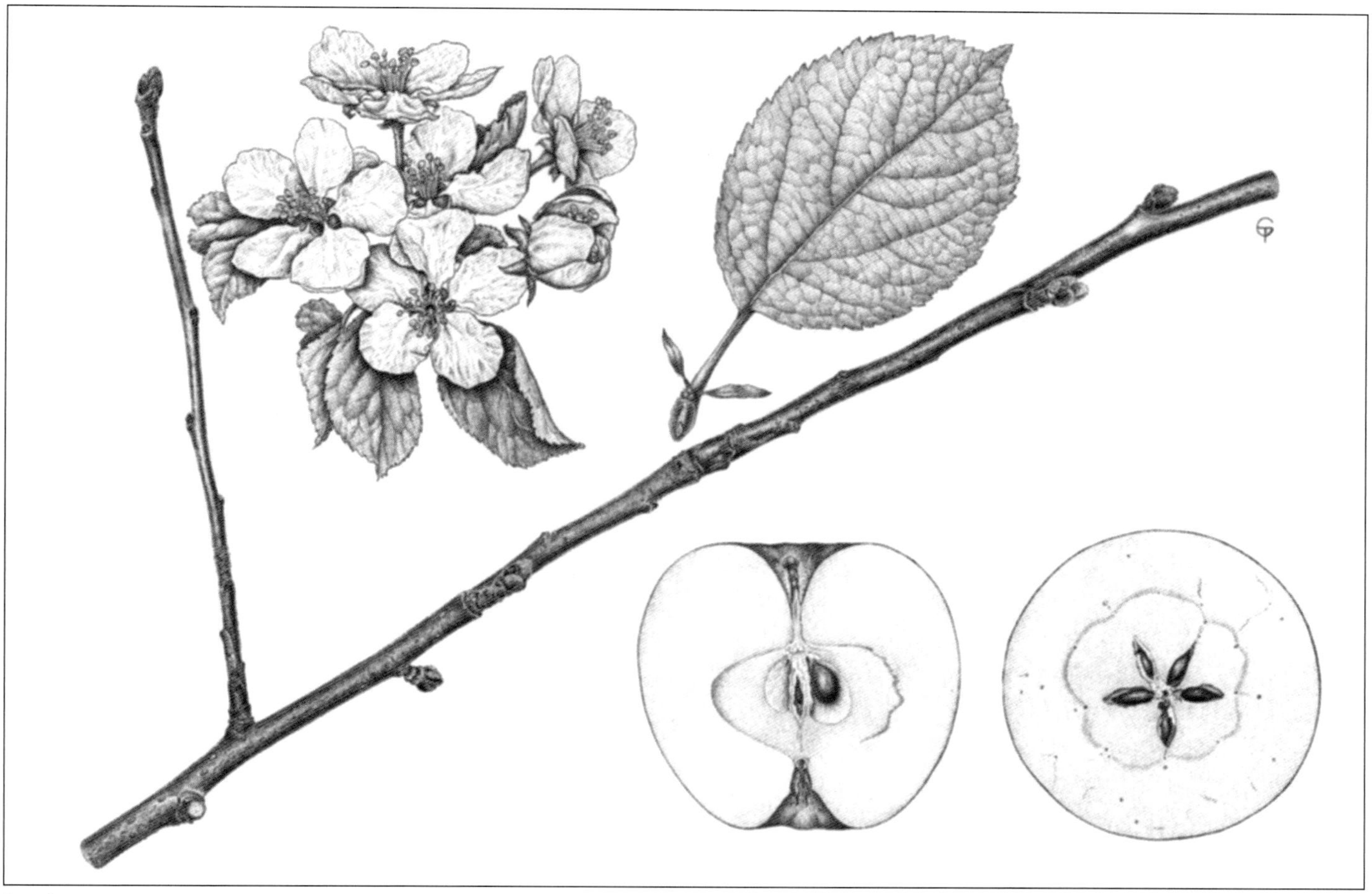

Jonathan

than' zu den am stärksten mehltauanfälligen Apfelsorten.

Fruchtholz: Hauptsächliche Orte sind die 2jährigen Langtriebe, die seitlich mit 1jährigen Kurztrieben, endständig fruchtend, besetzt sind sowie die 1jährigen Langtriebe, die sowohl achsel- als auch entständig fruchten; mehrjährige Kurztriebe (sog. Quirlholz) sind selten.

Blüte und Befruchtung: Als Pollenspender bzw. Befruchtersorte sehr gut geeignet (diploid); mittelspätblühend; Neigung zur Selbstfruchtbarkeit; mit 'Melrose' unfruchtbar; geeignete Befruchter sind u. a. 'Alkmene', 'Berlepsch', 'Berner Rosen', 'Champagner', 'Cox Orange', 'Croncels', 'Danziger Kaut', 'Finkenwerder', 'Glockenapfel', 'Gloster', 'Golden Delicious', 'Goldparmäne', 'Idared', 'Ingrid Marie', 'James Grieve', 'Klarapfel', 'McIntosh' und 'Ontario'; Blütenzahl 5,6 (4 bis 7, überwiegend 5 + 6), vereinzelt subterminale Blüte unterentwickelt, Achse kurz, kräftige Stiele mittellang; Kronblätter (5) mittelgroß, langoval, kurzgenagelt und deckend, schwaches Rosa; Primärblätterzahl 7,8 (6 bis 10), mittelgroß, lang- bis breitoval, fein

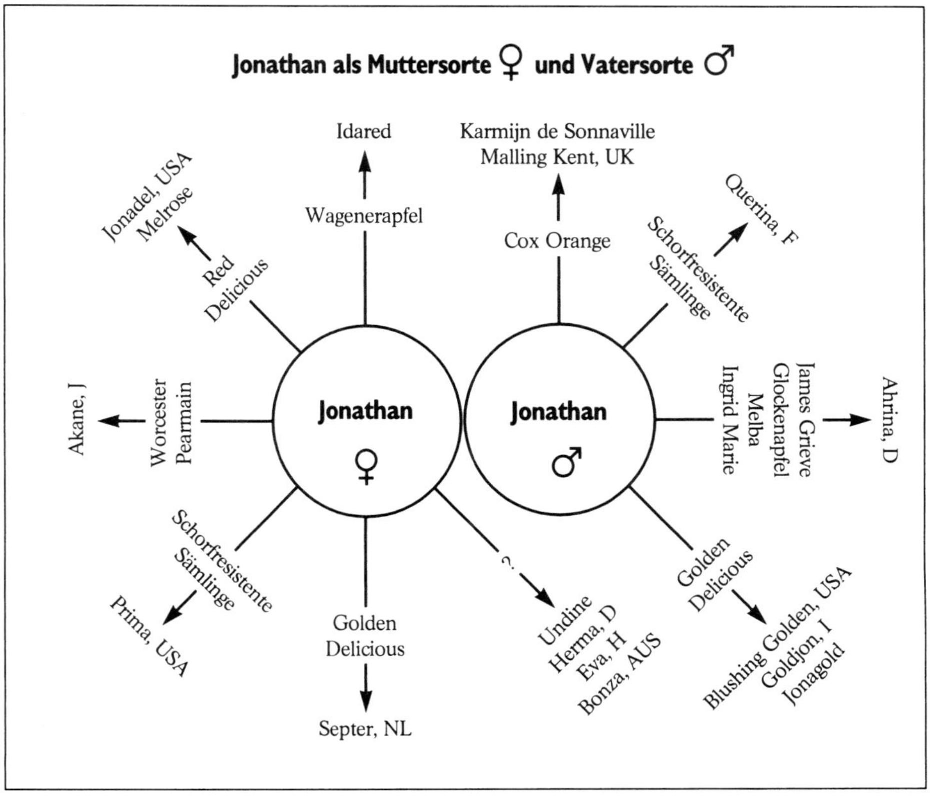

Jonathan

Größe und Form: Mittelgroß; stumpfkegelig, verschiedentlich hochgebaut, aber stets mittelbauchig, von fast rund bis schwach oder mäßig rippig, dies vor allem am Kelch.
Farbe und Beschaffenheit der Schale: Grünlichgelb bis zitronengelb, sonnenseits überwiegend verwaschen, dunkelrot mit bräunlicher Tönung, teils auch gestreift, dann heller; Lentizellen meist als helle Pünktchen wenig auffällig; streifige oder netzartige Berostungen können vorkommen; glatt, leicht wachsig; etwas derb und zäh.
Kelch: Klein; geschlossen; grüne Blättchen breitspitzig, am Grund getrennt, Spitzen braun; im ganzen unscheinbar.
Kelchgrube: Verhältnismäßig tief und eng; feinrippig bis -höckrig und häufig gefältelt; ohne Rost, meist flaumig.
Stiel: Mittellang, zuweilen kurz; dünn bis mitteldick; grünlichbraun.
Stielgrube: Tief bis sehr tief; eng; häufig feinschuppig berostet und strahlig über den Rand hinauslaufend.
Kernhaus: Mittelgroß bis klein; zwiebelförmig, kelchnahe; Achse hohl, sternartige Kammern meist geschlossen und mit zahlreichen, vollentwickelten, langspitzigen Samen; grüne Leitbündel mit engem Radius, girlandenartig mitunter verbunden; Verbräunungen kommen vor.
Fleisch: Weiß bis leicht cremefarben; feinzellig, saftig, aber nicht knackig, eher weich, später elastisch, werden aber kaum mürbe.
Geschmack: Süßlich-feinsäuerlich und schwach aromatisch; sorteneigenes Geschmacksbild.

aber scharf gezähnt, oft gekräuselt, Stiele kurz bis mittellang und kräftig; Kelchblätter mittellang, länglich-spitz, Spitzen rötlich, nach unten gebogen; Griffel selten so lang wie Staubblätter, engständig, meist von Staubblättern eingefaßt, beide zusammen bürstenartig.
Ertrag: Die Erträge setzen früh ein, sind regelmäßig, aber langfristig nur mittelmäßig; vergleichsweise zu 'Golden Delicious' (= 100%) werden etwa 70% erreicht; Ursachen sind die unbefriedigende Größe und das niedrige spezifische Gewicht der Äpfel; als sehr blühwillige Sorte geschätzt (vgl. Befruchtung); ein Sprichwort sagt: »Dort, wo Jonathanbäume stehen, gibt es immer Äpfel!«
Krankheiten und Mängel: Empfindlich für Mehltau und Feuerbrand, dafür wenig empfindlich für Schorf; mehr als bei Tafelsorten üblich mit Viren und ähnlichen Krankheiten verseucht, besonders mit der Virose Apfelmosaik.

Frucht

Pflückreife: Ende September bis Anfang – Mitte Oktober; zu frühe Ernte beeinträchtigt Geschmack, Größe und Farbe der Äpfel, zu späte Ernte erhöht das Risiko für Fleischbräune und Jonathan-spot-Flecken.
Genußreife: Aus dem Frischluftlager bis Dezember; aus dem Kühllager bei +3 bis 4 °C bis Februar; aus dem CA-Lager (3% CO_2, 3% O_2, +3 °C) bis März; im sog. 21er Lager nur bis Dezember–Januar lagerfähig, kann jedoch durch Kühllagerung fortgesetzt werden.

Anbau und Markt

Obwohl 'Jonathan' blühwillig fruchtbar, günstig im Wuchs und bestandessicher ist und die Äpfel qualitativ geschätzt werden, zudem nicht druckempfindlich und damit gut transportfähig sind, ist der Anbau der Sorte rückläufig. Die Gründe liegen hauptsächlich in den nur mittleren Erträgen, der begrenzten Lagerungszeit und in der Anfälligkeit für nicht parasitäre Krankheiten wie Fleischbräune und Jonathan-spot. Diese Hautflecken kommen besonders bei übergroßen, überreifen, also sehr spät geernteten Früchten vor oder auch als Folge zu tiefer Lagertemperaturen (unter 3 °C). Einzelne Märkte sehen den Schwerpunkt dieser Sorte als roten Weihnachtsapfel, da sich auf diese Weise manche Lagerungsprobleme von selbst lösen. Nach

Physikalische und chemische Eigenschaften der Frucht									
Tagewerte	142								
Größenverteilung nach Gewicht – Größenklassen in mm	<55	55/60	60/65	65/70	70/75	75/80	80/85	85/90	90/95
%	9	17	38	31	5				
Mittleres Fruchtgewicht in g		125			(105 – 145)				
Spezifisches Fruchtgewicht		0,77			(0,75–0,79)				
Fruchtform-Index		0,84			(0,81–0,88)				
Mittlerer Zuckergehalt als Refraktometerwert in %		12,5			(10,8–14,1)				
Mittlerer Säuregehalt in g/l		7,7			(5,7– 9,6)				
Gruppen des Vitamin-C-Gehalts in mg/100 g Frischgewicht		5–10							
Sorbitgehalt in g/100 g Frischgewicht		0,33							

schweizerischen Angaben reagiert 'Jonathan' empfindlich auf Wachstumsregulatoren. Zur besseren Rotfärbung der Äpfel ist das Lichthalten der Krone z. B. durch Sommerschnitt hilfreich. Die Äpfel eignen sich auch für die Küche, die Kelterei und für die Brennerei, ohne aber in all diesen Fällen Spitzenwerte zu erreichen, da die Gehalte an Zuckern und Säuren artbezogen nur mittelmäßig sind. Die Sorten 'Berner Rosenapfel', 'Spartan' und 'Cortland' können ähnliche Äpfel haben.

Karmijn de Sonnaville

Ähnlicher Name ist 'Karmijn'.
Synonyme sind keine bekannt.

Abstammung und Herkunft: Im Jahr 1948 im CPRO-DLO in Wageningen (Niederlande) unter Prof. Dr. A. M. Sprenger aus einem Samen der Kreuzung 'Cox Orange' × 'Jonathan' hervorgegangen; später durch den damaligen Institutsassistenten Peter de Sonnaville aus Winssen (Niederlande) selektiert und bekannt gemacht; 1971 geschützt, heute aber im freien Handel.

Mutanten: Zufällig entstandene Mutanten sind noch keine bekannt; in den Niederlanden ist nach Bestrahlung die Mutante 'Karma' selektiert worden, die glattschalig sein soll, deren übrige Eigenschaften aber noch zu prüfen sind.

Standortansprüche: Bei ähnlichen Ansprüchen wie die Muttersorte 'Cox Orange' gedeiht 'Karmijn de Sonnaville' am besten in nicht zu warmen Klimaten und auf Böden, die bei guter Durchlüftung (Sand bis Lehm) während der Vegetationszeit eine regelmäßige Wasser- und Nährstoffversorgung sicherstellen. Im heißen Sommer 1976 kam es in Bavendorf zu Sonnenbrandschäden und tiefen Schalenrissen. Durch nachfolgende Pilzinfektionen entstanden Verluste bis zu 20%. Im feuchtkühlen Klima wiederum und/oder auf schwach wechselfeuchten Böden sind Baumausfälle nicht selten, die ursächlich auf Winterfrost oder auf Infektionen durch Obstbaumkrebs zurückgehen. Die Spätfrost- bzw. Kaltperiode 1977 hatte bei 50% der Früchte starke Berostungen bis hin zu Schalenrissen an der Kelch- und Stielgrube zur Folge; durch »verhockte« Blüten gab es auch empfindlichen Ertragsausfall. Überhaupt spielt das Risiko von meist witterungsbedingten Berostungen, insbesondere im Kelchbereich, eine entscheidende Rolle für den Anbauerfolg. Durch Anwendung von gibberellinsäurehaltigen Wachstumsregulatoren sind glattere Äpfel möglich, doch soll dadurch die Blütenbildung beeinträchtigt werden. Kaum windempfindlich.

Verbreitung: Hauptsächlich in den Niederlanden (ca. 7500 t jährlich) verbreitet, versuchsweise oder mit kleinen Kontingenten (unter 500 t/Jahr) auch in anderen westeuropäischen Anbaugebieten (England, Belgien, Deutschland, Schweiz) vertreten.

Bestandessicherheit: Nach Erfahrungen in Bavendorf ist diese nicht hoch, da es immer wieder zu Baumausfällen (total und partiell) kommt, vor allem durch Winterfrost und Obstbaumkrebs.

Baum

Wuchs: Stark- und breitwüchsig, ähnlich 'Boskoop', mit in der Regel wenigen langen und kräftigen Trieben, die zudem langnodig und für den Aufbau von Schlanken Spindeln günstig sind (meist flach inseriert). Nach holländischen Erfahrungen kann es auf wüchsigen Böden und bei Verwendung virusfreier Bäume zu stärkerer Triebbildung kommen. Konsequentes Binden der Triebe ist dann angezeigt, oder man weicht in solchen Fällen auf die schwächer wachsende Unterlage M27 aus. Große, oberseitig dunkelgrüne und feingekerbte Blätter, randlich gewellt oder gewölbt, sind kennzeichnend. Im oberen Drittel von kräftigen, 2jährigen Langtrieben ist die Triebigkeit häufig ausgeprägt, ähnlich wie bei 'Cox Orange'. Die Färbung der Äpfel kann durch einen Sommerschnitt (ab Mitte August) gefördert werden. Als besonders leistungsfähiges Pflanzmaterial werden in den Niederlanden Bäume mit Zwischenveredlung herausgestellt, da diese reichlich und in passender Höhe verzweigt und verhältnismäßig blühwillig sind. Die Rinde wird von Hasen und Kaninchen bevorzugt angeknabbert.

Fruchtholz: Bei Schlanken Spindeln bestreiten die 1jährigen Kurztriebe, endständig fruchtend, am 2jährigen Langtrieb mit etwa ⅔ die Hauptmasse des Fruchtholzes; danach folgen, je nach Situation, entweder die mehrjährigen Kurztrieben (Quirlholz) oder die 1jährigen Langtriebe mit achselständiger Fruchtbildung zu je ⅙.

Blüte und Befruchtung: Als Pollenspender ungeeignet (triploid), spätblühend; geeignete Befruchter sind u. a. 'Alkmene', 'Discovery', 'Gloster', 'Golden Delicious', 'James Grieve' und 'Laxtons Superb'; mit 'Cox Orange' und 'Jonathan', den Elternsorten, intersteril; Blütenzahl 5,6 (4 bis 7, überwiegend 5 und 6), verschiedentlich »Königsblüte« verkümmert oder kurzstielig, Achse ziemlich kurz, Stiele kurz, kräf-

Karmijn de Sonnaville

tig und stark flaumig, schüsselartig geöffnet; Kronblätter (5) groß, hochrund und oval, langgenagelt, schwach deckend, im Ballonstadium mit viel Rosa, angenehm duftend; Primärblätterzahl 7,2 (5 bis 10), groß, elliptisch bis oval, leicht gerollt und gewellt, Stiele mittellang, Rand mittelfein gezähnt; Kelchblätter breit und langspitzig, ungleich gebogen; Griffel (5) gleich lang oder wenig länger als Staubblätter, engständig ebenso Staubblätter, diese nach oben becherförmig geöffnet.

Ertrag: Bei mittlerer Wüchsigkeit früh und weitgehend regelmäßig fruchtbar; langfristiger Baumertrag liegt um 75% im Vergleich zu 'Golden Delicious' (= 100%); mitunter starker Junifruchtfall, Fruchtausdünnung deshalb selten notwendig.

Krankheiten und Mängel: Empfindlich für Obstbaumkrebs, Mehltau und Kragenfäule, weniger für Schorf; anfällig für sog. Cox-Ziekten, insbesondere bei schwachem Fruchtbehang.

Frucht

Pflückreife: Ende September bis Anfang Oktober, etwa 8 bis 10 Tage später als 'Cox Orange'.

Genußreife: Aus dem Frischluftlager im November und Dezember; aus dem Kühllager bei 4 °C und hoher Luftfeuchtigkeit (um 90%) bis Januar; aus dem CA-Lager (+4 °C, 3% CO_2, 3% O_2) bis Ende Februar, wegen Gefahr von Fleischbräune und Saftverlust nicht zu lange lagern. Kälte-, CO_2- und O_2-empfindlich!

Form und Größe: Groß bis mittelgroß, die Streuung ist manchmal beträchtlich; hochgebaut, weitgehend rund, teils mittel-, teils stielbauchig, vielfach schief, vereinzelt grobkantig; die Frucht ähnelt der Sorte 'Boskoop'.

Farbe und Beschaffenheit der Schale: Grünlichgelb, vollreif gelb, sonnenseits verwaschen bis leicht marmoriert leuchtend orange- bis erdbeerrot (⅓ bis ⅔); Lentizellen auf Grundfarbe als graue Pünktchen, auf Deckfarbe als braune, markante Roststerne, verschiedentlich warzenartig erhaben; netzartige kräftige bis grobschuppige Berostungen, die meist von der Kelchgrube ausgehen, teilweise fein- bis grobrissig mit Neigung zur Fäulnis, deshalb auch sehr welkeempfindlich; anfällig für braune Lentizellenflecken; ausgesprochen rauh, trocken; zäh, hart.

Kelch: Groß; halboffen bis geschlossen; langspitzige Blättchen am Grund nicht verwachsen.

Kelchgrube: Tief; meist eng, schüsselartig; innerer Rand in der Regel grün bzw. rostfrei, Rand fein- bis grobschuppig berostet (vgl. Beschaffenheit der Schale).
Stiel: Kurz bis mittellang; dick bis sehr dick; stark knopfig; hellbraun.
Stielgrube: Mäßig tief bis tief; überwiegend eng, durch schwache Schnabelsansätze meist ungleich; fast stets ringförmig, fein bis grobschuppig und strahlig über den Rand hinaus berostet; teils auch feinrissig.
Kernhaus: Klein und engkammerig, kaum erkennbar; horizontal mit grünen Leitbündeln; Achse überwiegend offen, Kammern regelmäßig mit Samen besetzt, diese groß, langspitzig und dunkelbraun.
Fleisch: Cremefarben bis gelblich; fest, saftig aber nicht saftreich, grobzellig, kurz, in Vollreife gerne mürbe; anfällig für Stippigkeit, Fleischbräune und Glasigkeit.
Geschmack: In Vollreife eine gelungene Mischung aus 'Cox Orange' und 'Boskoop': Würzig, fruchtig und sehr aromatisch; ein hoch eingeschätztes Geschmacksniveau.

Physikalische und chemische Eigenschaften der Frucht										
Tagewerte		135								
Größenverteilung nach Gewicht	Größenklassen in mm	<55	55/60	60/65	65/70	70/75	75/80	80/85	85/90	90/95
	%		2	6	16	34	28	13	1	
Mittleres Fruchtgewicht in g		181	(160 – 201)							
Spezifisches Fruchtgewicht		0,85	(0,84–0,86)							
Fruchtform-Index		0,83	(0,79–0,94)							
Mittlerer Zuckergehalt als Refraktometerwert in %		15,9	(13,2–17,0)							
Mittlerer Säuregehalt in g/l		11,5	(8,2–14,1)							
Gruppen des Vitamin-C-Gehalts in mg/100 g Frischgewicht		10–20								
Sorbitgehalt in g/100 g Frischgewicht		1,35!								

Karmijn de Sonnaville

Anbau und Markt

Die fruchtbare, dank hoher Zucker- und Säuregehalte betont geschmackvolle und größer als 'Cox Orange' fallende, späte Herbst- bis frühe Wintersorte hat durch die Möglichkeit, die häufig störende Berostung durch Wachstumsregulatoren weitgehend kontrollieren zu können, an Ansehen gewonnen. Weitere Pluspunkte sind die meist ausreichende Selbstregulierung hoher Behangdichten mittels des »Junifruchtfalles«, eine gewisse Zeittoleranz bei der Ernte, die für die übergebietliche Vermarktung wertvolle gute Handelsfähigkeit sowie der Vitamin-C-Reichtum. Analytisch bemerkenswert ist der für den Apfel extrem hohe Gehalt an Sorbit. Probleme kann es bei der Lagerung geben, da sich bei zu niedrigen O_2-Werten rasch Fleischbräune, bei zu hohen CO_2-Werten dagegen Kernhausbräune einstellen kann. Das Stipperisiko läßt sich durch ausgeglichene Behangdichten und durch eine relativ späte Ernte vermindern, während gegen das Schrumpfen der Äpfel im Lager nur möglichst hohe Luftfeuchtigkeit hilft. Die inhaltsreichen Äpfel lassen sich zu einem ausgezeichneten Apfelsaft und zu Mus verarbeiten; als Backäpfel sind sie weniger geeignet. Im Aussehen der Äpfel bestehen Ähnlichkeiten mit den Sorten 'Boskoop', 'Holsteiner Cox' und 'Cox Orange'.

Melrose

Ähnliche Namen oder Synonyme gibt es keine.

Abstammung und Herkunft: Durch den Züchter Freeman S. Howlett an der Agric. Exp. Station in Wooster (Ohio, USA) im Jahr 1932 – andere Quellen meinen 1937 – aus Sämlingen der Kreuzung 'Jonathan' × '(Red) Delicious' ausgelesen und seit 1944 als Sorte verbreitet.

Mutanten: Aus Frankreich und von H. Schmitt, Ommersheim/Saarland, werden 4 Mutanten genannt:

1. Am bekanntesten ist 'Melrouge', die als 'Dugamel' registriert wurde; es ist eine zufällig entstandene Mutante, deren Äpfel etwa 1 Woche später als bei 'Standard' reifen, aber deutlich kleiner ausfallen und fast rundum bläulichrot gefärbt sind. Verpackt wirken diese Äpfel etwas düster.
2. 'Super Melred' (= 'Marstar') ist zufällig in der Pflanzung von Herrn Marras bei Cellieu (Dep. Loire) gefunden worden. Es soll eine stabile und attraktive Farbmutante mit sortentypischer Größenverteilung sein.
3. 'Melrose, Mutant I.N.R.A.' ist aus bestrahltem Material ausgelesen worden und soll um die Hälfte produktiver als 'Standard' sein.
4. 'Melrose LA (Loire-Atlantique)' soll in Form, Größe und Farbe ähnliche Früchte hervorbringen wie 'Standard', ertragsmäßig aber besser als 'Melrouge' sein.

Standortansprüche: Wärmeklimatisch zeigt 'Melrose' in Mitteleuropa eine beachtliche Anbaubreite, denn sowohl in heißen (Weinklima) als auch in mäßig kühlen (Wintergetreideklima) Klimaten erreichen ihre Äpfel bei sonst günstigen Bedingungen wettbewerbsfähige Größen und gute Tafelapfelqualitäten. Die Anforderungen an die natürliche Nährkraft sowie an die Feuchtigkeit und Durchlüftung des Bodens

Melrose

sind als für den Apfel durchschnittlich anzusehen. Selbst auf dem leicht tonigen, schwach wechselfeuchten und mittelmäßig fruchtbaren Geschiebe-Lehmboden von Bavendorf zeigt die Sorte gute Leistungen bezüglich Wüchsigkeit, Fruchtbarkeit und Fruchtqualität. Die Frosthärte des Holzes ist ausreichend, jedenfalls gab es in Südwestdeutschland, auch nach den Polarfrösten 1984/85, noch keine schwerwiegenden Ausfälle. Ebenso sind die Blüten wenig frostempfindlich, wenngleich der Spätfrost 1977 jeweils etwa ein Drittel schiefe Früchte und starke Berostungen im Bereich der Stielgrube zur Folge hatte. Bei rechtzeitiger Pflücke tritt kaum Fruchtfall auf. Größere Verluste können durch gegenseitiges Abdrücken entstehen, da die kurzer Stiele sind und die Früchte häufig klumpig oder paarweise zusammensitzen.
Verbreitung: Marktbedeutende Mengen gibt es in der EU anfangs der 90er Jahre keine, wenngleich in Frankreich jährlich (1993) um 30000 t erzeugt werden. In Deutschland ist 'Melrose' in vielen Landschaften mit geringen Anteilen vertreten; im Rheinland werden jedoch Mengen von immerhin ca. 1000 t geerntet.
Bestandessicherheit: Trotz mäßiger Anfälligkeit für Obstbaumkrebs und Feuerbrand darf 'Melrose' als ausreichend bestandessicher beurteilt werden.

Physikalische und chemische Eigenschaften der Frucht									
Tagewerte	149								
Größenverteilung nach Gewicht – Größenklassen in mm	<55	55/60	60/65	65/70	70/75	75/80	80/85	85/90	90/95
%		2	7	12	20	27	24	6	2
Mittleres Fruchtgewicht in g	204	(167 – 230)							
Spezifisches Fruchtgewicht	0,81	(0,79–0,82)							
Fruchtform-Index	0,78	(0,76–0,81)							
Mittlerer Zuckergehalt als Refraktometerwert in %	12,8	(12,0–13,4)							
Mittlerer Säuregehalt in g/l	5,5	(4,7–7,0)							
Gruppen des Vitamin-C-Gehalts in mg/100 g Frischgewicht	5–10								
Sorbitgehalt in g/100 g Frischgewicht	1,42								

Baum

Wuchs: Kennzeichnend ist ein starker Wuchs mit zugleich steilangesetzten Trieben bzw. Ästen, d.h. ein im ganzen unschöner Wuchscharakter. Dieser läßt sich aber durch Verwendung schwachwachsender Unterlagen sowie frühzeitiges Binden der Basisäste in die Waagrechte, spätestens im 1. Standjahr, und zwar wegen der Schlitzgefahr in der Form des seitlichen Abbiegens, relativ einfach verbessern. Diese Maßnahmen haben sich jedenfalls bei der Erziehung zur Schlanken Spindel bewährt, wobei diese Baumform eher breit ausladend ausfällt bei gleichzeitig beschränktem Höhenwachstum der Mittelachse, was langfristig gesehen aber positiv zu bewerten ist. Besonders kräftige und zugleich steile Triebe sind rechtzeitig zu entfernen. Im Gesamtbild wirken die Bäume dichtblättrig, wenngleich es an der Basis der Seitentriebe durchaus zu Verkahlungen kommen kann. Die Zahl der mittellangnodigen, rotbraunen und mit kleinen Lentizellen dicht besetzten Triebe ist nicht hoch, aber für eine leistungsfähige Fruchtholzstruktur ausreichend. Dennoch ist durch gelegentliches Anschneiden für die Bildung von Kurztrieben zu sorgen. An den Trieben entwickeln sich in der Regel mittelgroße, schmale und sorteneigentümlich gewellte Blätter mit mittelscharfer Zähnung. Häufig zeigen die Blätter ihre Unterseite bzw. sind hauptsächlich an den Triebenden deutlich gewölbt.
Fruchtholz: Vorherrschend (ca. 50%) sind einjährige Kurztriebe von 5 bis 30 cm Länge, die endständig fruchten und vielfach dabei einen klumpigen, die Ernte erschwerenden bzw. den Fruchtfall begünstigenden Ansatz zeigen. Mit Anteilen zu je 20% sind die mehrjährigen Kurztriebe (Quirlholz) und die Langtriebe, beide an ihren Endknospen fruchtend, am Fruchtertrag beteiligt, während vom Ort Langtrieb, lateral nur ca. 10% an Äpfeln beigesteuert werden. Gerade Äpfel dieses Ortes zeigen sich mit 167 g den anderen Orten (200 bis 230 g) gegenüber gewichtsmäßig stark unterlegen.
Blüte und Befruchtung: Wegen geringer Pollenproduktion und schlechter Keimfähigkeit keine gute Befruchtersorte, obwohl diploid; sehr spätblühend; geeignete Befruchter sind u.a. 'Alkmene', 'Champagner', 'Cox Orange', 'Gloster', 'Golden Delicious', 'Goldparmäne', 'Idared' und 'James Grieve'; mit den Elternsorten 'Jonathan' und '(Red) Delicious' unfruchtbar; Blütenzahl 5,4 (5 + 6), im ganzen eine enge, hochstrebende Infloreszenz, vereinzelt subterminale Blüte unterentwickelt, Achse mittellang, Stiele rötlich; Kronblätter in der Regel 5, doch kommen auch Blüten mit weniger Kronblättern (2 bis 4) vor, länglich-oval, schwach deckend, mittellang genagelt, mäßig rosa; Primärblätterzahl 8,7 (7 bis 10), groß, oval bis langelliptisch, häufig gerollt, mittelfein gezähnt, lange, dünne Stiele, sitzen sehr fest; Kelchblätter meist unregelmäßig in Form und Größe, oft schwach nach unten gebogen; Griffel überwiegend gedreht oder ziemlich krumm, spitzig, engständig, nach oben gespreizt, gleich lange wie Staubblätter; diese ebenfalls gespreizt, teilweise weniger als 20.
Ertrag: Beginnt zögernd und erreicht im Vollertragsalter etwa nur ¾ des Ertrages von 'Golden Delicious' bei zusätzlicher Neigung zur Alternanz bzw. unregelmäßiger Blühwilligkeit; sobald es hierbei als Folge ökologischer oder physiologischer Unzulänglichkeiten zu Schwierigkeiten kommt, ist 'Melrose' meist unter den Sorten mit negativer Reaktion.
Krankheiten und Mängel: Anfällig für Mehltau, aber weniger stark als 'Jonathan' oder 'Idared', sowie mäßig anfällig für Obstbaumkrebs und Feuerbrand; dafür gegenüber Schorf wenig empfindlich.

Melrose

Frucht

Pflückreife: In Mitteleuropa von Anfang bis Mitte Oktober.
Genußreife: Aus dem Frischluftlager ab Anfang November bis Februar; aus dem Kühllager bei 0 bis +2 °C bis April, in beiden Fällen kann es zu erheblichem Befall mit Schalenbräune kommen; aus dem CA-Lager bis Juni, wobei nach neueren Untersuchungsergebnissen die Gefahr des Auftretens von Schalenbräune bei Lagerwerten von +1 bis +2 °C, 1 bis 2% CO_2 und 3% O_2 stark reduziert oder verhindert werden kann; die Äpfel sind weder CO_2- noch kälteempfindlich.
Größe und Form: Groß; überwiegend flach, unregelmäßig schwach kantig, mittelbauchig, mitunter etwas schief, Stielpartie eben.
Farbe und Beschaffenheit der Schale: Zunächst gelblichgrün, später gelb, ½ bis ¾ von gestreift über verwaschen bis schwach marmoriert gefärbt, von orangerot bis zu kräftigem dunkelrot mit teils bläulichem, teils bräunlichem Stich; Lentizellen als Roststerne oder grüne Punkte; netzartige Berostungen fehlen, dafür zungenförmige oder als Warzen vorhanden; angerauht, leicht wachsig; hart; sehr anfällig für Schalenbräune.
Kelch: Geschlossen; klein bis mittelgroß; kräftige Blättchen am Grunde breit und nicht verwachsen, Spitzen meist braun.
Kelchgrube: Mitteltief; mäßig weit bis weit; feinhöckrig, nach innen gefältelt; ohne Rost.
Stiel: Mittellang bis kurz; mitteldick; stark knopfig; oft rötlich.
Stielgrube: Tief; öffnet sich weit, mehr oder weniger ausladend; ringförmig und strahlig mit feinen Rostschuppen ausgekleidet.
Kernhaus: Klein; zwiebelförmig; kelchnahe; Achse hohl, Fächer sehr schmal und geschlossen; als grüne Punkte weit außen verlaufend.
Fleisch: Grünlichweiß bis cremefarben; saftig, feinzellig, verbindlich, werden später weichsaftig, aber nicht mürbe oder trokken, sondern bleiben saftig; diese unge-

wöhnlich langanhaltende Saftigkeit und die sehr geringe oder gar fehlende Anfälligkeit für Stippen sind die wesentlichen Vorzüge von 'Melrose'; im ganzen sehr angenehm.
Geschmack: Süßfruchtig, aromatisch; in geschmacklicher Hinsicht mehr als nur durchschnittliche Tafelapfelqualität.

Anbau und Markt

Tatsache ist bis zur Gegenwart, daß 'Melrose' als Apfelsorte für den erwerbsmäßigen Anbau keinen gewinnträchtigen Ruf hat und preislich in den unteren Kategorien rangiert. Diese Sorte hat aber durchaus gewichtige Vorteile anzubieten, die in der Ausgeglichenheit ihrer Äpfel bezüglich Größe, Form und Farbe sowie in der günstigen Beschaffenheit des Fruchtfleisches liegen bei gleichzeitig langer Genußreife. Der mildfruchtige Geschmack bewegt sich mindestens im Mittelbereich für Tafeläpfel. Nachteilig sind die manchmal gestörte Fruchtbarkeit und die Anfälligkeit für Schalenbräune. Doch dieser Mangel läßt sich (vgl. Genußreife) durch veränderte Bedingungen bei der CA-Lagerung weitgehend beherrschen. Bleibt als weiterer Nachteil die Erziehung der Bäume zur Schlanken Spindel, die viel Aufwand und Fachkönnen erfordert. Aber im Vollertragsalter bereitet im Regelfalle das Wechselspiel von ungünstiger Triebigkeit einerseits und der Blühwilligkeit bzw. der Behandlung der Fruchthölzer keine unbeherrschbaren Probleme.

Mutsu

Ähnliche Namen gibt es keine.
Synonym bzw. Handelsname im englischen Markt ist seit 1968 'Crispin'.
Abstammung und Herkunft: Aus einer im Jahr 1930 an der Aomori Apple Exp. Sta. in Kuroishi, Präfektur Aomori, durchgeführten Kreuzung von 'Golden Delicious' × 'Indo' hervorgegangen; erste Früchte gab es 1937; 1948 durch die Jap. Hort. Assoc. veröffentlicht und 1949 in Japan patentiert (inzwischen erloschen); der Name hat wohl mehrere, miteinander verbundene Bezüge: a) Mutsu ist ein historischer Name in Japan, b) von 1867 bis 1912 gab es einen japanischen Kaiser namens Mutsu hito und c) heißt eine Meeresbucht am Nordrand der Präf. Aomori Mutsu-Bai.

Mutanten: Von 'Mutsu' sind keine Mutanten bekannt geworden.
Standortansprüche: Die wärmeanspruchsvolle Sorte 'Mutsu' hat ihre Anbaugrenze als Tafelapfel im mittelmäßigen Klima (Obst-Wintergetreideklima), denn auf kühleren Standorten wird die innere Qualität der Äpfel nachteilig beeinflußt. Ähnlich wie bei der Muttersorte 'Golden Delicious' ist das Feuchtigkeitsbedürfnis nicht hoch. Dies hat sich z.B. im trocken-warmen Sommer 1971 gezeigt, als Blattzustand, Triebleistung und Fruchtgröße im Vergleich zu anderen Sorten weniger gelitten haben. Die Blüten und das Holz sind als frostempfindlich einzustufen: Die Spätfrostperiode 1977 verursachte z.B. mittlere Schadensgrade durch sog. Frostzungen und schiefe Früchte, und nach dem Polarfrost 1984/85 traten in Südwestdeutschland überdurchschnittliche Teil- und Totalausfälle am Sproß auf. Vorteilhaft ist, daß die Äpfel nicht »tropfen« und auch weitgehend windfest sind.
Verbreitung: Trotz hoher Fruchtbarkeit und günstiger Fruchtqualität hinsichtlich Aussehen, Größe, Saftigkeit und Geschmack konnte sich 'Mutsu' nirgends in Europa als Hauptsorte durchsetzen. Marktbedeutende Mengen werden nur aus Belgien (jährlich bis 4000 t), Frankreich (5000 t) und aus Dänemark (1000 bis 2700 t) gemeldet, vereinzelt in anderen Anbaugebieten Mitteleuropas vorhanden.
Bestandessicherheit: Höchstens mäßig, da nicht nur nach dem Polarfrost 1984/85, sondern nach weniger kalten Wintern Teilausfälle am Sproß auftraten.

Mutsu

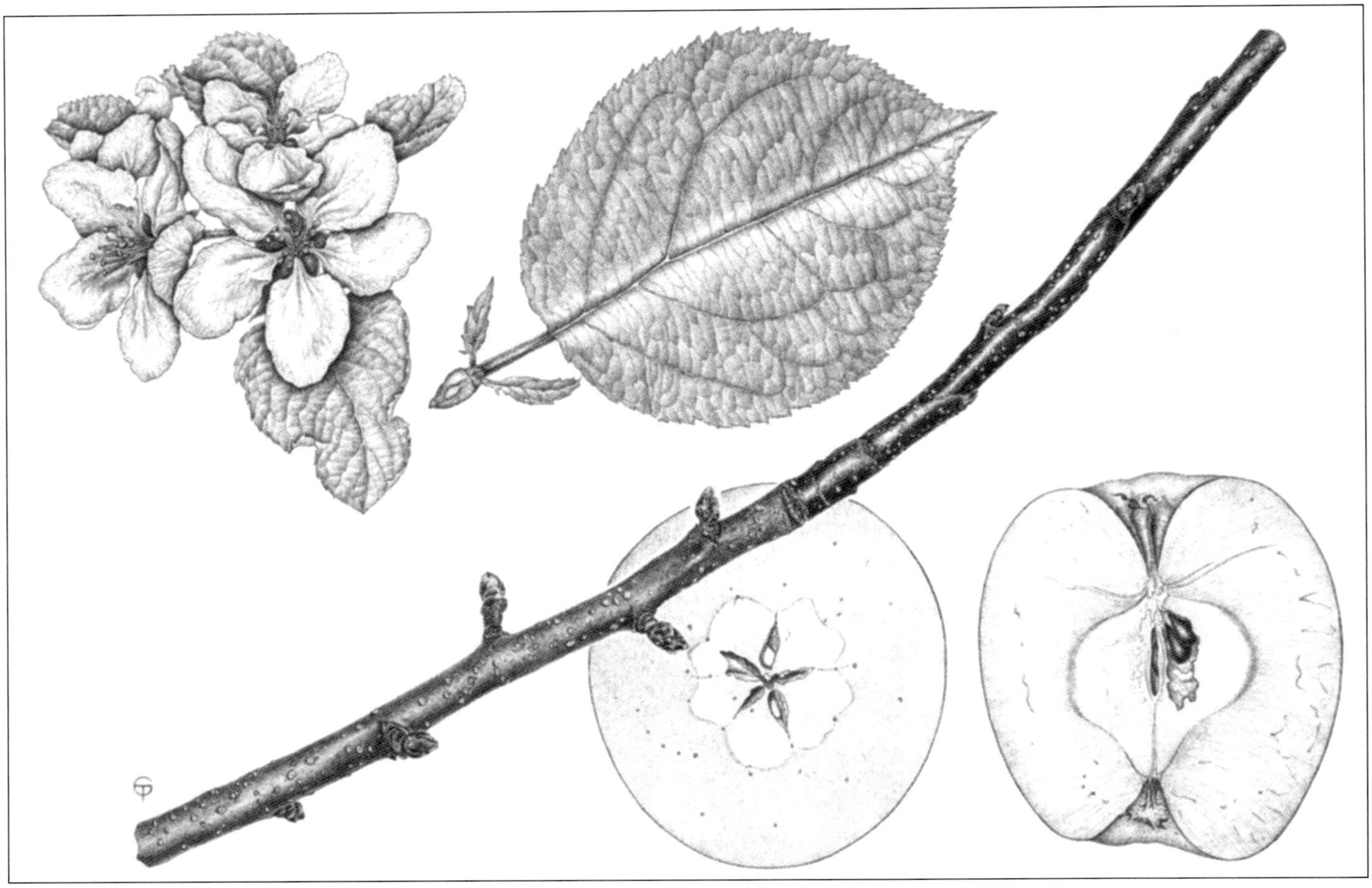

Mutsu

Baum

Wuchs: Als triploide Sorte (sehr) starkwüchsig. Dank der nur mäßigen Triebigkeit und der in der Regel flachinserierten Äste bilden sich von Natur aus breite und zugleich lockere Kronen, die häufig durch kräftig entwickelte, gleichmäßig mit Kurztrieben besetzte 2- und mehrjährige Langtriebe geprägt sind. Diese zeigen apikal mitunter starke Triebbildung. Gefördert wird diese Kronenform auch durch frühzeitig hohe Behangdichten, deren Fruchtlast die Äste in die Waagerechte, verschiedentlich aber auch zum Ausschlitzen oder Abbrechen bringen können. Insgesamt sind Erziehung und Instandhaltungsschnitt einfach zu handhaben. 'Mutsu' eignet sich auch für Dichtpflanzungen, sofern als Unterlage M27 verwendet wird, die nicht nur das Wachstum bremst, sondern auch übergroße Äpfel verhindern hilft, und zugleich der kurze Fruchtholzschnitt angewandt wird. Sorteneigentümlich sind große bis sehr große, breit- bis langovale und dunkelgrüne Blätter, die stets fein bis mittelstark gezähnt, meist nach innen gewölbt, randlich gewellt und in der Regel mit kräftigen Nebenblättchen besetzt sind. Typisch die hellgrauen, dicht mit weißlichen Lentizellen markierten Langtriebe.
Fruchtholz: Als Folge des Vorherrschens von 2- und mehrjährigen fruchtenden Langtrieben innerhalb der Fruchtholzgarnitur werden $\frac{3}{4}$ der Fruchtstand-Orte bei Schlanken Spindeln von den endständig fruchtenden Kurztrieben, 1- und mehrjährig, gebildet; die 1jährigen Langtriebe tragen den Rest ($\frac{1}{4}$) bei, wovon an den terminalen Orten die meisten, an den lateralen dagegen nur wenige und zudem kleinere Äpfel hängen.
Blüte und Befruchtung: Als Pollenspender ungeeignet (triploid); spätblühend; geeignete Befruchter sind u. a. 'Cox Orange', 'Gloster', 'Goldparmäne', 'Granny Smith', 'Idared', 'James Grieve', 'Jonathan', 'McIntosh' und 'Red Delicious'; mit 'Golden Delicious' unfruchtbar; Blütenzahl 5,1 (4 bis 6), große Blüten, Infloreszenz entsprechend großlumig, Achse kräftig, mittellang bis kurz, Stiele lang, flaumig und rötlich; Kronblätter groß, lang-oval, tellerartig, kurzgenagelt, deckend, viel Rosa; Primärblätterzahl 6,4 (5 bis 8), groß bis sehr groß, Stiele lang und behaart, meist scharf gezähnt; Kelchblätter lang und schmal, Spitzen rötlich, weit nach unten gebogen; Griffel engständig, nach oben becherförmig offen, länger als Staubblätter.
Ertrag: Setzt früh ein, ist hoch bis sehr hoch, neigt aber mäßig bis stark zur Alternanz; im langjährigen Mittel ergeben sich höhere Erträge als bei 'Golden Delicious', aufgrund der Starkwüchsigkeit und der Alternanz ist die flächenbezogene Ertragsleistung jedoch gleich hoch anzusetzen.
Krankheiten und Mängel: Anfällig für Schorf – die Äpfel dabei stärker als die Blätter –, aber kaum für Mehltau; das Holz ist mindestens mäßig empfindlich für Obstbaumkrebs. Für Kragenfäule und Feuerbrand ist 'Mutsu' sehr wenig anfällig.

Frucht

Pflückreife: Mitte bis Ende Oktober, etwa 1 Woche nach 'Golden Delicious'.
Genußreife: Vor allem Frischluft-, aber auch Kühllagerung ist wegen der Gefahr der Entstehung eines sog. Gärgeschmacks

nicht ratsam, insbesondere für gelbschalige, reife Ware; am besten bewährt hat sich die CA-Lagerung (0 bis +2 °C, 3 bis 4% CO_2, 3% O_2), die bei gelblich-grün bis grünlich-gelb eingelagerten Partien bis Juni–Juli andauern kann.
Form und Größe: Sehr groß bis groß; schwach rippig, hochgebaut, überwiegend mittelbauchig, ausgeprägte Kelchpartie; stattlicher, voller Apfel.
Farbe und Beschaffenheit der Schale: Gelblichgrün bis grünlichgelb, wird erst spät gelb, sonnenseits (⅓) verwaschen fleischfarben bis matt orangerot oder rötlichbraun; Lentizellen als dunkle Rostpünktchen auffällig, auf Deckfarbe als Punkte und meist rot umhöft, dann Vorstufe für Lentizellenröte; nur vereinzelt Warzen oder netzförmige Berostungen; leicht rauh bis etwas wachsig; zart.
Kelch: Groß bis sehr groß; geschlossen; grüne, lange Blättchen bilden durchbrochene Zwiebel, Spitzen braun.
Kelchgrube: Tief; weit; Rand höckerig und zu längsseitigen Rippen oder Kanten führend, innen gefältelt; gleichmäßig und wuchtig.
Stiel: Lang bis mittellang, grün bis graubraun; aufrecht bis leicht gebogen.
Stielgrube: Tief; trichterförmig; durchweg feinschuppig berostet, teilweise weit über den Rand hinausreichend; nach Frost eher grobschuppig und auch rissig.
Kernhaus: Klein (bis mittelgroß); umgekehrt herzförmig, reicht vom Stielansatz bis zum Kelch, Achse offen, kleine Fächer teils geschlossen, teils offen; unregelmäßig mit z. T. verkümmerten Samen, Wände mit weißen Belägen; grüne Leitbündel mit engem Radius, d. h. breite Fruchtfleischzone.
Fleisch: Grünlichweiß bis grünlichgelb; vollreif fest, feinzellig, sehr saftig, trotzdem knackiger Biß; nach CA-Lagerung festere und saftigere Struktur als 'Golden Delicious'.
Geschmack: Süßfruchtig, schwaches Aroma, aber durchaus gefällig; nach Überlagerung bildet sich meist rasch ein sog. Gärgeschmack.

Anbau und Markt

Die grün- bis gelbschalige, der Muttersorte 'Golden Delicious' ähnliche, aber weit weniger berostungsanfällige Sorte 'Mutsu' eignet sich sehr gut für die CA-Lagerung. Voraussetzungen sind weder zu grüne und geschmacksarme noch zu gelbe und schnellreifende, aber genügend große (> 70 mm) Partien, die nach der Ernte rasch ins Lager gebracht werden sollten. Bei niedriger Temperatur (0 bis +1 °C) sind die kaum stippeanfälligen und spezifisch schweren Äpfel bis Juni–Juli des nächsten Jahres lagerfähig und präsentieren sich dann als festfleischig, saftig und erfrischend. Trotz dieser vorteilhaften Eigenschaften ist zügige Vermarktung zweckmäßig, wenngleich Restbestände sich im Kühllager 3 bis 4 Wochen nachlagern lassen. Der Alternanzgefahr ist durch rechtzeitiges Ausdünnen starker Fruchtbehänge zu begegnen; diese Maßnahme verbessert auch die Holzreife vor Winterbeginn. Nach Hinweisen aus der Schweiz lassen sich die wenig gerbstoffhaltigen Äpfel zu einem leicht süßen, harmonischen Saft verarbeiten, dennoch ist die Eignung der Sorte als Mostapfel wegen der Schorfanfälligkeit beschränkt. Die Früchte sind mit 'Golden Delicious' verwechselbar.

Physikalische und chemische Eigenschaften der Frucht									
Tagewerte	156								
Größenverteilung nach Gewicht / Größenklassen in mm	<55	55/60	60/65	65/70	70/75	75/80	80/85	85/90	90/95
%				5	11	32	36	12	4
Mittleres Fruchtgewicht in g	218	(178 – 249)							
Spezifisches Fruchtgewicht	0,84	(0,82–0,86)							
Fruchtform-Index	0,96	(0,93–1,00)							
Mittlerer Zuckergehalt als Refraktometerwert in %	12,9	(11,5–14,4)							
Mittlerer Säuregehalt in g/l	5,1	(3,8– 6,5)							
Gruppen des Vitamin-C-Gehalts in mg/100 g Frischgewicht	10–20								
Sorbitgehalt in g/100 g Frischgewicht	0,68								

Rubinette

Mit diesem Namen soll entweder auf die sonnenseitig, teils flächig, teils streifig rötlichen Äpfel (lat. rubrum = rot) oder auf den Edelstein Rubin hingewiesen werden. Unter dem Namen 'Rafzubin' in Deutschland geschützt (Stand 31. 12. 1985); als Zucht-Nummer wurde der Sämling unter 'G10' geführt. Synonyme gibt es keine.
Abstammung und Herkunft: Im Jahr 1966 von Hobby-Züchter Walter Hauenstein-Röschli in Rafz, Kanton Zürich (Schweiz), aus einem Samen der frei abgeblühten Muttersorte 'Golden Delicious' gewonnen; als Vatersorte wird 'Cox Orange, Cherry' vermutet, da ein Baum dieser rotgefärbten Mutante von 'Cox Orange' in unmittelbarer Nähe gestanden hat. Diese Elternschaft gilt als ziemlich sicher, da Verkostungen der Äpfel im Herbst einen der Vatersorte 'Cox Orange' ähnlichen Geschmack bestätigen. 'Rubinette' ist seit 1982 von der Baumschule Hauenstein AG, ebenfalls in Rafz ansässig, unter Lizenz und Markenschutz international geschützt und wird weltweit angeboten.
Mutanten: Es soll kräftiger rotgefärbte Formen geben. Ob diese als Mutanten zu bezeichnen sind und ihre bessere Rotfärbung damit erblich bedingt ist, oder ob es sich um konditionelle Unterschiede von Baum zu Baum handelt, die zu verschieden ausgefärbter Deckfarbe führen können, ist noch zu prüfen. In Bavendorf gab es Beispiele für den letztgenannten Fall.
Standortansprüche: Nach den vorliegenden Erfahrungen lassen sich die Standortansprüche von 'Rubinette' etwa zwischen diejenigen von 'Golden Delicious' und der

Rubinette

mutmaßlichen Vatersorte 'Cox Orange' einreihen: Nicht besonders wärmebedürftig, aber für ausgessprochene Höhenlagen trotzdem wenig geeignet; in diesem wärmeklimatisch mittleren Bereich erreicht der geschmacklich so wichtige Säuregehalt günstige Werte. Die Böden sollten hinsichtlich ihres Wasserangebots bzw. ihrer Feuchtigkeit von frisch bis allenfalls mäßig frisch veranlagt sein bei gleichzeitig mindestens mittelmäßiger natürlicher Nährkraft und guter Durchlüftung. Wechselfeuchte Böden verstärken die gegebene Anfälligkeit für Obstbaumkrebs, die man auf apfelgeeigneten Böden aber in Grenzen halten kann (vgl. Bestandessicherheit). Der Polarfrost 1984/85 blieb ohne nachhaltige Schäden: Bis 1991 zeigten nur etwa 10% der Bäume wenig bedrohliche Stammschäden, die durch den Winterfrost mit verursacht sein dürfte. Auch die Blüten sind wenig frostempfindlich: Der Spätfrost 1991 hatte auf einem mehr als mäßig frostgefährdeten Wuchsort in Bavendorf zur Folge, daß alle offenen Mittelblüten und die im Ballonstadium sich befindlichen Seitenblüten zu 78% erfroren sind, doch reichte der ungeschädigte Anteil von knapp einem Viertel aus, um einen mittleren Ertrag von 20 kg/Baum zustande zu bringen, bei etwas geringeren als für diese Sorte normalen Fruchtgrößen. Fruchtfall durch Wind spielt keine Rolle.

Verbreitung: Die am Markt angebotenen Mengen von 'Rubinette' sind noch gering, steigen jedoch beharrlich an. Zudem ist 'Rubinette' eine Sorte, die wegen ihrer für den Großmarkt häufig nicht befriedigenden Fruchtgrößen in beträchtlichem Ausmaß direkt vermarktet wird.

Bestandessicherheit: Sie kann als für den Apfel durchschnittlich eingestuft werden. In Bavendorf sind nach 6jähriger beziehungsweise 10jähriger Beobachtung 75% der Bäume ohne erkennbare Mängel am Holzkörper, 15% verzeichnen leichte Obstbaumkrebsstellen und 10% schwache Stammschäden (vgl. Standortansprüche). Totalverluste an Bäumen gab es jedoch noch keine.

Baum

Wuchs: Die Bäume wachsen höchstens mittelstark, aber straff und nach oben strebend. Um waagrecht stehende und genügend seitlich ausladende Basisäste zu bekommen, muß bei Schlanken Spindeln frühzeitig formiert werden. Der Wuchscharakter wie auch die Stellung, die mittlere Länge und die Stärke der dunkelrotbraunen Triebe mit ihren zahlreichen weißlichen Lentizellen gleichen denjenigen von 'Golden Delicious'. Erziehung und Schnitt der Bäume sind, abgesehen vom anfänglichen Binden steilstehender Triebe oder Äste, einfach zu handhaben. Die Apikaldominanz ist im positiven Sinne schwächer als bei 'Golden Delicious'. An den meist langnodigen Trieben sitzen an leicht rosaroten bis schwachgrauen Stielen große bis mittelgroße, langovale Blätter mit kräftiger Grünfarbe. Sie sind überwiegend kräftig bis scharf gezähnt und häufig gewölbt, so daß viel aufgehellte Blattunterseite zu sehen ist. An ihrem Ende gehen

die Blätter nach wenig deutlichem Übergang in eine Spitze über. Ihre Nebenblätter sind fadenförmig und kaum auffällig. Die Eignung der Sorte für schmalkronige Bäume (Super-Spindel) ist gut.
Fruchtholz: Als Fruchthölzer überwiegen wie bei 'Golden Delicious' die einjährigen Kurztriebe von 5 bis 20 cm Länge, doch kommen auch Langtriebe bis 40/50 m vor. Bei »ruhigem« Zustand des Baumes fruchten beide Triebgruppen fast durchweg endständig (terminal), wobei die Kurztriebe sich nachfolgend zu wertvollem Quirlholz umbilden lassen. Meist ist aber, dank der kräftigen Kurztriebbildung, der Anteil der Quirlhölzer nicht hoch.
Blüte und Befruchtung: Guter Pollenspender (diploid), für 'Elstar' jedoch wechselseitig unfruchtbar und bei 'Cox Orange' mit zweifelhaftem Erfolg; blüht mittelfrüh bis mittelspät; geeignete Befruchter sind u.a. 'Arlet', 'Gala', 'Glockenapfel', 'Gloster', 'Golden Delicious', 'Idared', 'James Grieve', 'Jonathan' und 'Florina'. Blütenzahl 4,9 (4 bis 6), nur vereinzelt gibt es verhockte Blüten; laterale Blüten kommen sehr selten vor, Achse ziemlich kurz, Stiele überwiegend lang und kräftig behaart; Kronblätter (5) meist gestreift rosa, vereinzelt verkrüppelt, mittel- bis kurzgenagelt und vorne abgerundet, nicht oder kaum dekkend; Primärblätterzahl 7,4 (6 bis 9), in der Größe ziemlich unterschiedlich; Nebenblättchen als schmale und lange Fäden auffällig; Kelchblätter sehr lang und behaart, krallenartig nach unten gebogen mit braunen und schmalen Spitzen. Griffel (5 + 4), häufig länger als Staubblätter. Diese stehen dicht, sind relativ kurz und meist ungleich; sie stinken nur schwach.
Ertrag: Setzt ähnlich wie bei 'Golden Delicious' früh mit der Fruchtbarkeit ein, danach regelmäßig tragend; als Folge der nur mittelgroßen Äpfel werden langfristig ähnlich 'Jonagold' etwa 90% der Baumerträge von 'Golden Delicious' erreicht. Dank einer geringen Blütenfrostempfindlichkeit sind Erträge auch nach großräumigen Spätfrösten zu erwarten, was preislich besonders vorteilhaft ist.
Krankheiten und Schädlinge: 'Rubinette' ist nach bisherigen Ergebnissen kaum weniger für Schorf anfällig als 'Golden Delicious'. Demgegenüber ist die Mehltauanfälligkeit als schwach einzustufen. Für Obstbaumkrebs wenig bis höchstens mäßig empfindlich.

Frucht

Pflückreife: Anfang Oktober; in warmen Jahren oder im Weinklima Ende September; bei zu später Ernte setzt rasche Nachreife im Lager ein (Streif, mdl.).
Genußreife: Wenige Tage nach der Pflücke und aus dem Kühllager bei 2°C bis Mitte Januar; CA-Lagerung (2 bis 3°C; 2 bis 3% CO_2; 1 bis 3% O_2) bis höchstens Anfang März (Streif, mdl.).
Größe und Form: Klein bis mittelgroß; stumpfkegelig, gleichmäßig rund, mittelbauchig, zum Kelch hin stärker fliehend.
Farbe und Beschaffenheit der Schale: Gelblichgrün bis grünlichgelb; sonnenseitig von rötlichgelbem Hauch über kräftig marmoriert bis orangerot gefärbt, z.T. chimärenartig; Lentizellen als dichte Roststerne; mäßig berostet, wenig attraktiv wegen durchgehend grünlich getönter Grundfarbe; trocken, welkeempfindlich; weich.
Kelch: Überwiegend geschlossen; Blättchen klein, schmal und ziemlich lang, sowie grün mit dunkler Spitze; am Grund nicht verwachsen.
Kelchgrube: Flach bis mäßig tief und schlüsselartig weit, häufig geperlt bis gefältelt, Rand wellig; meist sehr fein berostet.
Stiel: Lang und dünn, ähnlich 'Golden Delicious', braun; bei Schnabelfrüchten kurz und dick.
Stielgrube: Ohne Schnabelbildung mäßig tief, mäßig weit und meist ringförmig feinschuppig berostet.
Kernhaus: Klein; kelchnahe; teils zwiebelförmig, teils verkehrt zwiebelförmig; Achse hohl, Samenfächer schmal, aber tief, mit wenigen, sackartigen Samen; grüne Leitbündel auffällig.
Fruchtfleisch: Grünlichweiß bis hochcremefarben, randlich grün eingefärbt; feinzellig, dicht, knackig, saftig, nicht mürbe oder weich.
Geschmack: Aromatisch-fruchtiger und intensiver Geschmack als geglückte Kombination von 'Cox Orange' und 'Golden Delicious', nach längerer Lagerung zunehmend süßfruchtiger bis süßlich.

Physikalische und chemische Eigenschaften der Frucht		
Tagewerte	145	

Größenverteilung nach Gewicht – Größenklassen in mm	<55	55/60	60/65	65/70	70/75	75/80	80/85	85/90	90/95
%		1	17	33	35	12	2		

Mittleres Fruchtgewicht in g	151	
Spezifisches Fruchtgewicht	0,82	(0,80–0,84)
Fruchtform-Index	0,87	(0,82–0,91)
Mittlerer Zuckergehalt als Refraktometerwert in %	15,7	(14,9–16,4)
Mittlerer Säuregehalt in g/l	9,2	(7,1–10,4)
Gruppen des Vitamin-C-Gehalts in mg/100 g Frischgewicht	10–20	
Sorbitgehalt in g/100 g Frischgewicht		

Anbau und Markt

'Rubinette' hat eine Reihe von Vorzügen, die sie zu einer wertvollen Neuzüchtung im gegenwärtigen Apfel-Sortiment werden läßt. Obenan steht die innere Qualität ihrer Äpfel, die vorrangig in einem hohen Zucker- und einem mittleren Säuregehalt begründet ist und ergänzt wird durch den 'Cox Orange'-ähnlichen Geschmack und durch das von 'Golden Delicious' wesentlich bestimmte feinzellige, dichte und lange Zeit saftige sowie kaum mürbe werdende Fruchtfleisch. Dieser süßfruchtige und nicht zu groß geratende und deshalb auch kinderfreundliche Apfel findet heute beim Verbraucher breiten Zuspruch, wie die Ergebnisse von Verkostungen zeigen. Weitere vorteilhafte Eigenschaften dieser Sorte sind: Hohe und regelmäßige Fruchtbarkeit, weitgehende Stippefreiheit, verhältnismäßig gesunde und frostharte Bäume und damit eine gute Bestandessicherheit, überdurchschnittliche Blütenfrosthärte, vereinfachte Maßnahmen bei Erziehung und Schnitt, transportunempfindlich und für Apfelsaft und zum Brennen bestens geeignet. Diesem günstigen Bild stehen auch Schwachstellen gegenüber. Dazu gehört zunächst die in wärmeklimatisch mittleren Lagen wie in großen Teilen der Obstregion Bodensee für den übergebietlichen Markt unbefriedigende Verteilung der Fruchtgrößen, das häufig wenig attraktive Aussehen der Äpfel als Folge von Berostungen und wenig ausgeprägter Deckfarbe sowie die fehlende Eignung für eine Langzeitlagerung, weil der Säuregehalt rasch sinkt und die Schale der Äpfel schrumpfen kann.

Um die Fruchtgröße zu verbessern, ist bei starken Fruchtbehängen sorgfältiges Ausdünnen erforderlich, und zwar nach dem Prinzip, stets die jeweils größten Äpfelchen zu belassen, unabhängig von ihrer Zahl im Fruchtstand. Die zunächst Verwunderung auslösenden Beobachtungen des Züchters, daß in den ersten Standjahren die Fruchtgröße noch nicht sortentypisch ausfällt, sich aber in den Jahren danach normalisiert, kann aus Bavendorf bestätigt werden: Unter den dort vorhandenen Bedingungen stieg der Anteil der über 65 mm großen Äpfel vom 1. bis 8. Standjahr von ca. 25% auf Werte zwischen 50 und 80% an.

Nach schweizerischen Erfahrungen (Hauenstein, P. mdl.) empfiehlt es sich zum Zwecke einer größeren und damit wirksameren Blattfläche wie auch von festeren und besser gefärbten Früchten 0,5% bzw. 5 kg/ha Kalksalpeter [$Ca(NO_3)_2$] zu jeder Pflanzenschutzbehandlung beizumischen und zwar von der Blüte bis einige Wochen vor der Ernte.

Ananas

Ananas

Ähnliche Namen sind u.a. 'Ananas Renette', 'Ananas Reinette', 'Ananasnii renet' oder 'Ananasova reneta'.

Abstammung und Herkunft: Soll nach Lucas als Zufallssämling aus Holland stammen, seit 1820 im Rheinland bekannt und 1826 von Diel beschrieben worden sein; nach einer schweizerischen Angabe kommt 'Ananas' aus einem Kloster in Brabant, heute belgische Provinz zwischen Maas und Schelde; 1857 durch den 2. deutschen Pomologenkongreß für den Anbau empfohlen. Gehört nach Lucas zu den einfarbigen Reinetten (franz. Reinettes blanches).

Mutanten: Von 'Ananas' sind keine Mutanten bekannt.

Polleneigenschaften: Gut (diploid), mittelfrühblühend; Befruchtersorten sind u.a. 'Oldenburg', 'Cox Orange', 'Champagner', 'Landsberger', 'Baumann', 'Berner Rosen', 'Goldparmäne' und 'Klarapfel'.

Standortansprüche: Verlangt gute bis sehr gute Standortverhältnisse: Warmes Klima, deshalb für ausgesprochene Höhenlagen (in Süddeutschland über 500/600 m) ungeeignet; ferner tiefgründige humose, also fruchtbare, und frische Lehmböden mit ausreichender Durchlüftung, d.h. die Böden dürfen weder feucht oder wechselfeucht (Gefahr durch Obstbaumkrebs), noch zeitweilig trocken sein, da sonst Ertrag und Fruchtqualität enttäuschen. Sortentypisch ist ein später Triebabschluß. Dadurch entstehen spät Blattnarben als Infektionsorte für die Erreger des Obstbaumkrebses und das Risiko des Erfrierens nicht ausgereifter Triebspitzen (Gipfeldürre) ist erhöht. Die Früchte sind weitgehend windfest.

Baum

Der Wuchs ist markant: es entwickeln sich zahlreiche, auffällig gedrungene (kurznodige) und dicht stehende (quirlförmig), am Ende häufig keulig verdickte Triebe (extremer Spur- oder Kurztriebtyp) an der strammaufrechten Mittelachse (Stamm). Dies führt zu kompakten, hochgebauten Kronen, die aber in ihrem Ausmaß klein bleiben und beste Voraussetzungen für spindelartige Bäume abgeben. Der Gefahr zu dichter Kronen ist durch rechtzeitiges Auslichten zu begegnen. Dem Wuchscharakter entsprechend entstehen (fast) nur Kurztriebe, die, ein- oder mehrjährig, endständig fruchten. Die dunkelgrünen, gewellten Blätter sind unterseitig stark behaart. 'Ananasrenette' gilt als sehr wenig schorf-, dafür als mehltauanfällig.

Frucht

Pflückreife: Mitte bis Ende Oktober.
Genußreife: Dezember bis Februar, nach Kühllagerung (+2 bis +3 °C) bis Ende März.
Größe und Form: Klein bis allenfalls mittelgroß; walzenförmig bis eiförmig hochgebaut, zum Kelch mehr als zum Stiel abflachend, rund und ebenmäßig, Rippen sind nur angedeutet.
Farbe und Beschaffenheit der Schale: Anfänglich giftgrün, vollreif zitronen- bis goldgelb, sonnenseitig selten orangefarben angehaucht; typisch sind die relativ großen, sternartigen und dichten Lentizellen als grünumhöfte Rostpunkte, die sonnenseitig in netzartige Berostungen übergehen können; glatt bis leicht wachsig oder glänzend; weich.
Kelch: Groß, halboffen oder geschlossen, schopfartig aufgesetzt; Blättchen rel. groß, langspitzig und als Folge flacher Grube häufig plattgedrückt.
Kelchgrube: Flach bis sehr flach oder sogar fehlend; vereinzelt ringförmig berostet, meist grüner als übrige Schale; fein gefältelt bis schwach höckrig.
Stiel: Kurz bis mittellang und dünn; grün bis graugrün, knospig.
Stielgrube: Klein, flach, fehlt vereinzelt; selten strahlig berostet, dafür meist giftgrün gefärbt.
Kernhaus: Mittelgroß in Mittellage; zwiebel- bis fast herzförmig, hohlachsig, kurze, aber geräumige Fächer; viele kleine, runde, weißgespitzte und braune Samen.
Fleisch: Cremefarben, am Rand grünlich; fest, dicht, kurzbrechend, anfangs saftig, später mürbe; weder anfällig für Stippigkeit noch für Glasigkeit; hoher Vitamin-C-Gehalt.
Geschmack: Eigentümlicher feinfruchtiger und würziger Geschmack, muskatartig, in der Art einmalig.

Anbau und Markt

Auf zusagenden Standortverhältnissen fruchtet die Sorte frühzeitig, reichlich und ziemlich regelmäßig. Starke Behangdichten beeinträchtigen deutlich die Fruchtgröße und damit auch deren innere Qualität. Fachgerechtes Ausdünnen spätestens nach dem sog. Junifruchtfall lohnt sich deshalb. Aufgrund des sorteneigentümlichen Wuchses sind die Bäume sehr gut für die Spindelform geeignet. Dank der geringen Anfälligkeit für Schorf ist der Anbau dieser geschmacklich hervorragenden Sorte nach wie vor im Liebhaberobstbau oder im Hausgarten zu empfehlen, nicht dagegen im Erwerbsobstbau. Befall durch die Grüne Apfelblattlaus soll häufig sein. Die festfleischigen Früchte sind druckempfindlich, welken aber als Folge der leicht wachsigen Schale kaum und sind auch sonst gut lagerfähig bzw. ohne Mängel. Sie sollen in besonderem Maße vom Apfelwickler (= Obstmade) heimgesucht werden. Ähnlichkeiten bestehen mit Früchten der Sorte 'Zuccalmaglio'.

Baumann

Ähnliche Namen sind 'Baumanns Renette', 'Baumanova reneta', 'Baumanns Rote Winterrenette', 'Reinette rouge d'hiver de Baumann' oder 'Reneta Baumana'. Synonyme sind u. a. 'Couronne des Dames', 'Reinette de Bollviller' und 'Rote Winterrenette'.
Abstammung und Herkunft: Soll um 1800 von Prof. J. B. van Mons aus Leuwen (Belgien) gezüchtet, d. h. vermutlich als Sämling unbekannter Eltern ausgelesen, und

Baumann

etwa um 1811 nach den in Bollweiler (Elsaß) ansässigen Baumschulbesitzern Gebrüder Baumann benannt worden sein. 1874 von der deutschen Pomologenversammlung in Trier für den Anbau empfohlen. Früher vor allem im Elsaß und in der Normandie (Frankreich), aber auch in Deutschland, verbreitet. Gehört nach Lucas zur Familie der Roten Reinetten (franz.: Reinettes rouges).
Mutanten: Aufgrund zahlreicher, farblich unterschiedlicher Früchte werden verschiedene Farbmutanten bei dieser Sorte vermutet. Eine entsprechende Auslese scheint deshalb angebracht.
Polleneigenschaften: Günstig (diploid), mittelfrühblühend; Befruchtersorten sind u. a. 'Ananas', 'Champagner', 'Croncels', 'Danziger Kant', 'Goldparmäne', 'Klarapfel', 'Jonathan', 'Landsberger', 'Ontario' und 'Zuccalmaglio'.
Standortansprüche: Mäßig kühle bis warme Mittelgebirgslagen (<500 m über NN) oder apfelgünstige Klimate in der norddeutschen Tiefebene mit jeweils mindestens mittelgründigen, mäßig frischen bis frischen und gut durchlüfteten Böden großer natürlicher Nährkraft bieten beste Voraussetzungen für hohe Erträge und günstige Fruchtqualitäten dieser Sorte. Auf zu Trockenheit neigenden Böden bleiben die Früchte zu klein. Solche Standorte sind auch aus der Sicht der Windfestigkeit der Früchte vor der Reife gut geeignet. Hohe Lagen dürften als Folge später Holzreife und damit erhöhter Empfindlichkeit des Holzes gegenüber Winterfrost ebenfalls wenig anbauwürdig sein. Dies gilt auch für tiefere Lagen, in denen es erfahrungsgemäß gerne zu Frostschäden am Holz kommt. Die Blüten sind demgegenüber ziemlich frosthart.

Baum

Der Baum wächst anfänglich mittelstark- und hochstrebend, später läßt der Wuchs aber nach. Die Folge sind kleine bis allenfalls mittelgroße, meist breitaufrechte, vereinzelt jedoch auch kugelige Hochstammkronen. In der Aufbauphase ist jährlicher Schnitt für eine ausreichende Verzweigung zweckmäßig. Später, bei nachgelassener Triebkraft, sollten wiederholt Verjüngungsmaßnahmen durchgeführt werden. Sortentypisch ist der metallartige Glanz der dunkelgrünen, rundlichen Blätter an den rötlichen Trieben. Die Fruchtholzbildung ist klassisch: Einjährige Langtriebe, end- und seitenständig fruchtend sowie am älteren Langtrieb Kurztriebe, ein- und mehrjährig, mit jeweils endständiger Infloreszenz. Diese Garnitur wird durch jährlichen Schnitt begünstigt. Zur Anzucht von Hochstämmen sind Stammbildner vorteilhaft. Anfällig für Schorf, Obstbaumkrebs und Läuse.

Frucht

Pflückreife: Ab Anfang bis Mitte Oktober.
Genußreife: Dezember bis Februar aus dem Frischluftlager, nach Kühllagerung bei +2 °C bis März–April
Größe und Form: Mittelgroß; flachrund und kurzachsig, fast durchweg schief und mittelbauchig mit meist schwachen Rippen; Fruchtform-Index um 0,90.
Farbe und Beschaffenheit der Schale: Grünlichgelb, vollreif gelb, in der Regel mehr als die Hälfte der Schale rot gefärbt von schwachstreifig über geflammt bis flächig blut- bis erdbeerrot und dann noch dunkelrot gestreift; Lentizellen darauf als dichte, große und helle Flecken, auf Grundfarbe als locker verteilte, schwarze Pünktchen; glatt, leicht wachsig, weitgehend ohne Berostungen; auffallend zähe Struktur.
Kelch: Halboffen bis geschlossen, mittelgroß bis klein; Blättchen kurz, fast dreieckig, häufig verkrüppelt, dunkelgrau bis schwarz.
Kelchgrube: Flach bis höchstens mitteltief mit feinen Falten; kaum berostet, verschiedentlich jedoch mit ringförmigen Rissen, unregelmäßig.
Stiel: Teils dünn und kurz, teils mittellang und mitteldick, ragt mehr oder weniger über den Grubenrand.
Stielgrube: Mäßig tief, eng, weitet sich nach oben kräftig; grünlichbraun, fein- bis grobschuppig berostet, teils weit über den Rand laufend und dann unschön.
Kernhaus: Klein; breitzwiebelförmig mit Tendenz zu offener Röhre, häufig ungleich; viele braune Samen, langeiförmig und zugespitzt; Leitbündel als grüne Punkte weit außen liegend.
Fleisch: Grünlichgelb bis gelblichweiß; feinzellig, sehr fest, leicht zäh, aber noch saftig, später mürbe; anfällig für Stippig- und Glasigkeit; mittlerer Gehalt an Vitamin C.
Geschmack: Bei guter Reife feinsäuerlich, schwaches Aroma; angenehm, wohlschmeckend.

Anbau und Markt

Früher als roter, gut aussehender und zugleich sehr fruchtbarer wie auch befriedigend lagerfähiger Weihnachtsapfel hoch geschätzt. Die Erträge setzen nicht nur frühzeitig ein, sondern sind danach, bezogen auf die Kronengröße, hoch und fast ohne jährliche Schwankungen. Diesen günstigen Eigenschaften stehen die Anfälligkeit für Schorf, leider auch für Lagerschorf, und Obstbaumkrebs sowie die nach Farbe, Form und Größe häufig ungleich entwickelten Früchte gegenüber. Vorteilhaft ist wiederum, daß die Früchte, die sich durch einen artspezifisch mittleren Zucker- und hohen Säuregehalt auszeichnen, auf dem Lager kaum welken, wenig druckempfindlich, gut transportfähig und spezifisch schwer (0,83) sind. Trotz mancher Mängel scheint diese Sorte auf zusagenden, also niederschlagsarmen, sonnigen Mittelgebirgslagen im Hausgarten eine Alternative zur Sorte 'Jonathan' zu sein. Ähnliche Früchte kann die Sorte 'Roter Berlepsch' haben.

Berner Rosen

Voller Name ist (Neuer) 'Berner Rosenapfel'.
Ähnliche Namen sind u. a. 'Bernska rozova', 'Pomme Rose de Berne', 'Roz de Berna' und 'Różanka bernenska'.
Abstammung und Herkunft: Soll 1888 als Zufallssämling von einem Herrn F. Baumann im Wald gefunden und von der Baumschule Daepp in Oppligen, Schweiz, verbreitet worden sein.
Mutanten: Von 'Berner Rosen' sind keine Mutanten bekannt.
Polleneigenschaften: Günstig (diploid), mittelfrüh- bis mittelspätblühend; Befruchtersorten sind u. a. 'Klarapfel', 'Berlepsch', 'Glockenapfel', 'Cox Orange', 'Goldparmäne', 'Jonathan', 'Golden Delicious', 'Ananas', 'Danziger Kant' und 'Ontario'.
Standortansprüche: Sehr warme Lagen sind vermutlich wegen hoher Anfälligkeit für Mehltau wenig geeignet, dafür eher warme bis mäßig kühle, d. h. mittlere bis hohe Lagen (in SW-Deutschland bis 700 m über NN). Ausreichend für das Gedeihen dieser Sorte sind auch mittelgründige, mäßig frische bis frische Lehmböden mittlerer Fruchtbarkeit. Feuchte bzw. wechselfeuchte Böden mit ungünstiger oder zeitweilig mangelhafter Durchlüftung

Berner Rosen

schwächen dagegen die Kondition der Bäume und fördern dadurch die Krankheitsanfälligkeit, insbesondere für Obstbaumkrebs. Holz und Blüten werden als weitgehend frosthart beurteilt und die Früchte sollen selbst zur Reife hin nur wenig windempfindlich sein.

Baum

Anfänglich mittelstarker und hochpyramidaler, später jedoch nachlassender Wuchs führt zu mittelgroßen, häufig überhängenden Kronen. Hauptsächliche Fruchthölzer sind die ein- und mehrjährigen Kurztriebe an den kleinblättrigen Langtrieben. Dies birgt die Gefahr frühzeitiger Vergreisung in sich. Deshalb sind nach starken Baumerträgen oder zu geringer Triebbildung Schnitteingriffe zum Zwecke der Verjüngung angezeigt. Anfällig für Schorf und Mehltau, in feuchten Lagen für Obstbaumkrebs; schwefelempfindlich.

Frucht

Pflückreife: Ende September bis Anfang Oktober.
Genußreife: Im Naturlager bis Dezember, bei Kühllagerung (+2 °C) bis Januar.
Größe und Form: Mittelgroß; mittelbauchig, und kegelförmig, d. h. zum Kelch hin stärker als zum Stiel hin fliehend, schwach bis mäßig, aber durchlaufend gerippt. Fruchtform-Index um 0,92, also relativ hochgebaut.
Farbe und Beschaffenheit der Schale: Trüb gelblichgrün bis hellgelb, in der Regel aber zu $\frac{2}{3}$ bis $\frac{4}{5}$ fleischig bis dunkelviolettrot verwaschen gefärbt, sortentypisch der lilafarbige Reif und die Lentizellen auf der Deckfarbe als helle Punkte, die sich zum Kelch hin verdichten; glatt, mattglänzend, unberostet; hart.
Kelch: Mäßig groß bis klein; überwiegend geschlossen, oft durch Falten verdrückt; Blättchen lang, schmal und am Ende nach außen gebogen.
Kelchgrube: Mitteltief und -weit; verschiedentlich schwach höckerig und meist gefältelt, selten rund; flaumig; ohne Rost.
Stiel: Kurz bis mittellang, mitteldick bis dick, endet oft saugnapfartig; in der Mitte mit flaumigen Warzen.
Stielgrube: Tief, aber sich weit öffnend, selten gleichmäßig rund, eher verdrückt durch kleine Wülste; meist olivfarbig und strahlig berostet, mitunter deutlich über den Grubenrand hinaus.
Kernhaus: Mittelgroß, herz- bis zwiebelförmig, kelchnah, gegen das Fleisch grünlich abgesetzt, Achse ausgefüllt; zahlreiche kleine, braune und scharfspitzige Samen; Leitbündel kaum sichtbar.
Fleisch: Grünlichweiß, vollreif weißlichgelb, vereinzelt mit rötlichen Streifen und am Kelch mit glasigen Partien; feinzellig fest, knackig, (sehr) saftig, angenehm, spezifisch mittelleicht; mittlerer Gehalt an Vitamin C; gering anfällig für Stippen; spezifisches Gewicht um 0,76.
Geschmack: Eigentümlich würzig, eher süßlich und weniger fruchtig, im ganzen erfrischend.

Anbau und Markt

Nach langjährigem Anbau in Mitteldeutschland leistet 'Berner Rosen' auf M9 nur 50% der Baumerträge von 'Golden Delicious'. Demzufolge ist diese Sorte trotz früheinsetzender Erträge langfristig nur mittelmäßig fruchtbar bei zusätzlich deutlicher Tendenz zur Alternanz. Starke Behangdichten bedingen überdurchschnittlich viele kleine Früchte von minderwertiger Qualität. Andererseits neigen sortenspezifisch große bis sehr große Früchte vermehrt zu Schäden durch Fleischbräune. Typisch für die Früchte sind ihre auffällige Bereifung am Baum und die mit viel Blau unterlegte rote Deckfarbe. Ihre Lagerfähigkeit ist begrenzt, bei Kühllagerung allenfalls bis Januar. Der Anbau sollte sich wegen der Anfälligkeit für Schorf auf windoffene, niederschlagsarme Höhenlagen beschränken. Dort kann die Sorte jedoch zu einem beachtenswerten Herbst- bzw. Weihnachtsapfel heranreifen. Gewisse Ähnlichkeiten im Aussehen bestehen mit Früchten von 'Spartan', 'Ingrid Marie' und vielleicht noch 'Jonathan'.

Blenheim

kenapfel', 'Golden Delicious', 'Jonathan', 'Klarapfel', 'Landsberger' und 'McIntosh'.
Standortansprüche: Für zufriedenstellende Fruchtbarkeit und gute Fruchtqualität sind warme, sonnige Lagen mit frischen, nährstoffreichen und ausreichend durchlüfteten Böden Voraussetzung. Sowohl auf trockenen als auch auf feuchten Verhältnissen ist 'Blenheim' ein »fauler« Träger. Hohe Feuchtigkeit im Boden und in der Luft verstärken zudem die Anfälligkeit für Obstbaumkrebs. Das Holz ist mäßig frostempfindlich, die Blüten erfrieren relativ früh, ähnlich wie bei 'Boskoop'. Stark dem Wind ausgesetzte Flächen sind wenig geeignet, da es dort zu Fruchtfall kurz vor der Ernte und zum Abknicken der Blätter kommen kann.

Baum

Die Sorte treibt und wächst stark, vor allem in der Jugend. Dies führt nach anfänglich breitaufrechtem Wuchs später zu ausladenden, leicht gewölbten Kronen mit (fast) flach stehenden Seitenästen, die ihrerseits zahlreiche, oft dicht mit Kurztrieben besetzte Langtriebe aufweisen. Dem triploiden Charakter gemäß sind die Blätter groß, dabei häufig schirmartig nach hinten gebogen und grob, aber ungleich gezähnt; sie sind schwefel- und kupferempfindlich und mäßig schorfanfällig. Zu der bereits erwähnten Anfälligkeit für Obstbaumkrebs kommt hinzu, daß das Holz bevorzugt von der Blutlaus befallen wird. 'Blenheim' soll auch rauchgasempfindlich und häufig mit Apfelmosaik verseucht sein.

Blenheim

Voller Name ist 'Goldrenette von Blenheim'.
Ähnliche Namen sind u. a. 'Blenheim Orange', 'Blenheim Pippin', 'Reinette dorée de Blenheim', 'Renetta dorata di Blenheim' und 'Zlota reneta Blenheimska'.
Sehr viele Synonyme, vor allem 'Belle d'Angers', 'Empress Eugenie', 'Kemsters Pippin' (= 'Pepping'), 'Prince of Wales' oder 'Woodstock Pippin'; in Frankreich 'Benedictine'.
Abstammung und Herkunft: Nach englischen Angaben schon um 1740 als Zufallssämling von Kemster in Woodstock (Oxfordshire, England) gefunden und ab 1820 verbreitet; später nach dem benachbarten Landsitz Blenheim des Herzogs von Marlborough (Winston Churchill stammt von dort) benannt; der engl. Name Blenheim geht auf den deutschen Ortsnamen Blindheim (Kreis Dillingen, Bayern) zurück, der in der engl. Literatur für den Namen Höchstadt (Schlacht bei Höchstadt 1704, gewonnen von Duke of Marlborough) verwendet wird; früher auf geeigneten Standorten geschätzte Sorte, heute noch vereinzelt vorhanden; gehört nach Lucas zur Familie der Goldreinetten (franz. Reinettes dorées).
Mutanten: In England sind einige, meist intensiver rotgefärbte Mutanten wie 'Aldenham Blenheim', 'Red Blenheim' und 'Scarlet Blenheim' bekannt geworden.
Polleneigenschaften: Schlecht (triploid), mittelspätblühend; Befruchtersorten sind u. a. 'Baumann', 'Berlepsch', 'Champagner', 'Cox Orange', 'Croncels', 'Discovery', 'Glokkenapfel', 'Golden Delicious', 'Jonathan', 'Klarapfel', 'Landsberger' und 'McIntosh'.

Frucht

Pflückreife: Ende September bis Anfang/Mitte Oktober, je nach Klimastufe.
Genußreife: November bis Januar im Frischluftlager.
Größe und Form: Groß bis sehr groß; überwiegend mittelbauchig und plattrund, vereinzelt flachkugelig, dabei ebenmäßig, also ohne Rippen oder Kanten, in der Regel zum Kelch hin mehr als zum Stiel abgeflacht; Fruchtform-Index um 0,72, also relativ flach.
Farbe und Beschaffenheit der Schale: Grünlich-gelbe bis (gold) gelbe Grundfarbe; sonnenseits 30 bis 50% verwaschen bis marmoriert trüb blaßrot bis purpurrot mit zahlreichen größeren, hell umhöften Lentizellen, die schattenseitig als graugrüne Roststernchen auftreten und ver-

schiedentlich in netzartige Rostflecke übergehen, allgemein mit feinem Rostnetz überzogen; Schale trocken, welkeempfindlich, moniliaanfällig; hart.
Kelch: Groß; offen; filzige Blättchen selten am Grund verwachsen, aufrechtstehend, Zipfel gebogen, gleich einer Krone; Staubfäden wie Pinsel verklebt.
Kelchgrube: Weit, flach und schüsselförmig, teils gefältelt, vereinzelt randlich berostet und auch rissig.
Stiel: Dick; kurz bis mittellang; je nach Reife grün bis braun.
Stielgrube: Ziemlich flach; Grund eng mit schuppigen Rostringen, weitet sich nach oben rasch und hat Roststrahlen, die über den Rand hinauslaufen.
Kernhaus: Groß; breitzwiebelförmig und langspitzig; hohlachsig; eiförmige Samen häufig taub; Leitbündel nahe am Kernhaus.
Fleisch: Gelblich-weiß bis gelb; grobzellig, abknackend, mittelsaftig, rasch mürbe werdend, hebt leicht von der Schale ab; anfällig für Stippen und Fleischbräune; spez. Gewicht um 0,76.
Geschmack: Aromatisch und renetteartig gewürzt bis fein süß-säuerlich; bereits vor Vollreife angenehm.

Anbau und Markt

Die Vorzüge dieser Sorte liegen im sehr guten Geschmack – nicht umsonst wird sie als Vatersorte von 'Cox Orange' vermutet – und im Aussehen ihrer Äpfel sowie in der geringen Druckempfindlichkeit, die auch den Versand erleichtert. Weniger günstig wird die spät einsetzende und selten hohe Fruchtbarkeit, das frühzeitig saftarme und stippeanfällige Fleisch und die begrenzte Haltbarkeit angesehen. Für den Hausgarten oder alternativen Anbau ist die höchstens mittelmäßige Schorfanfälligkeit von Vorteil. Ein qualitativ ansprechender Spätherbst- bis Mittwinterapfel. Früchte sind u.a. mit denen von 'Boskoop', 'Coulon', 'Kanada-Renette' und 'Zabergäu' verwechselbar.

Boiken

Voller Name ist 'Boikenapfel', nicht identisch mit 'Riesenboiken', einer eigenständigen Sorte.
Synonyme bzw. ähnliche Namen sind im Alten Land 'Neuhauser', 'Krautsander', 'Burfeinds', 'Echter' und 'Rehders Boiken'; sonst 'Boiken-alma', 'Boikovo jabloko', 'Pomme Boiken' oder 'Zlatko Boikena'.
Abstammung und Herkunft: Ein alter deutscher Zufallssämling aus dem Bremer Land, der nach einem dortigen Deichvogt Boike (oder Boiken) benannt sein soll und 1828 erstmals von Magister Schröder aus Hamburg beschrieben wurde. Früher im Ursprungsgebiet wie in ganz Norddeutschland und in Dänemark, vor allem auch in Küstennähe, verbreitet; zählt nach Lucas zur Familie der Gulderlinge (franz. Calvilles bâtardes).
Mutanten: Von der Sorte 'Boiken' sind keine Mutanten bekannt, es sei denn, daß die unter Synonyme aufgeführten lokalen Bezeichnungen auf gebietstypische Mutanten hinweisen.
Polleneigenschaften: Günstig (diploid), sehr spät- und auch langblühend; Befruchtersorten sind u.a. 'Ananas', 'Cox Orange', 'Goldparmäne' und 'Oldenburg'.
Standortansprüche: Eine besonders an norddeutsche Standortverhältnisse angepaßte Sorte, die aber auch für west- und süddeutsche Höhenlagen anbauwürdig ist. In diesen Bereichen soll sie weder schorf-, noch mehltauempfindlich sein. Derartige Mängel treten jedoch zunehmend in wärmeren Gebieten auf, in denen die Gefahr von Trockenperioden größer ist. Beides beeinträchtigt den Wuchs und die Fruchtqualität. Ähnlich wie 'Boskoop' gedeiht diese Sorte auch auf tonigen, zu Wechselfeuchtigkeit neigenden, sog. schweren Böden. Die Früchte sollen sogar sturmfest und die Blüte ziemlich frosthart sein, während das Holz gelegentlich Teilschäden durch Frost erleiden kann.

Baum

Anfangs stark- danach mittelstarkwachsend, aber mit kräftiger Triebbildung. An Hochstämmen entwickeln sich schließlich hochgewölbte bis breitkugelige und ausladende Kronen mit meist hängenden Zweigen. Als Fruchthölzer kommen hauptsächlich ein- und mehrjährige Kurztriebe, selten dagegen einjährige Fruchtruten in Betracht. Auf geeigneten Standorten ist die Sorte weitgehend widerstandsfähig gegenüber Schorf, Mehltau und Obstbaumkrebs, auf warmen, frischen und somit wüchsigen Böden dagegen weniger. Empfindlich für Kupferspritzmittel.

Frucht

Pflückreife: Mitte bis Ende Oktober.
Genußreife: Von Januar bis Mai–Juni im Frischluftlager.
Größe und Form: Mittelgroß bis groß; flachrund bis leicht hochgebaut, mittelbauchig und zum Kelch hin fliehend, in der Regel mit 5 kräftigen, längsseitigen Kanten oder Rippen, verschiedentlich schief;

Boiken

Fruchtform-Index zwischen 0,76 bis 0,87.
Farbe und Beschaffenheit der Schale: Grünlichgelb bis wachsgelb, teilweise sonnenseitig rötlich angehaucht; Lentizellen auf der Grundfarbe als sehr kleine, vereinzelte Rostpunkte, auf der Deckfarbe als helle Punkte; glänzend, vollreif stark wachsig, weitgehend ohne Rost; Schale weich bis hart.
Kelch: Geschlossen oder halboffen; Blättchen klein, wenig auffällig, am Grund grün, Spitzen braun.
Kelchgrube: Mäßig weit und mäßig tief; häufig netzartig berostet, ausgeprägte, nicht zu grobe Höcker, zum Kelch gefältelt.
Stiel: Mittellang und mitteldick bis dünn; ragt kaum über den Grubenrand, vielfach seitlich verdrückt.
Stielgrube: Auffällig tief, öffnet sich nach oben trichterförmig; stets feinschuppig und strahlig, oft über den Rand hinaus berostet; häufig ungleich bzw. wellig geformt.
Kernhaus: Hoch- bis breitzwiebelförmig, geräumig und hohlachsig; in breiten, innen oft weißpilzigen Fächern oder Kammern zahlreiche, dunkelbraune Samen.
Fleisch: Weißlich, unter der Schale grünlich; kurzbrechend, dicht, fest, aber saftig, sehr stabile Struktur; hohes spezifisches Gewicht (0,85); mittlerer Gehalt an Vitamin C.
Geschmack: Wein- bis süßfruchtig mit eigentümlichem Aroma; bemerkenswert.

Anbau und Markt

Vorteilhafte Eigenschaften dieser Sorte sind die sehr gute natürliche Haltbarkeit ihrer Früchte und ihre auf zusagenden Standorten geringe Krankheitsanfälligkeit von Blatt, Holz und Frucht. Insoweit ist diese Sorte vor allem für den Anbau im Hausgarten oder Liebhaberbereich zu empfehlen.
Dank wachsiger Schale welken die Früchte kaum. Auch vollreif sind sie druckunempfindlich und somit stets gut handelsfähig. Weniger überzeugend ist ihre Ertragsfähigkeit, die verspätet einsetzt, nie hoch ist und alterniert. Entsprechend dem meist günstigen Blatt-Frucht/Verhältnis sind die in der Regel einzelhängenden Äpfel gut entwickelt und äußerlich wie innerlich von sortenspezifisch bester Qualität. Als Tafel- und als Kochapfel geeignet. Ähnlichkeit bei den Früchten besteht mit den Sorten 'Weißer Wintercalvill' und 'Landsberger'.

Brettacher

Brettacher

Ähnlicher Name ist 'Brettacher Sämling'. Synonyme sind keine bekannt.
Abstammung und Herkunft: Zufallssämling; angeblich um 1900 von Landwirt Kuttruff in Brettach (Kreis Heilbronn/Baden-Württemberg) entdeckt bzw. gefunden; möglicherweise ein Sämling von 'Champagner'.
Mutanten: Von 'Brettacher' sind bis heute keine Mutanten bekannt geworden.
Standortansprüche: Für ansprechende Fruchtqualitäten sind von der Blüte bis zur Ernte bestimmte Wärmemengen Voraussetzung. Höhenlagen von mehr als 550 m über NN in SW-Deutschland oder relativ kühle Klimate eignen sich im Mittel der Jahre für den Anbau demnach weniger, zumindest, wenn das Ziel bekömmlich und nicht »grasig« schmeckende Tafeläpfel sein soll. Für Verarbeitungsware sind diese Grenzen jedoch weniger eng gesteckt. Die Ansprüche an Feuchtigkeit und natürliche Nährkraft des Bodens sind nicht hoch, so daß neben frischen auch mäßig frische, wechseltrockene bzw. schwach tonige Böden verwendbar sind. Gutes Gedeihen zeigt beispielsweise 'Brettacher' am Keuperstufenrand und im Albvorland. Die Blüten und das Holz sind ziemlich frosthart, wenngleich der Spätfrost 1977 zu je einem Drittel Frostzungen und schiefe Früchte nach sich zog. Der Polarwinter 1984/85 wurde ohne nennenswerte Schäden überstanden. Zur Reife hin hängen die Äpfel nicht besonders fest am Baum.
Verbreitung: Fast ausschließlich in SW-Deutschland im Streuobstbau bzw. in alten, geordneten Hochstammpflanzungen und im Hausgarten anzutreffen. Wegen ihrer Robustheit neuerdings für den landschaftsprägenden Obstbau als Hochstamm empfohlen.
Bestandessicherheit: Diese ist sehr hoch, da die Sorte für parasitäre Holzkrankheiten, Winterfrost oder für Virosen u. ä. nicht besonders anfällig ist.

Baum

Wuchs: Der anfänglich eher mittelstarke als starke Wuchs hat seine sortenspezifische Note in sehr langen, häufig basal leicht verkahlenden Trieben und Ästen, die in der Regel schwach verzweigt und ab dem 2. Jahr dafür dicht mit seitlichen Kurztrieben von 2 bis 5 cm Länge besetzt sind. Auf starkwachsenden Unterlagen entwickeln sich deshalb mittelgroße, flachkugelige und lockere Kronen, die durchweg gut belichtet sind. Da die Triebzahl nicht hoch und die Verzweigung dürftig sind, ist das Anschneiden der Langtriebe hin und wieder eine sinnvolle Maßnahme.

Charakteristisch ist auch das Fehlen einer prägenden Mittelachse sowie das oftmals willkürliche Abkippen fruchtender Langtriebe nach allen Seiten. Sortentypisch sind ebenfalls große, langovale bis elliptische und dunkelgrüne Blätter, die sich manchmal mit einem leichten Blaustich darbieten.
Fruchtholz: Bevorzugte Fruchtstand-Orte sind die 1jährigen Kurztriebe an den 2jährigen Langtrieben und das daraus hervorgehende Quirlholz (Kurztriebe, mehrjährig); beide Orte fruchten endständig. Im erstgenannten Fall hängen die Äpfel oftmals zwiebelschnurartig an diesen, zur Fruchtreife hin gerne abkippenden Langtrieben.
Blüte und Befruchtung: Als Pollenspender ungeeignet (triploid); spätblühend; geeignete Befruchter sind u.a. 'Goldparmäne' und 'Ontario'. Blütenzahl 6,2 (5 bis 7), große, gestaltlich schöne und vielblütige Infloreszenz, schüsselartig geformt, Achse und Stiele kurz; Kronblätter rund- bis länglichoval, deckend, kurzgenagelt, wenig Rosa; Primärblätterzahl 7,8 (5 bis 9), mittelgroß, Stiele mittellang, halbgerollt, Ränder mittelfein gezähnt, kurz zugespitzt, basal oft ungleich ansetzend; Kelchblätter lang und spitz, meist weitbogig nach unten gerollt, Spitzen verbräunt; Griffel so lang wie Staubblätter (1 bis 1,5 cm lang), bürstenartig, basal weißlich; Staubblätter engständig, aufrecht.
Ertrag: Der Ertragsbeginn ist verzögert. Dies und die anfänglich lockeren Kronen führen zu Baumerträgen, die nach 10 Jahren etwa 60% derjenigen von 'Boskoop' erreichen; später verringert sich dieser Abstand zu 'Boskoop' merklich. Vorteilhaft ist das geringe Alternanzrisiko.
Krankheiten und Mängel: Holz und Blatt sind gegenüber Krankheiten und Schädlingen verhältnismäßig widerstandsfähig, vor allem gegenüber Schorf und Mehltau. Der Pflegeaufwand ist somit niedrig.

Frucht

Pflückreife: Mitte bis Ende Oktober, in Höhenlagen Anfang November.
Genußreife: Aus dem Frischluftlager bis Februar/März; aus dem Kühllager bei mindestens +4 °C, da sonst Gefahr für Kältefleischbräune besteht, bis April/Mai.
Größe und Form: Groß (bis sehr groß); flach bis sehr flach, schwach grobkantig bzw. leicht rippig von kleinen Höckern am Kelch ausgehend, betont mittelbauchig.
Farbe und Beschaffenheit der Schale: Anfänglich grünlich, später lindgrün bis gelblichgrün, sonnenseits teils geflammt, teils verwaschen bräunlich hellrot bis braunrot (1/3 bis 2/3), vollreif bis leuchtendrot; Lentizellen weißlich und dicht, aber kaum sichtbar; glatt, stark wachsig, vereinzelt Rostspritzer, sonst rostfrei; unter ungünstigen Lagerbedingungen empfindlich für Schalenbräune; hart und manchmal derb.
Kelch: Mittelgroß; überwiegend geschlossen; oft verdrückt; Blättchen von graugrün bis grau, am Grund geschlitzt.
Kelchgrube: Mittelweit; mitteltief bis tief; meist geräumig und oft ungleich schwach höckerig, teils verdrückt.
Stiel: Kurz bis mittellang; mitteldick bis dünn.
Stielgrube: Weit, häufig gefurcht oder ungleich; mitteltief; fast durchweg fein schuppig berostet, teilweise strahlig über den Rand hinaus.

Brettacher

Physikalische und chemische Eigenschaften der Frucht										
Tagewerte	161									
Größenverteilung nach Gewicht – Größenklassen in mm	<55	55/60	60/65	65/70	70/75	75/80	80/85	85/90	90/95
%		2	8	22	34	22	9	3	
Mittleres Fruchtgewicht in g		152			(160 – 233)				
Spezifisches Fruchtgewicht		0,81			(0,80–0,82)				
Fruchtform-Index		0,80			(0,76–0,86)				
Mittlerer Zuckergehalt als Refraktometerwert in %		11,2			(9,8–12,0)				
Mittlerer Säuregehalt in g/l		7,0			(6,2– 8,8)				
Gruppen des Vitamin-C-Gehalts in mg/100 g Frischgewicht		10–20							
Sorbitgehalt in g/100 g Frischgewicht									

Kernhaus: Mittelgroß; zwiebelförmig; Achse hohl, Fächer überwiegend geschlossen, gleichmäßig sternförmig mit teils zahlreichen, teils nur wenigen Samen, diese rötlichbraun wuchtig bis verkümmert; Leitbündel liegen als grünliche Punkte ziemlich außen; Kelchröhre fehlt.
Fleisch: Weiß; sehr saftig, kurz, locker; angenehm; weitgehend frei von Mängeln wie Stippigkeit, Glasigkeit, Kernhausbräune u.a.; bleibt lange saftig.
Geschmack: Fruchtig-herb bis süßlich-fruchtig, wenig Aroma; im Frühjahr erfrischende Note.

Anbau und Markt

Für die vor Jahrzehnten noch geschätzte Tafelsorte 'Brettacher' zeichnen sich anfangs der 90er Jahre neue Schwerpunkte ab: Dank ihrer Widerstandsfähigkeit gegenüber Krankheiten und Schädlingen und damit auch sehr geringer Pflegeaufwendungen, sind die spätreifenden, sehr gut haltbaren Winter- bzw. Nachwinteräpfel einerseits als alternatives Angebot geschätzt, zumal diese im Haushalt mannigfach verwendbar sind (Frischverzehr, Kochen, Backen), und andererseits kann die Sorte als Hochstamm auf starkwachsender Unterlage nutzbringend für den landschaftsprägenden Streuobstbau eingesetzt werden. Dies um so mehr, als die Eignung für die Saftherstellung, nicht zuletzt wegen der für Äpfel sehr hohen Ausbeute von über 80%, befriedigend ist, wenngleich als Folge nur mittlerer Gehalte an Zuckern und Säuren die reine Saftqualität nicht immer dem geforderten Standard entspricht.

Champagner

Ähnliche Namen sind 'Champagner Renette'.
franz.: 'Reinette (Blanche oder Plâte) de Champagne'.
Zahlreiche Synonyme, vor allem 'Glasapfel', 'Herrenapfel' (Baden), 'Kapuziner', 'Käsapfel' (Hessen, Württemberg), 'Loskrieger', 'Silberapfel', 'Zwiebelapfel' und 'Zweijährling'.
Abstammung und Herkunft: Zufallssämling, der nach der Überlieferung schon um oder vor 1770 in der Champagne (Frankreich) entstanden sein soll; von A. F. A. Diel, dem deutschen Obstsorten-Linné, 1799 erstmals unter dem Namen 'Loskrieger' beschrieben. Nach Lucas wird die Sorte zu den »Gulderlingen«, gestellt, d.h. es ist ein platter Winterapfel mit grundfarbigem geschlossenem Kelch.
Mutanten: Von 'Champagner' sind bis heute keine Mutanten aufgetreten bzw. gefunden worden.
Standortansprüche: Der Sorte entsprechende günstige Größen und Qualitäten nach Geschmack und Saftigkeit des Fleisches verlangen warme Klimate und mindestens mäßig frische, fruchtbare Böden mit ausgeglichenem Lufthaushalt. 'Champagner' stellt also hohe Ansprüche an den Standort. Auf kühleren und zugleich weniger wüchsigen Standorten erreichen die Äpfel selten Tafelapfelqualität, d.h. sie bleiben blaß und trocken, und die Triebe reifen manchmal nicht genügend aus; sie sind dann frostempfindlich. Der Obstliebhaber kann andererseits durchaus weinbergähnliche Lagen bzw. schwach wechseltrockene und etwas tonige aber warme Böden nutzen, auf denen zwar häufig die Äpfel kleiner bleiben, dafür aber qualitativ hervorragend ausfallen. Auf wechselfeuchten Böden verstärkt sich die Anfälligkeit für Obstbaumkrebs. Die Blüten gelten als weitgehend frosthart. Nach dem Spätfrost 1959 wies demzufolge die Sorte die geringsten Verluste auf. Allerdings führte der frühe Spätfrost 1977 zu einigen Fruchtschäden wie Frostzungen und schiefe Früchte (zu je 25% der Äpfel) sowie zu kräftigen Berostungen im Stielgrubenbereich, während der Ertrag ungeschmälert blieb. 'Champagner' ist für windige Lagen geeignet, da die Äpfel fest am Baum hängen.
Verbreitung: Die alte Tafelsorte war früher mit 15% im Südtiroler Sortiment und in den wärmeren Landschaften von Südwestdeutschland, Hessen sowie Rheinland im Streuobstbau und Hausgarten vertreten.
Bestandessicherheit: Im allgemeinen eine hinsichtlich parasitärer Blatt- und Holzkrankheiten wie auch in Bezug auf die Frosthärte des Holzes unempfindliche Sorte, die allerdings auf mehr als frischen bzw. wechselfeuchten Böden vom Obstbaumkrebs befallen werden kann.

Baum

Wuchs: Der anfänglich mittelstarke Wuchs läßt später nach; im Vollertragsalter ist er gemessen an der Zahl und Länge der Triebe nur noch als schwach einzustufen. Charakteristisch ist der kurznodige bzw. spur-typische Wuchs der Triebe, die auch als Langtriebe gestaucht, also kräftig und meist aufrecht inseriert sind. Dadurch entstehen gedrungene, starkästige und pyramidale bis kugelige, aber gut belichtete Kronen, die wenig Schnittaufwand benötigen. Aus diesem Grund eignet sich die Sorte gut für den früher beliebten Form-

Champagner

obstbau. In der Regel sind die Langtriebe dicht mit seitlichen, nur 2 bis 5 cm langen Kurztrieben bekleidet, die später sich zu Quirlholz umbilden und dann in gewissen Zeitabständen wegen der Gefahr der Vergreisung zu verjüngen sind. Kennzeichnend für den gestauchten Wuchs ist auch die bei Hochstämmen häufig zu beobachtende konische Form des Stammes. Als sortentypisch gelten die dunkelgrünen und mittelgroßen Blätter, die fast lederartig entwickelt und von daher robust gegenüber pilzlichen Krankheiten sind.

Fruchtholz: Fast ausschließliche Fruchtstand-Orte sind die ein- und mehrjährigen Kurztriebe an den Langtrieben, die beide endständig fruchten und häufig zu zwiebelschnurartigem Fruchtansatz führen.

Blüte und Befruchtung: Als Pollenspender geeignet (diploid); sehr spät- und langblühend; geeignete Befruchter sind u. a. 'Berlepsch', 'Berner Rosen', 'Croncels', 'Danziger Kant', 'Glockenapfel', 'Goldparmäne', 'Jonathan', 'Klarapfel', 'Oldenburg' und 'Ontario'; Blütenzahl 5,7 (4 bis 8), mittelgroße bis kleine Infloreszenzen, Achse und Stiele kurz, letztere dünn; Kronblätter 5, vereinzelte mißgestaltet, langoval, unterschiedlich groß, mittellang genagelt, schwach deckend bis berührend, wenig Rosa; Primärblätterzahl 7,4 (5 bis 10), ziemlich groß, oval bis herzförmig, Stiele mittellang und dünn, leicht gerollt, Spitze aufgesetzt, Ränder mittelfein gesägt; Kelchblätter mittellang, spitzig, Enden nach unten gebogen; Griffel gleichlang bis etwas kürzer als Staubblätter, engständig, letztere basal weiß, becherförmig angeordnet.

Ertrag: Früh, reichlich und regelmäßig fruchttragend, doch die Erntemengen sind infolge der bescheidenen Fruchtgrößen höchstens durchschnittlich.

Krankheiten und Mängel: Wenig empfindlich gegenüber Schorf und Mehltau; in feucht-kühlem Klima oder auf Böden mit mangelhafter Durchlüftung kommt es zu Infektionen durch Obstbaumkrebs.

Champagner

Physikalische und chemische Eigenschaften der Frucht		
Tagewerte	165	

Größenverteilung nach Gewicht – Größenklassen in mm	<55	55/60	60/65	65/70	70/75	75/80	80/85	85/90	90/95
%	21	34	30	14	1				

Mittleres Fruchtgewicht in g	100	(69 – 151)
Spezifisches Fruchtgewicht	0,83	(0,82–0,84)
Fruchtform-Index	0,65	(0,57–0,80)
Mittlerer Zuckergehalt als Refraktometerwert in %	12,3	(11,2–14,5)
Mittlerer Säuregehalt in g/l	9,0	(7,1–10,9)
Gruppen des Vitamin-C-Gehalts in mg/100 g Frischgewicht	10–20	
Sorbitgehalt in g/100 g Frischgewicht		

Frucht

Pflückreife: Ende Oktober.
Genußreife: Aus dem Frischluftlager von Dezember bis März; aus dem Kühllager bis Mai; sind die Temperaturen zu niedrig, kann bei dieser Sorte Fleischbräune auftreten.
Größe und Form: Klein bis mittelgroß; durchweg flach bzw. platt und mittelbauchig, überwiegend rund bis mitunter schwach gerippt oder unrund.
Farbe und Beschaffenheit der Schale: Grünlichgelb bis wachsgelb, teilweise sonnenseits marmoriert von rosarotem Hauch (fleischfarben) bis trübrot, am Baum beduftet; wenige Lentizellen als helle oder graue Pünktchen, zur Kelchgrube verdichtet und weiß; glatt, wachsig, glänzend, fast frei von Rost, aber nach Spätfrost mit Frostzungen, anfällig für Lentizellenröte; hart.
Kelch: Mittelgroß; geschlossen; Blättchen teilweise lang und spitz, vorne braun, am Grund geschlitzt.
Kelchgrube: Flach bis mäßig tief; weit; feingerippt bis feingefältelt, vereinzelt berostet.

Stiel: Kurz bis höchstens mittellang; eher dünn als mäßig dick; hellbraun, stark knopfig am Ansatz.
Stielgrube: Mitteltief; meist eng; überwiegend feinschuppig berostet, oft über den Rand der Grube hinausstrahlend.
Kernhaus: Groß im Verhältnis zur Frucht; breitzwiebelförmig; kelchnahe; Achse hohl, Fächer sternartig und geräumig, gleichmäßig, zahlreiche dunkelbraune, vorne gekrümmte Kerne.
Fleisch: Weiß bis cremefarben; saftig, kurz, grobzellig, wird rasch mürbe; neigt zu Glasigkeit, fast keine Stippe.
Geschmack: Weinsäuerlich bzw. weinfruchtig, nur schwach gewürzt, in saftigem Zustand erfrischend.

Anbau und Markt

Die vorrangig für wärmere Anbaugebiete geeignete Sorte zeichnet sich durch lange Haltbarkeit und vielseitige Verwendbarkeit (Tafel-, Koch- und Mostapfel) aus. Auf besonders günstigen Standortsverhältnissen kann es zu hohen Fruchtbehangdichten kommen, so daß hier Ausdünnung mit chemischen Mitteln angezeigt ist. Als Tafelfrucht sollte man die Äpfel wegen der längere Zeit vorherrschenden Säure erst nach vielwöchiger Lagerung verzehren. Auch ist beim Hantieren mit ihnen Vorsicht geboten, da der anfangs pralle Zustand leicht zu Druckflecken führt. Heute wird 'Champagner' vor allem für den Hausgarten empfohlen, da die Bäume einerseits wenig Schnitt und Erziehung verlangen – deshalb auch sehr gut als Spalierbäume zu nutzen sind – und andererseits Blätter und Früchte ziemlich unempfindlich gegenüber Pilzkrankheiten sind. Ähnliche Früchte kann die Sorte 'Weißer Wintertaffetapfel' haben.

Coulon

Ähnliche Namen sind 'Coulons Renette', 'Reinette Coulon', 'Coulon' und 'Coulons Renette'.
Keine Synonyme.
Abstammung und Herkunft: Vom Baumschulbesitzer Coulon in Lüttich (franz. Liège, Belgien) entdeckt oder herausgebracht; die ersten Früchte erntete man 1856. Früher vor allem im nördlichen Deutschland verbreitet.
Mutanten: Von der Sorte 'Coulons' sind keine Mutanten bekannt.
Polleneigenschaften: Ungünstig (triploid), mittelfrühblühend.
Standortansprüche: Verlangt hinsichtlich Klima und Boden ähnliche Verhältnisse wie die Sorte 'Boskoop', gedeiht aber auf feuchten bis wechselfeuchten bzw. tonigen Böden mit mangelhafter Durchlüftung schlechter als 'Boskoop'.
Die Blüten von 'Coulon' sind aber weniger empfindlich gegenüber Spätfrösten. Schon auf mäßig trockenen oder wechseltrockenen Böden kann es zu vorzeitigem Fruchtfall bzw. zum Abstoßen der Früchte kommen.
Mit 'Boskoop' gemein hat diese Sorte die Frostempfindlichkeit des Holzes. In windoffenen Lagen ist wegen Fruchtfall Windschutz angebracht.

Baum

Als triploide Sorte ist der Wuchs entsprechend stark und in der Jugend betont aufrecht. Hochstämme bilden später dennoch flachkugelige Kronen mit beträchtlicher seitlicher Ausladung. Bei naturnahem Schnitt entstehen fortlaufend Fruchtbögen, d. h. zwei- bis vierjährige Langtriebe, die unter ihrer Fruchtlast kippen und oberseitig neue Langtriebe als Ausgangspunkt für den nächsten Fruchtbogen hervorbringen. Die Blätter sind wenig anfällig für Krankheiten, das Holz ist jedoch anfällig für Obstbaumkrebs.

Frucht

Pflückreife: Ab Mitte Oktober.
Genußreife: Bei Kühllagerung von November bis März, ähnlich wie bei der Sorte 'Boskoop'.
Größe und Form: Groß bis mittelgroß; flachrund, flacher als 'Boskoop' und 'Zabergäu', mittel- bis stielbauchig, verschiedentlich leicht schief; Fruchtform-Index zwischen 0,75 und 0,79.
Farbe und Beschaffenheit der Schale: Anfänglich gelblichgrün, später grünlichgelb, aber fast durchweg von feinem Rost überzogen, sonnenseitig streifig oder flächig teils schwach orange, teils erdbeerrot gefärbt, nicht klar, eher trüb; Lentizellen als Roststerne auffällig, als Punkte weniger; feinrauh, trocken; hart.

Coulon

Kelch: Überwiegend halboffen, mittelgroß; Blättchen klein, im ganzen unscheinbar.
Kelchgrube: Flach, tellerartig und mitunter leicht gerippt; in der Regel berostet und schwach rissig.
Stiel: Mittellang bis kurz, ragt kaum über den Grubenrand; mitteldick; flaumig, grün bis grau-grün.
Stielgrube: Mitteltief, öffnet sich nach oben weit; auffällig grobschuppig und breit ringförmig berostet, manchmal aufgerissen.
Kernhaus: Klein, kelchnah, zwiebelförmig bis rhombisch; Samenfächer klein mit wenigen, teils tauben, braunschwarzen Samen.
Fleisch: Grünlichweiß bis cremefarben, am Rand grünlich bis bräunlich (Deckfarbe), teils fest, teils eher weich, kurzbrechend, saftig, wird bei Lagerung zäh oder mürbe; anfällig für Stippe; mittlerer Gehalt an Vitamin C; spezifisches Gewicht um 0,84.
Geschmack: Süßlich-feinsäuerlich, ähnlich 'Boskoop', aber weniger fruchtig.

Anbau und Markt

Auf geeigneten Standorten, die weder trocken noch feucht sind, ist die Fruchtbarkeit dieser Sorte gut bis sehr gut, d. h. daß sie trotz des starken Wuchses frühzeitig und nachhaltig Blüten- und Früchte bilden kann. Das Aussehen der Früchte wird als Folge der flächigen Berostung mehr als bei anderen Renetten beeinträchtigt, zumal die Grundfarbe auch in der Vollreife einen Grünton hat. Vorteilhaft ist, abgesehen vom Nachteil der Anfälligkeit für Obstbaumkrebs, ihre sonstige Robustheit im Holz und Blatt. Im Vergleich zu der Sorte 'Boskoop' schmeckt 'Coulon' weniger säuerlich. Die Früchte sind denen von 'Boskoop' und 'Zabergäu' ähnlich.

Croncels

Croncels

Voller Name ist 'Transparent aus Croncels' oder 'Durchsichtiger aus Croncels'. Ähnliche Namen sind u. a. 'Eisapfel aus Croncels', 'Olivka Kronselska', 'Transparente de Croncelles' und 'Yellow Transparent' (wird teils auch für 'Klarapfel' verwendet). Auf dem Kongreß des Deutschen Pomologenvereins 1905 in Frankfurt/Main wurde der Name 'Apfel aus Croncels' festgelegt.
Synonyme sind 'Glasapfel' und 'Rosenapfel'.

Abstammung und Herkunft: Angeblich als Sämling von 'Antonowka' durch E. Baltet gezogen und ab 1869 von der Baumschule Baltet Frères (Gebrüder Baltet) aus Croncels nahe Troyes (Department Aube, Frankreich) in den Handel eingeführt; früher in ganz Deutschland verbreitet.
Mutanten: Keine bekannt.
Polleneigenschaften: Gut (diploid), frühblühend; Befruchtersorten sind u. a. 'Ananas', 'Baumann', 'Berner Rosen', 'Cox Orange', 'Glockenapfel', 'Goldparmäne', 'James Grieve', 'Klarapfel', 'McIntosh', 'Ontario'.
Standortansprüche: 'Croncels' hat auf durchlässigen Böden eine große Anbaubreite; wegen starker Schorfanfälligkeit sind jedoch niederschlagsreiche und/oder luftfeuchte Gebiete bzw. Standorte wenig geeignet. Andererseits schwächen mehr trockene Klimate den Wuchs und fördern den Mehltau. Dank früher Reife gedeiht die Sorte auch in nicht zu windigen Höhenlagen. In Windlagen kommt es häufig zu vorzeitigem Fruchtfall. Im Holz gegenüber Winterfrost und in der Blüte gegenüber Spätfrost weitgehend widerstandsfähig.

Baum

Der anfänglich starke Wuchs läßt aber später nach; es entstehen mittelgroße, kugelige Kronen mit lockerer Verzweigung ähnlich 'Goldparmäne'; in der Aufbauphase des Gerüstes ist Binden der Äste oft zweckmäßig; sortentypisch ist der dem Leittrieb wenig untergeordnete Afterleittrieb. Mittellange Triebe sind reichlich mit Kurztrieben besetzt.
Im Alter ist, vor allem bei Hochstämmen, durch regelmäßigen Schnitt der Trieb in Gang zu halten.
Stark schorfanfällig, mehltau-, schwefel- und besonders rauchgasempfindlich. Früher als frostharter Stamm- und Gerüstbildner bewährt.

Frucht

Pflückreife: In frühen Lagen Ende August, in Höhenlagen Mitte September.
Genußreife: September und Oktober.
Größe und Form: Groß (mittelgroß bis sehr groß), teils flach-, teils schwach walzenförmig bzw. hochgebaut; mittelbauchig, meist gleichmäßig rund, selten mit leichten Rippen; Fruchtform-Index um 0,79.
Farbe und Beschaffenheit der Schale: Überwiegend mit weiß- bis schwach zitronengelber Grundfarbe, sonnenseits meist mit Hauch von rosa bis rosaroter Backe; typisch sind die dichten, röteanfälligen und hell umhöften, kleinen Lentizellen als blaugrüne Rostpunkte sowie auch oft 1 bis 2 mm große Schorfflecke; glatt, leicht wachsig, um den Kelch etwas rauh; weich.
Kelch: Groß, überwiegend offen, tief; Blättchen aufrechtstehend, breit angesetzt, spitzzulaufend und grundgrün, Zipfel gebogen; Staubfäden sichtbar.
Kelchgrube: Ziemlich tief und ebenso weit, schwach gerippt bis gefältelt; Rostpunkte stehen dicht und werden nach außen strahlig.
Stiel: Kurz und dick, im Querschnitt oval, ragt selten über den Grubenrand hinaus, feinbehaart.
Stielgrube: Tief und durch fleischige Wülste häufig eng; strahlig berostet.
Kernhaus: Mittelgroß, zwiebel- bis herzförmig; hohlachsig; Samen groß und dunkelbraun, Samenfächer langgestreckt und geräumig; Leitbündel in Mittellage als grüne Punkte.
Fleisch: Sonnenseitig creme- bis roséfarben, schattenseitig gelblichweiß; locker, grobzellig bis feinfaserig, mittelsaftig, weichbrüchig; sehr druckempfindlich; hoher Vitamin-C-Gehalt; niedriges spezifisches Gewicht (0,73).
Geschmack: Eigentümlich würziger und süßweiniger bis feinfruchtiger Geschmack, auch schon vor der Vollreife; wird rasch überreif.

Anbau und Markt

Der transportuntaugliche und deshalb nur für den Hausgarten oder den Lokalmarkt anbauwürdige Herbstapfel überzeugt in gut ausgereiftem Zustand durch seinen guten Geschmack und das angenehme Fruchtfleisch. Allerdings ist die optimale Genußreife auf wenige Wochen begrenzt. Danach können die Äpfel rasch mürbe und mehlig werden. Mehrmaliges Durchpflücken wirkt diesem Nachteil entgegen; die Lagerfähigkeit ist gering. 'Croncels' trägt reichlich und regelmäßig – nach Hinweisen aus Mitteldeutschland auf M9 ca. 85% von 'Golden Delicious' – und ist auch ziemlich bestandessicher. Aufgrund ihrer Anfälligkeit für Schorf sollte die Sorte aber nur in regenarmen und nicht zu kühlen Gebieten genutzt werden. Dort ist der artgemäße Feuchtigkeitsanspruch durch den Anbau auf tiefgründigen, humosen Lehmböden mit hohem Wasserspeicherungsvermögen sicherzustellen. Die Früchte eignen sich sehr gut für getrocknete Apfelringe und für Gelee. 'Croncels' besitzt die Fähigkeit, apomiktische Samen hervorzubringen. Äußerliche Ähnlichkeit besteht u.a. mit der Sorte 'Früher Viktoria'.

Danziger Kant

Ähnliche Namen sind 'Danziger Kantapfel', 'Calville de Danzig', 'Kantowska Gdanska' und 'Rode Kant Appel'.

Sehr viele Synonyme, u.a. 'Abrahams Apfel', 'Bentleber Rosenapfel', 'Blutapfel', 'Erdbeerapfel', 'Himbeerapfel', 'Paradiesapfel', 'Roter Kardinal', 'Roter Liebesapfel' und vor allem 'Schwäbischer Rosenapfel'.
Abstammung und Herkunft: Eine sehr alte Sorte, deren Ursprung unbekannt ist. Erste Hinweise gab es schon um 1760. Nach Lucas (1877) gehört sie zur Familie der 'Rosenäpfel'. Früher vor allem in Mittelgebirgslagen verbreitet.
Mutanten: Keine bekannt.
Polleneigenschaften: Günstig (diploid); mittelspät- und langblühend; Befruchtersorten sind u.a. 'Ananas', 'Berner Rosen', 'Champagner', 'Croncels', 'Glockenapfel', 'Goldparmäne', 'Jonathan' und 'Ontario'.
Standortansprüche: Mittelgründige, frische sowie gut durchlüftete und damit noch fruchtbare Lehmböden reichen zum Gedeihen dieser Sorte aus. Da der Wärmeanspruch ebenfalls nicht hoch ist, gehört 'Danziger Kant' zu den standörtlich genügsamen Sorten, die gerade für höhere Lagen geeignet sind. In warmen Klimaten

Danziger Kant

reifen die Früchte zu schnell und sind dann wenig haltbar. Holz und Blüte sind weitgehend frosthart. Durch Wind verursachter Fruchtfall ist selten.

Baum

Mittelstark- bis starkwachsend, entwickeln sich bei Hochstämmen zunächst hochstrebende, später breite und flachkugelige Kronen. Die Sorte bildet zahlreiche, stark verzweigte Triebe, so daß als hauptsächliche Fruchthölzer die ein- und mehrjährigen Kurztriebe maßgebend sind. Die Triebigkeit führt aber auch zu sparrigen Kronengerüsten, die regelmäßig auszulichten sind. Als typisch gelten die aufgehellten großen und breiten Blätter, die schorfanfällig und schwefelempfindlich sind. Die Anfälligkeit für Obstbaumkrebs ist mittel bis hoch.

Frucht

Pflückreife: Ende September bis Mitte Oktober, je nach Höhenlage.
Genußreife: Im Frischluftlager von Oktober bis Januar.
Größe und Form: Mittelgroß; meist flachkugelig, sortentypisch sind calvilleartige Rippen, sog. Wülste und längsseitige Nähte, überwiegend mittelbauchig, häufig schief; Fruchtform-Index um 0,84.
Farbe und Beschaffenheit der Schale: Grünlichgelb, in der Regel aber ganzflächig bzw. verwaschen von hell- bis karminroter Farbe, bräunlich, überzogen, selten gestreift; glatt, wird wachsig; Lentizellen als kleine grüne bzw. graue, zum Kelch sich verdichtende Punkte; hart.
Kelch: Mittelgroß und meist geschlossen, liegt ausgesprochen tief; lange Blättchen an der Spitze nach außen gebogen.
Kelchgrube: Eng bis mäßig weit, durch Höcker (5) und Wülste ungleich geformt; manchmal berostet und schwach rissig.
Stiel: Teils kurz, teils mittellang, mitteldick, zum Teil beidseitig mit stilettähnlichen Blättchen.
Stielgrube: Tief und meist eng, fast durchweg strahlig berostet, gerippt bis wulstig.
Kernhaus: Mittelgroß; herzförmig, stielnahe und hohlachsig; Wand verläuft girlandenartig, Leitbündel als grüne Punkte; Samen dunkelbraun, birnenförmig bis sackartig und zugespitzt, manchmal Fächer pilzig.
Fleisch: Weißlich bis grünlichgelb, oft randlich gerötet und zum Kernhaus grün geadert; anfänglich kurzbrechend, dichte Struktur, saftig, wird später weich und mürbe; mäßig anfällig für Stippigkeit
Geschmack: Süß-fruchtig, leicht würzig, nicht nachhaltig, aber angenehm erfrischend.

Anbau und Markt

Die Fruchtbarkeit setzt verzögert ein, ist danach mittel- aber regelmäßig. Bei hohen Behangdichten fallen viele kleine, geschmacklich minderwertige Früchte an. Gleich nach der Pflücke sind die Früchte fest und transportfähig, aber bereits genußreif, später werden sie zunehmend weicher und druckempfindlicher. Wegen der Anfälligkeit für Fleisch- und Kernhausbräune sind sie für die Kühllagerung wenig geeignet. Sie können aber dank der welkeunempfindlichen Schale einige Wochen im Frischluftlager gehalten werden. Qualitativ herausragend ist zweifellos die kräftige Rotfärbung der leider stippeanfälligen Früchte. Soll einen hochwertigen Süßmost liefern. Ähnliche Früchte hat u.a. die Sorte 'Berner Rosen'.

Finkenwerder

Voller Name ist 'Finkenwerder Prinzenapfel', früher auch unter dem Namen 'Finkenwerder Prinz' oder 'Finkenwärder Herbstprinz' geführt.
Synonym ist 'Hasenkopf'.
Abstammung und Herkunft: Zufallssämling, der auf der Elbeinsel Finkenwerder bei Hamburg gefunden wurde; soll dort um 1860 auch entstanden sein.
Mutanten: Im Alten Land sind verschiedene rote Farbmutanten bekannt geworden, die nach den dortigen Erfahrungen und Beobachtungen aber wenig stabil in der Farbbildung sind.
Standortansprüche: Im luftfeuchten Klima des Alten Landes gedeiht diese Sorte gut auf schweren, d.h. mehr oder weniger tonreichen Lehmböden, die an das Grundwasser Anschluß haben. Demzufolge ist sie weder an die Wärme noch an die Durchlüftung des Bodens besonders anspruchsvoll, verlangt dafür, ähnlich wie 'Boskoop', für einen leistungsfähigen Stoffwechsel viel und regelmäßig Wasser. Bei gleichmäßiger Wasserversorgung hat sich die Sorte auch auf leichten Böden bewährt. Unter derartigen Bedingungen sind gut aussehende und geschmackvolle Früchte zu erzeugen, diese Sorte ist dann im Holz frosthart und unempfindlich für Obstbaumkrebs. Selbst bei relativ hoher Luftfeuchtigkeit scheint sich ihre Anfälligkeit für Schorf ebenfalls in Grenzen zu halten; die Früchte sind weitgehend windfest. Der Spätfrost im Jahre 1977 hatte in Bavendorf allerdings erhebliche Schäden an den Früchten zur Folge (Frostzungen 40 bis 50%, schiefe Früchte 50 bis 60%, Schalenberostungen 20 bis 30%).
Verbreitung: An der Niederelbe, dort insbesondere im Alten Land, sowie in Mecklenburg verbreitet; die Altländer Erntemengen schwankten früher jährlich zwischen 5000 t bis 10000 t, dieses Angebot ist bis 1993 auf etwa 2000 t zurückgegangen. Altländer Lokalsorte.
Bestandessicherheit: Hoch, da es sich um eine lokal sehr gut angepaßte, robuste Sorte handelt.

Baum

Wuchs: Der Wuchs ist mittelstark. Hoch- und Halbstämme entwickeln kompakte, flachkugelige und höchstens mittelgroße Kronen, deren Äste meist überhängen. Die wenigen Langtriebe bekleiden sich willig und auf ganzer Länge mit Kurztrieben, so daß der Schnittaufwand gering ist. Auch begünstigt diese Struktur die Erziehung zur Schlanken Spindel. Die Seitenäste sind teilweise gabelig. Typisch sind schmal-elliptische, feinrunzelige Blätter mit doppelt gesägtem Rand und kurzer bis langgezogener Spitze. Besondere Anfälligkeiten für Krankheiten und Schädlinge liegen nicht vor.
Fruchtholz: Ein- und mehrjährige Kurztriebe, die endständig fruchten, herrschen vor; dank dieser hochwertigen Blütenorte bilden sich die Äpfel günstig und weitgehend gleichartig aus. Der Vergreisung der mehrjährigen Kurztriebe (Quirlhölzer) ist durch Verjüngen rechtzeitig vorzubeugen.
Blüte und Befruchtung: Als Pollenspender geeignet, diploid; mittelfrühblühend; Befruchtersorten sind u.a. 'Cox Orange', 'Glockenapfel', 'Gloster', 'Golden Delicious', 'Goldparmäne', 'Ingrid Marie', 'James Grieve' und 'Ontario'; große Blüten mit viel Rosa, meist 5 je Infloreszenz; Kronblätter teils deckend, teils nicht dekkend, kurz genagelt; Fruchtblätter ragen über Staubblätter hinaus. Soll mit 'Jonathan' und 'Klarapfel' intersteril sein.
Ertrag: Setzt früh ein, hoch und weitgehend regelmäßig, im ganzen eine ertragssichere Sorte.

Finkenwerder

Krankheiten und Mängel: Auf geeigneten Standorten weder für pilzliche Krankheiten noch für tierische Schädlinge besonders anfällig.

Frucht

Pflückreife: Anfang bis Mitte Oktober.
Genußreife: Aus dem Kühllager (+1 °C) bis Februar, aus dem 21er-Lager (7% CO_2, 14% O_2) bis April und aus dem CA-Lager (3% CO_2, 3% O_2) bis Mai.
Größe und Form: Groß bis mittelgroß; überwiegend kegelförmig, verschiedentlich auch spitzkegelig, deshalb betont stielbauchig und hochgebaut, schwach rippig, ähnlich 'Glockenapfel'.
Farbe und Beschaffenheit der Schale: Hellgrün bis gelblichgrün, sonnenseits $\frac{1}{3}$ bis $\frac{3}{4}$ orangerot marmoriert bis langstreifig gefärbt, oft bräunlich getönt; teils mit Längsnähten; Lentizellen als grobe, helle Punkte (Deckfarbe) bzw. schwarze Pünktchen, hell umhöft; glatt, trocken, dünn; weich.

Physikalische und chemische Eigenschaften der Frucht									
Tagewerte	144								
Größenverteilung nach Gewicht – Größenklassen in mm	<55	55/60	60/65	65/70	70/75	75/80	80/85	85/90	90/95
%			1	6	17	26	31	13	6
Mittleres Fruchtgewicht in g	196								
Spezifisches Fruchtgewicht	0,81	(0,78–0,83)							
Fruchtform-Index	1,02	(0,95–1,05)							
Mittlerer Zuckergehalt als Refraktometerwert in %	13,5	(12,8–14,3)							
Mittlerer Säuregehalt in g/l	10,9	(10,1–11,8)							
Gruppen des Vitamin-C-Gehalts in mg/100 g Frischgewicht	10–20								
Sorbitgehalt in g/100 g Frischgewicht									

Finkenwerder

Kelch: Halboffen bis geschlossen; klein bis mittelgroß; Blättchen länglich, aber klein, Spitzen gebogen.
Kelchgrube: Mittelgroß; mitteltief; feinhökkerig und nach innen gefältelt; berostet, auch über den Rand hinaus.
Stiel: Kurz bis mittellang; mitteldick, auch dünn; ragt kaum über Grubenrand; gerade.
Stielgrube: Klein; tief und eng; stets grob- bis feinschuppig berostet, mitunter strahlig über den Rand hinaus.
Kernhaus: Teils zwiebel-, teils birnenförmig; Achse hohl; Fächer groß, langgestreckt, teils mit reichlich, teils ganz ohne Samen, innen häufig mit weißem Belag; Samen länglich-oval und gelblichbraun; Leitbündel als grüne Punkte.
Fleisch: Weiß bis gelblichweiß; knackig, fest, feinzellig, noch saftig, verschiedentlich etwas zäh; mittlerer Gehalt an Vitamin C.
Geschmack: Feinfruchtig bis mildwürzig, wenig Aroma, aber erfrischend.

Anbau und Markt

Vor allem wegen ihrer großen Fruchtbarkeit wird die Sorte 'Finkenwerder' an der Niederelbe, wo sie hauptsächlich in den Elbmarschen angebaut wird, auch Mitte der 90er Jahre noch geschätzt. Nennenswerter Nachbau ist jedoch selten. Ihre Wertschätzung ergibt sich auch durch ihre vielseitige Verwendbarkeit als Tafel-, Koch- und Mostapfel sowie durch ihre günstige Handelsfähigkeit, allerdings nur in baumreifem Zustand. Die dünne Schale schrumpft gerne, so daß bei der Lagerung besonders auf stets hohe Luftfeuchtigkeit zu achten ist. Nach Geschmack, Geruch, Farbe und Konsistenz sind Verarbeitungsprodukte aus dieser Sorte von hoher Qualität. In Bavendorf gab es bei Kühllagerung Ausfälle durch Fruchtfäuleinfektionen; auch wurde gelegentlich Stippigkeit (um 5%) und etwas Fleischbräune festgestellt. Ähnliche Früchte wie 'Finkenwerder' können die Sorten 'Breuhahn', 'Erwin Baur' und 'Prinzenapfel' haben.

Gelber Edel

Ähnliche Namen sind u.a. 'Gelber Edelapfel', 'Golden Noble' (ursprünglicher Name in England) und 'Guldnoble'. Synonyme sind 'Carlisle Codlin', 'Drap d'Or', 'Gelber Scheibenapfel' (im früheren Ostpreußen), 'Glasapfel' (Baden), 'Ivanhoe', 'Lady Richardson', 'Plattapfel' (Bayern), 'Rutlandshire Foundling', 'Zitronenapfel' (Oldenburg) und 'Uslechtilé Zluté'.
Abstammung und Herkunft: Zufallssämling, der von Patrick Flanagan, dem Gärtner von Sir Thomas Hare (oder Harr) in Stowe Hall um 1800 bei Downham (Grafschaft Norfolk, England) entdeckt und verbreitet wurde. Im Jahre 1820 der königlichen Gartenbaugesellschaft in London vorgestellt und dort erstmals registriert. Je nach Anbaugebiet ist diese Sorte in Deutschland unter verschiedenen Namen bekannt (vgl. oben). Früher in beträchtlicher Zahl in den hannoveranischen Landen zur seitlichen Bepflanzung von Landstraßen verwendet. Nach Lucas ein platter, grundfarbiger Apfel mit geschlossenem Kelch, der zur Familie der Plattäpfel (franz. Plates) gestellt wird.
Mutanten: Keine bekannt.
Polleneigenschaften: Günstig (diploid), spät- und langblühend; Befruchtersorten sind u.a. 'Ananas', 'Baumann', 'Berlepsch', 'Cox Orange', 'Goldparmäne' und 'Zuccalmaglio'.
Standortansprüche: Eine standörtlich genügsame Sorte, die in warmen und kühlen Klimaten gedeiht und auch an den Boden keine hohen Ansprüche stellt. Nutzbar sind also auch ausgesprochene Höhenlagen, wenn sie nicht windoffen sind. Auf zu Trockenheit neigenden Böden besteht allerdings das Risiko, daß die Früchte frühzeitig fallen. Auf wechselfeuchten bis feuchten Verhältnissen – das sind meist stark tonige und somit mangelhaft durchlüftete Standorte oder Böden mit hohem Grundwasserstand – sind die Bäume durch Obstbaumkrebs gefährdet. Das Holz ist ziemlich frosthart, ebenso die Blüten dank ihrer späten Entwicklung. Diese sollen zudem wenig empfindlich bei Nässeperioden während der Blütezeit sein. Die Früchte sind nicht windfest und fallen leicht in der Endphase der Reife.

Baum

Der Wuchs ist eher stark als nur mittelstark und zwar anhaltend. Hochstämme bilden dementsprechend große Kronen, deren Formen von breitpyramidal bis flachkugelig reichen. Auf zusagenden Standorten bleiben die für alle Unterlagen geeigneten Bäume gesund und können demzufolge verhältnismäßig alt werden. Die Verzweigung der kräftig wachsenden, allerdings an der Basis oft verkahlenden Triebe ist gut, Rückschnitte sind somit nicht erforderlich; ebensowenig Schnittmaßnahmen zur Verjüngung. Angebracht ist dagegen regelmäßiges Auslichten der oft dichttriebigen Kronen. Die Gefahr einer Vergreisung ist gering. Die Früchte sitzen zunächst überwiegend an den Langtrieben, doch später fruchten auch die mehrjährigen Kurztriebe, das sog. Quirlholz. Zusammen mit den großen, sattgrünen und scharf gezähnten Blättern vermitteln die Bäume einen gesunden und wüchsigen Eindruck, sind aber mindestens mittelmäßig anfällig für Obstbaumkrebs. Besonders hervorzuheben ist die weitgehende Widerstandsfähigkeit gegenüber Schorf und Mehltau.

Frucht

Pflückreife: Ende September bis Anfang/Mitte Oktober; kann auch folgernd geerntet werden.
Genußreife: Von Oktober bis Januar aus dem Frischluftlager, bei +0,5 °C bis März aus dem Kühllager.
Größe und Form: Groß bis mittelgroß; flachrund, ebenmäßig, mittelbauchig, vereinzelt hochgebaut, dann stielbauchig, von der Form her ein betont ebenmäßiger Apfel, da Rippen, Kanten oder ähnliches kaum vorkommen.
Farbe und Beschaffenheit der Schale: Gelblichgrün bis hochzitronengelb, je nach Reife sonnenseits vollgelb und selten mit hellorangefarbigem verwaschenen Hauch, reif ein auffällig gelber Apfel; Lentizellen fast nur in der Stielhälfte, dort als locker verteilte winzige, graugrüne, oft sternartige Punkte; glatt, glänzend, später wachsig, keine flächigen Berostungen; zart und abziehbar.
Kelch: Klein; geschlossen, vereinzelt auch halboffen; Blättchen grünlich, kurzdreieckig, flaumig, am Grund nicht verwachsen, auch oft unregelmäßig angeordnet und aufrecht.
Kelchgrube: Flach bis sehr flach; meist schwach bis deutlich gefältelt oder perlig, verschiedentlich auch berostet oder mit grünlichen Restflächen.
Stiel: Sehr kurz bis kurz; dick und verdickt endend; flaumig, häufig grün, vereinzelt durch Schnabelansätze seitlich verdrückt.
Stielgrube: Mitteltief und eng, weitet sich aber rasch; in der Regel ringförmig grobschuppig berostet und dann meist weit strahlig oder gelappt, reicht teils ein-, teils zweiseitig über den Grubenrand hinaus.
Kernhaus: Mittelgroß; hochzwiebelförmig und kelchnahe; hohlachsig, Samenfächer ungleich mit langspitzigen Samen besetzt; gelegentlich glasig.
Fleisch: Grünlichweiß bis cremefarben bzw. gelblich; fest, knackend, kurzbissig, sehr saftig, spritzig, vollreif noch saftig, aber weniger fest, ähnlich 'Champagner Renette' aber feinkörniger; hoher Gehalt an Vitamin C; wird gern vom Apfelwickler (= Obstmade) befallen; frei von Stippen.
Geschmack: Betont fruchtige, erfrischende Note; herzhaft, aber wenig Aroma.

Anbau und Markt

Die Fruchtbarkeit dieser als Tafel- wie als Kochapfel verwendbaren Sorte setzt verzögert ein und ist auch danach nicht besonders hoch, da sich, zumindest bei Hochstämmen, oft ein zweijähriger Ertragsrhythmus einstellt. Mittlere Zucker- und Säuregehalte zeigen auch eine Eignung als Mostapfel an. Vorteilhaft sind ein geringer Pflegeanspruch, das Aussehen der gelblichen Äpfel zur herbstlichen Reife im Garten, ihr hoher Vitamin C-Gehalt (soll früher am Hof des Zaren in Rußland bevorzugt worden sein) und die Tatsache, daß sie nicht welken und weitgehend stippefrei sind. Bei längerer, vor allem unsachgemäßer, Lagerung kann es allerdings zu empfindlichen Ausfällen durch Fruchtfäulen kommen. Im Aussehen u. U. mit den Früchten der Sorte 'Croncels' verwechselbar.

Gewürzluiken

Ähnliche Namen sind 'Gewürzluikenapfel' und 'Gewürzluike'.
Synonyme sind keine bekannt.
Abstammung und Herkunft: Zufallssämling, dessen Herkunft im Dunkeln liegt; stammt

Gelber Edel

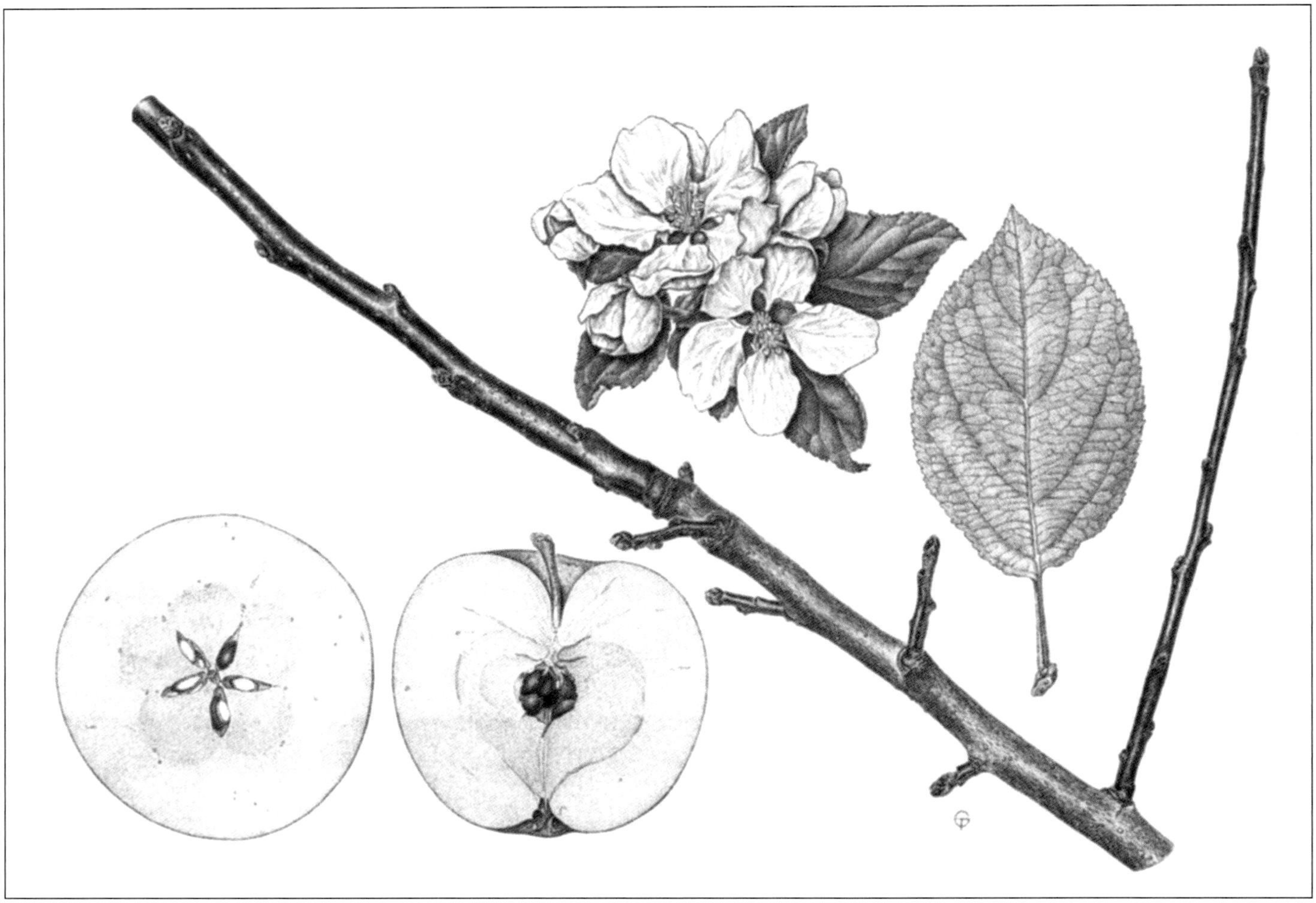

Gewürzluiken

sehr wahrscheinlich aus dem südwestdeutschen Raum (Württemberg).
Mutanten: Von 'Gewürzluiken' sind keine Mutanten bekannt geworden.
Standortansprüche: Geschmackvolle und vom Fruchtfleisch her feinzellige Äpfel sowie ausreichende Holzreife der einjährigen Triebe zum Herbst hin verlangen mindestens mittelmäßige Wärmeverhältnisse (Obst-Wintergetreideklima). In weniger warmen und zugleich niederschlagsreichen Gebieten reifen oftmals weder die Früchte (grobzellig, »grasiger« Geschmack) noch das Holz (Spitzendürre) genügend aus. Hinzu kommt, daß dort die Blätter und Früchte nicht nur schorfempfindlich, sondern meist auch kümmerlich sind. Gutes Gedeihen der Bäume ist an mehr als mittelgründige, mindestens mäßig frische und fruchtbare Böden gebunden. Wechselfeuchte oder stark tonige Böden verstärken die Anfälligkeit für Obstbaumkrebs. Die Blüten sind wenig, das Holz dagegen mäßig frostempfindlich. Der Winterfrost 1984/85 hat diese Schwäche allerdings nicht erkennen lassen. Es gab nur vereinzelt unbedeutende Teilschäden. Aufgrund der kurzen Stiele ist, besonders bei Wind, zur Ernte mit Fruchtfall zu rechnen.
Verbreitung: Hauptsächlich nur in Württemberg und dort vor allem in den weinbaulichen Randlagen, in Streuobstbaugebieten, in alten Hochstammpflanzungen und im Hausgarten angebaut.
Bestandessicherheit: Diese kann trotz der Schwäche für Obstbaumkrebs und Spitzendürre als ausreichend beurteilt werden; in der Praxis gilt 'Gewürzluiken' als langlebig.

Baum

Wuchs: Er ist als mittelstark bis stark einzustufen. In der Regel entwickeln sich runde Kronen; diese sind als Folge einer kräftigen, manchmal wildartig aussehenden Verzweigung meist ziemlich dicht und somit schlecht belichtet. Wichtig ist dann das Auslichten solcher Kronen und das Nichtanschneiden der Langtriebe, wodurch die Bildung von leistungsfähigem Fruchtholz gefördert wird. Als sorteneigentümlich sind die zahlreichen, im medialen und apikalen Bereich inserierten vorzeitigen Triebe am 1jährigen Langtrieb herauszustellen. Kennzeichnend sind aber auch die verhältnismäßig kleinen, ovalen und dunkelgrünen Blätter an den mittellangen und meist wenig kräftigen, eher schlanken Trieben. Abgesehen vom regelmäßigen Auslichten sind Schnittmaßnahmen oft nur anfänglich zur Kronenerziehung notwendig. Zum Aufpfropfen sehr gut geeignet.
Fruchtolz: Wegen der überaus reichlichen Bildung von vorzeitigen Trieben am 1jährigen Langtrieb fast nur an Kurztrieben, ein- und mehrjährig und endständig fruchttragend. Dies kommt der Fruchtqualität nach Größe, Farbe und Geschmack entgegen.
Blüte und Befruchtung: Als Pollenspender geeignet (diploid); spät- und langblühend, gegen Witterungseinflüsse wenig empfindlich; geeignete Befruchter sind u.a. 'Cox

Orange', 'Glockenapfel', 'Goldparmäne', 'James Grieve', 'Klarapfel', 'Oldenburg' und 'Ontario'; Blütenzahl 6,7 (6 bis 7, vereinzelt auch 8, höchster Wert der untersuchten Sorten), Achse und Stiele (sehr) kurz, mitunter subterminale Blüte gehemmt bzw. Blüten aneinandergeklebt, insgesamt zierlich; Kronblätter oval bis elliptisch, mittellang genagelt, nicht deckend, viel Rosa, geöffnet wie 5flügelige Schiffsschraube angelegt; Primärblätterzahl 7,3 (6 bis 9), bezogen auf Kultursorten klein und zierlich, breit bis schmal herzförmig, mittelfein gekerbt, Stiele sehr kurz und dünn, kurzspitzig; Kelchblätter mittellangspitzig, weitbogig nach unten geformt, Spitzen rötlich; Griffel länger als Staubblätter, teils mäßig, teils stark gespreizt; Staubblätter breitbecherförmig angelegt.
Ertrag: Nach verzögertem Beginn auch im Vollertragsstadium nicht mehr als für Kultursorten durchschnittlich, manchmal auch darunter.
Krankheiten und Mängel: Anfällig für Schorf, vor allem auch die Früchte, und je nach der Gunst der Standortverhältnisse schwach bis mäßig empfindlich für Obstbaumkrebs. Neben der frostbedingten Spitzendürre kommt es auch zu Spitzenbrand als einer möglichen Kombination von Triebschorf, Obstbaumkrebs und *Gloeosporium*-Fäule.

Frucht

Pflückreife: Je nach Wärmeklima von Mitte bis Ende Oktober.
Genußreife: Aus dem Frischluftlager von Dezember bis März, aus dem Kühllager bis April.
Größe und Form: Mittelgroß (bis groß); fast rund bis rund, mittelbauchig und nahezu gleichmäßig zum Stiel und Kelch sich abrundend, teils auch stumpfkegelig.
Farbe und Beschaffenheit der Schale: Gelblichgrün bis lindgrün, Deckfarbe (50 bis 90%) überwiegend verwaschen bräunlichrot und überzogen mit dunkel- bis burgunderroten kurzen Streifen, insgesamt leicht blaustichig, schattenseitig rötlich gestreift; Lentizellen als helle Rostpunkte deutlich sichtbar; glatt, leicht wachsig; derb.
Kelch: Mittelgroß bis klein; überwiegend geschlossen; Blättchen mittellang, am Grund breit und nicht verwachsen, Spitzen oft zurückgeschlagen.
Kelchgrube: Mitteltief; mittelgroß; meist ebenmäßig, verschiedentlich feinschuppig und strahlig berostet.
Stiel: Kurz; mitteldick bis dünn, knopfig.
Stielgrube: Tief und enggrundig, öffnet sich nach oben flach und weit; durchweg feinschuppig berostet, strahlig auf Schale übergreifend.
Kernhaus: Mittelgroß; zwiebelförmig und kelchnahe, bildet fast keine Kelchröhre aus; Achse geschlossen, Fächer sternartig und schmal, meist mit zahlreichen, hellbraunen Samen; Leitbündel fallen als grüne Punkte auf, sie liegen nahe am Kernhaus.
Fleisch: Grünlichweiß; (sehr) saftig, grobzellig, kurzbrechend, knackig.
Geschmack: Fruchtig und erfrischend; bei mangelhafter Reife grasig und flach; allgemein wenig Aroma.

Anbau und Markt

Die durch ihre kräftige Rotfärbung ansprechenden Äpfel eignen sich für viele Zwecke. Sie werden als spätreifende Tafeläpfel, die aus dem Frischluftlager bis März verbrauchsfähig sind, ebenso geschätzt wie als Koch- und Mostapfel. Allerdings ist vor einer Überlagerung zu warnen, da sonst Schalenbräune auftreten und die geschmackliche Frische rasch verloren gehen kann. Zu Saft verarbeitet erhält man aufgrund mittelmäßiger bis hoher Zucker- und Säuregehalte ein harmonisch schmeckendes Getränk von angenehmem Geruch. Bewährt hat sich 'Gewürzluiken' als Hochstamm auf starkwachsender Unterlage im Grünland (Weide) und in der Feldflur. Als Folge der Schorfempfindlichkeit ist der Anbau für eine Sorte, die vielfach nur für Verarbeitungszwecke genutzt wird, verhältnismäßig aufwendig.

Graue Französische Renette

Voller Name ist 'Echte graue französische Renette'.
Ähnliche Namen sind 'Grauwe fransche Renett', 'Grey french Reinette', 'Renetta grigia francese', 'Renet seryi frantsuzskii'. Synonyme wie z.B. 'Bec-de-Liévre', 'Belle Fille', 'Gastapfel', 'Grauer Rabau', 'Haute Bonté', 'Lederapfel', 'Pomme de Peau', 'Prager', 'Reinette de Grandville', 'Reinette grise du Limousin', 'Pelzapfel' und 'Winter Rabau'.
Abstammung und Herkunft: Zufallssämling, der schon vor 1600 in Frankreich als Sorte bekannt und früher in Europa auch verbreitet war, was aus den zahlreichen Synonymen ersichtlich ist. Später zunehmend von Sorten wie 'Boskoop' und vor allem 'Zabergäu' abgelöst. Von Lucas zu den Grauen Renetten (Lederäpfel; franz. Reinettes Grises; engl. Russetts) gestellt.

Physikalische und chemische Eigenschaften der Frucht										
Tagewerte		154								
Größenverteilung nach Gewicht	Größenklassen in mm	<55	55/60	60/65	65/70	70/75	75/80	80/85	85/90	90/95
	%	3	7	25	32	26	6	1		
Mittleres Fruchtgewicht in g			112			(79 – 142)				
Spezifisches Fruchtgewicht			0,79			(0,78–0,80)				
Fruchtform-Index			0,82			(0,80–0,90)				
Mittlerer Zuckergehalt als Refraktometerwert in %			12,5			(11,6–13,8)				
Mittlerer Säuregehalt in g/l			6,8			(4,8– 8,0)				
Gruppen des Vitamin-C-Gehalts in mg/100 g Frischgewicht			10–20							
Sorbitgehalt in g/100 g Frischgewicht										

Gewürzluiken

Mutanten: Keine bekannt.
Polleneigenschaften: Günstig (diploid); mittelfrüh- und kurzblühend.
Standortansprüche: Obwohl die Sorte aus wärmerem Klima stammt, gedeiht sie auch in höheren, aber windgeschützten Lagen, sofern der Boden frisch, gut durchlüftet und fruchtbar ist. Tiefgründige und humose Feinlehmböden bieten am ehesten derartige Voraussetzungen, weniger dagegen stark sandige oder tonige bzw. nur flach- bis allenfalls mittelgründige Böden. Bei Trockenheit reißen nämlich die Früchte gerne auf, während ein Zuviel an Feuchtigkeit im Boden die Bäume schwächt und damit anfällig für Krankheiten, insbesondere für Obstbaumkrebs, macht.

Die Frosthärte des Holzes wie der Blüten ist artspezifisch durchschnittlich, wenngleich als Folge unzureichender Holzreife (feucht, kühl) Spitzendürre auftreten kann. Bei später Ernte sind die Früchte windgefährdet.

Baum

Der anfänglich starke Wuchs läßt später nach. Die Folgen sind bei Hochstämmen große bis mittelgroße, breitkugelige, teils hängende Kronen, die selten geschlossen sind und bei schwachem Schnitt durch betonte Fruchtbogenbildung auffallen. Das graugrüne, lichte Blattwerk ergänzt dieses Bild. Während auf trockenen Verhältnissen die Sorte unter Schädlingsbefall leiden kann, scheint ihre Anfälligkeit für Schorf und Mehltau gering zu sein.

Frucht

Pflückreife: Mitte bis Ende Oktober; für gute Fruchtqualität nicht zu früh, wegen vorzeitigem Fruchtfall aber auch nicht zu spät ernten.
Genußreife: Anfang Dezember bis März bei luftfeuchter Lagerung.
Größe und Form: Mittelgroß; plattrund (kurzachsig), teils mittel-, teils stielbauchig, zum Kelch hin fliehend; grobkantig bis flachrippig, unrund, häufig schief.
Farbe und Beschaffenheit der Schale: Lichtgrüne bis olivgrüne, aber fast durchweg netzartig bis flächig feinschuppig berostete Grundfarbe und dann graubraun, verschiedentlich (bis 25% der Früchte) sonnenseits matt- bis trübrot gefärbt; Lentizellen als helle Punkte kaum sichtbar; rauh, trocken, welkeempfindlich; hart.
Kelch: Geschlossen, teils auch halboffen; Spitzen der länglich-eckigen Blättchen auswärts gebogen, häufig am Ansatz filzig und schmal geschlitzt.
Kelchgrube: Vorherrschend mitteltief, auch tief, und mittelweit, unregelmäßig schüsselförmig, mitunter mit schwachen Falten, durchweg feinschuppig berostet.
Stiel: Kurz bis allenfalls mittellang; meist mitteldick, am Ende sich verdickend, ragt kaum über den Grubenrand hinaus.
Stielgrube: Tief, eng bis mittelweit; in der Regel durch grobschuppige Ringe gekennzeichnet, endet in groben Schuppenfetzen.
Kernhaus: Ziemlich klein, breitzwiebelförmig mit kelchwärts hochgezogener Spitze; Achse fast geschlossen, Samenfächer schmal, sternförmig und spitz auslaufend, wenige kleine und braune Samen, innen verschiedentlich mit weißem Belag; Leitbündel als grüne Punkte auffällig.
Fleisch: Grünlichweiß bis gelblich; feinzellig, fest, wenig saftig, wird später mürbe bis leicht zäh; spezifisch schwer.
Geschmack: Fruchtig gewürzt, etwas herb, aber noch angenehm und höherwertiger als das Fleisch.

Anbau und Markt

Die Fruchtbarkeit dieser Sorte ist hoch; sie ist geprägt von frühzeitig einsetzenden, reichlichen und regelmäßigen Baumerträgen. Schwierigkeiten ergeben sich aus der für eine gute Fruchtausbildung zweckmäßigen späten Ernte, die jedoch das Risiko vorzeitigen Fruchtfalls erhöht, sowie aus der starken Neigung zum Schrumpfen der Früchte während der Lagerung, insbesondere bei zu früh gepflückter Ware. Auf luftfeuchte Lagerluft ist deshalb besonders zu achten. Bei hohen Behangdichten streuen die Äpfel nach Größe und Geschmack beträchtlich, so daß viel Ausfall entstehen kann. Fachgerechtes Ausdünnen solcher Behänge verbessert zusammen mit neuzeitlichen Anbaumethoden diesen Mangel. Aufgrund geringer Anfälligkeit für Schorf und Mehltau für den Hausgarten geeignet; ähnliche Früchte können 'Zabergäu', 'Gelber Boskoop' und andere Renetten haben.

Graue Französische Renette

Horneburger

Ähnliche Namen sind 'Horneburger Pfannkuchen' bzw. 'Horneburger Pfannkuchenapfel'.
Keine Synonyme.
Abstammung und Herkunft: Zufallssämling, der um 1875 aus einem Samen der Sorte 'Birkenapfel' in Horneburg/Niederelbe hervorgegangen sein soll; nach anderer Quelle wird als Mutterbaum die Sorte 'Boiken' angegeben.
Mutanten: Es gibt Mutanten mit höherem und/oder intensiverem Anteil an Deckfarbe, doch sie werden nur lokal mit Namen unterschieden.
Standortansprüche: Kräftiges Wachstum, hohe Fruchtbarkeit und gute Fruchtqualitäten werden innerhalb des Obstklimas (mäßig kühl bis warm) vor allem auf frischen bis schwach wechselfeuchten Böden, die auch schwach tonig sein können, erreicht. Solche Verhältnisse finden sich u.a. in niederschlagsreichen Gebieten (Region Bodensee) oder bei hohem Grundwasserstand (Altes Land). Auf wechseltrockenen oder weniger frischen Böden lassen dagegen die Leistungen i.o.S. rasch nach, während wärmere Standorte mehltaugefährdet sind. Die Bedeutung der Luftfeuchtigkeit tritt gegenüber einer regelmäßigen, d.h. gleichbleibend hohen Bodenfeuchtigkeit deutlich zurück. Blüten und Holz sind mittelmäßig bis gut frosthart. Durch Wind verursachter Fruchtfall kommt höchst selten vor.
Verbreitung: Vor Jahren eine der Hauptsorten an der Niederelbe für die Verarbeitung im Haushalt und im Gewerbe; gegenwärtige Umsatzmengen im Jahr 7000 bis

Horneburger

Horneburger

Physikalische und chemische Eigenschaften der Frucht		
Tagewerte	141	

Größenverteilung nach Gewicht – Größenklassen in mm	<55	55/60	60/65	65/70	70/75	75/80	80/85	85/90	90/95
%			1	3	7	10	20	19	17

Mittleres Fruchtgewicht in g	229	(147 – 305)
Spezifisches Fruchtgewicht	0,73	(0,82–0,84)
Fruchtform-Index	0,88	(0,78–0,98)
Mittlerer Zuckergehalt als Refraktometerwert in %	12,9	(12,2–14,0)
Mittlerer Säuregehalt in g/l	10,9	(9,5 12,3)
Gruppen des Vitamin-C-Gehalts in mg/100 g Frischgewicht	10–20	
Sorbitgehalt in g/100 g Frischgewicht		

12 000 t. Der Anbau ist jedoch rückläufig, teilweise zugunsten von 'Ingol'. Altländer Lokalsorte.

Bestandessicherheit: Im allgemeinen hoch, doch kann in feuchten Lagen oder auf deutlich wechselfeuchten Böden, auf denen die Baumkondition geschwächt ist, Obstbaumkrebs auftreten.

Baum

Wuchs: Als triploide Sorte anfänglich stark-, später nur noch mittelstarkwachsend. Trotz flachwinkelig angesetzter Äste entwickeln sich bei Mittel- und Hochstämmen in der Regel kugel- bis kegelförmige Kronen, die ziemlich gleichmäßig mit mittellangen Fruchthölzern garniert sind. Gut belichtete Spindelbäume zeigen häufig ein betontes Wachstum an der Kronenbasis. Die Zahl der meist kräftigen Triebe ist nicht hoch, die Neigung zur Verzweigung nur mäßig.

Die Erziehung und der Schnitt der Bäume ist aus diesen Gründen verhältnismäßig

einfach. Auffällig sind die großen, breitovalen Blätter.
Fruchtholz: Hauptsächliche Fruchtstand-Orte sind kräftige einjährige Langtriebe, die sowohl seiten-, als auch endständig blühen, aber auch einjährige Kurztriebe am zweijährigen Langtrieb und schließlich 20 bis 30 cm lange Fruchthölzer. Diese fruchten jeweils nur endständig.
Blüte und Befruchtung: Ungeeignet als Befruchtersorte, da triploid; blüht mittelfrüh bis mittelspät und lang; geeignete Befruchter sind 'Cox Orange', 'Glockenapfel', 'Golden Delicious', 'Goldparmäne', 'Ingrid Marie', 'James Grieve', 'Jonathan', 'Klarapfel' und 'Ontario'; Blütenzahl 5,4 (4 bis 6), Stiele kurz und kräftig, Achse ebenfalls kurz, d. h. kompakte Infloreszenz, Einzelblüte groß; Kronblätter deckend, langoval und genagelt, im Ballonstadium viel Rosa; Primärblätter 7,3 (6 bis 10), kräftig, groß, glatt aber gerollt, schwach gekerbt, Stiele kurz und kräftig, kurz bis stumpf zugespitzt; Kelchblätter fast dreieckig, basal breit, Spitzen rötlich und gebogen, eng; Griffel (5) gleichlang oder länger als Staubblätter, Basis eng, oben gespreizt; Staubblätter (20) äußerer Kranz etwas länger.
Ertrag: Setzt früh ein, ist hoch bis sehr hoch und weitgehend jährlich, sogenannter Massenträger; in Bavendorf zählt 'Horneburger' zusammen mit 'Ingol' zu den fruchtbarsten Apfelsorten, nicht zuletzt wegen der überdurchschnittlichen Fruchtgröße.
Krankheiten und Mängel: Mäßig anfällig für Schorf, Mehltau und Obstbaumkrebs.

Frucht

Pflückreife: Mitte bis Ende September, in süddeutschen Höhenlagen Anfang Oktober.
Genußreife: Ab Dezember–Januar bis März aus dem Frischluftlager; bis Ende April aus dem Kühllager bei 0 bis +1 °C; aus dem CA-Lager (5% O_2, 2 bis 3% CO_2) bis Mai.
Form und Größe: Sehr groß bis groß; breitkegelförmig, oft ungleichhälftig, grobkantig, bollig, mitunter leicht eckig, meist stielbauchig.
Farbe und Beschaffenheit der Schale: Lichtgrün bis gelblichgrün, sonnenseits teils in Spuren, teils ⅔ marmoriert bis geflammt hellorangerot bis ziegelrot mit oft bräunlichem bis bläulichrotem Anflug; Lentizellen als kleine, dunkle und locker verteilte Punkte, auf Deckfarbe ähnlich, aber hellumhöft; leicht wachsig, glatt; kaum hart.
Kelch: Groß; halboffen bis geschlossen; grüne Blättchen teils lang und schmal, teils kurz und breit (dreieckig), Spitzen häufig nach außen gebogen, am Grund nicht verwachsen, leicht filzig.
Kelchgrube: Groß; tief eingesenkt, stark gerippt, am Grund gefaltet, fast immer ungleichmäßig; selten oder nicht berostet.
Stiel: Überwiegend kurz und mitteldick bis dick, kaum länger als Grube; grünlich, selten bräunlich oder verbräunt, am Ansatz saugnapfartig vergrößert.
Stielgrube: Weit und tief; Rand fast durchweg grobwellig, vereinzelt mit schwacher Schnabelbildung; fast immer graugrün und feinschuppig, innen ring-, außen strahlenförmig berostet, geht nur gelegentlich über den Rand hinaus.
Kernhaus: Groß; zwiebelförmig, teils spitz, teils breit, kelchnah; Achse weit offen, Fächer groß und meist verpilzt; Samen vereinzelt, oft nur als Embryonen vorhanden; Gefäßbündel als grüne Punkte.
Fleisch: Grünlichweiß bis leicht cremefarben, randlich grün; grobzellig, schwach saftig bis mürbe, kurzbrechend, mitunter schaumig; anfällig für Stippigkeit.
Geschmack: Erfrischend feinsäuerlich, schwaches Aroma, im ganzen angenehm.

Anbau und Markt

Die hinsichtlich Fruchtbarkeit und Fruchtqualität (Einzelfruchtgewicht um 300 g) sehr gut an die ökologischen Verhältnisse der Niederelbe angepaßte Sorte war bislang die überragende Wirtschaftssorte dieses Raumes mit ausgezeichneten Verarbeitungseigenschaften und relativ langer Haltbarkeit im Frischluft- und im Kühllager. Danach sind die Äpfel wenig druckempfindlich und deshalb gut transportfähig. Liebhaber eines fruchtigen Geschmacks verzehren die Früchte als Tafeläpfel. Da das Säurepotential dieser Sorte artspezifisch sehr hoch ist, kann 'Horneburger' bei der Verarbeitung als Säureträger eingesetzt werden.

Ingol

Synonyme oder ähnliche Namen sind keine bekanntgeworden.
Abstammung und Herkunft: Im Jahr 1954 aus einem Samen der Kreuzung 'Ingrid Marie' × 'Golden Delicious', die an der Obstbauversuchsanstalt Jork bei Hamburg durchgeführt wurde, hervorgegangen. Der Originalsämling fruchtete erst 1964; auf die Unterlage M7 verklont, gab es jedoch schon ein Jahr früher die ersten Äpfel.
Mutanten: Von 'Ingol' sind bisher keine Mutanten bekannt geworden.
Standortansprüche: Nach bisherigen Erfahrungen dürfte eine bemerkenswerte ökologische Anpassungsfähigkeit vorliegen. Auf dem Bavendorfer Standort (mäßig warmes Klima, mittel- bis tiefgründiger, schwach bis mäßig toniger und schwach wechselfeuchter Geschiebelehmboden mit mittelmäßiger Fruchtbarkeit, mäßig bis stark spätfrostgefährdet) sind die Erträge nach 6jährigem Anbau auf M9 sehr hoch bzw. höher als bei 'Golden Delicious' (Kontrollsorte) sowie die äußere und innere Qualität der Früchte vielversprechend. Diese Bewertung entspricht etwa derjenigen des Züchters, der aber betont, daß bei mangelhafter Bodendurchlüftung die Früchte zur Berostung neigen und sogar rissig werden können. Auch soll in warmen und trockenen Lagen leicht Mehltau auftreten, die Säuren in den Früchten beschleunigt abgebaut und das Fruchtfleisch frühzeitig mehlig werden. Daraus ist abzuleiten, daß von der standörtlichen Seite her der Anbauschwerpunkt im mäßig warmen bis mäßig kühlen Bereich und auf mindestens mäßig frischen Böden liegen sollte. Ferner ist eine mindestens mittelmäßige Blütenfrostempfindlichkeit zu beachten. Nach künstlichen Inokulationen stellte man eine schwache bis mittlere Anfälligkeit für Obstbaumkrebs fest, die sich vermutlich auf Böden mit ungünstigem Lufthaushalt verstärken kann.
Verbreitung: Anfangs der 90er werden im Alten Land bis 2000 t vermarktet.
Bestandessicherheit: In Bavendorf nach 6 Jahren ohne jegliche Teil- oder Totalausfälle, obwohl der Frühfrost im November 1980 bei anderen Sorten z. T. erhebliche Schäden verursacht hat. Nach dem Winterfrost 1984/85 geringfügige Teilschäden; gutes Regenerationsvermögen.

Baum

Wuchs: Der Wuchs ist stark, obwohl 'Ingol' diploid ist. An Spindelbäumen fehlt oft der bestimmende Mitteltrieb im oberen Bereich, der dann seitlich abgedrängt ist. Trotzdem droht die Gefahr der Überbauung, da sich dort gerne ausgeprägte Quirlastpartien bilden. Die dicht mit weißen

Ingol

Lentizellen besetzten (ähnlich ‘Golden Delicious’), rotbraunen Triebe sind kräftig, dichtbelaubt, mittellang bis lang, eher kurz- als langnodig, nur wenig verzweigt und durchweg flach inseriert. Verschiedentlich können diese Triebe auch leicht quer wachsen. Dank der Austriebswilligkeit und des günstigen Ansatzwinkels sowie der geringen Verzweigungstendenz gibt es kaum Probleme bei der Kronenerziehung. Zu beachten ist jedoch, daß die Basisäste der Krone höher als 80 bis 90 cm angesetzt sind, da diese sonst nach dem Abkippen auf dem Boden aufliegen können. Starkwüchsige Jungbäume sollen zu kräftiger Triebquirlbildung unterhalb der jeweiligen Endknospe von Langtrieben neigen, doch läßt dies später zugunsten von Kurztrieben nach. Die großen, breitovalen und leicht gekerbten Blätter sitzen an rötlichen Stielen, glänzen oberseitig und sind unterseitig weißlich behaart; sie fallen spät im Herbst.

Fruchtholz: Klassische Fruchtstand-Orte sind die ein- und mehrjährigen Kurztriebe, endständig, an den älteren Langtrieben

Ingol

sowie die 1jährigen Langtriebe, seiten- oder achselständig. Letztere können nach Ausfall der anderen Orte infolge Spätfrost ausreichend große Früchte hervorbringen. Die 1jährigen Kurztriebe am 2jährigen Langtrieb sind mit 0,5 bis 1 cm Länge überwiegend sehr kurz bis kurz. Vorteilhaft ist, daß die Früchte sowohl gut in der Krone verteilt als auch meistens einzeln im Fruchtstand hängen.

Blüte und Befruchtung: Pollen günstig (diploid); mittelfrühblühend, etwa mit 'Cox Orange'; Befruchtersorten sind nach bisherigen Ergebnissen die Elternsorten 'Ingrid Marie' und 'Golden Delicious' sowie 'Cox Orange', 'Finkenwerder', 'Glokkenapfel', 'Goldparmäne', 'James Grieve', 'Jonathan' und 'Oldenburg'; Blütenzahl 5,7 (5 bis 7), Achse kräftig und mittellang, mittelllange Stiele; Kronblätter (5) angenehm duftend, kaum deckend, rosarot mit rötlicher Aderung, verblassen schnell; Primärblätterzahl 8,8 (7 bis 10), groß, kräftig, starke Adern, Rand gezahnt, Unterseite hellgrün bzw. mattfilzig, kräftige Nebenblättchen; Kelchblätter lang, spitzzulaufend, rostbraun, gekrümmt; Griffel (5, mitunter 6), länger als Staubblätter, engständig, aufrecht; Staubblätter (20) trichterförmig nach außen gespreizt.

Ertrag: Setzt früh ein, ist hoch und regelmäßig; im 1. bis 9. Standjahr waren in Bavendorf die Baumerträge deutlich höher als bei 'Golden Delicious'; 'Ingol' ist demnach eine sehr fruchtbare Apfelsorte.

Krankheiten und Mängel: Anfällig für Schorf und Mehltau (vgl. Standortansprüche), in luftfeuchtem Klima und/oder auf schlecht durchlüftetem Boden auch mäßig empfindlich für Obstbaumkrebs.

Physikalische und chemische Eigenschaften der Frucht									
Tagewerte	147								
Größenverteilung nach Gewicht / Größenklassen in mm	<55	55/60	60/65	65/70	70/75	75/80	80/85	85/90	90/95
%		2	4	11	20	36	12	10	5
Mittleres Fruchtgewicht in g		184				(115 – 248)			
Spezifisches Fruchtgewicht		0,81				(0,80–0,82)			
Fruchtform-Index		0,80				(0,69–0,85)			
Mittlerer Zuckergehalt als Refraktometerwert in %		14,0				(13,0–15,0)			
Mittlerer Säuregehalt in g/l		8,6				(7,6–10,2)			
Gruppen des Vitamin-C-Gehalts in mg/100 g Frischgewicht		10–20							
Sorbitgehalt in g/100 g Frischgewicht		0,37							

Frucht

Pflückreife: Ende September bis Anfang Oktober, etwa mit 'Boskoop'; aber auch noch später möglich, da einerseits kaum Fruchtfall einsetzt und andererseits der Zuwachs immer noch beachtlich sein kann.

Genußreife: Nach Kühllagerung bei +2,0 °C bis Ende Februar, bei +1 °C bis Ende März.

Größe und Form: Groß bis sehr groß; flachrund bzw. abgeplattet (deutlich breiter als hoch), in der Regel mittelbauchig, schwach grobkantig, sonst von der Form her eine ansprechende Frucht, manchmal etwas schief.

Farbe und Beschaffenheit der Schale: Unreif hellgrün, später grünlichgelb; sonnenseits ⅓ bis ⅔ teils gestreift, teils geflammt erdbeer- bis ziegelrot; Lentizellen auf der Grundfarbe kaum erkennbar, auf der Deckfarbe als helle Punkte, zum Kelch dichter als zum Stiel; matt, schwach rauh, in der Regel ohne Berostungen, soll aber i.a. eine ähnliche Berostungsneigung wie 'Golden Delicious' haben; dünn, fest, aber nicht zäh.

Kelch: Groß; meist halboffen, vereinzelt auch geschlossen; Blättchen überwiegend klein, aufrecht, grünlich-flaumig und am Grund nicht verwachsen, Spitzen häufig nach außen gebogen.

Kelchgrube: Weit; sehr tief und sehr fein gefältelt (ähnlich 'Berlepsch', nur wuchtiger), zum Rand hin dann höckerig bis schwach kantig; sehr selten berostet, dann ringförmig und grobschuppig; 1987 zeigte ein Teil der Äpfel (5 bis 10%) kleine bis deutlich sichtbare Risse als Folge kräftiger Berostung in diesem Bereich.

Stiel: Mittellang; mitteldick, zum Ansatz keulig verstärkt; grün bis hellbraun, flaumig.

Stielgrube: Sehr tief und trichterförmig sich weit öffnend, dabei unrund und etwas wellig (sortentypisch), vereinzelt mit leichter Wulstbildung; am Grund strahlig oder lappig, manchmal bis über den Rand hinaus, berostet.

Kernhaus: Ausgesprochen klein und kelchnah; öffnet sich breit (sortentypisch) in die tiefeingesenkte, dreieckige Kelchgrube, hochzwiebelförmig; Fächer ebenfalls klein und oft unterschiedlich in Form und Größe, nur vereinzelte, kurze, sackartige Samen, die dunkelbraun und oben abgerundet sind.

Fruchtfleisch: Grünlichweiß bis leicht cremefarben, am Rand grünlich; feinzellig, dicht aber weichsaftig; angenehm.

Geschmack: Feinfruchtig, ausgewogenes Zucker-Säure-Verhältnis, wenig aromatisch, trotzdem angenehm.

Anbau und Markt

Aufgrund einer Reihe von anbautechnisch günstigen Eigenschaften sowie der vielseitigen Verwendungsmöglichkeiten ihrer Äpfel besitzt die Sorte 'Ingol' einen hohen Anbau-, Markt- und Gebrauchswert und kann deshalb verbreitet empfohlen werden. Im einzelnen sind hervorzuheben die nicht hohen Standortansprüche, die außergewöhnliche Fruchtbarkeit, der niedrige Erziehungs- und Schnittaufwand, die leichte Pflückbarkeit und die lange Pflückzeit sowie die Möglichkeit zur Kühl- und CA-Lagerung, des weiteren die großen, stippefreien und wohlgeformten Äpfel, ihr günstiges Zucker-Säure-Verhältnis, ihr nicht bräunendes Fleisch, ihre geringe Druckempfindlichkeit bzw. vorteilhafte Transportfähigkeit und ihre Eignung zum

Kochen, Backen und als Tafelfrucht sowie schließlich ihre Vielfalt bei der gewerblichen Verarbeitung zu Apfelmus, Apfelstücke, Süßmost und Dunstäpfel wie auch zum Kandieren. Es gibt z.Z. nur wenige Apfelsorten, die eine derartige Fülle von Vorzügen aufweisen wie diese Jorker Neuzüchtung. Da im Alten Land die Bestände an 'Horneburger' und 'Finkenwerder' überaltert sind, bietet sich für diesen Marktbereich die Sorte 'Ingol' an.

Jakob Fischer

Synonym ist 'Schöner bzw. Roter vom Oberland'.
Abstammung und Herkunft: Zufallssämling, der etwa 1903 von Jakob Fischer, Gärtner und Landwirt in Rottum, Kreis Biberach (heute Gemeinde Steinhausen), am Waldrand gefunden, im Jahre 1912 auf den Namen 'Jakob Fischer' getauft und von Baumschulen im Raum Stuttgart verbreitet wurde; heute noch ein begehrter Frühherbstapfel in Oberschwaben zwischen Bodensee und Donau.
Mutanten: Keine bekannt.
Polleneigenschaften: Schlecht (triploid), frühblühend.
Standortansprüche: Stellt an Klima und Boden nur mittlere Ansprüche. Gedeiht deshalb auch auf mittelgründigen, mäßig frischen bis schwach wechselfeuchten und mäßig fruchtbaren Lehmböden noch befriedigend. Bei höherer Fruchtigkeit (ab mäßig feucht = Kohldistel-Glatthaferwiese) wird allerdings die Anfälligkeit für Obstbaumkrebs verstärkt. Auf geeigneten Standorten ist die hohe Widerstandsfähigkeit des Holzes gegenüber Winterfrost und die allgemeine Robustheit auffallend. Die Blüten sind als Folge ihres frühen Aufblühens mindestens mäßig spätfrostgefährdet. Zur Pflückreife hin kommt es in der Regel zu Fruchtfall, dessen Ursache in kurzen Fruchtstielen zu suchen und weniger die Folge von Wind ist.

Jakob Fischer

Baum

Als triploide Sorte ist der Wuchs erwartungsgemäß stark. Es bilden sich auf starkwachsenden Unterlagen breit-pyramidale Hochstammkronen mit zahlreichen Ästen bzw. Langtrieben, die allerdings zum Ausbrechen (Schlitzen) neigen. Hierauf ist bei der Erziehung zu achten. Die Langtriebe sind nachfolgend mit ein- und mehrjährigen (Quirlholz) Kurztrieben als Fruchthölzern besetzt. Dank der ausgezeichneten Frosthärte und des kräftigen, geraden Wuchses der Stämme wurde diese Sorte früher als Gerüst- und Stammbildner verwendet. Die großen, dunkelgrünen Blätter sind wenig anfällig für Schorf und Mehltau.

Frucht

Pflückreife: Anfang bis Ende September.
Genußreife: September bis Ende Oktober.
Größe und Form: Groß bis sehr groß; flachkugelig, häufig unregelmäßig und betont grobkantig (3 bis 5), vereinzelt auch längsseitig vertieft.
Farbe und Beschaffenheit der Schale: Licht- bis gelblichgrün, sonnenseitig meist verbreitet gestreift bis marmoriert bläulichrot bereift, ohne Reif leuchtend rot; Lentizellen auf Grundfarbe als dichte, weiße Punkte, jedoch wenig auffällig; hart.
Kelch: Geschlossen; klein bis mittelgroß; Blättchen klein, kaum sichtbar, am Ansatz markant gefältelt.
Kelchgrube: Tief und eng, verschiedentlich auch sehr tief und sehr eng; sortentypisch stark höckerig bis grob gefurcht.
Stiel: Extrem kurz und sehr dick, deshalb zur Reife hin verstärktes Abdrücken von Früchten (mechanisch bedingter Fruchtfall) innerhalb des Fruchtstandes.
Stielgrube: Wenig tief, breit ausladend; mäßig bis kräftig gerippt bis grobfaltig, dadurch häufig ungleich; in der Regel grobschuppig, unten ringförmig, oben strahlig berostet, oft über den Rand hinausgreifend.
Kernhaus: Groß; zwiebelförmig; kurz- und hohlachsig; teilweise verpilzte und gedrungene Samenfächer mit wenigen, dunkelbraunen und kleinen Samen; Leitbündel grün, verlaufen girlandenartig.
Fleisch: Grünlichweiß, rasch bräunend; lockerzellig, weichsaftig, im Munde fast breiig.

Geschmack: Süßlich-fruchtig bis feinsäuerlich, im ganzen angenehme Tafelqualität.

Anbau und Markt

Die Fruchtbarkeit setzt trotz des starken Wuchses frühzeitig ein und ist danach hoch und regelmäßig. Es handelt sich um einen frühreifenden, frischsaftigen und befriedigend geschmackvollen Herbstapfel mit allerdings begrenzter Haltbarkeit, der auch in ausgesprochenen Höhenlagen (in SW-Deutschland über 600 m NN) anbauwürdig ist. Dort jedoch mit deutlich verzögerter Pflückreife, aber entsprechend verlängerter Haltbarkeit. Als frostharter Gerüst- und Stammbildner früher erfolgreich zur Anzucht von hoch- und mittelstämmigen Bäumen verwendet. Heute dank geringer Anfälligkeiten für Krankheiten und Schädlinge eine bemerkenswerte und gut aussehende frühe Herbstsorte für den Haus- und Kleingarten, die auch für den landschaftsprägenden Streuobstbau empfohlen wird.

Kaiser Wilhelm

Ähnliche Namen sind u. a. 'Empereur Guillaume', 'Imperator Vilgelm' oder 'Wilhelmapfel'.
Abstammung und Herkunft: Von Hauptlehrer Hesselmann aus Witzhelden, früher Kreis Solingen, 1864 als ausgewachsener Baum im Gutsgarten von H. Bürgel, vermutlich als Sämling der Sorte 'Harberts Renette', entdeckt; beim 8. Deutschen Pomologen-Kongreß 1877 allgemein bekannt geworden und danach im Anbau verbreitet.
Mutanten: Keine bekannt.
Polleneigenschaften: Schlecht (triploid), mittelfrüh- und langblühend; Befruchtersorten sind u. a. 'Baumann', 'Champagner', 'Cox Orange', 'Croncels', 'Gelber Edel', 'Goldparmäne', 'Klarapfel', 'Landsberger' und 'Ontario'.
Standortansprüche: Eine an Klima und Boden in unseren Breiten gleichermaßen angepaßte Sorte, d. h. es können in sehr warmen bis mäßig kühlen Lagen mäßig frische bis frische, also nicht zu feuchte, dafür gut durchlüftete und eher etwas trockene Lehm- bis Sandlehmböden mit Erfolg genutzt werden. Auf wechselfeuchten oder gar staunassen Böden sind die Bäume zunehmend anfällig für Krankheiten bzw. pilzliche Infektionen (Obstbaumkrebs). Da die Früchte windfest sind, können die Anbauflächen auch windoffen sein. Die Frosthärte von Holz und Blüte wird unterschiedlich beurteilt. Auf nord-, west- und süddeutsche Verhältnisse bezogen, können Holz und Blüten als wenig empfindlich eingestuft werden.

Baum

Der triploiden Veranlagung gemäß sehr starkwachsend, besonders in frühen Jahren. Dies ergibt als Hochstämme anfänglich schräg nach oben gerichtete, später mehr in die Breite bzw. Waagrechte gehende, häufig aber auch hochkugelige Kronen mit großem Umfang. Fruchtholz hauptsächlich als ein- und mehrjährige Kurztriebe an kräftigen und langen Seitenästen.
Als Folge der enormen Wuchskraft ist selten zu verjüngen, Schnitteingriffe sind behutsam durchzuführen. Im allgemeinen gesunde Bäume; nur bei feuchten Verhältnissen besteht erhöhte Infektionsgefahr durch Obstbaumkrebs. Wenig schorfempfindlich; stellenweise Befall durch Blutläuse.

Frucht

Pflückreife: Ende September bis Mitte Oktober.
Genußreife: Aus dem Frischluftlager von November bis März.
Größe und Form: Mittelgroß bis groß; hochgebaut, überwiegend mittelbauchig, vereinzelt auch stielbauchig und zum Kelch hin fliehend, häufig schief und/oder auch grobkantig, dann unrund; Fruchtform-Index schwankt zwischen 0,82 bis 0,86.
Farbe und Beschaffenheit der Schale: Grünlichgelb bis goldgelb, je nach Reife, sonnenseitig in der Regel bis zur Hälfte, teils flächig, teils gestreift bis leicht geflammt von fleischfarben bis kräftig erdbeerrot; darin dichte Lentizellen als hellgrüne Punkte, auf Grundfarbe dagegen als kleine Rostpunkte; glatt, eher trocken, später wachsig, ohne Berostungen (Ausnahme Stielgrube) und fast ledrig; hart.
Kelch: Halboffen bis offen (große Früchte); Blättchen sehr kurz und dreieckig, am Grund verwachsen, Spitzen nach hinten gebogen.
Kelchgrube: Mäßig tief bis flach, mittelbreit; vielfach schwach höckerig bis fein-

Kaiser Wilhelm

faltig, am Boden grasgrün, teils berostet, unregelmäßig geformt, unschön.
Stiel: Kurz; mitteldick bis dünn, oben dunkel-, unten graubraun.
Stielgrube: Mittelweit; mitteltief, trichterförmig; teils mit fleischigen Wülsten; durchweg graugrün, feinschuppig und strahlig berostet, verschiedentlich als Zungen über den leicht welligen Grubenrand laufend.
Kernhaus: Hochzwiebel- bis birnenförmig; hohlachsig, Fächer tief und lang, häufig mit weißem Belag, langspitzige, dunkelbraune, aber nicht viele Samen; Leitbündel verlaufen entsprechend der horizontalen Form unrund.
Fleisch: Grünlichweiß- bis gelblich; anfangs fest, knackig und saftig, wird später mürbe bis fast breiig; anfällig für Stippigkeit und Fleischbräune; mittlerer Gehalt an Vitamin C; spezifisches Gewicht um 0,85.
Geschmack: Weinfruchtig mit würzigem Aroma, später säurearm und mild.

Anbau und Markt

Die Erträge setzen, wohl als Folge des sehr starken Wuchses, spät ein und alternieren auch kräftig; dennoch können sie auf schwachwachsender Unterlage langfristig ca. 75% von 'Golden Delicious' erreichen. Dies bedeutet in den Vollertragsjahren ziemlich hohe Behangdichten, die aber kaum zu Lasten der Einzelfruchtgröße gehen, da die meist einzeln hängenden Früchte trotzdem gut ausgebildet sind. Die spezifisch schweren Früchte sind äußerlich ansprechend, wenig druckempfindlich, dafür transportgünstig und einige Monate lagerfähig. Bei Überlagerung werden sie allerdings rasch mehlig und faulen leicht. Der starke Wuchs des Baumes erfordert große Standweiten. Als Hochstamm im Kleingarten deshalb weniger geeignet, jedoch für den landschaftsprägenden Streuobstbau empfohlen. Die Früchte gleichen u.a. denen von 'Blenheim'.

Kanada Renette

Kanada Renette

Ähnliche Namen sind u.a. 'Canadisk Reinet', 'Reinette (Blanche) du Canada', 'Reinette Monstreuse du Canada' und 'Reneta Kanadyiska'. Nach Ronalds (1831) soll die Sorte mit 'Pomme de Caen' aus der Normandie (Nordfrankreich) identisch sein. Zahlreiche Synonyme wie 'Große englische Renette', 'Harlemer Reinette', 'Kaiserrenette', 'Österreichische National Reinette', 'Pariser Rambour', 'Portugal Apfel', 'Sternreinette', 'Weiberreinette' und 'Weiße Antillische Reinette'.
Abstammung und Herkunft: Zufallssämling, der nach Leroy (1873) vermutlich in Europa (Normandie) entstanden ist, von Siedlern nach Kanada importiert wurde und von dort mit dem Namen 'Kanada Renette' nach Europa zurückkam. Andrieux hat sie bereits 1771 in seinem »Catalogue raisonne des meilleurs sortes d'arbres fruitiers« beschrieben. Zahlreiche Mutanten, meist in ähnlicher Weise ganzflächig berostet, sind z.B. als 'Graue Kanada Renette' bekannt geworden, diese haben keinerlei Beziehung zur Sorte 'Zabergäu'; im Bavendorfer Sortiment traten an einem Fruchtast (vgl. Bild) beide Fruchttypen auf, wobei die 'Graue Kanadarenette' in die Ursprungsform zurückgefallen war. Nach Lucas zu den Rambour-Renetten (bzw. Canadas) gestellt. Früher in Europa verbreitet, vor allem in der Steiermark, im Wallis, in Südtirol und in Savoyen. Heutiger Anbau fast ausschließlich auf die Provinz Trient und dort auf das Nonstal (Val de Noce) beschränkt (1980 noch jährlich 40000 t). Geringer Anbau (2000 t) in Griechenland.
Mutanten: Aus Frankreich wurde eine Mutante mit Namen 'Canada d'Auvergne' bekannt.
Polleneigenschaften: Schlecht (triploid), Pollenkeimfähigkeit sehr gering (4%), mittelfrüh- und besonders langblühend; neigt zu kernlosen (parthenokarpen) Früchten; Befruchtersorten sind u.a. 'Ananas', 'Baumann', 'Boiken', 'Cox Orange', 'Danziger Kant', 'Golden Delicious', 'Glockenapfel', 'Idared', 'Jonathan', 'Oldenburg' und 'Ontario'; nicht befruchtungsfähig (intersteril) mit Pollen der diploiden Sorten 'Berner Rosen', 'Goldparmäne' und 'Weißer Winterkalvill'.
Standortansprüche: Die hochwertigen Fruchtqualitäten sind nur in mindestens warmen Klimaten bei gleichzeitig fruchtbarem, gut durchlüftetem Lehmboden zu erwarten. Das können in nördlichen Gebieten lokalklimatisch begünstigte Nischen wie sonnenseitige Mauren oder im Süden Lagen bis zur Weinbaugrenze sein. Hier können sie dank der Windfestigkeit der Früchte auch windoffen sein. Jedenfalls wird in kühlen und/oder feuchten Lagen als Folge ungenügender Holzreife das Auftreten von Winterfrostschäden verstärkt. Auch nimmt dort die Schorf- und Obstbaumkrebsanfälligkeit zu. Der Anspruch an die Boden- und Luft-

feuchtigkeit ist demgegenüber artspezifisch weniger ausgeprägt. Anbauwürdig sind deshalb auch mäßig frische bis mäßig trokkene Böden. Die Blüten sind gegenüber unwirtlichem Blühwetter (kühl, regnerisch) weitgehend unempfindlich, erfrieren aber verhältnismäßig leicht. Spätfrostgefährdete Lagen sind deshalb zu meiden.

Baum

Es handelt sich um eine starktriebige Sorte, deren Wuchsstärke, obwohl triploid, an der Grenze von mittelstark zu stark anzusetzen ist. Als sortentypisch gilt der sparrige Wuchs, das Fehlen einer bestimmenden Mittelachse und das Vorherrschen von endständig fruchtenden, leicht brechenden Kurztrieben (< 5 cm) an verschieden alten Langtrieben. Achselständige Blüten am einjährigen Holz kommen kaum vor. Die Kronen von Hochstämmen sind als Folge der fast waagrecht inserierten Seitenäste flachkugelig bis schirmartig geformt mit vielfach hängenden Fruchtästen. Auffällig ist auch die dichte Belaubung mit großen, oberseitig glänzend grünen, unterseitig silbrigen und eiförmigen Blättern. Empfindlich gegenüber Obstbaumkrebs und Monilia, wenig gegenüber Schorf und Mehltau.

Frucht

Pflückreife: Ab Mitte Oktober; auf warmen Standorten schon Anfang Oktober.
Genußreife: Von Dezember bis Mai, je nach Lagerungsart; im Kühllager bei +3 °C bis Ende Februar, im CA-Lager bis Mai haltbar. Bei Lagertemperaturen unter +3 °C ist mit Kälte-Fleischbräune (engl. soft scald) zu rechnen.
Größe und Form: Groß bis sehr groß; meist plattrund und kurzachsig, teils stiel-, teils kelchbauchig, sortentypisch mit groben, häufig unregelmäßigen Kanten bzw. breiten Rippen oder Wülsten vom Kelch zum Stiel, zur Stielgrube hin abgeplattet; Fruchtform-Index 0,78, also relativ flach.
Farbe und Beschaffenheit der Schale: Gelbgrün bis grünlichgelb bzw. blaß goldgelb, sonnenseits manchmal schwach orange bis bräunlichrot verwaschen (bei sog. Bergware leuchtender als bei sog. Talware); auffällig und besonders sortentypisch die großen, sternförmigen und zahlreichen Lentizellen als helle Punkte oder grünliche, weißgepunktete Haufen; trokken, rauh bis glatt, je rauher, umso welkeempfindlicher; weich.
Kelch: Groß; überwiegend halboffen, selten offen; grüne Blättchen teils verkümmert, teils kurz dreieckig, am Grund nicht verwachsen, Spitzen aufrecht bis leicht auswärts gebogen.
Kelchgrube: Tief; mittelweit bis weit; schwach höckrig bis grobrippig, im Ganzen unregelmäßig; sortentypisch die konzentrisch angeordneten Rostpunkte.
Stiel: Kurz; dick; auch mit keulenförmigem Ansatz; ragt nicht über die Grube.
Stielgrube: Tief bis mitteltief; schüsselartig weit; fein- bis grobschuppig strahlig berostet.
Kernhaus: Mittelgroß bis klein; zwiebelförmig zugespitzt; Leitbündel verlaufen eng; Achse halboffen bis geschlossen, bohnenförmige und pilzige Samenfächer mit wenigen, langen und dunkelbraunen Samen, davon viele taub.
Fleisch: Grünlichweiß bis cremefarben; kurzbrechend, fast bröckelig; mäßig saftig bis mürbe, im Munde breiig; mittelmäßig anfällig für Stippigkeit; mittlerer bis hoher Gehalt an Vitamin C.
Geschmack: Süßfruchtig, würzig mit milder Säure; vollreife Früchte geschmackvoll, schlecht entwickelte Früchte nur säuerlich.

Anbau und Markt

Die Sorte fruchtet mittelfrüh und trägt reichlich; bei älteren Bäumen steigt die Neigung zur Alternanz an. Starke Fruchtansätze dünnen sich auf natürliche Weise aus. Die Folge sind einzelhängende und auf geeigneten Standorten auch vollentwickelte Früchte, spezifisch mittelschwer (0,82), druckunempfindlich und sehr gut transportfähig. Probleme durch rasch mürbe werdendes Fleisch. Nur ausgereifte Früchte in optimaler Luftfeuchtigkeit einlagern. Der Apfel verdient als Spätherbst- und Frühwinterapfel dank geschmacklicher Qualität und der auf warmen, niederschlagsarmen Standorten geringen Schorfanfälligkeit nach wie vor Beachtung, insbesondere für Spalierformen. Ähnliche Früchte haben 'Boskoop', 'Coulon' und 'Zabergäu'.

Klarapfel

Vollständiger Name ist 'Weißer Klarapfel', Ähnlich ist 'Livländer Klarapfel'. engl.: 'White Transparent', 'Yellow Transparent'.

Klarapfel

franz.: 'Transparent Jaune' und 'Transparent de St. Leger'.
Synonyme sind u.a. 'Durchsichtiger Sommerapfel', 'Grand Sultan' (Frankreich), 'Polnischer Papierapfel' und 'Weißer Transparent' sowie zahlreiche Doppelnamen in Verbindung mit 'Transparent'; nach Hinweisen aus Mitteldeutschland wird 'Papirowka' als originärer Name vermutet.
Abstammung und Herkunft: Zufallssämling, der in der Baumschule Wagner in Riga/Lettland gefunden und ab 1850 durch französische und belgische Baumschulen verbreitet wurde.
Mutanten: Vor Jahren ist in Mitteldeutschland nach künstlicher Mutationsauslösung eine rotgestreifte Mutante entstanden, die sich aber offenbar im Anbau nicht durchsetzen konnte. Aus England ist die Mutante 'Perrine Yellow Transparent' bekannt geworden.
Standortansprüche: Eine der am frühesten reifenden Apfelsorten, die gebietsweise stets auf den wärmsten Standorten angebaut werden sollte, um beim Verkauf der Äpfel in den Genuß der Primeurpreise zu kommen. Dank kurzer Fruchtwachstumszeit (Tagewerte um 78) für den Hausgarten auch in weniger warmen bzw. höheren Lagen nutzbar, allerdings mit späterer Reife. Verhältnismäßig trockene Böden bzw. Klimate verstärken Mehltaubefall und vorzeitigen Fruchtfall. Dagegen kommt es auf wechselfeuchten Böden zu Kümmerwuchs, und das Risiko für Obstbaumkrebs steigt. Im Holz frosthart – der Winterfrost 1984/85 hatte kaum Schäden zur Folge – und trotz früher Blüte wenig spätfrostempfindlich. Allerdings verursachte der Spätfrost 1977 einige Mängel in Form von Frostzungen, schiefen Früchten und Schalenberostungen.
Verbreitung: In Europa weit gestreut im Anbau, doch nennenswerte Marktmengen sind nur von der Niederelbe, vom Bodensee und in Österreich von der Steiermark besonders bekannt. Am Markt aber stark rückläufig.
Bestandessicherheit: In der Vergangenheit hoch, da auf zusagenden Standortverhältnissen kaum Ausfälle durch Krankheiten, Schädlinge oder Winterfrost zu verzeichnen waren.

Baum

Wuchs: Der zunächst mittelstarke und steile Wuchs schwächt sich später ab; im Vollertragsalter haben sich meist lockere Kronen geformt, bei denen die älteren Kurztriebe überwiegen und die wenig zahlreichen Äste an der Basis oft verkahlt sind. Zur besseren Verzweigung und/oder Triebanregung sind meist kurze Rückschnitte erforderlich, da die Knospen nicht besonders austriebswillig sind. Nach hohen Erträgen oder auf weniger wüchsigen Standorten bedarf es mitunter eines kräftigen Verjüngungsschnittes. Sorteneigentümlich sind das ockerfarbige jüngere Holz und die Größe der langovalen, schwachgekerbten und mäßig bis kurz zugespitzten Blätter.
Fruchtholz: In der Aufbauphase des Baumes herrschen naturgemäß 1- und 2jährige Langtriebe vor, die achselständig beziehungsweise an den seitlichen Kurztrieben endständig fruchten. Im Ertragsalter überwiegen die mehrjährigen Kurztriebe (Quirlholz), die hin und wieder zu verjüngen sind.

Klarapfel

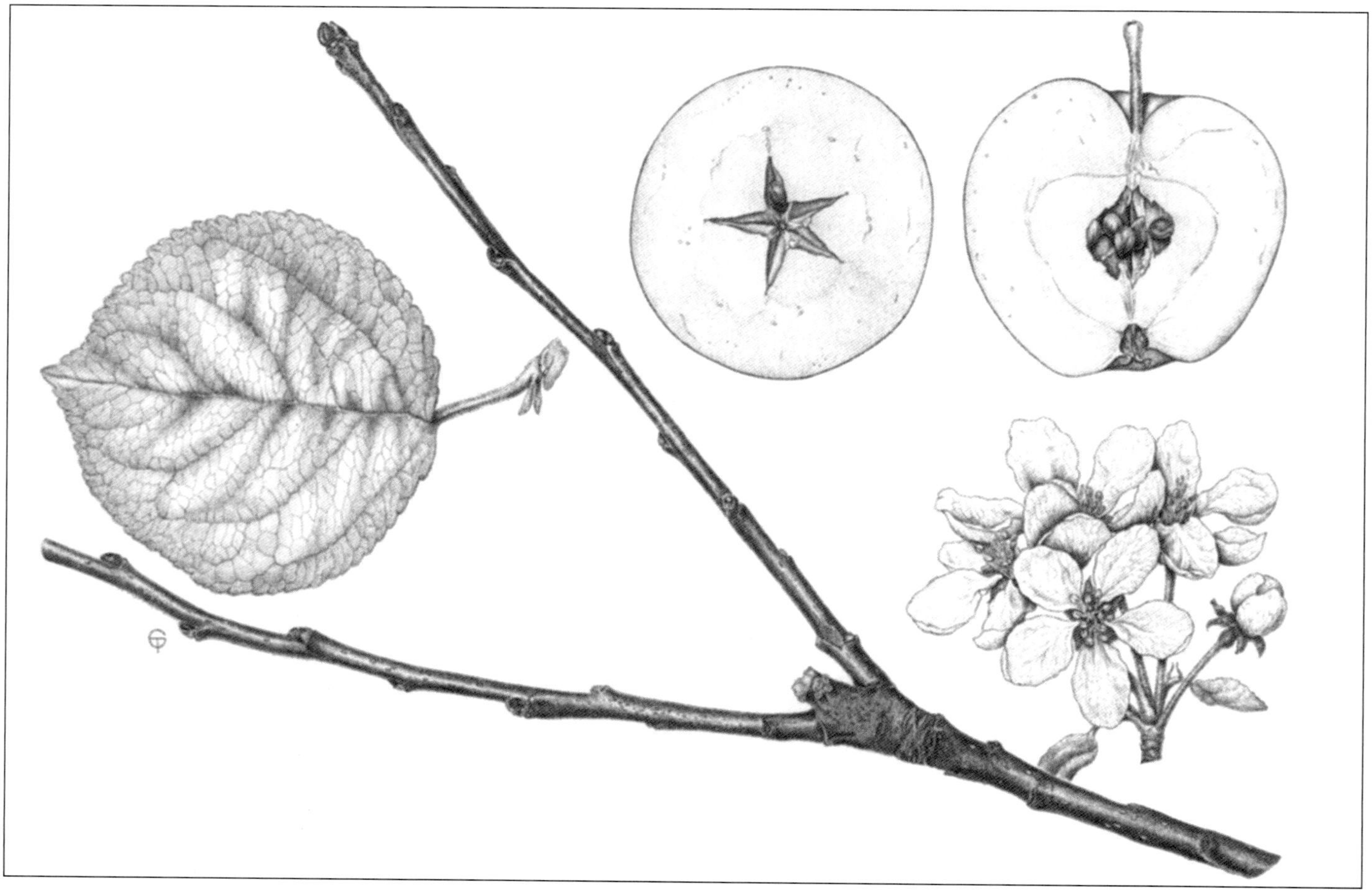

Physikalische und chemische Eigenschaften der Frucht									
Tagewerte	78								
Größenverteilung nach Gewicht / Größenklassen in mm	<55	55/60	60/65	65/70	70/75	75/80	80/85	85/90	90/95
%	36	22	21	12	6	3			
Mittleres Fruchtgewicht in g		75			(49 – 95)				
Spezifisches Fruchtgewicht		0,75			(0,72–0,76)				
Fruchtform-Index		0,85			(0,78–0,89)				
Mittlerer Zuckergehalt als Refraktometerwert in %		10,5			(9,6–11,3)				
Mittlerer Säuregehalt in g/l		11,2			(9,6–12,2)				
Gruppen des Vitamin-C-Gehalts in mg/100 g Frischgewicht		10–20							
Sorbitgehalt in g/100 g Frischgewicht									

Blüte und Befruchtung: Pollen günstig (diploid); früh- und langblühend, witterungsunempfindlich, parthenokarp veranlagt; Befruchter sind u. a. 'Ananas', 'Baumann', 'Berner Rosen', 'Cox Orange', 'Croncels', 'Finkenwerder', 'Glockenapfel', 'Goldparmäne', 'James Grieve', 'Jonathan', 'McIntosh' und 'Oldenburg'. Blütenzahl 5,5 (4 bis 7), Achse sehr kurz, Stiel lang, bräunlich, flaumig; Kronblätter mitunter nur 4, groß, langoval, berührend bis bedekkend; Primärblätterzahl 4,4 (1 bis 8), teilweise mickrig, stark gewellt bzw. verkrumpelt, rundoval; Kelchblätter breit, kurz zugespitzt, Spitzen rötlich und abgebogen; Griffel becherförmig, oben gespreizt, länger als Staubblätter.
Ertrag: Die Baumerträge setzen früh ein, sind aber nicht hoch, jedoch ziemlich regelmäßig; im langjährigen Durchschnitt liegen diese bei 40 bis 50% im Vergleich zu 'Golden Delicious' (= 100%).
Krankheiten und Mängel: Auf trockenwarmen Standorten anfällig für Mehltau, auf feucht-kühlen Standorten für Obstbaumkrebs; allgemein anfällig für Blutlaus und besonders für Feuerbrand.

Frucht

Pflückreife: Mitte Juli bis Anfang August.
Genußreife: Wenige Tage nach der Pflückreife bis Mitte August.
Größe und Form: Mittelgroß bis klein, wesentlich abhängig von der Behangdichte, deshalb stark behangene Bäume frühzeitig ausdünnen; stielbauchig, häufig schief, schwach kantig, am Kelch leicht höckrig, zum Kelch hin sich verjüngend.
Farbe und Beschaffenheit der Schale: Hellgrün bis gelblichgrün, in Vollreife mehr gelb, sonnenseits vereinzelt rötlich angehaucht; Lentizellen teils als grüngraue, hellumhöfte Punkte, teils als hellere Flekken; Rostflecken oder Warzen selten; glatt, leicht wachsig; weich.
Kelch: Klein bis mittelgroß; geschlossen; oft verdrückt.
Kelchgrube: Klein; flach; typisch gefältelt und schwach höckrig; in der Regel rostfrei.
Stiel: Überwiegend mittellang und mitteldick, mitunter kurz und dick; grün bis hellbraun, flaumig, am Ansatz verstärkt.
Stielgrube: Mitteltief, öffnet sich breit; häufig mit schwachem Wulst und nicht selten strahlig und grobschuppig berostet, verschiedentlich über den Rand hinaus.
Kernhaus: Meist groß; hochzwiebelförmig und kelchnahe; unterschiedlich mit hellbraunen Samen besetzt, viele davon taub; Samenfächer ausgeprägt sternförmig, häufig wandlos; grüne Leitbündel, die ziemlich außen liegen.
Fleisch: Weiß mit grünlichem Schimmer, vor allem randlich; vollreif saftig und lokker, werden aber rasch mürbe bis trocken und weich; mittlerer Gehalt an Vitamin C; nur sehr gering anfällig für Stippigkeit und Glasigkeit.
Geschmack: Säuerlich bis feinsäuerlich, anfänglich mehr erfrischend, später milder; voller Geschmack nur kurze Zeit.

Anbau und Markt

'Klarapfel' ist eine vor allem im Hausgarten altbewährte Frühapfelsorte, ausschließlich für den Frischverzehr. Neue, aus der Züchtung hervorgegangene Sorten, wie 'Vista Bella', 'Rheingold' oder 'Piros', übertreffen sie zwar in geschmacklicher Hinsicht, aber kaum in der frühen Reife. Auf der schwachwachsenden Unterlage M9 zeigt sie gutes Gedeihen. Trotz nur mäßiger Ertragsleistung kommt es häufig zu hohen Fruchtbehangdichten, die dann zugunsten einer guten Fruchtqualität auszudünnen sind. Dies geschieht zweckmäßigerweise durch Spritzungen mit bewährten Mitteln kurz nach der Blüte und/oder später von Hand. Zur Erntezeit sichert ein mehrmaliges, sorgfältiges Überpflücken eine jeweils optimale Fruchtqualität bzw. Genußreife. Wird zu früh gepflückt, bleiben die Äpfel geschmacksarm, bei Überreife platzen sie leicht auf. Da die Äpfel sehr druckempfindlich sind, verlangen sie schonende Behandlung und möglichst kurze Marktwege. Am besten nur von Hand sortieren. Ähnliche Früchte können die Sorten 'Lodi', 'Früher Viktoria', 'Weißer Astrachan' und 'Antonowka' haben.

Landsberger

Vollständiger Name ist 'Landsberger Renette'.
Ähnliche Namen sind 'Reinette de Landsberg', 'Landsberská Reneta' und 'Reneta Landsbergera'.
Synonyme sind 'Surprise' und 'Reneta Gorzowska'.
Abstammung und Herkunft: Von Justizrat Burkardt, Burghardt oder Burchardt in Landsberg a. d. Warthe (heute Polen) aus Samen gewonnen. Die Jahreszahlen sind unklar: Nach engl. Angaben 1840 als Sämling selektiert, 1852 erste Früchte, sonst wird 1850 als Entstehungsjahr genannt. Nach Lucas gehört die Sorte zu den einfarbigen Renetten (Reinettes blanches).
Mutanten: Von 'Landsberger' sind noch keine Mutanten bekannt geworden.

Landsberger

Standortansprüche: Wegen der hohen Anfälligkeit für Mehltau sind trockenwarme Klimate, wie z. B. weinbaufähige Lagen in Süddeutschland, weitgehend ungeeignet. Kühlere bzw. höhere Lagen sind für den Anbau günstiger, zumal die Äpfel windfest sind. Dort reifen die Äpfel entsprechend später (Oktober). Gedeiht vor allem auf frischem und gründigem Lehmboden von mindestens mittelmäßiger Fruchtbarkeit. Feuchte Böden und/oder Böden mit mangelhaftem Lufthaushalt begünstigen den Befall durch Obstbaumkrebs. Die Blüten sind kaum frostempfindlich, demgegenüber erfrieren nicht selten die Triebspitzen (Gipfeldürre).
Verbreitung: Früher wurde diese Apfelsorte hauptsächlich in Mittel- und Ostdeutschland angebaut, dort überwiegend in Höhenlagen (zum Beispiel Harz); als Sorte für den Hausgarten, früher auch für zahlreiche Regionen im Westen und Süden von Deutschland empfohlen.
Bestandessicherheit: Die Sorte besitzt eine gute Frosthärte des Holzes und ist insoweit ausreichend bestandessicher. Starker Mehltaubefall beeinträchtigt die Kondition der Bäume, Mehltaulagen sind deshalb zu meiden.

Baum

Wuchs: Starkwüchsig; dies führt bei Hochstämmen zusammen mit den anfänglich schräg aufrechten, später mehr waagerechten Ästen zu pyramidalen bis breitgewölbten Kronen, die reichlich verzweigt sind. Regelmäßiges Auslichten der Kronen ist deshalb angebracht. Um eine ausgewogene Triebbildung zu sichern, sind auch mäßige Rückschnitte durchzuführen. Als sortentypisch gelten die bräunlich-grüne Rinde sowie die großen, rundlichen bis breitovalen und hellgrünen Blätter, die in der Regel gewellt und auffällig gezahnt sind. Kräftige Okulanten bilden willig vorzeitige Triebe, was eine Spindelerziehung erleichtert. Neigt in der Baumschule zum Ab- oder Ausbrechen der Edelreiser, so daß rechtzeitiges Anbinden zweckdienlich ist. Das Holz ist brüchig; bei Schneedruck oder starker Fruchtlast schlitzen die Äste leicht aus oder brechen ab.
Fruchtholz: Vorherrschend sind ein- und mehrjährige Kurztriebe (bis 15 cm Länge), letztere als Quirlholz, die endständig fruchten und somit gute Fruchtqualitäten sichern, aber häufig ungleich an den Ästen bzw. Langtrieben verteilt sind. Zur Förderung solcher Triebe hat sich ein mittellanger Rückschnitt bewährt. Daneben können auch die 1jährigen Langtriebe achsel-, weniger dagegen endständig, blühen und Frucht ansetzen.
Blüte und Befruchtung: Guter Pollenspender (diploid); mittelfrüh- und langblühend; parthenokarp veranlagt; geeignete Befruchter sind u. a. 'Baumann', 'Berlepsch', 'Cox Orange', 'Croncels', 'Goldparmäne', 'Klarapfel' und 'Zuccalmaglio'; Blütenzahl 5,6 (4 bis 6), klein bis mittelgroß, Stiele mittellang und dünn, Achse mittellang; Primärblätter 7,0 (6,6 bis 7,4), relativ groß, treten stark hervor, kräftige, mittellange Stiele, lang-oval bis rundlich, randlich gekerbt, gerollt bis gekräuselt; Kronblätter 5, nicht deckend, wenig Rosa, langgenagelt, elliptisch; Kelchblätter mittellang bis kurz, türkenbundähnlich nach unten gebogen, länger als 1 cm; Staubblätter (20) kürzer als 1 cm, bürstenartig bis becherförmig aufgerichtet; Griffel (5) aufrecht eng, länger als Staubblätter, häufig verklebt.
Ertrag: Trotz starken Wuchses fruchtet 'Landsberger' frühzeitig und reichlich, jährliche Schwankungen sollen gering sein; in Mitteldeutschland leistete die Sorte auf M9 etwa 60% des Baumertrags von 'Golden Delicious'.
Krankheiten und Mängel: Stark anfällig für Mehltau und in luftfeuchten Lagen bzw. auf tonigen Böden anfällig für Schorf und Obstbaumkrebs; Befall mit Blutlaus kommt ebenfalls vor.

Frucht

Pflückreife: Ende September bis Mitte Oktober, je nach Wärmeklima und Behangdichte.
Genußreife: Aus dem Frischluftlager von November bis Januar, nach Kühllagerung bei +0,5 bis +1,0 °C bis März.
Größe und Form: Mittelgroß bis groß; plattrund bis breitkegelförmig, d. h. mittel- und stielbauchig, flacht zum Kelch hin ab, schwach rippig.
Farbe und Beschaffenheit der Schale: Durchgängig grünlichgelb bis gelb, sonnenseitig von golden bis verwaschen orangerot, meist nur hauchartig; Lentizellen als kleine, dunkle Punkte hell umhöft, kaum auffällig, zum Kelch hin verdichtet; leicht

wachsig, dünn aber hart bzw. etwas zäh, neigt zum Abheben; ohne Berostungen.
Kelch: Mittelgroß; halboffen bis geschlossen; Blättchen mittellang und aufrecht, am Grund verwachsen, ihre filzigen Zipfel zurückgebogen.
Kelchgrube: Mittelbreit und mäßig tief, becherförmig, verschiedentlich eng und flach; mit 5 schwachen Höckern und zahlreichen kleinen Falten; flaumig, ohne Rost.
Stiel: Kurz bis mittellang und -dick, ragt meist nicht über Grube hinaus; behaart, knopfig.
Stielgrube: Mittelbreit und tief, trichterförmig; durchweg feinschuppig und strahlig, z.T. über den Rand hinaus, berostet; farblich meist gegenüber der Schale abgesetzt.
Kernhaus: Groß; kelchnahe, umgekehrt herzförmig; Achse hohl und spaltig offen, geräumige Fächer; viele kastanienbraune, dicke und weiß zugespitzte Samen.
Fleisch: Grünlich- bis gelblichweiß, randlich hellgrün; feinzellig, mittelsaftig, locker, weich, wird mürbe; Leitbündel als grüne Punkte wenig auffällig.

Physikalische und chemische Eigenschaften der Frucht										
Tagewerte		144								
Größenverteilung nach Gewicht	Größenklassen in mm	<55	55/60	60/65	65/70	70/75	75/80	80/85	85/90	90/95
	%	4	18	32	30	12	4			
Mittleres Fruchtgewicht in g			116			(63 – 168)				
Spezifisches Fruchtgewicht			0,77			(0,75–0,78)				
Fruchtform-Index			0,84			(0,75–0,89)				
Mittlerer Zuckergehalt als Refraktometerwert in %			11,3			(10,3–12,5)				
Mittlerer Säuregehalt in g/l			7,8			(5,4–10,9)				
Gruppen des Vitamin-C-Gehalts in mg/100 g Frischgewicht			0–5							
Sorbitgehalt in g/100 g Frischgewicht										

Landsberger

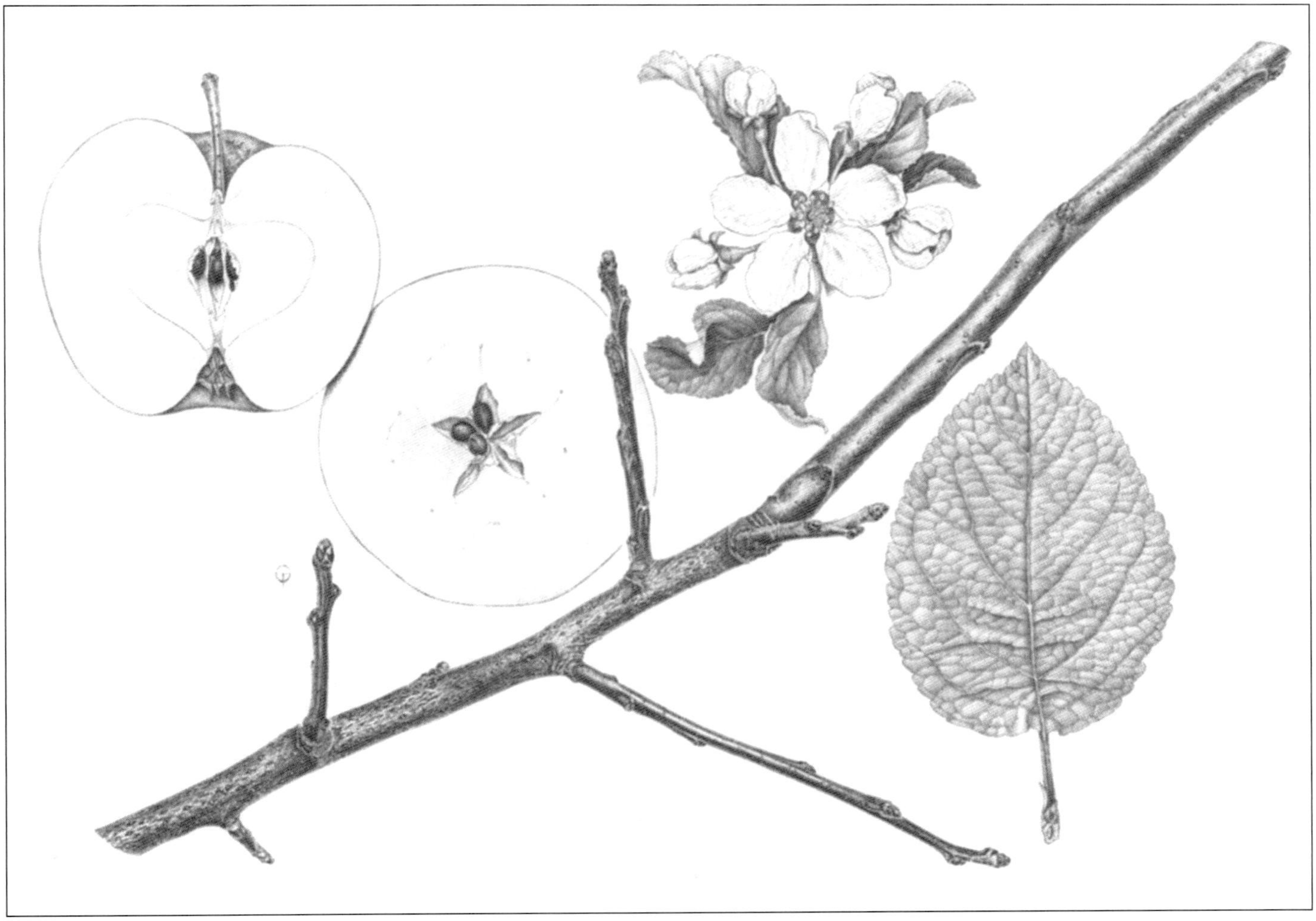

Geschmack: Mild, schwach fruchtig und leicht aromatisch; Schattenfrüchte feinsäuerlich und ohne Aroma.

Anbau und Markt

Eine wuchsfreudige und fruchtbare Sorte, die sich besonders für mäßig warme bis kühle Lagen eignet. Voraussetzungen für gute Fruchtqualitäten sind Lichthalten der Krone, die mit zahlreichen Kurztrieben an langen Fruchtruten besetzt ist, Ausdünnen starker Fruchtbehänge sowie nicht zu frühe Ernte, um möglichst lange die Einlagerung von Assimilaten bzw. Zuckern zu sichern. Schattenfrüchte enttäuschen in Aussehen (klein, grün) und Geschmack. Die spezifisch leichten Äpfel welken dank wachsiger Schale kaum und sind deshalb gut lagerfähig, dafür aber ziemlich druckempfindlich und aus diesem Grund ungünstig für den Transport. Stippige oder glasige Früchte kommen kaum vor. Auf geeigneten Standortverhältnissen ist 'Landsberger' eine nutzbare Sorte für den Hausgarten, zumal die Äpfel sich bestens Dörren lassen. Äußerlich sind die Früchte u.a. solchen der Sorten 'Boiken' und 'Signe Tillisch' ähnlich.

Laxtons Superb

Ähnliche Namen sind 'Superb' und 'Laxtons Prächtiger'.
Keine Synonyme.
Abstammung und Herkunft: Im Jahr 1897 aus einem Samen der Kreuzung 'Wyken Pippin' × 'Cox Orange' in der Baumschule Laxton Brothers, Bedford (England), entstanden und 1922 – nach anderer Quelle schon 1918 – in den Handel eingeführt.
Mutanten: In England gibt es die Mutanten 'Crimson Superb', 'Laxtons Superb Sport' und 'Maxton'.
Standortansprüche: Entsprechend der Herkunft aus dem atlantischen Raum, sollte das Wärmeklima weder zu warm noch zu kühl sein. Besonders wichtig ist eine regelmäßige Wasserversorgung der Wurzeln. In Gebieten mit geringen Sommerniederschlägen leisten dies in der Regel nur tiefgründige, humose und gut durchlüftete Lehmböden mit mindestens mittelmäßig bis großer natürlicher Nährkraft. Aus diesen Gründen sind sowohl Weinklimate als auch ausgesprochene Höhenlagen sowie Böden, die zur Trockenheit neigen, wenig geeignet. Die Blüten erleiden infolge ihrer späten und andauernden Blühzeit wenig Ausfälle durch Spätfrost, das Holz ist jedoch empfindlich gegenüber Winterfrost. Die Früchte sind zur Reife hin nicht windfest.
Verbreitung: Gegenwärtig noch in den Niederlanden und an der Niederelbe (ca. 2500 t) angebaut, jedoch mit abnehmender Tendenz; in den 30er Jahren auch in England und im Rheinland verbreitet.
Bestandessicherheit: Im allgemeinen ausreichend, doch kommt es auf feuchten bis wechselfeuchten und somit schlecht durchlüfteten Böden leicht zu Infektionen durch Erreger des Obstbaumkrebses, die nachfolgend zu Teil- und Totalschäden am Holz führen können.

Laxtons Superb

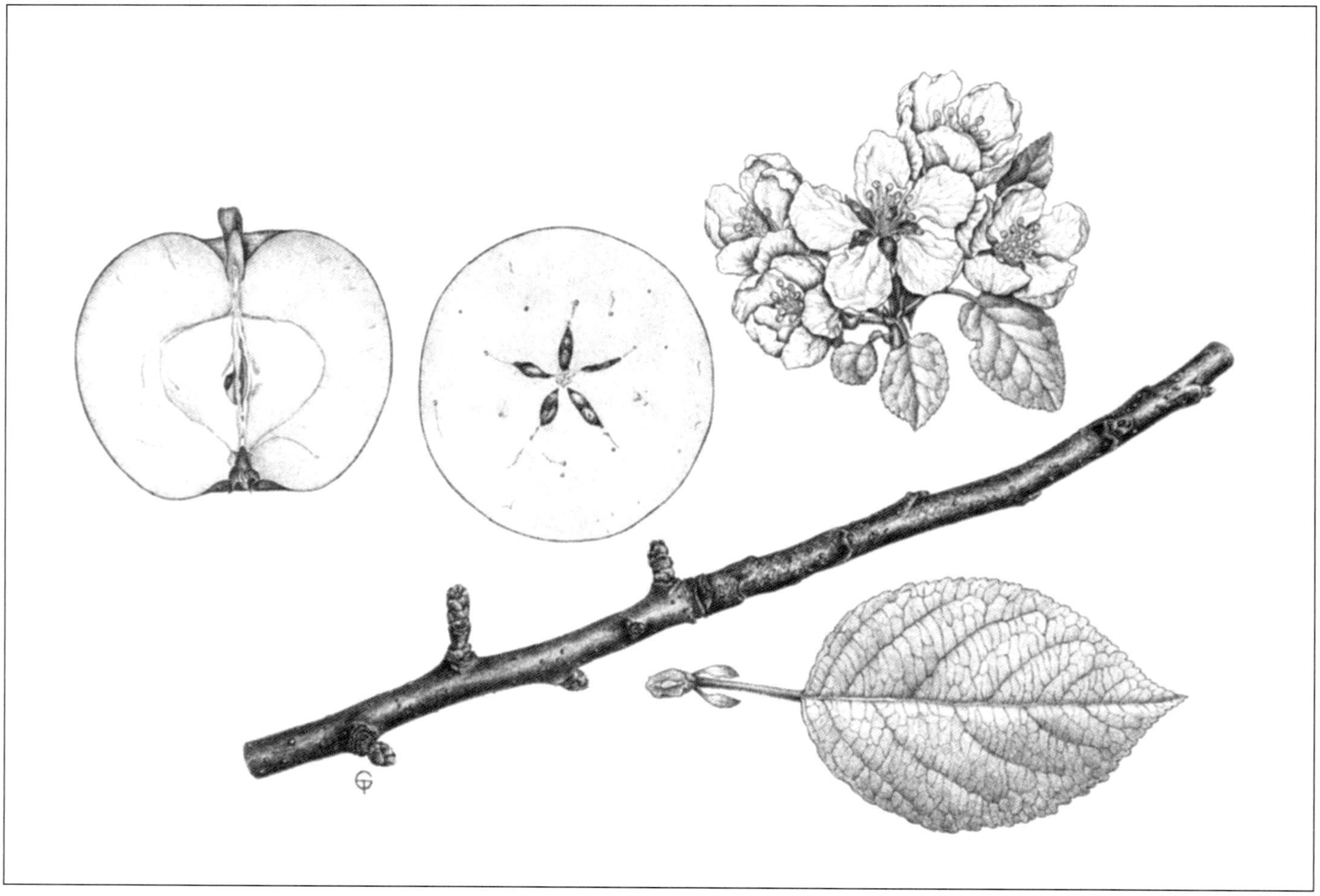

Baum

Wuchs: Die Bäume wachsen mittelstark und breitpyramidal; dementsprechend sind die späteren Kronen nur mittelgroß, meist jedoch umfangreicher als diejenigen von 'Cox Orange'. Sorteneigentümlich sind die vielen mittellangen bis langen, meist herunterhängenden, verkahlten und manchmal schleudernden Triebe und Zweige, die an schrägaufrechten Ästen inseriert sind und auch durchaus einen kräftigen Rückschnitt vertragen. Diese Triebigkeit zwingt hin und wieder zum Auslichten der Krone. Vorteilhaft aber ist die ausgeprägte Neigung bei einjährigen Veredlungen zur Bildung vorzeitiger Triebe.
Größe und Form der Blätter sind denen der Sorte 'Cox Orange' ähnlich: Mittelgroß bis klein, elliptisch mit langgezogener Spitze und feingesägtem Rand. Krone als ganzes licht, wenig Blattwerk. Kupferempfindlich.
Fruchtholz: Wie bei 'Cox Orange' kommen als Hauptorte für Blütenstände die ein- und mehrjährigen Kurztriebe infrage, die jeweils endständig blühen und mehrfruchtig sein können.
Auch die vorjährigen Langtriebe fruchten teilweise endständig, weniger dagegen achselständig.
Blüte und Befruchtung: Gute Befruchtersorte; diploid, mittelspät bis spät (nach 'Cox Orange') und lang blühend; parthenokarp veranlagt; geeignete Befruchtersorten sind 'Baumann', 'Cox Orange', 'Croncels', 'Elstar', 'Gloster', 'Golden Delicious', 'Goldparmäne', 'Ingrid Marie', 'James Grieve' und 'Oldenburg'.
Ertrag: Setzt mittelfrüh ein; auf M9 sollen danach 66 bis 80% von 'Golden Delicious' erreicht werden; markante Eigenschaft ist die starke Ertragsalternanz; diese beeinträchtigt im Vollertragsjahr die Qualität und im Ausfalljahr die Haltbarkeit der wenigen Früchte sowie die Eignung als Befruchtersorte; der Alternanz kann man durch Schnitt und/oder sehr frühe Ausdünnung (chemisch und manuell) begegnen, allerdings bei dieser Sorte nur bis zu einem gewissen Grad.
Krankheiten und Mängel: Hochanfällig für Schorf, für Mehltau dagegen kaum bzw. gar nicht; durch Platzen oder Rissigwerden der Früchte am Baum kann es nach Infektion durch Fruchtmonilia zu starken Verlusten kommen; diese Mängel treten vorwiegend im mittel- und ostdeutschen Raum auf.

Frucht

Pflückreife: Anfang bis Mitte Oktober; zu früh geerntete Früchte welken vielfach.
Genußreife: Nach Frischluftlagerung von Oktober bis Mitte Februar. Nach Kühllagerung (+3 bis +4 °C) bis Mitte März und nach CA-Lagerung mit Scrubber bis Mitte April bei 4 bis 5% CO_2, 3% O_2 und +3 °C. Aber wegen Gefahr von Kältefleischbräune keinesfalls tiefer als +2 °C lagern.
Form und Größe: Mittelgroß bis groß; rundlich, mittelbauchig, in der Regel zum Kelch hin fliehend, zum Stiel hin abgeplattet; verschiedentlich etwas hochgebaut, im ganzen wohlgeformt.
Farbe und Beschaffenheit der Schale: Gelblichgrün bis gelb, wegen Deckfarbe, schwachen Berostungen und/oder Lentizellen aber selten klar; meist 50% der Schale teils verwaschen, teils gestreift oder geflammt trüb orange-rot bis karminrot, oft mit Blaustich, vereinzelt auch mit dunkelroten chimärenartigen Streifen vom Stiel bis zum Kelch; Lentizellen als kaum auffällige hellbraune, auf Deckfarbe als dreieckige bis sternförmige, hellgrüne Punkte; Berostungen selten, sonst fleckenweise; trocken, nicht glatt, sondern angerauht, dünn, leicht zäh bzw. hart.
Kelch: Halboffen; Blättchen kurz dreieckig, teils nur am Ansatz, teils durchweg grün; am Grund nicht verwachsen und meist nach innen gewölbt.
Kelchgrube: Flach bis allenfalls mitteltief (schüssel- bzw. tellerartig), rund; in der Regel innen schuppig (konzentrisch) berostet; trockene Staubfäden kurz.
Stiel: Mittellang und mitteldick mit Abweichungen, die einerseits (sehr) kurz, dick (-fleischig) und seitlich verdrückt (sog. Königs- oder Terminalfrüchte), andererseits lang und dünn sein können; braun bis hellgraubraun.
Stielgrube: Mittelweit, mitteltief; fast durchweg strahlenförmig und grobschuppig (konzentrisch) berostet; Rost strahlt mitunter weit über den Rand hinaus, selten Risse; rundlich geformt.
Kernhaus: Groß; zwiebelförmig, zum Kelch hin spitzig; Achse kurz bis mittellang und meist offen; zahlreiche dunkelbraune, lange und zugespitzte Samen, schmale Fächer.
Fleisch: Gelblichweiß bis cremefarben, am Rand grünlich, teilweise auch grünlich geadert; mittelfeinzellig, saftig, anfangs knackend, später locker bis fast breiig; Leitbündel als grüne Punkthäufchen; wenig stippeanfällig.
Geschmack: Edler, feinfruchtiger und aromatischer Geschmack, an 'Cox Orange' erinnernd, sehr angenehm.

Physikalische und chemische Eigenschaften der Frucht									
Tagewerte	130								
Größenverteilung nach Gewicht – Größenklassen in mm	<55	55/60	60/65	65/70	70/75	75/80	80/85	85/90	90/95
%		7	15	28	42	8			
Mittleres Fruchtgewicht in g		120							
Spezifisches Fruchtgewicht		0,82			(0,80–0,83)				
Fruchtform-Index		0,84			(0,80–0,86)				
Mittlerer Zuckergehalt als Refraktometerwert in %		14,0			(13,4–14,6)				
Mittlerer Säuregehalt in g/l		7,4			(6,9– 7,8)				
Gruppen des Vitamin-C-Gehalts in mg/100 g Frischgewicht		5–10							
Sorbitgehalt in g/100 g Frischgewicht									

Laxtons Superb

Anbau und Markt

Die Bedeutung dieses geschmackvollen, druckunempfindlichen und deshalb auch transportgünstigen Tafelapfels hat in den letzten Jahren abgenommen. Wesentliche Ursache dürfte die ausgeprägte Ertragsalternanz sein, die im Vollertragsjahr ohne Ausdünnung in der Regel zu zahlreichen, kleinen und schlechtgefärbten, im Ausfalljahr zu wenigen, krankheitsanfälligen (Stippigkeit) und kaum lagerfähigen Früchten führt. Der ungünstige Ertragsrhythmus läßt sich leider durch entsprechende Maßnahmen (frühzeitige Ausdünnung starker Behänge) nicht befriedigend brechen. Auch scheint der für die Haltbarkeit der Früchte wesentliche optimale Erntezeitpunkt Schwierigkeiten zu bereiten, da nach früher Ernte die Früchte oft welken, bei später Ernte dagegen das Risiko des vorzeitigen Fruchtfalls groß ist. Abgesehen vom Frischverzehr eignen sich die Äpfel sehr gut für Saft und Mus, weniger dagegen zum Backen und für Apfelscheiben. Aufgrund der hohen Schorfanfälligkeit ist der Anbau ohne regelmäßige Bekämpfung dieses Pilzes nicht zu empfehlen, obwohl diese Sorte bei fast vergleichbarer Qualität zu 'Cox Orange', aber längerer Haltbarkeit, als Alternative durchaus infrage käme. Ähnlichkeiten bestehen u.a. mit Früchten der Sorten 'Allington' und 'Cox Orange'.

Lebel

Ähnliche Namen sind u.a. 'Jacob Lebel', 'Jaques Lebel', 'Lebelovo' oder 'Zhak Lebel'.
Als Synonyme kommen u.a. vor 'Double des Vosges', 'Gelber Mecklenburger' und 'Monstreux des Vosges'. In Hessen-Nassau auch 'Eisenbahner' genannt, wegen häufiger Pflanzung auf bahneigenem Gelände.
Abstammung und Herkunft: Um 1825 von Jaques Lebel in Amiens (Nordfrankreich) als Zufallssämling ausgelesen und 1849 von der Baumschule Leroy in Angers in den Handel eingeführt.
Mutanten: Keine bekannt.
Polleneigenschaften: Schlecht (triploid), mittelfrüh- bis mittelspät- und langblühend; Befruchtersorten sind u.a. 'Baumann', 'Berner Rosen', 'Champagner', 'Cox Orange', 'Croncels', 'Danziger Kant', 'Glokkenapfel', 'Golden Delicious', 'James Grieve', 'Jonathan', 'Klarapfel', 'Landsberger', 'Ontario' und 'Zuccalmaglio'.
Standortansprüche: Eine klimatisch wie hinsichtlich der Bodengüte genügsame Sorte, die auch in ausgesprochenen Höhenlagen (Süddeutschland über 600 m NN) gute Fruchtgrößen erzielt und dort geschmacklich kaum vom sortenspezifischen Standard abweicht. Mittelgründige Böden mit allerdings günstigem Lufthaushalt reichen aus. Wenig geeignet sind dagegen tonige bzw. zu feuchte oder wechselfeuchte Böden; trockene Böden wiederum fördern den vorzeitigen Fruchtfall. Während die Blüten ziemlich frosthart und auch gegen naßkühles Wetter weitgehend unempfindlich sind, kann es zu Holzschäden durch Winterfrost kommen. Windoffene Lagen sind wegen verstärktem Fruchtfall vor der Reife zu meiden.

Baum

Der Wuchs der triploiden Sorte ist erwartungsgemäß sehr stark und als Folge der flachen Aststellung betont breit. Dementsprechend bilden sich bei Hochstämmen flachkugelige Kronen, die später schirmartig, d.h. nach unten hängend, geformt sein können. Die meist dicken Triebe wachsen sparrig. Hauptsächliche Fruchtstandorte sind die einjährigen seitlichen Kurztriebe am Langtrieb als auch mehrjährige Kurztriebe. Beide fruchten endständig. Blätter groß und dunkelgrün. Gut geeignet zum Umveredeln schwachwachsender Bäume. Zur Anzucht von Hochstämmen sind wegen krummen Wuchses Stammbildner zweckmäßig. Gegenüber Schorf empfindlich, nicht jedoch gegenüber Mehltau und Obstbaumkrebs. In warmtrockenen Lagen besteht Gefahr durch Befall mit Blutläusen.

Frucht

Pflückreife: Mitte bis Ende September–Anfang Oktober.
Genußreife: Aus dem Frischluftlager von Oktober bis allenfalls Dezember, aus dem Kühllager bis Februar.
Größe und Form: Mittelgroß bis groß; flachgebaut, breitkugelig, mittelbauchig; Rippen nur angedeutet, teils schief.
Farbe und Beschaffenheit der Schale: Gelblichgrün bis matt grünlichgelb, in Vollreife tiefgelb, wenig anziehend, sonnenseits ziegelrot gestreift bis geflammt blaßrot.
Lentizellen auf Grundfarbe als sehr dichte, große, weißliche Punkte bis Fleckchen; wird genußreif wachsig; ohne Berostungen, hart.
Kelch: Groß; geschlossen; hochstehend und wie eine Kuppel geformt; Blättchen entsprechend lang und breit, am Grund grün und filzig behaart.
Kelchgrube: Tellerartig flach und weit, randlich schwach höckrig, nach innen leicht wulstig; selten berostet, dann aber gerne rissig.
Stiel: Kurz bis mittellang; mitteldick, mitunter mit fleischigem Ansatz; grün bis hellbraun.
Stielgrube: Flach und ziemlich weit, oft ungleich geformt; teils fein-, teils grobschuppig und in der Regel weit über den Rand hinaus strahlig berostet.
Kernhaus: Mittelgroß bis klein; rhombenförmig; hohlachsig, Samenfächer ziemlich geräumig und unregelmäßig mit lang-eiförmigen, hellbraunen Samen besetzt, häufig aber taub; Leitbündel als grüne Punkte.
Fleisch: Grünlichweiß, randlich cremefarben, teils grün geadert; sehr saftig, teils kurzbrechend und knackig, teils weich, später mürbe; zähe Schale löst sich ab; anfällig für Stippigkeit; mäßiger Vitamin-C-Gehalt; spez. Gewicht um 0,81.
Geschmack: Mildfruchtig bis fein säuerlich, Aroma und Gewürz treten kaum hervor, dennoch angenehm.

Lebel

Anbau und Markt

Eine vor allem für weniger warme Lagen geeignete, ertragreiche und -sichere Sorte, deren druckunempfindliche Früchte vielseitig verwendbar (Frischverzehr, Mus, Dörren, Apfelringe) sind. Aufgrund der wachsigen Schale welken die Früchte kaum und sind einige Monate gut lagerfähig. Im Kühllager gibt es keine Probleme mit der Fleischbräune. Allerdings schränken die Frostempfindlichkeit des Holzes und die Anfälligkeit für Schorf die Anbaueignung dieser Sorte merklich ein. Leider tritt bei den äußerlich wenig ansprechenden Früchten auch Stippigkeit auf. Vor allem zur Bereitung von Most (Apfelwein) gut geeignet.

Linsenhofener Renette

Ähnliche Namen sind 'Linsenhofer' und 'Linsenhof(en)er Sämling'.
Synonym ist 'Schöner von Beuren'.
Abstammung und Herkunft: Zufallssämling, der im Raum Linsenhofen-Beuren bei Nürtingen (Kreis Esslingen, Baden-Württem.) gefunden bzw. dort entstanden sein könnte. Wuchshabitus und Aussehen der Äpfel gleichen der Sorte 'Goldparmäne', die eine Elternsorte gewesen sein könnte.
Mutanten: Von 'Linsenhofener Renette' sind keine Mutanten bekannt geworden.
Polleneigenschaften: Günstig (diploid); zahlreiche, keimfähige Pollenkörner; sehr spätblühend

Linsenhofener Renette

Standortansprüche: Bisherige Erfahrungen lehren, daß die Sorte für gehaltvolle Äpfel, vergleichbar zu 'Goldparmäne', günstige Wärmeverhältnisse verlangt. Ausgesprochene Höhenlagen (> 600 m über NN in SW-Deutschland) sind deshalb weniger geeignet. Sortentypische Fruchtgrößen sind an leistungsfähige Böden hinsichtlich Feuchtigkeit und natürliche Nährkraft gebunden: Mäßig frisch bis frisch, mindestens mittelmäßig gründig und fruchtbar sowie gut durchlüftet. Anbauvergleiche im Ursprungsgebiet der Sorte haben diese hohen Anforderungen bestätigt. Die Blüten sind ziemlich frosthart, eine Eigenschaft, die durch die sehr späte Blüte mitbedingt sein dürfte. Die Empfindlichkeit des Holzes gegenüber Frost ist eher gering als mittelmäßig zu bewerten. Nach dem Polarwinter 1984/85 zeigten die Bäume in Bavendorf keine Schäden.

Baum

Der Wuchs ist höchstens mittelstark, als Jungbaum aber steil. Nach dem Einsetzen der Fruchtbarkeit weiten sich bei naturnaher Erziehung die Kronen als Folge der Fruchtlasten auf und verbreitern somit die zunächst schmalen und hochstrebenden Formen. Dennoch bleiben die Kronen langfristig hochpyramidal und bilden auf den abgekippten, mehr oder weniger waagrechten Ästen zahlreiche, meist senkrechte und schlanke Triebe als spätere Fruchthölzer. Dies sind hauptsächlich 2jährige Langtriebe mit ihren 1jährigen und danach mehrjährigen seitlichen Kurztrieben, die jeweils endständig fruchten. In geringem Umfang sitzen die Äpfel auch an den 1jährigen Langtrieben, achsel- und endständig. Typisch sind kleine, breitovale Blätter mit kurzer Spitze, die ebenso wie die Früchte kaum schorfanfällig sind. Mehltau kann dagegen vorkommen. Insgesamt aber doch eine robuste Sorte, die deshalb auch für den landschaftsprägenden Streuobstbau empfohlen wird.

Frucht

Schüttelreife: Mitte bis Ende Oktober, je nach Wärmeklima.
Verwertungsreife: Nach kurzer Zwischenlagerung von November bis Januar; als Tafelapfel aus dem Kühllager bis März.
Größe und Form: Klein bis mittelgroß (meist etwas größer als 'Goldparmäne'); gleichmäßig plattrund bis sehr flach, mittelbauchig, rollenähnlich.
Farbe und Beschaffenheit der Schale: Grünlichgelb bis (stroh-)gelb, sonnenseitig gestreift bzw. geflammt, teilweise verwaschen leuchtend, hell- bis stumpfrot mit bräunlichem Stich; Lentizellen klein, kaum sichtbar, wachsen aber mitunter zu netzartigen Berostungsnestern aus; glatt; ziemlich hart.
Kelch: Mittelgroß; halboffen; grüne Blättchen schmal dreieckig, am Grund getrennt.
Kelchgrube: Weit; tief bis sehr tief; Rand häufig schwach berostet mit Neigung zu kleinen, sternartigen Rissen, schwach bucklig.
Stiel: Ziemlich lang; dünn.
Stielgrube: Tief; mittelweit bis weit; überwiegend ohne Rost, geflammte Deckfarbe läuft oft bis zum Grund.
Kernhaus: Klein; zwiebelförmig; Achse und Fächer geschlossen, sie sind klein und gedrungen und haben zahlreiche, kleine Samen; Leitbündel mit engem Radius.
Fleisch: Cremefarben; saftig, feinzellig, kurzbrechend, dichte Struktur, wird später eher zäh als mürbe.
Geschmack: Fruchtig bis schwach säuerlich; ohne besonders kräftiges Aroma.

Anbau und Markt

Selbst auf leistungsfähigen Standortverhältnissen sind die Baumerträge nur mittelhoch (kein Massenträger), dafür weitgehend regelmäßig. Auf weniger geeigneten Standorten kann es allerdings rasch zu jährlich wechselnden Erträgen kommen. Um günstige Flächenerträge zu erzielen, sind verhältnismäßig enge Pflanzabstände eine wichtige Voraussetzung. Das Zucker-Säure-Verhältnis von ca. 11 : 1, das bestimmt ist durch einen hohen Zucker- und mittleren Säuregehalt, liegt in einem für selbständige, an Trubstoffen jedoch reichen Süßmosten vorteilhaften Bereich. Diese Eigenschaften sowie die geringe Anfälligkeit für Krankheiten und die bei sachgemäßer Lagerung lange Verwertungszeit ohne nennenswerte Fäulnisverluste machen 'Linsenhofener Renette' zu einer bemerkenswerten Mostapfelsorte, vor allem aus der Sicht der Süßmostindustrie. Natürlich lassen sich die Äpfel auch als Tafelware, Koch- und Backapfel verwenden. Ähnlichkeiten im Wuchs und in der Frucht bestehen mit 'Goldparmäne'.

Luiken

Ähnliche Namen sind u.a. 'Luikenapfel', 'Luyken', 'Lucken' und 'Pomme Luiken'. Synonyme sind u.a. 'de Louys-Ludwig', 'Louis Apfel', 'Ludwigs Apfel' und 'Malvazinka', im 19. Jahrhundert auch 'Neureutlinger' und 'Pfullinger' genannt.

Abstammung und Herkunft: Zufallssämling. Nach Gussmann (1896) waren Apfelbäume mit dem Namen 'Luikenapfel' schon 1801 als Straßenbäume in Württemberg bekannt bzw. damit bezeichnet; dabei soll der Name dieser Sorte auf einen Weingärtner namens Luik in Sulzgries bei Esslingen zurückgehen. Andere Quellen vermuten seine Herkunft aus Frankreich; pomologisch registriert wurde diese Sorte zum ersten Mal 1831. Früher hauptsächlich in den typischen Streuobstgebieten von Württemberg (Albvorland, Talhänge des Neckars und seiner Nebenflüsse, Keuperstufenränder, Randlagen der Gauflächen) und angrenzenden Ländern verbreitet; dort als Tafel- und Mostapfel sehr geschätzt. Neben der Originalsorte gibt es im Aussehen von Baum und Frucht ähnliche Sämlinge oder Mutanten, die aber die Leistungen der Ursprungssorte nicht erreichen, z.B. 'Heslacher Luiken', 'Ging(e-n)er Luiken' u.a. Von Lucas zu den Streiflingen (franz. Rayées) gestellt.
Mutanten: Bekannt sind lokaltypische Namen wie z.B. 'Gingener Luiken' u.a.; ob dies Hinweise auf Mutanten oder einfach nur ergänzende Bezeichnungen sind, ist unklar.
Polleneigenschaften: Günstig (diploid), spät- bis sehr spätblühend.
Standortansprüche: Die weite Verbreitung dieser Sorte läßt auf arttypische Ansprüche bei Klima und Boden schließen, d.h. gute Leistungen hinsichtlich Wuchs, Ertrag und Fruchtqualität sind sowohl in warmen bis kühlen Klimaten, als auch auf schon mittelgründigen, mäßig trockenen bis frischen Böden von mittelmäßiger natürlicher Nährkraft und ausreichender Durchlüftung zu erwarten. Für regenreiche Gebiete wie zum Beispiel das Bodenseegebiet ist diese Sorte wegen ihrer Anfälligkeit für Schorf und Obstbaumkrebs jedoch weniger geeignet. Die Blüten werden dank ihrer verzögerten Entfaltung (Spätblüher) durch Spätfröste selten geschädigt; sie sollen auch unempfindlich gegenüber Regen sein. Für Hochlagen noch anbauwürdig, dort jedoch eher als früher Winterapfel.

Baum

Nach den weitausladenden Kronen älterer Bäume zu urteilen, ist diese Sorte starkwüchsig. Als Folge wenig verzweigter und somit meist schlanker, weitgehend waagrecht inserierter Äste, die ohnehin nicht zahlreich sind und auch zum Abbrechen neigen, haben die Kronen eine flachkugelige, teilweise stark nach unten hängende Form und sind zudem ziemlich licht, das heißt sie verkahlen von innen heraus.
Sortentypisch sind die rötlichbraunen Triebe. Als maßgebliche Fruchthölzer kommen die ein- und mehrjährigen Langtriebe in Frage, die im ersten Fall in der Hauptsache achselständig, sonst an jungen und älteren Kurztrieben endständig blühen und fruchten. Die höchstens mittelgroßen, ovalen Blätter sind anfällig für Schorf, das Holz empfindlich für Infektionen durch den Obstbaumkrebs (vgl. Standortansprüche).

Frucht

Pflückreife: Mitte bis Ende September.
Genußreife: Nach der Pflücke bis Ende November.
Größe und Form: Mittelgroß, mitunter auch klein; flachrund, zuweilen auch höhergebaut, mittelbauchig, häufig auch etwas schief, sonst ebenmäßig.
Farbe und Beschaffenheit der Schale: Weißlichgelb bis hellgelb, sonnenseits leuchtend bis flammend rotgestreift, teils freundlich, teils tiefdunkelrot, schattenseitig Streifung schwächer oder nur angedeutet; Lentizellen auf der Deckfarbe klein, dicht und braunweiß, schwärzlichrot umhöft, sonst als kleine grünliche Rostpunkte; glatt, selten mit streifigem Rost, verschiedentlich Warzen; hart.
Kelch: Klein bis sehr klein; geschlossen bis halboffen; Blättchen klein bis sehr klein.
Kelchgrube: Flach; meist feingefältelt bis perlig; wegen Farbe und Kleinheit oftmals kaum sichtbar berostet.
Stiel: Sehr kurz, bleibt häufig unterhalb des Grubenrandes; dick, zum Ansatz hin saugnapfartig; grün bis graugrün.
Stielgrube: Mäßig tief bis flach; breit auslaufend; überwiegend graubraun und schuppig berostet, läuft manchmal strahlig über den Rand hinaus.
Kernhaus: Klein; zwiebelförmig und kelchnah; Samenfächer ebenfalls klein, Samen sackartig stumpig und weißgespitzt, wenig Hohlraum, dieser aber meist ausgefüllt; Leitbündel liegen als grüne Punkte ziemlich außen.
Fleisch: Grünlichweiß bis weiß; feinzellig, fest, knackig kurzbrechend, vollsaftig, randlich rosenrötlich eingefärbt; mittlerer Gehalt an Vitamin C.
Geschmack: Süßlich-weinfruchtig, schwach himbeerartig, sehr angenehm, erfrischend.

Luiken

Anbau und Markt

Als wohlschmeckender Herbsttafel- und ergiebiger Mostapfel hatte diese Sorte, insbesondere im sog. württembergischen Unterland (Gebiet nördlich der Schwäb. Alb) jahrzehntelang einen sehr guten Ruf, da die Bäume fast alljährlich einen mindestens mittleren Ertrag aufwiesen. Vermutlich standörtlich bedingt (schlechter Boden und/oder Spätfröste) zeigten allerdings manche Bäume nur jedes 2. Jahr einen guten Behang. Dank eines ausgewogenen Zucker/Säure-Verhältnisses kann man aus den Äpfeln einen vorzüglichen Apfelwein keltern, und frischgegessen schätzte man den 'Luikenapfel' auch wegen seines saftigen Fleisches. Aufgrund seiner standörtlichen Genügsamkeit und der in luftfeuchten Gebieten besonders nachteiligen Schorfanfälligkeit eignen sich vor allem eher lufttrockene Gebiete für den Anbau, sofern man ohne chemische Bekämpfungsmaßnahmen Äpfel erzeugen will.

Mantet

Keine ähnlichen Namen und keine Synonyme.

Abstammung und Herkunft: Aus einem Samen der freiabgeblühten kanadischen Sorte 'Tetofsky' im Jahre 1928 an der Dominion Exp. Stat. Morden in der Provinz Manitoba/Kanada selektiert – die Vatersorte ist also unbekannt – und ein Jahr danach (1929) für den Handel freigegeben.

Mutanten: In den Niederlanden hat A. Rozendaal aus Kraggenburg (Nord-Ost-Polder) im Jahr 1965 eine rotfrüchtigere Mutante entdeckt, die als 'Roda Mantet' bekannt und 1970 in den Handel eingeführt wurde. Äpfel dieser Mutante zeigen in flächiger Ausprägung mehr rote Deckfarbe als die Normalform.

Standortansprüche: Als frühreifender Sommerapfel verlangt die Sorte für den gebietlichen Markt jeweils die wärmsten Standorte (Primeurpreise), soweit diese von der Feuchtigkeit und Fruchtbarkeit des Bodens sowie vom Frostrisiko her gesehen apfelfähig sind. Für den Direktabsatz, den Lokalmarkt oder den Eigenverbrauch aus dem Hausgarten ist ihre wärmeklimatische Anbaubreite deutlich größer. Ihre Verbreitung in West- und Mitteleuropa läßt darauf schließen, daß der Feuchtigkeitsanspruch nicht hoch ist, doch auch auf den schwach wechselfeuchten Geschiebelehmböden von Bavendorf sind die Bäume wüchsig und gesund. Der Spätfrost 1977 hat nur unbedeutende Schäden an den Früchten hinterlassen; den Winterfrost 1984/85 hat 'Mantet' fast ohne Ausfälle überstanden. Die Äpfel sind bis zur Reife windfest.

Verbreitung: Außer im Herkunftsland Kanada wird 'Mantet' in Holland, Belgien, Nordfrankreich, im Rheinland und in Südwestdeutschland angebaut. Marktrelevante Mengen gibt es aber kaum.

Bestandessicherheit: Dank sehr guter Winterfrosthärte (vgl. Standortansprüche) im allgemeinen hoch; störend kann jedoch Obstbaumkrebs auftreten.

Baum

Wuchs: Die mittelstark-, später eher schwachwachsenden Bäume haben in der Regel schräg aufwärts stehende Äste und entsprechend hochovale Kronen. Diese Äste verlieren jedoch rasch ihre Wüchsigkeit und bekleiden sich, nach entsprechenden Rückschnitten, willig mit mittellangen Trieben. Sortentypisch sind große und langgezogene Blätter, die zusammen mit der engen Insertion der Triebe ein dichtblättriges, fast buschiges Bild abgeben. Diese Eigenschaften sind günstig für kleinkronige Bäume bzw. für Dichtpflanzungen. Rückschnitte verträgt diese Sorte gut. Bei 1jährigen Okulanten, die in der Regel ohne vorzeitige Triebe heranwachsen, sind solche zur zweckmäßigen Triebbildung sogar notwendig.

Fruchtholz: Vorherrschend sind Kurztriebe, 1jährig (33%) und mehrjährig (20%), beide endständig fruchtend, und 1jährige Langtriebe, die vor allem seitenständig fruchten. Meist kommt es zu traubigem Fruchtansatz.

Blüte und Befruchtung: Pollen gut (diploid), aber als Befruchter dennoch ungeeignet, da ausgeprägt alternierend (vgl. Ertrag), zudem keimt der Pollen ziemlich schlecht; mittelspät bis spätblühend; Neigung zur Parthenokarpie bzw. Selbstfruchtbarkeit; Befruchter sind u. a. 'Cox Orange', 'Gloster', 'Golden Delicious', 'Goldparmäne', 'Ingrid Marie', 'James Grieve' und 'Jonathan'; Blütenzahl 5,6 (5 + 6), basale Blüte manchmal mit Nebenblüte, Achse sehr kurz, Stiele lang, dünn und flaumig; Kronblätter (5) langoval und mit viel Rosa, deckend, kurzgenagelt; Primärblätterzahl 7,3 (5 bis 9), groß, fast herzförmig, basal stark gebuchtet, gekräuselt, Nebenblättchen haarähnlich zart; Kelchblätter breit, lang, Spitze leicht abwärts gebogen; Griffel betont engständig, aufrecht, länger als Staubblätter.

Ertrag: Setzt früh ein, im Mittel der Jahre aber nur mäßig (60% von 'Idared') frucht-

Mantet

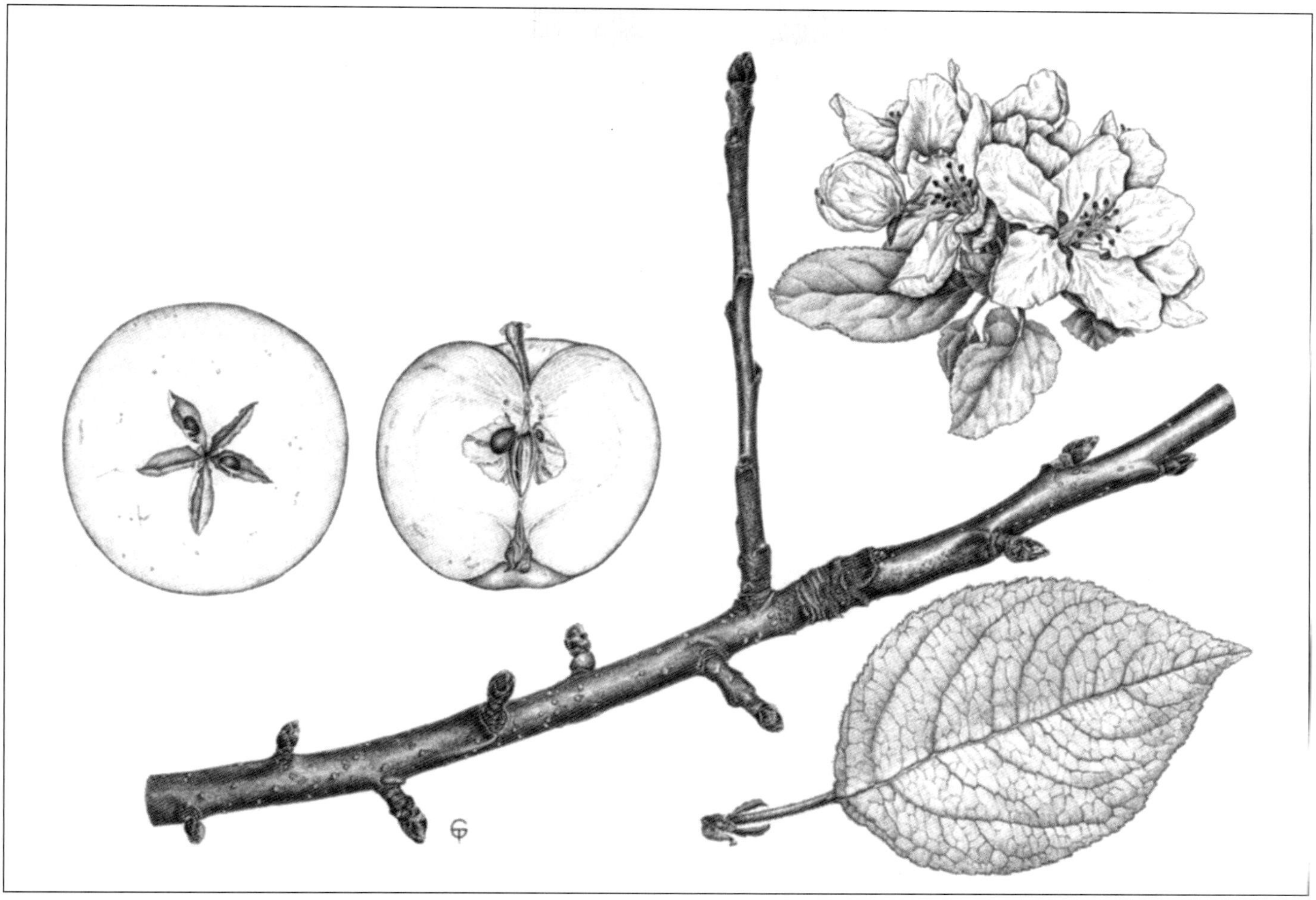

Mantet

bar und dabei stark alternierend. Dies bedeutet, daß im Ausfalljahr oft keine Blüten vorhanden sind.
Krankheiten und Mängel: Anfällig für Mehltau und Obstbaumkrebs, weniger für Schorf. In den Niederlanden wird 'Mantet' als ziemlich schorfanfällig eingestuft.

Frucht

Pflückreife: Ende Juli bis Mitte August, folgernd.
Genußreife: Von der Pflücke an bis spätestens Ende August; nur wenige Tage haltbar.
Größe und Form: Mittelgroß bis klein; überwiegend hochgebaut, häufig schwach grobkantig oder ungleich, mittelbauchig, zum Kelch wie zum Stiel gleich fliehend.
Farbe und Beschaffenheit der Schale: Gelblichgrün bis wachsgelb, sonnenseits orangerot geflammt, teilweise kräftig bis verwaschen erdbeerrot; Lentizellen nur auf Deckfarbe als helle Pünktchen sichtbar; zart, sehr druckempfindlich.

Physikalische und chemische Eigenschaften der Frucht									
Tagewerte	85								
Größenverteilung nach Gewicht — Größenklassen in mm	<55	55/60	60/65	65/70	70/75	75/80	80/85	85/90	90/95
%	29	33	26	10	2				
Mittleres Fruchtgewicht in g		102			(85 – 114)				
Spezifisches Fruchtgewicht		0,76			(0,74–0,77)				
Fruchtform-Index		0,88			(0,91–0,95)				
Mittlerer Zuckergehalt als Refraktometerwert in %		9,9			(8,4–10,8)				
Mittlerer Säuregehalt in g/l		6,8			(5,0– 8,0)				
Gruppen des Vitamin-C-Gehalts in mg/100 g Frischgewicht		10–20							
Sorbitgehalt in g/100 g Frischgewicht									

Kelch: Geschlossen; klein; Blättchen aufrecht, grün.
Kelchgrube: Mitteltief; teils eng, teils mittelweit; in typischer Weise gefältelt und feinhöckrig; ohne Rost.
Stiel: Überwiegend mittellang, vereinzelt auch kurz; mitteldick, am Ende knopfig; grün oder rötlich.
Stielgrube: Mitteltief bis tief; mittelweit; verschiedentlich durch kleine Wülste verdrückt; ohne Rost; grünlich.
Kernhaus: Groß; zwiebelförmig; Achse weit offen, starkwandige Fächer geräumig und mit vielen, gut entwickelten Samen, diese sackartig, dunkelbraun und weißspitzig; sternförmig; mitunter schimmelig.
Fleisch: Gelblich bis cremefarben; feinzellig, locker, saftig, kurz, später weichsaftig bis mürbe.
Geschmack: Aromatisch mit feiner Säure, vor Vollreife leicht säuerlich; Übergang ist aber kurz; als Frühapfel von sehr gutem Geschmack.

Anbau und Markt

Vorrangiges Problem ist die ausgeprägte Ertragsalternanz, d.h. im Tragjahr überreichlicher Behang, der allein schon zur Verbesserung der Fruchtqualität auszudünnen ist, und im Ausfalljahr meist gar keine Blüten. Letzteres verschlechtert auch die Eigenschaft als sicherer Pollenspender. Nach bisherigen Erfahrungen läßt sich das alternierende Fruchten merklich abschwächen durch frühzeitiges Ausdünnen während der Blüte (chemisch und/oder von Hand) und/oder durch vorgezogenen Schnitt gleich nach der Ernte. Derartige Maßnahmen vermögen auch das Ertragsniveau anzuheben. Die äußerlich und geschmacklich ansprechenden Frühäpfel sind stark druckempfindlich und kaum lagerfähig. Dies und die folgernde Fruchtreife läßt 'Mantet' vorwiegend für den Direktabsatz bei möglichst kurzem Weg und für den Anbau im Hausgarten geeignet erscheinen. Bei Überreife tritt am Kelch glasartiger Fruchtfleischverfall auf. Da die Früchte meist traubig hängen, erfordert die Pflücke viel Sorgfalt.

McIntosh, Rogers

McIntosh, Rogers

Ähnliche Namen sind u.a. 'Mac Intosh', 'MacIntosh, Red', 'Mackintosh', 'McIntosh Rogers New York Strain', 'Rogers McIntosh', 'Red McIntosh' und 'Mekintos'. Synonyme sind u.a. 'Double Red' und 'Red Rogers'.

Abstammung und Herkunft: Die Ausgangssorte 'McIntosh' ist als Zufallssämling von John McIntosh in der Nähe von Dundela, Dundas County (Ontario/Kanada), 1796 gefunden worden; aus einer Knospenmutation dieser Sorte ging die kräftig rotgefärbte Mutante 'Rogers' hervor, die von Isaac C. Rogers bei Dansville (New York/USA) vor 1930 entdeckt und ab 1932 verbreitet wurde.

Mutanten: 'McIntosh' hat zahlreiche spontane Mutanten hervorgebracht (vgl. Tabelle). Gegenüber der Muttersorte sind deren Früchte entweder stärker rotgefärbt, früher reif oder größer gewachsen. Im Anbau werden 'Rogers' und 'Boller' bevorzugt, die sich kaum unterscheiden.

Standortansprüche: Aufgrund ihrer Verbreitung im nördlichen Europa ist der Wärmeanspruch nicht hoch. Dort wird 'McIntosh' allerdings als Wintersorte verbraucht. In wärmeklimatisch günstigeren Gebieten wie in der Steiermark hat sie ihren Schwerpunkt im Herbst. Bewährt hat sich die Sorte auch im kontinentalen Klima Mittelpolens. Um ihre hohe Fruchtbarkeit in marktfähige Qualitäten umzusetzen, sind frische und fruchtbare Böden erforderlich. In Kanada wie in Polen im Holz frosthart, gab es in Südwestdeutschland und in Österreich in den 70er Jahren immer wieder Ausfälle durch abgestorbene Sproßpartien. Ursachen dafür waren einerseits frühe (November) oder späte (März) Winterfröste, und andererseits Infektionen durch den Pilz *Libertella ble-*

pharis, möglicherweise nur als Schwächeparasit. Der Polarfrost 1984/85 (Januar–Februar) brachte in Südwestdeutschland dagegen nur geringe Schäden. Als wenig frostempfindlich gelten die Blüten. Dies hat sich beim Spätfrost 1977 bestätigt, als es weder Ertragsausfälle noch irgendwelche Berostungen oder Formveränderungen an den Früchten gegeben hat. Zur Reife hin kann kräftiger Wind die starke Neigung zu vorzeitigem Fruchtfall verstärken.
Verbreitung: Marktwichtige Mengen werden in der Steiermark (jährlich 3000 bis 8000 t) und in Dänemark (1500 bis 4000 t) erzeugt; in Osteuropa ist 'McIntosh', ergänzt durch seine Abkömmlinge 'Cortland', 'Lobo' und 'Spartan', vor allem in Polen und der früheren ČSSR vertreten.
Bestandessicherheit: Sowohl in Bavendorf als auch auf anderen Standorten wurden in den 60er Jahren fast keine, in den 70er Jahren dagegen empfindliche Teil- und Totalausfälle registriert; seither wieder ohne gravierende Sproßschäden.

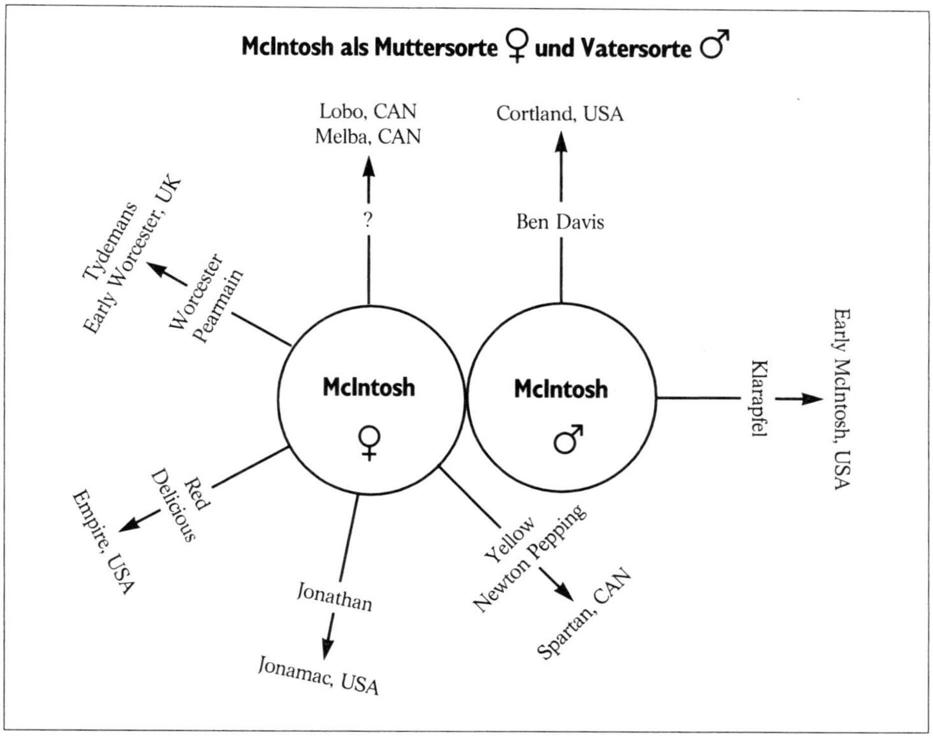

Baum

Wuchs: Mittelstarkwachsend mit mäßiger Triebzahl und Verzweigungstendenz. Ausgewachsene Bäume auf starkwachsender Unterlage haben großlumige und kugelige Kronen, die verhältnismäßig locker aufgebaut und beim Instandhaltungsschnitt wenig aufwendig sind. Für Spindelerziehung auf schwachwachsender Unterlage geeignet, doch dabei ziemlich breitwüchsig. Als sortentypisch gelten die markant dunkelrotbraunen Triebe und das lichte Blattwerk. Die mittelgroßen Blätter sind meist feingekerbt, oft gebuchtet, eher breit- als langoval und kurzspitzig. Auffällig sind auch die regelmäßig angeordneten Blätter an den Neutrieben, die an der Basis leicht verkahlt sein können. Bekannt ist das beim Schnitt betont harte Holz der Triebe bzw. Äste.
Fruchtholz: An Spindelbäumen sind zu gleichen Teilen (je 40%) die ein- und mehrjährigen Kurztriebe, die endständig fruchten, als Fruchthölzer maßgebend; den Rest (je 10%) teilen sich die Langtriebe, achsel- und endständig fruchtend. An fruchtreichen 2jährigen Langtrieben kann ohne Nachteile der 1jährige Langtrieb entfernt werden (sog. Pillarschnitt).
Blüte und Befruchtung: Als Pollenspender mäßig geeignet, da Pollen schlecht keimt (diploid); frühblühend; geeignete Befruchter sind u. a. 'Cox Orange', 'Finkenwerder', 'Glockenapfel', 'Golden Delicious', 'Goldparmäne', 'Idared', 'James Grieve', 'Jonathan' und 'Klarapfel'. Blütenzahl 6,0 (5 bis 7), Achse kurz, Stiele lang, stark flaumig und mitteldick; Kronblätter (5) meist dekkend, viel Rosa, teilweise platt, dann stehen Griffel und Staubblätter bürstenartig frei; Primärblätterzahl 7,4 (6 bis 10), mittelgroß, basal gebuchtet, apikal kurzspitzig, Rand feingesägt; Kelchblätter kurz, dreiekkig, dunkle Spitzen nach unten gebogen; Griffel engständig, etwas länger als Staubblätter, diese bürstenartig, weiten sich nach oben.

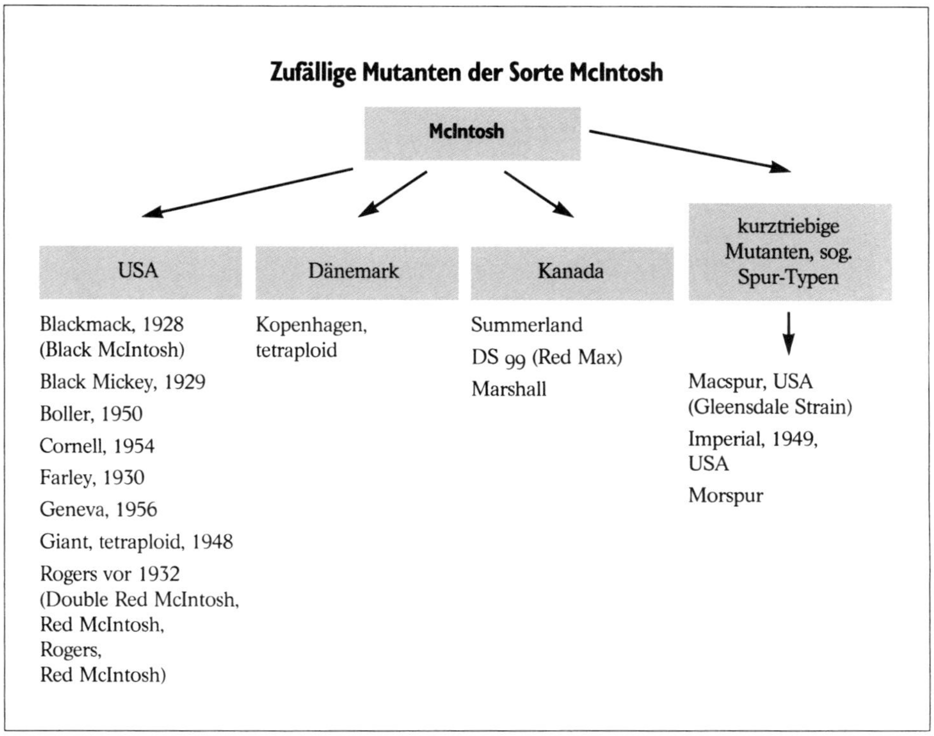

Physikalische und chemische Eigenschaften der Frucht									
Tagewerte	127								
Größenverteilung nach Gewicht / Größenklassen in mm	<55	55/60	60/65	65/70	70/75	75/80	80/85	85/90	90/95
%	2	6	14	30	31	14	3		
Mittleres Fruchtgewicht in g	125	(108 – 137)							
Spezifisches Fruchtgewicht	0,77	(0,77–0,78)							
Fruchtform-Index	0,82	(0,78–0,88)							
Mittlerer Zuckergehalt als Refraktometerwert in %	10,9	(10,2–12,0)							
Mittlerer Säuregehalt in g/l	5,5	(3,4– 8,0)							
Gruppen des Vitamin-C-Gehalts in mg/100 g Frischgewicht	5–10								
Sorbitgehalt in g/100 g Frischgewicht	0,25								

Ertrag: Früheinsetzend, hoch und wenig alternierend; im langjährigen Vergleich zu 'Golden Delicious' (= 100%) werden 80% erreicht; starke Fruchtbehänge sollten rechtzeitig ausgedünnt werden.
Krankheiten und Mängel: Anfällig für Blattschorf und Zweiggrind, mäßig empfindlich für Kragenfäule und Obstbaumkrebs, wenig für Mehltau.

Frucht

Pflückreife: Mitte bis Ende September.
Genußreife: Gleich nach der Pflücke bzw. aus dem Frischluftlager bis Mitte November; aus dem Kühllager (+3 bis 4 °C) bis Mitte Dezember und aus dem CA-Lager (+3 bis 4 °C, 3% O_2, 3 bis 4% CO_2) bis Ende Februar; kälteempfindlich!
Größe und Form: Mittelgroß; meist ungleichmäßig, teils mehr flach, teils mehr hochgebaut und häufig schief, mittelbauchig, oft ungleich grobkantig; unschön.
Farbe und Beschaffenheit der Schale: Grasiggrün bis grünlich, überwiegend (½ bis ¾)

McIntosh, Rogers

Musch

verwaschen dunkelblaurot, stumpf, am Baum deutlich beduftet, nach Aufhellung der Grundfarbe freundlicher; helle Lentizellen dicht, aber wenig auffällig, ohne Rost; hart, dick, unempfindlich, hochreif leicht ablösend.
Kelch: Klein; geschlossen, Blättchen fast winzig, am Grund nicht verwachsen.
Kelchgrube: Eng; klein und mitteltief; häufig geperlt oder gefältelt, ohne Rost.
Stiel: Kurz bis allenfalls mittellang; teils dick, teils mitteldick, betont knopfig.
Stielgrube: Teils tief, teils mitteltief; vereinzelt kleinräumig berostet; meist leicht gerippt oder ungleich geformt.
Kernhaus: Mittelgroß bis groß; zwiebel- bis rhombenförmig, kelchnahe; Achse hohl beziehungsweise weit offen, Fächer überwiegend offen und starkwandig, regelmäßig sternartig mit zahlreichen, sackartigen Samen; Leitbündel grün, verlaufen unregelmäßig.
Fleisch: Weißlich bis grüngetönt; vollsaftig, feinzellig, zart, schmeichelnd; angenehm.
Geschmack: Süßaromatisch, mild, leicht parfümiert; neuartiger Geschmack, spricht ältere Verbraucher an; geschält essen.

Anbau und Markt

Eine geschmacklich das Herbstangebot bereichernde Sorte, insbesondere für den Lokalmarkt oder den Eigenverbrauch. Vorteilhaft ist das sehr geringe Stippenrisiko. Die Pflücke sollte nicht zu spät erfolgen, da der niedrige Säuregehalt rasch abbauen kann und vorzeitiger Fruchtfall droht. Bei zu früher Pflücke bleiben die Äpfel geschmacklich fad. 'McIntosh' ist eine lagerfähige Sorte (vgl. Genußreife). Hierbei kann es jedoch, besonders bei Kühllagerung, zu störenden Ausfällen durch Fäulnis *(Penicillium, Botrytis, Gloeosporium)* und durch Kernhausbräune kommen. Dank dicker Schale schrumpfen die Äpfel kaum. Kurz nach der Pflücke oder nach dem Auslagern sind die Äpfel druckempfindlich; Maschinensortierung ist dann, aber auch wegen ungleicher Fruchtformen, problematisch. Die Stiele sitzen locker, sind hart und verursachen häufig Verletzungen. Gut geeignet zur Herstellung eines hocharomatischen und zugleich gerbstoffarmen Saftes sowie zu mancherlei Kreationen in der Küche.

Musch

Ähnlicher Name ist 'Joseph bzw. Josef Musch'.
Abstammung und Herkunft: Zufallssämling aus Belgien, der 1872 erstmals registriert und von Monsieur Galopin in Lüttich (Liége) verbreitet wurde. In der englischen Sortensammlung auf der Brogdale Farm in Faversham (Grafschaft Kent) soll 'Josef Musch' mit der englischen Sorte 'Gascoynes Scarlet Seedling' (= G. Scharlachroter Sämling) identisch sein. Wenn das zutrifft, trägt diese Sorte in Sachsen die Namen 'Friedrich August von Sachsen' und 'Schöner von Rusdorf'.
Mutanten: Keine bekannt.
Polleneigenschaften: Schlecht (triploid), frühblühend.
Standortansprüche: Eine hinsichtlich des Wärmeklimas genügsame Sorte, deren Anbauschwerpunkt in mäßig warmen bis kühlen Klimaten, also in ausgesprochenen Höhenlagen (in SW-Deutschland etwa ab 500 m über NN), liegt. Auch an die natürliche Nährkraft des Bodens stellt sie keine hohen Ansprüche. Für gutes Gedeihen genügen mittelgründige, mäßig frische bis schwach wechselfeuchte Böden mit mäßiger Fruchtbarkeit. Während das Holz ausreichend frostwiderstandsfähig ist, sind die Blüten gegenüber Spätfrösten, nicht zuletzt wegen des frühen Blühbeginns, empfindlich. Spätfrostgefährdete Standorte sind demnach ungeeignet.

Baum

Obwohl triploid veranlagt, ist der Wuchs nur mittelstark. Dementsprechend entwikkeln sich bei Hochstämmen mittelgroße Kronen, die flach pyramidal geformt und in sich straff und kompakt aufgebaut sind. Die Triebzahl ist mäßig und die Trieblänge mäßig bis kurz. Als sortentypisch können die dunkelgrünen, üppigen und glänzenden Blätter gelten. Hauptsächlich Traghölzer sind, ähnlich wie bei der Sorte 'Teuringer', die ein- und mehrjährigen Kurztriebe, die endständig fruchten. Da die Internodien eher kurz als lang sind, hängen die Früchte an den dichtstehenden Kurztrieben meist gedrängt bzw. klumpig. Eine robuste Sorte, die auch für Schorf wenig bis sehr wenig anfällig ist.

Frucht

Pflückreife: Mitte September bis Anfang Oktober.
Genußreife: Aus dem Frischluftlager von November bis Januar.
Größe und Form: Groß bis sehr groß; teils flach, teils hochgebaut, dabei stets mittelbauchig, schwach gerippt und leicht hökkerig, oft schief.
Farbe und Beschaffenheit der Schale: Grünlichgelb bis vollreif strohgelb, sonnenseitig erdbeerrot bis braunrot, teils geflammt, teils verwaschen; Lentizellen auf Deckfarbe als dichte gelbliche Punkte, auf Grundfarbe als grünliche Rostpunkte abgesetzt; glatt bis schwach rauh, vereinzelt netzartiger Rost.
Kelch: Mittelgroß bis klein; geschlossen; Blättchen häufig verdrückt, verschiedentlich Spitzen auswärtsgebogen.
Kelchgrube: Weit und eher flach, schüsselförmig; durchweg feingefältelt bis leicht höckerig; mitunter berostet.
Stiel: Kurz bis sehr kurz, oft nicht bis zum Grubenrand reichend; mitteldick bis dick; dunkelbraun, flaumig behaart.
Stielgrube: Eher flach und weit als tief und eng; durchweg schuppig oder ringförmig berostet, manchmal strahlenförmig über den Rand hinaus, kleine Risse, braun bis goldbraun abgesetzt.
Kernhaus: Mittelgroß; breitzwiebelförmig; kelchnahe; Achse ausgefüllt; Samenfächer sehr schmal (schlitzartig) mit wenigen, teils eher kleinen, teils eher großen, dunkelbraunen Samen; Leitbündel als grüne Punkte auffällig.
Fleisch: Grünlichweiß bis weißlichgelb, grobzellig, mürbe, teilweise weich.
Geschmack: Wenig Säure und Aroma, angenehm; durchschnittliche Qualität.

Anbau und Markt

Die wenig krankheitsanfällige und reichtragende Sorte ist für Höhenlagen als früher Winterapfel zur Eigenerzeugung gut geeignet. Ansprechend sind Größe, Farbe und Form der Äpfel. Bei zunehmender Düngung mit Stickstoff nimmt das Risiko zu stippigen Früchten stark zu. Dank der beträchtlichen Anbaubreite ist 'Musch' auch gut geeignet für den landschaftsprägenden Streuobstbau und wird deshalb in Südwestdeutschland dafür empfohlen.

Oldenburg

Oldenburg

Vollständiger Name ist 'Geheimrat Doktor (auch Dr.) Oldenburg', ähnlicher Name ist 'Geheimrat Oldenburg'; nicht mit 'Duchess of Oldenburg', einer alten russischen Sorte (auch als 'Borowinka', in den USA dagegen als 'Charlamowsky' bezeichnet) verwechseln.
Keine Synonyme.
Abstammung und Herkunft: Der Sämling ging hervor aus der Kreuzungsserie 'Minister von Hammerstein' × 'Baumanns Renette', die 1897 Direktor R. Goethe an der damaligen Höheren Lehranstalt für Wein-, Obst- und Gartenbau in Geisenheim/Rheingau durchgeführt hat; die ersten Äpfel erntete man 1904.
Mutanten: Von 'Oldenburg' sind noch keine Mutanten bekannt geworden.
Polleneigenschaften: Gut (diploid); mittelspätblühend; Neigung zu Parthenokarpie; geeignete Befruchter sind u. a. 'Ananas', 'Baumann', 'Croncels', 'Cox Orange', 'Goldparmäne', 'Golden Delicious', 'James Grieve', 'Jonathan', 'Klarapfel' und 'Landsberger'.
Standortansprüche: Gute Erfahrungen liegen aus eher heißen bis warmen und wenig niederschlagsreichen (kontinentalen) als aus kühlfeuchten (atlantischen) Gebieten vor. Insoweit sind nur noch mittlere Höhenlagen anbauwürdig. In Verbindung mit mäßig frischen Lehmböden von mindestens mittelmäßiger natürlicher Nährkraft kann die Sorte sehr fruchtbar und ausreichend bestandessicher sein. Auf

tonigen, schlecht durchlüfteten und/oder wechselfeuchten Böden kommt oft Obstbaumkrebs vor, bei feuchtwarmen Verhältnissen tritt dagegen verstärkt Mehltau auf. In Bavendorf bleibt 'Oldenburg' frei von Mehltau. Selbst auf guten Standorten ist die geschmackliche Qualität der Äpfel jedoch bescheiden. Gegenüber Winterfrost ist das Holz wenig empfindlich; demzufolge hat auch der Polarwinter 1984/85 nur zu geringfügigen Teilschäden geführt. Im Vergleich dazu sind die Blüten mäßig frostempfindlich, wenn auch der Spätfrost 1977 in Bavendorf ohne wesentliche Schäden blieb. Vorteilhaft ist dafür die Robustheit der Blüten bei schlechtem Blühwetter. Die Früchte sind nicht windfest.

Baum

Der anfänglich hochstrebende Wuchs ist mittelstark; später schwächt er sich deutlich ab. Zusammen mit wenigen Trieben entstehen in ausgewachsenem Zustand von Natur aus breite bis kugelförmige und lichte Kronen, die unter der Wirkung reicher Fruchtbehänge aber rasch vergreisen können. Deshalb ist hin und wieder kräftig zu verjüngen, während im Aufbaustadium einige Überwachungsschnitte und zur besseren Verzweigung meist auch Rückschnitte zweckmäßig sind. Als Blütenorte kommen sowohl die ein- und mehrjährigen Kurztriebe, endständig fruchtend, an den Fruchtästen als auch die einjährigen Langtriebe, achsel- und endständig fruchtend, vor. An den dicken, kurznodigen und gelblichbraunen Trieben wachsen langovale Blätter, die doppelt feingesägt, kurzspitzig sowie auf der Oberseite leicht bucklig sind. In feuchten Lagen anfällig für Schorf, sonst weniger; Mehltau tritt hauptsächlich in feucht-warmen Klimaten auf.

Frucht

Pflückreife: Anfang bis Mitte September, wenige Tage vor 'Goldparmäne'.
Genußreife: Aus dem Frischluftlager bis Ende Oktober, aus dem Kühllager bei +4 °C bis Dezember; je länger die Lagerung, umso mehr schwindet die knackige Frische der Äpfel.
Größe und Form: Mittelgroß; stumpfkegelförmig bis gleichmäßig hochgebaut, rund, meist mittelbauchig.
Farbe und Beschaffenheit der Schale: Gelblichgrün, bei Vollreife grünlichgelb, sonnenseits teils gestreift, teils verwaschen orangerot mit verschiedentlich roter Flammung; wenige, unregelmäßig verteilte Lentizellen als grüne Punkte oder Roststerne, meist weiß umhöft; stumpf, später glatt bis leicht wachsig; hart.
Kelch: Mittelgroß bis groß; offen bis halboffen; flach; grüne Blättchen breitspitzig, zurückgeschlagene Spitzen braun, berühren sich am Grund.
Kelchgrube: Weit; mäßig tief und trichterförmig; durchweg feinhöckrig, nach innen gefältelt.
Stiel: Kurz bis mittellang; mitteldick bis dünn; aufrecht.
Stielgrube: Mitteltief; enggrundig; fast immer strahlig berostet, aber selten über den Rand hinaus.
Kernhaus: Mittelgroß, herzförmig; Achse geschlossen bis mittelweit offen; Fächer langoval und breit, zahlreiche Samen, davon wenige verkümmert; Leitbündel markant grün.
Fleisch: Gelblichweiß bis cremefarben; fest, kurz saftig, später mürbe und locker; anfällig für Stippigkeit und bei längerer Lagerung auch für Fleischbräune.
Geschmack: Schwach süßlich-säuerlich, mild mit eigenem, aber schwachem Aroma, das bei der Lagerung nachläßt.

Anbau und Markt

Herausragend ist die früh beginnende, hohe und fast jährliche Fruchtbarkeit, insbesondere auf eher mäßig frischen, dafür mehr wärmeren Standorten, wie sie in Mitteldeutschland häufig sind. 'Oldenburg' wird deshalb auch als Massenträger und, in Verbindung mit einem breiten Verwendungsspektrum (Saft-, Koch- und Backapfel) sowie als Nieder- bis Mittelstamm erzogen, vornehmlich für den Anbau im Hausgarten bzw. für die Selbstversorgung geschätzt. Bei starken Fruchtbehängen ist allerdings die Fruchtgröße deutlich beeinträchtigt und die Neigung zur Alternanz erhöht, doch lassen sich beide Folgen durch frühzeitige Ausdünnungsmaßnahmen weitgehend verhindern. Nach Hinweisen aus der Schweiz ist 'Oldenburg' gegenüber Wuchsstoffbehandlungen ziemlich empfindlich. Dank der festen Schale sind die Äpfel ohne Schäden transportfähig. Wenig vorteilhaft sind die gegenüber 'Goldparmäne' nur wenige Tage frühere Reife (Pflücke, Verbrauch), das Vorkommen von Stippigkeit und Fleischbräune sowie die allgemein eher mäßige geschmackliche Qualität. Ähnliche Äpfel können die Sorten 'Alkmene' und 'Goldparmäne' haben.

Ontario

Ähnlicher Name ist 'Ontarioapfel'. Synonyme sind keine bekannt.
Abstammung und Herkunft: Um 1870, nach schweizerischen Angaben 1874, aus den Nachkommen (Sämlingen) der Kreuzung 'Wagenerapfel' × 'Northern Spy' ('Späher des Nordens', spezieller nordamerikanischer Tafelapfel) von Charles Arnold aus Paris (Ontario County/New York, USA) ausgelesen. Neueren Hinweisen aus den USA ist zu entnehmen, daß sich die geographisch/politische Angabe 'Ontario' nicht, wie früher angenommen wurde, auf die kanadische Provinz Ontario bezieht, sondern auf den Verwaltungsbezirk »Ontario County« im Bundesland New York der USA, der im Norden an die gleichnamige kanadische Provinz anstößt. Nach diesen Informationen herrscht auch Klarheit über die Muttersorte 'Wagenerapfel'. 'Ontario' wurde 1874 erstmals beschrieben und angeblich seit 1882 von der Baumschule Gebrüder Transon aus Orléans (Frankreich) in Europa verbreitet.
Mutanten: Von 'Ontario' ist 1952 in der Agri. Exp. Station Geneva (New York, USA) eine spontane tetraploide Mutante aufgetreten, die aber keine Bedeutung erlangt hat.
Standortansprüche: Gutes Wachstum und günstige Fruchtbarkeit zeigt 'Ontario' in sehr warmen bis mittelmäßig warmen Klimaten und auf frischen bis mäßig frischen, mehr als mittelgründigen Böden mit vorteilhaftem Lufthaushalt und mit mehr als mittelmäßiger natürlicher Nährkraft. In heißen und zugleich zu Trockenheit neigenden Klimaten steigt die Anfälligkeit für Mehltau beträchtlich an, während in kühlen Klimaten bzw. in Höhenlagen die geschmackliche Qualität oft nicht befriedigt. Herausragend ist die Frosthärte der Blüte; es ist keine Kultursorte bekannt, die durch Spätfröste so wenig Ausfälle erleidet wie 'Ontario'. Dies ist zum Teil auf eine starke parthenokarpe Veranlagung zurückzuführen. Durch den Spätfrost 1977 waren die Äpfel jedoch bis zu 50% durch starke Berostungen im Stielgrubenbereich und zu ¼ durch schiefe Früchte beeinträchtigt. In krassem Gegensatz dazu steht die artgemäß sehr große Empfindlichkeit des Holzes gegenüber extremen Wintertemperaturen. Diese negative Eigenschaft wurde durch den Polarwinter 1984/85 erneut bestätigt, als 'Ontario' starke Teil- und Totalschäden erlitt, vergleichbar

Oldenburg

mit Pfirsichbäumen. Die Äpfel sind windfest.

Verbreitung: Hauptsächlich in West- und Mitteleuropa in älteren Hochstammanlagen und in Hausgärten vertreten; in Nordamerika (USA, Kanada) dagegen kaum verbreitet.

Bestandessicherheit: Wegen der außerordentlich hohen Holzfrostempfindlichkeit ist die Bestandessicherheit gering. Zudem sind die Bäume ziemlich anfällig für Obstbaumkrebs.

Baum

Wuchs: Der durchgehend aufrechte und stramme Wuchs ist anfänglich mittelstark, geht aber mit dem Einsetzen der Fruchtbarkeit zurück und ist im Vollertragsalter nur noch schwach. Dementsprechend erreichen die hochovalen Kronen von Bäumen auf starkwachsender Unterlage höchstens mittlere Größen. Es bilden sich in der Regel wenig verzweigte Langtriebe, die ab dem 2. Jahr seitlich dicht mit einjährigen Kurztrieben von 5 bis 20 cm

Ontario

Länge besetzt sind. Aus diesen geht später das dann vorherrschende Quirlholz (mehrjährige Kurztriebe) hervor. Da die Neigung zur Verzweigung schwach und zum Verkahlen des unteren Astbereiches groß ist, sind Triebe oder Äste in gemäßigter Zahl anzuschneiden, eine Maßnahme, die wiederum die Blühwilligkeit kaum benachteiligt. Die rundlichen bis elliptischen Blätter sind basal abgerundet, randlich einfach gesägt und apikal kurz- bis langspitzig; ihre Oberfläche meist feinrunzlig. Um der großen Frostempfindlichkeit des Sprosses entgegenzuwirken, ist bei Hochstämmen die Verwendung von frostharten Stammbildnern wie z. B. 'Hibernal' anzuraten.

Blüte und Befruchtung: Als Pollenspender geeignet (diploid); spätblühend; parthenokarp bzw. pseudofertil veranlagt; geeignete Befruchter sind u. a. 'Berner Rosen', 'Champagner', 'Cox Orange', 'Danziger Kant', 'Glockenapfel', 'Golden Delicious', 'Goldparmäne', 'James Grieve', 'Klarapfel', 'Jonathan' und 'Oldenburg'; Blütenzahl 5,8 (5 bis 7), beinahe angenehm duftend, vereinzelt Königsblüte unvollständig, große Einzelblüten, tellerartig geöffnet, Achsel und Stiele mittellang und dünn; Kronblätter rundlich bis langoval, einzelne unterentwickelt, kaum Rosa, fast weiß, mittelmäßig genagelt, deckend; Primärblätterzahl 7,2 (6 bis 9), groß und zahlreich, teils gekräuselt, leicht gerollt, oval bis elliptisch, mittelfein gezähnt, Rippen ausgeprägt, Stiele mittellang und kräftig; Kelchblätter fast dreieckig, kurzspitzig, türkenbundähnlich nach unten gebogen; Griffel kurz, kaum sichtbar, da Staubblätter sehr engständig und länger.

Ertrag: Obwohl die Fruchtbarkeit früh einsetzt und danach auch reichlich sowie regelmäßig ist, wird die langfristige Ertragsleistung artgemäß nur mittelmäßig eingeschätzt; nach Hinweisen aus Mitteldeutschland soll 'Ontario' auf M9 ähnlich fruchtbar wie 'Golden Delicious' sein.

Krankheiten und Mängel: Für Schorf wenig, für Mehltau, vor allem auf sehr warmen Standorten, mehr als mittelmäßig anfällig, ebenso auch für Blutlaus; innerhalb der Kulturäpfel besonders empfindlich für die Virosen Flachästigkeit und Sternrissigkeit.

Physikalische und chemische Eigenschaften der Frucht		
Tagewerte	163	
Mittleres Fruchtgewicht in g	191	(125 – 272)
Spezifisches Fruchtgewicht	0,83	(0,80–0,84)
Fruchtform-Index	0,73	(0,70–0,75)
Mittlerer Zuckergehalt als Refraktometerwert in %	11,5	(9,7–12,2)
Mittlerer Säuregehalt in g/l	8,7	(6,6–10,7)
Gruppen des Vitamin-C-Gehalts in mg/100 g Frischgewicht	30–40	
Sorbitgehalt in g/100 g Frischgewicht		

Größenverteilung nach Gewicht – Größenklassen in mm	<55	55/60	60/65	65/70	70/75	75/80	80/85	85/90	90/95
%			5	8	14	25	36	10	2

Frucht

Pflückreife: Mitte bis Ende Oktober, in Höhenlagen auch bis Anfang November.

Genußreife: Aus dem Frischluftlager von Dezember bis März; aus dem Kühllager bei mindestens +4 °C bis Mai.

Größe und Form: Groß; flach und breit, mittelbauchig, mitunter schief, sonst gleichmäßig vom Kelch bis zur Stielgrube markant gerippt bis grobkantig.

Farbe und Beschaffenheit der Schale: Grün bis grünlichgelb, vollreif (spät) gelb, ⅓ bis ⅔ geflammt oder verwaschen bläulichrot bis orangerot, meist beduftet; Lentizellen nur auf Deckfarbe teils als weiße, teils als hellumhöfte graue Rostpünktchen sichtbar; bei ungünstiger Lagerung kann Schalenbräune auftreten; glatt, wachsig; hart, derb, hebt sich häufig ab.

Kelch: Mittelgroß, halboffen; grüne Blättchen kurz, fast dreieckig, am Grund nicht verwachsen.

Kelchgrube: Mitteltief; eng bis mäßig feingerippt, Rand ausladend und höckrig.

Stiel: Mittellang; dünn bis mitteldick; oft grün und flaumig.

Stielgrube: Tief; öffnet sich weit, Rand grobhöckrig; vereinzelt ohne Rost, sonst, vor allem am Grund, feinschuppig berostet, zuweilen über den Rand strahlend.

Kernhaus: Mittelgroß bis klein; hochzwiebelförmig, stielnahe; Achse offen, Fächer schmal, Samen unregelmäßig verteilt.

Fleisch: Grünlichweiß bis cremefarben; sehr saftig, feinzellig, fast weich, kurz abbrechend; weitgehend ohne Mängel, d. h. auch frei von Stippigkeit; dichte Struktur, also hohes spezifisches Gewicht.

Geschmack: Feinsäuerlich-fruchtig, wenig Aroma; schlecht entwickelte bzw. grüne Früchte eher wäßrig-säuerlich und somit ziemlich wertlos.

Anbau und Markt

Trotz der immer wieder zu beobachtenden hohen Ausfallquote von 'Ontario'-Bäumen als Folge von Winterfrost wird die Sorte aufgrund der sehr guten Haltbarkeit ihrer Äpfel im Frischluftlager und des geringen Pflegeaufwandes, vor allem in Hausgärten, bis in die Gegenwart angebaut. Begünstigt wird diese allgemeine Wertschätzung wahrscheinlich auch durch die fast jährlich einsetzende Blühwilligkeit, durch den unproblematischen Wuchs und durch den hohen Vitamin C-Gehalt der Äpfel. Auch die vielseitige Verwendbarkeit ihrer Früchte (Tafel-, Koch- und Backapfel) trägt dazu bei. Vorsicht ist allerdings bei der Ernte und der Lagerung geboten, da die meist prallen Äpfel ziemlich druckempfindlich sind. Bei ungünstiger Lageratmosphäre kommt Schalenbräune vor. Wegen der Gefahr des Auftretens von Kältefleischbräune dürfen die Früchte keinesfalls unter +4 °C gelagert werden. Ähnliche Früchte können folgende Sorten haben: 'Brettacher', 'Boiken', 'Herma' und 'Winterrambour'.

Rheinischer Krummstiel

Rheinischer Krummstiel

Synonym ist 'Gestreifter Römer'; in Frankreich als 'Pomme du Rhin á quene Courbée' bezeichnet; nach Krümmel et al. (1956) soll jedoch die Sorte 'Gestreifter Römerapfel' mit der Sorte 'Pommerscher Kurzstiel' identisch sein.

Abstammung und Herkunft: Ein sehr wahrscheinlich in Deutschland zufällig entstandener Sämling, der 1821 beschrieben wurde. (Nach einer anderen Quelle war er schon vor über 200 Jahren bekannt). Später hauptsächlich eine in Süd- und Westdeutschland angebaute Sorte, ebenso in Österreich, dort vor allem in der Steiermark. Unklar ist die erbliche Stellung zur Sorte 'Pommerscher Krummstiel'. Nach Lucas den Schlotteräpfeln (franz.: Cliquets) zugehörig.

Mutanten: Keine bekannt.

Polleneigenschaften: Günstig (diploid), mittelspät- bis spätblühend; geeignete Befruchtersorten sind u.a. 'Champagner', 'Goldparmäne', 'Klarapfel' und 'Landsberger'.

Standortansprüche: Die zwar spät einsetzende, danach jedoch hohe Ertragsfähigkeit dieser Sorte ist nur auf nährkräftigen Böden mit günstigem Wasserhaushalt realisierbar. Geeignet sind deshalb mittel- bis tiefgründige, frische und gut durchlüftete Lehmböden von mindestens mittelmäßiger Fruchtbarkeit. Bei Trockenheit reagiert die Sorte mit geringeren Erträgen und mit kleinen, geschmacksarmen Früchten. Schwache Wechselfeuchtigkeit im Boden wird ertragen. Auf stark tonigen, feuchten Böden läßt die Kondition der Bäume aber zunehmend nach. Hinsichtlich der Wärme sind die Ansprüche eher bescheiden, d.h. es können neben warmen auch mäßig kühle bis kühle Klimate wie Höhenlagen im Mittelgebirge, mit Erfolg genutzt werden, vor allem dann, wenn sie reichlich besonnt sind und somit eine gute Fruchtreife im Herbst sicherstellen. Die Früchte sind windfest, was den Anbau in solchen Lagen begünstigt. Blüten und Holz erweisen sich als ziemlich frosthart; das Holz bzw. die Triebspitzen jedoch nur bei nicht zu spätem Triebabschluß. Nach Frühfrösten im Herbst können die Früchte rasch abfallen.

Baum

Der zumindest anfänglich starke Wuchs führt zu breit ausladenden, mittelgroßen bis großen Kronen mit flachstehenden, meist sparrig oder krumm gewachsenen Ästen, die gerne überhängen, bei Hochstämmen mitunter bis auf den Boden. Die geringe Verzweigungstendenz zwingt in der Aufbauphase zu ständigem Rückschnitt der Langtriebe. Dadurch entstehen straff aufgebaute Kronen, die auch wegen der erheblichen Astbruchgefahr dieser Sorte zweckmäßig sind. Im Vollertragsalter ist dann oft kräftiges Auslichten dieser Kronen zugunsten einer intensiven Fruchtfarbe angezeigt. Das Holz und die großen, dunkelgrün filzigen Blätter sind robust. Sie sind im allgemeinen wenig anfällig für Schädlinge und Krankheiten, auch für Schorf. Dank der allgemeinen Robustheit können die Bäume sehr alt werden.

Frucht

Pflückreife: Ab Mitte Oktober (Durchpflücken).

Genußreife: Aus sehr warmen Lagen ab November–Dezember mit kurzer Verbrauchszeit, etwa bis Januar; aus kühlen Lagen erst im Januar–Februar, dann aber nach Kühllagerung bei +1 °C bis Mai haltbar bzw. genußreif.

Größe und Form: Mittelgroß; teils walzenförmig und mittelbauchig, teils eher flach, aber noch mittelbauchig, schwach kantig, häufig leicht schief, verschiedentlich auch schwach höckerig; Fruchtform-Index um 1,03, d.h. ein meist hochgebauter Apfel.

Farbe und Beschaffenheit der Schale: Hellgrün bis grünlichgelb, in der Regel mehr als die Hälfte der Frucht (bis zu 80%) je nach Grundfarbe geflammt bis marmoriert bläulich- bis bräunlichrot gefärbt, bei gelbem Grund ziegelrot, in Vollreife schön gefärbt; ohne Rost, glatt, leicht glänzend, z.T. bereift; hart.

Kelch: Klein und geschlossen; flaumige Blättchen kümmerlich und aufrechtstehend.

Kelchgrube: Flach; verhältnismäßig weit und fast durchweg leicht gefältelt bzw. geperlt, ähnlich 'Berlepsch', mitunter kommt es auch zu schwacher Höckerbildung; unberostet.

Stiel: In Länge und Dicke uneinheitlich, von kurz bis mittellang und von dick bis dünn; durch Schnabelbildung häufig seitlich verdrängt und dann schräg stehend.

Stielgrube: Eng; tief und fast immer mit leichter bis kräftiger Schnabelbildung; meist feinschuppig berostet und strahlenförmig über den Grubenrand hinausreichend.

Kernhaus: Mittelgroß; hochzwiebelförmig als grüner Strang gegenüber dem Fleisch abgesetzt, hohlachsig; Samenfächer regelmäßig, geräumig und in der Regel mit

jeweils 2 dunkelbraunen Samen besetzt; Leitbündel verlaufen als grüne Punkte girlandenartig.
Fleisch: Grünlich- bis gelblichweiß; fest, kurzbrechend, körnig, saftig, wird bei Überreife aber rasch trocken und weich bei gleichzeitig zäher Schale; anfällig für Stippigkeit; geringer Gehalt an Vitamin C.
Geschmack: Feinsäuerlich bis schwach süßlich und leicht gewürzt, angenehmes Apfelaroma.

Anbau und Markt

Eine im Vollertragsalter sehr fruchtbare und wenig krankheitsanfällige Tafel- und Wirtschaftssorte, deren spezifisch schwere Äpfel (0,85) kaum welken und lange haltbar bzw. gut lagerfähig sind. Diese Eigenschaften sind bei starken Baumbehangdichten durch eine zeitlich gestaffelte Ernte (Durchpflücken), die trotz der späten Ernte durchaus sinnvoll ist, zu verbessern. Zu frühe Ernte führt zu unterentwickelten Früchten, die leicht welken. Im allgemeinen unempfindlich beim Transport. Der in der Regel hängende Wuchs bei Hochstämmen beeinträchtigt die Eignung als Straßen- oder Wegebaum. Eignet sich sehr gut zum Aufpfropfen auf andere Apfelbäume; neuerdings für den landschaftsprägenden Streuobstbau empfohlen. Auf günstigen Standorten und optimaler Ernte früher eine geschätzte Wintersorte, die bis zum Frühjahr ihre Frische behält. Die Früchte sind denjenigen der Sorten 'Bohnapfel' und 'Pommerscher Krummstiel' ähnlich.

Ribston Pepping*

Ähnliche Namen sind u.a. 'Pepina Ribstona', 'Pepin de Ribston' oder 'Ribstonsky Jadernac'.
Zahlreiche Synonyme wie u.a. '(Englische) Granatrenette', 'Glory of York', 'Formosa Pippin' (= Pepping), 'Goldmohr', 'Nonpareille d'Angleterre' oder 'Travers Renette'.
Abstammung und Herkunft: Soll schon um 1709 aus dem Raum Rouen (Normandie, Nordfrankreich) in den Park von Ribston Hall bei Knaresborough, Grafschaft Yorkshire (England), gelangt sein; ob als Same oder als Baum ist unklar. Originalsämling (= Mutterbaum) war bis 1835 vorhanden. Bereits 1775 im Katalog der Baumschule Brompton Park (England) aufgeführt. Wird, obwohl triploid, als Vatersorte bzw. Pollenspender für 'Berlepsch' angesehen.
Mutanten: Keine bekannt.
Polleneigenschaften: Schlecht (triploid); mittelfrüh- und langblühend; Befruchtersorten sind u.a. 'Berner Rosen', 'Cox Orange', 'Croncels', 'Danziger Kant' und 'Goldparmäne', nicht dagegen 'Jonathan'.
Standortansprüche: Als Elter von 'Cox Orange' sind die Anforderungen dieser Sorte ähnlich hoch: Warme bis mäßig kühle Lagen mit fruchtbarem (tiefgründig, humos, gut durchlüftet) und frischem, weder zu feuchtem, noch zu trockenem Boden. Für jährlich zufriedenstellende Ernten sind gleichmäßige Wasser- und Nährstoffversorgung erforderlich. Deshalb sind heiße bis sehr warme Lagen ungünstig, vorteilhaft jedoch niederschlagsreiche und/oder luftfeuchte Gebiete. Die Frosthärte von Holz und Blüte ist durchschnittlich, die Früchte sind genügend windfest.

Baum

Die triploide Sorte wächst stark, auch im Alter. Hochstämme bilden breitgeformte, umfangreiche Kronen mit kräftigen Fruchthölzern, an denen sich auffällig weißliche und dicke Blütenknospen in sortentypischer Weise entwickeln. Ähnlich wie 'Cox Orange' blüht 'Ribston Pepping' bevorzugt an den einjährigen, seitlichen Kurztrieben am zweijährigen Langtrieb. Fruchtend kippen diese ungeschnittenen Ruten gerne ab und ermöglichen so mittelbar einen natürlichen Fruchtholzumtrieb. Als Blütenorte kommen auch die achselständigen Knospen am einjährigen Langtrieb in Frage, deren Fruchtansatz aber häufig schwach ist. Wenig schorf-, aber mäßig mehltauanfällig. In feuchten Lagen Gefahr durch Obstbaumkrebs. Kupferempfindlich.

Ribston Pepping

* Pepping soll sich auf engl. pip (= seed = Same) beziehen; vgl. auch franz. pepinière = die (Saat-) Baumschule.

Frucht

Pflückreife: Mitte bis Ende September.
Genußreife: Im Frischluftlager von November bis Januar; nach Kühllagerung bei +0,5 °C bis März.
Größe und Form: Mittelgroß; schwach hochgebaut bis kugelig, mittel- bis stielbauchig, überwiegend gleichmäßig rund, Rippen vom Kelch her nur angedeutet; Fruchtform-Index um 0,84.
Farbe und Beschaffenheit der Schale: Grünlichgelb, später goldgelb mit teils gestreiften, teils verwaschenen ziegelroten bis bräunlichroten Backen; Lentizellen lokker verteilt als kleine dunkle Punkte; sortentypische Rostkappe am Kelch, strahlig auslaufend; eher matt als glatt, trocken; hart.
Kelch: Mittelgroß; halboffen; Blättchen unregelmäßig angeordnet, am Grund verwachsen, in der Regel behaart, aufrecht, Spitzen gebogen wie eine Krone.
Kelchgrube: Mitteltief; teilweise leicht schüsselartig geformt und auffällig gefältelt; meist berostet und in Rostkappe übergehend, teils auch rissig.
Stiel: Kurz, ragt selten über die Grube hinaus; mittelstark bis schwach; leicht flaumig.
Stielgrube: Tief; weit, durch Wülste aber oft eingeengt; durchweg mäßig bis stark grobschuppig berostet, häufig rissig.
Kernhaus: Breitzwiebelförmig, vollachsig; wenige und auch unvollkommene, rostbraune Samen in engen, ungleich geformten Fächern; Leitbündel als grüne, unregelmäßig verteilte Punkte.
Fleisch: Grünlichgelb bis cremefarben; fest, etwas zäh, nicht schmeichelnd, kurzbrechend mit Tendenz zu grobzellig, mittelsaftig, wird später mürbe; anfällig für Stippigkeit; hoher Vitamin C-Gehalt.
Geschmack: Fein süßlich-säuerlich und aromatisch, zimtartig gewürzt, erinnert an 'Cox Orange', aber fruchtiger; im ganzen hervorragend.

Anbau und Markt

Unter günstigen Standort- und Pflegebedingungen blüht die Sorte zwar jedes Jahr reichlich, doch ist der Fruchtfall danach meist kräftig, so daß nur mittelmäßige Baumerträge die Regel sind. Langjährige Ertragsvergleiche auf der Unterlage M9 erbrachten 50% der Leistung von 'Golden Delicious'. Damit ist die Fruchtbarkeit vergleichbar mit 'Cox Orange'. Möglicherweise besteht hier ein Zusammenhang mit dem starken Wuchs. Ältere Bäume sollen besser fruchten. Früchte sind nicht druckempfindlich und gut maschinell sortierbar, doch welken sie leicht und können stippig werden. Neigt auch zu vorzeitigem Fruchtfall. Aufgrund der geringen Schorfanfälligkeit eignet sich diese Sorte für den Hausgarten und den Liebhaberobstbau, weniger dagegen für den Marktobstbau. 'Ribston Pepping' ist als Muttersorte für Kreuzungen beliebt. Die Früchte sind mit denen von 'Cox Orange', 'Holsteiner Cox' und 'Karmijn de Sonnaville' verwechselbar.

Ruhm von Kirchwärder

Ähnlicher Name ist 'Kirchwerder'; in Schleswig-Holstein unter dem Synonym 'Johannsens Roter Herbstapfel' oder 'Johannsens Roter Herbstcalvill' geführt bzw. bekannt.
Abstammung und Herkunft: Zufallssämling, der in Kirchwerder bei Hamburg entstanden sein dürfte.
Mutanten: Keine bekannt.
Polleneigenschaften: Günstig (diploid); frühblühend.
Standortansprüche: Eine Sorte mit rundum mittelmäßigen Ansprüchen, d. h. daß sowohl klimatisch als auch vom Wasser-Luft-Haushalt und von der natürlichen Nährkraft des Bodens her gesehen arttypische Standortsverhältnisse ausreichend sind. Dank früher Fruchtreife sind Höhenlagen (in SW-Deutschland bis 600 m über NN) mit Erfolg nutzbar, soweit sie nicht windoffen sind, da die Früchte zur Reife hin leicht abfallen. Auf wechselfeuchten Böden einerseits sowie auf mäßig trockenen bis trockenen Böden andererseits reagieren Bäume und Früchte nachteilig; diese Bedingungen sind für den Anbau kaum geeignet. Vorteilhaft hervorzuheben ist die sehr gute Frosthärte der Blüten.

Baum

Als Folge des anfänglich starken Wuchses bilden sich bei Hochstämmen ziemlich große, kugelige Kronen mit beträchtlichem Umfang. Im ausgewachsenen Zustand entwickeln sich dagegen die Triebe nach Zahl und Länge nur noch mittelstark. Die dunkelgrünen Blätter sind gegenüber Krankheiten und Schädlingen sehr wenig anfällig und somit in der Regel von Natur aus weitgehend gesund. Kräftiger Rückschnitt der Krone ist weder günstig noch zweckmäßig, dafür aber das Auslichten der mitunter dichten Kronen. Auf zu feuchten Standorten anfällig für Obstbaumkrebs.

Frucht

Pflückreife: Anfang bis Mitte September.
Genußreife: Von der Pflücke an bis Oktober–November.
Größe und Form: Mittelgroß bis groß; in der Regel flach und mittelbauchig, einzelne Früchte können hochgebaut bis walzenförmig sein, rund bis leicht rippig.
Farbe und Beschaffenheit der Schale: In Vollreife grünlichgelb bis gelb, überwiegend jedoch hellrot überdeckt, das sich über tiefrot bis bläulich-dunkelrot verstärken kann, teils geflammt bis streifig, teils verwaschen, typisch sind die chimärenartigen, roten Längsstreifen; die Lentizellen sind als weiße Punkte kaum sichtbar; glatt, ohne Rost; hart.
Kelch: Weitgehend geschlossen; Blättchen stehen eng und aufrecht mit breitem, grünem Grund.
Kelchgrube: Mäßig tief; mäßig weit mit regelmäßigen feinen Falten, die häufig in nicht besonders auffällige Höcker übergehen, ähnlich 'Berlepsch'; schwach flaumig.
Stiel: Sehr kurz bis höchstens mittellang; mitteldick und flaumig.
Stielgrube: Tief; eng; ebenmäßig; in der Regel grün bis gelblich-grün, d. h. ohne Deckfarbe, abgesetzt; vereinzelt schwach berostet.
Kernhaus: Zwiebelförmig; Samenfächer sternförmig und weiträumig, verschiedentlich nur mit Kümmerkernen besetzt, zum Stiel hin meist weiß verpilzt; Leitbündel als rötliche Punkte besonders auffällig.
Fleisch: Von hellgrün (innen) über weiß in rötlich geaderte Schalenzone (außen) verlaufend, rote Farbe meist deutlich diffundiert; saftig, fest, kurz, leicht zäh und etwas grobzellig.
Geschmack: Feinsäuerlich, schwach aromatisch, ohne besondere Note, aber erfrischend.

Anbau und Markt

Als schön aussehender, etwa mit 'James Grieve' reifender Herbstapfel in der Vergangenheit sehr geschätzt, zumal auch die Fruchtbarkeit der Bäume frühzeitig einsetzt und danach reichlich und regelmäßig ist. Nach einem Anbauvergleich in Mitteldeutschland auf schwachwachsender Unterlage erreicht die Sorte knapp ¾ des

Ruhm von Kirchwärder

Ertrages von 'Golden Delicious'. Erwartungsgemäß lassen sich die welkeempfindlichen Äpfel nur wenige Wochen lagern. 'Ruhm von Kirchwärder' ist eine robuste und gesunde Sorte, die sich für den Haus- und Kleingarten besonders gut als Herbstapfel eignet. Früher auch in Osthannover und um Hamburg verbreitet.

Signe Tillisch

Ähnliche Namen sind 'Signé Tillisch' und 'Sini Tillis'. Dänisch: 'Signe Tillish'. Keine Synonyme.

Abstammung und Herkunft: Zufallssämling, 1866 von Kammerherr und/oder Ratgeber Hardesvogt Tillish in Bjerge (auch als Bjerre bezeichnet), südlich von Horsens (Jütland/Dänemark), gefunden und nach seiner Tochter Signe benannt; als Muttersorte wird 'Weißer Wintercalvill' vermutet; 1884 (nach anderen Quellen 1889) erwarb die Baumschule Gebrüder Mathiesen in Korsör (Seeland) die Vermehrungs- und Verkaufsrechte dieser Sorte; später hauptsächlich in Dänemark und Deutschland verbreitet; 1985 wurden in Schweden immerhin noch 6000 t erzeugt.
Mutanten: Von 'Signe Tillisch' sind bislang keine Mutanten aufgetreten.

Polleneigenschaften: Gut (diploid); mittelfrüh- und langblühend; teilweise parthenokarp und/oder begrenzt selbstfertil; geeignete Befruchter sind u.a. 'Cox Orange', 'Croncels', 'Klarapfel', Goldparmäne', 'James Grieve' und 'McIntosh'.
Standortansprüche: Die weite Verbreitung (Schweden bis Südwestdeutschland) läßt auf eine große ökologische Anbaubreite schließen. In Höhenlagen (SW-Deutschland mehr als 600 m über NN) enttäuschen die Äpfel vielfach durch geringe Fruchtgrößen und grasigen Geschmack. Im Weinklima ist dagegen mit stärkerem Befall durch Mehltau zu rechnen, der allerdings 1975, einem extremen Infektionsjahr für diesen Pilz, auch in Bavendorf (mäßig kühl) in erheblichem Maß auftrat. In niederschlagsreichen Landschaften kann wiederum beträchtlicher Befall durch Schorf einsetzen. Als wuchs- und ertragsgünstig haben sich mäßig frische bis frische und gut durchlüftete Lehmböden von mindestens mittelmäßiger natürlicher Nährkraft bewährt, aber auch auf den schwach wechselfeuchten Böden von Bavendorf zeigten sich die Bäume gesund, fruchtbar und bestandessicher. Obstbaumkrebs gab es dort keinen. Holz und Blüten werden als wenig frostempfindlich beurteilt. Zumindest der Spätfrost 1977 hat dies für die Blüten bestätigt, als es weder Ertragsverluste noch schwerwiegende äußere Fruchtmängel gab. Hervorzuheben ist auch die Widerstandskraft der Blüten gegenüber regnerischem Blühwetter. Vorzeitiger Fruchtfall, auch durch Wind ausgelöst, kommt vor.

Baum

Auf starkwachsenden Unterlagen entwickeln sich als Folge einer mehr als mittelstarken Wuchskraft großkronige, breite bis hochovale Kronen, die nach wenig aufwendigen Schnittmaßnahmen zahlreiche, mittellange und spärlich verzweigte Triebe besitzen. Trotz beträchtlicher Triebzahl sind die Kronen jedoch selten zu dicht. In der Baumschule überzeugen die hochgewachsenen Okulanten durch kräftige Stämmchen. Als sortentypisch gilt die schwache seitliche Kurztriebbildung am zweijährigen Langtrieb zugunsten einer büschelartigen Verzweigung im oberen Triebabschnitt. Das Vorherrschen von kurzen Trieben mit endständiger Infloreszenz weist auf die Eignung für Schlanke Spindeln hin, so daß die Sorte auch für Dichtpflanzungen verwendbar ist. Je nach den

Signe Tillisch

klimatischen Bedingungen entweder mehr für Schorf oder für Mehltau anfällig. Als Pfropfpartner für ältere Bäume günstig. Überdurchschnittlich anfällig für die Virose Flachästigkeit des Apfels.

Frucht

Pflückreife: Mitte bis Ende September.
Genußreife: Von der Pflücke bis höchstens Dezember; als edler Tafelapfel für die Herbstmonate zum Lagern wenig geeignet.
Größe und Form: Groß (bis sehr groß); ziemlich ebenmäßig, stielbauchig, zum Kelch hin verjüngt, teilweise auch schwach eingeschnürt, weichkantig (5) bzw. calvillartig, Kanten laufen mitunter über die ganze Frucht; dadurch der angenommenen Muttersorte ähnlich.
Farbe und Beschaffenheit der Schale: Grünlichgelb bis (vollreif) leuchtend gelb, sonnenseits schwach bis allenfalls mäßig (¼ bis ⅓) gestrichelt bis geflammt rötlich bis orangerot, oft beduftet; Lentizellen als braune Pünktchen, diese sonnenseits größer und grün umhöft; glatt, wachsig; dünn, mäßig fest bis zart.
Kelch: Groß; offen; Blättchen lang und schmal zugespitzt, Spitzen oft umgebogen.
Kelchgrube: Tief; eng bis mäßig weit; durchgehend grobhöckrig bzw. von innen heraus faltig.
Stiel: Kurz bis lang, in der Länge sehr uneinheitlich; mitteldick bis dünn.
Stielgrube: Tief bis sehr tief; eng; meist mit kräftiger grüngraugrundiger Berostung, die oft strahlig über den Rand hinaus läuft.
Kernhaus: Mittelgroß; breitzwiebelförmig; überwiegend Achse hohl, Fächer schmal und langoval, zahlreiche breite bzw. plattgedrückte Kerne; Leitbündel als grüne Punkte abgesetzt; anfällig für *Fusarium*-Fäule.
Fleisch: Weißlich bis cremefarben, randlich grün schimmernd; nach der Pflücke sehr saftig, später weichsaftig bis schließlich mürbe und locker, calvillähnlich; anfällig für Stippigkeit.
Geschmack: Süßfruchtig und feinwürzig, aromatisch; im ganzen edler Geschmack.

Anbau und Markt

Als Folge des nahezu starken Wuchses setzt die Blühwilligkeit verzögert ein; danach sind die Baumerträge reichlich, aber nicht hoch, und neigen auch zur Alternanz. Zur Sicherung optimaler Fruchtqualitäten sollte nicht zu spät, eher frühzeitig gepflückt werden, zumal die Äpfel auch gerne von Wespen angefressen werden. Vorteilhaft ist bei sachkundigem Anbau der hohe Anteil gutausgebildeter Äpfel, nachteilig dagegen das Auftreten von Stippigkeit, vor allem nach schwachen Behangdichten. 'Signe Tillisch' ist eine bevorzugte Herbstsorte für den Direktabsatz bzw. für den Liebhaberanbau, deren Äpfel dank der zartschaligen und ebenso fleischigen Struktur als Tafelfrüchte von älteren, zähnegeplagten Personen ganz besonders geschätzt werden. Als Koch- und Saftapfel ist die Sorte, obwohl für diese Zwecke ebenfalls gut verwendbar, eigentlich zu schade. Wenn auch die wachsige Schale frühzeitiges Welken verhindert, sind die Äpfel nur kurze Zeit haltbar, da sie rasch nachreifen und ihren Geschmack verlieren.

Spätblühender Taffetapfel

Ähnliche Namen sind u.a. 'Ebners Taffetapfel' und 'Taffetapfel', oder französisch 'Taffetas fleurissant tard'; Taffet ist eine Nebenform von Taft (= dichtes feinfädiges Seidengewebe) und kommt aus der persischen Sprache; der Name dürfte sich auf das feinzellige, dichte Fleisch der Äpfel beziehen.

Abstammung und Herkunft: Zufallssämling, der in Hohenheim, vermutlich in der damaligen Obstbaumschule, entstanden ist, 1872 registriert und durch Ökonomierat F. Lucas, dem Sohn von Eduard Lucas, verbreitet wurde; er hat diese Sorte zur Familie der »Plattäpfel« gestellt.

Mutanten: Keine bekannt.

Polleneigenschaften: Günstig (diploid), außerordentlich spätblühend, hohe Befruchtungsquote nur durch starke Flugtätigkeit der Bienen und Hummeln zu dieser Zeit zusammen mit Vorhandensein von Pollen einiger ähnlicher spätblühender Apfelsorten erklärbar; hoher Prozentsatz an gesunden Pollen je Blüte.

Standortansprüche: Eine in standörtlicher Hinsicht anspruchslose Sorte, die bei arttypisch mittleren Bodenverhältnissen (mindestens mittelgründig, frisch bis mäßig frisch, befriedigend durchlüftet, mindestens mittelmäßig fruchtbar) klimatisch weit gestreut angebaut werden kann. Besonders wertvoll ist die geringe Frostempfindlichkeit der Blüten. Sie ist bedingt auch durch die extrem späte Entfaltung (Ende Mai–Anfang Juni).

Baum

Mittelstarker bis allenfalls starker, aufrechter und mittebetonter Wuchs. Dadurch entwickeln sich im Endzustand bei Hochstämmen mittelgroße bis knapp große, hochpyramidale Kronen. Die Triebzahl ist mäßig und die Triebe selbst sind in der Regel nur mittellang, meist kerzengerade und auffällig dünn. Als Fruchthölzer dienen die mehrjährigen Kurztriebe (Quirlholz), häufig mit klumpigem Ansatz, sowie die einjährigen Langtriebe, die endständig fruchten. Im Herbst sitzen die breitovalen, hellgrünen und mittelgroßen Blätter an rötlichen Stielen. Weder Blätter noch Früchte sind schorfanfällig, die Mehltauempfindlichkeit ist sehr gering. Die Bäume bleiben gesund und können sehr alt werden. Zur Fruchtreife hin kommt es verschiedentlich zu kräftigem Fruchtfall.

Frucht

Pflückreife: Mitte September bis Anfang Oktober, je nach Wärmeklima.
Genußreife: Oktober bis Dezember.
Größe und Form: Klein bis allenfalls mittelgroß; flachrund, überwiegend mittelbauchig, leicht grobkantig bzw. unrund, gelegentlich auch schief oder stark zum Kelch hin verjüngt; Frucht-Formindex 0,82.
Farbe und Beschaffenheit der Schale: Grünlichgelb bis vollreif sattes Gelb, manchmal sonnenseits golden bis orangerot, meist gestreift bis marmoriert; zahlreiche Lentizellen als grünliche, hell umhöfte Punkte, diese auf Deckfarbe weiß, anfällig für die sog. Lentizellenröte; glatt, leicht wachsig, mitunter leicht netzartig berostet; hart.
Kelch: (Sehr) klein, ziemlich unscheinbar und häufig verdrückt; Blättchen meist geschlossen bis höchstens halboffen, zuweilen noch Staubfäden sichtbar.
Kelchgrube: Klein; nach innen schmal, meist tief eingesenkt, Form häufig unregelmäßig und verdrückt, verbreitet feingefältelt bis perlig; vereinzelt schwach berostet.
Stiel: Kurz bis sehr kurz; meist mitteldick, teilweise auch dünn; zum Ansatz hin verdickt.
Stielgrube: Teils tief und eng, teils mäßig tief und weit, gelegentlich wulstig; durchweg strahlig, mitunter auch lappig berostet.
Kernhaus: Zwiebelförmig; kelchwärts liegend; Achse hohl, Samenfächer gleichartig ausgeformt und mit zahlreichen, dunkelbraunen, kurzen bis gedrungenen und weißgespitzten Samen besetzt; grüne Leitbündel relativ groß und außenliegend.
Fleisch: Weißlich; feinzellig, kurzbrechend, sehr saftig, vollreif aber mürbe bis weich.
Geschmack: Reicht von säuerlich und ausdrucksarm bis feinaromatisch mit Mandelgeschmack; als Tafelapfel ist eher das Fruchtfleisch durch seine kurze optimale Reifezeit problematisch.

Anbau und Markt

Die vor allem als Mostapfel bekanntgewordene Sorte beginnt mit dem Fruchten verspätet, trägt aber dann regelmäßig; im Mittel der Jahre liegen die Erntemengen jedoch nicht besonders hoch. Auch im Hinblick auf die Gehalte an Zuckern (45 bis 50 ° Oechsle) und Säuren (9,5 g/l) ist es aufgrund der heutigen Anforderungen kaum mehr als eine durchschnittlich geeignete Mostapfelsorte, die eine gute Saftaus-

Spätblühender Taffetapfel

beute bringt und als Süßmost verarbeitet bei schwachem Fruchtaroma einen säuerlichen Geschmack aufweist. Am ehesten dürfte ihr Anbau auf spätfrostgefährdeten Flächen gefragt sein, die dank der stark verzögerten Blüte kaum Blütenfrostschäden erleiden. Wertvoll ist in jedem Fall die Robustheit des Baumes, seine Widerstandsfähigkeit gegenüber Schorf und in etwas abgeschwächtem Maße gegenüber Mehltau. Sehr ähnlich hinsichtlich Frucht, Wuchs und Verwendungsmöglichkeit ist der vermutlich verwandte 'Weiße Wintertaffetapfel'.

Tumanga

Ähnliche Namen gibt es keine.
Synonym bzw. ursprünglicher Name in den neuen Bundesländern ist 'Auralia' als Verkleinerungsform von Aura (lat. Hauch, Luft).
Abstammung und Herkunft: Aus Sämlingen bzw. aus der F_1-Generation einer im Jahre 1930 an dem damaligen Kaiser-Wilhelm-Institut für Züchtungsforschung in Müncheberg/Brandenburg durchgeführten Kreuzungsserie 'Cox Orange' × 'Schöner aus Nordhausen' als Apfel-»Klon B.V. 70/45«, später als »Klon 70« benannt, hervorgegangen. Als Zuchtziel war eine für Mitteldeutschland geeignete, 'Cox-Orange'-ähnliche Apfelsorte mit ausreichender Kälteresistenz und geringen Anfälligkeiten für Krankheiten (Schorf) vorgegeben. 1966 von Zwintzscher, einem der ehemaligen Müncheberger Obstzüchter, unter dem Namen 'Tumanga' vorgestellt, warenzeichenrechtlich geschützt und seit 1970 im Handel.
Mutanten: Von 'Tumanga' sind bis heute keine Mutanten bekannt geworden.
Standortansprüche: Nach bisherigen Erfahrungen zeigt 'Tumanga' eine beachtliche ökologische Anbaubreite, denn nicht nur aus den nordostdeutschen, teilweise küstennahen Gebieten von Mecklenburg-Vorpommern und Brandenburg, wo die Sorte viele Jahre geprüft worden war, sondern auch in weiten Teilen West- und Südwestdeutschlands präsentiert sie sich gesund und ertragreich. Hinsichtlich Klima und Boden kann also von allgemein apfelfähigen Verhältnissen ausgegangen werden, d.h. daß ihr Anbau ab mittelgründigen, mäßig frischen bis frischen und durchlässigen lehmigen Sand- bis Lehmböden mit mindestens mittelmäßiger Fruchtbarkeit erfolgreich betrieben werden kann. Im teilweise heißen und trockenen Sommer 1976 war das Fruchtwachstum beeinträchtigt, was auf geringe Eignung in ausgesprochenen Weinklimaten hinweist, während Höhenlagen – in SW-Deutschland bis 600 m über NN – nutzbar sind. Aus Mitteldeutschland wird zwar eine genügende Frosthärte gemeldet, doch gab es in Bavendorf auf M11 mit 'Hibernal' als Stammbildner mehrfach Teilschäden im Sproßbereich. Die Blüten sind weitgehend frosthart, wenngleich der Spätfrost 1977 bei mehr als 50% der Äpfel starke Berostungen bis Rißbildungen an der Stielgrube verursacht hat, eine Schwäche, die vermutlich von der Muttersorte stammt. Die Windfestigkeit der Äpfel ist hervorzuheben.
Verbreitung: In den neuen Bundesländern ist die Sorte unter der Bezeichnung 'Aura-

Tumanga

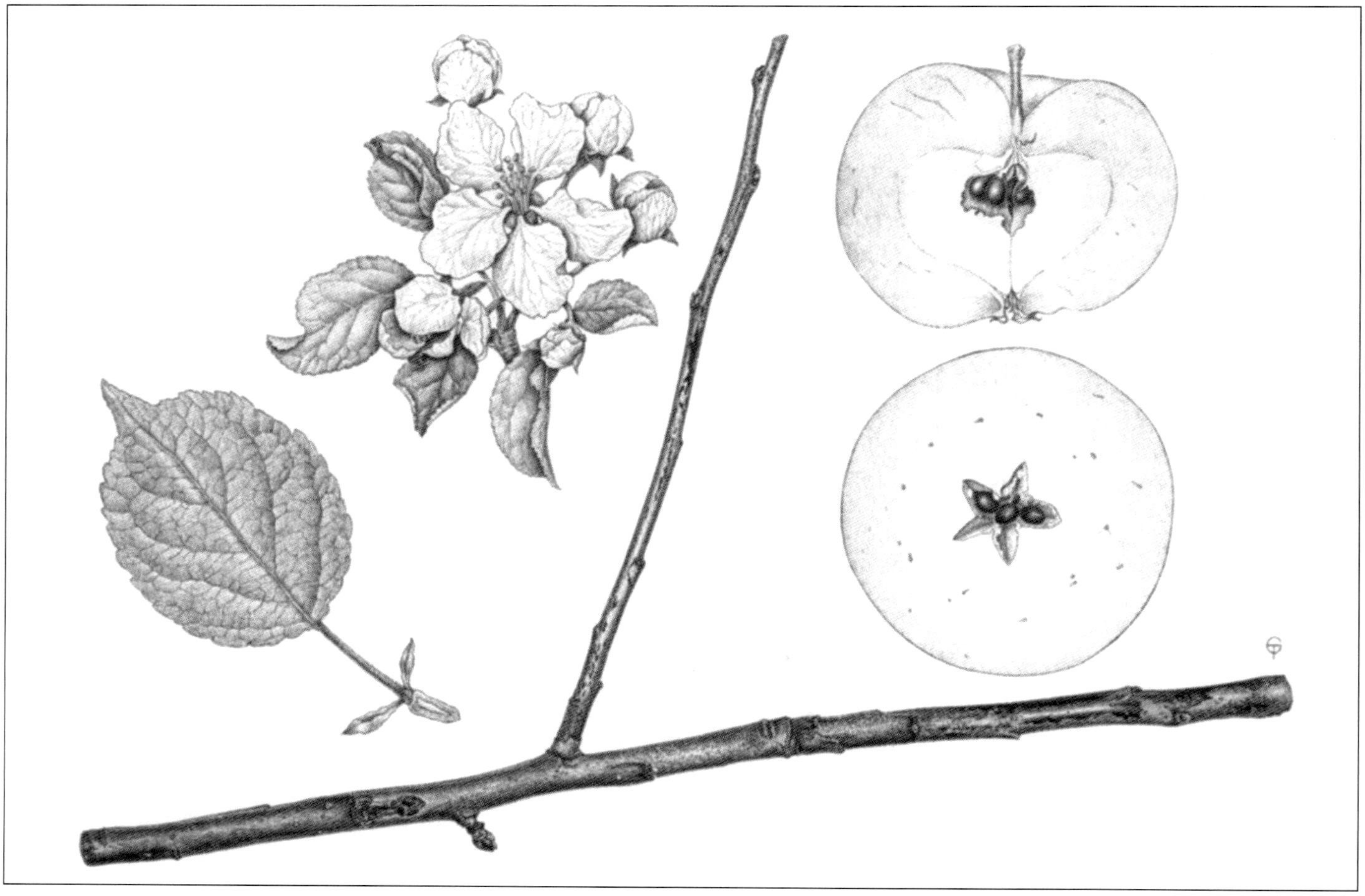

Tumanga

lia' stärker verbreitet als in den alten Bundesländern. Unter dem Namen 'Tumanga' steht sie vereinzelt in Hausgärten.
Bestandessicherheit: Diese dürfte in nicht zu heißen Klimaten langzeitlich ausreichend sein, obwohl in SW-Deutschland hin und wieder Teilschäden am Sproß auftreten (vgl. Standortansprüche) und auch eine mittelmäßig bis geringe Anfälligkeit für Obstbaumkrebs vorliegt.

Baum

Wuchs: Der anfänglich starke, später nur noch mittelstarke Wuchs ist von Anfang an in die Breite gehend angelegt. Es bilden sich deshalb breitpyramidale Kronen mit einer nur durch mehrfache Rückschnitte zu stabilisierenden Mittelachse. Sorteneigentümlich sind die vielen flach inserierten und peitschenartig wachsenden, im unteren Bereich der Krone auch zur Verkahlung neigenden, langnodigen Langtriebe von teils graugrüner, teils rötlichbrauner Farbe, die gerne fruchten und dann, soweit ungeschnitten, leicht abkippen. Unter solchen Umständen entstehen tragende Leitäste nur durch mehrfache Rückschnitte. Als Folge der reichen Bildung von Trieben, die ihrerseits wieder vorzeitige Triebe hervorbringen, geraten die Kronen rasch zu dicht. Kräftiges Auslichten ist dann ebenso von Nöten wie später das Verjüngen bei nachlassender Triebbildung. Alle diese Hinweise machen deutlich, daß die Sorte langzeitlich ziemlich schnittaufwendig ist. Infolge der flachinserierten Triebe entfällt jedoch das Waagrechtbinden der Triebe. An den hellgrünen, lang-ovalen Blättern auffällig sind die leicht gewellten Ränder, ebenso die zahlreichen, hellgraugelben Lentizellen an den Trieben. Gut geeignet zur Umveredlung vorhandener Bäume.
Fruchtholz: Vorherrschende Blütenorte sind die 1- und mehrjährigen Langtriebe. Erstere fruchten achselständig, letztere endständig an den seitlich inserierten, 1jährigen Kurztrieben, die sich nachfolgend in wertvolles Quirlholz (Kurztriebe, mehrjährig) umsetzen lassen.
Blüte und Befruchtung: Als Pollenspender geeignet (diploid); mittelfrüh- bis mittelspät- und langblühend; geeignete Befruchter sind u.a. 'Alkmene', 'Champagner', 'Golden Delicious', 'Goldparmäne', 'James Grieve', 'Jonathan' und 'Oldenburg'; Blü-

tenzahl 6,1 (4 bis 7, meist 6), Achse kurz, Stiele mittellang; Kronblätter (5) beherrschen den Blütenstand, da straußartig geformt, mittellang genagelt, mäßig groß, im Ballonstadium viel Rosa, nachher weniger; Primärblätterzahl 6,8 (4 bis 9), klein und zierlich, Fläche insgesamt so groß wie ein einzelnes Primärblatt bei 'Mutsu', elliptisch, kräftig gerollt, randlich feingekerbt, vorne rundlich, kaum bzw. kurzspitzig; Kelchblätter mittellang bis kurz, langspitzig, aufgeblüht wie Türkenbund gerollt; Griffel (5) gleich lang wie Staubblätter (ca. 1,0 cm), bei offenen Blüten kräftiges Gynaeceum, becherförmig.
Ertrag: 'Tumanga' ist überdurchschnittlich fruchtbar, da die Blühwilligkeit früh einsetzt und danach hoch bis sehr hoch und regelmäßig ist; langfristig reichen die Baum- und Flächenerträge an diejenigen von 'Golden Delicious' heran.
Krankheiten und Mängel: Wenig empfindlich gegenüber Schorf, dafür mäßig (kühle Klimate) bis stark (warme Klimate) gegenüber Mehltau; mehr als bei Kultursorten üblich anfällig für die Virose Flachästigkeit und gering bis mäßig anfällig für Obstbaumkrebs.

Frucht

Pflückreife: Je nach Wärmeklima von Ende September bis Mitte Oktober.
Genußreife: Aus dem Frischluftlager von November bis Januar; aus dem Kühllager bei 0 bis +1 °C bis März; bei jeweils längerer Lagerung faulen die Äpfel zunehmend, können zu gären anfangen und zeigen auch Welkeschäden; die Empfindlichkeit für CO_2 im CA-Lager soll mittelmäßig (3 bis 4% CO_2) sein.
Größe und Form: Mittelgroß (bis klein); überwiegend flachrund, verschiedentlich auch oval oder schief, mittelbauchig, Stiel- und Kelchseite abgeplattet bis kugelig; meist mit schwachen Kanten.
Farbe und Beschaffenheit der Schale: Zunächst gelbgrün, vollreif reingelb aber mit grünlichen Punkten (Kelch- und Stielbereich) durchsetzt, sonnenseits von fleischfarbenem Hauch über golden bis verwaschen leuchtend orangerot gefärbt, Schattenfrüchte farblos; Lentizellen nur auf Deckfarbe als Roststerne gut sichtbar; ohne Rost; glatt, aber trocken und nicht wachsig; dünn, etwas zäh.
Kelch: Klein; geschlossen; kräftige Blättchen mittellang und breit.
Kelchgrube: Flach; weit; schwach rippig, nach innen faltig.
Stiel: Mittellang bis lang; mitteldick; am Ende knopfig.
Stielgrube: Weit; mitteltief und am Rand bucklig; in der Regel fein- bis grobschuppig und strahlig berostet.
Kernhaus: Klein und kompakt; zwiebelförmig; Achse geschlossen, Fächer überwiegend geschlossen; zahlreiche kurze, gedrungene Samen; Leitbündel auffällig grün.
Fleisch: Gelblichweiß; saftig, mäßig fest bis locker, grobzellig, kurzbrechend, kann frühzeitig mürbe werden; kaum anfällig für Stippigkeit.
Geschmack: Süßfruchtig-feinsäuerlich, aromatisch, manchmal auch mit Anklängen an 'Cox Orange'; zum Ende der Genußreifezeit kann es zu Gärgeschmack kommen.

Anbau und Markt

Herausragende Eigenschaft ist die hohe Fruchtbarkeit, die vermutlich durch die überdurchschnittliche Fähigkeit zur Selbstbefruchtung wirkungsvoll gefördert wird. Die große Blühwilligkeit bzw. der starke Fruchtansatz, auch oft achselständig an 1jährigen Langtrieben, führt dann zu hohen Baumbehangdichten, die zur Sicherung günstiger Fruchtqualitäten auszudünnen sind. Nachteilig ist der langfristig hohe Schnittaufwand (vgl. Wuchs). Meist hängen die spezifisch schweren Äpfel einzeln und erleichtern somit das Pflücken; kurz nach der Ernte sind sie druckunempfindlich und gut handelsfähig. Später werden sie zunehmend druckempfindlicher. Nach zu früher Pflücke welken die Äpfel leicht. Gut ausgereifte Früchte sind dank hohen Zuckergehaltes geschmackvoll und eignen sich als Tafelfrucht und zur mannigfachen Verarbeitung in der Küche. Allerdings hält der geschmackliche Höhepunkt und die saftige Frische des Fleisches nicht sehr lange an. Ähnliche Früchte können die Sorten 'Champagner', 'Minister von Hammerstein' und die Vatersorte 'Schöner aus Nordhausen' haben.

Undine

Ähnliche Namen oder Synonyme gibt es keine.
Undine ist in der (römischen) Mythologie ein weiblicher Wassergeist; abgeleitet von lat. unda = Welle, Woge.
Abstammung und Herkunft: Um 1930 an dem damaligen Kaiser-Wilhelm-Institut für Züchtungsforschung, Abteilung Obstzüchtung, in Müncheberg/Brandenburg als Sämling nach freier Abblüte aus der Sorte 'Jonathan' hervorgegangen; die pollenspendende Vatersorte blieb unbekannt.

Physikalische und chemische Eigenschaften der Frucht									
Tagewerte	145								
Größenverteilung nach Gewicht / Größenklassen in mm	<55	55/60	60/65	65/70	70/75	75/80	80/85	85/90	90/95
%	5	9	24	29	21	8	4		
Mittleres Fruchtgewicht in g	126	(87–159)							
Spezifisches Fruchtgewicht	0,82	(0,81–0,83)							
Fruchtform-Index	0,75	(0,72–0,79)							
Mittlerer Zuckergehalt als Refraktometerwert in %	12,6	(10,9–15,2)							
Mittlerer Säuregehalt in g/l	6,9	(5,9– 9,6)							
Gruppen des Vitamin-C-Gehalts in mg/100 g Frischgewicht	20–30								
Sorbitgehalt in g/100 g Frischgewicht	0,57								

Undine

Mutanten: Bislang keine bekannt.
Polleneigenschaften: Gut (diploid), wegen ausgeprägter Alternanzerscheinungen aber wenig wertvoll; mittelfrüh- und langblühend, Infloreszenz artgemäß vielblütig; geeignete Befruchter sind u.a. 'Alkmene', 'Herma' und 'Kalco' (= 'Carola').
Standortansprüche: Nach bisherigen Erfahrungen ist die Sorte sowohl in Mitteldeutschland und dort von der eher warmtrockenen Börde bis zur mehr kühlfeuchten Ostseeküste, als auch in Südwestdeutschland (Hohenheim, Bavendorf) anbauwürdig; jedenfalls ist 'Undine' in den genannten Landschaften bzw. Orten mit anderen Tafelsorten wettbewerbsfähig. Dies bedeutet auch, daß die Ansprüche an das Wärmeklima sowie an die Feuchtigkeit, Durchlüftung und natürliche Nährkraft des Bodens eine ziemliche Streuung haben, d.h. sie reichen z.B. von lehmigen Sand- bis zu schwach tonigen Geschiebeböden und bis zu mittleren Höhenlagen. Die Frosthärte des Holzes soll genügend sein. Die Widerstandsfähigkeit der Blüten soll sogar hoch sein, nicht zuletzt wegen der langen Blühdauer. Der Spätfrost 1977 hat in Bavendorf jedoch bei einem Drittel der Äpfel zu Frostzungen und schiefen Früchten geführt, der Ertrag blieb aber weitgehend ungeschmälert. Durch Wind verursachter Fruchtfall tritt bei dieser Sorte nicht auf.

Baum

Der Wuchs ist mittelstark bis stark und in typischer Weise dünntriebig. Als Folge der steil bis mäßig steil nach oben tendierenden Leitäste bilden sich auf starkwachsenden Unterlagen breitpyramidale Kronen, die durch gut verzweigte, in der Regel hängende Fruchttriebe bzw. -äste gekennzeichnet sind. Meistens sind dies zweijährige Langtriebe, die mit seitlichen Kurztrieben, endständig fruchtend, besetzt sind und somit zum Abkippen neigen. Aber auch einjährige Langtriebe fruchten verschiedentlich achselständig. Nach Wiegungen in Bavendorf erreichen diese Äpfel nur ⅔ des normalen Fruchtgewichts. Zur Festigung der Leitäste sind diese bei größerkronigen Bäumen mehrmals anzuschneiden; bei Schlanken Spindeln sind die Basisäste durch Rückschnitt zu stabilisieren und die eher zu langen Triebe im oberen Spindelbereich einzukürzen. Die kräftige Verzweigungstendenz erfordert hin und wieder das Auslichten zu dicht gewordener Partien. Nach Hinweisen aus Mitteldeutschland ist durch Anwendung des Fruchtholzschnittes am ehesten die sortenspezifisch starke Ertragsalternanz zu brechen bzw. zu verringern. Anfällig für Mehltau, dagegen wenig für Schorf.

Frucht

Pflückreife: Mitte bis Ende Oktober
Genußreife: Aus dem Frischluftlager von Dezember bis April; aus dem Kühllager (0 bis +1 °C) bis Mai; jeweils aber welkempfindlich, hohe Luftfeuchtigkeit im Lager ist also unabdingbar; im CA-Lager mittelmäßig empfindlich für CO_2 (3 bis 4%).
Größe und Form: Mittelgroß bis groß; in der Regel hochgebaut, zur Stielseite abgeplattet, zum Kelch verjüngend, deshalb stielbauchig; teilweise schwach kantig vom Kelch bis zur Fruchtmitte.
Farbe und Beschaffenheit der Schale: Gelbgrün bis grünlich-gelb, sonnenseits von punktiert über streifig bis verwaschen trüborange bis bräunlichrot (fleischfarben),

verschiedentlich auch als Folge von sektorialen Chimärenbildungen kräftig geflammt; häufig mit netzartigen Berostungen überzogen, aber dann unschön; Lentizellen als graubraune Roststerne auffällig; überwiegend rauh, trocken; mittelfest, mäßig hart, dünn.
Kelch: Mittelgroß; halboffen bis geschlossen; Blättchen langelliptisch und spitz auslaufend.
Kelchgrube: Tief; mittelweit; Rand flachhöckrig, nach innen faltig.
Stiel: Mittellang bis lang; mitteldick.
Stielgrube: Tief; eng; Rand verläuft gleichmäßig; häufig olivbräunlich und strahlig mit Rost ausgekleidet.
Kernhaus: Mittelgroß; hochzwiebelförmig, liegt zentral; Achse meist schwach hohl, Fächer breit und bogig und mit zahlreichen kastanienbraunen Samen besetzt; Leitbündel als grüne Punkte.
Fleisch: Grünlichweiß; saftig, dies lange anhaltend bzw. nicht mürbe werdend, feinzellig, dicht und fest; hoher Gehalt an Vitamin C (20 bis 30 mg/100 g Frischgewicht); selten Stippeflecken.
Geschmack: In reifem Zustand bzw. als Folge von mittelhohem Zucker- und hohem Säuregehalt betont fruchtig, d.h. kräftig süß-säuerlich, anfänglich überwiegend säuerlich; ähnlich 'Boskoop', nur milder.

Anbau und Markt

Die Fruchtbarkeit setzt zwar früh ein, neigt aber nachfolgend zu ausgeprägter Alternanz, d.h. nach einem Vollertragsjahr folgt in der Regel ein sog. Ausfalljahr mit geringem bis fehlendem Blütenbesatz. Dies ist nicht nur wirtschaftlich, sondern auch befruchtungsbiologisch unzweckmäßig. Vorrangig sollte der Anbau deshalb im Liebhaber- und/oder Selbstversorgerobstbau, z.B. als Ersatz für die säuerlichere Sorte 'Boskoop' betrieben werden. In diesen Bereichen ist auch der überdurchschnittliche Schnittaufwand nicht so störend. Wenig ansprechend ist meist das äußere Aussehen der Äpfel als Folge grünlicher Grundfarbe, fleischfarbener Deckfarbe und unschöner Berostungen auf der Schale, meist auf der Sonnenseite. Dafür sind die ansonsten leicht pflückbaren Äpfel ohne Nachteile maschinell sortierbar sowie auch gut transport- und lagerfähig. Nach langer Kühllagerung treten allerdings Faulstellen, Schrumpfungen an der Schale und braune Lentizellenflecken auf. Als wertvolle Eigenschaften sind der fruchtige und herzhafte, im Vergleich zu 'Boskoop' jedoch mildere Geschmack, die sehr lang anhaltende Saftigkeit des Fleisches und der hohe Vitamin C-Gehalt herauszustellen. Ähnliche Früchte kann die Sorte 'Hildesheimer Goldrenette' haben.

Weißer Wintercalvill

Sehr viele ähnliche Namen wie u.a. 'Calville Blanc d'Hiver', 'American White Winter Calville', 'Calville Bianca d'Inverno', 'Kalvil Bily-Zimni', 'Teli feher Kalvil' und 'Vit Vinterkalvil'. Zahlreiche Synonyme wie u.a. 'Bonnet Carré', 'Eckapfel', 'Französischer Quittenapfel', 'Grosse-Pomme Blanche du Wurtemberg', 'Melonenapfel', 'Paradiesapfel', 'Himbeerapfel', 'Erdbeerapfel', 'Sternapfel', 'Taponelle'.
Abstammung und Herkunft: Es handelt sich sehr wahrscheinlich um eine alte französische Sorte, die der Basler J. Bauhin(us) (1541–1613), Leibarzt von Herzog Friedrich I., in der württembergischen Exklave Mömpelgard in Frankreich (franz.: Montbéliard), schon 1596 beschreibt. Sie stand in dem von ihm als verantwortlichem Pomologen und von den Gärtnern Joh. Lutz aus Göppingen sowie Joh. Jakob Alb aus Stuttgart eingerichteten Obstgarten in Boll (heute Bad Boll, Kreis Göppingen). Der Name 'Calville' könnte auf das Dorf 'Calleville' in der Normandie zurückgehen. Vor und nach 1900 bestand um Meran (Südtirol) ein hochspezialisierter und auch umfangreicher Anbau dieser Sorte, die zu stattlichen Preisen Abnehmer in ganz Europa, vor allem aber in Rußland, hatte.
Mutanten: Keine bekannt.
Polleneigenschaften: Günstig (diploid), mittelfrühblühend; Befruchtersorten sind u.a. 'Ananas', 'Cox Orange', 'Golden Delicious', 'Goldparmäne', 'James Grieve', 'Klarapfel' und 'Zuccalmaglio'; neigt zu kernlosen (parthenokarpen) Früchten.
Standortansprüche: Die Sorte ist sehr anspruchsvoll; sie verlangt nicht nur sehr warmes Klima und lange Vegetationszeiten, sondern auch sehr fruchtbare (tiefgründig, starkhumos, feinlehmig) und frische, weder trockene noch feuchte Böden mit intensivem Luftaustausch. Nicht zusagende Verhältnisse wirken sich nachteilig auf die Fruchtbarkeit, die Fruchtgröße und den Geschmack aus. In Mitteleuropa hat sich der Anbau vor einer südlich exponierten Wand oder Mauer am besten bewährt. Dort wird der Anspruch dieser Sorte an das Licht sowie an die Tages- und wohl auch an die Nachtwärme am ehesten befriedigt. Für eine regelmäßige Wasserversorgung der Wurzeln und damit für einen ungestörten Stoffwechsel im Baum

Weißer Wintercalvill

ist die Möglichkeit zur künstlichen Bewässerung vorteilhaft. Die Blüten sind frostempfindlich, das Holz dagegen weniger.

Baum

Auf günstigen Standorten ist der Wuchs von Anfang an kräftig bis stark. Am besten haben sich Spindelbäume (früher hat man Spalier- oder Schurbäume bevorzugt) auf der schwachwachsenden Unterlage M9 bewährt, nicht dagegen Buschbäume oder gar Hochstämme auf stärker wachsenden Unterlagen. Wichtig ist, daß stets gut belichtete und optimal ernährte Kurztriebe für die endständige (terminale) Blüten- und Fruchtbildung vorhanden sind. Diese Struktur läßt sich entweder durch Pinzieren (Grünschnitt im Sommer) oder durch zeitgerechtes Binden der Triebe unter die Waagrechte (nach der Blüte oder beim Sommerschnitt im Juli–August) herbeiführen. Sehr nachteilig ist die hohe Anfälligkeit für Schorf, Mehltau und Obstbaumkrebs sowie für Schädlinge wie Blutläuse, Apfelwickler (Obstmaden) und Fruchtschalenwickler, die durch sehr warmes Klima besonders gefördert werden. Kupferempfindlich.

Frucht

Pflückreife: Mitte bis Ende Oktober.
Genußreife: Bei Kühllagerung (+2 °C) von Dezember bis April.
Größe und Form: Mittelgroß bis sehr groß je nach Entwicklung (60 bis 90 mm im Durchmesser); sortentypisches Merkmal sind die tief gefurchten, bis zu 1 cm hohen Höcker am Kelch, die als Rippen über die ganze Frucht verlaufen, meist mittelbauchig, eher flach als hochgebaut, zum Stiel hin abgeplattet.
Farbe und Beschaffenheit der Schale: Zur Pfücke grün bis gelblichgrün, in Vollreife gelb und verschiedentlich sonnenseits mit rötlichem Hauch; Lentizellen als helle Punkte dicht und relativ groß; glatt, glänzend (Wachs); weich.
Kelch: Klein; geschlossen; Blättchen oft kaum sichtbar, aufrecht mit nach hinten gebogenen Spitzen.
Kelchgrube: Stark höckrig bzw. tief gefurcht, teils mit feinen Falten ergänzt; tief eingesenkt.
Stiel: Überwiegend mittellang, teils auch kurz; mitteldick bis dick; am Ansatz flaumig.
Stielgrube: Tief; meist weit; durch Höcker (vgl. oben) oft unregelmäßig geformt; teils ohne Rost, teils aber über den Rand hinaus strahlenförmig oder lappig grobschuppig bis feinrissig berostet.
Kernhaus: Klein bis mittelgroß; zwiebelförmig; Samenfächer länglich und schmal, Samen braun und weißgespitzt, Achse hohl; Leitbündel liegen als grüne Punkte girlandenartig und dicht am Kernhaus; anfällig für Kernhausschimmel:
Fleisch: Grünlich weiß, randlich grün; grobzellig locker, kurzbrechend, saftig, später mürbe werdend, nicht knackig, eher weich, im ganzen angenehm; sehr hoher Vitamin C-Gehalt.
Geschmack: Feines, süß-mildsäuerliches Aroma, erdbeerartig gewürzt, in der Art einmalig.

Anbau und Markt

Auf optimalem Standort bei intensiver Pflege und auf geeigneter Unterlage (M9) trägt die Sorte frühzeitig, regelmäßig und mengenmäßig befriedigend. Entscheidend für gute Fruchtqualität sind Größe bzw. Gewicht (200 bis 300 g) und Schalenreinheit. Früher versuchte man durch Eintüten nußgroßer Früchte zu gut entwickelten und makellosen Früchten zu kommen. Diese Maßnahme führte auch zu einer Ausdünnungswirkung, die zusätzlich das Wachstum der Einzelfrüchte begünstigte. Bei unsachgemäßem Anbau bleiben die Früchte zu klein und geschmacksarm. Die Schale ist sehr druckempfindlich. Dies erfordert von der Pflücke bis zum Verzehr äußerst schonende Behandlung der Früchte. Obwohl meist reichblühend, enttäuscht mitunter der Fruchtansatz. Ursache dürfte die kurze Aufblühfolge innerhalb der Infloreszenzen sein, die eine optimale Befruchtung erschwert und zudem die Blüten anfälliger für Schäden durch extreme Witterungen (Frost) macht. 'Weißer Wintercalvill' ist keine Sorte für den Haus- oder Kleingarten; sie gehört in die Hände des Spezialisten.

Winterrambour

Ähnliche Namen sind u. a. 'Rheinischer Winterrambour', 'Rambour d'Hiver', und 'Teuringer Winterrambour'.
Synonyme sind hauptsächlich 'Belle Fleur (Bellefleur) de Hollande', 'Menznauer Jäger', 'Halinger', 'Roter Bellefleur', 'Salemer Klosterapfel' und 'Teuringer'.

Abstammung und Herkunft: Zufallssämling; sehr wahrscheinlich schon vor 1800 in Belgien oder in den Niederlanden (vgl. Synonyme) entstanden; in SW-Deutschland, insbesondere im Bodenseegebiet, sowie in der Schweiz, dort unter dem Namen 'Menznauer Jäger', früher und noch heute im Hochstammobstbau verbreitet. Die Sorte stammt nach schweizerischer Darstellung aus der Gegend von Menznau, Kanton Luzern, und wurde von R. Stalder in Meggen mit dem Namen 'Menznauer Jägerapfel' belegt.
Mutanten: Nach den Hinweisen im Abschnitt Frucht ist mit dem Vorhandensein von Mutanten zu rechnen, sie sind namentlich jedoch noch nicht aufgetreten.
Polleneigenschaften: Schlecht (triploid), mittelspät bis spät und lang blühend; Befruchtersorten sind u. a. 'Boiken', 'Champagner', 'Goldparmäne', 'Klarapfel' und 'Ontario'.
Standortansprüche: Verlangt frischen, d. h. regelmäßig mit Wasser versorgten Boden, gedeiht, ähnlich 'Boskoop', aber auch auf schwach wechselfeuchten bzw. schwach bis mäßig tonigen Lehmböden. Auf zu Trockenheit neigenden Böden kümmern die Bäume rasch. Dank der wenig spätfrostempfindlichen Blüten können fruchtbare Tallagen mit Erfolg genutzt werden. In sehr warmen Gebieten reifen die Früchte zu schnell, in zu kühlem Klima, d. h. in ausgesprochenen Höhenlagen (in SW-Deutschland oberhalb 600 m NN), kann das oft unausgereifte Holz im Winter erfrieren. Zur bedingten Vorbeugung sind frostharte Stammbildner zweckmäßig. Windreiche Lagen sind wegen starker Fruchtfallgefahr ungeeignet. Zu dieser Veranlagung tragen die sehr kurzen Fruchtstiele bei (mech. Abdrücken).

Baum

Als triploide Sorte erwartungsgemäß starkwüchsig. Dies führt bei ausgewachsenen Hochstämmen zu großen, weitausladenden und schirmartigen Kronen, die dank ihrer Robustheit sehr alt werden können. Vorherrschend als Fruchthölzer sind ein- und mehrjährige Kurztriebe an kräftigen Langtrieben bzw. Ästen. Zusammen mit den großen, dunkelgrünen und dichtstehenden Blättern vermitteln die Kronen einen üppigen Eindruck. Nicht nur zur Verbesserung der Frosthärte, sondern auch wegen der krummwachsenden Stämme sind Stammbildner vorteilhaft. Widerstandsfähig gegenüber Schorf, in

Winterrambour

feuchten Lagen schwach bis mäßig anfällig für Obstbaumkrebs. Schwefelempfindlich.

Frucht

Pflückreife: Anfang Oktober.
Genußreife: November–Dezember bis Februar; nach Kühllagerung bei +3 °C bis +4 °C bis März–April; bei Temperaturen unter +3 °C anfällig für Fleischbräune.
Größe und Form: Innerhalb dieser Sorte gibt es aufgrund zahlreicher Vergleiche und uneinheitlicher Literaturangaben offensichtlich 2 Fruchttypen:
Typ 1: Groß bis sehr groß; überwiegend stielbauchig, grobkantig bzw. rippig, meist einseitig zum Kelch hin fliehend und dadurch oft schief, insgesamt unförmig
Typ 2: Mittelgroß bis groß; durchweg mittelbauchig, meist nur schwach kantig bzw. schwach rippig, häufig leicht schief.
Farbe und Beschaffenheit der Schale: Hellgrün; vollreif gelb bis sattgelb, sonnenseits gestreift bis verwaschen orange über ziegelrot bis tief bläulichrot, oft mehr als die Hälfte der Schale bedeckend; Lentizellen als kleine, weiße Punkte dichtstehend; Berostungen fehlen oder sind kaum sichtbar; glatt, oft leicht wachsig, mattglänzend; hart bzw. derb.
Kelch: Groß bis sehr groß; teils geschlossen, teils halboffen; teils langspitzige, teils dreieckige Blättchen, grün, am Grund nicht verwachsen und Spitzen nach außen gebogen.
Kelchgrube: Typ 1: Eng bis mittelweit; mitteltief; markant unregelmäßig höckrig bis grobrippig.
Typ 2: Ziemlich flach; mittelweit; schüssel- bis tellerartig, durchweg fein gefältelt.
Stiel: Sehr kurz, sortentypisch; fleischig verdickt, in der Regel kürzer als der Grubenrand.
Stielgrube: Tief; trichterförmig sich weit öffnend; fast stets feinschuppig berostet, mitunter strahlenförmig über den Rand hinaus, Rand häufig uneben bzw. grobkantig geformt.
Kernhaus: Typ 1: Groß bis mittelgroß; zwiebelförmig; verschiedentlich ungleichmäßig, Fächer schmal und lang bzw. tief, wenige, teils taube Samen; Leitbündel als gelblichgrüne Punkte.
Typ 2: Mittelgroß bis klein; herz- oder zwiebelförmig; Achse leicht röhrenförmig, Fächer gleichmäßig und schmal, wenige, teils taube Samen; Leitbündel gelb, verlaufen girlandenartig.
Fleisch: Grünlichweiß, vollreif cremefarben; anfänglich fest, grobzellig, noch saftig, wird später mürbe bis weich und leicht trocken; anfällig für Stippigkeit; mittlerer Gehalt an Vitamin C.
Geschmack: Süßlich, mild, wenig Aroma und Würze; fruchtige Säurekomponente nur schwach vorhanden; geschmacklich eher flach.

Anbau und Markt

Die Erträge setzen spät ein, sind danach aber hoch und wenig alternierend. Dank gleichmäßiger Ausbildung der spezifisch mittelschweren (0,81) Früchte entsteht wenig Ausfall beim Sortieren nach Größe und nach anderen äußeren Merkmalen. Besonders wertvoll ist die Schorfresistenz, weniger dagegen die Qualität hinsichtlich Geschmack und Saftigkeit der Früchte. Sie lassen sich sehr gut transportieren, da sie wenig druckempfindlich sind. Nach längerer Lagerung entsteht Schalenbräune. Als Mostapfel ist die Sorte aufgrund nur mittlerer Zucker- und geringer Säuregehalte nicht erste Wahl. Vorteilhaft ist dagegen die kostengünstige Erzeugung der Äpfel und ihre Eignung als Koch- bzw. Backware. Aufgrund der günstigen Bestandessicherheit auch für den landschaftsprägenden Streuobstbau geeignet.

Zabergäu

Ähnliche Namen sind 'Graue Renette vom Zabergäu' und 'Zabergäu Renette'. Synonym ist 'Hausener Graue Renette'.
Abstammung und Herkunft: Zufallssämling, der nach der Überlieferung 1885 in Hausen a. d. Zaber (westlich von Lauffen a. Neckar, Baden-Württemberg) nach Aussaat von Samen entstanden ist; die daraus hervorgegangenen Sämlinge sollen 1887 an den späteren Ausleseort verpflanzt worden sein; nach Herrn Sommer, Pfaffenhofen, erstmals bei einer Bezirksobstausstellung in Brackenheim, beide im Zabertal gelegen, 1926 öffentlich präsentiert; weder mit der Sorte 'Graue Französische Renette' noch mit der Sorte 'Graue Kanadarenette' bzw. 'Reinette gris du Canada' verwandt oder gar identisch.
Mutanten: Von 'Zabergäu' sind keine Mutanten bekannt geworden.
Standortansprüche: Inhaltsreiche und damit geschmackvolle Fruchtqualitäten setzen warme Klimate voraus (Weinklima bis Wintergetreide-Obstklima). Höhenlagen eignen sich weniger gut, wenngleich es Beispiele gibt, daß die Bäume sich dort behaupten können. Der Anspruch an die Bodenfeuchtigkeit ist im Vergleich zu der sonst ähnlich veranlagten Sorte 'Boskoop' weniger hoch. Auf mäßig trockenen Böden verstärkt sich jedoch die Anfälligkeit für Mehltau, während mäßig frische, aber dazu leicht wechseltrockene, sog. schwere Böden, wie sie am Keuperstufenrand verbreitet sind, noch als günstig angesehen werden. Wie bei 'Boskoop' sind die Blüten erheblich frostempfindlich, das Holz dagegen mäßig gegenüber Winterfrost. Dies hat der Polarfrost 1984/85 bestätigt, als 'Zabergäu' nur mittlere Schäden erlitten hat. Für Windlagen besonders zu empfehlen, da die Früchte fest hängen.
Verbreitung: Fast ausschließlich in SW-Deutschland und da vor allem in Baden-Württemberg. War im Streuobstbau und in früher erwerbsmäßig genutzten Hochstammanlagen vertreten.
Bestandessicherheit: Aufgrund einer mäßigen Winterfrostempfindlichkeit und der Anfälligkeit für Obstbaumkrebs nicht gerade bestandessicher, doch kann das Anbaurisiko als tragbar bezeichnet werden.

Baum

Wuchs: In den ersten Jahren starkwüchsig und mit zunächst schräg aufwärts gerichteten Leitästen, danach deutlich schwächer wachsend. Auf starkwachsenden Unterlagen und als Hochstamm erzogen haben sich in ausgewachsenem Zustand lockere, breitpyramidale bis flachkugelige Kronen herangebildet, deren lange Äste großenteils waagrecht bis leicht hängend angeordnet sind und die in ihrem Triebwachstum nach Zahl und Länge nachgelassen haben. In solchen Fällen ist Verjüngen zur Triebanregung eine zweckmäßige Maßnahme. Im intensiven Anbau bleiben die Bäume eher mittelstarkwachsend mit zugleich kräftiger Bildung von Trieben, die durchweg in eigentümlicher Weise hellokker gefärbt sind und deutliche, schwach rötlichbraune Lentizellen besitzen. Entsprechend der triploiden Veranlagung sind die oberseitig feinrunzeligen bis grobgewölbten Blätter groß, dazu ovalrund, und haben eine scharf abgesetzte Spitze sowie einen doppelt gesägten Rand. Die Sorte eignet sich sehr gut zum Aufpfropfen.
Fruchtholz: In jüngerem, wüchsigem Zustand wird der Hauptteil des Fruchtholzes von den 1jährigen Kurztrieben, endständig fruchtend bestritten, die oftmals gleichmäßig die 2jährigen Langtriebe bekleiden. Aus diesen Kurztrieben geht das Quirlholz (mehrjährige Kurztriebe, endständig fruchtend) hervor, das dann bei älteren Bäumen meist überwiegt. Bei gleichzeitig stark nachlassender Triebigkeit ist dann Verjüngen angeraten (vgl. Wuchs).
Blüte und Befruchtung: Als Pollenspender ungeeignet (triploid); blüht spät- und lang; vorwiegend parthenokarp, da meist samenlos, veranlagt; gute Befruchter sind u. a. 'Goldparmäne', 'Golden Delicious', 'Jonathan', 'Klarapfel' und 'Oldenburg'. Blütenzahl 5,5 (4 bis 7), große Blüten. Kräftige Achse kurz bis mittellang, Stiele lang, ziemlich dünn und rötlich; Kronblätter (5) ziemlich groß, länglich-oval, dekkend, kurzgenagelt; Primärblätterzahl 7,4 (6 bis 10), weitgehend platt, rosettenartig ausgebreitet, lang herzförmig gestreckt, randlich fein gesägt, basal rund; Kelchblätter breitdreieckig und zugespitzt, vorne rötlich, teils nach unten, teils türkenbundgleich gebogen; Griffel stehen über den Staubblättern, meist engständig und verschiedentlich oben gespreizt, bis 1,5 cm lang; Staubblätter sind basal weiß und leicht becherförmig nach oben geweitet.
Ertrag: Als triploide, starkwüchsige Sorte ziemlich früh blühwillig, danach leicht alternierend und langzeitlich über dem Durchschnitt der Kultursorten fruchtbar, aber nie überreich behängt, so daß Ausdünnungen erforderlich wären; in Mitteldeutschland wurde auf M9 ein Wert von 80% zu 'Golden Delicious' (= 100%) ermittelt. Auf wenig spätfrostgefährdeten

Zabergäu

Zabergäu

Physikalische und chemische Eigenschaften der Frucht		
Tagewerte	146	
Größenverteilung nach Gewicht		
Mittleres Fruchtgewicht in g	169	(128 – 208)
Spezifisches Fruchtgewicht	0,84	(0,83–0,85)
Fruchtform-Index	0,84	(0,79–0,87)
Mittlerer Zuckergehalt als Refraktometerwert in %	14,8	(14,0–15,6)
Mittlerer Säuregehalt in g/l	6,8	(5,6– 7,3)
Gruppen des Vitamin-C-Gehalts in mg/100 g Frischgewicht	10–20	
Sorbitgehalt in g/100 g Frischgewicht		

Größenklassen in mm	<55	55/60	60/65	65/70	70/75	75/80	80/85	85/90	90/95
%			6	10	23	31	19	7	4

Lagen ein sicherer Träger. Die Früchte hängen fast alle einzeln.
Krankheiten und Mängel: Wenig schorfempfindlich, aber anfällig für Obstbaumkrebs; auf warmtrockenen Standorten kann Befall durch Mehltau, Blutläuse und Spinnmilben eintreten; im kühl-feuchten Klima von Bavendorf gab es kaum Mehltau; empfindlich für Kupfer.

Frucht

Pflückreife: Mitte Oktober, in Höhenlagen Ende Oktober.
Genußreife: Aus dem Frischluftlager bis März; aus dem Kühllager bei +3 bis 4 °C bis April–Mai; in beiden Fällen ist wegen der Welkeempfindlichkeit für hohe Luftfeuchtigkeit zu sorgen.
Größe und Form: Groß bis sehr groß; teils flachrund, teils hochgebaut und/oder leicht schief, stiel- bis mittelbauchig, ebenmäßig bis teilweise schwach grobkantig geformt.
Farbe und Beschaffenheit der Schale: Grünlichgelb bis gelb, aber meist nicht

sichtbar, da ganzflächig mit hellgrauem bis zimtfarbigem Feinrost überzogen, sonnenseits hellrot über weinrot bis dunkelbraunrot, von marmoriert über geflammt bis streifig, freundlich; zahlreiche Lentizellen als helle oder als dunkle Rostflecken bzw. -sterne, letztere auffällig; rauh, trocken; derb.
Kelch: Groß; halboffen bis offen; Blättchen breitgrundig und langspitzig, grün, Spitzen braun, am Grund geschlitzt.
Kelchgrube: Groß; tief bis mitteltief und weit; schüsselförmig, breitrandig; mit feinem Rost ausgekleidet.
Stiel: Mittellang; mitteldick; grünbraun bis braun; flaumig; bricht bei der Pflücke leicht aus.
Stielgrube: Tief; öffnet sich weit; durchweg grob- bis feinschuppig berostet, verschiedentlich mit feinen Rissen.
Kernhaus: Klein; überwiegend breitzwiebelförmig; Achse offen, geräumig; Fächer kurz und schmal, wenige dunkelbraune, ovale Samen, weißspitzig, unregelmäßig ausgebildet, viele Kümmerkerne.
Fleisch: Weißlich, später gelblich, an der Schale meist rötlich oder grünlich diffundiert; anfangs saftig, mittelfest, kurz, grobzellig, später mürbe; anfällig für Stippen.
Geschmack: Feinsüßlich fruchtig, bei guter Reife würzig, süßer bzw. milder als 'Boskoop'.

Anbau und Markt

Die in SW-Deutschland als Tafel- und vielseitig verwendbarer Küchenapfel geschätzte Sorte hat weitere Vorzüge: Sie läßt sich günstig kühllagern, ist druckunempfindlich und deshalb gut transportfähig sowie maschinell sortierbar und wird oftmals beim Frischverzehr dem mehr säuerlichen 'Boskoop' vorgezogen. Dank der geringen Schorfanfälligkeit eignet sich 'Zabergäu' auch für den alternativen Anbau. Bei Überlagerung und/oder unsachgemäßer Lageratmosphäre kann es allerdings zu Befall durch Fleisch- und Schalenbräune sowie durch Fruchtfäulen kommen. Die spezifisch schweren Äpfel sind aufgrund der selten hohen Fruchtbehangdichten und der vorherrschenden Einzelfruchtstände im allgemeinen gleichmäßig in Größe und Form und bringen beim Sortieren somit wenig Ausfall. Nachteilig ist das Auftreten von Stippigkeit und die Welkeempfindlichkeit auf dem Lager. Ähnliche Früchte können die Sorten 'Boskoop', 'Coulon', 'Kanada-Renette', 'Graue Französische Renette' u.a. haben.

Zuccalmaglio

Voller Name lautet 'Von Zuccalmaglios Renette'.
Ähnliche Namen sind u.a. 'Reinette de Zuccalmaglio' und 'Zukalmagliova Reneta'.
Abstammung und Herkunft: Aus Samen der 1878 von Diedrich Uhlhorn jun. in Grevenbroich/Rheinland durchgeführten Kreuzung zwischen 'Ananas' als Muttersorte und 'Purpurroter Achatapfel' (engl. Agatapfel) hervorgegangen und nach dessen Schwiegervater, Justizrat Vinzenz von Zuccalmaglio, benannt; große Anbaubreite, vor wenigen Jahrzehnten hochgeschätzter Tafelapfel.
Mutanten: Keine bekannt.
Polleneigenschaften: Gut (diploid); mittelspät- und vor allem langblühend; Befruchtersorten sind u.a. 'Ananas', 'Baumann', 'Cox Orange', 'Croncels', 'Goldparmäne', 'James Grieve', 'Klarapfel', 'Landsberger' und 'Oldenburg'.
Standortansprüche: Ertrag sowie Größe und Geschmack der Früchte werden bei dieser Sorte ähnlich wie bei 'Goldparmäne' deutlich begünstigt durch den Anbau auf tiefgründigen, humosen und somit nährkräftigen Lehmböden in warmen Klimaten und bei regelmäßiger Wasserversorgung. Auf zur Trockenheit oder Nässe neigenden Verhältnissen wachsen und fruchten die Bäume unbefriedigend, die Äpfel bleiben klein und aromaschwach. Trotz der nicht windanfälligen Äpfel sind deshalb Höhenlagen wenig anbauwürdig.
Während die Blüte ziemlich frosthart ist, gibt es hin und wieder in unseren Breiten Ausfälle (partiell und total) durch Winterfrost.

Baum

Eine schwach- bis allenfalls mittelstarkwachsende Sorte mit hochpyramidalem Wuchs ähnlich 'Goldparmäne', doch mit langen, schwachholzigen sowie reichlich fruchtenden und darum oftmals hängenden Fruchtruten. Hochstämme bleiben ziemlich kleinkronig und vergreisen leicht. Erforderlich sind dann wiederholte kräftige Verjüngungsschnitte. Aus diesem Grund sind niederstämmige Bäume (Spindel, Spindelbusch) vorzuziehen, an denen kurzes Fruchtholz möglich ist. Die Blüten sitzen an den klassischen Orten am Lang- und Kurztrieb, während die Blätter klein, sortentypisch gewellt und etwas rauh sind. Im allgemeinen ist diese Sorte wenig krankheitsanfällig, wenngleich Infektionen durch Mehltau und Obstbaumkrebs vorkommen. Gegenüber Schorf ist die Sorte Zuccalmaglio dagegen wenig empfindlich und gegen Blutlaus sogar weitgehend resistent.

Frucht

Pflückreife: Anfang bis Ende Oktober, je nach Lage.
Genußreife: November bis Januar im Frischluftlager, nach Kühllagerung bis März.
Größe und Form: Mittelgroß (bis klein); hochgebaut, teils walzenförmig, meist zum Kelch stärker als zum Stiel sich verjüngend, verschiedentlich schief, im ganzen rund; Fruchtformindex schwankt zwischen 0,82 und 1,06.
Farbe und Beschaffenheit der Schale: Gelbgrün bis zitronengelb mit rötlichem Hauch bis schwach ziegelroten Bäckchen auf der Sonnenseite, manchmal auch bräunlich- bis schmutzigrot oder fleischfarben, dann unschön; in der Regel unberostet, sortentypisch dürften bei einem Teil der Früchte längsziehende Berostungsstreifen (0,5 mm) sein; Lentizellen auf der Deckfarbe als kleine weiße Punkte, sonst als winzige Rostpunkte, weiß umhöft, zum Kelch hin verdichtet; hart.
Kelch: Mittelgroß; meist halboffen; Blättchen aufrecht, schmal und zugespitzt, am Grund tief gespalten.
Kelchgrube: Ziemlich groß; mäßig bis kräftig tief; auffällig randliche, teilweise kräftige Höcker und dichte Fältelung in der Grube.
Stiel: Nach Dicke und Länge unterschiedlich: teils kurz und dick, teils lang und dünn.
Stielgrube: Meist eng (bis sehr eng) und wenig tief, doch kommen auch weitere und tiefere Gruben vor; feinschuppig berostet, oft über den Rand hinaus, unschön.
Kernhaus: Mittelgroß; kelchnah; spitzzwiebel- bis breitbirnenförmig; hohlachsig, zahlreiche, dunkelbraune, große und zugespitzte Samen in gleichmäßigen Fächern.
Fleisch: Cremefarben, zum Rand hin gelblich; fest, mittelsaftig, kurzbrechend, später mürbe werdend, randlich mit grobzelliger Struktur; mittlerer Gehalt an Vitamin C; spezifisches Gewicht um 0,78.
Geschmack: Würziges Aroma, süßlichweinsäuerlich mit feiner Frucht, hervorragend.

Zuccalmaglio

Anbau und Markt

Auf geeigneten Standortverhältnissen eine frühzeitig fruchtende, ziemlich ertragreiche und geschmacklich wertvolle Sorte von hohem Gesundheitswert, die dank ihrer Robustheit und nur mäßigen Schorfanfälligkeit für den Hausgarten und Liebhaberobstbau zu empfehlen ist. Vorteilhaft sind ferner die gute, fast bis Winterende andauernde Lagerfähigkeit und daß kaum Stippen oder andere Fruchtmängel auftreten. Obwohl kein Massenträger – in Mitteldeutschland wurde auf M9 ein Vergleichswert von 65% zu 'Golden Delicious' (= 100%) festgestellt –, kann es manchmal zu hohen Fruchtbehangdichten kommen, die für eine befriedigende Fruchtgröße rechtzeitig auszudünnen sind. Die Früchte ähneln u. a. denen von 'Ananas' und 'Golden Delicious'.

Bittenfelder

Ähnlicher Name ist 'Bittenfelder Sämling'. Keine Synonyme.

Abstammung und Herkunft: Zufallssämling, der entweder auf Gemarkung Bittenfeld, nahe Waiblingen (Rems-Murr-Kreis, Baden-Württemberg) entstanden oder, wie andere Quellen vermuten, als namenloser Sämling in Bittenfeld heimisch und nachfolgend dort benannt wurde.

Mutanten: Von 'Bittenfelder' sind keine Mutanten bekannt.

Polleneigenschaften: Günstig (diploid); blüht spät und produziert mäßig viele Pollenkörner; geeignete Befruchter sind u. a. 'Danziger Kant', 'James Grieve' und 'Klarapfel'.

Standortansprüche: Zur Sicherung jährlich gut ausgereifter und zuckerreicher Äpfel sind bestimmte Wärmesummen notwendig, d. h. daß in SW-Deutschland als günstige Anbauzone nur der Bereich zwischen dem Wein- und dem Obst-Wintergetreideklima anzusehen ist. Auf kühlen Höhenlagen reifen die Äpfel zu spät (Anfang bis Mitte November) und sind zuckerarm. Der Anspruch an Feuchtigkeit und Durchlüftung des Bodens ist demgegenüber weniger eng zu sehen, da gute Wuchs- und Ertragsleistungen sowohl auf mäßig frischen bis schwach wechselfeuchten als auch auf schwach bis mäßig tonigen Böden erzielt werden. In allen Fällen sollte die natürliche Nährkraft jedoch mindestens mittelmäßig sein. Wie kaum eine andere Apfelsorte ist 'Bittenfelder' im Holz (spätaustreibend; Samenspendersorte für Sämlingsunterlagen) und in der Blüte frosthart. Die Holzfrosthärte zeigte sich nicht nur im Polarwinter 1984/85, als diese Sorte unbeschädigt blieb, sondern auch bei früheren Winterfrösten (1928/29, 1939/40, 1955/56). Die Äpfel hängen meist fest am Baum und lösen sich auch bei später Ernte nicht immer gut.

Baum

Der in ausgewachsenem Zustand starke (bis sehr starke) Wuchs ist zunächst eigentümlich: Als Jungbaum ziemlich schwach und steil, dann verstärkt sich dieser stetig und führt oft erst nach 12 bis 15 Jahren zu großen und als Folge der natürlichen Fruchtbogenbildung auch zu breit ausladenden Bäumen. Dieser verzögerte Aufbau und der entsprechend späte Ertragsbeginn ist wenig wirtschaftlich. Neue Anbautechniken sind in der Lage, diese Nachteile abzuschwächen: Bei Verwendung 2jähriger Okulanten mit zahlreichen vorzeitigen Trieben und ohne Rückschnitt der späteren, fruchtholztragenden Äste – allein die Mittelachse ist durch Schnitt zu regulieren – fruchten die Bäume schon im 3. bis 4. Standjahr, selbst auf starkwachsenden Unterlagen, so kräftig, daß in den ersten 10 Jahren Baumerträge von etwa ⅔ zu 'Boskoop' erreicht werden können. Unter diesen Voraussetzungen herrschen als Fruchtstandorte die einjährigen Kurztriebe (1 bis 5 cm), endständig fruchtend, an den zweijährigen Langtrieben vor, sie kippen meist durch ihre Fruchtlast ab. Bäume dieser Art sind ausreichend triebig, selten aber zu dicht, und garnieren sich in der Krone gleichmäßig mit Fruchtholz. Je nach Wüchsigkeit und Triebzahl ist hin und wieder auszulichten. Die mittelgroßen, hellgrünen Blätter sind eher platt als gewölbt. Widerstandsfähig gegenüber Krankheiten, vor allem gegenüber Schorf und Mehltau, sowie allgemein robust und langlebig. Diese Sorte hat sich als Stamm- und Gerüstbildner ebenso wie als Sämlingsunterlage bewährt.

Frucht

Schüttelreife: Je nach Wärmeklima von Mitte–Ende Oktober bis Anfang November.

Verwertungsreife: Nach mehrwöchiger Zwischenlagerung von Mitte–Ende November bis März; im Frischluftlager bis März ohne nennenswerte, durch Fäulnis verursachte Ausfälle lagerfähig.

Form und Größe: Klein bis allenfalls mittelgroß; plattrund bis schwach breitkantig, mittelbauchig und verschiedentlich schief.

Farbe und Beschaffenheit der Schale: Grünlichgelb bis zitronengelb, sonnenseits teils in Spuren, teils marmoriert bis gestreift orange bis rötlich; viele, verhältnismäßig große Lentizellen als Rostpunkte, anfällig für Lentizellenröte; verein-

zelt netzartig berostet; stumpf, rauh; sehr fest und widerstandsfähig.
Kelch: Klein bis sehr klein; teils geschlossen, teils halboffen; kleine breitspitzige und grüne Blättchen, nicht miteinander verwachsen.
Kelchgrube: Mittelgroß; flach bis leicht eingetieft; Rand schwach bucklig, nach innen gefältelt.
Stiel: Mittellang bis lang; mitteldick bis dünn; schwach seitlich gebogen.
Stielgrube: Tief; verhältnismäßig eng; teils feinschuppig graugrün und strahlig berostet, verschiedentlich über den Rand hinaus laufend, teils nur grasgrün.
Kernhaus: Relativ mittelgroß; flach zwiebelförmig, kelchnahe; Achse geschlossen, Fächer regelmäßig sternartig und schmal, meist gleichmäßig mit dunkelbraunen, sackartigen Samen voll; grüne Leitbündel mit ziemlich weitem Radius.
Fleisch: Weißlichgelb bis cremefarben; saftig, fest bis hart und kurzbrechend, später weicher, bleibt aber saftig.
Geschmack: Herbfruchtig bis säuerlich, Zuckerreichtum durch Säure überdeckt, dennoch viel Körper.

Bittenfelder

Anbau und Verwertung

Der außerordentlich wertvolle Mostapfel ist gegenwärtig hauptsächlich im wärmeren Teil des Neckarlandes verbreitet. Als Hochstamm kultiviert, setzen die Erträge spät ein, sind aber danach, entsprechend der Baumgröße und Standortsgunst, hoch und wenig alternierend. Um die ertragslose bzw. -schwache Zeit zu verkürzen, bietet sich auf starkwachsenden Unterlagen einerseits die Zwischenveredlung mit schwachwachsenden Formen wie M26 und M9 an, andererseits kann die im Abschnitt Baum skizzierte Methode eingesetzt werden. Für die Bergung der überwiegend kleinen Äpfel vom Boden (Einzelgewicht unter 100 g) ist eine Auflesemaschine zweckmäßig. Überragende Eigenschaften dieser Sorte sind die für Mostäpfel sehr hohen Zucker- und Säuregehalte, die daraus hervorgehende Bedeutung als Verschnittsorte (Z-S-Verhältnis um 9:1) für Süßmost und Apfelwein und außerdem die Langlebigkeit der Bäume und deren Anspruchslosigkeit in der Pflege. Nur durchschnittlich ist die Saftausbeute (60 bis 65%) beim Pressen. Ergänzende Vorteile sind die günstige Manipulierbarkeit und sehr gute Haltbarkeit der Äpfel. Dadurch ist eine monatelange Anlieferung der Ware aus dem Frischluftlager möglich, wodurch die Keltersaison im Herbst entlastet werden kann.

Bohnapfel

Ähnliche Namen sind '(Großer) Rheinischer Bohnapfel', 'Großer Bohnapfel' und 'Weißer Bohnapfel'.
Franz.: 'Pomme Bohn' und 'Gros-Bohn'. Synonyme sind u.a. 'Anhalter', 'Jockerle' und 'Salzhäuser Rheinischer'.
Abstammung und Herkunft: Zufallssämling; nach der Überlieferung soll er zwischen 1750 und 1800 im Neuwieder Becken (Mittelrhein) entstanden bzw. entdeckt worden und im Anbau gewesen sein.
Mutanten: Von 'Bohnapfel' sind keine Mutanten bekannt geworden.
Polleneigenschaften: Schlecht (triploid); mittelfrüh- bis mittelspätblühend; geeignete Befruchter sind u.a. 'Champagner', 'Glockenapfel', 'Goldparmäne', 'Klarapfel' und 'Ontario'.
Standortansprüche: Eine an Wärmeklima und Bodengüte anpassungsfähige Wirtschaftssorte. Nicht zuletzt deshalb wird 'Bohnapfel' auch für den landschaftsprägenden Obstbau empfohlen. In ausgesprochenen Höhenlagen SW-Deutschlands (600 bis 750 m über NN) zeigen sich die Bäume bestandessicher, doch entsprechen Größe, Ertrag sowie Zucker- und Säuregehalt der Früchte nicht immer den Anforderungen. Dies umsomehr, wenn die Behangdichten hoch und die Pflege mangelhaft sind. Auf zu feuchten bzw. wechselfeuchten oder zu trockenen Verhältnissen ist der Wuchs gehemmt und die Kondition der Bäume beeinträchtigt, was wiederum die an sich robuste Sorte krankheitsanfälliger macht. Auf allgemein apfelfähigen, nicht zu kühlen Verhältnissen ist 'Bohnapfel' aber sehr leistungsfähig und bestandessicher. Dies hat der Polarwinter 1984/85 bestätigt, als nur unbedeutende Teilschäden aufgetreten sind. Da auch die mittelspät sich öffnenden Blüten ziemlich frosthart und die Äpfel am Baum windfest sind, besitzt 'Bohnapfel' eine beachtliche ökologische Anbaubreite.

Baum

Anfänglich stark-, später mittelstarkwachsend. Das Ergebnis, bei Verwendung starkwachsender Unterlage und als Hochstamm erzogen, sind dennoch großvolumige, kugelige Kronen, die als Folge der zahlreichen, meist nur mittellangen Triebe von Natur aus vielblättrig und deshalb ziemlich dicht sind. Kennzeichnend ist die Gleichrangigkeit der Mittelachse mit den übrigen Ästen. Gefordert ist aus diesem Grund ein regelmäßiges Auslichten, selten jedoch eine Verjüngung der Krone. Bevorzugte Blütenorte sind die 1- und 2jährigen Langtriebe, die an den 1- und mehrjährigen Kurztrieben endständig bzw. achselständig fruchten. An Pflege wenig anspruchsvoll, doch leicht anfällig für Schorf und Obstbaumkrebs, dagegen kaum für Mehltau.

Frucht

Schüttelreife: Je nach Wärmeklima von Mitte Oktober bis Anfang November.
Verwertungsreife: Nach Zwischenlagerung von November bis März; als Tafelapfel aus dem Frischluftlager bis Juni haltbar.
Größe und Form: Mittelgroß bis klein; faß- bis walzenförmig und betont mittelbauchig, d.h. zum Stiel wie zum Kelch hin gleichermaßen fliehend, rund bis oval, vereinzelt auch schwach kantig.
Farbe und Beschaffenheit der Schale: Zunächst gelblichgrün, vollreif hellgelb bis gelblich weiß, sonnenseits (½ bis ⅓) marmoriert bis geflammt stumpf braunrot bis bläulichrot (beduftet), wenig ansprechend; Lentizellen sparsam, meist als Roststernchen oder weißliche Pünktchen; neigt zu netzartigen Berostungen, diese rauh und welkeempfindlich; glatt, leicht wachsig; hart.
Kelch: Mittelgroß; geschlossen; breitspitzige Blättchen meist grün, kronenartig zur Mitte ausgerichtet, am Grund breit geschlitzt.
Kelchgrube: Mäßig weit und eingetieft; teils ebenmäßig, teils feingefältelt; verschiedentlich fein- bis grobschuppig berostet, manchmal auch gestreift.
Stiel: Kurz bis mittellang, streuend; mitteldick bis dick, vereinzelt Schnabelbildungen bzw. seitlich verdrückt, oft am Ansatz starkknopfig.
Stielgrube: Klein; eng und flach bis mitteltief; häufig berostet mit unterschiedlicher Struktur, ganze Partie kleinräumig.
Kernhaus: Groß bis mittelgroß; eiförmig bis breitzwiebelförmig; überwiegend kelchnahe; Achse teils geschlossen, teils schwach hohl; sehr schmale, lange und geschlossene Fächer, unregelmäßig mit teils großen, langspitzigen und braunen, teils mit verkümmerten Kernen besetzt; Leitbündel liegen als grüne Punkte außen.
Fleisch: Grünlichweiß bis cremefarben, anfänglich sehr hart und fest, später saftig bis mürbe; färbt sich nach Anschnitt rasch gelb bis bräunlich; Stippigkeit und Glasigkeit kommen vor.
Geschmack: Je nach Reife von herb-säuerlich über wässrig-säuerlich bis schwach süß, wenig Aroma.

Anbau und Verwertung

Die Fruchtbarkeit setzt verzögert ein, doch im Vollertragsalter kommen hohe Baumerträge zustande. Langfristig ist die Ertragsfähigkeit dennoch nicht sehr ergie-

Bohnapfel

Bohnapfel

big, weil 'Bohnapfel' erheblich zur Alternanz neigt, eine sorteneigentümliche Eigenschaft, die bei einer Mostapfelsorte schwierig zu bekämpfen ist. Neben der guten Bestandessicherheit der Bäume und der beachtlichen Anbaubreite sind die lange Haltbarkeit, die gute Transportfähigkeit und ihre Eignung als Mostäpfel wesentliche Vorzüge vom 'Bohnapfel'. Von der Saftindustrie wird die Sorte als sog. Aromaträger hochgeschätzt, obwohl andererseits die Zucker- und Säuregehalte und der Ausbeutesatz meist nur im mittleren, der kritisch zu wertende Gerbstoffgehalt und der Trubanteil dagegen eher im oberen Bereich liegen. Doch bei der Bewertung aller Eigenschaften überwiegen die Vorteile, zumal 'Bohnapfel' auch noch in Lagen angebaut werden kann, in denen z. B. die Sorte 'Bittenfelder' zu spät reift. Dank der auch nach der Verarbeitung weißen Fleischfarbe ist 'Bohnapfel' zudem als Koch- und Backapfel begehrt. Ähnliche Früchte kann 'Rheinischer Krummstiel' haben.

Börtlinger Weinapfel

Ähnlicher Name ist 'Börtlinger'.
Keine Synonyme.

Abstammung und Herkunft: Zufallssämling, der um 1827 in Börtlingen (Kreis Göppingen, Baden-Württemberg) entstanden sein soll und viele Jahrzehnte nur in der Umgebung dieser Gemeinde verbreitet war; erst seit 1950/60) überregional bekannt und angebaut.

Mutanten: Von 'Börtlinger Weinapfel' kennt man bislang keine Mutanten.

Polleneigenschaften: Günstig (diploid); mittelfrüh- bis mittelspätblühend, neigt zur Selbstfruchtbarkeit (bis 4,5% des Blütenansatzes), reichliche Pollenproduktion.

Standortansprüche: Eine an Klima und Boden anpassungsfähige Sorte. Hohe und jährlich wenig schwankende Baumerträge, nicht zu kleine Äpfel und die für einen gehaltvollen Saft erforderlichen Zucker- und Säuregehalte setzen leistungsfähige Standorte voraus. Hierzu gehören zunächst nicht zu kühle Klimate, d. h. Höhenlagen in SW-Deutschland über 600 m (über NN) sind weniger geeignet. Günstig sind auch mäßig frische bis frische und ausreichend durchlüftete Böden von mehr als mittelmäßiger natürlicher Nährkraft. Den Böden im mutmaßlichen Ursprungsgebiet entsprechend, können sie aber auch schwach bis mäßig tonig sowie schwach wechselfeucht sein. Wie der Polarwinter 1984/85, als die Sorte ungeschädigt blieb, gezeigt hat, ist das Holz in den hiesigen Klimaten frosthart, die Blüten sind es weitgehend auch. Zur Reife im Herbst hin lassen sich die Äpfel leicht schütteln.

Baum

Der starke Wuchs ist anfänglich ziemlich steil; es bilden sich von Natur aus zahlreiche lange und gut verzweigte, aber nicht besonders kräftige Triebe bzw. spätere Äste; die Kronen sind deshalb öfters auszulichten. Nach Erfahrungen in Bavendorf mit zweijährigen, genügend mit vorzeitigen Trieben besetzten Okulanten auf starkwachsender Unterlage, deren Triebe bzw. spätere Äste bis auf den Mitteltrieb ungeschnitten bleiben, bilden sich auf wüchsigen Standorten rasch pyramidale, schön geformte Kronen mit günstig verteilten und nach dem Abkippen oder seitlichem Abdrehen weitgehend waagerechten sog. Fruchtrutenträgern, auf deren Oberseite laufend Langtriebe entstehen, die ihrerseits nach 2 bis 3 Jahren abkippen und so einen regelmäßigen Fruchtholzwechsel ermöglichen oder zu Fruchtbögen führen. Zur Ernte wird der Gesamteindruck durch hängende Fruchtäste geprägt. Sortenspezifisch sind die dunkelgrünen, großen, ovalen Blätter mit aufgesetzter Spitze die weißen Lentizellen an den

Börtlinger Weinapfel

meist grau-braunen Trieben. Fast alleinige Fruchtstand-Orte sind die ein- und mehrjährigen, jeweils endständig fruchtenden Kurztriebe, letztere auch als Quirlholz genutzt, an den zwei- und mehrjährigen Langtrieben. Mitunter kann der Fruchtansatz auch klumpig sein. Sehr wenig anfällig für Schorf, wenig bis allenfalls mäßig anfällig für Mehltau. Eine bestandessichere, pflegeleichte Mostapfelsorte, die aufgrund dieser Vorzüge auch für den landschaftsprägenden Streuobstbau eingesetzt werden kann.

Frucht

Schüttelreife: Anfang bis Mitte Oktober.
Verwertungsreife: Nach der Ernte etwa 2 Monate lang, d.h. bis Ende November/Anfang Dezember.
Größe und Form: Klein bis sehr klein; stumpfkegelig, rund bis schwach kantig bis rippig, mittelbauchig.
Farbe und Beschaffenheit der Schale: Gelblichgrün bis wachsgelb, sonnenseits gestreift bis verwaschen, teils auch geflammt, kräftig dunkelrot mit bräunlichem Stich (nicht leuchtend, eher stumpf); Lentizellen als sehr feine, teils helle, teils dunkle Pünktchen kaum sichtbar; berostungsfrei; glatt, schwach trocken; hart bzw. leicht zäh.
Kelch: Klein, geschlossen; Blättchen fast dreieckig, Spitzen meist zurückgebogen, am Grund geschlitzt.
Kelchgrube: Mittelgroß bis klein; flach bis allenfalls mitteltief; Rand feinhöckrig, nach innen gefältelt.
Stiel: Ziemlich lang und dünn; häufig rötlichbraun, meist schwach gebogen.
Stielgrube: Öffnet sich tief und weit; stets grünlichgrau feinschuppig berostet, selten strahlig über den Rand hinausgreifend.
Kernhaus: Verhältnismäßig groß; umgekehrt herzförmig bis fast elliptisch; Achse geschlossen, Fächer kurzoval, sternartig und mit zahlreichen Samen; gelbliche Leitbündel mit weitem Radius.
Fleisch: Grünlichweiß bis vollreif gelblich; saftig, knackig, feinzellig, kurze Struktur mit Tendenz zu zäh.
Geschmack: Fruchtig-säuerlich mit schwachem Aroma.

Anbau und Verwertung

Bei neuzeitlichen Kulturverfahren (vgl. Wuchs) sowie auf leistungsfähigen Standorten kann die Fruchtbarkeit ziemlich früh und auch hoch sein. Wegen der kleinen bis sehr kleinen Äpfel, die deshalb am besten maschinell aufgelesen werden sollten, bleiben aber die Baum- bzw. Flächenerträge hinter den Spitzenleistungen großfrüchtiger Sorten zurück. Hinsichtlich der jährlichen Tragbarkeit gibt es unterschiedliche Erfahrungen. In Bavendorf schwankten die Erträge wenig. Die mit hoher Ausbeute (70 bis 75%) zu kelternden Äpfel geben dank ihres meist ausgewogenen Zucker-Säure-Verhältnisses (12 bis 14:1) einen eigenständigen, aromatischen Saft mit feiner Säure, der lange hell bleibt, dessen Phenolgehalt allerdings leicht überdurchschnittlich ist. Die Säuregehalte streuen manchmal erheblich. Vermutlich ist dies neben der Wirkung hoher Fruchtbehänge und/oder von kühlem Herbstwetter auch eine Folge des Erntetermins. Zu späte Ernte und/oder Verarbeitung scheint in dieser Hinsicht nachteilig.

Engelsberger

Es sind weder ähnliche Namen noch Synonyme bekannt.
Abstammung und Herkunft: Zufallssämling, der im Raum Öhringen (Hohenlohekreis, Baden-Württemberg) als Mostapfelsorte verbreitet und vermutlich auch dort entstanden ist.
Mutanten: Von 'Engelsberger' sind bis heute noch keine Mutanten aufgetaucht.
Polleneigenschaften: Günstig (diploid); sehr spätblühend; schwach (3,5%) selbstfruchtbar.
Standortansprüche: Erfahrungsgemäß hat die Sorte ihren Anbauschwerpunkt mehr im warm-trockenen als im kühl-feuchten Klima, denn ausreichende Bestandessicherheit, hohe Baumerträge und gute Fruchtqualitäten werden vor allem im Neckarland und weniger auf den höhergelegenen Flächen des Bodenseegebietes (Bavendorf) erzielt. Insoweit dürften die Anforderungen an Bodenfeuchtigkeit nicht gerade hoch sein, so daß schon mäßig frische bis schwach wechseltrockene Böden befriedigende vegetative und generative Leistungen ermöglichen. Allerdings bleiben die Äpfel in niederschlagsarmen Jahren dann meist klein. Auf den zu Wechsel-

feuchtigkeit neigenden Böden in Bavendorf treten vereinzelt Infektionen durch Erreger des Obstbaumkrebses auf. Die Blüten sind ziemlich frosthart, was durch die sehr späte Blühzeit mitbedingt ist. Wie der Polarfrost 1984/85 bewiesen hat, übersteht auch das Holz sehr tiefe Temperaturen im Winter ohne Schäden. Allenfalls waren leichte Blatt- und/oder Blütenschäden zu sehen.

Baum

Der kaum mittelstarke, eher schwache Wuchs der Bäume führt zusammen mit wenigen, schwach verzweigten, aber langen Trieben zunächst zu hochkugeligen Kronen. Werden diese Äste nicht angeschnitten, fruchten sie endständig hauptsächlich an den 1- und mehrjährigen Kurztrieben. Sie kippen leicht ab und lockern auf diese Weise die Krone auf. Verschiedentlich brechen derartige Fruchtäste ab oder schlitzen als Folge ihres spitzwinkeligen Ansatzes aus. Die Fruchtbarkeit setzt selbst auf starkwachsenden Unterlagen früh ein, ist nach Fruchtzahl hoch und alljährlich, doch die Baumerträge sind wegen der kleinen Äpfel (um 80 g) und der wenig verzweigten, lockeren Kronen nur mittelmäßig. Höhere Flächenerträge setzen deshalb relativ dichte Pflanzweisen voraus. Als sortentypisch können die kleinen, hellgrünen Blätter an rötlichen Stielchen gelten. Blätter und Früchte sind gegen Schorf und Mehltau widerstandsfähig.

Frucht

Schüttelreife: Mitte September bis Anfang Oktober, je nach Wärmeklima.
Verwertungsreife: Ende September bis Mitte Oktober, am besten im Anschluß an die Ernte, da die Äpfel leicht faulen.
Größe und Form: Klein; gleichmäßig flachrund bis sogar platt, mittelbauchig, ohne Rippen oder Kanten.
Farbe und Beschaffenheit der Schale: Zunächst hellgrün, vollreif von gelblich über gelb bis goldgelb (sonnenseitig) bzw. wachsgelb (schattenseitig); Lentizellen als helle Punkte oder Roststernchen, die rissig werden können. Neigung zu Lentizellenröte; verschiedentlich schwach netzförmig berostet; glatt, leicht wachsig; hart.
Kelch: Klein; geschlossen; Blättchen grün, kurz-dreieckig, am Grund geschlitzt.
Kelchgrube: Im Verhältnis zur Fruchtgröße weit; flach bis mäßig tief; häufig flach bis allenfalls mäßig feinschuppig berostet.
Stiel: Verhältnismäßig lang bis sehr lang; dünn, zum Ansatz sich verstärkend, aufrecht.
Stielgrube: Verhältnismäßig tief; eng, öffnet sich dann aber weit; überwiegend feinschuppig, meist grünlich-grau berostet, oft strahlig auf Schale übergreifend.
Kernhaus: Verhältnismäßig groß; herz- bis zwiebelförmig; kelchnahe; Achse meist geschlossen, ebenso Fächer, diese gleichmäßig und sternartig ausgebildet und mit zahlreichen breitspitzigen Samen besetzt; Kernhaus neigt zu Verbräunungen; Leitbündel verlaufen als grüne Punkte weit außen.
Fleisch: Von grünlich-weiß bis leicht cremefarben, offensichtlich reifeabhängig, randlich teilweise grünlich; sehr saftig, kurz, grobzellig, später locker.
Geschmack: Säuerlich, jedoch nicht unangenehm, Schattenfrüchte tendenziell wässrig, im Ganzen aromaarm.

Engelsberger

Anbau und Verwertung

Vor allem im württembergischen Neckarland hat sich 'Engelsberger' als Mostapfel bewährt. Ursache ist die hohe Fruchtbarkeit, deren flächenbezogenes Ergebnis jedoch durch eine entsprechend dichte Pflanzweise ergänzt werden sollte. Vorteilhaft sind zudem die jahreszeitlich frühe, die Kelterkampagne eröffnende Reife und das für Verschnittzwecke enge Zucker-Säure-Verhältnis um 10:1 (50 bis 55 °Oe; 10 bis 12 g/l Säure) sowie die hohe Saftausbeute (70 bis 75%).
Da 'Engelsberger' sehr spät austreibt und blüht, eignet sich die Sorte gerade für solche Lagen, die wegen der Spätfrostgefahr sonst obstbaulich kaum nutzbar sind. Die späte Blüte erfordert allerdings auch ähnlich spätblühende Befruchtersorten, beispielsweise 'Heslacher Luiken' oder 'Spätblühender Taffetapfel', beides schwäbische Lokalsorten.
Nach der Ernte reifen die Äpfel rasch. Dies führt zu Saftverlusten und Fäulnisbefall. Nur durch zügige Verarbeitung wird der wirtschaftliche Nutzen als Mostapfel erhalten. Die kleinen Äpfel sind zweckmäßigerweise mit einer Maschine vom Boden aufzulesen. Als Baum wirkt die Sorte 'Engelsberger' eher zierlich als kräftig.

Gehrers Rambour

Gehrers Rambour

Synonyme sind keine bekannt.
Abstammung und Herkunft: Zufallssämling, der etwa 1885 in Göppingen-Jebenhausen im Obstgarten oder in der Baumschule des Kammersängers Sontheimer entstanden ist; als Muttersorte wird 'Roter Trierer Weinapfel' vermutet. Heinrich Gehrer als späterer Besitzer des Grundstücks gab diesem Sämling den heutigen Namen. Im mittleren Albvorland, vor allem im Kreis Göppingen, verbreitet und in verschiedenen Mostapfel-Versuchspflanzungen in Prüfung.
Mutanten: Keine bekannt.
Polleneigenschaften: Schlecht (vermutlich triploid), frühblühend.
Standortansprüche: Nach vorliegenden Erfahrungen zeichnet diese Sorte klimatisch bezüglich der Bodengüte eine beträchtliche ökologische Anbaubreite aus, denn Gesundheit, Wuchs, Baumerträge und Fruchtqualität sind sowohl im Albvorland auf mittelmäßig gründigen, meist tonigen, als auch im Neckarland auf teils mäßig trockenen oder wechseltrockenen Böden befriedigend wie ebenso auf den frischen bis schwach wechselfeuchten, schwach tonigen Böden des Bavendorfer Versuchsfeldes. In allen Fällen zeigt sich stets ein durch mittlere Zucker- und sehr hohe Säuregehalte bedingtes enges Verhältnis (7:1 bis 9:1) beider Inhaltsstoffe. Dies bedeutet aber auch, daß der Anbau in Höhenlagen (etwa ab 550 m über NN SW-Deutschland) nicht gefördert werden sollte, da dort im Mittel der Jahre der Zuckergehalt zu niedrig ausfällt. Die Blüte ist schwach bis mäßig frostempfindlich; spätfrostgefährdete Standorte sind deshalb wenig geeignet.

Baum

Mittelstarkwachsend. Die Kronen entwickeln sich im Vergleich zu 'Boskoop' verzögert, da die früh einsetzende und sehr hohe Fruchtbarkeit, insbesondere auch achselständig (lateral) an den 1jährigen und danach meist stark abkippenden Langtrieben, die vegetative Tendenz deutlich bremst; Kronen, die von Anfang an nur ausgelichtet wurden, sehen im Herbst meist wie eine hochpyramidale Trauerweide aus mit wenigen, nicht zu langen, graubraunen Trieben, die meist endständig (terminal) wachsen. Oberseitige Triebe auf den Langtrieben gibt es aber kaum.
Als Folge des meist hängenden Wuchses der Fruchtäste verdichtet sich die Krone, so daß viele Früchte verdeckt werden. Ein geordneter Kronenaufbau ist schwierig und nur durch jährlich starke Rückschnitte möglich. Sie beeinträchtigen jedoch die frühe Fruchtbarkeit. Die Blätter sind, entsprechend der triploiden Veranlagung, groß, lang-oval und haben eine ausgeprägte Spitze. Sehr wenig anfällig für Schorf und Mehltau. Im allgemeinen sind die Bäume aber gesund.

Frucht

Schüttelreife: Mitte bis Ende Oktober.
Verwertungsreife: Anschließend an die Ernte, da anfällig für Fruchtfäulen.
Größe und Form: Groß, je nach Behang und Standort aber von mittelgroß bis sehr groß streuend, ziemlich regelmäßig kugelig bis schwach plattrund, überwiegend mittelbauchig, Kanten bzw. Rippen am Kelch nur angedeutet.
Farbe und Beschaffenheit der Schale: Grünlich bis grün, sonnenseits bis zu zwei Drittel der Schale gestreift bis verwaschen trübrot bis bräunlichrot, farblich kein ansprechender Apfel; glatt, leicht wachsig; hart und zäh; neigt zu Glasigkeit, die auch auf der Schale sichtbar werden kann.
Kelch: Klein bis höchstens mittelgroß; geschlossen; Blättchen langspitzig und häufig nach außen gebogen, verschiedentlich auch wie ein Pinsel aufrecht, am Grund zartflaumig.
Kelchgrube: Mittelgroß und -tief; meist feinfaltig, manchmal auch schwach höckerig bzw. leicht gerippt; vereinzelt mit Rostflecken.

Stiel: Kurz bis sehr kurz, mitteldick, am Ansatz in der Regel napfartig verstärkt.
Stielgrube: Klein bis mittelgroß, mäßig eingesenkt und ebenmäßig; am Grund, selten weiter oben, feinschuppig und strahlig ringförmig berostet; vereinzelt leichte Schnabelbildung mit seitlich verdrücktem Stiel.
Kernhaus: Klein; breit-zwiebelförmig und mit kelchwärts hochgezogener Spitze, Achse geschlossen; Samenfächer sternförmig, schmal und spitz, häufig verpilzt, zahlreiche große, rundlich zugespitzte und dunkel- bis kastanienbraune Samen; Leitbündel als grüne Punkte.
Fleisch: Grünlichweiß, verbräunt rasch; sehr saftig, feinzellig, kurzbrechend und fest; anfällig für Befall durch den Apfelwickler (»Obstmade«); mittelmäßig empfindlich für Stippigkeit und empfindlich für Fleischbräune; neigt zu Glasigkeit.
Geschmack: Säuerlich bis sauer, gut ausgereift sogar leicht süßlich-säuerlich mit schwachem Aroma; erfrischend.

Anbau und Verwertung

Auf das Kronenvolumen bezogen (spezifischer Ertrag) handelt es sich um eine außerordentlich fruchtbare Sorte, die jedoch alternieren kann, ansonsten aber frühzeitig, sehr hoch und regelmäßig trägt. Die Erträge werden durch die spezifisch schweren Früchte (> 0,825) noch begünstigt. Für wirtschaftliche Flächenerträge müssen wegen der langsamen Kronenentwicklung relativ enge Pflanzabstände (1 bis 2 m enger als bei 'Boskoop') gewählt werden. 'Gehrers Rambour' eignet sich als sog. Säureträger bzw. als Verschnittsorte (Zucker-Säure-Verhältnis 7:1 bis 9:1) hervorragend für die Saftherstellung, da die lösliche Trockensubstanz 12 bis 12,5% (=45 bis 50° Oechsle) und die titrierbare Säure 12 bis 13,5 g/l beträgt. Bedingt wird dieses Verhältnis zum Teil durch nur mittlere Zuckergehalte. Dies schränkt den Anbau in kühlen Höhenlagen zugunsten von Mittellagen ein (vgl. Standortansprüche). Die Saftqualität ist nach Geruch und Geschmack reintönig, wenn auch unharmonisch sauer. Mit 75 bis 80% ist die Saftausbeute mit heutiger Technik überdurchschnittlich hoch. Starke Fäulnisanfälligkeit zwingt zu rascher Verarbeitung nach der Ernte. Nach schweizerischen Untersuchungen ist der Phenolgehalt mit 600 bis 650 mg/100 g verhältnismäßig hoch. Dank der Robustheit für den landschaftsprägenden Streuobstbau empfohlen.

Hauxapfel

Es sind weder ähnliche Namen noch Synonyme bekannt.
Abstammung und Herkunft: Zufallssämling, der dem Baumwart Andreas Haux aus Göppingen-Jebenhausen (Baden-Württemberg) anfangs der 20er Jahre dieses Jahrhunderts in seiner eigenen, kleinen Baumschule als kräftig wachsender und gut belaubter Sämling auffiel; diesen Sämling hat er 1925 auf eine Baumwiese umgepflanzt, wo er Mitte der 70er Jahre noch gestanden und getragen haben soll; die samenspendende Muttersorte war 'Roter Trierer Weinapfel'.
Mutanten: Bis heute sind von 'Hauxapfel' noch keine Mutanten bekannt geworden.
Polleneigenschaften: Sehr günstig (diploid), produziert viele und gut keimfähige Pollenkörner; blüht mittelfrüh bis mittelspät.

Standortansprüche: Eine wärmeklimatisch anpassungsfähige Sorte, die sich vom Weinklima bis in südwestdeutsche Höhenlagen (Wintergetreideklima, ca. 600 m über NN) bewährt hat und deshalb auch für den landschaftsprägenden Streuobstbau empfohlen wird. Zügiges Kronenwachstum sowie reichlich und nachhaltige Erträge setzen allerdings fruchtbare Böden mit wenig gestörtem Wasserhaushalt voraus. Insoweit darf man die Anforderungen an die Feuchtigkeit nicht zu niedrig ansetzen. Zugeständnisse sind hinsichtlich der Bodenart erlaubt, da 'Hauxapfel' auch auf mäßig wechselfeuchten und/oder schwach bis mittelmäßig tonigen Böden, wie sie sich auf den süddeutschen Triasformationen einschließlich des Jura verbreitet entwickelt haben, gut gedeiht. Die Blüten öffnen sich mittelfrüh, sie sind schwach frostempfindlich. Das Holz erwies sich im Polarwinter 1984/85 in Südwest-

Hauxapfel

deutschland als widerstandsfähig gegenüber extremen Wintertemperaturen. Große und reife Äpfel fallen sehr leicht bei Wind. Zum Teil verstärkt auch der klumpige Fruchtansatz diesen vorzeitigen Fall.

Baum

Als Jungbaum sehr stark- bis stark- und zugleich steilwachsend (ähnlich 'Glockenapfel'). Mit Beginn der Fruchtbarkeit läßt der Wuchs und damit auch das Triebwachstum nach. Als Folge dessen weiten sich die Kronen etwas auf, bleiben aber im ganzen eher hoch als breit. Die vorwiegend im oberen Drittel fruchtenden, basal aber meist leicht verkahlten Langtriebe kippen in der Regel ab und hängen nach unten. Naturnah gewachsene Kronen sehen häufig ziemlich ungeordnet aus. Bevorzugte Fruchthölzer sind die ein- und mehrjährigen Kurztriebe, beide endständig fruchtend, an verschieden alten Fruchtästen sowie vereinzelt auch die einjährigen Langtriebe, die achselständig Frucht tragen. Auffallend sind die großen bis sehr großen, geschulterten Blätter, die, wie auch die Äpfel, gering bis mäßig schorfempfindlich sind; die Anfälligkeit für Mehltau wird etwas höher eingestuft, besonders in warmen bis heißen Klimaten. Zusammenfassend handelt es sich langfristig aber um eine robuste, bestandessichere Sorte, die sich zum Aufpfropfen auf ältere Bäume gut eignet.

Frucht

Pflück- bzw. Schüttelreife: Mitte bis Ende Oktober.
Genuß- bzw. Verwertungsreife: Nach kurzer Zwischenlagerung ab November, aus dem Kühllager bis März.
Größe und Form: Groß; mehrheitlich hochgebaut, teils auch eher flach, mittelbauchig schwach gerippt, dem Kelch zu stärker fliehend.
Farbe und Beschaffenheit der Schale: Gelblichgrün bis vollreif schwachgelb, sonnenseitig überwiegend gestreift bis geflammt orangerot bis stumpfbraunrot; Lentizellen allenfalls auf Deckfarbe als helle Punkte sichtbar; durchweg rostfrei; glatt, wird mit zunehmender Reife wachsiger.
Kelch: Mittelgroß; überwiegend halboffen, aber auch offen und geschlossen; oft verdrückt; grüne Blättchen mittelbreitspitzig, am Grund geschlitzt.
Kelchgrube: Mittelweit; mitteltief; durchweg feinhöckrig und stark geperlt; ohne Rost.
Stiel: Mittellang, teils auch kurz oder lang, mitteldick bis dünn; aufrecht bis leicht gebogen.
Stielgrube: Ausgesprochen tief und weit ausladend; stets sehr feinschuppig und bräunlichgrün berostet.
Kernhaus: Mittelgroß; verkehrt herzförmig und kelchnahe; Achse offen, Fächer regelmäßig breit sternförmig mit vielen großen und gedrungenen Samen; Leitbündel liegen als grüne Punkte markant und in der Mitte.
Fleisch: Weiß mit grünlichem Schimmer; wenig saftig, grobzellig, später mürbe, aber nicht unangenehm.
Geschmack: Fruchtig-feinsäuerlich, erfrischend, wenig Aroma, doch tafelapfelfähig.

Anbau und Verwertung

Die Fruchtbarkeit setzt leicht verzögert ein, ist dann aber reichlich und wenig alternierend. Um hohe Flächenerträge zu erzielen, sind nicht zu weite Pflanzabstände zu wählen, da sich die Kronen eher hochpyramidal entwickeln. Bei mittelhohem Zucker- (50 bis 60 ° Oechsle) und ziemlich hohem Säuregehalt (10 bis 14 g/l Säure) ergibt sich ein enges Zucker-Säure-Verhältnis um 9:1, vergleichbar mit 'Bittenfelder'. Damit ist die Saftqualität bei mäßigem Phenolgehalt, hohem Trubanteil und mittlerem Ausbeutesatz hauptsächlich

Kardinal Bea

für Verschnittzwecke ausgewiesen. Vorteilhaft sind ferner die großen Früchte, ihre bei sachgemäßer Lagerung monatelange Haltbarkeit, die für eine Mostapfelsorte tragbare Krankheitsanfälligkeit sowie die Eigenschaft, daß Falläpfel bei längerem Liegenlassen unter dem Baum kaum faulen. In Notzeiten auch als Tafelapfel verwendbar und wird allgemein als Koch- und Backapfel geschätzt.

Kardinal Bea

Es sind weder ähnliche Namen noch Synonyme bekannt.
Abstammung und Herkunft: Zufallssämling, der im Garten des Noviziats Neuhausen auf den Fildern (Kreis Esslingen) von Bruder Bernhard Jehle aus Segner/Bonhausen bei Bavendorf (Stadt Ravensburg) betreut und von dem damaligen Kreisobstbaufachberater K. Mack, Esslingen, als wertvolle Apfelsorte herausgestellt wurde. Mitte der 60er Jahre erhielt dieser Sämling den Namen des in Riedböhringen (Schwarzwald-Baar-Kreis) geborenen Kurienkardinals J. Bea.
Mutanten: Von 'Kardinal Bea' sind keine Mutanten bekannt geworden.
Polleneigenschaften: Sehr günstig (diploid); produziert sehr viele und gut keimfähige Pollen; mittelfrüh- bis mittelspätblühend.
Standortansprüche: Auf allgemein apfelfähigen Standortverhältnissen bringt die Sorte gute Leistungen in Bezug auf Bestandessicherheit, Wuchs, Fruchtbarkeit und Saftqualität. Darunter sind mäßig frische bis frische, mindestens mittelgründige und befriedigend durchlüftete Böden von mehr als mäßiger natürlicher Nährkraft in kühlem bis sehr warmem Klima und in nicht gerade spätfrostgefährdeter Lage zu verstehen, wie sie z. B. in SW-Deutschland verbreitet vorkommen. Auf weniger günstigen, vor allem auf zu Trockenheit neigenden Standorten leidet die Fruchtgröße, und langfristig sind auch die für einen Mostapfel erforderlichen Mengenerträge nicht zu erreichen. Insoweit sind die Anforderungen an die Bodenfeuchtigkeit höher als z. B. bei 'Engelsberger'. Das Holz scheint weitgehend frosthart zu sein, denn der Polarwinter 1984/85 hat in Baden-Württemberg nur geringfügige Teilschäden hinterlassen. Auch die Blüten sind ziemlich frosthart. Fruchtfall durch Wind in der Endphase der Reife ist nicht selten.

Baum

Der Wuchs ist mittelstark, verschiedentlich auch schwächer bei von Anfang an geringer Verzweigung, sofern die Triebe bzw. Äste nicht angeschnitten werden. Unter diesen Voraussetzungen entwickeln sich nur wenige Äste, die als sorteneigentümliches Zeichen von Natur aus betont kurznodig (Kurztriebform bzw. Spur-Typ) sind und fast auf ihrer ganzen Länge dicht mit Blättern bzw. mit seitlichen Kurztrieben besetzt sind, die sich nach und nach zu Quirlholz (mehrjährige Kurztriebe) umwandeln. Selten fruchten, weder end- noch seitenständig, 1jährige Langtriebe. In der Regel zeigt sich der Fruchtansatz zwiebelschnurartig. Je nach dem Verhältnis von Länge, Stärke und Fruchtbehang der Äste kippen sie nach unten oder nur bis zur Waagerechten ab. Die geringe Zahl von Ästen und ihre schwache Verzweigung ergeben lichte Kronen. Dies begünstigt die assimilatorische Leistung der Blätter sowie die innere und äußere Fruchtqualität. Die mittelgroßen, ovalrunden Blätter sind häufig längsseitig gewölbt und zeigen so ihre Unterseite. Die Widerstandsfähigkeit gegenüber Schorf ist mäßig bis hoch. Bei niederschlagsreichen Bedingungen sind deshalb Infektionen möglich. Mehltau und andere Pilzkrankheiten spielen dagegen eine untergeordnete Rolle.

Frucht

Schüttelreife: Anfang bis Mitte Oktober.
Verwertungsreife: Wenige Tage danach bis November.
Größe und Form: Mittelgroß bis groß; schwach kantig bzw. nicht immer rund, eher hochgebaut als kugelig, meist stielbauchig, zum Kelch häufig lang und deutlich fliehend.
Farbe und Beschaffenheit der Schale: Grünlichgelb bis wachsgelb, in der Regel 60 bis 90% überwiegend verwaschen bis leicht geflammt bräunlich und kräftig dunkelrot; Lentizellen weder sonnen- noch schattenseitig auffällig; verbreitet netzförmige und grobschuppige Berostungen, die meist vom Kelch ausgehen und zur Stielgrube auslaufen; sonst glatt, leicht wachsig und glänzend; etwas hart.
Kelch: Groß; offen; Blättchen überwiegend kurz und breit (dreieckig), die zurückgebogenen Spitzen geben vertrocknete Staubblätter als Pinsel frei, am Grund meist breitlückig angesetzt.
Kelchgrube: Weit; mitteltief; mitunter feinrippig und/oder bucklig; sorteneigentümlich oft ringförmig und grobschuppig berostet, neigen zum Aufspringen und sind somit ziemlich fäulnisanfällig.
Stiel: Überwiegend mittellang; mitteldick bis dünn, teils auch dick; meist aufrecht oder leicht gebogen.
Stielgrube: Tief; weit; häufig am Grund grünbraune Berostung, die vereinzelt über den Rand hinausgreift und sich dann netzförmig oder streifig fortsetzt.
Kernhaus: Mittelgroß; meist verkehrt herzförmig, teils auch zwiebelförmig, zum Kelch oft spitz zulaufend; Achse teils offen, teils geschlossen, Fächer sternartig und mit zahlreichen, schwarzbraunen und sackartigen Samen; grüne Leitbündel mit kleinem Radius bzw. innen liegend.
Fleisch: Grünlichweiß bis leicht cremefarben; saftig, feinzellig, fast zart, später mürbe, aber noch angenehm.
Geschmack: Süßfruchtig-feinsäuerlich, schwach aromatisch; auch als Tafelfrucht geeignet.

Anbau und Verwertung

Die Fruchtbarkeit setzt früh ein, ist nachfolgend hoch und ohne große jährliche Schwankungen. Trotzdem erreichen die Baum- oder Flächenerträge keine Höchstwerte, da die Kronen locker gebaut sind. Im Vergleich zu 'Hauxapfel' liegen die Leistungen etwa bei 75%. Die Äpfel sind überdurchschnittlich zuckerreich, der Säuregehalt dagegen eher im unteren Bereich für Mostäpfel. Daraus resultiert ein süßlich schmeckender Saft mit einem Zucker-Säure-Verhältnis um 15:1, der jedoch relativ viel Trub enthält und beim Pressen einen mittleren Ausbeutesatz erbringt. In der Endphase der Reife treten gerne kleine Risse am Kelch auf, ähnlich wie bei 'Ingrid Marie'. Dies begünstigt vor allem bei feuchtwarmer Witterung den Fäulnisbefall (Monilia). Deshalb sollten die Früchte nicht längere Zeit unter dem Baum liegenbleiben. Die großen, teils bis zu 200 g schweren, farblich ansprechenden und etwas aromatischen Äpfel werden auch als Koch- und Backäpfel geschätzt. Zusammenfassend ist zu sagen, daß 'Kardinal Bea' keine ausgesprochene Mostapfelsorte, sondern vielmehr eine leicht zu kultivierende und vielseitig verwendbare Gebrauchssorte darstellt.

Welschisner

Welschisner

Ähnliche Namen sind 'Welcheisner' und 'Welsch Isnier'.
Synonyme sind '(Großer) Böhmischer Brünnerling', 'Steiner', 'Welschecker' und 'Welsch Weinling'.
Abstammung und Herkunft: Zufallssämling, vermutlich in Österreich oder Böhmen gefunden und mit dem im »Mostviertel« (OÖ) bekannten 'Großen böhmischen Brünnerling' identisch oder eine Mutante bzw. vice versa. Dasselbe ist auch für den früher in der Steiermark und angrenzenden Gebieten (Burgenland, Kärnten, Slowenien) verbreiteten 'Welschbrunner' anzunehmen.
Mutanten: Mit dem 'Geisinger Liebling' hat sich lokal eine wertvolle Mutante gebildet.
Polleneigenschaften: Schlecht (triploid); mittelfrüh- und langblühend.
Standortansprüche: Eine hinsichtlich Wärme und Bodenfeuchtigkeit wenig anspruchsvolle Sorte, die auch auf mäßig trockenen bzw. wechseltrockenen Böden und/oder in Höhenlagen leistungsfähig ist. Demnach können also auch (stark) sandige und kiesige Böden genutzt werden. In luftfeuchten Lagen oder auf tonigen, d.h. mangelhaft durchlüfteten Böden besteht erhöhte Gefahr durch Infektionen mit Obstbaumkrebs. Hervorzuheben ist die Frosthärte der Blüten, während das Holz nur bedingt frosthart sein soll. Durch Wind verursachter Fruchtfall kommt selten vor.

Baum

Die Bäume zeigen ein starkes Wachstum. Bei Hochstämmen entwickeln sich dementsprechend große und breitpyramidale Kronen mit vielfach hängenden Fruchtästen. Neigt auch zu Verkahlungen. Deshalb muß zum Zwecke einer guten Garnierung mit Fruchthölzern kürzer als sonst beim Apfel üblich angeschnitten werden, insbesondere bei der Erziehung der Krone. Im allgemeinen ist diese Sorte wenig anfällig für Krankheiten, jedoch mäßig anfällig für Schorf.

Frucht

Pflückreife: Ab Mitte Oktober.
Genußreife: Februar bis Mai aus dem Normallager.
Größe und Form: Mittelgroß bis groß; teils rund und mittelbauchig, teils hochgebaut und stielbauchig, in der Regel zum Kelch hin mehr als zum Stiel fliehend, häufig leicht schief und schwach wulstig; Fruchtform-Index schwankt zwischen 0,82 und 0,86.
Farbe und Beschaffenheit der Schale: Typisch hellgrün (bis grasgrün), später (vollreif) mehr wachsgelb, sonnenseits betont flächig hell- bis braunrot, Grund- und Deckfarbe sind auffällig gegensätzlich; Lentizellen auf der Grundfarbe als weiße Punkte, verdichten sich zum Kelch hin, auf Deckfarbe als gelbe Punkte, beide wenig hervortretend; Berostungen fehlen; glatt, leicht stumpf; hart.
Kelch: Geschlossen; mittelgroß; Blättchen keilförmig, Spitzen auswärtsgebogen.
Kelchgrube: Flach und sortentypisch gefältelt; mittelgroß; teilweise mäßig bis schwach höckerig; ohne Rost.
Stiel: Kurz bis allenfalls mittellang; mitteldick; flaumig, nur teilweise über den Rand hinausragend.
Stielgrube: Mittelgroß; mitteltief, meist ungleich, teilweise auch tief; durchweg grob- bis feinschuppig berostet und vielfach über den Rand hinausgreifend, teils lappig, teils strahlig.
Kernhaus: Hochzwiebelförmig; hohlachsig, Fächer geräumig und reich an langen, dunkelbraunen Samen, häufig weiß verpilzt; Leitbündel grünlich.
Fleisch: Grünlichweiß bis weiß; kurz, fest bis leicht zäh, dicht- und feinzellig, mäßig saftig bis leicht trocken, unreif knackig und saftig, reif locker werdend (vgl. oben); neigt zu Stippigkeit; mittlerer bis geringer Gehalt an Vitamin C.
Geschmack: Schwach mildfruchtig und wenig Aroma, dennoch angenehm; unreif nicht zu säuerlich.

Anbau und Verwertung

Die hauptsächlich zur Verarbeitung im Haushalt und zum »Mosten« geeignete Sorte setzt verzögert mit dem Blühen bzw. dem Fruchten ein, trägt aber danach reichlich und sehr regelmäßig, d.h. alljährlich. Die von der Form und Farbe her ansprechenden Früchte sind im luftfeuchten Normallager lange haltbar (Mai), haben wenig Ausfall durch Lagerkrankheiten, können jedoch teilweise stippig sein. Ihr Wert als Sorte liegt auf der guten Anbaueignung in Höhenlagen und/oder auf ihrer Genügsamkeit hinsichtlich Feuchtigkeit und natürlicher Nährkraft des Bodens. Ähnliche Früchte kann die Sorte 'Wilhelmsapfel' haben.

Genetische Merkmale und Eigenschaften schorfresistenter Apfelsorten

Nr.	Sorte (Zuchtnummer)	Herkunft	Jahr der Veröff.	Für die Rückkreuzung verwendete Tafelsorten	Weitere Resistenzen sind vorhanden gegenüber ... bzw. Bemerkungen
auf der Basis des Zuchtstammes 26 829-2-2 (F_2) mit monogener V_f-Resistenz (V = *Venturia*; f = *floribunda*)					
1	Prima (Co-op 2)	USA	1970	Golden Delicious, Melba, Roter Morgenduft, Starr, Wealthy	Feuerbrand hoch, Mehltau schwach
2	Priscilla (Co-op 4)	USA	1972	Golden Delicious, McIntosh, Red Delicious, Starking	Feuerbrand hoch, Mehltau hoch, Obstbaumkrebs schwach
3	Priam (370-16)	USA und Frankreich	1974	Golden Delicious, Jonathan	Feuerbrand hoch, Mehltau mäßig
4	Macfree (53-08-02)	USA und Kanada	1974	wie 'Prima' und dazu 'Jonathan', 'McIntosh'	Feuerbrand mäßig
5	Sir Price (Co-op 5)	USA	1975	Golden Delicious, Douds Golden Delicious, tetraploid	Feuerbrand schwach, Mehltau mäßig
6	Florina (Querina)	USA und Frankreich	1977	Golden Delicious, Red Delicious, Simpsons Giant Limb	Mehltau schwach
7	Gavin (JI 11101)	England	1977	McIntosh, Merton Worcester	
8	Liberty (NY 55140-19)	USA	1978	Jersey Black, Macoun, McIntosh, Starr, Wealthy	Feuerbrand mäßig, Mehltau schwach
9	Novomac	Kanada	1978		
10	Moira	Kanada	1978		
11	Jonafree (Co-op 22)	USA	1979	Golden Delicious, Jonathan, Red Spy, Roter Morgenduft	Feuerbrand mäßig, Mehltau schwach
12	Trent	Kanada	1979		
13	Britegold	Kanada	1980		
14	Redfree (Co-op 13)	USA	1981	Jonathan, Melba, Raritan, Roter Morgenduft, Starr, Wealthy	Mehltau mäßig bis hoch
15	Richelieu	Kanada	1983	Jonathan, McIntosh, Melba	Feuerbrand mäßig, Mehltau mäßig
16	Redsleeves (A 232/2)	England	1983	Worcester Pearmain, Schöner aus Bath	Mehltau hoch
17	Pionier	Rumänien	1983		
18	Remus 1	Rumänien	1984		
19	Romulus 3	Rumänien	1984		
20	Jolanda	ČR (ČSFR)	1985		
21	Judeline	Frankreich	1986	Golden Delicious, Jonathan	Feuerbrand schwach, Mehltau mäßig; nur für Saft
22	Judaine	Frankreich	1986		nur für Saft
23	Primicia	USA und Brasilien	1987	Cortland, Crandall, Golden Delicious, Melba, Starr, Wealthy, Yellow Newton	Mehltau mäßig
24	Dayton (Co-op 21)	USA	1988	Jonathan, Melba, Roter Morgenduft, Starr, Wealthy	Feuerbrand mäßig, Mehltau mäßig
25	Williams' Pride (Co-op 23)	USA	1988	Jonathan, Julyred, Melba, Golden Delicious, Edgewood, Roter Gravensteiner, Close, Roter Morgenduft, Starr, Wealthy	Feuerbrand mäßig bis hoch, Mehltau mäßig
26	MacShay (PRI 1773-8)	USA	1988	Golden Delicious, McIntosh, Red Delicious, Starking Simpsons Giant Limb	
27	Baujade (X 3183)	Frankreich	1989	Golden Delicious 2×, Granny Smith, Reinette du Mans	Feuerbrand schwach, Mehltau schwach bis mäßig
28	Vanda	ČR (ČSFR)	1989	Lord Lambourne, Golden Delicious	
29	Harmonie	ČR (ČSFR)	1989		
30	Enterprise (Co-op 30)	USA	1993	Golden Delicious u. a.	Feuerbrand hoch, Mehltau mäßig
31	Gold Rush (Co-op 28)	USA	1994	Golden Delicious, Melrose, Morgenduft, Winesap u. a.	Feuerbrand mäßig, Mehltau hoch
32	Pristine (Co-op 32)	USA	1994	Golden Delicious, McIntosh, Red Delicious, Starking	Feuerbrand mäßig, Mehltau hoch

Nr.	Sorte (Zuchtnummer)	Herkunft	Jahr der Veröff.	Für die Rückkreuzung verwendete Tafelsorten	Weitere Resistenzen sind vorhanden gegenüber ... bzw. Bemerkungen
33	Delorina	Frankreich		Golden Delicious, Red Delicious, Simpsons Giant Limb, Blushing Golden	
34	FAW 7262	Schweiz		Golden Delicious u.a.	Mehltau hoch
35	SA 15-4	England		Starkspur Golden Delicious u.a.	
36	Witos (U 1111)	Polen		Fantazja u.a.	
37	Primula	Polen			
auf der Basis eines Zuchtstammes von *Malus floribunda*, der als F_3 mit monogener V_f-Resistenz bezeichnet wird					
38	Remo	Deutschland (DDR)	1984	James Grieve	Feuerbrand hoch, Mehltau hoch
39	Rewena	Deutschland (DDR)	1988	Cox Orange, Oldenburg	Feuerbrand hoch, Mehltau hoch
40	Rene	Deutschland (DDR)	1988	James Grieve	Feuerbrand hoch, Mehltau schwach
41	Reanda	Deutschland (DDR)	1988	Cox Orange, Oldenburg	Feuerbrand hoch, Mehltau hoch
42	Retina	Deutschland (DDR)	1988	Cox Orange, Oldenburg	Feuerbrand schwach, Mehltau mäßig
43	Regine	Deutschland (DDR)	1988	Kurzcox als Hybride von 'Cox Orange'	Feuerbrand schwach, Mehltau schwach bis mäßig
44	Relinda	Deutschland (DDR)	1989	Undine als Sämling von 'Jonathan'	Feuerbrand schwach, Mehltau mäßig
45	Renora	Deutschland (DDR)	1992	Cox Orange, Oldenburg	Feuerbrand schwach, Mehltau mäßig
46	Resi	Deutschland (DDR)	1992	Cox Orange, Oldenburg	Feuerbrand schwach, Mehltau hoch
47	Releika	Deutschland (DDR)	1992	Cox Orange, Oldenburg	Feuerbrand mäßig, Mehltau schwach
auf der Basis des Zuchtstammes *Malus pumila* cv.R 12740-7A als russischer Sämling (F_2) mit monogener V_r-Resistenz					
48	Nova Easygro	Kanada	1975	Fanny, Jeffries, Spartan, Wealthy	
49	Reka	Deutschland (DDR)	1984	James Grieve	Feuerbrand schwach, Mehltau mäßig
50	Realka	Deutschland (DDR)	1984	Carola als Sämling von 'Cox Orange'	Feuerbrand hoch
51	Releta	Deutschland (DDR)	1984	Cox Orange, Oldenburg	Feuerbrand schwach
52	Remura	Deutschland (DDR)	1988	Cox Orange, Oldenburg	Feuerbrand schwach, Mehltau hoch
auf der Basis des Zuchtstammes *Malus micromalus* mit monogener V_m-Resistenz					
53	Murray	Kanada	1980		
54	Rouville	Kanada	1983		
auf der Basis des Zuchtstammes *Venturia* Antonowka mit polygener V_A-Resistenz					
55	Reglindis	Deutschland (DDR)	1984	James Grieve	Feuerbrand mäßig, Mehltau mäßig
auf der Basis der Zuchtstämme 26 829-2-2 mit monogener V_f-Resistenz und *Venturia* Antonowka mit polygener V_A-Resistenz					
56	Freedom (NY 58 553-1)	USA	1983	Golden Delicious, Jersey Black, Macoun, McIntosh	Feuerbrand mäßig, Mehltau hoch, Obstbaumkrebs hoch
auf der Basis der Zuchtstämme 26 829-2-2 mit monogener V_f-Resistenz und *Malus* × Kaido mit polygener MK-Resistenz					
57	Generos	Rumänien	1972		
58	Voinea	Rumänien	1985		

Neue, in der Regel aus kontrollierten Kreuzungen hervorgegangene Apfelsorten, die sich in der Prüfungsphase befinden oder bereits empfohlen werden

Nr.	Sorte	Pflückreife	Herkunft	Abstammung
Sommersorten: Juli–August				
1	Arkcharm	M VIII	USA	Prima × Hybride
2	Astramel	E VIII	Deutschland	Astrachan × (James Grieve × Melba)
3	Delbaresti-vale	E VII-A IX	Frankreich	Stark Jon Grimes × Golden Delicious
4	Delprim	M VIII	Frankreich	Delbarestivale × Akane
5	Earligold	A VIII	USA	Golden Delicious × ?
6	Jerseymac	M VIII	USA	4 Sorten (Melba, NJ 12, Starr, Wealthy) × Julyred
7	Julyred	E VII	USA	(Petrel × Early McIntosh) × [Melba × (Williams × Starr)]
8	Piros	M VIII	Deutschland	Helios × Apollo
9	Rheingold	E VII-A VIII	Deutschland	James Grieve × Anton Fischer
10	Sommer-regent	E VII-A VIII	Deutschland	wie 'Rheingold'
11	Vista Bella	E VII	USA	5 Sorten (Melba, Sonora, Starr, Williams, USDA 34) × Julyred
Herbstsorten: September				
1	Elise	E IX-A X	Niederlande	Septer × Cox Orange
2	Empire	E IX	USA	McIntosh × Red Delicious
3	Jubile	E IX	Frankreich	Golden Delicious × Lundbytorp
4	Ozark Gold	M IX	USA	Golden Delicious × (Conrad × Red Delicious)
5	Pikant	M IX	Deutschland	Undine × Carola
6	Pikkolo	M-E IX	Deutschland	Cox Orange, Oldenburg, Schöner aus Nordhausen
7	Primgold	A IX	Frankreich	Golden Delicious, Starkspur × Stark Jon Grimes
8	Shamrock	E IX	Kanada	McIntosh, Spur (bestrahlt) × Golden Delicious, Starkspur
9	Summerred	A IX	Kanada	Enkel von McIntosh × Golden Delicious; Muttersorte Summerland S-4-8, frei abgeblüht
Wintersorten: ab Oktober				
1	Ahrina	A-M X	Deutschland	komplexe Kreuzung zwischen 'Glockenapfel', 'Ingrid Marie', 'James Grieve', 'Jonathan' und 'Melba'
2	Bonza	M X	Australien	Sämling von 'Jonathan' bzw. 'Jonathan', frei abgeblüht
3	Braeburn	E X-A XI	Neuseeland	vermutlich Sämling von 'Lady Hamilton'
4	Cadel	M X	Jugoslawien	Golden Delicious × Jonathan
5	Falstaff	A-M X	England	James Grieve × Golden Delicious
6	Fuji	E X-A XI	Japan	Ralls Janet × Golden Delicious
7	Iduna	M-E X	Schweiz	Golden Delicious × Glockenapfel
8	Marina	M X	Schweiz	Kidds Orange × Idared
9	Meran	M-E X	Italien	vermutlich Sämling von 'Morgen-duft'
10	Pilot	M X	Deutschland	Clivia × Undine
11	Pimona	A X	Deutschland	Clivia × Undine
12	Pinova	M X	Deutschland	Clivia × Golden Delicious
13	Šampion	A X	ČSFR	Golden Delicious × vermutlich 'Cox Orange'

Neue, in der Regel aus kontrollierten Kreuzungen hervorgegangene Apfelsorten, die sich in Mitteleuropa als Tafelsorten am Markt nicht durchsetzen konnten

Nr.	Sorte	Pflückreife	Herkunft	Abstammung
1	Akane (= Prime Rouge, Toho-ku Nr. 3)	E VIII-A IX	Japan	Jonathan × Worcester Pearmain
2	Apollo	M IX	Deutschland	Cox Orange × Oldenburg
3	Blushing Golden	M X	USA	Jonathan × Golden Delicious
4	Charden+++	E X	Frankreich	Golden Delicious × Reinette Clochard
5	Elan	M IX	Niederlande	Golden Delicious × James Grieve
6	Eva (= U 1215)	A VIII	Ungarn	Sämling von 'Jonathan'
7	Fiesta	E IX	England	Cox Orange × Idared
8	Goldjon	E IX-A X	Italien	Golden Delicious × Jonathan
9	Herma	M-E X	Deutschland	Sämling von 'Jonathan'
10	Jester	E IX	England	Worcester Pearmain × Red Delicious, Starking
11	Jupiter+++	A-M X	England	Cox Orange × Red Delicious, Starking
12	Katja	M-E VIII	Schweden	James Grieve × Worcester Pearmain
13	Kidds Orange	A X	Neuseeland	Red Delicious × Cox Orange
14	Lobo	E IX-A X	Kanada	Sämling von 'McIntosh'
15	Maigold	M-E X	Schweiz	Fraurotacher × Golden Delicious
16	Malling Greensleeves	A-M X	England	James Grieve × Golden Delicious
17	Malling Kent	M-E X	England	Cox Orange × Jonathan
18	Malling Suntan+++	E IX	England	Cox Orange × Königlicher Kurzstiel
19	Margol	E IX-A X	Deutschland	Ingrid Marie × Golden Delicious
20	Nordgold+++?	M-E X	Deutschland	Gelber Richard × Golden Delicious
21	Paulared	A VIII	USA	Zufallssämling
22	Pohorka	A X	Jugoslawien	Cox Orange × Ontario
23	Schweizer Orange	M X	Schweiz	Ontario × Cox Orange
24	Septer	A X	Niederlande	Jonathan × Golden Delicious
25	Spartan	E IX-A X	Kanada	McIntosh × Yellow Newton (Pepping)
26	Stark Earliest	M VII	USA	Zufallssämling

+++ = triploid

Alte Apfelsorten für den Anbau ohne chemischen Pflanzenschutz (wenig anfällig für Apfelschorf und -mehltau)

Nr.	Sorte	Pflückreife	Herkunft	Abstammung
Mit Guter bis sehr guter geschmacklicher Qualität				
1	Ananas (Renette)	M X	vermutlich Niederlande	Zufallssämling
2	Berlepsch	A-M X	Deutschland	Ananas × Ribston Pepping
3	Blenheim+++	A-M X	England	Zufallssämling
4	Boskoop+++	E X-A X	Niederlande	Zufallssämling
5	James Grieve	E VIII-M X	England	Zufallssämling
6	Ribston Pepping+++	M-E IX	Frankreich oder England	Zufallssämling
7	Zuccalmaglio	A-M X	Deutschland	Ananas × Purpurroter Achatapfel
Mit mindestens mittelmäßiger geschmacklicher Qualität				
8	Boiken	M-E X	Deutschland	Zufallssämling
9	Gelber Edel (= Golden Noble)	E IX-A X	England	Zufallssämling
10	Glockenapfel	M-E X	Schweiz oder Deutschland	Zufallssämling
11	Hauxapfel	M-E X	Deutschland	Sämling von 'Roter Trierer Weinapfel'
12	Jakob Fischer+++	A-E IX	Deutschland	Zufallssämling
13	Kaiser Wilhelm+++	E IX-M X	Deutschland	vermutlich Sämling von 'Harberts Renette'
14	Kickacher	A-M X	Deutschland	Zufallssämling
15	Klarapfel	M VII-A VIII	Lettland	Zufallssämling
16	Martens Gravensteiner+++	M X	Deutschland	Zufallssämling
17	Musch+++	M IX-A X	Belgien	Zufallssämling
18	Ravensburger	M X	Deutschland	Zufallssämling
19	Winterrambour+++ (= Teuringer)	A X	Belgien oder Niederlande	Zufallssämling

+++ = triploid

Apfelsorten zur Mostgewinnung, für den Landschaftsprägenden Streuobstbau und den Hausgarten (Eignung aufgrund allgemeiner Robustheit)

Nr.	Sorte	Pflück- oder Schüttelreife	geeignet als	Abstammung
1	Bittenfelder	E X-A XI	Säureträger	Zufallssämling
2	Börtlinger Weinapfel	A-M X	Säureträger	Zufallssämling
3	Bohnapfel+++	E X-A XI	Aromaträger	Zufallssämling
4	Boskoop+++	E IX-M X	Säureträger	Zufallssämling
5	Bramleys Seedling+++	M X	Säureträger	Zufallssämling
6	Brettacher+++	M-E X		Zufallssämling
7	Danziger Kant	E IX-M X		Zufallssämling
8	Dülmener Rosenapfel	E IX-M X		vermutlich Sämling von 'Gravensteiner'
9	Engelsberger	M IX-A X	Säureträger	Zufallssämling
10	Erbachhofer	E IX		Zufallssämling
11	Finkenwerder	A X		Zufallssämling
12	Gehrers Rambour+++	M-E X	Säureträger	vermutlich Sämling von 'Roter Trierer Weinapfel'
13	Grahams Jubiläum	A X		Zufallssämling
14	Hauxapfel	M-E X	Säureträger	vermutlich Sämling von 'Roter Trierer Weinapfel'
15	Hilde	M X-E X	Säureträger	Zufallssämling
16	Horneburger+++	M-E IX	Säureträger	Zufallssämling
17	Jakob Fischer+++	M-E IX		Zufallssämling
18	Kaiser Wilhelm+++	M X		vermutlich Sämling von 'Harberts Renette'
19	Kardinal Bea	A-M X		Zufallssämling
20	Luxemburger Renette	M-E X		Zufallssämling
21	Musch+++	M IX-A X		Zufallssämling
22	Pommerscher Kurzstiel	A X		Zufallssämling
23	Rheinischer Krummstiel	M X		Zufallssämling
24	Rote Sternrenette	M X		Zufallssämling
25	Schlesischer Lehm	E IX-A X		Zufallssämling
26	Sonnenwirtsapfel	E X		Zufallssämling
27	Welschisner	M X	Säureträger	Zufallssämling
28	Wiltshire+++	E X		Zufallssämling
29	Winterrambour+++ (= Teuringer)	M X		Zufallssämling

+++ = triploid

Birne

Zur Geschichte der Birne

Mutmaßungen über ihren Ursprung

In ähnlicher Weise wie beim Apfel wird bei der Birne (lat. *Pyrus*; früher auch *Pirus*; abgekürzt *P.*) vermutet, daß diese Gattung aus der Bastardierung zweier primitiver Pflanzenformen mit Chromosomenzahlen von 8 und 9 (=17) in ihren Geschlechtszellen (Gameten), wie sie innerhalb der Familie der Rosengewächse (lat. *Rosaceae*) noch heute verbreitet sind, hervorgegangen ist (2n=2x=34). Formen bzw. Sorten mit dreifachem (triploidem bzw. 17 x 3 = 58 Chromosomen) oder gar vierfachem (tetraploidem bzw. 17 x 4 = 68 Chromosomen) Chromosomensatz kommen bei der Birne deutlich seltener vor als beim Apfel.

Die nachfolgende Entwicklung der Gattung Birne bis hin zum Entstehen zahlreicher Wildarten dürfte ähnlich verlaufen sein wie beim Apfel. Primitive Formen werden im Tertiär in den Bergregionen von West- und Südwestchina nachgewiesen. Später breiten sich diese – ausschließlich auf der nördlichen Hemisphäre – nach allen Richtungen aus mit der Folge, daß sich geographisch isolierte Populationen bilden, die sich je nach Situation an sehr verschiedenartige Klimate anpassen mußten.

Nach Challice und Westwood (1973) und Dostalek (1979) soll es, zeitlich wie räumlich abgestuft bzw. getrennt, u. a. folgende geographische Schwerpunkte für wichtige Wildbirnenarten gegeben haben bzw. noch geben:

Nordchina, Sibirien, Mandschurei
– *P. ussuriensis*, die Ussuri-Birne

Japan, China, Korea, Formosa (Taiwan)
– *P. pyrifolia (= P. serotina)*, die Sandbirne

Nord- und Zentralchina, Südmandschurei
– *P. betulifolia*, die birkenblättrige Birne

Persien, Südostrußland bzw. Südwestasien
– *P. salicifolia*, die weidenblättrige Birne

Südosteuropa, Kleinasien, Kaukasus
– *P. elaeagrifolia*, die ölweidenblättrige Birne;
nach Dostalek (1979) soll Pallas die Blätter von *P. elaeagrifolia* nicht mit der Ölweide *(Elaeagnus)*, sondern mit dem wilden Ölbaum *(elaia agria)* verglichen haben (Kutzelnigg 1994).

Südeuropa bzw. nördlicher Mittelmeerraum
– *P. spinosa (= P. amygdaliformis)*, die dornige Birne

Europa ohne Skandinavien, Marokko, Kleinasien, Kaukasus
– *P. pyraster*, die holzige oder wilde Birne, auch Holzbirne genannt

Kaukasus, Kleinasien, West- und Südosteuropa
– *P. communis*, die Kulturbirne

West-, Zentral- und Südeuropa
– *P. nivalis*, die Schneebirne,
weil die Früchte erst nach dem Schneefall im Herbst/Winter verwertbar sind oder weil die Blattunterseite weißlich scheint (Kutzelnigg 1994).

Insgesamt soll die Gattung Birne 20 bis 30 echte Wildarten umfassen.

Die Ausgangsform für die ausschließlich in Europa entstandenen Kultursorten ist *P. communis*, die Kulturbirne, die sich ähnlich wie der Kulturapfel *M. domestica* bzw. *M. × domestica*, als Ergebnis vielzähliger Hybridisierungen darstellt, an denen vornehmlich die Wildarten *P. pyraster* und *P. nivalis* beteiligt waren. Diese sollen ihrerseits Zwischenstufen oder lokale Unterarten hervorgebracht haben, wie z. B.

P. pyraster die Unterarten
– *P. achras*,
– *P. bourgeana* und
– *P. caucasica*, oder wie
P. nivalis die Unterarten
– *P. salviifolia* und
– *P. austriaca*.

Weiteres Erbgut zu diesem Hybridkomplex soll nach Rubtsov (1944) aus Einkreuzungen mit *P. elaeagrifolia*, *P. salicifolia* und *P. spinosa* stammen, was wesentlich zur außergewöhnlichen Mannigfaltigkeit der Früchte dieser Gattung in Bezug auf Form, Größe, Geschmack und Beschaffenheit des Fleisches beigetragen haben dürfte.

Nach Vavilov (1949) kommen als hauptsächliches Zentrum der Mannigfaltigkeit für *P. communis* und damit als genetische Quelle unserer europäischen Kultursorten der Kaukasus und anschließende Teile von Kleinasien in Frage, weniger dagegen die östlich davon nachgewiesenen Bestände von *P. communis* in den Sowjetrepubliken Usbekistan und Tadschikistan, in Afghanistan, in Nordwestindien oder im westlichen Teil des Tien-Shan-Gebirges. Die Hauptbedeutung der Wildart *P. nivalis* liegt indessen in ihrer Rolle als Ausgangsart für zahlreiche Mostbirnsorten, die heute als »perry ciders pears« für die Obstweinbereitung in England und Nordwestfrankreich (Normandie) genutzt werden.

Nach den Ergebnissen neuer Forschungen gänzlich ausgeschlossen wird die Beteiligung von *P. ussuriensis* und *P. pyrifolia* an der Kulturwerdung der Birne in Europa. Dafür weichen die apfelähnlichen Formen, das grobe, viele Steinzellen enthaltende und mitunter auch bräunliche Fleisch sowie das fehlende Aroma zu stark vom Standard europäischer Kultursorten ab. Bastarde aus den beiden asiatischen Wildarten werden allerdings als Verwertungssorten in Nordamerika genutzt. *P. betulifolia* hat sich vor allem als mittelstarkwachsende Unterlage in Italien und Österreich einen Namen gemacht und *P. salicifolia* wird, auch in der Form 'Pendula', als fast einzige Birnenwildart in Gärten als Ziergehölz verwendet.

Spekuliert man über den Ursprung des altlateinischen Namens *Pyrus* oder *Pirus*, der später in der deutschen Sprache über bira (althochdeutsch), dann bir oder bire (mittelhochdeutsch) zur heutigen Birne umgewandelt wurde, so könnte dieser auf eine griechische Quelle zurückgehen. Dort könnte er in Zusammenhang mit dem häufig leuchtendroten Herbstlaub von *Pyro* (griech.) mit der Bedeutung von

Feuer abstammen oder wegen der schlanken Form der Bäume von pyramidal abgeleitet sein.

Die Sortenentwicklung bis zur Gegenwart

Frühgeschichte und Mittelalter

Vergleichbar zum Apfel geht man davon aus, daß die Birne vom vorderasiatischen Zentrum ihrer Mannigfaltigkeit im Zuge der Wanderungen damaliger Völkerschaften schon frühzeitig, d.h. nach der Eiszeit, in den Balkan und von dort aus nach Griechenland, Italien sowie nach Mittel- und Westeuropa gebracht worden war. Früheste Funde sind Fruchtreste, allerdings weniger häufig als beim Apfel, in den Bodensätzen jungsteinzeitlicher Pfahlbausiedlungen an randlichen Seen rings um die Alpen und in Siedlungen der Bronzezeit.

Erste überlieferte Zeugnisse stammen aus Griechenland, denn Homer erwähnt die Birne etwa 1000 v. Chr. als eine der Gaben der Götter, und in der »Odyssee« sieht Odysseus im Garten des Königs Alkinoos neben (vermeintlichen) Apfelbäumen sowie Feigen- und Olivenbäumen auch Birnbäume. Im antiken Griechenland wurde die Kultur der Birne zu früher Blüte gebracht. Nicht umsonst wurde der Peloponnes danach mit dem Beinamen Apia, das Birnenland, bedacht. Theophroastus von Eresos (327 bis 287 v. Chr.) berichtet eingehend über den Ursprung von Sortennamen und über Maßnahmen beim Anbau (Standort- und Sortenwahl, Vermehrung) und bei der Verwendung der Birnen (Dörren, Weinbereitung, arzneiliche Eigenschaften).

Eine weitere Steigerung erfuhr die Birnenkultur bei den Römern. Der römische Landbauschriftsteller Plinius der Ältere (23/24 bis 79 n. Chr.) beschrieb etwa 3 Dutzend Birnensorten nach zum Teil heute noch gültigen Regeln; seine Landsleute machten beachtliche Fortschritte in der Anbautechnik. Er selbst war bemüht, die bekannten Sorten nach ihrer Herkunft, ihrer Verbreitung und Verwendung zu benennen und zu ordnen. Mit dem Sortenbegriff war das Streben und die Fähigkeit verknüpft, Sorten mit Hilfe der vegetativen Vermehrung zu erhalten und in geographisch breitem Rahmen zu nutzen. Diese Technik wurde aus Griechenland übernommen und verfeinert. Zum Ende der römischen Herrschaft in Europa sollen 55 Sorten im Anbau gewesen sein. Zwei davon hebt Kaiser Diokletian (243 bis 308 n. Chr.) als *Pirus maxima* und *Pirus sequentia* hervor.

In den Wirren der germanischen Völkerwanderung wurden zahlreiche Bäumen und Anpflanzungen ruiniert und viele Kenntnisse über den Obstbau verschüttet. Es waren vor allem der Adel und die aufkommende Kirche mit ihren Klöstern, die etwa ab 600 n. Chr. römische Schriftquellen freigelegt und auf deren Grundlage den Obst- bzw. den Birnenanbau zielstrebig gefördert haben.

Über mehr als 1000 Jahre hinweg war dieses Bemühen fast deckungsgleich mit den Anstrengungen um den Apfel, so daß diese Schritte dort entnommen werden können. Für die Tafelbirnen erfolgten derartige Aktivitäten verstärkt in den wärmeren Teilen von Europa, die auch infolge der nur mäßigen Feuchtigkeit und Fruchtbarkeit des Bodens für diese Kategorie besser geeignet waren. Da die Mostbirnen geringere Wärmeansprüche haben, verbreiteten sie sich stärker, so vor allem auch in Österreich und auf Höhenlagen in Süddeutschland und der Schweiz.

Das ›Goldene Jahrhundert‹ für die Sortenentstehung bei der Birne

Obwohl von Karl dem Großen, dem eigentlichen Begründer des europäischen Obstbaues, bis zum Beginn des »Goldenen Jahrhunderts« um 1750 vor allem aus Frankreich, aber auch aus Deutschland, England und aus den Niederlanden viele Belege über den Sortenwandel und die Nutzung von Tafelbirnen bekannt geworden sind, so u.a. von Charles Estienne, Oliver de Serres, Le Lectier, Duhamel du Monceau, alle aus Frankreich, Agostino Gallo aus Italien oder Valerius Cordus aus Deutschland, soll es nach Hedrick (1921), dem kenntnisreichen Verfasser der amerikanischen Birnengeschichte, während dieses langen Zeitraumes kaum eine

Pflückreife, Genußreife und Lagerungszeit von Tafelbirnen

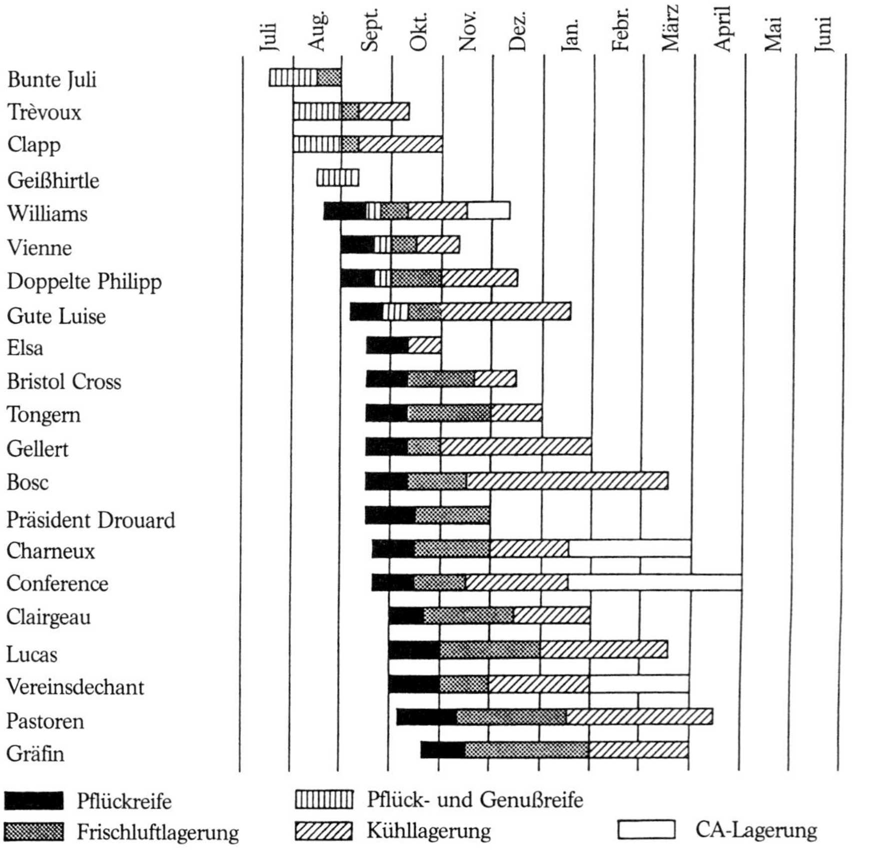

wesentliche Entwicklung bei den kultivierten Tafelbirnen in Europa gegeben haben.
Tatsächlich sind aus der Zeit vor 1750 heute keine Tafelbirnen mehr im Anbau, während andererseits eine beträchtliche Zahl von edlen Birnensorten mit schmelzendem Fruchtfleisch, sogenannte Butterbirnen, auf die ersten, systematisch betriebenen Selektionsarbeiten von den als Pomologen bezeichneten Amateuren, die sich aus unterschiedlichen Berufständen rekrutierten, zurückgeht. Sie haben sich vorwiegend in Frankreich und dem heutigen Belgien dieser Aufgabe gewidmet. So vor allem der Abbé Nicolas (d')Hardenpont (1705–1774) aus Mons (Bergen), der Apotheker und Naturwissenschaftler Prof. J.B. van Mons (1765–1848) aus Leuwen (Löwen), Martin Legipont aus Larbuisson und schließlich Major Pierre-Joseph Esperen (1780–1847) aus Malines (Mecheln). Ihre Verdienste waren es, aus den damals vorhandenen, überwiegend aus zufälligen Kreuzungen hervorgegangenen Beständen und nachfolgend einer großen Zahl von selbst herangezogenen Sämlingen, von denen meist nur der Name der Muttersorte registriert wurde, hochwertige Tafelbirnen, insbesondere mit den Eigenschaften eines feinschmelzenden, saft- und aromareichen Fruchtfleisches, ausgelesen und namentlich bekannt gemacht zu haben. Das Ergebnis dieser Bemühungen, einschließlich der Anstrengungen der »Birnenzüchter« anderer Länder in diesem »Goldenen Jahrhundert«, war eine stattliche Zahl von Tafelbirnensorten, die großenteils noch heute die Anbausortimente mitbestimmen, wie z.B. 'Amanlis Butterbirne', 'Anjoubirne' (vor allem in den USA angebaut), 'Blumenbachs Butterbirne', 'Bosc', 'Charneux', 'Diels Butterbirne', 'Gellert', 'Gute Luise', 'Hardenponts Butterbirne', 'Hofratsbirne', 'Mecheln', 'Tongern' und 'Vereinsdechant', alle aus Frankreich und dem heutigen Belgien, sowie 'Williams' aus England.
Nach 1850 und bis in die ersten Jahrzehnte des 20. Jahrhunderts hat sich diese Liste wertvoller Zufallssämlinge und noch gegenwärtig genutzter Tafelbirnen in Europa durch folgende Sorten erweitert: 'Abate Fétel', 'Bunte Juli', 'Clairgeau', 'Drouard', 'Edelcrassane', 'Gräfin', 'Guyot', 'Le Lectier', 'Lucas', 'Pastoren', 'Trévoux', 'Vienne', alle aus Frankreich; 'Conference' aus England, 'Doppelte Philipp' aus Belgien, und 'Herzogin Elsa' sowie 'Geißhirtle' aus Deutschland.

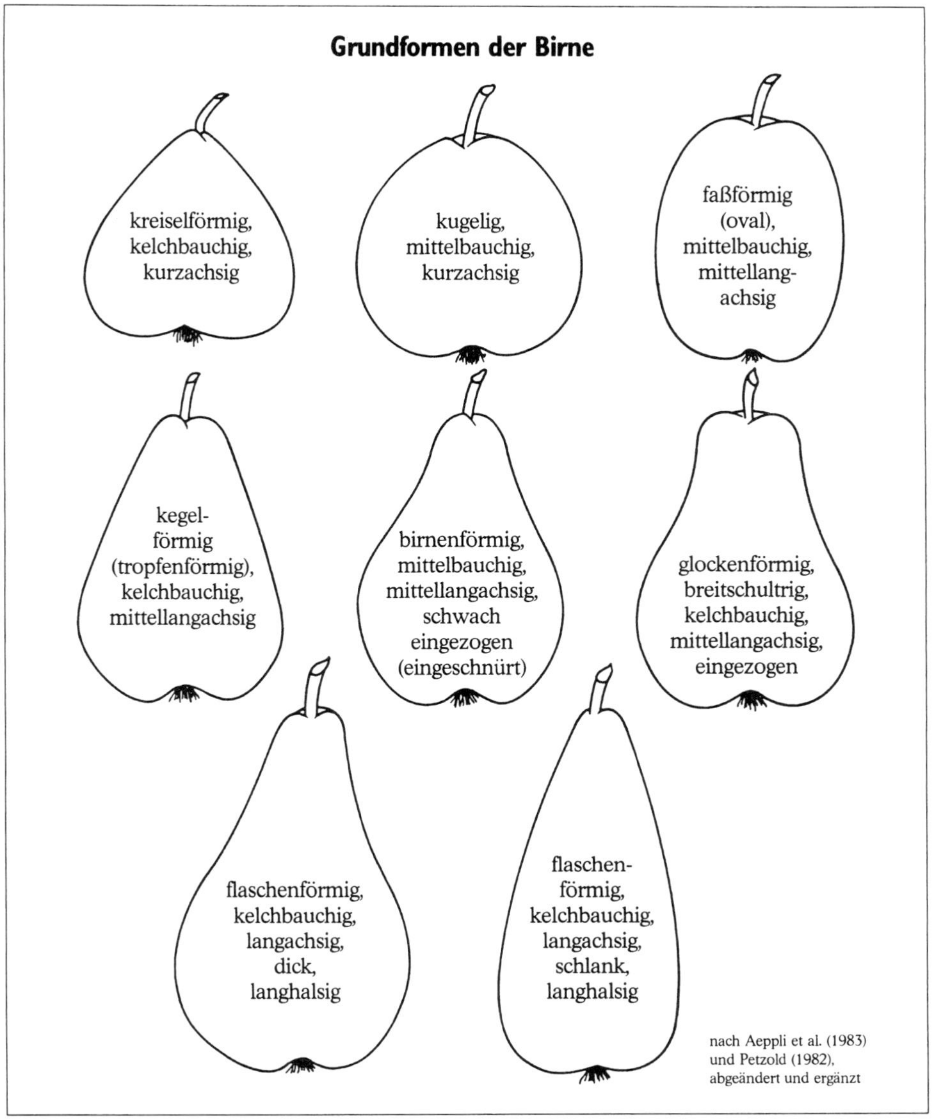

Da in den USA, Kanada und z.B. auch in Australien geeignete Wildarten fehlten, war in beiden Kontinenten eine Birnenkultur mit europäischer Geschmacksnote erst möglich, nachdem mit den ersten Siedlern Material in Form von Samen, Reisern oder von ganzen Bäumen aus der Alten Welt eingeführt worden war. Daraus entstanden in den USA als vermutlicher Sämling der 'Holzfarbigen Butterbirne' die Sorte 'Clapps Liebling' und in Australien die Sorte 'Packhams Triumph' aus der Kreuzung 'Uvedale St. Germain' × 'Williams'.
Die meisten Sorten sind diploid, nur wenige Tafelsorten haben triploiden Charakter wie z.B. 'Lucas', 'Diels Butterbirne', 'Hofratsbirne' und 'Pastoren'. Bei den als primitive Kultursorten anzusprechenden Mostbirnsorten sind 'Gelbmöstler', 'Grüne Jagdbirne' und 'Schweizer Wasserbirne' triploid. Auch die weniger bekannte 'Bayrische Weinbirne', die zusätzlich die wertvolle Eigenschaft besitzt, als fast einzige europäische Birne Resistenz gegenüber Feuerbrand *(Erwinia amylovora)* zu vererben, ist triploid.

Systematische Züchtung und Sorten aus kontrollierter Kreuzung

Obwohl es schon vor 1900 ernsthafte Bemühungen gab, Tafelbirnen auf der Grundlage kontrollierter Kreuzungen planmäßig zu züchten, beispielsweise von dem Engländer Th.A. Knight (1759–1838) und später durch den Schlesier (Johann) Gregor (Ordensname) Mendel (1822–1884), dem Entdecker der Erbgesetze, wurde diese Methode zielstrebig

und verbreitet erst nach 1900 von den Obstzüchtern eingesetzt, aber weniger intensiv als beim Apfel. So verwundert es nicht, daß die Erfolge bis zur Gegenwart dürftig geblieben sind: Bis heute hat sich noch keine Neuzüchtung aus diesen weltweiten Programmen als Hauptsorte durchsetzen können. Gewisses Interesse kommt immerhin einigen Neuheiten zu.
Frankreich: 'General Leclerc', als Sämling der Sorte 'Vereinsdechant' um 1950 entstanden; 'Pierre Corneille', vor 1894 aus der Kreuzung 'Diels Butterbirne' × 'Vereinsdechant' hervorgegangen; die Baumschule Delbard, Malicorne/Allier, bietet 2 Tafelsorten als Neuzüchtungen an: 'Fertilia' aus der Kreuzung 'Williams' × 'Frühe Morettini' um 1960 ausgelesen und 'Peradel', ein Sämling aus freier Abblüte von 'Passa Crassana'.
England: 'Merton Pride', ein triploider Sämling, der 1941 aus den Nachkommen von 'Hardenponts Butterbirne' × 'Williams', tetraploid ausgelesen worden war; 'Concorde', 1968 in East Malling aus 'Vereinsdechant' × 'Conference' hervorgegangen; 'Dolacomi', zunächst als 'JI 7451' vom John-Innes-Institut in Merton bei London herausgebracht und geprüft, hervorgegangen aus 'Laxtons Superb' × 'Vereinsdechant'.
USA: 'Gorham', vor 1923 aus der Kreuzung 'Williams' × 'Mechelen' entstanden, später ergänzt durch ihre rundum bronzefarbige, aber ertragsschwache Mutante 'Grand Champion'; 'Highland' als Sämling von 'Williams' × 'Vereinsdechant' aus dem Jahr 1944.
Niederlande: 'Condo' als Sämling von 'Conference' × 'Vereinsdechant', gekreuzt am CPRO-DLO Wageningen.
Frühere ČSFR: 'Diana', Sämling von 'Conference' × 'Nordhäuser Winterforelle' und 'Vila' als Sämling aus der Kreuzung von 'Bosc' mit 'Clairgeau'.
Hinzu kommen feuerbrandresistente Neuzüchtungen aus den USA wie z.B. 'HW 609', 'US 62 563 10' oder 'Illinois 13' mit tafelbirnengemäßer Geschmacks- und Fleischqualität (Hübner 1991). Die feuerbrandresistente 'Harrow Sweet' entstand bereits 1915 in Kanada aus einer Kreuzung zwischen 'Williams' und 'Old Home' × 'Early Sweet', gewinnt aber erst jetzt an Interesse.
Mutanten: Auch die Birnen neigen zu Mutationen, aber Zahl und wirtschaftliche Bedeutung der davon abgeleiteten Mutanten sind geringer geblieben als beim Apfel. Hauptsächlich waren die Merkmale Farbe der Fruchtschale (rot bzw. bronzeartig), Reifezeit, Größe und Form der Frucht sowie der Wuchscharakter erblich verändert.

Unterlagen für die Birne; Entwicklung und gegenwärtiger Stand

Als selbstunfruchtbare (autosterile) und mischerbige (heterozygote) Gattung ist die Birne wie der Apfel nur über die vegetative Vermehrung mit Hilfe einer Knospe bzw. eines »Auges« (Okulation) oder eines Reises (Kopulation) sortenecht zu erhalten und zu vermehren. Dazu bedient man sich geeigneter (Wurzel-)Unterlagen, weil der Weg über die Selbstbewurzelung (autovegetativ) von Steckhölzern zu aufwendig und hinsichtlich der Fruchtbarkeit solcher Pflanzen als zu spät blühwillig angesehen wird.
Viele Jahrhunderte lang verwendete man als Unterlage den einfach zu gewinnenden Birnensämling als F_1-Hybride aus der Absaat von Samen geeigneter Most- und Tafelsorten. Um aus erblicher Sicht möglichst einheitliches Sämlingssaatgut zu erhalten, prüfte man in Mitteleuropa verschiedene, aus dem Formenkreis von *P. communis* stammende Sorten wie vor allem die 'Kirchensaller Mostbirne'* (Trenkle 1949), die 'Lange Winterbirne' (Loewel und Karnatz 1955) und den 'Wildling vom Einsiedel'*. Dank ihrer standörtlichen Robustheit, ihrer durchweg guten Verträglichkeit mit den meist hochentwickelten Kultursorten und dank ihrer Unempfindlichkeit gegenüber freiem Kalk im Boden als dem hauptsächlichen Verursacher von Chlorose hat sich nach vielfachen Anbauwertprüfungen die 'Kirchensaller Mostbirne' für mitteleuropäische Anforderungen als bestgeeignete Sämlingsunterlage für Birnen durchgesetzt. Ihre Samen stammen heute meist aus isoliert stehenden Anlagen in Frankreich mit ausgewählten Vatersorten als Pollenspendern.
In den USA haben sich als Birnenunterlage auch Sämlinge der europäischen Tafelsorten 'Williams' und 'Bosc' und der Wildart *P. calleryana* bewährt. In Italien und Österreich wurden mit Sämlingen von *P. betulifolia* als Birnenunterlage vereinzelt gute Erfahrungen gemacht, u.a. wegen ihrer Toleranz gegenüber Birnenverfall (pear decline) und Trockenheit. Beide Wildarten sind jedoch mit einer Reihe von Kultursorten unverträglich (inkompatibel).
Während der starke Wuchs von Sämlingsunterlagen für den Anbau von Mostbirnbäumen, insbesondere als nutzbare Gehölze in der Landschaft oder als schmückende Solitärbäume für Gehöfte oder Einzelhöfe, nach wie vor geschätzt wird, sind diese Unterlagen dank ihrer großen Frosthärte im Winter im hochstämmigen Tafelbirnenanbau Osteuropas noch verbreitet anzutreffen. Für diese Baumform benötigt man jedoch zwischen der Wurzelunterlage und kronenbildender Edelsorte einen sogenannten Stammbildner als stofflich und geweblich verbindende, bis zu 2 m hohe bzw. lange Brücke. Dafür haben sich die Sorten 'Gellert' und 'Bertrams Stammbildner' als besonders geeignet herausgestellt.
Der für die erwerbsmäßige Nutzung von Tafelbirnen ungünstige starke Wuchs des Birnensämlings und in dessen Folge die verzögerte Fruchtbarkeit sowie das späte Erreichen der optimalen Baumkapazität, gaben schon früh den Anstoß für die Suche nach einer schwachwachsenden Birnenunterlage. Weil solche Schritte innerhalb der eigenen Gattung erst in den letzten Jahrzehnten Fortschritte zu verzeichnen haben, prüfte man für diesen Zweck schon früh verwandte Gattungen wie vor allem die Quitte (lat. *Cydonia*), aber auch die Felsenbirne (lat. *Amelanchier*), den Weißdorn (lat. *Crataegus*) und die Eberesche (lat. *Sorbus*). Diese Gattungen versuchte man in der originären Form und über den Weg von aus Kreuzungen mit der Birne hervorgegangenen Bastarden als Unterlagen einzusetzen. Praktisch verwertbare Ergebnisse waren nur mit der Quitte zu erzielen, von der gegenwärtig einige Formen im Anbau erfolgreich genutzt werden, obwohl wesentliche Schwachpunkte wie Unverträglichkeit und Holzfrostempfindlichkeit nach wie vor recht kritisch sind. Diese physiologisch bedingte Unverträglichkeit kann allerdings bei Verwendung der gattungsfremden Quitte durch eine zwar verfahrens- und zeitaufwendige, aber geweblich stabilisierende und den Stoffwechsel begünstigende Zwischenveredelung als Brücke zwischen Quitte und Kultursorte umgangen werden. Hierfür hat sich die Sorte 'Gellert' bewährt. Dabei wird ein ausreichend langes Gewebeteil zwischen die beiden Pfropfpartner geschoben. Beim »Nicolie-

* Die Ortschaft Kirchensall liegt bei Öhringen im Hohenlohekreis und das Hofgut Einsiedel in der Nähe von Tübingen, beide in Baden-Württemberg.

ren« besteht diese Zwischenveredlung nur noch aus einem Schildchen, das dem Edelauge beim Okulieren unterlegt wird.
Dem Angebot an Quitten-Unterlagen vorausgegangen waren langjährige Auslesen vor allem in England, Frankreich, Belgien und Deutschland. Hauptsächlich die frühere englische Forschungsanstalt East Malling hat sich bleibende Verdienste erworben, da dort über viele Jahre hinweg verschiedene Herkünfte europäischer Quitten unter den Bezeichnungen 'E(ast) M(alling) A bis G', später nur noch als 'MA' bis 'MG' geführt, auf ihre Tauglichkeit als schwächer wie der Sämling wachsende Unterlage für die Birne geprüft worden sind.
Aus diesem Angebot hat sich die aus dem Raum Angers (Frankreich) stammende Quitte mit der Bezeichnung 'MA' als zwar mäßig empfindlich gegenüber Winterfrost sowie gegenüber einerseits feuchten und andererseits kalkreichen Böden wie auch für Feuerbrand anfällig gezeigt, sich aber in den übrigen Anbaueigenschaften als gut geeignete und gegenüber dem Birnenverfall widerstandsfähige Form erwiesen.
Zum Formenkreis der Angers Quitte zählt Mantinger (1990) auch die belgische Auslese 'Quitte Adams' und die Selektion 'Sydo' von Lepage bzw. I.N.R.A. Angers.
Demgegenüber spielt die in Mitteleuropa heimische 'Gewöhnliche Quitte', in der englischen Prüfung als 'MB' benannt, von der wiederum die früher in Südwestdeutschland verbreitet gewesene 'Pfänder-Quitte' eine lokaltypische Auslese dargestellt haben dürfte, als Birnenunterlage keine Rolle mehr. In den letzten Jahren hat sich aber in den Niederlanden, Belgien, Nordfrankreich und England die Quitte 'MC' im Erwerbsanbau durchgesetzt, da sie die Fruchtbarkeit fördert und den Wuchs noch mehr als 'MA' schwächt. Für Mitteleuropa und damit auch für die deutschen Anbauschwerpunkte der Tafelbirnen ist 'MC' aber zu holzfrostempfindlich, wie die starken Baumausfälle nach dem Polarwinter 1984/85 gezeigt haben. Nach vorliegenden Hinweisen sollen die Quittenformen, 'Stoops Ideal' aus den Niederlanden, 'Adam' aus Belgien, die 'Rheinlandquitte' sowie die Nummern 'PiR4' und 'PiR21c' aus der früheren DDR mit der Quitte 'EM C' identisch oder zumindest eng verwandt sein.
Hinsichtlich der winterlichen Frostempfindlichkeit wird die aus dem Formenkreis der 'Provence-Quitte' ausgelesene Quitte 'BA 29' infolge eines früheren Triebabschlusses etwas härter bzw. weniger empfindlich als sogar 'MA' eingestuft, doch soll ihre Wüchsigkeit im Vergleich zu 'MA' stärker sein. Damit ist sie für intensive Dichtpflanzungen mit Tafelbirnen weniger geeignet.
Weitere Schwachpunkte von Quittenunterlagen sind ihre vielfach nicht ausreichende Standfestigkeit sowie ein hoher Anspruch an Textur und Struktur des Bodens (fruchtbar, feinlehmig, humos, gut durchlüftet, wasserspeichernd, nährstofflösend) und die deutliche Chloroseempfindlichkeit, wenn zuviel freies Calcium im Boden vorhanden ist. Trotz dieser umfangreichen Liste an problematischen Eigenschaften bei der Quitte wird in vielen Ländern weiterhin nach verbesserten Formen innerhalb dieser Gattung als Birnenunterlage gesucht, vor allem in England, Frankreich, Deutschland, Italien, Kanada, Rußland, Polen, Rumänien und in den USA.
Seit einigen Jahrzehnten gibt es Fortschritte bei der Züchtung schwachwachsender und gattungseigener Birnen-Unterlagen. Sie hätten zunächst den großen Vorteil, mit den Kultursorten verträglich, wenig chloroseanfällig und standfest zu sein.
Der Anfang dazu wurde in den USA gemacht, als zu Beginn des Ersten Weltkrieges der Nachschub von Birnensamen oder -sämlingen aus Europa ins Stocken geriet. Man begann deshalb, mit einheimischen Sämlingen zur Samengewinnung zu arbeiten. Zu jener Zeit sind im Bundesstaat Illinois Sämlinge aus den Orten Old Home und Farmingdale bekannt geworden. Die Sämlinge aus Old Home sind gegen die Bakteriose Feuerbrand *(Erwinia amylovora)* resistent und gegen die Phytoplasmose Birnenverfall wenig anfällig. Aus der Kreuzung beider Sämlinge (nach 1915) entstand eine beträchtliche, von Brooks (1972) selektierte Nachkommenschaft (F_1-Population), in der auch schwachwüchsige Formen gefunden und mit der Bezeichnung OH × F oder nur OHF mit laufenden Nummern markiert wurden. Sie erwiesen sich zu einem Teil als vegetativ vermehrbar. In anschließenden Vergleichsprüfungen, auch in Europa, zeichnete sich ab, daß aus diesem Programm die Nummern 40, 51 und 333 relativ schwachwüchsig sind, eine gute Frosthärte besitzen, tolerant gegen zuviel Calcium im Boden sind und wenig oder keine Wurzelschosse hervorbringen.
Hinsichtlich der Wuchsschwächung wurden im günstigsten Fall allerdings nur Baumgrößen wie mit der Quitte 'BA 29' oder sogar leicht darüber erreicht. Damit wäre zwar noch nicht eine der Apfelunterlage M9 gemäße Schwachwüchsigkeit für die Birnbäume gegeben, doch kann bei Verwendung der schwachwüchsigen Formen aus den OHF-Sämlingen die Baumgröße immerhin um mehr als die Hälfte gegenüber dem üblichen Birnensämling reduziert werden bei gleichzeitiger Nutzung folgender positiver Eigenschaften: Verträglichkeit, Standfestigkeit, vegetative Vermehrung, Resistenz gegenüber Feuerbrand und Toleranz gegen Chlorose. Die genannten Nummern werden heute z.T. unter Handelsnamen von europäischen Baumschulen angeboten.
Weitere Anstrengungen in Europa für das Zuchtziel gattungseigener und zugleich schwachwüchsiger Birnenunterlagen laufen gegenwärtig bei der I.N.R.A. in Angers unter dem Namen 'Retuziere', in England und in Kanada. In Deutschland gibt es Bemühungen in Dresden-Pillnitz und Geisenheim. An der Forschungsanstalt Geisenheim wurde aus der Kreuzung 'Old Home' × 'Gute Luise' eine neue Unterlage ausgelesen und unter dem Namen 'Pyrodwarf' vorgestellt. Nach Angaben von Jacob (mdl.) soll sie in der Größenordnung zwischen 'MC' und 'MA' Schwachwuchs induzieren, eine gute Affinität zu den Tafelsorten zeigen, chloroseunempfindlich sein und die OHF-Nummern 333 und 51 übertreffen. Sie läßt sich einfach über Grünstecklinge vermehren.

Bosc

Ähnliche Namen sind 'Boscs Flaschenbirne', 'Calebasse Bosc' und 'Beurré Bosc'. Synonyme sind 'Alexanderbirne', 'Beurré d'Apremont' (Frankreich), 'Kaiser Alexander' (Südtirol), 'Kaiserkrone' (frühere ČSFR) und 'Kalebasse' (= Flaschenkürbis oder Kürbisflasche; Sachsen).

Abstammung und Herkunft: Zufallssämling, über dessen Herkunft es verschiedene Hinweise gibt: Nach Diel, der 1810 erste Reiser erhielt, hat Prof. van Mons in Löwen/Belgien den Mutterbaum aus Samen gezogen; nach französ. Angaben (Leroy) soll es ein um 1793 im Wald bei Apremont oder im gleichnamigen Dorf (Dep. Haute-Saône) entdeckter Sämlingsbaum sein. Nach Stoll (mdl.) erhielt van Mons von diesem Baum Edelreiser. In beiden Fällen wurde sie nach dem Direktor des Bot. Gartens in Paris (oder Versailles), Herrn Bosc, benannt. 1820 war die Sorte als 'Beurré Bosc' bereits im Garten der Royal Horticultural Society in London vertreten und wurde 1848 beim »First Meeting of the American Pomolog. Society« in den USA katalogisiert. Nach Lucas (1877) ist 'Bosc' eine Flaschenbirne, die ganz oder teilweise berostet ist (Rousselettes) mit überwiegend unvollkommenen, hornartigen oder gar fehlenden Kelchblättern.

Mutanten: Keine bekannt.

Standortansprüche: Als Tafelbirne mit großer Anbaubreite hinsichtlich Wärmeklima und natürlicher Nährkraft des Bodens, d. h. es sind mittlere Höhenlagen als noch mäßig trockene Böden nutzbar. Beste Fruchtqualität nach Größe und Geschmack sowie befriedigende bis gute Erträge werden aber nur auf warmen, mäßig frischen bis frischen und fruchtbaren Böden erzielt, während tonreiche oder wechselfeuchte, also schlecht durchlüftete Böden, ungeeignet sind. Günstige Standortverhältnisse mit nicht zu spätem Triebabschluß verbessern die Widerstandsfähigkeit des Holzes gegenüber tiefen Wintertemperaturen, wofür 'Bosc' artbezogen überdurchschnittlich empfindlich ist. Die Blüten sind wetterhart und wenig spätfrostempfindlich, da sie spät austreiben. Die Birnen sind im allgemeinen windfest, können jedoch kurz vor der Ernte stark fallen.

Verbreitung: Als durchschnittliche Ernte in der EU werden zu Beginn der 90er Jahre ca. 80 000 bis 125 000 t angegeben. Hauptanbaugebiete sind in Italien die Emilia Romagna mit jährlich 35 000 t sowie die Provinzen Bozen (Südtirol) mit ca. 5000 t – dort Hauptsorte – und Trient mit ca. 3000 t, dann in Österreich die Steiermark mit ca. 1200 t und die Schweiz mit ca. 350 t marktfähiger Ware. Die Anbautendenz ist leicht fallend.

Bestandessicherheit: Aufgrund häufiger Ausfälle nach starken Winterfrösten höchstens als mittelmäßig, auf wenig geeigneten Standorten als gering einzustufen.

Baum

Wuchs: Mittelstark mit aufrechten Leitästen und meist waagerechten bis hängenden, langen und dünnen sowie langnodigen Seitenästen, die häufig als Folge mäßiger Austriebswilligkeit der Knospen unregelmäßig und schleudernd angesetzt sind. Ausreichende Verzweigung ist durch Rückschnitte sicherzustellen. Anfängliche Entwicklung eher schwach und wenig

Bosc

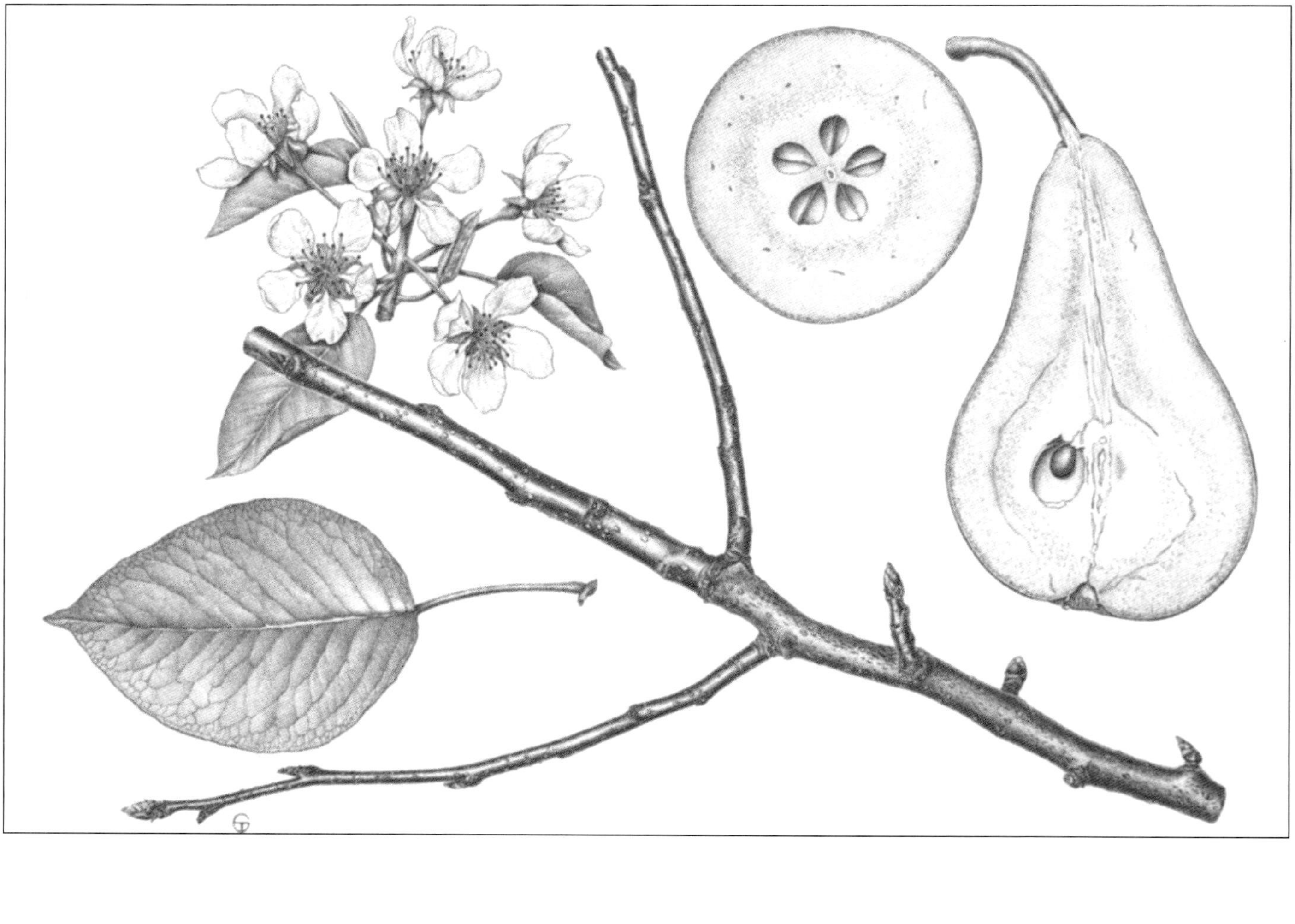

geordnet, in der Baumschule schwachstämmig. Später bilden sich pyramidale Kronen, die jedoch, auch wegen verkahlter Astbasen, locker bleiben und sich durch Fruchtbogen aufbauen. Einen wenig üppigen Eindruck bieten die schmal-ovalen Blätter. Die Tendenz zu langem Fruchtholz ist für Formobstbau oder Hecken ungünstig. Zum Umpfropfen älterer Bäume geeignet.

Verträglichkeit: Mit Quitte unverträglich, Zwischenveredlung unumgänglich.

Fruchtholz: Zunächst überwiegend lange, dünne und meist hängende Fruchtruten; nach deren kräftigem Rückschnitt bilden sich zunehmend ein- und mehrjährige Kurztriebe in lockerem Besatz.

Blüte und Befruchtung: Gute Befruchtersorte, diploid; spät- und langblühend; geeignete Befruchter sind 'Bunte Juli', 'Charneux', 'Clapp', 'Conference', 'Gellert', 'Gräfin', 'Gute Luise', 'Tongern', 'Vereinsdechant' und 'Williams'; schwache Neigung zur Parthenokarpie; Blütenzahl 7,6 (7 und 8), subterminale Blüte häufig verzögert, Achse kräftig und lang, Stiele lang, eher dünn als stark, arttypisch großlumiger Blütenstand, wenig stinkend; Primärblätter 4,1 (3 bis 5), mittelgroß, gewellt, hellgrün, länglich und endet spitz, unterseitig flaumig, Basis rund; Kronblätter 5, vereinzelt auch 6, nicht deckend, fast reinweiß, propellerartig, länglich-oval, fast waagerecht angeordnet; Kelchblätter kurz und gebogen; Griffel (5), ziemlich engständig, oben gespreizt, ragen über blaßrote, ca. 1 cm lange Staubblätter hinaus; gute Verteilung der Blüten an der Achse.

Ertrag: Spät blühwillig, danach mäßig, aber regelmäßig fruchtbar, kein Massenträger. Das Ausdünnen starker Fruchtbehänge erübrigt sich in der Regel. Bei sehr günstigen Standort- und Pflegeverhältnissen können die Erträge ansteigen, gleichzeitig erhöht sich aber auch die Neigung zur Alternanz; der Einsatz von Wachstumsregulatoren vermag die Fruchtbarkeit offenbar nicht zu verbessern.

Krankheiten und Schädlinge: In luftfeuchten Lagen anfällig für Fruchtschorf, weniger für Blattschorf; in Frankreich als schorfresistent eingestuft; mäßig empfindlich für Viröse Steinfrüchtigkeit; anfällig für Bakterienbrand.

Frucht

Pflückreife: Von Mitte September bis Anfang Oktober, je nach Klima, bzw. sobald die Grundfarbe bräunlich aufhellt.

Bosc

Physikalische und chemische Eigenschaften der Frucht										
Tagewerte		149								
Größenverteilung nach Gewicht in %	Größenklassen in mm	<50	50/55	55/60	60/65	65/70	70/75	75/80	80/85	85/90
	Quitte			2	14	36	32	14	2	
	Sämling	1	11	16	19	29	22	2		
Mittleres Fruchtgewicht in g			176				(140 – 300)			
Spezifisches Fruchtgewicht			0,99–1,01							
Fruchtform-Index			1,50				(1,2–1,75)			
Mittlerer Zuckergehalt als Refraktometerwert in %			13,8				(12,3–15,3)			
Mittlerer Säuregehalt in g/l			1,5				(1,3– 1,6)			

Genußreife: 10 bis 14 Tage nach der Pflücke und dann aus dem Frischluftlager 3 bis 4 Wochen lang; aus dem Kühllager bei 0 °C bis 4, aus dem CA-Lager bis 6 Monate; günstige Nachlagerungstemperatur soll 15 °C sein; verfärbt bei Überlagerung im Fruchtfleisch rasch und wird auch teigig.
Form und Größe: Groß bis sehr groß, in Höhenlagen auch nur mittelgroß; langachsig, flaschen- bis keulenförmig, betont kelchbauchig, endet halbkugelig; stielwärts langgezogen und eingeschnürt, verjüngt sich schmalkegelig, seitlich gleichmäßig bis leicht gekrümmt und zuweilen kantig.
Farbe und Beschaffenheit der Schale: Grünlichgelb bis gelb, Grundfarbe aber selten sichtbar, da sortentypisch ganzflächig zimtbraun und feinschuppig berostet, in Vollreife altgolden, auf der Schattenseite scheint die Grundfarbe manchmal durch; Lentizellen dicht, braun gepunktet, aber wenig auffällig; leicht genarbt bis schwachbeulig; trocken, rauh; weich.
Kelch: Offen; klein bis mittelgroß; Blättchen mittellang, schmal und spitz, auswärts gebogen, am Grund nicht verwachsen; trockene Staubgefäße gut sichtbar.
Kelchgrube: Klein; flach; häufig leicht höckrig bis rippig, unregelmäßig.
Stiel: Lang; dünn bis mitteldick, holzigbraun, schwungvoll gebogen und leicht gedreht; aufsitzend auf Fleischwulst, teilweise auch fleisch-höckrig angesetzt.
Stielgrube: Entfällt meist (vgl. bei Stiel), mitunter durch Schnabel- oder Wulstbildung seitlich verdrückt.
Kernhaus: Mittelgroß; kelchnahe und breitspindelig; schwach hohlachsig; breite, gleichmäßige Fächer mit zahlreichen (meist 2/Fach), breitovalen und dunkelbraunen Samen; Gefäßbündel kaum oder gar nicht sichtbar.
Fleisch: Cremefarben bis gelblich weiß; saftreich; je nach Reifequalität halbschmelzend und feinkörnig bis schmelzend, deutlicher Steinzellenkranz.
Geschmack: Süß bis feinsäuerlich, aromatisch, gewürzt; schmeckt sehr gut.

Anbau und Markt

Die wertvolle, späte Herbstsorte ist standörtlich anpassungsfähig und eignet sich vor allem als Frischfrucht. Zudem ist sie zwischen Pflück- und Genußreife wenig druckempfindlich und somit gut transportfähig, so daß nicht nur der Lokal-, sondern auch der übergebietliche Markt beschickt werden kann. Als Naßkonserve wird sie ebenfalls geschätzt, obwohl das Fleisch meist rosarot verfärbt. 'Bosc' eignet sich auch zum Dörren und für Kompott. Dank der meist ausgeglichenen Behangdichten entwickeln sich die leicht erntbaren Birnen gleichmäßig und ergeben so wenig Ausfall bei der Sortierung. Zum Erwerb wie zur Selbstversorgung in gleichem Maße anbauwürdig, ebenso als Hochstamm auf Sämlingsunterlage und als Spindelbaum auf Quitte. Ähnliche Früchte können haben: 'Tongern', 'Conference' und 'Prinzessin Marianne'.

Bristol Cross

Ähnliche Namen oder Synonyme gibt es keine.
Abstammung und Herkunft: An der Versuchsstation Long Ashton der Universität Bristol (Großbritannien) aus einer von G. T. Spinks 1920 durchgeführten Kreuzung von 'Williams' × 'Conference' hervorgegangen; 1926 selektiert.
Mutanten: Keine bekannt.
Standortansprüche: In Anlehnung an die englischen Elternsorten sind die Wärmeansprüche artspezifisch als mittelmäßig zu bewerten, d. h. abgesehen von Höhenlagen (> 500 m über NN in SW-Deutschland) sind in einem breiten Wärmeklimabereich hohe Erträge und günstige Fruchtqualitäten zu erzielen. Mindestens mittelgründige, humose sowie gut durchlüftete und somit fruchtbare Lehmböden sind vorteilhafte Voraussetzungen für ein sortentypisch kräftiges Wachstum. Weder das Holz noch die Blüten sind gegenüber Winter- bzw. Spätfrösten überdurchschnittlich empfindlich. Die Birnen hängen fest im Wind.
Verbreitung: Auf dem europäischen Kontinent bislang spärlich im Anbau vertreten; hauptsächlich in Sortenprüfungen vorhanden.
Bestandessicherheit: Sie darf als hoch eingestuft werden; der Polarwinter 1984/85 wurde in Bavendorf ohne nennenswerte Schäden überstanden.

Baum

Wuchs: Wächst in der Form ähnlich, aber kräftiger als die Muttersorte 'Williams'; Triebbildung sowie Größe und Form der Blätter erinnern ebenfalls an 'Williams'; die blattreichen und holzfarbigen Triebe sind mittellang und von der Zahl her ausreichend; verschiedentlich können aber die Blätter weniger sortentypisch ausgebildet sein und dann auch Nekrosen oder Aufhellungen am Blattrand zeigen.
Verträglichkeit: Mit Quitte unverträglich, deshalb Zwischenveredlung nötig.
Fruchtholz: Hauptsächlich an den einjährigen und mehrjährigen Kurztrieben, endständig fruchtend; teilweise finden sich auch Langtriebe mit endständigem, aber sehr selten dagegen mit seitlichem Fruchtansatz.
Blüte und Befruchtung: Als Befruchtersorte geeignet, diploid, nach englischen Angaben aber geringe Pollenproduktion; mittelfrühblühend; Blütenzahl 7,5 (6 bis 9),

Physikalische und chemische Eigenschaften der Frucht										
Tagewerte		142								
Größenverteilung nach Gewicht in %	Größenklassen in mm	< 50	50/55	55/60	60/65	65/70	70/75	75/80	80/85	85/90
	Quitte		3	13	28	39	17			
	Sämling									
Mittleres Fruchtgewicht in g		150	(135 – 180)							
Spezifisches Fruchtgewicht		0,99								
Fruchtform-Index		1,45	(1,2– 1,8)							
Mittlerer Zuckergehalt als Refraktometerwert in %		12,6	(11,2–14,0)							
Mittlerer Säuregehalt in g/l		2,6	(2,0– 3,2)							

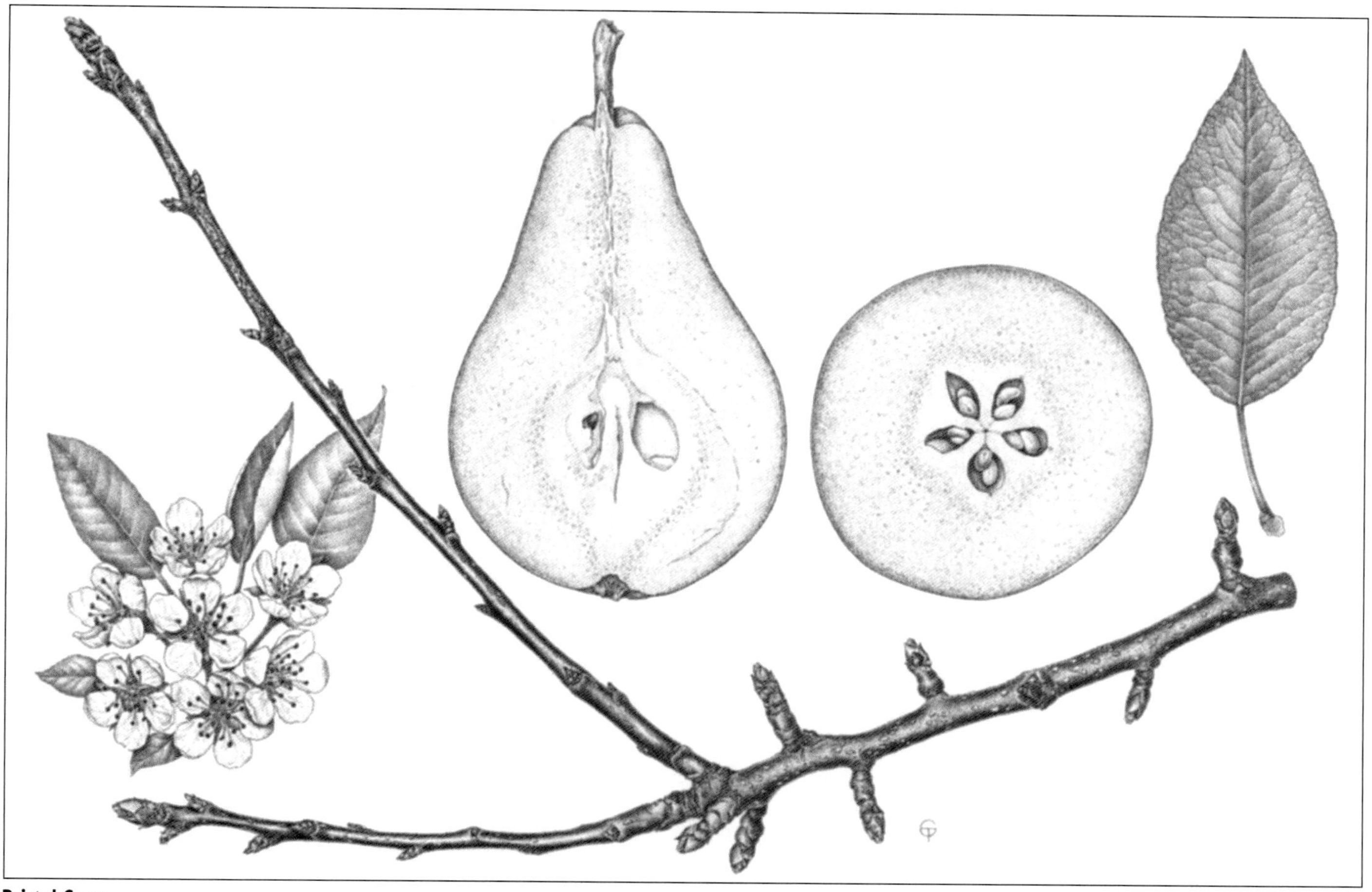

Bristol Cross

nur vereinzelte laterale Nachblüten, mäßig stinkend, Stiele kräftig, kurz bis mittellang, Achse kurz bis sehr kurz; Primärblätterzahl mit 3,3 (1 bis 5) artgemäß sehr niedrig (Minimum bei den beschriebenen Birnensorten), mittelgroß, länglich, oval, spitzig, oft gerollt, oberseitig glänzend, unterseitig flaumig behaart, kurz gestielt; Kronblätter 5, vereinzelt bei Terminal- oder Basalblüten 6, deckend, länglich oval, kurz genagelt; Griffel (5) basal eng, nach oben gespreizt, kürzer als Staubblätter; diese ca. 1 cm lang; Kelchblätter lang und vorne gekrümmt, an Kronblätter anliegend.
Ertrag: Früh- und reichtragend, vergleichbar mit 'Lucas'; Art des Fruchtbehanges ähnlich der Vatersorte 'Conference', d.h. mitunter klumpig, was für die Ernte bzw. das Aussehen und die Gesundheit der Birnen nachteilig sein kann.
Krankheiten und Mängel: Im allgemeinen wenig anfällig; bei luftfeuchten und zugleich kühlen Verhältnissen sind Blätter und Früchte jedoch empfindlich für Schorf.

Frucht

Pflückreife: Ende September bis Anfang Oktober.
Genußreife: Von Mitte Oktober bis Dezember aus dem Frischluftlager.
Größe und Form: Groß bis mittelgroß; lang bis ovalbirnförmig, im unteren Drittel betont bauchig, zum Stiel hin deutlich eingezogen; leicht narbig, stört aber kaum.
Farbe und Beschaffenheit der Schale: Gelblichgrün, Deckfarbe von rötlichem Anflug bis rosarot-bräunlich, eigentümlich; Lentizellen dicht, schattenseitig grün, sonnenseitig als dunkle, rote Punkte grün umhöft; häufig von bräunlichem Rost überzogen, ähnlich 'Conference'; grob, hart.
Kelch: Klein bis allenfalls mittelgroß; meist halboffen; Blättchen hochstehend und nach innen gewölbt, am Grund nicht verwachsen.
Kelchgrube: Flach, nur leicht eingesenkt; regelmäßig, meist flächig, teils auch markant fleckig mit Rost bekleidet.
Stiel: Mittellang; kräftig, zum Ansatz deutlich verdickt; grün bis holzbraun.
Stielgrube: Schwach eingesenkt und häufig mit Schnabelbildungen; stärker als übrige Schalenfläche berostet.
Kernhaus: Umgekehrt birnenförmig, gleichmäßig und von auffälligem Steinzellenband eingefaßt; vollachsig; Fächer ovalbreit, geräumig und mit zahlreichen großen und dunkelspitzigen Samen besetzt; Gefäßbündel kaum sichtbar, Gefäßstrang zum Stiel wenig ausgeprägt.
Fleisch: Gelblichweiß, am Rand grünlich; sehr saftig, halbschmelzend bis schmelzend, wenn auch mitunter etwas grobzellig; kurz, ähnlich 'Conference'.
Geschmack: Süßlich-feinsäuerlich bis etwas wässrig; keine besondere Note, tendiert mehr nach 'Conference' als nach 'Williams'.

Anbau und Markt

Mit ähnlichen Wuchseigenschaften wie die Muttersorte 'Williams' stellt 'Bristol Cross' eine geschmackliche Verbesserung gegenüber der Vatersorte 'Conference' dar. Verschiedentlich ist die Reife der Früchte

Bristol Cross

ungleich. Nach bisherigen Erfahrungen scheint diese Sorte die günstigen Lagereigenschaften, die hohe Blühwilligkeit und Fruchtbarkeit von 'Conference' geerbt zu haben. Deshalb können sich die Bäume auf Quittenunterlage rasch erschöpfen. Das frühzeitige (Juni/Juli) Ausdünnen reicher Fruchtbehänge von Hand ist in solchen Fällen zweckmäßig. Da die Bäume auf zusagenden Standortverhältnissen wenig empfindlich gegenüber Krankheiten sind, ist der Anbau nicht nur zum Erwerb sondern auch für den Liebhaberobstbauer bzw. im Hausgarten zu empfehlen.

Charneu(x)

Vollständiger Name ist 'Köstliche von Charneu(x)'; ähnlicher Name ist 'Köstliche'. franz.: 'Fondante de Charneu(x)' oder 'Merveille de Charneu'.
Synonyme sind 'Légipont' (Belgien), 'Desirée van Mons', 'Waterloo', 'Leopoldspeer', 'Bürgermeisterbirne' (Altes Land, Holstein) und 'Grashoffs Leckerbissen' (Magdeburger Gebiet).
Abstammung und Herkunft: Zufallssämling, der um 1800 von Herrn M. Légipont aus Charneu (später als Charneux benannt) bei Luik, nahe Lüttich, gefunden worden sein soll. Diel beschrieb diese Sorte schon 1825 als 'La Merveille (das Wunder) de Charneu'. Nach Lucas gehört diese Sorte als lange, grundfarbige Winterbirne zur Familie der Butterbirnen mit aufrechtem Kelch.
Mutanten: Bisher sind keine Mutanten bekannt geworden.
Standortansprüche: Das Wärmebedürfnis ist artbezogen nicht hoch, denn günstige Anbauergebnisse sind aus Norddeutschland, den Niederlanden und Belgien bekannt. Ebenso sind Höhenlagen mit Erfolg nutzbar, soweit sie nicht dem Wind ausgesetzt sind. Die Birnen selbst sind windfest, aber das Holz ist brüchig. In sehr warmen Lagen (Rheingau) kann es am Schmelz des Fruchtfleisches mangeln. Andererseits sind luftfeuchte Standorte wegen Anfälligkeit für Schorf weniger anbauwürdig. Die Bodengüte kann in gewissen Grenzen schwanken. Wichtig sind jedoch frische bis höchstens mäßig frische und zugleich gut durchlüftete Böden. Insoweit haben sich Bäume selbst auf natürlichem Grünland bewährt. Nachteilig ist hauptsächlich die Empfindlichkeit des Holzes gegenüber tiefem Winterfrost, die Blüten sind weitgehend witterungsunempfindlich und nur mäßig frostanfällig.
Verbreitung: Zu Beginn der 90er Jahre mit jährlich ca. 10 000 t Tafelware noch beträchtlich in den Niederlanden vertreten, dort aber deutlich zurückgehend. Belgien produziert 3000 t, das Rheinland nur 100 t. In der EU werden gegenwärtig demnach um 14 000 t im Jahr produziert. In den Kleingärten, vor allem im Nordwesten von Deutschland, ebenfalls verbreitet.
Bestandessicherheit: Aufgrund der Holzfrostempfindlichkeit nicht hoch. Nachblüten sind z. T. anfällig für Bakterienbrand; ebenso kommt es zu Schäden durch Birnenverfall.

Baum

Wuchs: Betont sortentypisch ist der starke Wuchs des Mitteltriebes. Wird er nicht zurückgeschnitten, entwickeln sich hohe und steile Kronen mit fichtenähnlicher Form. Die Seitenäste bleiben dadurch nach Zahl und Stärke zurück, so daß die natürliche Krone locker aufgebaut ist und Auslichtungsschnitte kaum erforderlich sind. Im fruchtenden Zustand bilden sich die schlecht verzweigten Seitenäste zu Fruchtbogen um, die dann abkippen und sich so oberseitig selbst verjüngen. Durch »Köpfen« der Mittelachse läßt sich das Wachstum mehr auf die Seitenäste verlagern, die natürliche Wuchsform geht aber nicht ganz verloren. Dieses »Köpfen« macht eine sorgfältige Nachbehandlung zur Förderung eines neuen Mitteltriebes notwendig. Nach Rückschnitten entstehen vielfach sog. Wasserschosse, vor allem an der Kronenbasis. Die meist langen Triebe sind hellbraun, dickknospig sowie mittellangnodig und somit dichtblättrig, die Blätter selbst länglich-schiffförmig mit fadenförmigen Nebenblättchen. Außer für kleinkronige Spalierformen sonst für alle Formen geeignet.

Verträglichkeit: Mit Quitte in hohem Maß unverträglich, Zwischenveredlung mit 'Gellert' erforderlich.

Fruchtholz: Die sortentypische natürliche Fruchtbogenbildung führt überwiegend zu seitlich angesetzten Birnen am Langtrieb. Später kommt es dann an diesen Orten selbständig zur Bildung von Quirlholz (mehrjährige Kurztriebe), das ebenfalls vorteilhaft veranlagt ist. Erfahrungen besagen, daß das »Herbeizwingen« dieser Kurztriebe durch Rückschnitte meist zu Mißerfolgen führt. Zweckmäßiger ist es, lange und hochstrebende Triebe zu binden.

Blüte und Befruchtung: Als Befruchtersorte geeignet, diploid, blüht mittelfrüh und mittellang; gute Befruchter sind u.a. 'Bosc', 'Bunte Juli', 'Clapp', 'Conference', 'Elsa', 'Gellert', 'Gute Luise', 'Gräfin', 'Trévoux', 'Tongern', 'Vereinsdechant' und 'Williams'; schwache Neigung zu Parthenokarpie; Blütenzahl 8,8 (8 bis 10), verschiedentlich subterminale Blüte unterentwickelt, scheußlich stinkend; Stiele kräftig, lang und behaart, Achse sehr kurz, Blüten nach oben gerichtet; 5 Kronblätter, Terminalblüte aber häufig bis zu 10, subterminale Blüte vereinzelt 6 bis 8, nicht dekkend, mittelgroß, länglich-oval; Staubblätter (20) kaum 0,5 cm lang; 5 Griffel, wenig auffällig, engständig und eher noch kürzer als Staubblätter; Kelchblätter langzipfelig und nach unten gebogen, hellbraun, seesternartig und ziemlich groß; Primärblätterzahl 4,8 (4 bis 6) glänzen oberseitig hellgrün, unterseitig flaumig bis behaart, ebenso Rand, mittellang, elliptisch, basal rund, vorne spitz.

Ertrag: Setzt in der Regel mittelspät bis spät ein, danach reichlich (ca. 75% von 'Williams') und schwach bis mäßig alternierend. Zum Teil wird die Ertragsfähigkeit aber geringer eingestuft. Starke Fruchtbehänge sollten ausgedünnt werden.

Krankheiten und Schädlinge: Auf luftfeuchten Standorten schorfanfällig und gelegentlich durch Bakterienbrand und Birnenverfall gefährdet.

Frucht

Pflückreife: In frühen Lagen Ende September, in späten Lagen bis Mitte Oktober.

Genußreife: Aus dem Frischluftlager von Oktober bis November; aus dem Kühllager bei −1 °C bis Dezember/Januar; aus dem CA-Lager bis Februar/März; günstige Nachlagerungstemperatur liegt bei +18 °C.

Form und Größe: Mittelgroß (bis groß), birn- bis kegelförmig, mittelbauchig, bei gleicher Größe ziemlich schwankend, zum Kelch breit abgeflacht und gerippt, zum Stiel leicht eingezogen, meist ungleichhälftig und schwach kantig.

Farbe und Beschaffenheit der Schale: Bei der Pflücke grün, später gelblich bis zitronengelb, sonnenseits strahlig bis fleckig gefärbt, von rötlichem Anflug bis kräftig ziegelrot; viele, auffällige Lentizellen als braungrüne Rostpunkte blaßrot umhöft, trocken bis leicht wachsig, buckelig, manchmal auch rauh; dünn, stört nicht beim Frischverzehr.

Charneu(x)

Charneu(x)

Kelch: Mittelgroß; offen; wollige Blättchen lang, spitzig und aufrecht, meist Spitzen nach außen gebogen.
Kelchgrube: Tief bis mitteltief; eng; faltig bis rippig; oft netzartig bis grobschuppig berostet.
Stiel: Lang; mitteldick; leicht gebogen, warzig, gegen Ansatz verdickt, meist gedreht, zur Frucht oft fleischig verdickt und dann seitlich weggedrückt.
Stielgrube: Flach, häufig wulstig; geringfügig strahlig berostet.
Kernhaus: Klein; spindelförmig bis schmal verkehrt birnenförmig; kelchnahe; vollachsig, Fächer meist breitrund und mit zahlreichen hell- bis kastanienbraunen, langen Samen, die mit Dorn enden; Gefäßstrang zum Stiel in Form und Farbe auffällig, gelbe Leitbündel unregelmäßig angeordnet.
Fleisch: Gelblichweiß; feinzellig, sehr saftig, schmelzend, nur wenige Steinzellen.
Geschmack: Vorwiegend süß, ergänzt mit feiner, aber schwacher Säure, weinig; schwach gewürzt; sortentypisches Aroma fehlt meist.

Anbau und Markt

Eine in Norddeutschland sowie in den Niederlanden und in Belgien bisher verbreitete, wertvolle Herbstbirne, die bei den dortigen Wärmeverhältnissen in der Regel einen süßfruchtigen Geschmack entwikkelt, begleitet von saftreichem, schmelzendem Fruchtfleisch. Ihr hoher Handelswert stützt sich auf die in baumreifem Zustand

Physikalische und chemische Eigenschaften der Frucht										
Tagewerte		144								
Größenverteilung nach Gewicht in %	Größenklassen in mm	<50	50/55	55/60	60/65	65/70	70/75	75/80	80/85	85/90
	Quitte		5	12	23	32	20	7	1	
	Sämling									
Mittleres Fruchtgewicht in g		185	(145 – 275)							
Spezifisches Fruchtgewicht		0,99								
Fruchtform-Index		1,3	(1,1– 1,5)							
Mittlerer Zuckergehalt als Refraktometerwert in %		14,0	(12,7–15,4)							
Mittlerer Säuregehalt in g/l		1,2	(1,1– 1,3)							

günstige Transportfähigkeit und auf die sehr gute Eignung für die Lagerung. Als Tafelbirne wie als Einmachfrucht bzw. als Kompott, zum Dörren oder zum Saftmachen geschätzt. Über das Risiko für Verbräunungen im Fleisch bzw. Überreifwerden sind die Ansichten uneinheitlich. Für den Erwerbsanbau sind der späte Ertragsbeginn und die dadurch nicht hohen Baumerträge kritisch zu sehen. Dies und niedrige Marktpreise haben ihre Deckungsbeiträge in den letzten Jahren absinken lassen. Für den Hausgarten und den Liebhaberanbau ist die im allgemeinen problemlos anzubauende Sorte – abgesehen vom Schorf – dank ihrer inneren Qualität für weniger warme Standorte nach wie vor empfehlenswert. Ähnliche Früchte hat auch 'Gute Luise'.

Clapp

Ähnliche Namen sind 'Clapps bzw. Clapps Liebling' und 'Clapp's'.
franz.: 'Favourite (oder Favorite) de Clapp'.
engl.: 'Clapp's Favourite'.
amerik.: 'Clapp Favorite'.
Synonyme: keine.

Abstammung und Herkunft: Zufallssämling, vermutlich aus einem Samen der Sorte 'Holzfarbige Butterbirne' hervorgegangen; vor 1860 von Thaddäus Clapp in Dorchester (Massachusetts, USA) als Sämling gezogen und 1860 bei einer Versammlung der Mass. Hort. Soc. vorgestellt.

Mutanten: Aus den USA ist seit 1939 'Starkrimsonpear' bekannt, eine vollständig rotgefärbte Mutante mit einem Stich ins Blaue und mit geringerer Fruchtbarkeit als 'Standard'; aus den Niederlanden wird von den Gebr. Lindenbergh zu Wemeldinge, Seeland, die Mutante 'Jumbo Clapp' gemeldet, die größere Früchte und Blätter aufweist und früher als 'Standard' blühen soll. Unter der Bezeichnung 'Aldingers Frühe Clapp' verbirgt sich ein Sämling der Sorte 'Clapp' und keine Mutante.

Standortansprüche: Dank früher Reife mit großer wärmeklimatischer Anbaubreite, d. h. es sind sowohl sehr warme als auch mäßig warme Klimate nutzbar. Diese schließen in Südwestdeutschland auch mittlere Höhenlagen (um 500 m über Normalnull) mit ein. Je wärmer aber das Klima ist, um so sorgfältiger muß der Pflückzeitpunkt gewählt werden. Gedeiht gut auf gründigen, humosen und mäßig frischen bis frischen Lehm- bis lehmigen Sandböden von mindestens mittlerer Fruchtbarkeit. Wenig geeignet bis ungeeignet sind dagegen zu Trockenheit neigende oder andererseits schlecht durchlüftete, tonreiche Böden. Die Holzfrosthärte ist mittelmäßig. Die Blüten sind ziemlich unempfindlich gegenüber Spätfrost, Nässe und Kälte. Die schweren Birnen fallen mit zunehmender Reife leicht. Eine frühe Pflücke, die auch die Saftigkeit des Fruchtfleisches begünstigt sowie eine windgeschützte Lage, wirken dieser Schwäche entgegen.

Verbreitung: Die Hauptnutzung ist im Hausgarten; mit abnehmender Tendenz in den Niederlanden mit ca. 5000 t jährlich, in der Steiermark (450 t), in der Schweiz (350 t) und im Rheinland (200 t) erwerbsmäßig angebaut.

Bestandessicherheit: Als Folge einer mittleren Holzfrosthärte nur mäßig.

Clapp

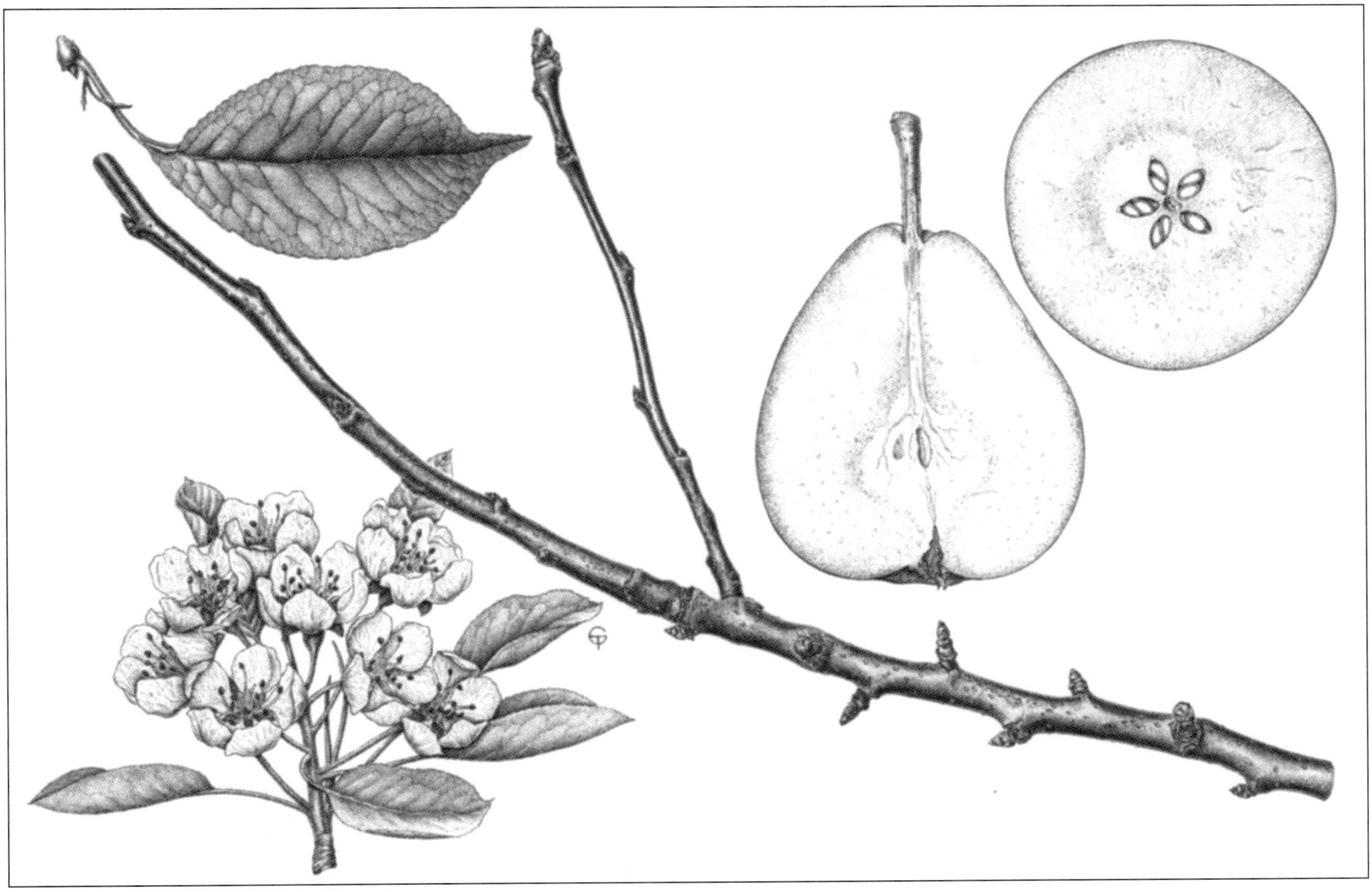

Baum

Wuchs: Starkwüchsig; Leitäste anfänglich steil und wenig verzweigt. Unbeschnitten kippen sie später bogenförmig nach außen ab und geben dem Baum ein breitpyramidales Aussehen mit langen, überhängenden Ästen, an denen sich sowohl Kurztriebe als auch – dies jedoch meist unregelmäßig – mittellange Triebe bilden, die häufig ebenfalls nach unten hängen mit allerdings aufrechter Triebspitze. Es entstehen ziemlich ungeordnete und sperrige Kronen. Mit Hilfe frühzeitiger und mäßiger Rückschnitte läßt sich der Kronenaufbau gezielter durchführen und die Verzweigung verbessern. Typisch sind ziemlich dicke, dunkelbraune Triebe mit gestauchten Internodien; die glänzenden, mittelgroßen Blätter zeigen sich schmalelliptisch, langspitzig und feingesägt. Für die meisten Baumformen geeignet, wegen des starken Wuchses weniger für Spaliere.
Verträglichkeit: Auf Quitte nur mit Zwischenveredlung, z.B. 'Gellert', verträglich.
Fruchtholz: An naturnahen Kronen überwiegen mehrjährige Kurztriebe, sog. Quirlhölzer. Auf abgekippten Ästen dieser Art können als Folge der Oberseitenförderung laufend mittellange Fruchthölzer umgetrieben werden. Im allgemeinen hat sich aber ein mäßiger Fruchtholzschnitt bewährt, der verstärkt zu günstiger Kurztriebbildung führt. Die Birnen hängen in der Regel einzeln.
Blüte und Befruchtung: Als Befruchtersorte geeignet, diploid; mittelspät- und langblühend; bewährte Befruchtersorten sind u.a. 'Bosc', 'Bunte Juli', 'Charneux', 'Clairgeau', 'Conference', 'Gellert', 'Gute Luise', 'Geißhirtle', 'Supertrévoux', 'Trévoux', 'Vienne', 'Vereinsdechant' und 'Williams'; parthenokarpe Veranlagung sehr schwach (2%), in Ungarn soll sie jedoch hoch (10 bis 20%) sein; Blütenzahl 8,0 (7 bis 10), vereinzelt subterminale Blüte verzögert, mäßig stinkend, Stiele und Achse lang, locker aufgebaut; Primärblätterzahl 5,5 (4 bis 7), schmalelliptisch, oft gerollt, hellgrün glänzend, unterseitig flaumig, langstielig, groß; Kronblätter 5, verschiedentlich auch 6, länglich-oval, lang genagelt, nicht deckend, breitschüsselig, einzelne verkümmert; Griffel (5) deutlich länger als Staubblätter, meist gebogen, rötlich-braun; Staubblätter (20) ca. 0,5 cm lang; Kelchblätter kurz, spitzig-schmal und gewellt bzw. gebogen.
Ertrag: Setzt mittelspät ein, ist danach hoch und regelmäßig.
Krankheiten und Mängel: Im allgemeinen wenig anfällig; auf luftfeuchten Standorten jedoch schorfempfindlich.

Frucht

Pflückreife: In Mitteleuropa von Anfang August bis Anfang September je nach Wärmeklima; hartreif, d.h. 8 bis 10 Tage vor der Genußreife pflücken; die Reife ist folgernd, deshalb Durchpflücken zweckmäßig
Genußreife: Im Frischluftlager ca. 20 Tage, im Kühllager bei −1 °C und hoher Luftfeuchtigkeit 2 bis 3 Monate haltbar; bei

Clapp

grünlicher Schalenfarbe aus- und bei +18 °C nachlagern.
Größe und Form: Groß; überwiegend birnenförmig und kelchbauchig, zum Stiel teils leicht, teils kräftig eingezogen, zum Kelch abgerundet, Fläche klein, im ganzen ebenmäßig (Schaufrucht).
Farbe und Beschaffenheit der Schale: Von gelblichgrün zu sattem Gelb wechselnd, sonnenseits von orange bis kräftig ziegelrot, teils geflammt, teils gestreift; Lentizellen sehr dicht, als grüne Punkte rot umhöft; vereinzelt fleckig oder am Kelch und Stiel schwach strahlig berostet; glatt, matt, hart, dick und grießig.
Kelch: Halboffen bis offen; kleine hornartige Blättchen, aufrecht, schmal, spitz und am Grund abständig.
Kelchgrube: Klein; flach schlüsselförmig; schwach höckrig bis geperlt, vielfach gefältelt.
Stiel: Kurz bis lang (Streuung vermutlich bedingt durch Mutation); dick (bis dünn, vgl. vorher); gerade bis leicht gebogen; überwiegend aufgesetzt, oft fleischig verdickt bis ringförmig gestaucht; holzfarben, helle Lentizellen.
Stielgrube: Flach; eng und oft ungleich, häufig fehlend; strahlig berostet.
Kernhaus: Mittelgroß; rhombenförmig; kelchnahe; vollachsig; grobzellig umrandet; Leitbündel als grünlichgelbe Punkte, Gefäßstrang zum Stiel kräftig; Fächer mit braunen, eiförmigen bis plumpen Samen gefüllt.
Fleisch: Gelblichweiß bis cremefarben; halbschmelzend bis vollschmelzend, saftig, feinkörnig, manchmal auch grobzellig und etwas trocken; anfällig für Fleischbräune; wird bei Überreife rasch teigig oder mehlig.
Geschmack: Feinsäuerlich-süß, schwach aromatisch; im ganzen eine gute, aber keine überragende Qualität.

Physikalische und chemische Eigenschaften der Frucht										
Tagewerte		103								
Größenverteilung nach Gewicht in %	Größenklassen in mm	<50	50/55	55/60	60/65	65/70	70/75	75/80	80/85	85/90
	Quitte	1	3	13	36	37	9	1		
	Sämling	1	6	19	32	31	9	2		
Mittleres Fruchtgewicht in g			138			(80–170)				
Spezifisches Fruchtgewicht			0,99							
Fruchtform-Index			1,20			(1,05–1,40)				
Mittlerer Zuckergehalt als Refraktometerwert in %			11,5			(10,2–12,8)				
Mittlerer Säuregehalt in g/l			2,3			(1,5– 3,2)				

Anbau und Markt

Die Vorteile dieser Tafelbirne liegen in der frühen Reife (Augustbirne), der Größe ihrer Früchte und in der nach gewisser Anlaufzeit hohen Fruchtbarkeit. Hinzu kommt, daß die Birnen in Farbe und Form ansprechen und, gut ausgereift, auch im Geschmack und Fruchtfleisch befriedigen. Einschränkend wirkt die kurze Haltbarkeit, so daß neben der Selbstversorgung aus dem Hausgarten nur der lokale Markt sinnvoll ist. Dies hat Folgen für das Preisniveau, das in der Regel nicht hoch ist.

Meist als Tafelfrucht verwendet, doch zum Einmachen ebenfalls geeignet. Bei Kühllagerung möglichst mit grünlicher Schalenfarbe auslagern. Nur hartreif transportfähig. Eine Fruchtausdünnung ist selten erforderlich; die Birnen hängen meist einzeln und locker, die Pflückleistung soll entsprechend hoch sein. Nach Lucas ist es eine längliche und gefärbte Sommerbirne (Fam.: Apothekerbirnen) mit aufrechten, z.T. hornartigen Kelchblättern.
Ähnliche Früchte kann auch die Sorte 'Trévoux' haben.

Conference

Ähnliche Namen sind 'Konferenzbirne' oder nur 'Konferenz'.
franz.: 'Conférence'.
poln.: 'Konferencja'.
Keine Synonyme.
Abstammung und Herkunft: Der Same ist aus freier Abblüte der Muttersorte 'Leon Leclerc de Laval' (nicht verwechseln mit 'General Leclerc', 1950 entstanden) in der Baumschule T. Rivers in Sawbridgeworth, Hertfordshire/England, hervorgegangen; 1885 als Sämling anläßlich der Nationalen Britischen Birnenkonferenz ausgestellt, nach der die Sorte auch benannt wurde; seit 1894 im Handel.
Mutanten: In den Niederlanden und in Belgien sind neben einer bronzefarbigen und deshalb vom Äußeren her gesehen weniger durch kleine Hautschäden auffälligen Mutante 4 weitere Mutanten bekannt geworden:

1. 'Dubbele Conference', auch als 'Conference Primo' bezeichnet; um 1960 von T. de Meulemeester aus Zundert in 's-Gravenpolder entdeckt. Eigenschaften: Birnen sind dicker, Baumerträge geringer.
2. 'Dubbele Conference'; von H. Fleuren, Baumschulbesitzer in Baarlo, bekannt gemacht. Eigenschaften wie bei 1.
3. 'Novi Conference', großfrüchtige Mutante, von Obstbauer Vincent Nolens in Velm gefunden und von der Baumschule N. V. Jo Nicolai & Co vertrieben; zum Züchterschutz angemeldet.
4. 'Conference M 202', eine holländische Selektion der NAKB in Horst/Limburg; soll größeren »Bauch« und typische Berostung haben. Es wurden rund 10 weitere Formen bekannt, darunter eine tetraploide Form. Sie werden nach Nummern, Jahrgängen und Namen der Finder unterschieden. Ob es sich bei allen Formen im erblichen Sinn um Mutanten handelt, ist fraglich.

Standortansprüche: Gutes Gedeihen setzt fruchtbare und mäßig frische bis frische Böden von sandig-lehmiger bis tonig-lehmiger Beschaffenheit voraus. Mäßig trockene oder wechseltrockene Böden beeinträchtigen Wuchs und Fruchtbarkeit mehr als bei Birnen üblich. Wechselfeuchte Böden begünstigen wiederum die Anfälligkeit für Obstbaumkrebs. Nach holländischen Erfahrungen bringt die Quittenun-

Conference

terlage 'MC' auf wüchsigen Böden sehr gute Erträge und ausreichende Fruchtgrößen, während dies die Unterlage 'MA' eher auf weniger wüchsigen Verhältnissen leistet. Freier Kalk im Boden fördert bei beiden Unterlagen die Chlorose. Der Wärmeanspruch ist für eine Tafelbirne nicht hoch, daher sind auch Höhenlagen anbauwürdig. An Tagen mit sommerlicher Hitze erleiden die Blätter schnell Sonnenbrand. Dies führt zu mehr oder weniger starkem Blattfall mit nachteiligen Folgen für Trieb- und Fruchtwachstum. Das Holz ist wenig empfindlich gegenüber Winterfrost, ebenso die Blüten gegenüber Spätfrost. Nachteilig können Spätfröste vor der Blüte sein, die Frostzungen, Frostgürtel oder Frosthauben am Kelch hervorrufen. Windoffene Lagen sind wegen Fruchtfallgefahr kurz vor der Ernte zu meiden.

Verbreitung: Anfangs der 90er Jahre werden in der EU jährlich bis zu 500 000 t 'Conference'-Birnen produziert. Den Hauptanteil beansprucht Italien; dort werden bis zu 220 000 t vermarktet. Hauptsorte in Belgien (max. 80 000 t) und in den Niederlanden (max. 60 000 t); demgegenüber liegt die französische Jahreserzeugung bei 40 000 t, die englische bei 30 000 t, während die deutsche Produktion bescheiden ausfällt. Schwerpunkt ist das Rheinland mit 350 t, doch steigt die Tafelbirnenkultur in Deutschland in jüngster Zeit an. Außerhalb der EU hat die Schweiz im Wallis eine jährliche Menge um 4000 t anzubieten.

Bestandessicherheit: Eine dank geringer Holzfrostempfindlichkeit und allgemeiner Robustheit weitgehend bestandessichere Tafelsorte.

Baum

Wuchs: Anfänglich mindestens mittelstarker, später nachlassender Wuchs, der zu hochpyramidalen, aber nicht steilgebauten, insgesamt »schönen« Kronen führt mit schräg nach oben stehenden Leitästen, an denen die Zweige waagrecht oder leicht hängend angesetzt sind. Die grünlichbraunen Triebe sind artspezifisch kurznodig, die glänzenden graugrünen und rel. kleinen Blätter sind länglich-oval mit ausgezogener Spitze und weitgehend ganzrandig.
Verträglichkeit: Ohne Zwischenveredlung mit Quitte als Unterlage direkt verträglich; deshalb auch als Partner für Zwischenveredlungen (Quitte ⟷ Edelsorte) verwendet.
Fruchtholz: Hauptsächlich an 1- und mehrjährigen Kurztrieben, fruchtet teils

auch endständig an 1jährigen Langtrieben; die 1 bis 3 cm langen Kurztriebe entstehen in der Regel seitlich an senkrechten Langtrieben, die im zweiten Jahr endständig fruchten und dann abkippen; dadurch kann auf einfache Weise nachfolgend ein oberseitiger Fruchtholzwechsel auf den meist waagrecht stehenden Fruchtrutenträgern in Gang gesetzt werden.
Blüte und Befruchtung: Gute Befruchtersorte, diploid, jedoch mit 'Amanlis Butterbirne' intersteril; mittelfrühblühend; geeignete Befruchtersorten sind 'Bosc', 'Bunte Juli', 'Clapp', 'Charneux', 'Gellert', 'Gute Luise', 'Supertrévoux', 'Trévoux', 'Tongern', 'Vereinsdechant', 'Vienne' und 'Williams'; unter günstigen Bedingungen z.T. selbstfruchtbar; ausgeprägte Neigung zur Jungfernfrüchtigkeit; Blütenzahl 8,5 (7 bis 10), subterminale Blüten häufig verzögert und basale Blüten weiterentwickelt, fürchterlich stinkend; Terminalblüte z.T. mit 6 + 7 Blättern; Achse sehr lang, Stiele kräftig, lang und straff aufrecht. Primärblätterzahl mit 3,7 (3 bis 5) sehr niedrig, groß, laufen spitz zu, oberseitig glänzend, unterseitig flaumig, ebenso Rand; Kronblätter mittel-

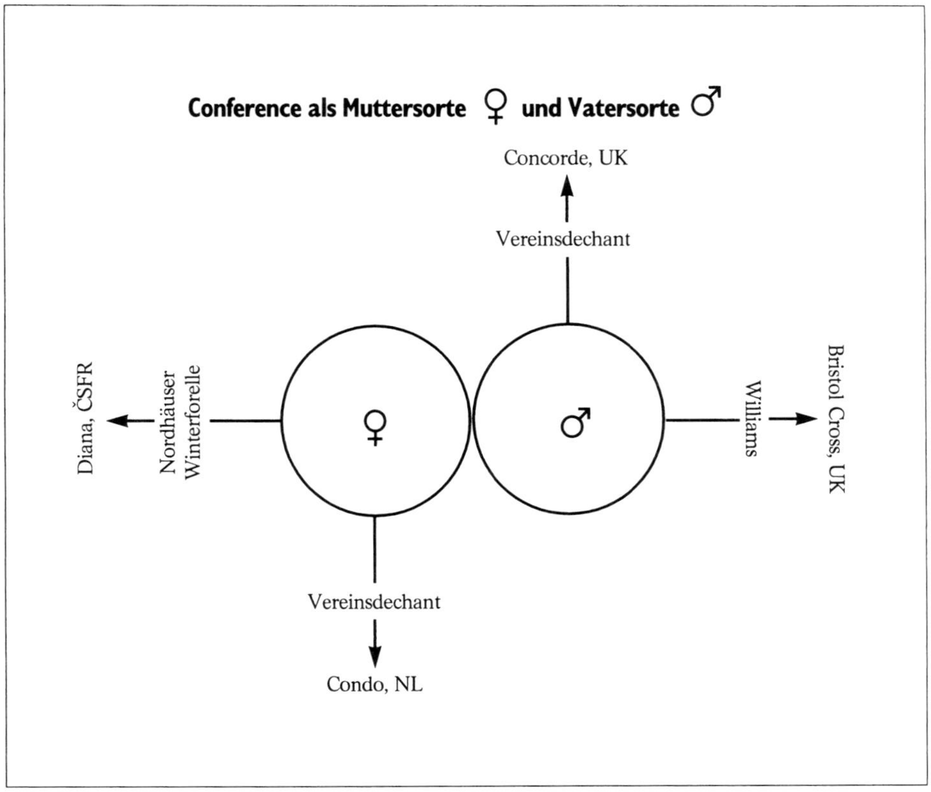

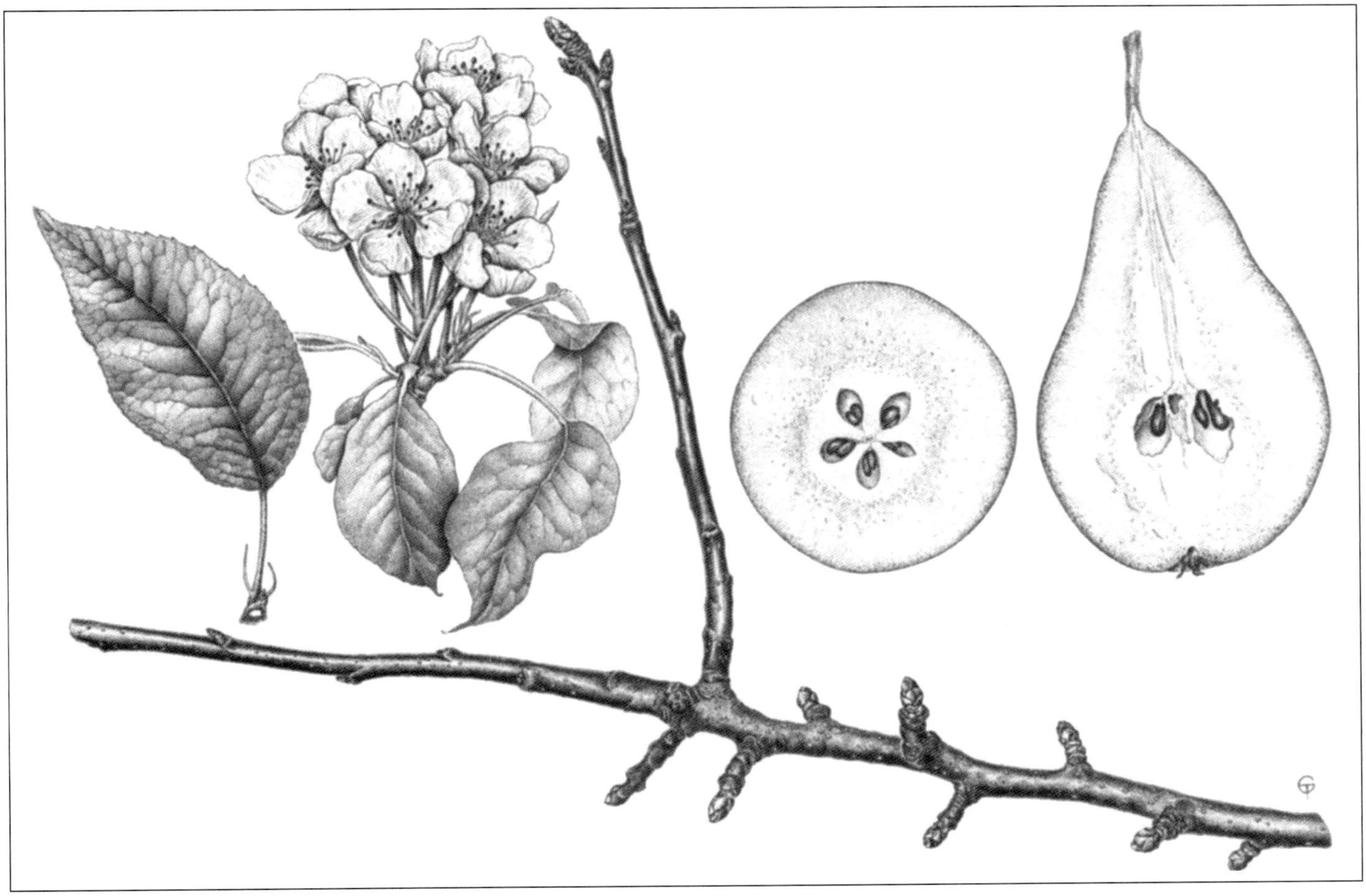

Physikalische und chemische Eigenschaften der Frucht										
Tagewerte		141								
Größenverteilung nach Gewicht in %	Größenklassen in mm	< 50	50/55	55/60	60/65	65/70	70/75	75/80	80/85	85/90
	Quitte		13	38	35	14				
	Sämling									
Mittleres Fruchtgewicht in g			155			(105 – 200)				
Spezifisches Fruchtgewicht			0,99							
Fruchtform-Index			1,55			(1,3– 2,0)				
Mittlerer Zuckergehalt als Refraktometerwert in %			13,5			(13,4–13,6)				
Mittlerer Säuregehalt in g/l			1,3			(1,2– 1,5)				

groß, genagelt, teilweise überdeckend; Kelchblätter langspitzig, gelb bis bräunlich und unterschiedlich verformt; Griffel engstehend, am Ende verdreht, kaum länger als Staubblätter, bei diesen äußere Reihe reifer und länger als innere.
Ertrag: Eine der fruchtbarsten Tafelbirnen dank früheinsetzender, hoher bis sehr hoher und ziemlich regelmäßiger Erträge. Ansatz ist verschiedentlich traubig, was für die Ernte nachteilig ist und den Befall durch Krankheiten und Schädlinge begünstigt. Deshalb und wegen der Alternanzgefahr sollten starke, traubige Behänge frühzeitig ausgedünnt werden. Dies fördert auch die Fruchtgröße.
Krankheiten und Schädlinge: Nicht schorfanfällig, aber anfällig für Bakterienbrand und für den Virösen Birnenverfall; hin und wieder werden Fraßschäden durch den Dompfaff beobachtet.

Frucht

Pflückreife: Von Ende September bis Mitte Oktober, je nach Wärmeklima.
Genußreife: Aus dem Frischluftlager im Oktober und November; aus dem Kühllager (–0,5 °C bis 0 °C) bis Februar; aus dem CA-Lager bei niedrigen O_2-Gehalten (2 bis 3% O_2; 2,0% CO_2) bis Ende April; günstige Nachlagertemperatur bei + 19 °C.
Form und Größe: Mittelgroß bis groß, als Tafelbirne günstig; lang bis sehr lang, teils birnen- teils kegelförmig, überwiegend kelchbauchig und kelchrund; zum Stiel teils eingezogen, teils erhaben rund, insofern ungleich, vereinzelt schwach narbig und leicht gerippt; Jungfernfrüchte, meist die Königsfrüchte, bananenartig.
Farbe und Beschaffenheit der Schale: Trübgrün bis grünlichgelb; sonnenseits selten hellorange angehaucht, sonst wie schattenseitig; im allgemeinen kleine, dichtstehende, braune Lentizellen, sonnenseits größer und lockerer; um den Kelch grobschuppiger Rost, der sich zum Stiel in Rostflecken auflöst; rauh, trocken; hart, dick und grießig, zum Verzehr schälen.
Kelch: Mittelgroß; offen; Blättchen schmalelliptisch, breitgrundig und verwachsen, außen aufrecht oder nach innen gebogen; Staubfäden als trockener Pinsel sichtbar.
Kelchgrube: Klein; flach eingesenkt; verschiedentlich unrund; durchweg fein bis grobschuppig berostet.
Stiel: Mittellang bis lang; mitteldick bis dünn; zur Frucht grün, am Ansatz braun und verdickt; in der Regel mit schwachem Wulst aufsitzend, oft schräg.
Stielgrube: Fehlt bzw. als leichte, schief angesetzte Wulst angedeutet; meist rostfrei.
Kernhaus: Mittelgroß; ei- bis spindelförmig; hohlachsig; von breitem Zellenkranz rosarot eingefaßt; unregelmäßig breitovale, fast dreieckig abgerundete Fächer mit zugespitzten kastanienbraunen, ungleich entwickelten Samen.
Fleisch: Von grünlich (Schale) über gelblichweiß bis lachsfarben (Kernhaus); sehr saftig, weichschmelzend, fast melonenartig; bei mangelhafter Reife grobzellig und saftlos; überreif gerne braun und teigig.
Geschmack: Süß; schwach aromatisch, in der Regel leicht gewürzt; angenehm.

Anbau und Markt

Eine standörtlich wenig anspruchsvolle, überdurchschnittlich fruchtbare und sehr gut lagerfähige, mittelspäte Tafelbirne, die zwar nicht zu den Edelsorten zählt, die aber im Geschmack und im Fleisch über die Jahre hinweg selten enttäuscht. Quitte 'MC' bringt höhere Erträge, aber auch etwas weniger große Früchte als Quitte 'MA'. Trotz vielfach schlanker Birnenformen besitzt 'Conference' einen hohen Marktwert, der ihr gute Preise sichert, die wiederum zu relativ hohen Deckungsbeiträgen in Mitteleuropa führen. In grünem Zustand gut transportfähig, bei Genußreife aber druckempfindlich. Für gute Lagerungsergebnisse darf nicht zu spät gepflückt und sollte dann sofort eingelagert werden. Als Konservenfrucht wegen Trübungen des Saftes wenig, zum Dörren jedoch gut geeignet. Nach Ausfall der Samenanlagen durch Spätfrost kann durch sofortige Gibberellin-Spritzungen das Fruchtwachstum angeregt werden. Ähnliche Früchte haben die Sorten 'Abate Fetel', 'Prinzessin Marianne' und 'Gräfin'.

Gellert

Vollständiger Name ist 'Gellerts Butterbirne', ein ähnlicher Name ist 'Gellerts'. Synonym ist 'Hardys Butterbirne'.
franz.: 'Beurré Hardy',
amerik.: 'Hardy',
ital.: 'Butirra Hardy'.
Abstammung und Herkunft: Zufallssämling, der um 1820 von Herrn Bonnet im französischen Boulogne-sur-Mer (Dep. Pas-de-Calais) entdeckt und etwa ab 1830 von der Baumschule J.-L. Jamin in Bourg-la-Reine (Seine) übernommen wurde, die den Sämling nach Obstbauprofessor Hardy, dem damaligen Direktor des berühmten Jardin de Luxembourg in Paris, benannt und zwischen 1840 und 1845 verbreitet haben soll. Oberdieck bezog 1838 Reiser dieser Sorte von Prof. van Mons in Löwen/Belgien und hat sie fälschlicherweise nach dem Dichter C. F. Gellert neu benannt.
Mutanten: Bekannt geworden sind rotgefärbte Mutanten, z. B. die 1934 entdeckte Mutante 'Royal Red' aus den USA; wegen ihrer unschönen Rotfärbung konnten sie sich aber nicht durchsetzen.
Standortansprüche: Eine Tafelbirne mit großer wärmeklimatischer Anbaubreite,

d. h. auch auf mittleren Höhenlagen – in SW-Deutschland bis 600 m über NN – erreichen die Früchte ihre sortentypische Qualität. Abgesehen von tonigen oder wechselfeuchten, also schlecht durchlüfteten Böden, die den Befall mit Obstbaumkrebs begünstigen, stellt die Sorte keine besonderen Bodenansprüche. Zu beachten ist jedoch, daß frische Böden anfänglich das vegetative Wachstum, mäßig trockene eher das Fruchten, aber auch vorzeitigen Fruchtfall, fördern. Holz und Blüten sind artgemäß wenig frostempfindlich. Windoffene Lagen sind wegen Fruchtfallgefahr zu meiden.

Verbreitung: Neben dem Ursprungsland Frankreich, wo 'Gellert' noch eine beachtliche, statistisch aber kaum sichtbare Rolle spielt, wird die Sorte hauptsächlich in den Niederlanden (ca. 12 000 t im Jahr) erwerbsmäßig angebaut. Kleinere Kontingente finden sich in Belgien (ca. 2500 t) und in Deutschland (ca. 1000 t). Im allgemeinen ist der Anbau rückläufig, doch kann er sich als Folge relativ geringer Anfälligkeit der Sorte für Feuerbrand wieder verbessern.

Bestandessicherheit: Da Teilschäden oder Totalausfälle durch Winterfröste selten sind, ist die Bestandessicherheit hoch.

Gellert

Baum

Wuchs: Starkwüchsig, mit von Natur aus betonter Mittelachse sowie wenigen, steilstehenden und nur schwach verzweigten Leitästen. Zum Kronenaufbau und gleichzeitig zur Wuchsschwächung bzw. zur Förderung der Blühwilligkeit bietet sich das frühzeitige Waagerechtbinden der Leitäste an. Für Spindelbäume schon im 1. oder 2. Jahr. Dadurch entstehen auch ohne wuchssteigernde Rückschnitte ausreichend Verzweigungen in Form oberseitiger, dickhölziger und mittellang- bis kurznodiger Langtriebe. Die Folgen dieser Erziehung sind bei mittel- oder hochstämmigen Bäumchen breit-pyramidale und mittelgroße Kronen. Als sortentypisch gelten die großen, dunkelgrünen und glänzenden Blätter, die schiffartig geformt sind. In der Baumschule wachsen kräftige und gerade Stämme heran. Wuchs, Holzfrosthärte und die gute artspezifische Verträglichkeit prädestinieren 'Gellert' zum Stammbildner.

Verträglichkeit: Hervorragend; deshalb verbreitet als Partner für Veredlungen zwischen Quitten-Unterlage und mit diesen unverträglichen Edelsorten eingesetzt (Zwischenveredlung).

Fruchtholz: Leitäste und Langtriebe sind dank der guten Austriebswilligkeit der Knospen dicht und gleichmäßig mit mehrjährigen Kurztrieben besetzt, die endständig fruchten. Seitliche Blütenstände an den einjährigen Langtrieben gibt es kaum.

Blüte und Befruchtung: Als Befruchtersorte geeignet; diploid; mittelfrüh- bis mittelspät- und langblühend; gute Befruchter sind 'Clapp', 'Charneux', 'Clairgeau', 'Conference', 'Bosc', 'Bunte Juli', 'Gute Luise', 'Trévoux', 'Vienne', 'Vereinsdechant' und 'Williams'; mäßige bis gute Neigung zur Parthenokarpie, mit allerdings um die Hälfte kleineren Früchten; Blütenzahl 9,7 (9 bis 11) häufig mit seitlichen Nachblüten an den Basalblüten, diese meist weiter als Terminalblüte entwickelt, fürchterlich stinkend, Stiele kurz bis mittellang, Kronblätter nicht deckend, relativ klein und lang genagelt; lockerer Aufbau, schüsselförmig; Achse kurz bis mittellang, Infloreszenz gedrungen, aber breit; Primärblätter 5,5 (4 bis 7), breitoval, nach Größe überdurchschnittlich, kräftig grün; kurzgestielt; Kelchblätter lang, schmal, sehr spitzig, bräunlich, Enden steil, fast krallenartig, nach unten gebogen, Griffel, häufig weniger als 5, engständig, etwas länger als Staubblätter; diese ca. 1 cm lang und verschiedentlich weniger als 20; Infloreszenz aufgrund der großen Primärblätter mit grünlichem Aspekt.

Ertrag: Setzt als Folge starken Wuchses spät ein, ist danach hoch, aber häufig mäßig alternierend; durch wuchshemmende Maßnahmen (Binden, Einsatz von Hemmstoffen) läßt sich die Fruchtbarkeit erhöhen; bei starken Behangdichten ist Ausdünnen zweckmäßig.

Krankheiten und Mängel: In luftfeuchten Gebieten schorfanfällig, insbesondere die Blätter, sowie für Obstbaumkrebs; auch anfällig für Viröse Steinfrüchtigkeit, Ringfleckenmosaik und Birnenverfall.

Frucht

Pflückreife: Von Mitte September bis Anfang Oktober, je nach Wärmeklima.

Genußreife: Von Ende September bis Ende Oktober aus dem Frischluftlager; aus dem Kühllager bei 0 bis +2 °C bis Januar–Februar, wobei nach holländischen Erfah-

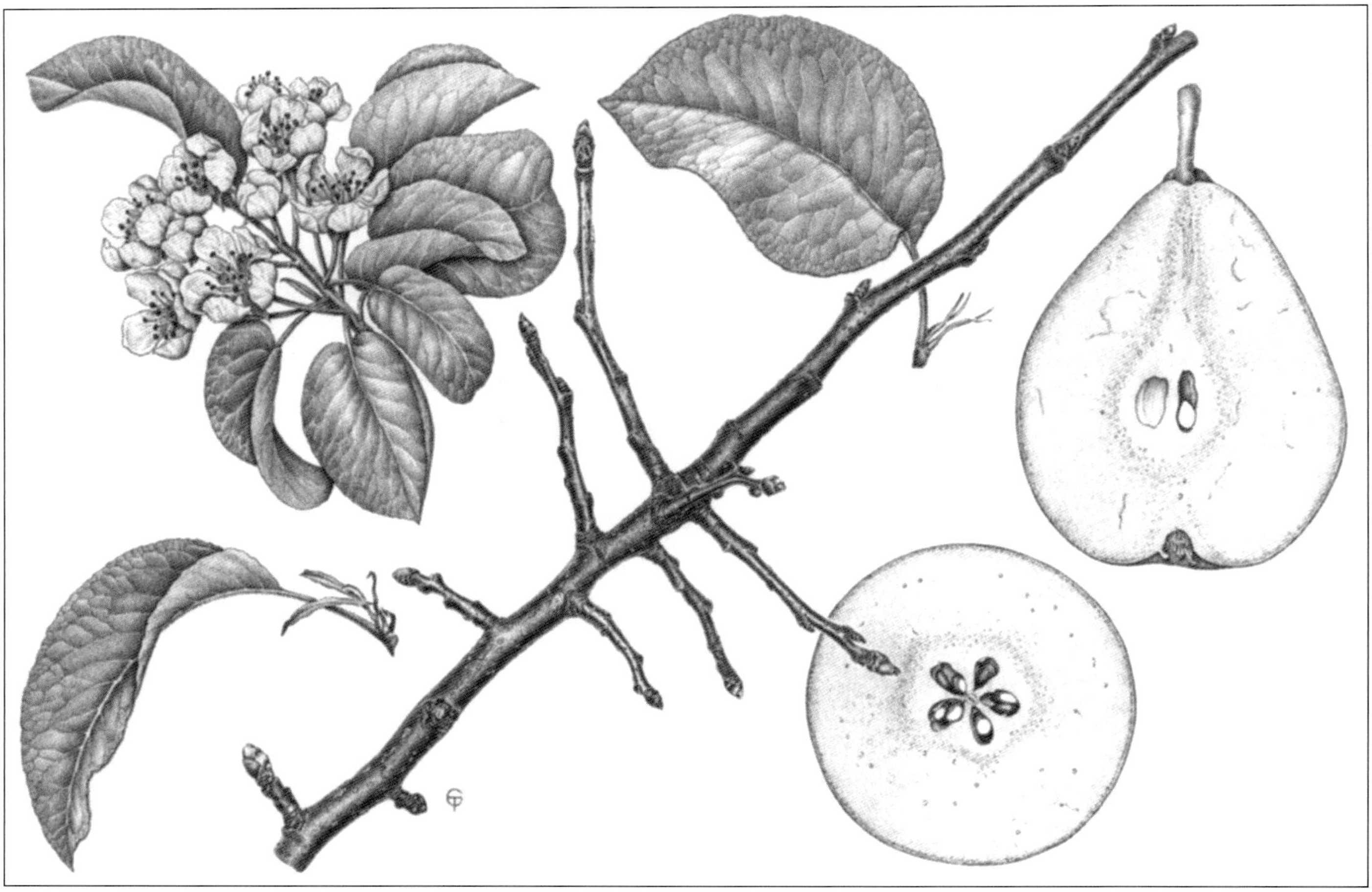

Gellert

rungen Temperaturen bei O °C häufig zu Hohlräumen im Kernhausbereich führen; bei 18 °C günstige Nachlagerung.

Form und Größe: Groß (bis mittelgroß); stumpfkegelig bis breitbirnenförmig und oval, kelchbauchig, klobig gedrungen, stielwärts oft einseitig eingeschnürt, um den Stiel breitschultrig.

Farbe und Beschaffenheit der Schale: Grundfarbe stumpfgrün bis grünlich, hochreif ocker- bis bronzefarbig durch sortentypisch feinen, bräunlichen Rostüberzug, sonnenseits verschiedentlich fleckig bis schwach bläulichrot; sehr viele Lentizellen als Roststernchen; aber nur sonnenseitig auffällig; rauh, trocken; hart bis grob und grießig, stört beim Verzehr.

Kelch: Offen; mittelgroß bis groß; dicke Blättchen ziemlich klein, schmal, spitzig, sie stehen einzeln, sind meist nach außen gebogen und geben die Staubfäden frei.

Kelchgrube: Mäßig weit und mäßig eingesenkt; ebenmäßig, selten gefältelt aber ringförmig berostet.

Stiel: Kurz und dick; oft seitlich verdrückt oder höckrig; braun mit hellen Lentizellen, am Ende knopfig.

Stielgrube: Klein bis schwach eingesenkt oder auch fehlend; leicht gefältelt, feinberostet.

Kernhaus: (Sehr) klein; kelchnahe; birnen- bis rhombenförmig; Fächer klein, flach und anliegend, Samen dunkelrotbraun, länglich und betont spitzig; Gefäßbündel heben sich farblich ab.

Fleisch: Gelblichweiß, randlich grün diffundiert; sehr saftig, schmelzend bis flie-

Physikalische und chemische Eigenschaften der Frucht										
Tagewerte		138								
Größenverteilung nach Gewicht in %	Größenklassen in mm	<50	50/55	55/60	60/65	65/70	70/75	75/80	80/85	85/90
	Quitte	1	5	6	9	19	48	11	1	
	Sämling									
Mittleres Fruchtgewicht in g			165			(145 – 200)				
Spezifisches Fruchtgewicht			0,98							
Fruchtform-Index			1,15			(1,0–1,5)				
Mittlerer Zuckergehalt als Refraktometerwert in %			13,0			(12,1–14,0)				
Mittlerer Säuregehalt in g/l			3,1			(2,8–3.4)				

ßend, gelegentlich aber auch locker und mürbe; später teigig.
Geschmack: Fein weinsäuerlich-süß, gewürzt mit edlem Aroma; erfrischend und ausgezeichnet.

Anbau und Markt

Von der inneren Qualität her eine der besten Tafelbirnen im Herbst. Voraussetzung ist jedoch gute Reife und/oder nicht zu frühe Ernte, da sonst gerne etwas herb und grießig. Äußeres Aussehen demgegenüber wenig anziehend, Preise vermutlich deshalb, aber auch wegen begrenzter Haltbarkeit, selten hoch. Beste Eignung als Tafelfrucht, zum Einmachen ebenfalls verwendbar. Nur unmittelbar nach der Ernte und kurzfristig für den Versand geeignet. Aus diesem Grund hauptsächlich für den Lokalmarkt und den Hausgarten zu empfehlen. Kühllagerfähig, doch Geschmack leidet je länger, je mehr. Der natürliche starke, steile und wenig verzweigte Wuchs verzögert die Blühwilligkeit. Binden der Leitäste und Einsatz von wuchshemmenden Stoffen ist somit zweckmäßig. Schnitteingriffe sind im ansteigenden Ertragsalter wegen ihrer wuchssteigernden Wirkung gefährlich. Besondere Bedeutung hat die Sorte dank der Wüchsigkeit, hervorragender Verträglichkeit und guter Holzfrosthärte als Stammbildner und als Zwischenveredlungspartner bei Quittenunterlagen. Ähnliche Früchte haben u.a. die Sorten 'Doppelte Philipp' und 'Elsa'.

Gräfin

Vollständiger Name ist 'Gräfin von Paris', ähnlicher Name ist 'Paris'.
franz.: 'Comtesse de Paris',
Synonyme keine.
Abstammung und Herkunft: Zufallssämling, der von einem Herrn Guillaume (Wilhelm) Foureine in Dreux (Dep. Eure et Loire, Frankreich) im Jahr 1893 gezogen worden ist.
Mutanten: Bislang sind keine Mutanten bekannt geworden. Mit der Nr. 'B13' wurde lediglich eine vermehrungswerte Form gemeldet.
Standortansprüche: Befriedigende Fruchtqualitäten nach Größe, Geschmack und Schmelz des Fleisches sind nur bei besten wärmeklimatischen Bedingungen zu erzielen. In Frage kommen deshalb nur mindestens weinklimatische oder, außerhalb davon z. B. in mittleren Höhenlagen, lokalklimatisch begünstigte (sonnenseitige, geschützte Wände) und nicht zu luftfeuchte Standorte. Die hohe natürliche Fruchtbarkeit der Sorte verlangt zudem tiefgründige und gut durchlüftete Lehmböden in mäßig frischem bis frischem Zustand. Feuchte oder gar zu Nässe neigende Böden beeinträchtigen die Fruchtqualität dieser Sorte sehr stark. Einer guten Frosthärte des Holzes steht eine mittelmäßig spätfrostempfindliche Blüte gegenüber. Über die Anfälligkeit der Früchte für vorzeitigen, vom Wind verursachten Fruchtfall gehen die Urteile auseinander. Windoffene Lagen sind deshalb eher zu meiden.
Verbreitung: Im Erwerbsanbau heute kaum vertreten; Schwerpunkt der Sorte ist im Hausgarten und im Liebhaberobstbau auf warmen Standorten.

Gräfin

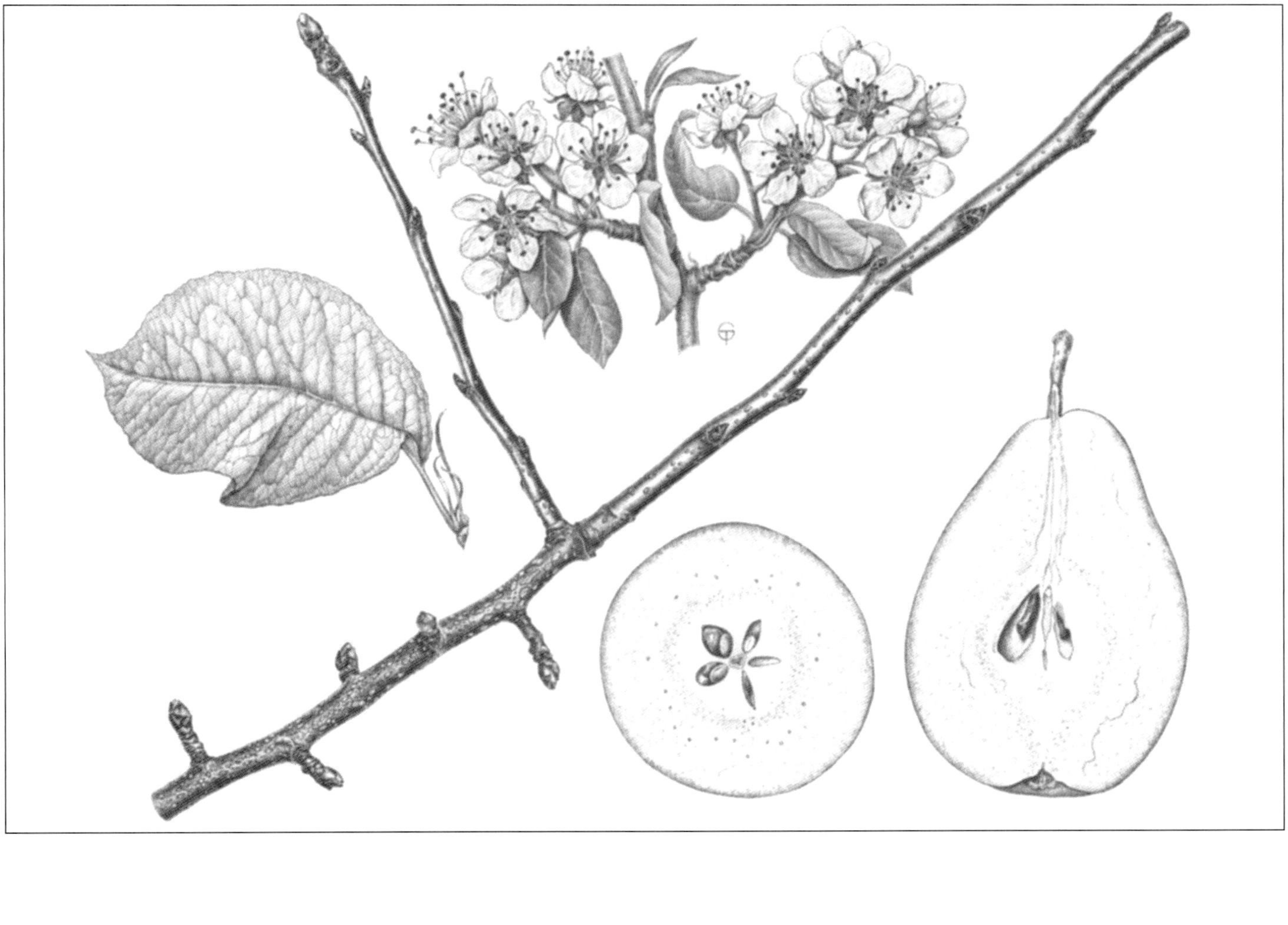

Gräfin

Bestandessicherheit: Aufgrund der guten Frosthärte des Holzes hoch, doch überdurchschnittlich anfällig für Birnenverfall und Feuerbrand.

Baum

Wuchs: Im ganzen mittelstark: Zunächst starkwachsend, dann nachlassend. Leitäste wachsen schräg aufrecht, so daß sich eine hochpyramidale bis pyramidale und im Aufbau geordnete Krone entwickelt; im Vollertragsalter weitet sich die Krone als Folge der Fruchtlast und ist dann breit pyramidal; Verzweigungstendenz ist gering, sie sollte durch Rückschnitte, die sich dank der hohen Fruchtbarkeit der Sorte kaum nachteilig auswirken, oder durch Waagrechtstellen der Leitäste gefördert werden.
Erkennungsmerkmale dieser Birnensorte sind die kräftigen, weißlich-grau-grünen und filzartig behaarten Blätter und die punktierten Triebe. Für alle Formen geeignet.
Verträglichkeit: Obwohl manche Erfahrungen von guter Verträglichkeit mit Quitte berichten, ist zur Ausschaltung jeglicher Risiken eine Zwischenveredlung mit geeigneter Sorte zweckmäßig.
Fruchtholz: Hauptsächliche Orte sind kurze Fruchthölzer, d. h. ein- und mehrjährige Kurztriebe, die sich bei sachgemäßer Erziehung (Rückschnitte, Binden) willig bilden.
Blüte und Befruchtung: Gute Befruchtersorte, diploid; früh- bis mittelfrüh- und mittellangblühend; geeignete Befruchter sind u. a.: 'Bosc', 'Bunte Juli', 'Clapp', 'Charneux', 'Gellert', 'Gute Luise', 'Trévoux' und 'Williams'; Blütenzahl 8,5 (7 bis 10), vereinzelt mit lateralen Nachblüten, Stiele flaumig, kurz und zart, am Grunde häufig mit vertrockneten Beiblättchen, Achse kurz, fürchterlich stinkend; Primärblätter 5,1 (4 bis 6), bläulichgrün, matt, basale oft mit Beiblättchen, z. T. vertrocknet, klein, beiderseits flaumig, herzförmig zugespitzt, gewellt; Kronblätter verschiedentlich sechszählig, eher klein, genagelt, nicht dekkend, betont waagrecht stehend wie ein Stern; Griffel becherförmig, länger als Staubblätter; Staubblätter violettrot, deutlich erkennbar, Fruchtknoten grünlich und flaumig behaart; Kelchblätter gelb-braun, schmal, lang, spitzig, vom Ansatz ab nach unten und innen gebogen.
Ertrag: Setzt früh ein, ist hoch und nachhaltig, z. T. auch überreichlich, dann Fruchtausdünnung zugunsten gut entwickelter Früchte zwingend.
Krankheiten und Mängel: In lufttrockenen Gebieten wenig oder nicht anfällig für Schorf, auf luftfeuchten Standorten aber schorfgefährdet. Blätter empfindlich gegen plötzliche Hitze bzw. anfällig für Blattbräune, ebenso für Birnenverfall, Ringflekkenmosaik und Viröse Steinfrüchtigkeit.

Frucht

Pflückreife: In wärmsten Lagen nicht vor Mitte bis Ende Oktober, in warmen Lagen bis Anfang November.
Genußreife: Aus dem Frischluftlager von November bis Januar; aus dem Kühllager bei 0 °C von Februar bis März; bewährt haben sich hierfür eine Vorlagerung nach der Ernte von 2 bis 3 Wochen und eine Nachlagerungstemperatur von ca. 20 °C; Früchte reifen folgernd, auch im Kühllager; leicht welkend, deshalb stets für hohe Luftfeuchtigkeit sorgen.
Größe und Form: Groß bis mittelgroß; birnen- bis kegelförmig und mittel- bis kelchbauchig, Kelchpartie ovalrund, zum Stiel länglich und meist leicht eingeschnürt; regelmäßige, schöne Form.
Farbe und Beschaffenheit der Schale: Grundfarbe anfänglich trüb grünlich, voll-

reif matt- bis strohgelb, sonnenseitige Deckfarbe selten und dann schwach orange; Lentizellen dicht und als grobschuppige, aufgesetzte Rostpunkte grün umhöft; sortentypisch die feinschuppige Rostkappe im Kelchbereich, läuft teils nach oben in netzartige Felder aus; ebenso typisch der stets berostete Stielansatz; rauh, trocken, welkeempfindlich; hart, zäh, dick, vor Frischverzehr abziehen.
Kelch: Groß; offen, gibt deshalb hochständige und vertrocknete Staubblätter frei; braune Blättchen basal verwachsen und sternförmig nach außen gebogen; teils lang und spitzig, teils kurz und breit.
Kelchgrube: Klein; eng bis mittelweit, sehr flach; manchmal leicht bucklig.
Stiel: Mittellang; dünn bis mitteldick; braune Lentizellen; oft leicht gekrümmt; mit Knospenansatz und am Ende knopfig.
Stielgrube: Fehlt in der Regel, da Stiel ohne Übergang aufgesetzt, häufig durch kleinen Wulst seitlich verdrängt; Ansatz rund, fein schuppig berostet.
Kernhaus: Mittelgroß; birnen- bis spindelförmig mit grobzelligem Gefäßstrang zum Stiel; von breitem Steinzellenband eingefaßt; Achsenhöhle fast geschlossen, Samenfächer länglich-oval mit vielen dunkelbraunen und langen Samen sowie markantem Dornansatz.
Fleisch: Gelblichweiß, randlich grün diffundiert, bei bester Reife feinzellig, saftig und schmelzend, sonst grießig bis körnig, wenig saftig, nicht schmelzend.
Geschmack: Bei guter Reife süß, leicht herb bis feinsäuerlich und leicht würzig-aromatisch, sonst fade und rübig, nur süßlich.

Anbau und Markt

Die Wertschätzung für diese Sorte gründet sich auf die hohe Fruchtbarkeit und auf die späte Genußreife der bei bester Reife geschmackvollen und saftigen Winterbirnen, ferner auf die gute Manipulierbarkeit und auf die günstige natürliche Lagerfähigkeit. Zu beachten ist die folgernde Genußreife. Nachteilig sind die je nach Spätsommer- bzw. Herbstwitterung unterschiedliche innere (Geschmack, Fleisch) sowie die blaßgrüne und als Folge der steten Kelch- und Stielberostung wenig ansehnliche äußere Qualität der Früchte. In Vollertragsjahren ist Ausdünnen zweckmäßig, um die Fruchtqualität zu verbessern und die Ertragsalternanz auszuschließen. Dank des unproblematischen Wuchses und der willigen Blütenbildung am kurzen Fruchtholz sind alle Baumformen, vom Hochstamm auf Sämling bis zum Spalier auf Quitte als Unterlage, möglich. Ähnliche Früchte hat 'Pastoren'.

Gute Luise

Vollständiger Name ist 'Gute Luise von Avranches'.
franz.: 'Bonne Louise d'Avranches', 'Bergamotte d'Avranches' oder 'Louis Bonne d'Avranches'.
engl.: 'William IV.', 'Prince Germain'.
amerik.: seit 1897 'Louise'; früher 'Louise Bonne de Jersey'.
Synonyme: 'Prinz von Württemberg' (im Coburger Land), 'Französische Rousselet', franz.: 'Bonne de Longueval', 'Poire de Jersey'.
Abstammung und Herkunft: Zufallssämling; soll von Herrn von (de) Longueval in Avranches (Normandie/Frankreich) als Sämling gezogen worden sein und um 1780 die ersten Birnen getragen haben. Pfarrer J. V. Sickler hat diese Sorte 1796 für den deutschen Raum beschrieben.
Mutanten: Namentlich bekannt geworden ist die Mutante 'Dubbele Bonne Louise (d'Avranches)' der Firma A. van Liere in Kapelle, Seeland/NL, die sich durch größere bzw. schwerere Birnen auszeichnen soll.
Standortansprüche: In warmen, nicht zu kühlen Klimaten ist es eine hinsichtlich der Bodengüte genügsame Sorte, sofern dieser Boden gut durchlüftet und befriedigend mit Wasser versorgt ist. Tonige oder feuchte bzw. wechselfeuchte Böden sind wenig bis ungeeignet, während kalkreiche Böden die Chlorose fördern. Ebenfalls ungünstig sind kühlfeuchte Lagen, da dort die Fruchtqualität (Beschaffenheit des Fleisches, Geschmack) verschlechtert wird und das Risiko für Schorfbefall stark ansteigt. Bezüglich der Frostempfindlichkeit des Holzes im Winter zählt sie zu den Sorten, die nach sog. Polarwintern stets erheblich bis stark geschädigt sind. Dazu gehört auch das häufige Auftreten von erfrorenen Triebspitzen (Gipfeldürre). Ihre Blütenfrostempfindlichkeit ist allenfalls mäßig. Günstig ist demgegenüber die Windfestigkeit der Birnen.
Verbreitung: In vielen Hausgärten vorhanden; erwerbsmäßig in den Niederlanden (6000 t), in den italienischen Provinzen Trient (Trentino) mit 4000 t und Bozen (Alto Adige) mit 750 t, mit 4000 t in der Schweiz sowie in Dänemark angebaut.
Bestandessicherheit: Als Folge verschiedener Mängel (Holzfrost, Schorf) gibt es häufig Ausfälle, die Bestandessicherheit ist deshalb als gut bis mäßig einzustufen.

Baum

Wuchs: Sortentypisch sind die mittelstarkwüchsigen, hochpyramidalen Kronen mit betonter Mittelachse und steilen, kräftigen Langtrieben von rötlich-graubrauner Farbe, die oft erst nach Rückschnitt gut verzweigen und genügend viele, gleichmäßig angeordnete Kurztriebe bilden. Bei nachlassender Wuchsstärke ist Verjüngen zweckmäßig, um die Triebigkeit anzuregen. Im allgemeinen sind die Bäume ein-

Physikalische und chemische Eigenschaften der Frucht										
Tagewerte		165								
Größenverteilung nach Gewicht in %	Größenklassen in mm	<50	50/55	55/60	60/65	65/70	70/75	75/80	80/85	85/90
	Quitte		3	7	13	21	38	15	3	
	Sämling									
Mittleres Fruchtgewicht in g		150	(100 – 230)							
Spezifisches Fruchtgewicht		0,98								
Fruchtform-Index		1,45	(1,3–1,6)							
Mittlerer Zuckergehalt als Refraktometerwert in %		13,0	(12,6–13,4)							
Mittlerer Säuregehalt in g/l		1,9	(1,4–2,3)							

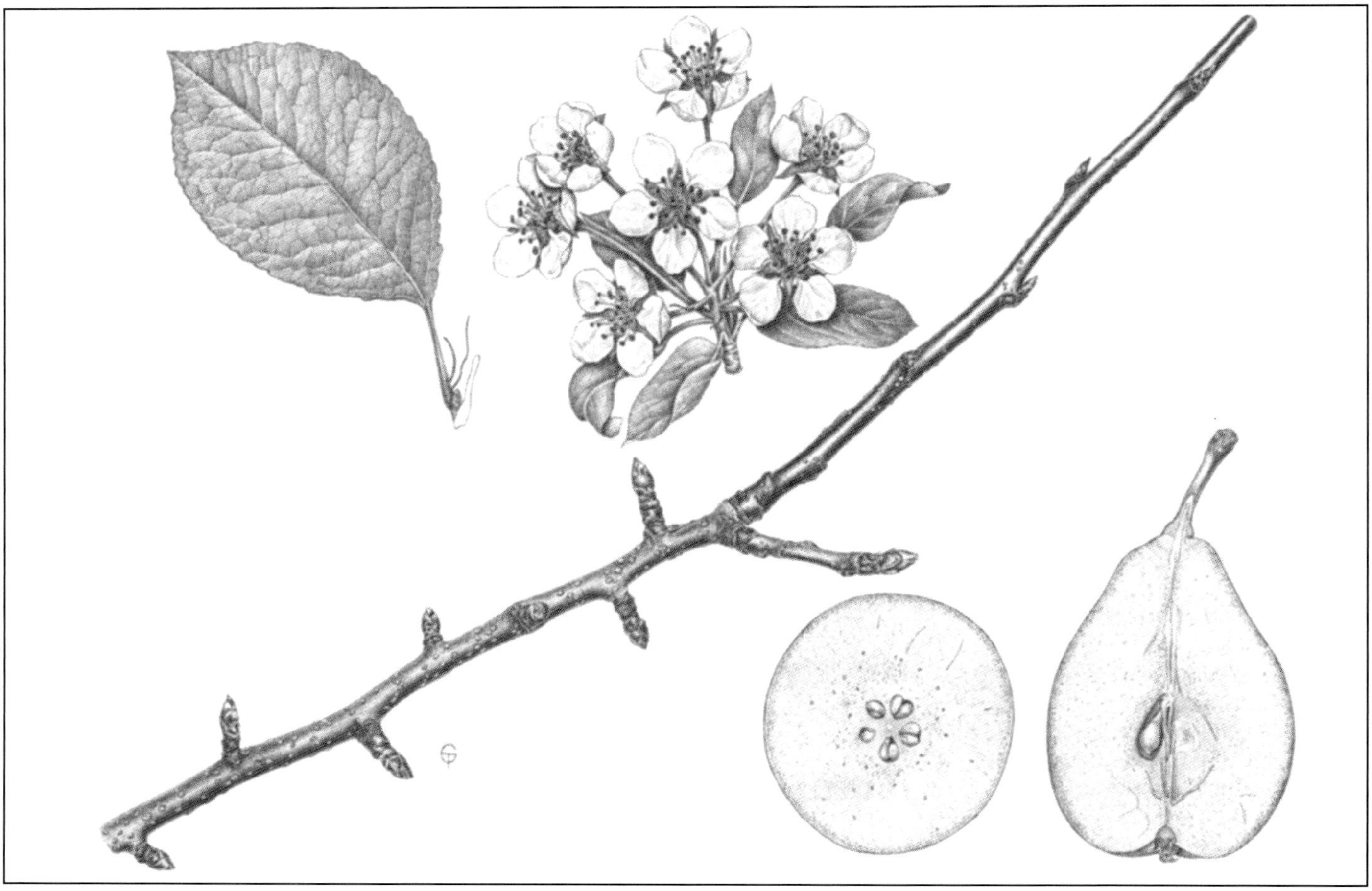

Gute Luise

fach zu erziehen und zu schneiden; sie eignen sich für sämtliche Formen. Auffällig sind die schmalen, sichelartigen Blätter.
Verträglichkeit: Bei Verwendung von nicht virusfreiem Material mit Quitte bedingt verträglich; zur Ausschaltung von Risiken ist eine Zwischenveredlung erforderlich.
Fruchtholz: Außer an den kräftigen und gut fruchtenden Endknospen der Langtriebe sitzen die Birnen überwiegend an dichtstehenden, meist mehrjährigen Kurztrieben (Quirlholz) der Seiten- und Langtriebe.
Blüte und Befruchtung: Gute Befruchtersorte, diploid; mittelfrüh- bis mittelspät- und kurzblühend; geeignete Befruchter sind 'Bosc', 'Bunte Juli', 'Charneux', 'Clairgeau', 'Clapp', 'Conference', 'Geißhirtle', 'Gellert', 'Gräfin', 'Tongern', 'Vereinsdechant' und 'Vienne'; mit den Sorten 'Trévoux' und 'Williams' intersteril. Blütenzahl 7,0 (6 bis 8); Primärblätter 5,8 (5 bis 8), mittelgroß, länglich, häufig gerollt; Kronblätter genagelt, nicht deckend, stinkend; Staubblätter gleich lang wie Griffel; Kelchblätter sehr schmal und lang wie ein Seestern, krallenartig gebogen; Blütenachse kurz, Blütenstiele mittellang und dünn.
Ertrag: Fruchtet früh bis mittelfrüh, danach reichlich, bringt aber keine hohen Erträge, mittelmäßig alternierend; vorteilhaft ist die Neigung zur Jungfernfrüchtigkeit (Parthenokarpie), die jedoch nicht ausgeprägt ist.
Krankheiten und Mängel: Anfällig für Schorf (Früchte mehr als Blätter) und für Viröse Steinfrüchtigkeit.

Physikalische und chemische Eigenschaften der Frucht										
Tagewerte		141								
Größenverteilung nach Gewicht in %	Größenklassen in mm	<50	50/55	55/60	60/65	65/70	70/75	75/80	80/85	85/90
	Quitte	10	30	25	18	7				
	Sämling									
Mittleres Fruchtgewicht in g			120			(100 – 140)				
Spezifisches Fruchtgewicht			0,99–1,01							
Fruchtform-Index			1,30			(1,25–1,45)				
Mittlerer Zuckergehalt als Refraktometerwert in %			13,1			(11,8–14,8)				
Mittlerer Säuregehalt in g/l			2,5			(2,2–2,7)				

Frucht

Pflückreife: Von Anfang/Mitte September bis Anfang Oktober.
Genußreife: Anfang September bis Ende Oktober aus dem Frischluftlager; aus dem Kühllager bis Januar bei 0 °C; CA-Lagerung soll die Aromaentwicklung beeinträchtigen; günstige Temperatur für die Nachreifung ist + 18 °C.
Form und Größe: Mittelgroß bis klein; regelmäßig birnenförmig, kelch- bis mittelbauchig, zum Stiel hin stumpf bzw. verschiedentlich etwas eingezogen, zum Kelch hin abgeflacht mit schwach konkaver Kelchgrube.
Farbe und Beschaffenheit der Schale: Je nach Reife von schmutziggrün über hellgrün bis gelb; Lentizellen sehr dicht, schattenseitig als grünliche Punkte, sonnenseitig als breite und helle, rötlich bis rostbraun umhöfte Punkte – ähnlich der Seitenzeichnung einer Bachforelle –; rostfrei, aber mit sog. Leberflecken; glatt, trocken bis leicht wachsig und glänzend; hart.
Kelch: Offen, vereinzelt halboffen; klein; lange, schmale Blättchen aufrecht, flaumig mit gebogenen Spitzen, teils nach außen, teils nach innen; trockene Staubfäden sichtbar.
Kelchgrube: Mittelgroß und meist auch ebenmäßig; schüsselförmig eingesenkt; in der Regel fein und kaum sichtbar berostet; feinrippig beziehungsweise mit Fleischperlen.
Stiel: Mittellang und mitteldick; grünlich bis holzfarben; häufig schief aufsitzend und gebogen, zur Frucht hin schwach wulstig bzw. höckerig.
Stielgrube: Meist geradlinig die Gefäßbündelachse fortführend; seitlich leicht eingesenkt bzw. einseitig ausgezogen oben aufsitzend.
Kernhaus: Klein; birnen- bis spindelförmig; kelchnah, vollachsig und von steinzellenartigem Band umkleidet; Samenfächer kurz und breit mit vielen, großen hellbraunen und spitzigen Samen.

Gute Luise

Fleisch: Gelblichweiß, vom Rand her grünlich eingeflossen, nach innen mit rötlichem Anflug; feinzellig, schmelzend, sehr saftig, nicht voll ausgereift dagegen grobzellig und bröckelig.
Geschmack: Süßlich und schwach fruchtig, sortentypisches feines Aroma, melonenartig; auf ungeeigneten Standorten bzw. nach schlechter Witterung geschmacksarm.

Anbau und Markt

Anerkannte und vor allem im Hausgarten weit verbreitete sowie standörtlich anpassungsfähige, wenn auch holzfrostempfindliche Tafelbirne mit eigener Geschmacksnote, die im Spätsommer geerntet wird und bei günstigen Bedingungen bis Januar gelagert werden kann. Bei Überlagerung kommt es allerdings zu Schalenbräune und Geschmacksverlusten. Die Früchte sind zum Dörren und Einmachen gut geeignet. Vorteilhaft ist die regelmäßige Form der nur mittelgroßen Früchte, die bei der Sortierung wenig Ausfall bringen. Bei starkem Fruchtbehang ist eine Fruchtausdünnung zweckmäßig; sie fördert die Fruchtgröße und vermindert die Alternanzneigung. Das Risiko kleinerer Birnen ist naturgemäß auf älteren Bäumen größer als auf jüngeren. Soweit die Sorte am Markt gehandelt wird, erzielt sie artspezifisch eher unter- als überdurchschnittliche Preise. Ähnliche Früchte kann 'Elsa' haben.

Lucas

Vollständiger Name ist 'Alexander Lucas', ähnlicher Name 'Alexander Lucas' Butterbirne'.
franz.: 'Beurré Alexandre (Lucas)'.
Abstammung und Herkunft: Zufallssämling; wurde um 1870 von Alexander Lucas in einem Wald bei Blois (Dep. Loire et Cher, Frankreich) gefunden und ab 1874 durch die Baumschule Gebrüder Transon, Orléans, in den Handel eingeführt bzw. in deren Katalog genannt.
Mutanten: 1964 ist von den Gebr. Lindenberger in den Niederlanden eine bronzefarbige Mutante als 'Lucas Bronzée' gefunden bzw. bekannt geworden, die sich aber bis heute nicht durchsetzen konnte.
Standortansprüche: Eine Wintersorte mit großer Anbaubreite, da sowohl in Höhenlagen als auch auf mittelmäßig fruchtbaren, aber frischen Lehm- bis Sandlehmböden Wuchs, Ertrag und Fruchtqualität befriedigen. In warmen Klimaten mit bester Bodengüte sind naturgemäß die Leistungen besser, doch kann es auf warmfeuchten Lagen leicht zu beträchtlichem Schorfbefall an Blatt und Frucht kommen, während auf tonigen oder wechselfeuchten, d.h. schlecht durchlüfteten Böden Kümmerwuchs auftritt. In solchen Fällen bleiben auch die Birnen klein und fad. Auf Böden mit viel freiem Kalk anfällig für Chlorose. Die Empfindlichkeit des Holzes gegenüber Winterfrost ist gering bis mittelmäßig, die der Blüten gegenüber Spätfrost mittel bis hoch. Windoffene Lagen sind wegen Fruchtfallgefahr zu meiden.
Verbreitung: Mit Ausnahme der Steiermark (750 t/Jahr) nur in Deutschland auf etwa 400 ha (ca. 16000 t/Jahr) angebaut; im Rheinland Hauptsorte (bis zu 2500 t), sonst stark gestreut, vor allem in Hausgärten.
Bestandessicherheit: Weitgehend robuste Sorte, d.h. Ausfälle sind selten, wenngleich das Holz mitunter brüchig ist und so Teilschäden entstehen können.

Baum

Wuchs: Zunächst stark und steil wachsend, später mittelstarker, aber triebkräftiger Wuchs; sortentypisch sind hochpyramidale Kronen mit vorherrschendem Mitteltrieb sowie langen, teils dünnen, teils kräftigen und hängenden, vielfach schleudernden, rötlichbraunen Trieben; »schön gebaute« Kronen sind wegen der meist wirren Triebstellung schwierig zu formen (Trauerweide); nach starken Fruchtbehängen öffnen sich infolge Abkippens der Äste in der Regel die Kronen etwas; während die hellgrünen, schmalovalen Blätter

Lucas

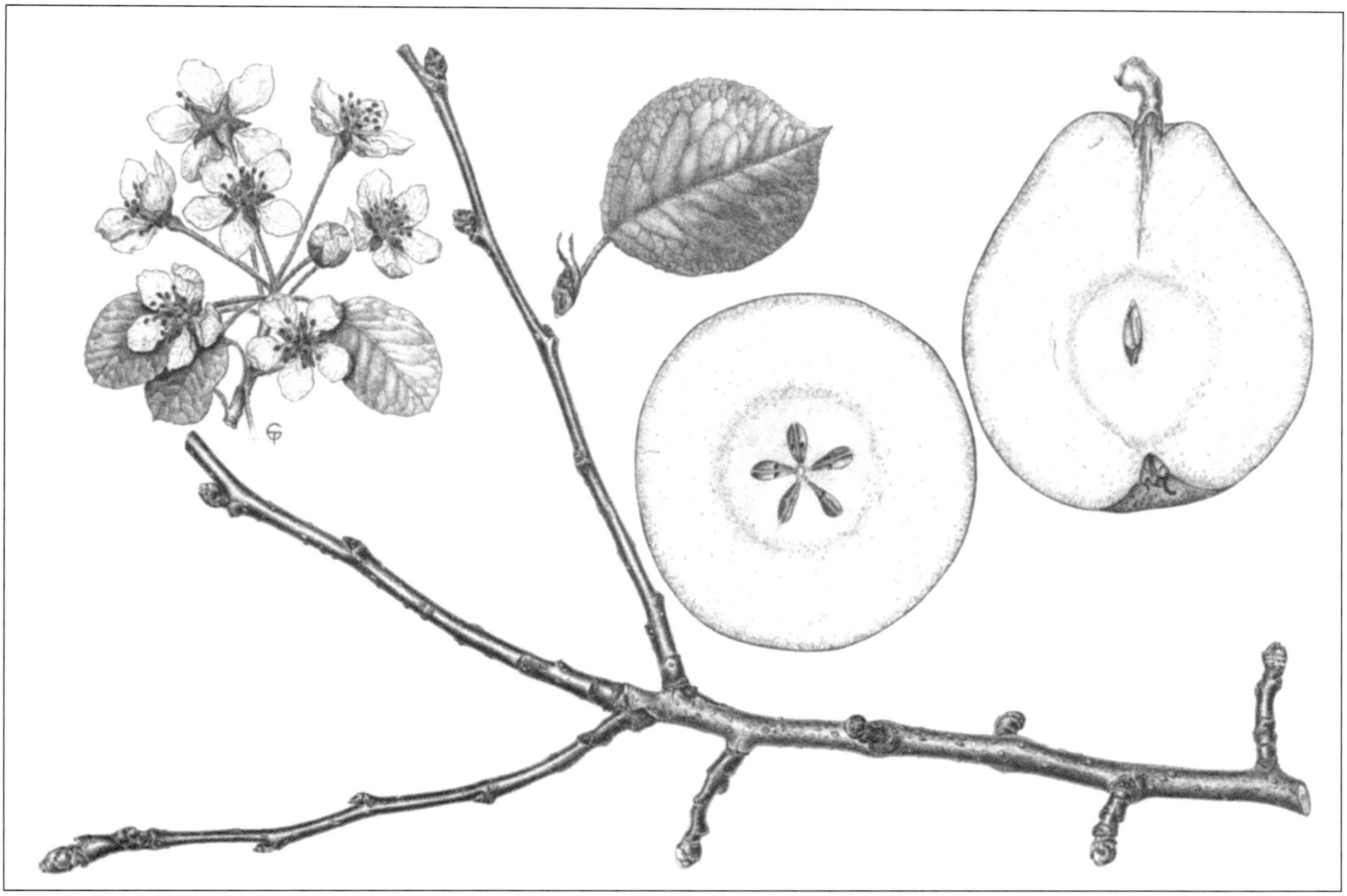

Lucas

langspitzig und schwach gezähnt sind, zeigen sich die langnodigen Knospen als klein und eng anliegend; zum Umpfropfen anderer Birnbäume sehr gut geeignete Sorte; mit etwas Aufwand sind alle Baumformen erzielbar; bei Okulanten empfiehlt sich frühzeitiges Anheften; der Stamm verjüngt sich gleichmäßig von unten nach oben.
Verträglichkeit: Die Erfahrungen hierüber sind unterschiedlich, überwiegend wird jedoch als mit Quitte bedingt verträglich angegeben; zur Vermeidung von Risiken ist somit eine Zwischenveredlung zweckmäßig.
Fruchtholz: Vorherrschend sind ein- und mehrjährige, endständig fruchtende Kurztriebe bis längere Fruchtspieße; unter günstigen Bedingungen fruchten aber auch die einjährigen Langtriebe, seitlich wie an der Spitze; der Anschnitt sollte deshalb, aber auch wegen der Gefahr der Entstehung unnötig vieler und kräftiger Triebe, nicht zu kurz erfolgen bzw. nicht zu streng sein. Steilstehende Triebe am besten herunterbinden.
Blüte und Befruchtung: Als Befruchtersorte ungeeignet, triploid; mittelfrühblühend; geringe bis mäßige Neigung zur Jungfernfrüchtigkeit; geeignete Befruchter sind u. a. 'Bosc', 'Bunte Juli', 'Charneux', 'Clairgeau', 'Clapp', 'Conference', 'Drouard', 'Gellert', 'Gute Luise', 'Tongern', 'Trévoux', 'Vereinsdechant', 'Vienne' und 'Williams'; Blütenzahl 9 (8 bis 10), weiß; Achse kurz; Blütenstiele mittellang und kräftig; verschiedentlich Basalblüten und Lateralblüten vorhanden, fürchterlich stinkend; Primärblätterzahl mit 6,4 (4 bis 9) rel. hoch, oberseitig glänzend, unterseitig und randlich flaumig behaart, mittelgroß, länglichoval mit aufgesetzter Spitze; Kronblätter stark genagelt, nicht deckend, länglichoval, schüsselförmig gestellt, subterminale Blüten auch mit 4 Kronblättern; Staubblätter (1 cm lang) gleich lang wie engständige, violettrote Griffel; Kelchblätter langspitzig, bräunlich und abwärts gebogen.
Ertrag: Früh, regelmäßig und reichlich, selten aber übermäßig fruchtbar; da unter diesen Umständen die Fruchtgröße ausreichend und die Alternanzgefahr gering sind, ist eine Fruchtausdünnung kaum erforderlich.
Krankheiten und Mängel: Anfällig für Bakterienbrand, die Virosen Adernvergilbung und Viröse Steinfrüchtigkeit, auf feuchtwarmen Standorten für Blatt- und Fruchtschorf.

Frucht

Pflückreife: Anfang Oktober (Weinklima) bis Ende Oktober (Höhenlagen).
Genußreife: Ab Ende Oktober bis Dezember; für Kühllagerung zwischen −1 °C und 0 °C bis Februar–März sehr gut geeignet; günstige Nachlagerungstemperatur zwischen 18 und 21 °C.
Form und Größe: Groß (bis sehr groß); stumpfkegelförmig bzw. kelchbauchig mit breiter Auflage, gleichmäßig rund, zum Stiel verjüngt und oft leicht eingeschnürt, wirkt plump; vereinzelt angedeutete Längsfurchen.
Farbe und Beschaffenheit der Schale: Anfänglich grün, vollreif hellgelb bis leuchtend gelb, manchmal auch schwach oran-

Physikalische und chemische Eigenschaften der Frucht										
Tagewerte		157								
Größenverteilung nach Gewicht in %	Größenklassen in mm	<50	50/55	55/60	60/65	65/70	70/75	75/80	80/85	85/90
	Quitte			4	17	40	27	10	2	
	Sämling									
Mittleres Fruchtgewicht in g		205			(150 – 300)					
Spezifisches Fruchtgewicht		0,99								
Fruchtform-Index		1,20			(0,95–1,45)					
Mittlerer Zuckergehalt als Refraktometerwert in %		12,3			(11,8–12,7)					
Mittlerer Säuregehalt in g/l		2,4			(2,1–2,7)					

gegelb; sonnenseits verschiedentlich fleckig bis marmoriert hellorange bis rötlich; Lentizellen als kleine, bräunliche Punkte kaum auffällig; gelegentlich mit Rostflekken; Schale, auch vor Vollreife, sehr empfindlich, rasch verbräunend; glatt, trocken bis schwach fettig; weich.
Kelch: Klein bis mittelgroß; geschlossen bis halboffen, derb; mittellange, schmale Blättchen mit wolligen Spitzen, nach innen gebogen, am Grund nicht verwachsen.
Kelchgrube: Mäßig schüsselartig eingetieft, Kelch niedriger als Rand; meist gefältelt bzw. mit Fleischperlen; feinschuppig berostet.
Stiel: Kurz (bis mittellang), dick und am Ende knöpfig; braun bis dunkelbraun, warzig, leicht gekrümmt.
Stielgrube: Schwach bis mäßig eingetieft, am Rand oft schulterartig und/oder ungleich geformt, häufig mit schwach wulstigem Ansatz; strahlenförmig berostet.
Kernhaus: Klein; kelchnah; keulen- bis spindelförmig, vollachsig; schmale, längliche Fächer mit kastanienbraunen, langspitzigen Samen, davon in der Regel die Hälfte taub; von schwach rosarotem Steinzellenband eingefaßt; Gefäßstrang zum Stiel farblich hervortretend.
Fleisch: Weiß bis cremefarben, teils schwach rötlich, bei Überlagerung bräunlich; sehr saftig, je nach Standort und Reife von grobzellig bis fast schmelzend.
Geschmack: Erfrischend süß-fruchtig bis leicht wässrig-süß, ohne besondere Note; bei bester Reife angenehm, sonst etwas herb oder ausdruckslos.

Anbau und Markt

Eine dank beträchtlicher ökologischer Anpassungsfähigkeit weitverbreitete Tafelbirne mit günstiger Größe, gleichmäßiger Form und (vollreif) ansprechender Farbe, die auch in Höhenlagen (SW-Deutschland 600 m über NN) nicht enttäuscht. Die Bäume, insbesondere auf Sämlingsunterlage, sind in der Regel langlebig. Vorteilhaft sind ferner die späte Reife (Weihnachtsbirne), die bei rasch erfolgter Einlagerung gute Eignung für das Kühllager (ca. 6 Monate) und die bei sorgfältiger Fruchtpflege geringen Ausfallprozente nach der Ernte. Aus diesem Grund wird sie gerne gehandelt und erzielt stets gute Preise, die zusammen mit hohen Flächenerträgen lohnende Deckungsbeiträge zu leisten vermögen. Allerdings zählt sie nicht zu den edelsten Tafelbirnen. Dazu fehlt es ihr an Geschmack und an Schmelz im Fleisch. Infolge weicher Schale ist 'Lucas' bereits in grünem Zustand transportempfindlich. Deshalb ist von Anfang an schonende Behandlung der Früchte wichtig. Wenngleich nicht ungeeignet als Konserven- oder Verarbeitungssorte, gibt es doch für diesen Zweck dankbarere Sorten. Ähnliches Aussehen haben u. a. 'Diels Butterbirne' und 'Doppelte Philipp'.

Trévoux

Ähnlicher Name ist 'Frühe von Trévoux'.
franz.: 'Prècoce de Trévoux'.
Synonyme keine.
Abstammung und Herkunft: Zufallssämling, der von dem »Obstzüchter« (vermutlich Obstbauer) Treyve in Trévoux (Dep. Ain), ca. 15 km nördlich von Lyon, gezogen wurde. 1862 erste Früchte.
Mutanten: Sehr wertvolle Mutante ist 'Supertrévoux'; 1956 von den Gebr. Vermue in Ovezande (NL) entdeckt und 1958 von N. V. Wed. P. de Jongle in Goes, Provinz Seeland/NL, zum Sortenschutz angemeldet (inzwischen verjährt). 'Supertrévoux' wird vielfach als Nachfolgersorte für die Standard-Sorte 'Trévoux' empfohlen. Es handelt sich um eine Mutante mit Spur-Charakter im Wachstum, d. h. die sog. Langtriebe sind gestaucht und kurznodig sowie fast ausschließlich mit Kurztrieben besetzt. Gleichzeitig wachsen die Birnen dickbauchiger heran, so daß die Fruchtgröße vielfach als groß eingestuft werden kann. Bei gleichem Kronenvolumen sind die Erträge ähnlich wie bei der Ausgangssorte (weniger, aber größere Birnen), ebenso die sonstigen Fruchteigenschaften.
In den Niederlanden sind weitere Mutanten entdeckt worden, von denen vor allem 'Precoce (Frühe) van Wilhelminadorp' ähnliche Vorteile wie 'Supertrévoux' bietet, doch soll sie weniger fruchtbar als 'Supertrévoux' sein.
Standortansprüche: Dank früher Reife gedeiht diese Sorte auch noch auf mäßig warmen Standorten. Dies können in SW-Deutschland mittlere Höhenlagen (400 bis 600 m über NN), bzw. in Norddeutschland tiefgelegene Flächen und/oder sonnenseitige Hänge sein. Als besonders geeignet erwiesen sich tiefgründige und mäßig frische Lehmböden mit guter Durchlüftung; doch auch auf stark sandigen Böden soll diese Sorte gute Leistungen erbringen. Dies bedeutet, daß das Feuchtigkeitsbedürfnis ebenfalls nicht hoch ist. Weitgehend ungeeignet sind dagegen tonige und/oder feuchte Böden. Das Holz und die Blüten sind wenig frostempfindlich. Die Blüten sind robust gegenüber ungünstigem Blühwetter. Die Birnen hängen fest im Wind. Eine Sommerbirne mit beachtlicher ökologischer Anbaubreite.
Verbreitung: Im Erwerbsanbau wenig vertreten, allenfalls im Lokalmarktbereich; Hauptnutzung liegt im Hausgarten.

Bestandessicherheit: Aufgrund der guten Holzfrosthärte und allgemeiner Robustheit hoch.

Baum

Wuchs: Mittelstarker und aufrechter Wuchs, d.h. die Leitäste wachsen mehr oder weniger steil; sie sind in der Regel mit leicht hängenden Seitenhölzern besetzt. Es bilden sich mittelgroße (bis kleine) Kronen in Pyramiden- oder Säulenform, die infolge schlechter Verzweigung ziemlich locker aufgebaut sind. Rückschnitte zur besseren Verzweigung sind oft zweckmäßig. Dadurch garnieren sich die Langtriebe dichter mit kurzem Fruchtholz. Auch der klassische Fruchtholzschnitt ist möglich. Die halblangen bis langen Triebe sind kräftig, mittellangnodig und meist aufrecht, während die mittelgroßen, langovalen und spitzigen Blätter fein und scharf gezähnt sind und dunkelgrün glänzend; die Nebenblätter zeigen sich nadelförmig. Über die Eignung der Sorte zum Umpfropfen älterer Bäume gehen die Meinungen auseinander. Für alle Baumformen zu empfehlen.
Verträglichkeit: Mit Quitte nur unter bestimmten Voraussetzungen (Wärme, Boden, Virus-Status) direkt verträglich. Zwischenveredlung ist deshalb angeraten.
Fruchtholz: Vorherrschend sind seitliche Kurztriebe am Langtrieb; zunächst als einjährige Kurztriebe, danach als mehrjährige Kurztriebe, sog. Quirlhölzer.
Blüte und Befruchtung: Als Befruchter geeignet, diploid; mittelfrüh- und langblühend; geeignete Befruchter sind u.a. 'Bosc', 'Bunte Juli', 'Charneux', 'Clapp', 'Conference', 'Drouard', 'Geißhirtle', 'Gellert', 'Gräfin', 'Gute Luise', 'Tongern' und 'Vereinsdechant', wechselseitig unfruchtbar (intersteril) mit 'Gute Luise' und 'Williams'; hohe Neigung zu parthenokarpen Früchten; Blütenzahl 6 (5 bis 7), Achse mittellang, Stiele kurz bis mittellang, lokkere Infloreszenz, mäßig stinkend; Kronblätter 5, Terminalblüten häufig 6, dekkend, lang genagelt, länglich-oval; Staubblätter (20) 0,5 cm lang; Griffel (5) stehen locker und gespreizt, kräftig, länger als Staubblätter; Kelchblätter (5) unterschiedlich lang, schmal, flaumig und spitz, gebogen; Primärblätterzahl 5,6 (5 bis 7), gleichmäßig lanzettlich, Unterseite schwach behaart, Rand hellbraun.
Ertrag: Setzt früh ein, ist reichlich und alterniert höchstens mäßig; nach schädigenden Spätfrösten kommt es in der Regel zur Bildung parthenokarper Früchte, die aber schlanker als normal sind.
Krankheiten und Mängel: Die Schorfanfälligkeit ist standortbedingt, d.h. in warmen, lufttrockenen Gebieten äußerst gering, in regenreichen und kühlen Gebieten dagegen mittel bis hoch, wobei auch Zweigschorf entsteht. Viröse Steinfrüchtigkeit und Adernvergilbung zeigen deutliche Symptome. Verschiedentlich tritt Kelchfäule an den Birnen auf.

Supertrévoux

Frucht

Pflückreife: Je nach Wärmeklima von Anfang bis Ende August.
Genußreife: Wenige Tage nach der Pflücke bis 2 Wochen lang aus dem Frischluftlager; aus dem Kühllager 4 bis 6 Wochen lang.
Form und Größe: Mittelgroß, birnen- bis glockenförmig, kelchbauchig, zum Stiel hin verjüngt und schwach eingezogen, kelchwärts rund, an Kelch und Stiel abgeplattet.

Physikalische und chemische Eigenschaften der Frucht										
Tagewerte		105								
Größenverteilung nach Gewicht in %	Größenklassen in mm	<50	50/55	55/60	60/65	65/70	70/75	75/80	80/85	85/90
	Quitte	3	13	44	29	11				
	Sämling									
Mittleres Fruchtgewicht in g		110		(80 – 125)						
Spezifisches Fruchtgewicht		0,97								
Fruchtform-Index		1,25		(1,0–1,4)						
Mittlerer Zuckergehalt als Refraktometerwert in %		11,0		(10,2–12,2)						
Mittlerer Säuregehalt in g/l		2,9		(2,4–3,3)						

Trévoux

Farbe und Beschaffenheit der Schale: Zunächst gelblichgrün, vollreif hellgelb bis leuchtend gelb, sonnenseits meist orange bis rötlich geflammt oder fleckig; viele kleine Lentizellen, sonnenseitig als Roststerne grün umhöft; glatt, trocken; etwas hart.
Kelch: Klein; halboffen bis offen; Blättchen kurz, mittelbreit und spitz, oft gerötet und umgebogen, am Grund nicht verwachsen.
Kelchgrube: Klein; flach eingesenkt bis schüsselförmig; oft geperlt und breit gerippt.
Stiel: Kurz; mitteldick bis dick; meist gebogen; Stielende verstärkt, knospig; hellbraun.
Stielgrube: Eng; tief; etwas höckrig; häufig strahlig berostet.
Kernhaus: Klein; spindelförmig, kelchnahe; Achse geschlossen, Kammern eng und lang; mittelgroße bis kleine Samen, länglich-oval, braun, mit Dorn, oft taub; Gefäßstrang gelblich-braun und kräftig; Leitbündel als gelbliche Punkte.
Fleisch: Weiß; vollsaftig, aber nur halbschmelzend; wird bei später Ernte rasch mehlig; sehr wenige Steinzellen.
Geschmack: Feinfruchtig, gewürzt, aromatisch, angenehm erfrischend.

Anbau und Markt

Eine wohlschmeckende Sommerbirne, die zwischen den Sorten 'Bunte Juli' und 'Clapp' reift und im Vergleich zu 'Clapp' länger ihre saftige Frische bewahrt. Frühzeitig bzw. hartreif geerntet, sind die Birnen gut transportfähig und zeigen später kaum Verbräunungen im Fruchtfleisch. Auch kann damit das Mehligwerden verzögert werden. Gleichermaßen als Tafelwie als Einmachfrucht geschätzt. Im Anbau vorteilhaft ist die hohe Pflückleistung und der geringe Ausfallanteil beim Sortieren, vorausgesetzt allerdings, daß starke Fruchtbehänge fachkundig und rechtzeitig ausgedünnt worden sind. Früchte der Sorten 'Bunte Juli' und 'Clapp' können den 'Trévoux'-Birnen ähnlich sein.

Vereinsdechant

Vollständiger Name ist 'Vereinsdechantsbirne'.
franz.: 'Doyenné de Comice' oder 'Comice'.
ital.: 'Decana del Comizio'.
tschech.: 'Denkanka Robertova'.
Synonyme sind: 'Beurré Robert', 'Fondant du Comice' und im Osnabrücker Raum 'Roberts Butterbirne',
Der wenig verständliche deutsche Name 'Vereinsdechantsbirne' ist wohl fehlerhaft, da 'Doyenné' im franz. Sprachgebrauch auch für 'Butterbirne' verwendet wird. Demnach sollte diese Sorte als 'Vereinsbutterbirne' bezeichnet werden.
Abstammung und Herkunft: Zufallssämling, der im Versuchsgarten des Gartenbauvereins Angers (Dep. Maine et Loire, Frankreich) um 1845 entstanden sein und 1849 erstmals gefruchtet haben soll; 1865 in Deutschland eingeführt.
Mutanten: Frankreich: 'Supercomice Delbard'; 'Doyenné du Comice, Sel. Delbard'. Belgien: 'Doyenné du Comice, Sel. Cau-

venbergh' und die rotfrüchtige 'Crimson Gen Comice'.
USA: 'Regal Red Comice' ('Rouge Doyenné du Comice'), 1960 entdeckt, rundum rot gefärbt.
Niederlande: 'Bronskleurige Doyenné du Comice' von den Gebr. J.C. und P.C. van 't Westeinde, te 's Heer Arendskerke, Seeland; Fruchtschale bronzefarben.
Standortansprüche: Erforderlich ist warmes Klima, d.h. daß in Südwestdeutschland noch mittlere Höhenlagen, sofern lokalklimatisch begünstigt (sonnenseitige Lagen oder Wände), anbauwürdig sind. Die oft nur mäßige Fruchtbarkeit ist weniger standörtlich als vielmehr physiologisch bedingt. Erfahrungen lehren, daß z.B. warme Frühjahrswitterung den Fruchtansatz verbessert. Kurzfristige Hitzeperioden können wiederum zu Sonnenbrand (Blattbräune) führen. Wichtig sind tiefgründige, humose und gut durchlüftete Lehmböden mit regelmäßiger Wasserversorgung (mäßig frisch bis frisch). Auf wechselfeuchten oder tonigen Böden leidet die Fruchtqualität, während auf Böden mit viel freiem Kalk Chlorose auftreten kann. Holz

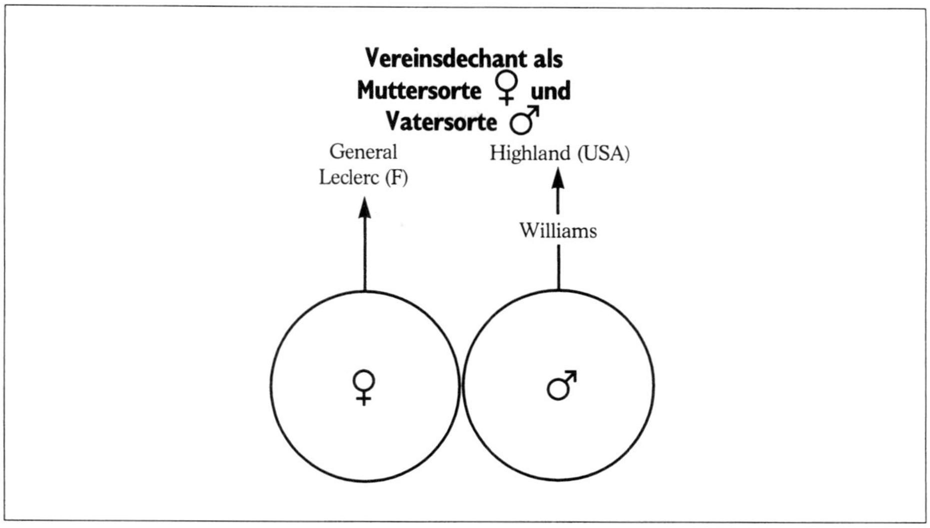

und Blüten sind mäßig bis gering frostempfindlich. Die Birnen hängen fest im Wind. Nach holländischen Erfahrungen kann es in Windlagen zu Schalenverbräunungen durch gegenseitiges Anstoßen kommen. Fraßschäden (Anpicken) durch Vögel sind nicht selten.

Verbreitung: Bis zu Beginn der 90er Jahre stieg die Erntemenge auf jährlich maximal 220000 t. Davon reifen 120000 t in Italien, hauptsächlich in der Emilia Romagna; es folgen Frankreich mit 40000 t, die Niederlande mit 30000 t, Belgien mit 20000 t und Großbritannien mit 9000 t. In

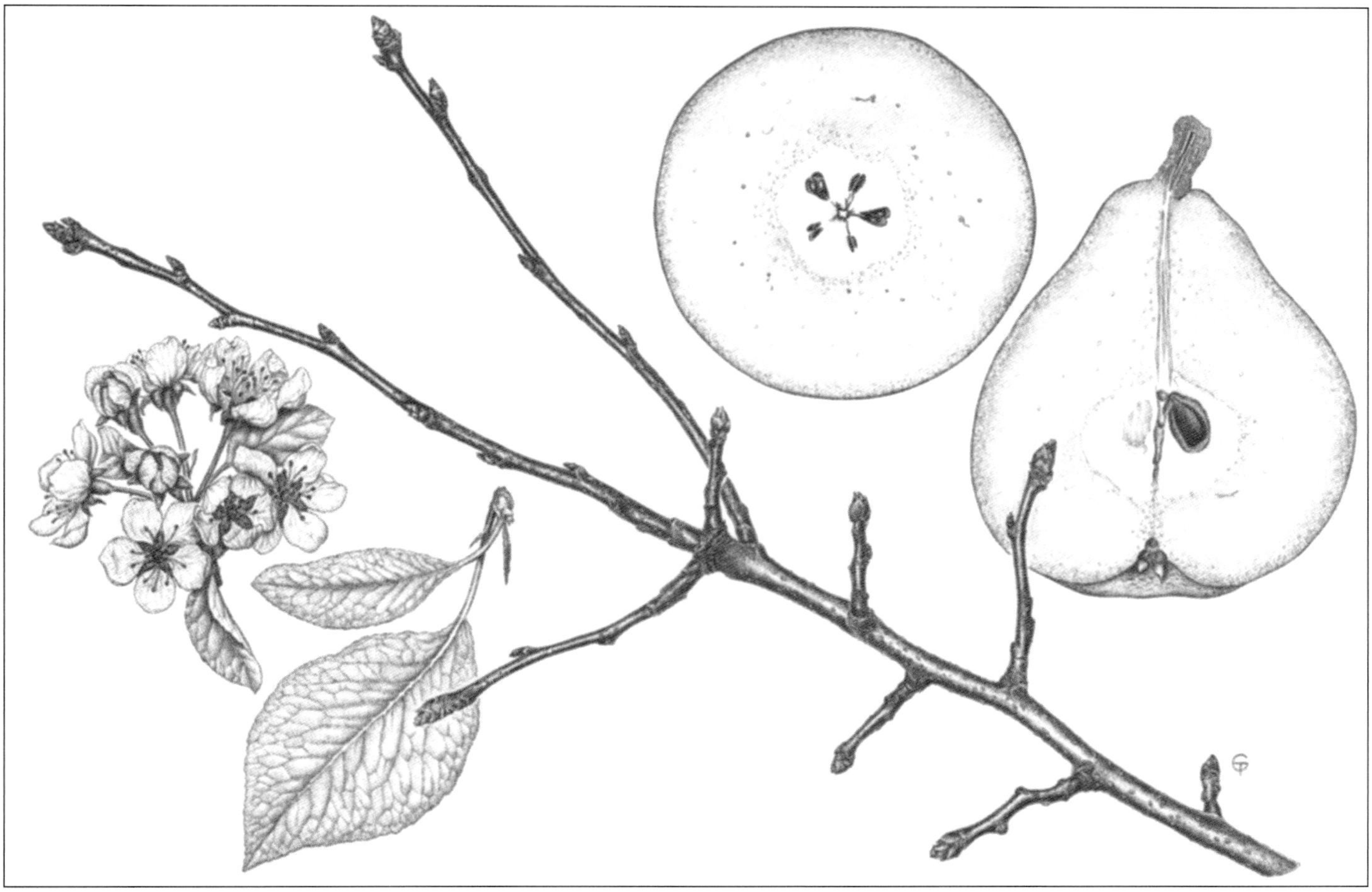

Vereinsdechant

Deutschland werden nur 100 t im Rheinland vermarktet.
Bestandessicherheit: Wegen erträglicher Holzfrostempfindlichkeit ziemlich hoch.

Baum

Wuchs: Mittelstark- bis allenfalls starkwachsend mit schräg aufrechten bis steilen Leitästen, die in der Regel nur mäßig verzweigt sind; frühzeitiges Waagerechtstellen der Leitäste fördert auch ohne Rückschnitt die Bildung von langen, mittellangnodigen und dicht mit Lentizellen besetzten, graubraunen Trieben. Der etwas sparrige Wuchs erschwert den Aufbau einer geordneten Krone, deren bestimmende Mittelachse zu meist hochpyramidaler, hochrahmiger und dichtblättriger Form führt. Anfänglich zu starker Wuchs läßt sich durch Hemmstoffe oder Sommerschnitt entsprechend bremsen. Die ovalrunden, ledrig wirkenden, sichelförmigen und feingezähnten Blätter sind dunkelgrün mit auffällig hellen Rippen und langen, gelblichbraunen Stielen; einjährige Triebe haben demgegenüber hellgrüne Blätter. Zum Aufpfropfen gut geeignet; für alle Baumformen verwendbar.
Verträglichkeit: Mit Quitte ohne Zwischenveredlung verträglich.
Fruchtholz: Vorherrschend sind kurze Fruchthölzer, d. h. ein- und vor allem mehrjährige Kurztriebe, die endständig und fast durchweg einzeln fruchten.
Blüte und Befruchtung: Als Befruchter geeignet, diploid; mittelspät- bis spät- und langblühend; geeignete Befruchter sind u. a. 'Bosc', 'Bunte Juli', 'Charneux', 'Clairgeau', 'Clapp', 'Conference', 'Drouard', 'Gellert', 'Gräfin', 'Gute Luise', 'Trévoux', 'Vienne' und 'Williams'; sehr schwach parthenokarp veranlagt, aber leichte Neigung zu Selbstfruchtbarkeit; Blüten 8,5 (7 bis 11), subterm. Blüte häufig rückständig, fürchterlich stinkend, Achse kräftig und lang, Stiele mäßig lang und ebenso dick bis dünn; Primärblätter 5,0 (4 bis 6), mittelgroß, ovalrund spitzig, basal gekerbt, oberseitig glänzend, unterseitig stumpf, wenig flaumig; Kronblätter kaum deckend, länglich, hochschüsselförmig, randlich eingedrückt, verschiedentlich sechszählig; Kelchblätter bräunlich, mittellang, Spitzen meist weitbogig nach unten gestellt; Griffel beckenförmig bis offen, oft krumm und kürzer als Staubblätter; bei diesen äußere Reihe höher (> 1 cm) als innere (< 1 cm).
Ertrag: Setzt ziemlich spät ein; ist in der Regel nur mäßig und alterniert; Blühwilligkeit bei Jungbäumen oft reichlich, aber danach kräftiger Junifall; Einsatz von Wachstumsregulatoren kann Ansatz verbessern; bei starkem Behang ist Fruchtausdünnung zweckmäßig.
Krankheiten und Mängel: Schorfanfälligkeit wird unterschiedlich beurteilt, d. h. von wenig (lufttrocken) bis mäßig anfällig (luftfeucht); für Bakterienbrand überdurchschnittlich empfindlich, ebenso für Viröse Steinfruchtigkeit, deutliche Symptome bei Verseuchung mit Viröser Adernvergilbung.

Physikalische und chemische Eigenschaften der Frucht										
Tagewerte		156								
Größenverteilung nach Gewicht in %	Größenklassen in mm	<50	50/55	55/60	60/65	65/70	70/75	75/80	80/85	85/90
	Quitte			1	4	12	21	26	25	11
	Sämling									
Mittleres Fruchtgewicht in g			235			(160 – 400)				
Spezifisches Fruchtgewicht			0,99–1,01							
Fruchtform-Index			1,10			(0,95–1,35)				
Mittlerer Zuckergehalt als Refraktometerwert in %			14,7			(13,5–15,8)				
Mittlerer Säuregehalt in g/l			2,0			(1,8–2,3)				

Frucht

Pflückreife: Je nach Wärmeklima von Anfang bis Ende Oktober, nach franz. Angaben etwa 6 Wochen nach 'Williams'.
Genußreife: Aus dem Frischluftlager bis Ende November; aus dem Kühllager bei −1 bis 0 °C bis Januar; aus dem CA-Lager bei 1% bzw. 5% CO_2 und 2% bzw. 16% O_2 bis Februar–März, günstige Nachlagerungstemperatur bei +21 °C, danach zügig vermarkten.
Größe und Form: Groß, doch von sehr groß bis mittelgroß streuend; gedrungen bis klobig, birnenförmig bis stumpfkegelförmig, mittel- bis kelchbauchig, kelchwärts schwach breit gerippt, am Kelch abgeplattet, zum Stiel leicht eingezogen, meist ungleich und etwas beulig.
Farbe und Beschaffenheit der Schale: Grundfarbe trüb grünlichgelb, später gelblich-orange, sonnenseits blaßrot angehaucht; sehr kleine, dichte, teils grün, teils rot umhöfte Lentizellen; fleckig bis netzartig berostet, manchmal nur Rostspuren; fast glatt, feinnarbig, trocken; zart.
Kelch: Klein; halboffen bis geschlossen; Blättchen teils breit, teils länglich, aber kurz, aufrecht bis leicht nach innen geneigt, am Grund nicht verwachsen.
Kelchgrube: Tief, ziemlich eng; teils gefältelt, teils kantig bis furchig; stets ringförmig und schuppig berostet.
Stiel: Kurz, dick; gerade und am Ende knopfig; holzig, braun, meist durch Wülste seitlich abgedrängt; viele helle Lentizellen.
Stielgrube: Mitteltief und eng; ungleich wulstig; oft fleckig berostet.
Kernhaus: Klein; spindel- bis verkehrt birnenförmig mit schmalem Steinzellenband; Achse geschlossen, Samenfächer klein und anliegend mit gut entwickelten dunkelbraunen bis fast schwarzen Samen, spitznasig.
Fleisch: Gelblichweiß bis cremefarben; sehr saftig, feinzellig, herrlich schmelzend, wird nicht teigig.
Geschmack: Süß-feinsäuerlich mit edlem Aroma und delikatem Gewürz; beste Tafelbirne.

Anbau und Markt

Als edelste spätreifende Birne – hauptsächlich für den Frischverzehr geeignet – wird die Sorte, obwohl äußerlich wenig ansprechend, vom Handel und Konsument zu Recht hoch bewertet. Begünstigt wird diese Wertschätzung durch eine gute Lagerfähigkeit und eine geringe Welkeempfindlichkeit. Da die Schale zart ist, müssen die Birnen sorgfältig transportiert und gehandhabt werden. Weniger vorteilhaft sind die Anbaueigenschaften, insbesondere die späteinsetzende und insgesamt mäßige Fruchtbarkeit. Diese Veranlagung macht in der Regel Fruchtausdünnungen überflüssig und führt bei fachgerechter Pflege zu einem hohen Prozentsatz von Auslese-Früchten. Im Liebhaberobstbau kann zur Fruchtpflege auch das frühzeitige Eintüten der Birnen genutzt werden. Verschiedentlich wird von verbesserter Fruchtbarkeit nach Einsatz von Wachstumsregulatoren berichtet. Die Birnen eignen sich auch sehr gut zu Kompott oder als Naßkonserve. Ähnliche Früchte bei anderen Sorten sind nicht bekannt.

Vienne

Vollständiger Name ist 'Triumph aus Vienne'. franz: 'Triomphe de Vienne'. Keine Synonyme.

Vienne

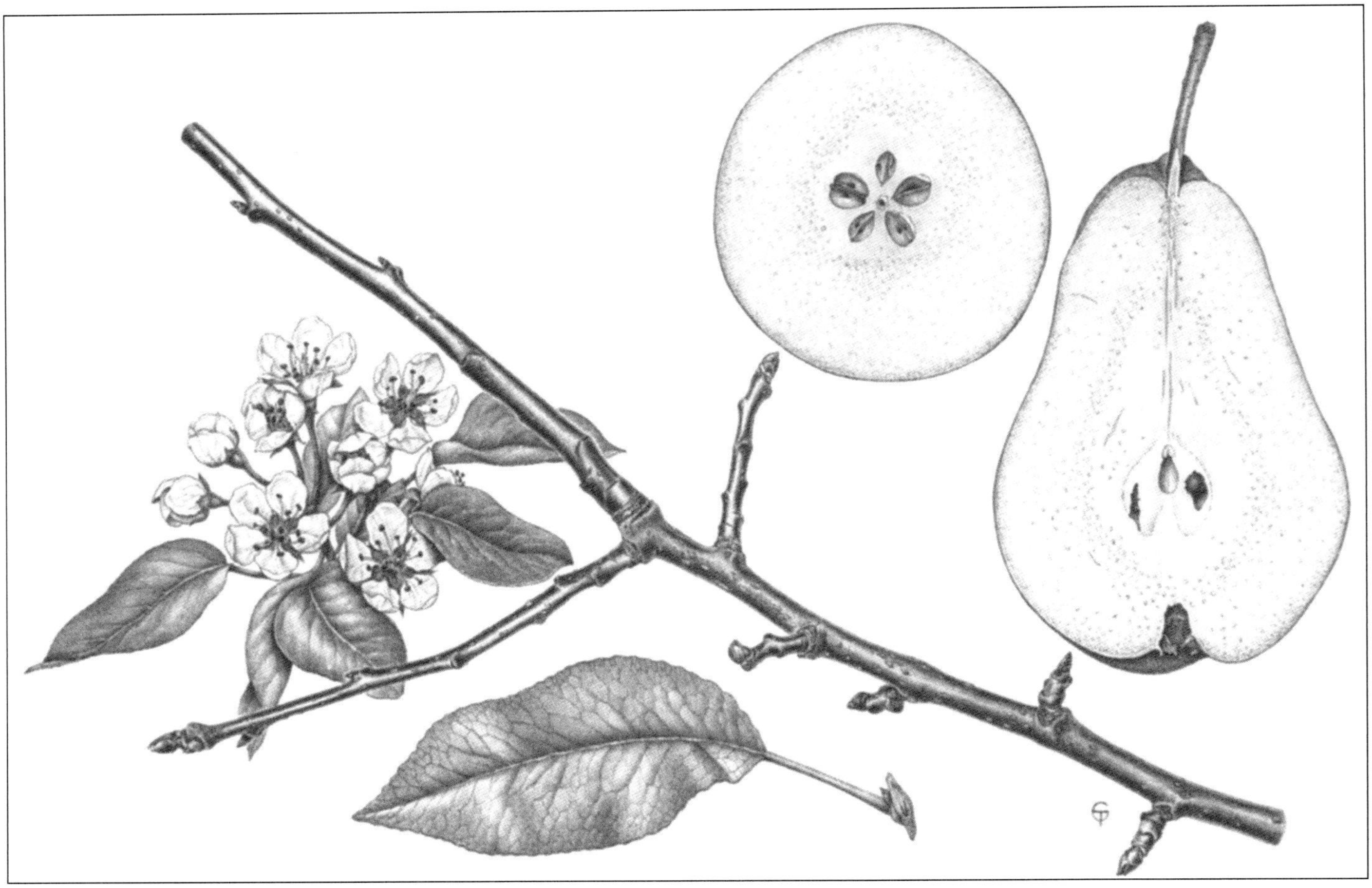

Vienne

Abstammung und Herkunft: Zufallssämling; 1864 von J. Collaud aus Montagnon (Dep. Isère) gefunden und wohl von der Baumschule Cl. Blanchet in Vienne/Rhône (Dep. Isère) benannt bzw. ab 1874 in deren Verkaufsangebot aufgenommen; nach anderer Quelle von Baumschulbesitzer Cl. Blanchet in Vienne aus Samen gezogen und von Morel, ebenfalls Baumschulbesitzer aus Vaise bei Lyon, mit dem heutigen Namen belegt und 1874 in den Handel eingeführt.

Physikalische und chemische Eigenschaften der Frucht										
Tagewerte		156								
Größenverteilung nach Gewicht in %	Größenklassen in mm	<50	50/55	55/60	60/65	65/70	70/75	75/80	80/85	85/90
	Quitte			1	4	12	21	26	25	11
	Sämling									
Mittleres Fruchtgewicht in g		235	(160 – 400)							
Spezifisches Fruchtgewicht		0,99–1,01								
Fruchtform-Index		1,10	(0,95–1,35)							
Mittlerer Zuckergehalt als Refraktometerwert in %		14,7	(13,5–15,8)							
Mittlerer Säuregehalt in g/l		2,0	(1,8–2,3)							

Mutanten: Aus den Niederlanden wird die bronzefarbige 'Bronskleurige Triomphe de Vienne' von der »N. V. Zeeuwse Fruitteelt Mij« in Goes, Seeland, gemeldet, die aber gegenüber der Ursprungsform (Standard) keine Verbesserungen aufweisen soll.

Standortansprüche: Gutes Gedeihen, hohe Erträge und beste Fruchtqualitäten verlangen warmes Klima und tiefgründige, mäßig frische bis frische, aber gut durchlüftete Böden mit mindestens mittelmäßiger natürlicher Nährkraft. Höhenlagen bzw. kühlere Klimate sind zwar auch geeignet, doch ist dort in der Regel mit Einbußen bei Ertrag und Qualität zu rechnen. Holz und Blüten sind mindestens mäßig frostempfindlich; frostgefährdete Standorte deshalb nicht anbauwürdig. Die großen und schweren Birnen hängen nicht fest am Baum; windoffene Lagen sind somit zu meiden.

Verbreitung: Nennenswerten Erwerbsanbau gibt es z. Z. nur in Belgien mit ca. 1250 t/Jahr, sonst in Hausgärten oder im Nebenerwerb anzutreffen. In den Nieder-

landen häufig als Befruchtersorte in Intensivpflanzungen eingesetzt.
Bestandessicherheit: Wegen der Empfindlichkeit des Holzes gegenüber Winterfrost mittelmäßig; verschiedentlich durch Bakterienbrand und Bleiglanz gefährdet.

Baum

Wuchs: Auf wüchsigen Standorten mittelstark, sonst auch schwach wachsend mit zunächst hochstrebender, spindelartiger Krone, die später mehr in die Breite geht. Es bilden sich mittelgroße Kronen mit lockerem Besatz an lang- bis mittellangnodigen Trieben von mittlerer Länge, die rundum an den Ästen angesetzt sind und so teils nach oben, teils seitlich und teils nach unten orientiert, also hängend, sind. Die lang-elliptischen Blätter sind überwiegend groß und zeigen viel Unterseite; insgesamt ein hellgrüner Aspekt. Zum Aufpfropfen bzw. Umveredeln älterer Bäume gut geeignet.
Verträglichkeit: Vermutlich mit Quitte direkt verträglich, sofern Edelreis und Unterlage virusfrei sind. Um das Risko der Unverträglichkeit zu umgehen, ist eine Zwischenveredlung zweckmäßig.
Fruchtholz: Hauptsächliche Fruchtstandorte sind die ein- bis mehrjährigen Kurztriebe von bis zu 10 cm Länge, die entständig fruchten. Verschiedentlich kommt es dadurch zu klumpigem Fruchtansatz. Diese Art des Fruchtholzes ist besonders für Spalier- oder sonstige Formobstbäume geeignet.
Blüte und Befruchtung: Gute Befruchtersorte, diploid; mittelspät- und langblühend; deutliche Neigung zu Parthenokarpie; Befruchtersorten sind 'Clairgeau', 'Clapp', 'Conference', 'Gellert', 'Gräfin', 'Gute Luise', 'Supertrévoux', 'Tongern', 'Trévoux', 'Vereinsdechant' und 'Williams'; Blütenzahl 6,6 (6 + 7), stark stinkend; Primärblätterzahl 3,9 (3 bis 5), mittelgroß bis groß, länglich-oval und spitzig, hellgrün, unterseitig und randlich flaumig, leicht gewellt; Kronblätter nicht deckend, ovalrund, schüsselförmig angeordnet; Kelchblätter hellbräunlich, mittellang, spitzig nach unten gebogen; Griffel wenig länger als Staubblätter, diese etwa 7,5 mm lang; Blütenstiele und -achse betont kurz, deshalb Infloreszensen gedrungen, Blüten aufrecht.
Ertrag: Bei günstigen standörtlichen und anbautechnischen Bedingungen früh bis mittelfrüh einsetzend, danach stark und regelmäßig fruchtbar; teilweise weniger fruchtbar und/oder alternierend, vor allem ältere Bäume; Gibberellinspritzungen bei Blühbeginn wirken ertragssteigernd und das Ausdünnen starker Fruchtbehänge alternanzmildernd.
Krankheiten und Mängel: In luftfeuchten Gebieten mäßig, in lufttrockenen dagegen nur wenig bis nicht schorfanfällig; empfindlich gegenüber Bakterienbrand und Bleiglanz.

Frucht

Pflückreife: Je nach Wärmeklima von Anfang bis Ende September; parthenokarpe bzw. durch Gibberellinzugaben angeregte, parthenokarpe Früchte schlank, zum Stiel schwach eingeschnürt, meist gleichmäßig, ansprechende Form.
Genußreife: Jeweils etwa 10 bis 15 Tage später aus dem Frischluftlager; Kühllagerung ist bei 0°C für 3 bis 4 Wochen möglich, dabei gehen aber Aroma und Geschmack verloren und es kann am Ende rasch zum Verfall kommen.
Größe und Form: Groß bis sehr groß; langbirnen- bis langkegelförmig, kelchbauchig, parthenokarpe Früchte schlank, zum Stiel schwach eingeschnürt, meist gleichmäßig, ansprechende Form.
Farbe und Beschaffenheit der Schale: Zuerst grünlich, dann gelbe Grundfarbe, Deckfarbe fehlt; typisch ist netzartige bis flächige Berostung, die zusammen mit gelblicher Grundfarbe ockergelbe bis bronzeartig gefärbt ist; um Kelch oft ringförmig und schuppig berostet; viele graubraune, aber unauffällige Lentizellen; häufig längslaufende Rillen oder Nähte; rauh, trocken, leicht genarbt; weich aber kräftig, deshalb vor Verzehr schälen.
Kelch: Mittelgroß; überwiegend halboffen; relativ kleine, gelbbraune Blättchen, am Grund nicht verwachsen, aufrecht und mit zurückgeschlagenen Spitzen.
Kelchgrube: Mäßig weit, wenig tief, schwachrippig bis breitwulstig, ringförmig berostet.
Stiel: Lang bis mittellang; dünn bis mitteldick; an der Frucht grün, zum Ansatz graubraun, verdickt und meist krumm.
Stielgrube: Wenig tief bis fehlend; klein und häufig durch Wülste verengt bis verdrückt.
Kernhaus: Mittelgroß; oval bis birnenförmig; kelchnahe; rosarot und körnig umrandet; Gefäßstrang zum Stiel markant; Fächer mittelgroß, regelmäßig und mit dunkelbraunen, durchweg gut entwikkelten Samen.
Fleisch: Grünlich bis cremefarben; trotz grobzelliger Struktur schmelzend und saftreich, kurzbrechend, wird rasch überreif.
Geschmack: Die Birnen sind süß, schwacharomatisch und schwach weinsäuerlich; insgesamt gut.

Anbau und Markt

Eine fruchtbare, große, formschöne und geschmackvolle Tafelbirne, die ihren Verbrauchshöhepunkt im September hat, etwa zwischen den Sorten 'Williams' und 'Gellert'. Die formgleichen Früchte lassen sich gut sortieren; sie sind für Kompott und Naßkonserven begrenzt verwertbar. Schwerpunkt des Anbaus ist der Hausgarten; allenfalls noch für den Lokalmarkt geeignet, da für den übergebietlichen Markt die Birnen wenig lagerfähig und auch druckempfindlich sind. Nur in hartem Zustand versandfähig. Die Bäume können sich schnell erschöpfen, deshalb bei hohen Behangdichten ausdünnen und durch gute Ernährung das Triebwachstum fördern. Sehr gut als Spalier nutzbar.

Williams

Zahlreiche ähnliche Namen, v.a. 'Williams Christbirne', 'Williams Christ' und 'Williams Apothekerbirne'.
franz.: 'Bon Chrétien Williams', 'Beurré Williams', 'Guillaume',
engl.: 'Williams Bon Chrétien', 'Williams Peer'. Synonyme sind 'Aldermaston Pear', 'Stair's Pear'.
amerik.: 'Bartlett' (of bzw. de Boston).
franz.: 'Poire d'Angleterre', 'Delavault' und 'Charles Durieux'.
Abstammung und Herkunft: Zufallssämling; bereits 1770 als junger Baum im Garten des Lehrers Stair in Aldermaston, Berkshire/England, entdeckt; später von Baumschulbesitzer Williams aus Turnham Green, Middlessex, übernommen und als 'Williams Bon Chrétien' verbreitet; mit diesem Namen tauchte die Sorte zwischen 1797 und 1799 über J. Carter und Th. Brewer in den USA auf, wo sie 1817 von E. Bartlett, Dorchester, in Unkenntnis der früheren Namengebung in 'Bartlett' umbenannt wurde; 1848 mit diesem Namen in den Katalog der Amer. Hort. Society aufgenommen.
Mutanten: Aus den USA:
1. 'Nye Russet Bartlett', 1924, schwach golden berostet.

Williams

2. 'Eller', 1942, 4 bis 5 Wochen vor 'Standard' reifend.
3. 'Max Red Bartlett', 1945; rundum violettrot- bis rotgefärbte Mutante mit bräunlichem Stich, geschmacklich nicht überzeugend; reift 10 Tage nach 'Standard'.
4. 'Rosired Bartlett', 1948.
5. 'Stewart Bartlett', 1952.
6. 'Gestreifte Williams'; die Birnen dieser Mutante sind chimärenartig gelb und rötlich gefärbt.

Aus Kanada: 'Russet Bartlett', 1908; vermutlich eine mehr oder weniger stark berostende Mutante.

Aus Australien: 'Sensation Red Bartlett' (Mocks Williams), 1940.

Standortansprüche: Dank früher Reife ist der Wärmeanspruch nicht hoch, so daß auch Höhenlagen, zumindest in Südwestdeutschland, nutzbar sind. Dort sind sonnige Standorte z. B. vor schützenden Wänden zu bevorzugen, da es in Jahren mit kühler Witterung dem Fruchtfleisch an Schmelz und Aroma fehlen kann. Diese Mängel können auch beim Anbau auf tonigen oder feuchten bis wechselfeuchten Böden mit unzureichender Durchlüftung auftreten, während die Leistungen der Sorte auf tiefgründigen, humosen und ausreichend frischen Böden in warmen Klimaten sehr gut sind. Die Sorte ist standörtlich ziemlich anpassungsfähig. Auf wenig geeigneten Böden wird allerdings die Frostempfindlichkeit des Holzes noch verstärkt. Diesem Mangel kann durch Verwendung frostharter Unterlagen (Sämling) und Gerüstbildner zu einem Teil begegnet werden. Die mittelspät- bis spätaufbrechenden Blüten sind wenig frostempfindlich. Windoffene Lagen sind weniger wegen der Fruchtfallgefahr als wegen der Scheuergefahr an den Früchten ungünstig.

Verbreitung: In allen nicht zu kühlen Obstbaugebieten Europas vorhanden; fehlt jedoch in den Niederlanden. Die jährliche Erntemenge in der EU wurde zu Beginn der 90er Jahre auf 325 000 t geschätzt, davon 40 000 t der rotfrüchtigen Mutante 'Max-Red Bartlett'. Den Hauptanteil produziert die italienische Provinz Emilia Romagna (210 000 t), kleinere Mengen gibt es in den Provinzen Venetien, Bozen (4000 t) und Trient (3000 t). Die französische Produktion beläuft sich auf etwa 110 000 t, aus Griechenland werden 8000 t gemeldet. In Deutschland liegt die Anbaufläche bei 500 ha; Schwerpunkte sind hier das Rheinland, die Niederelbe, das Bodenseegebiet und das Neckarland. Daneben erzeugen die Schweiz 12 500 t, vor allem im Wallis, und Österreich in der Steiermark 1200 t.
Bestandessicherheit: Im allgemeinen befriedigend, doch nach extrem starken Winterfrösten zeigt 'Williams Christ' überdurchschnittliche Teil- oder sogar Totalausfälle. Auf gut bis sehr gut geeigneten Standorten sind solche Schäden geringer.

Williams als Muttersorte ♀ und Vatersorte ♂

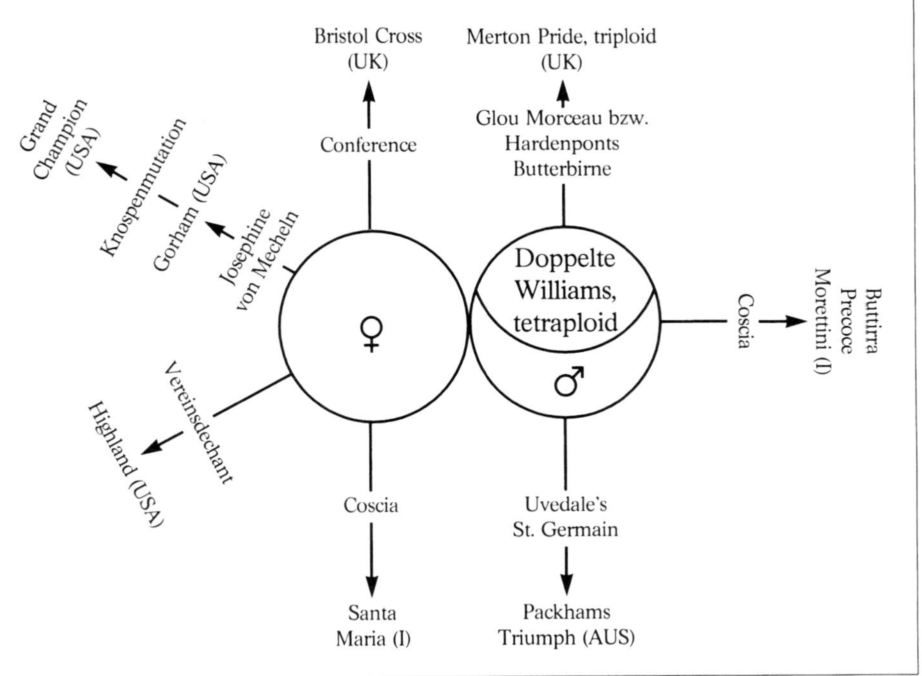

Williams

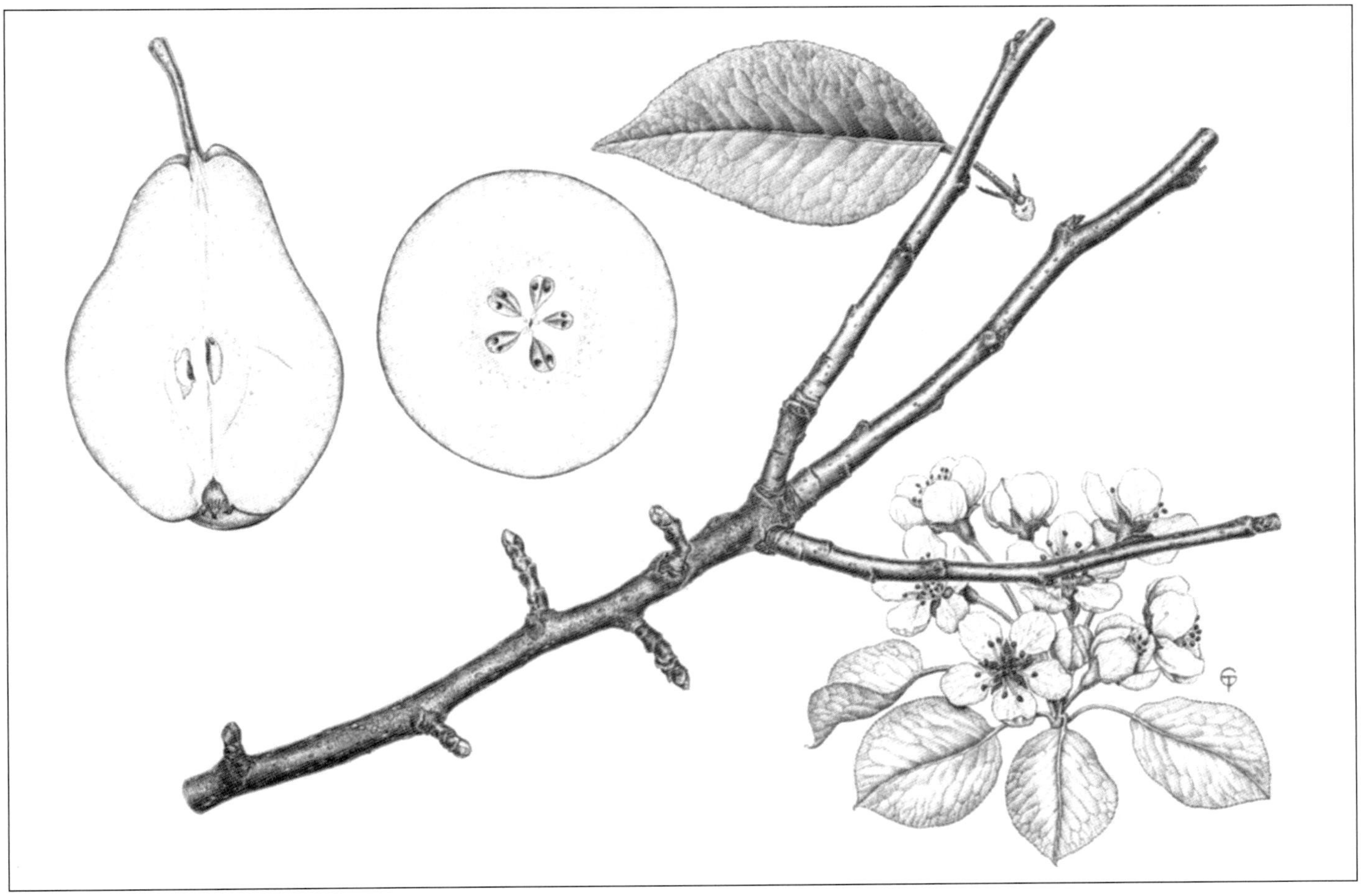

Baum

Wuchs: Anfänglich stark und aufrecht bzw. hochpyramidal, läßt später meist deutlich nach; auf wüchsigen Böden bilden sich auch später kräftige und auffällig hellbraune bis gelbliche Langtriebe mit meist gestauchten Internodien. Bei schwachem Trieb ist ein Verjüngungsschnitt angebracht. Im Wuchscharakter mit 'Conference' verwechselbar. Eine für Umpfropfungen älterer Bäume hervorragend geeignete Sorte. Typisch sind die mittelgroßen, schifförmig nach innen gerollten und deshalb schmal wirkenden und glänzenden Blätter von dunkelgrüner Farbe, die aber leicht abbrechen. Bietet als Sämling kräftige Stämme mit wenigen Seitentrieben.
Fruchtholz: Bei wüchsigen Bäumen sind an der Blütenbildung die klassischen Fruchtstand-Orte gleichermaßen beteiligt: Langtriebe end- und seitenständig, Kurztriebe ein- und mehrjährig; ältere Bäume neigen zur ausschließlichen Kurztriebstruktur. Die Birnen hängen fast immer einzeln.
Blüte und Befruchtung: Gute Befruchtersorte, diploid; mittelspät- bis spät- und langblühend; geeignete Befruchter sind u.a. 'Bosc', 'Bunte Juli', 'Charneux', 'Clairgeau', 'Clapp', 'Conference', 'Gellert', 'Doppelte Philipp' und 'Vereinsdechant'; mit den Sorten 'Trévoux' und 'Gute Luise' intersteril; Blütenzahl 7,5 (7+8); Achse gestaucht; Blütenstiele mittellang und flaumig; Primärblätterzahl mit 3,7 (3 bis 5) artspezifisch sehr niedrig, länglich-oval, klein bis mittelgroß, oberseitig glänzend, unterseitig flaumig, stinkend; Kronblätter klein, randlich gekräuselt, kurzgenagelt und muschelförmig gewölbt; Staubblätter (ca. 1 cm) kürzer als Griffel; Kelchblätter setzen breit an und laufen spitz zu, z.T. unförmig und gekrümmt.
Ertrag: Früheinsetzend, regelmäßig und reichlich, aber keine Spitzenleistungen.
Verträglichkeit: Nicht mit Quitte verträglich, das heißt aber, eine Zwischenveredlung ist unumgänglich; virusfreie Partner (Edelreis und Unterlage) sollen verträglich sein.
Krankheiten und Mängel: Mäßig anfällig für Schorf, vor allem die Früchte, sowie anfällig für Apfelwickler (Obstmade), Birnenblattsauger und Birnenverfall; die Viröse Steinfrüchtigkeit zeigt bei dieser Sorte keine Symptome; deshalb können damit verseuchte Birnbäume anderer Sorten ohne Nachteile mit der Sorte 'Williams' umgepfropft werden.

Frucht

Pflückreife: Je nach Wärmeklima von Ende August bis Ende September; mit grünlicher Grundfarbe pflücken.
Genußreife: Jeweils wenige Tage bis 14 Tage später; in grünlichem Zustand Kühllagerung bei 0 bis −1 °C für 2 bis 3 Monate möglich; günstige Nachreifetemperatur bei +15 °C.
Form und Größe: Mittelgroß bis groß; regelmäßig birnen- bis glockenförmig, kelch- bis mittelbauchig, Stiel oft eingezogen.
Farbe und Beschaffenheit der Schale: Zur Ernte hellgrün, dann gelb bis zitronengelb; sonnenseitig häufig gestreift bis flächig rötlich; nur Kelchgrube gelegentlich mit Rost; Lentizellen sonnenseits als rötlich umrandete Roststerne, schattenseitig als kleine Punkte; weder rauh noch glatt, aber als Sortenmerkmal schwach bis deutlich genarbt oder beulig; weich.
Kelch: Mittelgroß; halboffen; Blättchen stehen dicht und sind oft nach innen gebogen.
Kelchgrube: Offen; meist berostet; tief eingesenkt; faltig bis höckrig; Umgebung platt.
Stiel: Kurz bis mittellang; kräftig; dunkelbraun; zentral angesetzt und danach gebogen.
Stielgrube: Faltig bzw. mit leichter bis deutlicher Schnabelbildung und leicht eingesenkt; verschiedentlich berostet, dabei fransig auslaufend.
Kernhaus: Klein; oval; kelchnahe; schmal und mit schwachrötlichem Steinzellenkranz zum Fleisch abgesetzt; hochangesetzte Kammern, Samen vollzählig, gut entwickelt; Gefäßbündel verlaufen eng als grünliche, unauffällige Punkte.
Fleisch: Gelblichweiß, am Rand grünlich; vollreif zart, schmelzend und sehr saftig; sehr gute Qualität; bei zu später Ernte geht die Saftigkeit und der Schmelz verloren.
Geschmack: Süßlich-würzig mit eigenem, edlem Aroma; aus besten Standorten sehr geschmackvoll.

Physikalische und chemische Eigenschaften der Frucht										
Tagewerte		125								
Größenverteilung nach Gewicht in %	Größenklassen in mm	<50	50/55	55/60	60/65	65/70	70/75	75/80	80/85	85/90
	Quitte		2	16	36	37	8	1		
	Sämling									
Mittleres Fruchtgewicht in g		165			(145–210)					
Spezifisches Fruchtgewicht		0,99–1,01								
Fruchtform-Index		1,35			(1,20–1,50)					
Mittlerer Zuckergehalt als Refraktometerwert in %		12,5			(11,0–14,0)					
Mittlerer Säuregehalt in g/l		2,8			(1,7–3,8)					

Anbau und Markt

Unter den späten Sommerbirnen nimmt 'Williams' dank standörtlicher Anpassungsfähigkeit, Fruchtqualität, Fruchtbarkeit und vielseitiger Verwendbarkeit den 1. Platz ein. Dies gilt für den Erwerbs- und den Liebhaberobstbau sowie für alle Baumformen. Die Birnen sind wie die keiner anderen Sorte hervorragend geeignet zum Einmachen – das Fleisch bleibt hell – und als Rohware für Sorten-Branntweine (Williams, Williamine). Die Sorte ist fähig, ihren Behang soweit selbst zu regulieren, daß Fruchtausdünnungen meist nicht erforderlich sind. Dank vorherrschender Einzelfruchtstände sind die Birnen in Form und Größe weitgehend gleichmäßig. Bei Genußreife nicht mehr transportfähig. Nach Reife, Form und Größe ähnliche Früchte hat die Sorte 'Dr. Jules Guyot'.

Bunte Juli

Bunte Juli

Ähnliche Namen waren früher 'Gefärbte Julibirne' (Baden) und 'Schönste Julibirne' (Elsaß) und ist noch heute 'Bunte Julibirne'.
franz.: 'Colorée de Juillet'.
Synonyme: Keine.
Abstammung und Herkunft: Von Baumschulbesitzer Boisbunel jun. in Rouen (Dep. Seine-Maritime, Frankreich) als Sämling unbekannter Eltern herangezogen; erste Früchte gab es 1857, ab 1867 in den Handel eingeführt.
Mutanten: Bislang sind keine Mutanten bekannt geworden.
Standortansprüche: Eine Sorte mit großer wärmeklimatischer Bandbreite: Um die frühe Fruchtreife der Sorte auszuschöpfen, ist der Anbau sowohl im Weinklima (Mitte Juli reifend: Erste, geschmacklich befriedigende Tafelbirne) als auch auf Höhenlagen (Mitte August reifend) zweckmäßig. In Frühgebieten ist auf rechtzeitige Pflücke zu achten, da sonst das Fruchtfleisch rasch mürbe bis mehlig werden kann. Die Ansprüche an Feuchtigkeit und natürliche Nährkraft des Bodens sollen nicht hoch sein, d.h. daß nicht nur mäßig frische und frische, sondern auch noch mäßig trockene Böden mit jeweils guter Durchlüftung (keine tonigen Böden) und mindestens mittelmäßiger natürlicher Nährkraft geeignet sind. Während das Holz auf tiefe Wintertemperaturen empfindlich reagiert, also wenig frosthart ist,

Physikalische und chemische Eigenschaften der Frucht										
Tagewerte		90								
Größenverteilung nach Gewicht in %	Größenklassen in mm	<30	30/35	35/40	40/45	45/50	50/55	55/60	60/65	65/70
	Quitte									
	Sämling				8	29	39	17	7	
Mittleres Fruchtgewicht in g			90				(70–105)			
Spezifisches Fruchtgewicht			0,97							
Fruchtform-Index			1,2				(1,1–1,35)			
Mittlerer Zuckergehalt als Refraktometerwert in %			11,5				(10,4–11,9)			
Mittlerer Säuregehalt in g/l			2,3				(1,9–2,8)			

Bunte Juli

sind die Blüten gegenüber Spätfrösten wenig empfindlich. Die Birnen hängen bis zur Pflückreife fest am Baum.
Verbreitung: Gegenwärtig nur im Hausgarten; obwohl eine der frühesten Tafelbirnensorten, hat sie für den übergebietlichen Markt keine Bedeutung.
Bestandessicherheit: Aufgrund der Frostempfindlichkeit des Holzes, des schwachen Wuchses im Vollertragsalter und der Anfälligkeit für Feuerbrand ist von einer mäßig bis geringen Bestandessicherheit auszugehen. Ausfälle sollen auf Quittenunterlage höher als auf Sämlingsunterlage sein.

Baum

Wuchs: Anfänglich mittelstark und hochpyramidal, mit dem Fruchtbarwerden nur noch schwach mit zugleich geringer Triebigkeit und Verzweigungstendenz; deshalb überwiegend kurztriebig, Langtriebe sind selten. Bestes Wachstum nur auf besonders wüchsigen Standorten (warm, frisch, fruchtbar) bei gleichzeitiger Verwendung der Sämlingsunterlage, sonst frühe Erschöpfung, die das Verjüngen des Baumes notwendig macht. Holz grau, Triebe bräunlich mit deutlichen Lentizellen und kräftiger Endknospe; Blütenknospen kurz und gedrungen, Blattknospen klein und abstehend; Blätter schmal, spitzig, ungezähnt ± und nach unten gerollt.
Verträglichkeit: Mit Quitte zwar direkt verträglich, doch dann schwachwüchsig, frühzeitig erschöpft und/oder mit begrenzter Lebensdauer.
Fruchtholz: Äste wenig verzweigt, deshalb zur Triebstärkung und besseren Verzweigung kräftiger Rückschnitt erforderlich; vorherrschend sind mehrjährige Kurztriebe, die endständig fruchten.
Blüte und Befruchtung: Gute Befruchtersorte, diploid; früh- bis mittelfrüh- und langblühend; nur geringfügig zur Parthenokarpie veranlagt; geeignete Befruchtersorten sind u.a. 'Bosc', 'Charneux', 'Clapp', 'Conference', 'Gellert', 'Gräfin', 'Trévoux' und 'Williams'; Primärblattzahl 5, 7 (4 bis 6), lang, lanzettlich, oberseitig glänzend, unterseitig flaumig, klein; Blütenzahl 8,4 (7 bis 10), subterminale Blüte oft verzögert, für Birne nur schwach stinkend; Kronblätter länglich bis oval, breitbogig und schüsselförmig; Kelchblätter schmal, spitzig, klein, nach außen gebogen; Griffel ca. 0,5 cm länger als Staubblätter, engständig; Blütenstiele lang, kräftig und stabil, Achse mittellang und ebenfalls kräftig.
Ertrag: Setzt früh bis sehr früh ein, ist danach gleichmäßig und alterniert kaum, er ist aber keineswegs hoch; wegen selten übermäßiger Behangdichten sind Fruchtausdünnungen kaum erforderlich.
Krankheiten und Mängel: Wenig bis nicht schorfanfällig und wenig empfindlich für Birnenverfall.

Frucht

Pflückreife: Je nach Wärmeklima in Mitteleuropa etwa von Mitte Juli bis Mitte August.
Genußreife: Jeweils einige Tage bis eine Woche später.
Form und Größe: Mittelgroß bis klein; gedrungen, kegel- (kleine Früchte) bis faßförmig (große Früchte), rundlich und gleichhälftig, kelch-, meist aber mittelbauchig, zum Kelch abgestumpft, Kelchpartie platt, zum Stiel gleichmäßig verjüngt, Stielpartie breithöckrig geschultert; im ganzen ansprechend.
Farbe und Beschaffenheit der Schale: Grundfarbe von lichtgrün nach gelb übergehend, oft beduftet, sonnenseits geflammt bis marmoriert bräunlichrot bis schwach orange; Lentizellen (sehr) klein und dicht, sonnenseitig rot umhöft; um den Stiel strahlig berostet; glatt, trocken; weich.

Kelch: Groß bis mittelgroß; offen bis halboffen; Blättchen klein, schmal und filzig, am Grund gerötet, meist weit nach außen gebogen.
Kelchgrube: Flach, weit; feinrippig, öfters geperlt.
Stiel: Kurz bis mittellang, dick; hellgrün bis -braun, mit Warzen, schwellt zur Frucht an; flach eingetieft bis oben aufsitzend.
Stielgrube: Eng; strahlig berostet; häufig mit Wülsten.
Kernhaus: Klein bis mittelgroß; kelchseitig; spindelig bis oval, körnig umrandet; Gefäßbündel zum Stiel breit und kräftig; Achse hohl, aber eng; kleine, regelmäßige Fächer mit zahlreichen, braunen und spitzigen Samen, hochliegend und häufig nicht voll ausgebildet.
Fleisch: Grünlichweiß bis weiß; grobzellig, mäßig saftig, weich, halbschmelzend, wird rasch mürbe bis mehlig.
Geschmack: Süßlich, säurearm, schwachzimtartig gewürzt; als frühe Sommerbirne mit Wohlgeschmack.

Anbau und Markt

Eine fruchtbare, jedoch keine hohen Baumerträge leistende Sorte, deren frühzeitige Reife sowie ansprechende Form und Größe ihrer Früchte einen guten Handels- und Verbrauchswert sicherstellen. Für optimale Fruchtqualität wichtig ist der richtige Erntezeitpunkt, der auf sehr warmen Standorten aber ziemlich kurz ist: Zu früh geerntet mangelt es an Geschmack, zu spät geerntet an der Saftigkeit des Fruchtfleisches.
Gleich nach der Ernte sind die spezifisch leichten Birnen transportfähig, sie halten aber nur kurz. Dank sehr geringer Schorfanfälligkeit eine wertvolle Sorte für den Liebhaberanbau, während der erwerbsmäßige Anbau keine Rolle mehr spielt. Nachteilig ist die begrenzte Lebensdauer der Bäume, insbesondere auf Quittenunterlage, die meist eine Folge frühzeitiger Erschöpfung ist.

Clairgeau

Vollständiger Name ist 'Clairgeaus Butterbirne', ähnliche Namen sind (franz.) 'Poire Clairgeau' bzw. 'Beurré Clairgeau', 'Clairgeau de Nantes' oder auch 'Clergeau'. Synonyme sind keine bekannt.

Abstammung und Herkunft: Zufallssämling, der von dem Gärtner Pierre Clairgeau in Nantes aus Samen unbekannter Eltern ausgelesen wurde, 1848 die ersten Früchte brachte und in den 50er Jahren des 19. Jahrhunderts von de Jonghe, Brüssel, verbreitet worden sein soll. Nach Lucas (1877) eine lange, farbige Flaschenbirne mit halb schmelzendem Fleisch und aufrechtem Kelch.
Mutanten: Von 'Clairgeau' sind keine Mutanten bekannt.
Polleneigenschaften: Günstig, diploid; blüht mittelfrüh und mittellang; kaum parthenokarpe Früchte; geeignete Befruchter sind u.a. 'Bosc', 'Bunte Juli', 'Gellert', 'Gute Luise', 'Gräfin', 'Vereinsdechant' und 'Williams'.
Standortansprüche: Die spätreifende Herbstsorte hat gehobene Ansprüche an die natürlichen Gegebenheiten, d.h. daß für gute Leistungen mindestens warme Klimate oder in mittleren Höhenlagen sonnenseitige Wände und mindestens mäßig fruchtbare Böden mit regelmäßiger Wasserversorgung bei günstiger Durchlüftung zu wählen sind. Je rauher das Klima und/oder je trockener bzw. sandiger die Böden sind, desto rübiger werden die Birnen. Für eine sortentypisch gute Fruchtqualität scheinen warme und sonnige Wochen während der Fruchtreife entschei-

Clairgeau

dend zu sein. Das Holz ist artgemäß überdurchschnittlich frostempfindlich. Die Blüten werden als ziemlich frosthart und wenig witterungsanfällig beurteilt. Die Gefahr vorzeitigen Fruchtfalls wird weniger von der Windlage als von der Reife der Birnen her bestimmt.

Baum

Der Wuchs ist von besonderer Art: schwach bis sehr schwach wie kaum eine andere Birnensorte, steil bzw. straff aufrecht ähnlich einer Pyramidenpappel, als Seitenholz fast nur Kurztriebe, Langtriebe sind selten. Somit bleiben die spindelartigen Kronen selbst auf dem starkwachsenden Sämling klein. Dieser Wuchscharakter läßt sich nur schwierig und unwesentlich, z. B. durch frühzeitiges Spreizen der Leitäste, verändern, zumal das spröde Holz dabei leicht brechen kann. Da meist nur die oberen Knospen austreiben, ist es zum Zwecke der Verdichtung der kurzen Fruchthölzer sinnvoll, die Triebe mehrmals anzuschneiden. Langfristig richtet sich der Schnitt notwendigerweise auf die Verjüngung dieser mehrjährigen Kurztriebe (Quirlhölzer), die in der Regel rasch vergreisen. Vorteilhaft ist die geringe Schorfempfindlichkeit der saftig grünen Blätter, die als Merkmale stumpfgesägt und halbsichelförmig gekrümmt sind. Für alle Baumformen, auch für Wandspaliere, aber keinesfalls für Hochstämme, geeignet. Auf Quittenunterlage werden zwar die besten Fruchtqualitäten erzeugt, doch bleiben diese Bäume besonders kleinkronig und werden, selbst mit Zwischenveredlung, nicht alt.

Frucht

Pflückreife: Von Anfang bis Mitte Oktober, auf sehr warmen Standorten auch schon Ende September; nach franz. Angaben 5 Wochen nach 'Williams'. Der Pflücktermin ist sorgfältig zu wählen, denn bei zu früher Pflücke wird das Fleisch nicht genügend schmelzend und der Geschmack leidet, bei zu später Pflücke steigt zunehmend die Fruchtfallgefahr.
Genußreife: Aus dem Frischluftlager von Ende Oktober bis Anfang/Mitte Dezember; aus dem Kühllager bei −1 bis −0,5 °C bis Januar.
Größe und Form: Sehr groß bis groß (Einzelfrüchte bis 500 g); von bauchig, birnen-, über feigen- bis flaschenförmig oder stumpfkegelig (Fruchtform-Index von 1,3 bis 1,6; spez. Gewicht 0,99), überwiegend schief und kelchbauchig; zum Kelch hin breitrund oder stumpf, stielwärts einseitig krumm, verschiedentlich auch gleichseitig eingezogen; oft mit längsseitiger Rille.
Farbe und Beschaffenheit der Schale: Lichtgrün bis strohgelb, sonnenseits von schwach bronzeartig über hellziegel- bis leuchtend kupferrot, dann prächtig; viele graubraune, rot umhöfte Lentizellen, häufig als zimtfarbige Rostfiguren um Stiel und/oder Kelch, oft netzartig berostet; teils glatt, teils rauh bzw. glänzend oder trokken, mitteldick; etwas zäh oder hart, vor Verzehr schälen.
Kelch: Mittelgroß; offen bis halboffen; meist verdrückt; Blättchen spitz, lang hornartig und aufrecht, am Grund rötlich und verwachsen.
Kelchgrube: Flach bis mitteltief; eng bis mittelweit; oft wulstig oder rippig; meist netzartig oder strahlig berostet.
Stiel: Kurz bis mittellang; dick bis kräftig; an beiden Enden keulig; schnabelförmige Ansätze, durch Wülste meist seitlich bis zur Waagerechten und mehr verdrückt.
Stielgrube: Fehlt meist, sonst klein bzw. flach; am Stielansatz in der Regel schnabelförmig und gefältelt; häufig mit Rostkappe.
Kernhaus: Klein; spindelig bis rhombenförmig; kelchnahe; Achse geschlossen; Fächer schmal und lang mit schwarzbraunen, langen Samen, die aber häufig taub sind, am Ende mit Dorn; mit Steinzellenkranz umrandet; Gefäßbündel zum Stiel meist abgewinkelt.
Fleisch: Gelblichweiß bis fast weiß; saftig, nicht immer voll schmelzend, sondern grießig bis körnig, manchmal auch rübig, abhängig von Reifegrad und Pflückzeitpunkt.
Geschmack: Süßlich bis süßlich-feinsäuerlich oder wässrig, leicht gewürzt, mitunter etwas herb oder auch aromatisch, im ganzen befriedigend.

Anbau und Markt

Kennzeichnend für diese späte Herbstsorte sind neben ihrem eigenartigen und schwachen Wuchs die gleichmäßig großen und schöngefärbten Birnen (Schaufrüchte), die zwar jeden Garten zieren, aber häufig in geschmacklicher Hinsicht enttäuschen. Auf besonders günstigen Standorten bzw. nach sonnigwarmen Herbstwochen mit zugleich optimalem Pflückzeitpunkt kann allerdings das Fruchtfleisch vollschmelzend sein und gut schmecken. Auf Quittenunterlage wird zwar ebenfalls die Fruchtqualität angehoben, doch sollen solche Bäume in den meisten Fällen zu schwachwüchsig bleiben und nicht lange lebensfähig sein. Neben der Fruchtgröße ist auch die früheinsetzende, danach reichliche und fast alljährliche Fruchtbarkeit vorteilhaft. Im Zustand der Pflückreife sind die Birnen ohne wesentliche Nachteile handelsfähig, mit zunehmender Reife dann immer weniger. Hervorzuheben ist die breite Palette der Verwendung der Birnen als Tafelfrucht, verarbeitet zu Kompott und Saft oder als Dörrfrucht ebenso wie die Möglichkeit zur mehrwöchigen Kühllagerung, bei der die Birnen kaum welken. Allerdings sind laufende Kontrollen auf teigigwerdende Früchte anzuraten. Ihre Eignung für den Erwerbsanbau ist umstritten, für den Hausgarten nicht. Hier empfiehlt sich diese Sorte vor allem für Wandspaliere.
Äußerlich ähnlich können Birnen der Sorte 'Abate Fetel' sein.

Doppelte Philipp

Farbbild Seite 224

Vollständiger Name ist 'Doppelte Philippsbirne', ähnliche Namen sind 'Philippsbirne', 'Double Philippe' und 'Dubbele Flip'.
Synonyme sind 'Beurré' bzw. 'Doyenne Boussoch', 'Beurré de Mérode' bzw. 'Doyenné de Mérode', 'Frühe Diel' und 'Sommer-Diel'.
Abstammung und Herkunft: Zufallssämling, der um 1800 in Belgien gefunden worden ist und von Professor van Mons 1819 (oder 1811) zu Ehren des Grafen (oder Prinzen) Mérode de Westerloo zunächst den Namen 'Doyenné de Mérode' erhielt, später aber in 'Doppelte Philippsbirne' umbenannt wurde. 'Doppelte' deshalb, weil es damals auch eine Sorte mit dem Namen 'Philippe de Bou' gab. Nach Lucas ist es eine grundfarbige, längliche Herbstbutterbirne mit unvollkommenem, hornartigem oder fehlendem Kelch.
Mutanten: Keine bekannt.
Polleneigenschaften: Obwohl die Sorte diploid ist, werden ihre Pollen verschiedentlich als ungeeignet beziehungsweise schlecht bezeichnet; früh- und langblühend; Befruchtersorten sind 'Bunte Juli', 'Charneux', 'Clapp', 'Gellert', 'Gute Luise' und 'Williams'.

Standortansprüche: Eine Tafelbirne mit großer ökologischer Anbaubreite, die vom Weinklima bis in rauhe Höhenlagen und auf schweren wie auf leichten Böden anbauwürdig ist. Diese Sorte bringt auch in kühlen Klimaten eine annehmbare Fruchtqualität hervor und ihre Ansprüche an die Feuchtigkeit, natürliche Nährkraft und an die Durchlüftung des Bodens sind artgemäß bescheiden. Hinzu kommt, daß das Holz frosthart ist und die Blüten unempfindlich auf Spätfröste reagieren, obwohl diese Sorte früh blüht. Ebenfalls vorteilhaft ist das gute Haften der Birnen am Baum, sie sind also nicht windempfindlich.

Baum

Anfänglich stark- und ziemlich steilwachsend, später gehen bei mittelstarkem Wuchs die schön sich formenden Kronen unter der Fruchtlast mehr in die Breite. Die zwar kleinknospigen, jedoch langen und kräftigen Triebe mit rotbrauner Farbe verzweigen sich auch ohne Anschnitt willig; sie sind in der Regel mit vielen mehrjährigen Kurztrieben besetzt, so daß das Auslichten dichtlaubiger Partien zweckmäßig ist. Dank allgemeiner Robustheit sind die Bäume langlebig. Dieses Ergebnis ist mittelbar auch bedingt durch die Schorfunempfindlichkeit der in typischer Weise hellgrünen, schmalen und schiffförmigen, aber kupferempfindlichen Blätter. Kennzeichnend ist eine für Birnen niedrige Blütenzahl von 6 bis 7 innerhalb der langachsigen Infloreszenzen. Als nachteilige Eigenschaft liegt eine hohe Anfälligkeit für Feuerbrand vor. Auf Quitte direkt veredelt ist diese Sorte nicht ausreichend verträglich, deshalb nur mit Zwischenveredlung anziehen. Bildet in der Baumschule gerade Stämmchen.

Frucht

Pflückreife: Mitte September, je nach Wärmeklima früher bzw. später.
Genußreife: Anfang bis Ende Oktober aus dem Frischluftlager; aus dem Kühllager bei höchstens +2 °C bis Ende November–Anfang Dezember.
Größe und Form: Groß bis mittelgroß (Fruchtgewicht 120 bis 180 g; spez. Gewicht um 1); teils breitkegelig und betont kelchbauchig, teils fast kugelig, rund (Höhen-Breiten-Index 0,9 bis 1,0), zum Kelch abgeplattet, zum Stiel sich gleichmäßig verjüngend.
Farbe und Beschaffenheit der Schale: Gelblichgrün, in Vollreife gelb bis ockergelb, sonnenseits verschiedentlich mit zartrosafarbigen Anflügen, verwaschen; typisch sind dichtstehende Lentizellen, die sich auf der Schattenseite klein, auf der Sonnenseite auffällig groß bräunlichrot zeigen und manchmal in netzartige Berostungen übergehen; am Stiel meist berostet; uneben, trocken, stumpf; hart, deshalb geschält essen.
Kelch: Offen; mittelgroß bis groß; kleine Blättchen auch oft rötlich, filzig bis hornartig, aufrecht, am Grund aber nicht verwachsen.
Kelchgrube: Flach; weit; vereinzelt gefältelt bis geperlt und mit Lentizellen besetzt.
Stiel: Mittellang bis kurz; dick, meist fleischig verdickt und oft seitlich weggedrückt; holzfarben mit hellen Lentizellen.
Stielgrube: Flach bis mäßig tief; eng; häufig mit strahliger Rostkappe.
Kernhaus: Mittelgroß; breitspindel- bis eiförmig; kelchnahe, mit breitem Steinzellenkranz eingefaßt, vollachsig; Fächer länglich oval, abstehend; tiefdunkelbraune Samen klein und schmal mit Dorn, aber auch viele taube Samen.
Fleisch: Gelblichweiß; schmelzend bis halbschmelzend, je nach Reifequalität teils fein-, teils grobzellig und dann auch mit Steinzellen; mäßig saftig mit Tendenz zu leicht trocken; kann auch rasch teigig werden.
Geschmack: Süßlich bis feinherb, erfrischend, schwach gewürzt; gute Baumreife wirkt verbessernd.

Anbau und Markt

Die Bedeutung dieser Herbstsorte von mittelmäßiger Güte liegt in ihrer Eignung als Tafelbirne für mittlere und höhere Lagen, wo sie sich überdies als gesund, bestandessicher und sehr fruchtbar (Massenträger) bewährt hat. Hier wirkt auf die innere Fruchtqualität hinsichtlich Wohlgeschmack und Schmelz des Fleisches eine gute Reife der Birnen am Baum verbessernd. Sie muß aber wegen der Gefahr rascher Überreife sorgfältig beobachtet werden. Die Pflückleistung ist hoch. Nach der Ernte sind die Birnen transportfähig; sie können als Tafelbirnen verzehrt, eingekocht oder zu Saft verarbeitet werden. Vorteilhaft beim Einkochen ist das hell bleibende Fleisch.
Hauptsächlich geeignet für den Hausgarten oder zum Anbau für den lokalen Markt. Die Haltbarkeit der Früchte ist begrenzt, das heißt genußreife Partien sollten zügig verbraucht werden. Die Birnen sind denen von 'Lucas' ähnlich.

Elsa

Vollständiger Name ist 'Herzogin Elsa'; auch als 'Duchesse Elsa' benannt.
Keine Synonyme.
Abstammung und Herkunft: Zufallssämling von nicht genau bestimmbarer Herkunft. Es gibt zwei Hinweise: 1. Vom Königl. Hofgärtner J. B. Müller auf Schloß Wilhelma bei Stuttgart-Bad Canstatt ebenso wie die Birnensorte 'König Karl von Württemberg' aus Sämlingen ausgelesen. 2. Nach N. Gaucher, Königl. Garteninspektor in Stuttgart, 1879 bzw. nach anderen Quellen 1885 durch das Pomolog. Institut in Reutlingen (Ed. Lucas) in den Handel eingeführt. Früher in Württemberg und in Sachsen verbreitet.
Mutanten: Keine bekannt.
Polleneigenschaften: Günstig, diploid; blüht früh- und mittellang; geeignete Befruchter sind 'Bunte Juli', 'Clairgeau', 'Clapp', 'Conference', 'Gellert', 'Gute Luise', 'Trévoux' und 'Williams'.
Standortansprüche: Wärmeklimatisch eine ziemlich anspruchslose Tafelbirne, die sowohl in warmen Klimaten als auch in Höhenlagen nutzbar ist, sofern sie nicht zu rauh sind. Für beste Fruchtqualitäten sind dort ohnehin kleinklimatisch günstige Standorte zu bevorzugen. Höhere Ansprüche stellt die Sorte an den Boden, der für gutes Gedeihen von Baum und Früchten mindestens mittelgründig, mäßig frisch bis frisch, ausreichend durchlüftet und nährkräftig sein sollte. Bei mangelhafter Feuchtigkeit und Ernährung wachsen kleine Birnen heran und auf zu feuchten Standorten bilden sich Steinzellen. Die Empfindlichkeit von Holz und Blüten gegenüber Winter- bzw. Spätfrösten ist höchstens mittelmäßig; beim Anbau auf leistungsfähigen Standorten und bei fachgerechter Pflege können diese Eigenschaften verbessert werden. Bis zur Baumreife (hartreif) kommt es kaum zu Fruchtfall durch Wind.

Baum

Der Wuchs beginnt mittelstark, wird aber dann schwächer. Trotz anfänglicher steiler Leit- oder Gerüstäste formen sich später als Folge zahlreicher, meist waagerecht ste-

Doppelte Philipp

hender oder abgekippter Fruchtäste breitpyramidale Kronen, die dank hoher Austriebswilligkeit in der Regel dicht mit kurzem Fruchtholz, sogenanntem Quirlholz, von auffallend hellbrauner Farbe besetzt sind.

Dieser kompakte Wuchs wird durch die relativ kurzen Triebinternodien verstärkt. Eine solche Fruchtholzstruktur begünstigt das Vergreisen. Deshalb sollte, insbesondere nach hohen Behangdichten beziehungsweise schwachem Trieb, beizeiten verjüngt werden.

Typisch sind die schmalen, glänzenden und schwach gesägten Blätter, die als Folge langer Stiele meist ständig in Bewegung sind – ein Phänomen, das man auch als Zitterlaub bezeichnet. Besonders vorteilhaft sind die Verträglichkeit mit der Quitte als Unterlage und die Unempfindlichkeit gegenüber Schorf, wie überhaupt die Bäume wenig anfällig für Krankheiten und Schädlinge sind.

Frucht

Pflückreife: Je nach Wärmeklima von Mitte September bis Anfang Oktober.
Genußreife: Nach der Pflücke 2 bis 4 Wochen lang; für die Kühllagerung wenig geeignet; wird in Vollreife rasch teigig.
Größe und Form: Mittelgroß bis groß (mittl. Fruchtgewicht 185 g; spez. Fruchtgewicht >1,0); birnenförmig bis stumpfkegelig, mittel- bis kelchbauchig, überwiegend gleichmäßig rund, mäßig breite Kelchfläche, zum Stiel verjüngt und meist schwach eingezogen, am Stiel mittelbreitschultrig.
Farbe und Beschaffenheit der Schale: Gelblichgrün bis grünlichgelb, vorher grün, sonnenseits von schwach orange-farbigen Anflügen bis zu vereinzelt trübroten oder zinnoberroten Backen, verwaschen; fast durchweg von netzartigem oder fleckigem bis zerfetztem Rost überzogen, unfreundlich; schatten- und sonnenseitig dicht mit Lentizellen besetzt, teilweise grün umhöft, rauh, uneben, matt, trocken; hart, dick, fast ledrig, vor Verzehr schälen.
Kelch: Klein; halboffen bis offen oder geschlossen; Blättchen schmal, lang, etwas wollig, am Grund getrennt und überwiegend aufrecht.
Kelchgrube: Sehr flach (»Delle«) bis mitteltief; mittelweit; feinschuppig kranzartig berostet, ungleich geperlt oder schwach rippig, auch leicht wulstig.
Stiel: Betont lang; mitteldick, krumm; verschiedentlich zur Frucht hin wulstig, am Ansatz knopfig, oft verdreht, holzfarben.
Stielgrube: Mäßig weit bis eng; flach bis schwach eingesenkt; durch Wülste oder Höcker ungleichseitig, Stielansatz häufig seitlich verdrückt; oft mit Rostkappe.
Kernhaus: Groß; breitspindelig; kelchnahe, vollachsig; große, breitovale Fächer mit zahlreichen (10), dunkelbraunen und birnenförmigen Samen, diese gespitzt; Gefäßbündel als grüne Punkte; werden oft als erste Partie teigig.
Fleisch: Weiß bis cremefarben; fest, grobkörnig, abknackend, saftig, halbschmelzend, später weich und breiig; bleibt beim Kochen hell.
Geschmack: Süßlich-säuerlich mit schwachem Aroma, leicht gewürzt; im ganzen angenehm.

Anbau und Markt

Der Schwerpunkt der Nutzung dieser Herbstsorte liegt zweifellos auf höhergelegenen Gebieten und dort in Hausgärten für die Selbstversorgung als Tafelbirne, zu Kompott, Saft, als Einmach- oder Dörrfrucht verarbeitet. Die allgemeine Robustheit von Holz, Blatt und Frucht gegenüber Krankheiten oder sonstigen Mängeln begünstigt diese Anbauweise. Um vorzeitigen Fruchtfall zu verhindern und gute Qualitäten sowie eine gewisse Haltbarkeit sicherzustellen, sind die Birnen etwa 5 Tage vor der Vollreife, also hartreif, zu pflücken. Diese Arbeit ist leicht durchführbar, da die Früchte einzeln bis paarweise hängen. Danach sind sie auch transportfähig. In der Vollreife kann es rasch zum Teigigwerden kommen. Dieser Prozeß beginnt in der Regel im Kernhausbereich und ist von außen nicht erkennbar. Ähnliche Früchte können die Sorten 'Gellert' und 'Vienne' haben.

Geißhirtle

Vollständiger Name ist 'Stuttgarter Geißhirtle', ähnliche Namen sind 'Gaishirtel' bzw. 'Gaishirtle' und 'Wahre Stuttgarter Gaishirtenbirne'.
Synonyme sind 'Honig- oder Zuckerbirne' (Sachsen), 'Hutzelbirne' (Baden), '(Stuttgarter) Russelet'.
franz.: 'Rousselet de Stuttgart' (= 'Zuckerbirne aus Stuttgart'), 'Chevriers de Stoutgart'.
Abstammung und Herkunft: Zufallssämling, der nach der Überlieferung vor 1800 von einem Ziegenhirten (schwäb.: Geißêhirt) in der Umgebung von Stuttgart, möglicherweise am Trauf oder sogar auf der Schwäb. Alb, entdeckt worden sein soll. Ende des 19. Jahrhunderts von einem Stuttgarter Hofgärtner verbreitet.
Mutanten: Sind keine bekanntgeworden. Nach Christ (1797) soll die Sorte »etliche Varietäten haben, die teils größer, teils oben etwas dicker sind.« (Schwarz mdl.).
Standortansprüche: Würziger Geschmack und schmelzendes Fruchtfleisch werden im Mittel der Jahre nur auf warmen Standorten erreicht. In Höhenlagen sind die Birnchen meist weniger süß, aromaschwach und halbschmelzend. Gedeiht sehr gut im Weinklima und dort auf tief- bis mittelgründigem, mäßig frischem und gut durchlüftetem Boden von mindestens mittelmäßiger natürlicher Nährkraft. In dieser Hinsicht sind die Ansprüche artbezogen nicht hoch. Das Holz und die Blüten werden als weitgehend frosthart beurteilt; die Früchte sollen auch nicht windempfindlich sein. Vorteilhaft ist ferner die Robustheit der Blüten bei Schlechtwetterperioden (naß und kalt).
Verbreitung: Fast nur in Württemberg und dort vor allem in Hausgärten zu finden. Früher auch in der Schweiz und in Sachsen angebaut.
Bestandessicherheit: Aufgrund der Holzfrosthärte und sonst allgemeiner Unempfindlichkeit eine langlebige Sorte. Gelegentlich kann jedoch Spitzendürre auftreten.

Elsa

Baum

Wuchs: In der Baumschule eher zögernd, am Wuchsort dann mittelstark und gleichmäßig wachsend mit deutlicher Betonung der Mittelachse sowie mit schlanken Ästen. Die von Natur aus spitzpyramidale Form läßt sich durch frühzeitige Rückschnitte und Binden bzw. Spreizen der Äste in eine mehr pyramidale Krone umwandeln. Erreicht werden in beiden Fällen mittelgroße und in der Regel schön geformte Kronen, die stets die Vorherrschaft der Mittelachse erkennen lassen. Typisch sind kleine, relativ breite Blätter von dunkelgrüner Farbe; Nebenblätter fehlen. Sehr gut zum Auf- oder Umpfropfen älterer Birnbäume geeignet. Nutzbar in allen gebräuchlichen Baumformen.
Verträglichkeit: Die Erfahrungen sind uneinheitlich. Neben Beispielen, in denen die Sorte ohne Zwischenveredlung mit der Quittenunterlage gut gedeiht, gibt es auch gegenteilige Hinweise. Vermutlich ist die Affinität beider Pfropfpartner vom Standort und/oder Virusstatus abhängig. Um jegliches Risiko zu umgehen, dürfte eine Zwischenveredlung zweckmäßig sein.
Fruchtholz: Die Regel sind lange Fruchthölzer, die weniger seitlich als vielmehr

Physikalische und chemische Eigenschaften der Frucht										
Tagewerte		90								
Größenverteilung nach Gewicht in %	Größenklassen in mm	< 30	30/35	35/40	40/45	45/50	50/55	55/60	60/65	65/70
	Quitte									
	Sämling		1	15	46	31	6	1		
Mittleres Fruchtgewicht in g		55	(47 – 68)							
Spezifisches Fruchtgewicht		1,02								
Fruchtform-Index		1,25	(1,15–1,50)							
Mittlerer Zuckergehalt als Refraktometerwert in %		15,9	(14,7–17,0)							
Mittlerer Säuregehalt in g/l		3,7	(3,2–4,1)							

endständig fruchten. Durch mäßige Rückschnitte der Leitäste garniert sich der Baum willig mit diesen Hölzern.
Blüte und Befruchtung: Als Befruchtersorte geeignet, diploid; blüht früh und lang; Befruchtersorten sind u.a. 'Clapp', 'Gellert', 'Gute Luise' und 'Williams'; Blütenzahl 8,7 (7 bis 11), Blüten klein, vereinzelt basale Nebenblüten, subterminale Blüten öffnen sich häufig als letzte; mittellange Stiele zart und dünn, Achse mittellang, mäßig stinkend; Primärblätterzahl 6,0 (4 bis 9), mittelgroß, ungleichmäßig, oval zugespitzt, lichtgrün, randlich flaumig und weißlich; Kronblätter 5, manchmal 6, mittelgroß, genagelt, nicht deckend, schüsselförmig; Griffel (5) fast gerade, nicht länger als Staubblätter (20); diese 0,5 bis 0,75 cm lang, Kelchblätter klein, kurz, spitzig, nach unten gebogen.
Ertrag: Setzt früh mit der Fruchtbarkeit ein, trägt danach sehr reichlich (von der Fruchtzahl her gesehen) und regelmäßig. Wegen der kleinen Birnen ist der Massenertrag aber nicht hoch.
Krankheiten und Schädlinge: Auf luftfeuchten Standorten kann es zum Befall mit Schorf kommen, wovon auch die Triebenden betroffen sein können (Zweiggrind). Sonst eine robuste Sorte.

Frucht

Pflückreife: Von Mitte August bis Anfang September.
Genußreife: Kurz nach dem Pflücken; 10 bis 12 Tage im Frischluftlager haltbar;

Geißhirtle

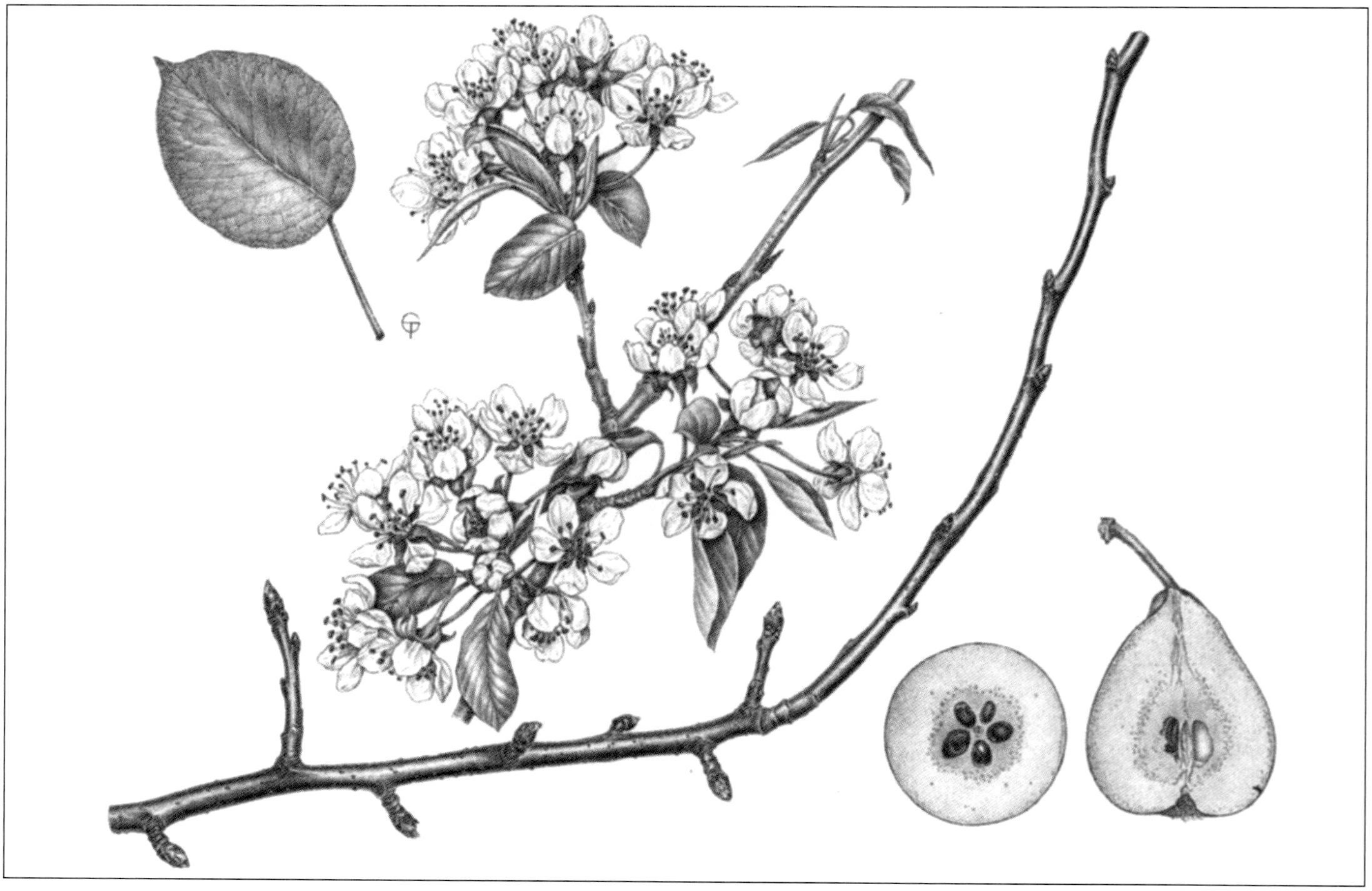

Geißhirtle

neigt zum Teigigwerden (Hutzelbirne) und kann in Vollreife rasch faulen.
Größe und Form: Klein; glocken- bis tropfenförmig, kelchbauchig, zum Stiel hin meist deutlich eingezogen, endet leicht wulstig, abgerundete Kelchpartie, gleichmäßig, gefällig.
Farbe und Beschaffenheit der Schale: Anfänglich trübgrün, später gelbgrün, sonnenseits dichte Lentizellen, bachforellenartig gepunktet, von kaltem bläulichrot über violett bis freundlich braunrot, beduftet, Lentizellen auf Grundfarbe ebenso zahlreich und grün umhöft; häufig grobschuppig am Kelch berostet; glatt, trocken; zart.
Kelch: Offen; relativ groß; sternförmig; Blättchen lang zugespitzt.
Kelchgrube: Flach bis fehlend; berostet.
Stiel: Lang bis mittellang; dünn, grünbraun; zum Ansatz hin verdickt; obenaufsitzend bis leicht eingesteckt.
Stielgrube: In der Regel faltig bis schwach wulstig und dann seitlich verdrückt.
Kernhaus: Mittelgroß; breitspindelig; Achse hohl, gelbkörnig umrandet; Fächer breit gerundet mit flachen, oft unvollkommenen, dunkelbraunen Samen.
Fleisch: Grünlichweiß; randlich hellgrün; sehr saftig, weich, feinkörnig bis schmelzend.
Geschmack: Süßfruchtig-feinsäuerlich oder süßweinig, würzig; erfrischend.

Anbau und Markt

Die farblich und von der Fruchtgröße her wenig auffällige, geschmacklich jedoch ausgezeichnete Sommerbirne hat im süddeutschen Raum seit eh und je einen guten Namen. Die Birnen wurden nicht nur als Tafel-, sondern auch als Einmachfrucht geschätzt. Aufgrund der zarten und somit transportempfindlichen Schale und des raschen Verderbs war sie stets eine Sorte für den Lokalmarkt und die Eigenversorgung. Gegenwärtig steigt die Nachfrage wieder nach Bäumen dieser Sorte; auch als schöngeformte Solitärbäume (Hochstamm) für den Hausgarten geeignet. Schwerpunkt ist der süddeutsche Raum, wo auf warmen, lufttrockenen Standorten kaum oder nur wenig Befall durch Schorf auftritt.
Lucas stellt diese Sorte zur Familie der Russeletten: Kleine (bis mittelgroße) Birne von länglicher Gestalt mit schmelzendem oder halbschmelzendem, (zimtartig) gewürzten Fleisch, rostfarbig, sonnenseits braunrot, Kelchblätter teils sternförmig, teils aufgerichtet.

Pastoren

Vollständiger Name ist 'Pastorenbirne', ähnlicher bzw. ursprünglicher Name ist im französischen Sprachraum 'Poire de Curé' oder nur 'Curé'.
Zahlreiche Synonyme, u.a. 'Flaschenbirne' (Bayern), 'Caßler-' und 'Glockenbirne' (Hessen), 'Frauenschenkel' (Baden, Elsaß) und 'Zapfenbirne' (Elsaß); in Frankreich u.a. 'Belle de Berry', 'Belle Adrienne', 'Bon Papa' oder 'Messire d'Hiver'; in England und in den USA 'Vicar of Winkfield'.
Abstammung und Herkunft: Zufallssämling, der um 1760 von Pfarrer Leroy im Wald von Villiers-en-Brenne bei Clíon in der Nähe von Chatillon-sur-Indre (Dep. Indre, Frankreich) gefunden worden sein soll; durch Reverend W.L. Rahm, Vikar von Winkfield in Berkshire, nach England eingeführt und unter dem Namen 'Vicar of Winkfield' bekannt. 1852 in den Katalog der Amer. Pomolog. Society aufgenommen worden. Von Lucas als längliche, grundfarbige Kochbirne mit sternförmigem Kelch klassifiziert.
Mutanten: Von 'Pastoren' sind keine Mutanten bekannt.
Polleneigenschaften: Schlecht, triploid; mittelfrüh- und langblühend, witterungsunempfindlich; nur wenig zur Parthenokarpie veranlagt; geeignete Befruchter sind u.a. 'Charneux', 'Clapp', 'Gellert', 'Gute Luise', 'Trévoux', 'Vereinsdechant' und 'Williams'.

Pastoren

Standortansprüche: Die Sorte zeichnet sich wärmeklimatisch zwar durch eine große Anbaubreite aus, die vom Weinklima bis in ausgesprochene Höhenlagen (600 bis 700 m über NN) reicht, als Tafelbirne befriedigt sie im Mittel der Jahre jedoch nur im Weinklima; in weniger warmen Klimaten gilt sie nur als Koch- oder Wirtschaftsbirne. In ähnlicher Weise reagiert sie auf die Bodenverhältnisse. Beste Fruchtqualitäten nach Geschmack und Fleischbeschaffenheit werden auf tiefgründigen, humosen und damit fruchtbaren und zugleich frischen Lehmböden erzielt, doch sollen die Bäume auch auf mehr sandigen Verhältnissen ansprechend gedeihen. Zeitweilig trockene oder mäßig trockene Böden führen zu vorzeitigem Fruchtfall. Diesen ziemlich hohen Anforderungen entspricht die höchstens mittelmäßige Frosthärte von Holz und Blüten. Vorteilhaft ist die Unempfindlichkeit der Blüten bei naßkalter Witterung. Bis zur Pflückreife wenig windgefährdet, danach zunehmend mehr. Regenreiche Standorte sind wegen der Schorfanfälligkeit von Blättern und Früchten wenig geeignet.

Baum

Als triploide Sorte starkwüchsig und bei großkronigen Bäumen mit zunächst schräg aufrechten Gerüstästen, die sich später unter der Last der Früchte meist bis zur Waagerechten aufweiten können. An ihnen wachsen in dichter Folge zahlreiche, meist hängende Fruchthölzer, die öfter auszulichten bzw. zu verjüngen sind. Bewährt hat sich dafür ein mittellanger Fruchtholzschnitt. Ausgewachsene Bäume sind großkronig bei meist pyramidalem Wuchs. Die dunkelgrünen, glänzenden Blätter sind wie die Birnen anfällig für Schorf. Er verursacht zuweilen auch dürre Triebenden (Spitzendürre). Für alle Baumformen, vom Hochstamm bis zur kleinkronigen Spindel, geeignet. Spindeln benötigen Quitte als Unterlage, mit der sie sehr gut verträglich sind. Früher auch als Partner zur Veredlung zwischen Quitte und mit ihr unverträglichen Sorten verwendet. Da Birnen und Blätter ähnlich grün gefärbt sind, fallen deshalb die Früchte kaum auf.

Frucht

Pflückreife: Je nach Klima von Anfang bis Ende Oktober/Anfang November.
Genußreife: Aus dem Frischluftlager von November bis Januar; die Eignung für die Kühllagerung ist umstritten, nach Angaben aus Mitteldeutschland jedoch 5 bis 6 Monate kühllagerfähig.
Größe und Form: Groß (bis sehr groß; mittl. Fruchtgewicht 180 bis 300 g); langbirnen- bis flaschenförmig, betont schlank bzw. langhalsig (Fruchtform-Index von 1,4 bis 1,7; spez. Gewicht unter 1,0); zum Kelch stark verjüngt bis abgeplattet, stielwärts oft einseitig eingezogen, endet stumpf oder zugespitzt; im allgemeinen gleichförmig, vereinzelt schwach kantig.
Farbe und Beschaffenheit der Schale: Leicht schmutziggrün bis grünlichgelb, sonnenseits teilweise mit rosa Bäckchen; schattenseitig geprägt durch viele kleine, grünumhöfte Lentizellen, sonnenseits sind sie groß, braun und scharf umgrenzt; Berostungen am Kelch als kleine Kappe, sonst als Spritzer, Sortenkennzeichen ist ein längsseitiger Roststrich; leicht wachsig, feinnarbig bis schwach beulig, dick bis derb, vor Verzehr schälen.

Kelch: Groß; offen; dunkelgraue, lange und schmale Blättchen am Grund verwachsen, hornartig und deshalb seesternartig ausgebreitet.
Kelchgrube: Flach; eng; oft ungleichförmig; verschiedentlich kleinräumig berostet; teils perlig; kaum auffällig.
Stiel: Überwiegend lang; mitteldick bis dünn; oft verdrückt bis zur Waagerechten und mit Wülsten am Übergang zur Frucht; am Grund grün, oben braun.
Stielgrube: Fehlt, dafür Wülste; teils mit einer kleinen Rostkappe oder mit Rostspritzern.
Kernhaus: Mittelgroß; langoval bis spindelig; betont kelchwärts; zahlreiche lange, aber meist taube, dunkelbraune Samen mit heller Spitze; Fächer länglich schmal; Achse hohl; Leitbündel kaum sichtbar; häufig grobzellig umrandet.
Fleisch: Gelblichweiß, am Rand grünlich, innen durch rosaroten Steinzellenkranz zum Kernhaus abgegrenzt; saftig, kurzbrechend, nicht voll schmelzend, aber leicht zergehend.
Geschmack: Süßlich mit feiner, kräftiger Säure, schwach aromatisch, angenehm; Schattenfrüchte eher wässrig.

Anbau und Markt

Die als Tafel-, Koch-, Saft- und Dörrbirne verwendbare Wintersorte ist im Erwerbsanbau rückläufig – nur in Jugoslawien gibt es noch nennenswerte Bestände – und hat deshalb ihren Schwerpunkt im Hausgarten. Geeignet sind vor allem wenig schorfgefährdete Landschaften, denn durch diesen Pilz werden nicht nur die Blätter, sondern auch die glattschaligen, gleichmäßig großen Früchte befallen, die dann meist rissig werden.
Je nach Unterlage ist der Ertragseintritt früh (Quitte) oder mittelfrüh (Sämling), die Fruchtbarkeit ist als hoch einzustufen (Massenträger).
Hervorzuheben sind die auch in genußreifem Zustand unempfindlichen, nicht gleich teigig werdenden und kaum welkeanfälligen Birnen, die einzeln bis traubenartig am Fruchtstand hängen und sehr gut zu pflücken sind. Als Tafelbirne verlangt sie beste Standorte, Schutz vor Schorfbefall und eine sorgfältig gewählte, nicht zu frühe Pflücke. Wegen der bei zunehmender Reife starken Fruchtfallgefahr und auch als Folge der hängenden Fruchtäste als Straßenbaum ungeeignet.
Ähnliche Früchte kann die Sorte 'Gräfin' haben.

Präsident Drouard

Ähnliche Namen sind 'Drouard' und 'Président Drouard'.
Synonyme sind keine bekannt.
Abstammung und Herkunft: Zufallssämling, der im Obstgarten eines Vorortes von Pont-de-Ce (Dep. Maine et Loire, Frankreich) von M. Olivier, dem damaligen Gärtner des Vereinsgartens im nahegelegenen Angers (Fundort der 'Vereinsdechantsbirne') entdeckt und von Louis Leroy, vermutlich einem Baumschulbesitzer aus derselben Stadt, um 1870 in den Handel eingeführt worden; nach Hendrick (USA) aber erst 1886 als neue Sorte beschrieben und 1899 als 'Drouard' in den nordamerikanischen Sortenkatalog aufgenommen.
Mutanten: Von 'Präsident Drouard' sind keine Mutanten bekannt.
Polleneigenschaften: Günstig, diploid, mittelspät- und langblühend; geeignete Befruchter sind 'Clairgeau', 'Clapp', 'Gellert', 'Gräfin' und 'Williams'; kaum parthenokarpe Früchte.
Standortansprüche: Eine Tafelsorte mit mittelmäßigen Wärmeansprüchen, d.h. daß ihre wärmeklimatische Anbaubreite von Weinklima bis in mittlere Höhenlagen (Südwestdeutschland bis etwa 550 m über NN) reicht einschließlich der norddeutschen Tiefebene, aus der günstige Anbauergebnisse vorliegen. Bewährt haben sich nährkräftige Sandlehme bis Lehme mit gleichmäßiger Wasserversorgung und guter Durchlüftung. Tonreiche und/oder sonst wechselfeuchte Böden sind wenig geeignet, denn sie führen zu Kümmerwuchs und/oder zu kohlrübenartigem Geschmack der Birnen. Die Frosthärte des Holzes ist mittelmäßig, deshalb ist vor Winterbeginn auf eine gute Holzreife zu achten. Bis zur Pflückreife fallen die meist schweren Birnen kaum, nachher aber umsomehr. Auf Quitte veredelte Bäume sind auf Böden mit reichlich freiem Kalk anfällig für Chlorose.

Präsident Drouard

Baum

In den ersten Jahren mittelstarker Wuchs, der dann nachläßt. Im Vollertragsalter häufig zu schwachwüchsig. Typisch ist die infolge der Vorherrschaft der Mittelachse und der steil angesetzten, leicht abbrechenden Seitenäste sich herausbildende spitzpyramidale Kronenform. Die mit vielen, auffällig braunen Lentizellen besetzten Äste verzweigen sich wenig. Dafür entstehen in dichter Folge zahlreiche Kurztriebe (Quirlhölzer), die zum Vergreisen neigen. Verjüngungsschnitte sind deshalb immer wieder erforderlich. Die ovalen Blätter sind groß, glänzend und zeigen häufig eine zurückgebogene Spitze. Nachteilig ist eine mittelmäßige Anfälligkeit für Schorf. Als Unterlage, selbst für kleinere Baumformen oder Spaliere, ist der Sämling der Quitte vorzuziehen. Die Quittenunterlage benötigt eine Zwischenveredlung. Die Sorte eignet sich gut zum Umpfropfen älterer Bäume.

Frucht

Pflückreife: Je nach Wärmeklima von Ende September bis Mitte Oktober.
Genußreife: Aus dem Frischluftlager von November bis Januar/Februar; über die Eignung zum Kühllagern sind die Angaben widersprüchlich.
Größe und Form: Groß bis sehr groß (Fruchtgewicht 200 bis 300 g); glocken- bis stumpfbirnenförmig, stielwärts meist stark eingezogen, kelchwärts rund, vielfach kantig und/oder ungleichseitig, am Stiel breitschultrig (Höhen-Breiten-Index 1,1 bis 1,2; spez. Gewicht um 1,0).
Farbe und Beschaffenheit der Schale: Zunächst laubfroschgrün, in Vollreife grünlichgelb bis vollgelb, Deckfarbe allenfalls als orangefarbiger Hauch; Lentizellen als feine Rostpunkte sehr dicht, häufig mit Rostfiguren, vor allem am Bauch der Birne; feinnarbig bis schwach beulig, glatt, dünn, aber fest bis hart, vor Verzehr schälen.
Kelch: Mittelgroß bis klein; offen; Blättchen lang, schmal, wollig und spitzig, häufig aufrecht, am Grund zusammenlaufend, sonst girlandenförmig.
Kelchgrube: Mitteltief bis tief; mittelweit, schüsselförmig mit flachen, breiten Rippen; Rand ebenmäßiger als Frucht an ihrem Bauch; einzelne Rostflecken.
Stiel: Mittellang bis kurz; mitteldick bis dick; am Grund grün, nach oben braun verholzt, steht in der Regel gerade, gelegentlich auch seitwärts verdrängt, wirkt wie von oben oder seitlich eingesteckt.
Stielgrube: Meist flach, selten tiefer; breit und häufig wulstig oder mit schnabeligem Ansatz; berostungsfrei.
Kernhaus: Mittelgroß; verkehrt birnen- bis rhombenförmig und mit auffällig gelbem Steinzellenband; Achse fast geschlossen; kleine Fächer mit vielen, flachen Spitzen und dunkelbraunen Samen.
Fleisch: Gelblichweiß, am Rand grünlich; feinzellig, fest, saftig, gut ausgereift schmelzend, sonst eher feingrießig.
Geschmack: Schwach süßlich-feinsäuerlich, im Ganzen feinfruchtig, leicht gewürzt und schwach aromatisch; angenehm.

Anbau und Markt

Die großfrüchtige Sorte wird als für eine Wintertafelbirne frühreifende und, soweit dies die Standortverhältnisse begünstigen, auch als edle Frucht geschätzt. Ihr betont schwacher Wuchs erlaubt es, daß selbst für Spalierformen oder Spindelbäume als Unterlage der Sämling verwendet wird, auf dem die Bäume früh mit dem Fruchten einsetzen und jährlich reiche Erträge bringen sollen. Sie ist keine Sorte für eine erwerbsmäßige Nutzung, da die Birnen schon vor der Genußreife sehr druck- und versandempfindlich sind. Sie sollten schon bei der Ernte mit Samthandschuhen angefaßt und später am besten in Seidenpapier gewickelt werden. Die Genußreife ist ziemlich begrenzt. Aus diesen Gründen eignet sich 'Präsident Drouard' hauptsächlich für den Anbau im Hausgarten. Ähnliche Früchte kann auch die Sorte 'Lucas' haben.

Tongern

Ähnlicher Name ist 'Birne von Tongern'.
franz.: 'Poire de Tongre'.
flämisch: 'Tongeren'.

Tongern

Synonym ist 'Beurré Durondeau', gelegentlich auch 'Durandeau' oder 'Durondeau'.
Abstammung und Herkunft: Zufallssämling, der um 1811 von Ch.-L. Duro(a)ndeau, wohl einem gärtnerisch ambitionierten Bierbrauer im späteren belgischen Tongern/Notre-Dame (Provinz Hennegau), aus einem Samen unbekannter Eltern gezogen worden sein soll; kam um 1823 nach Deutschland.
Mutanten: Von 'Tongern' sind bislang noch keine Mutanten bekannt geworden.
Polleneigenschaften: Günstig, diploid; mittelfrüh- und langblühend; neigt zur Parthenokarpie; Befruchter sind u. a. 'Bosc', 'Bunte Juli', 'Charneux', 'Clairgeau', 'Clapp', 'Conference', 'Gellert', 'Gräfin', 'Gute Luise', 'Vereinsdechant' und 'Williams'.
Standortansprüche: Nach Größe, Geschmack und Schmelz des Fleisches vorteilhafte Fruchtqualitäten verlangen warmes Klima sowie fruchtbare und zugleich frische Böden mit guter Durchlüftung. Wärmeklimatisch sind deshalb höchstens noch mittlere Höhenlagen mit gleichzeitig sonniger Exposition anbauwürdig. Wird das Klima rauher bzw. neigen die Böden einerseits zu Trockenheit oder andererseits zu übermäßiger Feuchtigkeit, oder handelt es sich gar um stark tonige Böden, dann leiden Saftigkeit und Geschmack der Birnen. Da überdies die Frosthärte von Holz und Blüten nur mäßig ist, die mittelschweren Birnen windempfindlich sind und mit zunehmender Reife leicht fallen, sind die Anforderungen dieser Sorte an die natürlichen Gegebenheiten ziemlich hoch.

Baum

Als Jungbaum mittelstark, im Ertragsstadium nur noch schwach wachsend. Ein geordneter Kronenaufbau ist schwierig. Zwar kann die untere Astserie seitlich weit ausladen oder es bilden sich schräg aufwärts gerichtete Leitäste, doch hängen jeweils ihre zahlreichen und dünnen Triebe ziemlich frühzeitig bogenförmig nach unten. Ohne kräftigen Schnitt bilden sich von Natur aus breitpyramidale Kronen von wirrer Struktur, deren Fruchtholz rasch vergreisen kann. Durch einen strengen Fruchtholzschnitt läßt sich dieser sortenspezifische Wuchs am ehesten umgehen. Dadurch entstehen frühzeitig Kurztriebe, sog. Quirlhölzer, die dann laufend verjüngt werden müssen. Dieser Schnitt eignet sich vor allem für kleinkronige Bäume als Spindeln oder in der Spalierform. Insoweit liegt der Anbauschwerpunkt dieser Sorte sowohl im Intensivobstbau als auch im Hausgarten. Vorteilhaft ist die geringe Schorfanfälligkeit der betont schmalen, an rötlichen Stielen sitzenden Blätter. Wegen des schwachen Wuchses ist selbst für kleinkronige Bäume der Sämling der Quitte als Unterlage vorzuziehen. Die Sorte ist zum Umveredeln wüchsiger Bäume beliebt.

Frucht

Pflückreife: Je nach Wärmeklima von Ende September bis Anfang Oktober; grundsätzlich sollte relativ früh gepflückt werden, da die Birnen bei späterer Pflücke teigig oder von innen heraus faulig werden können.
Genußreife: Aus dem Frischluftlager im Oktober und November; aus dem Kühllager bei 0 °C und einer Nachlagerungstemperatur um 17 °C bis Dezember.
Größe und Form: Groß bis mittelgroß (mittl. Fruchtgewicht 150 bis 250 g); birnen- bis tropfenförmig, kelchbauchig, zum Kelch kugelig bis breit abgestumpft, stielwärts kegelförmig und meist einseitig eingezogen (Fruchtform-Index von 1,1 bis 1,5; spez. Gewicht über 1,0); oft mit breiter und flacher Längsrinne.
Farbe und Beschaffenheit der Schale: Anfänglich grün, später hellgelb; bestimmend für die Farbe sind jedoch die flächige, zimt- bis bronzefarbige Berostung und die sehr dichten, großen und ähnlich gefärbten Lentizellen, sonnenseits häufig von rötlichem Anflug bis leuchtend rotbraun; rauh, ziemlich dick, deshalb vor Verzehr schälen, uneben bis beulig.
Kelch: Groß; offen bis allenfalls halboffen; kurze Blättchen aufrecht, hornartig, zimtfarbig und mit schwarzer Spitze, Staubfäden oft als Pinsel.
Kelchgrube: Flach; eng; häufig verdrückt und mit Fleischperlen; im ganzen unscheinbar.
Stiel: Lang; mitteldick bis dick; häufig schwach bis deutlich gebogen und seitlich weggedrückt; grünbraun.
Stielgrube: Fehlt, da Stiel in der Regel oben aufsitzt mit meist kleinen Wülsten als Zwischenglieder.
Kernhaus: Klein; birnenförmig und stielwärts; von gelblichem Steinzellenkranz umrahmt, aber wenig auffällig; wird vollreif oft teigig; zahlreiche Samen braunschwarz.
Fleisch: Gelblichweiß bis cremefarben; meist nur halbschmelzend, aber sehr saftig und lockerzellig; anfällig für Druckflecken und Fleischbräune.
Geschmack: Süßlich-fruchtig mit schwachem Aroma, in bester Ausbildung muskatartig gewürzt, dies kann sich aber rasch verlieren.

Anbau und Markt

Die Anfang der 90er Jahre mit einer Jahresmenge von ca. 8000 t hauptsächlich in Belgien und Nordfrankreich angebaute Sorte wird wegen ihres ansprechenden Aussehens, ihres würzigen Geschmacks, ihres Saftreichtums und ihrer früh einsetzenden und anhaltenden Fruchtbarkeit geschätzt. Dazu sind jedoch beste Standortverhältnisse und hohes fachliches Können für Erziehung und Schnitt notwendig. Allerdings sind die erzielten Preise nicht hoch, vermutlich infolge der kurzen Genußreifezeit. Im baumreifen Zustand sind die meist gleichmäßig entwickelten Birnen gut handelsfähig. Die optimale Pflückzeit ist wegen des meist ganzflächigen Rostüberzugs nicht immer leicht zu ermitteln. Eine relativ frühe Ernte wirkt der Fäulnisgefahr entgegen. Aufgrund der Schorfunempfindlichkeit und allgemeiner Robustheit eignet sich diese Herbstbirne auch gut für den Hausgarten (Tafelfrucht, Kompott), und dort ganz besonders für Wandspaliere. Zu achten ist dabei auf Wespen, die vom süßen Saft der Birnen angezogen werden. Ähnliche Früchte können die Sorten 'Bosc', 'Clairgeau' und 'Conference' haben.

Gelbmöstler

Synonyme sind 'Welsche Bergbirne' und 'Tropfbirne'.
Abstammung und Herkunft: Zufallssämling, der nach schweizerischen Angaben aus Bernhardzell im Kanton St. Gallen stammen soll und dort seit 1800 angebaut wird. Heute auch im süddeutschen Raum verbreitet. Nach Werneck (1962) soll 'Gelbmöstler' ein Sämling sein, dessen Eltern mittelbar auf die Wildarten *Pyrus pyraster* (Holzbirne) und *Pyrus salviifolia* (Salbeiblättrige Birne) zurückgeführt werden.
Mutanten: Keine bekannt.
Polleneigenschaften: Schlecht, triploid; mittelfrüh- bis mittelspätblühend; geeignete Befruchtersorten sind u. a. 'Conference', 'Egnacher Mostbirne' und 'Williams'; Neigung zu samenlosen Früchten.

Gelbmöstler

Standortansprüche: Eine hinsichtlich der Standortfaktoren Wärme, Feuchtigkeit, natürliche Nährkraft, Bodendurchlüftung und Frosthärte (Blüte und Holz) genügsame bzw. weitgehend unempfindliche Mostbirnensorte, die sich, auf Sämlingsunterlage veredelt, durch eine große ökologische Streubreite auszeichnet. Für wüchsige und ertragreiche Bäume mit gehaltvollen Birnen sind allerdings mindestens mittelmäßige Standortqualitäten erforderlich. Dies gilt insbesondere für die Wärme, das heißt ausgesprochene Höhenlagen (>600 m NN in Südwestdeutschland) sind weniger geeignet. Die Frosthärte von Holz und Blüte ist sehr hoch. Der Winterfrost 1984/85 hat in Südwestdeutschland keine Schäden verursacht. Zur Reife hin tropfen die Birnen gerne; windoffene Lagen sind deshalb ungünstig, obwohl diese Schwäche vorwiegend physiologisch bedingt sein dürfte.

Baum

Als Hochstamm auf Birnensämling veredelt eine starkwüchsige Sorte. Sie bildet hohe und mächtige Kronen mit meist breitpyramidaler Form. Allerdings ist ihre Verzweigungstendenz wenig ausgeprägt. Sie sollte beim Jungbaum durch mehrfache Rückschnitte angeregt werden. Folge dieser Maßnahmen kann eine verzögerte Blütenbildung sein, d.h. die Bäume kommen relativ spät in Ertrag. Als hauptsächliche Blüten-Orte herrschen die ein- und mehrjährigen Kurztriebe (»kurze Fruchthölzer«) vor. Die mittelgroßen Blätter färben sich im Herbst überwiegend gelb. Während die Sorte im allgemeinen sehr robust und gegen Pilzkrankheiten, insbesondere Schorf unempfindlich ist, wird ihre Anfälligkeit für Feuerbrand als hoch eingestuft. Nach bisherigen Erfahrungen handelt es sich um eine langlebige Mostbirnensorte.

Frucht

Schüttelreife: Je nach Wärmeklima von Ende September bis Mitte Oktober.
Verwertungsreife: Anfang bis Ende Oktober; einerseits sollen die Birnen wegen hohem Gerbstoffgehalt vor dem Keltern einige Tage nachreifen, andererseits werden sie rasch teigig und damit schlecht preßbar.
Größe und Form: Klein bis allenfalls mittelgroß (mittleres Fruchtgewicht 70 g; spez. Fruchtgewicht um 1,0; Höhen-Breiten-Index 1,0); flachkugelig bis breitoval, gedrungen, rund mit Tendenz zu mittelbauchig, kelchwärts abflachend, stielwärts verjüngend.
Farbe und Beschaffenheit der Schale: Vollreif strohgelb, vorher hellgrün bis hellgelb, sonnenseits verschiedentlich mit rötlichbraunem Hauch; sortentypisch sind sehr viele, dichtstehende Lentizellen als kleine, braune Roststernchen. Netzartige Berostungen selten, dafür häufig in Kelch- und Stielgrube berostet; glatt, leicht wachsig.
Kelch: Ziemlich groß; offen bis halboffen; Blättchen fleischig, unregelmäßig, häufig verdrückt, am Grund nicht verwachsen.
Kelchgrube: Flach; mittelweit; durchweg stark berostet, manchmal rissig und geperlt oder gefältelt.
Stiel: Lang bis mittellang; mitteldick, sitzt in der Regel gerade auf und steht auch gerade; hellbraun.
Stielgrube: Flach und eng, meist mit Rosthäubchen; schwache Ansätze zur Schnabelbildung.
Kernhaus: Mittelgroß; birnen- bis spindelförmig mit breitem, gelblichem Steinzellenkranz; Achse hohl, Fächer anliegend mit wenigen, sackartigen und dunklen Samen; verbräunt rasch bzw. wird teigig.
Fleisch: Grünlichweiß bis gelblich, wird bräunlich; grobzellig, kurz, fest, aber sehr saftig.
Geschmack: Süßlich-säuerlich, keineswegs unangenehm, aber wegen hohem Gerbstoffgehalt sehr herb.

Anbau und Verwertung

Mit der schweizerischen Sorte 'Gelbmöstler' steht eine mittelfrühreifende Birnensorte zur Verfügung, die spätestens im Vollertragsalter reichlich fruchtet, wenn auch manchmal alternierend. Sie gilt als robust und bestandessicher und liefert dank hoher Gehalte an Zuckern und Säuren hervorragende Saftqualitäten mit allerdings etwas beschränkter Saftausbeute. Der gleichfalls hohe Gerbstoffgehalt kann einerseits bei sortenreinem Saft stören er kann aber auch Apfelsaft rasch klären und die Haltbarkeit deutlich verlängern, wenn er mit einem Anteil von 20 bis 30% zugesetzt wird. Die Sorte eignet sich auch zum Brennen. Bei zu hohen Baum-Behangdichten erntet man in der Regel kleine und inhaltsarme Birnchen, die für jegliche Art der Verarbeitung ungünstig sind. Sehr gut auch für den Obstbau in der Landschaft wie als Solitärbaum im Hof- oder Weilerbereich geeignet, wegen der mitunter starken Tropfneigung dagegen weniger an Straßen, Wegen oder auf begangenen Plätzen.

Grüne Jagdbirne

Ähnliche Namen oder Synonyme sind nicht bekannt.
Abstammung und Herkunft: Zufallssämling, über dessen Herkunft keine Angaben zu finden sind. Von Kemmer 1936 erstmals namentlich im 6. Merkblatt (»Sortenstand und Sortenbewegung im deutschen Obstbau«, Inst. für Obstbau, Berlin, Februar 1937, 20 S.) erwähnt.
Polleneigenschaften: Schlecht, triploid; blüht mittelspät.
Standortansprüche: Die Anpassungsfähigkeit dieser Sorte an unterschiedliche Temperaturverhältnisse während der Wachstumszeit ist groß, denn sie ist von den wärmsten Landschaften (Weinklima) bis zu rauhen Höhenlagen (Wintergetreide bis Sommergetreideklima) – in Süddeutschland bis in Höhen von 700 bis 800 m über Normalnull – nutzbar. In gleichem Maße hervorzuheben sind ihre Winterfrosthärte und, sogar noch etwas gesteigert, die Frosthärte der Blüten. Dadurch eignet sich 'Grüne Jagdbirne' nicht nur für frostgefährdete Standorte, sondern auch als weitgehend bestandessicherer Stamm- und/oder Gerüstbildner. Die Anforderungen an Feuchtigkeit, natürliche Nährkraft und Durchlüftung des Bodens sind gering, so daß diese Sorte zu den ökologisch anspruchslosesten Kernobstsorten zählt.

Baum

Der mittelstarke Wuchs ist anfänglich betont aufrecht, später hängen die Äste herunter; die Kronen ausgewachsener Hochstammbäume sind mittelgroß und breitpyramidal. Wegen nur mäßiger Verzweigungstendenz ist es vorteilhaft, die Triebe bzw. Äste der Jungbäume mehrmals und dabei kurz anzuschneiden. Als Fruchthölzer sind mehrjährige Kurztriebe an Langtrieben vorherrschend. Auffällig und geradezu sortentypisch sind die glänzend dunkelgrünen Blätter, die sich im Herbst gelb färben. Dank der Unempfindlichkeit gegenüber Winterfrost und sonstiger Robustheit, ist 'Grüne Jagdbirne' als Stamm- und Gerüstbildner für Birnenhochstämme, auch bei Tafelsorten, beliebt.

Frucht

Schüttelreife: Ende Oktober.
Verwertungsreife: Nach etwa 3wöchiger Lagerung zum Nachreifen von Mitte November bis Januar.
Größe und Form: Klein bis höchstens mittelgroß (mittl. Fruchtgewicht um 80 g, spez. Gewicht > 1); rundlich und vielfach fast kugelig (Höhen-Breiten-Index 1,02), zum Stiel hin leicht gestreckt, betont mittelbauchig, vereinzelt schwach kantig; die Birnen richten sich nach dem Umlegen meist wieder auf.
Farbe und Beschaffenheit der Schale: Uneinheitlich, von graugrün über hellgrün bis grünlichgelb, sonnenseits mit orangerötlichem Hauch, der aber wenig auffällt; Lentizellen als dichte, kleine bis sehr

Grüne Jagdbirne

kleine dunkle Punkte auf der ganzen Oberfläche; verschiedentlich netzartig oder streifig berostet; leicht rauh; ziemlich hart.
Kelch: Relativ groß; halboffen bis geschlossen; Blättchen breitspitzig, aber meist verdrückt, vereinzelt fehlen sie auch; unruhiges Bild.
Kelchgrube: Flach und meist stark berostet; gefältelt.
Stiel: Mittellang bis lang; dünn und gerade stehend; anfänglich grün, später von oben her braun bis rötlichbraun.
Stielgrube: Sehr flach, wenn überhaupt vorhanden; eng; gelegentlich schnabelartiger Ansatz angedeutet; berostet.
Kernhaus: Birnenförmig mit kräftigem, gelblichem Steinzellenkranz; Achse hohl; Fächer in Aufsicht rundlich und mit dunklen, großen Samen.
Fleisch: Grünlichweiß bis cremefarben mit grünlichem Rand; sehr saftig, locker, grobzellig, leicht zäh.
Geschmack: Säuerlich und herb; nach längerer Lagerung bekömmlicher.

Anbau und Verwertung

Als Folge großer Bestandessicherheit, reicher, wenn auch etwas spät einsetzender Fruchtbarkeit, und günstiger Safteigenschaften eine wertvolle Mostbirnensorte. Ihr hoher Gerbstoffgehalt macht sie besonders als sogenannte Scheidbirne geeignet, d.h. bei einem Verhältnis von ¾ Apfelsaft und ¼ Saft von 'Grüner Jagdbirne' klärt sich der Obstwein nach der Gärung rasch und bleibt länger haltbar. Fruchtgröße und Saftfülle werden durch leistungsfähige Standortverhältnisse, nicht zu hohe Behangdichten und durch eine funktionstüchtige Blattfläche merklich gefördert. Als Baum in der Landschaft ebenso geschätzt wie zur Bepflanzung von Feldwegen oder, bei genügend großem Abstand zur Fahrbahn, auch von Straßen.

Oberösterreichische Weinbirne

Synonym ist 'Kärntner Speckbirne'.
Abstammung und Herkunft: Zufallssämling; wahrscheinlich aus dem Formenkreis der überaus zahlreichen Mostbirnensämlinge aus Oberösterreich hervorgegangen.
Mutanten: Vereinzelt auftretende Bäume dieser Sorte mit rotbackigen Birnen lassen auf entsprechende Mutanten schließen.
Polleneigenschaften: Obwohl diploid, soll die Sorte ein schlechter Pollenspender sein; blüht mittelfrüh.
Standortansprüche: An Klima und Boden eine anspruchslose Sorte, d.h. sie ist vom Weinklima bis zu ausgesprochenen Höhenlagen (SW-Deutschland 600 bis 800 m über NN) anbauwürdig; dort aber mit später bis sehr später (November) Schüttelreife. Bei Verwendung des sehr gut bewährten Birnensämlings als Unterlage hat diese Sorte eine hohe Anpassungsfähigkeit an unterschiedliche Bodenqualitäten, wobei früheinsetzende, reichliche und anhaltende Baumerträge mit zugleich zucker- und säurereichen Birnen jedoch mäßig frische bis frische und fruchtbare Lehmböden voraussetzen. Herausragend die Frosthärte des Holzes, während die Blüten als mäßig spätfrostempfindlich gelten; Spätfrostlagen sind zu meiden.

Baum

Der sehr starke Wuchs führt zu großrahmigen, hochkugeligen Kronen, die dank allgemeiner Robustheit auf Birnensämling veredelt ausgesprochen langlebig sind. Die Verzweigung ist willig; es entwickelt sich später ein kräftiges Astgerüst, das gelegentlich auszulichten ist. Sortentypisch sind das dunkelbraune Holz und die punktierten Triebe bzw. die hängenden Fruchtäste und die unempfindlichen, dunkelgrün glänzenden Blätter. Eignet sich sehr gut zum Aufpfropfen sowie als Stamm- und Gerüstbildner. Holz und Blätter sind weder für tierische Schädlinge noch für pilzliche Krankheiten besonders anfällig, jedoch hochanfällig für Feuerbrand.

Frucht

Schüttelreife: Frühestens ab Mitte Oktober, so spät wie möglich.
Verwertungsreife: Ab November bis Mitte Dezember; erst in Vollreife (gelb) verarbeiten.
Größe und Form: Mittelgroß bis klein (mittl. Fruchtgewicht bei 100 g; spez. Gewicht > 1,0); mittelbauchig, kreiselförmig, stielwärts stark fliehend und einge-

Oberösterreichische Weinbirne

Schweizer Wasserbirne

zogen; gleichhälftig und rund, nur gelegentlich schief; ähnlich einer antiken Amphore. Fruchtform-Index 1,03 (0,9 bis 1,10).

Farbe und Beschaffenheit der Schale: Anfänglich grasgrün bis lichtgrün, in Vollreife gelb und ohne Deckfarbe; außergewöhnlich dichte Lentizellen als graue Pünktchen, vor allem zum Stiel hin; wenn berostet, dann punktförmig oder streifig; hart.

Kelch: Mittelgroß; offen bis halboffen; Blättchen lang und schmal; vertrocknete Staubfäden sichtbar.

Kelchgrube: Klein; flach, kaum eingesenkt; meist fein gefältelt; gelegentlich berostet; selten gleichmäßig, sondern oft verformt.

Stiel: Mittellang bis lang; mitteldick; an der Frucht verstärkt; markant gerade und nicht gekrümmt, aber oft seitlich verdrückt.

Stielgrube: Klein; in der Regel schwach eingesenkt; überwiegend mit kleinem Wulst; geringfügig berostet.

Kernhaus: Mittelgroß; eher kugelig als birnenförmig; cremefarben; Achse teils hohl, teils voll; Fächer geräumig mit zahlreichen, dunkelbraunen Samen; von Steinzellenkranz umrandet.

Fleisch: Innen cremefarben, dann weißlich und am Rande grünlich; sehr saftig, grobzellig, kurz und zäh.

Geschmack: Von schwach süßlich-säuerlich bis herb-säuerlich; in der Regel wird hoher Zuckergehalt von noch höherem Gerbstoffgehalt überdeckt.

Anbau und Verwertung

Anspruchslose und zugleich wertvolle Birnensorte zur Herstellung von Obstwein, und zwar als zucker- und gerbstoffreiche und damit die Haltbarkeit des Mischgetränks verbessernde Zugabe zu Apfelwein. Saftausbeute und Zuckergehalt sind dann optimal, wenn die Birnen nach mehrwöchiger Lagerung in Vollreife (gelb) verarbeitet werden. Dank der Wuchsstärke, der vorteilhaften Verzweigung und der Frosthärte des Holzes wird auch ihre Eignung als Stamm- und Gerüstbildner sehr geschätzt. Ausgewachsene Hochstämme beeindrucken durch ihre stattliche Größe. Sie kommen in der Landschaft und im Umfeld von Gehöften als Solitärbäume besonders zur Geltung.

Schweizer Wasserbirne

Synonyme, hauptsächlich in der Schweiz, sind 'Kugelbirne' und 'Thurgibirne' (= 'Thurgaubirne').

Abstammung und Herkunft: Zufallssämling; sehr lange im Anbau und von unbekannter, vermutlich schweizerischer Herkunft. Nach Werneck (1962) soll die Sorte mittelbar auf die Holzbirne *(Pyrus pyraster)* zurückgehen und zum westlichen Formenkreis dieser Wildart gehören.

Mutanten: Bislang sind keine Mutanten bekannt geworden.
Polleneigenschaften: Schlechter Pollenspender, da triploid veranlagt; blüht mittelfrüh; neigt zur Jungfernfrüchtigkeit (Parthenokarpie) bzw. zu geringer (1 bis 2) Samenbildung; geeignete Befruchter sind u. a. 'Conference', 'Williams' und 'Egnacher Mostbirne'.
Standortansprüche: Gilt als am wenigsten anspruchsvolle Birnensorte. Dementsprechend groß ist ihre ökologische Streubreite bezüglich Wärmeklima und Bodenqualität, vorausgesetzt, die Bäume sind auf Birnensämling veredelt. Somit reichen die Nutzungsmöglichkeiten von sehr heißen bis zu mäßig kalten Lagen (SW-Deutschland 700 bis 800 m über NN) und von tiefgründigen, frischen und fruchtbaren Böden bis zu mittelgründigen, mäßig trokkenen und sandig bis tonigen Böden. Gute Leistungen hinsichtlich Wuchs, Ertrag und Fruchtqualität sind allerdings an bestimmte Standortqualitäten gebunden. Holz und Blüten sind weitgehend frosthart.

Baum

Sehr stark wachsend; auf nicht zu kargen Standorten entwickeln sich mit Birnensämling als Unterlage rasch hochkugelige, mächtige Bäume, die sich durch Gesundheit und Langlebigkeit auszeichnen. Das Kronengerüst ist als Folge der meist aufrecht wachsenden Äste kräftig und teils auch sparrig, während die Fruchtäste nach unten hängen. Bei verzögertem Beginn können die Erträge später hoch, jedoch auch von Jahr zu Jahr wechselnd sein (mäßige Ertragsalternanz). Typisch sind nur mittelgroße, aber dunkelgrün glänzende Blätter. Geschätzter Stammbildner. Im allgemeinen eine sehr robuste und wenig krankheitsanfällige Sorte, insbesondere gegenüber Schorf.

Frucht

Schüttelreife: Von Ende September bis Mitte Oktober.
Verwertungsreife: Nach der Ernte ca. 2 Monate lang, das heißt bis Ende November.
Größe und Form: Mittelgroß bis klein (mittl. Fruchtgewicht 130 g; spez. Gewicht 1,0); kugelig (Fruchtform-Index um 1,0), rund, d. h. Kanten oder Rippen, wenn überhaupt, nur angedeutet; mittelbauchig, kelchwärts betont breit, am Kelch abgeplattet, zum Stiel hin gleichmäßig fliehend.
Farbe und Beschaffenheit der Schale: Grundfarbe hell- bis gelblichgrün; Deckfarbe sonnenseits bläulichrot verwaschen, bedeckt die Schale bis zur Hälfte; Lentizellen treten schattenseitig zurück, sonnenseitig als dichte, braunrote Punkte, allmählich auf Deckfarbe übergehend; selten berostet, dann vom Stiel bis Kelch als schmale Streifen; etwas rauh, trocken; mäßig hart.
Kelch: Groß; offen, gibt vertrocknete Staubfäden frei; Blättchen nur mittellang und am Grund verwachsen, aufgerichtet oder gebogen.
Kelchgrube: Schüsselförmig, weit; mäßig tief eingesenkt; manchmal feinrippig, im allgemeinen jedoch ebenmäßig; von Rostspuren bis kräftigt berostet.
Stiel: Lang, mitunter so lang wie die Frucht; mitteldick; im oberen Drittel gebogen und zum Ansatz hin verdickt.
Stielgrube: Mäßig tief bis flach; meist schwach ringförmig berostet; verschiedentlich mit schwacher Schnabelbildung.
Kernhaus: Klein; langbirnenförmig bis spindelig und stielnah; breites, grobes Steinzellenband; Fächer klein und anliegend mit wenigen, braunschwarzen und geschweiften Samen, die oft taub sind; Gefäßbündel verlaufen dicht am Kernhaus.
Fleisch: Grünlich- bis gelblichweiß, randlich hellgrün; außerordentlich saftig, knakkig, grobzellig.
Geschmack: Reifeabhängig: Von leicht herbwäßrig bis süßlich-wäßrig, schwachfruchtig, wenig gerbstoffbetont.

Anbau und Verwertung

Aufgrund der standörtlich großen Anpassungsfähigkeit, der Lebensdauer und der vielseitigen Verwendungsmöglichkeiten als Mostbirne oder als Dörr- und Einmachfrucht ist es eine wertvolle Birnensorte der mittelspätreifenden Gruppe, die nach einer gewissen Anlaufzeit auch hinsichtlich ihrer Fruchtbarkeit hoch einzustufen ist. Die ausgewachsenen, stattlichen Bäume geben als obstbauliche Zeugen in der Landschaft und im Hofbereich prächtige Bilder ab, die durch eine rote Herbstfärbung der Blätter in einzelnen Kronenteilen noch gesteigert werden. Diese meist weinrote Herbstfärbung wird auch als Zeichen von Infektionen mit Erregern der Virose Birnenverfall (engl. pear decline) gedeutet, die aber bei älteren Bäumen keine ernsthafte Gefahr für die Bestandessicherheit der befallenen Bäume darstellen.
Als Mostbirne hat sie artgemäß eine überdurchschnittliche Saftausbeute (75 bis 80%), aber nur durchschnittliche Öchslegrade (50 bis 60 °Oe) und niedrige Säuregehalte (2,5 bis 4,0 g/l) bei einem sehr geringen Gehalt an Gerbstoffen (Phenole). Insoweit sind reine Säfte oder Moste nicht besonders gehaltvoll, sondern eher neutral bis mild. Dies wird mit dem Namen 'Wasserbirne' auch angedeutet. Sie eignet sich besonders als Verschnittsorte zu Apfelsäften bzw. -weinen.
Lucas stellt diese Sorte zu den rundlichen und gefärbten Wein- bzw. Herbstbirnen mit aufgerichteten Kelchblättern, deren Früchte vor allem für Obstwein und zum Dörren geeignet sind.

Quitte

Zur Geschichte der Quitte

Mannigfaltigkeitszentrum und möglicher Ursprung

Früheste Hinweise über den Ursprung der Gattung Quitte, die im botanischen System nur durch eine Art, nämlich durch *Cydonia oblonga* vertreten ist, fehlen bis heute. Nach einer Reihe von russischen Forschern, wie vor allem Vavilov (1929), Zhukovski (1930) und Komarov (1931), sollen die Ausgangsformen der heutigen Quittensorten in Transkaukasien, an den südlichen, zum Iran gehörenden Uferbereichen des kaspischen Meeres sowie im östlichen Teil von Kleinasien heimisch sein. Dementsprechend gilt dieser geographische Raum als Zentrum der Mannigfaltigkeit ihrer Erbanlagen (Genzentrum).
Die ebenfalls schon früh nachgewiesenen Vorkommen der Quitte im südlichen Europa, in der Mittelmeerregion und auf dem Balkan werden von Schneider (1906) dagegen als sekundäre Formen aus Verwilderungen sehr alter Kulturen dieser Gattung angesehen.
Die enge Verwandtschaft der Quitte mit dem Apfel und der Birne – Linné hatte diese 3 Gattungen ursprünglich zu einer einzigen Gattung mit dem Namen *Pirus* zusammengefaßt –, die sich auch in jeweils gleichen Chromosomenzahlen von $x=17$ bzw. $2n=2x=34$ widerspiegelt, läßt darauf schließen, daß diese Gattung ebenfalls zum Ende der Kreidezeit und im selben Raum wie die beiden anderen Gattungen, nämlich im früheren Bergland von Süd- und Südwestchina, entstanden sein könnte, obwohl es weder in China noch in angrenzenden Gebieten fossile Zeugen dieser Gattung geben soll. Es ist dennoch anzunehmen, daß primitive Formen der Quitte mit dem Apfel und der Birne von dort schon sehr früh in das heutige Genzentrum eingewandert sind.
Ihr Name ist nach Morgenthaler (1897) und Hegi (1923) von dem lateinischen Wort *cydonia* (eigentlich *mala cydonia* oder *cotonea* = Apfel aus Kydon) abgeleitet und soll sich auf die an der Nordküste der Insel Kreta gelegene Stadt Kydon (heute Chania bzw. Canea) oder auf den dort ehemals ansässigen Volksstamm der Kydonier beziehen. Der althochdeutsche Name quitina geht auf das vorlat. *quidonea* zurück (lat. *cydonia*).

Früheste Zeugnisse der Kultur

Nach der Überlieferung war der Quittenbaum bereits vor dem trojanischen Krieg im griechischen Raum eingebürgert, wie wohl seine Kultur damals schon hochentwickelt gewesen sein soll. Dies findet seinen Ausdruck auch in der mythischen Bedeutung der Quittenfrucht, denn die »Goldenen Äpfel« der Hesperiden sollen idealisierte Quitten gewesen sein, und ihr Name taucht ebenfalls schon früh in Fragmenten der griechischen Dichter Alkman aus Lydien und Stesichoros aus Sizilien auf, etwa 650 bis 600 v. Chr. Aus dieser und vor allem der nachfolgenden römischen Zeit stammen vielfältige Kenntnisse über die Nutzung der Quittenfrucht als Nahrungs- und Genußmittel für den Menschen, meist in verarbeitetem Zustand. Es gab bereits damals eine reichhaltige Liste von Rezepten für Heilzwecke bzw. von Heilmitteln, die aus der Frucht und den Samen gewonnen wurden und gegen mancherlei Krankheiten und Gebrechen helfen sollen. Die Mehrzahl dieser Verwendungszwecke wird in der Medizin bis in die Gegenwart geschätzt (Hegi 1923).
Die Quitte als Frucht wurde bei einer Reihe von Völkern und Kulturen als Symbol der Liebe und Fruchtbarkeit hochgeachtet; sie soll der Venus heilig gewesen sein. Vermutlich haben dazu Form, Farbe und insbesondere ihr Duft entscheidend beigetragen; diese vorteilhafte, die Sinne anregende Wirkung hat sich bis in unsere Tage erhalten.
Nach der römischen Zeit findet sich die Quitte u. a. wieder in den »Capitularien de Villis« von Karl dem Großen, spielt dort aber eine wenig beachtete Rolle, eine Einschätzung, die sich, zumindest in Mitteleuropa, für die nachfolgenden Jahrhunderte bestätigt. Entsprechend gering war lange Zeit die Zahl der anbauwürdigen Sorten. Evreinov (1950) hat 24 von 30 bekannten Sorten nach Herkunft, Frucht- und Baumeigenschaften beschrieben. Er gruppiert seine Auswahl in 3 Herkünfte: Balkan, Westeuropa und USA. Nach Friedrich und Schuricht (1988) soll die Anzahl der Quittensorten inzwischen auf 200 angewachsen sein. Im vorderasiatischen Raum einschließlich der Republiken der früheren UdSSR werden 70 Sorten kultiviert und rund 700 Sorten sollen unter Beobachtung stehen.
Fast alle gegenwärtig genutzten Sorten sind Zufallssämlinge, die sich als Ergebnis vielzähliger Ausleseschritte über Jahrtausende hinweg als Folge zufälliger, vom Menschen unbeeinflußter Kreuzungen von teils selbstunfruchtbaren, teils selbstfruchtbaren Sämlingen bzw. primitiven Vorläufern der heutigen Kultursorten als am besten geeignet durchgesetzt haben.

Beschreibung und Verbreitung

Von Natur aus wächst die Quitte strauchartig oder buschförmig, selten jedoch als Baum; sie kommt in der Regel mehrstämmig vor. Einstämmige Quitten sind das Ergebnis einer baumschulmäßigen Erziehung. Vielfach ist der Wuchs der Stämme dabei nicht geradschäftig, sondern eher gedreht oder gedrillt. Entsprechend den verschiedenen Erscheinungsformen kann ihre Höhe zwischen 1,5 und 8 m schwanken, wobei die Kronen mehr in die Breite als in die Höhe wachsen. Ihr Aufbau ist durch einen betont sparrigen Triebwuchs gekennzeichnet, der eine »geordnete« Krone kaum erziehen läßt, aber bei natürlicher Entwicklung ein sehr schönes Gehölzbild bieten kann. Die Lebensdauer von Quittenpflanzen ist mit etwa 50 Jahren im Vergleich zu Apfel oder gar Birne kurz.
Charakteristisch sind dunkelgrüne, bis zu 10 cm lange, gestielte, ungeteilte und breiteiförmige Laubblätter, die ganzrandig, oberseits kahl, unterseitig dagegen filzig behaart sind. Die ebenfalls behaarten Blattstiele haben grundständige Nebenblätter von auffälliger Länge und Breite. Junge Blätter sind allerdings noch beidseitig

dicht wollig-behaart, während die Kelchblätter der Blüten ganzrandig und kürzer als die Kronblätter sind. Die spät (Mai) erscheinenden Einzelblüten sitzen endständig auf behaarten Sproßen, d.h. der Sproß geht ohne den üblichen Fruchtstiel unmittelbar in die Schein- oder Sammelbalgfrucht über.
Im allgemeinen ist die Quitte gegenüber pilzlichen Krankheiten oder tierischen Schädlingen wenig anfällig. Befall durch eine Reihe von Insekten kann vorkommen, ihre Bekämpfung ist aber kaum lohnend. Als pilzliche Krankheiten sind Blattbräune und Spitzendürre (Monilia) bekannt. Aber auch sie gefährden die Bestandessicherheit der Quitten kaum. Stark befallene Triebe sollten weggeschnitten werden. Gefährdet sind Quitten jedoch durch den bakteriellen Feuerbrand, insbesondere auf Weißdorn-Unterlage.
Nach formgebenden Fruchtmerkmalen kann man die Art *Cydonia oblonga* im botanischen Sinne in zwei Varietäten gliedern, in apfelförmige und birnenförmige Quitten, die beide jeweils wieder mit kräftig gerippten oder mit ziemlich glatten bzw. ebenen Fruchtoberflächen vorkommen können. In qualitativer Hinsicht werden die apfelförmigen Quittenfrüchte bevorzugt, da sie im allgemeinen aromatischer und geschmackvoller sind als die birnenförmigen. Das rohe Fruchtfleisch der Quitte ist zum Essen, hauptsächlich wegen zahlreicher sogenannter Steinzellen, gewöhnlich zu hart, ziemlich säuerlich und wirkt auf die Mundschleimhaut stark zusammenziehend (adstringierend), so daß die Früchte fast ausschließlich verarbeitet zu genießen sind. Vavilov (1929) berichtet allerdings aus Afghanistan, daß die Quitten als Tafelfrüchte den dort weniger gut schmeckenden Äpfeln und Birnen vorgezogen werden. Ob dies eine Folge einer Jahrhunderte alten spezifischen Auslese oder des dortigen Klimas ist, bleibt als Frage offen.
Die Frucht enthält viel Kalium und Vitamin C und wird als Nahrungs- und Genußmittel ebenso wie für Heilzwecke verwendet. Die Heilmittel werden auch aus den Samen gewonnen. Man setzt sie heute noch als Schleimstoffdroge gegen Husten oder als mildes Abführmittel ein. Große Bedeutung haben die Früchte als Träger eines spezifischen Duftes und Aromas für Nahrungsmittel und Getränke, zum Beispiel als Zusatz zu Süßmost, zu mancherlei Gerichten oder als Duftspender für den Wäscheschrank; der Duft soll zudem Ungeziefer fernhalten.
Quitten lassen sich hervorragend zu Gelee, Kompott, Marmelade, Konfitüre, Paste und zu Konserven verarbeiten. Bekannt ist auch Quittenbrot oder -speck als eingekochtes und getrocknetes und damit halbares Mus. Trotz nicht gerade hoher Zuckergehalte gewinnt man aus den Früchten auch alkoholische Getränke wie Wein, Likör oder Edelbrand.
Neben dem vielseitigen Nutzwert haben Quitten einen hohen Zierwert. Im Frühjahr sind die großen, nach den ersten Blättern erscheinenden Einzelblüten nicht nur eine Augenweide, sondern zugleich eine beliebte Bienenweide. Bis zum Herbst entwickelt sich aus den Blüten ein herrlicher Fruchtschmuck, der im ursprünglichen Sinn des Wortes »quittengelb« leuchtet. Schön gewachsene und gut gereifte Quitten sind ein beliebtes häusliches Dekor.
In der heutigen Zeit sind Quitten, kultiviert und frei in der Landschaft, in fast allen Erdteilen außer in Australien verbreitet, überwiegend als einzelstehende Bäume oder Sträucher, selten geordnet in Pflanzungen. Nach Nordamerika sollen sie allerdings erst im 18. Jahrhundert gekommen sein, wohl als Mitbringsel europäischer Einwanderer. In Europa ist die Quitte weit gestreut, in Skandinavien aber beschränkt auf die vom Golfstrom begünstigten Küstenstreifen im Süden und Südwesten von Norwegen und Schweden. Im kontinentalen Klima von Ostpreußen oder im Baltikum erfriert sie oft und die Früchte werden meist nicht reif. Die durchweg wärmeanspruchsvollen, holzfrostempfindlichen und gegenüber freiem Calcium im Boden oft mit Chlorose reagierenden Sorten sind in Bezug auf Feuchtigkeit und Fruchtbarkeit des Bodens dagegen genügsam, wurzeln flach und sind im allgemeinen nur wenig anfällig für Krankheiten und Schädlinge.
Gefürchtet sind aber Barfröste tiefer als −20°C, die häufig Totalverluste nach sich ziehen. Auch wechselfeuchte oder staunasse Böden können zu Kümmerwuchs bis hin zum Ausfall führen. Wegen der Chlorosegefahr ist der aktive Calcium-Gehalt des Bodens zu beachten, insbesondere auf arteigener Unterlage. Nach Friedrich und Schuricht (1988) sollte er unter 4% Bodenanteil bleiben. Die Befruchtungsergebnisse sind wenig problematisch, da die meisten Sorten sich als selbstfruchter erwiesen haben. Einige selbstunfruchtbare Sorten benötigen sortenfremden Pollen, der durch Insekten übertragen wird; es soll aber auch Windbestäubung vorkommen.

Geeignete Unterlagen

Als gut verträgliche Unterlage hat sich die arteigene Form 'MA' aus East Malling (vgl. Unterlagen für die Birne) am besten bewährt. Nachteilig ist allerdings ihre Empfindlichkeit gegenüber tiefen Wintertemperaturen. In dieser Hinsicht ist die Verwendung des ebenfalls geeigneten Weißdorns (lat. *Crataegus monogyna*) als Quittenunterlage günstiger zu beurteilen, doch ist dessen Anbau wegen hoher Anfälligkeit für den bakteriellen Feuerbrand äußerst problematisch. Karnatz und Bünemann (1981) berichten von guter Verträglichkeit, günstigem Wuchs und artspezifisch normaler Ertragsfähigkeit mit Eberesche *(Sorbus aucuparia)* als Unterlage für Quittensorten.
Als weitere Unterlagen werden heute angeboten: Quitte 'Adams' und Quitte 'Sydo'; beide werden dem Formenkreis von Quitte 'MA' zugerechnet; sie sind demzufolge in ihren Eigenschaften der Quitte 'MA' sehr ähnlich.
Quitte 'MC', schwächer als 'MA' wachsend, aber sehr frostempfindlich, deshalb in Mitteleuropa als Quittenunterlage kaum anbauwürdig.
Provence-Quitte, aus der die Form 'Ba-29' durch die I.N.R.A. ausgelesen wurde; wächst etwas stärker als Quitte 'MA', soll aber mit den Kultursorten besser als 'MA' verträglich sein; flachwurzelnd.

Bereczki

Ähnlicher Name ist 'Bereczki-Quitte'. Keine Synonyme.
Abstammung und Herkunft: Zufallssämling; in Ungarn, vermutlich aus primitiven Landsorten ausgelesen und 1883 durch den dortigen Züchter und Pomologen Bereczki Mate (Mathäus) aus Felegyhasa für den Anbau freigegeben. In Ungarn soll diese Sorte einen Anteil von mehr als 50% im Anbau haben. Birnenförmige Quitte.
Mutanten: Von dieser Sorte sind keine Mutanten bekannt.
Polleneigenschaften: Selbstfruchtbar und als Befruchtersorte sehr gut geeignet.
Standortansprüche: Äußerlich vollkommene und auch zuckerreiche Früchte werden meist nur in warmen bis heißen Klimaten, in denen auch die Holzreife im Herbst gefördert wird, geerntet.
Nach Hinweisen von Schwarz (mdl.) sollen aber auch noch im Obst-Wintergetreideklima die Früchte befriedigend reifen, die Holzfrosthärte soll in ungünstigen Jahren allerdings nicht immer ausreichend sein. Die Ansprüche an die Feuchtigkeit sind nicht hoch, d.h. Bäume wie Früchte gedeihen auch noch auf mäßig frischen bis mäßig trockenen Böden, vor allem auf Standorten mit guter Durchlüftung. Auf Böden mit viel freiem Kalk besteht erhöhtes Risiko für Chlorose. Wegen der artgemäß überdurchschnittlichen Holzfrostempfindlichkeit sind frostgefährdete Standorte bei dieser Sorte zu meiden. Dies kommt auch dem Fruchtansatz zugute, der durch Spätfröste mittelbar geschädigt werden kann, obwohl sich die Blüten im Vergleich zum Apfel später öffnen und deshalb nicht direkt frostgefährdet sind. Gegen Wind ist diese Sorte zur Reife hin unempfindlich.

Bereczki

Baum

Der hochstrebende und allgemein sparrige Wuchs dieser Sorte ist stark; dementsprechend bilden sich kräftige Triebe, die allerdings von Natur aus wenig verzweigen, dunkelbraun und meist auch unregelmäßig angeordnet sind. Im ausgewachsenen Zustand haben sich deshalb eher strauchartige bzw. buschförmige Bäume als Bäume im herkömmlichen Sinne entwickelt. Die sattgrünen Blätter sind auffallend groß bis sehr groß. Abgesehen von Erziehungsmaßnahmen in den ersten Jahren, ähnlich wie beim übrigen Kernobst, sind die Bäume nur noch hin und wieder auszulichten, so daß der Schnittaufwand insgesamt gesehen gering ist. Wegen der Holzfrostempfindlichkeit ist es angezeigt, die Bäume erst im Nachwinter oder zeitigen Frühjahr zu schneiden.

Frucht

Pflückreife: Anfang bis Mitte Oktober.
Verwertungsreife: Ende Oktober bis Ende November; wenig lagerfähig.
Größe und Form: Groß bis sehr groß; betont breit birnenförmig, mittelbauchig, mitunter schief; nur andeutungsweise gerippt oder gefurcht, zum Stiel meist deutlich eingezogen und kurz zulaufend.
Farbe und Beschaffenheit der Schale: Teils gelb, teils grünlich mit vielen Übergängen innerhalb der Frucht; mehr oder weniger stark flaumig, was oft zu unschöner, mattgrauer Farbe führt; vereinzelt rote Lentizellen wie punktförmige Berostungen, von der Stielgrube ausgehend auch längliche Roststreifen (2 bis 3), die grobschuppig bis rissig sind.
Kelch: Meist offen; Blättchen und Kronblätter einer Blume ähnlich und sich dekkend, öffnen sich nach außen, teils grün, Spitzen verbräunt, Blättchen groß, langoval und gesägt.
Kelchgrube: Weit und tief, in der Regel gefurcht, höckrig bis stark gefaltet; Blättchen füllen oft die Grube ganz aus; rostfrei.
Stiel: Kurz und sehr dick, holzig wie als Teil eines Kurztriebes (abgerissen); zahlreiche helle Lentizellen, bis kurz vor der Grube belaubt.
Stielgrube: Zwischen höckrigem Rand schulterartig und mäßig tief eingesenkt, meist grobschuppig berostet.
Kernhaus: Kugelig; stark kelchwärts exponiert; Achse hohl, relativ kleine Fächer samenreich, dicht gepackt (4 bis 6 je Fächer) und länglich angeordnet; Steinzellenband kaum auffällig.
Fleisch: Gelblich bis weißgelb; verschiedentlich vom Rand her rosa oder fleischfarben, fest, trocken, zäh und hart. Gekocht: Locker, aber leicht trocken, feinzellig, rötlich.
Geschmack: Wenig aromatisch, leicht süßlich. Gekocht: Wenig Aroma, eigenartige Note.

Anbau und Verwertung

Die etwas früher als die Sorte 'Champion' reifende Sorte 'Bereczki' zeichnet sich durch ihre großen, birnenähnlich geformten und flaumigen Schaufrüchte (mittlere Fruchtgewichte: 200 bis 400 g) aus. Diese sind dank wenig gefurchter oder gerippter Oberfläche gut zu schälen. Als Folge des schwachen Aromas weniger vorteilhaft werden dagegen die geschmacklichen Qualitäten beurteilt. Auf zusagenden Standortverhältnissen setzt die Ertragsfähigkeit früh ein, verläuft wenig alternierend und erreicht langzeitlich Werte, die für die Quitte durchschnittlich sind. Die Saftausbeute beim Pressen liegt mit ca. 75% im oberen Bereich, während der Zuckergehalt (ca. 9 bis 10% Refraktometerwerte), der Säuregehalt (ca. 11,5 g/l), die Gesamtphenole (ca. 1300 mg/l) und das spezifische Gewicht (um 1,045) für diese Art als mittelmäßig einzustufen sind. Trotz des sparrigen Wuchses bildet die Sorte als strauchartiger Baum dank der großen, sattgrünen Blätter und der im Herbst prangenden Früchte einen reizvollen Anblick. Aufgrund der Selbstfruchtbarkeit als Solitärbaum im Garten oder in der Landschaft nutzbar.

Champion

Champion

Ähnliche Namen sind keine bekannt. Synonym ist 'Meisterquitte'.
Abstammung und Herkunft: Zufallssämling, der angeblich von dem nordamerikanischen Züchter Meech in Vineland (New Jersey, USA) im Jahr 1870 aus den dortigen Beständen selektiert wurde. Überwiegend birnenförmige Quitte.
Mutanten: Von 'Champion' sind bislang keine Mutanten bekannt geworden.
Polleneigenschaften: Nach schweizerischen Angaben soll 'Champion' ausreichend selbstfruchtbar und deshalb auch als Solitärbaum geeignet sein; aus Frankreich wird berichtet, daß nach reichlicher Blüte der Fruchtansatz vielfach enttäuscht.
Standortansprüche: 'Champion' wird meist als standörtlich genügsame Sorte beschrieben. Diese Aussage dürfte aber nur für die Bodeneigenschaften (Feuchtigkeit, natürliche Nährkraft und Durchlüftung) zutreffend sein und weniger für das Wärmeklima, denn in Mitteleuropa zeigt die Sorte besonders nach sog. guten Weinjahren (1971, 1976, 1983) stets die schönsten Früchte, während es nach kühlfeuchten Sommer- und/oder Herbstwochen vielfach zu Fruchtfall und grünlichen Früchten kommt, die dann rissig werden und aufspringen können. Auch ist bekannt, daß die Bäume dieser Sorte vor allem im Mittelmeerklima sehr leistungsfähig sind. Demzufolge ist ihr Wärmeanspruch als hoch bis sehr hoch anzusetzen. Die Frostempfindlichkeit des Holzes bewegt sich für Quitten in der Mitte, d.h. die Bäume sind weder besonders empfindlich noch ausgesprochen robust. Da trotz später Blüte auch die Blüten im Knospenstadium unter Frost leiden können, ist der Anbau nur auf wenig frostgefährdeten Standorten sinnvoll. Gegenüber Wind sind die Früchte wenig oder nicht empfindlich.

Baum

Die Wüchsigkeit von 'Champion' wird teils als mittelstark, teils als schwach angegeben. Damit dürfte die Sorte innerhalb der genutzten Quittensorten zu den schwächerwachsenden gehören. Der Wuchs ist anfänglich aufrecht, die Neigung zum Verzweigen soll gut sein. Daraus folgt, daß der Aufwand für Erziehung und Schnitt langzeitlich gering ist, d.h. es dürfte nach dem Aufbauschnitt genügen, wenn die Bäume hin und wieder zur Förderung junger Fruchthölzer ausgelichtet werden.

Frucht

Pflückreife: Je nach Wärmeklima von Anfang Oktober bis Ende Oktober; dabei kann großzügig verfahren werden.
Verwertungsreife: Von Ende Oktober bis Ende November; im Kühllager einige Wochen länger haltbar.
Größe und Form: Groß (bis mittelgroß); gestaltlich ungleich, d.h. es kommen neben birnenförmigen mitunter auch apfelförmige Quitten vor, die zudem häufig schief oder stielseitig schnabelig sind; meist sind sie betont mittelbauchig, teils auch glockenförmig bis fast kugelig und mit langem, eingezogenem Kelchteil, häufig rippig bzw. grobkantig; verbreitet ist der gebogene Stielbereich.
Farbe und Beschaffenheit der Schale: Gelb bis zitronengelb mit grünlichgelben Partien; stark flaumig mit entsprechend grauem bis schmutzig-gelbem Aussehen; Lentizellen mitunter als dichte Rostpunkte auffällig, sonst Berostungen streifenweise vom Stielansatz her, dann markant, rissig und schorfähnlich.
Kelch: Überwiegend geschlossen, da durch kräftige Faltenbildung stark verengt; wollige Blätter kreuz und quer stehend bzw. liegend, diese groß, lang-oval, feingesägt und meist grün bis braun gefärbt.
Kelchgrube: Tief und eng; markant gefurcht bis stark gefältelt; ohne Rost.
Stiel: Fehlt, da der Ansatz unmittelbar vom Kurztrieb in die Frucht übergeht.
Stielgrube: Meist an stark verengtem Hals oben aufsitzend als sehr kleines, kaum eingetieftes Grübchen, schwach höckerig, aber stets mit kräftiger Rostkappe, nach unten teilweise rostig trielend.
Kernhaus: Groß; kelchnahe; breit bzw. längsoval; Stielgefäßstrang breit und lang, ist wie das Kernhaus durch Steinzellenband eingefaßt; Achse hohl; Fächer mit kräftigen Wänden, weiß, enthalten viele Samen (5 bis 7), die braun und zusammen gebacken sind, Fächer vertikal mit länglicher Form.
Fleisch: Gelblich, teils vom Rand her strahlig verbräunt; trocken, hart, kurzzellig. Gekocht: locker, saftig bis mäßig saftig.
Geschmack: Säuerlich, aromatisch; duftend. Gekocht: säuerlich, wenig aromatisch.

Anbau und Verwertung

'Champion' ist eine allgemein begehrte und dank der frühen, allerdings nur durchschnittlichen, aber alljährlichen Fruchtbarkeit sowie dank der geschmacklichen Qualität auch eine anbauwürdige Sorte, die sich in Verbindung mit dem für Quitten relativ schwachen Wuchs besonders für den Hausgarten als strauchartiges Nutz- und Ziergehölz anbietet. Allerdings schränkt das für eine gute Fruchtqualität notwendige Wärmeklima die Anbaubreite auf wärmeklimatisch bevorzugte Standorte ein. Die Früchte, deren Einzelgewicht unter 200 g liegt, zeichnen sich als Folge eines kräftigen Säuregehalts (ca. 13 g/l) und des nur mittleren Zuckergehalts (8 bis 9% Refraktometerwerte) durch ein enges Zucker-Säure-Verhältnis aus, das auch den säuerlich betonten Geschmack begründet, für Verschnittzwecke jedoch hervorragend zu verwenden ist. Bei Degustationen des Saftes überzeugt ein starker Quittenduft, während die geschmackliche Note weniger befriedigend ist.
'Champion' gilt als günstige Muttersorte bei Gattungskreuzungen mit dem Apfel.

Konstantinopeler

Ähnlicher Name ist 'Konstantinopeler Apfelquitte'.
Synonyme keine.
Abstammung und Herkunft: Zufallssämling, dessen Abstammung und Herkunft im Dunkeln liegen; dem Namen nach zu schließen, könnte die Sorte aus der Türkei nach Mitteleuropa gekommen sein. Hauptsächlich als apfelförmige Quitte geführt, obwohl es verschiedentlich auch mehr birnenähnliche Fruchtformen gibt.
Mutanten: Nach Hinweisen aus Ungarn soll es mehrere Formen bzw. Mutanten dieser Quittensorte geben.
Polleneigenschaften: Die Mehrzahl der bisherigen Anbauerfahrungen deutet auf Selbstunfruchtbarkeit hin; es ist anzunehmen, daß die Pollen für die Befruchtung anderer Sorten geeignet sind.
Standortansprüche: Die Sorte 'Konstantinopeler' scheint eine beträchtliche ökologische Anbaubreite in Mitteleuropa zu haben, denn nirgends wird bei den allerdings spärlichen Sortenbeschreibungen auf besondere Anforderungen hingewiesen. Nach Schwarz (mdl.) sollen die Früchte auch noch auf der Schwäbischen Alb oder zumindest auf den wärmeklimatisch begünstigten Lagen dieser Landschaft im Mittel der Jahre befriedigend ausreifen, und das Holz frosthärter als bei vielen anderen Quittensorten sein. Die standörtliche Genügsamkeit der Sorte weist auch auf geringe Ansprüche an Feuchtigkeit und natürliche Nährkraft des Bodens hin. Wie alle Quittensorten ist 'Konstantinopeler' gegenüber schlechter Durchlüftung des Bodens empfindlich. Wegen der Chloroseanfälligkeit sind auch Böden mit einem hohem Anteil an freiem Kalk ungünstig.

Baum

Die buschartigen Bäume bzw. die baumartigen Büsche dieser Sorte wachsen mittelstark und bilden von Natur aus breite Kronen, deren Wuchstendenz später eher nach oben gerichtet ist. Kennzeichnend ist weiter eine mäßige Verzweigung der dunkelbraunschwärzlichen Triebe. Anfänglich reichen einige Aufbauschnitte, später sind in gewissen Zeitabständen Überwachungsschnitte durchzuführen. Die Blätter und das Holz sind gegenüber Krankheiten und Schädlingen weitgehend robust.

Frucht

Pflückreife: Anfang bis Ende Oktober, je nach Wärmeklima.
Verwertungsreife: Von Ende Oktober bis Dezember nach mehrwöchiger Frischluftlagerung.
Größe und Form: Groß (bis mittelgroß); apfelähnliche Formen überwiegen, nur vereinzelt entwickeln sich auch mehr walzenförmige oder hochgebaute Früchte, typisch sind meist 5 kräftige Wülste beziehungsweise Rippen, die entweder über die ganze Frucht ziehen oder sich nur auf die Stielpartie beschränken; ihre Furchen sind oft grasgrün und manchmal auch berostet (sogenannte Rosttäler); mittelbauchig.
Farbe und Beschaffenheit der Schale: Hellgelb bis strohgelb, mitunter mit grünem Schimmer; flaumig bis stark behaart, dann mit graugrünem Farbton, dieser Belag schuppt sich knäuelartig ab, danach Oberfläche wachsig bzw. grünlich.
Kelch: Stark verdrückt bzw. verengt; überwiegend offen. Blätter lang, schmal und aufrecht, mitunter ähneln sie Laubblättern; grün bis dunkelbraun.
Kelchgrube: Weit und tief; meist höckrig und von stark gefurcht bis mäßig gefaltet; keine Berostung; Kelch ist manchmal wie

Konstantinopeler

eine Blume mit 5 Blütenblättern in der Grube gestaltet.
Stiel: Extrem dick und kurz bzw. Frucht setzt unmittelbar am Kurztrieb an; dieser Ansatz ist vom Fruchtfleisch breit umwachsen.
Stielgrube: Sie besteht normalerweise aus 5 ausgeprägten Furchen; grün; teilweise berostet; manchmal kommen auch verkümmerte oder unregelmäßig geformte Partien vor.
Kernhaus: Betont kelchnah; ziemlich klein, fast rund; Achse hohl, Fächer mit vielen hellbraunen, kleinen Samen besetzt; Fächer und Samen zusammen wie eine kompakte Masse.
Fleisch: Weißgelb, randlich oft mit bräunlichen Partien; sehr fest, trocken, grobzellig, zäh. Gekocht: Schwach saftig bis schmelzend und weniger grob.
Geschmack: Säuerlich mit vorherrschendem Apfelduft. Gekocht: Feinsäuerlich und aromatisch.

Anbau und Verwertung

Hervorzuheben bei der Quittensorte 'Konstantinopeler' sind die beträchtliche Anbaubreite in Mitteleuropa, die früheinsetzende und danach sehr reichliche Fruchtbarkeit sowie die Robustheit des Holzes, der Blätter und der Früchte gegenüber Krankheiten und Schädlingen. Da auch, wie bei fast allen Sorten dieser Gattung, die Verwendungsmöglichkeiten im Haushalt vielfältig sind, eignet sich 'Konstantinopeler' besonders für den Anbau im Hausgarten. Dabei ist allerdings darauf zu achten, daß wegen der mutmaßlichen Selbstunfruchtbarkeit eine zweite Quittensorte als Befruchter in der Nähe stehen sollte. Die Sorte läßt sich gut transportieren und einige Zeit lagern.

Portugiesische Quitte

Ähnliche Namen sind 'Portugiesische Birnenquitte' und 'Portugiesische Riesenquitte'.
Synonyme keine.
Abstammung und Herkunft: Zufallssämling, dessen Herkunft ungewiß ist; in Bulgarien z.B. ist 'Portugiesische Quitte' die am meisten verbreitete Sorte. Birnenförmige Quitte.
Mutanten: Von dieser Sorte sind keine Mutanten bekannt.
Polleneigenschaften: Selbstfruchtbar; mit sortenfremdem Pollen wird der Fruchtansatz allerdings verbessert.

Standortansprüche: Hierzu gibt es widersprüchliche Auffassungen, d.h. die Sorte soll geringe bzw. hohe Anforderungen an die Standortverhältnisse stellen. Geht man von ihrer Anbaudichte in Bulgarien aus, so dürfte das Wärmebedürfnis hoch sein. Auf mitteleuropäische Verhältnisse übertragen, sind demnach Höhenlagen wärmeklimatisch gesehen wenig anbauwürdig. Hinsichtlich der Bodenfeuchtigkeit ist die Sorte genügsam, d.h. daß sich auch mäßig trockene Böden eignen. Um hohe Erträge leisten zu können, ist die 'Portugiesische Quitte' allerdings auf mäßig frische bis frische Böden und auf gute Durchlüftung angewiesen. In Bulgarien werden deshalb entsprechende Pflanzungen künstlich bewässert. Das Holz soll ziemlich frostempfindlich sein. Damit scheiden sog. Frostlagen für den Anbau aus, vor Winterbeginn ist eine gute Holzreife anzustreben. Die Früchte sind nicht windempfindlich.

Portugiesische Quitte

Baum

Der Wuchs ist kräftig, d.h. mittelstark bis stark und anfänglich betont aufrecht. Später weiten sich die buschartigen Gehölze aufgrund der Fruchtlasten. Als sortentypisch gelten die dunkelgrünen und meist großen, in Form und Größe aber ungleichen Blätter, die dem Gehölz ein gesundes Aussehen geben. Auffallend sind auch die biegsamen, rötlichgrünen Triebe mit ihren großen fuchsroten Lentizellen und ihrem aschgrauen Flaum. Ziemlich widerstandsfähig gegenüber Krankheiten und Schädlingen.

Frucht

Pflückreife: Anfang bis Ende Oktober, je nach Wärmeklima.
Verwertungsreife: Nach der Pflücke bis Ende November; 2 bis 3 Monate kühllagerfähig, aber nicht unter 0 °C und bei gleichzeitiger guter Lüftung.
Größe und Form: Groß bis sehr groß; birnenförmig, betont mittelbauchig, zum Stiel meist kurz (ähnlich der Birnensorte 'Hardenpont') zulaufend, häufig zwischen »Bauch« und »Hals« eingezogen; Hals meist leicht gebogen, schwach kantig, teils rillenartig, einzelne Rillen oder kleine Furchen ziehen über die gesamte Frucht.
Farbe und Beschaffenheit der Schale: Grünlichgelb bis später leuchtend gelb; schwach flaumig, keine Berostungen, dafür Schale leicht wachsig.
Kelch: Überwiegend offen, teils auch geschlossen; Blättchen wie stets bei Quitten lang-oval, feingesägt, unterschiedlich lang und durchweg braun.
Kelchgrube: Groß; mitteltief, z.T. weit, in jedem Fall markant, durch starke und sehr feine Fältelung, häufig ungleich in der Form, verschiedentlich leicht, aber unregelmäßig höckerig.
Stiel: Kurztriebartig und mit Blättchen besetzt, tief angesetzt; breit, dick; dunkelbraun.
Stielgrube: Stiel schwach bzw. schulterartig in höckrige Grube eingesenkt, teils aber auch mehr oder weniger stark seitlich weggedrückt bis zur Waagerechten, dann mit deutlich schnabeligem Stielansatz;

durchweg grobschuppig und rissig, Kappe mit dunkelbraunem Rost, der sich oftmals in die o.g. Rillen bzw. Furchen strahlenartig verlängern kann.
Kernhaus: Kelchnahe, fast unmittelbar in den Kelch übergehend; umgekehrt herzförmig; Achse hohl; Kammern klein und lang-oval, vielsamig, eng aneinander liegende, verklebte Samen.
Fleisch: Gelblich mit schwach rosaroten Partien; Steinzellenband faßt breite Stielgefäße und Kernhaus ein; Struktur markig, fest, hart, leicht trocken. Gekocht: mäßig saftig, grob; aus Bulgarien wird von Anfälligkeit für Stippeflecken berichtet.
Geschmack: Säuerlich, wenig Aroma. Gekocht: schwach säuerlich, Aroma schwach, viel Gerbstoff.

Anbau und Verwertung

Die 'Portugiesische Quitte' gilt in Mitteleuropa als eine der wertvollsten Quittensorten. Ihre Vorzüge liegen in der früh einsetzenden und danach reichlichen Fruchtbarkeit, in der vielseitigen Verarbeitungsmöglichkeit ihrer Früchte zu Saft, Gelee, Kompott, Nektar und Konfitüre sowie im sehr geringen Pflegeanspruch, vergleichsweise zu anderen Obstgattungen. Bei der Standortwahl zu beachten, daß das Holz überdurchschnittlich holzfrostempfindlich ist. Klassische Frostlagen sind aus diesem Grund vom Anbau auszuschließen. Dank der Robustheit von Blatt, Holz und Frucht gegenüber Krankheiten und Schädlingen und dank ihrer Selbstfruchtbarkeit ist die Sorte für den Hausgarten und in der Landschaft auch als Solitärgehölz gut geeignet.

Riesenquitte von Leskovac

Ähnliche Namen oder Synonyme sind keine bekannt.
Abstammung und Herkunft: Zufallssämling; angeblich in Serbien gefunden worden. Apfelförmige Quitte.
Mutanten: Mutanten sind keine bekannt.
Polleneigenschaften: Schlecht bzw. als Pollenspender ungeeignet; selbstunfruchtbar.
Standortansprüche: Für sortentypisch gut ausgebildete Früchte sind warme Lagen erforderlich. Nach Wenck (mdl.) sollen die Quitten aber auch noch in wärmeklimatisch mittelmäßigen Lagen (Obst-Wintergetreideklima) genügend ausreifen und dort auch befriedigend frosthart sein. Dies unterstreicht die Erfahrung, daß die 'Riesenquitte von Leskovac' im Holz frosthärter ist, als es Quitten im allgemeinen sind. Die Anforderungen an die Feuchtigkeit sind mäßig, an die Durchlüftung des Bodens jedoch hoch. Bevorzugt werden lehmige bis sandig-lehmige Böden, die wegen der flachen Wurzelkrone aber keineswegs besonders tiefgründig zu sein brauchen. Blätter und Früchte sind windunempfindlich.

Baum

Die strauchartigen Bäume zeigen starkes vegetatives Wachstum und bleiben im Holz auch langzeitlich gesund. Entgegen dem kräftigen Wuchs sind die dunkelgrünen, glänzenden Blätter klein und somit wenig auffällig, wenn auch ihre Unterseite bereift ist. Gegenüber Krankheiten und Schädlingen weitgehend robust.

Frucht

Pflückreife: Je nach Wärmeklima von Anfang bis Ende Oktober; nicht eng begrenzt.
Verwertungsreife: Von Ende Oktober bis Dezember.
Größe und Form: Sehr groß; flach, mittelbauchig, apfelförmig; vom Stiel vom Kelch her mehr oder weniger stark fünffach gefurcht, verschiedentlich ziehen diese Furchen über die ganze Frucht, meist bleiben jedoch nur grobe Rippen übrig; die Furchenrinnen berosten gerne, hauptsächlich vom Stiel her; vereinzelt sind die Quitten durch Verkümmern eines Karpells auch ungleich oder schief.
Farbe und Beschaffenheit der Schale: Gelb bis goldgelb, partienweise mitunter auch grünlichgelb; sonnenseits kann es zu rötlichem Hauch kommen; Behaarung bzw. Flaum schwach, dafür vollreif wachsig; weitgehend rostfrei; abgesehen von der kräftigen Furchung eine schöne, farbkräftige Frucht.
Kelch: Tief; teils offen, teils geschlossen; Blättchen groß, lang-oval, gezähnt bis fein gesägt, am Grund grün, nach außen braungrau; Kelch reicht bis zum Kernhaus bzw. geht mehr oder weniger offen in dieses über.
Kelchgrube: Weit, tief; stark gefurcht bzw. stark höckerig, ohne Rost.
Stiel: Stiel fehlt, da er unmittelbar am Kurztrieb ansetzt.
Stielgrube: Flach und weit; gefurcht bzw. höckerig, teilweise ungleiche Entwicklung

Riesenquitte von Leskovac

der Karpelle; die Furchen und Höcker sind oft berostet; hellgrün bis gelblichgrün gefärbt.
Kernhaus: Kelchnahe; flach-oval mit deutlich abgegrenztem dunkelgelbem Steinzellenkranz, Gefäßbündel unauffällig; grobzellig; Achse hohl; Kammern vielsamig (4 bis 5), hellbraune Kerne, rundlich-dreieckig zugespitzt.
Fleisch: Gelblich, Rand sattgelb eingefärbt; trocken, zäh, fest, hart. Gekocht: locker, zart und vor allem reinweiß.
Geschmack: Herbfruchtig, aromatisch, säuerlich; alle Komponenten ausgeprägt. Gekocht: aromatisch gewürzt und feinsäuerlich.

Anbau und Verwertung

Die Früchte dieser Sorte zeichnen sich durch ihre ungewöhnliche Größe sowie durch ihre von Furchen beziehungsweise Rippen geprägte markante apfelähnliche Form aus; sie präsentieren sich somit als wahre Schaufrüchte.
Weitere Vorzüge sind die früh einsetzende und jährlich hohe Fruchtbarkeit und die vielseitigen Verarbeitungsarten im Haushalt. Hinzu kommen die sehr geringe Pflegebedürftigkeit und die für Quitten überdurchschnittliche Frosthärte des Holzes.
Diese Sorte bietet also geradezu ideale Voraussetzungen für den Hausgarten. Aus diesen Gründen gilt sie auch als die in Mitteleuropa anbauwürdigste Quittensorte, deren große Blüten im Frühjahr zugleich eine prächtige Zierde für jeden Obstgarten sind. Zu beachten sind allerdings die Selbstunfruchtbarkeit dieser Sorte sowie die ungenügende Pollenqualität, es sollten deshalb mindestens zwei andere Quittensorten als Befruchter in der Nähe stehen.

Vranja

Vranja

Ähnlicher Name ist 'Riese von Vranja' oder 'Riesenquitte von Vranja'.
Synonyme keine.
Abstammung und Herkunft: Zufallssämling; soll 1898 von Nenadovitch im serbischen Vranja – heute vermutlich Wranje – entdeckt worden sein; danach als Sorte verbreitet, vor allem im benachbarten Bulgarien. Birnenförmige Quitte.
Mutanten: Von der Sorte 'Vranja' sind keine Mutanten bekannt.
Polleneigenschaften: Nach neuesten schweizerischen Angaben soll die Sorte ausreichend selbstfruchtbar sein, früher allerdings als selbststeril angegeben; der Fruchtansatz soll durch Fremdbestäubung verbessert werden.
Standortansprüche: Nach vorliegenden Angaben besitzt 'Vranja' eine beachtliche ökologische Anbaubreite, wobei warme und mäßig frische bis mäßig trockene Böden mit guter Durchlüftung am besten geeignet sind. Diese Anbaubreite wird deutlich, wenn sowohl aus Bulgarien als auch aus dem schweizerischen Bodenseegebiet (Güttingen) und aus Mitteldeutschland von sehr guten Leistungen in Bezug auf Baumertrag und Fruchtqualität berichtet wird. Dieser vorteilhaften Veranlagung steht jedoch eine gewisse Frostempfindlichkeit des Holzes gegenüber, und es können durchaus die Blütenknospen lange vor dem Aufblühen im Mai durch extreme Spätfröste starke Ausfälle erleiden. Windoffene Lagen sind ohne große Nachteile nutzbar.

Baum

Die Wüchsigkeit von 'Vranja' reicht knapp an diejenige von triploiden Apfelsorten heran, so daß sie gerade noch als starkwachsend einzustufen ist. Die Art des Wuchses ist eher strauch- als baumartig. Dies führt zusammen mit den schräg aufrechten Leitästen anfänglich zu einer vasenähnlichen Form. Später und bei gleichzeitig starkem Fruchtbehang kommt es meist zum Überhängen der Fruchtäste. Der Verzweigungsgrad ist mäßig bis stark und reicht für eine günstige Garnierung mit Fruchtholz aus.
Wie bei allen Quittensorten bilden sich auch bei der Sorte 'Vranja' die Blüten endständig an einjährigen, verholzten Kurztrieben, die in der Regel ohne Stielansatz in die Frucht übergehen. 'Vranja' soll auf entsprechenden Standorten leicht anfällig für Mehltau sein.

Frucht

Pflückreife: Je nach Wärmeklima von Anfang bis Mitte Oktober.
Verwertungsreife: November bis Dezember.
Größe und Form: Groß (bis mittelgroß); birnenförmig, betont mittelbauchig (Fruchtform-Index 1,1 bis 1,2), zur Ansatzstelle hin kurz und kräftig fliehend, typisch sind Rosthauben im Bereich des sog. Stieles, meist schwach bis mäßig kantig, leicht gefurcht, teilweise unrund bis beulig.

Farbe und Beschaffenheit der Schale: Strohgelb bis fast goldgelb (intensivste Grundfarbe aller beschriebenen Sorten), teils rundum flaumig, deshalb Grundfarbe oft mit mattem graugelbem Ton, abgesehen vom Stielbereich weder berostet noch Lentizellen erkennbar; glatt bis wachsig, dick; hart.
Kelch: Meist offen; Blätter überwiegend ungleich in Form und Länge, zeigt grüne Farbe.
Kelchgrube: Mäßig weit und tief; stark verdickt, gefältelt bzw. ungleichmäßig gefurcht, höckrig; markant gestaltet.
Stiel: Fehlt, da Frucht direkt am Kurztrieb ansetzt, der meist konisch zuläuft.
Stielgrube: Schwach schulterartig und zudem leicht höckrig eingesenkt; durchweg grobschuppig bis rissig; dunkelbraun berostet, mitunter auf Schale abwärts trielend.
Kernhaus: Klein; zwiebelförmig, kelchnahe bzw. in Kelch übergehend; Achse hohl, Fächer langoval und mit vielen, reihenweise angeordneten, mittelbraunen Samen gefüllt, diese rund, breit, glattkuppig.
Fleisch: Hellgelb bis gelblich, verbreitet mit fleischfarbenen Partien; sehr fest, trocken, zäh; Struktur grobfaserig und auf Karpelle ausgerichtet; Gefäßbündel unterhalb des Stiels und Kernhaus mit Steinzellenband eingefaßt.
Geschmack: Fein säuerlich, schwaches Quittenaroma; duftet nach längerer Lagerung u. U. leicht nach Alkohol.

Anbau und Verwertung

'Vranja' zeichnet nicht nur eine große ökologische Anbaubreite aus, sondern auch eine artgemäß überdurchschnittliche Fruchtbarkeit, die frühzeitig beginnt sowie hoch und anhaltend ist. Bei neuzeitlichen Anbauverfahren sind deshalb rasch ha-Erträge von 30 t pro Jahr zu erzielen. Begünstigt werden diese beachtlichen Ertragsleistungen durch die späte Blüte nicht vor Mitte Mai, so daß Spätfröste kaum schädigen können. Die überwiegend großen und bis zu 300 g schweren Quitten bringen mit etwa 75% eine gute Saftausbeute beim Pressen, haben mäßige Zucker- (Refraktometerwert um 12%), dafür hohe Säuregehalte (titrierbare Gesamtsäure um 13 g/l), so daß das Verhältnis beider Inhaltsstoffe mit etwa 7:1 für eigenständige Säfte sehr eng, zum Verschnitt aber bestens geeignet ist.
Im Vergleich zum Apfel ist der Phenolgehalt mit etwa 1500 mg/l zwei- bis dreimal höher, das spezifische Gewicht mit 1,04 erheblich dichter, d. h. die Quitten sinken im Wasser auf den Boden des Behälters ab. Die Saftqualität wurde bei schweizerischen Degustationen als gut bewertet.

Kirsche

Zur Geschichte der Kirsche

Die Kirschen gehören zur Familie der Rosengewächse *(Rosaceae)*. In der Unterfamilie *Prunoidae* sind in der Gattung *Prunus* sämtliche Steinobstarten zusammengefaßt. In deren Untergattung *Cerasus* sind in der Sektion *Eucerasus* die Arten *Prunus avium* L. und *P. cerasus* L. als Vorfahren der Kultursorten zu betrachten.

Süßkirsche

Als Stammform der Süßkirschen gilt die Varietät *P. avium* var. *avium*, deren Kerne bei Ausgrabungen in neolithischen und bronzezeitlichen Siedlungen gefunden wurden. Die Kultur-Süßkirsche soll im Schwarzmeerraum entstanden sein. Von dort soll sie 74 v. Chr. der römische Feldherr Lukullus aus Cerasunt nach Italien gebracht haben. Im 2. Jahrhundert n. Chr. finden sich schon Kulturformen am Rhein. Von dort aus wurden sie auch in Britannien und im restlichen Europa verbreitet. Der Anbau beschränkt sich heute im wesentlichen auf Europa und auf Nordamerika.
Kulturell hat die Kirsche eine wechselvolle Geschichte. In vorchristlicher Zeit galten Kirschbäume als Versammlungsort für blasse Geister und Elfen. Die christliche Kultur stempelte die Kirsche zu einer verbotenen sündigen Frucht. Aus den zahlreichen Bräuchen rund um diese Obstart ist die Tradition der »Barbarazweige« bis heute erhalten geblieben: Kirschzweige, die am Barbara-Tag, dem 4. Dezember, in einem warmen Raum ins Wasser gestellt werden, blühen an Weihnachten.
Die Kultursorten der Süß- und Sauerkirschen weisen Unterschiede im Aufbau des Baumes und im Charakter der Frucht auf. Die Süßkirsche *(P. avium)* zeigt kräftigen Wuchs, besitzt einen starken Stamm und ist langlebig. Unter günstigen Bedingungen können sie über 150 Jahre alt werden. Die Äste sind quirlständig angeordnet. An ihnen bilden sich kräftige Jungtriebe mit großen, herabhängenden Blättern. Die Blätter sind länglich-verkehrt-eiförmig und auf der Unterseite meist weichhaarig. Die Fruchtfarbe variiert je nach Sorte von hellrot bis schwarz und der Geschmack von süß bis bitter. Die Süßkirschen werden in den pomologischen Schriften im allgemeinen eingeteilt in:

1. Wildkirschen oder Vogelkirschen (franz. Merise)
2. Kultursorten oder Tafelkirschen:
a) Weichfleischige, Fleisch- (Trenkle) oder Herzkirschen (franz. Guigne)
b) Festfleischige (Kobel) oder Knorpelkirschen (Truchsess) (franz. Bigarreau).

Zwischen diesen Gruppen gibt es Übergänge. Eine weitere Gliederung erfolgt im allgemeinen nach der Farbe der Früchte bzw. nach ihrem Saft (dunkel, rot, bunt, gelb).
Im allgemeinen Sprachgebrauch werden manche dieser Ausdrücke jedoch anders verwendet: Die Bezeichnung »Herzkirsche« ist in Süddeutschland und in der benachbarten deutschsprachigen Schweiz ein Ausdruck für eine großfrüchtige, mehr oder weniger »herzförmige« Frucht, wobei kein Unterschied in der Festigkeit des Fruchtfleisches gemacht wird. So ist z. B. am Albtrauf die 'Ulmer Herzkirsche' eine schwarzfrüchtige Knorpelkirsche. Der Ausdruck »Knorpel« wurde erst in den letzten Jahrzehnten in stärkeren Ausmaß verwendet. An seiner Stelle führt der Volksmund Bezeichnungen wie »Kracher«, »Kneller«, »Klöpfer«, oder im alemannischen, insbesondere im schweizerischen Sprachgebiet, Umbildungen und mundartliche Ableitungen wie »Chlöpfer«, »Chnästeli« oder »Krachioner«.

Sauerkirsche

Die Heimat der Sauerkirschen *(P. cerasus)* sind das westliche Asien und das südöstliche Europa. Ihre Wildvorkommen überschneiden sich z. T. mit den Genzentren von *P. avium*. Die Sauerkirschen haben im Gegensatz zu den diploiden (2 n = 2x = 16) Süßkirschen einen tetraploiden (2 n = 4x = 32) Chromosomensatz. Bei den Kultursorten sind auch Bastarde zwischen beiden Arten bekannt. Schon frühzeitig müssen die Sauerkirschen in das übrige

Einteilung der Kultursorten der Kirschen Europas (nach Zwintzscher 1962)

Süßkirschen			
Herz-Kirschen (Heart Cherries)		Knorpel-Kirschen (Bigarreau Cherries)	
weichfleischig		festfleischig	
Früchte dunkel Saft rot, färbend	Früchte gelb oder bunt Saft hell* nicht färbend	Früchte dunkel Saft rot, färbend	Früchte gelb oder bunt Saft hell* nicht färbend
Sauerkirschen			
Bastard-Kirschen (Duke Cherries)		Echte Sauerkirschen (Morello Cherries)	
Süßweichseln weich bis mäßig fest	Glaskirschen	Weichseln weichfleischig	Amarellen
Früchte dunkel Saft rot, färbend	Früchte gelb oder bunt Saft hell* nicht färbend	Früchte dunkel Saft rot, färbend	Früchte gelb oder bunt Saft hell* nicht färbend

* = Saft hell, nicht färbend = Saft nicht rot, sondern gelb oder farblos

Reifezeiten der Süßkirschen (nach Kirschwochen)

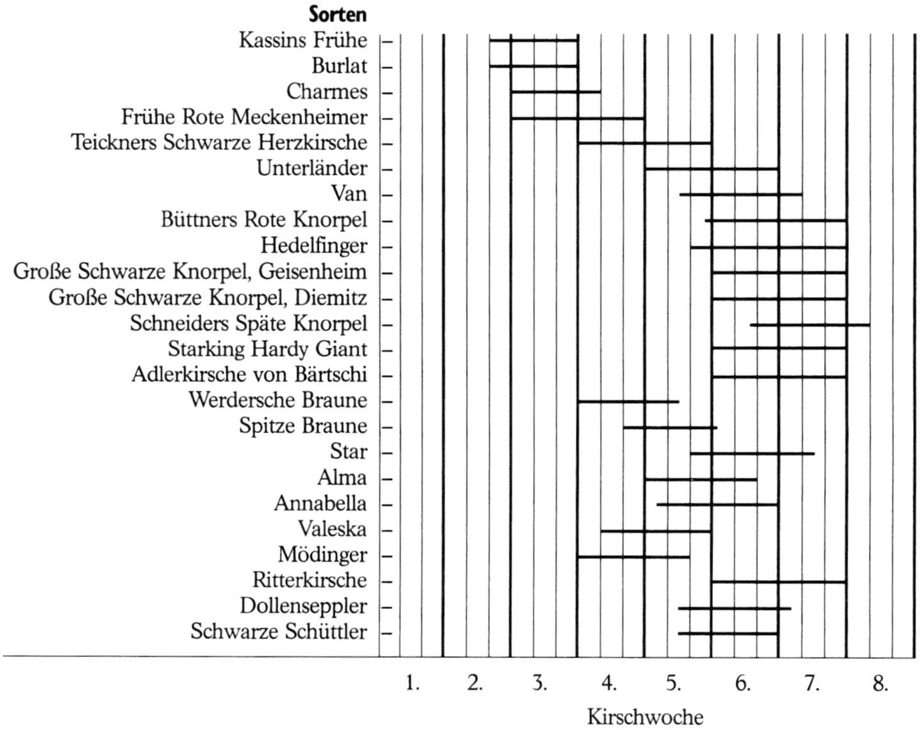

Europa gelangt sein. Funde sind aus den Bodenseepfahlbauten, aus der Saalburg und verschiedenen anderen vorzeitlichen Siedlungsgebieten belegt.
Der Anbau erstreckt sich über die nördliche Halbkugel der Erde. Wegen ihrer Genügsamkeit und ihrer Winterhärte ist die Sauerkirsche selbst auf leichteren, ärmeren Böden – bei entsprechender Pflege und Düngung – anbauwürdig. Die Sauerkirsche *(P. cerasus)* kommt als baumartiger Strauch vor, wächst langsamer und wird selten über 30 Jahre alt. Die dünnen Zweige hängen meist herab, die Blätter bleiben kleiner als bei der Süßkirsche und sind meist kahl und ohne Drüsen am Blattstiel.
Die Bastardkirschen stehen in der Eigenschaft ihrer Früchte zwischen Süß- und Sauerkirsche. Diese Mischform weist auf eine enge Verwandtschaft der beiden Arten hin. Die Bäume der Bastardkirschen ähneln in der Wuchsstärke den Sauerkirschen, haben jedoch ähnlich wie die Süßkirschen ein großes Blatt, stärkere Triebe und aufrechtstehende Äste. Ihre Früchte sind von süßlichsaurem Geschmack und werden von Feinschmeckern besonders geschätzt.
Die verbesserte Gliederung nach Zwintzscher beruht auf dem von Truchsess vorgeschlagenen System und erlaubt eine zufriedenstellende Zuordnung der heute im Anbau stehenden Kultursorten:
Bastardkirschen (engl. Duke Cherries) mit färbendem Saft werden als Süßweichseln, die mit nichtfärbendem Saft werden als Glaskirschen bezeichnet.

Reifezeiten der Sauerkirschen (nach Kirschwochen)

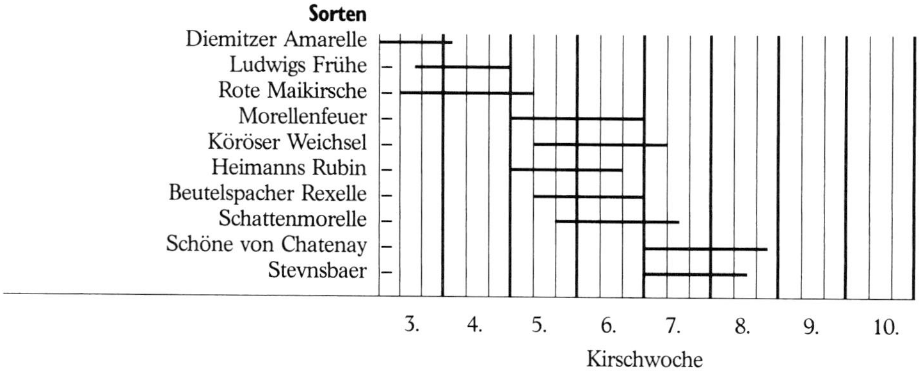

Adlerkirsche von Bärtschi

Dunkelbraune Knorpelkirsche mit färbendem Saft.
Ähnlicher Name ist 'Schwarze Adler'; Synonyme sind 'Besigheimer Braune Knorpel', 'Unterländer Braune Knorpel' und 'Bronner-Kirsche'.
Abstammung, Herkunft und Verbreitung: Nach Professor F. Kobel, ehem. Direktor der Forschungsanstalt Wädenswil/Schweiz, handelt es sich um eine Lokalsorte, die von der Baumschule Bärtschi vermehrt wurde. In den 30er Jahren ist sie im Weinbauklima des mittleren Neckarraums durch Fachberater Bronner, Ludwigsburg, eingeführt worden. Anbauversuche befriedigten auch am Albtrauf. Die 'Adlerkirsche von Bärtschi' wurde daraufhin im gesamten württembergischen Anbaugebiet im Sortiment für den Erwerbsanbau berücksichtigt, heute hat sie auch Heimatrecht am badischen Hochrhein und in allen übrigen Anbaugebieten Süddeutschlands.
Standortansprüche: Die Sorte ist sowohl in warm-trockenen Weinbauzonen als auch im mäßig warmen Klima des Albtraufs anbauwürdig. Für ausreichende Feuchtigkeit ist sie dankbar, bei guter Durchlüftung und natürlicher Nährkraft des Bodens befriedigt sie auch noch in mittleren Höhenlagen. Hervorragende Erträge liefert die Sorte in lehmigen Sand- bis Lößböden, immer noch gute Erträge werden auf den schweren, tonhaltigen Jura-Hangschuttböden erzielt.

Adlerkirsche von Bärtschi

Baum

Wuchs: Anfänglich stark wachsend mit aufstrebenden Leitästen, bildet die Sorte eine dichte und gut mit langem Seitenholz garnierte Krone. Das Seitenholz setzt kräftige Fruchtspieße an. In der Hauptertragszeit wächst die Sorte immer noch kräftig. Sie neigt kaum zur Verkahlung. Dadurch bilden sich große, anfänglich hochkugelige, im späteren Alter breitkugelige, robuste und gesunde Kronen. Die 'Adlerkirsche von Bärtschi' hat große, dunkelgrüne Blätter, die auf einem sehr kräftigen, grünen Stiel stehen. Das Laub ist stark nach oben gefaltet.
Fruchtholz: Die Fruchtspieße sind kräftig, sehr regelmäßig und gleichmäßig am langen Seitenholz angelegt. Die Ertragszone erstreckt sich über den zwei- bis sechsjährigen Kronenbereich.
Blüte und Befruchtung: Die Blüten sitzen an gut ausgebildeten Kurztrieben im 3- bis 6jährigen Kronenbereich. An den kräftigen Langtrieben bilden sich nur ganz vereinzelt an den untersten Knospen Blüten. Zwillingsfrüchtigkeit kommt oft vor. Pro Ringelspieß werden meist drei bis sechs Kirschenblüten angelegt. Die mittelgrünen Blütenstiele sind kurz und kräftig.
Ertrag: Die Sorte setzt erst mittelfrüh mit dem Ertrag ein. Ihre Fruchtbarkeit ist dann aber an warmen, geschützten Standorten überdurchschnittlich, in Höhenlagen und bei weniger günstigen Bodenverhältnissen immer noch zufriedenstellend. Auch im Vollertrag wachsen die Früchte zu beachtlicher Größe heran. Im allgemeinen ist die Ertragssicherheit als hoch einzustufen.
Krankheiten und Mängel: Die Sorte eignet sich nicht für windausgesetzte Höhenlagen. Dort wird das kräftige, große Laubblatt deutlich geschädigt. Ansonsten ist nichts Negatives bekannt.

Frucht

Reife: In der 5. bis 6. Kirschenwoche sehr gleichmäßig reifend.
Größe und Form: Groß bis sehr groß, breit-herzförmig, geschultert bis stumpfeiförmig und zur Stempelseite hin abgerundet; mit seichter Rückenfurche und ausgeprägtem Höcker, Bauchnaht als scharfe Linie ausgebildet.
Stiel: Lang, kräftig, dunkelgrün und gelegentlich in der Vollreife der Frucht sonnenseitig rötlich angelaufen. Sitzt tief und gleichmäßig in einer Stielgrube, die zur Bauchnaht hin flacher wird.
Stempelpunkt: Deutlich sichtbar und in flachem Grübchen sitzend, in manchen Jahren jedoch auf der Frucht aufsitzend.
Stein: Ziemlich groß, länglich-eiförmig und in stumpfe Spitze auslaufend; ziemlich kräftig gewulstet, löst gut vom Fruchtfleisch.
Haut: Braunrot bis schwarz mit kleinen, hellen Punkten besetzt. Zäh, glänzend sowie schlecht vom Fleisch lösend.
Fleisch: Rotbraun, mittelfest bist fest, ziemlich saftig und knorpelig.
Geschmack: Eine anregende, pikante Säure herrscht vor. Dabei ist die Frucht in der Vollreife ausreichend harmonisch süß und kräftig gewürzt.

Anbau und Markt

Eine sehr wertvolle, großfallende Marktfrucht, die vor allem für den Frischverzehr geeignet ist. Von den Hausfrauen wird die Sorte auch zum Naßkonservieren geschätzt. Weil die Sorte in guter Qualität recht gleichmäßig reift und lange hält, kann sie dem Erwerbsanbauer in stärke-

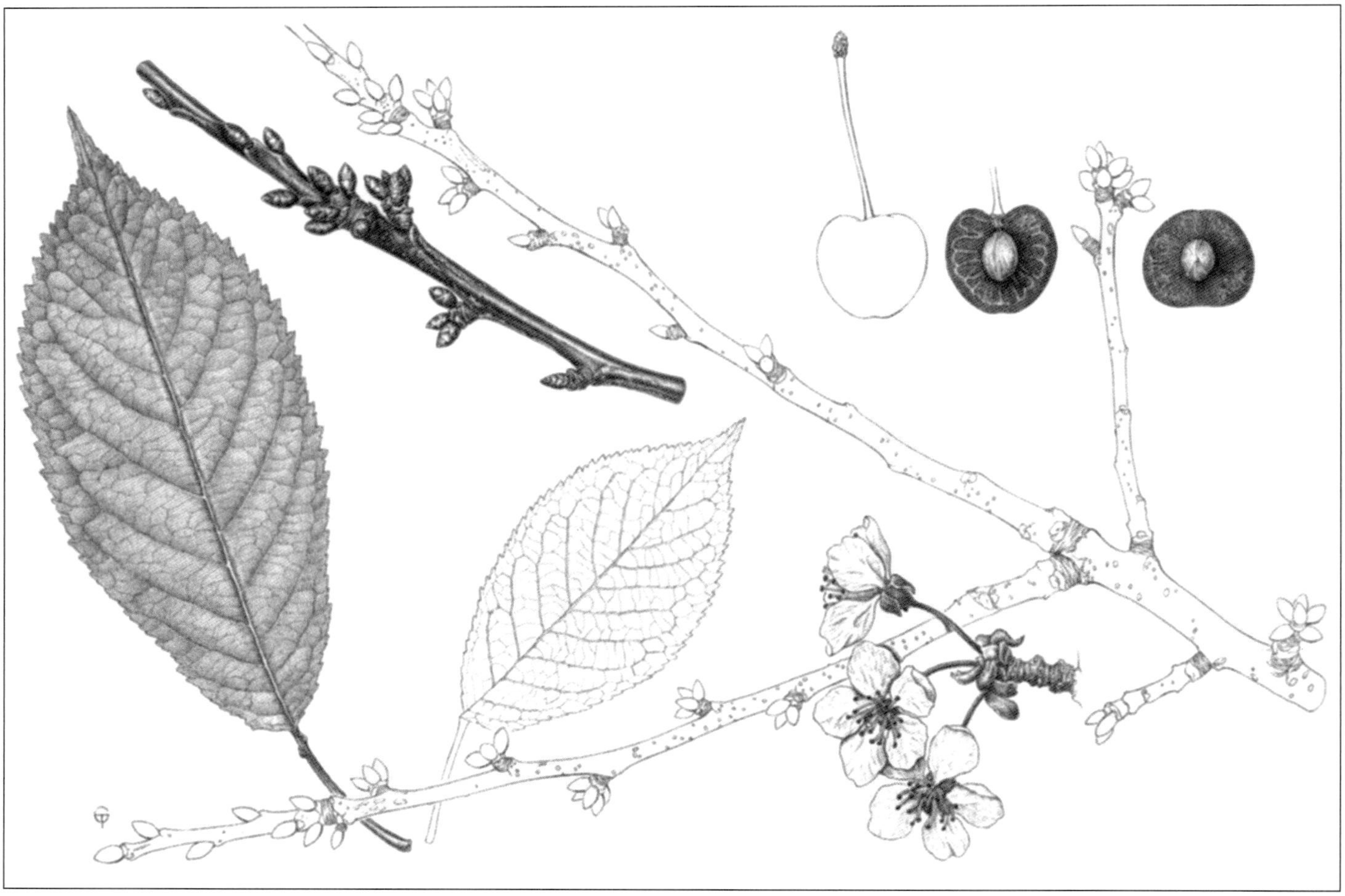

Adlerkirsche von Bärtschi

rem Ausmaß als bisher empfohlen werden. Die Früchte lassen sich dank des mittellangen Stiels gut von Hand ernten. Die Frucht kann auch ohne Stiel geerntet werden, ohne daß sie blutet. Sie ist während der Reifezeit allerdings nicht ganz platzfest. Vollreif halten sich die Früchte über eine Woche, ohne zu schrumpfen oder an Qualität einzubüßen. Die Fäulnisneigung ist gering.

Daten zur Frucht:
Höhe 22,0 bis 24,0 mm
Breite 22,5 bis 24,5 mm
Dicke 20,0 bis 22,5 mm
100-Frucht-Gewicht 625 bis 760 g
100-Stein-Gewicht 39 bis 44 g

Alma

Dunkelbraune bis schwarzbraune Herzkirsche mit starkfärbendem Saft.
Ähnliche Namen oder Synonyme sind nicht bekannt.
Abstammung, Herkunft und Verbreitung: Eine Neuzüchtung aus der OVA Jork, 1953 gekreuzt aus 'Rube' × 'Allers Späte'. Sie wird im Alten Land, vereinzelt auch in Süddeutschland angebaut.
Standortansprüche: Im Alten Land gehört diese Sorte zu den besonders leistungsfähigen Neuzüchtungen. Am Albtrauf nimmt sie mit schweren Böden noch vorlieb. Für nachhaltige Wasserversorgung ist sie dankbar. Gut durchlüftete Böden mit hoher natürlicher Nährkraft sagen ihr am besten zu. Bei Trockenheit leiden Größe und Geschmack der Frucht.
Blüte und Befruchtung: Die Blütezeit ist mittelfrüh. Als Befruchter dienen Lokalsorten des Alten Landes wie 'Schubacks', 'Wesselhöfts', 'Garrns Bunte', 'Rube', 'Blanke', 'Sumfleths', 'Frühe Bunte',' Rote Maikirsche' und 'Schneiders Späte Knorpel'. Auch bei tiefen Temperaturen führt die mittelfrühe Blüte zu einem günstigen Fruchtansatz.

Baum

'Alma' gehört zu den mittelstarkwüchsigen Sorten. Die Leitäste stehen steil aufrecht. Die Seitenäste sind schräg aufwärtsgerichtet mit locker verteiltem Fruchtholz in Form von Fruchtspießen und Ringelspießen. 'Alma' bildet lockere, hochpyramidale Kronen. Die einjährigen Langtriebe sind im unteren Drittel mit Blütenknospen besetzt, die jeweils zwei bis drei Blüten enthalten. Die Fruchtspieße finden sich überwiegend im 2–4jährigen Kronenbereich. Im fünfjährigen Bereich nehmen sie deutlich ab. Das Blatt ist groß, kräftig, längsoval mit lang ausgezogener Blattspitze und einfach gesägtem Rand sowie leicht schiffchenförmig aufgebogen. Sortentypisch ist ein relativ langer, grüner Blattstiel. In der Jugend ist ein Formierungs- und Aufbauschnitt erforderlich. Im

Vollertragsstadium genügt die periodische Verjüngung zur Eindämmung der Tendenz des Höhenwuchses und zur besseren Belichtung der unteren Kronenpartien. Die Sorte macht einen recht robusten Eindruck und ist wenig anfällig für pilzliche und bakterielle Erkrankungen.

Frucht

Reift in der 4. Kirschwoche, allerdings etwas folgernd. Die Frucht ist groß, in der Vollreife fast schwarz, sehr kräftig süßsäuerlich und hat ein feines Aroma.

Anbau und Markt

Die Fruchtbarkeit setzt früh ein. Auch in kühlen Jahren wird die Frucht genügend groß. Eine Tendenz zu einer gewissen Alternanz ist vorhanden. In Jahren mit geringeren Erträgen werden die Früchte dafür größer, so daß die Gesamtleistung des Einzelbaumes nur unwesentlich geringer ausfällt. 'Alma' ist insbesondere eine Sorte für den Liebhaber- oder Selbstversorgerobstbau. Die Früchte lassen sich über eine längere Zeit ernten. Sie sind aufgrund ihres hohen Zuckergehaltes auf dem Frischmarkt, als Konservenware und als qualitativ hochwertige Saft- und Brennkirsche verwertbar. Bei der Frischvermarktung kann unter Umständen der etwas lange Stiel störend aussehen. Die Frucht ist trotz einer gewissen Weichheit gut transport- und lagerfähig. Von den neueren Sorten ist 'Alma' auch für regenreiche Gebiete wegen ihrer beachtlichen Platzfestigkeit eine vorteilhafte bzw. anbauwürdige Sorte.

Alma

Annabella

Annabella

Schwarze Herzkirsche mit färbendem Saft.
Ähnliche Namen oder Synonyme sind keine bekannt.
Abstammung, Herkunft und Verbreitung: Eine Züchtung der Obstbauversuchsanstalt Jork bei Hamburg. In den 60er Jahren zum versuchsweisen Anbau freigegeben. Sie ist verbreitet im Alten Land. In den regenreicheren Regionen Süddeutschlands ist sie wegen ihrer Platzfestigkeit im Versuchsanbau vorteilhaft aufgefallen. Vereinzelt wird sie hier als vielseitig verwertbare Frucht bevorzugt.
Standortansprüche: 'Annabella' kommt auf allen kirschenfähigen Standorten vor. Auffallend ist ihre gute Fruchtgröße, vor allem im Weinbauklima.

Baum

Wuchs: Das anfängliche Wachstum ist extrem stark. Auch im Vollertragsalter wächst der Baum immer noch sehr kräftig. Die Leitäste stehen steil aufrecht, die Sei-

Annabella

tenäste gehen fast waagrecht ab; sie sind sehr lang und fallen im Stadium des Vollertrags starkbogig nach unten. Die Kronenform ist hochkugelig.
Fruchtholz: Die mittellangen bis langen, vorjährigen Triebe sind kaum mit Blütenknospen besetzt. Das Fruchtholz sitzt am zwei- bis fünfjährigen Bereich der Krone in Form von Fruchtspießen und Ringelspießen. Um eine Terminalknospe sind drei bis fünf Blütenknospen angelegt, die meist drei Einzelblüten enthalten. Die Neigung zur Verkahlung im 6jährigen und älteren Kronenbereich ist unverkennbar.
Blüte und Befruchtung: Die Blüten sind fast vollständig an Kurztrieben im zwei- bis vierjährigen Kronenbereich zu finden.
Ertrag: Trotz der Starkwüchsigkeit setzt der Ertrag früh ein. Die Fruchtbarkeit der Sorte ist groß bis sehr groß. Auch bei kühlem Blühwetter gibt es sichere Erträge.
Krankheiten und Mängel: Die Sorte ist sehr gesund, robust, frohwüchsig und reichtragend.

Frucht

Reife: In der 4. bis 5. Kirschenwoche und etwas folgernd reifend. Die ersten, gut entwickelten Früchte können jedoch wegen ihrer Witterungsunempfindlichkeit am Baum verbleiben, so daß die Ernte in einem Pflückgang möglich ist.
Größe und Form: Mittelgroß bis groß, sehr gleichmäßig, länglich und breitherzförmig.
Stiel: Lang, hellgrün und dünn.
Haut: Dünn, zäh, punktiert und in der Vollreife tiefschwarz.
Fleisch: Saftig bis gallertartig, weich und gut steinlösend.
Geschmack: Süß mit feiner Würze, pikant.

Anbau und Markt

'Annabella' ist eine wertvolle, witterungsunempfindliche, ausreichend großfrüchtige und ertragreiche sowie gesunde Sorte für Gebiete, in denen Tafelkirschen infolge regelmäßiger Sommerniederschläge sonst leicht platzen. Sie ist außerdem vielseitig verwertbar. Als Konservenfrucht, Saftkirsche, Marmeladenfrucht und Frischfrucht sowie als Brennkirsche bringt sie beachtliche Leistungen. Eine Neuzüchtung, die auch trotz der gleichzeitig reifenden Knorpelkirschen für den Liebhaber- und Selbstversorger-Obstbau recht wertvoll ist. Für den Erwerbsanbau müssen weite Pflanzabstände gewählt werden. Am Markt hat sie in erster Linie Bedeutung als vielseitige Verwertungsfrucht. Die Frucht hat für eine Herzkirsche einen auffallenden Glanz und ist zudem äußerst transportfest. Von den gleichzeitig reifenden Kirschen gehört 'Annabella' zu den am meisten platzfesten Sorten. Einziger Nachteil ist der relativ lange Stiel.

Büttners Rote Knorpel

Helle Knorpelkirsche mit roter Schalenfarbe und nichtfärbendem Saft. Synonyme sind keine bekannt, jedoch wird eine ganze Reihe ähnlicher Sorten wie 'Querfurter Königskirsche', 'Altenburger Melonenkirsche', 'Orange' oder 'Große Prinzessin' mit ihr verwechselt.

Abstammung, Herkunft und Verbreitung: Von Amtmann C.G. Büttner im Jahre 1795 in Halle/Saale aus Samen gezogen und 1807 an Freiherr Christian Truchseß gesandt. Verbreitung vorwiegend in Mittel- und Süddeutschland seit Beginn des 19. Jahrhunderts.

Standortansprüche: In sehr warmen, warmen und mäßig warmen Klimaten bringt 'Büttners Rote Knorpel' hohe Flächenleistungen. In mäßig frischen bis frischen Standorten wachsen kräftige, gesunde Bäume heran. Löß- und Lehmböden wirken in der gleichen Richtung. Die Sorte eignet sich auch noch für Höhen- und Windlagen.

Baum

Wuchs: In der Jugend starkwüchsig mit äußerst kräftiger Anfangsentwicklung während der ersten zwei bis drei Standjahre; die Leitäste stehen steil aufrecht, zum Teil sind sie auch schräg nach außen gerichtet. In der Hauptertragszeit neigen sich die Leitäste mehr waagrecht. Mit dem früh einsetzenden Ertrag läßt die Wuchskraft des Baumes deutlich nach. Die Neigung zur Verkahlung ist im allgemeinen gering, bei ungepflegten Kronen im Bauminnern aber nicht zu vermeiden. Die Kronenform ist anfangs hochkugelig, im Vollertragsstadium überwiegend gedrungen breitkugelig. Die dunkelgrünen Blätter sind mittelgroß, länglich, elliptisch und nach oben aufgefaltet mit fein gezähntem Rand. Der Blattstiel ist mittellang bis kurz, zur Ansatzstelle am Trieb leicht rötlich verfärbt.

Fruchtholz: Mittellange Seitentriebe stehen ziemlich dicht, sind dunkelbraunrot gefärbt und mit hellen Lentizellen gleichmäßig besetzt. Das Fruchtholz bildet sich im zwei- bis fünfjährigen Kronengerüst in Form von Fruchtspießen; in alten Bäumen

Büttners Rote Knorpel

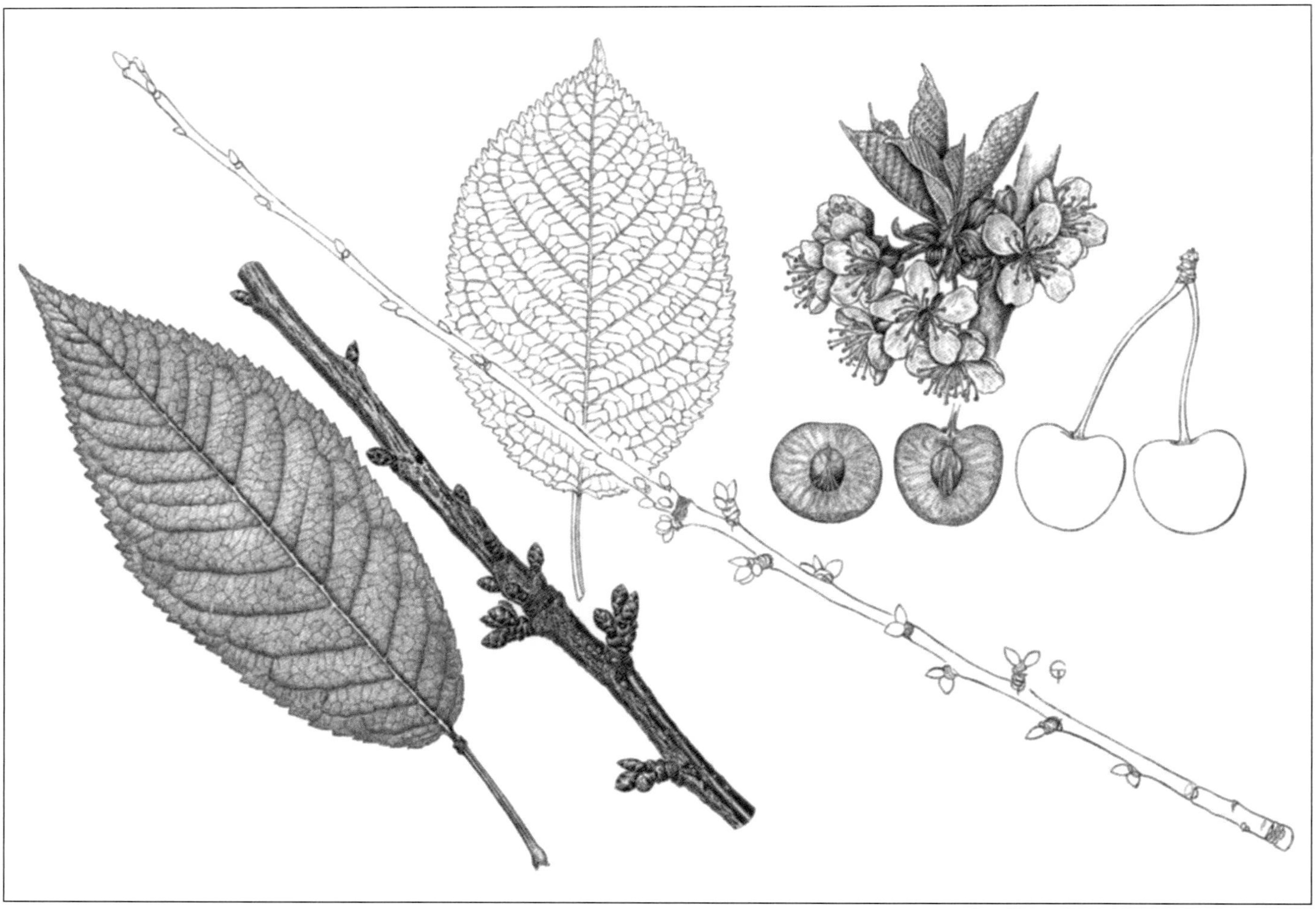

Büttners Rote Knorpel

sind viele gedrungene Ringelspieße charakteristisch. Die Neigung zur Verkahlung ist gering.
Blüte und Befruchtung: 'Büttners Rote Knorpel' blüht mittelfrüh. Ihre Eignung als Befruchtersorte ist gut. Intersterilität besteht zu 'Querfurter Königskirsche', 'Altenburger Melonenkirsche', 'Badeborner' und 'Große Prinzessin'. Geeignete Befruchtersorten sind 'Ampfurter', 'Hedelfinger', 'Kassins Frühe', 'Maibigarreau', 'Schneiders Späte Knorpel' und 'Werdersche Frühe'. Die Blüten sitzen überwiegend an Kurztrieben (6 bis 8 Einzelblüten), während an Langtrieben nur im unteren Viertel der letztjährigen Triebe wenige Einzelblüten zu finden sind. Die Einzelblüte steht auf einem kurzen, kräftigen dunkelgrünen Stiel.
Ertrag: Er setzt früh ein bei anschließend hoher Fruchtbarkeit. Die Ertragssicherheit ist sehr zufriedenstellend.
Krankheiten und Mängel: Keine bekannt. Holz und Blüte sind verhältnismäßig frostwiderstandsfähig.

Frucht

Reife: Kann schon in der 4. Kirschenwoche geerntet werden, die Früchte sind dann aber noch nicht ausgewachsen. Auch ist die Schalenfarbe noch eher weißlichgelb, da ein großer Teil der Deckfarbe fehlt. Vollreif kann die Frucht gegen Ende der 5. Kirschenwoche geerntet werden. Etwa eine Woche können die Früchte am Baum verbleiben, ohne daß sie dadurch qualitative Einbußen erleiden.
Größe und Form: Bei extrem starkem Behang nur mittelgroß, sonst aber groß bis sehr groß. Zur sortentypischen Ausformung von Größe und Form muß der Boden genügend Feuchtigkeit enthalten. Die Frucht ist breitkugelig geformt, zur Bauchseite hin leicht vorgewölbt mit rotgefärbter Bauchnaht, die bis zum deutlich feststellbaren Stempelpunkt verläuft. Die Rückenseite ist flach gefurcht, oft einseitig stärker entwickelt.
Stiel: Mittellang, dick, grün und zur Frucht hin bei Vollreife leicht rötlich verfärbt. Er sitzt in einer ziemlich breiten bis mäßig tiefen Mulde.
Stempelpunkt: Näpfchenförmig ausgebildet und in einer kleinen Vertiefung sitzend.
Stein: Die Bauchfurche des mittelgroßen Steines geht bis zur leicht angedeuteten Spitze, eine Seitenfurche ist jeweils links und rechts wahrnehmbar und läuft ebenfalls zur Steinspitze hin aus.
Haut: Zäh, glänzend, Grundfarbe mehr oder weniger stark gelblich gefärbt; vollbesonnte Früchte sind sonnenseits bräunlich rot überdeckt und die Bauchseite ist farblich von der Grundfarbe her geprägt. Zum Teil sind die Früchte stärker hell punktiert bzw. auch hell gestrichelt.
Fleisch: Hellgelblich gefärbt, mittelfest bis fest, mit weißen Adern durchzogen, die bei vollreifen Früchten in Steinnähe eine leicht rötliche Farbe annehmen. Das knorpelig feste, mäßig saftende Fruchtfleisch löst für eine Knorpelkirsche relativ gut vom Stein. Der Saft ist farblos bis leicht gelblich.

Geschmack: Bei Vollreife mit feiner Fruchtsäure süß ausgeglichen, manchmal sogar nur leicht angedeutet. Feinwürzig. Vollen Geschmack erhalten die Früchte erst mit der Vollreife. In sonnigen Jahren ist er besonders ausgeprägt.

Anbau und Markt

Gilt als wertvollste späte helle Knorpelkirsche mit roter Deckfarbe und nichtfärbendem Saft. Für Frischverzehr und Konservierung geeignet. Sehr transportfest. Die relativ lange Ernteperiode von ca. 10 bis 14 Tagen macht die Sorte zu einer guten Markt- und Liebhaberfrucht. Die Früchte von 'Büttners Rote Knorpel' können vollreif ohne Stiel mechanisch geerntet werden, da sie nicht bluten. Nach Regenfällen auf trockenen Boden bzw. nach vorausgegangener, längerer Trockenheit jedoch auch platzend; wegen des dichten Behangs meist in Fruchtbüscheln, dann anfällig für Fruchtmonilia. Relativ unempfindlich gegen Regen und für eine helle Knorpelkirsche auch relativ windunempfindlich.

Daten zur Frucht:
Höhe 20 bis 24 mm
Breite 20 bis 25 mm
Dicke 20 bis 22 mm
100-Frucht-Gewicht 690 bis 800 g
100-Stein-Gewicht 40 bis 48 g

Burlat

Dunkelrote Knorpelkirsche mit färbendem Saft.
Ähnliche Namen sind 'Bigarreau Hâtif Burlat' und 'Bigarreau Burlat'. Falschbezeichnungen sind keine bekannt.
Abstammung, Herkunft und Verbreitung: Vor mehr als 50 Jahren als Zufallssämling von Mr. Burlat, einem Anbauer des unteren Rhônetals (Frankreich), in der Ortschaft Pierre Benite entdeckt. Elternsorten sind unbekannt. Die Sorte hat in Südfrankreich, Italien, der Schweiz und in Deutschland als beachtenswerte Frühsorte stärkere Verbreitung erfahren. Die Mutante 'Early Burlat' soll früher reifen.

Baum

Wuchs: Sehr starkwüchsig, vor allem in den ersten 3 bis 4 Standjahren. Dennoch setzt der Ertrag relativ früh ein, die Wüchsigkeit wird dann gebremst. Die Leitäste gehen in flachem Winkel vom Mitteltrieb ab, ähnlich wie bei der fast gleichzeitig reifenden Sorte 'Charmes'. Die Krone ist ausladend breitkugelig. Das Blatt dieser Sorte ist groß, breitoval, schiffchenförmig aufgefaltet und fein gezähnt. Der Blattstiel ist mittellang, grün, die Oberseite rötlich eingefärbt. Blüten und Blätter treiben fast zur gleichen Zeit aus.
Fruchtholz: Mittellange, einjährige Triebe sind kräftig dunkelbraun, mit zahlreichen großen, gleichmäßigen Lentizellen über die gesamte Trieblänge versehen. Mehrjährige Triebe sind schwach verzweigt, gleichmäßig mit Fruchtspießen garniert, die dicht mit Blüten rings um eine vegetative Terminalknospe besetzt sind. Die Neigung zur Verkahlung setzt bei einem Kronenalter von fünf Jahren ein.
Blüte und Befruchtung: Die Blühzeit ist früh bis mittelfrüh, die Sorte gilt als guter Pollenspender. Über Intersterilitätsverhältnisse gibt es keine Angaben. 'Burlat' wird befruchtet durch 'Charmes', 'Große Prinzessin', 'Hedelfinger' 'Napoleonkirsche' und 'Frühe Rote Meckenheimer'. An Langtrieben bilden sich im unteren Fünftel der Länge vereinzelte Blüten, ansonsten überwiegend an den Fruchtspießen. Drei bis vier Blüten pro Knospe stehen auf relativ kurzen, hellgrünen, kräftigen Blütenstielen; die Kronblätter sind weiß, mittelgroß und breit-eiförmig.
Ertrag: Setzt relativ früh ein, die Sorte ist bekannt für hohe und regelmäßige Erträge.
Krankheiten und Mängel: Bislang nichts Nachteiliges bekannt.

Frucht

Reife: 1. bis 2. Kirschenwoche, leicht folgernd.
Größe und Form: Sehr groß, flachkugelig, am Stempelpunkt abgeflacht. Fast mit 'Charmes' als Frucht zu verwechseln; ähnlich wie bei dieser ist die Oberfläche mit Höckern versehen, am Stempelpunkt abgeflacht.
Stiel: Kurz bis mittellang, ziemlich dünn, hellgrün, sitzt in flacher, ausladender Stielgrube.
Stempelpunkt: Mittelgroß, in einem seichten Grübchen gelegen und am Ende einer dunklen Bauchnaht.
Stein: Groß, länglich-eiförmig, breitwülstig.
Haut: Leuchtend rot bis dunkelrot glänzend und fein punktiert.
Fleisch: Hellrot bis braunrot, mittelfest bis fest, saftig; für eine Knorpelkirsche mehr weich als fest und gut vom Stein lösend.
Geschmack: Süß, angenehm, ganz wenig säuerlich und leicht aromatisch.

Anbau und Markt

Eine wertvolle, reichtragende, großfrüchtige und relativ festfleischige Frühsorte, mit der auch deutsche Anbauer auf dem Markt gegen ausländische Konkurrenz Chancen haben. Für Standorte, die frühe Reife erwarten lassen, und insbesondere für Lagen mit mäßigen Niederschlägen bei guter Wasserführung des Bodens eine zukunftsträchtige Sorte. Sie reagiert auf starke Niederschläge empfindlich. Es kann

Burlat

Burlat

Charmes

zum Platzen, bei anhaltender Feuchtigkeit und Wärme auch zur Monilia-Fruchtfäule kommen. Die Kirschen lassen sich mit Stiel relativ schlecht pflücken, lösen aber in der Vollreife vom Stiel, ohne zu bluten. Transportfest. Bestechend in Fruchtgröße und innerer Qualität.

Daten zur Frucht:
Höhe 24 bis 26 mm
Breite 25 bis 28 mm
Dicke 21 bis 23 mm
100-Frucht-Gewicht 680 bis 710 g
100-Stein-Gewicht 68 bis 79 g

Charmes

Dunkelbraunrote Knorpelkirsche mit färbendem Saft. franz.: 'Bigarreau de la Charme', 'Bigarreau St. Charmes' und 'Bigarreau Souvenir des Charmes'.

Synonyme: 'Schönheit von Owen', 'Äpfeleskirsche', 'Schönheit von der Pfalz'; franz.: 'Bigarreau Moreau' und 'Sandrin'.

Abstammung, Herkunft und Verbreitung: Eine französische Sorte unbekannter Herkunft, die in den frühen 30er Jahren wegen der beachtlichen Fruchtgröße in Italien und Deutschland eingeführt wurde. In Süddeutschland ist 'Charmes' verbreitet in warmen Frühgebieten anzutreffen. Vereinzelt fand sie auch Eingang in die Sortimente der übrigen Anbauräume. Eine stärkere Verbreitung konnte sie wegen ihrer ausgesprochenen Witterungsempfindlichkeit und der nur langsam einsetzenden Erträge nirgendwo erreichen.

Standortansprüche: Besonders geeignet für Frühanbaugebiete. In Weinbaulagen und bis in mittleren Höhengebieten anbauwürdig. Beste Kirschenböden bringen hohe Erträge und gleichmäßig gute Qualitäten. Auf leichteren Böden ist auf gute Humusversorgung und ausreichende Wasserführung zu achten, auf tonhaltigen, eher feuchten und kälteren Standorten ist für gute Durchlüftung des Bodens zu sorgen, dann bringt 'Charmes' immer noch mittlere Erträge.

Baum

Wuchs: 'Charmes' wächst in der Jugend sehr stark. Erst ab dem siebten bis achten Standjahr hält sich der weitere Holzzuwachs der Krone im Rahmen. Ältere Bäume zeigen normale Wuchsstärke. Zur harmonischen Kronenentwicklung und Wuchsberuhigung muß der Schnitt am Jungbaum auf sparsamste Eingriffe beschränkt werden. Erst im Vollertragsalter wird die vegetative Entwicklung durch Rückschnitt wieder angeregt. Sortentypisch ist ein deutlich ausgeprägter Wulst an der Veredlungsstelle und eine geringe Verzweigung der Äste sowie die waagrechte bis ganz schwach aufwärtsgerichtete Stellung der Leitäste. Dadurch ergibt sich eine breitausladende, flachkugelige und sparrige Kronenform. Das Blatt von 'Charmes' ist mittelgroß bis groß, elliptisch-länglich mit feingezähntem Rand und leicht nach oben aufgefaltet.

Fruchtholz: Typisch ist die Verkahlung der über fünfjährigen Astbereiche im Kroneninnern. Die einjährigen Langtriebe weisen nur ganz spärlich Blütenknospen im unteren Fünftel der Gesamtlänge auf. Die Blüten sind an Kurztrieben im zwei- bis sechsjährigen Kronenbereich um eine vegetative Triebspitze angelegt. Bei alten, im Wuchs nur noch mäßig starken Bäumen kommt es zur Bildung von Ringelspießen.

Blüte und Befruchtung: Die Blühzeit liegt früh, sie erstreckt sich über einen längeren Zeitraum. Die Eignung als Befruchtersorte ist gut. Geeignete Befruchtersorten sind 'Burlat', 'Hedelfinger', 'Büttners Rote Knorpel', 'Große Schwarze Knorpel', 'Kassins', 'Unterländer', 'Durone Nero II' und 'Durone Nero I'. An den Kurztrieben finden sich meist zwei bis vier Blütenknospen. Die Blüten stehen auf kurzen, hellgrünen Stielchen.

Ertrag: 'Charmes' setzt erst ziemlich spät mit dem Ertrag ein. In den ersten Standjahren blüht der Baum zwar willig, der Fruchtansatz läßt jedoch sehr zu wünschen übrig. Dafür sind die einzelnen Früchte extrem groß. Erst mit dem Nachlassen der Wuchskraft werden befriedigende Jahresernten erzielt. Sie sind relativ ausgeglichen. 'Charmes' scheint auf reichliche Stickstoffdüngung ausgesprochen negativ zu reagieren.

Krankheiten und Mängel: Die Blüten dieser Sorte sind sehr spätfrostempfindlich, im Holz ist sie recht robust.

Frucht

Reife: Sehr früh, in der zweiten- bis dritten Kirschenwoche vollreif, kann aber bereits 10 Tage früher geerntet weden. Allerdings sind dann infolge der verzögerten Blüte noch nicht alle Früchte ausgereift und gleichmäßig durchgefärbt.

Größe und Form: Die Frucht ist sehr groß und liegt auch bei vollem Ertrag über den gleichzeitig reifenden Herzkirschen-Frühsorten. Die Form ist mehr breit als hoch, fast kantig, deutlich gewölbt und auf der Bauchseite mit Höckern versehen. Die Rückenseite der Frucht ist gefurcht.

Stiel: Mittellang bis kurz, hellgrün und bei vollausgereiften Früchten im äußeren Kronenbereich sonnenseits deutlich gerötet, insgesamt kräftig.

Stempelpunkt: Sitzt vertieft in einer deutlichen Grube.

Stein: Groß bis sehr groß, dick, kugeligeiförmig, löst recht leicht vom Fruchtfleisch.

Haut: Braunschwarz, vollreif fast tiefschwarz, fein marmoriert, dick, zäh und stark glänzend.

Fleisch: Fest, dunkelbraunrot, wenig saftend und festknorpelig.

Geschmack: Sehr süß, dabei mild säuerlich mit feinem Aroma, feinwürzig.

Anbau und Markt

Die geerntete, gesunde Frucht bringt auch wegen der frühen Reifezeit höchste Preise. Die Transportfestigkeit ist hervorragend. Der brillante Glanz der 'Charmes'-Frucht bleibt mehrere Tage nach der Ernte erhalten. Selbst von älteren Bäumen wird die Frucht überdurchschnittlich groß. Eine gute Marktfrucht, aber auch eine für den Liebhaber wertvolle Frühsorte, sofern das Risiko des Aufplatzens in Regenperioden getragen wird. 'Charmes' zählt zu den großfrüchtigsten und für den Liebhaberanbau wertvollsten Frühsorten. Sie befriedigt allerdings nur in trockenen Jahren vollständig. In Regenperioden sind die geplatzten Früchte durch Fruchtfäule gefährdet. Die Früchte hängen nie in dichten Klumpen, sondern mehr vereinzelt. Einzel- bzw. Zwillingsfrüchte pro Fruchtstand lassen sich relativ leicht bei Vollreife mit dem Stiel pflücken, obwohl er kurz ist. Allerdings ist die Pflückleistung nur mäßig. Die Sorte kann in der Überreife ohne Stiel und ohne jeglichen Saftverlust geerntet werden. Als harte Knorpelkirsche ist die Frucht von 'Charmes' nach gewittrigen Sommerregen gefährdet. Sie platzt relativ leicht. In Jahren mit verzögerter Blüte reifen die Früchte sehr ungleichmäßig. Der Baum muß zur Erzielung einer einheitlichen Fruchtqualität (gleiche Größe, gleichmäßige Ausfärbung) mehrmals durchgepflückt werden.

Daten zur Frucht:
Höhe 22 bis 24 mm
Breite 24 bis 28 mm
Dicke 22 bis 23 mm
100-Frucht-Gewicht 720 bis 1050 g
100-Stein-Gewicht 43 bis 56 g

Frühe Rote Meckenheimer

Rote Herzkirsche mit färbendem Saft. Als ähnliche Namen kommen die Bezeichnungen 'Frühe Meckenheimer' und 'Rote Meckenheimer' vor. Synonyme sind keine bekannt.

Abstammung, Herkunft und Verbreitung: Es handelt sich bei dieser Frühsorte um einen Findling aus der Obstbau- und Weinbaugemeinde Meckenheim/Pfalz. Zunächst wurde diese Sorte infolge ihrer großen Fruchtbarkeit, der frühen Reife und der Platzfestigkeit im pfälzischen Anbaugebiet verbreitet. Seit den 60er Jahren wurde sie versuchsweise in Südbaden, Rheinhessen, am Albtrauf und im Witzenhausener Anbaugebiet in das Sortiment aufgenommen. Infolge ihrer beachtlichen Flächenleistung, ihrer Wüchsigkeit und ihrer Ertragstreue gehört sie zum Standardsortiment im Erwerbsanbau.

Standortansprüche: Wie wohl alle Frühsorten, so bringt die 'Frühe Rote Meckenheimer' in ausgesprochenen Frühanbaugebieten die besten sortentypischen Leistungen zustande. Sie ist aber auch noch in mittleren Höhengebieten anbauwürdig. Beste Kirschenböden bringen hohe Erträge bei hervorragenden Qualitäten. Auch an Standorten mit leichteren Böden leistet diese Frühsorte bei guter Wasser- und Humusversorgung Beachtliches.

Baum

Wuchs: 'Frühe Rote Meckenheimer' wächst am Standort anfänglich sehr stark und läßt im Vollertrag in der Triebigkeit bald nach. Die Baumkrone wird durch steil stehende Leitäste geprägt. Von diesen Leitästen gehen flach abstehend die Seitenäste aus, die sehr gleichmäßig mit Fruchtholz garniert sind. Überreicher Blütenbesatz ist sortentypisch. Die breitpyramidale Kronenform ergibt sich aus dem Zusammenspiel von Leitästen, Seitenästen und Fruchtholz. Sortentypisch ist ein sehr großes, länglich-ovales Blatt, das am Rand nach oben aufgewölbt ist und eine sattgrüne Farbe hat. An kräftigen, mittellangen Stielen hängen die Blätter über die Früchte.

Fruchtholz: Die einjährigen Triebe sind lang, nur mittelstark und lediglich spärlich verzweigt. Nur ganz vereinzelt finden sich Blüten in den unteren Lateralknospen. Reichlich bilden sich dafür Kurztriebe und Bukettriebe im zwei- bis fünfjährigen Kronenbereich. Weiter im Kroneninnern verkahlen die Äste. Sobald durch Verjüngen der im Wuchs nachlassenden Kronen jedoch genügend Licht einwirken kann, bilden sich dort wieder rasch Neutriebe aus schlafenden Augen, und noch vorhandene Ringelspieße treiben wieder willig durch.

Blüte und Befruchtung: Die Blühzeit ist früh und nur von kurzer Dauer. Die Eignung als Befruchtersorte ist gut. Geeignete Befruchtersorten sind 'Napoleonkirsche', 'Starking Hardy Giant' und 'Van'. Die Einzelblüte sitzt überwiegend an Kurztrieben. Die Knospen enthalten meist vier bis fünf Blüten. Die Blütenstiele sind mittellang bis lang und kräftig hellgrün.

Ertrag: Er setzt früh ein und ist von Anfang an hoch. Die Früchte hängen sehr dicht (Büschelbehang), vor allem im drei- bis fünfjährigen Kronenbereich. Als Vorteil gilt, daß die Früchte oft durch das dichte Blattwerk vor starken Niederschlägen geschützt sind.

Krankheiten und Mängel: Eigentliche Mängel sind keine bekannt. Die Sorte ist reifezeitbedingt madenfrei. Die Frucht hat einen etwas langen Stiel. Gerühmt wird diese Kirschensorte für eine gute Regenfestigkeit in Gewitterperioden während der Reifezeit. Infolge des dichten Behanges ist der Gesamtbaumertrag aber in nassen Jahren durch die Fruchtmonilia gefährdet.

Frühe Rote Meckenheimer

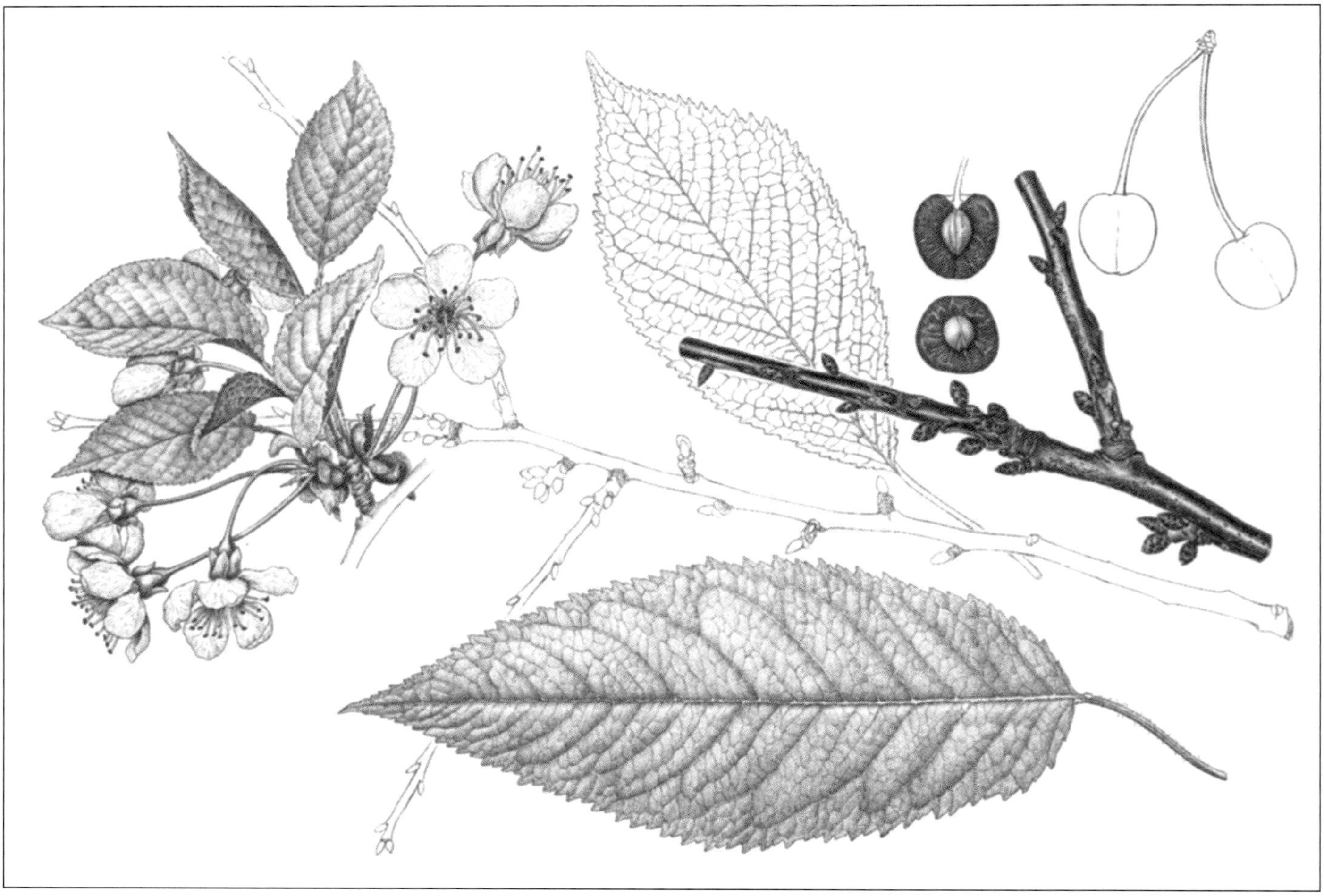

Frühe Rote Meckenheimer

Frucht

Reife: 2. bis 3. Woche der Kirschenzeit. Die Ernte ist schon im hellroten Zustand möglich, vielerorts auch üblich, obwohl der Geschmack dann überwiegend von der Fruchtsäure geprägt ist.
Größe und Form: Groß, breitkugelig, mehr breit als hoch mit deutlich ausgebildeten Schultern, stielwärts leicht gefurcht.
Stiel: Mittellang bis lang, hellgrün, dünn und zur Frucht hin leicht verdickt; neben einer ausgeprägten Stielgrube sitzend.
Stempelpunkt: Flach bis aufsitzend, zuweilen auch vertieft; sehr klein.
Stein: Mittelgroß, kugelig und stumpfeiförmig ohne Spitze.
Haut: Dünn, zäh, glänzend, läßt sich leicht abziehen; dunkelbraunrot, bei Vollreife schwarzrot.
Fleisch: Dunkelrot, weich bis mittelfest, stark saftend und gut steinlösend.
Geschmack: Feinwürzig, mit deutlich wahrnehmbarer und vor der Vollreife hervortretender Säure, sehr aromatisch, pikant.

Anbau und Markt

'Frühe Rote Meckenheimer' ist eine gute, sehr reichtragende und ausreichend großfrüchtige, frühe Herzkirsche mit ansprechendem Äußeren der Frucht. Sie ist vielseitig als Tafelfrucht, Konserven- und Saftkirsche verwertbar. Es ist darum nicht verwunderlich, daß sie in den letzten Jahrzehnten eine starke Verbreitung erfahren hat. Inzwischen ist der Anbau allerdings rückläufig. In Trockenjahren etwas zu reich tragend, so daß die Früchte dann nur mittelgroß werden. Die Sorte ist leicht pflückbar. Vollreife Früchte lassen sich, obwohl sie relativ weich sind, ohne Saftaustritt stiellos pflücken. 'Frühe Rote Meckenheimer' bleibt lange hängen. Auch voll- oder überreif kann sie nach Bedarf geerntet werden. Die Mutante 'Philippi' ist im Vergleich zu 'Standard' festfleischiger, kurzstieliger und süßer.

Daten zur Frucht:
Höhe 19 bis 20 mm
Breite 20 bis 21 mm
Dicke 18 bis 20 mm
100-Frucht-Gewicht 640 bis 790 g
100-Stein-Gewicht 41 bis 47 g

Geisenheimer Schwarze Knorpel

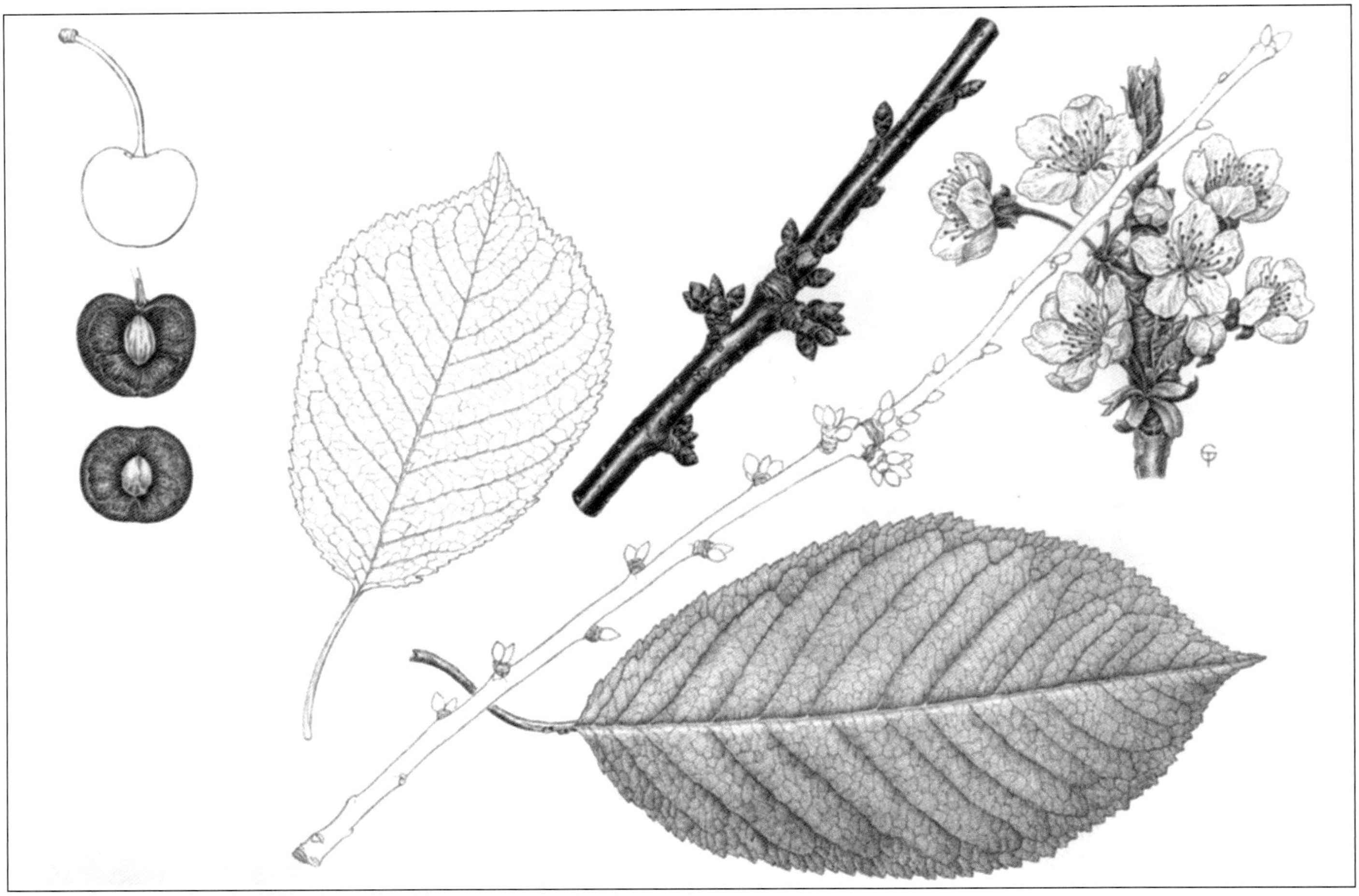

Geisenheimer Schwarze Knorpel

Geisenheimer Schwarze Knorpel

Dunkelbraunviolette Knorpelkirsche mit färbendem Saft.
Ähnliche Namen sind 'Große Schwarze Knorpel, Typ Geisenheim' und 'Braune Knorpel'.
Synonyme sind keine bekannt.
Abstammung, Herkunft und Verbreitung: Eine sehr alte Sorte. Sie ist vor allem in Westdeutschland seit Beginn des 20. Jahrhunderts stärker verbreitet worden.
Standortansprüche: Vorteilhaft gedeiht diese Sorte in warmen Klimaräumen. Gut durchlüftete, fruchtbare Lehm- bis sandige Lehmböden mit guter natürlicher Nährkraft und ausreichender Bodenfeuchte in frostfreien Lagen bringen Höchsterträge zustande. Befriedigende bis gute Erträge werden auch noch in Höhen- und Windlagen erzielt, ebenfalls auf mäßig frischen bis schweren Böden. Die Frucht braucht während der Entwicklung relativ viel Bodenfeuchtigkeit. In trockenen Jahren bleiben die Früchte oft klein. Der Anbau in spätfrostgefährdeten Tallagen scheidet für den Erwerb aus.

Baum

Wuchs: Die Sorte ist mittelstarkwüchsig. Sortentypisch sind schräg aufwärts gerichtete bis steil aufwärts stehende Hauptäste. Sie sind garniert mit locker angesetztem Seitenholz, das ebenfalls schräg aufwärts gerichtet und ungleichmäßig mit Fruchtästen garniert ist. Die Sorte bildet hochkugelige bis breitkugelige Kronen. Die Blätter sind groß, breitoval, dunkelgrün, robust und leicht nach oben aufgefaltet.
Fruchtholz: Blüten sitzen vereinzelt an den einjährigen Trieben im unteren Fünftel. Die mehrjährigen Kronenbereiche sind gleichmäßig mit Fruchtspießen garniert, die zwei- bis überwiegend drei Blütenstände pro Knospe enthalten. Die Haupternte wird erzielt an den Kurztrieben im zwei- bis vierjährigen Kronenbereich.
Blüte und Befruchtung: Die Sorte blüht mittelfrüh bis früh und eignet sich gut als Befruchtersorte. Sie selbst wird befruchtet durch 'Kassins', 'Prinzeßkirsche', 'Schneiders Späte Knorpel' und 'Hedelfinger'. Die Blühzeiten dieser Sorten stimmen aber nicht in allen Jahren überein.
Krankheiten und Mängel: Über Anfälligkeiten des Baumes für Schädlinge und Krankheiten ist nichts Außergewöhnliches bekannt.

Frucht

Reife: Die Sorte reift in der 5. Reifewoche.
Größe und Form: Die Früchte sind groß, kugelig bis breit-eiförmig und bauchseitig etwas abgeflacht.
Stiel: Er ist kantig, mittellang und sitzt in einer weiten und tiefen Stielgrube.
Haut: Auf der rotbraunen bis dunkelbraunroten und stark glänzenden Haut, die leicht abziehbar ist, zeigen sich feine, helle Punkte.
Fleisch: Rotbraun, hell geadert, knorpelig, aber hochsaftig und mittelfest.
Geschmack: Die Früchte schmecken säuerlich-süß und sind kräftig im Aroma.

Anbau und Markt

'Geisenheimer Schwarze Knorpel' ist eine wertvolle, reichtragende und großfrüchtige Tafelkirsche. Sie liefert im Weinbauklima Spitzenerträge. In kühleren Höhenlagen bringt sie langfristig immer noch gute Erträge. Dort setzen allerdings erheblich weniger Früchte an, dafür werden die Einzelfrüchte etwas größer. Die Fruchtgröße wird selbst in Höhenlagen hervorragend. Diese altbewährte Kirschensorte verdient weitere Beachtung im Anbau. Die Frucht läßt sich leicht mit Stiel ernten. Bei Überreife ist sie mäßig schüttelfähig und fällt dann, ohne zu bluten. Transportfestigkeit und Lagerfestigkeit sind bei dieser Sorte hervorragend. Die Früchte sind nicht ganz platzfest, aber erheblich witterungsbeständiger als 'Große Schwarze Knorpel'.

Daten zur Frucht:
Höhe 22 bis 25 mm
Breite 23 bis 26 mm
Dicke 23 bis 25 mm
100-Frucht-Gewicht 670 bis 830 g
100-Stein-Gewicht 35 bis 39 g

Große Schwarze Knorpel

Dunkelbraunviolette Knorpelkirsche mit färbendem Saft.
Ähnliche Namen sind 'Große Schwarze Knorpel, Typ Diemitz', 'Schwarze Knorpelkirsche' und 'Diemitzer Knorpel'.
Synonyme sind 'Weilheimer Riesen', franz.: 'Bigarreau de Sainte Marguerite' und 'Bigarreau Noir'.
Abstammung, Herkunft und Verbreitung: 'Große Schwarze Knorpel' ist eine der ältesten Sorten und stammt vermutlich aus Frankreich. Charles Etienne beschrieb sie bereits 1540 in Paris als 'Cerise Coeur Noir'. Sie wurde von Mitteldeutschland aus seit dem letzten Jahrhundert vor allem in ganz Deutschland verbreitet.
Standortansprüche: 'Große Schwarze Knorpel' gedeiht vorteilhaft in warmen Klimaräumen und auf gut durchlüfteten, fruchtbaren und mäßig frischen Lehm- bis sandigen Lehmböden mit guter natürlicher Nährkraft und in frostfreien Lagen. Sie kommt auch noch in Höhen- und Windlagen vor und liefert auf diesen Standorten selbst auf mäßig frischen und schweren Böden immer noch befriedigende Ernten. In heißen, trockenen Jahren bleiben die Früchte oft klein. Sie sind dann auch weniger zuckerreich und schmackhaft und neigen zum Bitterwerden. Spätfrostgefährdete Lagen scheiden als Standorte aus.

Baum

Wuchs: In den ersten Jahren sehr starkwachsend, in der Hauptertragszeit – nach relativ früh einsetzendem Ertrag – immer noch starkwüchsig. Die Leitäste sind aufwärts gerichtet und wenig verzweigt. Sie legen sich mit dem Einsetzen des Ertrages mehr waagrecht. Die ovalen, großen, dunkelgrünen und einfach gezähnten Blätter sitzen an langen, oberflächlich hellrot bis grünrot gedeckten Stielen. Meist hängen die schweren Blätter nach unten.
Fruchtholz: In Verbindung mit dem Seitenholz ergibt sich im Vollertragsstadium eine gleichmäßig breitkugelige Baumkrone. Das Seitenholz ist im zwei- bis vier-

Große Schwarze Knorpel

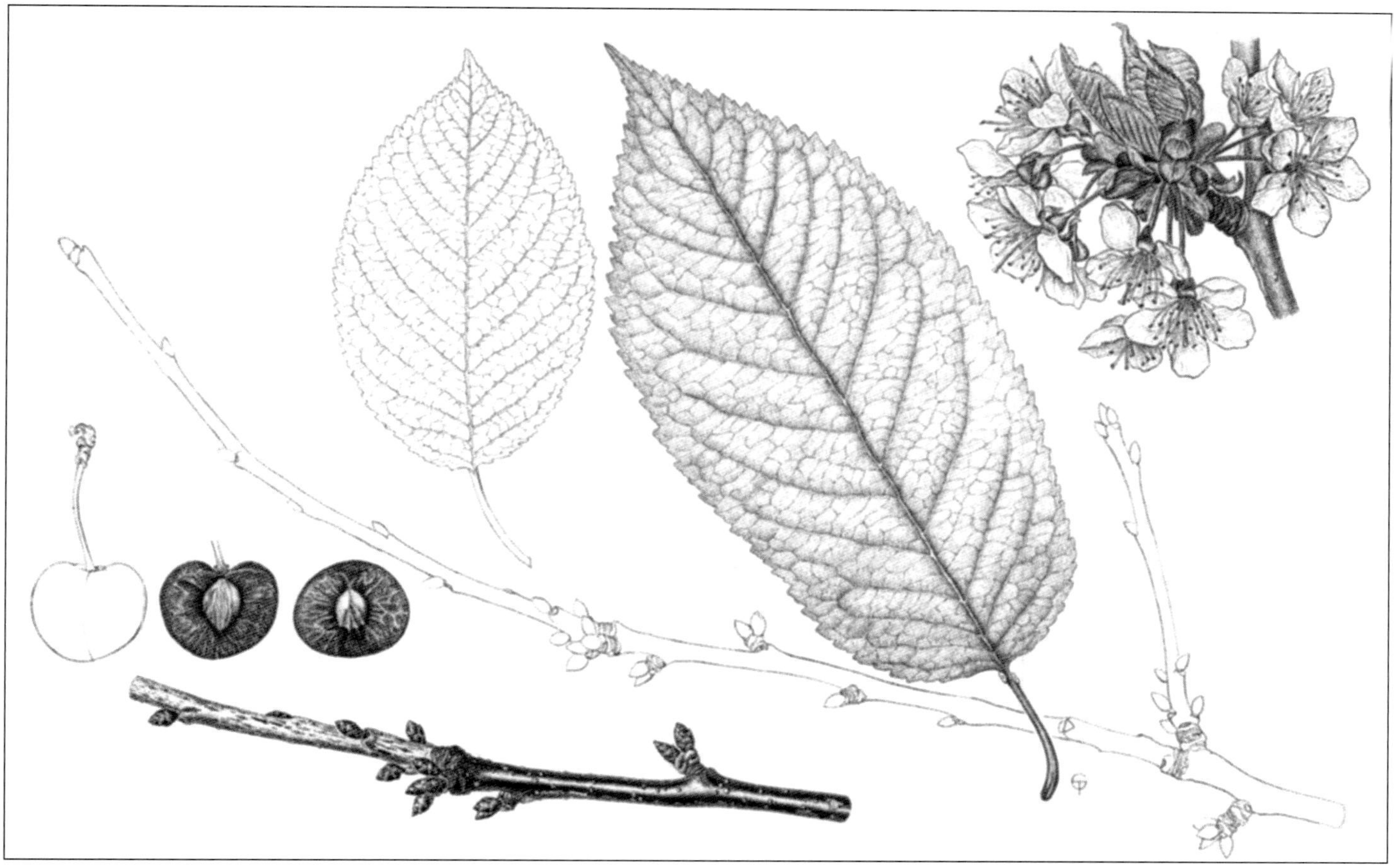

Große Schwarze Knorpel

jährigen Kronenbereich angelegt. Die mehrjährigen Triebe sind dunkelbraunrot und mit vielen großen Lentizellen besetzt. Einjährige, kräftige und kompakte, etwa 3 bis 7 cm lange Spieße sind im vorjährig gebildeten Kronenbereich angelegt. Sie sind reich mit kräftigen Blütenknospen garniert. Im älteren Kronenbereich (3. bis 5. Jahr nach der Bildung) wird das Fruchtholz schwächer und ist in den weniger gut belichteten inneren Kronenpartien in Form von Ringelspießen vorhanden. Der fünfjährige Kronenbereich ist in der Regel schon stark verkahlt.

Blüte und Befruchtung: 'Große Schwarze Knorpel' blüht mittelfrüh und kurz. Sie ist eine gute Befruchtersorte, jedoch wie alle heute verbreiteten Süßkirschensorten auf Fremdbefruchtung angewiesen. Geeignete Befruchtersorten sind u. a. 'Hedelfinger', 'Kassins Frühe' und 'Schneiders Späte Knorpel'. Zu 'Burlat' und 'Hedelfinger' besteht Intersterilität. Vier bis sechs Blüten sitzen auf den Kurztrieben im Blütenstand, an den kürzeren Langtrieben werden nur wenige Einzelblüten an den untersten Knospen ausgebildet. Die Blüte sitzt auf einem kurzen bis mittellangen, kräftigen und hellgrünen Stiel; die Kelchblätter sind schmal, lanzettlich und hellgrün, die Kronblätter reinweiß, kreisrund bis breitoval und die Staubblätter tiefgelb sowie gleichständig bis unterständig zur Narbe.

Ertrag: Blüht bereits im dritten Standjahr, setzt aber erst mittelfrüh (4. bis 5. Standjahr) mit nennenswerten Erträgen ein und ist ab diesem Entwicklungsstadium ein reicher und regelmäßiger Träger. Die Früchte (2 bis 4/Blütenstand) sitzen überwiegend an den Kurztrieben im zwei- bis vierjährigen und gut belichteten Kronenbereich.

Krankheiten und Mängel: Es ist wenig Nachteiliges bekannt. Der Baum neigt gelegentlich zur Spitzendürre bzw. zum Vertrocknen einzelner älterer Astpartien. Im Holz ist 'Große Schwarze Knorpel' nur mäßig frosthart. Die geschlossene Blüte ist ziemlich widerstandsfähig gegen Spätfröste.

Frucht

Reife: Sie beginnt in der 5. Reifewoche und erstreckt sich bis in die 6. Woche.

Größe und Form: Mittelgroß bis groß mit 15 bis 25% Größenzunahme in den letzten vier bis fünf Tagen vor der Vollreife. Breit, rund bis breit-eiförmig und bauchseits etwas abgeflacht; Rückenfurche leicht angedeutet.

Stiel: Mittellang, dünn und hellgrün sowie in einer gleichmäßig ausgebildeten, tiefen Stielgrube sitzend; fest bis mittelfest mit der Frucht verbunden. Löst in der Voll- bzw. Überreife leicht von der Frucht.

Stempelpunkt: Deutlich ausgeprägt, sitzt in

einer flachen Vertiefung und ist mit einem Hof zahlreicher, feiner und heller Pünktchen umgeben.
Stein: Klein bis mittelgroß, breitkugelig, mit deutlich hervortretender, auf einem Wulst sitzender Bauchnaht.
Haut: Trüb, rotbraun bis violett, in der Vollreife schwarz; fein punktiert, glänzend, zäh mit ebenholzfarbiger Bauchnaht; die Umgebung des Stempelpunktes ist oft heller.
Fleisch: Rotbraun bis schwarzrot, sehr fest, knorpelig und von hellen Adern durchzogen, dabei schlecht steinlösend und wenig saftend; Fruchtsaft ist purpur- bis schwarzviolett gefärbt.
Geschmack: Vollreif sehr süß, in Trockenjahren schwach feinsäuerlich, bei zu starkem Fruchtansatz und auf schweren, tonhaltigen Böden auch leicht bitter.

Anbau und Markt

'Große Schwarze Knorpel' ist eine altbewährte, wohlschmeckende und ertragssichere, spätreifende Knorpelkirsche mit großer Anbaubreite. Sie ist als Frisch- und Konservenfrucht wertvoll. Auf guten Standorten bringt sie reiche Erträge und große Früchte. Ihr sprichwörtlicher Blütenreichtum führt in manchen Jahren zu überreichem Fruchtansatz. Dann bleiben die Früchte oft klein und ohne den typischen Fruchtgeschmack. Die in Büscheln an den Kurztrieben sitzenden Früchte neigen bei Gewitterregen nach vorangegangener Trockenheit in der Zeit größter Volumenzunahme während der letzten zehn Tage vor der Vollreife zum Platzen. Bei länger anhaltender Feuchtigkeit kommt es zur Monilia-Fruchtfäule. In windoffenen Höhenlagen ist die Gefährdung weniger stark. Die Früchte von 'Große Schwarze Knorpel' überstehen auch Transporte über lange Strecken.

Daten zur Frucht:
Höhe 21 bis 25 mm
Breite 22 bis 26 mm
Dicke 22 bis 24 mm
100-Frucht-Gewicht 680 bis 800 g
100-Stein-Gewicht 32 bis 35 g

Hedelfinger Riesenkirsche

Braunviolette Knorpelkirsche mit färbendem Saft.
Ähnliche Namen sind 'Hedelfinger' und 'Hedelfingen'.
Synonyme sind 'Nußdorfer Schwarze' und 'Wahlerkirsche'.
Abstammung, Herkunft und Verbreitung: Die Sorte ist ein Sämling unbekannter Herkunft, in der Mitte des 19. Jahrhunderts in Hedelfingen, einem Vorort von Stuttgart, entstanden und wurde vom Obstbauinstitut Hohenheim verbreitet. Die 'Hedelfinger Riesenkirsche' ist die bekannteste und am stärksten verbreitete Süßkirschensorte in Deutschland. Auch in Frankreich, Österreich, Ungarn und in den USA wird sie in bedeutendem Umfang angebaut.
Standortansprüche: 'Hedelfinger Riesenkirsche' ist eine sehr anpassungsfähige Spätsorte, die wegen ihrer großen Fruchtbarkeit sowohl in warmen, sonnenreichen Regionen als auch in gerade noch süßkir-

Hedelfinger Riesenkirsche

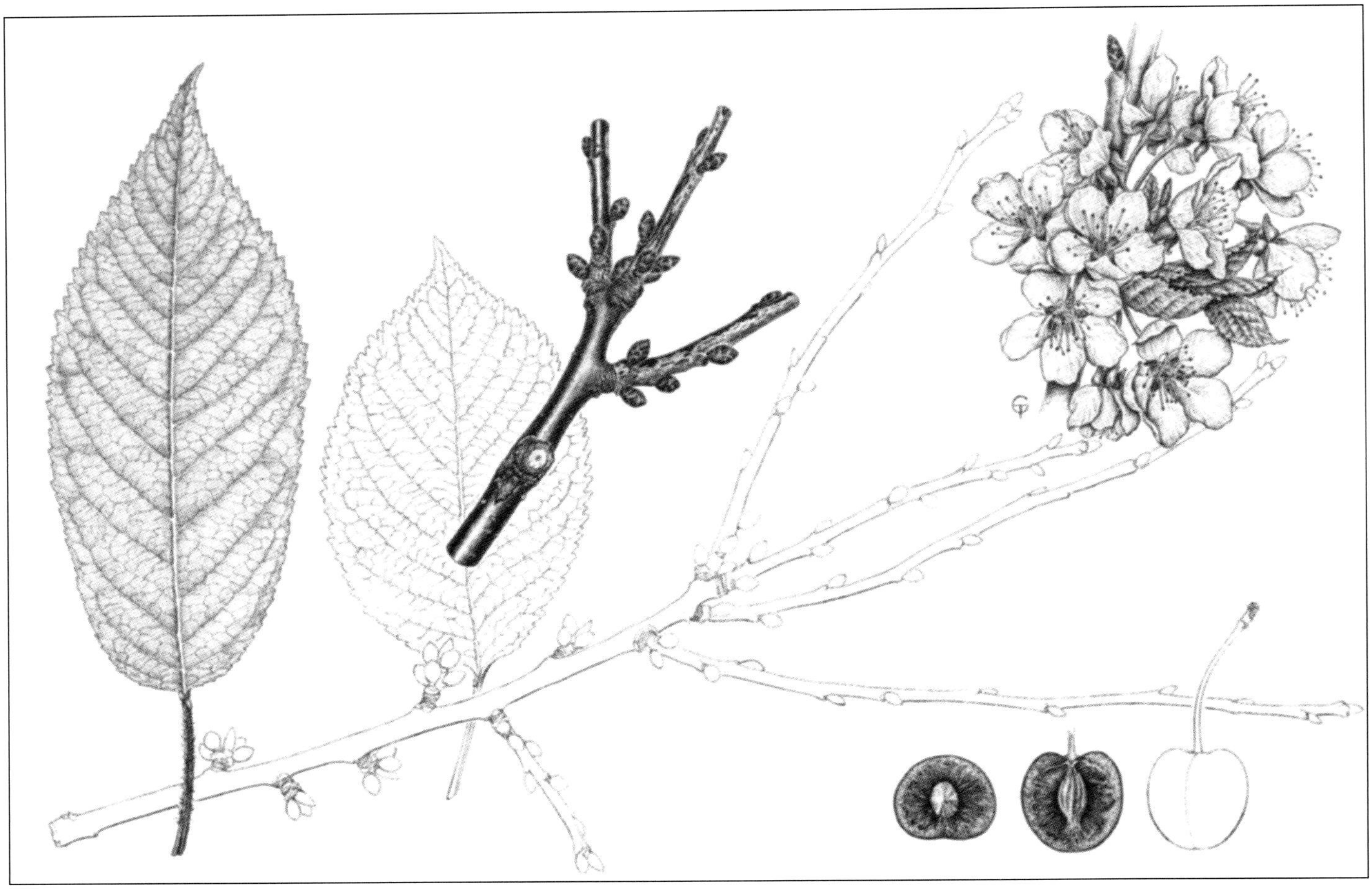

Hedelfinger Riesenkirsche

schenfähigen, kühlen Gebieten zuverlässig fruchtet. Zur Trockenheit neigende Böden beeinträchtigen die Fruchtgröße und führen zu einem leicht bitteren Geschmack der Kirschen.
Die Blüten sind übermäßig frostempfindlich. Am Holz kommt es bei sehr tiefen Wintertemperaturen zu Erfrierungen. Strahlungsexponierte Stämme platzen nach Temperaturwechseln zwischen extrem kalten Nächten und sonnigen, warmen Tagen leicht auf.

Baum

Wuchs: Wächst als Jungbaum stark bis sehr stark mit aufwärtsstrebenden Leitästen. Die Wüchsigkeit läßt in der Haupttragsperiode nach und gilt dann eher als mittelstarkwüchsig. Die Krone ist hochkugelig, im Alter auch breitkugelig geformt. Die dunkelgrünen Blätter sind groß, flach und haben eine kräftige Mittelrippe. Die Blattstiele sind mittellang, oberflächlich oft rötlich verfärbt und gebogen. Der Blattrand ist gleichmäßig gezähnt.
Fruchtholz: Mittellange bis lange Fruchtruten befinden sich waagrecht oder hängend an den nur mäßig verzweigten Seitenästen. Das Seitenholz ist aber dicht mit Bukettzweigen besetzt. Einzelne Blüten sitzen in den unteren Knospen des vorjährigen Langtriebes, die Kurztriebe befinden sich am zwei- bis fünfjährigen Kronenbereich mit nachlassender Wuchskraft in Form von Ringelspießen. Drei bis sieben Blütenknospen sind dabei um eine Laubblattknospe angeordnet.
Blüte und Befruchtung: 'Hedelfinger Riesenkirsche' blüht mittelspät auf. Die Blühzeit ist relativ kurz. Die Sorte gilt als relativ widerstandsfähig gegen Spätfröste, solange die Blüten noch nicht geöffnet sind. Ihre Eignung als Pollenspender ist erwiesen. Geeignete Befruchtersorten sind u. a. 'Büttners Rote Knorpel', 'Kordia', 'Star', 'Sam', 'Schneiders Späte Knorpel', 'Kassins Frühe', 'Unterländer'. Zu 'Burlat' und 'Große Schwarze Knorpel' besteht Intersterilität. An den Kurztrieben sitzen meist drei bis sieben Einzelblüten. Die höheren Blütenzahlen im Blütenstand sind vor allem in gut belichteten Kronenpartien zu finden. Die Blüten haben mittellange, hellgrüne Stielchen.
Ertrag: Nennenswerte Ernten setzen erst ziemlich spät ein, dafür ist die Fruchtbarkeit sehr hoch. Die Ertragssicherheit ist durch regelmäßige Ernten charakterisiert. Bei Vollpflege und guter Wasserversorgung der Standorte reicht die Fruchtgröße trotz reichem Ansatz immer noch aus.
Krankheiten und Mängel: Gelegentlich sterben an älteren Bäumen vereinzelt Äste ab. Die Sorte ist recht widerstandsfähig gegenüber der Monilia.

Frucht

Reife: Die Ernte erstreckt sich über die 4. und 5. Reifewoche. Bei beginnender Braunfärbung sollte noch vier bis fünf Tage mit der Ernte gewartet werden. Erst dann sind Aroma und Fruchtgröße voll befriedigend.
Größe und Form: Mittelgroß bis sehr groß, je nach Behang; länglich stumpfeiförmig geformt. Die Frucht sitzt schief

am Stiel, an der Stielseite ist die Frucht etwas abgeplattet; die Bauchseite ist fast flach.
Stiel: Er ist mittellang, kräftig und hellgrün. Die Stielgrube ist oval. Der Stiel sitzt in einer tiefen Grube.
Stempelpunkt: Dieser ist deutlich wahrnehmbar und sitzt entweder oben auf oder in einem kleinen, flachen Grübchen.
Stein: Charakteristisch sind seine mittlere Größe, die längliche bis stumpf-eiförmige Form und deutlich nach unten auseinandertretende Bauchwülste sowie die schlechte Lösbarkeit des Steins vom Fruchtfleisch.
Haut: Zäh und kräftig; vor der Vollreife ist die Oberfläche hellrot gestrichelt. Vollreife Früchte dieser Sorte sind gleichmäßig braunrot bis bräunlich, mit violettem Stich, manchmal auch fast schwarz und mattglänzend.
Fleisch: Fest, knackend, bräunlich-violett und zum Teil von helleren Fasern durchzogen. Mäßig saftig und von knorpeliger Struktur.
Geschmack: Die Früchte schmecken ausgeglichen süß-säuerlich, erfrischend, herzhaft, manchmal herrscht ein leichter Bittermandelton vor, der sich in trockenen Jahren und bei überreichem Fruchtansatz stark ausprägt.

Anbau und Markt

'Hedelfinger Riesen' gilt wegen vieler Vorzüge als hervorragende Marktfrucht. Sie ist fruchtbar, sicher im Ertrag sowie in Größe und Farbe befriedigend. Die Kirschen sind ausgesprochen transportfest und können mindestens über 10 Tage hinweg geerntet werden. Die Sorte ist am Markt bekannt und wird vom Handel gerne aufgenommen. Sie zählt weltweit zu den Standardsorten.
Durch rechtzeitiges Verjüngen der im Wuchs nachlassenden Bäume wird auch bei älteren Baumbeständen eine ausreichende Fruchtgröße erreicht. Nach vorangegangener Trockenheit platzen die Früchte leicht, wenn nach starkem Gewitterregen anschließend feucht-warme Witterung einsetzt. Besonders kritisch ist die Zeit kurz vor der Vollreife.
Bei anhaltender Nässe kommt es zudem zur Monilia-Fruchtfäule. Die in dichten Büscheln hängenden Früchte stecken sich dabei gegenseitig an.
Inzwischen werden verbesserte Formen wie 'Hedelfinger, Froschmaul' oder 'Hedelfinger, Abels Späte' angebaut.

Daten zur Frucht:
Höhe 26 bis 28 mm
Breite 24 bis 25 mm
Dicke 22 bis 23 mm
100-Frucht-Gewicht 720 bis 820 g
100-Stein-Gewicht 42 bis 45 g

Kassins Frühe

Schwarzbraune Herzkirsche mit färbendem Saft.
Ähnliche Namen oder Synonyme sind unbekannt.
Abstammung, Herkunft und Verbreitung: Diese Sorte wurde um 1860 von Wilhelm Ludwig Kassin im Süßkirschenanbaugebiet in Werder/Havel als Sämling entdeckt. Zunächst war sie wegen ihrer großen Fruchtbarkeit und ihrer besonderes frühen Reife im Havelobstbaugebiet sehr stark verbreitet. Heute wird sie auch in ganz Deutschland angebaut und daher von den Baumschulen als bekannteste Frühsorte in erster Linie für den Liebhaberobstbau angeboten.
Standortansprüche: 'Kassins Frühe' befriedigt am besten in geschützten, warmen Lagen bis hin zu mittleren Höhenlagen. Der Boden sollte warm und gut mit Nährstoffen versorgt sein. Bei ausreichender Wasserführung bringen auch Standorte mit leichteren Böden noch befriedigende Leistungen zustande. Die Blüte gilt als ziemlich frostwiderstandsfähig. Da 'Kassins Frühe' aber sehr früh aufblüht, sollten ausgesprochene Spätfrostlagen gemieden werden. Schwere, bindige Böden fördern den Gummifluß, tiefe Lagen führen wegen der tieferen Wintertemperaturen oft zu Frostplatten und Frostrissen an den Stämmen bzw. in den Astwinkeln.

Baum

Wuchs: Die Sorte wächst mittelstark bis stark. Sie hat überwiegend steil aufrechtstehende Leitäste, die mit waagrecht liegendem Seitenholz besetzt sind. Willig bilden sich daran viele Bukettzweige, im fortgeschrittenen Alter auch Ringelspieße. Breitpyramidale bis breitkugelige Kronen sind sortentypisch. Die Neigung zum Verkahlen setzt relativ spät ein. Das dunkelgrüne, kräftige Blatt ist schmal-lanzettlich geformt, stark gezähnt und verjüngt sich auffallend zur Blattspitze hin. Der Blattstiel ist gedrungen bis kurz, kräftig, und rötlich gefärbt.
Fruchtholz: Die rötlichbraunen, mit Lentizellen nur spärlich besetzten einjährigen Triebe sind mittellang bis kurz. Blüten sind daran wenig zu finden und dann nur einzeln im unteren Drittel. Dafür bildet aber die Sorte viel kurzes Seitenholz am zwei- bis vierjährigem Holz aus in Form von Bukettzweigen mit vier bis sieben Blütenknospen um eine vegetative Terminalknospe.
Blüte und Befruchtung: 'Kassins Frühe' blüht früh. Für frühblühende Süßkirschensorten ist sie ein hervorragender Pollenspender. Intersterilität besteht mit der wenig verbreiteten Sorte 'Weiße Spanische'. Ein guter Fruchtansatz wird gesichert durch Pollen von 'Büttners Rote Knorpel', 'Große Schwarze Knorpel', 'Hedelfinger', 'Schneiders Späte Knorpel', 'Türkine' u. a. Am Kurztrieb sind 4 bis 7 Einzelblüten angesetzt. Die Einzelblüte ist relativ groß. Mittellange, hell- bis dunkelgrüne kräftige Stiele tragen reinweiße, lang-oval geformte, breit-kelchförmige und nach oben gebogene Kronblätter. Der Staubblätterkranz wird vom oberständigen Griffel überragt.
Ertrag: Beginnt früh, ist regelmäßig und hoch, jedoch in tiefen Lagen deutlich geringer als in höheren. Die Sorte ist dankbar für ausreichende Nährstoffzufuhr. Dann leidet auch die Fruchtgröße trotz reichem Behang weniger.
Krankheiten und Mängel: Gummifluß tritt etwas verstärkt auf bindigen, weniger gut durchlüfteten Böden auf. Frostgefährdete Lagen bringen häufig geringe Erträge durch Holzfrost. Monilia-Fruchtfäule läßt sich in feuchtwarmen Gewitterperioden während der Reifezeit ebensowenig vermeiden wie das Aufplatzen (schon kurz nach Reifebeginn).

Frucht

Reife: Bereits Ende der ersten Reifewoche kann geerntet werden. Ende der zweiten Reifewoche sind die allermeisten Früchte voll ausgereift. Die Pflücke kann auch bis in die dritte Kirschenwoche fortgesetzt werden. Überreife Früchte lassen sich ohne Stiel leicht durch Abschütteln ernten.
Größe und Form: Mittelgroß, stumpfherzförmig, manchmal etwas flachgedrückt, zur Bauchnaht hin etwas gefurcht, zum Griffelpunkt hin abgeplattet, in kühlen Jahren oft in einer Spitze auslaufend.
Stiel: Er ist mitteldick, mittellang, hellgrün und sitzt in einer regelmäßig ausgebildeten Stielgrube.

Kassins Frühe

Stempelpunkt: Ist klein bis mittelgroß und sitzt auf der Frucht auf; dies ist deutlich fühlbar.
Stein: Klein bis mittelgroß, breitkugelig bis breit-eiförmig, ohne Spitze, breite Seitenwülste begleiten eine schmale Bauchnaht vom Stielansatz bis zum entgegengesetzten Pol.
Haut: Dünn, zäh, stark glänzend, fein gepunktet und dunkelbraun bis schwarzbraun; sie läßt sich leicht vom Fruchtfleisch abziehen.
Fleisch: Rotbraun, mit zum Teil helleren Partien durchsetzt, weich, gallertartig, stark saftend, gut steinlösend; das Fruchtfleisch gibt relativ viel hellgefärbten Saft frei.
Geschmack: Leicht süß, mild, bis schwach säuerlich, mit feinem, dezentem Aroma; für eine Frühsorte ist 'Kassins Frühe' sehr ausgeglichen und nachhaltig schmekkend.

Anbau und Markt

'Kassins Frühe' eröffnet den Reigen der anbauwürdigen Kirschensorten für den Selbstversorgeranbau. Aus Frühanbaugebieten (Weinbauklima) kann sie auch zur Marktbeschickung dienen. Die Transportfestigkeit ist ausreichend, die Haltbarkeit nach dem Pflücken ebenfalls, wenn die Früchte bei beginnender Vollreife in gesundem Zustand geerntet worden sind. 'Kassins Frühe'-Früchte sind ohne Bekämpfung der Kirschfruchtfliege madenfrei; sie bleiben in Trockenjahren etwas klein, leiden deshalb oft trotz guten Geschmacks unter der Konkurrenz großfrüchtiger Importware.
Die Platzfestigkeit läßt etwas zu wünschen übrig. Der Vorteil liegt im Hausgarten in einer längeren Erntezeit und unter anderem auch in der Verwertbarkeit als Saftfrucht.

Mödinger

Dunkelbraunviolette Herzkirsche mit färbendem Saft.
Synonym ist 'Perle von Rüdern', ähnliche Namen sind keine bekannt.
Herkunft, Abstammung und Verbreitung: Eine alte Lokalsorte des Remstals in Württemberg. Mödinger ist ein sehr verbreiteter Familienname im Neckar-Rems-Gebiet. Die Sorte gehörte früher zum Standardsortiment vieler Kirschenpflanzungen. In der angestammten Heimat, auf den Schurwaldhöhen zwischen Neckar und Rems, am Albtrauf und versuchsweise auch in den Brennkirschenanbaugebieten Süddeutschlands wird 'Mödinger' heute noch angebaut.
Standortansprüche: Diese Sorte wächst auf allen kirschenfähigen Böden. Sie verträgt auch Wind. In trockenen Höhenlagen bleibt die Frucht jedoch etwas klein.
Die beste Ausprägung von Fruchtgröße und Geschmack erreicht diese Sorte auf tiefgründigen Keuper- und Schilfsandsteinböden. Bei ausreichender Durchfeuchtung der Böden ist 'Mödinger' sehr reichtragend.
Ihre Wärmeansprüche werden fast überall erfüllt, wo Süßkirschen existieren können. In Holz und Blüte ist die Sorte wenig frostgefährdet.
Blüte und Befruchtung: Die spätblühende Sorte wird befruchtet durch 'Spitze Braune', 'Große Germersdorfer', 'Geisenheimer Schwarze Knorpel', 'Hedelfinger', 'Glemser' und 'Schwarze Barons'. Über die Intersterilitätsgruppen-Zugehörigkeit ist nichts bekannt.

Baum

'Mödinger' wächst in den ersten drei Standjahren stark und mit steil aufwärts gerichteten Leitästen. Recht früh setzt der Ertrag ein. Er ist von Anfang an beachtlich in seiner Höhe. Dadurch wird die Wüchsigkeit rasch gedämpft. An den waagrecht abstehenden Fruchtästen bilden sich zahlreiche Fruchtspieße innerhalb der mittelgroßen und hochkugeligen Krone.
Im Vollertragsstadium muß zur Sicherung der Fruchtgröße die Krone dieser Sorte trotz geringer Neigung zur Verkahlung von Zeit zu Zeit ausgelichtet bzw. verjüngt werden.
Eine gewisse Anfälligkeit für Blattvirosen ist vorhanden.

Frucht

Die Reife beginnt in der 3. Kirschenwoche. Sie setzt fast schlagartig ein. Die Früchte können jedoch mindestens 8 bis 10 Tage nach der Vollreife am Baum verbleiben. Sie sind mittelgroß, länglich-herzförmig, glänzend kohlschwarz und mit feinen Punkten übersät. Sortentypisch ist in vielen Jahren ein auf einer kratzenden Spitze sitzender Stempelpunkt. Das Fruchtfleisch ist schwarzbraun, mehr fest als weich, sehr saftig und löst gut vom Stein. Es schmeckt süßaromatisch mit einer pikanten, herben Art und feinem Aroma.

Anbau und Markt

Die Früchte von 'Mödinger' lassen sich leicht pflücken. Sie hängen an mittellangen Stielen. Hochreif können sie von Hand oder mechanisch geschüttelt werden, ohne daß die Früchte bluten. Die Transportfestigkeit ist hervorragend. Die Frucht gilt als recht widerstandsfähig gegen Monilia und als nur mäßig platzgefährdet. Diese mittelgroße, alte Lokalsorte ist als Spezialsorte zum Einmachen sowie als Saftkirsche und Brennkirsche gefragt. Im Hausgarten ist sie wegen der langen Erntezeit von ca. 14 Tagen begehrenswert. Frischmarktbelieferung ist wegen der mäßigen Größe der Frucht nur dort möglich, wo Geschmack mehr als Fruchtgröße zählt.

Daten zur Frucht:
Höhe 21 bis 23 mm
Breite 19 bis 29 mm
Dicke 18 bis 19 mm
100-Frucht-Gewicht 420 bis 550 g
100-Stein-Gewicht 45 bis 51 g

Mödinger

Schneiders Späte Knorpel

Dunkelbraunrote Knorpelkirsche mit färbendem Saft.
Ähnliche Namen sind keine bekannt, dafür gibt es zahlreiche Synonyme bzw. lokale Namen, die vereinzelt auf die überragende Fruchtgröße Bezug nehmen, so u. a. 'Germersdorfer', 'Haumüller', 'Höfchenkirsche', 'Kaukasische', 'Nürtinger Riesenkirsche' und 'Zeppelin'.
Abstammung, Herkunft und Verbreitung: Ein Sämling, der im Anbaugebiet von Guben, Mitteldeutschland, entstanden ist. Die Sorte ist nach dem Besitzer des Grundstücks benannt, auf dem dieser Sämling gefunden wurde. Seit 1865 ist sie allgemein verbreitet mit deutlichen Schwerpunkten in den südwestdeutschen und im Witzenhausener Anbaugebiet. Auch in Österreich, vor allem aber in Ungarn und in Tschechien erfreut sich 'Schneiders Späte Knorpel' einer gewissen Beliebtheit.
Standortansprüche: 'Schneiders Späte Knorpel' zeichnet sich in Wüchsigkeit, Fruchtbarkeit und Fruchtqualität besonders in sehr warmen bis mäßig warmen Klimagebieten aus. Sehr zustatten kommen ihr gut durchlüftete, fruchtbare Lehm- und Lößlehmböden, bei ausreichender Feuchtigkeit auch sandige Lehmböden, mit guter, natürlicher Nährkraft in frostfreien Lagen. Noch geeignet sind freie, auch windoffene Höhenlagen. In sehr warmen bis heißen Klimaten und in Jahren mit ausgesprochener Frühsommertrokkenheit während der Fruchtreife muß mit starkem Rötel-Fruchtfall gerechnet werden. In gleicher Weise reagiert 'Schneiders Späte Knorpel' sehr empfindlich, wenn um die Blühzeit oder kurz danach kühle Witterung herrscht. Keine Kirschensorte hängt so von einer ausreichenden Insektenbestäubung ab wie sie. Zu reichlich mit Stickstoff versorgte Anlagen bringen übermäßigen Holzzuwachs, aber nur einen unbefriedigenden Fruchtertrag trotz beachtlicher Größe der Einzelfrucht.
Es ist ein allgemeines Merkmal der Sorte 'Schneiders Späte Knorpel', daß sie nur auf ihr zusagenden Verhältnissen mit befriedigenden bis guten Erträgen reagiert, ansonsten hängen oft nur einzelne Früchte im Kronengerüst.

Baum

Wuchs: In den ersten Jahren nach der Pflanzung bzw. am endgültigen Standort wächst 'Schneiders Späte Knorpel' sehr stark mit durchgehendem Mitteltrieb. Die Leitäste sind leicht schräg aufwärts gerichtet, die Seitentriebe setzen flach bis waagrecht an. Somit ergibt sich bei natürlichem Wuchs eine hochkugelige bis hochpyramidale Krone.
Die Sorte wächst auch im Vollertragsstadium noch stark. Die Blätter sind groß bis sehr groß, hellgrün. Sie sitzen an rötlich gefärbten, mittellangen, kräftigen und manchmal nach oben gebogenen Stielen in mehr oder weniger hängender Stellung. Die breitovalen, an den Rändern nach oben aufgebogenen Blätter sind gleichmäßig weit gesägt.

Fruchtholz: Die einjährigen Triebe sind mittellang, schlank und silbrig-hellbraun mit kräftigen Lentizellen. Nur die unteren Knospen, und diese auch nur an den schwächeren Exemplaren, sind mit einzelnen Blüten, die mehrjährigen Kronenbereiche dagegen dicht mit zahlreichen, kräftigen Bukettrieben besetzt. Die Neigung zur Verkahlung ist in den relativ gut belichteten Kronen gering. Allenfalls weist der innere Kronenbereich mit älterem als fünfjährigem Holz kahle Partien auf. Im wesentlichen wird aber der Ertrag im zwei- bis vierjährigen Kronenbereich vom dort fruchtenden Kurztrieb-Holz gebildet.
Blüte und Befruchtung: 'Schneiders Späte Knorpel' blüht mittelspät bis spät und über einen etwas längeren Zeitraum. Die Sorte ist ein guter Pollenspender für spätblühende Süßkirschensorten und für die Sauerkirschensorte 'Köröser Weichsel'. Als Befruchtersorten für 'Schneiders Späte Knorpel' eignen sich 'Hedelfinger Riesen', 'Geisenheimer Schwarze Knorpel', 'Büttners Rote Knorpel' und 'Kassins Frühe'. Intersteril ist sie mit 'Große Prinzessin'. An den Kurztrieben sind pro Blütenstand meist zwei bis vier Einzelblüten angesetzt, die auf mittellangen, hellgrünen Stielchen stehen.
Ertrag: Der Fruchtansatz ist je nach Witterungsverlauf, Standort- und Bodeneigenschaften sehr unterschiedlich. In den ersten Ertragsjahren werden die Früchte meist abgestoßen. Dies kommt auch nach sehr reicher Blüte vor. Mäßige Stickstoffversorgung und beste Böden führen zu befriedigendem Fruchtansatz trotz des sortentypischen, fast alljährlichen und sich über mehrere Wochen hinziehenden Fruchtfalls, der oft auch noch halbentwikkelte Früchte umfaßt. Die verbleibenden Früchte reifen blütebedingt folgernd. Somit ist es nur in trockenen Jahren möglich, mit dem Pflücken der Früchte solange zu warten, bis auch die Nachzügler vollständig reif und gleichmäßig durchgefärbt sind.
Krankheiten und Mängel: Die Früchte sind moniliaanfällig und das Holz ist nur mäßig frosthart; bei Regen zum Zeitpunkt des Färbens der Früchte können sie aufplatzen.

Frucht

Reife: Beginnt in der 5., volle Reife liegt eher am Ende der 6. Kirschenwoche.
Größe und Form: Sehr groß, auch bei gutem Ertrag. Die Frucht ist breit- bis stumpf-herzförmig und mit flacher Rükkenfurche und dunkler Bauchnaht ausgestattet.
Stiel: Ziemlich lang und dünn, in Fruchtnähe sonnenseits oft rostig rötlich verfärbt und zum Ansatz am Fruchtholz hin hellgrün. Der Stiel sitzt in einer tiefen bis sehr tiefen Grube, die flach zur Rückenseite hin ausläuft.
Stempelpunkt: Dieser liegt flach eingesenkt, doch in manchen Jahren kann er auch oben aufsitzen.
Stein: Groß, länglich-eiförmig und breit, jedoch flach gefurcht.
Haut: Zäh, glänzend, dunkelbraunrot und mit zahlreichen, sehr kleinen hellen Punkten übersät.

Schneiders Späte Knorpel

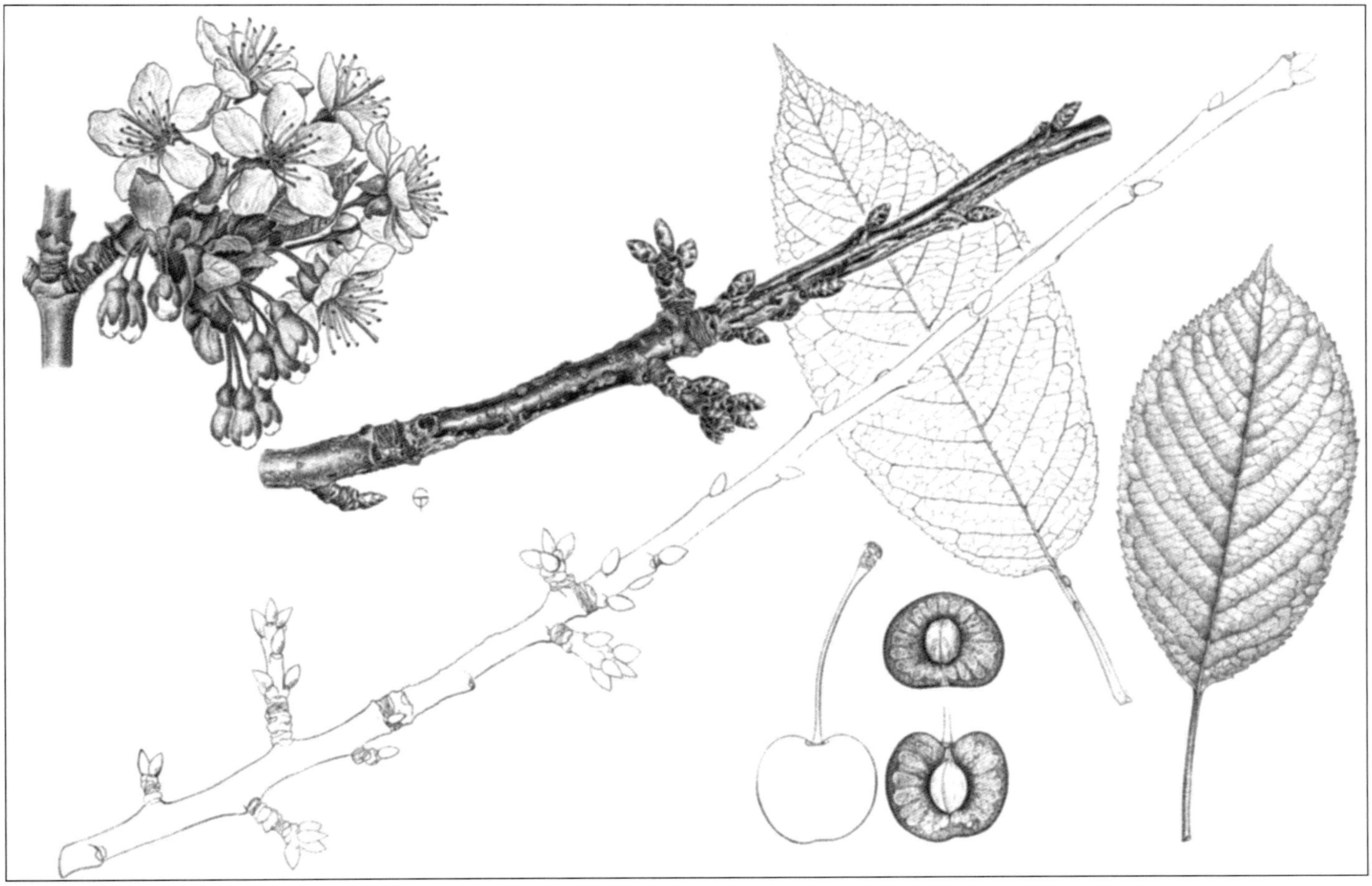

Schneiders Späte Knorpel

Fleisch: Sehr fest; anfänglich hell, in der Vollreife rostbraun und zum Stein hin noch dunkler gefärbt; ordentlich bis mäßig steinlösend, aber nur mäßig saftend.
Geschmack: Angenehm süß, mild mit wenig Säure.

Anbau und Markt

Diese sehr großfrüchtige, vollreif schwarzbraune Knorpelkirsche bringt als Marktfrucht beste Preise. Bei den spätreifenden Knorpelkirschen der 5. und 6. Reifewoche zählt sie wegen der sehr guten Transportfähigkeit und ihrer hervorragenden geschmacklichen Eigenschaften zu den gesuchtesten Süßkirschensorten. Die Vorteile der besonders großen Einzelfrüchte überwiegen den Nachteil des unsicheren Ertrages.

Daten zur Frucht:
Höhe 24 bis 27 mm
Breite 26 bis 27 mm
Dicke 24 bis 25 mm
100-Frucht-Gewicht 800 bis 1100 g
100-Stein-Gewicht 42 bis 53 g

Spitze Braune

Schwarzbraune Herzkirsche mit färbendem Saft.
Ähnliche Namen sind 'Spitzkirsche', 'Erligheimer Spitzenbraune' und 'Walheimer Spitzenbraune'.
Synonyme sind keine bekannt.
Abstammung, Herkunft und Verbreitung: Die Abstammung und Herkunft dieser Lokalsorte des mittleren Neckarraumes liegt im Dunkeln. Seit den 30er Jahren dieses Jahrhunderts ist sie vor allem im Weinklima dank ihrer günstigen Fruchtqualität und ihrer Ertragstreue eine vorteilhafte, frühe Sorte.
Standortansprüche: Die Sorte hat zweifellos im Weinbauklima vorrangige Bedeutung. Sie gedeiht zwar auch in kühlen Höhenlagen, der Fruchtansatz läßt dort aber gelegentlich zu wünschen übrig. Gut wasserversorgte Böden führen zu befriedigenden Wuchs- und Ertragsleistungen. Lößlehmböden, lehmige Sandböden und sandige Lehmböden mit guter Durchlüftung und hoher natürlicher Nährkraft bringen Rekorderträge zuwege. Windlagen führen zu einer gewisen Beeinträchtigung des großen Blattes. In Höhenlagen sind darum mehr geschlossene, warme Mulden für den Anbau günstig.

Baum

Wuchs: 'Spitze Braune' ist anfänglich starkwüchsig bis sehr starkwüchsig. Die schräg aufgerichteten Leitäste bilden ein ausgeglichenes Kronengerüst mit mittellangzweigigem Seitenholz und gleichmäßig verteiltem Fruchtholz. Die Kronenform ist breitpyramidal. Sortentypisch ist relativ dünnes Seitenholz in Form von nicht allzu kräftigen Fruchtspießen bzw. Ringelspießen. Die Blütenbildung setzt im unteren Fünftel des vorjährigen Langtriebes ein. Überwiegend ist der drei- bis vierjährige Kronenbereich für einen guten Fruchtertrag ausschlaggebend. Neben vielen einzelnen Kirschen sind an den Kurztrieben mindestens zur Hälfte Zwillingsfrüchte zu ernten. Infolge der großen, früh einsetzenden Fruchtbarkeit kommt es zu hängenden Fruchtästen, die große, satt-

grüne Blätter tragen. Charakteristisch ist die wellige Aufbiegung des doppeltgesägten Blattrandes. In Wintern mit sehr tiefen Temperaturen können bei dieser Sorte die Knospen erfrieren. Langanhaltende, schwülfeuchte Witterungsperioden während der Reifezeit führen zum Faulen der Früchte.
Blüte und Befruchtung: Die Sorte blüht mittelfrüh, geeignete Befruchtersorten sind 'Kassins Frühe', 'Unterländer', 'Geisenheimer Schwarze Knorpel', 'Prinzeßkirsche', 'Büttners Rote Knorpel' und 'Königskirsche'.
Ertrag: Guter Träger, Früchte von beachtlicher Größe.

Frucht

Reife: Die Reifezeit liegt Ende der 3. bis Mitte der 4. Kirschenwoche.
Größe und Form: Die Frucht ist groß bis sehr groß, herzförmig und gegen den Stempelpunkt zu verjüngt und läuft dort in eine sortentypische Spitze aus (vgl. Name). Diese Spitze ist meist etwas dunkler gefärbt als die übrige Frucht.
Stiel: Der Fruchtstiel ist mittellang, hellgrün und am Stielende zur Frucht hin rot gefärbt.
Haut: Sie ist braunrot bis schwarzbraun und glänzend.
Fleisch: Braun- bis schwarzrot, mäßig fest und sehr saftig.
Geschmack: Süß, mild würzig, insgesamt angenehm im Geschmack.

Anbau und Markt

Früh und in beachtlicher Höhe einsetzende Fruchtbarkeit führt zu großfrüchtigen, sehr ansprechenden Kirschen. 'Spitze Braune' ist Spätfrösten gegenüber recht robust. Im Weinbauklima bis hin zu den Standorten am Albtrauf zeichnet sich die Sorte durch Gesundheit, Frohwüchsigkeit und Ertragstreue aus. Die Früchte sind in lockerer Verteilung entlang des mehrjährigen Fruchtungsbereiches am Fruchtholz aufgereiht. Sie lassen sich von Hand gut abernten. Da die Sorte mäßige Regenschauer ohne zu platzen gut übersteht, ist sie stärker verbreitet. In der mittelfrühen Reifegruppe gilt sie als eine wertvolle Kirschensorte von guter Qualität und ausreichender Transportfestigkeit. Ihre Verwertbarkeit zum Rohgenuß, als Saft- und Marmeladenkirsche sichern ihr weiterhin einen Platz im Erwerbs- und Liebhaberobstbau.

Spitze Braune

Star

Schwarzbraune Knorpelkirsche mit färbendem Saft.
Ähnliche Namen oder Synonyme sind keine bekannt.
Abstammung, Herkunft und Verbreitung: 'Star' ist eine Züchtung der Versuchsstation Summerland, British Columbia/ Kanada. Sie ist ein frei abgeblühter Sämling von 'Deacon'. Die Sorte wurde 1949 vom Züchter zum Anbau freigegeben. Im Ursprungsland und in den USA ist sie im Erwerbsanbau verbreitet. Sie hat auch in Deutschland, in Österreich und in der Schweiz infolge ihrer guten Eigenschaften Freunde gewonnen.
Standortansprüche: Es ist nichts Nachteiliges bekanntgeworden. In Versuchsanlagen auf den verschiedensten Böden und in unterschiedlichen Klimaräumen hat 'Star' bislang die in sie gesetzten Erwartungen erfüllt, vorausgesetzt, es handelte sich dabei von vornherein um kirschfähige Standorte.

Baum

Wuchs: Anfänglich mittelstarkwüchsig, in der Ertragsphase nachlassend; flach aufwärtsgerichtete Hauptäste tragen mittellanges Seitenholz, das mit reichlichem Fruchtholz garniert ist. Das Blattwerk ist gesund, groß und kräftig. Die Krone hat eine breitkugelige Form.
Blüte und Befruchtung: Mittelspäte bis späte Blühzeit macht 'Star' als Befruchtersorte zum Beispiel für 'Hedelfinger' geeignet. Befruchtersorten für 'Star' sind 'Hedelfinger' und 'Schauenburger'. In Deutschland sind die Befruchtungsverhältnisse mit vielen heimischen Sorten noch nicht untersucht.
Ertrag: Setzt früh bis sehr früh ein und ist danach sehr gut und regelmäßig. Die Pflückbarkeit mit und ohne Stiel ist günstig, da die Früchte in Büscheln hängen. Ertragssicherheit ist trotz vielfach starkem Röteln gegeben, da die überreiche Blüte zu einem guten Fruchtansatz führt.
Krankheiten und Mängel: Starker Rötelbefall, jedoch kaum ertragsmindernd. Die Sorte ist anfällig für Bakteriosen. In manchen Jahren kommt es sogar zum Gummifluß.

Frucht

Reife: Reifezeit 5. bis 6. Kirschenwoche, etwa mit 'Hedelfinger'.

Star

Größe und Form: Sehr groß, herzförmig und von der Bauchseite her zusammengedrückt; Stielgrube mittelbreit, tief und stempelseitig gerundet.
Stiel: Kurz bis mittellang, mittelkräftig und am Ansatz zum Teil gerötet.
Stempelpunkt: In seichtem Grübchen sitzend, manchmal auch auf der Frucht leicht erhöht.
Stein: Groß, mäßig bis leicht vom Fruchtfleisch lösend; eiförmig.
Haut: Schwarzbraun mit starkem Glanz, stempelwärts fein punktiert. Stark regenempfindlich.
Fleisch: Rot bis hellrot, mittelfest bis fest, knorpelig, saftig, ordentlich steinlösend.
Geschmack: Mild, ausgeglichen, in Zucker und Säure harmonisch.

Anbau und Markt

Früher Ertragseintritt sowie gute und regelmäßige Erträge kennzeichnen 'Star'. Pflückbarkeit mit und ohne Stiel sind weitere Eigenschaften, die die Sorte wertvoll machen. Da sie zudem im Vollertragszeitraum schwach wächst, ist 'Star' für Intensivkulturen im Weinbauklima bis in mittlere Höhenlagen eine wertvolle Neueinführung. Sie eignet sich auch für den Liebhaber in kleinen Gärten. 'Star' ist eine hervorragende Tafelkirsche. Unter normalen Witterungsbedingungen gibt es kaum Probleme, die Kirschen platzen jedoch nach trockenem Aufwachsen und anschließenden durchweichenden Regenfällen kurz vor der Reife.

Daten zur Frucht:
Höhe 22,5 bis 25,0 mm
Breite 25,0 bis 25,5 mm
Dicke 23,0 bis 22,0 mm
100-Frucht-Gewicht 650 bis 780 g

Starking Hardy Giant

Rotbraune bis schwarzbraune Knorpelkirsche der 5. bis 6. Reifewoche.
Ähnliche Namen oder Synonyme sind keine bekannt. Ursprünglicher Name: 'Meyer'.
Abstammung, Herkunft und Verbreitung: 1925 von O.R. Meyer in Wisconsin/USA entdeckt und seit 1949 unter dem Namen 'Starking Hardy Giant' im Handel. Die Abstammung des Sämlings ist unbekannt. In den 60er Jahren aus den USA nach Europa gebracht bzw. durch italienische und französische Baumschuler als Lizenzsorte der Baumschule Stark Brothers, Louisiana/USA, eingeführt. Infolge hervorragender Fruchtgröße wurde die Sorte im Versuchsanbau in ganz Deutschland erprobt. Im Erwerbsanbau steht sie vor allem in trockenen Gebieten von Frankreich, Italien und Deutschland.
Standortansprüche: Gute Kirschenböden mit ausreichender Wasserführung im Wein- und Obstbauklima bringen hervorragende Ergebnisse. Auch auf flachgründigen Standorten ist die Sorte in der Leistung noch befriedigend. Gebiete mit höheren Frühsommerniederschlägen eignen sich nicht.

Baum

Wuchs: Anfänglich mittelstarkwüchsig, doch in der Haupttertragszeit rasch nachlassend infolge hoher, sicherer und regelmäßiger Ertragsleistungen. Sortentypisch sind schräg aufwärtsgerichtete Leitäste mit waagrecht abgehendem Seitenholz. Die Sorte eignet sich zur Spindelerziehung. Das Blatt ist mittelgroß, flach ausgebreitet und leicht schiffchenförmig aufgefaltet und hat eine feine Zähnung. Sortentypisch ist ein starker Bakteriosebefall der Blätter im Frühsommer. Offensichtlich leidet darunter die Ausbildung der Früchte aber nicht.
Fruchtholz: Die einjährigen Triebe sind rötlich hellbraun, mittellang, schlank und haben wenige weiße Lentizellen. Bereits im Folgejahr weisen die Triebe fast auf der halben Länge von unten her Blütenknospen auf. Pro Blütenknospe erscheinen 1 bis 3 Blüten. Sehr regelmäßig, gleichmäßig und reich ist die Garnierung mit Kurztrieben in Form von Fruchtspießen; bei nachlassender Wüchsigkeit und höherem Alter der Baumkrone bilden sich zunehmend Ringelspieße. Die Krone ist breitkugelig. Die mehrjährigen Triebe in Form der Ringelspieße und Fruchtspieße sind locker aber gleichmäßig aufeinander folgend im 2- bis 4jährigen Kronenbereich angeordnet. Die Einzelknospe enthält 3 bis 5 Blüten. Sie stehen auf mittellangen, grünen, kräftigen Stielen.
Blüte und Befruchtung: 'Starking Hardy Giant' blüht mittelfrüh und reagiert mäßig empfindlich auf Blütenfrost. Als Befruchtersorten eignen sich 'Frühe Rote Meckenheimer', 'Sam' und 'Van'.
Ertrag: Er setzt früh ein, meist schon im zweiten Standjahr und ist hoch und regelmäßig.

Starking Hardy Giant

Krankheiten und Mängel: Große Empfindlichkeit des Blattwerks für Bakterienbrand; stark anfällig für die Krötenhautkrankheit.

Frucht

Reife: 'Starking Hardy Giant' reift in der 5. bis 6. Reifewoche. Geerntet werden kann bei beginnender Reife, wenn die Früchte rot sind. Allerdings haben sie dann nicht die sortentypische Größe und das Fruchtfleisch ist noch nicht durchgefärbt.
Größe und Form: Sehr groß, auch bei reichem Ertrag immer noch beachtlich groß; breit, stumpf und herzförmig.
Stiel: Er ist mittellang, kräftig, dunkelgrün und sitzt in einer sehr gleichmäßig eingesenkten Stielgrube; sie ist zur Bauchnaht hin leicht geöffnet.
Haut: Dunkelbraunrot hell gesprenkelt, zäh und leicht abziehbar.
Fleisch: Dunkelrot, sehr knorpelig, saftig und zum Teil am Stein haftend.
Geschmack: Sehr süß, leicht säuerlich, eine der wohlschmeckendsten Sorten.

Starking Hardy Giant

Anbau und Markt

'Starking Hardy Giant' ist eine hervorragende, sehr großfrüchtige, reich tragende und wohlschmeckende Neuzüchtung. Ihr großer Wert tritt insbesondere bei der Belieferung des Frischmarktes zu Tage. Wer 'Starking Hardy Giant' anbaut, kann mindestens 14 Tage lang seine Bestände abernten. Die Frucht bleibt auch voll entwickelt mindestens 8 bis 10 Tage am Baum hängen. Von diesem Zeitpunkt an läßt sie sich durch Schütteln leicht ernten. Nur mäßig platzfest, insbesondere bei beginnender Reife. Setzt nach dem Platzen sonnige Witterung ein, so trocknen die aufgeplatzten Stellen ein. Die Frucht ist dann aber nicht mehr für den Frischmarkt brauchbar. Bei längeren Nässeperioden fault die Frucht. Sie eignet sich hervorragend für die Handernte und für die Schüttelernte. Die Frucht löst bei Vollreife völlig trocken vom Stiel. Transportfestigkeit und Lagerfähigkeit sind hervorragend. Der sortentypische Glanz der Früchte bleibt mehrere Tage auch im Lager erhalten. Jährlich sind etwa zwei zusätzliche Sonderbehandlungen gegen den Bakteriosebefall erforderlich. Die dafür aufzuwendenden Mühen und Kosten werden durch sichere Erträge an großen Früchten wieder wettgemacht.

Daten zur Frucht:
Höhe 25 bis 26 mm
Breite 25 bis 27 mm
Dicke 23 bis 25 mm
100-Frucht-Gewicht 640 bis 825 g
100-Stein-Gewicht 38 bis 42 g

Teickners Schwarze Herzkirsche

Dunkle, braunviolette Herzkirsche mit färbendem Saft.
Synonyme oder ähnliche Namen sind keine bekannt.
Abstammung, Herkunft und Verbreitung: Ein Zufallssämling aus den Anlagen des Baumschulers Wilhelm Teickner in Gernrode/Harz. Nach 15jähriger Beobachtung vom Entdecker 1936 eingeführt. Die Sorte ist heute in Mitteldeutschland und im Witzenhausener Anbaugebiet verstärkt in Ertragsanlagen zu finden. In den übrigen Gebieten Deutschlands wurde die Sorte ebenfalls verbreitet. Im Liebhaberanbau ist 'Teickners Schwarze Herzkirsche' wegen der vielseitigen Verwertbarkeit und der guten Baum- und Fruchteigenschaften heute eine gern verwendete, frühreifende Herzkirsche.
Standortansprüche: 'Teickners' ist dankbar für nährstoffreichen Boden. Nur auf ihm können die reichlich angesetzten Früchte auch die gewünschte Größe erreichen. Gute Standorte sind sowohl sehr warme, warme als auch mäßig warme Klimaräume. Der Boden sollte mäßig frisch bis frisch sein und eine natürliche Nährkraft im Bereich mäßig bis sehr groß aufweisen. Die Sorte nimmt ansonsten mit allen Lagen vorlieb, wenn man dazu bereit ist, bei der Fruchtgröße Abstriche zu tolerieren.

Teickners Schwarze Herzkirsche

Teickners Schwarze Herzkirsche

Baum

Wuchs: Frisch gepflanzte Bäume wachsen mittelstark bis stark, je nach natürlicher Nährkraft der Böden. Die Leitäste stehen schräg bis steil aufwärts und sind gleichmäßig und zahlreich mit waagrecht gerichteten Seitenästen besetzt. Charakteristisch ist die starke Bildung von Bukett-Trieben. Die Kronenform läßt sich am ehesten mit hochkugelig charakterisieren. Das Blatt ist groß, dunkelgrün und nimmt überwiegend eine hängende Stellung ein. Charakteristisch sind die gleichmäßige Zähnung und ein gewellter, eingerollter Blattrand. Der Blattstiel ist kräftig und meist in der äußeren Kronenperipherie rotgefärbt.
Fruchtholz: Einjährige Triebe bilden sich willig an den hellbraunen Seitenästen. Nur wenig Blüten werden in den unteren 4 bis 5 Knospen angelegt. Im 2- bis 5jährigen Bereich finden sich zahlreiche Bukettzweige. Der mehr als 6 Jahre alte Kronenbereich ist verkahlt.
Blüte und Befruchtung: Die mittelfrüh erscheinenden Blüten kommen folgernd, dadurch zieht sich die Blühzeit fast eine Woche lang hin. Die Blüten sind relativ frostwiderstandsfähig, ehe sie sich voll geöffnet haben. Wegen der langen Blühzeit ist 'Teickners Schwarze Herzkirsche' eine hervorragende Befruchtersorte. Intersterilität mit einer Sortengruppe ist bisher nicht festgestellt worden. Geeignete Befruchtersorten sind zum Beispiel 'Braunauer', 'Große Prinzessin', 'Werdersche Braune' und 'Maibigarreau'.
Die Einzelblüte steht auf einem mäßig dikken, mittelgrünen Blütenstiel. Es gibt viele Doppelblüten, gelegentlich kommen auch Dreifach-Blüten vor. Für den späteren reichen Ertrag ist in erster Linie die starke Blütenbildung an den Kurztrieben verantwortlich.
Die letztjährigen Langtriebe tragen bei Bäumen im Vollertrag jedoch ebenfalls (meist) Einzelblüten im unteren Fünftel der Länge.
Ertrag: Er setzt früh ein, die Fruchtbarkeit ist sehr hoch, Ertragssicherheit ist gegeben. Auch alte Bäume liefern noch reiche Erträge. Die Fruchtgröße läßt sich durch gelegentlichen Rückschnitt bei nachlassender Wüchsigkeit erheblich steigern.
Krankheiten und Mängel: Nichts Auffälliges ist darüber bekannt. Auch das Holz ist verhältnismäßig frostwiderstandsfähig.

Frucht

Reife: Reifebeginn zu Anfang der 3., Vollreife Ende der 3. Kirschenwoche, erstreckt sich bis in die Mitte der 4. Kirschenwoche.
Größe und Form: Mittelgroß bis groß, gleichmäßig, stumpf-herzförmig, rückenseitig mäßig gewölbt, bauchseitig in der oberen Hälfte ebenfalls stark gewölbt, Griffelseite auch leicht abgeplattet, stumpf herzförmig.
Stiel: Mittellang bis kurz, kräftig hellgrün, sitzt in einer flachen bis mitteltiefen Mulde.
Stempelpunkt: Klein, liegt in einem flachen Grübchen.
Stein: Er ist klein bis mittelgroß, kugelig mit deutlichen Seitenwülsten, in eine stumpfe Spitze mündend.
Haut: Zäh, dünn, glatt, glänzend, braunviolett, vollreif in dunkles Schwarzbraun übergehend, ganz fein gepunktet, mit genarbter, dunkler Bauchnaht.
Fleisch: Braunviolett, weich, gallertartig, stark saftend, mit hellroten Adern durchzogen, mäßig steinlösend.
Geschmack: Süß, mit fein angedeuteter Säure, schwach aromatisch. Bei starkem Behang vor der Vollreife oft auch leicht bitterlich.

Anbau und Markt

Eine robuste Herzkirschensorte, die als Massenträger bekannt und beliebt ist. Sie vermag hohe Düngergaben gut zu verwerten. Sie eignet sich für die Frischvermarktung wie auch für die Konservierung und gehört in der frühen Reifeperiode zu den wertvollen Sorten. Früchte dieser Sorte lassen sich infolge des Büschelbehangs im vollreifen Zustand gut mit dem Stiel ernten. Mechanische Ernte durch Schütteln ist bei überreifen Früchten ebenfalls bedingt möglich. Transporte über weitere Wegstrecken werden recht gut überstanden. Bei zu reichlichem Behang in Regenperioden von längerer Dauer faulen die Früchte. Sie leiden nicht unter Windeinfluß und gelten als mäßig regenfest.

Daten zur Frucht:
Höhe 22 bis 24 mm
Breite 23 bis 25 mm
Dicke 20 bis 22 mm
100-Frucht-Gewicht 505 bis 560 g
100-Stein-Gewicht 39 bis 42 g

Unterländer

Dunkelbraunrote Knorpelkirsche mit färbendem Saft.
Synonyme sind keine bekannt, dafür wird die Sorte gelegentlich lokal mit örtlichen Bezeichnungen versehen, zum Beispiel 'Rommelshauser Riesen'. Falsch ist die Bezeichnung 'Große Schwarze Knorpel', unter der diese Sorte gelegentlich geführt wird.
Abstammung, Herkunft und Verbreitung: Ursprünglich ein Sämling aus dem Esslinger Anbauraum. Eine gewisse Ähnlichkeit mit 'Große Schwarze Knorpel', bei allerdings früherer Reife, ist der Sorte nicht abzusprechen. Deshalb wurde sie auch zunächst auf dem Schurwald, dann am Albtrauf, im 20. Jahrhundert in ganz Württemberg und seit den 60er Jahren auch am Oberrhein verbreitet. Versuchsweise ist die Sorte in verschiedenen Anbaugebieten Deutschlands heute im Anbau.
Standortansprüche: Die Sorte verlangt mittlere Lagen mit tiefgründigen, warmen Böden und ausreichender wasserhaltender Kraft. Dort entfaltet sie ihre volle Stärke hinsichtlich Fruchtbarkeit, Fruchtgröße und Geschmack. Sie gedeiht aber auch auf weniger tiefgründigen Standorten und auf schweren Böden. Wichtig ist vor allem kurz vor und während der Reife eine gute Durchfeuchtung des Standortes.

Baum

Wuchs: In den ersten zwei bis drei Standjahren ist der Wuchs kräftig. Mit den früh einsetzenden Erträgen läßt er aber nach. In der Haupttertragszeit ist die Sorte allenfalls mittelstarkwüchsig. Steil bis schräg aufwärts gerichtete Leitäste sind bei 'Unterländer' mit wenig verzweigten Seitenästen besetzt. Sie gehen fast waagrecht ab und sind sortentypisch ausgesprochen dünn. Die Kronenform ist breitpyramidal. Das kräftige, breite und dunkelgrüne Blatt ist gleichmäßig weit gezähnt und leicht nach oben aufgefaltet.
Fruchtholz: Die einjährigen Triebe sind in den unteren 4 bis 5 Augen bereits mit Blütenknospen besetzt, die jeweils zwei bis drei Blüten tragen. Die Haupternte kommt jedoch aus dem zwei- bis dreijährigen Kronenbereich. Hier sind Kurztriebe mit 3 bis 5 Blütenknospen, die jeweils 3 bis 4 Einzelblüten tragen, charakteristisch. Ab dem 4. Kronenbereich beginnt bereits die sortentypische Verkahlung. Ringelspießbildung ist durch die vegetative Terminale der Fruchtspieße gegeben.
Blüte und Befruchtung: Frühblühend, Blühzeit nach 4 bis 5 Tagen beendet. Über Befruchtungsverhältnisse ist nichts Näheres bekannt. Ausgesprochene Fruchtspieße mit reichem Blütenbesatz sind charakteristisch.
Ertrag: Die Sorte blüht schon im 3. Standjahr, aber erst im 5. setzt sie mit nennenswerten Erträgen ein. Ab diesem Entwicklungsstadium ist 'Unterländer' ein reicher und regelmäßiger Träger. Die Früchte sitzen überwiegend an Kurztrieben im zwei- bis vierjährigen, gut belichteten Kronenbereich.
Krankheiten und Mängel: Der Baum neigt gelegentlich zu Spitzendürre und es kann ein einzelner, älterer Ast vertrocknen. Das Holz ist leider nur mäßig frostfest. Frostrisse in Jahren mit stark ausgeprägten Temperaturgegensätzen im Frühjahr sind ein Problem. Auch kommt es hin und wieder zu Gummifluß an den frostgeschädigten Astpartien.

Frucht

Reife: Beginnt Ende 4., Anfang 5. Reifewoche und zieht sich etwa 10 Tage hin.
Größe und Form: Mittelgroß bis groß. Nimmt in den letzten Tagen vor der Vollreife noch beachtlich zu. Sehr gleichmäßig in der Form. Breiteiförmig, ähnlich 'Große Schwarze Knorpel'. Bauchseitig etwas abgeflacht, Rückenfurche angedeutet.
Stiel: Helles Grün, mittellang bis kurz, kräftig, fest mit dem Fruchtfleisch verbunden, in der Überreife leicht lösend, ohne daß die Frucht blutet. In einer gleichmäßigen Stielgrube sitzend.
Stempelpunkt: Ausgeprägt, sitzt in einer flachen Vertiefung.
Stein: Mittelgroß, fast kugelig mit angedeuteter Spitze; löst leicht vom Fruchtfleisch.

Unterländer

Haut: Dick, fest, braunschwarz bis tiefschwarz, glänzend, fein gestrichelt, läßt sich nicht vom Fruchtfleisch abziehen.
Fleisch: Dunkel- bis schwarzrot, mittelfest, sehr saftig.
Geschmack: Sehr süß, schwach säuerlich, pikant.

Anbau und Markt

'Unterländer' ist eine beachtenswerte Lokalsorte, die aufgrund ihrer hervorragenden Fruchteigenschaften eine größere Anbaubreite verdient. Sie ist als frühe Knorpelkirsche auch deshalb günstig, weil sie zu einer Zeit reift, in der besonders großfrüchtige Sorten fehlen. Sie ist äußerst transportfest und bewahrt mehrere Tage ihren starken Glanz. Eine Frucht insbesondere für den Frischmarkt und für die Konservierung. Etwas anfällig für Blütenfrost, mittelspät austreibend, mittelspät blühend, deshalb in guten Lagen und im Weinbauklima eine hervorragende Frucht, aber ihre Ansprüche an Standort und Lage müssen erfüllt sein. In Regenperioden zeigt die Frucht relativ gutes Standvermögen, mehr als die meisten Sorten der vorangegangenen Reifewochen. Sie ist aber dennoch nicht ganz platzfest.

Daten zur Frucht:
Höhe 22 bis 24 mm
Breite 22 bis 26 mm
Dicke 22 bis 24 mm
100-Frucht-Gewicht 670 bis 760 g
100-Stein-Gewicht 32 bis 36 g

Valeska

Dunkelbraunrote Herzkirsche mit färbendem Saft.
Ähnliche Namen oder Synonyme sind keine bekannt.
Abstammung, Herkunft und Verbreitung: Eine Neuzüchtung aus dem seit 1953 laufenden Kirschenzüchtungsprogramm der OVA Jork. Gewonnen als Auslese aus der Nachkommenschaft der Kreuzungspartner 'Rube' × 'Stechmanns Bunte'.
Standortansprüche: Die Sorte hat auf Geest- und Marschböden des Alten Landes überzeugt. In Süddeutschland steht sie sowohl auf kräftigen Lehmböden, als auch auf tonigen, bindigen Jurahangschuttböden am Albtrauf. Ihr Wärmebedarf scheint nicht besonders hoch zu sein. Dankbar ist 'Valeska' für gute Wasserversorgung während der Reifezeit. Durchlüftete, milde Lößböden bis Lehmböden mit hoher natürlicher Nährkraft bringen eine beachtliche Produktivität und Nachhaltigkeit im Ertrag zustande. Die Sorte scheint wenig blütenfrostgefährdet zu sein. Auch das Holz ist ausreichend frostfest. Für windoffene Lagen eignet sie sich noch.

Baum

Mittelstarker Wuchs, steile Leitaststellung, langzweigiges Seitenholz und viele Fruchtspieße sind charakteristisch ebenso wie eine hochstrebende, pyramidalgeformte Krone. Sortentypisch sind ferner der lockere Kronen- und Astaufbau, dünntriebiges Seitenholz und große, hellgrüne, starkgezähnte Blätter. Durch größere Erträge läßt die Wüchsigkeit bald nach. Ein Auslichtungsschnitt ist deshalb von Zeit zu Zeit angebracht. Die Sorte ist robust und gesund, bei nichtzusagenden Standortverhältnissen (naßkalte Böden) zeigt sich jedoch eine gewisse Anfälligkeit für Bakterienbrand.
Blüte und Befruchtung: Die Sorte blüht sehr früh; als Befruchtersorten kommen 'Zum Feldes Frühe Schwarze', 'Blanke', 'Holsteiner', 'Sumfleths Frühe Bunte' und 'Gehrdener' (nach Angaben von Erika von Vahl) in Frage.

Frucht

Die Reife liegt in der 3. bis 4. Kirschenwoche. Die Frucht ist groß, länglich-herzförmig, sehr gleichmäßig und auf der Bauchseite fast flach, dazu dunkelbraunrot und vollreif ins Schwarze gehend. Die zähe Fruchthaut ist verantwortlich für eine gewisse Platzfestigkeit. Das Fruchtfleisch ist weich, gallertartig, dunkelrot und sehr saftig. Der Geschmack darf mit herzhaftaromatisch und mit feiner Süße bezeichnet werden. Nur in ganz extremen Trokkenjahren schmeckt die Frucht leicht bitter. Der hellgrüne Stiel der Frucht ist mittellang bis lang.

Anbau und Markt

Frühe Fruchtbarkeit, beachtliche Fruchtgröße, sicherer und regelmäßiger Ertrag sowie guter Geschmack bei ausreichender Platzfestigkeit und guter Transportfestigkeit sichern dieser Sorte das Interesse der Erzeuger wie der Abnehmer. Die Frucht läßt sich gut von Hand pflücken, weniger günstig ist die Schüttelfähigkeit infolge des langen, dünnen Stiels. Hohe Pflückleistung bei der Handernte ist durch den büschelförmigen Fruchtansatz an den fruchttragenden Ästen möglich. Auch in Windlagen sind die Erträge beachtlich. Nach der

Valeska

Van

vollen Reife kann die Frucht problemlos mindestens 8 bis 10 Tage am Baum bleiben. 'Valeska' ist eine wertvolle, großfrüchtige Neuzüchtung mit vielseitiger Verwendungsmöglichkeit. Der Frischmarkt, die Konservenindustrie und das Brennereigewerbe können mit ihr beliefert werden. Im Liebhaberobstbau gilt 'Valeska' als Sorte mit langer Erntezeit.

Van

Dunkelbraunrote Knorpelkirsche mit färbendem Saft.
Ähnliche Namen oder Synonyme sind keine bekannt.
Abstammung, Herkunft und Verbreitung: Diese neue Sorte ist ein frei abgeblühter Sämling der Sorte 'Empress Eugenie'. Er entstand in der Versuchstation Summerland, British Columbia, Kanada. Im Jahre 1944 wurde sie vom Züchter A.J. Mann zum versuchsweisen Anbau freigegeben. Den Namen erhielt 'Van' zu Ehren des Obstzüchters J.R. van Haarlem aus Vineland/Ontario. Zunächst fand sie Verbreitung in Kanada und in den Vereinigten Staaten. Seit Mitte der 60er Jahre ist sie in Frankreich, Italien und Deutschland im Versuchsanbau.
Standortansprüche: 'Van' zeigt ihre große Stärke am besten in geschützten, warmen Lagen im Weinbaugebiet. Auch noch in mittleren Höhenlagen leistet sie Beachtliches hinsichtlich Fruchtansatz und Fruchtgröße. Warme, gut mit Nährstoffen versorgte und tiefgründige Böden sagen ihr besonders zu. Ausreichende Wasserversorgung ist das Geheimnis für große Früchte auch bei extrem starkem Behang. Da sie mittelfrüh aufblüht, dürfte sie an den allermeisten Standorten mit Ausnahme ausgesprochener Spätfrostgebiete in Tallagen einen guten Fruchtansatz bringen.

Baum

Wuchs: Die Anfangsentwicklung in den ersten zwei bis vier Standjahren ist durch kräftigen Wuchs gekennzeichnet. Auch in der Vollertragszeit wächst 'Van' immer noch kräftig. Die Leitäste sind sortentypisch schräg aufwärts gerichtet. Ab dem 4. bis 5. Standjahr neigen sie sich etwas mehr in die Waagerechte. Dadurch bildet sich eine breitkugelige bis breitpyramidale Krone. Große Blätter und gedrungene bis kurze, kräftige, rötlichgefärbte Blattstiele sind sortentypisch.
Fruchtholz: Die einjährigen Triebe sind mittellang und kräftig. Sie sind von rötlichbrauner Farbe, silbrig-weiß überzogen und mit weißlichen Lentizellen dünn besetzt. Fruchtspieße finden sich im zwei- bis fünfjährigen Kronenbereich. Die Triebe sind außerordentlich stark damit garniert. Im Schnitt enthält jede Knospe an den Langtrieben zwei Blüten. An Ringelspie-

Van

ßen und Fruchtspießen sind vorwiegend drei Blüten angesetzt. Neigung zur Verkahlung ist ab dem fünfjährigen Kronenbereich gegeben.
Blüte und Befruchtung: Die Einzelblüte öffnet sich mittelfrüh, die Blühzeit ist relativ kurz. Nach nordamerikanischen Erfahrungen gilt sie als guter Pollenspender. Geeignete Befruchtersorten sind u.a. 'Bing', 'Burlat', 'Frühe Rote Meckenheimer', 'Lambert', 'Napoleonskirsche', 'Sam', 'Schneiders Späte Knorpel' und 'Starking Hardy Giant'. Die Einzelblüte ist relativ groß; sehr kurze, kräftige und hellgrüne Blütenstiele tragen betont dunkelgrünlichrot gefärbte Kelchblätter.
Ertrag: Die Sorte 'Van' trägt früh, schon im zweiten Standjahr; ab dem vierten Standjahr bereits reich und sehr regelmäßig. Die Früchte sind in dichten Büscheln auf extrem kurzen Stielen angesetzt. Ausreichende Nährstoffzufuhr ist Voraussetzung für große Früchte trotz reichem Behang.
Krankheiten und Mängel: Im Holz ist 'Van' leider nur mäßig frosthart. Auch tritt gelegentlich in niederschlagsreichen Gebieten bzw. Jahren ein stärkerer Befall des Blattwerks durch den Bakterienbrand auf. Dafür ist die Blüte für eine Süßkirsche relativ frosthart.

Frucht

Reife: 'Van' zeigt schon Ende der vierten Kirschenwoche erste, gleichmäßig rot gefärbte Früchte. Die allgemeine Reife setzt jedoch eher in der fünften Reifewoche ein. In trockenen Jahren kann mit dem Pflücken dann noch weitere 5 bis 8 Tage gewartet werden. Die Früchte lassen sich leicht ohne Stiel völlig trocken ernten.
Größe und Form: Sehr groß bei mittlerem Behang und bei Vollertrag immer noch großfrüchtig. Die Frucht ist breit-herzförmig, geschultert und sehr ebenmäßig ausgebildet.
Stiel: Kurz bis sehr kurz, grün, dick und in einer flachen Stielgrube sitzend; sie läuft zur Bauchnaht hin in einer Furche aus.
Stein: Mittelgroß, löst nur mäßig gut vom Fruchtfleisch.
Haut: Dick, zäh, besonders stark glänzend und anfänglich intensiv rot; in der Vollreife dunkelbraunrot bis schwarzbraun.
Fleisch: Dunkelrot, sehr fest, knorpelig, saftreich; der dunkelbraunrote Fruchtsaft tritt aber nur unter Druck aus.
Geschmack: Bei Vollreife süß, mild, mit feinem Kirscharoma; sehr ausgeglichen.

Anbau und Markt

'Van' ist eine beachtenswerte, neuere Sorte, die wegen ihres frühen Ertragsbeginns, ihrer Ertragstreue und ihrer Fruchtgröße Aufsehen erregte. In den süddeutschen Gebieten wird diese Sorte mehr und mehr wegen ihrer vielen Vorzüge beachtet. Aller Wahrscheinlichkeit nach gehört sie zu den wenigen Sorten, die sich von den Neuheiten im Erwerbsanbau und in der Liebhaberkultur durchsetzen werden. Die betont harte Frucht ist leider nur mäßig platzfest. In Trockenjahren läßt allerdings auch die Größe zu wünschen übrig. Sie bleibt dann nur mittelgroß; auch der Geschmack erreicht dann nicht seine volle Ausprägung. Wegen des büscheligen Behanges ist 'Van' leider anfällig für Fäulnis. Sie wird deshalb oft etwa eine Woche vor der Vollreife geerntet. Wird sie zu diesem Zeitpunkt mit Stiel gepflückt, so haften die Stiele relativ fest an den Zweigen. Zudem ist die Pflückbarkeit mit Stiel wegen seiner Kürze etwas erschwert. Vollreife Früchte lassen sich absolut trocken ernten und sogar abschütteln.

Werdersche Braune

Dunkelbraune, feste Herzkirsche mit färbendem Saft.
Ähnliche Namen oder Synonyme sind keine bekannt.
Abstammung, Herkunft und Verbreitung: Unbekannt. Seit ca. 150 Jahren im Kreis Querfurt/Mitteldeutschland angebaut. Von dort verstärkt in den mitteldeutschen Kirschenanbaugebieten verbreitet, in Westdeutschland nur vereinzelt im Anbau.
Standortansprüche: Gering. Befriedigt auch noch in Höhengebieten oder in windausgesetzten und niederschlagsreichen Lagen. Alle noch kirschenfähigen Böden und die Bereiche vom Weinklima bis zum Obstklima sind für den Anbau geeignet. Naturgemäß bringen gut durchlüftete Böden mit einer hohen natürlichen Nährkraft große Ernten und etwas größere Früchte. Die Frosthärte von Holz und Blüte ist ausreichend.

Werdersche Braune

Baum

Zwei bis drei Jahre nach der Pflanzung starkwüchsig mit schrägaufrechten Leitästen; Seitenäste gehen davon fast waagrecht ab. In Verbindung mit dem reichlich vorhandenen Fruchtholz im 2- bis 5jährigen Kronenbereich bildet sich eine breite, hochpyramidale und lockere Krone. Mittelgroße, breitovale und fast waagrecht ausgebreitete Blätter mit gesägtem Rand geben den Kirschen einen gewissen Schutz. Gelegentlich muß durch Entfernen der Afterleittriebe und Abspreizen der Leitäste formiert werden. In der Hauptertragszeit genügt hin und wieder das Auslichten der im übrigen wenig verkahlenden Fruchtäste. Anfälligkeiten für Krankheiten und Schädlinge sind keine bekannt. Der Ertrag setzt früh ein, und ist danach reichlich und regelmäßig. Die Blühzeit ist mittelspät bis spät mit zugleich langer Blühdauer. Geeignete Befruchtersorten sind 'Kassins Frühe', 'Hedelfinger Riesenkirsche', 'Büttners Rote Knorpel', 'Schneiders Späte Knorpel' und 'Teickners Schwarze Herzkirsche'.

Frucht

Reife: Die Reife beginnt in der 3. Kirschenwoche.
Größe und Form: Die mittelgroße bis große Frucht ist breitherzförmig, zum Stempelpunkt hin abgeflacht und mit etwas unregelmäßig geformter, manchmal leicht gebuckelter Oberfläche.
Stiel: Die Sorte hat einen mittellangen, kräftigen und hellgrünen Stiel, der sich bei Überreife bräunlich verfärbt.
Haut: Die Haut ist dunkel- bis violettbraun, glatt, dabei stark glänzend sowie dünn und fest.
Fleisch: Überwiegend dunkelbraunrot, mit hellen Adern durchzogen und von fester Struktur; nur mäßig saftig, löst aber gut vom Stein.
Geschmack: Er kann als angenehm süßsäuerlich mit leichter Würze bezeichnet werden.

Anbau und Markt

'Werdersche Braune' ist eine weniger bekannte, dennoch sehr beachtliche, weil ertragreiche Sorte. Als wind- und ausreichend regenfeste Sorte eignet sie sich für die meisten obstfähigen Standorte hinsichtlich Wuchskraft, Gesundheit und Ertrag. Beachtlich ist die Platzfestigkeit. Schüttelfähigkeit von Hand oder maschinell ist bei Vollreife gegeben und läßt sich mit und ohne Stiel trocken ernten. Früchte können vollreif noch mindestens eine Woche am Baum verbleiben. Die Sorte verdient weitere Verbreitung.

Dolleseppler

Dunkelbraunrote bis schwarze Herzkirsche mit starkfärbendem Saft. Als ähnlicher Name kommt gelegentlich 'Dollenseppler' vor. Synonyme sind keine bekannt.
Abstammung, Herkunft und Verbreitung: Ein Sämling aus dem früheren Landkreis Bühl (heute Ortenaukreis). Durch die Fachberater Huber und Knühl ab den 60er Jahren aufgrund hervorragender Frucht- und Leistungseigenschaften in der regenreichen Vorbergzone zum Schwarzwald bei der Sichtung erfolgversprechen-

Dolleseppler

der Sämlinge ausgewählt und seither anfänglich nur im Ortenaukreis verstärkt, ansonsten aufgrund guter Erfahrungen auch anderorts in den Brennkirschengebieten des mittleren und südlichen Schwarzwaldes und in den mittelhohen Standorten am Albtrauf und versuchsweise auch in den Anlagen für Brennkirschen im mittleren Neckarraum verbreitet.
Standortansprüche: Relativ anspruchslos, auch für Höhen- und Windlagen geeignet. Wegen der hohen Produktivität dieser Sorte sind jedoch Lagen mit ausreichender Wasserversorgung und guter Wasserführung zu bevorzugen. Ihre qualitativ besten Ergebnisse liefert die Frucht dieser Sorte jedoch in ausgesprochenen warmen Lagen (Weinklima). Sehr gesunde, frohwüchsige und reichtragende Anlagen weist das Brennkirschenanbaugebiet auf den Vorhügeln der Schwarzwaldberge am Oberrhein auf. Holz und Blüte wurden nach bisheriger Erfahrung an guten Standorten nicht vom Frost beeinträchtigt.

Baum

'Dolleseppler' wächst anfänglich stark bis sehr stark. Charakteristisch sind steilaufwärts gerichtete Leitäste. Das Seitenholz ist dicht verzweigt und geht im flachen, aufwärtsgerichteten Winkel von den Leitästen ab. Es ist ausreichend mit Buketttrieben und mittellangem Fruchtholz garniert. Da der Ertrag früh einsetzt, läßt die Triebkraft der Bäume bald nach. Charakteristisch sind breitkugelige und mittelgroße Kronen. Die Sorte setzt bereits im 3. bis 4. Standjahr mit beachtlich hohen Erträgen ein. Die Ertragssicherheit ist hoch. Alternanzerscheinungen wurden bislang nicht beobachtet. Ein Aufbauschnitt am Jungbaum ist angebracht. Im Vollertragsstadium genügt bei nachlassender Wuchskraft und zur Verhinderung des Verkahlens der inneren Kronenpartien gelegentliches Verjüngen. Die Sorte ist recht robust und vital. Auffällig platzfest und ganz wenig unter Fäulnis leidend. Die Sorte 'Dolleseppler' blüht mittelfrüh. Geeignete Befruchtersorten sind 'Offenburger Schüttler', 'Heitschen' und 'Süße'. Die Sorte vermag Brennkirschensorten wie 'Eggener Rote', 'Glanzkirsche', 'Kohlgrübler', 'Eichholzer Frühe', 'Eichholzer Späte', 'Rotstieler', 'Süße', 'Halbsaure' und 'Feuerkirsche' zu befruchten.

Frucht

Sie reift in der 4. Kirschenwoche. Die Erntezeit erstreckt sich über mindestens 10 Tage. Die Frucht ist mittelgroß, tiefschwarz, herzförmig und die Fruchthaut recht zäh. Das dunkelbraunrote, mittelfeste bis weiche Fruchtfleisch ist sehr saftig und löst gut vom Stein. Der Stiel ist mittellang und eher dünn. 'Dolleseppler' schmeckt sehr süß, leicht bitterlich und aromatisch.

Anbau und Markt

Die Früchte lösen sich im überreifen Zustand von den Stielen. Die Ernte erfolgt, insbesondere für die Brennerei, weitgehend durch Schütteln, entweder von Hand oder mit Hilfe geeigneter Geräte. 'Dolleseppler' ist ein beachtlicher, mittelgroßer Sämling, der sich als hervorragende Brennkirsche für die größeren Erwerbsanlagen in dieser Produktionsrichtung bewährt hat. Infolge guter Eigenschaften und eines reichen Ertrages hat die Sorte heute viele Freunde. Eine Verwendung als Saft- bzw. Konservenkirsche ist denkbar.

Offenburger Schüttler

Schwarzbraune Knorpelkirsche mit stark färbendem Saft. Ähnliche Namen oder Synonyme sind keine bekannt.
Abstammung, Herkunft und Verbreitung: Eine Lokalsorte unbekannter Herkunft aus dem Anbauraum Offenburg/Oberkirch, die infolge guter Fruchtqualität (Regenbeständigkeit) im Lehr- und Versuchsgut des Ortenaukreises in Ebersweier aufgefallen ist. Die Sorte ist im regenreichen Brennkirschenanbaugebiet des mittleren und südlichen Schwarzwaldes verbreitet.
Standortansprüche: Große Anbaubreite zeichnet diese Sorte aus. Beste Erträge liefern Standorte im Weinbauklima. In mittleren Böden auch noch in Höhen- und Windlagen anbauwürdig. Gut feuchtigkeitshaltende Böden mit guter Durchlüftung und hoher natürlicher Nährkraft gelten als Idealstandorte. Die Sorte ist frosthart im Holz und in der Blüte. Allzu windige Lagen bergen die Gefahr von Fruchtverlusten in sich, wenn nicht rechtzeitig geerntet wird.

Baum

'Offenburger Schüttler' wächst von Anfang an nur mittelstark. In der Hauptertragszeit

ist die Wuchskraft unterdurchschnittlich. Die Neigung zur Verkahlung ist gering. Schräg aufwärts gerichtete, schlanke Leitäste, kurzzweigiges, waagrecht angesetztes Seitenholz und kurze Fruchtspieße auf dem gesamten Fruchtastbereich ergeben ein sparriges Astgerüst und eine breitkugelige, kleine Baumkrone. Sortentypisch ist die relativ spät einsetzende Neigung zum Verkahlen. In der Jugend muß durch kräftigen Rückschnitt die Wuchskraft etwas angeregt werden. Im Vollertragsstadium ist periodisches Verjüngen zur Kräftigung der Fruchtspieße und des Neutriebzuwachses sowie zur Erhöhung der Fruchtgröße anzuraten.
'Offenburger Schüttler' blüht mittelfrüh. Geeignete Befruchtersorten sind 'Stöckemer Rote', 'Eichholzer Frühe', 'Süße', 'Halbsaure' und 'Bittere'. Sie befruchtet 'Dolls Langstiel', 'Dolleseppler', 'Glanzkirsche', 'Heitschen', 'Kohlgrübler', 'Eichholzer Späte', 'Rotstieler', 'Süße' und 'Halbsaure'.

Offenburger Schüttler

Frucht

Die Reifezeit liegt in der 4. bis 5. Kirschenwoche. Vollreif kann die Frucht noch mindestens eine Woche länger am Baum hängen. Die mittelgroß, dunkelbraunrote bis schwarzbraune, sehr stark glänzende Frucht hat rotbraunes, knorpeliges, dabei saftreiches Fruchtfleisch. Der Stiel ist mittellang und kräftig. In der Vollreife löst er sich leicht von der Frucht, Saft tritt dabei nicht aus. 'Offenburger Schüttler' wird ohne Stiel geerntet. Beim Handschütteln ist der Kraftaufwand recht gering. Die Frucht schmeckt süß, mit herbem Beigeschmack und feinem Aroma. Ihre Transportfestigkeit ist gut bis sehr gut.

Anbau und Markt

Der Ertrag setzt früh ein. Die Fruchtbarkeit ist befriedigend bis sehr gut, je nach Standort. Die Ertragssicherheit ist hoch. Alternanzerscheinungen sind noch nicht beobachtet worden. Die Sorte ist relativ anfällig für Blattvirosen. Ganz geringe Platzneigung und nachfolgend geringe Fäulnisbereitschaft gelten als positive Eigenschaften dieser Sorte. Ansonsten ist 'Offenburger Schüttler' eine für die Brennerei bewährte Spezialsorte mit nur mäßigen Boden- und Klimaansprüchen.

Ritterkirsche

Ritterkirsche

Dunkelbraunrote Knorpelkirsche mit färbendem Saft.
Ähnliche Namen oder Synonyme sind keine bekannt.
Abstammung, Herkunft und Verbreitung: Die Sorte ist ein Sämling aus dem mittelbadischen Anbauraum. Selektiert wurde sie von den Fachberatern Huber und Knühl in Bühl/Baden. Sie ist in den Schwerpunkten für Brenn- und Saftkirschen der Vorbergzone des Schwarzwaldes zwischen Baden-Baden und Lörrach im Anbau, findet sich aber auch in anderen Regionen, in denen hochwertige Rohware für die Brennerei erzeugt wird.
Standortansprüche: Die Sorte ist in mittleren Böden, in Höhenlagen und in ausgesprochenen Windlagen anbauwürdig. Zur Sicherung einer ausreichenden Fruchtgröße wird Anbau auf Böden mit guter

Wasserführung empfohlen. Staunasse Gebiete und tiefe Lagen sagen ihr offensichtlich weniger zu. Dafür liefert sie auch noch in Hochlagen gute Brennqualitäten. In Windlagen ist der Ertrag immer noch befriedigend. Über die Frosthärte von Holz und Blüte ist nichts Nachteiliges bekannt.

Baum

'Ritterkirsche' blüht mittelfrüh. Ihre Eignung als Befruchtersorte ist gut. Befruchtungsbiologische Untersuchungen stehen noch aus.
Die Sorte wächst anfangs mittelstark, später läßt sie in der Triebkraft nach. Schräg aufwärts gerichtete Leitäste setzen in ausreichendem Maß Seitenholz an, das sich mäßig stark und ausreichend mit Buketttrieben garniert. Die mittelgroße Krone ist hochkugelig. Der Ertrag setzt im 3. oder 4. Standjahr ein. Rasch werden hohe und sichere Erträge erreicht. Das Ertragsverhalten über mehrere Jahre hinweg darf als ausgeglichen bezeichnet werden. Obwohl die Krone wenig zur Verkahlung neigt, muß sie von Zeit zu Zeit ausgelichtet und verjüngt werden; größere Früchte belohnen diesen Eingriff. Die Sorte ist wenig anfällig und im allgemeinen recht robust.

Frucht

Die Ernte beginnt in der 5. Kirschenwoche. Wie alle schüttelbaren Brennkirschen kann sie auch noch eine Woche länger hängen bleiben. Ihre qualitativen Eigenschaften werden dadurch noch verbessert. Die Frucht ist mittelgroß, kugelig, aber bei überreichem Behang in Trockenjahren manchmal nur kleinfrüchtig. Sie ist dunkelbraunrot, sehr knorpelig, aber festfleischig. Das Fruchtfleisch löst nur mäßig gut vom Stein. Ein kurzer, kräftiger Stiel erleichtert die Schüttelernte. Die Ernte mit Stiel ist grundsätzlich möglich. Das dunkle Fruchtfleisch schmeckt sehr süß, aromatisch mit dem feinherben Beiton, der gute Brennkirschensorten auszeichnet. Bei durchdringenden Niederschlägen ist die Sorte nicht platzfest, gilt aber als wenig anfällig für Monilia.

Anbau und Markt

Diese mittelgroße, kurzstielige, sehr reich tragende und ertragssichere, knorpelige Sorte ist wegen ihrer mittelspäten Reifezeit auch noch für Hochlagen eine gute Brennkirsche. In mittleren Höhenlagen hat sie sich wegen der Verlängerung der Erntezeit als Folgesorte nach mittelfrühreifenden Brennkirschen im Standardsortiment für diesen Verwendungszweck eingeführt.

Beutelspacher Rexelle

Beutelspacher Rexelle

Dunkelbraune Weichselkirsche mit färbendem Saft.
Ähnliche Namen oder Synonyme sind keine bekannt. Nach Ergebnissen jüngster sortenkundlicher Untersuchungen sind die Heimanns-Selektionen 'Rubin' und 'Konservenweichsel' zwar nicht mit 'Beutelspacher Rexelle' und 'Röhrigs Weichsel' identisch, aber in ihren Eigenschaften untereinander sehr ähnlich.
Abstammung, Herkunft und Verbreitung: Die Sorte ist als Sämling in der Baumschule Gottlieb Beutelspacher in Stuttgart-Weilimdorf aus 'Schattenmorellen'-Saatgut entstanden, wurde von Herrn Beutelspacher ausgelesen und in den 60er Jahren eingeführt. Sie ist inzwischen in allen westdeutschen Sauerkirschenanbaugebieten verbreitet.
Standortansprüche: 'Beutelspacher Rexelle' ist für alle Lagen und Standorte, die noch kirschenfähig sind, geeignet. Ihre Stärke zeigt sie jedoch auf sandigen und lehmigen Böden. Doch selbst auf schweren Böden des Albtraufs ist sie ertragswillig und ertragssicher. Von Nachteil sind regenreiche Gebiete wegen ihrer Bakterioseanfälligkeit. Windlagen sagen ihr besser zu als geschützte Standorte. Die ausreichende Frosthärte des Holzes ist positiv hervorzuheben.

Baum

Wuchs: 'Beutelspacher Rexelle' wächst anfangs stark. Die Leitäste sind schräg aufwärts gerichtet und ausreichend bis reichlich mit waagrecht abstehendem, kräftigem Seitenholz besetzt. Die Krone ist hochkugelig bis spitzkegelig geformt. Das Blatt ist mittelgroß bis klein, dunkelgrün und sitzt an einem kurzen, kräftigen Stiel.
Fruchtholz: Einjährige, rötlichbraune und schlanke Triebe sind silbrig überhaucht und mit kleinen, feinen Lentizellen übersät. Daran bilden sich die Blütenknospen. Je nach Wärme des vorangegangenen Jahrganges und nach Wüchsigkeit des Triebes werden 3 bis 5 Einzelblüten in den gut entwickelten Knospen angelegt. Blattknospen bilden sich recht selten, nur in dem oberen Zweigbereich. Zweijähriges Fruchtholz (Ringelspieße) findet sich im älteren Kronenbereich. Es ist dann mit 1 bis 3 Einzelblüten bestückt. Die mittlere Knospe ist meist in ihrer spitzen Form als Blattknospe erkennbar. Die Verkahlungs-

neigung ist gering. Dennoch empfiehlt sich gelegentliches Zurückschneiden des Kronengerüsts.

Blüte und Befruchtung: 'Beutelspacher Rexelle' blüht mittelfrüh auf, die Blüte zieht sich etwa eine Woche hin. Sie ist relativ widerstandsfähig, auch gegenüber tiefen Temperaturen, sofern die Blüten nicht vollständig geöffnet sind. Wegen der langen Blühzeit kann mit sicheren Erträgen gerechnet werden. 'Beutelspacher Rexelle' ist selbstfruchtbar und kann deshalb blockweise gepflanzt werden. Sie ist eine ausgezeichnete Befruchtersorte, u. a. für 'Köröser'.

Ertrag: Da sowohl Langtriebe als auch die zwei- bis sechsjährigen Kronenbereiche reichlich mit Blüten besetzt sind, bringt diese Sorte frühe, gute und regelmäßige Erträge.

Krankheiten und Mängel: In naßkalten Jahren muß Monilia vorbeugend bekämpft werden. Sonst kommt es zu erheblichem Infektionsdruck zur Blütezeit. In niederschlagsreichen Gebieten ist der Bakterienbrand eine Gefahr für diese Sorte. Schäden sind an Trieben, Blättern und Früchten je nach Termin des Infektionszeitpunkts nicht auszuschließen. Dennoch ist die Sorte wegen früher Reife, guter Erträge und wegen hervorragender Fruchtqualität anbauwürdig. In Jahren mit schwankender Witterung zwischen Trokkenperioden und Nässe bzw. Kälte rötelt die Sorte, ohne daß es zum Totalausfall kommt.

Frucht

Reife: 'Beutelspacher Rexelle' beginnt in der 4. Kirschenwoche zu reifen. Sie kann auch noch in der Folgewoche geerntet werden. In kühlen, naßkalten Jahren ist folgernde Fruchtreife typisch. Mit der Ernte kann aber zugewartet werden, da selbst überreife Früchte festhängen.

Größe und Form: Mittelgroß bis groß, kugelig.

Stiel: Mittellang, kräftig, dunkelgrün und sonnenseits rötlich-braun verfärbt. In der Vollreife läßt sich die Frucht leicht mit Stiel ernten. Der Stiel selbst sitzt mitteltief in einer flachen, gleichmäßigen Stielgrube. Ernte ohne Stiel ist in der Vollreife möglich. Die Frucht blutet, wenn überhaupt, nur ganz geringfügig.

Stempelpunkt: Der Stempelpunkt ist zentral angeordnet, groß und sitzt in einem ganz flachen Grübchen.

Stein: Mittelgroß bis groß, stumpf-eiförmig mit enger Mittelfurche und breiten, jedoch flachen Seitenfurchen; löst leicht vom Fruchtfleisch.

Haut: Dünn, zäh, schwarzrot bis dunkelbraunrot und stark glänzend sowie sehr fein gepunktet; leicht vom Fruchtfleisch abgehend.

Fleisch: Kräftig, säuerlich, leicht herb, erfrischend, mit feinem Aroma, das bei Vollreife an Vanille erinnert.

Anbau und Markt

Die 'Beutelspacher Rexelle' ist eine hochwertige Sauerkirsche für eine vielseitige Verwendung. Wegen guter innerer Eigenschaften der Frucht und wegen ihrer günstigen Reifezeit – mindestens 10 Tage vor der 'Schattenmorelle' – wird diese Sorte von der Industrie zunehmend gefragt. Zur Verwertung als Konservenfrucht, zur Mar-

Beutelspacher Rexelle

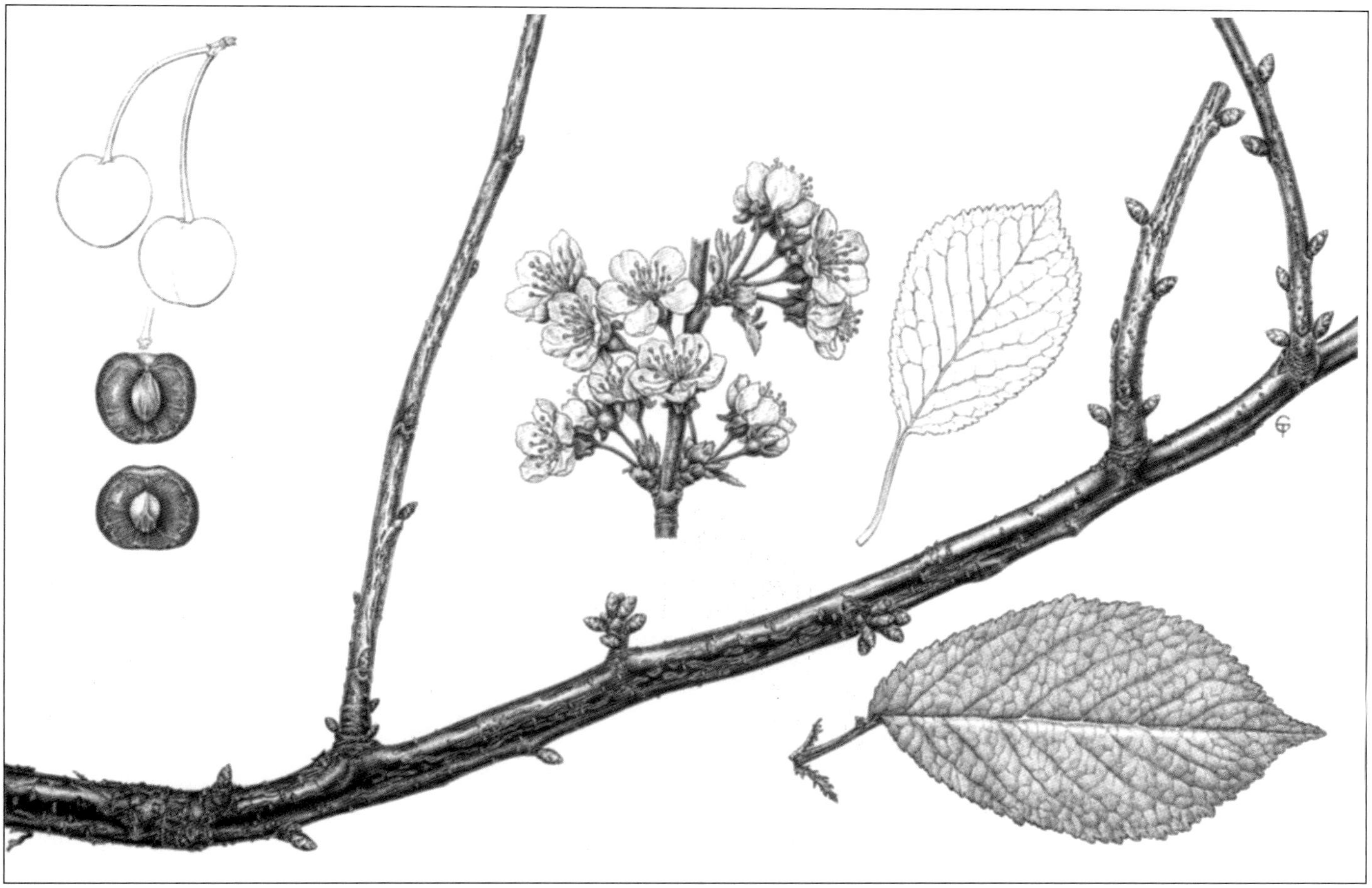

meladenbereitung, als Rohware für Sauerkirsch-Nektare und Dessertweine sowie als Brennfrucht ist sie für den Erwerbsanbauer in günstigen Klimaräumen somit empfehlenswert. Für die häusliche Verwertung kommt die Frucht auch als Kuchenbelag sowie als Kompottfrucht mit einer verlängerten Erntezeit in Frage. Für den Liebhaberanbau spricht auch die relativ kleine Baumkrone, die durch den Sommerschnitt im Hausgarten in ihrer Ausdehnung beschränkt werden kann. Die Früchte sind relativ witterungsbeständig. Bei Nässe geerntete Früchte sind in der Regel nicht haltbar. Meist springen sie schon während des Transports zu den Verwertungsbetrieben auf. Bakteriell kranke Früchte sind gelegentlich verkrüppelt. Vor allem zur Frischmarktbelieferung scheiden derartige Partien aus. Werden die noch nicht voll ausgereiften Früchte abgenommen, so reißt die Ansatzstelle des Stiels am Trieb gelegentlich aus. Diese Verletzungen sind wieder Eingangspforten für pilzliche und bakterielle Krankheitserreger. Vollreif, bzw. überreif ist diese Sorte von Hand oder durch Maschinenernte gut zu ernten.

Daten zur Frucht:
Höhe 19 bis 20 mm
Breite 20 bis 22 mm
Dicke 18 bis 20 mm
100-Frucht-Gewicht 510 bis 560 g
100-Stein-Gewicht 38 bis 43 g

Diemitzer Amarelle

Hellrote Glaskirsche mit nichtfärbendem Saft.
Ähnliche Namen oder Synonyme sind keine bekannt.
Amarellen sind eine in Mitteleuropa weit verbreitete Formengruppe, die zum Teil verwildert in Weinbaugebieten vorkommen; sie vermehren sich durch Ausläufer und Zufallssämlinge. Unterscheidungsmerkmale sind im Wuchs, in der Fruchtbarkeit, der Reifezeit und in der Fruchtgröße gegeben.
Abstammung, Herkunft und Verbreitung: Der Baumschuler Hermann aus Zeitz hat diese Sorte um 1900 an den Provinzialobstgarten in Diemitz geliefert. Seinerzeit wurde sie als 'Schöne von Choisy' auch von Müller/Diemitz, dem Betreuer dieser Sortensammlung, beschrieben. Als sich der Irrtum herausstellte, wurde sie von der Sortenprüfungskommission des deutschen Pomologenvereins als 'Diemitzer Amarelle' benannt. Ihre genaue Herkunft liegt im Dunkeln. Sie ist jedoch älter als 'Ludwigs Frühe'. Stark verbreitet ist diese Sorte in Mitteldeutschland, ansonsten steht sie überwiegend in Hausgärten.
Standortansprüche: Diese Sorte ist wie alle Amarellen sehr anpassungsfähig und gedeiht gut auf allen Standorten, sofern sie genügend durchlässigen, keinesfalls aber staunassen Boden haben. Reichliche Nährstoffversorgung bzw. hohe natürliche Nährkraft des Standortes sind einer ausreichenden Fruchtgröße dienlich. In windgeschützten Höhenlagen ist sie noch anbauwürdig, sonst sind Windlagen zu meiden, zumal die Früchte durch Windschlag unansehnlich werden.

Baum

Wuchs: Kräftige Anfangsentwicklung ist kennzeichnend. Leicht schräg aufwärts gerichtete Leitäste und mäßig dicht verzweigtes Seitenholz bedingen eine kugelige Kronenform. In der bald einsetzenden Hauptertragszeit läßt die Wuchskraft rasch nach. Im Vollertragsstadium darf die Sorte als schwachwüchsig bezeichnet werden. Die Blätter sind klein, länglich oval, glänzend, dunkelgrün und schiffchenförmig aufgebogen. Charakteristisch ist ein kurzer, dicker und rötlich verfärbter Stiel, der im stumpfen Winkel meist seitlich von den Zweigen absteht. Der Blattrand ist grob gezähnt.
Fruchtholz: Das Fruchtholz ist dünn und hängt leicht über. Insgesamt macht der Baum infolge der fehlenden Stammverlängerung einen zierlichen Gesamteindruck. Die einjährigen Triebe sind fast auf ihrer ganzen Länge mit Blütenknospen besetzt, aus denen Doppel- oder Dreistandfrüchte hervorgehen. Auch am Kurzholz der mehrjährigen Zweige sitzen viele Früchte. Die einjährigen Triebe sind mittellang, silbrig-hellbraun und nur gelegentlich waagrecht stehend, sonst hängend. Mehrjährige Triebe in Form von Ringelspießen finden sich im zwei- bis dreijährigen Kronenbereich. Die Sorte neigt zur Verkahlung.
Blüte und Befruchtung: Die Blühzeit liegt mittelfrüh, sie zieht sich aber normalerweise 10 bis 14 Tage in die Länge. Die Eignung als Befruchtersorte ist gut. 'Die-

Diemitzer Amarelle

mitzer Amarelle' ist selbstfruchtbar und kann darum sortenrein blockweise angebaut werden.
Die Blüten sitzen an den vorjährigen Langtrieben als reine Blütenknospen auf der gesamten Länge, meist mit drei bis fünf Einzelblüten. Die Ringelspieße bzw. Fruchtspieße im zwei- und dreijährigen Kronenbereich sind erheblich zahlreicher mit Einzelblüten bestückt. 8 bis 10 einzelne Blüten pro Blütenstand sind keine Seltenheit bei gut ernährten Bäumen.
Die Blüten sitzen auf kurzen, kräftigen, z.T. leicht gebogenen Stielen. Die Kronblätter sind weiß, breitoval und stehen flach tellerförmig ausgebreitet. Die intensiv gelb gefärbten Staubblätter stehen unter einem kräftig ausgebildeten Griffel.
Ertrag: Die Sorte beginnt früh zu fruchten, ihre Fruchtbarkeit ist sehr hoch. Dies trifft im allgemeinen auch für die Ertragssicherheit zu. Etwa ⅔ aller Früchte sitzen an den Kurztrieben, der Rest im Bereich des letztjährigen Zuwachses an Langtrieben.
Krankheiten und Mängel: Ungeeignet ist die Sorte für windausgesetzte Höhenlagen. Reife Früchte werden leicht fleckig. Auch schwere, schlecht durchlüftete Böden sollten für den Anbau ausscheiden. Dort bleiben die Früchte zu klein.

Heimanns Rubin

Frucht

Reife: Früheste Sauerkirschensorte, in der 3. Kirschenwoche reifend.
Größe und Form: Klein, ausgesprochen kugelig, nach dem Stiel zu leicht abgeplattet, Bauchfurche leicht angedeutet.
Stiel: Der Stiel ist kurz, kräftig, hellgrün und bis zum Eintritt der Vollreife fest mit dem Stein verwachsen, in einer sehr flach ausgebildeten, gleichmäßigen Stielgrube sitzend.
Stein: Sehr klein, kugelig bis flach eiförmig, mit einer feinen Spitze, löst leicht vom Fruchtfleisch, bleibt aber beim unvorsichtigen Pflücken oft am Fruchtstiel hängen. Dies trifft insbesondere bei der Ernte vor der Vollreife zu.
Haut: Zäh, leuchtend gelbrot gefärbt und Fruchtfleisch durchscheinend. Glatt, aber mit deutlich sichtbarer, dunklerer Bauchnaht.
Fleisch: Hellgelblich bis leicht bräunlichgelb mit helleren, deutlich sichtbaren Fasern durchzogen. Sehr weich, gallertartig, stark saftend und leicht vom Stein lösend. Der Fruchtsaft ist farblos.
Geschmack: Leicht säuerlich bis schwach süß und schwach aromatisch, dabei erfrischend.

Anbau und Markt

Eine früher für Konserven-, Kompott- und Belegware gesuchte Sorte. Wegen ihrer hohen Anpassungsfähigkeit an den Standort hat sie trotz ihrer Kleinfrüchtigkeit immer noch eine gewisse Bedeutung, vor allem für den Selbstversorgerobstbau. Vollreife Früchte können mehr als 14 Tage lang geerntet werden. In reichen Ertragsjahren ist infolge der Kleinfrüchtigkeit und dadurch bedingter rückläufiger Preise 'Diemitzer Amarelle' für den Erwerbsbau nur bedingt rentabel. Vollpflege und kräftiger Rückschnitt sind darum Voraussetzung für befriedigende Erlöse, insbesondere im Direktabsatz an den Endverbraucher. Pflücken ohne Stiel ist problematisch. Die Transportfestigkeit der Frucht ist gering, da durch Druck fleckige Früchte entstehen. Dafür gilt die Frucht als widerstandsfähig gegenüber Regen. Sie platzt kaum. Leider ist sie äußerst windempfindlich.

Daten zur Frucht:
Höhe 14 bis 16 mm
Breite 17 bis 19 mm
Dicke 17 bis 18 mm
100-Frucht-Gewicht 350 bis 410 g
100-Stein-Gewicht 26 bis 29 g

Heimanns Rubin

Dunkelbraunrote Weichselkirsche mit stark färbendem Saft.
Ähnliche Namen sind 'Heimann 26' und 'Rubinweichsel'.
Synonyme: 'Fanal' und 'Nr. 26'.
Abstammung, Herkunft und Verbreitung: Vom Baumschuler Heimann, Blankenburg/Harz, 1920 entdeckt und als 'Heimann 26' ins dortige Sauerkirschen-Sortiment aufgenommen.
Die Sorte 'Heimanns Rubin' ist seit den sechziger Jahren in Westdeutschland etwas stärker verbreitet. Sie wird in Mitteldeutschland angebaut und auch in Jugoslawien.

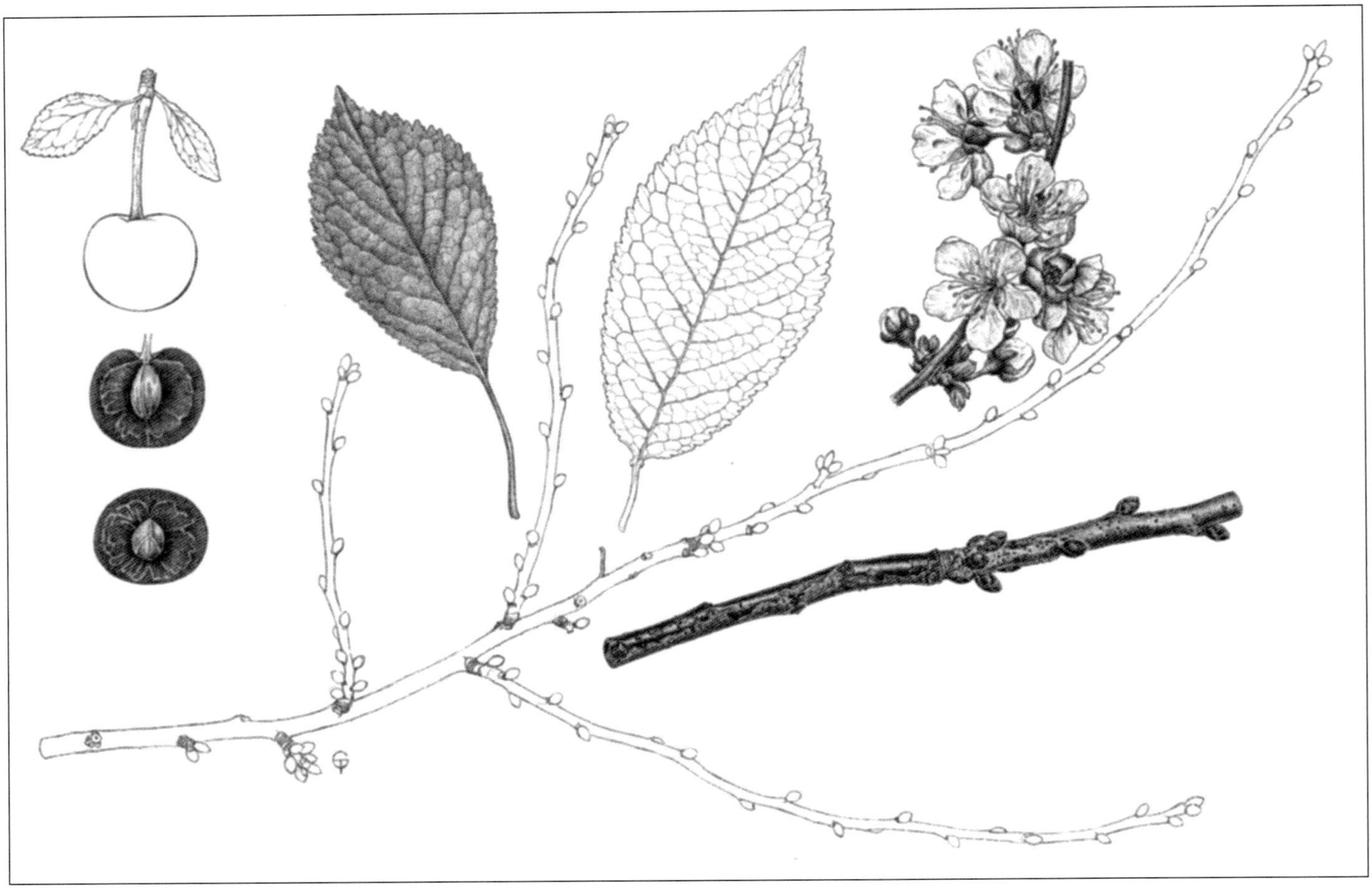

Heimanns Rubin

Standortansprüche: 'Heimanns Rubin' eignet sich für alle Lagen und Standorte, die noch kirschfähig sind. Sie hat sich in Westdeutschland vor allem auf sandigen und lehmigen Böden bestens bewährt. Auch auf den schwereren Böden des Voralbgebiets in Württemberg ist sie eine ertragswillige, sichere Sorte. Windlagen sagen ihr besser zu als geschlossene Standorte. Von Nachteil sind regenreiche Gebiete. Die Frosthärte des Holzes ist ausreichend und für Sauerkirschen durchschnittlich.

Baum

Wuchs: 'Heimanns Rubin' wächst anfänglich stark, die Leitäste sind schrägaufwärts gerichtet und mit ausreichend bis reichlich angesetztem, waagrecht abstehendem, kräftigem Seitenholz garniert. Die Krone ist hochkugelig geformt. Das Blatt ist mittelgroß bis klein, dunkelgrün und hat einen kurzen, kräftigen Stiel, der auf der Oberseite bräunlichrot verfärbt ist.
Fruchtholz: Die einjährigen, rötlichbraunen Triebe sind silbrig überhaucht und mit kleinen, feinen Lentizellen übersät. Schon an den einjährigen Trieben bilden sich viele Blütenknospen; meist enthält jede kräftige Knospe vier bis fünf Einzelblüten, nur vereinzelt eine Blattknospe. Mehrjähriges Fruchtholz ist seltener. Die Fruchtspieße tragen meist 2 bis 3 Blütenknospen, die jeweils wieder mit zwei bis drei Einzelblüten besetzt sind. Hier ist die Mittelknospe als Blattknospe ausgebildet. Neigung zur Verkahlung ist relativ gering, doch bei älteren, ungepflegten Bäumen im Kroneninnern nicht zu verhindern.
Blüte und Befruchtung: Die Sorte blüht mittelfrüh auf, die Blüte zieht sich aber lange hin. Sie ist relativ widerstandsfähig, auch bei tiefen Temperaturen. Trotz Kälteeinbruch während der Blütezeit ist noch mit einem ordentlichen Ertrag zu rechnen, sofern keine ausgesprochenen Nachtfröste die Ernteerwartungen zerstören. Die selbstfruchtbare Sorte 'Heimanns Rubin' eignet sich hervorragend als Befruchtersorte.
Ertrag: Sowohl an Langtrieben aus dem letztjährigen Zuwachsbereich, als auch im Bereich der zwei- bis sechsjährigen Kronenpartien sitzen reichlich Blüten. Sie führen zu frühen, guten und regelmäßigen Erträgen.
Krankheiten und Mängel: Die Sorte ist sehr anfällig für den Bakterienbrand. In niederschlagsreichen Gebieten werden Blätter, Triebe und Früchte gleichermaßen geschädigt. Für den Anbau in Gebieten mit regelmäßigen und hohen Sommerniederschlägen scheidet die Sorte 'Heimanns Rubin' deshalb aus. Auch Monilia befällt ungeschützte Bäume in niederschlagsreichen Jahren.

Frucht

Reife: In der 4. bis 5. Kirschenwoche reifend; kann auch noch bis in die 6. Woche geerntet werden.
Größe und Form: Mittelgroß bis groß, kugelig.
Stiel: Mittellang bis kurz, kräftig und hellgrün, aber vollreif bräunlich-grün verfärbt. In der Voll- bzw. Überreife läßt sich die Frucht leicht lösen. Der Stiel selbst sitzt mitteltief in einer flachen Stielgrube, die sehr gleichmäßig flach-kraterförmig ausgebildet ist.

Stempelpunkt: Ist groß und liegt in einem flachen Grübchen.
Stein: Mittelgroß, länglich-kugelig, ziemlich glatt und leicht vom Fruchtfleisch gehend.
Haut: Rötlichbraun bis dunkelbraun, dünn, zäh und glänzend; läßt sich leicht vom Fruchtfleisch abziehen.
Fleisch: Rötlichbraun, mittelfest bis weich, sehr saftreich und farbintensiv; der Fruchtsaft ist trüb-purpurrot.
Geschmack: Säuerlich, herb, aromatisch.

Anbau und Markt

'Heimanns Rubin' ist eine wertvolle, nicht blutende, transportfeste und bei Vollpflege ausreichend großfrüchtige sowie ertragreiche, gesunde Sorte für Gebiete, in denen keine hohen Sommerniederschläge zu erwarten sind. Da die Sorte mindestens eine Woche vor 'Schattenmorelle' reift, erlaubt sie frühzeitige Belieferung der Industrie mit hochwertiger Rohware. Auch als Konservenfrucht verwertbar, für den Frischgenuß scheidet sie im allgemeinen aber wegen ihrer kräftigen Säure aus. Auch für den Liebhaber eine wertvolle, mittelfrüh reifende Sauerkirsche. Die Früchte platzen erst relativ spät am Baum bei durchweichenden Gewitterregen. Naß geerntete Früchte springen jedoch im Gebinde schon während des Transports auf. Die Sorte ist anfällig für Bakterienbrand, der gelegentlich zu Fruchtdeformationen führt. Bei sehr ungünstigen Witterungsbedingungen, d.h. auch bei sehr starken Wechseleinflüssen von heißen und kalten Tagen, kommt es zu erheblichem Rötel-Fruchtfall. Die Sorte läßt sich in der Vollreife und Überreife maschinell recht gut abernten. Voraussetzung dafür ist ein Fruchtholzschnitt, der die ohnehin schon vorhandene Neigung zum sparrigen Wachsen der Krone verstärkt.

Daten zur Frucht:
Höhe 19 bis 22 mm
Breite 22 bis 24 mm
Dicke 20 bis 22 mm
100-Frucht-Gewicht 490 bis 520 g
100-Stein-Gewicht 41 bis 44 g

Ludwigs Frühe

Hellrote Glaskirsche mit nichtfärbendem Saft.
Ähnliche Namen oder Synonyme sind keine bekannt.

Abstammung, Herkunft und Verbreitung: Die Sorte soll aus Lothringen stammen. 1890 fiel sie in einer Anlage des Obstbaubetriebes Krebs in Heidesheim/Rheinhessen auf. Die Bäume für die Anlage wurden von der Baumschule Ludwig aus Heidesheim geliefert. 'Ludwigs Frühe' ist heute eine Hauptsorte in Rheinhessen und in der Pfalz. Sie ist auch in anderen Gebieten, in denen Glaskirschen im Liebhaber- oder Erwerbsanbau eine Rolle spielen, zu finden.
Standortansprüche: Die Sorte ist sehr anpassungsfähig an den Standort. Leichte Böden mit guter Luft- und Wasserführung wirken sich bei dem reichen Ertrag günstig auf die Fruchtgröße aus. Auf schweren Böden und in Trockenlagen bleiben die Früchte oft zu klein und erreichen nicht den sortentypischen Wohlgeschmack. 'Ludwigs Frühe' gedeiht auch in Höhenlagen. Windlagen sind jedoch zu meiden, da stark vom Wind beeinflußte Bäume fleckige Früchte liefern.

Baum

Wuchs: 'Ludwigs Frühe' wächst mittelstark. Die Leitäste sind flach bis schräg aufwärts gerichtet und reich mit hängendem Fruchtholz besetzt. Die Garnierung ist hervorragend. Die Sorte neigt wenig zur Verkahlung. Bäume im Vollertrag haben bei natürlicher Entwicklung eine flachkugelige Krone. Die Blätter sind mittelgroß bis klein, derb, dunkelgrün und leicht bis kräftig nach oben gefaltet sowie fein gezähnt.
Fruchtholz: Das dünne, zarte Fruchtholz ist im 3- bis 5jährigen Kronenbereich in Form von kleinen Fruchtspießen vorhanden. Auch die im Vorjahr gewachsenen Langtriebe sind fast auf der ganzen Länge mit Blütenknospen besetzt. Das Fruchtholz wächst überwiegend hängend am Astgerüst.
Blüte und Befruchtung: 'Ludwigs Frühe' blüht mittelspät. Sie ist selbstfruchtbar. Die blockweise Kultur im Erwerbsobstbau ist darum allgemein üblich. Die Sorte ist für selbststerile andere Sauerkirschensorten wie z.B. 'Köröser' oder 'Königin Hortense' eine gute Befruchtersorte. Die Blüten sitzen auf kurzen, kräftigen Stielchen.
Ertrag: Früher Eintritt in den Vollertrag bei hoher Fruchtbarkeit ist kennzeichnend für 'Ludwigs Frühe'.
Krankheiten und Mängel: Werden die Standortansprüche dieser Sorte einigermaßen erfüllt, dann kommt es in normalen Jahren nicht zu der gelegentlich beklagten Kleinfrüchtigkeit. Durch geeignete Schnittführung läßt sich die Anzahl der Früchte beschränken, die Fruchtgröße erhöhen

Ludwigs Frühe

und außerdem genügend Laubblätter für eine gute Versorgung der verbleibenden Früchte mit Nährstoffen sicherstellen. Auf schweren, undurchlässigen Böden zeigt sich aber bei geschwächten Bäumen in naßkalten Jahren verstärkt Monilia-Spitzendürre.

Frucht

Reife: In der 3. bis 4. Kirschenwoche bereits reifend, etwa 3 bis 5 Tage später als 'Diemitzer Amarelle'.
Größe und Form: Mittelgroß bis klein, flachkugelig und bauchseits schwach gedrückt.
Stiel: Kurz, gerade, kräftig, hellgrün und vor Eintritt der Vollreife fest am Stein haftend; löst erst bei voller Reife vom Stein. In mittelbreiter, mitteltiefer, kraterförmiger, dabei gleichmäßiger Stielgrube sitzend.
Stein: Mittelgroß, kugelig, flach zugespitzt und kräftig gewulstet mit scharfer Rückennaht.
Haut: Leuchtend rot, dünn, zäh, leicht gepunktet und gestrichelt, häufig fleckig verfärbt, wenn überreif geerntet. Bauchnaht als feine rote Linie sichtbar, stark glänzend.
Fleisch: Gelblich durchscheinend und bauchseits etwas aufgehellt; hellere Früchte vor allem im schattigen Kronenbereich. Fruchtfleisch weich, saftig und gut vom Stein lösend. Farblosen Fruchtsaft abgebend.
Geschmack: Relativ süß mit angenehm erfrischender Säure und harmonisch.

Anbau und Markt

'Ludwigs Frühe' ist eine frühreife, helle Sauerkirsche mit guten Eigenschaften als Kuchenbelag, für helle Marmeladen, zum Rohgenuß und als Kompottfrucht. Ideal eignet sie sich für den Selbstvermarkter bei kleinem Gartenraum. Die Nachfrage der Großabnehmer ist infolge verstärkter Auslandskonkurrenz nicht immer gegeben und hat schon verschiedentlich zu Absatzproblemen und Preiseinbrüchen geführt. Der Stiel haftet vor der Vollreife fest am Holz. Die Ernte ist dadurch in diesem Entwicklungsstadium erschwert. Die Frucht blutet bei der Ernte ohne Stiel stark. Bei Vollreife kann die Frucht einige Tage am Baum verbleiben, ohne daß ein Qualitätsverlust eintritt. In der Vollreife geht die Ernte der relativ freihängenden Früchte leicht vonstatten. Die Transportfestigkeit der Frucht ist mittel bis gut, sofern die Früchte mit Stiel geerntet wurden. Die Frucht ist relativ platzfest, aber windempfindlich.

Daten zur Frucht:
Höhe 17,5 bis 19,0 mm
Dicke 21,0 bis 21,5 mm
Breite 19,5 bis 20,5 mm
100-Frucht-Gewicht 440 bis 500 g
100-Stein-Gewicht 25 bis 29 g

Köröser Weichsel

Köröser Weichsel

Dunkelrote Süßweichsel mit färbendem Saft.
In Ungarn heißt sie 'Pándy üvegmeggy' und 'Pándy meggy'.
Synonym ist 'Ungarische Weichsel'.
Abstammung, Herkunft und Verbreitung: Vor der Jahrhundertwende in der Gegend von Nagykörös/Ungarn als Auslese aus einem Formengemisch dortiger Kirschen bekanntgeworden. 'Köröser' ist seit 1925 in Deutschland versuchsweise im Anbau. Die Sorte wurde eingeführt von Dr. h. c. R. Trenkle, München. Aus dem in Ungarn bodenständigen Formenkreis wurden seit 1960 durch Sandor Brozik, Gartenbau-Forschungsinstitut Budapest, sicher tragende, großfrüchtige Typen ausgelesen und verbreitet. Angebaut wird 'Köröser' in vielen Ländern Europas. Schwerpunkt der 'Köröser'-Kulturen ist allerdings nach wie vor ihr Herkunftsland. Dort ist 'Köröser' heute die am stärksten verbreitete Sauerkirschensorte. Man findet sie zunehmend auch im österreichischen Erwerbsanbau. In Deutschland ist die Sorte wegen ihrer guten Fruchteigenschaften im Liebhaberanbau vertreten und geschätzt.
Standortansprüche: Warme, durchlässige und leichte Böden mit guter Nährkraft sagen ihr besonders zu. Sind die Bodenansprüche erfüllt, kann auch in Wind- bzw. Höhenlagen gepflanzt werden. Das Holz ist ausreichend frosthart, während die Frosthärte der Blüte als mindestens mittel zu beurteilen ist.

Baum

Wuchs: Die Anfangsentwicklung der Sorte ist durch Starkwüchsigkeit geprägt. Auch in der Vollertragszeit wächst sie stärker als die übrigen Sauerkirschensorten. An schräg aufwärts gerichteten Leitästen sind

mittellange, ebenfalls nach oben gerichtete Fruchtäste angesetzt, die gleichmäßig und dicht mit Fruchtruten und Ringelspießen besetzt sind. 'Köröser' neigt wenig zur Verkahlung und hat eine hochpyramidal geformte Krone. Das Blatt ist mittelgroß bis groß, dunkelgrün, kräftig und sitzt an einem sehr kurzen, dicken und grünen Blattstiel. Es ist leicht nach oben gefaltet und grob gesägt.
Fruchtholz: Zahlreiche Blüten finden sich an den Kurztrieben im zwei- bis fünfjährigen Kronenbereich. An den Langtrieben sitzen nur wenig Blütenknospen.
Blüte und Befruchtung: Die Sorte blüht mittelspät auf, ihre Blühzeit ist kurz bei charakteristisch überreicher Blütenfülle. Sie eignet sich gut als Befruchtersorte. 'Köröser' ist nicht voll selbstfruchtbar. Geeignete Befruchtersorten sind 'Diemitzer Amarelle', 'Heimanns Rubin', 'Ludwigs Frühe' und 'Schattenmorelle'. Auch vermögen in der Umgebung stehende Süßkirschen mit übereinstimmender Blühzeit den Fruchtansatz zu verbessern. Geeignet sind z. B. 'Büttners Rote Knorpel', 'Große Schwarze Knorpel', 'Kassins Frühe' und 'Schneiders Späte Knorpel'. Für hohe und gleichmäßige Erträge benötigt 'Köröser' Fremdbefruchtung.
Ertrag: Setzt früh ein. Die Fruchtbarkeit ist mittel bis gut. Die Ertragssicherheit der 'Köröser' hängt stärker als bei anderen Sauerkirschensorten von der Witterung während und nach der Blüte sowie vom Standort ab. Bei guter Befruchtung sind Ertragsschwankungen weniger häufig. Schwach triebige Bäume bringen einen gleichmäßigen, mittleren Ertrag.
Krankheiten und Mängel: Die Sorte ist sehr robust und vital und recht widerstandsfähig gegen Monilia-Spitzendürre.

Frucht

Reife: In der 5. bis 6. Kirschenwoche reifend.
Größe und Form: Groß bis sehr groß, flachkugelig und zum Stielansatz hin abgeplattet.
Stiel: Mittellang, dünn bis mitteldick, hellgrün, bei vollreifen Früchten eher bräunlichgrün. Der Stiel sitzt flach bis mitteltief in ebenmäßig ausgebildeter Stielgrube.
Stein: Klein, breit, eiförmig und stark gewulstet.
Haut: Zäh, rötlichbraun bis braun, fest, glatt und glänzend.
Fleisch: Es ist fest, manchmal auch festgallertartig, mäßig saftig, gut steinlösend, von blutroter bis bräunlichroter Farbe und mit hellen Fasern durchzogen.
Geschmack: Süßsäuerlich, mild; hochreif mit feinem, zimtartigen Aroma und leichtem Bittermandelton.

Anbau und Markt

Eine für den Frischverzehr, zur Kompottbereitung und als Kuchenbelag gut geeignete Sorte. Ihre Stärke liegt vor allem im Selbstversorgerobstbau. Als Saftkirsche ist sie zu hell und bringt eine zu geringe Ausbeute an Säure und Zucker. Auf nichtzusagenden Standorten bzw. bei einseitiger Nährstoffversorgung (Stickstoffüberversorgung) sowie bei zu nassen, kalten Blühperioden kommt es zu starkem Rötelfall. Bei nachlassender Wuchskraft und bei guter, ausreichender Befruchtung durch geeignete Pollenspender befriedigt diese Sorte.

Köröser Weichsel

In Ungarn sind mehrere Typen ausgelesen worden, die sich bezüglich der Reifezeit unterscheiden. Durch den Anbau verschiedener Typen läßt sich somit die Erntezeit verlängern. 'Köröser' hat eine beachtliche Fruchtgröße. Die Kirschen sind in der Vollreife leicht zu ernten. Sie bluten nicht, auch wenn sie ohne Stiel geerntet werden. An sehr starkwüchsigen Bäumen sind manche Stiele mit kleinen unvollkommen ausgebildeten Nebenblättchen besetzt. Die Frucht platzt kaum, auch nach länger anhaltenden Regenfällen. Vorsicht bei feucht gepflückten oder bei Nässe geernteten Früchten. Sofortige Verarbeitung ist dann wegen der Gefahr des Verderbs angezeigt. Die Transportfähigkeit ist hervorragend. Die Früchte halten sich mehrere Tage.

Daten zur Frucht:
Höhe 19 bis 21 mm
Breite 20 bis 23 mm
Dicke 20 bis 22 mm
100-Frucht-Gewicht 500 bis 580 g
100-Stein-Gewicht 38 bis 41 g

Morellenfeuer

Dunkle Weichselkirsche mit stark färbendem Saft.
Synonym ist 'Kelleriis Nr. 16'. Ähnliche Namen sind keine bekannt.
Abstammung, Herkunft und Verbreitung: Die Sorte wurde aus Samen eines frei abgeblühten Sämlings (Muttersorte) in Seeland (Dänemark) von D. T. Poulsen gewonnen. Man nimmt an, daß die Muttersorte aus 'Ostheimer Weichsel' × 'Früheste der Mark' hervorgegangen ist. Die Vatersorte soll 'Königin Hortense' sein. 'Morellenfeuer' wurde seit den 60er Jahren in Mittel- und Westdeutschland verbreitet. Sie steht überwiegend in Hausgärten.
Standortansprüche: Sehr anpassungsfähig, befriedigt in allen Lagen. Grenzen für den Anbau setzen einerseits stark wechselfeuchte und andererseits betont steinige und trockene Höhenlagen. Naturgemäß bringt sie die besten Erträge mit zugleich sehr ansehnlichen Früchten auf mittleren Böden mit hoher natürlicher Nährkraft und ausreichender Feuchtigkeit.

Baum

Wuchs: In den ersten Standjahren ist 'Morellenfeuer' mittelstarkwüchsig. Die Triebkraft läßt in der Hauptertragszeit etwas nach. Der Holzzuwachs hängt in erster Linie von der Nährkraft des Bodens ab. Die Leitäste stehen schräg aufwärtsgerichtet. Später legen sie sich mehr waagrecht. Es entstehen breitpyramidale Kronen. Das Blatt von 'Morellenfeuer' ist klein bis mittelgroß, sattgrün und hat einen mittellangen bis kurzen, kräftigen, oberseits rotgefärbten Blattstiel.
Fruchtholz: Zahlreiche einjährige Triebe bilden sich willig, solange die Wuchskraft der Bäume nicht durch den reichen Ertrag zu sehr erschöpft wird. Die Triebe sind dünn, bräunlich gefärbt und reichlich mit kleinen breiten Lentizellen besetzt. Mehrjährige Spieße werden gerne auch in den älteren Bereichen des Astgerüstes gebildet. Sortentypisch ist ein starker Blütenbesatz. Gerade der mehrjährige Kronenbereich ist außerordentlich wichtig und ausschlaggebend für die sprichwörtliche gute Fruchtbarkeit dieser frühreifenden Weichselkirsche.
Blüte und Befruchtung: Die Blühzeit liegt mittelfrüh, sie zieht sich in kühlen Blühperioden über mehrere Tage (bis zu einer Woche) hin. Die Eignung als Befruchtersorte ist gut, auch für Süßkirschensorten und 'Köröser', da die Blühzeiten übereinstimmen. Als selbstfruchtbare Sorte benötigt sie keine Befruchtersorten. Die Blüten befinden sich an Kurztrieben, aber auch die im Vorjahr gebildeten Langtriebe sind seitlich stark mit Blütenknospen besetzt. Die Blüten stehen auf mittellangen, sehr kräftigen Stielen. Aus der gemeinsamen Stielbasis gehen oft 2 bis 3 Blüten hervor.
Ertrag: Er beginnt früh und ist von Anfang an recht beachtlich. Regelmäßige Tragbarkeit ist sortentypisch.
Krankheiten und Mängel: 'Morellenfeuer' ist eine robuste Sorte. Sie verträgt auch niedere Temperaturen während der Blühzeit. Das Holz gilt als mindestens so frostfest wie das von 'Schattenmorelle'. Die Sorte ist kaum anfällig für Monilia.

Frucht

Reife: In der 5. bis 6. Kirschenwoche, mindestens eine Woche vor 'Schattenmorelle' reifend.
Form und Größe: Kugelig bis breiteiförmig, mittelgroß bis groß.
Stiel: Er ist mittellang, kräftig bis mittelstark, hellgrün und oft am oberen Ende mit kleinen Nebenblättchen besetzt; er sitzt in einer flachen, regelmäßig ausgebildeten Stielgrube.
Stein: Mittelgroß bis groß, länglich-eiförmig.
Haut: Zäh, dunkelrot, glatt und stark glän-

Morellenfeuer

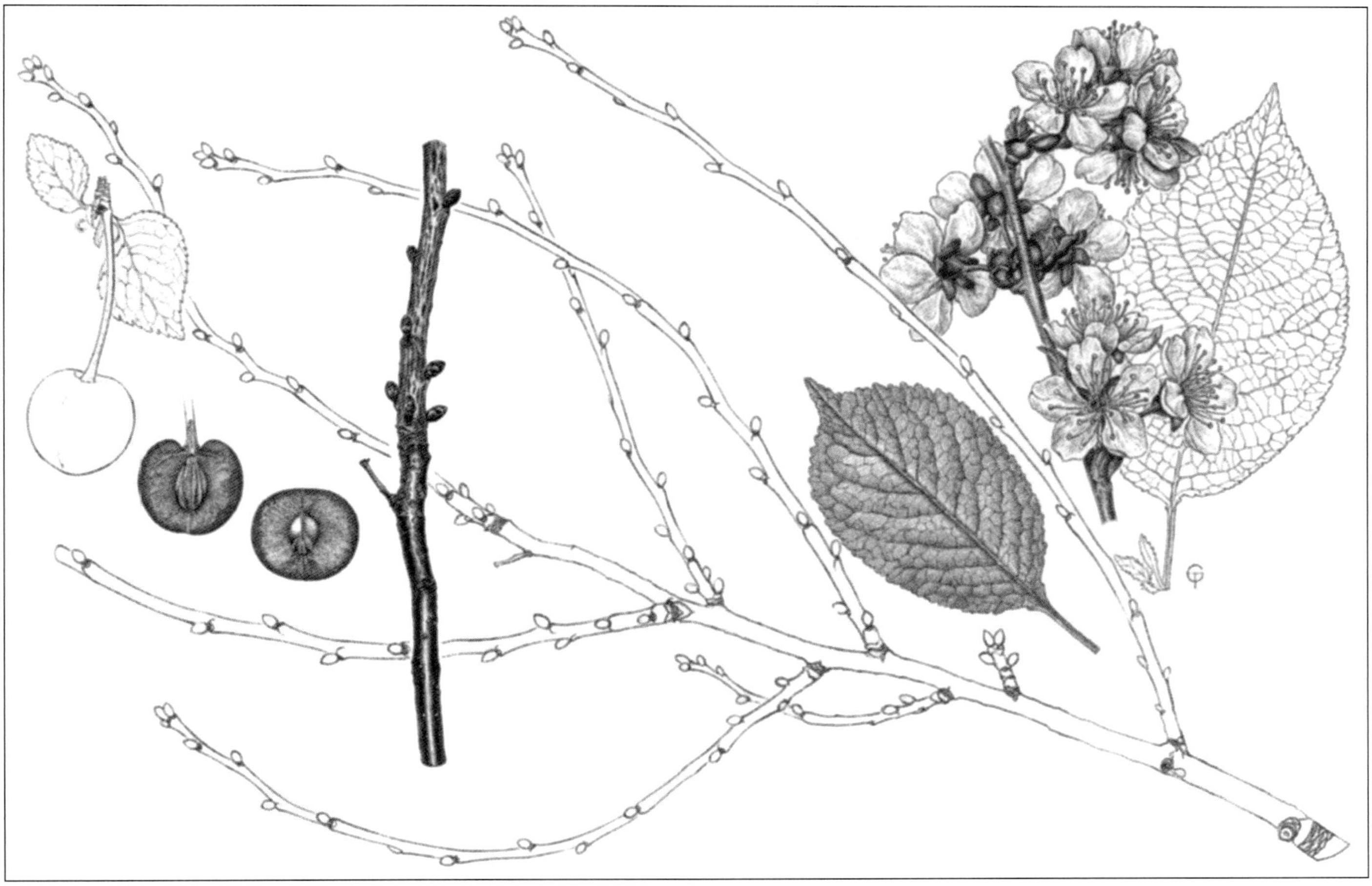

Morellenfeuer

zend mit feinen, kleinen, hellen Punkten übersät; dünn, läßt sich vollreif abziehen. Fleisch: Es ist dunkelrot, mit noch dunkleren Adern durchzogen, mittelfest und sehr saftig. Löst gut vom Stein. Der austretende Fruchtsaft ist stark dunkelrot gefärbt. Geschmack: Sauersüß, Aroma nur leicht angedeutet, etwas flach.

Anbau und Markt

'Morellenfeuer' verdient wegen ihrer Frühreife, Ertragssicherheit und vielseitigen Verwendungsfähigkeit als Frischfrucht, Kuchenbelag- und als Konservierungsfrucht weitere Verbreitung im Liebhaber- und Erwerbsanbau. Als Saftkirsche eignet sie sich weniger, da Säuregehalt und Aroma von anderen Sorten übertroffen werden. Es gibt kaum Nachteiliges. Läßt sich mit und ohne Stiel gut ernten. Stiellose Früchte bluten nicht. Die Transportfestigkeit ist hervorragend. Ihr etwas einseitiger Geschmack kann störend sein. Um ausreichende Fruchtgrößen zu erzielen, ist in der Jugendzeit ein leichter Aufbauschnitt des Baumes ratsam. Im Vollertragsstadium muß immer wieder altes, abgetragenes Holz ausgelichtet werden. Wenig anfällig für Monilia.

Daten zur Frucht:
Fruchtwachstumszeit 77 Tage
Zuckergehalt 54 °Oe
Säuregehalt 17,0 g/l
100-Frucht-Gewicht 580 g
100-Stein-Gewicht 26 bis 28 g

Rote Maikirsche

Dunkle Süßweichsel mit schwachfärbendem Saft.
Ähnlicher Name 'Doppelte Maikirsche', engl.: 'May Duke'.
Synonym ist 'Maiammer'.
Abstammung, Herkunft und Verbreitung: Eine sehr alte Sorte. Ihre Heimat und ihr Ursprung sind nicht mehr nachweisbar. Sie ist in Mitteldeutschland etwas stärker verbreitet (Altenburger Gebiet, Fahner'sche Höhe), sonst findet man sie vereinzelt im Liebhaberobstbau. Die Sorte ist auch in den benachbarten europäischen Ländern, insbesondere in den Niederlanden und in England, etwas im Erwerbsanbau verbreitet.
Standortansprüche: Die Sorte ist recht anpassungsfähig an fast alle Bodenarten. Lediglich stark tonhaltige, bindige und zu Staunässe neigende Böden sind zu meiden. Selbst in windausgesetzten Lagen gibt es keine Probleme. Ihre Wärmeansprüche sind gering. Auch mittlere Höhenlagen sind bei passenden Böden noch befriedigende Standorte. Ausgesprochene Frostlagen sind jedoch nicht anbauwürdig, da die Blüte ziemlich unter Frost leidet. Durch Winterfröste wird das Holz weniger gefährdet. 'Rote Maikirsche' verträgt gewittrige Niederschläge zur Reife- bzw. Pflückzeit recht gut.

Baum

Die in den ersten beiden Standjahren ausgesprochene Frohwüchsigkeit läßt rasch nach. Für eine Sauerkirsche ist der Wuchs jedoch immer noch kräftig. Der Baum bildet eine hoch- bis breitpyramidale Krone,

Rote Maikirsche

die durch auffallend steil stehende, wenig verzweigte Leitäste zustande kommt. Auffallend ist auch das über den gesamten Kronenbereich verteilte Fruchtholz. Dabei sind Ringelspieße mit jeweils 4 bis 7 kräftigen Blütenknospen sortentypisch. Die Blüten sind klein und relativ langstielig. Mehrere Blüten stehen zusammen auf einem Stiel, der meist mehrere kleine, unvollständig ausgebildete Beiblättchen trägt. Fruchtet von Anfang an reichlich. Der Ertrag setzt früh ein. Die Sorte ist ertragsicher, als regelmäßiger Träger bekannt. In der Jugend sind kaum Schnittmaßnahmen erforderlich. Im Vollertragsstadium empfiehlt sich ein Auslichtungsschnitt.
Blüte und Befruchtung: Die schwach selbstfertile 'Rote Maikirsche' blüht früh und ist ein guter Befruchter. Geeignete Befruchtersorten sind 'Schattenmorelle', 'Kassins Frühe' und 'Schneiders Späte Knorpel'.

Frucht

'Rote Maikirsche' zeigt die ersten reifen Früchte schon in der 3. Reifewoche. Allerdings folgert die Sorte stark. Erntereife und nur halbentwickelte Früchte finden sich am gleichen Baum. Mehrmaliges Durchpflücken ist deshalb angebracht. Die Frucht ist mittelgroß und stumpf-herzförmig. Die Fruchthaut ist bei vollreifen Früchten rötlichbraun, um die Bauchnaht etwas aufgehellt, dünn, zäh und fest. Das Fruchtfleisch ist bräunlichrot bis dunkelrot, weich, gallertartig, stark saftend und gut steinlösend. Ein kleiner kugeliger Stein ist mit einem mittellangen Stiel verbunden. Die Ernteleistung ist darum gering. Vollreife Früchte lassen sich leicht mit dem Stiel abernten. Die Früchte enthalten relativ viel hellroten Fruchtsaft. Sie schmecken auf zusagenden Standorten in Vollreife ausgeglichen süßsäuerlich und feinaromatisch.

Anbau und Markt

Wegen der mindestens zwei Wochen auseinandergezogenen Reifezeit und wegen des Zwangs zum mehrmaligen Durchpflücken ist 'Rote Maikirsche' eine ausgesprochene Selbstversorgersorte. Die Früchte eignen sich zum Frischverzehr, als Kuchenbelag und für die Konservierung.

Daten zur Frucht:
Höhe 21 bis 23 mm
Breite 22 bis 24 mm
Dicke 20 bis 22 mm
100-Frucht-Gewicht 480 bis 510 g
100-Stein-Gewicht 44 bis 46,5 g

Schattenmorelle

Dunkle Weichselkirsche mit färbendem Saft.
Diese bekannteste und am weitesten verbreitete deutsche Sauerkirschsorte hat viele ähnliche Namen und Synonyme. Ähnliche Namen sind: 'Echte Schattenmorelle' und 'Doppelte Schattenmorelle'; engl.: 'Black Morello'.
franz.: 'Cerise du Nord', 'Griotte du Nord' und 'Griotte Noir Tardive'.
holl.: 'Noordkrieg'.
Synonyme sind 'Große Lange Lotkirsche', 'Nordkirsche' und 'Sauerlothkirsche'.
Abstammung, Herkunft und Verbreitung: Die Herkunft dieser Sauerkirschensorte ist unbekannt. Sie ist bereits seit Beginn des 18. Jahrhunderts in der Gegend von Gotha/Sachsen verbreitet und hat sich im Laufe der Zeit vielerorts etabliert. Sie ist die Hauptsorte in Deutschland und sowohl in Erwerbsanlagen als auch in Hausgärten zu finden.
Standortansprüche: 'Schattenmorelle' hat eine große Anpassungsfähigkeit an den Standort. Sie ist überall fruchtbar und als regelmäßiger Träger bekannt. Einzig auf wechselfeuchten Böden versagt sie. Sie wird im Ertrag bei intensiver Pflege von keiner Sorte übertroffen. Auch leichtere Böden, selbst in Höhen- und Windlagen, sagen dieser Sorte noch zu. Vorsicht vor dem Anbau auf bindigen und staunassen Böden. Das Holz ist weitgehend frosthart, die Blüte höchstens mäßig frostempfindlich.

Baum

Wuchs: Der Wuchs ist mittelstark. Die Leitäste sind schräg aufwärts gerichtet und unregelmäßig mit dünnen, hängenden Seitenzweigen besetzt. Das sehr stark verkahlende Fruchtholz bewirkt, daß der Baum in der Hauptertragszeit mehr in die Breite geht und rasch in seiner Wuchskraft nachläßt, es sei denn, er wird einem regelmäßigen Rückschnitt unterzogen. Gleichmäßig kugelige, mittelgroße bis kleine Kronen sind typisch.
Fruchtholz: Die Jungtriebe sind dünn, wenig verzweigt und neigen stark zu Verkahlung. Im Vollertragsstadium ist deshalb unbedingt entweder ein regelmäßiger langer oder kurzer Fruchtholzschnitt erforderlich. Im 3- bis 4jährigen Turnus muß durch kräftiges Verjüngen eine starke Neutriebbildung angeregt werden. Die einjährigen Triebe sind hellbräunlich-rot gefärbt,

dünn, mittellang bis lang und oft fast rechtwinklig vom mehr hängend angeordneten Haupttrieb abgehend. Auf der ganzen Länge sind die einjährigen Triebe mit Blütenknospen besetzt. Lediglich die Terminalknospen sind vegetativ veranlagt. Die sich aus den runden Blütenknospen entwickelnden Blüten und späteren Früchte haben kaum Blattknospen, nach der Ernte bleibt so ein langer verkahlter Bereich am vorjährigen Trieb zurück. Die Verkahlung setzt schon beim zweijährigen Holz ein.
Das Blatt von 'Schattenmorelle' ist dunkelgrün, klein, breit-oval von der Mittelachse aus nach oben gebogen und weist einen fein gezähnten Rand auf. Der Blattstiel ist kräftig, dick und am Stielgrund etwas rötlich angelaufen.
Blüte und Befruchtung: Die Blühzeit ist als spät bis sehr spät einzustufen. Sie zieht sich etwas hin. Die Eignung als Pollenspender ist sehr gut. Eine geeignete Befruchtersorte ist nicht erforderlich, da der heute angebaute Typ von 'Schattenmorelle' selbstfertil ist. An den kaum vorhandenen Kurztrieben sind sechs bis acht Blüten pro Knospe zu finden, an den Langtrieben in der einzelnen Knospe sind zwei bis vier Einzelblüten angelegt. Je besser belichtet der Trieb und je besser ernährt der Baum ist, um so höher steigt die Zahl der Blüten.
Ertrag: Dieser setzt früh ein, d.h. oft schon mit einigen Früchten im Jahr der Pflanzung, spätestens aber im zweiten Standjahr. 'Schattenmorelle' trägt regelmäßig; bei intensiver Pflege werden ihre Erträge von keiner anderen Sorte übertroffen.
Krankheiten und Mängel: Hohe Anfälligkeit für Zweig- und Fruchtmonilia. In nassen Jahren kommt es vor allem in den Hausgärten zu Ausfällen. Befallene Triebe sterben ab, auch ganze Astpartien können betroffen werden. Bakterienbrand macht ihr weit weniger zu schaffen.

Frucht

Reife: In der 5. Kirschenwoche beginnend. Vollreife in der 6. Kirschenwoche und zieht sich bis zur 7. hin.
Größe und Form: Die Frucht ist mittelgroß bis groß, jedoch stark vom Schnitt des Baumes abhängig. Die Fruchtform darf als kugelig bis stumpf-eiförmig bezeichnet werden. Am Stempelpunkt ist 'Schattenmorelle' leicht abgeplattet. Die Bauchseite ist manchmal etwas gedrückt.
Stiel: Hellgrün, lang und dick, zur Frucht hin noch etwas verstärkt und in einer flachen, aber ausgeprägten Stielgrube sitzend; oft sitzen zwei Kirschen an einem Zwillingsstiel am Holz; am Stielansatz ist meist ein kleines Blättchen vorhanden.
Stempelpunkt: Er ist in einer flachen Grube deutlich ausgeprägt, leicht cremefarbig.
Stein: Mittelgroß bis groß, breit-eiförmig mit ausgeprägter Spitze und gut vom Fruchtfleisch lösend; scharfe Rückennaht; Stein und Stiel sind relativ fest verbunden, besonders bei Früchten von starktriebigen Bäumen und vor der Vollreife.
Haut: Zäh, dünn und rötlich-braun mit dunkler Bauchnaht, die schwach genarbt und glänzend ist; um die Bauchnaht erscheint die Frucht etwas heller gefärbt.
Fleisch: Rötlich-braun bis rötlich-purpurfarben, weich, gallertartig, sehr saftig und

Schattenmorelle

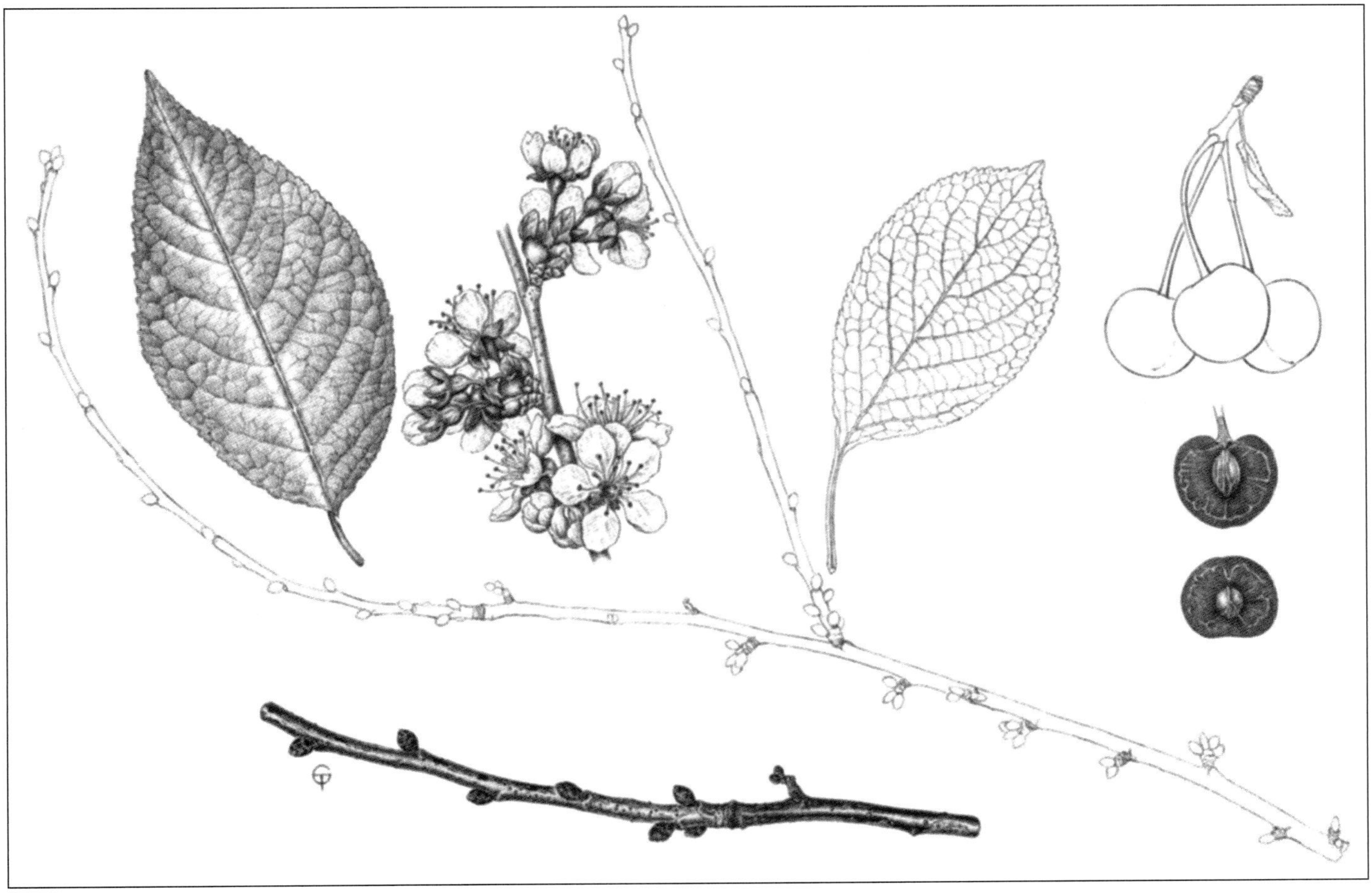

Schattenmorelle

gut steinlösend; zum Stein hin etwas dunkler gefärbt.
Geschmack: In der Vollreife säuerlich-herb, kräftig. Für Rohgenuß weniger gut geeignet. Vollreife Früchte entfalten ihr Aroma vor allem als Kompott- oder Konservenware.

Anbau und Markt

'Schattenmorelle' ist eine geschätzte Konservensorte, aber auch für Marmeladen und als Belegfrucht geeignet. Selbst als Saftkirsche und zur Fruchtweinbereitung ist sie gesucht. Als spätreifende Sorte eignet sie sich überwiegend für die industrielle Verarbeitung und für die häusliche Vorratswirtschaft. In letzter Zeit leidet diese wichtige Marktsorte durch den Preisdruck der Billigware aus Drittländern. 'Schattenmorelle' läßt sich nur bei Vollreife leicht pflücken. Sonst hängen die Früchte fest am Holz, es kommt dann zur Verwundung der Triebe, weil bei der Handpflücke etwas Rinde mit abgerissen wird. Die Sorte läßt sich bei Vollreife maschinell ernten. Die Transportfestigkeit ist durch die zähe Haut gut, vor allem, wenn in flache Steigen geerntet wird. Kommt es während der Reife zu länger anhaltenden feuchten Witterungsperioden, so kann durch Infektionen mit Monilia rasch Fäulnis eintreten. Die Früchte platzen, sofern sie naß geerntet wurden, bereits auf dem Transport und im Lager.
Mutanten: Bewährte Mutanten von 'Schattenmorelle' sind 'Scharö' (= 'Schattenmorelle Römer'), 'Boscha' (= 'Schattenmorelle Bockelmann') und 'Rheinland' (= 'Schattenmorelle Wolbeck 226'). Sie unterscheiden sich geringfügig bezüglich Reifezeit, Ertragshöhe, Fruchtgröße und Inhaltsstoffe.

Daten zur Frucht:
Höhe 18 bis 24 mm
Breite 20 bis 22 mm
Dicke 18 bis 21 mm
100-Frucht-Gewicht 590 bis 650 g
100-Stein-Gewicht 40 bis 45 g

Schöne von Chatenay

Rote Glaskirsche mit nichtfärbendem Saft. Ähnliche Namen sind keine bekannt. Synonyme sind in Frankreich:
'Belle de Sceaux', 'Belle Magnifique', 'Cerise de Spa' und 'Angleterre tardive'.
Abstammung, Herkunft und Verbreitung: Die Sorte soll 1795 von einem Anbauer namens Châtenay in Vitry/Seine in Frankreich aus Samen gezogen worden sein. Sie ist heute weitverbreitet in Hausgärten, nie in großen Anlagen, sondern überwiegend als Einzelexemplar im Selbstversorgeranbau in Frankreich und Deutschland.
Standortansprüche: 'Chatenay' paßt in erster Linie in das Weinbauklima. Dort entfaltet sie alle ihre positiven Eigenschaften. Sie ist dankbar für warme, geschützte Lagen, nicht für Windlagen. In Bezug auf die Bodenverhältnisse bestehen geringere Ansprüche. Abgesehen von ganz steinigen, trockenen Lagen und andererseits schweren, bindigen Böden in den Talauen oder von wenig belüfteten Böden nimmt sie mit allen Bodenarten vorlieb. Das Holz ist ausreichend frosthart, die noch nicht entfaltete Blüte ebenfalls.

Baum

Wuchs: Die Sorte wächst ziemlich kräftig im ersten und zweiten Standjahr. Die Leitäste stehen steil aufrecht. In der Hauptertragszeit ist die Wuchskraft nur noch mittelstark, der Baum verkahlt kaum. Leichte Verzweigung und starke

Garnierung auch der älteren Kronenpartien mit Rosettentrieben führen zu einem hohen Blütenbesatz auf kräftigen, mittellangen Stielen. In der Jugend ist ein Formierungsschnitt erforderlich. Im Vollertragsstadium sind Schnitteingriffe allenfalls nötig, um einem Vergreisen durch zu reichen Ertrag entgegenzuwirken. Die Sorte bildet eine kleine, flachkugelige Krone aus. Das Blatt ist mittelgroß bis klein, aber relativ breit, kräftig, dick sowie dunkelgrün und fein gezähnt.
Fruchtholz: Überwiegend bilden sich Fruchtspieße, die sich willig garnieren.
Blüte und Befruchtung: 'Chatenay' blüht sehr spät und überreich. Offensichtlich ist sie selbstfruchtbar. Wegen später Blüte als Befruchtersorte wenig geeignet. Der Fruchtansatz ist gut bis sehr gut.

Frucht

In der 8. Kirschenwoche reifend, zählt also zu den spätesten Sorten. Je nach Standort von Ende Juli bis Mitte August pflückbar. Die Frucht ist mittelgroß bis groß, bauchseits etwas flachgedrückt, rückseitig leicht gefurcht, breitkugelig. Der kurze und dünne, hellgrüne Stiel zeigt am Triebansatz meist Nebenblättchen. Die Fruchthaut ist dünn, ganz fein punktiert, durchscheinend und stark glänzend. Das Fruchtfleisch ist trübgelb, mit weißlichen Adern durchzogen, mittelfest bis weich, gut steinlösend und gibt einen farblosen Fruchtsaft ab. Die Früchte schmecken mildsäuerlich und angenehm erfrischend. Die Sorte muß mit Stiel geerntet werden, da sie sonst stark blutet. Der Stiel sitzt ziemlich fest am Fruchtholz. Die Haltekräfte werden erst bei Überreife etwas schwächer. Die Frucht ist wenig transportfest und empfindlich gegen Windschlag; die Früchte werden braunfleckig. Reifende Früchte springen bei Regenwetter leicht auf.

Anbau und Markt

'Chatenay' eignet sich nicht für den Marktanbau aufgrund der sehr ungleichmäßigen und verzögerten Fruchtreife, es ist eine ausgesprochene Liebhabersorte. Von ihr können über drei Wochen hinweg Früchte für die Kompottbereitung, zum Belegen von Kuchen, zum Eindünsten und für den Frischverzehr geerntet werden.
Die starke Blüte und der reiche Fruchtbehang sind von hohem Zierwert auch für Hausgärten.
Ihr geringer Behandlungsbedarf bei Pflanzenschutzmaßnahmen macht sie für den ökologischen Anbau im Hausgarten besonders wertvoll.

Schöne von Chatenay

Daten zur Frucht:
Höhe 20 bis 22 mm
Breite 23 bis 26 mm
Dicke 20 bis 22 mm
100-Frucht-Gewicht 470 bis 580 g
100-Steingewicht 38 bis 41 g

Stevnsbaer

Ähnliche Namen sind nicht bekannt.
Abstammung, Herkunft und Verbreitung: Aus dem in Dänemark seit Jahrhunderten angebauten Formengemisch von *P. cerasus* wurden verschiedene Klone in diesem Jahrhundert ausgelesen. Wert legte man dabei auf reichen, sicheren Ertrag, gleichmäßige Fruchtreife und Gesundheit der Mutterbäume. Nach der von Pedersen herausgegebenen Pomologie Dänemarks wurde sie nach der Ortschaft Stevns bei Kopenhagen/Seeland benannt. Es sind heute mehrere Typen von 'Stevnsbaer' im Anbau. Morphologische Unterschiede gibt es nicht. Nach Christensen bestehen auch keine Unterschiede zu der niederländischen Lokalsorte 'Westerleese Kriek'. Viel Ähnlichkeit ist auch mit den jugoslawischen Maraschka-Typen gegeben. In Dänemark wurden seit 1970 verschiedene Mutterbäume ausgelesen; die heute vorhandenen Bestände basieren auf etwa dreißig Auslesen. Das Hauptverbreitungsgebiet ist nach wie vor Dänemark. Als reine Verwertungssorte hat 'Stevnsbaer' in Rheinhessen, im Raum Northeim/Hannover und im Gebiet Witzenhausen (z. T. über den Vertragsanbau) Eingang im Erwerbsanbau gefunden. Auch in Südtirol wurden bis 1980 im Brixener Raum und im Vintschgau einige Pflanzungen aufgebaut.
Standortansprüche: Die Sorte ist relativ anspruchslos. Wenn extreme, frostgefährdete Tallagen vermieden werden, befriedigt 'Stevnsbaer' überall, wo während der Fruchtentwicklung ausreichend Feuchtigkeit und – im Vollertragsstadium – genügend Nährstoffe, insbesondere Stickstoff, zur Verfügung stehen. Auch sandige Böden liefern dann gute Erträge.

Baum

Wuchs: Der Baum wächst sehr stark bis stark. Nur wenige stärkere Gerüstäste stehen schräg aufrecht und bringen eine hochpyramidale Krone zustande. Feines, z. T. hängendes Fruchtholz führt fast zur idealen Spindelform. Mit nur wenigen

Stevnsbaer

Schnitteingriffen läßt sich diese, für die mechanische Ernte besonders geeignete Kronenform über lange Zeit beibehalten.
Blüte und Befruchtung: 'Stevnsbaer' blüht 5 bis 6 Tage vor 'Schattenmorelle'. Die Erträge sind auch in sortenreinen Pflanzungen gleichmäßig und hoch. Es darf deshalb Selbstfertilität angenommen werden. Die Blüte scheint zudem recht frostfest zu sein.
Ertrag: Er setzt früh ein. Trotz geringer Fruchtgröße ergeben sich aufgrund der hochwachsenden Bäume gute Baum- und Flächenerträge. Wer anfänglich wenig schneidet, erhält von den vorwiegend am zwei- und dreijährigen Holz sitzenden Früchten gute Leistungen.
Krankheiten und Mängel: Die Bäume sind gegen Monilia und Bakterienbrand recht resistent. Nach dänischen Berichten sollte 'Stevnsbaer' auf Vogelkirschensämlinge oder F12/I veredelt werden, weil die Verträglichkeit mit Steinweichsel als Unterlage z. T. langfristig nicht gegeben war.

Stevnsbaer

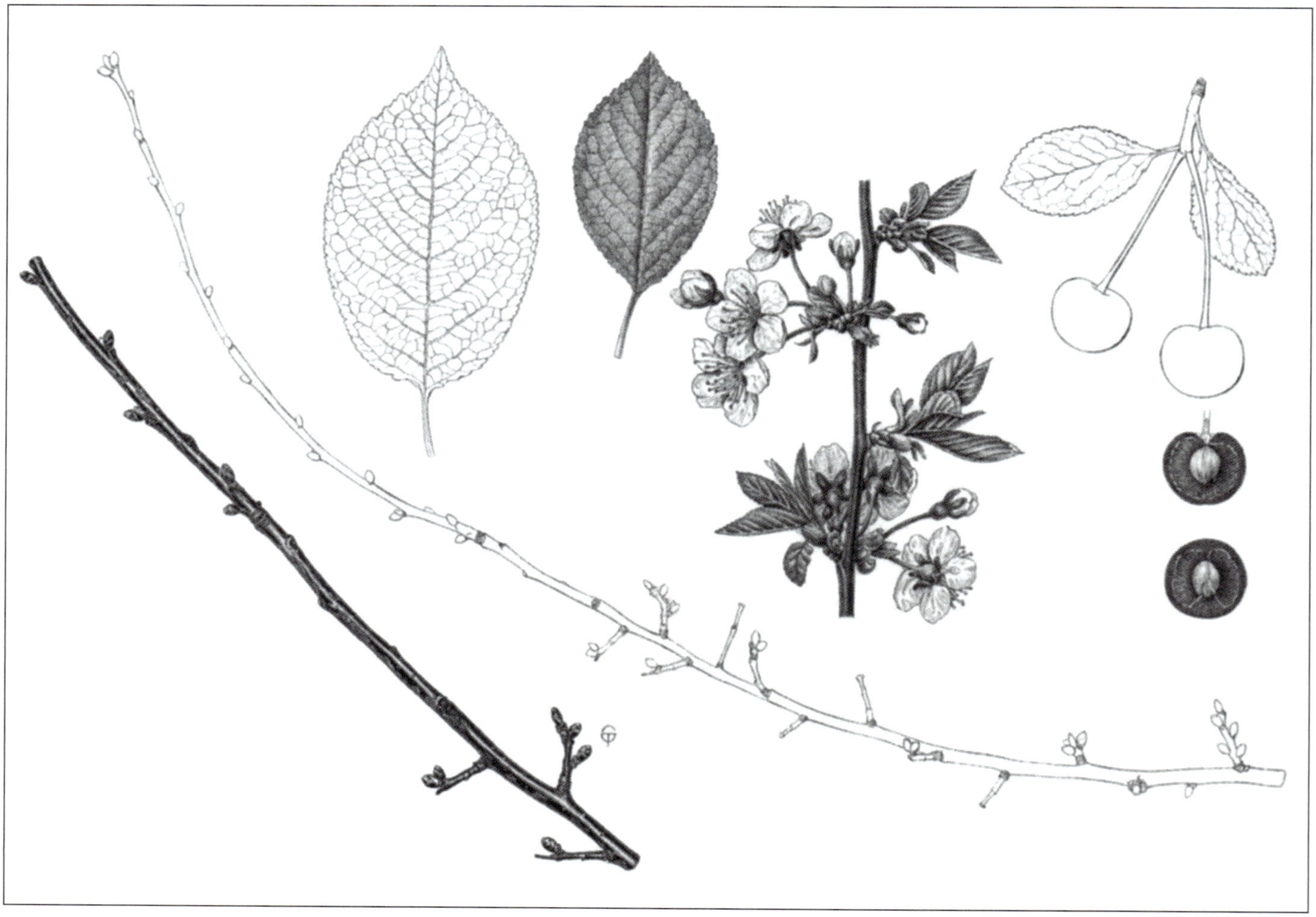

Frucht

Reife: Etwa zwei Wochen nach 'Schattenmorelle', etwa in der 8. Kirschenwoche.
Größe und Form: Klein bis sehr klein, fast kugelig.
Stiel: Mittellang, grün, kräftig. Der Stiel haftet recht fest am Holz, läßt sich jedoch leicht aus der seichten, nur mäßig tiefen Stielgrube der Frucht lösen, sobald sie vollreif ist.
Stempelpunkt: Klein, nur leicht angedeutet, am Ende einer nur wenig angedeuteten Bauchnaht sitzend.
Stein: Klein, löst gut vom vollreifen Fruchtfleisch.
Haut: Zäh und dünn, schwarzrot bis tiefschwarz, matt.
Fleisch: Sehr fest bis fest, saftig, guter Geschmack, sehr säurereich, guter Trokkensubstanz- bzw. Zuckergehalt mit stark färbendem Saft.

Anbau und Markt

'Stevnsbaer' ist eine hervorragend für Verwertungszwecke geeignete, hochwüchsige Sauerkirschensorte. Sie bringt trotz unterdurchschnittlicher Fruchtgröße infolge eines großen Kronenvolumens im allgemeinen gute Flächen- und Einzelbaumerträge. Die Sorte ist eine ideale, nichtblutende, allerdings sehr spätreifende Saftkirsche für den Vertragsanbau. Schnitt- und Pflegeaufwand halten sich in Grenzen. Auf ausreichenden Pflanzabstand ist bei dieser sehr starkwüchsigen Sorte unbedingt zu achten. Im ausgewachsenen Zustand sollten die Bäume bei 6 bis 7 m Höhe gekappt werden.

Daten zur Frucht:
Höhe 9 bis 11 mm
Breite 8 bis 10 mm
Dicke 9 bis 10 mm
Spezif. Gewicht 1,025 bis 1,030 g
100-Frucht-Gewicht 261 bis 280 g
100-Stein-Gewicht 23,5 bis 30 g

Pflaume und Zwetsche

Zur Geschichte der Pflaume und Zwetsche

Die Pflaumen und Zwetschen gehören zu der Untergattung *Prunophora* der Gattung *Prunus*. Die allermeisten der in Europa angebauten Sorten zählen zur Sektion *Euprunus* und werden in der *Domestika*-Gruppe zusammengefaßt. Hierin finden sich Pflaumen, Zwetschen, Mirabellen und Renekloden.
Seit Mitte der 80er Jahre wird in Südeuropa der Anbau der Japanischen Pflaume *(Prunus salicina)* ausgedehnt. Auch in Deutschland wird über ihren Anbau diskutiert, da für bestimmte Sorten dieser Pflaumenart, bedingt durch gute Haltbarkeit und Lagerfähigkeit, hohe Preise bezahlt werden. Vom Anbau ist aber unter unseren klimatischen Bedingungen abzuraten, da die vorhandenen Sorten relativ hohe Wärmeansprüche kurz vor und während der Blühzeit haben und deshalb vom Ertrag her nicht befriedigen.

Mutmaßungen über ihren Ursprung

Die europäische Pflaume *Prunus domestica* ($2n = 6x = 48$) wird als ein Artbastard aus *Prunus spinosa* der Schlehe ($2n = 4x = 32$) und *Prunus cerasifera* ($2n = 2x = 16$) angesehen. Über die Heimat der Pflaume gehen die Meinungen auseinander. Da beide Arten im Norden des Kaukasus bis zum Altaigebirge heute noch wild vorkommen, ist es wahrscheinlich, daß die Pflaume dort entstanden ist. Die Verbreitung der Pflaume ging von Syrien aus (Liegel 1838). Die Damaszener-Pflaume wird von der Hauptstadt Damaskus abgeleitet. Im Jahr 371 v. Chr. wird die Pflaume erstmals in Griechenland von Theophrast erwähnt. Die Römer brachten die Pflaume dann ca. 100 Jahre v. Chr. nach Italien und in ihre besetzten Gebiete nördlich der Alpen. Zwar wurden auch schon in Pfahlbauten der Jungsteinzeit 4000 bis 3000 v. Chr. Pflaumensteine gefunden, es handelte sich dabei aber um Wildformen (Kriechen, Zibarten). Unter Karl dem Großen (um 800 n. Chr.) gab es schon mehrere edle Pflaumensorten in Deutschland. Gegen Ende des 17. Jahrhunderts brachten württembergische Soldaten, die in venezianischen Diensten standen, aus Morea (Balkan) die 'Hauszwetsche' mit, die sich von hier aus in ganz Deutschland verbreitete.
Im 18. und 19. Jahrhundert wurden an vielen Orten Pflaumen gezüchtet. Im pomologischen Handbuch von J. E. Christ (1804) wurden bereits 94 Sorten beschrieben. Um die Systematik der Pflaumen hat sich besonders G. Liegel bemüht, der 1838 schon eine Sammlung von über 200 Sorten hatte. Der große Formenreichtum und die Bastardbildung machen aber eine Abgrenzung sehr schwierig. Nach Hedrick (1921) sollen Anfang dieses Jahrhunderts über 2000 Sorten, die 15 Arten angehörten, bekannt gewesen sein. Dieser Autor hat in seinen Standardwerk mehr als 1500 Sorten beschrieben. Aufbauend auf den Arbeiten von Hegi (1923) hat Röder (1939) versucht, eine neue systematische Einteilung vorzunehmen. Aber auch diese Einteilung befriedigt nicht in allen Teilen. Eine Lösung des Problems ist in Zukunft vielleicht durch molekularbiologische Methoden möglich.
Pflaumen haben eine blaue, gelbe oder grüne Fruchthaut und sind ziemlich abgerundet. Zwetschen haben eher zugespitzte Enden. Pflaumen reifen in der Regel vor den Zwetschen. Bei beiden löst sich der Stein meist gut vom Fruchtfleisch. Da eine Bastardierung innerhalb der *Prunus*-Arten leicht möglich ist, kann keine klare Abgrenzung zwischen den beiden Fruchtform-Gruppen gemacht werden. Die kugeligen, süßen Renekloden haben eine grüngelbliche bis rötlich schimmernde Haut und zumeist grünlichweißes Fruchtfleisch, das am Stein hängt. Schließlich sind die kleinen, kugeligen, gelbhäutigen Mirabellen mit ihrem sehr süßen, festen, gut steinlösenden Fruchtfleisch noch von Bedeutung.

Reifezeiten wichtiger Zwetschensorten

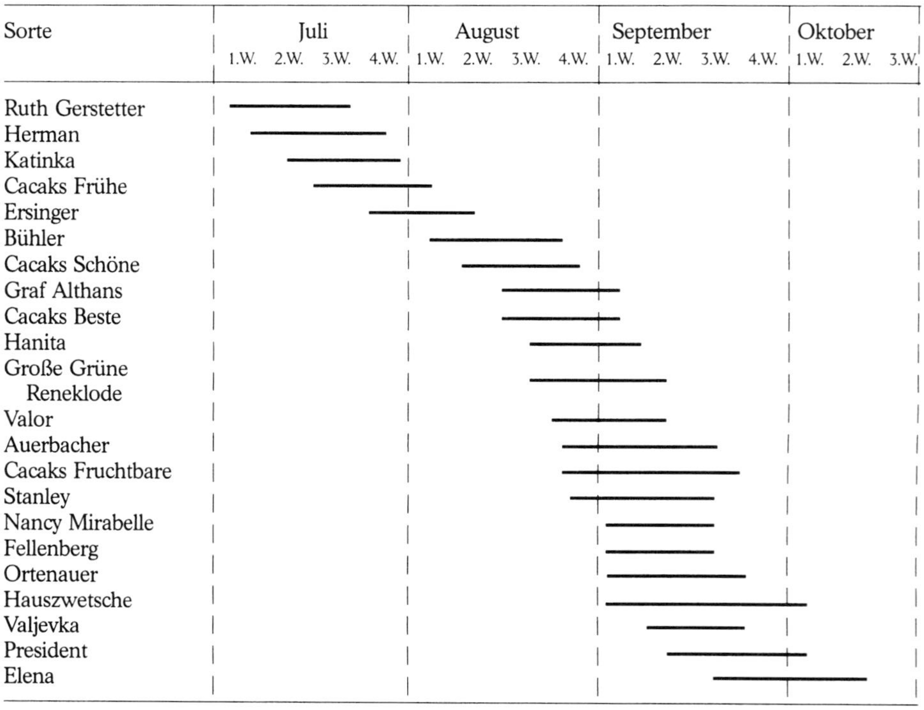

Systematische Züchtung

Die meisten der bisher im Anbau befindlichen Sorten sind Zufallssämlinge. Auffallend im Sortiment von *Prunus domestica* ist, daß ein Großteil dieser Sorten aus Deutschland stammt. Dies läßt erkennen, welche Bedeutung der Pflaumen- und Zwetschenanbau in diesem Land früher hatte.
Sorten aus einer systematischen Züchtung kamen in Europa erst mit dem Beginn der 80er Jahre dieses Jahrhunderts stärker auf den Markt. Hier waren es vor allem die neuen Sorten aus der jugoslawischen Forschungsstation Čačak und aus der rumänischen Station Pitesti, die aufgrund ihrer Scharkatoleranz stärkere Beachtung fanden. Eine Sortenzüchtung wird heute auch in kleinerem Umfang in Italien (Bologna), Frankreich (Bordeaux), in Norwegen (Njos), Schweden (Balsgård) und in der Slowakei (Bojnice) durchgeführt. Züchtungsarbeiten bei dieser Obstgattung in außereuropäischen Ländern werden vor allem in den USA und in Kanada (Ontario-Station) gemacht.
In Deutschland befaßte sich das Max-Planck-Institut in Köln-Vogelsang nach dem Krieg mit der Sortenzüchtung. Aus diesen Arbeiten von Zwintzscher ging als bekannteste Sorte 'Magna Glauca' hervor. Seit 1980 befaßt sich auch die Universität Hohenheim mit der Sortenzüchtung. Regelmäßiger Ertrag, bessere Qualität, Ausdehnung der Reifezeit und vor allem Scharkaresistenz sind die Zuchtziele. Aus den Arbeiten von Hartmann am Institut für Obst-, Gemüse- und Weinbau sind bisher sechs Sorten hervorgegangen, die beim Bundessortenamt zum Sortenschutz angemeldet sind. Auch an der Forschungsanstalt Geisenheim wird seit einigen Jahren züchterisch mit Pflaumen und Zwetschen gearbeitet.
In der Resistenzzüchtung hat die Scharkakrankheit (Plum pox virus) die größte Bedeutung; sie ist die wirtschaftlich wichtigste Baumobstvirose und macht einen Anbau mit herkömmlichen Sorten in verseuchten Gebieten unmöglich. Die einzige Möglichkeit ist dort der Anbau toleranter bzw. resistenter Sorten. Die Toleranz und auch die Resistenz sind relativ, da sie meist polygen bedingt sind, und die Ausprägung der Symptome umweltabhängig ist. In beiden Fällen kommt das Virus in der Pflanze vor, wird aber bei der Ausbreitung bzw. Vermehrung unterschiedlich gehemmt. Nur in immunen Sorten ist kein Virus nachzuweisen. Leider gibt es bis heute noch keine immunen Kultursorten. Mit gentechnologischen Methoden versucht man, Sorten zu schaffen, die nicht mehr vom Scharkavirus befallen werden. Dies soll dadurch erreicht werden, daß man in eine Sorte das Hüllprotein des Scharkavirus überträgt. Durch den Schutzmechanismus der »Cross-protection« soll dann ein Befall der Sorte mit dem Virus nicht mehr möglich sein. In zahlreichen europäischen Ländern laufen Arbeiten auf diesem Gebiet.

Bedeutung und Herkunft der Unterlagen

Die 'Bühler Frühzwetsche' wurde jahrzehntelang, die 'Hauszwetsche' sogar jahrhundertelang wurzelecht vermehrt, indem die Obstbauern Wurzelausläufer ausgruben und aufpflanzten. Der Großteil der anderen Sorten wurde früher vor allem auf Myrobalane *(Prunus cerasifera)* veredelt. Heute steht ein breites Spektrum an Unterlagen mit unterschiedlicher Wuchsstärke zur Verfügung, die vor allem aus dem Formenkreis *Prunus insititia, Prunus cerasifera, Prunus domestica* und *Prunus marianna* kommen.

Stark wachsende Unterlagen

Die Gruppe der stark wachsenden Unterlagen hat vorwiegend auf nur mäßig fruchtbaren Böden und bei reichtragenden Sorten Bedeutung. Angeboten werden Sämlinge der Myrobalane als relativ billige Unterlage. Der Vorteil solcher Unterlagen liegt neben dem Preis auch in der absoluten Virusfreiheit. Empfohlen werden heute aber vor allem vegetativ vermehrte Auslesen der Myrobalane, wie z. B. 'Hamyra' oder 'Myruni'. Zeitweise wurde die Myrobalane als Unterlage nicht mehr empfohlen, es zeigte sich aber, daß auf sie besonders auf sandigen Böden nicht verzichtet werden kann.
Als weitere stark wachsende Unterlage für extreme Bodenverhältnisse wird die vegetativ vermehrte 'GF 8/1' empfohlen. Sie ist ein Abkömmling der Mariannenpflaume *(Prunus marianna)*. Guten obstbaulichen Erfahrungen stehen jedoch Probleme in der Baumschule gegenüber. Die Unterlage 'Brompton' *(Prunus domestica)* eignet sich besonders für schwere Böden in kühleren Lagen und wird in Norddeutschland noch von vielen Baumschulen angeboten.

Mittelstark wachsende Unterlagen

Die mittelstark wachsenden Unterlagen eignen sich für fast alle Böden und Sorten. Empfohlen werden fast ausschließlich vegetativ vermehrte Unterlagen. Die größte Bedeutung haben dabei Abkömmlinge der St. Julien-Pflaume. Auslesen aus diesem Formenkreis führten zu verschiedenen Unterlagen. International anerkannt und als Standardunterlage verwendet wird 'St. Julien A'. In Süddeutschland wurde im vergangenen Jahrzehnt die INRA-Selektion 'GF 655/2' stark verbreitet, die von vielen Baumschulen und Obstbauern besser als 'St. Julien A' eingestuft wird. Aus den Züchtungsarbeiten bei Unterlagen der INRA-Station in Bordeaux gingen verschiedene Hybriden hervor. 'Ishtara' zeichnet sich durch gute Erträge aus und bringt große Früchte. Die Unterlage ist aber chloroseanfällig, sie eignet sich nicht für kalkreiche Böden und ist für leichtere Böden zu empfehlen. 'Fereley' hat ähnliche Eigenschaften, ist aber nicht chloroseempfindlich und eignet sich deshalb auch für schwere Böden. Beide Unterlagen bilden keine Wurzelausläufer. Diese Unterlagen sind in Deutschland erst im Versuchsanbau und in der Praxis noch

Fertilität von Pflaumen- und Zwetschensorten

Selbstfertile Sorten	Teilweise selbstfertile Sorten	Selbststerile Sorten
Auerbacher	Cacaks Frühe	Czernowitzer
Bühler	Cacaks Beste	Graf Althan
Cacaks Schöne	Ersinger	Große Grüne Reneklode
Cacaks Fruchtbare	Fellenberg	Lützelsachser
Elena	Ortenauer	Magna Glauca
Hanita		Opal
Hauszwetsche		President
Nancy Mirabelle		Ruth Gerstetter
Stanley		Valor
Valjevka		Zimmers

Relative Blühzeiten verschiedener Pflaumen- und Zwetschensorten

Knospenstadium	Ballonstadium	Blühbeginn	Vollblüte	abgehende Blüte
Hauszwetsche	Herman	Hanita		Zimmers
Fellenberg	Anna Späth	Bühler	President	Lützelsachser
Auerbacher	Nancy Mirabelle	Cacaks Schöne	The Czar	Ruth Gerstetter
	Valjevka	Ersinger	Valor	
	Stanley	Cacaks Fruchtbare	Katinka	
	Große Grüne Reneklode	Graf Althan	Cacaks Frühe	
		Ortenauer		

wenig verbreitet. Die Unterlage 'Ackermann', *(Prunus domestica)* wird in Mitteldeutschland noch als Unterlage verwendet. Als Unterlage mit nur mittelstarkem bis schwachem Wuchs sind Sämlinge der Sorte 'Wangenheims Frühzwetsche' von Interesse.

Schwach wachsende Unterlagen

Für intensive Pflanzungen auf guten Böden werden dringend schwach wachsende Unterlagen gesucht. Die bisher vorhandenen Unterlagen befriedigen diesbezüglich wenig. Auslesen aus *Prunus tomentosa, Prunus pumila* und *Prunus besseyi* bringen zwar Schwachwuchs, zeigen aber mit vielen Sorten Unverträglichkeit. Vielleicht kommen in den nächsten Jahren Auslesen von *Prunus tomentosa* aus Weihenstephan mit besserer Verträglichkeit auf den Markt. Die neue französische Unterlage 'Ferlenain', eine interspezifische Hybride mit *Prunus besseyi*, zeigt ebenfalls mit vielen Sorten eine hochgradige Unverträglichkeit und eignet sich nur für wenige Sorten. Die einzige schwach wachsende Unterlage, die kaum Probleme mit der Verträglichkeit hat, ist Pixy, eine St. Julien-Auslese aus East Malling. Bei vielen Sorten führt diese Unterlage aber zu etwas kleineren Früchten.

Wurzelechte Pflanzen

Wurzelechte Pflanzen sind in der Praxis bei bestimmten Sorten immer noch begehrt. Bewährt haben sie sich bei 'Bühler Frühzwetsche' und 'Hauszwetsche'. Da die früher angewandte Methode des Ausgrabens von Wurzelausläufern schon auf Grund der Gefahr einer Verseuchung mit der Scharkakrankheit nicht mehr zu empfehlen ist, stellt sich die Frage nach einer zeitgemäßen Form der Vermehrung. Eine elegante Methode ist die Anzucht mit Hilfe der Gewebekultur. In manchen Fällen ergaben sich dabei aber Probleme durch Rückfall in die Jugendphase (Juvenilität). Es stellt sich deshalb die Frage, ob Pflanzen aus der Gewebekultur nur noch als Unterlage verwendet werden sollen.

Befruchtungsbiologie

Fertilität bei Pflaumen- und Zwetschensorten

Zur Befruchtungsbiologie bei Pflaumen und Zwetschen gibt es verschiedene Untersuchungen (Rudloff und Schanderl 1950, Stösser 1984, Hartmann und Stösser 1994). Diese Arbeiten zeigen, daß es innerhalb dieser Gruppe selbstfruchtbare und selbstunfruchtbare Sorten gibt. Außerdem sind Übergänge zwischen beiden Sortengruppen bekannt; man bezeichnet solche Sorten als teilweise selbstfertil. Diese Sorten bringen bei Bestäubung mit dem eigenen Pollen Früchte, der Ertrag ist aber wesentlich besser, wenn eine Bestäubung mit fremdem Pollen erfolgt. Der Grad dieser teilweisen Selbstfertilität ist je nach Sorte schwach oder stärker ausgeprägt und auch von der Witterung während der Blütezeit abhängig. Eine günstige Witterung während der Blüte erhöht die Selbstfertilität. Intersterilität ist bei Pflaumen und Zwetschen bisher noch nicht bekannt, deshalb kann jede Sorte eine andere bestäuben, wenn sie zur selben Zeit blüht und genügend Pollen ausbildet. Ein unterschiedliches Befruchtungsergebnis je nach Bestäubersorte gibt es aber besonders in Jahren mit schlechter Witterung während der Blühzeit. Die Ursache dürfte in einer sortentypischen Reaktion des Pollenschlauchwachstums auf niedrige Temperaturen liegen.

Pollenspendereignung von Pflaumen- und Zwetschensorten

Gute Pollenspender	Schlechte Pollenspender
Cacaks Schöne	Carpatin (pollensteril)
Cacaks Beste	Pitestean (pollensteril)
Fellenberg	Tuleu Gras (pollensteril)
Graf Althan	
Hauszwetsche	Zimmers
Stanley	
Valjevka	
Valor	

Relative Blühzeit und Pollenspender

Als Bestäuber können nur Sorten fungieren, die etwa zur gleichen Zeit wie die zu bestäubende Sorte blühen. Bei der Empfehlung von Bestäubersorten muß dieser Umstand beachtet werden. Dabei ist zu berücksichtigen, daß sich die relative Blühzeit innerhalb der Sorten nach Region und Jahr etwas verschieben kann. Da es innerhalb eines Baumes aber immer eine gewisse Variation in der Aufblüte gibt, muß sich die Blühzeit der Sorten nicht unbedingt decken.
Als gute Pollenspender gelten Sorten, die neben einer hohen Pollenproduktion auch eine gute Pollenqualität aufweisen. Es zeigte sich, daß Sorten, die eine große Menge von Pollen ausbilden, in der Regel auch eine gute Pollenqualität haben (z.B. 'Stanley', 'Cacaks Schöne'). Gute Pollenspender bilden pro Blüte ca. 50000 Pollenkörner, schlechte, z.B. 'Zimmers Frühzwetsche', nur bis 15000. Es gibt auch einige Sorten, die keine Pollen bilden. Diese männliche Sterilität tritt bei 'Tuleu Gras' und bei Sorten, die von ihr abstammen, auf.

Althanns Reneklode

Ähnliche Namen sind 'Graf Althans Reneklode', 'Althanns' oder 'Althann Ringlo'.
franz.: 'Reine-Claude', 'Althan', 'Reine Claude Comte d'Althann'. engl.: 'Count Althans Gage'. ital.: 'Reine Claude Conducta'.

Abstammung, Herkunft und Verbreitung: Die Sorte wurde Mitte des letzten Jahrhunderts durch den Schloßgärtner Jan Prochazka in der Herrschaft Swoyschitz in Böhmen aus einem Samen der 'Großen Grünen Reneklode' angezogen und nach dem Besitzer des Schloßgutes, Graf Althann, genannt. Die ansprechende Frucht hat Liebhaber in ganz Deutschland, in Ungarn, Österreich, aber auch in Frankreich, Belgien und England gefunden.

Standortansprüche: 'Althanns Reneklode' ist eine Sorte für gute Pflaumenböden mit bester Wasserführung. In warmen Gebieten ist sie besonders anbauwürdig. Sie gedeiht nicht auf trockenen, extrem leichten Böden mit mangelhafter Wasserführung. In Höhenlagen leistet sie bei Vollpflege, guter Humus- und Nährstoffversorgung immer noch Beachtliches. Sie ist vor allem eine Sorte der Hausgärten, weniger für den Erwerbsobstbau. Das Holz ist nur mäßig frosthart, das gilt auch für die Blüte, sobald sie sich vollständig geöffnet hat.

Baum

Wuchs: Die Sorte ist ziemlich starkwüchsig. Die steil aufrecht wachsenden Leitäste zeigen in den ersten zwei bis drei Standjahren ein unbändiges Wachstum. Dennoch bilden sich bald Blütenknospen. Unter dem Einfluß des Fruchtansatzes ergibt sich im Lauf der Zeit eine mehr sparrige, etwas stärker in die Breite gehende, kugelige Krone. Die Sorte hat auffallend dicke, braunrote Langtriebe mit engen Internodien. Die sehr kleinen Knospen sind breiter als hoch und stehen parallel zum Trieb. Die Blattpolster sind vor allem am Triebende sehr hoch und haben stark wulstige Seiten. Das Blatt ist groß, elliptisch bis breitoval geformt und dunkelgrün gefärbt. Der einfach bis doppelt gekerbte Blattrand biegt sich leicht nach oben.

Fruchtholz: Bildet sich in Form von Fruchtspießen recht zahlreich an den Seitenzweigen, die meist sehr schwach ausgebildet sind, dafür aber reichlich Blütenknospen tragen.

Blüte und Befruchtung: Die Sorte blüht mittelspät. 'Althanns Reneklode' gilt als guter Pollenspender, sie ist selbstunfruchtbar. Geeignete Befruchtersorten sind 'Große Grüne Reneklode', 'Ouillins Reneklode', 'Lützelsachser', 'Ontariopflaume', 'Königin Viktoria-Pflaume' u.a.

Die Blüten sitzen an den zahlreichen Kurztrieben dicht gedrängt. Reicher Ertrag ist zu erwarten. Die weißen Kronblätter haben eine rundliche Form und berühren sich. Die Kelchzipfel sind sehr groß, breit und spatelförmig ausgebildet. Die Antheren haben eine Länge von 5 bis 7 mm. Der Griffel hat die gleiche Länge wie die Antheren, manchmal überragt er sie etwas.

Daten zur Frucht

	Frucht	Stein
Länge in mm	41	20
Breite in mm	44	9
Dicke in mm	41	15
L : B : D	100 : 106 : 99	100 : 45 : 62
Gewicht je 100	4270	100
Durchmesser (mm)	42	
TS-Gehalt (%)	18,2	
Grad Oechsle	75	
Sorbitgehalt (% TS)	8,1	
Säuregehalt (‰)	3,8	

Althanns Reneklode

Auerbacher

Krankheiten und Mängel: Die Sorte wird als scharkatolerant eingestuft, da sich an den Früchten keine Pocken, sondern nur stärkere Marmorierungen der Fruchtschale zeigen. An unbehandelten Bäumen kommt es zu erheblichen Ausfällen durch die Pflaumensägewespe. Die Früchte werden bevorzugt von Wespen angefressen.

Frucht

Reife: Mitte August bis Mitte September reifend. Es muß mehrmals durchgepflückt werden. Nur so ist eine befriedigende Fruchtgröße bei allen Früchten zu erreichen.
Größe und Form: Die Frucht ist groß bis sehr groß und hat eine fast kugelige Form. An Stiel und Stempelpunkt ist sie etwas abgeflacht. Eine flache, breite Bauchfurche teilt die Frucht in der Mitte, sie geht vom Stiel bis zum Stempelpunkt, gelegentlich auch noch darüber hinaus.
Stiel: Kurz, kräftig, dunkelgrün, in der Vollreife der Frucht auch rostbraun. Sitzt in einer relativ weiten, jedoch flachen Einsenkung, die zur Bauchnaht hin jedoch deutlich eingekerbt ist.
Stein: Der mittelgroße Stein ist rundlich und leicht verschoben. Er hat einen ausgeprägten Wulst mit breiter und tiefer Seitenfurche. Die Rückenfurche ist ebenfalls breit und hat glatte Ränder. Die Steinoberfläche zeigt eine schwache Narbung. Der Stein löst hervorragend vom Fruchtfleisch.
Haut: Grüngelbe Grundfarbe, manchmal rötlichgelb bis hellorange. An der Sonnenseite ist die Frucht stärker als auf der Rückseite gefärbt und je nach Reifegrad heller oder dunkler marmoriert. Einzelne rostartige Flecken treten gehäuft auf. Hellviolette Bereifung stellt sich mit fortschreitendem Entwicklungs- und Reifezustand der Frucht ein. Die Fruchthaut selbst ist mäßig fest und läßt sich leicht vom Fruchtfleisch abziehen.
Fleisch: Gelb bis goldgelb, relativ fest, knorpelig bis weich. Bei Überreife mittel- bis hochsaftig, gut steinlösend.
Geschmack: Angenehm süß, kräftig mit feiner Säure, gewürzt.

Anbau und Markt

Diese Sorte ist für den Erwerbsanbau nur bedingt zu empfehlen. Sie ist keine Haupthandelssorte, aber auf den lokalen Märkten gelegentlich gefragt. Für den Versand muß im hartreifen Zustand geerntet werden. Zwei-, besser dreimaliges Durchpflücken ist anzuraten. Ihren hohen Stellenwert hat diese Sorte im Selbstversorgeranbau. Sie schmeckt frisch, als Kompott und Naßkonserve. In rauheren Gegenden gehört 'Althanns Reneklode' für den Selbstversorgeranbau in warmen Mulden zu den besten Steinobstsorten. Die Widerstandsfähigkeit gegen Witterungseinflüsse ist mäßig bis gut. In Windlagen wird die Frucht durch anschlagende Triebe leicht fleckig. Auch platzt sie bei Regen auf. Durch den büschelweisen Ansatz am kurzen Fruchtholz kommt es verstärkt zu Moniliafäule bei Regenwetter. Bei zu starkem Behang bleibt ein Teil der Früchte klein, unansehnlich und geschmacklich unterentwickelt. Die Frucht muß für den Versand bzw. zur Marktbeschickung etwas vor der Vollreife gepflückt werden. Das Fruchtfleisch ist dann fest und mehrere Tage lagerfähig.

Auerbacher

Synonyme: 'Kruft I', 'Johannisberg I', 'Achalmgräfin', 'Köpflizwetsche', 'Rafzerzwetsche'
Abstammung, Herkunft und Verbreitung: Die Abstammung und Herkunft der Sorte ist unbekannt. Sie fiel in den Sortimentspflanzungen, die F. Kruft in Geisenheim und Nürtingen anlegte, auf und wird seit den 60er Jahren vor allem in der Pfalz und in Rheinhessen verstärkt angebaut.

Baum

Wuchs: Der Baum wächst stark und bildet eine breitkugelige Krone. Durch den flachen Astabgang läßt sich die Sorte problemlos erziehen und eignet sich für alle Erziehungssysteme. Der Kronenaufbau ist mitteldicht und die Verzweigung gut. Das kurze, dicke und stark verzweigte Fruchtholz sitzt vor allem am 2 bis 4jährigen Holz. Es sind viele Fruchtspieße vorhanden. Die braunroten, mitteldicken Langtriebe sind behaart. Das mittelhohe Blattpolster ist ebenso breit wie der Trieb und meist mit einer Krone besetzt. Sie ist breiter als lang, kuppelförmig und steht parallel zum Trieb. Das mittelgroße, elliptische Blatt ist von hellgrüner Farbe, dick und auffallend matt. Es hat eine lang ausgezogene Spitze, eine zugespitzte Basis und weist einen gekerbten Blattrand auf.
Blüte und Befruchtung: Die selbstfruchtbare Sorte blüht spät, zusammen mit 'Fellenberg'; sie ist ein Pollenspender mittlerer Qualität. Der Blütenansatz ist groß. Weiße bis grünlich-weiße, sich überlappende Kronblätter von rundlicher Form bilden eine mittelgroße Blüte, die sternförmige Kelchzipfel aufweist. Der 8 bis 10 mm lange Griffel steht mit den Antheren auf einer Höhe.
Ertrag: Er setzt früh ein und ist sehr hoch, bei guter Pflege auch regelmäßig. Die Sorte neigt allerdings zur Alternanz.
Krankheiten und Mängel: 'Auerbacher' ist stark scharkaanfällig. An den Früchten bilden sich ausgeprägte Pocken und das Fruchtfleisch verbräunt. Befallene Früchte neigen zum vorzeitigen Fruchtfall. Auf den Blättern zeigen sich verwaschene, hellgrüne Bandmuster und Flecken, die im Laufe des Sommers fast verschwinden. Auf die Anfälligkeit für die Valsa-Krankheit muß hingewiesen werden.

Frucht

Reife: Ende August bis Anfang September, ca. 10 Tage vor 'Hauszwetsche'. Sie Sorte reift gleichmäßig.
Größe und Form: Die mittelgroßen, eiförmigen Früchte haben eine sehr flache Bauchnaht. Bei einem Durchmesser von 30 bis 36 mm wiegen die Früchte zwischen 23 und 35 g.
Stiel: Der Stiel ist kurz und dick, von hellgrüner, teilweise auch bräunlicher Farbe.
Stein: Mittelgroß, eiförmig und leicht verschoben, ohne besondere Oberflächenstrukturen. Der breite Stein hat einen auffallend breiten Wulst mit gut ausgebildeten Seitenfurchen. Die Rückenfurche ist tief und breit; Seiten- und vor allem Nebenwulst gut ausgebildet.
Haut: Dunkelblaue, auf der Schattenseite auch rötliche Farbe mit sehr starker Beduftung. Wenig Punkte, teilweise leichte Berostung. Die mitteldicke Haut läßt sich auch bei Reife nicht abziehen.
Fleisch: Festes, hellgelbes, bei Vollreife goldgelbes Fleisch, das sich hervorragend vom Stein löst.
Geschmack: Harmonisch, bei größerem Behang und älteren Bäumen auch etwas fade. Der Zuckergehalt liegt zwischen 50 und 75°Oe.

Anbau und Markt

Die mittelspät reifende Sorte ist auf Grund der hohen Erträge und der guten Nachfrage im Anbau beliebt. Sie eignet sich bestens als Kuchenbelag und wird deshalb von Bäckereien bevorzugt gekauft. Infolge des festen Fruchtfleisches und der guten Steinablösbarkeit ist 'Auerbacher' auch als Konservenware beliebt. Leider ist die Sorte sehr scharkaanfällig und kann deshalb nur noch für den Anbau in scharkafreien Regionen empfohlen werden.

Bühler Frühzwetsche

Ähnliche Namen sind 'Bühler Frühzwetschge', 'Bühlertaler Frühzwetsche', 'Zwetsche de Bühlertal' (im Elsaß).
Abstammung, Herkunft und Verbreitung: Die Sorte wurde um 1840 in Kappelwindeck bei Bühl in Baden entdeckt. Es handelt sich um einen Zufallssämling, der zuerst als 'Kappler Zwetschge' bezeichnet und später vor allem durch den Obstbauer G. W. Uhink in Lichtenthal bei Bühl unter dem Namen 'Bühler Frühzwetsche' verbreitet wurde. Sie ist heute an den klimatisch günstigen Hängen der Ortenau die Hauptsorte. In der Pfalz hat sie einen wei-

Daten zur Frucht

	Frucht	Stein
Länge in mm	44	22
Breite in mm	35	9
Dicke in mm	34	14
L : B : D	100 : 78 : 78	100 : 42 : 65
Gewicht je 100	2980	90
Durchmesser (mm)	34	
TS-Gehalt (%)	16,7	
Grad Oechsle	72	
Sorbitgehalt (% TS)	8,6	
Säuregehalt (‰)	5,6	

Bühler Frühzwetsche

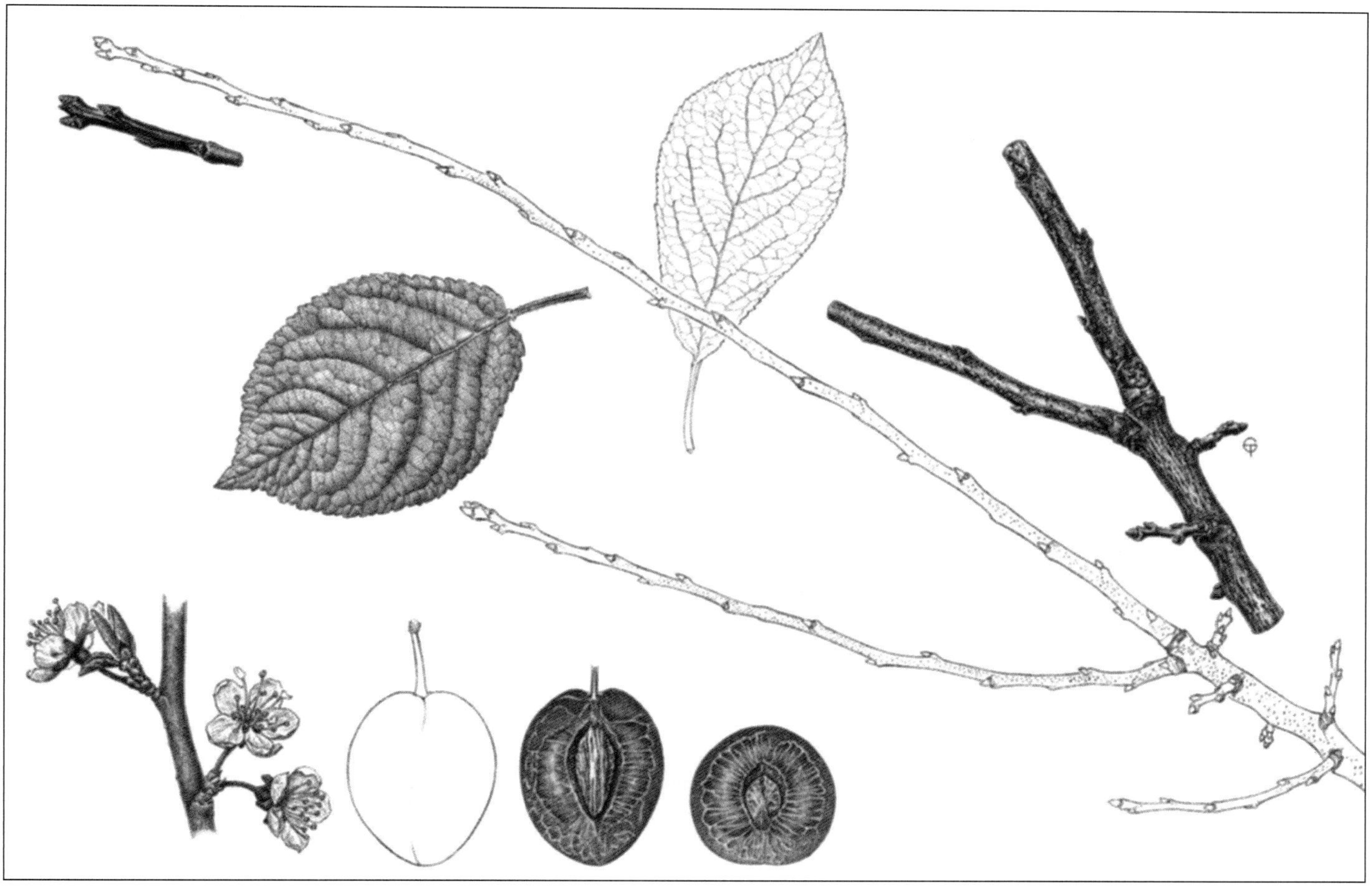

Bühler Frühzwetsche

teren Anbauschwerpunkt. Als Frühsorte ist sie in ganz Deutschland verbreitet und wird auch auf dem Balkan angepflanzt. Im Anbau sind zahlreiche Typen. Hartmann (Universität Hohenheim) führte in den Jahren 1980 bis 1986 eine Selektion durch. Hauptziele waren neben dem Ertrag die Auslese nach Fruchtgröße und Reifezeit. Die wertvollsten Typen sind zur weiteren Prüfung an drei verschiedenen Standorten im badischen Anbaugebiet aufgepflanzt.

Standortansprüche: 'Bühler Frühzwetsche' verlangt einen warmen Standort mit ausreichender Feuchtigkeit im Boden. Im rauhen Klima reift sie zu spät. In Trocken- und Höhenlagen bleibt die Frucht oft zu klein, der Fruchtertrag schwankt, der Geschmack ist oft einseitig und minderwertig. Die Sorte hat eine relativ hohe Widerstandsfähigkeit gegen Holz- und Blütenfröste.

Baum

Wuchs: 'Bühler Frühzwetsche' wächst kräftig mit steil aufstrebenden Leitästen. Sie sind sehr gleichmäßig und dicht mit Seitentrieben besetzt. An ihnen ist das regelmäßig angesetzte Fruchtholz zu finden. In der Hauptertragszeit läßt die Wuchskraft nach. Eine hoch- bis breitpyramidale Kronenform ist sortentypisch. Die Neigung zur Verkahlung im Kroneninnern ist unverkennbar. Dies wird dadurch verstärkt, daß die Sorte sehr dicht wächst und ein geschlossenes Laubdach ausbildet, was wiederum zur Schwächung und zum Abstoßen der Fruchttriebe führt. Die einjährigen, braunroten Triebe sind schwach behaart und haben kurze Internodien mit langen, leicht abstehenden Knospen. Das Blattpolster ist deutlich schmäler als der Trieb. Das mittelgroße Blatt ist relativ dick, hat eine dunkelgrüne Farbe mit leichtem Glanz und ist sehr gesund. Die jungen Blätter sind an den Triebspitzen leicht bronzefarbig überhaucht. Sie stehen auf kräftigen, mittellangen, grünen Blattstielen. Sehr feine Zähnung ist sortentypisch.

Fruchtholz: Es ist gleichmäßig und dicht verteilt. Fruchttragende Kurztriebe überwiegen. Die meist seitlich im zwei- bis vierjährigen Kronenbereich an älteren Bäumen in Form von Ringelspießen angeordneten Kurztriebe sind sehr blühwillig und setzen reichlich Früchte an. Dagegen zeigen Langtriebe aber kaum Blütenansatz.

Blüte und Befruchtung: Die Blühzeit ist mittelspät und endet bei der in den Anbauzentren vorliegenden warmen Klimaprägung in kurzer Zeit. Die Eignung als Befruchtersorte ist gut. Geeignete Befruchter sind nicht erforderlich, da 'Bühler Frühzwetsche' hochgradig selbstfruchtbar ist. Die Blüten sitzen überwiegend an Kurztrieben im zwei- bis fünfjährigen Kronenbereich. Der Blütenansatz ist mittelstark. Die mittelgroßen Blüten haben ovale Kronblätter, mittelgroße, spatelförmige Kelchbätter und einen Griffel, der zwischen 10 und 12 mm lang ist.

Ertrag: Der Ertrag setzt verzögert ein, dann aber in beachtlicher Höhe. Die Fruchtbarkeit ist hoch bis sehr hoch. Die Sorte neigt etwas zur Alternanz. Sie ist sehr ausgeprägt, wenn der Baum keine Vollpflege hat. Werden ihre hohen Ansprüche an die Nährstoffversorgung, den Schnitt und einen sachgemäßen Pflan-

zenschutz erfüllt, kann 'Bühler Frühzwetsche' als regelmäßiger Träger bezeichnet werden.
Krankheiten und Mängel: Sie ist recht widerstandsfähig gegen Krankheiten und Schädlinge. Bislang wurde 'Bühler Zwetsche' wegen ihrer geringen Probleme mit der Scharka-Virose als feldtolerant eingestuft. Nach neueren Untersuchungen trifft dies nicht unbedingt zu.

Frucht

Reife: Je nach Typ und Anbaugebiet von Ende Juli bis Ende August.
Größe und Form: Die Früchte sind bei einem Gewicht von 25 bis 32 g und einem Durchmesser von 32 bis 37 mm mittelgroß und haben eine flache Bauchnaht. Im Anbau gibt es rundliche (meist 'Frühbühler') und längliche Typen.
Stiel: Kurz, kräftig, grün, z.T. berostet, haftet fest an der Frucht.
Stein: Klein bis mittelgroß, löst gut vom Fruchtfleisch. Die Steinform ist je nach Typ sehr unterschiedlich. Die mehr rundlichen Früchte haben einen eher runden Stein, während er bei den länglichen Typen langgestreckt ist.
Haut: Bei Vollreife intensiv dunkelblau gefärbt mit sehr starker, hellblauer Beduftung. Die Fruchtoberfläche weist feine, rostartige Punkte auf und ist teilweise leicht berostet. Die Haut ist relativ dick und zäh und läßt sich schlecht vom Fruchtfleisch abziehen.
Fleisch: Hellgelb bis grüngelb, von mittlerer Festigkeit, saftig.
Geschmack: Frische, z.T. auch sehr kräftige Säure, sie sich aber innerhalb von 2 bis 3 Tagen nach der Pflücke rasch abbaut. Bei mittlerem Behang und in warmen Lagen geschmacklich mittel bis gut, in schlechten Lagen und bei Überbehang nicht befriedigend. Der Zuckergehalt ist mit 60 bis 65°Oe relativ niedrig.

Daten zur Frucht

	Frucht	Stein
Länge in mm	44	21
Breite in mm	36	9
Dicke in mm	36	13
L : B : D	100 : 83 : 83	100 : 43 : 146
Gewicht je 100	2700	72
Durchmesser (mm)	36	
TS-Gehalt (%)	14,2	
Grad Oechsle	62	
Sorbitgehalt (% TS)	12,5	
Säuregehalt (‰)	11,8	

Anbau und Markt

'Bühler Frühzwetsche' ist eine wertvolle Frühsorte mit großer Anbaubreite. Für den Selbstversorgeranbau zum Frischgenuß über eine längere Ernteperiode ist sie ebenfalls anbauwürdig. Für die Verwertung eignet sie sich wegen gelegentlich mangelhafter Steinlösbarkeit und mangelhafter Konsistenz des Fruchtfleisches beim Kochen nur beschränkt. Sie wird aber, bedingt durch ihren hohen Säuregehalt, gerne zur Saftherstellung verwendet und von der Industrie bevorzugt gekauft. Zum Brennen ist sie weniger geeignet, da der Zuckergehalt kaum über 60°Oe liegt. In Gebieten mit optimalen natürlichen Bedingungen ist 'Bühler Frühzwetsche' eine Handelsfrucht ersten Ranges. Da sie sehr gut transportfähig und auch haltbar ist, wird sie vom Handel gerne gekauft. Ihre hohe Ertragsleistung, die Wüchsigkeit und die Widerstandsfähigkeit der Bäume sowie die hohe Fruchtqualität (für eine Frühsorte) sind für den Erwerbsbetrieb im Frühanbaugebiet vorteilhaft. Sie ist in Mittelbaden, an der Bergstraße, in der Vorderpfalz und in weiteren Frühgebieten für den Marktobstbau eine sehr wertvolle Frühsorte. In den Frühgebieten werden zunehmend die frühreifen Typen angebaut, die auch als 'Frühbühler' bezeichnet werden. Sie reifen ca. 8 bis 10 Tage vor der normalen 'Bühler Frühzwetsche'. Im Anbau standen im badischen Raum bisher vor allem der Typ 'Vorbote' und in der Vorderpfalz der Typ 'Weisenheim'. Heute sollten die wertvollen Selektionen von Hartmann gepflanzt werden. Das sind neben 'Ringwald' und 'Meyer I' der besonders früh in Ertrag kommende Typ 'Doll'. Im normalen Reifebereich werden 'Schofer 315' und 'Schwientek 349' empfohlen und als spät reifender Typ 'Schofer 319', der als Knospenmutante in der Krone eines Baumes der herkömmlichen 'Bühler Frühzwetsche' gefunden wurde und 8 bis 10 Tage später reift. Dieser Typ zeichnet sich durch eine längliche Frucht und einem höheren Zuckergehalt aus. Unter weniger zusagenden, natürlichen Bedingungen, bei nachlässiger Pflege und bei überreichem Fruchtbesatz lassen Färbung und Güte der Früchte zu wünschen übrig. Für die Marktbeschickung über weite Strecken ist Handpflücke vor der Vollreife erforderlich. Die Sorte läßt sich in der Vollreife schütteln. Die Frucht ist ausreichend widerstandsfähig bei Regenfällen. Aufplatzen wurde nur ganz selten nach extremen Regenfällen und vorausgegangener längerer Trockenheit beobachtet.

Cacaks Fruchtbare

Auch unter dem Originalnamen 'Cacanska rodna' bzw. 'Cacaks fruitful' im Anbau.
Abstammung, Herkunft und Verbreitung: An der jugoslawischen Forschungsanstalt Cacak im Jahr 1961 aus einer Kreuzung von 'Stanley' mit 'Pozegaca' ('Hauszwetsche') ausgelesen. Seit 1981 in Deutschland im Anbau. In den letzten Jahren in allen Anbaugebieten stärker gepflanzt.

Baum

Wuchs: Der Baum wächst mittelstark, mit zunehmendem Ertrag deutlich schwächer. Die breitpyramidale Krone ist locker aufgebaut und hat im Alter – bedingt durch den hohen Ertrag – hängende Äste. Das Fruchtholz ist dünn, lang und nur wenig verzweigt. Es befindet sich vor allem am 2 bis 5jährigen Holz. Fruchtspieße sind

kaum vorhanden. Die dünnen bis mittelstarken Langtriebe setzen viele Blüten an. Sie haben eine graue bis braunrote Farbe und auffallend viele Lentizellen. Die niedrigen Blattpolster sind gleich breit wie der Trieb und meist mit mehreren Knospen besetzt. Sie sind mittelgroß, länger als breit und leicht abstehend. Das mittelgroße, hellgrüne Blatt glänzt, es hat eine elliptische Form und ist am Blattrand gekerbt. Die Blätter am Fruchtholz sind an der Spitze und vor allem an der Basis stark zugespitzt und stehen auf einem langen Stiel.
Blüte und Befruchtung: Die selbstfruchtbare Sorte blüht mittelfrüh und ist ein Pollenspender von mittlerer Qualität. Der Blütenbesatz ist als groß einzustufen. Die mittelgroße Blüte steht auf einem langen Stiel. Die gelblich bis grünlichweißen Kronblätter sind eiförmig, sie berühren sich und sind nur leicht gewellt. Die langen, schmalen, spatelförmig ausgebildeten Kelchzipfel stehen halbschräg bis senkrecht ab. Der 8 bis 10 mm lange Griffel steht mit den Antheren auf einer Höhe.
Ertrag: Er setzt sehr früh ein, ist sehr hoch und bei guter Pflege auch regelmäßig. Ein kräftiger Schnitt ist notwendig, damit keine Alternanz auftritt.
Krankheiten und Mängel: Die Sorte ist nicht scharkatolerant. Sie reagiert zwar nicht extrem empfindlich auf diese Virose, trotzdem kann unter ungünstigen Bedingungen stärkerer Fruchtfall einsetzen. Die Sorte neigt zu übermäßigem Fruchtansatz, deshalb ist bei älteren Bäumen ein kräftiges Auslichten bzw. ein stärkerer Rückschnitt vorzunehmen.

Frucht

Reife: Anfang bis Mitte September, ca. eine Woche bis 10 Tage vor 'Hauszwetsche'. Die Fruchtreife tritt gleichmäßig ein.
Größe und Form: Die mittelgroßen, länglich eiförmigen Früchte haben einen Durchmesser von 33 bis 36 mm und ein Gewicht von 28 bis 38 g. Die Früchte sind dicker als breit und weisen eine flache Bauchnaht auf.
Stiel: Der hellgrüne, teils auch leicht bräunliche Stiel ist sehr lang und mitteldick.
Stein: Der mittelgroße Stein ist länglichoval und hat seine größte Breite stielwärts. Die Rückseite verläuft relativ gerade, während die Bauchseite gleichmäßig gewölbt ist. Er ist an der Spitze abgerundet und am Ansatz leicht zugespitzt. Die Oberflä-

Cacaks Fruchtbare

Daten zur Frucht

	Frucht	Stein
Länge in mm	46	25
Breite in mm	33	8
Dicke in mm	35	14
L : B : D	100 : 72 : 76	100 : 32 : 57
Gewicht je 100	3300	105
Durchmesser (mm)	34	
TS-Gehalt (%)	16,8	
Grad Oechsle	70	
Sorbitgehalt (% TS)	12,3	
Säuregehalt (‰)	5,5	

che zeichnet sich durch eine deutliche Narbung aus. Der schmale Stein hat einen flachen Wulst und eine breite und tiefe Rückenfurche.
Haut: Dunkelblau, z.T. auch leicht violett und nur bei Überbehang rötlich mit starker Beduftung und kleinen Punkten. Die dünne Haut läßt sich nicht abziehen.
Fleisch: Gelbgrün bis gelb, mittelfest und saftig. Gute bis sehr gute Steinablösbarkeit.
Geschmack: Geschmacklich angenehm, aber ohne besonderes Aroma; bei Überbehang leicht fade. Der Zuckergehalt liegt zwischen 65 und 75°Oe.

Anbau und Markt

'Cacaks Fruchtbare' ist eine sehr ertragreiche Sorte, die auch durch ihre günstige Wuchsform und den früh einsetzenden Ertrag von den Anbauern sehr geschätzt wird. Sie sollte aber nur in Gebieten mit nicht zu großem Scharkadruck angebaut werden, da sie nicht scharkatolerant ist. Die Sorte neigt zu Überbehang und sollte deshalb ausgedünnt werden, desgleichen ist bei älteren Bäumen ein regelmäßiger Schnitt notwendig. Die Sorte hat einen hohen Marktwert, da sie sich gut transportieren und vielseitig verwenden läßt. 'Cacaks Fruchtbare' eignet sich zum Frischverzehr, sie besitzt auch eine gute Backfähigkeit und vielfältige Verwendungsmöglichkeiten in der industriellen Verarbeitung. Zur Vermarktung über die großen Handelsketten ebenso geeignet wie zum Anbau für die Direktvermarktung.

Cacaks Schöne

Cacaks Schöne

Auch unter dem Ursprungsnamen 'Cacanska lepotica' bzw. 'Cacaks Beauty' und 'Nr. 2745' bekannt.
Abstammung, Herkunft und Verbreitung: Die Sorte wurde von Paunović an der jugoslawischen Forschungsstation Cacak gezüchtet und entstand 1961 aus einer Kreuzung von 'Wangenheims Frühzwetsche' × 'Pozegaca' (Hauszwetsche). Die Sorte ist in Jugoslawien geschützt. Sie wird heute in Jugoslawien, Ungarn und auch in Deutschland zunehmend angebaut.
Standortansprüche: 'Cacaks Schöne' ist sehr anpassungsfähig an Boden und Klima und bringt auf allen Steinobst-Standorten gute Leistungen. Sie reagiert relativ unempfindlich auf Spätfrost und schlechtes Blühwetter.

Baum

Wuchs: Die Sorte wächst mittelstark und hat einen lockeren, kugeligen bis pyramidalen Kronenaufbau. Die Leitäste stehen halbschräg bis waagrecht und sind gleichmäßig mit Seitenästen besetzt. Sie eignet sich sehr gut für moderne Dichtpflanzungen. Die Äste sind gut mit kurzem, kräftigem Fruchtholz garniert. Der Blütenbesatz ist hoch, meist sitzen um eine Blattknospe 2 bis 4 Blütenknospen. Die mitteldicken Langtriebe sind braunrot, im unteren Drittel auch gräulich. Die mittelgroßen bis großen Knospen sind ebenso breit wie lang, kegelförmig mit einer ziemlich scharfen Spitze und stehen leicht ab. Am einjährigen Langtrieb sind schon reichlich Blütenknospen zu finden.
Blatt: Die Sorte hat große, dicke, verkehrteiförmige Blätter von hell- bis dunkelgrüner Farbe. Das Blatt ist an der Basis abgerundet, der Rand ist gelappt. Der Blattstiel ist mittellang und kräftig ausgebildet.
Blüte und Befruchtung: Die Sorte hat einen hohen Blütenbesatz und blüht mittelfrüh, zusammen mit 'Bühler Frühzwetsche'. Sie ist selbstfruchtbar und ein guter Pollenspender. Die Blüten sind relativ frosthart und auch wenig empfindlich bei Schlechtwetterperioden kurz vor und während der Blüte. Sie haben weiße, rundliche Kronblätter, die sich überlappen. Die Kelchzipfel sind auffallend eiförmig. Die 7 bis 9 mm langen Blütenstiele haben die gleiche Länge wie die Antheren und der Griffel.
Ertrag: Die Sorte setzt sehr früh mit dem Fruchten ein und bringt hohe und regelmäßige Erträge. Bei älteren Bäumen ist darauf zu achten, daß genügend junges Holz vorhanden ist, deshalb empfiehlt sich ein jährlicher Fruchtholzerneuerungsschnitt.

Krankheiten und Mängel: Die Sorte hat ein gesundes, sehr wenig rostanfälliges Blatt. Bei Scharkabefall zeigen sich am Blatt deutliche Symptome, an der Frucht in der Regel nur leichtere Marmorierungen. Bei sehr starkem Befall können teilweise auch Pocken und leichter Fruchtfall auftreten. Die Sorte wird trotzdem als scharkatolerant eingestuft.

Frucht

Reife: 'Cacaks Schöne' reift Mitte August, zur gleichen Zeit wie 'Bühler Frühzwetsche'. Die Früchte färben sich schon 10 bis 14 Tage vor der Pflückreife und werden deshalb oft zu früh gepflückt. Die innere Qualität befriedigt dann nicht. Die Reife tritt gleichmäßig ein.
Größe und Form: Die länglich-ovalen Früchte sind mittelgroß bis groß und haben einen Durchmesser von 36 bis 42 mm bei einem Gewicht von 32 bis 48 g. Die Bauchnaht ist ausgeprägt. Öfters entwickeln sich Zwillingsfrüchte.
Stiel: Der relativ kurze und kräftige Stiel sitzt in einer ausgeprägten Stielgrube.
Stein: Der mittelgroße, elliptisch geformte Stein ist leicht verschoben und auch relativ dick. Die Oberfläche ist fein genetzt und der Wulst sehr breit. Der Stein hat eine deutlich und breit ausgebildete Rükkenfurche.
Haut: Gleichmäßig dunkelblau mit sehr starker hellblauer Beduftung. Es sind kaum Punkte vorhanden, vereinzelt treten Rostplatten auf. Die Haut ist ziemlich dick und fest, sehr elastisch und läßt sich auch bei Vollreife nur teilweise abziehen.
Fleisch: Grüngelb, sehr fest mit durchweg sehr guter Steinablösbarkeit.
Geschmack: Süß-säuerlich, wenig gewürzt. Bei sehr hohem Ertrag auch fade. Der Zuckergehalt liegt zwischen 60 und 70°Oe.

Anbau und Markt

'Cacaks Schöne' ist eine Sorte, die wegen der Scharkatoleranz und den früh einsetzenden, hohen Erträgen sowie den attraktiven Früchten in den letzten Jahren immer stärker angebaut wird und der 'Bühler Frühzwetsche' zunehmend Konkurrenz macht. Beeindruckend sind die hohen, regelmäßigen Erträge (300 dt/ha) und die gute Eignung für moderne Dichtpflanzungen. Regelmäßiger Schnitt zur Fruchtholzerneuerung ist angebracht. Bestechend ist auch die äußere Schönheit der Frucht. Es muß allerdings darauf geachtet werden, daß sie nicht zu früh gepflückt wird, sonst leidet der ohnehin nur mäßige Geschmack. Die gute Transportfähigkeit und Haltbarkeit der Frucht sowie die Größe und das attraktive Aussehen machen 'Cacaks Schöne' beim Handel beliebt. Sie ist damit eine ideale Sorte für Kettenläden. Die Sorte kann frisch verzehrt werden, sie eignet sich aber auch, bedingt durch die gute Steinablösbarkeit und Backfähigkeit, hervorragend als Kuchenbelag. Von den Bäckern wird die Sorte immer mehr nachgefragt.

Daten zur Frucht

	Frucht	Stein
Länge in mm	48	24
Breite in mm	40	9
Dicke in mm	41	14
L : B : D	100 : 83 : 87	100 : 38 : 60
Gewicht je 100	4220	120
Durchmesser (mm)	40	
TS-Gehalt (%)	15,1	
Grad Oechsle	65	
Sorbitgehalt (% TS)	10,3	
Säuregehalt (‰)	7,5	

Ersinger Frühzwetsche

Als Synonyme sind die Bezeichnungen 'Eisentaler Frühzwetsche', 'Weißentaler Frühzwetsche', 'Wiesenthäler', 'Goldquelle' und 'Albachs Frühzwetsche' bekannt.
Abstammung, Herkunft und Verbreitung: Ein Zufallssämling aus Ersingen bei Pforzheim in Baden. Die Frucht wurde 1896 auf der Obstausstellung in Baden-Baden erstmalig gezeigt und nach dem Fundort benannt. Die erste Beschreibung stammt von Blaser, Karlsruhe (1931). Sie ist in allen Frühgebieten anzutreffen und als Frühsorte für den Liebhaberanbau auch außerhalb der klimatisch begünstigten Obstbaugebiete verbreitet. Im Anbau sind verschiedene Typen, die sich vor allem in der Fruchtform und in der -farbe sowie im Blatt unterscheiden. Zur Vermehrung empfohlen wird heute der Typ 'Kiefer', der mehr rundlichere und stärker blau gefärbte Früchte bringt und größere Blätter hat.
Standortansprüche: Die Sorte verlangt gute, kräftige Böden und geschützte Lagen. Im Weinbauklima werden ihre hohen Ansprüche am besten erfüllt. Nur im milden Klima anbauwürdig; auf genügend feuchten Böden und bei intensiver Pflege für den Erwerb empfehlenswert.

Baum

Wuchs: 'Ersinger Frühzwetsche' wächst in den ersten Standjahren stark. Mit einsetzendem Ertrag wird die Triebkraft zwar reduziert, sie ist aber immer noch überdurchschnittlich triebfreudig, was die Jungtriebe anlangt. Die aufrechtstehenden Leitäste sind bei dieser Sorte mit Fruchtästen besetzt, die waagrecht abgehen und sich mit hängendem Fruchtholz garnieren. Der Baum bildet kleine, kugelige bis breitpyramidale Kronen und zeichnet sich durch relativ langes Fruchtholz aus. Die Sorte trägt reich, verkahlt dann aber in den älteren Kronenpartien leicht, sofern diese Neigung nicht durch straffen Schnitt unterbunden wird. Sie muß unbedingt einem Aufbauschnitt unterworfen werden, sonst wächst sie schleudernd. Im Vollertragsstadium bedarf 'Ersinger Frühzwetsche' eines regelmäßigen Rückschnitts, um Alternanz zu vermeiden. Die Langtriebe haben eine bräunlichgelbe Farbe und sind vor allem im letzten Triebdrittel deutlich behaart. Die kleinen Knospen sind gleich lang wie breit und liegen eng an. Die gro-

Ersinger Frühzwetsche

ßen, breitovalen Blätter sind auffallend hellgrün gefärbt, flach ausgebreitet, gleichmäßig grob gezähnt und stehen auf einem kurzen, hellgrünen, kräftigen Stiel.
Fruchtholz: An den vorjährigen Langtrieben sind Blütenknospen an der Basis angelegt. Am schwachen Fruchtholz setzen Blüten gut an. Relativ kräftige, ältere Triebe sind waagrecht stehend bzw. hängend mit Fruchtspießen garniert.
Blüte und Befruchtung: 'Ersinger Frühzwetsche' hat einen mittelstarken Blütenansatz und blüht mittelfrüh. Die Blüten haben längliche Kronblätter. Sie sind nicht deckend und haben eine weiße bis leicht gelbliche Farbe. Die schmalen Kelchzipfel sind elliptisch bis länglich geformt. Der Griffel steht meist auf gleicher Höhe wie die 6 bis 7 mm langen Antheren, manchmal überragt er sie auch leicht. Die Blüten sind ziemlich widerstandsfähig gegen Erfrieren, bei niedrigen Temperaturen kurz vor der Aufblüte kann es aber zum Abwerfen der Blüten kommen. Die Sorte ist nur teilweise selbstfruchtbar, deshalb empfiehlt es sich, für geeignete Befruchtersorten zu sorgen. Empfohlen werden können 'Bühler Frühzwetsche', 'Cacaks Schöne', 'Cacaks Fruchtbare', 'Valjevka', 'Hanita' und 'Katinka'. Die Blüten sitzen am langen und vor allem am kurzen Fruchtholz. Am langen Fruchtholz ist die Bildung von Blütenknospen ohne jeglichen Blattansatz charakteristisch. In unbeschnittenen Bäumen kommt es deshalb zum Verkahlen ganzer Ast- bzw. Kronenpartien.
Ertrag: Er setzt früh ein, ist hoch und sehr regelmäßig. Unter zusagenden Standort- und Kulturbedingungen ist der Ertrag sicher. Alternanz kommt dagegen in ungepflegten, unbeschnittenen Baumkronen vor.
Krankheiten und Mängel: 'Ersinger Frühzwetsche' ist für Blattvirosen sehr empfänglich (Ring-, Band- und Mosaikvirus). Gegenüber der Scharkakrankheit wird die Sorte als tolerant eingestuft. Sie zeigt zwar sehr auffallende, gelbliche Blattsymptome, die im Extremfall sogar nekrotisch werden können, an der Frucht bilden sich aber keine Pocken aus. Die Marmorierungen an der Fruchthaut werden mit zunehmender Reife von der Beduftung überdeckt. Das Blatt ist relativ anfällig für Rote Spinne und Blattläuse. In feuchten Lagen bzw. Jahren neigen die Früchte zur Fäulnis (Monilia).

Frucht

Reife: Sehr früh einsetzend, Ende Juli bis Anfang August. Allerdings folgert die Frucht in der Reife stark. Ein Durchpflücken lohnt sich immer. In den Frühgebieten sind die Erstlingsfrüchte in Jahren mit normalem Witterungsverlauf schon zu Beginn der zweiten Julihälfte pflückreif.
Größe und Form: Die mittelgroßen Früchte wiegen 35 bis 40 g bei einem Durchmesser von 34 bis 38 mm, sie sind länglich oval bis eiförmig und haben meist gleichmäßige Fruchthälften. Die Bauchnaht verläuft über die ganze Frucht, ist aber sehr flach ausgebildet.
Stiel: Er ist kurz, sehr kräftig, bräunlich zur Frucht hin eingefärbt, vor allem bei vollreifen Früchten. Er sitzt in einer kleinen, tiefen Stielgrube.
Stein: Der mittelgroße Stein ist länglich oval, leicht verschoben und verjüngt sich an der Stielseite. Die Oberfläche ist fein-

Daten zur Frucht

	Frucht	Stein
Länge in mm	48	24
Breite in mm	38	8
Dicke in mm	37	15
L : B : D	100 : 79 : 77	100 : 34 : 61
Gewicht je 100	3750	97
Durchmesser (mm)	37	
TS-Gehalt (%)	15,0	
Grad Oechsle	62	
Sorbitgehalt (% TS)	3,5	
Säuregehalt (‰)	9,2	

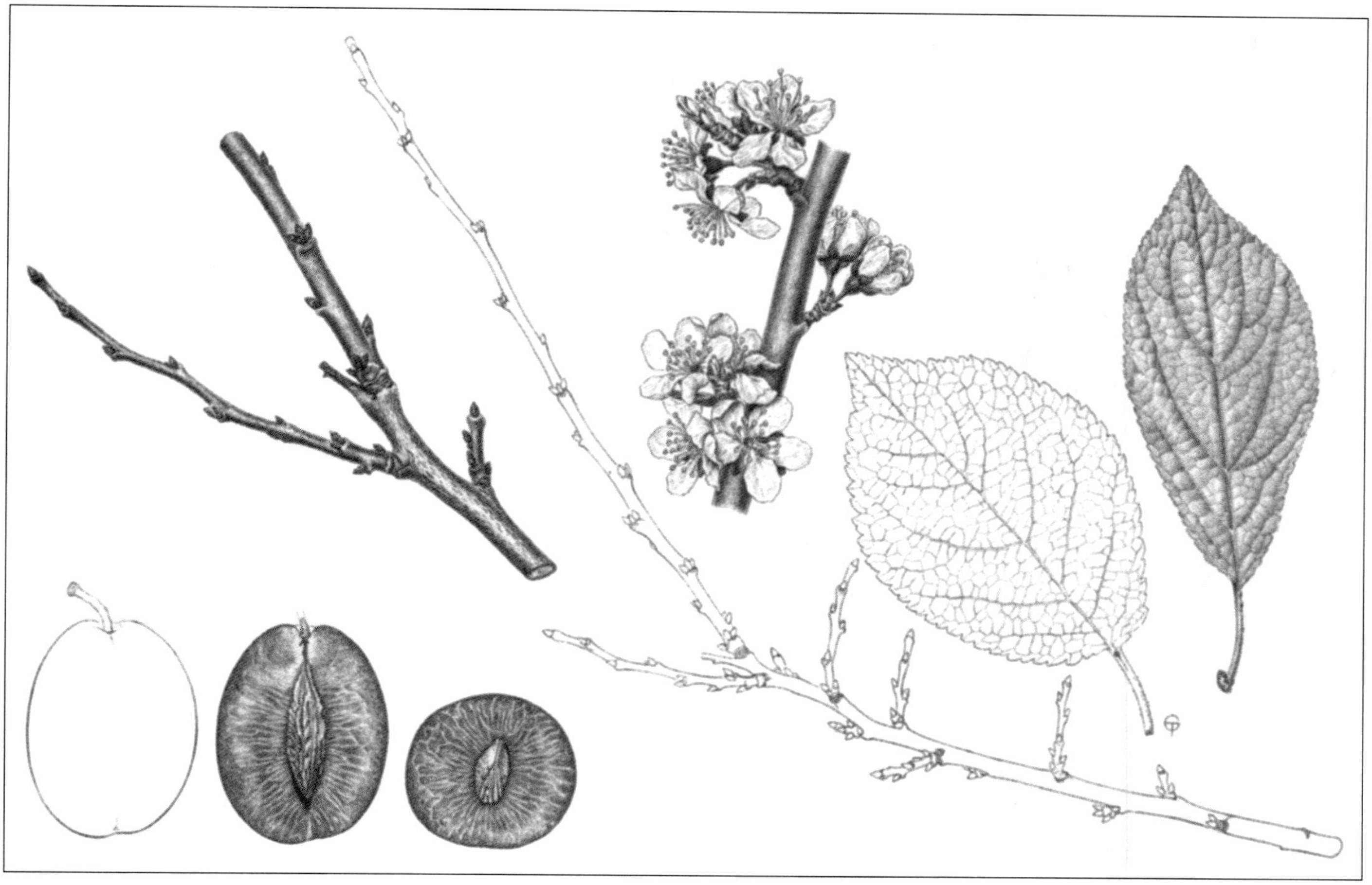

Ersinger Frühzwetsche

netzig. Der breite Wulst hat teilweise einen als Kamm ausgebildeten Mittelwulst. Die Rückenfurche ist charakteristisch tief, scharfkantig und zackig.
Haut: Sie ist rötlich violett gefärbt, auch dunkelviolett bis schwarzblau, je nach Reifezustand. In kühlen, nassen Jahren bleibt die Frucht fuchsig. Die Beduftung ist sehr fein und meist nicht über die ganze Frucht erstreckt. Die Haut ist zäh, dabei zart, kaum abziehbar, mit sehr feinen Rostpunkten übersät, die erst nach Entfernung der Beduftung deutlich sichtbar werden.
Fleisch: Grünlichgelb, mäßig fest bis weich, sehr saftig, etwas wässerig, gut steinlösend, im warmen Klima zartschmelzend. Der Fruchtsaft ist hellgelb.
Geschmack: Gut ausgereifte Früchte aus dem Weinklima sind süß, angenehm würzig und säuerlich erfrischend. Diese Eigenschaften treffen nur für die am Baum voll ausgereiften Früchte zu. Weil die Frühzwetschensorten für die Marktbelieferung aber hartreif, d.h. einige Tage zu früh geerntet werden, kommt es immer wieder zu geringfügigen Abweichungen von den sortentypischen Fruchteigenschaften. Der Zuckergehalt liegt zwischen 60 und 65°Oe. Die Früchte dieser Steinobstsorte nehmen in den letzten vier bis sechs Tagen noch stark an Größe zu. Dabei kommt es auch zu positiven Veränderungen bei der Farbe der Fruchthaut und des Fruchtfleisches.

Anbau und Markt

'Ersinger' ist eine wertvolle, frühreife Zwetschensorte. Die beliebte Tafelfrucht eignet sich auch für die Verarbeitung im Haushalt. Ursprünglich wurde sie vor allem für den Selbstversorgeranbau empfohlen. Heute ist sie die Hauptsorte des erwerbsmäßigen Anbaus im frühen Bereich. Durch die starke Anbauausdehnung und die begrenzte Transport- und Lagerfähigkeit kann es in den nächsten Jahren Absatzprobleme geben. Die richtige Standortwahl ist ebenso Voraussetzung wie rechtzeitiges, mehrmaliges Durchpflükken, um eine gute Qualität zu erreichen. Für den Versand sind die Früchte frisch zu pflücken. Bei anhaltenden Regenfällen platzen sie und gehen dann rasch in Fäulnis über.
Zum Einmachen eignet sich die Sorte wenig, ist zur Kompott- und Marmeladenbereitung aber gefragt. Als Kuchenbelag läßt sie sich nur im Privathaushalt verwenden, für Bäckereien ist sie nicht ausreichend backfest.

Fellenberg

Ähnliche Namen sind 'Welsche Zwetsche' und 'Quetsche d'Italie'.
franz.: 'Bleue d'Italien'.
engl.: 'Italian Prune'.
ital.: 'Prugna d'Italia'.
Synonyme sind 'Augustzwetsche', 'Doppelte Zwetsche', 'Italienische Zwetsche', 'Zweiet Zwetsche', 'Elbetaler Frühzwetsche' und 'Kohlstockzwetsche'.
franz.: 'Altesse double',
belg./holl.: 'Dubbele Altesse',
ung.: 'Olasz Kek'.

Fellenberg

Abstammung, Herkunft und Verbreitung: Die Sorte stammt vermutlich aus Italien. Sie ist in der Gegend von Mailand stärker verbreitet. Um 1800 wurde sie durch Philipp Emanuel von Fellenberg in die Schweiz eingeführt. Seit 1823 datieren Anbauversuche in Deutschland und Ungarn ('Olasz Kek'). Sie ist heute vor allem in Deutschland, in Ungarn, in Oberitalien und in Österreich im Anbau. Von 'Fellenberg' gibt es verschiedene Typen. Die 'Kohlstockzwetsche' ist ein in der Gegend von Braunschweig entdeckter, besonders fruchtbarer Typ. In Österreich ist sie bekannt als 'Elbetaler Frühzwetsche'. In Norddeutschland, der Schweiz und in Ungarn wurden in letzter Zeit reichtragende Typen ausgelesen und verbreitet. Es gibt auch frühreife Typen, die 8 bis 10 Tage früher geerntet werden können. Am wertvollsten erscheint 'Richards Early Italien'.

Standortansprüche: Die Sorte verlangt warmen, guten und gleichmäßig feuchten Boden. Geschützte Lagen im Weinbauklima sagen ihr besonders zu. Sie reagiert sehr empfindlich auf tiefe Temperaturen während der Blüte und bringt deshalb oft in kühleren Lagen bessere Erträge, da sie dort später blüht und dann meist höhere Temperaturen zur Blühzeit hat. Befriedigende Erträge liefert sie nur dort, wo ihre Ansprüche voll erfüllt werden. Das Holz ist verhältnismäßig kältefest. Erfrierungen im Winter sind seltener und weniger stark als bei den meisten Hauszwetschentypen.

Baum

Wuchs: 'Fellenberg' wächst in der Jugend (1. bis 3. Standjahr) sehr stark. Später ist sie mäßig starkwüchsig. Mit einsetzendem Ertrag läßt sie in der Wüchsigkeit nach. Die schrägaufwärts bis flach wachsenden Leitäste sind ausschlaggebend für die später breitkugelige Krone. Die an den Tragästen angesetzten Seitentriebe wachsen teils gegenläufig, teils ist das Fruchtholz stark hängend. Typisch ist für diese Sorte ein mittellanger Langtrieb und relativ langes Fruchtholz bei geringer Verkahlungsneigung. Die Sorte hat leicht glänzende, graue Langtriebe mit ziemlich starker Cuticula. Das Blattpolster ist breiter als der Trieb und sehr hoch. Die kleinen Knospen sind ebenso breit wie lang und liegen eng an. Jedes Blattpolster trägt immer nur eine Knospe. Das Blatt ist auffallend lang und spitz. 'Fellenberg' nennt man in Österreich auch die 'Zwetschge mit dem Pfirsichblatt'. Das dunkelgrüne Blatt ist unregelmäßig gezähnt und hat einen relativ kurzen, grünen Stiel. Es ist auffallend stark gerollt.

Fruchtholz: Die Sorte fruchtet überwiegend an zahlreich angesetzten Kurztrieben, im zwei- bis vierjährigen Kronenbereich. Beim Schnitt sollte man deshalb hängendes Holz fördern.

Blüte und Befruchtung: Die Sorte hat nur einen mittelstarken Blütenansatz und blüht spät. Die mittelgroßen Blüten haben creme-weiße bis leicht grünlich-weiße, länglich elliptische Kronblätter, die leicht wellig sind und sehr weit auseinanderstehen. Die Kelchzipfel sind auffallend lang und schmal, am Ende kahnförmig gebogen. Der Griffel ist lang (10 bis 12 mm) die Narbe steht auf gleicher Höhe wie die Antheren.

Sie ist nur teilweise selbstfruchtbar, gilt aber selbst als guter Pollenspender. Als Befruchtersorten eignen sich 'Bühler Frühzwetsche', 'Nancy Mirabelle', 'Hauszwetsche' und 'Valjevka'. Bei warmem Blühwetter ist die Fruchtbarkeit gut, meist befriedigt die Sorte aber ertragsmäßig nicht und kann deshalb für den Erwerbsobstbau nur für ganz speziell erprobte Lagen empfohlen werden.

Krankheiten und Mängel: 'Fellenberg' ist stark anfällig für die Scharkavirose und anfällig für die Weidenblättrigkeit. Als frühreifende Sorte sind bei 'Fellenberg' auch erhebliche Schäden durch die Pflaumensägewespe und den Pflaumenwickler möglich.

Daten zur Frucht

	Frucht	Stein
Länge in mm	45	25
Breite in mm	34	8
Dicke in mm	33	13
L : B : D	100 : 76 : 74	100 : 32 : 54
Gewicht je 100	2970	100
Durchmesser (mm)	34	
TS-Gehalt (%)	19,2	
Grad Oechsle	82	
Sorbitgehalt (% TS)	18,9	
Säuregehalt (‰)	6,0	

Frucht

Reife: Erste Septemberhälfte, nach 'Mirabelle von Nancy' und vor 'Hauszwetsche'.

Größe und Form: Die mittelgroßen, eiförmigen Früchte sind öfters ungleichhälftig ausgebildet und haben eine tiefe Bauchnaht. Sie wiegen zwischen 28 und 35 g bei einem Durchmesser von 32 bis 36 mm.

Stiel: Der mittellange, sehr kräftige, leicht gebogene Stiel ist grün, zuweilen leicht bräunlich und dünn behaart.

Stielgrube: Ausgeprägt tief und gleichmäßig geformt.

Stein: Mittelgroß, braun, länglich oval, flachgedrückt, beidseitig zugespitzt, gegen den Ansatz eingezogen. Der Wulst hat deutliche Seitenfurchen. Die Rückenfurche ist tief und weist gewellte Ränder auf.

Haut: Die Grundfarbe ist violett bis schwarzblau, in hohen Lagen auch bräunlichrot bis bräunlichblau. Die Oberfläche ist stark hellblau bereift und fein gepunktet. Zum Stielansatz hin zeigt sich eine mehr oder weniger starke Strichelung. Die mitteldicke Fruchthaut läßt sich nur bei Vollreife abziehen.

Fleisch: Gelblichgrün bis bräunlichgelb, in Steinnähe oft von rötlichen oder hellen Adern durchzogen. Fest und dabei doch saftig. Hervorragend steinlösend.

Geschmack: Süß, angenehm säuerlich, erfrischender und kräftiger als bei 'Haus-

Fellenberg

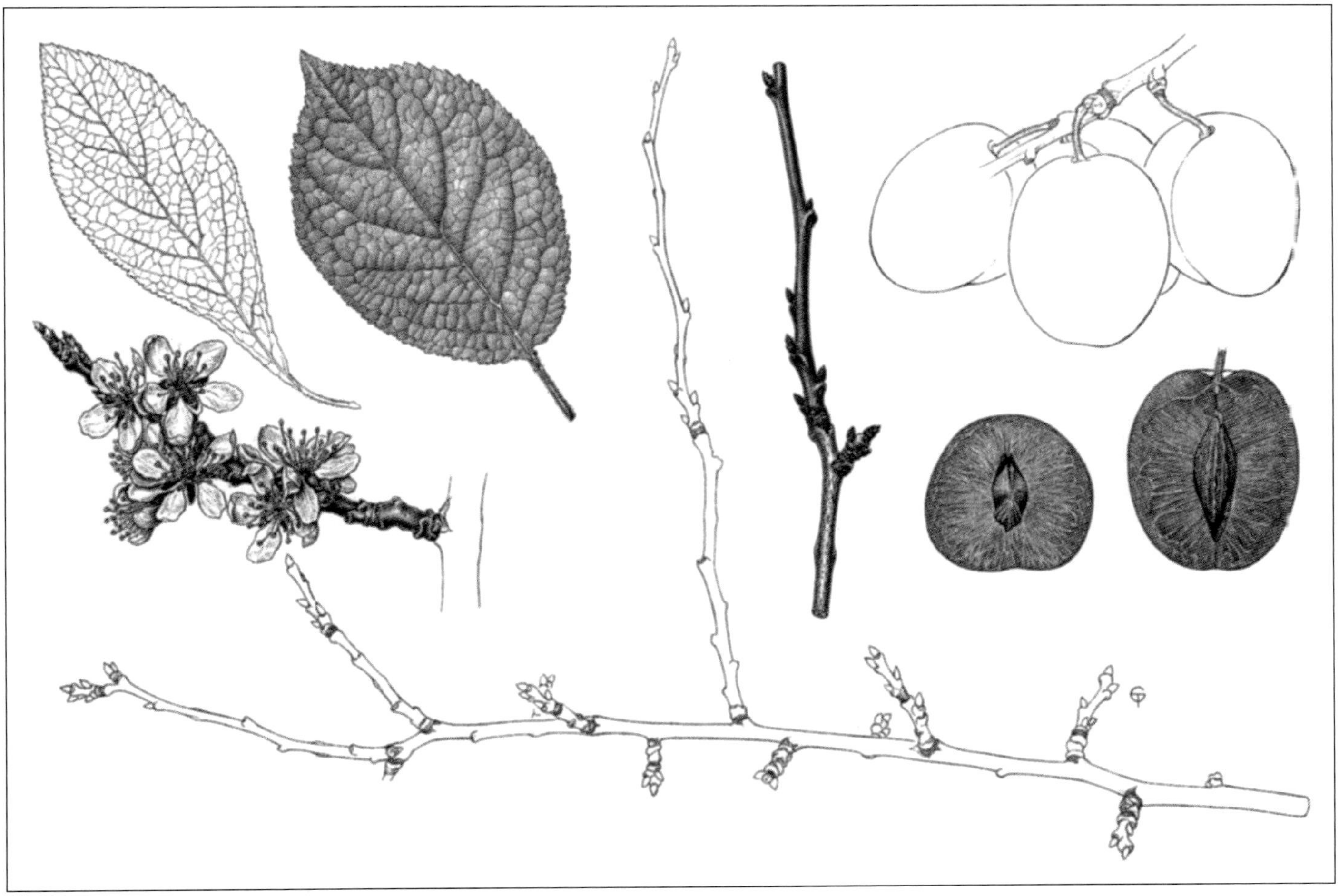

zwetsche', in Vollreife sehr aromatisch. Der Zuckergehalt liegt zwischen 75 und 80°Oe.

Anbau und Markt

Wegen der vor der 'Hauszwetsche' liegenden Reifezeit und der großen, geschmacklich hochwertigen Früchte eine beachtenswerte Sorte für den Erwerbs- und den Liebhaberanbau. Da 'Fellenberg' auch in kühleren Lagen noch – im Gegensatz zur 'Hauszwetsche' – alljährlich gut ausreift, ist sie auch für solche Lagen geeignet. Der relativ späte Ertragsbeginn und die oft unbefriedigende Ertragshöhe sowie die Scharkaempfindlichkeit führen dazu, daß die Sorte in Neupflanzungen kaum noch berücksichtigt wird. In ihr zusagenden Lagen ist die Sorte aber empfehlenswert, besonders für die Direktvermarktung. Die gut schmeckenden Früchte eignen sich vor allem für den Frischverzehr, sie können aber auch für die Verarbeitung zu Konserven, als Marmelade oder zum Dörren und Brennen verwendet werden. Bei längerem Regenwetter platzen die festen Früchte leicht auf. Die Transportfähigkeit sowie die Eignung zur Kühllagerung ist gut.

Große Grüne Reneklode (Reineclaude)

Ähnliche Namen sind 'Große Reneclaude'. franz.: 'Reine Claude Verte', 'Reine Claude Doree', 'Reine Claude Crottee', 'Reine Claude Abricot Vert', 'Reine Claude Ancienne'.
Synonyme sind: 'Zuckerpflaume', engl. 'Green Gage', franz. 'Dauphine'.

Abstammung, Herkunft und Verbreitung: Diese Reneklode ist sehr alt. Sie stammt vermutlich aus Armenien. Die Sorte soll aus Italien nach Frankreich eingeführt worden sein. Es gibt verschiedene Formen beziehungsweise Mutanten. Reneklode ist als Sammelbegriff für großfrüchtige Rundpflaumen, die sich durch hohen Zuckergehalt und ein feines Aroma von den üblichen Pflaumensorten abheben, allgemein gebräuchlich. Ihre Verbreitung ist fast weltweit, allerdings nur im gemäßigten Klimaraum.
Der Name leitet sich von 'Reine Claudia' oder 'Reine Claude', der Königin Claudia von Frankreich, ab.

Standortansprüche: Die Sorte verlangt guten, kräftigen, auch schweren Boden. Für gute Wasserführung ist sie dankbar. In trockenen Lagen werden ihre Ansprüche nicht erfüllt. Auch sollten geschützte Lagen und warmes Klima gegeben sein. In Hochlagen gedeiht sie nur in windgeschützten Nischen und nicht frostausgesetzten Mulden, denn sowohl das Holz als auch die Blüten sind wenig frosthart.

Baum

Wuchs: 'Große Grüne Reneklode' wächst von Anfang an mittelstark mit schräg aufwärts gerichteten Leitästen. Sie stehen später fast waagerecht, so daß sich dadurch eine breitkugelige Krone ergibt. Die Leitäste sind mit breit aufstrebenden Seitenästen besetzt. Das mittelgroße, elliptische Blatt ist sehr dick, meist etwas wellig und glänzt stark. Es steht auf kurzem, aber starkem Stiel. Der Blattrand ist doppelt gekerbt. Die auberginefarbigen Langtriebe sind halbmatt und relativ dick. Das Blattpolster ist wesentlich breiter als der Trieb und ziemlich hoch. Die kleinen Knospen haben eine scharfe Spitze, sind gleich lang wie breit und stehen parallel zum Trieb.

Große Grüne Reneklode

Große Grüne Reneclode (Reineclode)

Fruchtholz: Das Fruchtholz ist kurz, mitteldick und relativ wenig verzweigt. Es sind auch kräftige Fruchtspieße vorhanden, die einzelne Früchte tragen.
Blüte und Befruchtung: Die Sorte blüht mittelfrüh bis mittelspät und hat eine relativ kurze Blühzeit. In der Regel ist der Blütenansatz nur mittelstark. Die Blüte ist widerstandsfähig gegenüber Witterungseinflüssen. Die selbstunfruchtbare Sorte ist selbst ein guter Pollenspender. Als Befruchtersorten eignen sich 'Ersinger', 'Bühler', 'Cacaks Schöne', 'Hanita', 'President', 'Graf Althan' u. a.
Ertrag: Er hängt stark vom Standort ab, ist aber meist nur mittelgroß, in kühlen Lagen öfters auch unregelmäßig und setzt erst ab dem 4. bis 5. Standjahr ein.
Krankheiten und Mängel: Rote Spinne, Pflaumenlaus und Pflaumenwickler befallen 'Große Grüne Reneklode' bevorzugt. Gebietsweise tritt auch die Pflaumensägewespe stärker auf. Die Sorte ist scharkaanfällig, befallene Früchte reifen vorzeitig, fallen aber kaum. An den Früchten treten graugrüne bis blaugrüne Pocken mit rotbrauner Verfärbung des Fruchtfleisches auf. Die süßen Früchte werden gerne von Wespen angefressen.

Frucht

Reife: Ende August bis Anfang September, kurz vor 'Nancy Mirabelle'.

Daten zur Frucht

	Frucht	Stein
Länge in mm	34	19
Breite in mm	36	9
Dicke in mm	34	13
L : B : D	100 : 105 : 102	100 : 47 : 71
Gewicht je 100	2500	70
Durchmesser (mm)	35	
TS-Gehalt (%)	21,0	
Grad Oechsle	84	
Sorbitgehalt (% TS)	21,0	
Säuregehalt (‰)	5,2	

Größe und Form: Die Bezeichnung groß ist für die bei uns im Anbau befindlichen Typen unzutreffend, denn die Früchte sind bei einem Gewicht von 22 bis 30 g und einem Durchmesser von 33 bis 36 mm klein bis höchstens mittelgroß. Die rundliche, am Stielende abgeplattete Frucht ist breiter als dick und oft etwas ungleichhälftig. Die flache Bauchnaht verläuft über die ganze Frucht.
Stiel: Hellgrün, mittellang, schwach behaart, mitteldick und leicht gebogen.
Stein: Der ovale, mittelgroße Stein ist relativ breit und an der Stempelseite stumpf zugespitzt. Die Oberfläche ist engnetzig. Der breite Wulst hat einen auffallenden und scharfen Mittelwulst, der stielwärts stark herausragt. Die Seiten- und Rückenfurche ist tief ausgeprägt.
Haut: Grün bis gelbgrün, bei Vollreife goldgelb bis goldbraun. Auf der Sonnenseite rötlich verwaschen und bräunlichrot gesprenkelt, öfters auch netzartig berostet. Die mittelfeste Haut ist schwach grünlich beduftet und läßt sich bei vollreifen Früchten leicht abziehen.
Fleisch: Es ist gelblichgrün, mit weißen Adern gleichmäßig durchzogen, fest und sehr saftreich. Vollreife Früchte sind relativ weich, gallertartig und stark saftend. Die Steinlösbarkeit ist recht unterschiedlich je nach Standort und Wärmeangebot des Jahrgangs. Meist geht der Stein schlecht vom Fleisch. Diese Eigenschaft wird vor allem in trockenen Jahren bzw. an trockenen Standorten noch verstärkt.
Geschmack: Die Frucht ist mit einem Zukkergehalt von 75 bis 90°Oe sehr süß, schwach säuerlich, edel gewürzt, jedoch stark von der Jahreswitterung und vom Standort geprägt. In kühlen und nassen Jahren läßt das Aroma zu wünschen übrig.

Anbau und Markt

'Große Grüne Reneklode' ist eine ausgezeichnete Tafel- und Konservenfrucht. Sie eignet sich sehr gut zur Kompottbereitung und wird auch zu Marmelade und Dörrfrüchten verarbeitet. Die Sorte, die in Frankreich eine hervorragende Marktstellung hat und dort eine der am meisten angebauten Sorten ist, kann bei uns nur für die Selbstversorgung oder die Direktvermarktung empfohlen werden. Bedingt durch den relativ späten Ertragseintritt und die oft unbefriedigenden Erträge eignet sie sich wenig für den intensiven Anbau. Das unattraktive Aussehen und die begrenzte Transportfähigkeit sind wesentliche Ursachen für die geringe Nachfrage auf den Großmärkten.

Hanita

Abstammung, Herkunft und Verbreitung:
Aus einer Kreuzung von 'President' × 'Auerbacher' im Jahre 1980 am Institut für Obst-, Gemüse- und Weinbau der Universität Hohenheim entstanden. Der Züchter ist W. Hartmann. Die Sorte steht unter der Kreuzungsnummer 80/VIII/4 seit 1986 im Versuchsanbau. Sie wurde 1991 zum Sortenschutz angemeldet und ist seit 1992 im Handel.

Baum

Wuchs: Die Sorte wächst zu Beginn recht stark und relativ aufrecht, mit zunehmendem Ertrag deutlich schwächer. Es ist wichtig, die Leitäste in den ersten Jahren richtig zu formieren, damit die Krone in die Breite geht. Die Gefahr einer leichten Verkahlung ist vorhanden. Der relativ lokkere Kronenaufbau erleichtert die Ernte, da die Früchte gut sichtbar sind. Das Fruchtholz ist fein und lang. An jeder Blattknospe sitzen meist zwei, zum Teil auch drei Blütenknospen. Die Sorte trägt auffallend stark am braunroten Langtrieb, der mit einer silbrigen Cuticula überzogen ist und einen starken Glanz hat. Die mittelstarken bis dünnen Triebe sind kahl und mit nur wenigen Lentizellen versehen. Das niedrige Blattpolster ist etwas schmaler als der Trieb und trägt meist mehrere Knospen. Sie sind kegelförmig, wesentlich länger als breit und stehen parallel zum Trieb.
Das stark glänzende, elliptische, mittelgroße Blatt hat einen gelappten Blattrand. Die Spitze ist scharf abgesetzt und die Basis abgerundet.
Blüte und Befruchtung: 'Hanita' hat einen mittelstarken Blütenansatz. Die selbstfruchtbare Sorte blüht mittelfrüh und ist ein Pollenspender mittlerer Qualität. Sie hat kleine bis mittelgroße, gelblich-weiße Blüten, die zum Teil auch einen leichten Grünton aufweisen. Die länglich-elliptischen Kronenblätter stehen deutlich auseinander. Sie haben schmale und spatelförmige Kelchzipfel. Blütenstiele und der Griffel haben eine Länge von 6 bis 8 mm. Die Antheren stehen mit der Narbe auf einer Höhe.
Ertrag: Die Sorte kommt sehr früh in Ertrag und trägt gut und regelmäßig. Bäume im dritten Standjahr brachten in Hohenheim bis 40 kg.
Krankheiten und Mängel: Die Sorte zeigt deutliche Scharkasymptome am Blatt, an den Früchten jedoch nur eine leichte Marmorierung. Sie wird deshalb als scharkatolerant eingestuft.

Daten zur Frucht

	Frucht	Stein
Länge in mm	48	27
Breite in mm	36	10
Dicke in mm	36	16
L : B : D	100 : 75 : 75	100 : 38 : 59
Gewicht je 100	3700	133
Durchmesser (mm)	36	
TS-Gehalt (%)	17,9	
Grad Oechsle	74	
Sorbitgehalt (% TS)	12,0	
Säuregehalt (‰)	8,4	

Hanita

Frucht

Reife: Die Fruchtreife beginnt im letzten Augustdrittel und dauert bis Anfang September; 'Hanita' füllt die Lücke zwischen den mittelfrühen und späten Sorten. In manchen Jahren reifen die Früchte etwas folgernd.

Größe und Form: Die länglich-ovalen, mittelgroßen Früchte haben einen Durchmesser von 34 bis 38 mm und ein Fruchtgewicht von 30 bis 40 g. Die Frucht verjüngt sich an der Stielseite und ist direkt am Stielansatz abgeplattet. Die beiden Fruchthälften sind gleichmäßig ausgebildet, die Bauchnaht ist flach.

Stiel: Der lange, dünne Stiel ist von hellgrüner bis leicht bräunlicher Farbe. Die flache, zur Bauchnaht offene Stielhöhle wird von einem für diese Sorte typischen, kleinen, ringförmigen Fleischwulst umgeben.

Stein: Der mittelgroße, ovale Stein ist leicht verschoben und an der Stielseite auffallend verjüngt. Die Oberfläche ist deutlich genarbt. Der Stein hat einen breiten Wulst, eine zackig ausgebildete Rükkenfurche sowie einen ausgeprägten Seitenwulst.

Haut: Dunkelblau, auf der Schattenseite teilweise violett mit starker, hellblauer Beduftung und feinen Punkten. Dem Stielansatz zu fällt eine feine Strichelung auf.

Fleisch: Das gelbgrüne Fruchtfleisch wird bei Vollreife goldgelb; es ist saftig und von mittlerer Festigkeit.
Geschmack: Die Frucht ist im Geschmack harmonisch, mit einer feinen Säure versehen und zeigt ein ausgeprägtes Aroma. Der Zuckergehalt liegt zwischen 70 und 75°Oe.

Anbau und Markt

'Hanita' ist eine Tafelfrucht mit hervorragendem Geschmack, die ca. zwei Wochen vor 'Hauszwetsche' reift und sich auch für den Anbau in kühleren Lagen eignet. Sie kommt früh in Ertrag und bringt regelmäßige Erträge. Da sie am Anfang etwas steil wächst, muß auf eine Formierung der Äste in den ersten zwei Jahren geachtet werden. Gegenüber der Scharkakrankheit ist die Sorte tolerant. 'Hanita' ist, bedingt durch ihren guten Geschmack, vor allem eine Sorte für den Frischverzehr. Sie eignet sich aber auch als Kuchenbelag und für die Marmeladenherstellung. Zuckergehalt und Aroma sprechen zudem für eine gute Eignung zum Brennen.

Hauszwetsche

Hauszwetsche

Ähnliche Namen sind 'Deutsche Hauszwetsche', 'Fränkische Hauszwetsche'. Synonyme sind 'Basler Zwetsche', 'Bauernpflaume', 'Bernische Zwetschke', 'Dollauer Zwetschke', 'Dro-Zwetschge', 'Hauspflaume' u.v.a.
engl.: 'German Prune'.
franz.: 'Quetsche de Lorraine', 'Prune de Namur', 'Quetsche Commune'.
jug.: 'Prozegaca'.
rum.: 'Vinete romanesti'.
ung.: 'Bestercei'.
Abstammung, Herkunft und Verbreitung: 'Hauszwetsche' ist eine sehr alte Sorte. Württembergische Soldaten, die in venetianischen Diensten standen, sollen sie nach Süddeutschland gebracht haben. Seit dem 17. Jahrhundert hat sie sich in ganz Deutschland verbreitet. 'Hauszwetsche' ist heute in Mittel- und Osteuropa sowie auf dem Balkan die am meisten angebaute Sorte. Sie ist ein Formengemisch, das durch Mutationen und wahrscheinlich auch durch Kreuzungen entstanden ist und dann meist über Wurzelausläufer vermehrt wurde. Die verschiedenen Typen unterscheiden sich in Fruchtgröße, Reifezeit, Fruchtform und in den wertgebenden Inhaltsstoffen. Durch die Selektionsarbeiten von W. Hartmann an der Universität Hohenheim stehen heute wertvolle Typen zur Verfügung.
Standortansprüche: 'Hauszwetsche' gedeiht am besten in Böden mit ausreichender Feuchtigkeit. Die Sorte ist sehr anpassungsfähig an Boden und Klima und gedeiht selbst auf trockenen Muschelkalkböden wie auch an den wechselfeuchten Keuperhängen und sogar in Höhen bis über 800 m auf der Schwäbischen Alb. Windlagen sind durchaus zum Anbau geeignet.

Baum

Wuchs: Nur während der ersten zwei bis drei Standjahre sind die Bäume starkwachsend, dann mittelstarkwüchsig. Im fortgeschrittenen Alter ist die Neigung zur Vergreisung bzw. zur Verkahlung gegeben. Die Leitäste stehen schräg aufwärts, die Kronenform ist spitzpyramidal bis hochkugelförmig, je nach Typ. Die kleinen, hellgrünen Blätter sind breit elliptisch, oft leicht nach oben gefaltet, und haben einen deutlich gesägten Blattrand. Die Langtriebe sind mittelstark und meist grau, teils auch rotbraun gefärbt und zeigen auffallend viele mittelgroße Lentizellen. Das Blattpolster ist ebenso breit wie der Trieb und ziemlich niedrig. Die kleinen Knospen haben eine ziemlich scharfe Spitze und weisen die gleiche Länge wie Breite auf. Je Blattpolster ist nur eine Knospe zu finden.
Fruchtholz: Kräftige Langtriebe garnieren sich im Folgejahr recht willig mit Fruchtspießen. Das ältere Kronengerüst ist sehr gleichmäßig mit Fruchtholz in Form von Fruchtspießen besetzt. Vergreiste, ungepflegte Bäume bringen reichlich Ringelspieße hervor.
Blüte und Befruchtung: 'Hauszwetsche' hat einen mittelstarken Blütenansatz und blüht spät. Sie ist relativ spätfrostfest, reagiert aber sehr empfindlich auf Nässe und kühlere Perioden kurz vor oder während der Blüte. Die Blüten entwickeln sich dann oft nicht mehr weiter und fallen ungeöffnet ab oder bringen Blüten mit sehr kurzen Stielen, die dann nach der Aufblüte abfallen. Die Eignung als Befruchtersorte ist gut. Geeignete Befruchtersorten sind nicht erforderlich (selbstfruchtbar). Die Blüten stehen auf einem kurzen Stiel, sind klein, haben auseinanderstehende, cremeweiße bis leicht grünliche Kronblätter mit einer länglichen bis elliptischen Form. Die spatelförmigen Kelchblätter sind sehr schmal. Die Antheren haben eine Länge von 8 bis 10 mm und stehen mit der Narbe auf einer Höhe.

Ertrag: Er setzt erst relativ spät ein, ist aber regelmäßig. Nach zu reichem Behang und mangelnder Pflege des Baumes kommt auch Alternanz vor.

Krankheiten und Mängel: Die Bäume werden gerne von Blattläusen, Roter Spinne und der Pflaumensägewespe befallen. In manchen Jahren neigen die Früchte zur Halswelke. Die Sorte wird bei feuchtem Blühwetter von der Narrentaschenkrankheit befallen. Sie ist recht anfällig für den Pflaumenrost. 'Hauszwetsche' ist sehr scharkaempfindlich. An der Frucht bilden sich ausgeprägte Pocken mit verbräuntem Fruchtfleisch. Die kranken Früchte fallen vorzeitig vom Baum und sind unverwertbar.

Daten zur Frucht

	Frucht	Stein
Länge in mm	42	24
Breite in mm	31	7
Dicke in mm	31	13
L : B : D	100 : 73 : 73	100 : 30 : 179
Gewicht je 100	2220	81
Durchmesser (mm)	31	
TS-Gehalt (%)	20,9	
Grad Oechsle	84	
Sorbitgehalt (% TS)	18,5	
Säuregehalt (‰)	4,8	

Frucht

Reife: Je nach Typ und Lage von Anfang September bis Ende Oktober reifend. Die Früchte färben sich sehr gleichmäßig und werden bei normalem Behang auch gleichmäßig reif. Nach abgeschlossener Vollreife bleiben sie am Baum hängen, schrumpfen dann allerdings in der Stielgegend.
Größe und Form: Länglich, eiförmig, mittelbauchig, mittelgroß, bei überreichem Behang klein.
Stiel: Kurz, mitteldick, hellgrün. Die Stielgrube ist eng, mäßig tief, oft nur angedeutet.
Stein: Der mittelgroße, längliche Stein ist öfters etwas schief und leicht verschoben.

Hauszwetsche

Die Oberfläche ist feinnetzig, teils auch etwas spröde. Der Wulst ist mittelbreit und kammartig gewölbt, fast glatt mit schwachen Seitenfurchen. Die tiefe Rükkenfurche hat gekerbte Ränder.
Haut: Braunviolett bis dunkelviolett, fein blau beduftet, sofern die Sorte nicht unter zu großem Ertrag leidet. Mit feinen hellen Punkten versehen. Um den Fruchtstielansatz sind oft feine Risse bemerkbar. Die dünne und zähe Haut läßt sich auch bei vollreifen Früchten nicht immer abziehen.
Fleisch: Das grüngelbe bis orangegelbe Fleisch ist knorpelig-fest und mäßig saftig. Je nach Typ, Jahr und Standort löst es nicht immer gut vom Stein.
Geschmack: Süßsäuerlich, leicht herb, kräftig aromatisch, feinwürzig. Der Zukkergehalt liegt zwischen 75 und 90°Oe.

Anbau und Markt

Bedingt durch die große ökologische Anpassungsfähigkeit und die vielseitigen Verwertungsmöglichkeiten zählt sie zu den wertvollsten Zwetschensorten. Sie wird geschätzt zum Rohgenuß, für Kuchenbeläge, als Konservenfrucht, zu Kompott, als Dörrfrucht und als Rohware für die Brennerei. Für den Erwerbs- und den Selbstversorgeranbau ist 'Hauszwetsche' als Hauptsorte nicht zu entbehren. Sie kann aber nur noch in scharkafreien Gebieten für den Anbau empfohlen werden. Die großfrüchtigen Typen unterscheiden sich wesentlich bezüglich Fruchteigenschaften und Reifezeit. Je nach Markterfordernis können spät- bzw. frühreifende Typen auf zusagenden Standorten das Angebot verbreitern. Bei wechselnden Klimabedingungen ist eine Neigung zur Halswelke unverkennbar, wenn die Frucht vollreif am Baum bleibt. Empfehlenswerte Typen sind:
'Hauszwetsche, Typ Gunser': Kleinkroniger Typ, im ersten Septemberdrittel reifend; mittelgroße bauchige Frucht mit einem Durchmesser von 33 mm und einem Fruchtgewicht von 27 g. Gut gefärbt und stark bereift, gelbgrünliches Fruchtfleisch, süß, aromatisch, fest, gut steinlösend, länglicher, großer Stein. Infolge hoher Fruchtbarkeit muß der Baum regelmäßig geschnitten bzw. ausgelichtet werden.
'Hauszwetsche, Typ Meschenmoser': Mittelstarkwüchsiger Typ, im ersten Septemberdrittel reifend, relativ große Frucht mit einem Durchmesser von 34 mm und einem Fruchtgewicht von 30 g. Die Frucht ist dunkelblau gefärbt und mittel bis stark bereift. Das Fruchtfleisch ist mittelfest, saftig, gelbgrün und ausreichend aromatisch. Der mittelgroße, dicke Stein löst gut vom Fruchtfleisch. Die große Frucht eignet sich vor allem für den Frischverzehr.
'Hauszwetsche, Typ Schüfer': Mittelstarkwüchsiger Typ, der Ende September reift und relativ große Früchte mit einem Durchmesser von 34 mm und einem Gewicht von 29 g bringt. Der Typ ist ein guter und regelmäßiger Träger, der allerdings erst etwas später in Ertrag kommt, da die Früchte vor allem am älteren Holz hängen. In den ersten Standjahren bis zum Vollertragsstadium ist beim Kronenaufbau nur ganz mäßiger Schnitteingriff zu empfehlen. Die Frucht sitzt an einem kurzen, dicken Stiel. Die Fruchthaut ist tief dunkelblau und mittel bis stark bereift. Das gelblichgrüne, süße, mittelfeste Fruchtfleisch löst in manchen Jahren nur mäßig gut vom Stein. Gleichmäßige, große Früchte erlauben eine hohe Pflückleistung. Positiv ist auch die regelmäßige, mittelhohe Ertragsleistung. Ein Typ, dessen Früchte sich für die Frischmarktbelieferung besonders gut eignen.
'Hauszwetsche, Typ Wolff': Mittelstarkwüchsiger Typ, der ausladende Kronen bildet. Er ist sehr ertragreich und brachte im 10jährigen Durchschnitt 85 kg pro Baum. Relativ spätreif, ca. 8 Tage nach der üblichen 'Hauszwetsche'. Die Frucht hat bei einem Durchmesser von 31 mm und einem Fruchtgewicht von 23 g noch eine für Handelsklasse I ausreichende Größe. Die Fruchthaut ist dunkelblau, nur in kühlen Jahren und bei zu großem Ertrag manchmal rötlich gefärbt mit ausreichender Beduftung. Festes, saftiges, gelbliches Fruchtfleisch mit harmonischem Geschmack umgibt einen relativ kleinen, aber dicken Stein. Typ 'Wolff' neigt zu übermäßigem Ertrag. Regelmäßiges Auslichten und kräftiger Rückschnitt sind bei diesem reichtragenden, zuckerreichen Typ Voraussetzung für einen erfolgreichen Anbau. Vorrangig geeignet als Tafel- und Belegfrucht.
'Hauszwetsche, Typ Etscheid': Ein mittelstarkwüchsiger, etwa ein bis zwei Wochen nach der herkömmlichen 'Hauszwetsche' reifender Typ, der mittlere Erträge bringt. Die relativ großen Früchte haben einen Durchmesser von 34 mm und ein Fruchtgewicht von 27 g. Die stumpfeiförmigen Früchte sitzen an einem kurzen, mitteldicken Stiel und haben eine dunkelblau gefärbte Haut, die in kühlen Jahren bzw. Lagen manchmal etwas rötlich ist. Die Bereifung ist mittel bis stark. Das feste, saftige, gelbgrüne Fruchtfleisch schmeckt harmonisch mit feiner Fruchtsäure. Das Fleisch löst sich vom mittelgroßen Stein nur mäßig. Die Blüte von 'Etscheid' ist etwas empfindlicher gegenüber Nässe und tiefen Temperaturen als die der anderen Typen. Hervorzuheben sind die guten Marktpreise.

Herman

Abstammung, Herkunft und Verbreitung:
Aus einer Kreuzung von 'The Czar' × 'Ruth Gerstetter' durch E. J. Olden an der schwedischen Versuchsanstalt Balsgård entstanden. Die Sorte wurde 1974 herausgegeben und ist seit Ende der 80er Jahre in Deutschland vor allem in den Frühgebieten im Anbau.

Baum

Wuchs: Die Sorte wächst mittelstark und hat einen lockeren und breiten Kronenaufbau. Sie ist etwas ungleichmäßig mit Seitenästen besetzt, die eine mittlere Garnierung haben. Das Fruchtholz ist dick und kurz. Der Baum hat eine hohe Kältetoleranz. Die graubraunen Langtriebe sind mitteldick und im oberen Drittel deutlich behaart. Sie weisen zahlreiche rundliche Lentizellen auf. Das mittelstarke Blattpolster ist etwas breiter als der Trieb und hat nur eine große, kegelförmige, etwas abstehende Knospe. Das kräftige, mittelgroße bis große Blatt hat eine dunkelgrüne Farbe; es ist eiförmig mit einer ausgezogenen Spitze und einer abgerundeten Basis. Der Blattrand ist gelappt.
Blüte und Befruchtung: 'Herman' blüht mittelspät und ist selbstfruchtbar. Die großen Blüten sitzen dichtgedrängt auf einem extrem kurzen Stiel (2 bis 4 mm). Die weißen, elliptischen Kronblätter stehen auseinander, teilweise berühren sie sich leicht. Der Griffel überragt die 5 bis 7 mm langen Antheren deutlich. Auffällig groß sind die eiförmigen Kelchblätter.
Ertrag: Die Sorte kommt früh in Ertrag und bringt hohe Ernten. Sie neigt etwas zur Alternanz. Ein ausgewogener Fruchtholzschnitt wirkt dieser Eigenschaft entgegen.
Krankheiten und Mängel: Es handelt sich um eine robuste und scharkatolerante Sorte.

Herman

Daten zur Frucht

	Frucht	Stein
Länge in mm	41	20
Breite in mm	36	8
Dicke in mm	34	13
L : B : D	100 : 88 : 83	100 : 40 : 64
Gewicht je 100	2800	63
Durchmesser (mm)	35	
TS-Gehalt (%)	13,0	
Grad Oechsle	58	
Sorbitgehalt (% TS)	4,8	
Säuregehalt (‰)	6,4	

Frucht

Reife: 'Herman' reift in der zweiten Woche kurz nach 'Ruth Gerstetter', je nach Lage und Jahr zwischen Ende Juni und Mitte Juli. Die folgernde Reife macht ein mehrmaliges Durchpflücken notwendig. Die Sorte neigt zum vorzeitigen Fruchtfall.
Größe und Form: Die ovale Frucht hat eine abgerundete Spitze und eine abgeflachte Stielseite, mit zum Teil ungleichseitigen Hälften. Der Durchmesser liegt bei 32 bis 39 mm und das Fruchtgewicht zwischen 25 und 37 g. Die Stielgrube ist eng, sehr tief und gegen die Bauchnaht offen. Dort kann die Frucht manchmal kleine Risse haben. Die Bauchnaht ist an der Stielseite tief ausgebildet und läuft an der Stielseite flach aus.
Stiel: Der hellgrüne Stiel ist sehr kurz (5 bis 7 mm) und kräftig ausgebildet.

Stein: Der mittelgroße, ovale Stein hat eine spröde Oberfläche und einen breiten Wulst. Seiten- und Nebenwülste sind am Ansatz gut ausgebildet. An der Stempelseite findet man eine kräftige Seitenrille. Die Rückenfurche ist deutlich vorhanden und wird zur Stempelseite hin schmäler.
Haut: Dunkelblau bis violett auf der Schattenseite, mit starker Beduftung. Die dünne Haut ist elastisch und bei Vollreife gut abziehbar.
Fleisch: Weißlichgelb bis gelbgrün, saftig und von mittlerer Festigkeit.
Geschmack: Süßsäuerlich mit Aroma, bei Überbehang und bei zu früher Ernte auch fade. Der Zuckergehalt liegt zwischen 50 und 60°Oe.

Anbau und Markt

'Herman' ist eine scharkatolerante Sorte für den Frühanbau. Da sie früh in Ertrag kommt und hohe Erträge bringt, wird sie von den Anbauern geschätzt. Nachteilig ist der vorzeitige Fruchtfall. Ein mehrmaliges Durchpflücken ist unbedingt notwendig. Um eine gute Fruchtqualität zu erlangen, muß Überbehang vermieden werden. Bedingt durch die frühe Reife erzielt die Sorte gute Preise. Die Früchte sind ziemlich transportfest und lassen sich gut vermarkten. 'Herman' wird für die Marktbelieferung zum Anbau in frühen Lagen empfohlen. Wegen der frühen und folgernden Reife und wegen ihrer Robustheit eignet sie sich auch für den Hausgarten. Die Früchte können frisch oder als Kuchenbelag verzehrt werden.

Katinka

Abstammung, Herkunft und Verbreitung: Die Sorte ist 1982 aus einer Kreuzung 'Ortenauer' × 'Ruth Gerstetter' am Institut für Obst-, Gemüse- und Weinbau der Universität Hohenheim entstanden. Die Sorte wurde 1992 vom Züchter W. Hartmann zum Sortenschutz angemeldet und ist seit 1993 im Handel.

Baum

Wuchs: Der Baum wächst mittelstark und hat einen lockeren, breitpyramidalen Kronenaufbau mit einer mittelstarken Verzweigung. Die Gefahr einer Verkahlung ist gering. Die grauen bis leicht bräunlichen Langtriebe haben ein Blattpolster, das schmaler als der Trieb und meist mit zwei oder sogar drei Knospen besetzt ist. Die Knospen sind mittelgroß, so breit wie lang und zum Teil kommaförmig zum Trieb hin gebogen. Die einjährigen Triebe haben eine gewisse Ähnlichkeit mit 'Ortenauer', diese Sorte hat aber ein viel breiteres Blattpolster.
Blatt: Die mittelgroßen Blätter sind eiförmig und gekerbt, am Ende leicht zugespitzt und an der Basis abgeflacht.
Blüte und Befruchtung: 'Katinka' hat einen

Katinka

Daten zur Frucht

	Frucht	Stein
Länge in mm	42	23
Breite in mm	32	7
Dicke in mm	33	14
L : B : D	100 : 78 : 80	100 : 30 : 62
Gewicht je 100	2500	63
Durchmesser (mm)	33	
TS-Gehalt (%)	14,5	
Grad Oechsle	61	
Sorbitgehalt (% TS)	1,0	
Säuregehalt (‰)	4,0	

mittelstarken bis starken Blütenbesatz und mittelgroße, weiße Blüten mit einer Stiellänge von 6 bis 9 mm. Die Sorte blüht mittelfrüh und ist selbstfruchtbar. Die Blütenblätter sind eiförmig bis länglich und stehen auseinander. Die Sorte hat schmale, spatelförmige Kelchzipfel. Die Antheren stehen auf gleicher Höhe wie der 5 bis 8 mm lange Griffel.
Ertrag: Der Ertrag setzt früh ein und ist nach den bisherigen Erfahrungen regelmäßig und hoch.
Krankheiten und Mängel: Die Sorte ist scharkatolerant; die Blätter sind gesund und robust und die Früchte wenig fäulnisanfällig.

Frucht

Reife: Die Reifezeit liegt Mitte bis Ende Juli, kurz nach 'Lützelsachser', aber noch vor 'Ersinger'.
Größe und Form: Die ovalen bis eiförmigen Früchte sind mit einem Durchmesser von 32 bis 34 mm nur als mittelgroß bis klein einzustufen. Das durchschnittliche Fruchtgewicht liegt zwischen 25 und 30 g. Die Stielseite der Frucht ist leicht abgeplattet und die Griffelseite abgerundet bis zugespitzt. Der größte Durchmesser der Frucht ist leicht zum Stiel hin verschoben. Die Fruchthälften sind meist gleichmäßig ausgebildet. Die Bauchnaht ist sehr flach, zum Teil nur angedeutet.
Stiel: Der dünne Stiel (1,5 mm) hat eine Länge von 15 bis 18 mm; er ist hellgrün gefärbt und leicht gebogen.
Stein: Der mittelgroße, eiförmige Stein ist relativ flach und zeigt eine feingenarbte Oberfläche, die gelegentlich spröde sein kann. Der mittelstarke Wulst hat teilweise einen kammartigen Mittelwulst und die tiefe Rückenfurche gezackte Ränder.
Haut: Dunkelviolett bis blau gefärbt mit mittelstarker, hellblauer Beduftung; sehr dünn und abziehbar.
Fleisch: Das feste und saftige Fruchtfleisch ist blaß, weißgelb bis gelbgrün gefärbt und löst sich sehr gut vom Stein.
Geschmack: Süßsauer, harmonischer Geschmack mit Aroma. Der Zuckergehalt liegt zwischen 57 und 65°Oe.

Anbau und Markt:

'Katinka' ist eine frühreife Zwetschensorte mit hoher Kältetoleranz und früh einsetzenden Erträgen. Aufgrund ihrer Fruchteigenschaften eignet sich die Sorte besonders gut als Kuchenbelag. Sie hat als Kuchenzwetsche eine ideale Größe und löst hervorragend vom Stein. Besonders hervorzuheben ist, daß sie als einzige Frühsorte trocken und festbackend ist und nicht sauer schmeckt. Die Sorte schließt eine Lücke im frühreifen Bereich, sie eignet sich aufgrund des guten Geschmacks auch zum Frischverzehr und wird zum Anbau für die Vermarktung über die Handelsketten wie auch zum Direktverkauf empfohlen.

Mirabelle von Nancy

Ähnliche Namen sind 'Nancy-Mirabelle' und 'Gelbe Mirabelle'.
franz.: 'Mirabelle de Nancy', Synonyme sind 'Mirabelle grossé', 'Double Mirabelle' und 'Drap d'Or'.
Abstammung, Herkunft und Verbreitung: Der Ursprung dieser Sorte ist nicht bekannt. In Frankreich wird sie schon seit 1490 angebaut. Die Sorte soll angeblich aus Asien stammen und im 15. Jahrhundert durch den König René von Anjou in Frankreich eingeführt worden sein. Mitte des 18. Jahrhunderts wurde sie von dort nach Deutschland gebracht. Den Namen erhielt sie nach der Stadt Nancy in Lothringen, da sie in dieser Region viel angebaut wurde und noch wird. Seit 1900 ist sie in Deutschland, der Schweiz, in Österreich und in Frankreich allgemein verbreitet. Sie ist die bekannteste Mirabellensorte Westeuropas; verschiedene Typen sind im Anbau.
Standortansprüche: Genügend feuchte, nährstoffreife, durchlässige und offene Böden sagen dieser Sorte am besten zu. Ihren vorzüglichen Geschmack und große Früchte entwickelt sie im warmen Weinbauklima und in geschützten Lagen. Naßkalte, schwere Böden und extrem hohe Lagen bringen nur kleine Früchte und folgernde Ernten. Die Blüten sind nur mäßig spätfrostwiderstandsfähig. Es kommt deshalb gelegentlich zu Frostausfällen. Die Frosthärte des Holzes ist allenfalls als mittel einzustufen.

Baum

Wuchs: Die Sorte ist mittelstark- bis starkwüchsig. Sortentypisch sind anfänglich aufrechtstehende Leitäste, später gehen sie mehr in die Breite, so daß eine breitkugelige Krone mit lockerem Aufbau entsteht. Die Leitäste sind ungleichmäßig mit Seitenästen besetzt. Das dünne Fruchtholz ist sehr fein und kurz. Die auberginefarbenen Langtriebe sind dünn bis mittelstark, haben viele Lentizellen und glänzen. Das niedrige Blattpolster ist immer schmaler als der Trieb. Auffallend sind die kurzen Internodien und die kleinen, kuppelförmigen, leicht abstehenden Knospen, die etwas länger als breit sind. Je Blattpolster sitzen stets mehrere Knospen. Das dünne Blatt ist klein, matt und leicht nach oben gefaltet, am Rand manchmal leicht eingerollt. Feine, gleichmäßige Zähnung ist scr-

Mirabelle von Nancy

tentypisch. Der mittellange bis kurze Blattstiel ist auf der Oberfläche oft rot verfärbt, vor allem in den dem Licht ausgesetzten Kronenpartien.
Fruchtholz: Ringelspieße und Kurztriebe bilden sich unregelmäßig an den zwei- bis sechsjährigen Kronenpartien. Der Baum vergreist leicht. Durch gelegentliche Verjüngung wird die Jungtriebbildung angeregt. An den mittelstarken, kräftigen Trieben bilden sich im unteren Drittel Blütenknospen.
Blüte und Befruchtung: Die Blüten kommen mittelspät bis spät. Die Eignung als Befruchtersorte ist hervorragend. Die Sorte ist selbstfertil. Auf eine Befruchtersorte kann deshalb verzichtet werden. Die kleinen Blüten sitzen überwiegend am feinen, kurztriebigen Seitenholz der Fruchtäste. Der Blütenbesatz ist groß. Die Kronblätter sind oval bis eiförmig, leicht wellig und berühren sich gegenseitig. Die Kelchzipfel sind sehr klein und eiförmig ausgebildet. Der Griffel überragt die 8 bis 10 mm langen Antheren.
Ertrag: Die Sorte beginnt mittelfrüh mit dem Ertrag. Ihre Fruchtbarkeit ist gut. Sie trägt regelmäßig, wenn auch gelegentlich Frostausfälle zu verzeichnen sind. In der Hauptertragszeit muß die Krone regelmäßig ausgelichtet und gelegentlich verjüngt werden. Dadurch wird die Jungtriebbildung angeregt und die verbleibenden Ringelspieße werden gekräftigt. Die Früchte an ausgelichteten Bäumen werden bis zur Hälfte größer als bei überalterten Kronen.
Krankheiten und Mängel: Wenig anfällig für Gummifluß. Unter mäßigen, natürlichen Standortbedingungen und bei dichten Kronen reifen die Früchte sehr folgernd. Ein Teil bleibt dann grünlich und klein. Dies kommt auch bei starkem Behang vor. Ein Teil der Früchte reift dann nicht ganz aus, bleibt fade und schrumpft später, ohne die volle Reife und den sortentypischen Geschmack zu erreichen. Die Sorte ist resistent gegenüber der Scharkakrankheit. Die Früchte sind aber regenempfindlich, vollreife Früchte reißen daher leicht auf.

Frucht

Reife: Von Mitte August bis Anfang September, leicht folgernd; zwischen 'Große Grüne Reneklode' und 'Fellenberg'.
Größe und Form: Die Fruchtgröße hängt ab vom Typ und von der Triebigkeit des Baumes, aber auch die Standortverhältnisse beeinflussen das Fruchtwachstum. Das Fruchtgewicht liegt zwischen 7 und 11 g, bei einem Durchmesser von 24 bis 28 mm. Die kleine, kugelige bis kurzovale Frucht hat eine nur als feine Linie erkennbare Bauchnaht.
Stiel: Kurz, mitteldick bis dünn, behaart, hellgrün und sitzt in einer flachen, muldenförmigen Stielgrube. Diese ist zur Bauchnaht hin leicht eingeschnitten.
Stein: Der kleine Stein ist kurzoval und etwas verschoben. Die Wulstseite zeigt an der Ansatzstelle die stärkste Wölbung. Die Oberfläche ist stumpfnarbig. Die Nebenwülste sind kurz und der Ansatz ist gegen den Rücken geneigt.
Haut: Die bei Vollreife goldgelb gefärbten Früchte sind auf der Sonnenseite rötlich bis violett verwaschen und weisen zahlreiche rotumhöfte Punkte auf. Manchmal bleibt die Grundfarbe der Fruchthaut auch

Daten zur Frucht

	Frucht	Stein
Länge in mm	26	14
Breite in mm	24	7
Dicke in mm	25	11
L : B : D	100 : 93 : 95	100 : 49 : 77
Gewicht je 100	1000	54
Durchmesser (mm)	25	
TS-Gehalt (%)	19,1	
Grad Oechsle	80	
Sorbitgehalt (% TS)	19,9	
Säuregehalt (‰)	2,2	

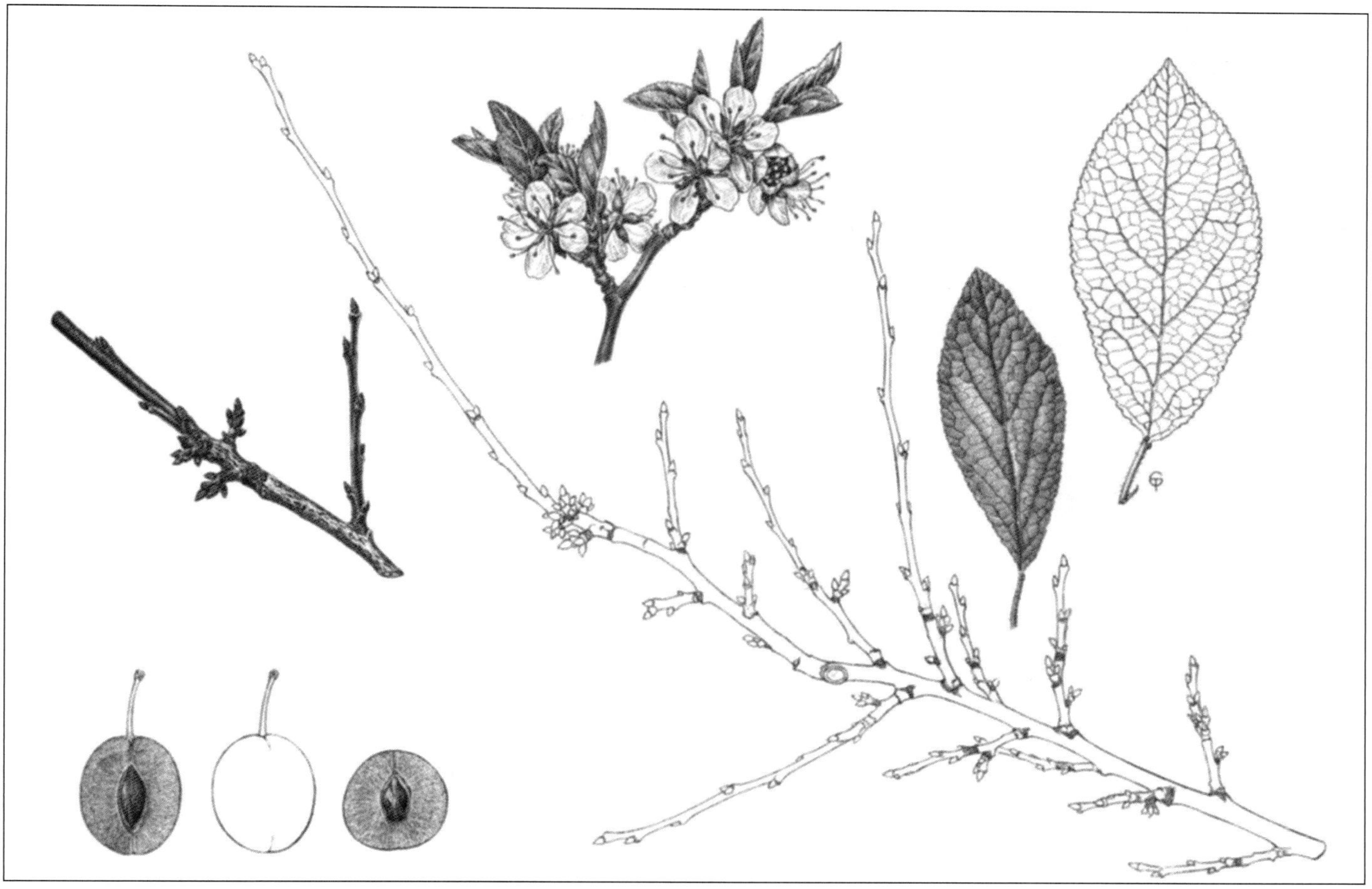

Mirabelle von Nancy

grünlichgelb bis hellgelb. Die Frucht ist gelbbläulich bereift. Die dünne, aber zähe Haut läßt sich nicht abziehen.
Fleisch: Goldgelb bis dunkelgelb, fast ins rötliche Gelb gehend, mit weißen Adern durchzogen. Es ist ausreichend fest, mäßig saftig, wird überreif leicht mehlig, löst gut vom Stein. Fruchtsaft tritt nur mäßig aus; er ist hellgelb gefärbt.
Geschmack: Sehr süß und im allgemeinen gut gewürzt. Mild, typisches Mirabellenaroma. In nassen, kalten Jahren jedoch fade und ausdruckslos. Der Zuckergehalt liegt zwischen 70 und 90°Oe.

Anbau und Markt

Von allen Mirabellensorten ist 'Nancy-Mirabelle' die schmackhafteste und ertragssicherste. Für den Anbau wird heute die französische Auslese Nr. 1510 empfohlen, da sie größere Früchte bringt. Die Sorte ist für den Erwerbs- und Selbstversorgeranbau zu empfehlen. Für die Konservenindustrie und die Brennerei kann sie mechanisch geerntet werden. Von der Verwertungsindustrie wird die Sorte als wertvolle Einmach- und Konfitürenfrucht gesucht. Sie eignet sich auch gut für die Marmeladenherstellung und zum Dörren. Die Sorte wird vor allem aber zur Verwertung in der Brennerei empfohlen, da sie einen vorzüglichen Spezialitäten-Branntwein liefert. Bei starkem Behang und wenig Pflege alterniert sie leicht, reift folgernd und ist dann auch fade.

Ortenauer

Synonyme sind 'Kruft II', 'Johannisberg II', 'Borzami Sljiva', 'Slawonische Zwetschge' und 'Borsumer'.
Abstammung, Herkunft und Verbreitung: Ein Zufallssämling, der bereits Ende des 17. Jahrhunderts im Dorf Borsum bei Emden (Emsland) angebaut wurde. Die Sorte kam durch die Sortimentspflanzungen von Kruft in Geisenheim und Nürtingen nach Süddeutschland und verbreitete sich ab Mitte der 60er Jahre zuerst unter den Namen 'Johannisberg II' bzw. 'Kruft II'. Heute ist die Sorte vor allem im Weinbauklima Süddeutschlands, aber auch im Alten Land zu finden.
Standortansprüche: Bevorzugt leichte bis mittlere, nährstoffhaltige, durchlässige Böden mit guter Wasserversorgung. Nicht für trockene, flachgründige Böden und kühle Hochlagen geeignet. Sonnige, spätfrostsichere, warme Lagen im Weinbauklima sind für die Marktbelieferung ideale Anbauräume.

Baum

Wuchs: In den ersten Standjahren stark-, mit Einsetzen des Ertrages mittelstarkwachsend. Die Leitäste sind bei dieser Sorte eher flach geneigt und stehen bei Bäumen im Vollertrag fast waagrecht. Das Fruchtholz ist mittelkräftig, infolge des reichen Fruchtansatzes hängen die Fruchtzweige durch. Die Kronenform ist breitkugelig. Im praktischen Anbau wird jedoch der Hecke oder der flachen, nach oben offenen Tellerkrone der Vorzug gegeben. Ein kräftiger Schnitt ist notwendig, um großfrüchtige Ware zu erzielen. Abge-

Ortenauer

tragenes und hängendes Fruchtholz ist durch junges zu ersetzen.
Die grauen, einjährigen Triebe haben eine stark ausgeprägte Cuticula. Die langen und schlanken Triebe sind meist etwas gewunden und haben stark kantige Blattpolster. Die mittelgroßen, spitzförmigen und bisweilen leicht kommaförmig gebogenen Knospen sind etwas länger als breit und parallel zum Trieb gerichtet bis leicht abstehend. Das verkehrt-eiförmige, am Fruchtholz mehr länglich ausgebildete, hellgrüne Blatt ist am Stiel lang ausgezogen. Es ist klein bis mittelgroß, matt und an den Rändern stumpf gesägt.
Fruchtholz: Das Seitenholz geht flach vom Fruchtast ab. Sortentypisch sind dünne, schlanke, mittellange Triebe, die meist von der Basis bis zur Mitte mit Blütenknospen besetzt sind. Das mehrjährige Fruchtholz wird von kurzen, gedrungenen Fruchtspießen gebildet, die jeweils mehrere Blüten bzw. Früchte tragen.
Blüte und Befruchtung: Die mittelfrühe Blüte erstreckt sich über einen längeren Zeitraum. Die selbstfertile Sorte hat einen mittelstarken Blütenbesatz. Die Blüte ist mittelgroß und hat weiße, sich berührende, länglich-oval geformte, leicht wellige Kronblätter. Die nur mittelgroßen Kelchblätter sind länglich zugespitzt und ähneln den Kelchblättern von 'Hauszwetsche'. Die goldgelben Antheren haben eine Länge von 6 bis 7 mm und überragen die Narbe etwas.
Ertrag: Er setzt früh ein, ist sehr hoch und regelmäßig.
Krankheiten und Mängel: Die Sorte ist anfällig für die Scharkavirose. Die Krankheit zeigt sich vor allem in Rindenrissen und Holzschäden, die zum Absterben von Ästen und ganzen Bäumen führen. Zu einer Schädigung der Früchte kommt es weniger, da meist nur eine Marmorierung der Fruchthaut auftritt. Am Blatt zeigen sich die Scharkasymptome sehr auffallend durch leuchtend gelbe Flecken, in deren Zentrum das Gewebe nekrotisiert.

Frucht

Reife: Ende August bis in die erste Septemberdekade, gleichmäßig reifend.
Größe und Form: Die länglich-elliptischen Früchte sind bei einem Gewicht von 26 bis 35 g und einem Durchmesser von 32 bis 36 mm mittelgroß und verjüngen sich dem Stiel zu. Sie sind breiter als dick und am Stiel abgeplattet. Die Bauchnaht ist deutlich ausgeprägt.
Stiel: Der hellgrüne, teilweise auch etwas bräunliche Stiel hat eine mittlere Länge und Dicke und sitzt in einer flachen Stielgrube.
Stein: Der mittelgroße Stein ist auffallend lang und gegen den Ansatz stark eingezogen. Die Rückenfurche ist nur in der Steinmitte ausgebildet. Die Oberfläche ist deutlich genarbt. Die Steine sind an der Stiel- oder auch an der Stempelseite öfters leicht gebogen.
Haut: Die dunkelblaue Haut ist sehr stark beduftet. Bei Überbehang färben sich die Früchte in kühleren Lagen rötlich-violett. Die mitteldicke, zähe Haut läßt sich auch in der Vollreife nicht abziehen.
Fleisch: Grüngelb bis kräftig gelb, fest und saftig.
Geschmack: Nur mäßig aromatisch, bei hohem Ertrag und in kühleren Lagen fad.

Daten zur Frucht

	Frucht	Stein
Länge in mm	49	28
Breite in mm	34	8
Dicke in mm	32	13
L : B : D	100 : 70 : 66	100 : 28 : 46
Gewicht je 100	3200	73
Durchmesser (mm)	34	
TS-Gehalt (%)	17,1	
Grad Oechsle	71	
Sorbitgehalt (% TS)	9,6	
Säuregehalt (‰)	5,5	

Ortenauer

Für eine Spätsorte liegt der Zuckergehalt mit 63 bis 74°Oe relativ niedrig, der Säuregehalt ist gering.

Anbau und Markt

'Ortenauer' ist eine für den Frischmarkt und für die Konservenindustrie wertvolle, frühreifende Spätsorte. Sie eignet sich hervorragend als Kuchenbelag und wird vom Handel gerne aufgenommen, da sie gute Transporteigenschaften und Haltbarkeit besitzt. Auch eine Kühllagerung der Früchte ist möglich. Für den Liebhaberobstbau ist sie weniger zu empfehlen, da sie geschmacklich nicht immer befriedigt. Die Sorte sollte nur in scharkafreien Gebieten angebaut werden.

President

Ähnliche Namen sind nicht bekannt. In Italien wird diese Zwetschensorte unter dem Namen 'Prugna de macchinista' geführt.

Abstammung, Herkunft und Verbreitung: Die Sorte wurde von Rivers in Sawbridgeworth/England gezüchtet und 1901 in den Anbau gebracht. Sie hat im letzten Drittel des 20. Jahrhunderts in Westeuropa eine etwas größere Verbreitung erlangt. Über-

President

zeugt hat sie vor allem wegen ihrer Fruchtgröße in Süddeutschland am Frischmarkt. Auch in Italien und in Frankreich hat diese Sorte Marktbedeutung.

Standortansprüche: 'President' braucht tiefgründige Böden mit ausreichender Feuchtigkeit im Weinbauklima. Die Ausreife ist in kühlen Lagen und in Höhengebieten gefährdet. Auch mangelt es solchen Herkünften an Süße und Aroma.

Baum

Wuchs: 'President' wächst stark mit aufstrebenden Leitästen. Leider ist das Holz dieser Sorte äußerst bruchgefährdet. Infolge rasch einsetzender Erträge geht die Form der Krone bald in die Breite. Die Seitentriebe setzen willig Kurztriebe an und bilden viele Blütenknospen aus. Der starken Neigung zum Verkahlen der inneren Kronenbereiche muß durch kräftigen Rückschnitt ins zweijährige Holz entgegengewirkt werden. Dieser »Stummelschnitt« führt in den Ertragsanlagen zu atypischen Kronenformen.

Die mittelstarken, einjährigen Langtriebe sind auberginenfarbig, auffallend glänzend, mit starker Cuticula versehen und kaum behaart. Das niedrige Blattpolster ist ebenso breit wie der Trieb und hat mehrere Knospen. Sie sind scharf zugespitzt und in der Seitenansicht konvex gebogen. Die relativ großen Knospen sind wesentlich länger als breit und stehen leicht ab. Das mittelgroße, dunkelgrüne, länglichelliptische Blatt sitzt auf einem kurzen Stiel und hat einen gesägten Blattrand. Es glänzt auffallend stark, ist dick und robust.

Fruchtholz: Es ist gleichmäßig und dicht verteilt. Die fruchttragenden Kurztriebe im zwei- bis vierjährigen Kronenbereich überwiegen. Sie blühen reichlich und setzen willig Früchte an. Die Sorte blüht an Langtrieben relativ stark und setzt auch Früchte an.

Blüte und Befruchtung: Die mittelfrüh blühende Sorte hat einen reichen Blütenbesatz. Die großen Blüten haben weiße, rundlich-ovale Kronenblätter, die etwas wellig sind und auseinander stehen, sich zum Teil aber auch berühren. Die Kelchzipfel sind mittelgroß und von elliptischer Form. Die goldgelben Antheren haben eine Länge von 5 bis 7 mm und werden vom Griffel deutlich überragt. 'President' blüht relativ kurz und ist selbststeril. Als Befruchtersorten eignen sich 'Ruth Gerstetter', 'Katinka', 'Ortenauer', 'Cacaks Schöne', 'Valor' und 'Stanley'.

Ertrag: Er setzt früh ein und ist trotz Selbststerilität hoch und regelmäßig.

Krankheiten und Mängel: Die Sorte ist sehr anfällig für Fruchtmonilia; da die Früchte meist dicht beeinander stehen, bilden sich oft ganze Fäulnisnester. Sie wird als scharkatolerant eingestuft, da es auf den Früchten meist nur zu einer Marmorierung der Fruchthaut kommt. Bei sehr starkem Befall leidet aber die Qualität der Früchte und es kann zum Absterben von Ästen kommen. An den Blättern zeigen sich deutlich Scharkasymptome. Die hellgrünen Bandmuster bzw. Ringe oder Flekken sind bis zum Herbst sichtbar und führen teilweise auch zu einer Deformation der Blattspreite.

President

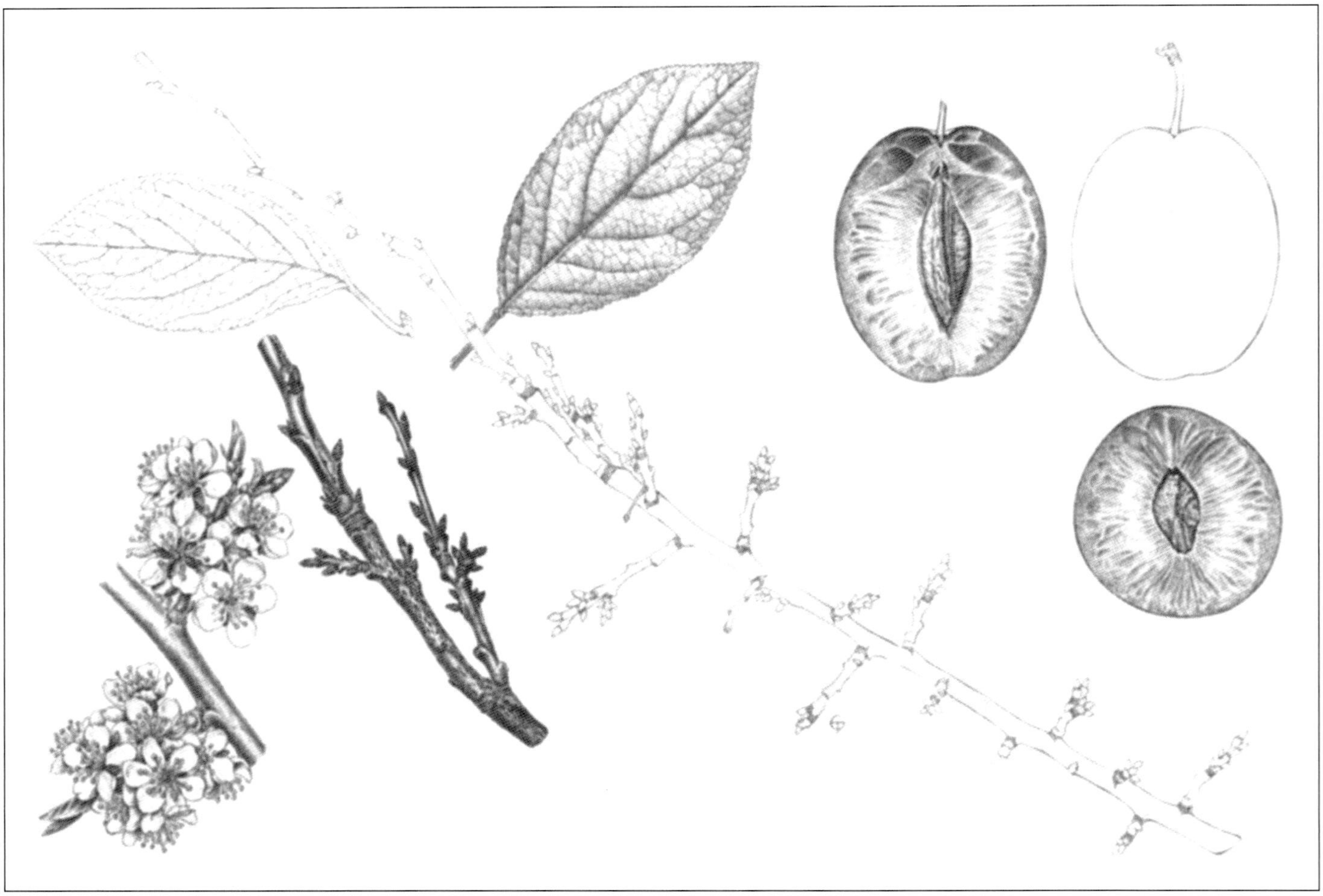

Daten zur Frucht

	Frucht	Stein
Länge in mm	59	30
Breite in mm	49	11
Dicke in mm	48	18
L : B : D	100 : 84 : 82	100 : 38 : 59
Gewicht je 100	7510	180
Durchmesser (mm)	49	
TS-Gehalt (%)	17,1	
Grad Oechsle	70	
Sorbitgehalt (% TS)	10,2	
Säuregehalt (‰)	6,5	

Frucht

Reife: Ende September bis Anfang Oktober, an älteren Bäumen reifen die Früchte etwas früher, in manchen Jahren sogar vor 'Hauszwetsche'. Sie müssen im hartreifen Zustand gepflückt werden. Schon nach wenigen Tagen Lagerung werden sie weich und saftig.
Größe und Form: Sehr groß, ähnlich einem Hühnerei, dem sie auch in der Form gleicht. Das Fruchtgewicht liegt zwischen 65 und 85 g, manche Früchte bringen es sogar auf über 100 g. Der Durchmesser beträgt 45 bis 55 mm. Die flache Bauchnaht verläuft über die ganze Frucht.
Stiel: Der lange, leicht gebogene, hellgrüne Stiel hat eine mittlere Dicke.
Stein: Der sehr große, länglich-elliptisch geformte Stein verjüngt sich an der Stielseite. Er ist relativ breit und hat eine tiefe und breite Rückenfurche. Ein Nebenwulst ist nur an der Stempelseite ausgebildet.
Haut: Von dunkelvioletter bis leicht rötlicher Farbe, schwach blau beduftet mit zahlreichen, kleinen Punkten übersät. Bei Überbehang und in kühleren Lagen sind die Früchte oft rötlich gefärbt. Die dünne Haut läßt sich nicht abziehen.
Fleisch und Geschmack: Das grüngelbe bis hellgelbe Fruchtfleisch ist saftig und schmeckt angenehm süß bis leicht säuerlich. Wenn die Früchte zu lange am Baum bleiben, werden sie mehlig und schmecken fade. Der Zuckergehalt liegt zwischen 65 und 75°Oe.

Anbau und Markt

Die spätreife und scharkatolerante Sorte 'President' eignet sich für den Frischmarkt. Sie ist vor allem für Standorte im Weinbauklima geeignet. Gute Pflege und regelmäßiger Schnitt sind notwendig, um Qualitätsfrüchte zu erzeugen. Rechtzeitige Ernte und Kühllagerungseignung erlauben die Marktbelieferung während 7 bis 8 Wochen. Großfrüchtige Ware sollte in geeigneten Verpackungseinheiten angeboten werden.

Ruth Gerstetter

Ähnliche Namen und Synonyme sind bei dieser Sorte keine bekannt.
Abstammung, Herkunft und Verbreitung: Die Sorte wurde von Adolf Gerstetter aus Besigheim in Württemberg 1920 aus einer Kreuzung von 'The Czar' × 'Gute von Bry' gezogen und 1932 in den Handel gebracht. Sie ist vor allem in den warmen Gebieten Süddeutschlands verbreitet, wird aber auch in Italien, Jugoslawien, Ungarn und Polen angebaut.
Standortansprüche: Beste, tiefgründige, wasserhaltende Böden in nicht frostgefährdeten Lagen sind günstige Standorte. 'Ruth Gerstetter' ist nicht geeignet für Gebiete oder Lagen mit regelmäßig wiederkehren-

Ruth Gerstetter

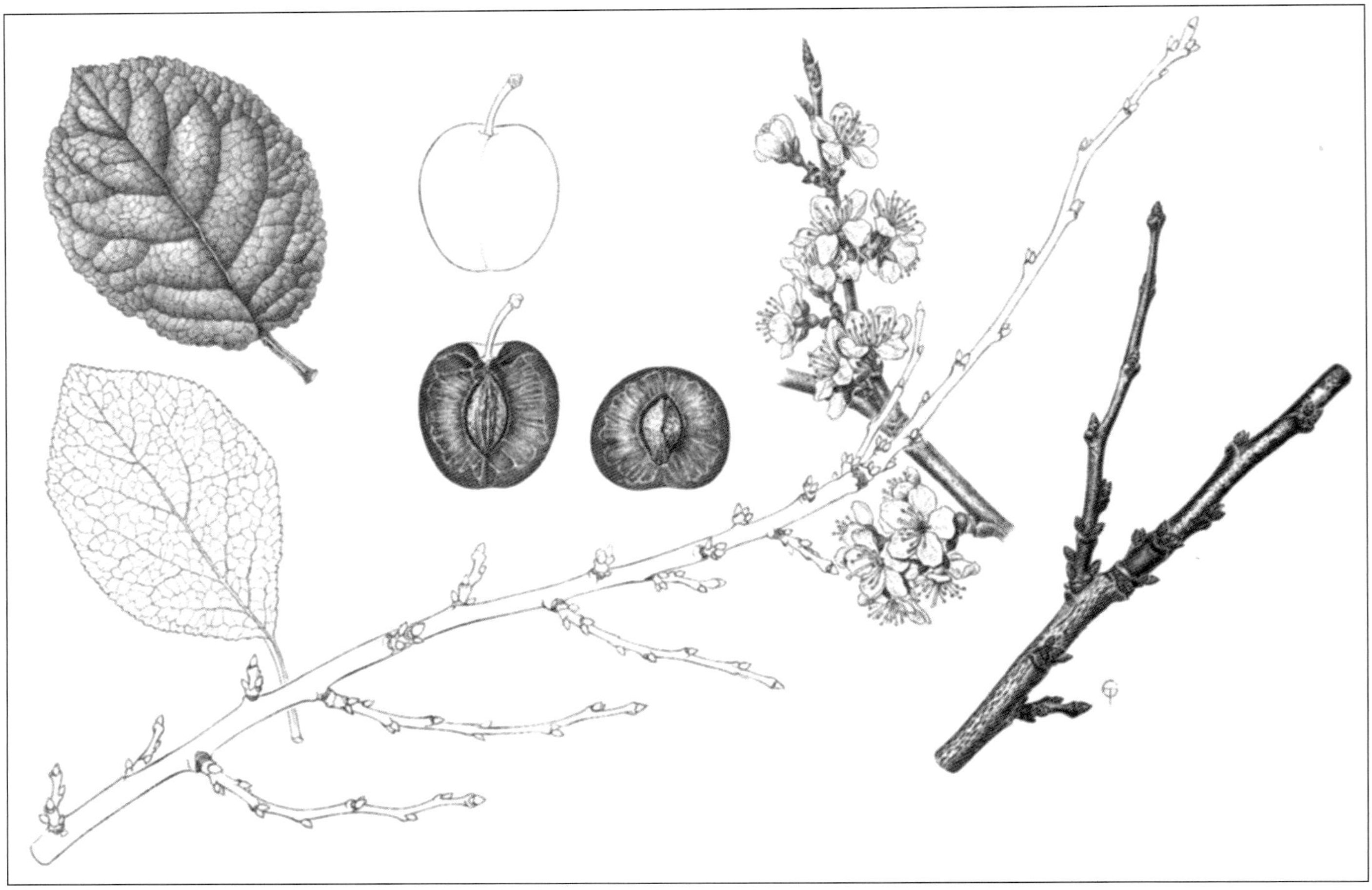

Ruth Gerstetter

den Winter- bzw. Spätfrösten, weil das Holz nur gering frostfest ist. Von allen Pflaumensorten am stärksten frostempfindlich. Häufig treten deshalb auch Frostplatten in den Astgabeln auf.

Daten zur Frucht

	Frucht	Stein
Länge in mm	41	23
Breite in mm	37	10
Dicke in mm	37	14
L : B : D	100 : 90 : 90	100 : 42 : 62
Gewicht je 100	3670	100
Durchmesser (mm)	37	
TS-Gehalt (%)	13,4	
Grad Oechsle	56	
Sorbitgehalt (% TS)	1,6	
Säuregehalt (‰)	7,3	

Baum

Wuchs: Die Krone wird gebildet von anfänglich freudig, später mittelstarkwüchsigen Leitästen, die steil aufrecht wachsen. Nach zwei bis drei Jahren läßt die Wuchskraft nach. Dann kommt es zu einem reichen Ansatz von kurzem Fruchtholz. Die Krone selbst ist klein und kugelförmig. Die grauen, im oberen Bereich braunroten Langtriebe sind mitteldick, halbmatt und haben eine ziemlich starke Cuticula. Das niedrige Blattpolster ist gleich breit wie der Trieb. Auffallend sind die relativ stark abstehenden, mittelgroßen Knospen. Sie haben eine scharfe Spitze, sind länger als breit und bisweilen kommaförmig gebogen. Das mittelgroße, dunkelgrüne und dicke Blatt ist kerbig gezähnt und steht auf einem kurzen, kräftigen Blattstiel.

Fruchtholz: Sehr kurz, gedrungen, kräftig, neigt kaum zur Verkahlung, aber stark zur Vergreisung.

Blüte und Befruchtung: Die früh bis mittelfrüh blühende Sorte ist selbstunfruchtbar. Als Bestäuber eignen sich 'Ersinger Frühzwetsche', 'Graf Althans Reneklode', 'Valor' und 'President'. Der Blütenansatz ist mittel bis gut. Die mittelgroßen Blüten haben weiße, rundliche Kronblätter, die sich zum Teil leicht überlappen, und mittelgroße, eiförmige Kelchzipfel. Die 5 bis 6

mm langen Antheren stehen auf einer Höhe mit der Narbe.
Ertrag: Er setzt früh ein; es werden mittelhohe, nicht immer befriedigende Ernten erzielt.
Krankheiten und Mängel: Als Folge von Frostplatten in den Astgabeln kommt es dort gerne zu Gummifluß. Einzelne Äste oder Kronenpartien sterben dadurch leicht ab. 'Ruth Gerstetter' ist deshalb nur für frostfreie Standorte empfehlenswert. Sie zählt zur Gruppe der scharkatoleranten Sorten.

Frucht

Reife: 'Ruth Gerstetter' ist die am frühesten reifende aller Pflaumen- und Zwetschensorten und reift stark folgernd Ende Juni bis Mitte Juli, gleichzeitig mit spätreifen Kirschen.
Größe und Form: Die mittelgroßen Früchte sind breitoval und haben eine deutlich ausgebildete Bauchnaht. Das Fruchtgewicht liegt zwischen 30 und 40 g und der Durchmesser zwischen 34 und 38 mm.
Stiel: Kurz, kräftig, grün, in tiefer Einsenkung sitzend. Die Stielgrube ist zur Bauchnaht hin abgesenkt. Die Frucht läßt sich leicht vom Stiel lösen. Er bleibt häufig am Baum hängen.
Stein: Der mittelgroße, ovale Stein ist verschoben, ziemlich breit und am Stielansatz leicht eingezogen. Die Oberfläche ist schwach gekörnt. Er hat einen auffallend starken Wulst mit deutlich ausgebildeter Seitenfurche. Die Rückenfurche verengt sich vom Ansatz zur Spitze.
Haut: Braunviolett, dünn und glatt, nur schwach punktiert und mittelstark hellblau beduftet.
Fleisch: Das hellgelbe bis weißlichgrüne, relativ feste Fruchtfleisch löst gut vom Stein.
Geschmack: Leicht säuerlich, etwas flach mit wenig Aroma. Der Zuckergehalt liegt zwischen 50 und 60°Oe.

Anbau und Markt

Der Anbauwert der Sorte liegt in der Frühreife und in der Scharkatoleranz. Die hohen Preise zu Saisonbeginn machen 'Ruth Gerstetter' zu einer sehr empfehlenswerten Marktsorte in ausgesprochenen Frühgebieten. Der Anbau lohnt sich nur für den Frischmarkt. Die Kleinkronigkeit der Bäume und die folgernde Reife sprechen auch für einen Anbau für Selbstversorger. Nicht für windausgesetzte Lagen, da die Sorte sehr leicht fällt, oft schon vor der Vollreife. Mehrmaliges Durchpflücken ist deshalb angebracht. Regelmäßiger Rückschnitt fördert die Fruchtqualität und wirkt der Vergreisung entgegen.

Stanley

Ähnliche Namen oder Synonyme sind keine bekannt.
Abstammung, Herkunft und Verbreitung: Die Sorte wurde 1912 an der Forschungsstation Geneva, New York, aus 'Agen' × 'Grand Duke' gekreuzt. Seit 1926 im Handel. 'Stanley' ist eine weltweit verbreitete Sorte. In Deutschland wurde sie erstmals 1930 eingeführt, aber erst seit den 50er Jahre wegen der hohen, regelmäßigen

Stanley

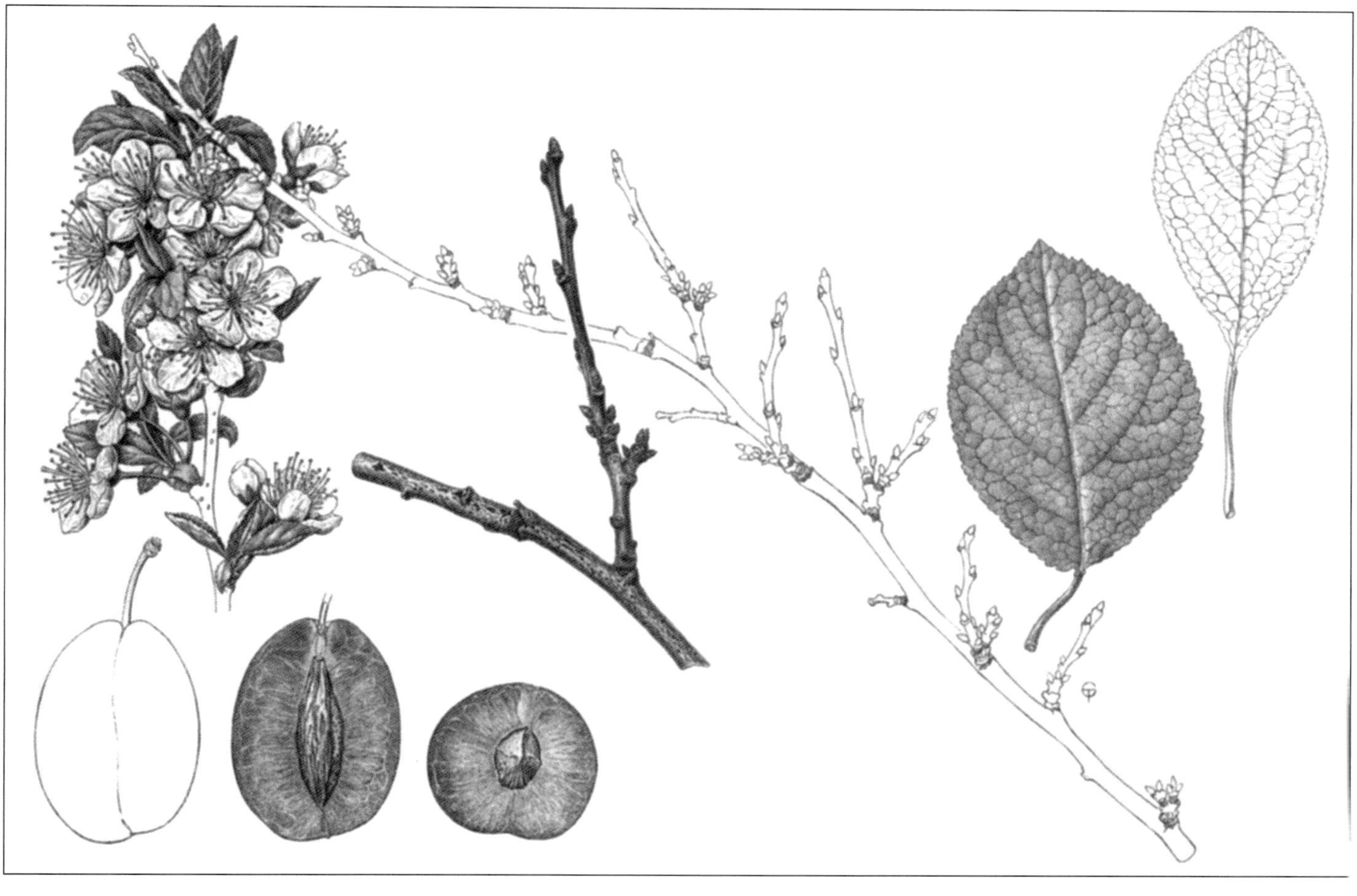

Stanley

Erträge und der Scharkatoleranz stärker angebaut. Man findet sie vor allem in Süd- und Mitteldeutschland.
Standortansprüche: Eine Sorte für mittelschwere, nährstoffreiche Böden in warmen, geschützten Lagen. Der Boden muß ausreichend wasserhaltend sein. Im Weinbauklima werden ihre hohen Ansprüche an die natürliche Wärme einigermaßen erfüllt. In Höhenlagen und in leichten Böden kommt es zu Mißerfolgen infolge frühzeitiger Erschöpfung der Bäume und wegen schlechter Fruchtqualität bezüglich Größe und Geschmack. Das Holz ist ziemlich frosthart. Die Sorte reagiert relativ unempfindlich auf schlechtes Blühwetter.

Baum

Wuchs: 'Stanley' ist in der Jugend mittelstarkwüchsig. In der rasch erreichten Vollertragszeit macht die Sorte einen schwachwüchsigen Eindruck. Die Leitäste stehen steil aufrecht bis schräg aufwärts, wenig verzweigt. 'Stanley' neigt wenig zur Verkahlung. Die Kronenform ist breit- bis hochpyramidal. Die mittelstarken Langtriebe sind auberginefarben und stark glänzend. Das niedrige Blattpolster ist ebenso breit wie der Trieb. Die mittelgroßen Knospen sind so breit wie lang, stehen parallel zum Trieb und sind in der Seitenansicht flach und kommaförmig gebogen. Je Blattpolster stehen mehrere Knospen. Das glänzend dunkelgrüne, elliptisch bis verkehrt eiförmige Blatt ist am Rand doppelt gesägt und gleichmäßig nach oben aufgefaltet. Charakteristisch ist auch der kurze, kräftige, grüne Blattstiel.
Fruchtholz: Kurze bis mittellange Triebe sind im zweijährigen und mehrjährigen Kronenbereich gleichmäßig angesetzt. Fruchtspieße und Ringelspieße finden sich in der locker aufgebauten Krone bis ins sechsjährige Holz.
Blüte und Befruchtung: Die selbstfruchtbare Sorte blüht mittelspät und eignet sich hervorragend als Befruchtersorte, da sie neben der guten Pollenqualität auch alljährlich reichlich Blüten ansetzt. Die großen Blüten haben länglich-ovale, weiße Kronblätter, die auseinanderstehen. Die Kelchzipfel sind kräftig und spatelförmig ausgebildet. Die 9 bis 11 mm langen Antheren stehen auf gleicher Höhe wie die Narbe bzw. überragen sie etwas.
Krankheiten und Mängel: Die robuste Sorte zeigt Scharkasymptome meist nur am Blatt und wird deshalb als hochtolerant eingestuft. Moniliabefall tritt kaum auf. 'Stanley' wird aber gerne von der Pflaumensägewespe befallen.
Ertrag: Er setzt sehr früh ein und ist hoch und regelmäßig. Selbst bei schlechten Blühbedingungen werden noch gute Ernten erreicht.

Daten zur Frucht

	Frucht	Stein
Länge in mm	50	28
Breite in mm	35	9
Dicke in mm	35	14
L : B : D	100 : 72 : 71	100 : 32 : 49
Gewicht je 100	3750	120
Durchmesser (mm)	35	
TS-Gehalt (%)	17,2	
Grad Oechsle	73	
Sorbitgehalt (% TS)	4,4	
Säuregehalt (‰)	4,3	

Frucht

Reife: Die Erntezeit liegt Ende August bis Mitte September, etwa eine Woche vor 'Hauszwetsche'.
Größe und Form: Die mittelgroßen Früchte haben ein Gewicht von 33 bis 41 g und einen Durchmesser von 34 bis 38 mm. Sie sind zwetschenförmig und weisen eine starke Verjüngung an der Stielseite auf. Die Bauchnaht ist auffallend tief ausgebildet und die Fruchthälften sind oft ungleichmäßig. Bedingt durch die starke Bauchnaht bilden sich am Stielansatz oft kleine Risse.
Stiel: Mittellang, stark hellgrün, an vollreifen Früchten auch braungrün gefleckt, leicht gebogen. Der Stiel sitzt in einer sehr engen, mittelbreiten und tiefen Stielgrube.
Stein: Der große, längliche Stein ist an beiden Seiten zugespitzt und öfters etwas schief. Der größte Dicke liegt in der Steinmitte. Die Oberfläche ist deutlich genarbt.
Haut: Dunkelviolett bis schwarzblau, gleichmäßig mit vielen sehr kleinen, hellbraunen Lentizellen übersät. Die Bauchnaht hebt sich durch schwache Narbung deutlich vom Fruchtfleisch ab. In der Vollreife ist die Frucht stark beduftet. Die ziemlich feste, zähe Haut läßt sich vom reifen Fruchtfleisch abziehen.
Fleisch: Grünlichgelb bis goldgelb. Starke und helle Aderung ist sortentypisch. Das Fleisch ist fest, knorpelig, betont saftig und mäßig, oft auch schlecht steinablösend.
Geschmack: Er hängt stark vom Ertrag, Jahr und Standort ab. Vollreife Früchte aus dem Weinbauklima sind süß mit einer schwachen Säure und dabei eigenartig würzig. Die Sorte muß ca. 14 Tage voll ausgefärbt am Baum bleiben, damit sich ihr feines Aroma entwicklen kann. Oft schmecken die Früchte auch flach und fade. Der Zuckergehalt liegt zwischen 65 und 80°Oe.

Anbau und Markt

Die Sorte eignet sich zum Frischverzehr und auch für die Konservenherstellung. Für die Musbreitung müssen die Früchte vollreif geerntet werden. In diesem Zustand eignen sie sich auch für die Brennerei. 'Stanley' enthält wenig Sorbit und einen hohen Anteil vergärbarer Zucker, somit ist die Ausbeute gut. Da die innere Fruchtqualität und die Steinablösbarkeit nicht immer befriedigen, ist die Nachfrage nach der Sorte rückläufig.
Recht beachtlich ist die Widerstandsfähigkeit gegenüber Witterungseinflüssen. Es tritt kaum Monilia auf. Da die Früchte fast wie an einer Perlenschnur einzeln hängen, faulen sie selbst bei feuchter Witterung kaum. Die Sorte läßt sich gut ernten; entsprechend hoch sind die Pflückleistungen. Die Transportfestigkeit ist sehr gut, auch die Lagerfähigkeit läßt keine Wünsche offen.

Valor

Abstammung, Herkunft und Verbreitung: Die Sorte wurde am Vineland Horticultural Research Institute in Ontario, Kanada gezüchtet. Sie entstand aus einer Kreuzung von 'Imperial Epineuse' × 'Grand Duke', die G.H. Dickson im Jahr 1939 durchführte. 1967 erhielt die Sorte Name und Zulassung. Sie ist seit Mitte der 80er Jahre in Deutschland im Versuchsanbau.

Valor

Baum

Wuchs: 'Valor' wächst schwach bis mittelstark und bildet eine breitpyramidale, mitteldichte Krone. Das Fruchtholz ist kurz und verzweigt und sitzt vorwiegend an zwei bis vier Jahre alten Ästen. Kurze Fruchtspieße überwiegen und tragen meist zwei bis vier Blütenknospen. Die Neigung zur Verkahlung ist gering. Die braunroten Jahrestriebe sind mitteldick bis dünn und bei jüngeren Bäumen öfters mit Dornen besetzt. Die glänzenden Triebe haben auffallend große und lange Knospen, die sortentypisch stark abstehen. Pro Blattpolster sind meist zwei Knospen vorhanden. Die dunkelgrünen, glänzenden Blätter sind groß und verkehrt-eiförmig, mit einer ausgezogenen Spitze und einer leicht zugespitzten Basis. Der Blattrand ist gekerbt.
Blüte und Befruchtung: Die selbstunfruchtbare Sorte blüht früh und zeigt einen hohen Blütenansatz. Als Befruchtersorten haben sich 'Katinka', 'Cacaks Schöne', 'Hanita' und 'President' bewährt. Die großen, weißen Blüten sitzen auf einem 13 bis 16 mm langen Stiel. Die eiförmigen Blütenblätter berühren sich gegenseitig. Goldgelbe Antheren stehen auf einer Höhe mit dem 7 bis 9 mm langen Griffel. Die mittelgroßen Kelchzipfel sind breit und spatelförmig.
Ertrag: Die Sorte kommt sehr früh in Ertrag und bringt trotz der Selbststerilität hohe und auch regelmäßige Ernten.
Krankheiten und Mängel: Ursprünglich wurde die Sorte als scharkatolerant eingestuft. Bei starkem Scharkadruck und unter ungünstigen Witterungsbedingungen treten jedoch Pocken mit Fruchtfleischverbräunung und Fruchtfall auf.

Frucht

Reife: Je nach Witterung und Lage reift 'Valor' zwischen Ende August und Anfang September, ca. 10 Tage vor 'Hauszwetsche'. Die Reife ist etwas folgernd, so daß sich ein Überpflücken empfiehlt. Grundsätzlich sollte die Frucht hartreif geerntet werden, dann ist eine ausreichende Transportfähigkeit vorhanden. Bedingt durch den hohen Zucker- und Säuregehalt leidet die Fruchtqualität auch nicht bei früher Ernte.
Größe und Form: Die Sorte bringt große Früchte mit einem Durchmesser von 43 bis 46 mm und einem Fruchtgewicht, das zwischen 50 und 63 g liegt. Die ovalen bis eiförmigen Früchte sind dicker als breit und leicht ungleichhälftig. Die mitteltief ausgebildete Bauchnaht verläuft über die ganze Frucht.
Stiel: Der hellgrüne, gerade Stiel ist mittellang und kräftig. Er sitzt in einer engen und tiefen Stielhöhle, die gegen die Bauchnaht hin offen ist und zum Teil kleine Risse aufweist.
Stein: Der große, ovale Stein läuft beidseitig in einer Spitze aus. Seine Oberfläche zeigt eine feine, netzartige Struktur, die wenig auffällt. Der Wulst ist mittelbreit und die Rückenfurche breit ausgebildet mit relativ glatten Rändern.
Haut: Dunkelblau bis violett, auf der Schattenseite auch leicht rotviolett. Die mitteldicke Haut hat zahlreiche, gut sichtbare Punkte. Die Frucht ist stark hellblau beduftet.
Fleisch: Bei rechtzeitiger Ernte ist das Fleisch fest und saftig und von gelber bis gelbgrüner Farbe. Bei Vollreife wird es goldgelb, zum Teil auch leicht rötlich und weich. Die Steinablösbarkeit ist gut. An ungünstigen Standorten kommt es an den Früchten zu Gummifluß.
Geschmack: Bedingt durch den hohen Zuckergehalt (75 bis 100°Oe) und der ausgeprägten Säure schmeckt die Frucht hervorragend.

Daten zur Frucht

	Frucht	Stein
Länge in mm	55	26
Breite in mm	43	10
Dicke in mm	45	16
L : B : D	100 : 79 : 83	100 : 36 : 61
Gewicht je 100	5920	140
Durchmesser (mm)	44	
TS-Gehalt (%)	19,3	
Grad Oechsle	83	
Sorbitgehalt (% TS)	15,8	
Säuregehalt (‰)	9,6	

Anbau und Markt:

'Valor' ist eine Tafelfrucht für den Frischmarkt. Die großen, attraktiven Früchte haben eine hervorragende Fruchtqualität und sind bei rechtzeitiger Ernte auch transportfest. Ein Durchpflücken bei der Ernte ist ratsam. Weiche Früchte lassen sich in der Brennerei verwerten. Die Sorte sollte eher in den sommertrockenen Gebieten angepflanzt werden, da hohe Niederschläge während der Reife der Frucht durch Platzen mit anschließender Fäulnis schaden können. Zum Anbau eignet sich 'Valor' nur in Regionen mit nicht zu hohen Scharkadruck. Die Sorte ist für den Marktanbau, die Direktvermarktung und den Hausgarten zu empfehlen.

Valjevka

Vereinzelt auch unter der Zuchtnummer 'I/6 ZDR' bekannt.
Abstammung, Herkunft und Verbreitung: Die Sorte wurde 1959 an der jugoslawischen Forschungsstation Cacak gezüchtet und entstand aus einer Kreuzung von 'Prune d'Agen' × 'Stanley'. Sie wurde 1984 in Jugoslawien offiziell zugelassen und ist dort auch geschützt. Seit 1985 in Deutschland im Versuchsanbau. Ab Ende der 80er Jahre in den Scharkagebieten als Ersatz für die Hauszwetsche verstärkt angebaut.

Baum

Wuchs: Die Sorte wächst mittelstark. Sie hat einen lockeren Aufbau mit relativ langen Ästen und geht deshalb in die Breite. Die Leitäste sind gleichmäßig mit Seitenholz besetzt, die Verkahlung ist gering. Sortentypisch sind die vielen vorzeitigen

Valjevka

Triebe mit ihrer ungeordneten Wuchsrichtung. Das Fruchtholz ist relativ kurz und stark verzweigt. Am zweijährigen Holz bilden sich viele, sehr kurze (ca. 1 cm) Fruchtspieße, die mit zahlreichen Blütenknospen besetzt sind.

Die Sorte hat mittelgroße, relativ dünne, glänzende Blätter von hellgrüner Farbe. Das schmale, elliptische Blatt ist doppelt gezähnt und an Spitze und Basis zugespitzt. Der Blattstiel ist mitteldick und relativ lang. Die Langtriebe sind glatt und haben eine graue Farbe. An jungen Bäumen sind zum Teil auch Dornen vorhanden. Die dünnen bis mitteldicken Triebe besitzen ein auffallend breites und hohes Blattpolster. Die Knospen sind sehr stark abstehend. Je Blattpolster sitzen meist zwei bis drei Blütenknospen. Sie sind etwas länger als breit mit ziemlich scharfer Spitze und kommaförmig zum Trieb gebogen.

Ertrag: Die Sorte setzt sehr früh mit dem Ertrag ein, sie bringt hohe und meist auch regelmäßige Erträge.

Krankheiten und Mängel: 'Valjevka' hat ein gesundes Blatt. Die scharkatolerante Sorte zeigt sehr deutliche Blattsymptome, an der Frucht bilden sich aber keine Poken und kaum Marmorierungen. Bei starkem Befall reifen die Früchte vorzeitig und schmecken weniger gut.

Blüte und Befruchtung: Die Sorte blüht spät, zusammen mit 'Fellenberg', und hat meist einen guten Blütenbesatz. Sie ist selbstfruchtbar und ein mittlerer bis guter Pollenspender. Die großen Blüten sitzen auf einem 8 bis 11 mm langen Stiel und haben weiße, ovale Kronblätter. Der Griffel ist meist etwas höher als die Antheren. Auf kaltes und regnerisches Wetter kurz

Daten zur Frucht

	Frucht	Stein
Länge in mm	52	29
Breite in mm	35	8
Dicke in mm	33	14
L : B : D	100 : 68 : 64	100 : 28 : 48
Gewicht je 100	3400	122
Durchmesser (mm)	34	
TS-Gehalt (%)	18,4	
Grad Oechsle	75	
Sorbitgehalt (% TS)	19,1	
Säuregehalt (‰)	5,4	

vor und während der Blüte reagiert die Sorte empfindlich.

Frucht

Reife: 'Valjevka' reift Mitte bis Ende September, zusammen mit 'Hauszwetsche'.
Größe und Form: Die mittelgroßen, 28 bis 32 g schweren Früchte haben einen Durchmesser von 32 bis 35 mm. Die länglich-ovalen Früchte verjüngen sich dem Stiel zu stark und erhalten dadurch eine tropfenförmige Gestalt; sie sind breiter als dick und haben eine ausgeprägte Bauchnaht.
Stiel: Der mittellange Stiel ist hellgrün, zum Teil auch leicht bräunlich, von mittlerer Dicke und leicht gebogen.
Stein: Der mittelgroße bis große Stein ist auffallend lang, an der Stielseite stark verjüngt und an beiden Enden zugespitzt. Die Oberfläche weist nur schwache, netzartige Strukturen auf. Der Wulst ist mittelbreit, die Ränder der Rückenfurche sind gewellt bis gezackt.
Haut: Gleichmäßig dunkelblau bis fast schwarz mit starker, hellblauer Beduftung, dabei wenig Punkte und kaum berostet. Relativ dick und nicht abziehbar.
Fleisch: Grüngelbe bis goldgelbe Farbe, sehr fest, etwas grobfaserig, saftig und mit guter bis sehr guter Steinablösbarkeit.
Geschmack: Harmonisch, gut, aber weniger gewürzt als 'Hauszwetsche' und ohne besonderes Aroma. Der Zuckergehalt liegt zwischen 70 und 80°Oe.

Anbau und Markt

'Valjevka' wird als Ersatz für 'Hauszwetsche' in Scharkagebieten empfohlen und wurde dort in den vergangenen Jahren auch stark gepflanzt. Der frühe Ertragsbeginn und die günstigen Wuchseigenschaften machen sie im Anbau beliebt. Auf kalte Witterungsperioden kurz vor der Blüte kann sie wie 'Hauszwetsche' mit Abwerfen der Blüten reagieren. Bedingt durch ihre gute Fruchtgröße und -farbe und dank positiver Transporteigenschaften wird sie auch vom Handel geschätzt. Damit die gute Fruchtgröße erreicht wird, muß die Sorte stark und regelmäßig geschnitten werden. 'Valjevka' eignet sich zum Frischverzehr, hat aber auch gute Backeigenschaften. Bedingt durch den hohen Zuckergehalt kann sie auch gebrannt werden.

Pfirsich

Zur Geschichte des Pfirsichs

Die Obstarten Pfirsich und Aprikose sind mit der Mandel sehr nahe verwandt. Nach Bailey et al. (1932) gehören sie zur Gattung *Prunus* in der Familie der Rosengewächse. Der baum- oder strauchförmig wachsende Pfirsich (*Prunus persica* L. Batsch) stammt aus Nord- und Mittelchina. Dort wird er seit 4000 Jahren angebaut. Über Persien und Kleinasien gelangte er nach Europa. Die Römer brachten den Pfirsich an den Rhein. Er war im Mittelalter in Deutschland zunächst eine Besonderheit an den Fürstenhöfen. Der erwerbsmäßige Anbau begann erst im 19. Jahrhundert, in Frankreich hatte der Pfirsichanbau bereits ab dem 17. Jahrhundert größere Bedeutung. Die Pfirsiche werden in weiß-, gelb- und rotfleischige Sorten eingeteilt. Nach der Form der Blüte ist eine Unterteilung in Sorten mit kleinen oder großen rosenförmigen und in Sorten mit kleinen oder großen glockenförmigen Blüten möglich. Die Nektarine *(Prunus nucipersica)* wird als Spezialform des Pfirsichs geführt. Vom Pfirsich unterscheidet sie sich durch die glatte, nicht flaumbedeckte Haut und das festere Fruchtfleisch. Über die Herkunft der Nektarinen gibt es verschiedene Theorien. Die einen sehen in der Nektarine eine Mutation des Pfirsichs, andere vermuten eine Bastardisierung zwischen Pfirsich × Pflaume. Neben diesen gut steinlöslichen Nektarinen gibt es die ebenfalls glatthäutigen, festfleischigen und vermutlich aus einer Artkreuzung zwischen Pfirsich × Pflaume hervorgegangenen Brugnolen. Sie unterscheiden sich von den Nektarinen durch den schwer herauslösbaren Stein. In Deutschland spielen sie keine Rolle. Nektarinen haben in den letzten Jahren stark an Bedeutung gewonnen, vor allem in den europäischen Hauptanbauländern Frankreich, Griechenland, Italien, Spanien und Ungarn.

Pfirsich und Nektarine stellen hohe Ansprüche an den Boden. Auf schweren Böden neigt der Baum zu Gummifluß, auf leichten erschöpft er sich rasch. Blüte und Holz sind stark frostempfindlich, sichere Erträge gibt es nur im Weinbauklima. Die Reifezeit der Pfirsich- und Nektarinensorten erstreckt sich über 10 Wochen. Als 1. Reifewoche wird Bezug genommen auf die am frühesten reifende Sorte 'Mayflower'.

Dixired

Ähnliche Namen oder Synonyme sind keine bekannt.

Abstammung, Herkunft und Verbreitung: Der Züchter J. H. Weinberger vom Züchtungsinstitut Fort Valley, Georgia/USA, selektierte die Sorte 1939 aus frei abgeblühten Sämlingen von 'Halehaven'. Sie ist seit 1945 im Handel und vorwiegend in den Erwerbsanbaugebieten der USA verbreitet. Auch in Südfrankreich, Ungarn und Italien hat die Sorte heute große Marktbedeutung. Versuchsweise wurde sie Mitte der 60er Jahre in Deutschland eingeführt. Sehr befriedigende Ergebnisse hinsichtlich Fruchtbarkeit, Geschmack und äußeren Aussehens haben sie auch zu einer Hauptsorte ihrer Reifezeit werden lassen.

Standortansprüche: Die Standortansprüche an den Boden sind nicht hoch. Sie gedeiht selbst auf sandigen Böden, sofern sie genügend mit Nährstoffen und Feuchtigkeit versorgt wird. Die besten Ergebnisse werden mit dieser Erwerbssorte jedoch in warmen Weinbaulagen und auf reichhaltigen Böden (tiefgründiger Löß bis kräftiger Lehmboden) erzielt. Die Blüten reagieren etwas empfindlich gegenüber Spätfrösten. Das Holz ist ausreichend frostfest für eine Pfirsichsorte. Ausgesprochen mimosenhaft reagiert sie auf Wassermangel etwa drei Wochen vor der Reife. Fruchtgeschmack und Textur des Fleisches werden bei Trockenheit negativ beeinflußt. In nassen, kühlen Jahren und auf schweren Böden ohne ausreichende Durchlüftung kommt es vermehrt zu Gummifluß. Die Früchte bleiben in nichtzusagendem Klima geschmacklos und hart. Das Fruchtfleisch löst unter diesen Voraussetzungen nur äußerst schlecht vom Stein.

Blüte und Befruchtung: Da 'Dixired' selbstfruchtbar ist, erübrigt sich die Beipflanzung einer Pollenspendersorte.

Baum

Die Sorte wächst stark. Aufwärts gerichtete Leitäste tragen mittellanges Seitenholz. Daraus ergibt sich im Vollertrag eine breitpyramidale Kronenform. Die Neigung zur Verkahlung ist recht mäßig. Starken Blütenbesatz weisen vor allem die kräftigen Jungtriebe auf. Sortentypisch sind früher Ertragsbeginn und eine sehr gute bis hervorragende Fruchtbarkeit in Abhängigkeit von den klimatischen Bedingungen zur Blühzeit. In warmen Weinbaugebieten trägt die Sorte sehr regelmäßig, fast zu reichlich. Das Ausdünnen gehört zur normalen Pflege. Aufgrund der sich über einen längeren Zeitraum hinziehenden Blüte müssen die Bäume in mindestens 4 bis 6 Durchgängen abgeerntet werden. Nur so erhält man geschmacklich befriedigende und ausreichend große Früchte.

Frucht

Die Reife liegt in der 7. bis 8. Erntewoche, in Deutschland etwa Ende August bis Mitte September, je nach Standort, also ca. 50 bis 55 Tage nach 'Mayflower'. Die Frucht ist mittelgroß bis groß, kugelig, rundlich, leicht asymmetrisch. Eine flache Bauchnaht verläuft vom Fruchtstiel bis zum Stempelpunkt. Die Fruchthaut ist schwach wollig überzogen, fest und zäh. Die Grundfarbe ist orangegelb, die Deckfarbe sehr kräftig rot. Die Deckfarbe bildet sich erst ca. 14 bis 18 Tage vor der Pflückreife aus, sie überzieht manchmal die ganze Frucht. Das Fruchtfleisch ist gelb bis zum Stein und enthält keine rötlichen Fasern. Es ist ziemlich fest, dabei fein und genügend saftig, löst aber nur mäßig bis schlecht vom Stein. Hartreif geerntete Früchte sind sehr transportfest. Sie schmecken für die Reifezeit gut, der schwach ausgeprägte typische Pfirsichgeschmack hängt stark vom richtigen Pflückzeitpunkt ab. Der fest mit dem Fruchtfleisch verbundene Stein ist klein, kugelig,

Dixired

Nectared 5

länglich, mit scharfer Spitze und grob gerillt.

Anbau und Markt

'Dixired' zählt zu den Hauptsorten im europäischen Pfirsichanbau, vor allem aufgrund der guten Transportfähigkeit. Bestechend ist die brillante Erscheinung der Frucht, sofern sie zum rechten Zeitpunkt geerntet wird. In der Hand des kenntnisreichen Erwerbsanbauers gilt sie bei Vollpflege, bei mehrmaligem Durchpflücken und auf guten, warmen Standorten als wertvolle Handelssorte. Für den Selbstversorgeranbau in zusagenden Klimaräumen ist sie eine hervorragende, selbstfruchtbare Sorte.

Nectared 5

Ähnliche Namen oder Synonyme sind keine bekannt.
Abstammung, Herkunft und Verbreitung: Eine Kreuzung von ['Codoka' × 'Flaming Gold'] × 'NJ N 14' (offen abgeblühter Sämling von 'Nectalate'). Gezüchtet in der Research Station New Brunswick in New York/USA und 1962 zum Verkehr freigegeben. Die Sorte wird heute in französischen und italienischen Pfirsich- und Nektarinenanbaugebieten kultiviert. In Deutschland und in der Schweiz ist sie versuchsweise im Anbau.
Standortansprüche: Braucht warme Böden mit guter Wasserführung, nicht zu schwere, kalkhaltige Standorte im Weinbauklima sagen dem Baum am besten zu. Im kühlen Klima versagt die Sorte. Früchte aus Frostlagen sind oft rauhschalig.
Blüte und Befruchtung: Mittelfrüh blühend, selbstfruchtbar, deshalb keine Befruchtersorte erforderlich.

Baum

Starkwüchsig, mäßig gut mit Seitenästen an den schräg aufwärts gerichteten Leitästen garniert. Verkahlung ab dem fünfjährigen Kronenbereich ist unverkennbar. Die Sorte fruchtet in der oberen Triebhälfte an den im letzten Jahr angelegten Langtrieben. Im Gegensatz zu Pfirischen ist deshalb ein längerer Fruchtholzschnitt angebracht. Krankheiten oder Mängel sind, abgesehen von der Kräuselkrankheit, wenig bekannt. Etwas störend ist die dunkle Färbung der Frucht vor der Vollreife. Die typische freundliche Deckfarbe bildet sich erst kurz vor der Genußreife aus. Eine befriedigende Fruchtqualität und ein guter sortentypischer Geschmack wird nur durch das Ausdünnen erreicht.

Frucht

'Nectared 5' reift etwa Mitte August, wenige Tage nach der Pfirsichsorte 'Redhaven'. Die Frucht ist mittelgroß, kugelig bis länglich und breit-eiförmig. Die Bauchnaht ist mitteltief bis flach und am Stempelpunkt etwas stärker eingeschnitten. Die Fruchthaut ist glatt, mitteldick, mäßig gut abziehbar und gelborange in der Grundfarbe. Die Deckfarbe überzieht die Frucht zu $\frac{4}{5}$ leuchtend rot. Das Fruchtfleisch ist orangegelb, um den Stein rot eingefärbt, mittelfest und recht saftig. Es löst nur mäßig vom mittelgroßen, dick-eiförmigen und mäßig gefurchten Stein. Es schmeckt süß, mildsäuerlich, leicht aromatisch. Gute Geschmacksausprägung haben nur große Früchte bei mittlerem Behang. Ein Ausdünnen ist deshalb angebracht.

Anbau und Markt

Eine interessante Tafelsorte für den Markt. 'Nectared' trägt reich und reift mittelfrüh. Auch für den Liebhaberanbau ist sie eine gute Sorte. Nektarinen erreichen allerdings nicht immer die Größe gut ausgebildeter Pfirsiche. Sie werden in erster Linie frisch verzehrt. Verzögerte Reife ist sehr typisch. Zum versuchsweisen Anbau im Hausgarten hat die Sorte Bedeutung.

Redhaven

Ähnliche Namen oder Synonyme sind keine bekannt.
Abstammung, Herkunft und Verbreitung: Eine Züchtung aus der Michigan Agricultural Experimental Station in South Haven/Michigan/USA, die 1930 aus einer Kreuzungsnachkommenschaft von 'Hale Haven' × 'Kalhaven' ausgelesen wurde. Seit 1940 im Handel. Die Sorte ist heute in allen Anbaugebieten Europas im Erwerbsanbau vertreten. Eine starke Verbreitung hat sie auch in den Balkanländern gefunden.
Standortansprüche: Verlangt guten Pfirsichboden in warmem, geschütztem Klima. Ausreichende Feuchtigkeit, gute Durchlüftung und natürliche Nährkraft des Standorts sind erforderlich. Das Weinbauklima sagt der Sorte am besten zu. In Höhenlagen eignen sich allenfalls kleinklimatisch günstige Nischen und geschützte Standorte für den versuchsweisen Anbau. Holz und Blüte sind ausreichend frosthart. Stark anfällig für die Kräuselkrankheit.
Blüte und Befruchtung: Die selbstfruchtbare Sorte blüht mittelfrüh. Die Blüten sitzen seitlich am vorjährigen Holz. In ungeschnittenen Anlagen kommt es zum Fruchtansatz auf der ganzen Länge des Fruchtzweiges. Geeignete Befruchtersorten sind nicht erforderlich, da 'Redhaven' selbstfruchtbar ist.

Baum

Der Wuchs ist mittelstark. Die aufrechtstehenden Leitäste werden unter der Last des überreichen Fruchtansatzes mit den Jahren flach gestellt. Ausgesprochen gut ist die Neigung zum Blüten- und Fruchtansatz auf der ganzen Länge der vorjährigen Fruchtzweige. Da die Sorte verkahlt, muß kräftig zurückgeschnitten werden. Eine gewisse Neigung zur Alternanz ist unverkennbar. Konsequentes Ausdünnen der oft zu reich angesetzten Früchte bringt alljährlich einen zufriedenstellenden Größenzuwachs der Einzelfrucht und langfristig einen gleichmäßigen Ertrag.

Frucht

Die Reife liegt in der 6. Reifewoche Mitte bis Ende August. Sortentypisch können die Früchte durch starkes Folgern etwa während ca. 2 Wochen geerntet werden. Der Erntebeginn liegt ca. 40 Tage nach der Fruchtreife von 'Mayflower'. Das Fruchtfleisch ist fein in der Textur und sehr saftig. Es schmeckt exzellent, sehr süß, mild, süßsäuerlich mit einem charakteristischen leichten Muskatgeschmack. Die Frucht ist mittelgroß, leicht höckerig, kugelig und hat eine seichte Bauchnaht. Die wollige, dicke und glatte Fruchthaut läßt sich von der vollreifen Frucht abziehen. Die Grundfarbe ist hellgelb bis gelb, die Deckfarbe zur Hälfte bis zu $\frac{3}{4}$ der Oberfläche regelmäßig hellrot bis orangerot überzogen. Zum Teil zeigt sich die Oberfläche dunkel gestreift, gefleckt bzw. rot gepunktet. Das Fleisch ist gelb bis orangegelb, um den Stein schwach rötlich geadert. Es ist mittelfest, zart, sehr saftig und löst erst bei totaler Vollreife vom Stein. Der länglich-eiförmige, oberflächlich tief gefurchte Stein läuft in einer scharfen Spitze aus.

Anbau und Markt

In der Hand des Erwerbsanbauers eine hervorragende Sorte, die qualitativ wertvoll für den Frischmarkt und die Verarbeitung ist. Sie eignet sich auch für den Liebhaberanbau. Bei hervorragender Anpassung an den Standort ist die sehr gut versandfähige und gut lagerfähige gelbfleischige Sorte inzwischen zu einer Hauptsorte auch in Europa geworden.

Redhaven

Roter Ellerstädter

Synonyme sind 'Kernechter vom Vorgebirge' und 'Vorgebirgspfirsich'. Ähnliche Namen sind keine bekannt.
Abstammung, Herkunft und Verbreitung: Die Sorte wurde 1868 von Georg Fitz in Ellerstadt aus einer Sämlingspopulation ausgelesen und durch Samen weitervermehrt. Weil die Nachkommenschaft offensichtlich stark aufspaltete, hat Philippi, Bad Dürkheim, daraufhin aus den Ellerstädter Sämlingen einen großfrüchtigen und reichtragenden Typ ausgelesen, der dann in den Baumschulen ausschließlich durch Veredlung vermehrt wurde.
Diese alte pfälzische Sorte ist seit Ende des 18. Jahrhunderts im Anbau. 'Roter Ellerstädter' wurde früher meist durch Samen vermehrt. Die Sämlinge fielen überwiegend muttersortengleich. Die Sorte ist in allen Anbaugebieten für Tafel- und Konservenpfirsiche bekannt. Der Schwerpunkt im Anbau liegt jedoch im Rheintal zwischen Basel und Bonn. Im Liebhaberobstbau ist sie in ganz Deutschland verbreitet. Vermehrt werden heute gute Auslesen.

Standortansprüche: Für den erfolgreichen Anbau sind warme, nährstoffreiche Böden, geschützte Lagen und intensive Pflege Voraussetzung. Die Sorte gedeiht aber auch in geschützten Höhenlagen (Anbau als Wandspalier). Staunasse Böden und extreme Trockenstandorte eignen sich nicht. Holz und Blüte sind mäßig frosthart.
Blüte und Befruchtung: Die selbstfruchtbare Sorte blüht mittelfrüh. Die Blüten sitzen überwiegend am vorjährigen Holz. Befruchtersorten sind nicht nötig.

Baum

Starkwüchsig, dabei hoch- und breitwüchsig. Der Baum kann eine breit- bis hochpyramidale, umfangreiche Krone bilden. Da die Sorte zur Verkahlung neigt, sollte der Fruchtholzschnitt jährlich durchgeführt werden. Die Sorte ist relativ widerstandsfähig gegen Mehltau und Kräuselkrankheit. Bei starkem Behang muß unbedingt ausgedünnt werden, um eine ordentliche Fruchtqualität zu erzeugen.

Frucht

Reift Mitte bis Ende September (9. bis 10. Reifewoche), 65 bis 70 Tage nach der Frühsorte 'Mayflower'. Die Frucht ist mittelgroß bis groß in Abhängigkeit vom Fruchtansatz. Die Fruchtform ist kugelförmig, sehr gleichmäßig, zum Teil etwas länglich gezogen mit tiefer Furche und recht tief eingesenkter Stielgrube. Die schwach wollige, feste und zähe Fruchthaut läßt sich leicht vom Fruchtfleisch abziehen. Die Grundfarbe ist grünlichgelb bis weißlichgelb. Die Deckfarbe ist rötlichbraun, in der Vollreife leuchtend rot und deckt 50 bis 90% der Fruchtoberfläche. Das weißlichgelbe, feste, sehr saftige und um den Stein rot gefärbte Fruchtfleisch löst gut vom länglichen, dickbauchigen, ausgeprägt zugespitzten, grob gerillten Stein. Der Geschmack ist süßsäuerlich, aromatisch. Bei kleinen Früchten und Herkünften aus kühlen Anbaugebieten herrscht die Fruchtsäure vor.

Roter Ingelheimer

Anbau und Markt

'Roter Ellerstädter' ist eine reichtragende, spätreifende, weichfleischige Sorte für den Erwerbs- und Liebhaberanbau. Volles Aroma der Früchte bildet sich nur auf besten Standorten. 'Roter Ellerstädter' ist eine hervorragende Tafelfrucht und bestens für die häusliche Verwertung in jeglicher Form geeignet.

Roter Ingelheimer

Ähnliche Namen sind 'Ingelheimer Roter' und 'Früher Roter Ingelheimer'.
Abstammung, Herkunft und Verbreitung: Sämling aus dem linksrheinischen Anbaugebiet. Seit Mitte der 50er Jahre vermehrt. Zunächst im Ursprungsgebiet angebaut, hat er darüber hinaus in ganz Süddeutschland Eingang in den Anbau gefunden. Heute vorwiegend im Liebhaberobstbau zu finden.
Standortansprüche: Wenig anspruchsvoll an Boden und Lage. Für die sortentypische Ausprägung von Aroma und Schmelz der Frucht ist jedoch warmes Klima nötig. Gute Wasserversorgung des Standortes ist erforderlich. Holz und Blüte sind wenig frostanfällig. Auch in Windlagen bringt die Sorte noch befriedigende Erträge.
Blüte und Befruchtung: Die Sorte 'Roter Ingelheimer' blüht extrem früh auf. Reichlicher Blütenansatz ist sortentypisch. Die Blüten sitzen an den Knospen des vorjährigen Holzes. Die Sorte ist selbstfruchtbar, Befruchter sind nicht erforderlich.

Baum

Die Sorte wächst mittelstark und hat schräg nach oben gerichtete Leitäste. Die

Neigung zur Verkahlung ist nur mäßig stark ausgeprägt. Die Langtriebe wachsen etwas kompakter als bei den übrigen Pfirsichsorten. Die letztjährig gebildeten Fruchtruten sind sehr zahlreich zumeist mit Einzelblüten besetzt. Die sortentypisch sehr reiche Blüte erfordert unbedingt kurzen Anschnitt und Ausdünnung des Fruchtansatzes. 'Roter Ingelheimer' ist wenig empfindlich gegenüber der Kräuselkrankheit. Die Frucht reagiert jedoch sehr empfindlich auf Wassermangel während der Fruchtreife und auf eine zu geringe Nährstoffversorgung.

Frucht

Sie reift Anfang bis Ende Juli, etwa 8 Tage nach 'Mayflower'. Die Frucht ist mittelgroß, rundlich, zum Teil auch etwas länglich. Sie weist eine ausgeprägte Naht auf, die die Frucht oft unsymmetrisch formt. Der Stempelpunkt sitzt in der Naht. Die Stielgrube ist tief, oft auch ungleichmäßig hoch ausgebildet. Die gelblichweiße, schwach wollige und zähe Fruchthaut löst leicht vom Fruchtfleisch. Vor der Vollreife ist die Grundfarbe grünlichgelb. Sonnenseits ist sie dunkelrot gedeckt mit mehr oder weniger dunklen roten Streifen und Punkten. Die Deckfarbe überzieht 50 bis 75% der Oberfläche, je nach Lichtgenuß der Frucht. Das Fruchtfleisch ist grünlichweiß, hart, knackig, saftig und gut vom Stein lösend. Der kleine, dickbauchige Stein zeigt wenig Rillen. Der Geschmack ist für eine Frühsorte beachtlich: süß und aromatisch.

Anbau und Markt

'Roter Ingelheimer' ist eine weniger bekannte Sorte aus dem rheinhessischen Anbaugebiet. Sie hat im Erwerbs- und Liebhaberanbau in den 60er Jahren rasch Eingang gefunden. In weniger günstigen Lagen wird für den Selbstversorgeranbau mit dieser Sorte das Angebot erheblich verbessert. Ihre Stärke liegt in der Möglichkeit, mehrere Wochen Früchte ernten zu können, ohne daß sie faulen oder mehlig werden. Im Erwerbsanbau leidet sie heute unter dem Angebot großfrüchtiger, gelbfleischiger Importe aus südlichen Ländern.

South Haven

Synonyme sind keine bekannt. Deutscher Name ist fälschlicherweise »Südhafen« als Übersetzung des Ortsnamens der Entstehung.

Abstammung, Herkunft und Verbreitung: Von G. A. Spencer, einem Anbauer aus Haven/Michigan (USA) als Knospenmutation der Sorte 'St. John' im Jahre 1911 entdeckt. Früher war die Sorte erheblich stärker in allen Anbaugebieten Europas und der USA verbreitet, wird jedoch zunehmend von anderen Sorten verdrängt. Im Angebot der Baumschulen spielt sie aber noch eine große Rolle bei den gelbfleischigen, steinlösenden Pfirsichsorten. 'South Haven' ist seit 1920 in den USA im Handel. 1930 wurde sie in Deutschland von Trenkle, München, eingeführt. Stärker verbreitet war sie jedoch im Erwerbsanbau in den wenigen deutschen Zentren für Frühobstanbau erst seit den frühen 60er Jahren.

Standortansprüche: 'South Haven' verlangt warme, durchlässige, nährstoffreiche Böden und geschützte Lagen. In kleinklimatisch begünstigten Höhenlagen befriedigt die Sorte noch. Auf leichten Böden erschöpft sich der Baum vorzeitig und die Früchte bleiben zu klein. Gut mit Nährstoffen und Feuchtigkeit versorgte Böden sind Voraussetzung für reichen Ertrag.

Blüte und Befruchtung: 'South Haven' blüht mittelfrüh bis spät. Die Blüte ist ausreichend frosthart, die Sorte selbstfruchtbar. Gut entwickelte Blüten sind in den Knospen des vorjährig angelegten Holzes vorhanden. An ungeschnittenen Bäumen sind schwächere Blüten im zwei- bis dreijährigen Kronenbereich an schwächeren Kurztrieben zu finden. Die Sorte fruchtet früh. Die Fruchtbarkeit ist mittel bis gut, aber weitgehend von Klima und Vollpflege abhängig. Alternanz kommt in gepflegten Anlagen nicht vor.

Baum

'South Haven' wächst anfangs stark, später mittel und mit aufrechten Leitästen. Das Holz ist recht elastisch und biegsam. Die Sorte bildet breitkugelige Kronen. Unverkennbar ist eine starke Neigung zur Verkahlung. Alljährlicher Fruchtholzschnitt wirkt ihr entgegen.

Die Sorte ist sehr anfällig für die Kräuselkrankheit. Auch Moniliafäule bedroht die reife Frucht.

South Haven

Frucht

Die Reifezeit beginnt in der zweiten Augusthälfte folgernd, ca. 6. bis 8. Woche oder 45 bis 55 Tage nach 'Mayflower'. 'South Haven' hat große bis sehr große, kugelige und zum Stempelpunkt hin leicht abgeplattete Früchte, die in einer kleinen, flachen Spitze enden. Sehr typisch ist auch die Bauchnaht in einer breiten, leichten Furche. Sie formt die Frucht oft ungleich. Die Fruchthaut ist schwach behaart, mäßig wollig, mittelfest, zäh und löst kaum vom Fruchtfleisch. Die Grundfarbe ist gelb bis sattgelb. Die Deckfarbe ist lichtrot bzw. braunrot verwaschen. Sie überzieht zu $\frac{1}{4}$ bis $\frac{3}{4}$ die Oberfläche. Zum Teil ist sie auch dunkelbraunrot gefleckt, gesprenkelt oder gestreift. Das intensiv gelb gefärbte, in Steinnähe oft schwach gerötete, vereinzelt mit rötlichen Adern durchzogene Fruchtfleisch ist sehr fest, feinfaserig, saftig und gut steinlösend. Der große Stein hat eine deutliche Spitze. Er ist nur mäßig tief gerillt oder gefurcht, zum Teil rötlichbraun gefärbt. Die Frucht schmeckt sehr süß mit milder Säure. Vollreife Früchte erinnern im Aroma etwas an Aprikosen.

Anbau und Markt

'South Haven' ist für den Intensivanbau immer noch eine wertvolle, späte Qualitätssorte. Sie eignet sich gleich gut für den Frischverzehr, die Konservierung und für die Kompottbereitung. Die Frucht ist hartreif geerntet hervorragend versand- und lagerfähig. Mehrmaliges Durchpflücken zur vollen Ausbildung aller Früchte ist angebracht. Die Frucht reißt am Stiel leicht aus. Sie muß deshalb vorsichtig von Hand geerntet werden. Die Sorte ist für den Erwerbsanbau im warmen Klima geeignet. Für den Liebhaber stellt sie an kleinklimatisch günstigen Standorten in kühleren Anbaugebieten (evtl. Spalieranbau an südwestlichen, südlichen und südöstlichen Wänden) eine wertvolle Sorte dar.

Aprikose

Zur Geschichte der Aprikose

Die Aprikose (*Prunus armeniaca* L.), in Österreich als Marille bezeichnet, stammt vermutlich aus China. Wildarten finden sich von Afghanistan bis Japan. Wie der Pfirsich wird die Aprikose in China seit 4000 Jahren angepflanzt. In Europa wurde sie bis zum 16. Jahrhundert zu den Pfirsichen gezählt. In der deutschen Literatur stammt die erste Beschreibung von Hieronymus Bock (1498 bis 1554). Im größeren Umfang wird die Aprikose im deutschsprachigen Raum nur in Österreich erwerbsmäßig angebaut, da sie vor allem ausgangs Winter milde Temperaturen benötigt. Das Holz ist frosthärter als das des Pfirsichs, aber der frühe Saftfluß macht die Aprikose besonders anfällig für Kälterückschläge. Zudem sind die sehr früh aufbrechenden Blüten stark frostgefährdet. Nach naßkalter Witterung zur Blütezeit wird fast der gesamte Fruchtansatz abgestoßen. Aprikosen bevorzugen trocken-warmes Klima während der Vegetationszeit, einige Wildformen sind nahezu dürreresistent.
Auf Standorten, die der Aprikose bezüglich Bodenstruktur und Klimabedingungen nicht optimal zusagen, ist neben der Ertragssicherheit und Fruchtqualität auch die Lebensdauer der Bäume begrenzt. Es kommt zum Phänomen der Apoplexie, einem plötzlichen Absterben der Bäume, auch als »Schlagtreffen« bezeichnet.

Aprikose von Nancy

Franz.: 'Abricot de Nancy'.
Synonyme sind 'Pfirsichaprikose', 'Lothringer Aprikose', 'Nancy Marille', 'Württemberger Aprikose' und 'Brüsseler Aprikose'.
Abstammung, Herkunft und Verbreitung: Die Herkunft dieser Sorte ist unbekannt. Sie soll 1709 nach Frankreich gekommen sein. In der Gegend von Nancy/Nordfrankreich fiel sie auf und wurde Mitte des 18. Jahrhunderts beschrieben. Sie ist in ganz Europa verbreitet und gilt als die wichtigste Aprikosensorte. Wahrscheinlich sind verschiedene Mutanten im Anbau.
Standortansprüche: Ideale Anbaugebiete sind Standorte mit hohen Sommertemperaturen und geringen Niederschlagsmengen während der Vegetationszeit. Spätfrostfreie Gebiete sichern gleichmäßige und regelmäßige Erträge. Schwach nördlich geneigte Hanglagen eignen sich besser als Südlagen. Die Ansprüche an den Boden sind gering. Durchlässige Böden sagen ihr besonders zu, selbst wenn sie steinig sind. Standorte mit stauender Nässe eignen sich nicht. Bindige Böden sind problematisch. Als Idealböden gelten Löß- und tiefgründige Lehmböden. Infolge der relativ späten Reife sollte 'Aprikose von Nancy' nur in Frühgebieten gepflanzt werden. Die Blüte ist nicht regenempfindlich, aber nur mäßig spätfrostfest. Das Holz gilt als recht frosthart.
Blüte und Befruchtung: 'Aprikose von Nancy' blüht mittelfrüh. Geeignete Befruchtersorten sind nicht erforderlich, da die Sorte hochgradig selbstfruchtbar ist.

Aprikose von Nancy

Baum

'Nancy Aprikose' wächst stark. Sortentypisch sind die fast waagerechtstehenden, dicht mit Seitenholz garnierten Leitäste. Das Fruchtholz steht dicht an den Seitenzweigen. Fruchtruten und kurze Fruchtsprosse sind gleichmäßig im Kronengerüst verteilt. Die Krone ist breitkugelig sparrig. Im Vollertragsstadium muß der Baum alljährlich ausgelichtet werden. Zudem empfiehlt sich ein strenger Fruchtholzschnitt. Die Früchte werden dadurch größer und wohlschmeckender, einer frühzeitigen Erschöpfung wird damit vorgebeugt. Der Ertrag setzt früh ein. Die Fruchtbarkeit ist hoch. In spätfrostfreien Lagen werden regelmäßige Erträge erzielt. Krankheiten und Schädlinge sind nicht bekannt.

Frucht

'Aprikose von Nancy' reift Mitte August. Die Frucht ist groß bis sehr groß, kugelig und breit-eiförmig. Die Bauchnaht ist breit,

nicht allzu tief eingeschnitten, aber zum Stiel hin vertieft. Die Fruchthaut ist fest, dick, wollig und in der Grundfarbe hellgrünlich bis hellorangegelb (bei Vollreife). Sonnenseitig ist die Frucht ganz leicht karminrot verwaschen und/oder punktiert gedeckt. Das Fruchtfleisch ist orangegelb, mittelfest schmelzend, mäßig saftig, leicht faserig, sehr gut steinlösend und bei Überreife leicht mehlig werdend. Der mittelgroße Stein ist hohl.
Für den Transport muß die Frucht hartreif geerntet werden. Gute Nachreife ist sortentypisch. Der Geschmack ist süß mit feiner Säure und aromatisch, prägt sich aber im kühlen Klima nur mäßig aus.

Anbau und Markt

'Aprikose von Nancy' ist die wichtigste europäische Aprikose. Für den Marktanbau ist sie in Deutschland nur in wenigen Anbauzentren von Bedeutung. Auf günstigen Standorten gilt sie als geschätzte Tafel-, Konserven- und Marmeladensorte.

Daten zur Frucht:
Höhe 45 bis 50 mm, Breite 38 bis 41 mm
Dicke 40 bis 42 mm
100-Frucht-Gewicht 3170 bis 3250 g
100-Stein-Gewicht 220 bis 240 g

Ungarische Beste

Ungarische Beste

Ähnlicher Name ist 'Ungarische'. Synonyme sind 'Klosterneuburger Aprikose' und 'Rote Marille'.
Abstammung, Herkunft und Verbreitung: Ein Zufallssämling aus Ungarn. 1868 von England aus in Ungarn, Österreich und Deutschland verbreitet.
Standortansprüche: Wenig anspruchsvoll. Die Sorte gedeiht auf fast allen Böden. Auch magere, flachgründige Standorte führen zu guten Erträgen. Frostgeschützte, warme Lagen bringen naturgemäß bei ausreichender Feuchte des Bodens im Weinbauklima Höchsterträge. Auch in Höhenlagen ist ein Anbau an geschützten, warmen Stellen noch möglich. Die Blüten sind wenig gegen Kälte empfindlich und das Holz widerstandsfähig gegenüber Frost.
Blüte und Befruchtung: Die Sorte blüht früh und sehr lang verzögert. Sie eignet sich gut als Befruchtersorte. Befruchtersorten sind nicht erforderlich, da 'Ungarische Beste' selbstfruchtbar ist.

Baum

'Ungarische Beste' wächst anfangs stark, der Ertrag setzt früh ein und der Baum neigt kaum zur Verkahlung. Später wächst sie eher mittelstark. Die Sorte bildet breite, kleine Kronen. Die Leitäste sind flach aufwärts gerichtet und legen sich mit dem Eintritt in den Vollertrag waagerecht. Ausreichende Garnierung mit Seitenholz und überwiegend hängend angesetztes Fruchtholz in Form von kräftigen Kurztrieben sind sortentypisch. Jährlicher Überwachungsschnitt hat eine gute Fruchtausbildung zur Folge. Dadurch wird auch eine frühzeitige Vergreisung verhindert.

Frucht

'Ungarische Beste' reift mittelspät. Mitte Juli bis August können die folgernd reifenden Früchte geerntet werden. Die Frucht dieser Sorte ist kugelig, unsymmetrisch und die Bauchnaht liegt in einer flachen bis tiefen Furche. Die Frucht ist groß bis mittelgroß, je nach Wüchsigkeit, Alter und Gesamtertrag des Baumes. Die Fruchthaut hat eine grünlichgelbe Grundfarbe. Vollreif ist sie sattgelb bis leicht rötlich orangefarben. Sonnenseits ist sie dunkelrot überzogen, bei feuchtkühler Sommerwitterung zum Teil dunkelbraun gepunktet. Die Haut ist mitteldick, zäh und schwachwollig. Das sehr feste Fruchtfleisch ist rot bis hellorangegelb und mit dunkleren Adern durchsetzt. Erst vollreif wird es weicher und saftig und schmeckt schwach süß bis süßsäuerlich. Das Aroma ist oft nur leicht angedeutet und kommt erst beim Kochen der Früchte zur Geltung. Die Gelierfähigkeit ist gut. Die transportfeste Frucht ist länger lagerfähig. Bei der Ernte muß 2- bis 3mal durchgepflückt werden. Gegenüber Witterungseinflüssen ist die Frucht nur mäßig widerstandsfähig. Bei Regen platzt sie leicht. In regenarmen Jahren ist 'Ungarische Beste' oft trocken.

Anbau und Markt

'Ungarische Beste' eignet sich vorwiegend für den Selbstversorgeranbau und gehört zu den wertvollsten Aprikosensorten. Vielseitige Verwertbarkeit, z.B. zum Rohessen, als Konfitürenfrucht oder für die Kompottbereitung. Zur Likör- und Konservenherstellung sowie zum Brennen liefert sie hervorragende Rohware.

Daten zur Frucht:
Höhe 47 bis 50 mm, Breite 44 bis 47 mm
Dicke 46 bis 48 mm
100-Frucht-Gewicht 3900 bis 4850 g
100-Stein-Gewicht 250 bis 305 g

Erdbeere

Zur Geschichte der Erdbeere

Die Erdbeere (Gattung *Fragaria*) aus der Familie der Rosengewächse *(Rosaceae)* ist über die gesamte nördliche Hälfte der Erde verbreitet. Die Römer haben bereits um 200 v. Chr. Erdbeeren kultiviert und kannten die Zubereitung als Bowle und die Zugabe von Sahne. Es handelt sich um die Art *Fragaria vesca*, die noch heute in ganz Europa zu finden ist. Sie wird als Kulturpflanze seit dem 14. Jahrhundert erwähnt und gilt als Stammpflanze der aus Samen gezogenen, mehrmalstragenden, rankenlosen Monatserdbeeren (var. *semperflorens*).
In Mittel- und Osteuropa kommt noch eine andere Wildart, die Zimt- oder Moschuserdbeere *(F. moschata)*, vor. Sie hat abstehend behaarte Blütenstiele und bringt Früchte mit einem ausgeprägten Muskatgeschmack. Sie wächst stärker und hat größere Blüten als die Walderdbeere. Im 17. Jahrhundert hat man diese Art kultiviert. Sie wurde aber allmählich verdrängt.
1623 wurde die Scharlach- oder Himbeererdbeere *(F. virginiana)* aus Nordamerika nach Frankreich gebracht und dort als Kulturpflanze vermehrt. Große Fruchtbarkeit und frühe Reife der mittelgroßen, rotfleischigen, festen, säuerlich-aromatischen Früchte waren ihre herausragenden Merkmale. Bis 1820 gab es von 70 Sorten der Scharlacherdbeere Beschreibungen.
Schließlich brachte der französische Marineoffizier und Hobbybotaniker Amédée François Frézier (französisch fraise = Erdbeere) 1714 zwei Pflanzen der Chileerdbeere *(F. chiloensis)* von der Westküste Südamerikas nach Paris. Diese Art hat bläulich-grüne und ledrige Blätter mit dicht behaarten Blattstielen und Fruchtständen. Die eher rosafarbenen Früchte waren für damalige Begriffe sensationell groß. Die Pflanze treibt lange Ranken und gedeiht auch noch auf nährstoffarmen Sandböden, ist trockenheitsresistent, aber frostempfindlich. In Deutschland befriedigten die Erträge zunächst nicht. Französische Bauern, die einige Chileerdbeer-Pflanzen aus dem botanischen Garten in Brest (daher süddeutsch »Brestling«) erhalten hatten, stellten fest, daß bei Mischkultur von Chile- und Scharlacherdbeeren weitaus mehr Früchte ansetzen. Da beide Arten oktoploid (2n = 56) sind und somit gekreuzt werden können, entstand um 1750 eine neue Art von Erdbeeren in der Nähe von Amsterdam. Die Holländer bezeichneten sie als Ananas-Erdbeere. Der Gärtner Antoine Nicholas Duchesne (1766) erkannte, daß es sich um eine Hybride mit *F. chiloensis* als Mutter und *F. virginiana* als Vater handelte. Die heutige Gartenerdbeere heißt ihm zu Ehren *Fragaria* × *ananassa* Duch.
Im Verlauf der Jahre wurden europäische und amerikanische Arten eingekreuzt, so daß heute mehr als 1000 Sorten bekannt sind. Man unterscheidet einmaltragende, zwei- und dreimaltragende sowie immertragende Sorten. Die mehrmaltragenden (remontierenden Sorten) gehen auf Pflanzen zurück, die der Franzose Boursier de la Rivière um 1850 nach Paris sandte. Die Samen stammten von der Küste Kaliforniens von Pflanzen mit dunklen glänzenden Blättern und starker Neigung zum Remontieren. Weltweit werden heute Sorten mit hoher Ertragsleistung, guter Pflückfähigkeit und Witterungsbeständigkeit angebaut. Aufgrund der großen Klimaunterschiede in den einzelnen Anbauregionen werden je nach Verwendungszweck spezielle Sorten kultiviert.

Bogota

Abstammung, Herkunft und Verbreitung: 1971 aus der Kreuzung von 'Sämling 53.116' ('Climax' × 'Oregon 2074') × 'Tago' hervorgegangen. Züchter L. M. Wassenaar, CPRO-DLO, Wageningen/Niederlande; Sortenschutz seit 1980.
Standortansprüche: Gedeiht auf sandigen bis lehmigen, humusreichen Böden im gemäßigten Klima und in spätfrostfreien Lagen hervorragend. Auf kleineren Flächen können die Standortbedingungen durch Humusgaben verbessert werden. Die Sorte gedeiht selbst in höheren Lagen gut.
Blüte und Befruchtung: 'Bogota' blüht spät, ist zwittrig veranlagt und selbstfruchtbar; ihre Blüten stehen unter dem Laub bis maximal in Laubhöhe.

Busch

'Bogota' wächst mittelstark bis stark. Die Büsche sind breitkegelförmig bis schwach kugelförmig, das Blatt ist groß, hell bis mittelgrün und besteht im allgemeinen aus drei Fiederblättern; gelegentlich kommen auch mehr Blätter vor. Sie stehen auf einem dicht behaarten Stiel. Vereinzelt tragen die Stiele kleine Blättchen. Die Sorte ist etwas anfällig für die Blattfallkrankheit und für Mehltau, auch Verticilliumwelke kommt vor. Auf schweren Böden ist sie mittelstark empfindlich für Rhizomfäule, aber wenig anfällig für Botrytis.

Frucht

Die Reifezeit ist sehr spät. Der Ertrag liegt sehr hoch. Die ersten Früchte werden groß, doch gegen Ende der Ernte kommt es zu einem mehr oder weniger starken Abfall der Fruchtgröße. Die Frucht ist kegel-eiförmig und etwas ungleichmäßig orangerot gefärbt bei glatter Fruchtoberfläche. Erstlingsfrüchte sind oft sortentypisch eigenartig geformt und stark gerieft. Die flach aufsitzenden Nüßchen sind gelblich. Das Fruchtfleisch ist fest, im Fruchtinnern rötlichweiß, dann sehr bald in kräftiges Orangerot übergehend. Es schmeckt ausgeglichen süß-säuerlich und hat mäßig Aroma.

Anbau und Markt

'Bogota' ist eine wertvolle Sorte für den Spätanbau. Hohe Fruchtbarkeit, Großfrüchtigkeit und brillantes Äußeres zeichnen diese Spätsorte aus. Auch im zweiten Standjahr bringt die Sorte noch ausreichend große Früchte. Sie eignet sich hervorragend zur Erntezeitverlängerung in Höhenlagen. Sowohl Frischverzehr als auch industrielle Marktbelieferung sind möglich. Die Sorte konkurriert nur kurze Zeit auf dem Markt mit den mittelfrühen Sorten. Durch ungleichmäßige Fruchtausreife sind jedoch nur geringe Marktchancen gegeben, insbesondere in kühlen Jahren oder in hohen Lagen.

Daten zur Frucht:
Fruchtentwicklungszeit 35 Tage
Zuckergehalt 45°Oe
Säuregehalt 11,3 g/kg
Vitamin C-Gehalt 60 mg/100 g
100-Frucht-Gewicht 2020 g
Anteil Handelsklasse Extra und I 67%

Elsanta

Ähnliche Namen oder Synonyme sind keine bekannt.
Abstammung, Herkunft und Verbreitung: 1975 aus der Kreuzung von 'Gorella' × 'Holiday' von L.M. Wassenaar, CPRO-DLO Wageningen/Niederlande gezüchtet. Eingeführt 1981, als Lizenzsorte im Handel.
Standortansprüche: Ideale Standorte sind sandige, humusreiche Lehmböden in gemäßigtem Klima und in spätfrostfreien Lagen. Durch Bodenverbesserung mittels Humusgaben (Kompost) lassen sich auch schwere oder leichtere Böden vor der Bepflanzung in geeigneten Kulturzustand bringen. Leicht alkalische Bodenreaktion ist vorteilhaft.
Blüte und Befruchtung: 'Elsanta' blüht früh bis mittelfrüh, sie ist selbstfruchtbar.

Busch

'Elsanta' wächst mittelstark bis stark. Sie bildet dichte, mittelgroße Büsche mit aufrechtstehendem Laub; in mittlerer Anzahl werden Ausläufer gebildet. Das sattgrüne, dreifiedrige und am Rand tief gezähnte Blatt sitzt auf einem kräftigen und dicht behaarten Stiel. 'Elsanta' eignet sich hervorragend für ein- und zweijährigen Anbau. Der hohe Anteil an großen Früchten ist hervorzuheben. Die Pflanze ist anfällig für die Verticilliumwelke und für die Rote Wurzelfäule, außerdem wird sie von Spinnmilben befallen. Insbesondere während der Blütezeit sind die frei in Laubhöhe stehenden Blütenstände der Spätfrostgefahr ausgesetzt.

Frucht

Die Reifezeit liegt mittelfrüh, im allgemeinen um Mitte Juni, etwa 2 bis 3 Tage nach 'Gorella'. Der Ertrag ist hoch. Beachtliche Anteile der Gesamternte entfallen auf sehr große und große Früchte und auf den ersten Pflücktermin. Die Frucht ist groß bis sehr groß, kugelig bis breitherzförmig und glänzend orangerot bis rot. Die Oberfläche der Frucht ist glatt und mit flach eingesenkten, gelblichgrünen mittelgroßen Nüßchen besetzt. Das sehr feste Fruchtfleisch ist in der Mitte rot, am Rande rötlichweiß bis hellorangerot gefärbt sowie sehr saftig und gleichzeitig sehr fest. Es schmeckt süßlich mit feiner Säure und hat ein sehr ansprechendes Aroma.

Anbau und Markt

Die Früchte von 'Elsanta' lassen sich leicht pflücken. Die Sorte ist geeignet zur Frischmarktversorgung als Schalenware und zur Verfrühung wie auch für die Spätkultur mittels speziell eingestimmter Wartebeetpflanzen. Bewässerung vermag die Fruchtqualität in Trockenjahren zusätzlich zu verbessern. Auch für die Erzeugung von Industrieware für Marmeladen und für das Tiefgefrieren geeignet. Bei zu früher Ernte sind die Fruchtspitzen grün und in kühlen Jahren auch leicht eingekerbt. Nachreife ist bei nicht allzu früher Ernte möglich. Die Frucht läßt sich nur mittelmäßig bis schwer entkelchen.

Daten zur Frucht:
Fruchtentwicklungszeit 30 Tage
Zuckergehalt 50 bis 54 °Oe
Säuregehalt 10 bis 12 g/l
Vitamin C-Gehalt 78 mg/100 g Frischgew.
100-Frucht-Gewicht 2200 kg
Anteil Handelsklassen Extra und I 88%

Elsanta

Elvira

Synonyme und ähnliche Namen sind keine bekannt.
Abstammung, Herkunft und Verbreitung: 1967 aus der Kreuzung von 'Gorella' × 'Viola' entstanden. Züchter ist H.G. Kronenberg, CPRO-DLO Wageningen/Niederlande. Die Sorte erhielt 1977 Sortenschutz.
Standortansprüche: Die Sorte stellt keine spezifischen Ansprüche. Sie gedeiht gut auf leichten, mittleren und schweren Böden, sofern sie genügend feucht, nährstoffreich und gut durchlüftet sind. Spätfrostgefährdete Lagen sind vom Anbau auszuschließen.
Blüte und Befruchtung: 'Elvira' ist frühblühend, zwittrig veranlagt und selbstfruchtbar. Die Blüten stehen überwiegend unter dem Laub.

Bogota

Gorella

Korona

Senga Sengana

Busch

'Elvira' hat ein mittel- bis dunkelgrünes Blatt mit leichtem Glanz. Es ist dreifiedrig, zum Teil mehrfiedrig und sitzt auf einem kurzen, gering bis mittelstark behaarten Blattstiel. Die Blütenstände stehen auf einem mittellangen Stiel. Jungpflanzen dieser Sorte müssen frühzeitig gepflanzt werden, um gut entwickelt in den Winter zu gehen. 'Elvira' ist anfällig für Mehltau, und die Blütenstände werden gerne vom Erdbeerblütenstecher befallen. Die Pflanze wächst mittelstark. Die Anzahl der Ausläufer ist mittel bis hoch.

Frucht

Frühe bis mittelfrühe Reifezeit, ca. 2 bis 3 Tage vor 'Gorella'. Die einzelne Frucht ist groß, Erstlingsfrüchte sind besonders groß, aber oft eigentümlich geformt, stark gerieft und kantig. Die kegelförmigen Früchte sind orangerot bis rot, mittel bis fest und an der Oberfläche stark glänzend. Gelblichgrüne Nüßchen sitzen in flachen Grübchen. Das Fruchtfleisch ist mittelfest bis fest, sehr saftig und hell in der Farbe. Das Aroma ist gut, der Geschmack süß. Die Früchte lassen sich leicht mit Kelch pflücken. Die Fruchthaut ist allerdings etwas druckempfindlich.

Anbau und Markt

'Elvira' ist in Ertrag, Fruchtgröße und Fruchtqualität eine hervorragende Frühsorte. Sie ist insbesondere für die Versorgung des Frischmarktes wertvoll. Gleich bedeutungsvoll für den Erwerbs- wie für den Liebhaberanbau. Gut geeignet zur Verfrühung der Ernte im Folienanbau und für die Spätkultur mit Wartebeet-Pflanzen. Die Früchte eignen sich weniger gut zum Tiefgefrieren. Hervorzuheben sind ihre beachtlichen Ernteerträge im zweiten Standjahr.

Daten zur Frucht:
Fruchtentwicklungszeit 32 Tage
Zuckergehalt 44 °Oe
Säuregehalt 11,9 g/l
Vitamin C-Gehalt 84 mg/100 g
100-Frucht-Gewicht 2300 g
Anteil Handelsklasse Extra und I 73%.

Florika

Andere Namen oder Synonyme sind nicht bekannt.

Abstammung, Herkunft und Verbreitung: 'Florika' *(Fragaria × vescana)* ist eine Kreuzung zwischen Walderdbeere *(Fragaria vesca* × '168') und Gartenerdbeere ('Hummi'-Klettererdbeere) und stammt aus der Züchtungsarbeit von Dr. Rudolf Bauer. Diese Artkreuzung wurde 1986 eingeführt und ist in USA, Frankreich, Italien, Österreich, Deutschland und den Niederlanden verbreitet.

Standortansprüche: Große ökologische Anbaubreite. Kommt auf genügend feuchten, durchlüfteten, mäßig tiefgründigen Böden gut zurecht und stellt nur geringe Ansprüche an die natürliche Nährkraft.
Blüte und Befruchtung: Frühblühend, selbstfruchtbar; die Blütenstände stehen auf kräftigen Stielen, teils über dem Laub.

Busch

'Florika' wächst mittelstark. Die Pflanze ist robust und krankheitsresistent. Sie wächst völlig anders als die üblichen Kultursorten: eine sehr starke Rankenproduktion herrscht vor. Bei rechtzeitiger Pflanzung Ende Juli/Anfang August entwickeln sich bis Mitte September so viele Ausläufer, daß ein dichter, geschlossener Bestand entsteht. Die ganze Fläche ist überwachsen, es kommt zur Bildung einer »Erdbeerwiese«.
Die Pflanzweite und Pflege unterscheidet sich deshalb von der landläufigen Erdbeerkultur. Aus einer Reihe mit 30 cm Pflanzabstand entwickeln sich die rechts und links einwachsenden Ausläufer, die gleichzeitig auflaufendes Unkraut unterdrücken. Nach der Ernte wird hoch gemäht. Die Pflanzen treiben willig aus und bilden wieder neue Ausläufer. Ein Bestand kann 6 bis 8 Jahre genutzt werden. Auf größeren Flächen werden vor der Reife mit dem Rasenmäher schmale Erntewege geschaffen.

Frucht

'Florika' reift etwa mit 'Elvira'. Die Frucht ist klein bis mittelgroß, hell- bis mittelrot und weich. Das Aroma ist besser als bei den herkömmlichen Kultursorten, es erinnert an Walderdbeeren. Die Frucht löst gut vom Kelch. Fruchtfäulen und Schneckenfraß kommen infolge der hohen Fruchtstände – über oder in Laubhöhe – kaum vor.

Anbau und Markt:

Als Vorteile gelten, daß Bodenbearbeitung ab dem 2. Standjahr, Strohunterlagen und Pflanzenschutzmaßnahmen bei dieser robusten Sorte entfallen. Deshalb ist 'Florika' für Selbstpflückbetriebe im Hausgarten, und für den ökologischen Anbau von Interesse. Die Erträge sind ab dem 2. Standjahr zufriedenstellend. Auch ergeben sich wegen der langen Standzeit der Anlagen geringe Anlagekosten/Jahr. Nachteilig sind die weichen Früchte bei der Marktbelieferung und die geringe Haltbarkeit. Dadurch ist 'Florika' nur für den Hausgebrauch, die Direktvermarktung oder die Selbstpflücke empfehlenswert. Geschmack und Aroma sind überdurchschnittlich.
Die aus der gleichen Züchtungsarbeit hervorgegangene, aber etwas weniger fruchtbare 'Spadeka' schmeckt noch aromatischer (Einführungsjahr 1972). Aus den *Vescana*-Sorten erzeugte Marmeladen, Konfitüren, Säfte und Liköre zeichnen sich durch ein besonderes edles, volles Aroma aus.

Daten zur Frucht:
Säuregehalt 10,2 g/l
Vitamin C-Gehalt 62,5 mg/100 g
100-Frucht-Gewicht 970 g

Florika

Gorella

Abstammung, Herkunft und Verbreitung: Im Jahre 1955 aus der Kreuzung von 'Juspa' × 'U.S. 3763' entstanden und seit 1960 im Handel. Züchter ist H. G. Kronenberg, CPRO-DLO Wageningen/Niederlande.
Standortansprüche: 'Gorella' stellt keine spezifischen Ansprüche. Mittlere Böden sagen ihr jedoch naturgemäß am ehesten zu. Selbst in Höhenlagen über 600 m trägt sie noch reichlich. An weniger zusagenden Standorten bringt die Pflanze bald nur noch geringe Erträge.
Blüte und Befruchtung: 'Gorella' blüht früh, ist zwittrig veranlagt und selbstfruchtbar; die Blütenstände stehen über dem Laub; darum spätfrostgefährdet.

Busch

Die Sorte wächst mittelstark bis stark und bildet mitteldichte Hochbüsche mit großem, ovalem, mittelgrünem Laub mit 3 bis 5 Fiederblättern. Der Blattrand ist aufwärts gebogen und tief gekerbt. Die dicht behaarten Blätter stehen auf starken Stielen. Die Blütenstiele sind kräftig, mittellang bis lang, deren Anzahl pro Pflanze aber relativ gering. Die Sorte ist für den ein- und zweijährigen Anbau geeignet. Pflanzung bis Anfang August sichert den Ertrag, da dann mehr Blütenstände pro Einzelpflanze ausgebildet werden. Sortentypisch ist das frühe Auftreten der Ranken.

Frucht

'Gorella' reift früh, Anfang bis Mitte Juni. Der Ertrag ist mittelhoch bis hoch mit hohem Anteil bei den großfrüchtigen Handelsklassen. Die einzelnen Früchte sind sehr groß bis groß und haben eine langkegelige Form. Erstlingsfrüchte sind sehr groß, gerieft und kantig und haben eine hellere Fruchtspitze. Die Früchte sind leuchtend hellrot, stark glänzend, ihre Oberfläche ist glatt und mit gelblichgrünen, aufsitzenden bis flach eingesenkten

Elvira

Hummi-Ferma

Nüßchen zahlreich und gleichmäßig besetzt. Das Fruchtfleisch ist hellorangerot, in der Mitte heller als zum peripheren Bereich hin, mittelfest bis fest und nicht druckempfindlich.
Die Sorte 'Elvira' hat kein besonders ausgeprägtes Aroma und schmeckt süßlich.

Anbau und Markt

Eine Hauptsorte in allen europäischen Anbaugebieten. Für den Anbau unter Folie ist die Sorte gut geeignet. 'Gorella' ist in erster Linie eine Frucht für den Frischmarkt und eignet sich wenig zum Tiefgefrieren.
Sie läßt sich leicht bis mittelgut mit Kelch pflücken. Der Kelch löst sich leicht vom Fruchtfleisch. Die Pflanze ist anfällig für die Verticillium- und die Rhizomfäule, weniger für Blattfleckenkrankheit und Mehltau.

Daten zur Frucht:
Fruchtentwicklungszeit 33 Tage
Zuckergehalt 44 °Oe
Vitamin C-Gehalt 44 mg/100 g
100-Frucht-Gewicht 1700–2200 g
Anteil Handelsklassen Extra und I 68%

Hummi-Ferma

Ähnliche Namen oder Synonyme sind keine bekannt.
Abstammung, Herkunft und Verbreitung: Gezüchtet 1969 von R. Hummel, Stuttgart-Weilimdorf aus 'Hummi Grande' × 'Asieta'. Seit 1973 als Lizenzsorte im Handel und überwiegend in Baden-Württemberg verbreitet.
Standortansprüche: Große Anbaubreite, gedeiht auf fast allen Bodenarten. Hervorragend geeignet sind humose, sandige Lehm- und lehmige Sandböden. Auszuscheiden sind naßkalte und staunasse Standorte. Die Sorte gedeiht auch noch in Höhenlagen bis 700 m. Empfindlich reagiert 'Hummi-Ferma' auf hohe Kalkgehalte der Böden.
Blüte und Befruchtung: Mittelfrühblühend, zwittrig veranlagt; die Blütenstände stehen vorwiegend unter dem Laub, teilweise auch in Laubhöhe.

Busch

Das Blatt ist dreifiedrig, mittel bis groß, hellgrün bis mittelgrün und an der Oberfläche schwach glänzend.

Frucht

'Hummi-Ferma' reift mittelspät. Die Sorte bringt hohe Erträge. Die Frucht ist sehr groß bis groß, vorwiegend breitkugelig, ziegelrot gefärbt und stark glänzend. Die Oberfläche ist gering bis mittelstark bereift, die Nüßchen sind flach ins Fruchtfleisch eingesenkt. Die Frucht ist nur mäßig fest bis weich, hat ein gutes Aroma und schmeckt süßsäuerlich.

Anbau und Markt

'Hummi-Ferma' eignet sich für die verbrauchernahe Frischmarktbelieferung. Ein- und mehrjähriger Anbau sind möglich. Hervorzuheben ist die hohe Ertragsleistung bei geringem Pflückaufwand wegen der Großfrüchtigkeit der Sorte. Auch aus mehrjährigen Beständen werden große Anteile der Früchte in den Handelsklassen Extra und I geerntet. Ein früher Pflanztermin ist der Entwicklung des Bestandes sehr zuträglich. In kühlen Jahren reifen die Früchte ungleichmäßig. Ihre Ausfärbung ist dann nicht sehr gleichmäßig.

Daten zur Frucht:
Fruchtentwicklungszeit 30 Tage
100-Frucht-Gewicht 2100 g
Zuckergehalt 44 °Oe
Säuregehalt 12,5 g/l
Anteil Handelsklassen Extra und I 85%

Korona

Ähnliche Namen und Synonyme sind keine bekannt.
Abstammung, Herkunft und Verbreitung: 1977 von L. A. Wassenaar, CPRO DLO in Wageningen (Niederlande) aus 'Tamella' × 'Induka' gekreuzt. Sortenschutz seit 1980.
Standortansprüche: Die Sorte ist auch für schwerere Böden geeignet, sofern sie durch Bodenvorbereitung und Humusgaben in einen guten Kulturzustand gebracht wurden. Anbau ist bis in mittlere Höhenlagen möglich.
Blüte und Befruchtung: 'Korona' blüht früh bis mittelfrüh und sehr reichlich; ihre Blüten sind zwittrig veranlagt und stehen auf gleicher Höhe wie das Laub.

Ostara

Busch

Die Sorte hat ein kräftiges Wachstum. Das Blatt ist mittel- bis dunkelgrün gefärbt, dreifiedrig; z. T. sind auch mehrere Blätter schalenförmig nach oben gewölbt. Der Blattstiel ist mittelstark behaart. Die Blüten sitzen auf zahlreich gebildeten Fruchtstielen. 'Korona' ist anfällig für Weißfleckenkrankheit, Mehltau und für Rote Spinne.

Frucht

Die Frucht reift mittelfrüh, kurz nach 'Gorella'. Der Ertrag ist hoch bis sehr hoch. Die Früchte sind mittelgroß bis groß; zuletzt gepflückte Früchte fallen jedoch stärker in der Größe ab. Ihre Form ist kegelförmig bis eiförmig. Die Frucht ist mittel- bis dunkelrot gefärbt und weist eine glatte Oberfläche auf. Die großen, gelben Nüßchen sitzen in flachen Grübchen. Das Fruchtfleisch ist im Innern rötlichweiß, ansonsten dunkelrosarot und mittelfest bis fest. In der Transportfestigkeit ist die Sorte jedoch 'Gorella' etwas unterlegen. Das Aroma ist mittel bis gut. Die Früchte schmecken sehr gut und sind ausgeglichen in Süße und Säure.

Anbau und Markt

'Korona' ist eine empfehlenswerte Sorte mit sehr guter Tiefkühleignung. Sie bringt hohe Erträge, insbesondere im zweiten Jahr. Für den Frischverzehr ist sie gleichermaßen gut geeignet. Der Liebhaber schätzt sie ebenso wie der Selbstpflückbetrieb. Sie läßt sich leicht mit Kelch pflücken, sofern die Früchte vor der Vollreife geerntet werden. Der Kelch löst sich schwer bzw. kaum vom Fruchtfleisch. Das Pflücken wird durch dichtes Laubdach über den Früchten oft etwas erschwert. Die Früchte sind nur gering haltbar. Sie müssen vor der Vollreife geerntet werden, vor allem bei regnerischem Wetter sind sie sehr fäulnisanfällig. Die Sorte ist wenig anfällig für Verticillium, Rote Wurzelfäule und Mehltau.

Daten zur Frucht:
Fruchtentwicklungszeit 42 Tage
Zuckergehalt 40–45 °Oe
Säuregehalt 7,0 g/l
Vitamin C-Gehalt 46 mg/100 g
100-Frucht-Gewicht 1800 g
Anteil Handelsklassen Extra und I 79%

Ostara

Ähnliche Namen und Synonyme sind keine bekannt.
Abstammung, Herkunft und Verbreitung: 1964 aus der Kreuzung von 'Red Gauntlet' × 'Macherauchs Dauerernte' entstanden. Herausgegeben vom CPRO-DLO Wageningen/Niederlande, 1969 eingeführt. Die Sorte ist immertragend (remontierend). In allen westeuropäischen Ländern heute im Anbau.
Standortansprüche: Eine sehr anspruchsvolle Sorte; sie verlangt nährstoffreichen, humosen, lockeren Boden mit ausreichender Feuchtigkeit, kann dann jedoch bis in Höhenlagen von 700 m angebaut werden. Die Sorte neigt auf schweren Böden leicht zur Chlorose. Sie leidet unter Regenfällen. In ungünstigen Lagen kommt Rote Wurzelfäule vor.
Blüte und Befruchtung: Spätblühend, zwittrig veranlagt und selbstfruchtbar. Außerordentlich reicher Blütenbesatz von Mitte Juni bis in den Herbst hinein. Die Blüten stehen überwiegend in Laubhöhe, teilweise auch über dem Blattwerk.

Busch

Die Sorte wächst stark, bildet lockere bis mitteldichte, breite, flach- bis mittelhohe Büsche und eine große Anzahl von Ausläufern. Das Blattwerk ist mittelgrün, der Rand der Fiederblätter (3, teilweise auch mehr) wölbt sich nach oben. Die Blätter werden von dicht behaarten Stielen getragen. Die einzelne Pflanze bildet viele und lange Blütenstiele aus.

Frucht

'Ostara' reift im Sommer früh bis mittel, im Herbst bis zu den ersten Frösten. Die druckempfindliche Frucht ist mittelgroß, herzförmig, kantig, orangerot bis rot, glänzend, glatt an der Oberfläche und mit gelblichgrünen Nüßchen besetzt. Das Fruchtfleisch ist hell gefärbt, saftig und mittel bis fest. Das Aroma ist gut, der Geschmack leicht säuerlich. Sie läßt sich leicht pflücken und löst gut vom Kelch.

Anbau und Markt

'Ostara' ist eine gute und mindestens zweimal tragende Sorte. Sie zeichnet sich durch reichen Ertrag aus. Nachteilig wirken sich die reiche Blüte und der viel zu große Fruchtansatz aus. Mit Ausdünnung kann die Fruchtqualität erheblich verbessert werden. Für den Frischverzehr und die Marktbelieferung auch nach Abschluß der normalen Erdbeersaison hervorragend geeignet. Infolge hoher Fruchtbarkeit werden im einzelnen Fruchtstand nur die ersten fünf Früchte ausreichend groß. Die restlichen, noch nicht reifen Früchte sollte man entfernen. Erst dadurch kann während der Folgemonate eine gute Fruchtqualität erreicht werden. Wöchentlich einmalige Ernte reicht aus. Wegen starken Wuchses und langer Fruchtstiele ist ein weiter Abstand in der Pflanzreihe erforderlich.

Daten zur Frucht:
Fruchtentwicklungszeit 27 Tage
Zuckergehalt 38–43 °Oe
Säuregehalt 9,3 g/l
100-Frucht-Gewicht 1120 g
Anteil Handelsklassen Extra und I 60%

Senga Sengana

Ähnliche Namen und Synonyme sind keine bekannt.
Abstammung, Herkunft und Verbreitung: Aus der Kreuzung von 'Markee' × 'Sieger', gezüchtet von R. v. Sengbusch, Hamburg-Volksdorf. Seit 1952 im Handel. Verbreitung in allen Anbaugebieten Europas.
Standortansprüche: Stellt keine spezifischen Ansprüche. Sie ist recht widerstandsfähig gegen Trockenheit. Deshalb auch für leichte Böden gut geeignet. Anbau ist noch erfolgreich bis in Höhenlagen von ca. 800 m. Allerdings ist die Pflanze bei hoher Luftfeuchtigkeit anfällig für Weißfleckenkrankheit und für Wurzelfäule. Nässe und Kälte während der Reifezeit setzen den Beständen sehr zu.
Blüte und Befruchtung: Blüht mittelfrüh und ist zwittrig veranlagt; die Blüten stehen vorwiegend in Laubhöhe.

Busch

Starkwüchsig und dicht, bildet kugelförmige Hochbüsche mit einer großen Anzahl von Ausläufern, die früh erscheinen. Die Blätter sind mittelgroß bis klein, dunkelgrün und dreifiedrig mit einfacher Zähnung. Sie stehen auf einem mittelstarken Stiel ohne Stielblättchen und sind behaart. Der Fruchtstiel ist kurz bis mittellang, die Blütenstände sind sehr zahlreich. Wegen der starken Fäulnisanfälligkeit sollte man nicht zu dicht pflanzen.

Frucht

Die Frucht reift mittelfrüh, der Ertrag ist hoch und regelmäßig. Die Früchte sind mittelgroß, werden gegen Ende der Pflückzeit jedoch rasch kleiner. Sie sind stumpfkegelförmig, dunkel- bis purpurrot und glänzend. Gelblichgrüne bis rötliche Nüßchen sind sortentypisch. Das feste Fruchtfleisch ist mittelrot und gleichmäßig durchgefärbt. Die botrytisgefährdeten Früchte sind gut transportfähig. Das Aroma ist kräftig säuerlich, die Frucht saftig und je nach Reifezustand mehr oder weniger harmonisch.

Silver Jubilee

Anbau und Markt

Eine ertragssichere Allerweltssorte, für Frischverzehr wie für die Verwertung in jeglicher Art geeignet. In letzter Zeit hat ihre Bedeutung im Erwerbsanbau infolge der Neigung zur Kleinfrüchtigkeit bei mehrjährigen Kulturen nachgelassen. Hoher Ertrag und ihre exzellente Eignung zum Tiefgefrieren sichern ihr mancherorts noch einen Platz im Sortiment. Auch für die Selbstpflücke ist sie eine gute Sorte. Nachteilig sind die große Botrytisanfälligkeit und die Neigung zur Kleinfrüchtigkeit.

Daten zur Frucht:
Fruchtentwicklungszeit 25 bis 27 Tage
Zuckergehalt 41 °Oe
Säuregehalt 10,7 g/l
Vitamin C-Gehalt 54 mg/100 g
100-Frucht-Gewicht 1600 g
Anteil Handelsklasse Extra und I 66%

Silver Jubilee

Ähnliche Namen und Synonyme sind keine bekannt.
Abstammung, Herkunft und Verbreitung: Neuere Sorte. Sortenschutzinhaber ist Scottish Crops Research Institute, Invergowrie Dundee/Großbritannien; von NSDO, Cambridge, England, vertrieben.
Standortansprüche: Nach Angaben des Züchters sind mittlere Böden, gute Nährstoff- und Humusversorgung in nicht zu hohen Lagen günstig. Spätfrostgefährdete Lagen sind auszuschließen. Ausreichende Wasserversorgung sichert einen guten Ertrag. Die Blüte ist etwas frostgefährdet.
Blüte und Befruchtung: Frühblühend, zwittrig und selbstfruchtbar; Blüten stehen in Laubhöhe bzw. kurz darunter.

Busch

Die Sorte wächst mittelstark bis stark; sie bildet einen mäßig dichten bis dichten Mittelhochbusch. Die dreifiedrigen Blätter stehen auf kräftigem Stiel. Anfälligkeit für Mehltau ist vorhanden. Die Sorte ist aber relativ resistent gegenüber Roter und Schwarzer Wurzelfäule. Sie läßt sich mäßig gut pflücken.

Frucht

Frühe- bis mittelfrühe Reife bringt große, stumpf-eiförmige, hellrote bis karminrote,

Splendida

Tenira

glänzende Früchte. Sie sind fest bis mittelfest, haben hellrotes Fruchtfleisch und schmecken leicht säuerlich.

Anbau und Markt

Eine im Aussehen sehr ansprechende, für die Frischmarktbelieferung und für die Verwertung aller Art (Frosten, Konservieren, Marmelade usw.) sehr geeignete neue Sorte mit Resistenz gegen die gefürchteten Wurzelfäulen.

Daten zur Frucht:
Fruchtentwicklungszeit 38 Tage
Zuckergehalt 39 °Oe
Säuregehalt 9,6 g/l
100-Frucht-Gewicht 1740 g
Anteil Handelsklassen Extra und I 78%

Splendida

Ähnliche Namen und Synonyme sind keine bekannt.
Abstammung, Herkunft und Verbreitung: Aus der Kreuzung von 'Hummi Grande' × 'Münchner Kindl' entstanden. Züchter ist S. Franz in Röhrmoos/D. Sortenschutz für 'Spendida' wurde 1975 erteilt. Verbreitung in allen westdeutschen Anbaugebieten.
Standortansprüche: Nicht für Sandböden, mehr für schwerere Böden geeignet. Gedeiht auch in Höhenlagen bis 500 m. Die Blüten stehen unter dem Laub und sind spätfrostempfindlich.
Blüte und Befruchtung: 'Splendida' blüht mittelfrüh, ist zwittrig veranlagt und selbstfruchtbar.

Busch

Mittel- bis starkwüchsig; bildet mitteldichte bis leicht lockere, kugelförmige Hochbüsche mit einer mittleren bis großen Zahl von Ausläufern. Das Blatt ist groß, mittelgrün bis dunkelgrün und dreifiedrig. Es steht auf einem sehr langen und starken Stiel. Der Blütenstiel ist ebenfalls lang.

Frucht

'Splendida' reift früh bis mittelfrüh, ca. 3 Tage vor 'Red Gauntlet'. Der Ertrag ist hoch. Die einzelne Frucht ist groß, die Fruchtgröße nimmt gegen Ende der Pflücksaison nur wenig ab. Die Frucht hat eine kurz- bis stumpfkegelige Form, sie ist orangerot bis rot mit glatter Oberfläche. Die Nüßchen sind halbversenkt bis aufsitzend. Das mittelfeste Fruchtfleisch ist im Innern leicht rötlichweiß, ansonsten überwiegend hellorangerot. Sie sind sehr aromatisch und im Geschmack zwischen Süße und Säure sehr ausgeglichen, sie halten lange. Schwachstellen der Frucht sind das Weichwerden der Früchte bei Überreife und gelegentlich in trockenen Lagen das Auftreten von Mehltauinfektionen. Die Sorte läßt sich leicht bis mittelgut pflücken und auch mäßig leicht entkelchen.

Anbau und Markt

Hoher Ertrag und beachtliche Fruchtgröße zu allen Pflückterminen zeichnen 'Splendida' aus. Eine Sorte für den erwerbsmäßigen Anbau, obwohl eine gewisse Empfindlichkeit gegenüber Witterungseinflüssen unverkennbar ist. In Trockenjahren sind die Früchte weich und druckempfindlich. Mehltau auf den Früchten sowie Sonnenbrand (in einjährigen Kulturen) wird gelegentlich beobachtet. In naßkalten Jahren reifen die Früchte etwas ungleichmäßig. Die Pflanzen leiden bei extremer Sonneneinstrahlung. Auf schweren Böden ist eine gewisse Anfälligkeit für die Wurzelfäule beobachtet worden. Die Pflanze ist anfällig für Mehltau, den Erdbeerblütenund Stengelstecher.

Daten zur Frucht:
Fruchtentwicklungszeit ca. 39 Tage
Zuckergehalt 41 °Oe
Säuregehalt 12 g/l
100-Frucht-Gewicht 2100 g
Anteil Handelsklassen Extra und I 78%

Tenira

Ähnliche Namen und Synonyme sind keine bekannt.
Abstammung, Herkunft und Verbreitung: 1965 aus einer Kreuzung von 'Red Gauntlet' × 'Gorella' entstanden. Züchter sind L. M. Wassenaar und H. G. Kronenberg, CPRO-DLO Wageningen (Niederlande).

Sortenschutz seit 1974. Verbreitet in Westeuropa.

Standortansprüche: Anspruchslos, ähnlich wie 'Senga Sengana', mit großer Anbaubreite. Besonders geeignet für mittlere Böden, die mit Nährstoffen und Humus angereichert sind. Höhenlagen bis 700 m vermögen immer noch gute Erträge zu bringen.

Blüte und Befruchtung: 'Tenira' blüht früh bis mittelfrüh, ist zwittrig veranlagt und selbstfruchtbar. Ihre Blütenstände stehen unter dem Laub bis allenfalls in Laubhöhe.

Busch

Die Sorte wächst mittelstark bis stark und bildet dichte, geschlossene, flach kugelförmige Büsche. Die Ausläuferbildung setzt früh ein, es entwickeln sich viele Ranken. Das mittelgrüne Laub ist anfällig für Rote Spinnen.

Frucht

Mittelfrüh reifend, ca. zwei bis drei Tage nach 'Gorella'. Mittel- bis großfrüchtig, jedoch ab der 3. Pflücke rasch kleiner werdend.

Die Frucht ist eiförmig, sehr attraktiv, die Oberfläche ganz glatt. Erstlingsfrüchte sind manchmal etwas mißgebildet. Gelblichgrüne Nüßchen bedecken die mittelrote, glänzende Oberfläche in flach eingesenkten Grübchen. Das Fruchtfleisch ist hellrot, fest und saftig. Das Aroma ist gut, 'Tenira' schmeckt säuerlich, jedoch erheblich besser als 'Red Gauntlet'.

Die Frucht ist druckempfindich, der Kelch löst je nach Reifegrad unterschiedlich, überwiegend jedoch nur schwer von der Frucht. Die Blüte ist etwas frostempfindlich. Bei nicht zusagenden Böden mit zuviel Feuchtigkeit können Wurzelfäulen die Bestände schwächen beziehungsweise dezimieren.

Anbau und Markt

Die Sorte bringt hohe und sichere Erträge. Sie ist für den Erwerbs- und den Liebhaberanbau hervorragend geeignet. Gute Haltbarkeit der Früchte, ihre gute Eignung zum Tiefgefrieren sowie für die Verwendung als Marmeladen-, Konserven- und selbstverständlich auch als Frischmarktfrucht sichern ihr einen guten Platz im Sortiment.

Die leicht pflückbaren Früchte können auch noch im vollreifen Zustand geerntet werden. Sie lassen sich allerdings nur schwer entkelchen.

Daten zur Frucht:
Fruchtentwicklungszeit 21 bis 25 Tage
Zuckergehalt 42 °Oe
Säuregehalt 10,8 g/l
Vitamin C-Gehalt 63 mg/100 g
100-Frucht-Gewicht 2000 g
Anteil Handelsklassen Extra und I 79%

Johannisbeere

Zur Geschichte der Johannisbeere

Die Johannisbeere gehört wie die Stachelbeere zur Gattung *Ribes*, die gegliedert wird in die Untergattungen:
Berisia (ohne Bedeutung für das Beerenobst),
Ribesia (Rote und Weiße Johannisbeeren),
Coreosma (Schwarze Johannisbeeren) und
Grossularia (Stachelbeeren).
Ribesia- und *Coreosma*-Arten sind in der Alten Welt zuhause, während die meisten Arten der Untergattung *Grossularia* in der Neuen Welt verbreitet sind. Nur wenige Arten haben wirtschaftliche Bedeutung erlangt.
Die rot- und weißfrüchtigen Kultursorten der Johannisbeeren entstammen den in Europa und im westlichen Asien verbreiteten Wildarten *Ribes sativum* Syme, *Ribes rubrum* L. und *Ribes petraeum* Wulf. Die langtraubigen Sorten sind Abkömmlinge bzw. Artkreuzungen von/mit der auf dem Balkan, in Mittelitalien und auf Sardinien vorkommenden Art *Ribes multiflorum* Kitt. *Ribes rubrum* L. wird als botanische Sammelbezeichnung für die Rote und Weiße Johannisbeere verwendet.
Der Untergattung *Coreosma* gehören 11 Arten an. Sie sind alle auf der Nordhalbkugel beheimatet; die wichtigste Art ist die sehr stark in Eurasien, nur sporadisch in Nordamerika vorkommende *R. nigrum*. Auf sie gehen fast alle Kulturformen der Schwarzen Johannisbeeren zurück.
Im Gegensatz zu den meisten Baumobstarten sind Johannisbeeren und Stachelbeeren als Kulturpflanzen noch relativ jung.
Nach Maurer (1912) wurden sie seit dem 14. Jahrhundert von den Klöstern in Kultur genommen und verbreitet.

Aufgrund billiger Importe werden in Deutschland Johannisbeeren erwerbsmäßig vorwiegend nur für den Frischmarkt erzeugt. Dabei spielen weiße und rosafarbene Sorten ausschließlich im Hausgarten eine Rolle, da sie weniger ertragreich sind als die rotfrüchtigen Sorten. In Belgien und den Niederlanden haben Weiße Johannisbeeren auch im Erwerbsanbau Bedeutung, da mit neueren Sorten vergleichbare Erträge erzielt werden.
Schwarze Johannisbeeren wurden erst nach dem Zweiten Weltkrieg, und hier fast ausschließlich für die industrielle Verwertung, stärker angebaut. Mit der Möglichkeit der maschinellen Ernte sind heute kurztraubige, reichtragende, vitamin-, säure- und farbstoffreiche Sorten wieder anbauwürdig. Die Schwarze Johannisbeere ist als ausgesprochene Gesundheitsfrucht anzusehen. Sie stärkt Herz und Kreislauf und enthält mit 150 bis 300 mg je 100 g Früchte weitaus mehr Vitamin C als alle anderen Obstarten außer Sanddorn, Hagebutte und Eberersche.

Heinemanns Rote Spätlese

Heinemanns Rote Spätlese

Synonym ist 'Macherauchs Späte Riesentraube'.
Abstammung, Herkunft und Verbreitung: Züchtung von O. Macherauch ('Rote Holländische' × 'Andenken an Lorgus'). Die Sorte ist seit 1942 im Handel und in ganz Deutschland verbreitet.
Standortansprüche: Die Sorte hat eine große ökologische Anbaubreite und eignet sich auch noch für mittlere Höhenlagen. Tiefgründige und frische, mittelschwere Böden bringen hohe Erträge. Geschützte, warme und sonnige Lagen sind ideal. Auch leichtere Böden eignen sich, wenn eine ausreichende Humus-, Nährstoff- und Wasserversorgung sichergestellt ist. Selbst auf anmoorigen Böden gedeiht sie. Langanhaltende Trockenheit und Staunässe sind schädlich. In Nord- und Ostlagen verzögert sich die Blüte um einige Tage.

Blüte und Befruchtung: 'Heinemanns Rote Spätlese' blüht naturgemäß eher spät; sie ist selbstfruchtbar und fruchtet bevorzugt am zweijährigen Holz.

Strauch

Der Strauch wächst stark und geht in die Breite. Sparriger Wuchs ist sortentypisch. Wenig anfällig für die Blattfallkrankheit. Junge Sträucher sind windbruchgefährdet. Durch jährlichen Rückschnitt der Gerüsttriebe wird die Verzweigung angeregt. Etwa 10 cm Neutriebzuwachs/Jahr genügen. Die Knospen an der Basis der Seitentriebe sind am besten entwickelt. Der Rückschnitt führt zu kräftigen Blütenanlagen und später zu vollentwickelten Trauben.

Frucht

Extrem spätreifend, ca. 30 bis 40 Tage nach 'Jonkheer van Tets' (August, September). Die Beeren halten sich lange am Strauch. Die Trauben dieser Sorte sind außergewöhnlich lang. Die Einzelbeeren sind nur mittelgroß, gleichmäßig hellrot, sehr fest und samenreich. Wegen der überaus langen Einzeltrauben läßt sich die Sorte hervorragend pflücken. Transportfestigkeit und Lagerverhalten sind gut. Auch ist die Widerstandsfähigkeit gegen Regeneinflüsse hervorragend. Die Beeren können vollreif lange am Strauch hängen bleiben und erlauben somit bei Bedarf (bis zu 30 Tage) die Ernte von frischen Früchten. Im Aroma ist die Sorte mäßig. Die Säure herrscht im Geschmack vor. Bei Überreife nimmt der Säuregehalt ab, die Süße der Frucht zu.

Anbau und Markt

Eine sehr robuste, für den häuslichen Gebrauch interessante, extrem spätreifende Sorte. Sie verlangt reichliche Düngung. Roh ist sie nur bei Überreife zu genießen. Hervorragend eignet sie sich jedoch zum Einfrieren und Konservieren. Bei der Saftbereitung wirkt sich der extrem hohe Kernanteil allerdings nachteilig aus.

Daten zur Frucht:
Traubenlänge 10,3 cm
Fruchtwachstumszeit 64 Tage
Zuckergehalt 59 °Oe
Säuregehalt 35 g/l
100-Trauben-Gewicht 850 bis 870 g

Jonkher van Tets

Jonkheer van Tets

Ähnliche Namen oder Synonyme sind keine bekannt.
Abstammung, Herkunft und Verbreitung: Von J. Maarse, Schellinkhout/Niederlande, um 1931 aus einer Sämlingspopulation ausgelesen. Muttersorte ist 'Fay's Fruchtbare', die Vatersorte ist unbekannt. Allgemein in den Anbau eingeführt im Jahr 1941. Ursprünglich in den Niederlanden, Belgien und der Schweiz verbreitet, seit den 60er Jahren auch in Deutschland in Erwerbs- und Liebhaberkulturen.
Standortansprüche: Für tiefgründige, humose und vor allem gut durchfeuchtete mittelschwere Böden. Geschützte, warme und sonnige Lagen sind zu bevorzugen. Nicht für Spätfrostlagen. Windschutz ist angebracht. Zusatsbewässerung in Trokkenjahren führt zu erstaunlichen Erträgen bei guter Fruchtqualität.
Blüte und Befruchtung: Blüht früh und mittellang. Selbstfruchtbar, dennoch führt Fremdbefruchtung (Bienen) zu größeren Beeren und höheren Erträgen.

Strauch

'Jonkheer van Tets' wächst kräftig. Die Langtriebe sind gedrungen und stehen straff aufrecht. Die Sorte fruchtet an zweijährigem Holz. Sie setzt sehr reichlich und sicher an. Die Erträge alternieren wenig. Gut zur Heckenerziehung am Drahtspalier geeignet.

Frucht

'Jonkheer van Tets' reift sehr früh, im Nekkarland schon Anfang Juli. Der Fruchtstand ist lang, traubig und großbeerig; die einzelne Beere glänzt brillant rot. Im Aroma ist 'Jonkheer van Tets' als mäßig einzustufen. Säure herrscht vor. Die Frucht ist sehr saftig, ihr Saft von herrlichem Rot. Die Trauben lassen sich hervorragend pflücken und gut transportieren. Die Frucht ist bei Regen wegen der dünnen, weichen Haut der Einzelbeere anfällig für Fäulnis.

Anbau und Markt

'Jonkheer van Tets' gilt als beste Frühsorte, vor allem für den Frischmarkt. Auch für die Verwertung zu Süßmost, Beerenwein und Marmelade ist 'Jonkheer van Tets' sehr empfehlenswert. Auf den jährlichen Schnitt kann nicht verzichtet werden. Alle dünnen Triebe und Verzweigungen sind zu entfernen. Die starken Gerüsttriebe werden auf 30 bis 40 cm Länge eingekürzt.

Daten zur Frucht:
Traubenlänge 5,0 cm
Fruchtwachstumszeit 65 Tage
Zuckergehalt 42 °Oe
Säuregehalt 28 g/l
Vitamin C-Gehalt 38 mg/100 g
100-Trauben-Gewicht 544 bis 555 g
100-Beeren-Gewicht 65 g

Red Lake

Red Lake

Ähnliche Namen sind nicht bekannt. Gelegentlich wird für diese Sorte aber die Übersetzung 'Roter See' verwendet.
Abstammung, Herkunft und Verbreitung: Eine seit 1933 in den USA, seit den 50er Jahren auch in Europa verbreitete Neuzüchtung der Agr. Exp. Stat., Universität Minnesota/USA. Die Elternsorten sind nicht bekannt.
Standortansprüche: Gute Erfahrungen liegen vom Anbau auf leichten bis schweren Böden vor. Der Sorte kann eine große ökologische Anbaubreite bescheinigt werden. Bei hohem Kalkgehalt der Böden leidet 'Red Lake' aber unter Chlorose. Wenn hohe Erträge erzielt werden sollen, sind Standorte mit geregelter Wasserversorgung erforderlich.
Blüte und Befruchtung: 'Red Lake' blüht früh bis mittelfrüh. Sie ist selbstfruchtbar. Im Erwerbsobstbau sind das Zusammenpflanzen mit einer anderen, gleichzeitig blühenden Sorte und der Einsatz von Bienen dem Fruchtansatz förderlich.

Rondom

Strauch

Der Wuchs ist mittelstark, ausgewachsene Sträucher gehen ziemlich in die Breite. Die Neutriebbildung ist gering. Die Gerüstäste stehen schräg aufrecht, sind gut verzweigt und neigen wenig zur Verkahlung. Infolge eines reichlichen Fruchtansatzes liegen die Fruchtäste oft waagrecht bzw. neigen sich zum Boden. Die Sorte benötigt den jährlichen Formierungsschnitt. Bodennahe Gerüstäste, überflüssige Jahrestriebe und überalterte Partien werden dabei entfernt.

Frucht

Die Sorte reift mittelfrüh, knapp eine Woche nach 'Jonkheer van Tets'. An langen bis sehr langen Trauben sitzen mittelgroße bis große Beeren. Sie sind in der Vollreife glänzend rot, mittelfest bis fest. 'Red Lake' läßt sich gut von Hand pflükken. Auch die Transportfestigkeit ist gut. Die Frucht schmeckt süßsäuerlich und aromatisch. Die Saftfarbe ist ausreichend.

Anbau und Markt

'Red Lake' hat in Markt- und Liebhaberkreisen viele Freunde gewonnen, obwohl sie nicht maschinell geerntet werden sollte. Die jungen Triebe brechen leicht, die Sträucher sind nicht straff zu halten.

Bei Handpflücke ist eine hohe Pflückleistung möglich. Da Holz und Blüten widerstandsfähig gegen Winter- und Spätfröste sind, der Ertrag früh einsetzt und keine besondere Anfälligkeit für Blattkrankheiten festgestellt werden, ist die frühreifende 'Red Lake' im Liebhaberanbau, nicht zuletzt wegen ihrer Eignung für die Spaliererziehung, eine beachtliche Sorte. Ihre Eignung für den Frischverzehr, für die Frischmarktbelieferung (Schalenware), zur Marmeladen- und Geleebereitung sowie zur Gefrierkonservierung ist erwiesen. Sie neigt auch nur gering zum Verrieseln.

Daten zur Frucht:
Traubenlänge 10,5 cm
Fruchtwachstumszeit 71 Tage
Zuckergehalt 43 °Oe
Säuregehalt 29 g/l
100-Trauben-Gewicht 520 bis 610 g
100-Beeren-Gewicht 55 g

Rondom

Ähnliche Namen oder Synonyme sind keine bekannt.
Abstammung, Herkunft und Verbreitung: Die Sorte wurde 1934 von I. Rietsema, Breda/Niederlande, gezüchtet. Es handelt sich um eine Kreuzung von *Ribes multiflorum*, 'Rote Versailler' und einer alten niederländischen Landsorte. Eingeführt wurde 'Rondom' 1949 und ist in allen westeuropäischen Gebieten im Anbau. 1980 kam die Selektion 'Rondom J' in den Handel. Sie wurde 1974 von J. Anthonisse, Wemeldinge/Niederlande, gefunden. Im Unterschied zu 'Rondom' blüht und reift sie etwas später.
Standortansprüche: Tiefgründige, humose und mittelschwere Böden mit guter wasserhaltender Kraft und großer natürlicher Nährkraft sind Idealstandorte. Geschützte, warme und sonnige Lagen sind im Erwerbsanbau zu bevorzugen. In Trockenjahren empfiehlt sich Bewässerung. Die Sorte ist recht robust und gedeiht selbst in höheren Lagen, doch ist dort Windschutz angebracht. Nicht für spätfrostgefährdete Lagen. Ihre Frosthärte im Winter soll ausreichend sein.
Blüte und Befruchtung: 'Rondom' blüht mittelspät; sie ist selbstfruchtbar. Die Bestäubung durch Insekten bringt aber höhere Erträge und gleichmäßigere sowie größere Beeren. Die Sorte blüht gerne am kurzen Fruchtholz, ist sehr fruchtbar und liefert sichere Erträge, sofern ihre hohen Ansprüche an die Bodenqualität erfüllt werden.

Strauch

Die Wüchsigkeit von 'Rondom' ist kräftig bis stark. Der Strauch oder bei Hochstämmchen die Krone müssen unbedingt geschnitten werden. Alle dünnen Triebe und Verzweigungen sind dabei zu entfernen. Starke Neutriebe werden etwas eingekürzt. Durch regelmäßigen Rückschnitt wird straffes, nicht überhängendes Fruchtholz aufgebaut. 'Rondom' ist anfällig für die Johannisbeergallenlaus, die Blattgallmilbe und die Brennesselblättrigkeit.

Frucht

Die Sorte reift spät bis sehr spät. Eine lange Traube ist rundum (= Rondom) dicht und kompakt mit mittelgroßen, glänzenden und kräftig roten Beeren besetzt. Die festen Beeren haben hellroten Saft, das Aroma ist sauer, der Geschmack nur mittelmäßig. Die Trauben von 'Rondom' lassen sich weniger gut pflücken, da sie meist dicht hängen. Die Sorte gilt als hervorragend transportfest. Auf dem Lager ist sie längere Zeit haltbar. Allerdings reifen die Trauben etwas ungleichmäßig.

Anbau und Markt

Eine vorwiegend für die Verwertung und den häuslichen Gebrauch geeignete, starkwüchsige, anspruchsvolle und hoch ertragreiche Sorte. Nachteilig sind die etwas späte Reife, das trockene, samenreiche, saure Fruchtfleisch und das fehlende Aroma.

Daten zur Frucht:
Traubenlänge 7,5 cm
Fruchtwachstumszeit 71 Tage
Zuckergehalt 44 °Oe
Säuregehalt 32 g/l
Vitamin C-Gehalt 40 mg/100 g
100-Trauben-Gewicht 560 bis 580 g
100-Beeren-Gewicht 70 g

Rosetta

Ähnliche Namen oder Synonyme sind keine bekannt.
Abstammung, Herkunft und Verbreitung: Ein Sämling einer Kreuzung des CPRO-DLO Wageningen/Niederlande, 1962 entstanden aus 'Jonkheer van Tets' × 'Heinemanns Rote Spätlese'. Eingeführt 1974. Die Sorte ist in den Niederlanden und Belgien bereits wieder rückläufig, doch in Frankreich, in der Schweiz, in Deutsch-

Rosetta

land und in Italien findet sie weiterhin Beachtung. Die dort gewonnenen Erfahrungen sind gut.
Standortansprüche: Hervorragender Stand der Pflanzen in tiefgründigen Böden mit guter Feuchtigkeitsversorgung und hoher natürlicher Nährkraft. Für geschützte, warme und sonnige Lagen dankbar. 'Rosetta' blüht eher spät als mittelspät; sie ist selbstfruchtbar.

Strauch

Die Wuchskraft ist mäßig bis kräftig und dabei mehr in die Breite wachsend. Das Fruchtholz setzt in der Regel reichlich an. Jährlicher Rückschnitt wirkt sich günstig auf die Fruchtbarkeit aus. Zeitiger Sommerschnitt begünstigt eine gute Blütenknospenanlage im Kurztriebbereich des älteren Holzes. Auf leichtem Boden kann der Blütenansatz zu gering ausfallen.

Frucht

Die Reife liegt spät. Der Ertrag ist hervorragend. Der Fruchtstand besteht in sehr langen Trauben mit großen, hellroten Beeren. Sehr gute Pflückbarkeit zeichnet diese Neuzüchtung aus. Der Geschmack ist sauer, das Aroma nur schwach vorhanden. Die Saftfarbe reicht für die Verwertung nicht aus. Für den Frischkonsum eignet 'Rosetta' sich jedoch gut. Die Sorte ist nicht regenfest.

Anbau und Markt

Eine interessante Züchtung mit sehr hohen Erträgen. Die Früchte sind allerdings regenempfindlich. Im Weinbauklima und auf guten Böden ist 'Rosetta' eine gute Alternative zu 'Heinemanns Rote Spätlese' für den Frischkonsum, weniger günstig für die Verwertung.

Daten zur Frucht:
Traubenlänge 11,8 cm
Fruchtwachstumszeit 85 Tage
Zuckergehalt 39 °Oe
Säuregehalt 29 g/l
Vitamin C-Gehalt 28 mg/100 g
100-Trauben-Gewicht 600 bis 625 g
100-Beeren-Gewicht 65 g

Rotet

Ähnliche Namen oder Synonyme sind keine bekannt.
Abstammung, Herkunft und Verbreitung: Eine Kreuzung des CPRO-DLO Wageningen/Niederlande, 1963 aus einer Kreuzung von 'Jonkheer van Tets' mit 'Heinemanns Rote Spätlese' entstanden und 1974 in den Niederlanden eingeführt, inzwischen auch in Deutschland bewährt.
Standortansprüche: Tiefgründige und frische, mittelschwere Böden sagen dieser Neuzüchtung am besten zu. Geschützte, warme und sonnige Lagen im Weinbauklima bringen die guten Anlagen dieser Sorte hervorragend zur Ausformung. Nicht für spätfrostgefährdete Lagen geeignet. Gedeiht auch noch auf weniger guten Böden.
Blüte und Befruchtung: Die Sorte blüht früh, sie ist selbstfruchtbar. Reichen Fruchtansatz erzielt man durch den Einsatz von Bienen und durch das Zusammenpflanzen mit anderen, gleichzeitig blühenden Sorten.

Rotet

Strauch

Die Wuchskraft muß als stark bis mäßig stark eingestuft werden. Sortentypisch ist auch der mehr in die Breite gehende Wuchs. Blüten und Früchte setzen am vorjährigen Holz an. Die gesunde, frohwüchsige Sorte ist wenig anfällig für Pilzkrankheiten mit Ausnahme der Blattfallkrankheit und neigt wenig zum Verrieseln. 'Rotet' ist dankbar für jährlichen Rückschnitt der Gerüsttriebe. Dadurch werden kräftige Blütenanlagen entwickelt, die wiederum für regelmäßige jährliche Erträge sorgen.

Frucht

Die Sorte reift etwa drei Wochen nach 'Jonkheer van Tets'. Sie bringt lange, wenig rieselnde Trauben mit zahlreichen glänzend roten, harten und großen Beeren bei guter Saftfarbe. Die Sorte ist sehr gut von Hand pflückbar. Transportfestigkeit und Lagerverhalten sind überdurchschnittlich gut. 'Rotet' ist wenig regenanfällig und schmeckt recht gut, etwas sauer, aber aromatisch.

Anbau und Markt

Diese beachtenswerte, spätreifende Züchtung ist interessant wegen ihrer Regenfestigkeit und wegen ihrer Eignung für den Frischverzehr und die Verwertung. Mit 'Rotet' wird das Sortiment um eine Variante bereichert, die bereits in den ersten Standjahren gute und danach sichere Erträge bringt. Interessant ist die ausgezeichnete Haltbarkeit im Kühllager.

Rote Vierländer

Daten zur Frucht:
Traubenlänge 13 cm
Fruchtwachstumszeit 86 Tage
Zuckergehalt 46 °Oe
Säuregehalt 37 g/l
Vitamin C-Gehalt 55 mg/100 g
100-Trauben-Gewicht 860 bis 872 g
100-Beeren-Gewicht 74 g

Rote Vierländer

Synonym ist 'Erstling aus Vierlanden'. Ähnliche Namen sind keine bekannt.
Abstammung, Herkunft und Verbreitung: Die Sorte wurde durch den Baumschuler Rosenthal aus Rötha/Mitteldeutschland eingeführt. Sie soll im niederländischen Vierlanden um 1900 als Zufallssämling aus 'Rote Holländische' entstanden sein. Verbreitet ist die Sorte seit 1910 vor allem in den Niederlanden, aber auch in Deutschland, spielt im Erwerbsanbau aber keine Rolle mehr.
Standortansprüche: 'Rote Vierländer' verlangt gute, nährstoffreiche Böden. Anlagen auf Sandböden enttäuschen, sofern nicht genügend und alljährlich mit Humus kräftig nachgeholfen wird. Gute Wasserführung ist Voraussetzung für den sortentypisch hohen Ertrag (etwas über 'Red Lake'). Die Sorte ist relativ anspruchslos und hat eine große Anbaubreite.
Blüte und Befruchtung: Die Sorte blüht mittelfrüh; sie ist selbstfruchtbar und trägt an Kurztrieben auf zweijährigem Holz.

Strauch

Sehr starkwüchsig mit aufrechter Tendenz und kräftiger Verzweigung. Auf nährstoffarmen und trockenen Böden tritt verstärkt Blattvergilbung und Blattranddürre auf.

Frucht

'Rote Vierländer' reift mittelspät. Die lange Traube wird von zahlreichen kleinen, dunkelroten, stark glänzenden und dicht sitzenden Beeren gebildet. Die Trauben sind nicht ganz leicht pflückbar. Sie schmecken ziemlich gut und haben ein ausgeprägtes Johannisbeeraroma. Die Beeren sind sehr saftig und wegen der süßsäuerlichen Geschmackskomponente insbesondere zur Saftbereitung beliebt. Die Transportfestigkeit ist gut und die Lagerfähigkeit ausreichend. Trocken gepflückte Ware hält sich mehrere Tage bis zu einer Woche. Insgesamt ist die Sorte rieselfest.

Anbau und Markt

Eine auch für etwas extensivere Kultur gut geeignete Sorte, im Erwerbsanbau durch verbesserte Züchtungen verdrängt. Gelegentlich kommt es bei weniger zusagenden Standortverhältnissen in den ersten Ertragsjahren zu geringen Erträgen. Mit zunehmendem Alter der Stöcke beziehungsweise der Triebe verliert sich diese Eigenschaft.
'Rote Vierländer' ist eine vor allem für Saftbereitung, Konservierung, Tiefkühlung und Rohgenuß altbewährte und immer noch brauchbare Sorte. Für einen jährlichen regelmäßigen Schnitteingriff ist sie dankbar. Er kann sofort nach der Ernte vorgenommen werden. Der Rückschnitt der frisch zugewachsenen Triebe im zwei- bis dreijährigen Strauchbereich fördert den Blütenbesatz im Folgejahr.
Die Früchte platzen bei Regen leicht auf und gehen dann rasch in Fäulnis über.

Daten zur Frucht:
Traubenlänge 8 cm
Fruchtwachstumszeit 70 Tage
Zuckergehalt 45 °Oe
Säuregehalt 25 g/l
100-Trauben-Gewicht 546 bis 555 g
100-Beeren-Gewicht 72 g

Rovada

Synonym ist 'Robella'.
Abstammung, Herkunft und Verbreitung: 'Rovada' wurde 1968 am CPRO-DLO Wageningen/Niederlande gekreuzt. Elternsorten sind 'Fay's Prolific' und 'Heinemanns Rote Spätlese'. 1980 in den Anbau eingeführt. Die Sorte ist in Westeuropa im Erwerbsanbau vertreten und gilt derzeit als beste Sorte für die Frischmarktbelieferung.
Standortansprüche: Bevorzugt werden humose, mittelschwere Böden mit guter wasserhaltender Kraft. Spätfrostfreie Klimagebiete sind für diese hochertragliche, spät blühende Beerensorte besonders gut geeignet.
Blüte und Befruchtung: 'Rovada' blüht spät bis sehr spät.

Strauch

Mäßig stark- bis starkwüchsig, mäßig verzweigte Triebe, straff- und hochwüchsig, ideal für die Heckenerziehung, im Holz aber nicht winterfrostfest. Das robuste Blattwerk ist wenig anfällig für Mehltau und Blattfallkrankheit. 'Rovada' läßt sich mit geringen Schnitteingriffen gut in Form halten.

Rovada

Stanza

Synonym ist 'St. Anna-Beere'.
Abstammung, Herkunft und Verbreitung: Holländische Sorte, herausgegeben vom Versuchsbetrieb St. Anna-Parochie/Niederlande. Die Kreuzungseltern sind unbekannt. Eingeführt 1967. In den Niederlanden, aber auch in Deutschland im Anbau.
Standortansprüche: Tiefgründige und vor allem frische und mittelschwere Böden sowie geschützte, warme und sonnige Lagen sind vorteilhaft, um die günstige natürliche Fruchtbarkeit umzusetzen. Stellt hohe Ansprüche an den Standort. Möglichst nicht in spätfrostgefährdete Lagen pflanzen.
Blüte und Befruchtung: Mittelfrüh blühende Sorte, Selbstbefruchter.

Strauch

Die Sorte wächst ziemlich stark, wenig verzweigt und straff aufrecht. Sortentypisch wird sehr viel Fruchtholz gebildet. Relativ widerstandsfähig gegenüber Krankheiten und Schädlinge. Im fortgeschrittenen Alter muß kräftig geschnitten werden, um die Fruchtgröße und die Beerenlänge zu halten. Der Ertrag beginnt sehr früh und ist sicher. Alternanz tritt nicht auf.

Frucht

Sehr lange, großbeerige, lockere, attraktive Traube, die sich für die Handpflücke bestens eignet. Die mittelgroßen, festen, saftreichen, hochglänzenden Beeren sitzen an einem kräftigen, dicken Stiel und schmecken aromatisch, säurebetont. Die Saftfarbe ist ausreichend rot.

Anbau und Markt

Diese mittelspät- bis spätreifende, reichtragende, beachtliche Züchtung ist sowohl für den Frischverzehr als auch für alle Verwertungsrichtungen gut geeignet. Allerdings platzen die reifen Beeren nach anhaltenden Regenfällen.

Daten zur Frucht:
Traubenlänge 10 bis 12 cm
Zuckergehalt 54 °Oe
Säuregehalt 45 g/l
Vitamin C-Gehalt 32 mg/100 g
100-Trauben-Gewicht 1425 g
100-Beeren-Gewicht 66 bis 68 g

Stanza

Die Früchte reifen gleichzeitig. Auf leichteren Böden muß stark geschnitten werden. Sonst bleiben die Trauben zu kurz und kleinbeerig. Auch für Hecken- und Spalierererziehung geeignet. Die Sorte ist nicht ganz regenfest.

Frucht

Mittelspät- bis spätreifend, mindestens 14 Tage nach 'Jonkheer van Tets'. Die sehr großen Beeren sitzen an mittellangen Trauben. Kräftiges Rot und dunkle Saftfarbe gelten als weitere gute Eigenschaften. 'Stanza' läßt sich leicht pflücken. Sie ist etwas sauer im Geschmack, die Beeren haben wenig Aroma, sind jedoch saftreich. Wenig zum Rieseln neigend. Die festen Beeren glänzen stark und lassen sich hervorragend transportieren.

Anbau und Markt

Eine rieselfeste Sorte aus den Niederlanden mit sehr großen Beeren an mittellangen Trauben. Straffer, aufrechter Wuchs und große Fruchtbarkeit sowie die mittelspäte bis späte Reifezeit sind günstige Eigenschaften. 'Stanza' ist für den Frischkonsum und für die Verarbeitung interessant. Rascher Beginn der Ertragsfähigkeit und hoher Anfangsertrag, gute Widerstandsfähigkeit des Holzes gegen Winterfrost sind weitere positive Eigenschaften.

Daten zur Frucht:
Traubenlänge 6,5 cm
Fruchtwachstumszeit 68 Tage
Zuckergehalt 39,5 °Oe
Säuregehalt 27,5 g/l
Vitamin C-Gehalt 37 mg/100 g
100-Trauben-Gewicht 670 bis 690 g
100-Beeren-Gewicht 70 g

Weiße Versailler

Ähnliche Namen oder Synonyme sind keine bekannt.
Abstammung, Herkunft und Verbreitung: Züchter ist M. Bertin, Versailles/Frankreich; seit 1850 im Handel; die Elternsorten sind unbekannt. Die Sorte ist im letzten Drittel des 19. Jahrhunderts aus Frankreich nach Deutschland gekommen. Eine alte Liebhabersorte, in ganz Europa verbreitet, aber zunehmend verdrängt durch Neuzüchtungen mit höheren Erträgen und größerer Anbaubreite.

Standortansprüche: Windgeschützte, warme und sonnige Standorte sind für die Sicherheit des Ertrages ausschlaggebend. In höheren Lagen kann diese Sorte in Hausgärten mit einer Windschutzanlage noch kultiviert werden. Am besten befriedigt die Sorte in tiefgründigen, humosen und vor allem frischen, mittelschweren Böden. Zusätzliche Wasserversorgung während der Fruchtreife trägt zur Ertragssicherung und -steigerung viel bei. Über Anfälligkeit von Holz und Blüte gegenüber tiefen Temperaturen ist nichts Nachteiliges bekannt. Frostlagen sind vom Anbau auszuschließen.
Blüte und Befruchtung: 'Weiße Versailler' blüht und fruchtet an Kurztrieben im zwei- bis dreijährigen Bereich. Die frühe Blüte bedingt starke Gefährdung durch Spätfröste. Infolge der Selbstfruchtbarkeit ist blockweiser Anbau möglich.

Strauch

Die Wuchskraft ist mittelstark. Die Triebe stehen aufrecht und sind nur ganz kurz verzweigt. Der Ertrag ist mittel bis hoch. 'Weiße Versailler' ist stark anfällig für die Blattfallkrankheit. In Spätfrostjahren muß mit dem Verrieseln gerechnet werden. Voll aufgeblühte Einzelblüten reagieren empfindlich auf tiefe Temperaturen. Die Sorte wird vom Rostpilz befallen. Bekämpfung ist nach der Ernte erforderlich. Vollpflege und jährlicher Rückschnitt bringen relativ hohe und sichere Erträge. Die Einzeltrauben werden bei lichtem Stockaufbau großbeeriger, die Frucht insgesamt süßer. Jährlicher Schnitt ist erforderlich. Abgetragene Strauchpartien werden entfernt, die überzähligen Jahrestriebe sind aus der Strauchbasis herauszunehmen.

Frucht

Frühreif, ab der 2. Juliwoche erntefähig. Lange Trauben mit mittelgroßen, grünlichweißen Beeren mit durchscheinenden Samen und lockerem Traubenaufbau sind sortentypisch. Der Stiel ist lang, die Früchte lassen sich leicht von Hand pflükken. Sie schmecken mild-süßsäuerlich und haben ein feines Aroma.

Anbau und Markt

Diese altbewährte, wohlschmeckende Liebhabersorte wurde von ertragreicheren und robusteren Neuzüchtungen wie 'Zitavia', 'Werdavia' und vor allem 'Primus', 'Blanca' und 'Albatros' abgelöst. Wegen des milden Geschmacks ist Rohgenuß die vordringliche Verwendungsart, sie eignet sich aber auch für die Bereitung von Süß-

Weiße Versailler

most, Fruchtwein und -sekt. Immer noch eine Liebhabersorte für gute Standorte.

Daten zur Frucht:
Traubenlänge 7,5 cm
Fruchtwachstumszeit 61 Tage
Zuckergehalt 47 °Oe
Säuregehalt 29 g/l
100-Trauben-Gewicht 658 bis 670 g
100-Beeren-Gewicht 68 g

Ben Lomond

Synonyme oder ähnliche Namen nicht bekannt.
Abstammung, Herkunft und Verbreitung: Kreuzung von ('Brödtop' × 'Janslunda') mit ('Consort' × 'Magnus') aus dem Scottish Horticultural Research Institut in Invergowrie/Schottland. 1961 gekreuzt, seit 1975 als Lizenzsorte im Handel. Versuchsweise in Westeuropa verbreitet.
Standortansprüche: Für frostfreie Lagen und infolge der frühen Reife auch für Höhengebiete geeignet. Im Weinbauklima besonders ertragssicher.
Blüte und Frucht: 'Ben Lomond' blüht früh, 1 bis 2 Tage vor oder mit 'Rosenthals' zusammen.

Strauch:

Mäßig bis stark wüchsig, kompakt, im Vollertrag gehen Triebe mehr in die Breite; sie sind mit mittelgroßen, gesunden, sattgrünen Blättern besetzt. Regenerationsvermögen befriedigend. Anfällig für Spinnmilben, wenig empfindlich für die Blattfallkrankheit; ausreichend mehltauresistent.

Frucht

Mittelfrüh reifend, 6 bis 7 Tage nach 'Rosenthals', fast gleichzeitig mit 'Titania'. Die Beeren sind groß bis sehr groß, dunkelglänzend und sehr fest. Sie reifen gleichzeitig und rieseln leicht bei ungünstiger Witterung nach der frühen Blüte. Die mittellangen Trauben sind locker besetzt und haben mittellange Stiele. Weil die erste Beere nicht unmittelbar am Holz ansetzt, sind Hand- und Maschinenernte möglich. 'Ben Lomond' schmeckt befriedigend und hat ausreichend Aroma, die Säure herrscht vor. Die Beeren fallen auch bei Vollreife nicht ab.

Anbau und Markt

Dieser ertragreiche Sorte ist für den Liebhaber- und Erwerbsanbau und auch für die ökologisch orientierte Wirtschaftsweise infolge ihrer Resistenz gegen die wichtigsten Pilzkrankheiten eine gute Alternative. Für alle Anbauformen (Strauch, Hecke) geeignet. Die Reifezeit liegt günstig. Als ausreichend selbstfruchtbare Sorte bringt 'Ben Lomond' in guten Lagen befriedigende Erträge an qualitativ ausreichenden Früchten. Auch für die Frischvermarktung eignet sich die Sorte aufgrund der großen, gleichzeitig reifenden Beeren.

Daten zur Frucht:
Traubenlänge 5,5 cm
Fruchtwachstumszeit 67 Tage
Zuckergehalt 57 bis 60 °Oe
Säuregehalt 48 bis 50 g/l
Vitamin C-Gehalt 194 mg/100 g
100-Beeren-Gewicht 90 bis 92 g

Ben Lomond

Black Reward

Abstammung, Herkunft und Verbreitung: Gezüchtet vom NSDO in Schottland. Geschützte Sorte. Heute verbreitet in der Schweiz, in Großbritannien und Deutschland. Seit den 70er Jahren etwas stärker im Anbau zu finden.
Standortansprüche: Lehmige und nährstoffreiche Böden mit guter Wasserversorgung in wärmeren bis warmen Gebieten haben bislang am ehesten überzeugt. Frostlagen sind trotz der späten Blüte vom Anbau zum Erwerb auszuscheiden.
Blüte und Befruchtung: 'Black Reward' blüht spät. Eine gleichzeitig blühende Befruchtersorte ist angebracht. Einsatz von Bienen zur Blühzeit erhöht den Beerenansatz und den Ertrag.

Strauch

'Black Reward' wächst mittelstark bis stark und aufrecht mit kräftigen Ästen. Die Triebe haben kurze Internodien. Sortentypisch ist eine geringe Anzahl von Neutrieben aus dem Wurzelstock. Die großen, dunkelgrünen Blätter sind wie die Früchte mehltauresistent.

Frucht

Die Traube ist lang bis mittellang, die Beeren sind groß bis mittelgroß. Pro Fruchtstand sind Doppeltrauben, manchmal aber auch drei kürzere Trauben charakteristisch. Die Sorte läßt sich leicht pflücken und reift ziemlich gleichzeitig. Geschmack und Aroma sind sehr zufriedenstellend.

Anbau und Markt

Eine Sorte ähnlich wie 'Roodknop', aber mit späterer Reifezeit. Hohe Ertragssicherheit und geringe Mehltauempfindlichkeit sind weitere positive Eigenschaften. Wegen der schwachen Regenerationsfähigkeit des Strauches ist die Sorte insbesondere für die Handernte recht wertvoll.

Daten zur Frucht:
Traubenlänge 6,0–6,5 cm
Fruchtwachstumszeit 60–65 Tage
Zuckergehalt 69 °Oe
Säuregehalt 24,9 g/l
100-Beeren-Gewicht 80–85 g

Black Reward

Daniels September

Lissil

Roodknop

Rosenthals Schwarze

Titania

Daniels September

Abstammung, Herkunft und Verbreitung: Eine Mutante von 'Baldwin'. 1923 von Daniels/England in den Handel gebracht. In Westeuropa verbreitet.
Standortansprüche: Gute bis mittlere Böden in frostfreien Lagen und gute bis mäßige Wärme sind der Sorte förderlich. Holz und Blüte sind frosthart.
Blüte und Befruchtung: Die Sorte blüht früh bis mittelfrüh; für einen hohen Ertrag ist Fremdbefruchtung durch eine gleichzeitig blühende Sorte nötig.

Strauch

Starkwüchsig; charakteristisch sind dünne Triebe, die das Auseinanderfallen des Strauches begünstigen. Ein mäßiger Aufbauschnitt kann entgegenwirken. 'Daniels September' ist anfällig für Blattkrankheiten und benötigt regelmäßigen Pflanzenschutz. Der relativ große Standraumbedarf ist beim Anbau zu berücksichtigen.

Frucht

Die sehr spätreifende Sorte hat lange, lokkere Trauben mit mittelgroßen, festen und tiefschwarzen Beeren. Sie lassen sich auch von Hand gut ernten. Die Frucht von 'Daniels September' ist säuerlich, herb und aromatisch; auch bei Vollreife am Strauch noch längere Zeit haltbar.

Anbau und Markt

Früher, sicherer und hoher Träger mit extremer Spätreife. In Frühobstgebieten und bei garantierter Absatzlage (Abnahmeverträge mit der aufnehmenden Industrie) eignet sich die Sorte infolge hoher innerer Qualitätswerte gut für den Erwerbsanbau.

Daten zur Frucht:
Traubenlänge 7,0 cm
Fruchtwachstumszeit 86 Tage
Zuckergehalt 59 °Oe
Säuregehalt 32 g/l
100-Trauben-Gewicht 426 g
100-Beeren-Gewicht 85–90 g

Fertöder I

Synonyme oder ähnliche Namen sind nicht bekannt.
Abstammung, Herkunft und Verbreitung: Auslese aus einer Sämlingspopulation, die in Ungarn in den 60er Jahren aus frei abgeblühten Samen der Sorte 'Aström' gewonnen wurde. Seit 1978 in Ungarn zum Anbau freigegeben.
Standortansprüche: Relativ anspruchslos, bringt aber von Natur aus auf nährstoffreichen, tiefgründigen Böden im Weinbauklima beachtliche, im allgemeinen immer noch befriedigende Erträge.
Blüte und Befruchtung: Blüht sehr früh, 5 bis 7 Tage vor 'Rosenthals'. Die Erträge steigen bei Bestäubung durch Bienen. Die Sorte ist ausreichend selbstfruchtbar, eine gleichzeitig blühende Sorte in der Nachbarschaft fördert aber den Fruchtansatz.

Fertöder I

Strauch

Die Triebe wachsen mittelstark und sind wenig verzweigt. Bei reichem Fruchtansatz neigen sich die Fruchttriebe zum Boden. So entsteht die für 'Fertöder 1' typische kugelige Strauchform. Wenig vegetativ betonter Wuchs, die Neutriebbildung ist deshalb gering. Hervorzuheben sind das gesunde Blattwerk und die gute Widerstandsfähigkeit gegen Mehltau und Blattfallkrankheit; nach polnischen Versuchsergebnissen auch wenig anfällig für Gallmilben. Der sortentypische Wuchs bedingt bei 'Ferdtöder 1' nur geringen Schnittaufwand im Vollertragsstadium. Es genügt, gelegentlich auszulichten und die überzähligen Basisjungtriebe wegzuschneiden.

Frucht

Die langen Stiele sind mit mittelgroßen, gleichzeitig reifenden Beeren locker besetzt. Die sehr frühe Fruchtreife – eine halbe Woche vor 'Rosenthals' – ist eine wertvolle Eigenschaft dieser Sorte. Sie eignet sich sehr gut für die Handernte, läßt sich aber auch problemlos maschinell ernten. Die Beeren halten sich auch nach der Vollreife lange am Stock. Sie schmecken überdurchschnittlich gut, da bei der Vollreife eine hohe Süße mit viel Aroma und ausreichender Säure gekoppelt ist.

Anbau und Markt

'Fertöder 1' ist eine Sorte mit extrem früher Reife und hat relativ lange Trauben mit großen Beeren. Die inneren Werte machen sie für Frischmarktbelieferung und Selbstpflücke interessant. Wegen der Resistenz gegen die bei den Schwarzen Johannisbeeren gefürchteten Pilzkrankheiten ist dieser Züchtung eine größere Verbreitung zu wünschen. Wertvoll für den Frischmarkt, aber auch für die Bereitung von hocharomatischen Marmeladen und für die Gefrierkonservierung.

Daten zur Frucht:
Fruchtwachstumszeit 70 Tage
Traubenlänge 5,0 cm
Zuckergehalt 66 bis 70 °Oe
Säuregehalt 40 bis 41 g/l
100-Beeren-Gewicht 78 bis 83 g

Leandra

Ähnliche Namen und Synonyme sind nicht bekannt.

Abstammung, Herkunft und Verbreitung: Von der Baumschule Willems, Kranenburg/Niederlande seit 1985 verbreitet. Die Elternsorten sind nicht bekannt. 'Leandra' wird derzeit an mehreren Standorten im In- und Ausland geprüft und hat bisher weitgehend überzeugt.

Standortansprüche: Spätfrostgefährdete Lagen sind zu meiden; auch noch für Höhenlagen geeignet; nährstoffreiche, gut mit Feuchtigkeit versorgte Böden sind zu bevorzugen.

Blüte und Befruchtung: 'Leandra' blüht mittelfrüh und ist selbstfruchtbar; neigt in Blühperioden mit kühlen Temperaturen zum Ausrieseln.

Strauch

'Leandra' wächst stark, ist ausladend und geht mehr in die Breite. Die starken Gerüstäste sind mit kurzen Seitenzweigen besetzt. Das kräftige Blattwerk und die Spitzen der Jungtriebe sind (bislang) resistent gegen Mehltau.

Frucht

Die mittelspätreifende Sorte bringt an langen Stielen ansehnliche Trauben mit mittelgroßen, ausreichend festen Beeren. Ihr Geschmack kann mit sehr gut beurteilt werden. Hoher Zuckergehalt und kräftige Säure sind mit viel arttypischem Aroma gekoppelt. 'Leandra' ist durch ihre Traubenform für die Handernte prädestiniert. Auch läßt sich der Stiel leicht vom Holz lösen. Die sehr intensive Saftfarbe gilt als weitere positive Eigenschaft von 'Leandra'.

Anbau und Markt

'Leandra' ist eine früh- und reichtragende, mehltaufeste, sehr farbstoffkräftige, langtraubige holländische Sorte mit mittelgroßen Beeren und hervorragenden inneren Eigenschaften. Für die Handernte bevorzugt geeignet, kann aber auch mit der Maschine geerntet werden. Sie ist für alle Anbaubereiche und für alle Verwertungsrichtungen eine sehr brauchbare Sorte mit ausreichender Resistenz gegen Mehltau.

Daten zur Frucht:
Traubenlänge 4,5 cm
Fruchtwachstumszeit 72 Tage
Zuckergehalt 61 °Oe
Säuregehalt 47,8 g/l
100-Beeren-Gewicht 85 bis 98 g
100-Trauben-Gewicht 361 g

Lissil

Ähnliche Namen oder Synonyme sind keine bekannt.

Abstammung, Herkunft und Verbreitung: 'Lissil' ist aus der Kreuzung von 'Lissawaja' ('Goliath-Typ') × 'Silvergieters Schwarze' entstanden. Von Dr. Rudolf Bauer im Max-Planck-Institut für Züchtungsforschung in Köln-Vogelsang gezüchtet. Die Sorte ist in Deutschland in Erwerbsbetrieben verbreitet.

Standortansprüche: Infolge ihrer Frühreife auch noch für hohe und etwas rauhere Lagen zum Anbau geeigent. Durchlässige, mittlere Böden mit ausreichender Durchfeuchtung werden in der relativ kurzen Entwicklungszeit gut genutzt. 'Lissil' wird wenig von Spätfrösten beeinträchtigt, ausgesprochene Winterfrostgebiete und tiefe Lagen scheiden dennoch für den Anbau aus. Die Sorte blüht sehr spät. Fremdbefruchtung erhöht den Ertrag.

Strauch

Sehr starkwachsend, dichtwüchsig und breitkugelig. Gute Regeneration aus dem Wurzelstock. Straff aufrechte Triebe verkahlen wenig. 'Lissil' ist anfällig für Viruskrankheiten.

Frucht

Die Sorte 'Lissil' zeichnet sich durch eine frühe bis sehr frühe Reife aus. Sie ist sehr ertragreich und bringt an mittellangen bis langen Trauben, oft mit zusätzlicher Nebentraube, große bis mittelgroße und feste Beeren. Die Einzelbeere ist verhältnismäßig dünnhäutig. Der Beerenbesatz der Traube ist sehr gleichmäßig und dicht. Sie läßt sich von Hand hervorragend und rasch ernten. Die Frucht schmeckt süßsäuerlich, dabei recht aromatisch.

Anbau und Markt

Die sehr starkwüchsige und gleichzeitig sehr ertragreiche, neuere Sorte ist wegen ihrer extrem späten Blüte wertvoll auch für höhere Lagen und rauheres Klima. Größere Pflanzabstände sind angebracht. Für Rohgenuß und Marmeladenbereitung eignet sich 'Lissil' hervorragend. Infolge ihres geringeren Säuregehalts ist sie für die industrielle Verwertung weniger wertvoll. Hohe Farbintensität des Saftes macht sie aber für den Verschnitt interessant. Zum Risikoausgleich im Erwerbsanbau gehört sie ins Standardsortiment.

Daten zur Frucht:
Traubenlänge 5,5 cm
Fruchtwachstumszeit 86 Tage
Zuckergehalt 52 °Oe
Säuregehalt 28,5 g/l
100-Beeren-Gewicht 95 bis 98 g
100-Trauben-Gewicht 448 g

Malling Jet

Malling Jet

Ähnliche Namen sind nicht bekannt, ebenfalls keine Synonyme.
Abstammung, Herkunft und Verbreitung: Züchtung der NSDO East Malling/Großbritannien. Bislang im versuchsweisen Anbau in Bayern und Baden-Württemberg.
Standortansprüche: Tiefgründige, humose und frische Böden mit guter natürlicher Nährkraft bringen hohe Erträge. Tallagen sind wegen der dort häufiger auftretenden Winterfröste zu meiden.
Blüte und Befruchtung: 'Malling Jet' blüht spät im April, ca. 3 bis 4 Tage später als alle anderen Sorten im Sortiment. Charakteristisch sind sehr lange Blütentrauben, oft gekoppelt mit einer kleineren, zweiten Traube. Die Sorte ist selbstfruchtbar.

Strauch

Der mittelstark wachsende, aufrechtstrebende Strauch bildet starke Gerüstäste. Am letztjährigen Holz entwickeln sich lange bis mittellange Seitentriebe. Das Blatt ist dunkelgrün, die Mittellappen laufen spitz zu. Die Triebspitzen werden Ende Juli/Anfang August sehr stark von Mehltau befallen.

Frucht

Bei später bis sehr später Reifezeit bringt 'Malling Jet' mittlere bis gute Erträge an extrem langtraubigen, mittelgroß- bis großbeerigen, dunkelglänzenden, sehr harten und festen Früchten. Infolge des langen Stiels, an dem allerdings die zwei ersten Beeren sehr dicht am Holz sitzen, eignet sich die Sorte gut zur Handpflücke. Die Traube kann lang am Strauch hängen bleiben. Der Fruchtgeschmack ist sehr säurebetont mit mittlerem bis schwachem Schwarzen Johannisbeer-Aroma. Sortentypisch ist am Fruchtstand, daß die letzten 3 bis 4 Beeren kleiner bleiben und ca. 4 bis 5 Tage später reifen. Die Früchte färben allerdings nach der Ernte rasch nach. Außer Mehltau sind weitere Krankheiten nicht bekannt.

Anbau und Markt

Wegen guter Erträge, einem hohen Säuregehalt und wegen der späten Reife eignet sich 'Malling Jet' für die Frischmarktbelieferung und zur Saisonverlängerung, sofern es gelingt, Mehltaubefall zu verhindern. Für die Verwertungsindustrie unbedeutend, da zur Reifezeit die Saison für diese Obstart schon abgeschlossen ist. Für das Tiefgefrieren hervorragend geeignet.

Daten zur Frucht:
Traubenlänge 14 cm
Fruchtwachstumzeit 97 Tage
Zuckergehalt 59,5 °Oe
Säuregehalt 47,6 g/l
100-Beeren-Gewicht 89 g
100-Trauben-Gewicht 433 g

Ometa

Ähnliche Namen oder Synonyme sind nicht bekannt.
Abstammung, Herkunft und Verbreitung: Eine Auslese aus einer Sämlingspopulation des Max-Planck-Institutes in Köln-Vogelsang von Dr. Rudolf Bauer. Die Elternsorten sind nicht bekannt. 'Ometa' wurde 1971 gekreuzt und 1991 zugelassen und steht in den wichtigen Anbaugebieten im Versuchsanbau.
Standortansprüche: Genügsam, sofern ausreichend Feuchtigkeit und Nährstoffe vorhanden sind. Wenig spätfrostgefährdet.
Blüte und Befruchtung: Spätblühend; bislang liegen noch wenige Erfahrungen vor.

Strauch

Starkwüchsige, kräftige, aufrechtwachsende Triebe bilden hohe, breit ausladende, mitteldichte Büsche. Charakteristisch sind der späte Austrieb, die gute Regenerationsfähigkeit im mittleren und oberen Strauchbereich, weniger aus der Basis des Strauches. 'Ometa' eignet sich besonders für die Heckenerziehung. Gering anfällig für Mehltau (Resistenz allerdings seit 1993 gebrochen), Rost und Johannisbeergallmilben, aber etwas anfällig für Blattfallkrankheit.

Frucht

Spätreifend, rund 14 Tage nach 'Rosenthals'. An einer sehr langen Traube mit kräftigem Stiel sind mittelgroße bis große, festfleischige, gleichmäßig reifende, transportfeste Beeren angesetzt. Für die Handernte sehr gut geeignet, die maschinelle Ernte bereitet ebenfalls keinerlei Probleme. Gelobt wird zu Recht der gute, süß-säuerliche, ausreichend aromatische Geschmack der Beeren.

Anbau und Markt

Eine wertvolle, reichtragende, ertragssichere Züchtung mit vielen positiven Eigenschaften sowohl für den konventionell als auch für den ökologisch ausgerichteten Erzeuger. In erster Linie eine Sorte für die Frischmarktbelieferung in der zweiten Hälfte der Reifezeit der Schwarzen Johannisbeeren.

Daten zur Frucht:
Traubenlänge 4,5 cm
Fruchtwachstumszeit 80 Tage

Ometa

Zuckergehalt 63 bis 67 °Oe
Säuregehalt 40 bis 42 g/l
Vitamin C-Gehalt 154 mg/100 g
100-Beeren-Gewicht 68 bis 72 g
100-Trauben-Gewicht 768 g

Roodknop

Ähnlicher Name ist 'Roodknop-Goliath'. Synonyme sind keine bekannt.
Abstammung, Herkunft und Verbreitung: Die Sorte wurde 1921 aus 'Goliath' selektiert von J. Heemstra, Groningen/NL. Sie ist heute in ganz Westeuropa verbreitet.
Standortansprüche: Eine Sorte mit einer großen ökologischen Anbaubreite. Sowohl leichte, aber ausreichend feuchte, humose Böden als auch schwere, tonhaltige Standorte befriedigen in der Ertragsleistung. Mittelschwere Lößlehm- bis Lehmböden mit hoher natürlicher Nährkraft und guter Wasserführung in frostfreien Lagen sind Voraussetzung für einen reichen und regelmäßigen Ertrag. Holz, Blüten und Knospen sind relativ unempfindlich gegen Winter- und Spätfröste.
Blüte und Befruchtung: Spätblühend und für Fremdbefruchtung dankbar. Bienenflug zur Blüte erhöht den Fruchtansatz.

Strauch

'Roodknop' ist mittel- bis starkwüchsig, wächst aufrecht und bildet relativ kompakte Sträucher mit starken, kurz verzweigten Gerüstästen. Ihr Schnittaufwand ist gering. Auf Standorten mit schweren Böden reifen die Trauben unregelmäßig. Anfälligkeit für Blattvirose und Befall durch Rote Spinne ist vorhanden.

Frucht

Bei früher bis mittelfrüher Reifezeit bringt die kurztraubige, aber relativ großbeerige und weichhäutige Sorte hohe und regelmäßige Erträge. Die Handpflücke ist bei den büschelig wachsenden Fruchtständen erschwert. Die Frucht schmeckt säuerlich-herb und aromatisch. Vollreife Beeren halten sich nicht lange am Strauch. Sie platzen und werden von Botrytis befallen.

Anbau und Markt

'Roodknop' hat seit Einführung der maschinellen Ernte wieder stärkeren Auftrieb erlangt. Wegen sicherer, regelmäßiger Erträge und wegen ihres hohen Säuregehaltes ist 'Roodknop' eine von der Industrie gesuchte Sorte für die Marmeladen-, Saft- und Likörbereitung.

Daten zur Frucht:
Traubenlänge 4,5 cm
Fruchtwachstumszeit 76 Tage
Zuckergehalt 57,3 °Oe
Säuregehalt 36,7 g/l
100-Beeren-Gewicht 99 g
100-Trauben-Gewicht 421 g

Rosenthals Langtraubige Schwarze

Ähnliche Namen sind 'Langtraubige Schwarze' und 'Schwarze Traube'. Synonyme: engl. 'Boskoop Giant', 'Prince of Wales'; franz. 'Parodie des Raisins'.
Abstammung, Herkunft und Verbreitung: Die Sorte ist eine Mutante aus 'Boskoop Giant', und wurde ausgelesen von Baumschuler H. Rosenthal aus Rötha/Thüringen. Die Sorte ist seit 1913 im Handel und in West- und Mitteleuropa verbreitet.
Standortansprüche: Keine Besonderheiten bekannt, jedoch sollten frostgefährdete Lagen und windoffene Lagen vermieden werden. Auch winterfrostgefährdete Standorte scheiden für den Anbau aus, da das Holz relativ frostempfindlich ist.
Blüte und Befruchtung: 'Rosenthals Langtraubige Schwarze' blüht früh. Für einen guten Fruchtansatz ist eine weitere schwarze Sorte als Pollenspender erforderlich. Um die Befruchtung zu sichern, sollten Bienen eingesetzt werden.

Strauch

'Rosenthals' wächst sehr stark und bildet breite, ausladende Büsche. Johannisbeerrost, Mehltau und Johannisbeergallmilbe kommen an ungepflegten Sträuchern verstärkt vor. Auch neigt die Sorte in kühlen Jahren zum Verrieseln. Sie eignet sich nur für frostfreie Lagen.

Frucht

Die Traube ist sehr lang. Als sortentypisch gilt die lockere Besetzung der Traube mit einzelnen Beeren. Die Einzelbeere ist groß, dünnschalig, tiefschwarz und matt. Sie wird schnell überreif. Durch langen Stiel und lange Traube ist 'Rosenthals Langtraubige Schwarze' die beste Sorte für die Handpflücke. Das Aroma ist kräftig mit säuerlich betontem, typischem Geschmack der 'Schwarzen Johannisbeere'.

Anbau und Markt

'Rosenthals' ist wüchsig und zeichnet sich in zusagenden Lagen durch gute Erträge aus. Wegen der Frostempfindlichkeit von Holz und Blüte erreicht man nicht alle Jahre die üblichen sortentypischen Erträge. Der Standortwahl ist große Beachtung zu schenken. Hoher Säuregehalt, intensiver Geschmack und gute Färbung des Mut-

Tenah

tersaftes machen diese großbeerige, langtraubige Sorte für die Verwertungsindustrie wertvoll. Die Selektion 'Klon 172 S 4' (LVWO Weinsberg) ist etwas weniger spätfrostempfindlich als die Ausgangsform.

Daten zur Frucht:
Traubenlänge 6,0 cm
Fruchtwachstumszeit 73 Tage
Zuckergehalt 57,2 °Oe
Säuregehalt 36,1 g/l
Vitamin C-Gehalt 195 mg/100 g
100-Beeren-Gewicht 46 g
100-Trauben-Gewicht 661 g

Tenah

Ähnliche Namen und Synonyme sind nicht bekannt.
Abstammung, Herkunft und Verbreitung: Eine Sorte aus dem Stichting Tuinbouwproef-en Selektie-bedryf Tilburg/Niederlande, die 1959 entstand durch die Kreuzung ('Goliath' × Selektionssorte unbekannter Herkunft) × 'Brödtorp'. 1973 durch G. Hanet, Veules-les-Roses/Frankreich in die Praxis eingeführt. In Europa im versuchsweisen Anbau.
Standortansprüche: Große ökologische Anbaubreite. Höchste Erträge bringt 'Tenah' in frostfreien, windgeschützten Lagen und auf tiefgründigen, gut durchfeuchteten Böden. Holz, Blüten und Knospen sind nur mäßig bis gering anfällig für Winter- und Spätfrost.
Blüte und Befruchtung: 'Tenah' blüht früh bis mittelfrüh und ist selbstfruchtbar; bei Fremdbefruchtung durch Bienen und Hummeln sind reiche Erträge möglich.

Strauch

Starkwüchsig mit überhängenden Trieben. Im früh einsetzenden Vollertragsstadium führen die zahlreichen Fruchtstände zum Auseinanderfallen der Büsche. Dadurch ist diese Sorte weniger gut für die maschinelle Ernte geeignet. Die Blätter sind dunkelgrün, mittelgroß und gesund, ähnlich der aus der gleichen Kreuzungspopulation hervorgegangenen Schwesternsorte 'Tsema'. Für die Handpflücker ist die sortentypische Wuchsform von 'Tenah' sehr günstig; weil die Früchte gut zu sehen sind, ergibt sich eine hohe Pflückleistung. Das Blattwerk an den Triebspitzen ist anfällig für Stachelbeermehltau; 'Tenah' ist mäßig anfällig für die Blattfallkrankheit.

Frucht

Bei früher Reifezeit bringt 'Tenah' an langen Trauben große, feste, tiefschwarze, relativ gleichzeitig reifende Beeren in großer Zahl. Gut für die Handpflücke zur Frischmarktbelieferung, aber nur bedingt für die maschinelle Ernte geeignet. Die Früchte haben einen ausreichenden Zucker- und guten Säuregehalt und sind vielseitig verwendbar. Vollreife Beeren können längere Zeit am Strauch hängen bleiben. Die dunkelrote Saftfarbe, ein intensives Aroma und die Harmonie im Geschmack sowie ein überdurchschnittlicher Vitamin-C-Gehalt sprechen für diese Sorte. Die Beeren sind für Botrytis kaum anfällig.

Anbau und Markt

'Tenah' bringt regelmäßige, sichere, hohe Erträge an ansprechenden, großbeerigen, langtraubigen, frühreifenden Früchten von guter innerer Qualität. Für die Frischmarktbelieferung, die häusliche und industrielle Verwertung vielseitig nutzbar. Sie ist leicht zu verwechseln mit ihrer Schwesternsorte 'Tsema', die nahezu gleichartige und gleichwertige Eigenschaften aufweist. Mehltau und Blattfall müssen termingerecht vorbeugend bekämpft werden.

Daten zur Frucht:
Traubenlänge 8,5 cm
Fruchtwachstumszeit 72 Tage
Zuckergehalt 57 °Oe
Säuregehalt 40,4 g/l
100-Beeren-Gewicht 105 bis 110 g
100-Trauben-Gewicht 1000 g

Titania

Ähnliche Namen oder Synonyme sind keine bekannt.
Abstammung, Herkunft und Verbreitung: Hervorgegangen aus der Kreuzung 'Altajskaja Desertnaja' × ('Consort' × 'Kajaanin Musta'). Züchter ist Pál Tamás aus Tollarp/Schweden. Die Sorte wurde 1985 eingeführt. Sie steht unter Lizenz und ist in Schweden, in der Schweiz und in Deutschland verbreitet.
Standortansprüche: Noch wenig Erfahrungen, große Ansprüche an Lage und Klima scheinen aber nicht vorzuliegen. Ausgesprochene Frostlagen sind dennoch vom Anbau auszunehmen.
Blüte und Befruchtung: 'Titania' blüht mittelfrüh; sie ist hochgradig selbstfruchtbar. Je Knospe finden sich meist zwei Blütenstände.

Strauch

'Titania' wächst sehr stark und bildet große, hochkugelige Büsche. Die Triebe werden gut 1,5 m lang. Die Blätter sind gesund, mittellappig, kurz und stumpf sowie sattgrün mit bläulichem Schimmer auf der Oberseite. Die Sorte ist nicht nur vital; nach ausländischen Berichten liegt auch Resistenz gegen Mehltau, Rost und Blattfallkrankheit vor. Anbauerfahrungen im Alten Land und auf dem Versuchsbetrieb der LVWO Weinsberg bestätigen diese Angabe hinsichtlich Freiheit von Mehltau. Für Blattläuse und Rote Spinne ist 'Titania' hochanfällig. Blüten und Holz vertragen tiefere Temperaturen als die anderen marktgängigen Sorten.

Frucht

Die Sorte reift mittelspät. Sie schmeckt betont säuerlich. Die Beeren sitzen an mittellangen Trauben und sind sehr groß, abgeflacht kugelig, fest, tiefschwarz glänzend und in der Größe sehr ausgeglichen. Die Früchte lassen sich ausgezeichnet maschinell ernten. Die Handernte ist durch den kurzen Fruchtstiel erschwert. Die Früchte halten lange am Strauch. Ihre Transportfestigkeit ist infolge der festen Konsistenz überdurchschnittlich hoch.

Anbau und Markt

Der Ertrag liegt 25 bis 50% über den jetzt im Anbau stehenden Sorten. 'Titania' verlangt sehr weite Pflanzabstände. Sie spielt durch ihre Resistenzeigenschaften eine beachtliche Rolle im Erwerbsobstbau. Beim Anbau kann auf Pflanzenschutzmaßnahmen gegen die angeführten Pilzkrankheiten verzichtet werden. Hohe Erträge und gute Qualitäten zeichnen sie aus. Die Früchte sind für den Frischverzehr und zum Tiefgefrieren geeignet. Hoher Pektingehalt fördert ihre Verarbeitung zu Marmelade und Gelee. Auch zur Saftbereitung ist die Sorte günstig. 'Titania' eignet sich für Anlagen, die zur Selbstpflücke vorgesehen sind. Die hohen Pflanzen und die großen Früchte erlauben eine gute Ernteleistung. Die Sorte übertrifft an Vitalität und Beerengröße alle älteren Sorten.

Daten zur Frucht:
Traubenlänge 5,7 cm
Fruchtwachstumszeit 79 Tage
Zuckergehalt 60 °Oe
Säuregehalt 46 g/l
Vitamin C-Gehalt 112 mg/100 g
100-Beeren-Gewicht 110 g
100-Trauben-Gewicht 930 g

Wellington XXX

Ähnliche Namen sind keine bekannt; Synonym ist 'Triple X'.
Abstammung, Herkunft und Verbreitung: 1913 aus der Kreuzung 'Baldwin Hilltop' × 'Boskoop Giant' entstanden. Züchter ist R. Wellington in Maidstone, East Malling Research Station, England. Eingeführt 1927. Aus dieser Muttersorte sind mehrere Mutanten entstanden. Die Sorte wurde durch Erhaltungszüchtung in den 50er Jahren verbessert. 'Wellington XXX' ist eine verbesserte Mutante, die seit 1951 in Deutschland im Handel ist.
Standortansprüche: Tiefgründige, nährkräftige, humose und frische Böden bringen hohe Erträge. Tallagen sollten gemieden werden, weil dort die Gefahr von Winterfrösten eher als in Hochlagen gegeben ist.
Blüte und Befruchtung: Sehr früh blühend (2 bis 3 Tage vor 'Rosenthals Langtraubige Schwarze'). Charakteristisch sind lange Blütentrauben, teils aber auch kleinere Nebentrauben. Die Sorte ist selbstfruchtbar. Dennoch ist sie dankbar für eine andere Sorte als Pollenspender. Sie ist selbst ein guter Pollenspender. Einsatz von Bienen führt zu hohem Traubenansatz.

Strauch

Mittelstarkwachsend. Der Strauch wächst breitausladend bis aufrecht. Auffällig sind die starken Gerüstäste. Die Triebe haben kurze Internodien. Das Blatt ist mittelgroß, dünn, leicht gewellt, mittelgrün und der Blattstiel dünn und lang.

Frucht

Die Traube ist mittellang, die einzelnen Beeren sind mittelgroß bis groß, fest, dickschalig, tiefschwarz, aber uneinheitlich in Größe und Reife. Aroma und Geschmack sind sehr kräftig.

Anbau und Markt

Hohe Fruchtbarkeit und Eignung für die mechanische Ernte sichern 'Wellington XXX' einen guten Platz im Sortiment. Durch Selektion wurden Mutanten mit unterschiedlicher Reifezeit, Ertragsneigung und geringerer Verrieselungsneigung ausgelesen. So ist z. B. 'Klon 163 S 2', selektiert an der LVWO Weinsberg, weniger spätfrostempfindlich in der Blüte als die Ausgangssorte. 'Wellington XXX' ist anfällig für Blattkrankheiten. Positiv ist ihr gutes Regenerationsvermögen. Eine Vergreisung kann durch Entfernen des abgetragenen Holzes und durch Nachziehen junger Triebe hinausgeschoben werden. Die Beere hält lange am Strauch. Für die Handernte eignet sich die kurze Traube mit dem Ansatz der ersten Beere unmittelbar am Fruchtholz weniger gut.

Daten zur Frucht:
Traubenlänge 6,7 cm
Fruchtwachstumszeit 82 Tage
Zuckergehalt 58,2 °Oe
Säuregehalt 34,9 g/l
Vitamin C-Gehalt 129 mg/100 g
100-Beeren-Gewicht 67 g
100-Trauben-Gewicht 342 g

Wellington XXX

Stachelbeere und Jostabeere

Zur Geschichte der Stachelbeere

Die Stachelbeersorten werden in der Art *Ribes grossularia* (heute *R. uva-crispa* L. var. *sativum* DC.) aus der Familie der Steinbruchgewächse (Saxifragaceae) geführt. Die Wildform kommt als Strauch in den Wäldern Süd-, Mittel- und Westeuropas vor. Sie ist aber auch in Nordafrika, im Kaukasus, in Nord- und Nordostchina heimisch geworden. In Nordamerika wachsen viele Arten. Von dort stammen auch die mehltauresistenten Stämme, die in der Züchtung heute eine größere Rolle spielen.
Die Kulturpflanzen der Stachelbeere fanden im 17. Jahrhundert von England ausgehend stärkere Verbreitung. Um 1740 waren in England bereits 100, um 1810 über 400 Sorten bekannt. Die erste deutsche Monographie der Stachelbeere erschien 1852 und nennt fast 1000 Sorten. Bis heute gilt das »Stachelbeerbuch« von Maurer (1913) als wesentliches Standardwerk.
Von Natur aus wachsen Stachelbeeren als 1,50 m hohe Sträucher. Auf den Unterlagen Goldjohannisbeere oder Jostabeere lassen sie sich als Stämmchen erziehen. Im Erwerbsanbau hat sich die Erziehungsform der Hecke und seit einigen Jahren als ein- oder zweitriebige Schlanke Spindel am 2 m hohen Gerüst durchgesetzt. An den Boden stellt die Stachelbeere höhere Ansprüche als die Rote Johannisbeere. Mittelschwere, nährstoffreiche Böden mit guter Wasserführung eignen sich am besten. Auf Trockenheit und stauende Nässe reagieren die Pflanzen empfindlich. Die Triebe tragen einfache, doppelte oder dreiteilige Stacheln. Die zwittrigen, unscheinbaren Blüten sitzen am zweijährigen Holz, oft auch an stachellosen Kurztrieben, einzeln oder in Trauben mit zwei bis drei Blüten. Da Stachelbeeren sehr früh austreiben und blühen, sind sie spätfrostgefährdet. Sie bevorzugen halbschattige, windgeschützte Standorte. Bei starker Sonneneinstrahlung zeigt sich an den Früchten Sonnenbrand.

Nach der Fruchtfarbe lassen sich drei Sortengruppen unterscheiden: grüne, gelbe und rote. Weitere Unterscheidungsmerkmale sind die Behaarung der Früchte, ihre Form und Reifezeit.

Hönings Früheste

Synonyme oder ähnliche Namen sind keine bekannt.
Abstammung, Herkunft und Verbreitung: Eine Sämlingsauslese aus 'Früheste Gelbe'. Von J. Höning, Neuss am Rhein, 1902 durchgeführt und seit Anfang dieses Jahrhunderts im Handel. Allgemein verbreitet.
Standortansprüche: Eine anspruchsvolle Sorte für wärmere Klimagebiete. Braucht nährstoffreiche, mittelschwere bis leichtere Böden mit ausreichend Wasserhaltevermögen und gutem Humusgehalt. Verträgt keine stauende Nässe, ungeeignet für Frostlagen, gedeiht jedoch auch in frostfreien Höhenlagen.
Blüte und Befruchtung: 'Hönings Früheste' blüht früh; ihre Blüten sind nicht zuletzt deshalb ziemlich spätfrostgefährdet.

Strauch

Durch den sehr kräftigen Wuchs entstehen große und dichte Sträucher von runder bis breitrunder Form. Das Blatt ist hellgrün mit gelblichem Schein, wenig glänzend und am Rand meist abwärts gebogen. Die Triebe sind sehr dicht mit Dreier-Stacheln besetzt. Die Jahrestriebe sind bis zur Spitze bewehrt. Wegen des dichten Wuchses und der zahlreichen Bodentriebe muß alljährlich gut ausgelichtet werden. Dadurch wird die Fruchtgröße gefördert und das Pflücken erleichtert. Die Sorte ist anfällig für Blattfallkrankheit und Mehltau. Ihr Holz ist frostempfindlich. Dafür leiden die Früchte weniger unter Sonnenbrand und platzen kaum auf.

Frucht

Sehr frühreifend, meist Ende Juni bis Anfang Juli. Die Frucht ist mittelgroß, rund, breitelliptisch, gelb und sonnenseits z. T. bräunlich punktiert und hat eine dünne, goldgelbe und weiche Haut. Das Aroma ist süß, mild und aromatisch. Die Früchte hängen zumeist allein, selten doppelt. Der Stiel ist sehr kurz. Der Ertrag wechselnd, etwas unsicher, insbesondere in kühlen Jahren. Vollreife Früchte sind wenig transportfähig.

Anbau und Markt

Wegen ihrer Frühzeitigkeit ist 'Hönings Früheste' eine begehrte Liebhabersorte. Ihre Früchte sind für den Frischgenuß hervorragend geeignet. Als Halb- oder Hochstamm sowie als Strauch ist sie anbauwürdig im Hausgarten.

Invicta

Synonyme sind nicht bekannt.
Abstammung, Herkunft und Verbreitung: 1968 an der East Malling Research Station, Kent/England aus der Kreuzung 'Keepsake' × ('Rote Triumph' × 'Resistenta') entstanden. Seit 1980 im Handel, seither in Europa verbreitet. Die Züchtung hat sich auch im Erwerbsanbau durchgesetzt.
Standortansprüche: Da 'Invicta' früh blüht, ist die Sorte nicht für spätfrostgefährdete Lagen geeignet. Auch noch im Halbschatten (Hausgarten) anbauwürdig. Mittelschwerer, nährstoffreicher, ausreichend feuchter Boden ist die ideale Bedingung für einen hohen Ertrag. Gute Humusversorgung und bei anhaltender Trockenheit während der Reife ausreichende, durchdringende Bewässerung fördern die Ausbildung großer Früchte.
Blüte und Befruchtung: 'Invicta' blüht früh bis mittelfrüh.

Strauch

Der Strauch wächst stark und geht dabei in die Breite. Dadurch entstehen gebogene Triebe. Dieser Eigenschaft kann entgegen-

Hönings Früheste

Invicta

gewirkt werden, wenn man beim Rückschnitt den Trieb auf eine obenstehende Knospe ableitet. Die Triebe sind mit vielen kräftigen Stacheln bewehrt; ihre Spitzen können bei starkem Befallsdruck durch den Mehltau infiziert werden. Kranke Triebspitzen werden bis ins gesunde Holz zurückgeschnitten. Die Blattfallkrankheit ist bislang nicht aufgetreten.

Frucht

'Invicta' reift mittelfrüh, etwas folgernd. Die große, weißlich-grüne Beere ist charakteristisch breit-eiförmig geformt und hat eine leicht behaarte Oberfläche. Die Adern scheinen hell durch die Haut. Die harte Frucht schmeckt ausreichend süßsäuerlich. Die Früchte können grün gepflückt werden. Sie sind für jegliche Verarbeitungsform geeignet. Für den Frischverzehr ist 'Invicta' nur vollreif geerntet zu empfehlen. Bleiben die Früchte überreif am Strauch, verändert sich der Geschmack nachteilig. Nach Starkregen platzen die reifen Früchte.

Anbau und Markt

Diese starkwüchsige, reichtragende, an der Frucht mehltaufreie Sorte ist für den Liebhaber- und Erwerbsanbau und auch für ökologisch wirtschaftende Betriebe eine gute Alternative zu den mehltauanfälligen Sorten.

Daten zur Frucht:
Zuckergehalt 47 bis 50 °Oe
Säuregehalt 35,4 g/l
Vitamin C-Gehalt 25 mg/100 g
100-Beeren-Gewicht 980 bis 1020 g

Mucurines

Synonym ist 'Malahit'. Ähnliche Bezeichnungen sind nicht bekannt.
Abstammung, Herkunft und Verbreitung: Unbekannt, Verbreitung vorwiegend in Hausgärten und bei Liebhaber-Obstbauern in Deutschland.
Standortansprüche: Für genügend feuchte, nährstoffreiche Böden und geschützte, sonnige Lagen, auch für Hochlagen geeignet, nicht für spätfrostgefährdete Tallagen. Im Holz ausreichend frosthart.
Blüte und Befruchtung: Blüht mittelspät bis spät; selbstfruchtbar; bei Nachbarschaft zu anderen, gleichzeitig blühenden Sorten wie z.B. 'Reflamba' wird die Ertragslei-

Mucurines

Reflamba

stung in kühlen Blühperioden durch Fremdbefruchtung gesichert; im allgemeinen ist 'Mucurines' nicht darauf angewiesen.

Strauch

Die mittelstarkwüchsigen, schräg aufwärts wachsenden, kräftigen Triebe sind dicht bestachelt. Durch reichen Fruchtansatz neigen sich die wenig verzweigten Triebe in die Waagrechte bzw. nach unten. So entsteht ein breiter, ausladender Busch. Durch geeigneten Rückschnitt der tragenden Stammpartien auf eine obenliegende Knospe läßt sich diesem sortentypischen Wuchsverhalten etwas gegensteuern. Das sattgrüne, kräftige und gesunde Blattwerk signalisiert die Robustheit und Gesundheit dieser Sorte. Die Triebspitzen weisen bei extrem starkem Mehltaudruck den weißlichen Filzbelag dieser Krankheit auf. Für Blattfallkrankheit ist 'Mucurines' nicht anfällig.

Frucht

Die spätreifende, gleichmäßig reif werdende, dunkelgrüne, breitkugelige Beere hat eine dünne, feste, glatte Schale und zähe Haut. Die Adern sind gelblichgrün und scheinen deutlich durch. Die Frucht hängt einzeln, jedoch dicht an dicht am Tragholz. Infolge eines mittellangen, dünnen bis sehr dünnen Stiels ist sie leicht zu pflücken. Der Geschmack entwickelt sich erst bei der Reife. Er ist stark von der Süße geprägt und ausreichend aromatisch. Die Früchte sind auch ohne vorbeugende Spritzungen frei von Mehltaubelag. Sie können lange am Strauch verbleiben. Mit beginnender Reife ist die Frucht in stark durchlichteten Büschen sonnenbrandgefährdet, sofern die sonst unter dem Laub hängenden Früchte der direkten Bestrahlung ausgesetzt sind. Bei Regenperioden in der Reifezeit, besonders nach vorangegangener Trockenheit, platzen die Früchte.

Anbau und Markt

Hohe Ertragsleistung, gute innere und äußere Eigenschaften der Frucht und die robuste Gesundheit des Strauches sprechen für eine positive Entwicklung im Anbau dieser Sorte.

Daten zur Frucht:
Zuckergehalt 56 bis 60 °Oe
Säuregehalt 32 g/l
Vitamin C-Gehalt 21 mg/100 g
100-Beeren-Gewicht 780 bis 820 g

Reflamba

Synonym ist 'Sämling Nr. 9'. Ähnliche Namen sind keine bekannt.
Abstammung, Herkunft und Verbreitung: Durch Einkreuzung der mehltauresistenten Wildart *Ribes divaricatum* in anfällige Kultursorten entstanden: ['Keepsake' × ('Goldkugel' × *R. divaricatum*)] × frei abgeblüht. Gezüchtet von Dr. Bauer vom Max-Planck-Institut, Köln-Vogelsang. Eingeführt wurde 'Reflamba' 1976, sie steht seit 1987 unter Sortenschutz und wird überwiegend in Deutschland vertrieben.
Standortansprüche: Ähnliche Ansprüche wie die vorstehend beschriebenen Stachelbeersorten.
Blüte und Befruchtung: Mittelfrüh blühend. Befruchtungsbiologische Verhältnisse sind noch nicht abgeklärt. Reichlicher Blütenbesatz zeichnet die Sorte aus.

Strauch

Diese Neuzüchtung wächst sehr stark. Die dicken Triebe stehen straff aufwärts. Auch die am vorjährigen Holz reichlich angesetzten Kurztriebe sind kräftig und stärker als bei den übrigen Sorten. Sortentypisch ist ein großer, sparriger Strauch. Die einstachelig bewehrten Triebe tragen sehr große bis große, sattgrüne, dicke Blätter auf mittellangen, in der unteren Hälfte behaarten, kräftigen Stielen. Die Blätter sind nach oben im Winkel von 30 Grad gefaltet, wenig am Blattrand nach außen gebogen. Die Pflanze ist nur gering anfällig für Mehltau und Blattfallkrankheit.

Frucht

'Reflamba' reift mittelspät; sie bringt große, länglich-eiförmige Früchte mit grasig-grüner und glatter Schale. Das Aroma der Sorte ist kräftig, der Geschmack süß-säuerlich. 'Reflamba' überzeugt durch sehr hohe und regelmäßige Erträge. Das Pflücken wird durch die gleichmäßige Reife und durch den glatten, mittellangen Stiel begünstigt.

Anbau und Markt

Der besondere Wert dieser spätreifenden Sorte liegt in der geringen Mehltauanfälligkeit. Weil die Früchte dicht, aber weitgehend einzeln an den vorjährigen Trieben ansetzen, ist die Pflückleistung hoch. Die Sorte ist vielseitig verwendbar und stellt eine beachtliche Verbesserung des Sortiments dar. Sie platzt zudem kaum und kann deshalb lange am Strauch verbleiben. Für Markt und Haushalt als Sorte der späten Reifeperiode eine erfreuliche Bereicherung des Sortiments.

Daten zur Frucht:
Fruchtwachstumszeit 93 Tage
Zuckergehalt 46 °Oe
Säuregehalt 28 g/l
Vitamin C-Gehalt 19 mg/100 g
100-Beeren-Gewicht 680 g

Rolonda

Andere Namen oder Synonyme sind nicht bekannt.
Abstammung, Herkunft und Verbreitung: Eine Züchtung aus dem Max-Planck-Institut in Köln-Vogelsang von Dr. Rudolf Bauer. Hervorgegangen aus der 1952 ausgeführten Einkreuzung der mehltaufesten Wildart *Ribes divaricatum* in großfrüchtige, bewährte Standardsorten. 'Rolonda' wurde 1970 selektiert und ist seit 1989 im Handel. Sie wird heute in Deutschland und in den benachbarten Ländern von führenden Spezialbaumschulen vertrieben.
Standortansprüche: Ähnliche Ansprüche wie die anderen Stachelbeersorten.
Blüte und Befruchtung: 'Rolonda' blüht mittelfrüh, zusammen mit 'Rote Triumph' und 'Weiße Triumph'. Die Sorte ist ausreichend selbstfruchtbar, so daß auch sortenreine Bestände gute Erträge bringen.

Strauch

Der mittelstarke Wuchs führt bei der geringen Anzahl von Trieben zu einem eher kleinkronigen, breiten, lichten Busch. Die spärlich bestachelten Langtriebe neigen zum Überhängen. Beim Auslichten muß der Trieb deshalb unbedingt auf eine obenliegende Knospe zurückgenommen werden. Die Blätter sind hell- bis mittelgrün und ausreichend widerstandsfähig gegenüber Mehltau und Blattfallkrankheit. Rost kann in kritischen Jahren dem Blattwerk etwas zusetzen.

Frucht

Auch ohne Pflanzenschutzmaßnahmen sind die mittelgroßen Früchte frei von Mehltaubelägen. Sie haben eine ellipsoide bis längliche Form mit dicker, glatter, dunkelrot gefärbter Schale und werden bei Vollreife bräunlichrot. Die spätreifenden Früchte hängen einzeln oder zu zweit am Fruchtholz. Wird die größere Erstlingsfrucht grünreif abgepflückt, entwickelt sich die zweite in der Größe etwas besser. Das Geschmacksbild ist durch ein angenehmes

Rolonda

Rote Triumphbeere

Weiße Triumphbeere

süß-mildes Aroma bei leicht vorherrschender feiner Fruchtsäure geprägt. Die Beeren halten gut am Strauch; zum Platzen kommt es nur, wenn nach anhaltender Trockenheit stärkere Regenfälle folgen. Vorbeugende Wassergaben im Bedarfsfall schalten dieses Problem aus. Die Frucht von 'Rolonda' ist hervorragend transportfest und wegen der ansprechenden Farbe vielseitig verwertbar sowie für den Frischverzehr geeignet.

Anbau und Markt

Diese rote, robuste, spätreifende und mehltauresistente Stachelbeere ist pflegeleicht, reichtragend und für den Hausgarten ideal geeignet; auch Erwerbsanbau ist möglich. Sie kann als Strauch, Hoch- und Halbstamm gezogen werden.

Daten zur Frucht:
Zuckergehalt 62 bis 68 °Oe
Gesamtsäure 26 g/l
Vitamin C-Gehalt 28 mg/100 g
100-Beeren-Gewicht 730 bis 780 g

Rote Triumphbeere

Synonym ist 'Whinham's Industry'. Ähnliche Namen sind keine bekannt.
Abstammung, Herkunft und Verbreitung: Die Sorte wurde von R. Whinham in Morpeth/Schottland um 1835 entdeckt. Sie ist seit 1858 im Vereinigten Königreich, seit 1880 in Deutschland im Handel. Die Elternsorten sind unbekannt. Vermutlich handelt es sich um einen Zufallssämling. Eine große Verbreitung in Europa und Übersee hat 'Rote Triumphbeere' weltweit bekannt gemacht.
Standortansprüche: Braucht nährstoffreiche, humose Böden. Gedeiht selbst in rauhen Höhenlagen. Reagiert empfindlich auf Wassermangel. Spätfrostgefährdete Standorte müssen für den Anbau ausscheiden.
Blüte und Befruchtung: Die Sorte 'Rote Triumphbeere' blüht mittelfrüh.

Strauch

Der Wuchs der Sorte 'Rote Triumphbeere' ist kräftig. Es werden dennoch lichte und lockere Sträucher bzw. bei Hochstämmchen breitrunde und gut mit Trieben bestückte Kronen gebildet. Die Triebe sind mit einem bis drei langen, kräftigen Stacheln bis zur Triebspitze bewehrt. Die Sorte verlangt regelmäßigen Auslichtungs- und rechtzeitigen Verjüngungsschnitt. Da die Früchte sonnenbrandgefährdet sind, ist Anbau im Halbschatten zu empfehlen. Rechtzeitiges Durchpflücken verhindert das Platzen der Früchte bei Nässe. Die Sorte ist mäßig anfällig für die Blattfallkrankheit, aber sehr anfällig für Mehltau.

Frucht

Die Beeren reifen spät, ca. 3 Wochen nach 'Hönings Früheste'. Die großen Früchte sind ellipsoid geformt und ihre dunkelrote, feste und dicke Schale ist flaumig behaart. Die Früchte hängen überwiegend einzeln an einem langen Stiel. Sie schmecken angenehm süß-säuerlich, aromatisch und lassen sich gut ernten. Der Ertrag ist mittelhoch bis hoch und ziemlich regelmäßig. Bedingt durch eine langanhaltende Blütezeit entwickeln sich die Früchte nicht gleichmäßig. Die folgernde Reife erlaubt es, die Ernte durch mehrmaliges Auspflükken der großen Früchte über einen längeren Zeitraum zu verteilen. Dieses Vorgehen ist empfehlenswert, weil dadurch das Platzen der überreifen Früchte verhindert wird. Die Frucht ist wegen der raschen Anfangsentwicklung nach der Blüte hervorragend zur Grünpflücke bzw. zur Gewinnung von Konservenfrüchten geeignet. Die Früchte der 'Roten Triumphbeere' sind vielseitig verwendbar, insbesondere für die Bereitung von Süßmost, Wein und Kompott sowie für Marmeladen und zum Eindünsten.

Anbau und Markt

Die winterharte 'Rote Triumphbeere' hat wegen guter Ertragsleistung und schnellem Wachstum der grünen Früchte eine große Verbreitung gefunden. Sie läßt sich als Strauch, Halb- und Hochstamm erziehen.

Daten zur Frucht:
Fruchtwachstumszeit 90 Tage
Säuregehalt 17 g/l
Vitamin C-Gehalt 28 mg/100 g
100-Fruch-Gewicht 990 g

Weiße Triumphbeere

Synonyme sind 'Whitesmith', 'Lovrett's Triumph', 'Columbus' und 'Grüne Hansa'. Ähnliche Namen sind keine bekannt.
Abstammung, Herkunft und Verbreitung: Von Woodward, England, entdeckt. Die Elternsorten sind unbekannt. Bereits 1800 erwähnt, in England 1896 zum Großanbau empfohlen, seit 1848 in Deutschland im Anbau.
Standortansprüche: Keine besonderen Ansprüche bekannt. Hervorragend gedeiht sie jedoch in kräftigen, humosen Lößlehmböden. Auch noch für leichte Böden bei guter Wasserführung anbauwürdig. Geschützte und freie Höhenlagen eignen sich gleich gut für den Anbau. Die Sorte verträgt aber weder Trockenheit noch Staunässe. Das Holz ist relativ frosthart.
Blüte und Befruchtung: Die Sorte blüht mittelfrüh.

Strauch

Der Wuchs ist stark bis sehr stark. Eine mitteldichte, runde bis breitrunde Form des Strauches ist sortentypisch. Die jungen Triebe sind einfach bis dreifach gleichmäßig mit langen Stacheln bewehrt. Die einzelnen Triebe wachsen kräftig und straff aufrecht. Meist genügt ein jährlicher Auslichtungsschnitt des Strauches. Die Sorte ist für Mehltau anfällig, während die Blattfallkrankheit dieser Sorte wenig zu schaffen macht.

Frucht

Folgernd reifend, Pflückreife mittelfrüh, etwa 12 Tage nach 'Hönings Früheste' beginnend. Die einzelnen Beeren sind groß, kugelig bis ellipsoid geformt. Ihre Schale ist dünn, gelbgrün mit bräunlichen Punkten und ihre Oberfläche dicht flaumig behaart. Der Fruchtstand ist ein- und zweibeerig, der Fruchtstiel mittellang. Die Sorte gilt als zuverlässiger Träger mit hohem Anfangsertrag und eignet sich auch zur Grünpflücke. Das Aroma ist fein aromatisch, der Geschmack angenehm süß-säuerlich. Die Beeren halten gut am Strauch. Die Früchte von 'Weißer Triumphbeere' können frisch verzehrt werden. Sie sind bestens geeignet zur Bereitung von Saft, Stachelbeerwein, Kompott und unreif auch als Einmachfrucht.

Anbau und Markt

Hohe, stabile Erträge und eine relative Anspruchslosigkeit machen 'Weiße Triumphbeere' in Europa und in Übersee zu einer stark verbreiteten Stachelbeersorte. Sie kann als Strauch, Halb- und Hochstamm kultiviert werden.

Zur Geschichte der Jostabeere

Die ersten Kreuzungen zwischen *Ribes*-Arten führte Prof. Erwin Baur 1922 durch. Die aus der mehltauresistenten Johannisbeerart *Ribes succirubrum* mit mehltauanfälligen Kulturstachelbeeren gekreuzte neue Obstart nannte er »Jochelbeere« (**Jo**hannisbeere × Sta**chel**beere). In Dresden-Pillnitz begann Dr. H. Murawski 1954 erneut mit der Artbastardierung zwischen Johannisbeere und Stachelbeere. Es entstand eine tetraploide neue Obstart, deren Eigenschaften zwischen den beiden Stammarten Schwarze Johannisbeere *(Ribes nigrum)* und Stachelbeere (*Ribes uva-crispa* L. var. *sativum* DC.) liegen. Zu Ehren von Prof. Baur erhielt sie den Namen Jochelbeere.
Dr. Rudolf Bauer führte am Max-Planck-Institut in Köln-Vogelsang ebenfalls Artbastardisierungen durch. Aus Kreuzungen zwischen Schwarzen Johannisbeeren, Stachelbeeren und der Wildart *Ribes divaricatum* entstand die neue Obstart Jostabeere (Schwarze **Jo**hannisbeere × **Sta**chelbeere; franz.: caseille = cassis × groseille). Zunächst kam 1977 die Sorte 'Josta' in den Handel, es folgten 1980 die gegenüber 'Josta' verbesserte, insgesamt aber ähnliche Sorte 'Jostine' und 1985 die Sorte 'Jogranda'.
Die Sträucher der Jostabeeren sind stachellos, auch das Holz gleicht eher der Schwarzen Johannisbeere, es ist winterhärter als bei den Ausgangsformen. Die glänzend dunkelgrünen Blätter sind widerstandsfähig gegen Mehltau, Blattfallkrankheit und Gallmilben. Bezüglich Fruchtstand, Beerengröße und Geschmack nehmen Jostabeeren eine Mittelstellung zwischen den Elternarten ein. Sie reifen folgernd und haften selbst bei Vollreife sehr fest am Strauch. Der Vitamin C-Gehalt liegt mit 100 mg pro 100 g Frischgewicht zwischen Stachelbeere (15 bis 40 mg) und Schwarzer Johannisbeere (150 bis 250 mg).

Jocheline

Ähnliche Namen und Synonyme sind nicht bekannt.
Abstammung: Artkreuzung zwischen 'Silvergieters Schwarze' × 'Grüne Riesen-

Jogranda

beere', durchgeführt von Dr. Heinz Murawski in Müncheberg/Brandenburg, 1983 herausgegeben vom Institut für Obstforschung, Dresden-Pillnitz. Die Sorte 'Jocheline' mit denselben Kreuzungseltern läßt sich von 'Jostine' äußerlich kaum unterscheiden.
Blüte und Reife: Die selbstfertile Jochelbeere blüht sehr früh und ist deshalb spätfrostgefährdet. Bestäubung mit anderen Sorten, z. B. 'Josta' oder 'Jochina', steigert den Ertrag. 'Jocheline' reift Mitte Juli, der Ertrag setzt bereits im 2. Jahr ein und übertrifft den Ertrag der Schwarzen Johannisbeere. Durch die etwas ungleiche Reife ist eine Ernte mehrere Wochen lang möglich.

Strauch

Die starkwachsende Sorte bildet breitkugelige, ausladende Sträucher mit schräg aufrecht stehenden Gerüstästen. Es entstehen nur wenig neue Basistriebe. Die stachellosen Triebe sind langlebig. Diese anspruchslose Jochelbeere gedeiht auf allen Böden und ist resistent gegen Säulenrost, Stachelbeerrost und Johannisbeergallmilbe. Die Triebspitzen können von Mehltau befallen werden.

Frucht

Die rundlichen, braunroten Früchte hängen meist in zwei- bis dreibeerigen Trauben so fest am Strauch, daß nur Handernte möglich ist. Sie haben ein feines Aroma, die Abstammung von der Schwarzen Johannisbeere ist schmeckbar. 'Jocheline' reift folgernd. Vollreife Beeren platzen leicht, überreife Beeren fallen ab.

Jogranda

Synonym 'Jostaki'.
Abstammung: Die großfrüchtige Artkreuzung von Dr. Rudolf Bauer ist eine F_3-Hybride von [('Langtraubige Schwarze' × *Ribes divaricatum*) × frei abgeblüht] × frei abgeblüht. Sie ist seit 1985 im Handel und steht seit 1988 unter Sortenschutz.
Blüte und Reife: 'Jogranda' blüht sehr früh und reift wie 'Josta' mittelfrüh; bringt mittlere Erträge.

Strauch

Die Pflanze wächst mittelstark bis schwach und bildet eher flach abgehende Ruten. Das Erscheinungsbild ist breitbuschig bis überhängend, die unteren Triebe liegen auf dem Boden.

Frucht

Jeweils 3 bis 5 Beeren bilden eine Traube. Sie sind rundlich bis verkehrt eiförmig, schwarzrot, matt und leicht flaumig. Das weiche Fruchtfleisch schmeckt angenehm säuerlich, mildaromatisch. In Vollreife platzen die Beeren leicht.

Anbau und Verwertung

Die Hybride aus Stachelbeere und Schwarzer Johannisbeere ist widerstandsfähig gegenüber Gallmilben, Mehltau und Blattfallkrankheit. Sie eignet sich infolge ihrer Robustheit gut für den Hausgarten. Die Früchte lassen sich vielseitig verwerten; Marmeladen, Säfte, Liköre und Fruchtweine schmecken ausgezeichnet.

Daten zur Frucht:
Zuckergehalt 61 °Oe
Säuregehalt 34,6 g/l
100-Beeren-Gewicht 320 bis 365 g

Josta

Synonyme sind von der Sorte Josta keine bekannt.
Abstammung, Herkunft und Verbreitung: 'Josta' *(Ribes × nidigrolaria)* ist eine tetraploide Arthybride (Schwarze Johannisbeere × Stachelbeere) aus der Kreuzung von ('Langtraubige Schwarze' × *Ribes divaricatum*) × ('Silvergieters' × 'Grüne Hansa'). Gezüchtet wurde sie von Dr. R. Bauer am Max-Planck-Institut für Züchtungsforschung in Köln-Vogelsang. Die geschützte Sorte ist seit 1977 im Handel und in Deutschland und der Schweiz verbreitet.
Standortansprüche: Verlangt tiefgründigen, kräftigen Boden in mittleren Lagen. Ansonsten hat sie gleiche Ansprüche wie 'Schwarze Johannisbeere'. Spätfrostfreie Lagen sind zu bevorzugen, da die Blüte spätfrostgefährdet ist. Tallagen scheiden aber für den Anbau aus. Das Holz ist aber frosthart.
Blüte und Befruchtung: Mittelfrüh blühend, selbstfruchtbar. Keine Befruchtersorte erforderlich.

Strauch

Sehr starkwüchsig, Blätter sind mittelgroß, gewellt und glänzend. 'Josta' braucht einen größeren Pflanzabstand als Johannisbeeren. Bei 3 m Reihenentfernung soll von Pflanze zu Pflanze ein Mindestabstand von 2,5 m bestehen. Zahlreiche Boden-Neutriebe müssen regelmäßig bis auf wenige Exemplare, die für die Verjüngung nützlich sind, entfernt werden. Die Sorte ist wenig anfällig für Blattfallkrankheit, Mehltau und Gallmilben. Der Strauch ist dankbar für einen mäßigen Auslichtungsschnitt. Dabei werden bodennahe Triebe entfernt. 'Josta' kommt mit geringen Düngergaben aus. Pflanzenschutzmaßnahmen erübrigen sich.

Frucht

'Josta' reift Mitte Juli vor den Schwarzen Johannisbeeren. Die einzelne Frucht liegt in der Größe zwischen der Stachelbeere und der Einzelbeere von Schwarzer Johannisbeere; sie ist glattschalig, geruchlos und schwarz. Sie sitzt sehr fest am Holz und hat nur einen kleinen Stiel. Geschmacklich stellt die Frucht ein Mittelding zwischen Stachelbeere (säuerliche Variante) und einer aromatischen Schwarzen Johannisbeere dar. Die mittelgroßen Früchte werden nur folgernd reif. 'Josta' eignet sich nur für Handernte. Sie bringt frühe und regelmäßige Erträge.

Anbau und Markt

'Josta' ist eine Liebhaberfrucht. Hoher Ernteaufwand (Handernte) machen sie für den Erwerbsobstbau weniger begehrenswert. Durch folgernde Reife und festen Sitz können die Beeren über einen längeren Zeitraum (bis zu 3 Wochen) je nach Bedarf gepflückt werden. Im Anbau brauchen die hoch- und breitwüchsigen Sträucher viel Platz. Die Früchte eignen sich zur Bereitung von Marmelade, Gelee, Nektar, Kuchen, aber auch zum Frischverzehr und Tiefgefrieren.

Daten zur Frucht:
Traubenlänge 5,4 cm
Fruchtwachstumszeit 67 Tage
Zuckergehalt 52 °Oe
Säuregehalt 28,5 g/l
100-Beeren-Gewicht 180 bis 205 g

Jostine

Ähnliche Namen und Synonyme sind nicht bekannt.
Abstammung: 'Jostine' ist eine gegenüber 'Josta' verbesserte Sorte aus der Züchtungsarbeit von Dr. Rudolf Bauer am Max-Planck-Institut Köln-Vogelsang, seit 1980 als geschützte Sorte im Handel. Kreuzungseltern wie 'Josta'.

Josta

Jostine

Blüte und Reife: Die Sorte blüht früh und ist deshalb etwas spätfrostgefährdet. Sie reift Anfang bis Mitte Juli und bringt höhere Erträge als 'Josta' und 'Jogranda', erreicht aber nicht die Leistung der Jochelbeeren 'Jochina' und 'Jocheline'.

Strauch

'Jostine' wächst stark und bildet straff aufrechte Büsche. Die langen, stachellosen Ruten treiben früh aus; es entwickeln sich große, stark glänzende Blätter.

Frucht

Die mittelgroßen, schwarzroten Früchte bilden zwei- bis vierbeerige Trauben. 'Jostine' schmeckt etwas aromatischer als 'Jogranda', ist aber stärker säurebetont.

Anbau

Die spätfrostgefährdete Sorte 'Jostine' ist widerstandsfähig gegenüber Mehltau, Blattfallkrankheit und Gallmilben; Pflanzenschutzmaßnahmen erübrigen sich. Die Pflückleistung hängt ab vom Ertrag, ist insgesamt aber nicht hoch, da die Beeren sehr fest sitzen und folgernd reifen, also durchgepflückt werden müssen.

Daten zur Frucht:
Zuckergehalt 65 °Oe
Säuregehalt 38,4 g/l
100-Beeren-Gewicht 160 bis 170 g

Himbeere

Zur Geschichte der Himbeere

Die Himbeeren wurden vor über vierhundert Jahren in Kultur genommen. Wie bei vielen anderen Obstarten und -sorten waren es die Mönche, die sich mit der Auswahl und der Verbreitung dieser Obstart befaßt haben. Die rotfrüchtige Himbeere *(Rubus idaeus)* hat ihren Artnamen nach dem Berg Ida in Griechenland erhalten. Dort soll sie nach Plinius zum Beginn unserer Zeitrechnung zahlreich verbreitet gewesen und als Heilpflanze benützt worden sein. Allerdings wurden auf dem griechischen Berg Ida keine Himbeeren gefunden. Heute wird vermutet, daß die türkischen Ide-Berge als eigentlicher Ursprungsort anzusehen sind. Als bekannt gewordene Obstart wird die Himbeere erst im 4. Jahrhundert n. Chr. vom römischen Schriftsteller Palladius beschrieben. Rozanova (1934) untergliedert *R. ideaeus* in die Unterarten
var. *melanolasius* (NW-Amerika, Sibirien),
var. *sachalinensis* (Sachalin – Obstibirien),
var. *sibiricus* (Kamtschatka – Ostsibirien),
var. *vulgatus* (Europa),
var. *strigosus* (Nordostamerika).
Die Unterarten *R. vulgatus* und *R. strigosus* sind diploid (2 n = 14). Diese sind die wichtigsten Stammeltern der heute kultivierten Sorten. Die europäischen Sorten gehen auf *R. idaeus* var. *vulgatus* zurück, nordamerikanische Herkünfte sind weitgehend Hybriden dieser zwei Unterarten. Erkenntlich ist der Ursprung der Sorten an den Früchten: die *vulgatus*-Sorten haben dunkelrote, fingerhutförmige Früchte und wenige bis keine Drüsenhaare, die Pflanzen sind starkwüchsig und langlebig. Die *strigosus*-Typen haben kugelförmige, hellrote und mit zahlreichen Drüsenhaaren besetzte Früchte. Die Pflanzen sind etwas weniger starkwüchsig und vital als die *vulgatus*-Sorten.
Zander (1984) hält die oben genannten Unterarten bei Himbeeren heute für nicht mehr zutreffend. Die Begriffe *R. idaeus* L. oder *R. ideaeus strigosus* Michx. sind danach nebeneinander zu verwenden. Diejenige Unterart, deren Erbmaterial in der Sorte überwiegt, wird genannt.
Die *Rubus*-Arten sind Halbsträucher mit mehr oder weniger stacheligen Trieben, die aus Adventivknospen hervorgehen. Diese sterben nach der Fruchtreife ab. Die Blüten entwickeln sich an den Seitentrieben in Form von traubigen bzw. rispigen Blütenständen. Die Blütenanlagen bilden sich bei nachlassendem vegetativem Wachstum der Jungtriebe etwa ab Mitte September bis zum Frosteinbruch. In Mitteleuropa blühen Himbeeren meist ab Ende Mai bis kurz vor der Reife der ersten Früchte. Die Blüten sind zwittrig. Von Sorte zu Sorte ergeben sich allerdings Unterschiede in der Keimfähigkeit des Pollens. Himbeersorten sind selbstfruchtbar. Dennoch ergibt die Fremdbefruchtung einen besseren Fruchtansatz. Für die Übertragung des Pollens sorgen Hummeln und Bienen. Im Bereich der Triebspitzen entwickeln sich aus den früh aufgeblühten Blüten und Rispen die ersten Beeren im Fruchtstand. Die größten Früchte gehen aus den Seitentrieben im mittleren Bereich kräftiger Ruten hervor. Zur Rutenspitze hin nimmt die Fruchtgröße ab. Durch mäßiges Einkürzen kann die Fruchtgröße etwas vereinheitlicht werden. Vollreife Beeren lösen sich leicht vom Blütenboden (Zapfen). Dessen Form bestimmt auch die Pflückfähigkeit. Die Pflückleistung ist hoch, wenn die Beeren an kräftigen Rispen über dem Laub angesetzt sind und wenn die Früchte möglichst innerhalb eines kurzen Zeitraumes reifen.
Kultursorten finden sich im 19. Jahrhundert in Frankreich, England, Schottland und in Nordamerika im Anbau. Es gibt ein- und zweimaltragende Sorten. Im allgemeinen sind die Ruten zweijährig. Die zweimal tragenden Sorten (Herbsthimbeeren) fruchten im Herbst an den Jungtrieben, die im gleichen Jahr gebildet wurden, und noch einmal im Sommer des darauffolgenden Jahres, so wie die einmaltragenden Sorten. Bei beiden Formen gibt es neben rotfrüchtigen Sorten auch Züchtungen mit rosaroten und gelben Früchten, die im Erwerbsanbau keine Bedeutung haben.

Autumn Bliss

Synonym ist 'Blissy'.
Abstammung, Herkunft und Verbreitung: Gezüchtet an der Horticultural Research Station East Malling, Kent/England. In Großbritannien seit 1983 im Anbau. Die remontierende, sommer- bis herbsttragende Sorte vereinigt in sich Erbgut von *Rubus ideaus* var. *strigosus, Rubus arcticus* und *Rubus occidentalis.* In den verschiedenen Kreuzungsschritten waren die Malling-Sorten 'Landmark', 'Promise' sowie 'Lloyd George', 'Pyne's Royal', 'Burnetholm' und 'Norfolk Giant' beteiligt. Die Sorte ist unter Lizenz im Handel und inzwischen in zahlreichen anderen europäischen Ländern vor allem im Erwerbsanbau stark verbreitet.
Standortansprüche: Verlangt ausreichend tiefgründigen, humusreichen und wasserdurchlässigen Boden. Unmittelbare Folgekultur nach langjähriger Himbeerpflanzung ist zu vermeiden.
Blüte und Befruchtung: Als Sommer/Herbstsorte spätblühend; selbstfruchtbar. Sie fruchtet an den einjährigen Ruten im oberen Bereich und bringt im nächsten Jahr zur normalen Himbeerzeit an den gleichen Ruten eine zweite Ernte. Es hat sich aber als vorteilhaft erwiesen, nach Abschluß der ersten Ernte die Triebe über dem Boden abzuschneiden. Dadurch entfällt die Frühsommerernte, und die Erziehung ist damit einfacher.

Strauch

Starkwüchsig; kräftige, aufrecht wachsende Triebe mit zahlreichen Ruten. Die Blätter sind groß und dunkelgrün. Aufgrund der Wuchsform kann 'Autumn Bliss' am einfachen Stützgerüst erzogen werden. Verwendet der Anbauer ein ca. 80 cm breites, horizontales Maschendrahtgitter in 80 cm Höhe, so entfällt das Auf- bzw. Anbinden. Diese Art der Erziehung gibt den durch die Maschen wachsenden Ruten ausreichenden Halt. Rutenkrankheiten und Schäden durch den Himbeerkäfer kommen nicht vor.

Frucht

'Autumn Bliss' reift von Ende Juli bis Mitte Oktober und bringt mittelgroße bis große, dunkelrote, beduftete, runde und feste Früchte. Sie sind ansprechend im Geschmack durch ein günstiges Zucker: Säure-Verhältnis. Sie lassen sich gut pflükken, lösen aber erst vollreif ordentlich vom Zapfen. Die Früchte sind lagerfähig und transportfest und werden in erster Linie für die Frischmarktbelieferung in der verlängerten Saison verwendet.

Anbau und Markt

Eine wertvolle, blattlaus- und wurzelfäuleresistente, spätreifende, reichtragende Sorte. Sie erlaubt eine Saisonverlängerung um mehrere Wochen. Auch für den Hausgarten und den naturnahen Anbau wegen der geringen Krankheitsanfälligkeit empfehlenswert.

Daten zur Frucht:
Säuregehalt 19 g/l
Vitamin C-Gehalt 28 mg/100 g

Autumn Bliss

Malling Promise

Synonyme und Falschbezeichnungen sind keine bekannt.
Abstammung, Herkunft und Verbreitung: Von H. Grubb an der East Malling Research Station, Kent/England 1937 gezüchtet. Die Elternsorten sind ['Newburg' × 'Loyd George'] × 'Prince Royal'. Für den allgemeinen Anbau 1944 freigegeben. Die Sorte ist heute in ganz Europa in allen Himbeeranbaugebieten verbreitet.
Standortansprüche: 'Malling Promise' verlangt lockeren, tiefgründigen, humosen und frischen Boden ohne Staunässe. Warme, geschützte Standorte bringen hervorragende Erträge. Die Sorte ist für Windschutz dankbar. Gesunde Bestände dieser Sorte werden durch flache Bodenbearbeitung oder noch besser durch Abdecken der Reihen erzielt.
Blüte und Befruchtung: 'Malling Promise' blüht früh und mindestens 8 bis 10 Tage lang. Die Sorte ist darum relativ spätfrostgefährdet; selbstfruchtbar. Insektenbestäubung durch Bienen sichert einen guten Ertrag.

Strauch

Die Sorte wächst mittelstark bis stark. Sie liefert viele Neutriebe und treibt früh aus. Die späteren Triebe hängen stark über, sind aber ausreichend frosthart.

Frucht

Frühreifend, der Ertrag liegt hoch. Die einzelnen Früchte sind groß, langkegelförmig, hell bis kräftig rot, die Spitze bleibt dabei etwas heller gefärbt. Die Einzelfrucht ist mittelfest bis weich. Die Früchte haben einen feinen Duft, sind gut in Geschmack und Aroma und ziemlich süß. Die Frucht läßt sich leicht von Hand pflücken, löst gut vom Zapfen, ist lagerfähig und läßt sich sehr gut einfrieren.

Anbau und Markt

Eine ertragreiche, mittelstarkwüchsige, frühreifende Sorte. Sowohl für die Verwertung als auch zur Frischmarktbelieferung bestens geeignet. Um das Ausbrechen und Umknicken der langen Triebe zu vermeiden, muß die Fruchtrute etwas eingekürzt werden. Die Reifezeit fällt zusammen mit dem Marktangebot spätreifender Erdbeeren. Die Sorte ist anfällig für Viruskrankheiten. Auf naßkalten Böden wird sie leicht vom Grauschimmel befallen. Eine gewisse Empfindlichkeit für das Rutensterben und den Befall durch Wurzelpilze ist unverkennbar. Starkregen führen zur Beerenfäulnis, bei starkem Wind fallen die ausgereiften Früchte ab.

Daten zur Frucht:
Fruchtwachstumszeit 41 Tage
Zuckergehalt 43 °Oe
Säuregehalt 23 g/l
Vitamin C-Gehalt 28 mg/100 g
100-Frucht-Gewicht 424 bis 440 g

Meeker

Ähnliche Namen oder Synonyme sind keine bekannt.
Abstammung, Herkunft und Verbreitung: Kreuzung aus 'Cuthbert' × 'Willamette', durchgeführt in Puyallup, Washington/USA. Inzwischen nicht nur in Nordamerika, sondern auch im europäischen Klimaraum verbreitet.
Standortansprüche: Verlangt die üblichen Himbeerstandorte mit durchlässigen Böden auf sich rasch erwärmenden Lagen.

Malling Promise

Meeker

Dankbar für Windschutz zur Sicherung eines hohen Fruchtansatzes. Weite Reihenabstände sind erforderlich.
Blüte und Befruchtung: 'Meeker' blüht mittelspät und ist selbstfruchtbar; Einsatz von Bienen lohnt sich aber.

Strauch

Die Sorte ist starkwüchsig und bildet graubraune, extrem lange, stark bewehrte Triebe. Der Austrieb erfolgt spät, die Anzahl der Jungruten ist hoch.

Frucht

'Meeker' ist sehr reichtragend, sehr lange. Reift mittelspät und liefert hohe Erträge bei mittelgroßen Einzelfrüchten. Sie sind gleichmäßig mittel- bis dunkelrot gefärbt. Stumpfkegelig bis kurzkegelig geformt, wenig bis mittelstark glänzend sowie mäßig bereift. Im Geschmack ist die Frucht von 'Meeker' sehr aromatisch bei hervortretender Süße und kräftiger Säure. Die Einzelfrucht läßt sich gut pflücken und hält sich infolge der Festigkeit lange an der Pflanze.

Anbau und Markt

Eine zukunftsträchtige, sehr ertragssichere Sorte, die zusammen mit der Standardsorte 'Schönemann' reift. Sie ist aber in kürzerer Zeit abgeerntet. Sowohl für die Frischmarktbelieferung als auch für jegliche Art der Verwertung geeignet. Überdurchschnittlich gute Tiefkühleignung ist erwiesen. Wegen der großen Festigkeit der Früchte kaum grauschimmelanfällig. Die Früchte können auch bei Vollreife noch ein bis zwei Tage am Strauch verbleiben. Weite Reihenabstände sind infolge der starken Wuchskraft empfehlenswert. Ausdünnung der zahlreich sich bildenden Jungtriebe ist erforderlich.
Ihre Resistenz gegenüber den Virusvektoren läßt eine lange Lebensdauer und bessere Ertragssicherheit erwarten.

Daten zur Frucht:
Fruchtwachstumszeit 38 Tage
Zuckergehalt 40 °Oe
Säuregehalt 22,7 g/l
Vitamin C-Gehalt 33 mg/100 g
100-Frucht-Gewicht 372 bis 380 g

Rumiloba

Synonym ist 'Zucht-Nr. 39'.
Abstammung, Herkunft und Verbreitung: Aus der Kreuzung von 'Promiloy' × 'Resistenzklon 4 a' von Dr. Rudolf Bauer, Max-Planck-Institut, Köln-Vogelsang, gezüchtet. Seit den 80er Jahren als Lizenzsorte angebaut. Verbreitungsgebiete sind vorwiegend Deutschland und die Schweiz.
Standortansprüche: Verlangt tiefgründigen, durchlässigen Boden in guter, frostfreier Lage. Empfindlich auf schweren, unter Staunässe leidenden Böden.
Blüte und Befruchtung: 'Rumiloba' ist eine spätblühende und selbstfruchtbare Himbeersorte, die für eine Bestäubung durch Bienen aber dankbar ist.

Strauch

Mittelstark- bis starkwüchsig und eine mittlere bis große Zahl von Jungtrieben hervorbringend. Trägt sehr reich und regelmäßig.

Frucht

Spätreifend, in der Form zapfenförmig bis spitzkegelig, sehr groß, hell bis mittelrot, mäßig fest, mittel- bis stark glänzend und wenig bereift. Intensiv duftend. Die Süße herrscht vor, die Säure tritt etwas in den Hintergrund, doch insgesamt sehr ausgeglichen im Geschmack.
Die Sorte läßt sich ohne Schwierigkeiten pflücken. Die Beere löst gut vom Zapfen. Hohe Pflückleistungen sind deshalb in der extrem kurzen Erntezeit möglich. Die Früchte reifen sehr gleichmäßig und saften wenig.

Rumiloba

Rutrago

Anbau und Markt

Ertragssicherheit und hohe Fruchtqualität versprechen bei dieser Sorte eine günstige Rentabilität. Eine gute Marktsorte. Die Früchte sind auch zum Tiefkühlen bestens sowie für alle Verwertungseigenschaften gut geeignet. Muß kurz geschnitten werden, da ansonsten die Ernte an den sehr langen Ruten recht beschwerlich wird. Anfällig für Himbeerblütenstecher und Botrytis, vor allem bei Regenwetter während der Reifezeit.

Daten zur Frucht:
Fruchtwachstumszeit 31 Tage
Zuckergehalt 38 °Oe
Säuregehalt 23,9 g/l
Vitamin C-Gehalt 28 mg/100 g
100-Frucht-Gewicht 432 bis 445 g

Rutrago

Synonyme sind in der Schweiz 'Rucanta' sowie allgemein 'Zuchtnummer 50'.
Abstammung, Herkunft und Verbreitung: Von Dr. R. Bauer, Max-Planck-Institut, Köln-Vogelsang, aus dem vektorresistenten Sämling '4 a' mit 'Tragilo' gekreuzt. Sortenschutz seit 1982. Seither in Lizenzanbau in Deutschland und der Schweiz.
Standortansprüche: Auf himbeerfähigen, nicht staunassen Böden hervorragend geeignet, auch bis 600 m Höhe anbauwürdig, sofern Windschutz und Befruchtung durch Bienen sichergestellt werden.
Blüte und Befruchtung: Die Blühzeit von 'Rutrago' ist mittelfrüh. Die zwittrig veranlagten Blüten sind selbstfruchtbar.

Strauch

Stark- bis sehr starkwüchsig mit geringer Bewehrung der Ruten. Mittelstarke Neutriebe bildend. Sehr gesund. Setzt reichlich und regelmäßig Früchte an.

Frucht

Sehr robuste Sorte, die gegen Rutensterben und Wurzelkrankheiten relativ unempfindlich und dazu auch winterhart ist. Sie ist mittelspätreifend, stumpf-kegelförmig, sehr attraktiv, mittelgroß und hellrot gefärbt. Nur wenig glänzend und bereift, die Einzelfrucht ist sehr fest. Die Früchte lösen leicht vom Zapfen, sind gut pflückbar und transportfest. Intensiv duftend mit feinem Himbeeraroma sowie mit hohen Zucker- und Säuregehalten.

Anbau und Markt

Eine Sorte mit hohen, regelmäßigen Erträgen in hervorragender Qualität. Sie ist vektorresistent gegenüber den Überträgern von Viruskrankheiten und für den Liebhaber- und Erwerbsobstbauer empfehlenswert. Die Früchte eignen sich hervorragend für die Frischmarktbelieferung. Für alle anderen Verwendungszwecke sind sie ebenfalls brauchbar. Anfällig für die Himbeergallmücke. In manchen Jahren bildet die Sorte verstärkt Doppelfrüchte aus. Die Triebe sollten möglichst eingekürzt werden. Ansonsten ist infolge des sehr starken Wachsens die Pflückarbeit sehr beschwerlich. In naßkalten Jahren ist die Frucht etwas fäulnisempfindlich.

Daten zur Frucht:
Fruchtwachstumszeit 37 Tage
Zuckergehalt 35–38 °Oe
Säuregehalt 23–25 g/l
Vitamin C-Gehalt 27 mg/100 g
100-Frucht-Gewicht 405 g

Schönemann

Ähnliche Namen oder Synonyme sind keine bekannt.
Abstammung, Herkunft und Verbreitung: Von Baumschuler W. Schönemann, Fellbach bei Stuttgart, 1950 aus 'Loyd George' × 'Preußen' ausgelesen. In den frühen 50er Jahren versuchsweise angebaut. Heute Hauptsorte in Deutschland. 'Schönemann' ist in Mitteleuropa allgemein verbreitet.
Standortansprüche: Beste Erträge liefern lockere, tiefgründige, nahrhafte, humose und frische Böden. Geeignet sind auch noch leichte oder sandige Böden. Warme und geschützte Lagen sind zu bevorzugen. Windschutz wirkt sich günstig auf die Befruchtung und eine gleichmäßige Fruchtreife aus. In Trockenjahren bleiben die Früchte klein. Gebiete mit hoher Luftfeuchtigkeit und ausreichenden Niederschlägen (über 800 mm pro Jahr) bringen hohe Erträge. In regenarmen, warmen Klimaregionen kann durch Beregnung oder Tröpfchenbewässerung dei hohe Wasserbedarf gedeckt werden. Gesunde Bestände verlangen nur flache Bodenbearbeitung bzw. Abdecken der Reihen (mulchen). Die Ruten sind frosthart.
Blüte und Befruchtung: 'Schönemann' blüht ziemlich spät und lang; sie ist deshalb wenig spätfrostgefährdet. Selbstfruchtbar. Der Fruchtansatz kann aber durch Windschutz, das Nebeneinanderpflanzen mehrerer, gleichzeitig blühender Sorten und durch den Einsatz von Bienen zur besseren Befruchtung begünstigt werden.

Strauch

Die Sorte wächst stark bis sehr stark und aufrecht. Die Winterruten sind mittellang bis lang und fein behaart, aber wenig bewehrt. Das Blatt ist hellgrün bis mittelgrün und auf der Unterseite silbergrau. Vorwiegend kommen fünf Fiederblätter vor. Entfernen des abgetragenen Holzes unmittelbar nach Abschluß der Ernte ist angebracht. Überzählige Ruten sind dabei ebenfalls zu entfernen. 'Schönemann' ist etwas mehltauanfällig und gleichzeitig empfindlich gegenüber schwefelhaltigen Pflanzenbehandlungsmitteln. Sie wird leicht von Himbeermosaik befallen und ist stark anfällig für das Phytophthora-Wurzelsterben.

Frucht

Spätreifend, etwa von der zweiten Juliwoche bis Ende Juli. Die Pflanze liefert gleichmäßig hohe Erträge. Die Einzelfrucht ist mittel bis groß, dunkelrot, langkegelförmig, fest bis mittelfest, etwas bereift und äußerst saftig; sie läßt sich hervorragend pflücken. Die Frucht ist wenig anfällig für die Zapfenfäule. In gutem Klima schmeckt 'Schönemann' gut und aromareich sowie leicht säuerlich. Bei Starkregen läßt sich Botrytis kaum vermeiden. Die Früchte sind relativ transportfest, wenn sie vor der Vollreife geerntet werden. Hervorragend zur Tiefkühlung geeignet.

Anbau und Markt

'Schönemann' ist eine qualitativ hervorragende, spätreifende Sorte für alle Verwertungsarten (Frischverzehr, Frischmarktbelieferung, Naßkonserve, Tiefgefrieren, Likör- und Himbeergeistbereitung). Die Sorte hat gute Marktchancen durch ihre späte Reife. Standardsorte infolge hoher Erträge.

Daten zur Frucht:
Fruchtwachstumszeit 36 Tage
Zuckergehalt 38 °Oe
Säuregehalt 23 g/l
Vitamin C-Gehalt 27 mg/100 g
100-Frucht-Gewicht 354 bis 365 g

Zefa Herbsternte

Ähnliche Namen sind 'Zeva', 'Zeva 3' und 'Zeva Herbsternte'.
Synonyme sind keine bekannt.
Abstammung, Herkunft und Verbreitung: Eine **Z**üchtung der **E**idgenössischen **F**orschungs**a**nstalt Wädenswil/Schweiz. Hervorgegangen aus der Kreuzung von ('Romy' × 'Indian Summer') × 'Romy'. Die Sorte war im Liebhaberanbau und für die Spätlieferung in Erwerbsbetrieben in Mitteleuropa stark verbreitet, wird aber zunehmend von 'Autumn Bliss' abgelöst.

Schönemann

Zefa Herbsternte

Standortansprüche: Verlangt tiefgründige, humusreiche und wasserdurchlässige Böden. Versagt auf staunassen Standorten. Ist für warme, sonnige, geschützte Lagen bis in eine Meereshöhe von ca. 600 m über NN geeignet. In trockenen, sonnenreichen Spätsommerjahren werden hervorragende Fruchtqualitäten erzielt.
Blüte und Befruchtung: Blüht und fruchtet von Ende August bis Frostbeginn an den im Frühjahr gebildeten Sommertrieben. Die Sorte ist selbstfruchtbar.

Strauch

Die Pflanze wächst mittelstark und hat große, dunkelgrüne, dreigefiederte Blätter. Ihre Ruten zeigen sich als relativ kompakt und kräftig.

Frucht

Die Frucht ist sehr groß, ungleichmäßig zapfenförmig bis stumpf kegelförmig, leuchtend rot, wenig bereift, mittelfest bis fest- und deshalb transportfähig. Sie schmeckt aromatisch, harmonisch im Zucker-Säure-Verhältnis und ist mittelmäßig saftreich.

Anbau und Markt

'Zefa Herbsternte' ist eine Spätsorte, die für die Frischmarktbelieferung interessant ist und infolge eines geringen Angebotes zu diesem Zeitpunkt hohe Marktpreise ermöglicht. Dem Liebhaber erlaubt sie die Ernte vollständig ausgereifter Früchte während einer Zeit, in der man keine Himbeeren mehr aus dem Freiland erwartet. In nassen Jahren muß allerdings mit Botrytisbefall der Früchte gerechnet werden. In derartigen Witterungsperioden sind die Früchte insgesamt auch etwas weicher und stärker fäulnisanfällig. 'Zefa Herbsternte' wird deshalb zunehmend von robusteren und ertragreicheren Herbstsorten verdrängt. Um außerhalb der normalen Ernteperiode einen guten Fruchtansatz zu erzielen, werden die Triebe im Winter unmittelbar über der Erdoberfläche entfernt.

Daten zur Frucht:
Zuckergehalt 40–43 °Oe
Säuregehalt 20–24 g/l
100-Frucht-Gewicht 400–450 g

Brombeere

Zur Geschichte der Brombeere

Die Brombeeren sind als Kulturpflanzen relativ jung. Erst in der Mitte des letzten Jahrhunderts wurden einige der in den USA ausgelesenen oder gezüchteten Sorten eingeführt und zum Erwerb angebaut. Wildformen wurden bereits 370 v. Chr. vom Griechen Theophrastus erwähnt. Die Gattung *Rubus* hat zwei Untergattungen: *Eubatus*, der die Brombeere angehört und *Idaeobatus*, aus der die Himbeere hervorging. Aus Kreuzungen zwischen beiden Arten sind Hybridbeeren wie Taybeere, Loganbeere und Boysenbeere entstanden. Focke (1910–1914) unterteilte die Brombeeren in eine europäische und eine nordamerikanische Gruppe von Wildvorkommen. Bei den europäischen Brombeeren unterscheidet Gustafsson (1942) die Unterarten *Moriferi veri* mit 11 Formen und *Rubus caesius*. Diese Einteilung kommt der Systematik von Linné (1753) sehr nahe. Seine Bezeichnung *Rubus fruticosus* L. wurde früher als Sammelname für die Kulturbrombeeren geführt. Nach Zander (1984) werden nun die Sorten je nach ihrer Abstammung mehreren Arten zugeordnet, z. B. 'Theodor Reimers': *Rubus discolor* (Weihe et Nees). Bei den amerikanischen Brombeeren unterscheidet man seit Bailey (1932) die vier Unterarten

- *Allegheniensis* und *Argute* – aufrecht wachsende Arten des Ostens,
- *Procumbentes* – kriechende Arten des Ostens,
- *Triviales* – kriechende Arten im Südosten und Süden,
- *Ursini* – kriechende Arten der Pazifikküste.

Brombeeren sind Halbsträucher. Sie fruchten an Kurztrieben, die den vorjährigen Langtrieben entspringen. Aus den zwittrigen, selbstfruchtenden Blüten entwickeln sich schwarze Sammel-Steinfrüchte, die sich nicht vom Zapfen lösen. Die Kulturformen der Brombeere lassen sich in aufrechtwachsende und rankende Sorten unterscheiden. In beiden Gruppen gibt es jeweils stachellose und bewehrte Vertreter. Die aufrecht wachsenden Sorten haben im Erwerbsanbau kaum Bedeutung. Viele Züchtungen sind zwar sehr großfrüchtig, aber meist nur mäßig ertragreich und winterfrostgefährdet. Stachellose rankende Sorten sind im Erwerbsanbau seit 1950 in marktnahen Gebieten etwas stärker verbreitet. Die neueren Züchtungen erreichen am ehesten das brombeertypische Aroma der wildwachsenden Pflanzen bzw. der Sorte 'Theodor Reimers'.

Unter den Beerenobstarten haben Brombeeren den höchsten Gehalt an Vitamin A. Die Früchte wirken magenstärkend, blutbildend und rheumalindernd. Die Blätter zählen zu den ältesten Naturheilmitteln.

Black Satin

Ähnliche Namen oder Synonyme sind keine bekannt.

Abstammung, Herkunft und Verbreitung: Eine Kreuzung der Southern Illinois University in Carbondale/Illinois, USA. Gewonnen 1964 aus der Kreuzung von ('US 1482' × 'Darrow') × 'Thornfree'. Eingeführt 1974. Infolge der Stachellosigkeit rasch in allen europäischen Anbaugebieten verbreitet.

Standortansprüche: 'Black Satin' verlangt warme, mittelschwere, durchlässige Böden mit ausreichender Feuchtigkeit. Auch leichte, sandige und flachgründige Standorte genügen. Eventuell fehlende Feuchtigkeit muß durch Wassergaben kurz vor der Vollreife für eine gute Größenentwicklung der Früchte ersetzt werden. Nicht in windige Lagen pflanzen. Windschutzhecken verbessern den Fruchtansatz. 'Black Satin' ist weniger frostempfindlich im Holz als die Standardsorte 'Theodor Reimers'. Wintertemperaturen bis zu −22 °C werden ohne Holzschäden überstanden.

Blüte und Befruchtung: 'Black Satin' blüht früh, jedoch meist erst nach den Eisheiligen und zudem zögerlich. Die Sorte ist selbstfruchtbar. Windschutz wirkt sich günstig auf die Bestäubung durch Hummeln und Bienen aus.

Strauch

Die aufrechte Sorte wächst kräftig bis sehr kräftig. Die 4 bis 5 m langen, stachellosen Triebe haben robustes Blattwerk. Mitte Juni werden die überzähligen Kopftriebe entfernt. Es verbleiben 5 bis 6 Jungtriebe als Ertragsruten für das nächste Jahr. An diesen werden die gebildeten Geiztriebe im Juli bzw. August auf 1 bis 2 Blätter zurückgenommen. Dadurch vergrößert sich die Ertragsfläche für das nächste Jahr. Die Geiztriebblattachseln tragen nämlich ebenfalls im Folgejahr Blütenknospen. Das abgetragene Holz wird erst im Folgejahr vor dem Neuaustrieb entfernt. Über die Winterzeit schützt es die Jungtriebe etwas vor austrocknenden Winden. Der Ertrag setzt früh ein, er ist gut und sicher. In strengen Wintern muß mit Wildverbiß gerechnet werden. Die Sorte ist anfällig für die Brombeergallmilbe und die Rutenkrankheit. In Regenjahren tritt rasch Botrytis-Fruchtfäule infolge des dichten Fruchtstandes auf.

Frucht

'Black Satin' reift mit bzw. ganz kurz nach 'Theodor Reimers', die Reifeperiode zieht sich aber 1 bis 2 Wochen mehr in die Länge. In manchen Jahren wird ohne deutlichen Ertragshöhepunkt bis Mitte Oktober während 5 bis 6 Wochen geerntet. Die Frucht ist groß, länglich, schwarzglänzend mit violettblauem Schimmer, mittelfest mit starkfärbendem, dunklem Saft, säuerlich, wenig süß und hat große Samen. Trocken und bei warmer Wetterlage geerntete Früchte schmecken relativ gut. Pro Woche muß mindestens zweimal gepflückt werden. Die Sorte hat eine empfindliche Fruchthaut. Die Beeren verlieren bei voller Reife rasch ihren Glanz und fallen dann leicht ab. Die Frucht ist mäßig transportfest, besonders bei Ernte in der Vollreife. Verarbeitung rasch nach dem Pflücken. Beerenbotrytis in regenreichen Witterungsperioden ist eine weitere Schwachstelle. Die freiwachsenden Fruchtstände und die nicht bestachelten Triebe erleichtern die Pflückarbeit.

Black Satin

Theodor Reimers

Anbau und Markt

'Black Satin' war eine interessante Sorte für den Erwerbs- und Liebhaberanbau, wurde aber weitgehend von besseren stachellosen Neuzüchtungen abgelöst. Die Frucht ist für die Frischmarktversorgung interessant. Für die Frostung eignet sie sich nur mäßig. Ansonsten kann sie wie die Früchte von 'Theodor Reimers' verarbeitet werden. Sie ist wegen früher Reife und verbesserter Winterfrostfestigkeit auch in höheren Lagen zumindest für den Liebhaberanbau interessant.

Daten zur Frucht:
Zuckergehalt 20 °Oe
Säuregehalt 15 g/l
100-Frucht-Gewicht 480 bis 490 g

Loch Ness

Ähnliche Namen sind nicht bekannt, Synonym ist 'Nessy'.
Abstammung, Herkunft und Verbreitung: Aus den Züchtungsnummern 'SCRJ 75 131 D 1' × 'SCRJ 74 236 R A 8' kreuzte Derek Jennings 1983 die Sorte 'Loch Ness' am Scottish Crop Research Institute, Invergowrie, Dundee/Schottland. Sie ist geschützt, seit 1988 im Handel und steht in zahlreichen Ländern im versuchsweisen Anbau.
Standortansprüche: Besonders als Jungpflanze benötigt 'Loch Ness' nährstoffreiche, durchlässige und ausreichend feuchte Böden, da der Wuchs anfänglich schwach ist. Sie stellt höhere Ansprüche an Bodenqualität und Wasserversorgung als 'Theodor Reimers' und ist ähnlich winterhart wie die übrigen stachellosen Sorten.
Blüte und Reife: Die Sorte blüht früh und trägt etwa halb soviele Blüten pro Seitentrieb wie 'Theodor Reimers'. Die Seitentriebe sind jedoch wesentlich kürzer. 'Loch Ness' reift kurz nach 'Theodor Reimers' und wird von Mitte August bis Mitte/Ende September geerntet. Erträge von 10 kg je Pflanze sind möglich.

Strauch

Die Pflanze wächst anfangs schwach, später mittelstark und bildet mäßig viele halbaufrechte Triebe. Die stachellosen Ranken tragen wenige Seitentriebe und sind mit dreiteilig gefiederten Blättern besetzt. Sie Sorte ist robust und wenig anfällig für Fruchtfäulen.

Frucht

Die großen, leuchtend schwarzen Beeren sind zylindrisch geformt und haben festes Fruchtfleisch. Es schmeckt angenehm süßsäuerlich und hat ein ansprechendes Aroma. Sie sind gut transport- und lagerfähig.

Anbau und Markt

Die Früchte lassen sich gut pflücken, Voraussetzung ist ein Stützgerüst. 'Loch Ness' muß zweimal wöchentlich gepflückt werden. Aufgrund ihrer Robustheit eignet sich 'Loch Ness' gut für den Hausgarten. Sie könnte aber auch im Erwerbsanbau Bedeutung erlangen, da sie größere Früchte trägt als die meisten stachellosen Sorten und neben guter Festigkeit ein angenehmes Aroma hat.

Daten zur Frucht:
Zuckergehalt 25 °Oe
Säuregehalt 18,7 g/l
Vitamin C-Gehalt 20 mg/100 g
100-Frucht-Gewicht 600–665 g

Theodor Reimers

Ähnliche Namen sind keine bekannt. Synonym ist 'Sandbrombeere'. engl.: 'Himalaya' oder 'Himalaya Giant' und 'Black Diamond'.
Abstammung, Herkunft und Verbreitung: Eine Auslese aus der wilden 'Sandbrombeere' *(Rubus discolor)*. 1885 in Amerika durch Luther Burbank gewonnen und zunächst in den USA verbreitet. Nach Deutschland wurde die Sorte durch den Baumschuler Theodor Reimers 1889 eingeführt. Sie ist in ganz Deutschland, Belgien und in Holland als Hauptsorte verbreitet, aber auch in den übrigen Anbaugebieten Europas zu finden.
Standortansprüche: Keine besonderen Ansprüche an den Boden. Hohe Erträge und große Früchte bringt die Sorte jedoch nur auf warmen Böden mit ausreichender Feuchtigkeit. Sie ist nicht geeignet für windausgesetzte Lagen. Dort ist Windschutz erforderlich. Mittelschwere, durchlässige Böden mit schwachsauerem bis neutralem pH-Wert sind recht günstig. Ausgesprochene Spätfrostlagen sollten nicht bepflanzt werden. Zusätzliche Bewässerung in Trockenjahren wirkt sich günstig auf Größe und Geschmack der Früchte aus. Das Holz von 'Theodor Reimers' ist frostempfindlich. Schon bei Temperaturen unter −15 °C frieren die Ruten zurück. Aus dem Wurzelstock treiben jedoch wieder willig neue Ranken aus. Kalte Winde trocknen die Ruten leicht ein. Vorbeugender Frostschutz wird empfohlen.
Blüte und Befruchtung: 'Theodor Reimers' blüht spät, nach den Eisheiligen. Die Blüte zieht sich über längere Zeit hin. Die Sorte ist selbstfruchtbar, d.h. auch bei kühler Witterung wird der Ertrag nicht negativ beeinflußt.

Strauch

Er wächst sehr kräftig und bildet lange Ruten mit vielen vorzeitigen Trieben. Die Triebe sind stark bestachelt, auch am Blattstiel. Jahrestriebe können 4 bis 6 m lang werden. Sonnenseits sind sie stark gerötet. Die Blüten bilden sich an den letztjährigen, aus dem Wurzelstock hervorgegangene Ranken. Blütenstände und Früchte gehen an langen Blattrispen aus den Blattachseln hervor. Zwischen Mitte Juni und Anfang August sind die jungen Ruten dreimal zu entgeizen. Dabei werden die aus den Blattachseln kommenden Seitentriebe auf 1 bis 2 Blätter kurz vor dem Verholzen zurückgenommen. Schwache, überzählige junge Bodentriebe werden entfernt. Einige kräftige Triebe verbleiben als Fruchtruten für das nächste Jahr. Das alte Holz wird im zeitigen Frühjahr vor dem Austrieb herausgenommen. Die Sorte ist anfällig für die Brombeermilbe und Fruchtfäule. Gelegentlich wird 'Theodor Reimers' auch von Blattvirosen befallen.

Loch Ness

Frucht

Mittelgroße, runde bis kegelförmige, schwarze und dabei glänzende Beeren enthalten viel dunkelbräunlich- bis schwarzroten Saft. Vollreife Früchte sind süß mit feinem Aroma. Die Vollreife erkennt man am dunkelgefärbten, glasigen Zapfen. Zweimaliges Pflücken pro Woche ist erforderlich. Die Pflückreife beginnt Ende Juli und zieht sich bis Anfang September folgernd hin. Die Früchte sind leicht pflückbar, wenn in gepflegten Anlagen die Fruchtruten an ein Stützgerüst gebunden und damit gut zugänglich sind. Fruchtbarkeit und Ertragssicherheit sind sehr hoch. Die Sorte alterniert nicht. Die Fruchtgröße nimmt während der Reife noch kräftig zu.

Anbau und Markt

'Theodor Reimers' ist nach wie vor die Hauptsorte in Deutschland. Ihre Früchte sind geeignet zum Direktverzehr (vollreif), als Kuchenbelag, zur Bereitung von Kompott, Likören, Fruchtwein, Marmelade und Gelee. Mäßig geeignet zur Gefrierkonservierung, sofern die Früchte vollreif sind. Eine anspruchslose Sorte für Erwerbs- und Liebhaberanbau.

Daten zur Frucht:
Zuckergehalt 25 °Oe
Säuregehalt 19,9 g/l
Vitamin C-Gehalt 18 mg/100 g
100-Frucht-Gewicht 255 g

Thornfree

Thornless Evergreen

Thornfree

Ähnliche Namen sind nicht bekannt, Synonym ist 'Black Thornfree'.
'Thornfree' bedeutet dornlos bzw. stachellos.
Abstammung, Herkunft und Verbreitung: Eine F_2-Auslese des U.S. Department of Agriculture Beltsville, USA. Sie wurde 1959 aus der Kreuzung von ('Merton Thornless' × 'Brainerd') × ('Eldorado' × 'Merton Thornless') gewonnen und 1966 für den Anbau in den USA freigegeben. Angebaut wird 'Thornfree' in ganz Europa, hauptsächlich in Deutschland, Belgien, Holland, Frankreich, Italien, überwiegend im Liebhaberanbau.
Standortansprüche: Verlangt warme, mittelschwere und durchlässige Böden mit ausreichender Feuchtigkeit. Sie ist ungeeignet für Schatten- und Windlagen. Warme, sonnige Standorte auf durchlässigen, humosen und frischen Böden bringen beste Erträge. Auf Trockenstandorten ist zumindest während der Reifezeit der Früchte durch zusätzliche Wassergaben für eine ausreichende Größenentwicklung der Früchte zu sorgen. Windschutzhecken verbessern den Fruchtansatz.
Blüte und Befruchtung: 'Thornfree' blüht spät. Die Blühzeit dauert lange. Die Sorte ist selbstfruchtbar. Der Einsatz von Bienen verbessert den Gesamtertrag.

Strauch

'Thornfree' wächst stark und bildet 4 bis 5 m lange Ranken. Die Ausläuferbildung ist mäßig stark. Die Ruten sind stachellos, oberseits rotbraun und fein behaart. 5 bis 6 Ruten pro Pflanze genügen für einen hohen Fruchtertrag. Die Blätter sind robust und beidseitig dichtflaumig behaart. Insgesamt treibt die Pflanze früh aus. Die Beeren entstehen aus den rispigen Blütenständen, die den Blattachseln des Haupttriebes sowie der Geiztriebe an den letztjährigen Ranken entspringen. Die Pflegearbeiten am Strauch beschränken sich auf die Entfernung überzähliger Kopftriebe und auf das einmalige Entgeizen der jungen Ranken im Juli–August. Die Geiztriebe werden dabei auf 1 bis 2 Blätter zurückgenommen. Abgetragenes Holz bleibt am Strauch als Windschutz bis ins Folgejahr und wird kurz vor dem Austrieb entfernt. Das Holz von 'Thornfree' ist deutlich frostwiderstandsfähiger als von 'Theodor Reimers'. Wintertemperaturen bis −22 °C wurden im Weinbauklima gut überstanden. Die Pflanze ist anfällig für den Gnomonia-Pilz, der die Rutenkrankheit verursacht. Jungtriebe sind leicht brüchig und müssen im Sommer vorsichtig aufgebunden werden. Auch ist Wildverbiß in strengen Wintern nicht auszuschließen.

Frucht

'Thornfree' reift sehr spät, etwa 14 Tage nach 'Theodor Reimers'. Die ersten Früchte sind Ende August reif. Die Ernte zieht sich über den ganzen September bis in den Oktober hinein. In ausgesprochenen Höhenlagen reifen manchmal nicht alle Früchte. Der Ertrag ist gut bis sehr gut, vor allem im Weinbauklima. Er setzt im 2. Standjahr ein, ist sehr sicher und regelmäßig. Die Frucht ist groß, stumpfkegelförmig, mäßig saftig und dunkelschwarzrot glänzend. Sie schmeckt süß mit gutem Aroma, doch erst bei Vollreife, wenn die Früchte schon etwas weich geworden sind. Dunkle, noch feste Früchte sind sauer und fast ohne Aroma. Die Früchte lassen sich an den langen Rispen gut pflücken. Zwei Durchgänge pro Woche sind erforderlich. Vollreife Früchte sind zwar weicher, dafür erheblich größer und an dem glasigen, weichen und dunkelgefärbten Fruchtzapfen erkennbar. Müssen die Früchte über weitere Strecken zum Markt transportiert werden, sollte trotz Einbuße an Aroma und Geschmack vor der Vollreife geerntet werden. Negativ ist die Neigung der Frucht zur Fäulnis nach gewittrigen Regenfällen bzw. nach länger andauernden Regenperioden zur Erntezeit.

Anbau und Markt

Für frühe Lagen ist 'Thornfree' eine wertvolle, stachellose, rankende Sorte, die engere Pflanzabstände als 'Theodor Reimers' erlaubt. In Spätgebieten reifen nicht alle Früchte voll aus. Auch entwickelt dort die Frucht nicht ihr volles Aroma. Die Sorte wird zunehmend durch Neuzüchtungen mit festeren, schmackhafteren Früchten abgelöst.

Daten zur Frucht:
Zuckergehalt 22 °Oe
Säuregehalt 16,1 g/l
Vitamin C-Gehalt 20 mg/100 g
100-Frucht-Gewicht 600 g

Thornless Evergreen

Synonyme sind 'Blacky' und 'Diana'. Ähnliche Namen sind keine bekannt.
Abstammung, Herkunft und Verbreitung: Eine stachellose Knospenmutante, die aus der Sorte 'Oregon Evergreen' *(Rubus laciniata)* hervorgegangen ist. 1926 durch Ph. Steffes, USA, entdeckt. In den Niederlanden, in Deutschland und in der Schweiz etwas stärker verbreitet.
Standortansprüche: Wärmere Lagen und tiefgründige, fruchtbare, wasserhaltende und humose Böden bringen gute Ergebnisse an qualitativ hochwertigen Früchten. Nicht für windige Lagen und nicht auf zu trockenen Standorten. Im Liebhaberanbau kann durch Windschutzmaßnahmen kleinräumig ein Standortnachteil ausgeglichen werden. 'Thornless Evergreen' ist im Holz relativ frosthart, Temperaturen bis zu −23 °C wurden unbeschädigt überstanden.
Blüte und Befruchtung: 'Thornless Evergreen' blüht spät und sehr verzögert. Die Sorte ist selbstfruchtbar. Windschutz und Befruchtung durch Bienen verbessern das Ertragsverhalten.

Strauch

Die Sorte entwickelt nach mittelfrühem Austrieb mittelstarkwachsende Ranken. Die rispigen Blütenstände entspringen den Blattachseln der letztjährigen Ranken. Der regelmäßige Fruchtansatz setzt etwa ein Jahr später als bei 'Theodor Reimers' ein. Der Ertrag pro Strauch ist etwas kleiner als bei 'Theodor Reimers'. Durch dichtere Pflanzung kann dieser Nachteil jedoch ausgeglichen werden. Ertragssicherheit ist gegeben, Alternanz ist nicht bekannt. Die Pflegemaßnahmen bestehen im Aufbinden der für das nächste Jahr erforderlichen Ranken, im Entfernen der restlichen Bodentriebe und im dreimaligen Zurücksetzen der Geiztriebe an den aufgebundenen Ertragsranken auf 1 bis 2 Blätter kurz vor dem Verholzen im Sommer. Abgetragenes Altholz wird im zeitigen Frühjahr vor dem Neuaustrieb entfernt. Gelegentlich können Bodentriebe wieder stachelig sein. Grünstecklingsvermehrung stachelloser Pflanzen ist empfehlenswert. Die Sorte ist anfällig für die Brombeergallmilbe, für Rote Spinne und für die Gnomoniakrankheit. Mäßige Botrytisempfindlichkeit wird bei reifenden Früchten gelegentlich zum Problem.

Frucht

Die Früchte reifen von Anfang August bis Mitte September. Bei dichtem Stand der Pflanzung werden recht befriedigende Erträge erzielt. Die Frucht ist mittelgroß, stumpfkegelförmig, mäßig saftig und mäßig aromatisch. Die Transportfestigkeit und die Lagerfähigkeit sind besser als bei der Frucht von 'Theodor Reimers'. Sie eignet sich zum Tieffrosten und fault weniger stark bei widrigen Witterungsbedingungen.

Anbau und Markt

Eine transportfeste, vielseitig für Frischmarkt und Verwertung geeignete, stachellose, gesunde Sorte für Erwerbs- und Liebhaberanbau. Durch leistungsfähigere neue Sorten ist die Bedeutung dieser Sorte für den erwerbsmäßigen Anbau jedoch zurückgegangen. Anlagen vergreisen etwas rascher als bei 'Theodor Reimers'. Im Hausgarten ist sie, bedingt durch die große, angenehm duftende Blüte und wegen ihrem stark geschlitzten Blatt gleichzeitig eine wertvolle Zierpflanze.

Daten zur Frucht:
Zuckergehalt 21 °Oe
Säuregehalt 16,3 g/l
Vitamin C-Gehalt 17 mg/100 g
100-Frucht-Gewicht 260 bis 320 g

Kulturheidelbeere

Zur Geschichte der Kulturheidelbeere

Mutmaßlicher Ursprung und botanische Einordnung

Die Kulturheidelbeeren (*Vaccinium corymbosum*) gehören zusammen mit den ebenfalls auf sauren Böden, in Europa heimischen Waldheidelbeeren (*V. myrtillus*) und Preiselbeeren (*V. vitis-idaea*) sowie mit etwa 200 anderen, vorwiegend in Südostasien und in ganz Amerika vorkommenden Arten (Liebster 1961) zur Gattung *Vaccinium* aus der Familie der Heidekrautgewächse (*Ericaceae*). Die Gattung ist nicht nur arten-, sondern auch formenreich, denn bei einer Grundzahl der Chromosomen von x=12 gibt es Arten mit doppeltem oder diploidem (2n=2x=24), mit vierfachem oder tetraploidem (2n=4x=48) und sogar mit sechsfachem oder hexaploidem (2n=6x=72) Chromosomensatz. Ihre Entstehung soll schon sehr alt sein; sie wird auf das Ende der Kreidezeit (vgl. Apfel) datiert; die Vorläufer der heutigen Formen sollen sich im tropischen Klima entwickelt haben (Camp 1942).
Der erste Teil des Namens Heidelbeere leitet sich von dem Begriff Heide ab, der altnordischen Ursprungs ist und für unkultiviertes (wüstes), meist sandiges und auch leicht trockenes sowie lichtes Gelände verwendet wird, das sich in der Regel höher als die Umgebung in der Form einer Hochfläche oder -ebene erstreckt. Der Gattungsname *Vaccinium* soll dagegen vom lat. *bacconium* stammen, das wiederum auf *bacca* = die Beere zurückgeht (Keipert 1981).

Züchtung in den USA

Der Ursprung der Kulturheidelbeere und ihre nachfolgende Sortenentwicklung ist gemessen an vergleichbaren Vorgängen bei anderen Obstgattungen noch jung, denn erst im Jahr 1906 begann der Nordamerikaner Coville mit den Vorarbeiten für eine systematische Züchtung. Sein erster Schritt war die Selektion geeignet erscheinender und kulturfähiger Formen aus tetraploiden, im Osten der USA wild wachsender *Vaccinium*-Arten. Daraus gingen u. a. die Sorten 'Brooks', 'Rubel' und 'Russel' hervor, die aber die Erwartungen hinsichtlich Beerengröße und Ertragsvermögen nicht erfüllen konnten.
Der deshalb notwendige zweite Schritt führte 1911 zu ersten Kreuzungen mit den genannten Sorten, die von bewährten Formen der angesprochenen Wildarten stammten (interspezifische Hybridisierungen), von denen vor allem *V. corymbosum*, die den Kulturheidelbeeren auch den Namen gab, als die künftige Zuchtrichtung bestimmende Wildart eingesetzt wurde. Sie ist nach Heermann et al. (1984) erblich eine komplexe Art, die hochbuschig wächst (highbush-type) und wohlschmekkende Beeren hat, allerdings auch als besonders feuchtigkeitsanspruchsvoll im Sinne einer regelmäßigen Wasserversorgung gilt und lichtbedürftig ist. In diese Art wurden Sorten bzw. ausgelesene Formen von zwei anderen Wildarten eingekreuzt, zum einen von *V. lamarckii* (früher als *V. pennsylvanicum* bezeichnet), eine Niedrigbuschform (lowbush-type) mit geringeren Ansprüchen an die Bodenfeuchtigkeit als *V. corymbosum*, zum anderen die ebenfalls hochbuschige Art *V. australe* mit der Eigenschaft günstiger Beerenqualität. Schwerpunktmäßig baut die amerikanische Züchtung von Kulturheidelbeeren auf den Wildarten *V. corymbosum* und *V. australe* auf. Bis heute sind etwa 45 Sorten als hochbuschige Heidelbeersorten bekannt geworden, von denen die Sorte 'Bluecrop' eine weite Verbreitung fand. Die koordinierende Tätigkeit von Coville wurde nach seinem Tod von Darrow fortgeführt, der von vielen Kollegen unterstützt wurde.

Deutsche Züchtungsarbeiten

Zunächst unabhängig von der amerikanischen Züchtung hatte der Deutsche Heermann 1928 die Aufgabe übernommen, für den Anbau im Hausgarten und im Erwerbsbetrieb lohnende Heidelbeersorten zu züchten. Er versuchte, durch Einkreuzungen und interspezifische Hybridisierungen mit den bekanntgewordenen Wildarten aus den USA zum Ziel zu kommen. Nach Kreuzung von *V. corymbosum* mit *V. lamarckii* ergaben sich zwei, erblich noch uneinheitliche Gruppen bzw. Sämlingspopulationen. Die Gruppe mit überwiegend hochwachsenden, dem Corymbosum-Typ ähnlichen Formen bekam den Namen »Blau-Weiß-Goldtraube«, die andere Gruppe mit mehr dem Lamarckii-Typ zuneigenden, weil niedrigwachsenden Formen, nannte er »Blau-Weiß-Zuckertraube«. Aus der viele Jahre andauernden Selektionsarbeit durch Heermann an der Population »Blau-Weiß-Goldtraube« gingen schließlich 2 hochwachsende Sorten hervor, nämlich 'Herma I' und 'Herma II', die 1983 mit den Namen 'Ama' und 'Heerma' zum Sortenschutz angemeldet wurden. Schon 1969 hatte van Well (Niederlande) aus der gleichen Population die Sorte 'Goldtraube 71' ausgelesen und in den niederländischen Anbau eingeführt. Wegen der zahlenmäßig bescheidenen Erfolge der in der »Alten Welt« betriebenen Züchtung von Kulturheidelbeeren beherrschen heute die in den USA herausgebrachten Sorten weltweit den Anbau.

Befruchtungsverhältnisse

In den Sortenbeschreibungen konnte auf die Rubrik »Polleneigenschaften« verzichtet werden, da die behandelten Sorten selbstfruchtbar sind. Bei Anbauversuchen hat es sich allerdings gezeigt, daß Ansatz und Größe der Beeren durch Fremdbestäubung verbessert werden. Im praktischen Anbau werden deshalb keine Sortenblöcke, sondern die Sorten 2- bis 3reihig im Wechsel aufgepflanzt. Da die Pollen schwer und oft auch klebrig sind, müssen sie durch Honigbienen oder Hummeln übertragen werden.

Gegenwärtiger Anbau und Standortansprüche

Mitte der 80er Jahre hat der Anbau von Kulturheidelbeeren in Westdeutschland eine Flächengröße zwischen 400 und

500 ha erreicht, die schwerpunktmäßig auf den diluvialen Sanden der Lüneburger Heide mit niedrigen pH-Werten von 4 bis höchstens 5 zusammengefaßt sind. Kleinere Flächen gibt es auf meist anmoorigen Diluvialböden im Voralpenraum und auf ähnlich gearteten Standorten verwandter Landschaften. In den USA, vor allem im Nordosten, ist die Anbaufläche um das Zwanzigfache größer. In den letzten Jahren wurde der erwerbsmäßige Anbau auch in zahlreichen anderen Ländern stark ausgedehnt.
In Deutschland werden die Anbau- und Marktchancen dieser Kultur eingeengt durch das reichliche Angebot an Waldheidelbeeren, die z.B. aus Bayern oder aus dem Osten und Norden Europas kommen, ferner durch Importe von Kulturheidelbeeren und schließlich durch die spezifischen Standortansprüche. Gute standörtliche Voraussetzungen bieten vor allem (Heide-)Sandböden mit entsprechend niedrigen pH-Werten, die im Oberboden gut durchlüftet und humos sind. Nach Lörcher (mdl.) eignen sich auch wenig abgetorfte und ausreichend drainierte Niedermoorböden, wie sie im Voralpenraum verbreitet sind. Wechseltrokkene, verdichtete oder gar staunasse Böden sind für einen erfolgreichen Anbau der Kulturheidelbeere dagegen unbrauchbar (Bläsing et al. 1984). Der Feuchtigkeitsanspruch der flachstreichenden und oft sehr dichten Feinwurzeln (Wurzelhaare fehlen) ist hoch und kann in vielen Fällen optimal nur durch künstliche Wassergaben (Beregnen, Bewässern) erfüllt werden. Die bisherigen Erfahrungen sprechen für die Installation einer Beregnungsanlage, mit der bei Spätfrösten zur Blütezeit zusätzlich aktiver Frostschutz betrieben werden kann. Die Notwendigkeit des Frostschutzes ist allerdings weniger wichtig, da Züchtung und Selektion betont auf spätblühende Formen ausgerichtet waren. Wärmeklimatisch sind gewisse Grenzen gesetzt, denn eine sortenspezifisch frühzeitige Ernte fördert die Holzreife der Büsche und wirkt so mittelbar dem gefürchteten Triebsterben durch den Pilz *Godronia cassandrae* entgegen, der bei konditionsschwachen Büschen als Schwächeparasit auftritt.
Die Befriedigung des winterlichen Kälte- oder Kühlebedürfnisses wirft bei der Kulturheidelbeere in Mitteleuropa dagegen keine Probleme auf. Ernsthaft bedroht wird der Anbauerfolg oftmals durch Fraßschäden von Vögeln oder Wild (Rehe, Hasen, Kaninchen). Entsprechende Schutzvorrichtungen sind deshalb in vielen Fällen unumgänglich.

Berkeley

Es gibt weder ähnliche Namen noch Synonyme.
Abstammung und Herkunft: Sämling; hervorgegangen aus der 1932 in Weymouth (New Jersey, USA) von F.V. Coville und G.M. Darrow (US. Dept. Agr., Beltsville) sowie von F.A. Gilbert (New Jersey Agr. Exp. Sta., New Brunswick) durchgeführten Kreuzung aus 'Stanley' × ('Jersey' × 'Pioneer' = GS 149); 1938 selektiert und 1949 in den Handel eingeführt. Seither hauptsächlich in den USA und in Norddeutschland angebaut.
Standortansprüche: Eine an gleichmäßige Bodenfeuchtigkeit und gleichzeitig gute Durchlüftung anspruchsvolle Sorte, die einerseits in Trockenperioden gerne zum Rieseln (= vorzeitiger Fruchtfall von der Traube) neigt und andererseits auf feuchten bis wechselfeuchten Böden bzw. bei mangelhaftem Lufthaushalt versagt. Dank der nicht sehr späten Beerenreife in Mitteleuropa wenig wärmebedürftig. Dafür ist die Sorte im Holz und in der Blüte frostempfindlich; damit sind frostgefährdete Lagen für den erwerbsmäßigen Anbau ungeeignet.

Strauch

Innerhalb der Kulturheidelbeeren eine der am stärksten wachsende Sorte mit breitausladendem, aber meist sparrigem Strauchwerk. Es kann bei kräftigem Fruchtbehang sogar nach außen überhängen. Auffallend sind die artgemäß großen und breiten Blätter, die in den USA als für Mehltau widerstandsfähig angegeben werden. Leider ist 'Berkeley' bei ungünstigen Bedingungen anfällig für Triebsterben. Über Steckholz und Grünstecklinge (vegetativ) vermehrbar.

Frucht

Pflückreife: In Norddeutschland von Anfang August bis Anfang September, d.h. etwa 4 Wochen andauernd; auf Höhenlagen des Bodenseegebietes von Mitte August bis Mitte September; für Heidelbeeren spätere Mittelsaison bzw. nach 'Bluecrop' reifend.
Verwertungsreife: Einige Tage nach der jeweiligen Pflücke; im Kühlschrank 2 Wochen, bei 0 °C etwa 4 Wochen mit stabiler Fruchtqualität haltbar.
Größe und Form: Sehr groß, an mäßig lockerer Traube sitzend, flachrund bis abgeplattet; nach Matzner (1965) und Lörcher (mdl.) 100-Frucht-Gewicht um 200 g.
Schale: Hellblau bis lichtes Blau, beduftet oder bereift; selten platzend bis platzfest; attraktives Aussehen.

Berkeley

Stielansatz (Narbe): Gut verwachsend.
Fleisch: Sehr fest; farblos; mäßiger Vitamin C-Gehalt (14 mg/100 g), der bei Beschattung aber niedriger ausfällt.
Geschmack: Säuerlich, ohne besonderes Aroma; Frischfruchtqualität mittelmäßig bis ansprechend.

Anbau und Markt

'Berkeley' wird als eine mittelspät reifende, frühzeitig in Ertrag kommende und danach ertragreiche Kulturheidelbeere angesehen, die sich für den Erwerbs- und Liebhaberanbau bestens eignet. Die relativ großen und meist locker sitzenden Beeren ermöglichen eine hohe Pflückleistung von Hand und sind, dank der festen Fleischstruktur, auch gut zu transportieren.

Bluecrop

Bluecrop

Unter der Bezeichnung 'New Jersey (N. J.) 17–19' geprüft.
Abstammung und Herkunft: Sämling; entstanden aus der Kreuzungsserie von ('Jersey' × 'Pioneer' = GM-37) × ('Stanley' × 'June' = CU-5), die 1934 von F F. V. Coville und O. M. Freeman, beide vom U.S. Dept. Agr. zusammen mit der N. J. Agr. Exp. Sta. in Weymouth (N. J., USA) durchgeführt wurde; 1941 von J. H. Clarke (N. J. Agr. Exp. Sta.) und G. M. Darrow (U.S. Dept. Agr.) gemeinsam ausgelesen, aber erst seit 1952 im Handel. Hauptsächlich in Norddeutschland und den Niederlanden im Anbau.
Standortansprüche: Nach nordamerikanischen Hinweisen kann 'Bluecrop' sich an unterschiedliche Klimate gut anpassen. Dies wird ergänzt durch eine artgemäß überdurchschnittliche Frosthärte des Holzes und der Blüten und durch eine für Heidelbeeren weniger hohe Empfindlichkeit gegenüber Trockenheit. Diese vorteilhaften Eigenschaften verleihen 'Bluecrop' einen verbreitet hohen Anbauwert.

Strauch

Die Sträucher wachsen mittelstark und anfänglich betont aufrecht; später tendiert ihre Form mehr in die Breite. Als wenig auffällig sind die höchstens mittelgroßen Blätter zu bezeichnen. Weitgehend widerstandsfähig gegenüber der Pilzkrankheit Triebsterben. Über Steckholz schlecht, über Grünstecklinge dagegen ziemlich einfach vegetativ zu vermehren.

Frucht

Pflück- bzw. Schüttelreife: Ende Juli/ Anfang August bis Ende August, d. h. etwa 4 Tage vor 'Berkeley' (mittelfrüh).
Genuß- bzw. Verwertungsreife: Nach der Ernte bis einige Tage danach; aus dem Kühlschrank wenige Wochen lang.
Größe und Form: Groß (bis sehr groß); rundlich abgeplattet bis elliptisch; kräftig ausgebildete Traube mit mäßig lockerem Beerenansatz; nach Adamič und Oblak (1967) 100-Fruchtgewicht um 160 g.
Schale: In bereiftem Zustand hellblau, sonst eher blau; platzfest.
Fleisch: Sehr fest.
Stielansatz (Narbe): Klein bzw. wenig offen; Stiele bleiben manchmal an der Frucht hängen.
Geschmack: Feinsäuerlich, aromatisch; überdurchschnittliche Tafelqualität.

Anbau und Markt

Obwohl mitunter verzögert mit der Fruchtbarkeit beginnend, zählt 'Bluecrop' dank regelmäßiger und ergiebiger Ernten zu den ertragsreichsten Heidelbeersorten. Hierzu trägt ein sehr hoher Fruchtansatz (86 bis 100%) bei. Diese Eigenschaft hat ihr zusammen mit einer gewissen standörtlichen Robustheit den Rang der in Europa leistungsfähigsten Sorte für den erwerbsmäßigen Anbau eingebracht. Bei zu dichtem Fruchtbesatz soll allerdings die Beerengröße merklich zurückgehen. Weitere Vorteile sind die günstige Eignung für die Verarbeitung und eine artgemäß lange Lagerfähigkeit der mehr als mittelmäßig geschmackvollen Beeren.

Blueray

Unter der Bezeichnung 'US 18-96' in den 40er Jahren in USA geprüft.
Abstammung und Herkunft: Sämling; wie 'Bluecrop' 1934 aus den Nachkommen der in Weymouth (New York bzw. N. J.) durchgeführten Kreuzung ('Jersey' × 'Pioneer') × ('Stanley' × 'June') hervorgegangen; verantwortliche Züchter waren F. V. Coville und O. M. Freeman (U.S. Dept. Agr. bzw. N. J. Agr. Exp. Sta). Der Sämling mit der Nummer 'US 18-96' wuchs in Washington, District of Columbia, heran und wurde 1941 von J. H. Clarke und G. M. Darrow selektiert, aber erst 1955 zur Vermehrung freigegeben. In den USA und in Deutschland verbreitet.

Standortansprüche: Aufgrund der mittelfrühen Beerenreife nicht besonders wärmeanspruchsvoll. Nach Angaben aus den USA soll die Sorte 'Blueray' hauptsächlich für nördlich von New Jersey liegende Gebiete geeignet sein. Hervorzuheben ist die für Heidelbeeren sehr gute Frosthärte von Holz und Blüten; als Jungholz in Süddeutschland allerdings frostempfindlich.

Strauch

Sorteneigentümlich ist ein sehr starker, in die Höhe gehender Wuchs, so daß die Büsche verhältnismäßig rasch ihre Endgröße erreichen. Der dichte Wuchs macht regelmäßiges Auslichten notwendig. Dies fördert die Blühwilligkeit und erleichtert die Handpflücke. Typisch sind die artgemäß mittelgroßen bis großen Blättchen. In einfacher Weise durch Steckholz vermehrbar. Ziemlich anfällig für *Godronia cassandrae*, vor allem als Jungpflanze, die deshalb nur schwach mit Stickstoff gedüngt werden sollte. Auf süddeutschen Höhenlagen unter 500 NN sehr anfällig für *Botrytis*.

Frucht

Pflück- bzw. Schüttelreife: Ende Juli bis Ende August, also mittelfrüh reifend, ähnlich 'Bluecrop' bzw. kurz danach.
Genuß- bzw. Verwertungsreife: Jeweils im Anschluß an die Ernte; kühlgelagerte Ware 2 bis 4 Wochen lang verwertbar.
Größe und Form: Sehr groß, nach Adamič und Oblak (1967) 100-Beeren-Gewicht um 170 g, es können als Folge dichter Trauben auch kleinere Beeren vorkommen; plattrund; straffe Traube dagegen kleinlumig.
Schale: In bereiftem Zustand mittleres hellblau, ohne Reif bzw. Duft mehr blau.

Blueray

Stielansatz (Narbe): Mittlere Größe.
Fleisch: Fest; nicht platzend; hoher Vitamin C-Gehalt (20 mg/100 g).
Geschmack: Aromatisch, feiner Geschmack, erreicht aber nicht ganz die Qualität von 'Bluecrop'.

Anbau und Markt

Ähnlich wie 'Bluecrop' eine fruchtbare Sorte mit frühem Ertragseintritt und danach regelmäßig hohen Ernten. Nach nordamerikanischen Angaben erreicht der Beerenansatz im Verhältnis zur Blütenzahl mit 70 bis 85% günstige Werte. Im ganzen eine produktive und bestandessichere Sorte, sofern das Triebsterben mittelbar durch geeignete Standortverhältnisse und/oder geschickte Kulturführung in Grenzen gehalten werden kann. Die Beeren sollen in der Reife stark folgernd sein.

Darrow

Darrow

Es gibt weder ähnliche Namen noch Synonyme.
Abstammung und Herkunft: Sämling; im Jahr 1949 aus der von G. M. Darrow (U.S. Dept. Agr.) in Beltsville (Maryland, USA) durchgeführten Kreuzung ('Wareham' × 'Pioneer' = F-72) × 'Bluecrop' und 1955 aus der von ihm selektierten Nachkommenschaft hervorgegangen; später von D. H. Scott und J. N. Moore (US. Dept. Agr. Beltsville) sowie von H. H. Bowen und L. F. Hough (N. J. Agr. Exp. Sta., New Brunswick) als 'G-71' geprüft und als 'Darrow' benannt; 1965 zur Vermehrung freigegeben.
Standortansprüche: Wegen sehr später Reife in Mitteleuropa als wärmeanspruchsvoll einzustufen. Holz soll frostempfindlich sein, deshalb sogenannte Frostlöcher im Anbau meiden.

Strauch

Stramm und stark wachsende Sorte, die sich nach Seipp (mdl.) aber dennoch nur langsam zum Strauch entwickelt. Anfällig für Triebsterben.

Frucht

Pflückreife: In Norddeutschland sehr spät, von Ende August bis Ende September, so daß bei kühlem Septemberwetter die letzten Beeren kaum reifen.
Verwertungsreife: Jeweils nach der Pflücke; wie 'Berkeley' bei tiefen Temperaturen einige Wochen im Kühlschrank haltbar.
Größe und Form: Sehr groß, an mäßig locker gebauter Traube sitzend; kein vorzeitiger Fruchtfall bei nassem Wetter.
Schale: Lichtes Blau, attraktiv; platzt auch bei ungünstigem Wetter nicht auf.

Fleisch: Fest; farblos.
Stielansatz (Narbe): Gut verheilend.
Geschmack: Aromatisch, geschmackvoll; bei mangelhafter Reife herb oder sauer.

Anbau und Markt

Eine sehr spät reifende und deshalb wärmeliebende Sorte mit sehr guten Ertragseigenschaften sowie wohlschmeckenden und attraktiven Beeren, die weder vorzeitig abfallen noch durch Regen aufplatzen. Dank lockerer Fruchttraube und Großbeerigkeit leicht zu pflücken. Auf klimatisch bevorzugten Standorten besonders für den Anbau im Hausgarten geeignet.

Heerma

Synonym ist 'Heerma 2 bzw. II'.
Abstammung und Herkunft: Als Sämling aus der Gruppe der »Blau-Weiß-Goldtraube« in Hochbuschform ausgelesen und als 'Heerma 2 bzw. II' schon seit 1969 im Handel, jedoch erst seit 1983 als 'Heerma' unter Züchterschutz; Züchter ist Dr. W. Heermann aus Grethem bei Walsrode (Lüneburger Heide), der ab 1982 Kreuzungen mit den tetraploiden Wildarten *Vaccinium corymbosum* und *V. lamarckii* durchgeführt hat, aus denen das Sämlingsgemisch (Population) der »Blau-Weiß-Goldtraube« hervorgegangen ist. Hauptsächlich in Norddeutschland verbreitet, aber auch in den Niederlanden und in Osteuropa im Anbau.
Standortansprüche: Die wärmeklimatische Anbaubreite scheint nicht besonders eingeengt zu sein, so daß in Südwestdeutschland auch Höhenlagen anbauwürdig sind. Hinzu kommt eine ausreichende Frosthärte gegenüber tiefen Wintertemperaturen und dank später Blüte auch eine geringe Blütenfrostempfindlichkeit.

Strauch

Kennzeichnend ist ein starker und aufrechter Wuchs, der zu runden Büschen führt. Da sie ziemlich dicht gewachsen sind, wird einerseits das Pflücken erschwert und andererseits laufendes Auslichten erforderlich. An den meist grünen Trieben sitzen hellgrüne Blättchen von länglicher bis länglich-schmaler Gestalt. Über die Widerstandsfähigkeit der vegetativen Organe gegenüber Triebsterben sind die Aussagen widersprüchlich; sie reichen von empfindlich bis nicht empfindlich.

Frucht

Pflück- bzw. Schüttelreife: In Norddeutschland von Mitte August bis Mitte September, d.h. etwa 4 Wochen andauernd; mittelspät reifend.
Verwertungsreife: Jeweils von der Ernte an bis einige Tage danach; aus dem Kühlschrank 2 bis 3 Wochen lang.
Größe und Form: Mittelgroß bis groß (ca. 16 mm) und rund bzw. rundlich; die Trauben sind eher als klein zu bezeichnen, sollen aber nicht rieseln.
Schale: Mittleres Blau vorherrschend.
Stielansatz (Narbe): Gut verwachsend.
Fleisch: Sehr fest; farblos; platzfest, in Vollreife druckempfindlich.
Geschmack: Fruchtig-aromatisch; im ganzen wohlschmeckend.

Anbau und Markt

Die Sorte 'Heerma' wird in ihrer Fruchtbarkeit als mittelmäßig bis hoch eingestuft. Aufgrund ihrer guten Eignung für die mechanisierte Ernte und ihrer günstigen Lager- und Versandfähigkeit ist sie beliebt. Die Beeren sollen sich bestens verarbeiten und tiefgefrieren lassen. Dank diesen vorteilhaften Eigenschaften auf geeigneten Standortverhältnissen somit hauptsächlich für den erwerbsmäßigen Anbau zu empfehlen. Nach süddeutschen Erfahrungen wegen dünner Schale und hohem Zuckergehalt für Bienen und Wespen sehr anziehend.

Heerma

Walnuß

Zur Geschichte der Walnuß

Die Walnuß (*Juglans regia* L.), auch Welsche Nuß oder Steinnuß genannt, kommt in Europa als einzige Art aus der Gattung *Juglans* wild vor. Als Heimat nimmt man das Gebiet von Vorder- und Mittelasien, den Himalaja und China an. In der warmen Zeit des Tertiär wuchsen sogar in Grönland Walnußbäume. Während der Eiszeit starben sie nördlich der Alpen aus, wurden von römischen Legionären aber wieder verbreitet. Hauptanbaugebiete sind aber wärmere Klimaräume wie Frankreich, Italien, Rumänien, Ungarn. Im deutschen Sprachraum kann die Walnuß für den erwerbsmäßigen Anbau nur im Weinbauklima befriedigen. Einige Merkmale weisen auf die Ahnen aus subtropischen Klimabedingungen hin: die Früh- und Spätfrostgefährdung, der späte Laubaustrieb, die ungeschützten Knospen und die Träufelspitze an den Fiederblättchen.
Der Walnußbaum bildet meist von Natur aus einen kräftigen Hochstamm. Die Blätter setzen sich in der Regel aus 7 Fiederblättern zusammen. Das ätherische Öl, das die Drüsenhaare auf der Blattunterseite absondern, trug mit dazu bei, daß die Walnuß zum beliebten Hofbaum wurde: der Geruch wirkt insektenvertreibend. Bei der Walnuß entwickeln sich männliche und weibliche Blüten getrennt, aber auf demselben Baum. Die männlichen Kätzchen entspringen dem zweijährigen Holz, die weiblichen Blüten an der Spitze des einjährigen Triebes. Aus den unterständigen Fruchtknoten entwickeln sich Steinfrüchte. Die Nuß ist der Steinkern, in dem der vierlappige Samen enthalten ist. Die Schale ist sortenbedingt unterschiedlich dick und hart, das Verhältnis von Schale zu Kern variiert stark. Sämlingsbäume fruchten ab dem 12. bis 15. Standjahr. Durch die Veredlung ausgesuchter, großfrüchtiger Sorten auf *J. regia* oder *J. nigra* (Schwarznuß = Schwarze Walnuß, aus den USA stammend) läßt sich der Ertragseintritt wesentlich verfrühen. Erste Erträge sind bei Veredlungen schon ab dem 5. Standjahr zu erwarten.
Die Walnuß spielte in verschiedenen Kulturen eine Rolle. Dem Zeus des griechischen Altertums war sie heilig, dem Volk diente sie als Symbol für reichen Kindersegen. Diese Bedeutung findet sich auch im deutschen Volksglauben. Der gesundheitliche Wert wurde in den letzten Jahren wiederentdeckt, vor allem die positive Auswirkung auf den Cholesterinspiegel konnte nachgewiesen werden. Infolge seiner Festigkeit, Färbung und Maserung ist Nußholz von der Möbelindustrie gesucht.

Walnußsorte Nr. 26

Synonyme oder ähnliche Namen sind keine bekannt.
Abstammung, Herkunft und Verbreitung: 'Nr. 26' wurde in Geisenheim-Rüdesheim aufgefunden, an der Forschungsanstalt Geisenheim im Rahmen der Walnußselektion bearbeitet und unter der Zucht-Nr. 26 zur Erprobung in der Praxis herausgegeben.
Verbreitung hat sie in allen Walnuß-Anbaugebieten Deutschlands gefunden.
Standortansprüche: Tiefgründige Böden, insgesamt warmes, weinbaufähiges Klima in nichtwinterfrostgefährdeten Lagen sind wichtige standörtliche Voraussetzungen für befriedigende bis gute Erträge.

Baum

'Nr. 26' ist mittelstarkwüchsig bis starkwüchsig. Sie bildet breite, flachkugelige und große Kronen. Die Sorte treibt spät aus und blüht spät. Die weiblichen Blüten reifen vor den männlichen. Vollkernige Nüsse werden auch bei dieser Sorte ohne Befruchtung ausgebildet. Ihr Fruchtstand besteht meist aus zwei bis drei Früchten. Vereinzelt ist traubenförmiger Ansatz festzustellen.

Frucht

Die Nuß von 'Nr. 26' ist mittelgroß und umgekehrt eiförmig. Charakteristisch ist ein leicht angedeutetes Spitzchen, das nur wenig über die Oberfläche hervortritt. Die feste und glatte Schale wird vom Kern völlig ausgefüllt. Er löst gut aus der Schale. Die Oberfläche des Kerns ist von einem dunkelgelben Häutchen überzogen, dessen feine Äderchen nur ganz zart bemerkbar sind. 'Nr. 26' bringt die Nüsse Anfang Oktober zur Reife.

Anbau und Markt

Eine Sorte, die für den Anbau zu empfehlen ist. Im allgemeinen ist sie nicht spätfrostgefährdet. Die Nüsse sind aber geringfügig kleiner als bei den übrigen empfohlenen Sorten. 'Nr. 26' ist auch in etwas kühleren Gegenden und in Klimaräumen mit höheren Niederschlägen noch anbauwürdig. Pilzliche und bakterielle Krankheiten schädigen sie etwas weniger als die übrigen Sorten. Allerdings ist sie im Holz nicht winterfrosthart.

Daten zur Frucht:
Anzahl Früchte/kg 91 (luftgetrocknet)
Kerngewicht 473 g = 47%/kg Nuß
Höhe 39 bis 41 mm
Breite 28 bis 30 mm

Walnußsorte Nr. 139

Synonyme oder ähnliche Namen sind keine bekannt.
Abstammung, Herkunft und Verbreitung: 'Nr. 139' wurde im Rahmen der Arbeiten zur Walnußselektion in Geisenheim in den dreißiger Jahren ausgelesen. Der Ausgangssämling stand in Weinheim/Bergstraße. Von Geisenheim, später von Weinsberg aus, in Süddeutschland verbreitet.
Standortansprüche: Warme Gebiete (Weinbauklima) in nicht winterfrostgefährdeten Lagen, tiefgründige Standorte mit ausreichender wasserhaltender Kraft bringen sichere Ernten. Spätfröste vernichten den empfindlichen Neutrieb einschließlich Blüte. Tallagen scheiden in gefährdeten Gebieten deshalb aus. Das Holz ist mäßig frosthart.

Baum

Mittelstarker Wuchs führt zu einer mittelgroßen, geschlossenen, breitkugeligen Krone. Die Sorte blüht spät. Die männlichen Blüten reifen und blühen in den meisten Jahren vor den weiblichen. Dennoch trägt die Sorte vollkernige Nüsse. Neigung zur Apomixis (Entwicklung der Frucht ohne Bestäubung) muß deshalb angenommen werden. Im Fruchtstand von 'Nr. 139' werden in normalen Jahren zwei bis drei Nüsse ausgebildet. In günstigen Jahren (warmes, frostfreies Frühjahr) kommt es zu einem reichen Ansatz von 8 bis 15 Nüssen/Fruchtstand.

Frucht

Die Nuß ist mittelgroß und extrem breiteiförmig. Die Schale ist mitteldick bis dünn, auffallend glatt, nur mitteltief gefurcht, vollständig geschlossen und hellbraun gefärbt. Der Kern füllt die Schale fast vollkommen aus und läßt sich leicht heraus lösen. Die frische Frucht ist von einem hellgelben Häutchen überzogen, auf dem sich deutlich kräftig braun gefärbte Äderchen abheben. Sie schmeckt gut bis sehr gut. 'Nr. 139' reift im September und wird in Abhängigkeit vom Klima Mitte bis Ende des Monats genußreif.

Anbau und Markt:

Die Sorte 'Nr. 139' ist ein sicherer, regelmäßiger Träger an idealen Standorten. In nassen Jahren kann sie vom Erreger des Bakterienbrandes bzw. *Marssonina* befallen werden. Es kommt dann auch zu mangelhaftem Schluß der Schale. Außerdem kann die Ausbildung des Nußkerns darunter leiden. Dennoch ist 'Nr. 139' eine wertvolle Sorte für den Liebhaberanbau.

Daten zur Frucht:
Anzahl Früchte/kg 87 (luftgetrocknet)
Kerngewicht 435 g = 44% / kg Nuß
Höhe 38 bis 40 mm
Breite 32 bis 34 mm

Walnußsorte Nr. 286

Synonyme oder ähnliche Namen sind keine bekannt.
Abstammung, Herkunft und Verbreitung: In Straupitz/Spreewald aufgefallen. In Geisenheim durch Schneiders ausgelesen. Verbreitet versuchsweise in den wärmeren Regionen Deutschlands.
Standortansprüche: Verlangt lockeren, warmen, gut durchlüfteten, dabei frischen, tiefgründigen und nach Möglichkeit humusreichen Boden. Gedeiht auch noch auf kalkärmeren bzw. sauren Böden, sofern die vorstehend genannten Eigenschaften des Standortes erfüllt sind. Böden mit stauender Nässe sind auszuschließen. Ungeeignet zum Anbau auf kalten, bindigen, tonigen und undurchlässigen Böden. Kurzfristige Überschwemmungen werden vertragen. Die Lage muß frostarm und spätfrostfrei sein. Nicht für windexponierte Lagen. Günstige Klimazonen, in denen Wein, Tabak und Aprikosen gut gedeihen, sind der Fruchtbarkeit zuträglich.

Baum

Mittelstark- bis starkwachsend, bildet hochkugelige Kronen, treibt mittelfrüh aus, blüht früh bis mittelfrüh. Die männlichen Blüten erscheinen zuerst. Dennoch wird ein guter Fruchtansatz ohne Befruchtung erreicht. Der Fruchtstand besteht meist aus zwei bis drei Früchten.

Frucht

'Nr. 286' hat mittelgroße, längliche und gleichmäßig breit-eiförmige Nüsse. Die Schale ist ziemlich glatt mit vereinzelten, tieferen Furchen und gleichmäßig dicht geschlossen. Der Kern füllt die Schale fast vollständig aus und läßt sich gut auslösen. Er ist von einem dünnen, hellgelben Häutchen mit deutlich sichtbaren Adern überzogen. Die Sorte weist starkes Walnußaroma auf. Die Früchte reifen früh: Mitte bis Ende September.

Anbau und Markt

'Nr. 286' ist eine wertvolle Sorte für den allgemeinen Anbau. Spätfrostfreie Lagen sind zu wählen, um den mittelfrühen Austrieb nicht zu beeinträchtigen. Das Holz dieser Sorte ist relativ winterhart.

Daten zur Frucht:
Anzahl Früchte/kg 87 (luftgetrocknet)
Kerngewicht 447 g = 44% / kg Nuß
Höhe 44 bis 46 mm
Breite 36 bis 38 mm

Walnußsorte Nr. 1247

Synonyme oder ähnliche Namen sind keine bekannt.
Abstammung, Herkunft und Verbreitung: 'Nr. 1247' ist in Mehlen bei Forst/Kurmark entstanden. Der Sämling wurde als großfrüchtiger Typ in den 30er Jahren in Geisenheim als 'Nr. 1247' registriert und bei der Selektion für die weitere Vermehrung ausgelesen. Angebaut wurde die Sorte versuchsweise in den klimatisch begünstigten Weinbaugebieten Westdeutschlands.
Standortansprüche: Tiefgründige, gut wasserhaltende Böden und frostfreie Lagen sind für sichere Erträge unabdingbar. Im Liebhaberanbau können auch etwas kühlere Gebiete damit bepflanzt werden. Kontinentale Klimaprägung mit nicht zu kalten Extremwintern befriedigen in bezug auf die geringere Holzfrostgefährdung besser. Nicht für spätfrostgefährdete Tallagen.

Baum

Sehr starkwüchsig, bildet große und breite Kronen. Sie sind geschlossen und breit sowie groß-kugelförmig. Die Sorte treibt früh aus und blüht mittelfrüh bis früh. Die weiblichen Blüten reifen und blühen vor den männlichen. Neigung zur Apomixis ist anzunehmen. Der Fruchtstand weist eine bis maximal 4 Nüsse auf.

Frucht

Die Nuß von 'Nr. 1247' ist mittelgroß bis groß, gleichmäßig stumpf-eiförmig und mit einer breit zulaufenden, sortentypischen Spitze. In nassen Jahren ist die Fruchtspitze stärker ausgezogen. Die Schale ist dünn, aber fest, glatt und geschlossen und hat eine wenig gefurchte, hellbraune Oberfläche. Die Schale läßt sich leicht öffnen. Der Kern füllt sie fast vollkommen aus und läßt sich gut aus der Schale lösen. Er wird von einem hellgelben Häutchen überzogen, dessen Aderung nur schwach angedeutet ist. Er schmeckt recht edel und nussig. 'Nr. 1247' bringt die Früchte Ende September nach der Sorte 'Nr. 139' zur Reife. Abhängig von der Witterung während des Fruchtwachstums kann sich die Reife um etwa zwei Wochen verschieben.

Anbau und Markt

Die Sorte 'Nr. 1247' eignet sich besonders für spätfrostfreie Gebiete. Sie ist, abgesehen von der Gefahr des Erfrierens der Blüten

Oben links: Walnußsorte Nr. 26
Oben rechts: Walnußsorte Nr. 139
Mitte links: Walnußsorte Nr. 286
Mitte rechts: Walnußsorte 1247
Unten rechts: Walnußsorte Weinsberg 1

wegen des frühen Austriebs und frühen Blühens, in guten, warmen Jahren ein reicher und sicherer Träger. Die Sorte leidet nur sehr selten und weniger als andere unter *Marssonina juglandis.* Sie ist gesund und robust sowie im Holz die frosthärteste der hier aufgeführten Sorten.

Daten zur Frucht:
Anzahl Früchte/kg 91 (luftgetrocknet)
Kerngewicht 446 g = 45%/kg Nuß
Höhe 43 bis 46 mm
Breite 32 bis 34 mm

Walnußsorte Weinsberg I

Synonym ist 'Nr. 251'; ähnliche Namen gibt es keine.
Abstammung, Herkunft und Verbreitung: Durch Obstbau-Amtmann Bonz, Heilbronn, im Unteren Kochertal als Sämling entdeckt. Durch Metzner/LVWO Weinsberg in einer Selektionssammlung als wertvoller Sämling in den 70er Jahren ausgelesen. Insbesondere im Weinbauklima Süddeutschlands anbauwürdig.
Standortansprüche: Braucht Weinbauklima zur guten Entwicklung ihrer Anlagen. Frostlagen und Frosttäler sind vom Anbau auszuschließen. Tiefgründige, frische, sandige Lehmböden mit ausreichendem Humusgehalt und guter Wasserführung fördern günstige Entwicklung und reichen Ertrag. Auch Urgesteinsverwitterungsböden mit pH-Werten zwischen 5,5 und 6,5 sagen der Sorte besonders zu, sofern die Standorte ausreichend Feuchtigkeit enthalten. Ungeeignet sind reine Sandböden sowie verdichtete und sehr schwere, tonige Kalkböden. Sowohl naßkalte als auch trockene Böden führen in sonnenscheinarmen Jahren zu einer mangelhaften Schalenbildung der Nüsse.

Baum

Schwach bis mittelstark wachsend; ausladende Hauptäste führen zu einer aufgelockerten und breitkugeligen Krone. Der Baum treibt mittelfrüh aus und blüht mittelspät. Die männlichen Blüten erscheinen zuerst. Vollkernige Nüsse sind trotz gelegentlicher Neigung zu nicht ganz vollkommen ausgebildeter Schale (in kühlen Jahren, an zu kühlen Standorten) sortentypisch. Im allgemeinen besteht der Fruchtstand aus zwei bis drei Nüssen. In Jahren mit hervorragender Blüte (gute Weinjahre) und warmer, frühlingshafter Witterung während dieser Zeit kommt es z. T. auch zu traubenförmigem Ansatz von 6 bis 8 Früchten pro Fruchtstand. Die Sorte setzt sehr früh mit dem Ertrag ein.

Frucht

Die Nuß ist groß bis sehr groß, länglich, stumpf-eiförmig mit ausgeprägter Spitze und geschlossener Naht. Die Schale ist dünn, wenig gefurcht und mittelbraun gefärbt. In kühlen Jahren ist die Fruchtschale zur Spitze hin teilweise mangelhaft ausgebildet (Papiernuß). Der Kern füllt die Schale gut aus, er ist mit einem hellgelben Häutchen überzogen, Adern treten kaum hervor. Der Geschmack ist überzeugend.

Anbau und Markt

'Weinsberg 1' ist eine wertvolle Sorte für den allgemeinen Anbau und wegen des geringen Kronenumfangs auch für Hausgärten in warmen Lagen. Extreme Spätfrostgebiete sind zu meiden. In Höhenlagen und naßkalten Jahren ist die Schale an der Spitze nicht völlig geschlossen. 'Weinsberg' ist die kleinkronigste aller aufgeführten Sorten.

Daten zur Frucht:
Anzahl Früchte/kg 77 (luftgetrocknet)
Kerngewicht 462 g = 46%/kg Nuß
Höhe 47 bis 50 mm
Breite 31 bis 34 mm

Haselnuß

Zur Geschichte der Haselnuß

Die Haselnuß *(Corylus avellana)* aus der Familie der Haselnußgewächse gilt als die älteste bei uns beheimatete Obstart. Ihr nahestehende Formen gab es bereits im jüngeren Tertiär. Der in der Urgeschichte als »Haselzeit« bezeichnete Abschnitt zeugt davon, daß die Haselnuß in Europa eine Zeitlang eines der wichtigsten Nahrungsmittel war. Ihr hoher Stellenwert war nicht nur durch die wertvollen Inhaltsstoffe begründet, sondern auch in der problemlosen Lagerung. Zudem war sie von Südeuropa bis Skandinavien großflächig verbreitet.

Die Haselnuß läßt sich je nach Ausprägung der Früchte klassifizieren:

1. Waldhasel oder Wilde Haselnuß mit baumartigen Sträuchern und kleinen, dickschaligen Früchten.
2. Zellernuß mit strauchartigem Wuchs und großen Früchten. Die dünne Schale ist meist gestreift.
3. Lambertnuß (*Corylus maxima*) mit strauchartig aufrechtem Wuchs und großen, länglich-walzenförmigen Früchten, die in einer einseitig geschlitzten, über der Frucht geschlossenen Fruchthülle sitzen. Ihre Samenschale (Kernhaut) ist blutrot.
4. Bastardnuß, Kreuzung zwischen Zeller- und Lambertnuß bzw. Waldhasel mit strauchartigem Wuchs und mittelgroßen, dünnschaligen Früchten.
5. Amerikanische Hasel mit strauchartigem Wuchs und sehr kleinen Früchten, die Schale ist sehr dick und hart.
6. Baumhasel (*Corylus colurna*) mit baumartigem Wuchs und kleinen Früchten mit dicker Schale.

Das Holz der Haselnuß ist weitgehend frosthart, die Blütenorgane können aber bei Wintertemperaturen unter −20° C erfrieren. Haselnüsse sind in Europa bis etwa zum 63.° nördl. Breite zu finden. Angebaut zu Erwerbszwecken werden sie jedoch nur in der Türkei, in Italien, Spanien, Algerien und Syrien. Die Lambertnuß hat ihre Heimat im östlichen Mittelmeergebiet. Schon seit der Zeit der Karolinger ist sie auch in Deutschland verbreitet. Durch Veredlung auf die baumförmig wachsende Baumhasel *(Corylus colurna)* läßt sich die oft störende Neigung zu starker Neutriebbildung aus dem Wurzelstock vermeiden.

Cosford

Ähnlicher Name ist engl. 'Cosford nut'. Synonym ist engl. 'Thinscald nut'.

Abstammung, Herkunft und Verbreitung: Aus England stammend, von Suffolk aus ab 1841 verbreitet. Heute in Europa und in osteuropäischen Ländern vertreten. Von 'Cosford' sind einige selektierte Mutanten bzw. Sämlinge im Anbau. Sie wird zur Gruppe der Zellernüsse gestellt.

Standortansprüche: Braucht windgeschützte Lagen sowie Böden mit guter Wasserführung und hoher natürlicher Fruchtbarkeit. Zu feuchte und zu trockene Böden eignen sich nicht. Die Lichtansprüche der Pflanze müssen erfüllt werden, um gute Erträge zu erreichen. Ansonsten gelten dieselben Ansprüche wie bei den übrigen Haselnußsorten.

Strauch

Mittel- bis starkwüchsig und aufrechtwachsend. Der Strauch ist kegelig bis buschig in der Form, das Blatt klein bis mittelgroß. Die Blüte kommt mittelspät. Die Sorte ist ein guter Pollenspender für 'Hallesche Riesen' und benötigt selbst auch Fremdbefruchtung ('Hallesche Riesen' geeignet). Der Fruchtansatz ist sehr hoch. Überwiegend sind zwei, manchmal einzelne, aber auch bis zu drei oder vier Früchte im Fruchtstand. 'Cosford' bringt mittlere Erträge.

Frucht

Groß, lang, breit und dick. Länglich-oval, nach der Spitze zu etwas breiter, die Schale ist hellbraun bis glänzend braun gefärbt, mit dunkelbraunen Streifen durchzogen und an der Spitze schwach graufilzig überzogen. Der große Kern füllt die Frucht jedoch nicht voll aus. Er ist länglich-oval, von einer gelblichweißen Kernhaut überzogen und schmeckt süß und sehr gut. Die Frucht fällt bei Vollreife leicht aus der sie umschließenden, tiefgeschlitzten Hülle.

Anbau und Markt

Eine früh, reich und regelmäßig tragende, empfehlenswerte Sorte, insbesondere für den Liebhaberanbau.

Daten zur Frucht:
100-Frucht-Gewicht 208 g (luftgetrocknet)
100-Kern-Gewicht 108 g (getrocknet)
Höhe 24 bis 26 mm lang
Breite 18 bis 19 mm
Dicke 16 bis 17 mm

Hallesche Riesennuß

Ähnliche Namen sind 'Hallesche Riesen-Zellernuß' und 'Riesennuß'.
Synonyme sind 'Große Zellernuß', 'Große Spanische Zellernuß' und 'Pfundnuß'.

Abstammung, Herkunft und Verbreitung: Von Amtmann C. G. Büttner in Halle/Saale 1788 aus Samen der 'Gunslebener Zellernuß' gezogen. Sie wird aufgrund der Fruchtform zur Gruppe der Zellernüsse gestellt. In Europa weit verbreitet. Die Sorte 'Wunder von Bollweiler' entspricht in Strauch- und Fruchteigenschaften weitgehend der 'Halleschen Riesennuß'.

Standortansprüche: Für tiefgründige und frische Böden besonders geeignet.

Strauch

Starkwüchsig, straff aufrecht bis später breitaufrecht wachsend. Das Blatt ist mittelgroß, breitoval und rundlich, der Gesamteindruck des Strauchs sehr gesund. Die Sorte blüht mittel bis spät. Sie ist nicht selbstfruchtbar, sie kann zusammen mit 'Webbs Preisnuß' angebaut werden. Wechselseitige Befruchtung ist damit sichergestellt. Im Fruchtstand sind eine bis drei Nüsse zu finden. Die grüne Hülle ist

meist etwas länger als die Nuß, zweiteilig und tief geschlitzt. Die Sorte wird etwas weniger als andere Herkünfte vom Nußbohrer befallen. Die Schale der Frucht wird frühzeitig hart. Starker Rückschnitt führt zur Verminderung des Ertrages. Die Schnittmaßnahmen sind auf periodisches Herausnehmen älterer Äste und die regelmäßige Entfernung der Wurzelschößlinge zu beschränken, sofern sie nicht zur Verjüngung des Strauches benötigt werden.

Frucht

Die Nuß ist groß bis sehr groß, breit und dick, unregelmäßig eiförmig, kurz zugespitzt, schwach gefurcht und endet stumpf zur Spitze hin. Die Schale ist glänzend gelblichbraun, manchmal auch zimt- bis rötlichbraun mit dunkleren Streifen. Sie ist dünn und an der Spitze graufilzig überzogen. Der Kern füllt die große Nuß meist nicht ganz aus. Er ist mehr länglich als rund. Die dunkelzimtbraune Kernhaut löst sich leicht vom Kern. Er schmeckt fein und sehr intensiv.

Oben: Cosford
Mitte: Hallesche Riesennuß
Unten: Webbs Preisnuß

Anbau und Markt

'Hallesche Riesen' ist eine der größten Haselnüsse. Sie verdient auch wegen ihres feinen Geschmacks Beachtung. Für tiefgründige, frische Böden besonders geeignet. Sie sollte zusammen mit einer geeigneten Befruchtersorte angepflanzt werden.

Daten zur Frucht:
100-Frucht-Gewicht 306 g (luftgetrocknet)
100-Kern-Gewicht 131 g (getrocknet)
Höhe 22 bis 25 mm
Breite 18 bis 20 mm
Dicke 18 bis 20 mm

Webbs Preisnuß

Synonyme sind 'Lambert', 'Filbert', 'Kentish cob' und 'Filbert cob', ähnliche Namen sind keine bekannt.
Abstammung, Herkunft und Verbreitung: Von dem Haselnußzüchter Richard Webb in Calcot Garden/England aus Samen gezogen. Alte Sorte, in ganz Europa verbreitet. Sie gehört der Fruchtform nach zu den Lambertnüssen.
Standortansprüche: Auch für mittelgründige, bis in 50 bis 60 cm Tiefe durchwurzelbare Böden geeignet. Nicht für staunasse und trockene Böden. Beste Ergebnisse werden an humusreichen, ausreichend feuchten Lößlehmstandorten erzielt. Der Liebhaber kann vorteilhaft Böden mit einem pH-Wert von 4,5 bis 7,5 bepflanzen. Frostfreie und windgeschützte Standorte sind dem Ertrag dienlich. Regelmäßige Erträge wurden in windgeschützten Nordost- und Nordwest-Lagen erzielt. Auch in Höhenlagen bis in 1000 m Höhe gibt es auf nährstoffreichen, frischen Böden noch zufriedenstellende Ergebnisse. Verträgt hohe Niederschläge während der Entwicklungszeit der Früchte. In Holz und Blüte relativ frosthart.

Strauch

Mittelstarkwüchsig, bildet breite Büsche. Die mittelgroßen bis großen, breit-ovalen Blätter sind relativ robust. 'Webbs Preisnuß' blüht mittelspät bis spät.
Die Sorte ist dankbar für einen Pollenspender, der gleichzeitig blüht. Im allgemeinen setzen pro Fruchtstand eine bis vier Nüsse an.

Frucht

Die länglich-eiförmige bis länglich-ovale, große bis sehr große Nuß sitzt in einer grünen Hülle, die die Nuß vollständig verdeckt. Die Schale ist mäßig glänzend, hellbraun mit dunkleren Streifen und oft mit einem weichen, gräulichen filzartigen Überzug bedeckt. Der große, länglich-ovale Kern füllt die Schale nicht ganz aus. Die Kernhaut ist gelblichweiß gesprenkelt, kaum faserig. Die Frucht reift mittelfrüh, im allgemeinen Mitte September. Der Geschmack ist süß, nußartig und wohlschmeckend.

Anbau und Markt

'Webbs Preisnuß' ist eine sehr fruchtbare Sorte, die sich durch frühen und reichen Ertrag auszeichnet. Auch für kleine Gärten in windgeschützten, gut belichteten Lagen.

Daten zur Frucht:
100-Frucht-Gewicht 200 g (luftgetrocknet)
100-Kern-Gewicht 92 g (getrocknet)
Höhe 27 bis 30 mm lang
Breite 16 bis 18 mm
Dicke 14 bis 16 mm

Literaturverzeichnis

Adamič, F. and Oblak, M.: Ecological and Productional Conditions for some Blueberry Varieties in Slovenia. 1. Internat. Symp. ISHS, Working Group »Blueberry Culture in Europe«, 54–61, 1967.

Aeppli, A.: Sortenwahl bei Neupflanzung von Mostbirnbäumen. Schweiz. Z. Obst- und Weinbau *119*, 378–383, 1983.

Aeppli, A.: Befruchtung und Ertragsleistung von Quittensorten. Schweiz. Z. Obst- und Weinbau *120*, 102–108, 1984.

Aeppli, A.: Bestimmung des spezifischen Gewichts von Äpfeln. Schweiz. Z. Obst- und Weinbau *120*, 366–371, 1984.

Aeppli, A.: Qualitätsmerkmale von Apfelsorten. Schweiz. Z. Obst- und Weinbau *120*, 493–499, 1984.

Aeppli, A., Schobinger, U. und Dürr, P.: Die Produktion von Quitten als Rohstoff für die Getränkeherstellung. Schweiz. Z. Obst- und Weinbau *117*, 460–468, 1981.

Aeppli, A., Gremminger, U., Rapillard, C. und Röthlisberger, K.: 100 Obstsorten. Landw. Lehrmittelzentrale Zollikofen, 1. Aufl., 1983.

Aeppli, A. und Gremminger U.: Die neue Apfelsorte 'Arlet'. Schweiz. Z. Obst- und Weinbau *120*, 128–130, 1984.

Aldwinckle, H.S. and van der Zweet, T.: Recent progress in breeding for fire blight resistance in apples and pears in North America. EPPO Bull. *9*, 27–34, 1979.

Alston, F.H.: Entwicklung neuer Apfelsorten, Obstbau *19*, 247–248, 1994.

Alston, F.H. and Watkins, R.: Apple breeding at East Malling. Proc. Eucarpia Fruit Breeding Symp. Canterbury, 14–29, 1973.

Andresen, A.: Apfelsorten – eine Auswahl in Wort und Bild. Kosmos, Stuttgart, 1950.

Angelow, T.: Erfahrungen beim Anbau von Quitten in der Volksrepublik Bulgarien. Gartenbau *28*, 85–87, 1981.

Anonym: Bühler-Zwetschge wird 150 Jahre. Früchte und Gemüse, Zürich, S. 530, 1986.

Anonym: Menznauer Jägerapfel. Schweiz. Obstbauer XI. Verlag B. Fischer, Münsingen, S. 97–98, 1909.

Anonym: Rivista di Frutticoltura e di ortofloricoltura. Volume XLVII, Febbrai, Edagricole, Bologna, 109 S., 1985.

Anonym: Unsere besten deutschen Obstsorten. Bd. I, Äpfel (52 Sorten) 6. Auflage, R. Bechtold & Co., Wiesbaden, 56 S., 1929.

Anonym: Mennigen over en ervaringen met nieuwe appelrassen in praktijk en onderzoek. Fruitteelt *45*, 1300–1308, 1982.

Avdeev, V.J: What is *Malus sieversii* (Lebed.) M. (Roem.?). Ahboroti Akademijai Fanhoi RSS Tocikiston Gu"bai Fanhoi Biologija Nr. *4*, 31–35, 1986 (Referat aus Hort. Abstr. 1988, Vol. 58, Nr. 4669, S. 512).

Baab, G.: Der Anbau von Birnen aus betriebswirtschaftlicher Sicht. Obstbau *9*, 69–71, 1984.

Baas, J.: Kultur- und Nutzpflanzen aus einer römischen Grube in Butzbach und ihr Zusammenhang mit Pflanzenfunden aus anderen römischen Fundstätten. Saalburg-Jahrbuch *36*, 45–82, 1979.

Bach, R.: Schwarze Johannisbeeren. Bad. Obst- und Gartenbauer *50*, 297–299, 1957.

Bailey, L.H.: The blackberries of North America. Gentes Herbarum *2*, 269–423, 1932.

Baldini, E.: Indagine sulle Cultivar di Ciliegio diffuse in Italia. Consiglio nazionale delle ricerche, Bologna, 1973.

Bargioni, G.: Stato attuale, problemi e indirizzi tecnici della coltura del ciliegio. Atti Conferenca Naz. le per l'Ortoflorofrutticoltura Verona, 1964.

Bartl, A.: Kritische Beurteilung einiger Himbeersorten. Rhein. Monatsschr. *66*, 426–427, 1977.

Bauckmann, M.: Dünnschaligkeit der Walnüsse – ein Vorteil? Erwerbsobstbau *5*, 93–94, 1966.

Bauckmann, M.: Sortenversuche mit Himbeeren. Obst und Garten, *90*, 8, 1971.

Bauckmann, M.: Brombeersorten kritisch betrachtet. Obst und Garten, *94*, 303–304, 1975.

Bauer, R., Gruber, F., Keep, E., Knight, L. und Nilson, F.: Beerenobst-*Ribes* in »Handbuch der Pflanzenzüchtung«, Band VI, 439–476, P. Parey, Berlin, 1962.

Bauer, R., Gruber, F.: *Fragaria* L. in »Handbuch der Pflanzenzüchtung«, Band VI, 514–546, P. Parey, Berlin, 1962.

Baumann, G.: Wichtige Viruskrankheiten des Kern- und Steinobstes. Erkennung und Verhütung. Erwerbsobstbau *14*, 177–198, 1972.

Bellini, E.: Evoluzione della coltura del pero in Italia. – »Vecchie« e nuove cultivar a confronta. Informatore Agrario *33* (43) – Le cultivar di pera ancora esistenti in Italia eposte alla Mostra Pomologica di Firenze. J. A. *33* (44), 1977.

Bergamini, A. und Giulivo, G.: Osservazioni su alcune cultivar di Ribes nero. In: Agricultura delle Venezzie, S. 585–609, Band XXII, 1968.

Bernhard, R. et Remy, P.: Les arbres fruitiers. Bull. Techn. d'Inf. Ing. Services Agric. Nr. 157, 1961.

Berning, A.: Kurzbeschreibung von Johannis- und Stachelbeersorten. Umdruck Bundessortenamt Rethmar, 1975.

Berning, A.: Kurzbeschreibung von Himbeersorten. Umdruck Bundessortenamt Rethmar, 1975.

Bertsch, K.: Einheimische Wildäpfel. Jh. Ver. Vaterl. Naturkunde Württemberg *116*, 185–194, 1961.

Bertsch, K. und Bertsch, F.: Geschichte unserer Kulturpflanzen. 2. Aufl., Wiss. Verlagsgesellschaft, Stuttgart, 1949.

Bissmann und Müller: Deutschlands Obstsorten, Bd. V., Eckstein & Stähle, Stuttgart, 1905–1934.

Blaček, J., Paprštein, F. und Kučera, J.: Fenologie doby Květu u odrud jabloni. Vědecké Práce Ovocnářské *9* (Holovousy), 101–122, 1983.

Blank, H.-G.: Hinweise für die Lagerung unserer wichtigsten Apfel- und Birnensorten 1985/86. Teil I. Mitt. OVR Jork *40*, 346–351, 1985.

Bläsing, D., Hartge, K.H. und Naumann, W.D.: Standortfragen bei Kulturheidelbeeren. Erwerbsobstbau *26*, 266–268, 1984.

Blasse, W.: Befruchtungsverhältnisse der Apfelsorte 'Gloster'. Gartenbau *31*, 48–49, 1984.

Blasse, W.: Befruchtungsverhältnisse der Apfelsorte 'Jonagold'. Gartenbau *33*, 308–309, 1986.

Blasse, W. und Hofmann, S.: Phänologische Untersuchungen an Sorten von Apfel, Birne und Quitte. Erwerbsobstbau *34*, 140–144, 1992.

Bohling, H. und Hansen, H.: Untersuchungen über das Lagerungsverhalten von

Äpfeln in kontrollierten Atmosphären mit sehr niedrigen Sauerstoffanteilen. Erwerbsobstbau *27*, 80–84, 1985.

Bordeianu, T. et al.: Pomologia Republicii Socialiste Romania, Band VIII, 1969.

Bretaudeau, J.: Atlas Arboriculture Fruitière. Vol. III, Bailliere et Fils, Paris, 1963.

Brooks, R.M. and Olmo, H.P.: Register of New Fruit and Nut Varieties. 2. Edit., 708. Berkeley, Los Angeles, London (Univ. Press California), 1972.

Brossier, J.: The selection of rootstocks for pears from natural populations of quinces.
1. A study of natural populations of quinces (in French), Ann. Amél. Plantes *15*, 263–326, 1965.
2. The selection of quince rootstocks for pears (in French), Ann. Amél. Plantes *15*, 373–404, 1965.

Brossier, J.: La recherche de nouveaux porte-greffes du poirier dans le genre *Pyrus communis* L. Acta. Hort. *69*, 41–47, 1977.

Brown, A.G.: Temperature Fruits. Apples. S. 3–37. In: Janick, J. & Moore, J.N.: Advances in Fruit Breeding, USA (Purdue Univ. Press), 1975.

Brózik, S.: Csonthéjastermésüek Szilva-Kajszi, Termesztett Gyümölcsfajtaink 2, Budapest, 1960.

Brózik, S.: Gyümölcsfajták zsebkönyve, Budapest, 240 S., 1964.

Brózik, S.: Gyümölcsfajta-ismertòtò. Selbstverlag des ungarischen Staatsgutes, Budapest, 1971.

Buchloh, G.: Zur Herkunft unserer Obstarten I. D. Baumschule *6*, 299–302, 1954.

Budagovskij, V.I.: The origin of dwarfing rootstocks of the apple. Bot. Ž. (Bot. J.) Moskava *42*, 211–229, 1957.

Camp, W.H.: On the structure of populations in the genus *Vaccinium*. Brittonia *4*, 189–204, 1942.

Carlson, R.F., Degman, E.S., French, A.P., Larsen, Paul, R., Maas, V., Mowry, James B., Howard, A., Rollins, jr., Ubshall, W.H. and Wilcox, E.: North American Apples: Varieties, Rootstocks, Outlook. Mich. State Univ. Press, East Lansing, 1970.

Challice, J.S. and Westwood, M.N.: Numeral taxonomic studies of the genus *Pyrus* using both chemical and botanical characters. Bot. J. Linn. Soc. *67*, 121–148, 1973.

Christ, J.L.: Handbuch über die Obstbaumzucht und Obstlehre. Chr. Herrmann Verlag, Frankfurt/M., 3. Aufl., 1804.

Clayton, A.: New Scottish blackcurrants could solve that cold weather problem. Hort. Ind. (10), 24, 1978.

Commissie voor de Samenstelling de Rassenlijst voor Fruitgewassen: 17e Rassenlijst voor Fruitgewassen. Wageningen, 1985.

Coster, J. de: Jonagored: anvulling van het assortiment. Boer et Tuinder (St. Truiden, Belgien) *91*, 15, 1985.

Coster, J. de: Jonagold bracht de vernieuwing. Fruitteelt *77*, 10–11, 1987.

Crosby, J.A.: Züchtung schorfresistenter Apfelsorten 1945–1990. Fruit. Var. J. *46*, 145–166, 1992.

C.T.I.F.L. et Centre de Lanxade: Pommier + Poiries-Description succincte de variétés. CTIFL-Documents *32*, 1971.

Czynczyk, A. and Omiecińska, B.: Evaluation of several dwarf rootstocks and interstems grafted with three cultivars and planted at two depths. Fruit Science Reports, Vol. *XIX* (3), 115–124, 1992.

Dähne, D.: Kritische Untersuchungen zur Sortenbenennung und Sortenbereinigung bei Süßkirschen unter bes. Berücksichtigung des westdeutschen Marktsortiments. Diss. TH Hannover, 1964.

Dammann, H.-J. und Schacht, G.: Neue Apfelsorten – Über ihre Eigenschaften und ihre Beurteilung durch Verbraucher. Mitt. OVR Jork *38*, 292–304, 1983.

Darlington, C.D. and Moffet, A.A.: Primary and secondary chromosome balance in *Pyrus*. J. Gen. *22*, 129–151, 1930.

Darrow, G.M. and Ink, D.P.: Merton Thornless as a parent in breeeding thornless blackberries. Proc. Amer. Soc. Hort. Sci. *69*, 268–277, 1957.

De Haas, P.G.: Marktobstbau. Bayr. Landw. Verlag, Bonn, 1957.

De Haas, P.G. und Hildebrandt, W.: Die Unterlagen und Baumformen des Kern- und Steinobstes. (G+F 116). Eugen Ulmer, Stuttgart, 1967.

Delbard, G.: Les beaux fruits de France. Ed. Delbard, Paris, 166 S., 1947.

Denardi, F., Hough, L.F. and Camilo, A.P.: 'Primicia' Apple. Hort. Sciene *23*, 632, 1988.

Dermen, H.: Are the pomes amphidiploides? A note on the possible origin of the Pomoideae. J. Heredity *40*, 221–222, 1945.

Deutsche Obstbauzeitung: Hrsg.: Vorstand des Deutschen Pomologen-Vereins. Eugen Ulmer, Stuttgart, *55*, 1909.

Dijkstra, J.: Ontwikkelingen in de kleinfruitteelt. Fruitteelt *67*, 1466–1470, 1977.

Dierking, W.: Kultur-Heidelbeer-Anbau aus der Sicht des Praktikers. Obst und Garten *103*, 384–385, 1984.

Dittrich, J.G.: Systematisches Handbuch der Obstkunde. Bd. 1, 2. Aufl., Friedrich Mauke, Jena, 1839.

Dittrich, J.G.: Systematisches Handbuch der Obstkunde, Bd. 2, 2. Aufl., Friedrich Mauke, Jena, 1840.

Dostalek, J.: *Pyrus elaeagrifolia* und ihre Hybriden in Bulgarien. Folia Geobot. Phytotax. (Prag) *14*, 167–183, 1979.

Draper, A.D. and Scott, D.H.: Blueberry Breeding Program of the U.S. Department of Agriculture and Cooperators. 1. Internat. Symp. ISHS, Working Group »Blueberry culture in Europe«, 83–94, 1967.

Duhan, K., Falch, J. und Strauss, E.: Die wertvollsten Obstsorten. Österr. Agrarverlag, Wien, 1964.

Duhan, K.: Alte Erfahrungen und neue Untersuchungen über Birnenunterlagen. Besseres Obst *19 + 20*, S. 177–178, 1974 und 1975.

Duhan, K.: Die wertvollsten Obstsorten. 3. Lieferung Steinobst I. Bayr. Landw. Verlag, München, 1959.

Dvořák, A.: Breeding of rootstocks J-TE and their influence on growth and productivity of different cultivars. Acta Hort, *224*, 325–329, 1988.

Ellenberg, H.: Wuchsklimakarte von Südwestdeutschland 1:200 000, Nördlicher und Südlicher Teil. Reise- und Verkehrsverlag, Stuttgart, 1956.

Encke, F., Buchheim, G. und Seybold, S.: Zander Handwörterbuch der Pflanzennamen. 13. Aufl., Eugen Ulmer, Stuttgart, 1984.

Engelbrecht, T.: Deutschlands Apfelsorten. F. Vieweg & Sohn, Braunschweig, 1889.

Evreinov, V.A.: L'origine du cognassier et ses variétés. Rev. Hort. *122*, 11–14, 1950.

Excursiegids Groot fruit: Proefstat. v. d. Fruitteelt, Wilhelminadorp. NL, 55–56, 1990.

Faby, R.: Rotfrüchtige Mutanten der Apfelsorte 'Jonagold'. Mitt. OVR Jork *42*, 97–103, 1987.

Fachgruppe Obstbau im Bundesausschuß Obst und Gemüse: Handelsnamen für Kern- und Steinobstsorten. Obst- und Gartenbauverlag, München, 1962.

Fachkommission für Obstsortenprüfung: Sortenbewertung für den Schweizerischen Tafelapfelanbau. Separatdruck Schweiz. Z. Obst- und Weinbau *120*, 1984.

Fachkommission für Obstsortenprüfung: Sortenbewertung für den Schweizerischen Tafelbirnenanbau. Separatdruck Schweiz. Z. Obst- und Weinbau *121*, 1985.

Falch, J.: Die wertvollsten Obstsorten. 4. Lieferung Steinobst II. Verlag Fromme u. Co., Wien, 1963.

Feucht, W.: Zur Ortsnatur der fruchtenden Organe bei Süß- und Sauerkirschen. Gartenbauwiss. *24*, 202–213, 1959.

Feucht, W.: Das Obstgehölz – Anatomie und Physiologie des Sproßsystems. Eugen Ulmer, Stuttgart, 1982.

Fischer, A. und Schmidt, M.: Wilde Kern- und Steinobstarten, ihre Heimat und ihre Bedeutung für die Entstehung der Kultursorten und die Züchtung. Züchter *10*, 157–167, 1938.

Fischer, C.: Konzept für dauerhafte Schorfresistenz beim Apfel. Obstbau *19*, 228–230, 1994.

Fischer, J.: Erdbeeren-Anbau, Sorten, Rentabilität. P. Parey, Berlin, 1955.

Fischer, C. und Pätzold, G.: 'Piros' und 'Pimona' – zwei neue Apfelsorten aus Pillnitz. Gartenbau *32*, 307–309, 1985.

Fischer, C. und Pätzold, G.: 'Pinova' – eine neue Apfelsorte aus Pillnitz. Gartenbau *33*, 276–277, 1986.

Fischer, C. und Pätzold, G.: 'Pikant' – eine Herbstapfelsorte bis zur Weihnachtsversorgung. Gartenbau *35*, 308–309, 1988.

Fischer, C. und Pätzold, G.: 'Pilot' – Langlagersorte mit Eignung für maschinelle Ernte. Gartenbau *35*, 331–333, 1988.

Fischer, M. und Büttner, R.: Die Bedeutung der Pillnitzer Malusarten-Kollektion für die Apfelzüchtung und als internationaler Genfond. Arch. Gartenbau *34*, 137–145, 1986.

Fischer, M. und Fischer, C.: Verminderter Pflanzenschutzmitteleinsatz durch Resistenzzüchtung. Erwerbsobstbau *36*, 150–155, 1994.

Focke, W. O.: Species *Ruborum*. Monographiae Generis Rubi Prodomus. Stuttgart, 1910–1914.

Fogle, H.W.: Van and Sam cherries in central Washington. Fruit Var. Hort. Dig. *11*, 56–57, 1957.

Frick, F.: Erfahrungen mit neuen Apfelsorten im Bodenseegebiet. Erwerbsobstbau *22*, 32–33, 1980.

Friedrich, G.: Der Obstbau. Neumann-Verlag, Leipzig-Radebeul, 7. Aufl., 1977.

Friedrich, G., Neumann, D. und Vogl, M.: Physiologie der Obstgehölze. Akademie Verlag, Berlin, 1978.

Friedrich, G. und Schüricht, W.: Nüsse und Quitten, Neumann Verlag, Leipzig, Radebeul, 1988.

Fritzsche, R.: Untersuchungen über die Jugendformen des Apfel- und Birnbaumes und ihre Konsequenz für die Unterlagen- und Sortenzüchtung. Ber. Schweiz. Bot. Ges. *58*, 207–267, 1948.

Galetta, G.J.: Blueberries and Cranberries. In: Janick, J. & Moore, J.N.: Advances in Fruit Breeding, 154–196. West Lafayette, Indiana, USA (Purdue Univ. Press), 1975.

Ganter, K.: Obst, Wyhl/Kaiserstuhl, 1987

Garcke, A.: Illustrierte Flora. Deutschland und angrenzende Gebiete. 23. Aufl. hrsg. von K. von Weihe; P. Parey, Berlin, 1972.

Gautier, M.: La pollinisation des arbres fruitiers. Arboric. Fruit. *30*, Nr. 349, 29–36, 1983.

Gautier, M.: Conservation des pommes et des poires. Arboric. Fruit. *31*, Nr. 368, 34–38, 1984.

Geense, C.: Sortenwahl bei holzigen Kleinobstgewächsen. Obstbau *3*, 351–352, 1978.

Gerritsen, C.J.: Improvement of the cherry varieties used in the Netherlands. Euphytica *5*, 101–116, 1956.

Gilles, G.: Enkele klonen en mutanten van het ras Cox's Orange Pippin. Boer en de Tuinder (St. Truiden, Belgien) *90*, 18, 1984.

Gliha, R.: Sorte Jabuka. U Suvremenoj Proizvodnji. Rad. Sveu. »Moša Pijade«, Zagreb, 1978.

Goddrie, P.D.: De gebrinkswaarde van enkele nieuwere fruitrassen. Fruitteelt *45*, 1309–1313, 1982.

Goddrie, P.D.: Kleurmutanten van Elstar. Fruitteelt *78* (12), 18–19, 1988.

Goddrie, P.D.: Jonagold Klonen bekennen dit jaar kleur. Fruitteelt *78* (29), 10–11, 1988.

Goddrie, P.D. en Kemp, H.: Kleurmutanten 'Elstar' (Wilhelminadorp/NL), 8 S., 1990.

Goddrie, P. D., Wertheim S. J. und Roelofs, F. P. M. M.: Peer (*P. communis* L.). In: CPRO (Centrum voor Plantenveredlings- en Reproduktie onderzoek) and DLO (Dienst Landboukundig Onderzoek) – 18e Rassensijst voor Fruitgewassen, 86–107, 1992.

Goedegebure, J.: De beoordeling van nieuwe fruitrassen. Fruitteelt *75*, 780–782, 1985.

Goeschke, F.: Die Haselnuß, ihre Arten und ihre Kultur. P. Parey, Berlin, 1887.

Götz, G.: Der Süßkirschenanbau in Baden-Württemberg. Selbstverlag des Ministeriums für Ernährung, Landwirtschaft, Weinbau und Forsten, Stuttgart, 1962.

Götz, G.: Über die Eigenschaften einiger Brennkirschensorten. Erwerbsobstbau *10*, 110–112, 1968.

Goode, J.E. und Hyrycz, K.J.: The response of Malling Jewel and Malling Exploit raspberries to different soil moisture conditions and straw mulching. J. Hort. Sci. *43*, 215–230, 1968.

Gosch, F.: Chancenreiche Beerenobstkulturen (1). Kulturheidelbeere – Frucht mit Zukunft? Besseres Obst *25*, 60–61, 1980.

Graf, H. und Tiemann, K.-H.: Die Situation des Feuerbrandes aus der Sicht des niederelbischen Obstbaues. Erwerbsobstbau *23*, 254–258, 1981.

Granger, R.L. and Fortin, C.N.: 'Richelieu' Apple. Hort. Science, *25*, 1310–1311, 1990.

Grauslund, J.: Observations on clones of the apple cultivars Belle de Boskoop, McIntosh and Cox's Orange Pippin. Acta Hort. *180* (Clonal Selection tree fruit), 45–50, 1986.

Grimm, I. und Grimm, W.: Deutsches Wörterbuch. Bd. 13 (7 Bd., bearbeitet von M. v. Lexo, 1889). Nachdruck 1984, Deutscher Taschenbuch Verlag, München.

Groven, J.: Sortsforsog med brombaer. Frugtavleren *5*, 223–224; 229–231, 1976.

Gruber, G., Knight, R.L. und Keep, E.: *Rubus* in »Handbuch der Pflanzenzüchtung«, Band IV, 477–509, P. Parey, Berlin, 1962.

Grunewald-Stocker, G. und Nienhaus, F.: *Mycoplasma*-ähnliche Organismen als Krankheitserreger in Pflanzen. 115 S. In: Acta Phytomedica, 1. Aufl., Heft 5, P. Parey, Berlin, 1977.

Grushin, A.A. and Ivakin, A.P.: Systematic position of *Malus niedzwetzkyana* (*Rosaceae*) based on an investigation of isoperoxidase. Botanicheskii Zhurnal *74*, 189–193, 1989.

Gussmann, K.: Zur Geschichte des württembergischen Obstbaues. Festschrift zur X. Wanderversammlung der deutschen Landwirtschaftsgesellschaft. W. Kohlhammer, Stuttgart, 119 S., 1896.

Gustafsson, A.: The origin and properties of the European blackberry-flora. Hereditas *28*, 249–277, 1942.

Häberli, Obst- und Beerenzentrum: Hauszeitung 15 – Pflanzenkatalog 1984/85. Eigenverlag Neukirch-Egnach, 1984.

Hansen, H. und Bohling, H.: Welche Bedeutung hat der Apfel für die Vitamin C-Versorgung. Obstbau *9*, 230–231, 1984.

Hartmann, W.: Selektionsmaßnahmen bei der Deutschen Hauszwetsche. Obst und Garten *95*, 244–245, 1976.

Hartmann, W.: Wertvolle Hauszwetschenklone aus einer Vorselektion. Obstbau *8*, 362–368, 1983.

Hartmann, W.: Ergebnisse einer Vorselektion bei der 'Bühler Frühzwetsche'. Obstbau *14*, 260–266, 1989.

Hartmann, W.: Plum Breeding at Hohenheim. V. International Symposium on Plum and Prune, Genetic, Breeding and Pomology. Acta Horticulturae *395*, 56–62, 1994.

Hartmann, W. und Stösser, R.: Die Befruchtungsbiologie bei einigen neueren Sorten von Pflaumen und Zwetschen (*Prunus*

domestica). Erwerbsobstbau 36, 37–41, 1994.
Hatton, R.G.: Rootstock work of East Malling. Sci. Hort *7*, 7–16, 1939.
Hauenstein AG: Rubinette (R), der neue Schweizer Apfel. Dokumentation der Baumschule Hauenstein AG, Rafz, 7 S. mit Anlagen, 1984.
Häussler, C.: Die Königskirsche. Rhein. Monatsschrift, 144–147, 1957.
Häussler, C.: Heute noch erwerbsmäßiger Süßkirschenanbau? Rhein. Monatsschrift *9*, 1958.
Healey, A.: Raspberries: Background and varieties. Hort. Ind. *10*, 40, 1979.
Healey, A.: The gooseberries and its relatives. Hort. Ind. *4*, 51–52, 1979.
Hedrick, U.P.: The cherries of New York. J.B. Lyon Company, Albany, 1915.
Hedrick, U.P.: The pears of New York. Albany: Lyon Company, XI, 636 S., 1921.
Heermann, D., Kröger, A., Heerse, H. und Wassermann, F.: Sortenentwicklung im deutschen Anbau von Kulturheidelbeeren. Erwerbsobstbau *26*, 263–266, 1984.
Hegi, G.: Illustrierte Flora von Mittel-Europa. Bd. IV/2. Carl Hanser, München, 689–694, 1923.
Heiber, H.: Empfohlene Strauchbeerenobst- und Erdbeersorten im Bundesgebiet. Erwerbsobstbau *4*, 169–170, 1962.
Heinrich, H.: Zur Morphologie der Infloreszenzen einiger Birnensorten. Diss. Hohenheim, 91 S., 1959.
Henze, J.: Lagerung und Nachreifung von Birnen. Obstbau *9*, 441–444, 1984.
Hermann, K.: Obst, Obstdauerwaren und Obsterzeugnisse. 243 S. In: Grundlagen und Fortschritt der Lebensmitteluntersuchung, Bd. 9. P. Parey, Berlin, 1966.
Hess. Landesamt für Ernährung, Landwirtschaft und Landentwicklung: Obstsorten für Hessen 1984. Zusammengest.: GI. Schmitt-Krahmer. Abt. Landentwicklung-Reprostelle Wiesbaden, 25 S., 1984.
Hilkenbäumer, F.; Züchtung von Obstunterlagen. S. 98–115. In: Roemer, T., und Rudorf, W. (Hrsg.), Handb. Pflanzenzüchtung V, P. Parey, Berlin, 1950.
Hoser, Chr.: Kritische pomologische Notizen. Der Obstbau *11*, 65–68, 1891.
Hübner, H.: Verkostung von alten und neueren Apfel- und Birnensorten. Obst und Garten *110*, 490–491, 1991.
Hübner, H. und Silbereisen, R.: Ergebnisse von Mutantenprüfungen auf zwei Standorten in Baden-Württemberg mit den Marktapfelsorten 'Golden Delicious', 'Cox Orange' und 'Boskoop'. Hrsg.: MLR Baden-Württemberg: Apfel-Mutantenprüfungen. Bavendorf und Weinsberg 1979–1987. 77 S., 1992.
Huckins, C.A.: A revision of the sections of the genus *Malus* Miller. Cornell Univ., Ph.D. Bot., 398 S., 1972.
Hugard, J. und Saunier, R.: Monographie des principales variétés de pèchers. Selbstverlag I.N.R.A., Paris, 1963.
Jähnl, G.: Pilzerkrankung an McIntosh und ihre Bekämpfung. Besseres Obst *30*, 69–71, 1985.
Jakubowski, T.: »Rotblättriger Paradies« und von ihm abstammende Unterlagen. Erwerbsobstbau *31*, 49–51, 1989.
Janick, J.: Krankheitsresistente Apfelsorten aus dem PRJ-Programm. Obstbau *19*, 249–250, 1994.
Janick, J., Emerson, F.H., Peckwold, P.C., Korban, S.S., Crosby, J.A. and Dayton, D.F.: 'Williams' Pride' Apple. Hort. Science *23*, 928–929, 1988.
Jennings, D.L., Gooding, H.J. and Anderson, M.M.: Recent developments in soft fruit breeding. Fruit Present und Future, Bd. 2, 121–135, 1973.
Johannsson, E. und Olden, E.: Zwetschen, Pflaumen, Reineclauden, Mirabellen in »Handbuch der Pflanzenzüchtung«, Band VI, P. Parey, Berlin, 1962.
Junge, E.: Anbauwürdige Obstsorten. 5. Aufl. R. Bechtold u. Comp., Wiesbaden, 1937.
Juzepčuk, S.W.; *Malus*. S. 357–372. In Komarov, V.L.: Flora UDSSR, IX (engl. Übersetzung 1971, Jerusalem), 1939.
Kappert, H. und Rudorf, W.: Handbuch der Pflanzenzüchtung, Band IV, P. Parey, Berlin, 2. Aufl., 1962.
Karnatz, H.: Grahams Jubiläum und Kirchensaller Mostbirne sind die verbreitetsten Unterlagen im Bundesgebiet. Mitt. OVR Jork *8*, 121–122, 1953.
Karnatz, A.: Untersuchungen über Parthenokarpie bei Äpfeln und Birnen. Diss. TU Berlin, 1960.
Karnatz, A.: Inzuchtlinien bei Apfelsorten. Erwerbsobstbau *23*, 260–263, 1981.
Karnatz, A.: Apfelzüchtung und Sortenerhaltung. Erwerbsobstbau *26*, 108–110, 1984.
Karnatz, A.: New apple cultivars after self-pollination? Acta Hort. *224*, 169–175, 1988 (Hradec Králové, ČR, 1987).
Karnatz, A. und Bünemann, G.: Quittenveredlung auf *Sorbus*. Erwerbsobstbau *23*, 6–7, 1981.
Keipert, K.: Beerenobst. Eugen Ulmer, Stuttgart, 1981.
Keipert, K.: Gegen Krankheiten und Schädlingen weniger anfällige Obstsorten für Erwerbsobstbau und Selbstversorger. LWK Rheinland, Umdruck Bonn, 14 S., 1992.
Kellerhals, M., Rustholz, P. und Grimm, R.: Jonagold-Mutanten. Schweiz. Z. Obst- und Weinbau *123*, 203–205, 1987.
Kellerhals, M. und Rusterholz, P.: Iduna und Marina – zwei neue Apfelsorten der FAW. Schweiz. Z. Obst- und Weinbau *129*, 321–323, 1993.
Kellerhals, M., Meyer, M., Rusterholz, P. und Fischer, C.: Neue resistente Apfelsorten. Schweiz. Z. Obst- und Weinbau *129*, 243–253, 1993.
Kemmer, E.: Die Sortenbewegung beim Kernobst im Laufe der letzten Jahrzehnte. Landw. Jahrb. *75*, 569–603, 1934.
Kemmer, E.: Sortenstand und Sortenbewegung im deutschen Obstbau. 6. Merkblatt. Inst. f. Obstbau der TU Berlin, Verlag R. Bechtold & Co., Wiesbaden, 1937.
Kemp, H. en Goddrie, P.D.: Peresortiment verrijkt met drie Rassen. Fruitteelt *23*, 14–15, 1991.
Kennel, W.: Kernhausschimmel bei 'Gloster'. Erwerbsobstbau *25*, 141–144, 1983.
Kennel, W.: Krankheiten und Schädlinge und ihre Bekämpfung. S. 250–289; In: Winter, F. & al.: Lucas' Anleitung zum Obstbau. 31. Aufl., Eugen Ulmer, Stuttgart, 1992.
Kennel, W. und Weiler, R.: Zur Ursache der Lentizellenröte beim Apfel. Z. Pfl. Krankh. und Pfl.schutz *91*, 552–555, 1984.
Keppel, H.: Pretestergebnisse der Berostung von Golden-Klonen in engen Standorten. Besseres Obst, *29*, 291–293, 1984.
Keppel, H.: Erster Überblick über die Eigenschaften verschiedener »Alter Sorten« an der Landes-Versuchsanlage für Obst- und Weinbau in Haidegg. Obst, Wein und Garten *53*, 248–249, 1984 und *54*, 4–9, 1985.
Kessler, H.: Apfelsorten der Schweiz. Verbandsdruckerei Bern, 2. Aufl., 1947.
Kessler, H.: Birnensorten der Schweiz. Verbandsdruckerei Bern, 1948.
King, G.: The european apple genome mapping project – Progress in mapping genes in apple. Eucarpia Fruit Breeding Section Meeting, Einsiedeln/CH, S. 34, 1993.
Klämbt, H.D.: Untersuchungen über die Befruchtungsverhältnisse bei Schwarzen und Roten Johannisbeeren. Gartenbauwissensch. *23*, 9–28, 1958.
Klingmann, F.: Der weiße Winter-Kalville. Bad. Obstzüchter *2*, 165–166, 1907.
Klinkowski, M.: Pflanzliche Virologie. Bd. II. Die Virosen des europäischen Raumes. Akademie Verlag, Berlin, 1960.
Klitta, E.: Analysenwerte von Apfelsorten 1974 bis 1980 (unveröffentlicht). Landes-Lehr- und Versuchsanstalt für Landwirtschaft, Weinbau und Gartenbau Trier.
Klitta, E. und Scholten, G.: Trierer Viez. Wis-

senswertes – Geschichtliches – Amüsantes. Hrsg.: E. Klitta & G. Scholten, 1987.

Knight, R. L., Keep, E. and Briggs, J. B.: Genetics of resistance to *Amphorophora rubi* (Kalt.) in the raspberry. J. Genet. *56*, 261–280, 1959.

Knight, R. L. and Alston, F. H.: Developments in apple breeding. Rpt. E. Malling Res. Sta. 125–132, 1968.

Kobel, F.: Die Kirschensorten der deutschen Schweiz. Benteli-Verlag, Bern-Bümpitz, 1937.

Kobel, F.: Lehrbuch des Obstbaus. 2. Aufl. Springer Verlag, Berlin, 1954.

Koloc, R.: Obstsorten-Handbuch. Äpfel und Birnen. Siebeneicher Verlag, Berlin, 1948.

Komarov, V. A.: Der Ursprung der kultivierten Pflanzen. (L'origine des plantes cultivies), Leningrad, 1931 (russ.).

Korban, S. S. and Skirvin, R. M.: Nomenclature of the cultivated Apple. Hort. Sci. *19*, 177–180, 1984.

Korban, S. S., Williams, E. B., Janick, J. and Emerson, F. H.: 'Dayton' Apple. Hort. Sic. *23*, 927–928, 1988.

Kotte, W.: Krankheiten und Schädlinge im Obstbau und ihre Bekämpfung. 3. Aufl. P. Parey, Berlin, 1958.

Krähmer, H. und Schmidle, A.: Über die Anfälligkeit einiger neuerer Apfelsorten für *Nectria galligena* Bres. und *Phytophthora cactorum* (Leb. et Cohn) Schroet. Nachrichtenbl. Deut. Pflanzenschutz *31*, 89–92, 1979.

Krapf, B.: Die Befruchtungsverhältnisse der Obstbäume. Schweiz. Z. Obst- und Weinbau. Wädenswil. *112*, 531–540, 574–578 und 609–613, 1970.

Kruft, F.: Neuzeitlicher Himbeeranbau im Erwerbbetrieb und im Garten. Eugen Ulmer, Stuttgart, Reihe G + F, Heft 51, 1938.

Kruft, F.: Neuzeitlicher Brombeeranbau im Erwerbstbetrieb und im Garten, Eugen Ulmer, Stuttgart, Reihe G + F, Heft 59, 1940.

Kruft, F. und Luckan, J.: Neuzeitlicher Anbau von Stachelbeeren und Johannisbeeren im Erwerbsbetrieb und im Garten. E. Ulmer, Stuttgart, Reihe G + F, Heft 108, 1957.

Krüger, J.: Anfälligkeiten von Apfelsorten und Kreuzungsnachkommenschaften für den Obstbaumkrebs nach natürlicher und künstlicher Infektion. Erwerbsobstbau *25*, 114–116, 1983.

Krüger, J.: Schorfbefall von Nachkommen aus Kreuzungen mit der schorfresistenten Apfelsorte 'Prima'. Z. Pflanzenkr. Pflanz. schutz *98*, 73–76, 1991.

Krümmel, H.: Untersuchungen über die Befruchtungsverhältnisse bei Kirschen III. Kühn-Archiv, Band 38, 1933.

Krümmel, H.: Die Befruchtungsverhältnisse bei unseren Obstsorten IV. Kirschen. Züchter, Band 7, 1935.

Krümmel, H.: Die Befruchtungsverhältnisse bei Kern- und Steinobst. S. 78–98. In: Roemer, T. und Rudorf, W. 1950: Handbuch der Pflanzenz. Bd. V, P. Parey, Berlin, 1950.

Krümmel, H.: Die vegetativ vermehrbaren Unterlagen des Kern- und Steinobstes. Deutscher Bauernverlag, Berlin, 1956.

Krümmel, H., Groh, W. und Friedrich, G.: Deutsche Obstsorten. Bd. I. Deutscher Bauernverlag, Berlin, 1956.

Krümmel, H., Groh, W. und Friedrich, G.: Deutsche Obstsorten (Beilage). VEB Deutscher Landwirtschaftsverlag Berlin, Nr. 4: Sortenbenennung 3–6, 1963.

Krüssmann, G.: Handbuch der Laubgehölze. 2. Aufl., Bd. 2. P. Parey, Berlin, 1977.

Kuckuck, H.: Grundzüge der Pflanzenzüchtung. 4. Aufl., Sammlung Göschen Bd. 7134. W. De Gruyter, Berlin–New York, 1972.

Kühlwein, H.: Untersuchungen über die Befruchtungsverhältnisse beim Steinobst. Gartenbauwissenschaft, Band 11, 1938.

Küppers, H.: Sauerkirschen – Süßkirschen: Unterlagenprobleme. Selbstverlag H. Küppers, Hanau, 1980.

Kutzelnigg, H.: In: Gustav Hegi: Illustrierte Flora von Mitteleuropa. Bd. IV, Teil 2 B, Lfg. 4.–6., S. 279, 1994.

Lamb, R. C., Aldwinckle, H. S. and Terry, D. E.: 'Freedom', a diseaseresistant apple. Hort. Sci. *20*, 774–775, 1985.

Landwirtschaftsamt Karlsruhe-Augustenberg: Birnen-Sortenversuch. 1 Tabelle über Erträge aus 1970 bis 1979, 1980.

Landwirtschaftskammer Weser-Ems: Obstsorten. Zusammengest.: D. Seipp, Abt. Gartenbau, 1984.

Langenfeld, W.: Die Evolution der Gattung *Malus* Mill. Wiss. Z. Uni. Rostock *20*, 49–51, 1971.

Lauche, W.: Deutsche Pomologie. Bd. 1 und 2, 100 Farbtafeln. P. Parey, Berlin, 1882.

Layne, E. C. and Quamme, H. A.: Pears. S. 38–70. In: Janick, J. and Moore, J. N.: Advances in Fruit Breeding. West Lafayette, Indiana, USA (Purdue Univ. Press.), 1975.

Leemans, J. A. and Nannenga, E. T.: A morphological Classification of Raspberry Varieties. Inst. voor de Veredeling van Tuinbouwgewassen, Wageningen, 1957.

Le Lézec, M.: L'expérimentation variétale en arboriculture fruitiére-essais »B« pommier. Arboric. Fruit. *31*, Nr. 366, 27–35, 1984.

Le Lézec, M.: Essais B. Arboric. Fruit. *37*, Nr. 433, 26–30, 32–33, 1990.

Le Lézec, M. et Paulin, J. P.: Sensibilité varietale du pommier au feu bacterien. Arboric. Fruit. *31*, Nr. 364, 47–51, 1984.

Le Lézec, M. et Thibault, B.: Variétés de Pommier et de poirier-récemurent inscrites au Catalogue officiel des espèces et variétés. Arboric. Fruit. *32*, 32–33, 1985.

Le Lézec, M., Babin, J., Lespinasse, J. M., Delort, F., Masseron, A., Tronel, C. et Chartier, A.: L'expérimentation varieale en arboriculture fruitiére-résultats d'essais »A« pommier. Arboric. Fruit. *32*, 53–64, 1985.

Le Lézec, M., Bautrais, P. et Belouin, A.: L'amélioration du poirier pur la résistance au feu bactérien. Arboric. Fruit., 37, Nr. 440, 33, 35–37, 1991.

Lenz, F.: Untersuchungen zum Blühen und Fruchten einiger Kultursorten von *Ribes rubrum* L. und *Ribes nigrum* L. Diss. Hohenheim, 1960.

Leroy, A.: Dictionnaire de Pomologie. Bd. IV – Pommes M–Z, S. 445–880, 1873.

Lespinasse, Y.: La pomme: L'amélioration génétique. Arboric. Fruit. *37*, 17–32, 1990.

Lespinasse, Y., Olivier, J.-M., Lespinasse, J.-M. et Le Lézec, M.: Florina Querina, la Restistance du pommier à la tavelure. Arboric. Fruit. *32*, Nr. 378, 43–47, 1985.

Lespinasse, Y., Lespinasse, J.-M. et Le Lézec, M.: Baujade – une nouvelle varieté de pommier resistante à la tavelure. Arboric. Fruit. *33*, Nr. 454, 14–16, 1992.

Liebster, G.: Die Kulturheidelbeere. P. Parey, Berlin, 1961.

Liebster, G.: Forschungsarbeiten an *Vaccinium*-Arten in Deutschland seit 1928 – ein Rückblick. Erwerbsobstbau *26*, 260–263, 1984.

Liebster, G.: Der deutsche Obstbau seit dem 18. Jahrhundert. S. 143–205. In: Deutsche Agrargeschichte VI. Franz, G. (Hrsg.): Geschichte des Deutschen Gartenbaues; Eugen Ulmer, Stuttgart, 1984.

Liegel, G.: Systematische Anleitung zur Kenntnis der Pflaumen. Verlag Friedrich Winkler, Passau, 1838.

Liegel, W.: Entwicklungsgeschichtliche und physiologische Untersuchungen an einigen Kultursorten der Gattung *Rubus*. Diss. Hohenheim, 1961.

Lindeloof, C. P. J.: De rode besenrassen Rosetta en Rotet. Fruitteelt *69*, 402–403, 1979.

Link, H.: Auswirkung verschiedener Schnittmaßnahmen auf das Wachsen und Fruchten von Apfelbäumen. Erwerbsobstbau *26*, 28–29, 32–34, 1984.

Link, H. und Streif, J.: Fruchtentwicklung

und voraussichtliche Haltbarkeit bei Äpfeln im Bodenseegebiet. Obst und Garten *103*, 459–461, 1984.

Loewel, E.L. und Karnatz, H.: Leistungsprüfung bei sortenreinen Kernobstsämlingen auf verschiedenen Standorten. Obstbau, *74*, 35–36, 50–52, 1955.

Loewel, E.L. und Saure, M.: Gloster 69, eine neue haltbare Tafelsorte für das niederelb. Anbaugebiet. Mitt. OVR Jork *24*, 8–15, 1969.

Loewel, E.L. und Labus, S.: Die Empfindlichkeit der wichtigsten Sorten der Schwarzen Johannisbeere für den Säulenrost. Mitt. OVR Jork, *13*, 258–260, 1958.

Loewel, E.L. und Saure, M.: Jamba 69, eine neue mittelfrühe Apfelsorte für das niederelb. Anbaugebiet. Mitt. OVR Jork *24*, 94–98, 1969.

Loewel, E.L. und Vahl, v.E.: Neue Süßkirschensorten aus der Züchtungsarbeit der Obstbauversuchsanstalt Jork für den versuchsweisen Anbau. Mitt. OVR Jork, *21*, 205–211, 1966.

Loewel, E.L., Vahl, v.E. und Zahn, G.: Annabella, eine neue Süßkirschensorte für unser Anbaugebiet. Mitt. OVR Jork, *25*, 280–284, 1970.

Löschnig, J.: Die Mostbirnen. Friedrich Sperl, Wien, 1913.

Lucas, F.: Einleitung zum Studium der Pomologie. Eugen Ulmer, Stuttgart (II. Bd. Biblio. Wiss. Gartencultur), 1877.

Lucas, F.: Die wertvollsten Tafeläpfel und Tafelbirnen. 1. Bd.: Tafeläpfel, 2. Aufl. Eugen Ulmer, Stuttgart, 1893.

Lucas, F.: Die wertvollsten Tafelbirnen. 3. Aufl. Eugen Ulmer, Stuttgart, 1894.

Lucas, F. (Hrsg.): Pomologische Monatshefte. Allgemeine Deutsche Obstbauzeitung; gegr. E. Lucas, Eugen Ulmer, Stuttgart, 1895.

Lucke, R.: Zur Topophysis der Blüten zweier Apfelsorten. Diss. Hohenheim, 1958.

Lucke, R., Silbereisen, R. und Herzberger, E.: Obstbäume in der Landschaft. E. Ulmer, Stuttgart, 1992.

Luckwill, L.C. and Pollard, A. (eds.): Perry Pears. Nat. Fruit and Cider Inst. Long Ashton (Arrowsmith, Bristol), 1963.

Macherauch, O.: Strauchbeerenobst, Bayer. Landw. Verlag, München, 1955.

Macherauch, O.: Erdbeeren mein Hobby. 4. Aufl., Bayer. Landw. Verlag, München, 1964.

Majoros, L. und Röser, P.: Gyumölcsfaitak zsebkönyve, Budapest, 1967.

Mantinger, H.: Aktuelles zu den neuen Apfelsorten. Obstbau Weinbau *20*, 21–27, 1983.

Mantinger, H.: Zwischenbilanz der Sortenempfehlung Gloster. Obstbau Weinbau *24*, 35–38, 1987.

Mantinger, H.: Unterlagen bei Birnen. Obstbau Weinbau *27*, 145–147, 1990.

Mantinger, H. und Stainer, R.: Jonagold und seine Mutanten. Obstbau Weinbau *23*, 189–191, 1986.

Massfeller, D.: Wirtspflanzen des Feuerbrandes und ihre Bedeutung bei der Verbreitung der Krankheit. Erwerbsobstbau *18*, 33–36, 1976.

Matzner, F.: Über den Vitamin C-Gehalt der Kulturheidelbeeren. Erwerbsobstbau *7*, 105–108, 1965.

Maurer, L.: Maurer's Stachelbeerbuch über die besten und verbreitetsten Stachelbeersorten. Eugen Ulmer, Stuttgart, 1913.

Maurer, E.; Die Unterlagen der Obstgehölze. P. Parey, Berlin, 1939.

Maurer, K.J.: Die besten deutschen Walnußsorten. Der Obstbau *2*, 1956.

Maurer, K.J.: Zur Frage der Wirtschaftlichkeit der Haselnußkultur. Erwerbsobstbau *2*, 1960.

Maurer, K.J.: Deutscher Nußkatalog. Richtlinien für den Wal- und Haselnußanbau nebst Beschreibung und Abbildung der besten Sorten. AID-Schriftenreihe, Heft 19, 1960.

Maurer, K.J.: Die Walnuß im Erwerbsanbau. Erwerbsobstbau, *3*, 1961.

Maurer, K.J.: Schalenobst-Anbau. Eugen Ulmer, Stuttgart, 1968.

Maurer, K.J: Die Walnuß – eine vernachlässigte Kulturpflanze im Erwerbsobstbau. Rhein. Monatsschrift, *54* (10), 1966.

Mehlenbacher, A.S., Thompson, M.M., Janick, J., Williams, E.B., Korban, S.S., Dayton, D.F. and Hough, L.F.: 'McShay' Apple. Hort. Science *23*, 1091–1092, 1988.

Meier, G., Reichel, M. und Stolle, G.: Ertragsleistungen von Apfelsorten auf der Unterlage M9. Arch. Gartenbau *28*, 107–113, 1980.

Metzner, R.: Anbauempfehlungen für Brombeeren. Obst und Garten, *90*, 301–303, 1971.

Mildenberger, G.: Studien zur Taxonomie der Gattung *Malus*. I. Morphologisch-genetische Untersuchungen. II. Embryologische Untersuchungen. Arch. Gartenbau *11*, 191–207, 493–503, 1963.

Ministerium für Landwirtschaft, Weinbau und Forsten Rheinland-Pfalz: Obstsortiment Rheinland-Pfalz. Bearb. v. K. Hein, 1983.

Ministery of Agriculture, Fisheries and Food: National Fruit Trials. Ann. Rep. 1872–1984, Brogdale Farm, Faversham, Kent.

Ministry of Agriculture, Fisheries and Food: Catalogue of British Pears. Nat. Fruit Trial, Brogdale Farm, Faversham, Kent. 54, 1976.

Ministry of Agriculture, Fisheries and Food: Agric. Develop. and Adv. Service, Brogdale Exp. Hort. Stat.: apples for all seasons. Ohne Jahresangabe.

Möller, O.: Prüfung verschiedener Sorten auf ihre Eignung als Verwertungsobst. Obst und Garten *101*, 140–144, 1982.

Morávek, Z. and Maraček, F.: Effect of some new varieties of Techobuzice rootstocks on the growth and yield of some cultivars during early bearing. Sbornik UVTIZ, Zahradnictvj *14*, 18–27, 1987.

Morgenthaler, J.: Beiträge zur Entwicklungsgeschichte der Quitte (*Cydonia vulgaris* Pers.). Diss. Univ. Zürich, 1897.

Müller, A.: Obstbau im Haus- und Kleingarten. LRA Heidenheim, 1979.

Müller, J.-Diemitz und Bissmann, O.: Deutschlands Obstsorten. In Lieferungen erschienen. 1905–1933, 28 Jahrgänge.

Müller, W. und Schobinger, U.: Die Beurteilung von Apfel- und Birnensorten für die Saftgewinnung. Schweiz. Z. Obst- und Weinbau *110*, 710–721, 1974.

Müller, W. und Husistein, A.: Quitte – eine zu beachtende Obstart. Schweiz. Z. Obst- und Weinbau *115*, 4–8, 1979.

Murawski, H. und Groh, W.: Neue Apfelsorten für den Erwerbs- und Selbstversorgeranbau. Herausg.: Bezirkslandw.amt Frankfurt/Oder (Gartenbau), 1966.

Nanz, B.: Veränderungen im Stachelbeeranbau. Obst und Garten, *103*, 341–342, 1984.

Nijsse, L. en Oosten, A.A. van: 10 jaar ervaring met doornloze bramen. Fruitteelt *62*, 170–171, 1972.

Nybom, H.: DNA fingerprinting – a useful tool in fruit breeding. Eucarpia Fruit Breeding section Meeting in Einsiedeln/Schweiz, S. 33, 1993.

Oberdorfer, E.: Pflanzensoziologische Exkursionsflora. 4. Aufl., Eugen Ulmer, Stuttgart, 1979.

Oberhofer, H.: Geschichtliche Entwicklung des Sortenspiegels im Südtiroler Obstbau. Obstbau Weinbau *18*, 119–123, 182–184, 213–216, 281, 1981.

Obstbau-Versuchsstation Haidegg-Graz: Jonagold – Sortenbeschreibung. Ohne Jahresangabe.

Olivier, J.M., Trillot, M., Le Lézec, M. et Lespinasse, Y.: Resistance et sensibilité à la tavelure-chez les principales variétés de pommiers. Arboric. Fruit. *31*, Nr. 359, 23–24, 1990.

Oosten, A.A. van: Nieuwe frambozenrassen. Fruitteelt *69*, 462–463, 1979.

Ortlieb, A.: Erfahrungen mit einigen neuen Himbeersorten. Obst und Garten, *104*, 244–245, 1985.

Osterloh, A. (Federführung): Obstlagerung. VEB Deutsch. Landwirt. Verlag, Berlin, 1. Aufl., 1980.

Otte, J.: Meine Erfahrungen mit dem Himbeeranbau. Erwerbsobstbau *15*, 69–70, 1973.

Parisi, L., Lespinasse, Y., Guillaumes, J. and Krüger, J.: A new race of *Venturia inqualis* virulent to apples with resistance due to the Vf gene. Phytopathology *83*, 533–537, 1993.

Pashkevitch, V.V. and Sigov, A.: The wild forms of apple trees of Chimgan in Usbekistan, Asia Media. Bull. App. Bot. *18*, 127–184, 1928.

Pätzold, G.: Empfehlungen für den Anbau von Quitten. Gartenbau *28*, 82–85, 1981.

Pätzold, G.: Empfehlungen für die Sorten-Unterlagen-Wahl bei Birnen. Gartenbau *31*, 118–120, 1984.

Peerbooms, H.: Pereteelt in der EG. Fruitteelt *28*, 836–837, 1984.

Peerbooms, H.: Smoothee nader bekeken. Fruitteelt *74*, 1097, 1984.

Peerbooms, H.: Birnenanbau in den Niederlanden. Obstbau *9*, 66–67, 1984.

Petzold, H.: Birnensorten. Neumann Verlag Leipzig-Radebeul, 1982.

Petzold, H.: Apfelsorten. 4., überarbeit. und erweit. Aufl.; Neumann Verlag. Radebeul, 1990.

Pieper, H.J.: Brennereitechnologische Verwertung einiger Tafelapfelsorten. Obst und Garten *103*, 346–348, 387–389, 1984.

Pieper, H.J., Bruchmann, E.E. und Kolb, E.: Technologie der Obstbrennerei. Eugen Ulmer, Stuttgart, 1977.

Plock, H.: Die Reifezeiten der verschiedenen Pfirsichsorten. Selbstverlag Oppenheim, 1973.

Plock, H.: Name, Reifezeit, durchschnittliche Fruchtgröße, Formfaktor, durchschnittliche Steingröße, Steinfaktor und Kerngeschmack der bis jetzt untersuchten Aprikosensorten. Selbstverlag Oppenheim, 1973.

Plock, H.: Wissenswertes über Sauerkirschensorten, Obst und Garten, *103*, 344–345, 1984.

Poenicke, W.: Verzeichnis der wichtigsten Obstsorten Mitteleuropas und Nordamerikas und ihrer gebräuchlichen Doppelnamen (Synonyme) in richtiger Schreibweise. Verlag Eckstein & Stähle, Hofkunstanstalt, Stuttgart, 1936.

Poenicke, W. und Schmidt, M.: Deutscher Obstbau. Deutscher Bauernverlag, Berlin 1. Aufl., 1950.

Ponomarenko, V.V.: What is *Malus pumila* Mill.? Bot. Ž (Leningrad) *60*, 1574–1586, 1975.

Ponomarenko, V.V.: The specific composition of wild-growing apple trees in the USSR and centers of their genetic diversity. Bot. Ž (Leningrad) *62*, 820–831, 1977.

Posnette, A.F.: Virus Deseases of Apples and Pears. Techn. Comm. Nr. 30. Commonw. Agric. Bur., Farnham. Royal, Bucks, 1963.

Regierungspräsidium Stuttgart: Sortenempfehlung für den Tafelapfelanbau in der Region Neckar 1983. Hrsg.: Reg. Präs. Stuttgart, 1983.

Regierungspräsidium Stuttgart: Empfehlung für den Mostapfelanbau in der Region Neckar 1985. Hrsg.: Reg. Präs. Stuttgart, 1985.

Rehder, A.: Manual of cultivated trees and shrubs. Hardy in North America. 2. Aufl. Macmillan, New York, 1940 (12. Nachdruck 1974).

Riesen, W., Krebs, C. und Stoll, K.: Apfelsorten 'Jonagold' und 'Gloster' – Ergebnisse von Anbau- und Lagerversuchen. Schweiz. Z. Obst- und Weinbau *116*, 294–302, 1980.

Röder, K.: Sortenkundliche Untersuchungen an *Prunus domestica*. Kühn-Archiv, Band 54, Halle 1939.

Roemer, K.: Untersuchungen über den Einfluß der Temperatur auf das Wachstum von Apfelfrüchten. Mitt. OVR Jork, Beiheft 2, 1962.

Rosenberg, A. von: Erfahrungen mit der Apfelsorte 'Alkmene'. Obstbau *8*, 160–164, 1983.

Rosenberg, A. von: Zwischenbericht über einen Mostapfelversuch in Schozach, Kreis Heilbronn. Obst und Garten *104*, 195–198, 1985.

Rosenberg, A. von: Zur Lage des Mostapfelanbaus. Erwerbsobstbau *27*, 84–88, 1985.

Rosenberg, A. von und Reimann, N.: 'Jonagold' – neue Sorte ganz ohne Probleme? Obst und Garten *96*, 33–34, 1977.

Rozanova, M.A.: Modes of form genesis in the genus *Rubus*. Journ. Bot. URSS *19*, 376–384, 1934.

Rubtsov, G.A.: Geographical distribution of the genus *Pyrus* and trends and factors in its evolution. Amer. Nat. *78*, 358–366, 1944.

Rudloff, C.F. und Schanderl, H.: Die Befruchtungsverhältnisse bei unseren Obstgewächsen. 3. Aufl. E. Ulmer, Stuttgart, 1950.

Ruess, F. und Stösser, R.: Untersuchungen über das Interzellularsystem bei Apfelfrüchten mit Methoden der digitalen Bildverarbeitung. Gartenbauwiss. *58*, 197–205, 1993.

Sansavini, S., Bergamini, A., Camorani, F., Faedi, W. und Mantinger, H.: 3. Melo-Schede per il Registro Varietale dei Fruttiferi. Hrsg.: Soc. Ort. Jt.-Sez. Frutt. Bologna, 1986.

Sattler, H.: IV. Auswahl geeigneter Apfel- und Birnensorten. Obst und Garten *92*, 58–60, 1973.

Sattler, H.: Neue Apfelsorten für den Mostobstanbau. Obst und Garten *93*, 6 – 7, 1974.

Saure, M., Dammann, H.-J. und Blank, H.G.: Ingol – ein neuer Mehrzweckapfel mit besonderer Eignung für die industrielle Verarbeitung. Mitt. OVR Jork *30*, 32–50, 1975.

Sax, K.: The origin and relationships of the Pomoideae. J. Arnold Arbor. *12*, 3–22, 1931.

Sax, K.: Chromosome relationships in the Pomoideae. J. Arnold Arbor. *13*, 363–367, 1932.

Scaramuzzi, F.: Contributo allo studio delle cultivar die Cotogno da frutto. Riv. Ortoflorofruttic. Ital. *82*, 575–595, 1957.

Schaal, G.: Wertvolle Apfel- und Birnensorten. Bd. I+II, Eckstein & Stähle, Stuttgart, ohne Jahresangabe.

Schaefer, H.J. und Beyme, D.: Anfälligkeit von Apfel- und Birnensorten, *Malus-*, *Pyrus-* und *Cydonia*-Arten sowie vegetativ vermehrbaren Apfelunterlagen gegenüber *Erwinia amylovora* (Burr.) Winslow et al., Arch. Gartenbau *27*, 125–135, 1979.

Schanderl, H.: Blütenbiologische Untersuchungen an Quittensorten. Erwerbsobstbau *7*, 230–232, 1965.

Schimmelpfeng, H.: Vermehrungsmöglichkeiten für dornlose Brombeeren. Erwerbsobstbau *16*, 62–64, 1974.

Schloeßer, P.-G.: Obstgehölze als Gestaltungselemente der Freiraumplanung. Dipl. Arbeit, TU München, 1984.

Schmadlak, J.: Beitrag zur Befruchtungsbiologie des Apfels. Arch. Gartenbau, 509–537, 1962.

Schmidt, H.: Inkompatibilitätsgruppen bei Süßkirschen. Erwerbsobstbau *24*, 6–9, 1982.

Schmidt, H.: Obst. S. 91–137. In: Kuckuck, H.: Pflanzenzüchtung, 2. Aufl., P. Parey, Berlin, 1979.

Schmidt, M.: Kern- und Steinobst. S. 1–77. Hdb. d. Pflanzenz., 1. Aufl., Bd. V. P. Parey, Berlin, 1950.

Schneider, C.-K.: Illustriertes Handbuch der Laubholzkunde. Jena, 1906.

Schneiders, E.: Neuzeitlicher Walnußbau. Eugen Ulmer, Stuttgart, G + F 62, 1947.

Schobinger, U. und Müller, W.: Produktions- und verwertungstechnische Aspekte bei der Beurteilung von Apfel- und Birnensorten für die Getränkeherstellung. Flüssiges Obst *42*, 1–6, 1975.

Scholtens, A.: Voortgezet Klonenonderzoek bij Golden Delicious. Fruitteelt *74*, 896–897, 1984.

Schouten, S.P.: Wetenswaardigheden over scald. Fruitteelt *74*, 664–666, 1984.

Schweingruber, F.H.: Wildäpfel und prähistorische Apfel. Archea – Physika, Bd. 8; Festschrift MARIA HOPF, zusammengestellt von U. Körber-Grohne, Rheinland-Verlag, Köln, 283–294, 1979.

Schumacher, R.: Die Fruchtbarkeit der Obstgehölze. 3. Aufl., E. Ulmer, Stuttgart, 1989.

Schuphan, W.: Zur Qualität der Nahrungspflanzen. BLV-Verlagsgesell. München, 1961.

Schuppe, E.: Beerenobst-Sortenbeschreibungen. Eugen Ulmer, Stuttgart, 1954.

Schulz, F.: Zehnjähriger Leistungsvergleich bei Stachelbeeren. Erwerbsobstbau *2*, 230–231, 1960.

Schwanitz, F.: Die Evolution der Kulturpflanzen. Bayr. Landw. Verlag, München, 1967.

Seemüller, E.: Verhütung und Bekämpfung von Rutenschädlingen an Himbeeren. Obstbau *5*, 82–86, 1980.

Seemüller, E.: Zum verstärkten Auftreten des Birnenverfalls. Erwerbsobstbau *23*, 4–6, 1981.

Seilheimer, M. und Stösser, R.: Pollenschlauchwachstum von diploiden und triploiden Apfelsorten. Gartenbauwiss. *47*, 49–55, 1982.

Seilheimer, M. und Stösser, R.: Die Eignung verschiedener Apfelsorten als Pollenspender. Erwerbsobstbau *24*, 62–65, 1982.

Seipp, P.: Kulturheidelbeeren bereichern den Garten. Gartenpraxis *12*, 68–70, 1986.

Seitzer, J.: Farbtafeln der Apfelsorten. Eugen Ulmer, Stuttgart, 1956.

Seitzer, J.: Farbtafeln der Birnensorten. Eugen Ulmer, Stuttgart, 1957.

Seitzer, J.: Farbtafeln der Steinobstsorten. Eugen Ulmer, Stuttgart, 1967.

Silbereisen, R.: Die Spätfrostschäden an wichtigen Obstarten in Baden-Württemberg 1972. Obst und Garten *92*, 382–386, 1973.

Silbereisen, R.: Heavy-cropping clones in non-virus-free apple varieties. Acta Hort. *75* (Clonal variation in apple and pear), 87–95, 1977.

Silbereisen, R.: Abstammung und Gattungszugehörigkeit der Obstgewächse, S. 15–21. Entstehung und Züchtung von Obstgewächsen S. 61–70. Die wirtschaftlich wichtigsten Obstarten S. 71–153. In: Winter, F. et al.: Lucas' Anleitung zum Obstbau. Eugen Ulmer, Stuttgart, 30. Aufl., 1981.

Silbereisen, R.: Die Apfelsorte 'Jonagold' im Anbau- und Qualitätsvergleich mit anderen Sorten. Erwerbsobstbau *24*, 76–81, 96–103, 1982.

Silbereisen, R.: Deutsche Obstzüchtung – historische Entwicklung und derzeitige Zuchtziele. ZVG Gartenbau report *9*, (12), 16–24, 1983.

Silbereisen, R.: Zwischenbericht über einen Mostapfel-Sortenvergleich. Obst und Garten *103*, 456–458, 1984.

Silbereisen, R.: Die Winterfrostschäden 1985 beim Obst in Baden-Württemberg. Obst und Garten *104*, 560–561, 1985; *105*, 10–14, 57–60, 1986.

Silbereisen, R.: Apfelsorten – Marktsorten, Neuheiten und Mostäpfel. 3. Aufl., Eugen Ulmer, Stuttgart, 1986.

Silbereisen, R.: Results of mutant-tests in apple-cultivars under different ecological conditions. Acta Hort. *180* (Clonal selection tree fruit), 35–44, 1986.

Silbereisen, R.: Morphological records on inflorescences in apple and pear cultivars. Acta Hort. *224*, 453–460, 1988.

Silbereisen, R.: Zum Ursprung des Apfels. Obst und Garten *108*, 18–20, 1989.

Silbereisen, R.: Sortenkundliche Daten zu 'Rubinette'. Obst und Garten *109*, 244–245, 1990.

Silbereisen, R.: Was leisten die neuen Apfelsorten? Obstbau *17*, 527–531, 1992.

Silbereisen, R.: Entwicklung in den Apfelsortimenten – Leistungsstarke Mutanten (3). Obst und Garten *111*, 566–570, 1992.

Silbereisen, R. in Gustav Hegi: Illustrierte Flora von Mitteleuropa. Bd. IV, Teil 2B. *Maloideae-Pyrus* – S. 282–284, S. 289–298; *Malus* – S. 303–308, S. 312–328, 1995.

Smith, M.W.G.: National Apple Register of the UK. Ministry of Agric., Fish and Food, London, 1971.

Soosten, R. von: Himbeeren – eine interessante Kultur? Obstbau *1*, 97–100, 1976.

Sörgel, P.: Bayerische Landesobstsortenliste für den Erwerbsanbau. Bayer. Erwerbsobstverb. München, 1972.

Sortenbeiträge (Apfel und Birne) in: Erfurter Führer im Obst- und Gartenbau *19*, 130–131, 202, 265–266, 274, 370–371, 395–396, 1918–1919.

Sparks, T.R. and Campbell, A.I.: The growth, flowering and cropping of four self-fertile clones of Cox's Orange Pippin. Acta Hort. *180* (Clonal selection tree fruit), 19–24, 1986.

Stainer, R. und Gasser, H.: Fremdbestäubung – sichere Erträge im Obstbau. Obstbau Weinbau *19*, 95–99, 1982.

Steche, W.: Die Bedeutung der Bienen für den Obstbau. Obst und Garten *96*, 134–135, 1977.

Steiner, P.B.: Äpfel aus dem Paradies und anderen Gärten. In: Äpfel & Birnen. Edition Spangenberg, München, 8–11, 1993.

Stengel, G.: Report: »Düsse doktor, de is nich ganz gar im Koppe«! Neue deutsche Gartenzeitung, Deutscher Bauernverlag, Berlin, 4–7, 1993.

Stolle, G., Reichel, M. und Schmidt, G.: Der Einfluß von Fruchtgröße, Lagerverfahren und Lagerungsdauer auf den Geschmack zweier Apfelsorten. III. Zur Prognose der Geschmacksqualität. Arch. Gartenbau *33*, 445–452, 1985.

Stösser, R.: Befruchtungsbiologische Untersuchungen bei Mostäpfeln. Obst und Garten *102*, 539–541, 1983.

Stösser, R.: Befruchtungsbiologische und embryologische Untersuchungen bei der Süßkirsche *Prunus avium*. Diss. Hohenheim, 1966.

Stösser, R. und Neidhart, M.: Untersuchungen zur Schüttelfähigkeit und Befruchtungsbiologie von Brennkirschen. Erwerbsobstbau, *17*, 137–139, 1975.

Stösser R.: Ergänzende Untersuchungen zur Befruchtungsbiologie von Süßkirschen. Erwerbsobstbau *21*, 124–126, 1979.

Stösser, R.: Die Befruchtungsbiologie von Kirschen. Obst u. Garten, *98*, 233–235, 1979.

Stösser, R.: Untersuchungen über die Befruchtungsbiologie und Pollenproduktion innerhalb der Gruppe *Prunus domestica*. Erwerbsobstbau 26, 110–115, 1984.

Strasburgers Lehrbuch der Botanik. 31. Aufl. Gustav Fischer, Stuttgart–New York, 1978.

Strauß, E.: Obstbau-Praxis. Anlage, Pflege, Ernte, Lagerung. Österreich. Agrarverlag Wien, 1986.

Strauß, E.: Die wertvollsten Obstsorten. 5. Lieferung Beerenobst. Österr. Agrarverlag, Wien, 1964.

Streif, J.: Qualitätsprobleme bei der Apfellagerung. Obstbau *10*, 177–179, 1985.

Streif, J.: Biologische Grundkenntnisse zur Apfellagerung. Obst und Garten *104*, 562–565, 1985.

Streif, J.: Ernte, Lagerung und Aufbereitung. S. 304–337. In: Winter, F. et al.: Lucas' Anleitung zum Obstbau. 31. Aufl. E. Ulmer, Stuttgart, 415 S., 1992.

Stritzke, S.: Untersuchungen über die befruchtungsbiologischen Verhältnisse bei Haselnußsorten unter besonderer Berücksichtigung ökologischer Verhältnisse. Arch. Gartenbau *8*, 1962.

Stückrath, P.: Erdbeeranbau. Reihe G + F, Heft 106. Eugen Ulmer, Stuttgart, 1972.

Taylor, H. V.: The Apples of England. 3. Ed. Revised. Crosby Lockwood and son Ltd., London, 1948.

Terrettaz, R.: Étude varièthale du cassissier. Rev. Suisse Vitic. Arboric. Hort. *8*, 229–233, 1976.

Terrettaz, R.: Essai varièthal framboisier. Rev. Suisse Vitic. Arboric. Hort. *10*, 233–235, 1978.

Thiault, M.: Proposition de techniques simples de classement qualitatif des fruits. Bull. Tech. Inform. (Journ. fruit.) Avignon (Ministére de l'agriculture) Nr. 259, 483 + 484, 1971.

Tiemann, K.-H. und Dammann, H.-J.: 'Gloster 69' – die Apfelsensation? Obst und Garten, *97*, 13–14, 1978.

Tiemann, K.–H. und Stehr, R.: Die Apfelsortenempfehlung des Obstbauversuchsringes vor dem Hintergrund der diesjährigen Vermarktungssaison. Mitt. OVR Jork *42*, 103–118, 1987.

Tomcsányi, P.: Gyumölcsfaj taink – Gyakarlati pomologia. Mezögazdasági Kiadó, Budapest, 1979.

Trenkle, R.: Obstbau-Lehrbuch. 6. Aufl., Limes-Verlag, Wiesbaden, 1949.

Trenkle, R.: Obstsortenwerk – die anbauwürdigsten Obstsorten Bayerns. Bay. Landesverb. für Obst- und Gartenbau, München, 1950.

Trenkle, R.: Obstsortenwerk Band II: Anbauwürdige Steinobstsorten. Obst- und Gartenbauverlag München, 1962.

Tricaud, P.: Le noyer dans le centre-ouest de la France. Pomologie francaise, *79*, 97–103, 1952.

Troll, W.: Praktische Einführung in die Pflanzenmorphologie. 2. Teil, VEB G. Fischer, Jena, 1957.

Tydeman, H. M.: Descriptions of the Malling apple rootstocks. Rep. E.Malling Res. Sta. for 1954, 64–66, 1955.

Tydeman, H. M.: Baumobst. Rootstocks. I. Apples. S. 547–552. In: Kappert, H. und Rudorf, W. (Hrsg.), Handb. Pflanzenzüchtung 2, Bd. VI, P. Parey, Berlin, 1962.

Utermark, H.: 'Gloster'-Mutationen. Mitt. OVR Jork *35*, 403–404, 1980.

Vahl, E. v.: Prüfung der Befruchtungsverhältnisse bei Süßkirschenkreuzungen. Erwerbsobstbau *7*, 126–129, 1965.

Van der Zweet, T. and Keil, H. L.: Fire blight – a bacterial desease of rosacious plants. Agric. Handbook Nr. 510 (Washington D.C.), 1979.

Van der Zweet, T. and Childers, N. F. (edit.): The Pear-Cultivars to Marketing. Hort. Publ. 3906 N. W. 31st place, Gainesville, Florida 32606, 1982.

Vasiliev, Y. P.: A survey of the wild or having run wild fruit trees and shrubs of the crimea. Bull. Appl. Bot. *8*, 371–409, 1932. (russ. mit engl. Zusammenfassung).

Vavilov, N. I.: The role of Central Asia in the origine of cultivated plants. Leningrad, 1929. (russ. mit engl. Zusammenfassung).

Vavilov, N. I.: Wild progenitors of the fruit trees of Turkestan and the Caucasus and the problem of the origin of fruit trees. Proc. 9th Int. Hort. Congr., 271–286, 1930.

Vavilov, N. I.: The origin, variation, immunity and breeding of cultivated plants. Chron. Bot. *13*, 1–364, 1949.

Vavra, M., Ferkl, F., Koch, V. und Cernik, V.: Svestky a třešně, Mala Pomologie, Bd. 3, Prag. 1965.

Villaret-von Rochow, M.: Frucht- und Samenreste aus der neolithischen Station Seeberg, Burgäschisee-Süd. Acta Bernensia, II. Teil, 21–64, 1967.

Visser, J. en Korse, G.: Rode bessenteelt in Noord-Holland. Fruitteelt *70*, 336–337, 1980.

Voronov, J. N.: Wild growing progenitors of fruit trees of the Caucasus and Western Asia. Bull. Appl. Bot. *1*, 44–72, 1925.

Votteler, W.: Verzeichnis der Apfel- und Birnensorten. Obst- und Gartenbauverlag, München, 1986.

Vukovits, G.: Obstkrankheiten – Erkennung, Ursachen und Bekämpfung. Teil I + II, Leopold Stocker, Graz, 1980.

Waister, P. D.: Wind shelters improve soft fruit yields. Grower, *75*, 1358–1360, 1971.

Walter, H.: Grundlagen der Pflanzenverbreitung. Teil 1: Standortslehre, 2. Aufl., Eugen Ulmer, Stuttgart, 1960.

Walter, H.: Grundlagen des Pflanzensystems (Einführung in die Phytologie, Bd. II). Eugen Ulmer, Stuttgart, 1961.

Way, R. D.: Kirschenzüchtung im Staate New York. Erwerbsobstbau *10*, 101–103, 1968.

Weber, H.: Die Anfälligkeit der in Württemberg verbreiteten Obstsorten gegenüber nichtparasitären und parasitären Schädlingen. Diss. Hohenheim, 1961.

Weber, H.-J.: Der Anbau der Birne. Obstbau, *9*, 60–65, 1984.

Weber, H.-J.: Erfahrungen mit Cox Orange-Typen. Rhein. Monatsschrift *73*, 8–9, 1985.

Weber, H.-J.: Die Birne – eine Alternative zum Apfel? Obst und Garten *108*, 575–579, 1989.

Weberling, F. und Schwantes, H. O.: Pflanzensystematik (Uni-TB 62). Eugen Ulmer, Stuttgart, 1972.

Weinberger, J.: Peaches, Apricots and Almonds in »Handbuch der Pflanzenzüchtung«, Band VI, 624–636, P. Parey, Berlin, 1962.

Welchert, P.: Erfahrungen in der Prüfung von Kirschensorten. Deutscher Obstbau *55*, 87–88, 1940.

Weller, F.: Landbauliche Standortskarten für die Landschaftsplanung. Natur und Landschaft *45*, 203–209, 1970.

Weller, F., Silbereisen, R., Schreiber, K.-F. und Winter, F.: Ökologische Standorteignungskarte für den Erwerbsobstbau in Baden-Württemberg 1:250000. Hrsg.: Ministerium für Ernährung, Landwirtschaft und Umwelt Baden-Württemberg, Stuttgart, 1978.

Werneck, H. L.: Die Stammformen der bodenständigen Mostbirnen in Oberösterreich, Niederösterreich und der Steiermark. Naturkundl. Jahrb. der Stadt Linz, 8. Bd., 85–238, 1962. Nachtrag: 119–121, 1962.

Wilcox, A. N.: Kernobst. The Apple-Apfel. I. Systematics. S. 637–645. In: Kappert, H. u. Rudorf, W. (Hrsg.): Handb. d. Pflanzenz. 2. Aufl., Bd. VI, P. Parey, Berlin, 1962.

Wilhelm, P. G.: Befruchtungsverhältnisse bei Äpfeln – Tabelle für den Freizeitgärtner. Obst und Garten *101*, 133, 1982.

Wilhelm, P. G.: Befruchtung bei Birnen. Obst und Garten *103*, 296, 1984.

Willerding, U.: Ur-Frühgeschichte des Gartenbaues. S. 39–68. In: Franz, G. (Hrsg.): Geschichte des deutschen Gartenbaues. Eugen Ulmer, Stuttgart, 1984.

Wilton, J.: Anbau von Gala, Braeburn und Fuji in Neuseeland. (Übersetzung G. Zurita und J. Streif). Obst und Garten *112*, 53–55, 1993.

Winkelmann, H.: Lucas – Anleitung zum Obstbau. E. Ulmer, Stuttgart, 28. Aufl., 1959.

Winter, F.: Der Birnenanbau in der EG. Obstbau *9*, 54–58, 1984.

Winter, F. und Welte, M.: Entwicklung der Apfelproduktion in Europa. Obstbau *10*, 156–162, 1985.

Winter, F. und Welte, M.: EG-Kernobsternte 1986 erheblich höher als im Vorjahr, aber keine Rekordernte. Obstbau *11*, 402–405, 1986.

Winter, F., Janssen, H., Kennel, W., Link, H., Scherr, F., Silbereisen, R. und Streif, J.: Lucas' Anleitung zum Obstbau, 31. Auflage, Eugen Ulmer, Stuttgart, 1992.

Wirth, D., Meli, T. und Zbinden, W.: Der neuzeitliche Kirschenanbau. Selbstverlag Wirth, CH-Richterswil, 1969.
Wolf, J.: Über den Vitamin C-Gehalt deutscher Äpfel. Gartenbauwiss. *16*, 292–313, 1941.
Wynne, P.: Apples. Hawthorn Books, Inc., New York, 1975.
Zahn, F. G.: Erika, eine dunkle Kirschensorte für die »Bunte-Zeit«, neu im Altländer Kirschensortiment. Mitt. OVR Jork, *31*, 169–274, 1976.
Zander Handwörterbuch der Pflanzennamen. 15. Aufl., neubearbeitet von F. Encke, G. Buchheim und S. Seybold. Eugen Ulmer, Stuttgart, 1994.
Zeitschrift: Der schweizerische Obstbauer. VII. Jgg., 222. S., 1905, VIII. Jgg., 199 S., 1906, IX. Jgg., 218 S., 1907, X. Jgg., 229 S., 1908, XI. Jgg., 232 S., 1909, Verlag B. Fischer, Münsingen/Schweiz.
Zeller, O.: Entwicklungsgeschichte der Blütenknospen und Fruchtanlagen am einjährigen Langtrieb von Apfelbüschen. I. Entwicklungsverlauf und Entwicklungsmorphologie der Blüten am einjährigen Langtrieb. Z. Pflanzenz. *44*, 175–214, 1960.
Zhukovski, P. A.: Die kultivierten Pflanzen in Kleinasien. (Les plantes cultivées de l'Asie Mineure) Leningrad, 1930, (russ).
Zielinksi, Q. B. and Thompson, M. M.: Speciation in *Pyrus*: Chromosome number and meiotic behaviour. Bot. Gaz. *128*, 109–112, 1967.
Zimmermann, H.: Mehr Quitten in der Obstproduktion. – Grundlage für neue Möglichkeiten der Produktion und Verwertung. Gartenbau *28*, 81–82, 1981.
Zwintzscher, M.: Birne. I. Systematik. S. 695–698. In: Kappert, H. und Rudorf, W. (Hrsg.): Handb. d. Pflanzenz., 2. Aufl. Bd. VI, P. Parey, Berlin, 1962.
Zwintzscher, M.: Steinobst im »Handbuch der Pflanzenzüchtung«, Band VI, P. Parey, Berlin, 573–602, 1962.
Zwintzscher, M.: *Malus pumila* var. *niederzwetzkyana* als Partner in der Apfelzüchtung. Z. Pflanzenz. *73*, 303–310, 1974.

Bildquellen

E. Briegel, Ravensburg-Weingartshof: Seite 140.
H. Buchter-Weisbrodt, Rödersheim: Seite 362, 368, 376.
H.-H. Dammann, Betrieb Esteburg, Moorende: Seite 116.
C. Eberle, Meersburg-Riedetsweiler: Seite 25, 29, 32, 35, 38, 42, 46, 52, 56, 61, 64, 65, 69, 72, 73, 77, 80, 84, 88, 90, 94, 95, 100, 101, 103, 104, 105, 106, 109, 112, 117, 120, 121 oben, 124, 126, 127, 129, 132, 136, 137, 138, 142, 148, 150, 153, 154, 157, 159, 162, 163, 167, 169, 170, 172, 173, 174, 187, 190, 191, 194, 196, 199, 202, 205, 206, 212, 216, 220, 224, 225, 227, 232, 233, 234, 240, 242, 251 unten, 253, 274, 290, 294, 340, 349 links und rechts, 352 links und rechts, 354, 355, 356 oben und unten, 357, 361, 371 oben, 374 links und rechts, 377, 383, 384, 386 rechts, 388 links und rechts, 391, 392, 393 oben und unten, 394.
G. Götz, Obersulm: Seite 249, 251 oben, 255, 256, 259 oben, 262, 263, 266, 267, 268, 270, 271, 272, 275, 276, 277, 279, 280, 281 oben und unten, 284, 287, 288, 295, 338 links und rechts, 339, 341, 343, 344, 347 oben rechts, unten links und unten rechts, 348, 358, 360 oben und unten, 363 Mitte links, Mitte rechts, unten links, unten rechts, 364, 365, 366, 367, 369, 371 unten, 372 oben und unten, 373, 378, 380, 387.
H. Häberli, CH-Neukirch-Egnach: Seite 350.
W. Hartmann, Stuttgart: Seite 301, 302, 304, 307, 308, 312, 314, 317, 318, 321, 322, 324, 326, 327, 332, 333, 335.
Institut für Obst-, Gemüse- und Weinbau der Universität Hohenheim, Stuttgart: Seite 259 unten.
R. Silbereisen, Ravensburg-Bavendorf: Seite 28, 47, 49, 98, 111, 113, 121 unten, 128, 139, 145, 146, 151, 155, 160, 166, 171, 176, 209, 213, 221, 228, 229, 230, 235, 239, 243, 244, 245, 282, 285, 292, 296, 359, 363 oben links und oben rechts, 381 links und rechts.
Staatliche Lehr- und Versuchsanstalt für Wein- und Obstbau, Weinsberg: Seite 346, 347 oben links, 351, 382 links und rechts, 386 links, 397 oben links, oben rechts, Mitte links, Mitte rechts, unten rechts, 400 oben, Mitte und unten.

Verzeichnis der Namen

Halbfette Seitenzahlen verweisen auf Hauptbeschreibungen